触媒の事典

小野嘉夫・御園生 誠・諸岡良彦
編集

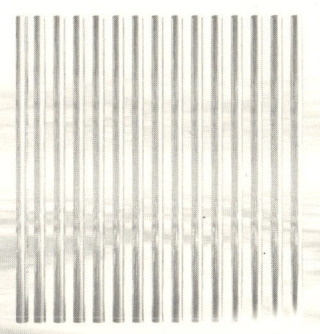

朝倉書店

編 集 者

小野　嘉夫	大学評価・学位授与機構教授 東京工業大学名誉教授
御園生　誠	工学院大学教授 東京大学名誉教授
諸岡　良彦	常磐大学教授 東京工業大学名誉教授

序

　触媒の科学と工業の幕開けともいうべき，ハーバー‐ボッシュ法によるアンモニア合成が見いだされて100年になろうとしている．この間，触媒は化学反応の速度を制御し，ひいては反応の選択性を支配する鍵物質として，多くの新反応の開発に主要な役割を担ってきた．現在では石油化学工業をはじめ，多くの化学工業プロセスにおいて，触媒の使われていない反応を見いだすのが困難なほど，その重要性は高まっている．さらに，化学物質の生産プロセスにとどまらず，人類の生活にとって不可欠のエネルギーの変換や環境保全のための技術にその用途はますます広がっている．いまや，新しいプロセスの開発のための最大の課題は，反応を目的に沿って進ませる触媒の発見にあるといっても過言ではあるまい．

　この100年間，触媒に関する基礎科学も大きく進歩してきた．触媒研究は反応速度論よりスタートしたが，元来，触媒学は無機化学，有機化学，有機金属および錯体化学，表面化学，分析化学，化学工学などの総合的な応用の上に成り立っており，近年の進歩はこれらの関連する基礎分野の発展に負うところが大きい．基本的な概念については，すでに相当程度に確立しており，原子レベルでの解明にはまだ精度は欠くものの，素過程の本質は他の分野で確立された基礎化学反応の知識をかりれば，おおよそは推定可能な段階に至っている．現在では，触媒研究は原子レベルでの解明にもまして，触媒のもつ多様な用途への適用を中心に展開されている．わが国では世界に先駆けてこの認識に達しており，その意味で日本の触媒研究は世界をリードできる立場にあるのではあるまいか．触媒の応用が，科学のあらゆる分野に広がりを見せている現在，触媒研究をいろいろな立場から志す人達にとって，多岐にわたる触媒学の必要な知識を簡便に得られる本書のような企画は時宜を得たものと考えている．

本書では，まず触媒ならびに触媒反応に関する事項は網羅するよう努めた．触媒化学の基礎知識から，触媒の調製法，キャラクタリゼーション，反応機構，工業プロセスに至るまで，関連する物理化学，無機化学，有機化学，固体化学，表面化学，化学工学などを取り込んでできるだけ完璧を期したつもりである．有機合成や重合反応に関する触媒も，基礎化学を含めてほぼ採録できたと考えている．

　触媒の科学上の定義には，酵素や生態系を支える情報伝達システムなども含まれるが，科学上の定義に含まれる触媒をすべて取り上げようとすれば，本書は化学の関与する領域の大半，あるいは化学そのものを取り扱うことになって焦点を失う恐れがあり，これらの領域の関連事項は通常の化学反応に縁の深い，影響力の大きい事項についてのみ採録するにとどめた．

　本書の成立については，わが国の触媒研究に携わる科学者，技術者のほとんどの方に執筆や情報提供などでご協力いただいた．いわば，日本の触媒研究者の総力をあげて作成したものである．この序文を借りて執筆者ならびに情報提供者と，本書の企画・作成に全力をあげて担当された朝倉書店編集部に御礼申し上げる次第である．

　2000年9月

小　野　嘉　夫
御園生　　誠
諸　岡　良　彦

執 筆 者
(五十音順)

秋鹿 研一	東京工業大学		岩澤 康裕	東京大学
青木 閎壽	旭化成工業(株)		岩本 正和	東京工業大学
穐田 宗隆	東京工業大学		植田 健次	(株)日本触媒
朝倉 清高	北海道大学		上田 渉	山口東京理科大学
菖蒲 明己	室蘭工業大学		上野 晃史	静岡大学
荒井 弘通	元 九州大学		上松 敬禧	千葉大学
荒川 裕則	物質工学工業技術研究所		植村 元一	大阪府立大学
荒田 一志	北海道教育大学		江川 千佳司	宇都宮大学
安保 正一	大阪府立大学		江口 浩一	京都大学
飯田 逸夫	エヌ・イーケムキャット(株)		大北 求	三菱レイヨン(株)
五十嵐 哲	工学院大学		大倉 一郎	東京工業大学
碇屋 隆雄	東京工業大学		大島 正人	東京工業大学
石原 篤	東京農工大学		大谷 文章	北海道大学
石原 達己	大分大学		大塚 潔	東京工業大学
石原 伸英	出光石油化学(株)		大塚 雅巳	熊本大学
石村 善正	昭和電工(株)		大西 隆一郎	北海道大学
市川 勝	北海道大学		小笠原 正道	京都大学
井藤 壮太郎	広島大学		岡本 康昭	島根大学
犬丸 啓	広島大学		奥原 敏夫	北海道大学
井上 泰宣	長岡技術科学大学		小坂田 耕太郎	東京工業大学
今村 速夫	山口大学		小沢 文幸	大阪市立大学

執筆者

尾中　　　篤　東京大学	塩野　　　毅　東京工業大学
小野　嘉夫　大学評価・学位授与機構	篠田　純雄　元 東京大学
角田　範義　豊橋技術科学大学	清水　功雄　早稲田大学
片田　直伸　鳥取大学	下川部雅英　北海道大学
加藤　　　明　富士通日立プラズマディスプレイ(株)	杉　　義弘　岐阜大学
加部　利明　東京農工大学	杉岡　正敏　室蘭工業大学
菊地　英一　早稲田大学	杉山　和夫　埼玉大学
北山　淑江　新潟大学	鈴木　　　勲　宇都宮大学
国森　公夫　筑波大学	鈴木　榮一　東京工業大学
黒川　徹也　TOTO U.S.A., INC.	鈴木　寛治　東京工業大学
黒田　一幸　早稲田大学	瀬川　幸一　上智大学
小島　秀隆　ダイセル化学工業(株)	瀬戸山　亨　三菱化学(株)
後藤　繁雄　名古屋大学	袖澤　利昭　千葉大学
小林　正義　北見工業大学	高須　芳雄　信州大学
小松　　　真　三菱ガス化学(株)	高橋　武重　鹿児島大学
小宮三四郎　東京農工大学	田川　智彦　名古屋大学
小宮山政晴　山梨大学	滝田　祐作　大分大学
小谷野　　岳　東京大学	竹澤　暢恒　元 北海道大学
小谷野圭子　工学院大学	竹平　勝臣　広島大学
斉藤　吉則　出光石油化学(株)	多田　旭男　北見工業大学
酒井　幸雄　三菱化学(株)	巽　　和行　名古屋大学
坂田　五常　日産ガードラー触媒(株)	辰巳　　　敬　横浜国立大学
阪田　祐作　岡山大学	田中　庸裕　京都大学
薩摩　　　篤　名古屋大学	谷口　　　功　熊本大学
沢木　泰彦　名古屋大学	玉尾　皓平　京都大学

執 筆 者

丁野昌純	旭化成工業(株)
辻　秀人	三菱化学(株)
土屋　晋	桜美林大学
堤　和男	豊橋技術科学大学
寺岡靖剛	長崎大学
寺崎　治	東北大学
寺田眞浩	東京工業大学
土井隆行	東京工業大学
堂免一成	東京工業大学
富田　彰	東北大学
友岡克彦	東京工業大学
内藤周弌	神奈川大学
永井正敏	東京農工大学
永島英夫	九州大学
中田真一	秋田大学
中村伊佐夫	(株)日本触媒
中村　聡	東京工業大学
中村潤児	筑波大学
難波征太郎	帝京科学大学
新山浩雄	東京工業大学
西嶋昭生	物質工学工業技術研究所
西宮伸幸	豊橋技術科学大学
西村陽一	前 触媒化成工業(株)
西山　覚	神戸大学
丹羽　幹	鳥取大学
野村淳子	東京工業大学
野村幹弘	早稲田大学
服部　忠	名古屋大学
服部　英	北海道大学
馬場俊秀	東京工業大学
浜田秀昭	物質工学工業技術研究所
林　民生	京都大学
原　善則	三菱化学(株)
春田正毅	大阪工業技術研究所
干鯛眞信	東京理科大学
福岡　淳	北海道大学
福本能也	大阪大学
藤元　薫	東京大学
藤原祐三	九州大学
船引卓三	京都大学
古尾谷逸生	武田薬品工業(株)
細川隆弘	高知工科大学
真島和志	大阪大学
増田隆夫	京都大学
町田正人	宮崎大学
松岡雅也	大阪府立大学
松方正彦	早稲田大学
松崎徳雄	宇部興産(株)
松下健次郎	日産自動車(株)
松島龍夫	北海道大学

執　筆　者

松田　剛	北見工業大学	諸岡良彦	常磐大学
松本明彦	豊橋技術科学大学	八嶋建明	東京工業大学
松本伸一	トヨタ自動車(株)	安田　源	広島大学
松本隆司	東京工業大学	安田弘之	物質工学工業技術研究所
松本英之	前 日揮(株)	八尋秀典	愛媛大学
三浦　弘	埼玉大学	山口　力	愛媛大学
三上幸一	東京工業大学	山下晃一	東京大学
水上富士夫	物質工学工業技術研究所	山添　昇	九州大学
水野光一	資源環境技術総合研究所	山田晴夫	東京工業大学
水野哲孝	東京大学	山田宗慶	東北大学
御園生　誠	工学院大学	山本經二	山口東京理科大学
宮浦憲夫	北海道大学	山本隆一	東京工業大学
宮本　明	東北大学	吉田邦夫	アジア科学教育経済発展機構
村橋俊一	大阪大学	吉田郷弘	京都職業能力開発短期大学校
持田　勲	九州大学	吉田寿雄	名古屋大学
森　邦夫	三菱レイヨン(株)	渡辺政廣	山梨大学
森田英夫	旭化成工業(株)	渡辺芳人	分子科学研究所

あ

IR infrared spectroscopy → 赤外分光

アイソタクチック重合 isotactic polymerization → イソタクチック重合

アイソローバル isolobal

二つの分子あるいは原子団(フラグメント)のもつ分子軌道の形とエネルギー準位が類似しており,さらに軌道を占有する電子数が等しい場合,それらをアイソローバルの関係にあるという.特に,最高被占準位や最低空準位の近辺にあるフロンティア軌道の類似性が重要である.例えば図のように,四角錐形 $Mn(CO)_5$ フラグメントは d, s, p 混成からなる a_1 対称のフロンティア軌道をもち,1個の電子に占有される.これは,メチルラジカル ($CH_3\cdot$) の s, p 混成からなる a_1 対称の半占有軌道に似ており,$Mn(CO)_5$ フラグメントとメチルラジカルはアイソローバルとみなせる.二つの $Mn(CO)_5$ フラグメントが連結した複核錯体 $Mn_2(CO)_{10}$ には金属間 σ 結合が存在するが,これは二つのメチルラジカルが連結してエタンの炭素間 σ 結合が形成されることに対応する.

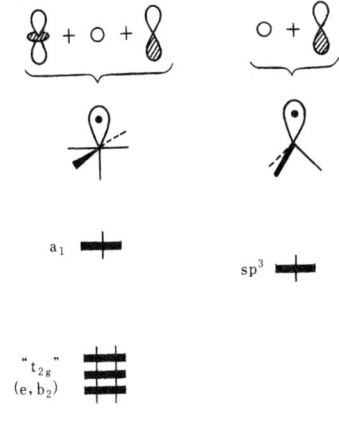

$d^7Mn(CO)_5$ フラグメントと $CH_3\cdot$ のアイソローバルアナロジー

このように,アイソローバルの概念を用いて金属フラグメントの軌道と有機基の軌道を関連させると,複雑な構造をもつ有機金属錯体やクラスター錯体の結合を容易に理解することができる.以下に代表的な遷移金属フラグメントと有機基とのアイソロ

―バル関係を示す．

遷移金属フラグメントと有機基のアイソローバルアナロジー

	≻M	―M	≻M	≻M	―M
CH_3^-		d^{10}			d^8
$CH_3\cdot$		d^9		d^9	d^7
CH_3^+		d^8	d^{10}	d^8	d^6
CH_2	d^{10}		d^8	d^4, d^8	d^6
CH			d^3, d^9		d^3, d^5

〔異　和行〕

→等電子構造

IPMA　ion probe microanalysis　→イオンマイクロアナリシス

アクセプター準位　acceptor level

　p型半導体の導電性は，価電子帯の近くに形成される不純物準位が価電子帯の電子を収容することにより価電子帯に正孔が生成し，この正孔(正電荷)を電荷キャリヤー(電荷担体)として発現する．このように正孔を電荷キャリヤーとする半導体をp型半導体，そして不純物準位をアクセプター準位とよぶ．図に示すように，例えば，価電子が4個のSi原子からなる結晶に対して価電子数が3個のB原子を置換すると，B原子は周囲のSi原子と共有結合するには電子が1個不足しているため，他の電子を引き付けようとする力が働く．このようなB原子がバンドギャップ*内の価電子帯に近い位置にアクセプター準位を形成する．この場合，価電子帯から伝導帯への電子の移動に要する励起エネルギーよりもはるかに小さいエネルギーで，価電子帯からアクセプター準位への電子の移動が可能になり，B原子は負に帯電し価電子帯に正孔が生成することになる．このように，価電子帯よりエネルギー的にわずかに高いところに位置し，

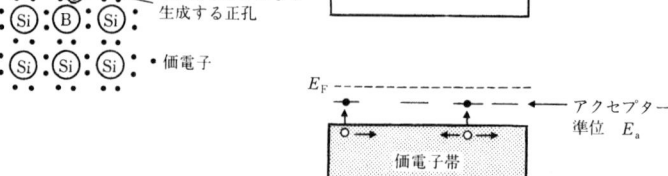

Si原子からなる半導体結晶に不純物としてB原子を置換した場合（左図）とそれに伴い半導体のバンドギャップ内に形成されるアクセプター準位（右図）

価電子帯の電子を受容し価電子帯に正孔を生じさせることのできる不純物エネルギー準位をアクセプター準位とよぶ．　　　　　　　　　　　〔安保正一・松岡雅也〕
➡半導体

アクリルアミドの合成　synthesis of acrylamide

アクリロニトリルの水和で工業生産が行われている．金属銅触媒による接触水和法の他，微生物法もプロセス化されている．　　　　　　　　　〔諸岡良彦〕
➡アクリロニトリルの水和

アクリル酸の合成　synthesis of acrylic acid

アクリル酸は分子内に二重結合をもつ不飽和カルボン酸であることから，高い反応活性を有し，各種の用途に中間原料として現在世界で年間184万tが生産されている．多くはエステルとして使用され，そのポリマーは飽和化合物であるために光，熱に対して安定で，化学的にも酸化分解に強い特性をもち，柔軟で弾力性のあるフィルムになる．また，エステル基の強い水素結合により，溶剤，接着剤として広く使用されている．メチルエステルは主にアクリル繊維に，エチルエステルは溶剤および水溶性塗料に，ブチルおよび2-エチルヘキシルエステルは水溶性塗料および接着剤の需要が多い．最近ではナトリウム塩の吸水性樹脂原料としての需要が急速に伸びている．

アクリル酸は，かつてはアセチレン法，アクリロニトリル加水分解法あるいはケテン法などにより製造されていたが，現在ではすべてがプロピレンの直接酸化法により製造されている．開発の初期段階ではプロピレンから直接アクリル酸を製造する一段酸化法が試みられ，商業プラントの運転も行われた．しかし，触媒成分として含まれるTeの揮散に伴う触媒の経時劣化および大きな反応熱の除去などの問題から，1年ほどでプラントを停止した．現在では，すべてのプラントがアクロレインを経由してアクリル酸を得る二段酸化法を採用している．

$$H_2C=CH-CH_3+O_2 \longrightarrow H_2C=CH-CHO+H_2O \quad 81.4 \text{ kcal mol}^{-1}$$
$$H_2C=CH-CHO+1/2\,O_2 \longrightarrow H_2C=CH-COOH \quad 60.7 \text{ kcal mol}^{-1}$$

第一段反応にはMo-Bi系の，第二段反応にはMo-V系の多成分複合酸化物触媒が使用されている．Mo-BiおよびMo-Vはおのおのスタンダードオイル社およびディスティラーズ社により発見されたが，その後特に日本の各社により精力的な触媒開発が進められ1970年頃には基本的な触媒系ができ上がり，次々とプラントが建設され生産を開始した．その後も引き続き触媒とともにプロセスの改良が行われ，現在のプロピレンからアクリル酸への通算のプロセス収率は90％を超えるまでに改善され，2段の酸化反応としては著しく高いレベルに達している．

最近，プロピレンあるいはプロパンを原料として，一段酸化でアクリル酸を製造する取り組みが活発に行われているが，未だ工業化プラントは完成されていない．

第一段および第二段反応に用いられる触媒の改良過程を示す代表的な触媒の特許記載の性能をおのおの表1および表2に示す(表中の各データはおのおの反応条件が異

なっている。反応ガス組成などの詳細は *Catal. Rev.-Sci. Eng.*, **37**(1), 145(1995)を参照されたい)。

第一段触媒:Mo-Bi 単独(SOHIO 社)では活性・選択性ともはなはだ不十分であるが,Fe の添加(Knapsack 社)により活性が大幅に向上するとともに選択性も 72% から 84% に改善された。さらに日本化薬社による Co, Ni, アルカリ金属の添加により Bi-Mo 系は決定的に高性能な触媒となった。Co, Ni モリブデートは諸岡らによって O_2 の活性化サイトとして作用していることが報告されている。またアルカリ金属成分は,表面酸性を弱めることにより生成したアクロレインの脱着を促進するものと考えられる。その後の改良によりアクロレイン(ACR)とアクリル酸(AA)の合算選択率は 95% を超えるに至っている。

表1 第一段触媒 (特許)

会社名	触媒組成	温度 [°C]	Conv. [%]	ACR 選択率 [%]	AA 選択率 [%]
SOHIO	Mo-Bi/SiO$_2$, 流動層	454	56.9	71.8	
Knapsack	Mo-Bi-Fe-P	400	70.0	84.0	
日本化薬	Mo$_{12}$Bi$_1$Fe$_2$Ni$_1$Co$_3$P$_2$K$_{0.2}$	305	96.0	92.0	3.0
日本触媒	Mo$_{10}$Bi$_1$Fe$_1$W$_2$Co$_4$K$_{0.06}$Si$_{1.35}$	320	97.0	93.0	6.2
住友化学	Mo$_{12}$Bi$_1$Fe$_{5.1}$Ni$_6$Tl$_{0.3}$P$_{0.1}$Mg$_3$	375	96.3	86.6	7.1
三菱油化	Mo$_{12}$Bi$_5$Fe$_{0.4}$Ni$_2$Mg$_2$Na$_{0.2}$K$_{0.08}$Si$_{24}$	350	99.4	81.4	13.6

第二段触媒:当初は Mo-Co, Mo-Ni などの触媒系も探索され 70% 程度の収率を得ている。一方 Mo-V は,ディスティラーズ社が発見したが,東洋曹達社(現在の東ソー社)が無水マレイン酸などの製造に用いられる V 主体の Mo-V 触媒では,アクロレインの気相酸化では完全酸化活性が高いためアクリル酸の選択率が低く,この反応には Mo/V = 2〜8 の Mo の多い触媒が有効であることを見出した。その後 Cu, W, Sr, Ce などの酸素の活性化あるいは触媒表面の酸塩基性などの制御を目的とした修飾元素の添加および主に調製条件による触媒の物性制御に着目して触媒改良が行われ,現在では 1 パス収率が 95% 以上に達し,ほぼ定量的に反応が進行する。

表2 第二段触媒 (特許)

会社名	触媒組成	温度 [°C]	Conv. [%]	ACR 選択率 [%]	AA 選択率 [%]
東ソー	Mo-V/SiO$_2$ Mo/V=2〜8	300	92	82	75.4
日本化薬	Mo$_{12}$V$_2$W$_{0.5}$/SiO$_2$	220	97.8	89.0	87.0
日本触媒	Mo$_{12}$V$_{4.8}$W$_{2.4}$Cu$_{2.2}$Sr$_{0.5}$/Al$_2$O$_3$	255	100	97.5	97.5
SOHIO	Mo$_{12}$V$_5$W$_{1.2}$Ce$_3$/SiO$_2$	288	100	96.1	96.1
住友化学	Mo$_{12}$V$_3$Cu$_2$Zn$_1$/SiO$_2$	260	98.4	96.1	94.6
三菱油化	Mo$_{35}$V$_7$Cu$_3$Sb$_{100}$Ni$_4$Si$_{80}$	250	99.4	95.6	95.0

〔酒井幸雄〕

→プロピレンの酸化,多元系モリブデン-ビスマス触媒

アクリロニトリルの合成　synthesis of acrylonitrile

　アクリロニトリルは，1893年に初めて，Moureuがエチレンシアンヒドリンの脱水反応*により合成した．本法の工業的生産は，第二次大戦時，ドイツとアメリカで行われた．次いで，アセチレン-青酸法を経て，現在ではすべてのアクリロニトリルがプロピレンのアンモ酸化*法により製造されている．

　エチレンシアンヒドリンの脱水法：

$$CH_2=CH_2 \xrightarrow{酸化} \underset{O}{CH_2-CH_2} \xrightarrow{HCN} HO-CH_2-CH_2-CN \xrightarrow{脱水} CH_2=CH-CN$$

エチレンを気相接触酸化してエチレンオキシドを得，液相でシアンヒドリン化して脱水する方法である．

　アセチレン-青酸法：

$$CH\equiv CH + HCN \longrightarrow CH_2=CH-CN$$

塩化銅(I)を触媒として液相でアセチレンと青酸を反応させる方法である．

　プロピレンのアンモ酸化法：

$$CH_2=CH-CH_3 + NH_3 + \tfrac{3}{2}O_2 \longrightarrow CH_2=CH-CN + 3H_2O$$

$$(\nabla H° = -515 KJ)$$

　プロピレンを気相接触アンモ酸化する方法である．SOHIO社は1957年にアンモ酸化触媒としてシリカ*担持 Mo-Bi-P 酸化物を特許出願し，1960年にはプロピレンとアンモニアを原料とする流動層空気酸化によるアクリロニトリルの製造プロセスを工業化した．

　この触媒は，反応初期の活性劣化*が大きく，収率は60％に満たなかった．以後触媒開発が活発に行われ，新たに Sb 系触媒が見いだされるとともに Mo-Bi 系触媒の改良もなされた．Sb 系は Sb に Fe, Sn または U を複合化することにより活性が発現し，さらにこれらに Te を添加することにより選択性*が向上することが見いだされた．Mo-Bi 系は Fe または V を添加することにより活性が増大するとともに触媒の寿命*安定性も向上した．

　1970年代には，Sb 系はさらに Mo, V, Cu, Ni などの新成分の添加が試みられ，そして，Mo-Bi 系においてもモリブデン・ビスマス*複合酸化物のシーライト*構造に着目した改良および Co, Ni, Mg, アルカリ金属などの新成分の種々の組合せ添加が検討された．これらの改良を経て，主に，Sb-Fe-Te 系多成分酸化物触媒と Mo-Bi-Fe 系多成分酸化物触媒が工業規模のプロピレンのアンモ酸化反応に用いられており，アクリロニトリル収率は80％に達している．

　プロピレンのアンモ酸化の反応速度*は C_3H_6 の分圧に1次で，NH_3 および O_2 の分圧に0次である．活性化エネルギー*は約 80 kJ mol^{-1} である．

　プロピレンのアンモ酸化の反応経路*は図1に示したように併発・逐次的に進行する．Mo-Bi-Fe 系多成分酸化物触媒においては，プロピレンから直接アクリロニトリルが生成する経路が主反応であり，アクリロニトリルの一部はアクロレインを経由し

て生成する．併発，逐次反応*による主な副生物はアセトニトリル，青酸，アクロレイン，アクリル酸，一酸化炭素および二酸化炭素である．Mo-Bi-Fe 系における微量のアルカリ，特に，K, Rb または Cs の添加は併発反応経路を抑制して選択率向上に寄与している．

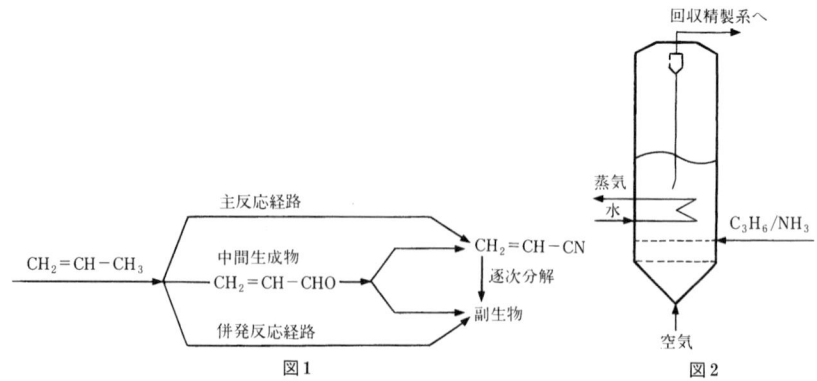

図1　図2

プロピレンのアンモ酸化反応の律速段階*はアリル位の水素引抜きステップにある．プロピレンに関してはアリル中間体機構が，酸素に関しては格子酸素*逼伝機構が定説化している．Mo-Bi-Fe 系多成分酸化物触媒は Sb-Fe-Te 系多成分酸化物触媒と比較して遙かに多量の逼伝格子酸素を含有していることが特徴である．Mo-Bi-Fe に多量添加された Co, Ni, Mg などは適度の格子欠陥*を有するモリブデートを形成しており，これらのモリブデートが大部分の逼伝格子酸素源になっている．これら格子酸素の易逼伝性が触媒のレドックス安定性の向上に寄与している．

反応方式は 1960 年代に，ごく一部，固定層方式が工業化されたが，断然，流動層*方式が優勢である．石油系炭化水素の流動接触分解*およびナフサの熱分解*から多量得られるプロピレンを原料として，流動層アンモ酸化プロセスは大規模化している．

図2にプロピレンのアンモ酸化流動層反応塔の概念図を示す．微粉触媒の存在下にプロピレン，アンモニアおよび空気を反応塔に送入してアンモ酸化反応を進行させる．反応ガスは塔頂部のサイクロンにより同伴触媒粒子を分離し，回収・精製系へ導かれる．反応熱は塔内の熱交換 U 字管を用いてスチームとして回収される．

反応塔の操作条件は触媒により異なるが，おおよそ次のとおりである．反応温度 420〜480℃，反応圧力 120〜200 KPa，供給ガスモル比 C_3H_6：NH_3：空気＝1：1.0〜1.3：8〜12，空塔線速度 0.5〜1.0 m s^{-1} および接触時間* 3〜10 s．

原料ガスは空気を塔底から，そしてプロピレンとアンモニアの混合ガスを空気の下流から送入する．この分離送入方式によって爆発の危険を避けて高濃度の可燃性ガスが供給されている．空時収量*を高めるためにプロピレン/アンモニアに対する空気のモル比の小さい操作条件が指向されている．この限界空気モル比は反応塔出口の反応ガス中の未反応酸素濃度を指標に設定される．Mo-Bi-Fe 系多成分酸化物触媒の場

合，レドックス安定性がすぐれおり，この限界モル比が小さいことが特徴である．プロピレンに対する供給アンモニアのモル比は，大きすぎる場合過剰のアンモニアは反応塔後続の洗浄塔で硫酸により中和されて硫安として固定され廃水処理の負荷となること，および，小さすぎる場合アクロレインの副生が増大し，回収・精製系でシアンヒドリン化して副生青酸の損失を招くことを考慮して決定される．

　流動層ではアンモ酸化反応熱を熱交換 U 字管を通して除熱することおよび熱容量の大きい触媒が濃厚層を循環していることにより塔内温度分布は 10°C 以内に制御されている．

　流動層においては濃厚層内エマルジョン相のガスの逆混合が避けがたい．アクリロニトリルの大きな逐次分解能のある初期の触媒においてはこの逆混合は不利であった．触媒の改良によりこの不利は軽減している．

　プロピレンのアンモ酸化流動層反応に用いられる触媒の物性は，触媒により異なるが，おおよそ次のとおりである．粒子形状は微小球形，粒子径*20〜120 μm，かさ密度 0.9〜1.2 g ml^{-1}，細孔分布*2〜30 nm，細孔容積 0.1〜0.3 ml g^{-1} および表面積 5〜100 m^2 g^{-1}．粒子径分布については，グッドフラクション（good fraction）とよばれる 44 μm 以下の粒子を 20〜40 重量％含有することが流動性の点から望ましい．

　触媒は，通常，触媒成分原料液の調合，調合液の噴霧乾燥および乾燥粉体の焼成からなる 3 工程を経て製造される．触媒は摩耗強度*を付与するために担体*に担持される．担体はシリカが好適に用いられている．シリカ担持 Mo-Bi-Fe 系多成分酸化物触媒の典型的製法は以下のとおりである．

　シリカゾルに七モリブデン酸アンモニウムの水溶液そして硝酸ビスマス，硝酸鉄（III）およびその他の金属塩を含む混合硝酸水溶液を順に添加して酸性スラリーを得る．得られたスラリーを噴霧乾燥して，最後にこの乾燥粉体を大気雰囲気下，通常，500〜700°C で焼成して酸化物触媒を得る．

　スラリーを酸性に制御することによって，スラリー中のシリカはゾル状態を保持している．スラリーは噴霧時に瞬間乾燥されて，触媒成分が緻密なシリカゲルマトリックスに担持された球形の微小粒子からなる乾燥粉体を得ることができる．次いで，焼成によってシリカゲルの焼結*が進行するとともに，触媒金属成分の間で複合酸化物が形成される．

　耐摩耗性の改良のために，スラリーの固形分濃度を 40 重量％以下にすること，スラリー中の固形粒子の粒径をホモジナイザーを用いて 2 μm 以下にすること，大小平均粒子径の異なるシリカゾルを併用することなどの試みがなされている．耐摩耗性の付与は，フレッシュ触媒の補給量の軽減と摩耗細粉による反応塔内外の配管閉塞防止の観点から重要である．　　　　　　　　　　　　　　　　　　　　　〔青木囿壽〕
→多元系モリブデン-ビスマス触媒，鉄-アンチモン系触媒

アクリロニトリルの水和　hydration of acrylonitrile

　アクリロニトリルのシアノ基やビニル基を水和する反応をいう．シアノ基を水和す

るとアクリルアミドが生じ，ビニル基を水和するとエチレンシアンヒドリンとなる．

$$CH_2=CHC\equiv N + H_2O \begin{matrix} \nearrow CH_2=CHCONH_2 \\ \searrow HOCH_2CH_2C\equiv N \end{matrix}$$

　一般に，アルカリが存在するときはエチレンシアンヒドリンが，酸の存在下ではアクリルアミドが生成する．アクリルアミドはさらに加水分解されてアクリル酸となる．

　工業的にはアクリルアミドへの水和が重要である．アクリルアミドは，製紙薬剤や凝集剤，土壌改良剤などの原料として有用である．1950 年代から硫酸水和法により製造されていたが，1969 年に金属銅触媒が発見されて以来，直接水和法への製法転換が行われた．

　ラネー銅*や還元銅がほぼ 100 ％のアミド選択率を示す．金属銅はアクリロニトリルのシアノ基だけを選択的に活性化することができる．反応は液相固定床または懸濁床方式により，60～150℃で行われる．また，微生物法によってもアクリロニトリル水溶液からアクリルアミドが製造されている．　　　　　　　　　　　　　　〔杉山和夫〕

アクロレインの合成　synthesis of acrolein

　アクロレインはプロピレンの気相接触酸化によって製造される．

$$CH_2=CHCH_3 \xrightarrow[\text{多元系 Mo-Bi-O 触媒}]{O_2} CH_2=CHCHO$$

　この反応は Shell 社によって Cu_2O を触媒とする気相接触酸化として発見されたが，現在では多元系モリブデン-ビスマス触媒を用いるプロセスが採用されている．反応温度 320～350℃，6～8 mol％ のプロピレンを含む原料ガスを酸化し，プロピレンは

ほぼ完全に反応して95%の収率でアクロレイン(少量のアクリル酸を含む)を得る．生成したアクロレインの大部分は，連続酸化によりアクリル酸に酸化される．初期に使われた酸化モリブデン-ビスマス触媒は，$M^{2+}(Co^{2+}, Ni^{2+}, Fe^{2+}……)$, $M^{3+}(Fe^{3+}…)$ などの添加物によって改良され，低温活性となり，また選択性も向上して，炭化水素の工業的酸化反応の中では最も選択性の高い反応になっている．

反応は，酸化モリブデン-ビスマス触媒も，多元系 Mo-Bi-O 触媒も，ともにバルク内格子酸素が反応に関与する Mars-van Kreveren 機構で進行し，トレーサー技術を駆使した研究により，SOHIO グループの研究者らによって，図のような反応機構が提出されている． 〔諸岡良彦〕

➡アクリル酸の合成，プロピレンの酸化，多元系モリブデン-ビスマス触媒

アゴスティック相互作用　agostic interaction

電子欠損の金属中心に対して近傍に位置する C-Hσ 結合の電子が電子供与する現象をいい，水素原子の電子のみ相互作用する形式(A)と C-H 結合が相互作用する形式(B)の2種類がある．A型構造は例に示したようなチタンなどの前周期金属錯体に多く見られ，B型はアルキリデンやアルキリジン架橋多核錯体の例が知られている．C-H 結合活性化を経るアルカン活性化，C-H 還元脱離反応(C)や β-水素脱離反応を経るオレフィン生成反応(D)の遷移状態に近い構造と考えられているほか，重合反応の配位不飽和アルキル中間体がポリマー鎖とのアゴスティック相互作用により安定化されているとも提案されている．なお，例としては分子内のものを示したが，原理的には分子間のものも可能であり，それらはアルカン活性化の中間体と考えられている．炭素以外でもホウ素，ケイ素，窒素，硫黄原子に結合した水素原子についても同様な現象が認められている．

C-H 結合の結合次数が低下するため，C-H 伸縮振動(ν_{C-H})の低波数シフト(2700～2350 cm^{-1})，^{1}H-NMR シグナルの高磁場シフト，^{13}C-NMR における ^{1}H-^{13}C 結合定数の低下などにより検出することができる． 〔穐田宗隆〕

亜酸化窒素の合成　synthesis of nitrous oxide

アンモニアを 300～400℃ の比較的低温で金属酸化物触媒を用いて酸化すると，亜酸化窒素(N_2O)が得られる．

$$2NH_3 + 2O_2 \longrightarrow N_2O + 3H_2O + 552 \text{ kJ}$$

工業的には Mn_2O_3-Bi_2O_3 触媒が使われ，90% 以上の収率で N_2O が得られている．

N_2O は笑気とよばれ、麻酔剤などに利用される．酸化剤としてもベンゼンを選択的にフェノールへ転化するなど特異な性能をもつが、上記のように製造時に3モルの水素を消費しているので、高価な酸化剤であり、これを使った酸化反応は、副生 N_2O の利用などの特別の条件下でなくては経済的に成り立たない． 〔諸岡良彦〕

→アンモニアの酸化

アシル化　acylation

Ar-H+R(CO)X → ArCOR に示される求電子反応*．フリーデル-クラフツ反応*の一種．

　塩化アルミニウムに代表されるルイス酸やプロトンが、R(CO)X のカルボニル酸素に付加することでカルボニル炭素の求電子性が増し、芳香族環の C-C 二重結合を攻撃して生成物へと導く．R(CO)X は、X によって OH<NR_2'<OAr'<R'<H<ハロゲン、酸残基の順に反応性が大きくなるため、一般的には酸ハライドや酸無水物が使われる．ArH にアルキル、OR'、アミノなどの電子供与性の置換基があると活性化され X=H でも反応が進むことがある．また、$-NO_2$、-COR' や -CN など電子吸引性の置換基があると不活性になる．したがって、二置換アシル化反応は起こりにくい．芳香族化合物以外のチオフェン、フランなどの複素環式化合物、β-ジカルボニル化合物、エナミンなどもアシル化反応を引き起こす．

　ルイス酸を触媒とする工業的な反応では、ルイス酸が生成物と強固な付加物をつくるため R(CO)X の当量以上のルイス酸が必要であること、反応の後処理で多量の無機廃棄物が出ること、またルイス酸そのものが危険な薬品であることから、固体の酸を触媒とする試みが多数なされている．試みられた固体酸触媒としては、ヘテロポリ酸*のセシウム塩、Amberlist-15 などの強酸性カチオン交換樹脂、ナフィオン*-H などのペルフルオロカチオン交換樹脂、Ce(III) などのランタニド金属でイオン交換したY型ゼオライト、B(III)で置換したMFI型ゼオライト、ベータゼオライト、MCM-41、Al(III) でイオン交換したモンモリロナイトなどがある．ゼオライトを触媒とした場合ルイス酸ではみられなかった触媒の細孔径に依存した選択性が出ることがある．H-Y を触媒とするアニソールやベラトロールの無水酢酸によるアセチル化反応が工業化されている．

　関連する反応として、R(CO)X の代わりに CO,HCN,RCN,$COCl_2$,CO_2 と芳香族化合物との反応で、芳香族アルデヒドやケトンあるいはカルボン酸を生成するガッターマン-コッホ反応、ガッターマン反応、ホーベン-ヘッシュ反応などが知られている．いずれの反応も、芳香族と反応する試薬が触媒であるルイス酸や HCl により求電子試薬として活性化されることによって反応が進行する． 〔大西隆一郎〕

アシル錯体　acyl complex

　アシル基が金属に結合した錯体[M—C(=O)—R]を指し、R は通常炭化水素基であるが、アミノ基(カルバモイル(carbamoyl)錯体)、アルコキシ基(アルコキシカルボニ

アシロイン縮合　acyloin condensation

エステルをナトリウム存在下，二量化して α-ヒドロキシケトン（アシロイン）を生成する反応をいう．多くの場合エーテル，トルエン，キシレン中，加熱環流下で行われる．

$$2\ R-\underset{O}{\underset{\|}{C}}-OR' \xrightarrow{Na} R-\underset{NaO}{\underset{|}{C}}=\underset{ONa}{\underset{|}{C}}-R \begin{array}{c} \xrightarrow{H_2O} R-\underset{HO}{\underset{|}{CH}}-\underset{O}{\underset{\|}{C}}-R \\ \xrightarrow{Me_3SiCl} R-\underset{Me_3SiO}{\underset{|}{C}}=\underset{OSiMe_3}{\underset{|}{C}}-R \end{array}$$

(R = アルキル基)

この反応は，ナトリウムから一電子還元で生成するラジカル種が二量化してジケトンが生成し，さらにジケトンが還元される機構で進行すると考えられている．

分子内反応を用い，通常合成が難しいとされる四員環，八～十員環をはじめとする幅広い環状化合物の合成に利用されている．　　　　　　　〔土井隆行〕

アセトアルデヒドの合成　synthesis of acetaldehyde

アセトアルデヒドの生産の大部分は，ヘキスト-ワッカー法によるエチレンの酸化によっている．この製法には，$PdCl_2$ と $CuCl_2$ の二元系触媒の水溶液と O_2 あるいは空気を用いる．$PdCl_2$ に π 配位したエチレンに，水が求核攻撃しオキシパラジウム中間体（σ 錯体）となり，この中間体からの Pd-H 脱離を経てアセトアルデヒドが生成する．$CuCl_2$ と O_2 との作用により，Pd に関する触媒化がなされる．

この製造法が開発される以前は，$HgSO_4$ 触媒を用いてアセチレンに水を付加させる方法が主流であった．副生するメチル水銀が海に流出し，水俣病とよばれる深刻な公害を引き起こしたことは広く知られている．

エタノールを，Zn，Co あるいは Cr で活性化された Cu 触媒上で脱水素する方法や，Ag 触媒上でエタノールを脱水素させて，生成した水素を O_2 と反応させる酸化脱水素法でもアセトアルデヒドは生産される．

アセトアルデヒドの用途は，酢酸の製造用に大きな比率を占めているが，Rh 錯体触媒を用いるメタノールのカルボニル化法による酢酸製造プロセスが，1970 年に開発され，この比率は減少の傾向にある．アセトアルデヒドは，無水酢酸，酢酸エチル，過酢酸，ペンタエリトリトールなどの合成原料としても利用されている．〔細川隆弘〕

➡ワッカー法，酢酸の合成

ル(alkoxycarbonyl)錯体)をもつ錯体なども含めてアシル錯体と総称することもある．アルケン類のヒドロホルミル化*，アルケン・有機ハロゲン化物のアミド化・エステル化*などの触媒的カルボニル化反応*の鍵中間体で，主な生成方法としては，（1）アルキル-カルボニル錯体の分子内移動挿入反応*，（2）カルボニル錯体*への外部求核試薬の付加反応，（3）金属アニオン種のアシル化反応があげられる．反応性としては，金属からのd電子逆供与*によりアシル酸素の求核性が高められているのでプロトン，アルキル化剤などの求電子試薬と容易に反応してアルコキシカルベン種が生成する以外に，求核試薬とも反応してカルボニル化合物を与える．またアシル基とともにアルキル基，ヒドリド基などのσ結合した配位子が共存している場合には，還元的脱離*反応を起こしてカルボニル化合物が生成するが，これはヒドロホルミル化*などにも含まれている重要な素反応である．

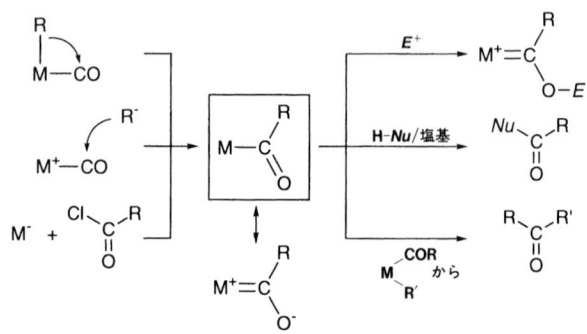

金属にσ結合したものが大部分であるが，前周期金属錯体*や多核錯体の場合にはアシル酸素も金属に配位した構造をとることが知られている． 〔穐田宗隆〕

アシルペルオキシド acyl peroxide

過酸化水素をジアシル化した化合物をアシルペルオキシド，過酸化アシル，またはジアシルペルオキシドという．カルボン酸クロリドと過酸化水素の塩基触媒反応により容易に合成される．代表的な化合物はベンゾイルペルオキシド(BPO, 過酸化ベンゾイル)であり，ラジカル開始剤として多用される．熱分解(70〜90℃)や光分解によりベンゾイロキシラジカルを発生し(反応1)，水素引抜きや重合開始反応などに応用される．

$$\text{RCOOCR} \xrightarrow{(1)} 2\text{RCO·} \xrightarrow{(2)} 2\text{R·} + 2\text{CO}_2$$
$$\parallel \ \ \parallel \qquad\qquad \parallel$$
$$\text{O} \ \ \text{O} \qquad\qquad \text{O}$$

R＝アルキルの場合は脱炭酸反応(反応2)が速く，アルキルラジカルの反応となる．過酸化アセチル($R=CH_3$)は爆発性の高い過酸化物であり，残存量をヨードメトリーで定量し注意して取り扱う必要がある． 〔沢木泰彦〕

→ペルオキシカルボン酸

アセトンのアルドール縮合 aldol condensation of acetone ─────

アセトンは溶剤として使用されるが,メチルイソブチルケトン(MIBK)やメチルイソブチルカルビノールのような中間品製造のための原料として用いられる.塩基触媒の存在下,アセトンはアルドール縮合によりジアセトンアルコールを生成し,次いで酸による脱水反応によりメシチルオキシドを生成する.さらに水添触媒により水素化され MIBK に,さらにはメチルイソブチルカルビノールに還元される.

工業的にはアセトンから MIBK までの反応をゼオライトあるいはリン酸ジルコニウムのような陽イオン交換体に Pt または Pd を添加した二元機能触媒を用いて1段階で行う.

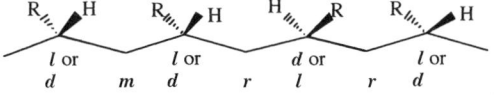

〔山口 力〕

アタクチックポリマー atactic polymer ─────

一置換アルケンの重合において,立体構造が全く無秩序に連なった(例えば,d,d,l,d)ポリマーをいう.ヘテロタクチックポリマーともよばれる.

〔安田 源〕

アップグレーディング upgrading →石炭液化 ─────

圧力ジャンプ法 pressure-jump method →緩和法 ─────

圧力損失 pressure drop ─────

反応器の圧力損失を知ることは反応流体を送入する送風機の動力消費ならびに反応器内の全圧変化を追跡するうえで重要である.反応装置や装置形状の選択,触媒粒子

の大きさの決定などの反応操作設計において，まず圧力損失(圧損)を計算する．固定層の圧力損失の計算には次の Eugen の式がよく用いられる．

$$\frac{\Delta p}{L} = 150\frac{(1-\varepsilon)^2}{\varepsilon^3}\cdot\frac{\mu u}{(\phi_s d_p^2)} + 1.75\frac{1-\varepsilon}{\varepsilon^3}\cdot\frac{\rho_g u^2}{\phi_s d_p} \tag{1}$$

ここで，Δp は圧力損失[Pa], L は層高[m], d_p は粒子の球相当直径[m], u はガスの空塔速度[m s^{-1}], ρ_g はガスの密度[kg m^{-3}], μ はガスの粘度[Pa s], ε は固定層の空隙率[$-$], ϕ_s は粒子の形状係数[$-$]である．

この式で明らかなように圧損に対する粒子径の影響は極めて大きい．計算の一例では粒子径を3 mm から2 mm とするだけで圧損は2.5倍となる．圧力損失を軽減するには，粒子形状の工夫(ラシヒリング型粒子，モノリス触媒など)，反応器の D/L を大きくする，ラジアルフロー型反応器の採用などが考えられる．

流動層，混相流，モノリス構造体など種々の反応装置の圧力損失については化学工学便覧などを参照． 〔新山浩雄〕

アドキンス触媒　Adkins catalyst

メタノールの空気酸化によりホルムアルデヒドを合成する反応に用いられる固体触媒で，三酸化モリブデンと酸化鉄からなる複合酸化物である．1931年に Adkins が，メタノール酸化には活性は低いがホルムアルデヒド選択性の高い三酸化モリブデンに選択性には劣るが活性にすぐれる酸化鉄を合わせ，両方の特性を備えたすぐれた触媒とする複合化の考えを示し，MoO_3-Fe_2O_3 触媒を提案した．これが今日の工業触媒の基礎をもたらしたことから，触媒にこの名がつけられている．同時にこの複合化の方法論はさまざまな反応の触媒開発に応用され，今日の工業用複合酸化物触媒の発展をもたらした．

触媒の主結晶相は $Fe_2(MoO_4)_3$ であるが，ホルムアルデヒドの選択性を保持するため MoO_3 リッチのものが使用され，全体を不活性な酸化物担体に担持されることも多い．反応は供給メタノールに対して酸素過剰の条件下，300〜400°Cの反応温度で行われる．メタノールの空気酸化に Ag 触媒*も用いられるが，メタノール過剰条件であるのと反応温度が高い点アドキンス触媒と異なる． 〔上田　渉〕

→メタノールの酸化，ホルムアルデヒドの合成，複合酸化物

アトロプ異性　atropisomeric

エタンの重なり形やねじれ形のような配座異性体は原理的には分離が可能であろうが，実際は配座異性体間のエネルギー障壁が低いので単離できない．しかしながら，回転障壁が十分に高いと配座異性体が実際に分離できるようになる．そうした立体異性体をアトロプ異性(a+trop；ギリシャ語の tropos (turn) "回転"が止められるの意)とよばれる．この種の異性体の多くがビフェニル誘導体であることから，ビフェニル異性ともいわれる．ビフェニル類がキラリティーをもつためには，(1) A $\neq$ B と A′ $\neq$ B′(メタ置換体でも)，(2)フェニル基は異なる平面に存在する，(3)両エナンチオマ

一間のエネルギー障壁は十分大きいことが必要である.

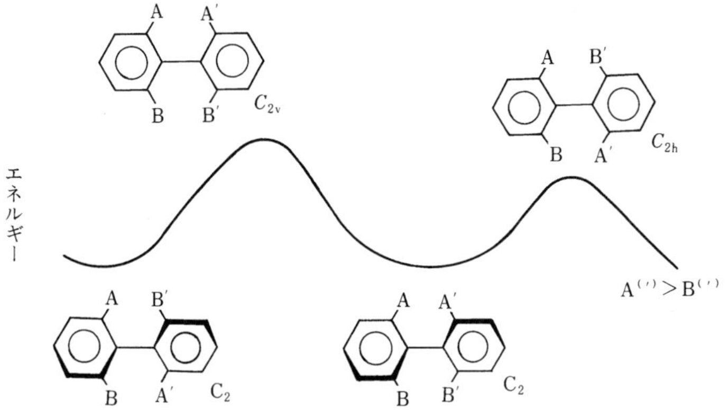

〔三上幸一〕

→立体配座

アナターゼ anatase

酸化チタンの結晶形態の一つ.他にルチル*とブルカイト(イタチタン石)がある.ルチルとともに正方晶系に属し,高温($>700°C$)でルチルに転移する.粉体としての表面積は,一般にルチルより大きいが($4 \sim 15 \, m^2 \, g^{-1}$),調製方法に強く依存する.アルキル化,アルケン重合,異性化,酸化,水和などさまざまな反応に触媒活性を有する.酸素欠陥によりn型の半導体となり,光触媒活性を示す.Pt/TiO_2による水の光分解がよく知られている.光触媒活性は一般にルチルより高いが,これも調製方法の影響が著しい.最近では日光などによる環境汚染物質除去の目的で,構造物の壁面に塗布した形での利用が注目されている.半導体型酸素センサーとしても応用されている.

〔小宮山政晴〕

アニオン重合 anionic polymerization

負電荷を帯びた生長種がモノマーに求核付加を繰り返すことにより進行する重合反応.対カチオンと生長鎖の分極の程度により,フリーなアニオンが付加する場合と双極子が付加する場合がある.重合挙動は,イオン対の構造に加え,溶媒の極性にも大きく依存する.アニオン重合ではイオン反発のためラジカル重合のような二分子停止は起こらず,水やアルコールなどのプロトン性化合物が停止剤となる.アニオン重合するモノマーは,スチレン類や1,3-ジエン類などの共役系炭化水素系モノマー,メタクリル酸エステル類やアクリロニトリルなどの電子吸引性置換基を有するモノマーおよびヘテロ原子を有する環状モノマーに大別される.Li, Na などのアルカリ金属やそれらのアミド・アルコラート・有機金属,グリニャール試薬,有機アルカリ土類金属,その他さまざまな塩基が開始剤として用いられるが,モノマーの反応性に応じて適切

な開始剤を選択することが必要である．表に重合可能なモノマーと開始剤の組合せを示す．開始剤は開始剤能力の高い順に，モノマーは反応性の低い順に並べてある．

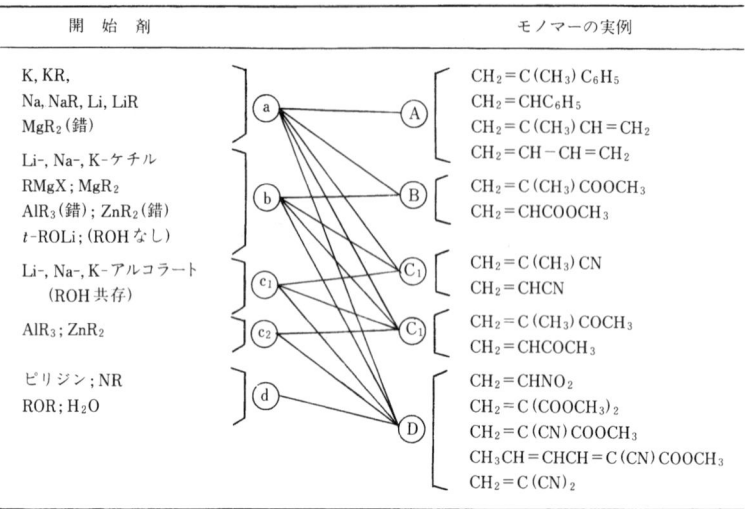

アニオン重合におけるモノマーおよび開始剤の反応性

(錯)はルイス酸との錯体を意味する．
鶴田禎二：新訂高分子合成反応，日刊工業新聞社 (1976)．

　最も高い求核性を示すa群のアルカリ金属化合物はすべてのモノマーの重合を引き起こすが，最も反応性の低いA群の炭化水素系モノマーは，a群の開始剤でのみ重合する．これらの炭化水素モノマーの重合を炭化水素溶媒中で行うと，モノマーの転化率に比例して分子量が増加し単分散ポリマーを与えるリビング重合系となる．この性質を利用してポリスチレン-ポリジエン-ポリスチレン型のブロック共重合体やその水素化物が製造されている．これに対し，メタクリル酸エステルなどの極性基を有するモノマーのアルキルリチウムによるアニオン重合では極性基の関与した副反応が起こるため，$-78°C$という低温においてリビング重合が達成されている．アルキルリチウムの代わりにシリルエノラートを用い触媒として HF^{2-} などを共存させると，穏和な条件下でアクリル酸エステルやメタクリル酸エステルのリビング重合が進行する．$SiMe_3$ 基が生長末端を移動していくことからグループトランスファー重合と命名されたが，安定なシリルエノラートが生長種であるという点を除けば，アルキルリチウム系と重合機構上本質的な差異はない．アルミニウムポルフィリンのエノラート錯体も穏和な条件下でメタクリル酸メチルのリビング重合触媒となる．最も反応性の高いD群のモノマーは求核性の最も弱いd群の開始剤でも重合する．α-シアノアクリル酸エステル類は空気中の水分で重合するため瞬間接着剤として用いられている．

　エチレンオキシド，プロピレンスルフィド，シクロシロキサン，ラクトンなどの環

状モノマーはアニオン機構により開環重合*する．アルカリ金属のアルコキシドが代表的な開始剤である．　　　　　　　　　　　　　　　　　　　　　　　　　　　〔塩野　毅〕
→ゴムの水素化，ブタジエンの重合

アニスアルデヒドの合成　synthesis of anisaldehyde

アニスアルデヒドは香料，医・農薬中間体の原料，めっき光沢剤などの用途があり，従来，アネトールの酸化，あるいは p-メトキシトルエンの Co, Mn, Ce などによる液相酸化*，電解酸化*などにより製造されていた．これら液相法では生成物と溶媒，触媒成分との分離，廃液の処理，電力コストなど多くの問題点があるが，1985年(株)日本触媒により，p-メトキシトルエンの気相接触酸化*による工業化プロセスが確立された．

気相接触酸化法は，V-アルカリ金属系の複合酸化物を触媒とし，空気中，p-メトキシトルエン濃度 1 vol%，反応温度 350～450°C で実施され，80% 以上の高い収率でアニスアルデヒドが得られる．また，副生成物としては，CO_2，CO が主でアニス酸がわずかに生成するのみであり，精製工程が簡略化された廃棄物の無いクリーンなプロセスである．

CH₃-C₆H₄-OCH₃　→（O₂, V-アルカリ金属系複合酸化物）→　CHO-C₆H₄-OCH₃

〔中村伊佐夫〕

アニリンの合成　synthesis of aniline

アニリンは特異の臭気をもつ無色の液体で，芳香族化学において最も重要な基本物質の一つである．イソシアナート，ゴム薬，染料，顔料などの原料としてアニリンとその誘導体が用いられる．

アニリンの合成原料として古くからニトロベンゼンが使用されてきた．少量の塩酸の存在下，鉄粉と水によるニトロベンゼンの還元は，工業的なアニリンの製造法としては最も古い方法である．しかし，この製造法は経済的にすぐれていないため，液相あるいは気相の接触水素化法が用いられるようになった．ニトロベンゼンの気相接触水素化は固定層あるいは流動層のいずれでも行うことができる．

固定層における水素化では，300～475°C で硫化ニッケル触媒などが用いられる．Cu あるいは Cr による水素化触媒の活性化，各種担体の使用，硫酸塩，H_2S，CS_2 などによる触媒の硫化など，多様な触媒の調製法があり，アニリンの選択率は 99% 以上である．

流動層における水素化では触媒としては SiO_2 に担持した Cu, Cr, Ba, Zn の酸化物が用いられ，反応条件は 270～290°C，0.1～0.5 MPa で行われる．アニリンの選択

率は99.5％である．別にアニリン製造法としてはクロロベンゼンあるいはフェノールのアンモノリシス，クロロベンゼンを銅触媒の存在下でアンモニアと加圧下に加熱する製法（ダウ法）などがあげられる． 〔瀬川幸一〕

アノード反応　anodic reaction

電気化学システムにおいて，電流が電極側から電解質側に流れる（電子はその逆方向）反応，すなわち電気化学的酸化反応をアノード反応という．例えば，水素のアノード反応は次式で示され，この反応場となる電極の触媒特性が，反応機構および反応速度に大きく影響する．

$$H_2 \longrightarrow 2H^+ + 2e^-$$

アノード反応が起こる側の電極を，電気分解の場合には陽極，電池の場合には負極，腐食反応の場合はアノードという．実用的には，食塩電解工業における塩素の発生（RuO_2 系触媒電極），めっき工業および水電解における酸素の発生（IrO_2 系触媒電極），オゾン発生反応（PbO_2 系触媒電極），燃料電池*における水素の酸化（Pt または Pt-Ru 系触媒電極）などが重要な反応と触媒である． 〔高須芳雄〕
→電解酸化，カソード反応

アパタイト　apatite

一般に化学式 $M_{10}^{2+}(ZO_4)_6^{3-}X_2^-$ で表される六方晶系の鉱物群の総称であり，M のサイトは Ca, Ba, Sr, Mg, Na, K, Pb, Cd, Zn, Ni, Fe, Al など，ZO_4 のサイトは，PO_4, AsO_4, VO_4, SO_4, SiO_4, CO_3, BO_3 など，X サイトは F, OH, Cl, Br, O などで構成されている．化学式 $Ca_5(PO_4)_3X$（X=OH, F, Cl）はリン灰石ともいい，リン酸塩鉱物で地球上に広く分布し，産出量も多い．$Ca_5(PO_4)_3OH$ はヒドロキシアパタイトと称し，コラーゲンやタンパク質と結合して動物の骨や歯を形成している．そのため，人工骨や歯の材料としてすでに使用されているが，さらに生体適合性の高い材料を目指した合成が試みられている．ヒドロキシアパタイトの合成では，Ca/P 比を変えたり，OH 基のハロゲンイオンによる部分置換，リン以外の元素による部分置換などが可能である．合成品には酸化および酸・塩基触媒作用が認められている． 〔北山淑江〕

アミノ化　amination

アルコールまたはフェノールのアミノ化反応は，アルキルアミン，アニリンのほかピペリジンなどヘテロ環化合物の合成にとって重要な反応である．触媒として Al_2O_3-B_2O_3 などの金属酸化物，金属リン酸塩などの固体酸を用いる場合と，Ni, Pd などの水素化触媒を用いる場合がある．アミノ化は平衡的に有利な反応であるが，一般的には第一級，第二級，第三級アミンの混合物を生成する．

低級アルコールとアンモニアまたはアミンの反応は常圧～150 atm, 300～500℃で Al_2O_3 触媒として行う．（固体酸触媒によるアミノ化は，酸点によるアルコールからのカルベニウムイオンの形成を経て進む．）ラネーニッケルを用いて180℃, 250 atm で

液相アミノ化を行うと、モノアルキルアミンが選択的に生成する。一方、水素化触媒の場合は以下の式に示すように、脱水素を経由する反応である。芳香族アミンによるアミノ化にも、$SiO_2 \cdot Al_2O_3$ などの固体酸を用いる気相法とラネーニッケルを用いる液相法とがある。

$$RR'CHOH \xrightarrow{-H_2} RR'C=O \xrightarrow[-H_2O]{NH_3} RR'C=NH \xrightarrow{H_2} RR'CHNH_2$$

〔瀬川幸一〕

→ メチルアミンの合成、アルケンのアミノ化

アミンの脱水素　dehydrogenation of amines

アミン類は、触媒により N-H, C-H, C-N, C-C の各結合が活性化される可能性があり、それぞれ対応する生成物を与える。このなかで、アミン類に特有な脱水素反応*として、イミンからさらにニトリルを生成する反応($-CH_2NH_2 \to -CN + 2H_2$)が代表的である。このほか、含窒素複素環式化合物の脱水素やシクロアルキルアミンの芳香族アミンへの脱水素などがある。

第一級アミンのニトリルへの脱水素触媒としては、MgO, ZnO, CuO, ZrO_2 のような、塩基性ないしは弱い塩基点と弱い酸点をあわせもつ酸化物があり、アミノ基で吸着したアミンの α 位 C-H 水素が塩基点(O^{2-})により引き抜かれる過程が重要である。一方、SiO_2-Al_2O_3 のような酸性酸化物では、主として脱アミノ化によりアルケンを生成する。第二、第三級アミンからのニトリル生成は、アルケン脱離により生じる第一級アミンを経て進むと考えられている。

Zn, In, Tl, Ga などの溶融金属も、ニトリルへの脱水素触媒として有効である。一方、遷移金属触媒では、生成した水素が原料と反応して炭化水素とアンモニアを生成するなどの副反応が起こりやすい。このため、酸化脱水素*のほうが有利であり、Pd/Al_2O_3 などが用いられる。

〔篠田純雄〕

アモルファス合金　amorphous alloy

アモルファスは無定形あるいは非晶質ともよばれ、原子の配列はあたかも液体金属のように乱れ短周期規則性は存在するが、結晶の原子配列を特徴づけている長周期規則性が喪失した状態である。このようなアモルファス状態ではダングリングボンドなどの配位不飽和性のサイトが高濃度で存在するため、表面の反応性は高く特異な触媒作用を示すことが期待される。

アモルファス合金をつくるには、真空蒸着やスパッタリング、液体急冷などの製法が用いられ、そのうち触媒調製には液体急冷法が大量合成に適しているので最も一般的である。溶融した合金を $10^6 K\,s^{-1}$ 程度の高速度で急冷し、結晶化させずにそのまま凍結させてアモルファスとする方法で、B, C, Si, Ge, P などの半金属または非金属元素との組合せがアモルファス化をいっそう促進する。リボン、細線、粉末、薄片などの形状で調製されるが、触媒としての比表面積は小さい。低融点でガラス転移点の高

い系ほどアモルファス化しやすい．これまでに触媒として応用されている代表的な合金系とその触媒反応を表に示す．

種々のアモルファス合金を用いた触媒反応

触媒反応	合金系
アンモニア合成	$Fe_{91}Zr_9$, $Ni_{24}Zr_{76}$, $Ni_{64}Z_{36}$
水素化	$Ni_{62}B_{38}$, $Ni_{40}Fe_{40}B_{20}$, $Pd_{80}Si_{20}$, $Pd_{77}Ge_{23}$, $Pd_{35}Zr_{65}$, $Cu_{70}Zr_{30}$
脱水素	$Cu_{67}Ti_{33}$, $Cu_{61}Zr_{39}$
水素化分解	$Ni_{62}B_{38}$
F-T 合成	$Fe_{82}B_{18}$, $Fe_{81}B_{13.5}Si_{3.5}C_2$, $Fe_{40}Ni_{40}P_{16}B_4$, $Ni_{60}Fe_{20}P_{20}$, $Ni_{78}P_{19}La_3$
メタネーション	$Ni_{67}Zr_{33}$, $Ni_{64}Zr_{36}$, $Au_{25}Zr_{75}$, $Rh_{25}Zr_{75}$, $Pt_{25}Zr_{75}$
メタノール合成	$Cu_{70}Zr_{30}$, $Cu_{60}Ti_{40}$, Cu-Ce-Al, $Cu_{70}Zn_{15}Al_{15}$
CO 不均化	$Pd_{33}Zr_{67}$, $Pd_{25}Zr_{75}$
NO 分解	$Ni_{91}Zr_9$, $Rh_{25}Zr_{75}$
酸化	$Pd_{33}Zr_{67}$, $Pd_{25}Zr_{75}$, $Au_{25}Fe_5Zr_{70}$
還元	$Ni_{64}Zr_{36}$, $Pd_{25}Zr_{75}$

　一般にアモルファス合金は結晶質にもとづく構造上の欠陥（結晶粒界，転位，積層欠陥）を含まず，さらに液体急冷法では，冷却過程で固体内拡散によって生じる異相，析出物，偏析などもないため，構造と組成の両面で理想的な均質性を有している．さらに，構成原子やその組成変化に自由度があるため，電子的な性質や物性の制御ができるなどの特徴をもっている．しかし，アモルファス状態は熱力学的には不安定であるため加熱や雰囲気の変化などによる結晶化，あるいは各種の化学的処理や触媒反応に伴って構造変化を起こしやすい．アモルファスの特性を反応条件下で維持しながら，触媒作用に反映させることの難しさが，アモルファス合金の触媒材料としての応用を制約している．これまでのアモルファス合金の触媒作用に関する研究は，アモルファス特性を保持した as-quenched 試料と，アモルファス合金を前駆体にして高活性な触媒への改質を指向したものに分類される．　　　　　　　　　〔今村速夫〕

アリルアルコールの合成　synthesis of allyl alcohol

　アリルアルコールは無色透明の刺激性が強い液体であり，その用途はジアリルカーボネート（プラスチックレンズの原料），ジアリルテレフタラート樹脂（熱硬化性樹脂），アリルグリシジルエーテル（シランカップリング剤の原料），エピクロルヒドリン（エポキシ樹脂の原料），1,4-ブタンジオール（ポリエステル，ポリウレタンの原料）などの原料である．

　アリルアルコールはアリルクロライドと NaOH の反応あるいはアクロレインの還元によっても製造できるが，工業的には下記製法により生産されている．
（1）プロピレンオキシドの異性化による製法

$$CH_3-CH-CH_2 \xrightarrow{Li_3PO_4} CH_2=CHCH_2-OH$$
$$\underset{O}{\underbrace{\qquad\qquad}}$$

　Li_3PO_4 の微細粉末の縣濁溶液に 300°C でプロピレンオキシドを導入し異性化反応

を行う．

1984年まではこの方法ですべてのアリルアルコールが工業的に生産されていたが，1985年昭和電工(株)により下記製造法が確立された．

（2） プロピレンをアセトキシル化したのち，加水分解を行う製法

$$CH_2=CHCH_3 + CH_3COOH + \tfrac{1}{2}O_2 \longrightarrow CH_2=CHCH_2OCCH_3 \; (\overset{O}{\|})$$

$$CH_2=CHCH_2OCCH_3 \; (\overset{O}{\|}) + H_2O \underset{}{\overset{H^+}{\rightleftarrows}} CH_2=CHCH_2-OH + CH_3COOH$$

アセトキシル化は Pd を主触媒とする担持金属触媒が用いられ，160～180℃，0.49～0.98 MPa で反応が行われている．また，加水分解はイオン交換樹脂*が触媒として用いられ，固定床液層反応で反応温度60～80℃で行われている．〔石村善正〕

アリルアルコールのヒドロホルミル化　hydroformylation of allyl alcohols

アリルアルコールを基質としてヒドロホルミル化を行うと，2-ヒドロキシテトラヒドロフランが生成する．この化合物は初期生成物である4-ヒドロキシブタナールとの平衡にある．Rh 錯体を触媒に用いることが多い．これをさらに水素化すると1,4-ブタンジオールが得られる．この一連の反応は工業プロセスとして確立されている．

また，2-ヒドロキシテトラヒドロフランを酸化すれば γ-ラクトンが得られる．なお，触媒として Pd 錯体を用いれば，アリルアルコールから直接 γ-ラクトンが得られることが報告されている．

近年，置換基を有するアリルアルコールの不斉ヒドロホルミル化の研究も行われており，90％ ee ちかい値が得られている．　　　　　　　　　　　〔福本能也〕

→ヒドロホルミル化

アリル型酸化　allylic oxidation

アルケンのアリル位の C-H 結合は，切断によって水素ラジカルが引き抜かれたのち，炭素上に残された孤立電子が隣接する不飽和結合の π 電子と共役安定化するため，他の C-H 結合に比し容易に切断される．プロピレンを例にとれば，その切断に要するエネルギーは 332 kJ mol^{-1} であり，第三級の C-H 結合よりも 30 kJ mol^{-1} も小さく，まして第一級や第二級の C-H 結合，ビニル性の C-H 結合に比較すればはるかに小さい．

$$CH_2=CH-CH_3 \longrightarrow CH_2 \cdots CH \cdots CH_2 + H\cdot \; -322\,kJ\,mol^{-1}$$

H^+ や H^- が引き抜かれる場合も同様である.

　炭化水素,特にアルケンや芳香族側鎖の接触酸化やアンモ酸化は石油化学工業の基幹プロセスとして利用されているが,これらの反応の最初のステップは,反応物の分子中最も C–H 結合の弱いアリル位の水素の引抜きによって始まる例が多数知られている.代表的な例として,プロピレンの酸化によるアクロレインの合成,およびアンモ酸化によるアクリロニトリルの合成があげられる.いずれも最初にアリル位の C–H 結合が律速的に引き抜かれ,触媒表面に π-アリル中間体が生成するステップで進むことがトレーサー技術などにより証明されている.一般に金属酸化物触媒上での炭化水素の選択酸化では,酸素分子が O^-,O^{2-} などの原子状種に活性化され,これらの酸化活性種による C–H 結合からの水素原子引抜きと,酸素活性種の不飽和炭素への付加が競争的に進行する.しかし,O^-,O^{2-} は,求核種で求電子種ではなく,不飽和炭素への付加は特殊な場合しか起こらず,C–H 結合からの脱水素が主要な反応の経路となる.したがってアリル位の水素の引抜きは最優先して起こるステップで,炭化水素の接触酸化の選択性を考慮するうえに重要な因子となっている.

　このようなアリル位の水素の引抜きで始まる酸化反応を総称してアリル型酸化とよんでおり,次のような例があげられる.

$$CH_2=CR-CH_3 \quad (R=H, CH_3) \xrightarrow[\text{触媒}]{O_2} \pi\text{-アリル} \begin{cases} \xrightarrow[\text{多元系 Mo-Bi-O, Fe-Sb-O}]{NH_3, O_2} CH_2=CR-CN & (1) \\ \xrightarrow[\text{多元系 Mo-Bi-O}]{O_2} CH_2=CR-CHO & (2) \\ \xrightarrow[Bi_2O_3, SnO_2]{\text{二量化}, O_2} \text{R-C}_6\text{H}_4\text{-R} & (3) \end{cases}$$

$$CH_2=CH-CH_2-CH_3,\ CH_3-CH=CH-CH_3 \xrightarrow[V_2O_5-P_2O_5]{O_2,\ Mo-Bi-O} \text{π-アリル中間体} \xrightarrow[V_2O_5-P_2O_5]{Mo-Bi-O} CH_2=CH-CH=CH_2 \quad (4)$$

$$\xrightarrow[V_2O_5-P_2O_5]{O_2} \text{無水マレイン酸} \quad (5)$$

式(1),(2),(4),(5)は工業的にも利用されている反応である.特にアリル型酸

化には分類されていないが，芳香族側鎖の酸化で，フェニル基に隣接した C-H がまず切断されるのも同じ理由である．ブタンの酸化で無水マレイン酸を合成する反応のように，中間の過程でアリル型酸化が起こっているケースも多く知られている．

〔諸岡良彦〕

→プロピレンの酸化，アクリル酸の合成，アクリロニトリルの合成，アルケンの酸化

ROMP　ring opening metathesis polymerization　→開環メタセシス重合

アルカープロセス　Alkar process
ベンゼンとエチレンからのエチルベンゼン合成法として，UOP で開発されたプロセス．触媒は BF_3 を担持した γ-アルミナである．反応は気相で行われ，反応条件は 560 K，反応圧 6.0〜6.5 MPa である．　　　　　　　　　　　　　〔小野嘉夫〕

アルカリ金属触媒　alkali metal catalyst
アルカリ金属のうち，触媒として用いられる元素は Li, Na, K, Rb, Cs である．アルカリ金属の特徴はイオン化ポテンシャルが低くカチオンになりやすいこと，電気陰性度が低いこと，酸化物を形成したとき酸素イオンの部分電荷が高いこと，融点が低いこと(最も高い Li でも 179°C)があげられる．代表的な物理定数を表に示す．2 族元素と比べても電気陰性度の低さ，および酸素イオンの負電荷の高さは特筆される．アンモニアに溶解し溶媒和電子により青色を呈する．

	Li	Na	K	Rb	Cs
原子半径 [nm]	0.140	0.154	0.198	0.220	0.265
イオン化電圧 [eV]	5.39	5.14	4.34	4.18	3.90
電気陰性度	0.97	1.01	0.91	0.89	0.86
融点 [°C] (金属)	179	97.7	63.7	39.0	28.5
イオン半径 [nm]	0.060	0.096	0.133	0.148	0.169
電気陰性度（イオン）	3.0	2.7	2.4	2.4	2.1
酸化物酸素の部分電荷	-0.8	-0.81	-0.85	-0.86	-0.87

アルカリ金属は金属のまま触媒として用いられる例は稀で，低融点であることを利用して活性炭，アルミナ，マグネシアなどの金属酸化物に蒸着担持する，あるいはグラファイト層間にインターカレートする方法がとられる．こうして調製された試料はしばしば強力な塩基性を発現する．元素のイオン化ポテンシャルが低いことから，蒸着後の状態は電子を 1 個放出してカチオンになり，放出された電子は担体の電子密度を高めていると思われる．アンモニアへの溶解性を利用して液体アンモニアへ溶解後担体を加え昇温によりアンモニアを除き金属を担持する方法もある．またアミドを形成させ担体に担持させる方法もとられることがある．これらの方法により，最高 $H_-=+35$ に達する強力な固体塩基*が調製されている．金属を用いた場合より塩基強度は劣るが($H_-=+26$)，アルカリ金属塩をアルミナに担持・分解することによっても強塩基が得られる．アルカリ金属酸化物そのものの塩基性は顕著ではない．

発生した強力な塩基性は pK_a の大きな炭化水素のプロトン引抜き型反応に利用される．反応としてはアルケンの異性化，二量化およびアルキルベンゼンの側鎖アルキル化に応用されている． 〔山口 力〕

アルカリ土類酸化物 alkaline-earth oxide ──────────

2族元素は1族元素(アルカリ金属)に次いで電気陰性度は低い．したがって，酸化物の酸素イオンの部分電荷も1族元素に次いで高い．Be および Mg の水酸化物は水に難溶性であるが他の水酸化物は水溶性であり(溶解度は原子番号とともに増大)，塩基性が強く二酸化炭素を吸収する．酸化物中，酸化マグネシウムは比較的不活性であるのに対し，Ca, Sr, Ba の酸化物は水との反応により水酸化物となる．BeO(ZnOと同じくウルツ鉱型)を除く酸化物はいずれも岩塩型結晶構造のイオン結晶であり，金属イオン，酸素イオンともに6配位である．イオン半径は Be^{2+} では極端に小さく，Ba^{2+} では酸素イオンと同程度の大きさとなる．このようなカチオンのイオン半径の差を反映して，MgO では Mg^{2+} は酸素イオンでつくられる隙間に埋没するのに対し，BaO では Ba^{2+} と酸素イオンがほぼ同等の面積比をもって露出する．すなわち，カチオンの酸素イオンに対する露出面積比は MgO＜CaO＜SrO＜BaO の順となる．

周期律表を下にいくほど過酸化物を形成する傾向が強いことは1族元素と同様である．

	Be	Mg	Ca	Sr	Ba
原子半径 [nm]	0.120	0.148	0.178	0.192	0.218
イオン化電圧 [eV]	9.32	7.64	6.11	5.69	5.21
電気陰性度	1.47	1.23	1.04	0.99	0.97
融点 (金属) [℃]	1280	650	840	770	725
イオン半径 [nm]	0.031	0.065	0.099	0.113	0.135
電気陰性度 (イオン)	7.5	6.0	5.0	5.0	4.5
融点 (酸化物) [℃]	2530	2852	2614	2430	1918
酸化物酸素の部分電荷	−0.43	−0.50	−0.57	−0.59	−0.61
炭酸塩の分解温度 [℃]	—	350 [*1]	825 [*2]	1358 [*3]	1450

[*1]マグネサイト，[*2]カルサイト，[*3]ストロンチアナイト．

触媒として用いる場合は酸化物として用いられ，塩あるいは水酸化物の状態で用いられることは稀である．通常炭酸塩，硝酸塩あるいは水酸化物を出発物質として熱分解により酸化物を得るが，塩(あるいは水酸化物)によっては比較的低温で融解するものもあるので注意が必要である．酸化物は水，二酸化炭素，硫黄酸化物(SO_2，SO_3)を吸着あるいはそれらと反応するので，調製時の雰囲気調節は重要である．熱分解は分解平衡を生成物側へ移動させる操作である．生成する水あるいは二酸化炭素を速やかに系外に除去すればよい．このためには真空で排気する，あるいは高流速の不活性ガス中で処理すればよい．酸化物への分解には高温が必要であることは炭酸塩の分解温度からわかる．水酸化マグネシウムの場合，加熱・脱水により反応性に富む MgO(111) 面を形成するが，高温で徐々に最安定かつ不活性な(001)面を形成する．水蒸気分圧が高い場合この変化は加速される．酸化物の最安定面は一般に低活性で，高い触媒活性

を得るためにはより多くの不安定な面をつくり出す必要がある．この点で加熱プログラムも重要なポイントになる．すなわち，より高速で分解ガスを除去しつつ高速で熱分解を行えば不安定面の露出頻度は高まり，高活性な触媒が得られると考えられる．

アルカリ土類酸化物は固体塩基*として用いられる．適切に前処理された CaO, SrO では $H_- \geqq +26.5$ の塩基強度を有する．大気中で焼成した場合は，安定面を形成しやすいこと，および焼成後の降温時あるいは保存時に二酸化炭素や水を吸着するので強塩基性は得にくい．

塩基触媒としての機能は(1)炭化水素からのプロトン引抜き，および(2)水素分子あるいはアンモニア分子の不均等解離が重要である．引き抜かれたプロトンが元の分子に再結合すれば異性化が，生成したカルボアニオン*が他の分子と結合すれば縮合・転移反応が，プロトン引抜き後さらにヒドリドが引き抜かれれば脱水素反応となる．不均等解離した後の水素(H^-，H^+)あるいはアンモニア(NH_2^-，H^+)が二重結合に付加すれば水素化あるいはアミノ化反応となる．

これまでに報告されている反応を以下に列挙する．固体酸触媒に比べ，ファインな反応が多いことがわかる．

① アルケンの二重結合異性化*　(例：ブテン異性化，α-ピネン$\rightleftarrows\beta$-ピネン)

アリル位のプロトン引き抜きによる反応開始，より安定な cis-π-アリルアニオン中間体の形成，回転異性化の困難なこと，開環反応を伴わないことが塩基触媒の特徴である．

② アルキル化反応*　(例：フェノールのメタノールによるアルキル化)

酸触媒と同様，芳香環への核アルキル化が起こるが，MgO のような塩基触媒では芳香環と触媒表面の相互作用がないためオルト位へのアルキル化が選択的に起こる．

③ 水素化反応*　(例：1,3-ブタジエンの水素化)

金属触媒と異なり，H_2-D_2 平衡化反応を伴わない水素化であること，ジエンの水素化に比べモノエンの水素化が極端に遅いこと，共役ジエンの水素化は 1,4-付加であることを特徴とする．

④ アルドール縮合*　(例：アセトンのジアセトンアルコールへの縮合)
⑤ ティシェンコの反応*　(例：ベンズアルデヒドの安息香酸ベンジルへの縮合)
⑥ クネベナゲル反応*　(例：ベンズアルデヒドと $CH_2(CN)COOEt$ との反応)
⑦ クライゼン縮合*　(例：酢酸エチルのアセト酢酸エチルへの縮合)
⑧ マイケル付加*　(例：2-ペンタノンとマレイン酸ジメチルとの反応)
⑨ メーヤワイン-ポンドルフ-バーレー反応*　(例：イソプロピルアルコールによるアルデヒド，ケトンの還元)
⑩ 分解反応　(例：2-メチル-3-ブチン-2-オールのアセトンとアセチレンへの分解)
⑪ 脱水素反応　(例：アルコール→ケトン)
⑫ アミノ化反応　(例：1,3-ブタジエンとアンモニア，アミンとの反応)

アルカリ土類酸化物の機能強化を目指して，アルカリ元素あるいは遷移金属元素を

添加する場合もある．MgO への Fe^{3+} や Cr^{3+} の添加により，メタノールと飽和ケトン(アセトンなど)あるいは飽和ニトリル(アセトニトリルなど)との反応により対応する α,β-不飽和化合物(メチルビニルケトン，アクリロニトリルなど)を合成することができる． 〔山口 力〕

アルカンのアルキル化　alkane alkylation

イソブタンと低級アルケンからイソオクタンを主成分とするイソアルカンを製造するプロセスである．このプロセスから得られる製品は「アルキレート」とよばれ，オクタン価が高いため，航空機燃料および高オクタン価ガソリンの調合基油として用いられている．また，最近では大気汚染防止対策として，ガソリン中のベンゼン規制が強化され，将来的には芳香族，アルケンの規制も始まることが予想される．これら削減の対象となる物質は一般にオクタン価が高いため，ガソリンの燃焼性を維持するためにはこれらに代わる高オクタン価調合基油が必要となる．したがって，アルキレートはアルケン，芳香族化合物を含まないクリーンなガソリンとして，MTBE と並んで有望視されている．また，原料には，流動層接触分解装置(FCC)などから得られる低級炭化水素を用いており，アルカンのアルキル化は資源の有効利用という点においてもすぐれている．

一般に低級アルケンによるイソブタンのアルキル化反応には無触媒高温高圧の条件下で行う熱アルキル化法と酸触媒を用いる接触アルキル化法とがあり，熱アルキル化法ではアルキレートへの選択性が低いことから，現在工業的には後者のみが採用されている．触媒としては濃硫酸，フッ化水素および塩化アルミニウムが用いられているが，現在稼働しているプロセスのほとんどが硫酸あるいはフッ化水素を用いている．また，塩化アルミニウムは低級アルケンとしてエチレンのみを対象としており，イソオクタンの製造には使用されない．

硫酸法は今から約50年前にアメリカにおいてプロセス化され，航空ガソリンを製造する目的で軍需産業の一環として急速な発展を遂げた．1950年代以降のモータリゼーション時代の到来により，高オクタン価ガソリン基材の製造法として発展を遂げてきた．硫酸法では反応熱の除去法の違いにより，2種類のプロセスに分かれ，反応器内の C_4 留分の蒸発潜熱を利用する ER&E 法とケロッグ法，反応生成物を利用するストラドフォード法とがある．フッ化水素，塩化アルミニウムを用いるプロセスに比べ製品アルキレートのオクタン価が高いことが特徴である．しかし，装置から抜き出した廃硫酸を触媒再生装置で処理しなければならないこと，また，触媒消費量が非常に多いこと，低温における硫酸の粘度上昇のため均一な反応が困難になること，高温における硫酸の酸化作用による品質の低下などが問題となる．

フッ化水素法では，反応器が水平型か垂直管型かによりそれぞれ UOP 法とフィリップス(Phillips)法とがある．このプロセスでは反応器内に熱交換器を内蔵しているため，反応熱は冷却水により除去される．アルキレーション装置内に触媒再生装置が設けられており，運転中に再生できることや触媒消費量が少ないことなどが利点である．

しかし，原料を反応塔に送入する前に腐食の原因となる水分を除去する必要があること，また，低温におけるフッ化アルキルの生成，高揮発性のため，万が一 HF が漏洩したときの危険性が非常に大きいことが問題となる．

アルキル化反応はアルカンとアルケンがほぼ等モルで反応するが，副反応をできるだけ抑制するために反応は過剰アルカンの存在下で行われる．反応部でのアルカン/アルケンのモル比は硫酸法では 7〜9/1，フッ化水素法では 13〜15/1 となっており，フッ化水素法のほうがアルカン濃度が高くなっている．反応温度は硫酸法で 2〜10℃，フッ化水素法で 20〜40℃にコントロールされ，反応温度が低い方がオクタン価は高くなる．また，副反応として，少量ではあるが，アルケンの重合，生成物の分解，自己アルキル化，アルキレートの不均化，エステルの生成などが起こる．

現在採用されているこれら 2 種類のプロセスの比率は，アメリカでは両者がほぼ同量の比率で用いられているが，その他の国では圧倒的にフッ化水素法が多くなっている．また，日本では安全対策および環境に対する考慮から，硫酸法のみが採用されている．

しかしながら，硫酸法もフッ化水素法にしても液体酸を用いた均一系の反応であり，触媒と生成物の分離工程に経費がかかるので，反応器のスケールアップが困難である．また，強い酸を用いるため，装置の腐食や廃酸の処理，さらには安全性などの問題が指摘されており，液体酸に比べ，分離，リサイクル，廃棄が容易である固体酸を触媒として用いた反応プロセスの開発が望まれている．固体酸触媒を用いたプロセスの研究は 1960 年代から始められ，これまでにもゼオライトや固体超強酸，ヘテロポリ酸などの固体酸が研究されており，なかにはパイロット運転が実施され，技術的な検討が行われているものもある．しかし，固体酸を触媒として用いる場合，アルキル化反応よりも副反応のアルケンの重合反応が優先的に起こり，触媒表面上にコークが析出して活性が劣化してしまうため，いまだ実用化には至っていない．　　　〔瀬川幸一〕

アルカンの異性化　isomerization of alkanes

アルカン（パラフィン）の骨格異性化（skeletal isomerization）をいう．直鎖状炭化水素よりも分枝状炭化水素の方がオクタン価が高いため，高オクタン価ガソリンの製造に利用される．またアルキル化*などの原料としてのイソブタンの製造法でもある．熱力学平衡では，低温ほど分枝状アルカンの生成に有利であるため，初期には塩化アルミニウム触媒*を用いる低温の気相または液相反応が行われた．その後，水素加圧下で，より高温での異性化法に発展した．

高温異性化の触媒は接触改質に用いられる触媒と同種の二元機能触媒*で，固体酸*に Pt や Pd などの遷移金属を担持させた触媒が使用される．熱力学的に有利な，より低温で活性な触媒として塩化水素を促進剤とする $Pt\text{-}Al_2O_3$ や硫酸賦活した ZrO_2 触媒が開発されている．表に代表的なプロセスと反応条件を示した．促進剤に塩素化合物を使用した場合には反応温度が低い．

代表的なアルカン異性化プロセス

プロセス名	Pentafining	Hysomer	Isomerzation	Penex
会社名	Atlantic Richfield	Union-Shell	BP	UOP
原料	C_5, C_6	C_5, C_6	C_5, C_6	C_5, C_6
触媒	Pt-SiO_2-Al_2O_3	Pd-ゼオライト	Pt-Al_2O_3 系	Pt-Al_2O_3 系
運転条件 反応温度 [°C]	380~480	204~288	95~160	120~200
反応圧力 [kg cm^{-2}]	20~50	11~25	18~26	20~70
液空間速度 [h^{-1}]	1~6	1~3	2.0	—
水素循環比 [水素/油モル比]	2~6	1~4	1.5	—
促進剤	なし	なし	微量 HCl	微量の有機塩素化合物

　接触改質の原料油は沸点の高い重質ナフサであるのに対して，異性化では軽質のナフサ，C_4～C_6 の直鎖状アルカンが原料となる．二元機能触媒機構によるペンタンの異性化反応経路を以下に示す．

$$CH_3-CH_2-CH_2-CH_2-CH_3 \xrightarrow[Pt]{脱水素} CH_3-CH_2-CH=CH-CH_3 + H_2$$

$$CH_3-CH_2-CH=CH-CH_3 + H^{\oplus} \xrightarrow{酸触媒} CH_3-CH_2-\overset{\oplus}{C}H-CH_2-CH_3$$

$$CH_3-CH_2-\overset{\oplus}{C}H-CH_2-CH_3 \longrightarrow CH_3-CH_2-\underset{\oplus}{\overset{CH_3}{\underset{|}{C}}}-CH_3$$

$$CH_3-CH_2-\underset{\oplus}{\overset{CH_3}{\underset{|}{C}}}-CH_3 \longrightarrow CH_3-CH=\overset{CH_3}{\underset{|}{C}}-CH_3 + H^{\oplus}$$

$$CH_3-CH=\overset{CH_3}{\underset{|}{C}}-CH_3 + H_2 \xrightarrow[Pt]{水素化} CH_3-CH_2-\overset{CH_3}{\underset{|}{C}H}-CH_3$$

　ペンタンは金属活性点で脱水素され，生成したアルケンが酸点でカルベニウムイオン*を生成して異性化される．酸点を脱離した分枝状アルケンは水素化されてイソ体のアルカンとなる．
　一般に異性化装置は接触改質装置を単純化した形式で，反応器は通常 1 基である．未反応の直鎖状アルカンはモレキュラーシーブでイソ体のアルカンと分離して循環される．分離コストが高く，生成する異性体の分枝度が低いため，高オクタン価ガソリン製造法としての実用化例は少ない．
〔菊地英一〕

アルカンの酸化　alkane oxidation

　脂肪族炭化水素やシクロアルカンの安定な C-H 結合を触媒存在下，酸素分子や酸化剤を用いて酸化的に活性化し，アルケン，アルコール，アルデヒド，ケトン，酸な

どに転化する反応をいう．アルカンは触媒がなくても酸素分子により均一気相酸化を容易に起こすが，C-C結合の解裂が起こり極めて多種の化合物が生成するため，一般には選択性は低い．触媒を作用させることによってこの点はかなり改善されるが，メタンの酸化カップリング反応のようにアルカンの低い反応性のため比較的高い反応温度を必要とすることや酸化生成物はおおむね反応物であるアルカンより酸素と反応しやすく逐次反応が避けられないことなどから選択性良く高収率で上記生成物を得ることは容易ではない．

このように制約の多い反応であるが，液相自動空気酸化は古くから進歩があり，ナフサやn-ブタンからの酢酸合成，シクロヘキサンからのシクロヘキサノール-シクロヘキサン混合物の合成，n-アルカンからの第二級アルコールや高級脂肪酸の合成など工業上重要な反応も多い．接触気相酸素酸化では結晶性ピロリン酸ジバナジル触媒の発見によりn-ブタン酸化による無水マレイン酸合成が工業化されている．加えて，エタン酸化によるエチレン，酢酸合成にはV-Mo系触媒が，またプロパン，イソブタンの酸化によるアクリル酸，メタクリル酸合成にはヘテロポリ酸触媒が気相酸化に有効であると知られている．しかしながら，特別な場合を除き多くの場合で反応の展開は酸化反応系で最も安定な酸合成に限られているのが現状である．

アルカン酸化によりアルコールなどの逐次酸化を受けやすい化合物を合成するには，金属錯体や固定化（ゼオライトなど）した金属イオンを触媒として過酸化水素や有機過酸化物からの液相系酸素移動反応を利用するか，触媒と水素などの還元剤の共存下酸素分子を作用させる気相還元的酸化の方法が有効となるが，多くはまだ実験室の段階にとどまり，工業化の例は少ない． 〔上田　渉〕

→シクロヘキサンの酸化，プロパンの酸化，プロパンのアンモ酸化，メタンの酸化カップリング，液相酸化

アルカンの脱水素　dehydrogenation of alkanes

アルカン（パラフィン）の脱水素は工業的にも重要な反応であり，例えばエチルベンゼン脱水素によるスチレンの製造，メチル-t-ブチルエーテルやアルキレートガソリンの原料となるイソブテンのイソブタン脱水素による製造がある．また，ナフサのリフォーミング*反応の一部をなしており，アルキルシクロヘキサンの脱水素，アルキルシクロペンタンの異性化脱水素，n-アルカンの環化脱水素などの過程により，アルキルベンゼンを生成する．

アルカンの脱水素は120 kJ mol^{-1}程度の吸熱反応であるため，熱力学平衡の制約により，高い転化率を得るには600℃程度以上の高い反応温度を必要とする．スチレンやイソブテンを酸化脱水素*により製造する方法は，より低温で可能であるが，CO, CO_2や含酸素化合物の副生による低選択性のために一部を除き工業化されていない．一方，脱水素法では，高い反応温度のために熱分解による選択性の低下や炭素質の析出（コーキング*）による活性劣化が問題となる．

モル数の増加する反応である脱水素反応の一般則に従い，平衡的には低圧が好まし

い．そこで，例えば後述の Fe_2O_3 系触媒を用いた工業操作では，希釈剤と熱媒体を兼ねた多量の水蒸気が用いられる．なお，この場合，水蒸気の共存には炭素質の析出や金属鉄への還元を抑制する効果もある．

アルカン脱水素の反応経路は，アルケン水素化の逆をたどると考えられる．例えば，

$$R-CH_2-CH_3(g) \longrightarrow R-CH-CH_3(a)+H(a)$$
$$R-CH-CH_3(a) \longrightarrow R-CH=CH_2(g)+H(a)$$
$$2H(a) \longrightarrow H_2(g)$$

ここで，最初の C-H 結合の解離は，分子中に含まれる最も弱い C-H 結合で起こり，一般に第三級＞第二級＞第一級の順に解離しやすい．また，アリル位水素やベンジル位水素は，解離エネルギーが通常の C-H 結合に比べて小さい．このため，ベンジル位水素をもつエチルベンゼンはイソブタンよりも脱水素されやすい．

スチレンの製造には，K などを助触媒とする Fe_2O_3 触媒が主に用いられる．$KFeO_2$ が触媒活性相と考えられており，Cr, Al など他の助触媒は，この相を安定に保つ効果をもつとされる．イソブテンの製造には，主として Cr_2O_3/Al_2O_3 系や Pt 系の触媒が用いられる．前者では，触媒表面上の Cr^{3+} や Cr^{2+} イオンが活性サイトと考えられており，K などの助触媒は活性サイトの数や性質に影響を及ぼすほか，担体の酸性を中和する効果がある．後者では，主に Sn を助触媒として用い，担体にアルミナ，スピネルなどが用いられる．Sn には，Pt の分散性を高めたり，合金相を形成する作用がある．なお，両触媒とも，炭素質を除去するために触媒の再生処理(空気焼成)が行われている(固定層反応器*での定期的再生，あるいは反応器と再生器を循環する流動層*や多段反応器を用いる連続的再生)．

アルカン脱水素を液相で沸騰・環流条件下に行うと，発生する水素が直ちに気相に放出されるため平衡の制約を受けず，温和な温度条件で脱水素が可能となる．触媒として，Pt-Ru/C などの貴金属触媒(懸濁系)やウィルキンソン錯体*およびその類縁錯体(均一系)が知られている．なお，$[RhCl(CO)(PR_3)_2]$ 錯体は，アルカンの液相光脱水素触媒となる． 〔篠田純雄〕

➡脱水素反応，スチレンの合成

アルカンの脱水素環化　cyclodehydrogenation of alkanes　➡アルカンの芳香族化

アルカンの分解　cracking of alkanes ──────────

アルカン(パラフィン)の分解には，触媒を用いない熱分解と触媒を用いる接触分解*がある．また接触分解には，固体酸*を触媒に用いる場合と，水素共存下で金属触媒あるいは金属を固体酸に担持した二元機能触媒*を用いる水素化分解がある．

アルカンの熱分解はアルキルラジカルを中間体とする以下のような連鎖反応により進行する．

（1）開始反応：　共有結合の結合エネルギーは，C-H 結合よりも C-C 結合のほ

うが小さいため，C–C 結合の切断から反応は開始する．
$$R_m-H_2C-CH_2-R_n \longrightarrow R_m-H_2C\cdot + \cdot CH_2-R_n$$
この反応の活性化エネルギーは炭素鎖が長くなると低下するといわれ，エタンの場合に約 370 kJ mol^{-1} と最も高い値となる．

（2） 生長反応：

分解　　・$CH_2-R_m \longrightarrow CH_2=CH_2+\cdot CH_2-R_{m-2}$

異性化　・$CH_2-R_m \longrightarrow H_3C-\overset{\cdot}{C}H_2-R_{m-1} \longrightarrow H_3\overset{\cdot}{\underset{|}{C}}-R_{m-2}$
$$\phantom{異性化　・CH_2-R_m \longrightarrow H_3C-\overset{\cdot}{C}H_2-R_{m-1} \longrightarrow H_3}CH_3$$

移行　　・$CH_2-R_m+R_{m'}-CH_2-R_{n'} \longrightarrow H_3C-R_m+R_{m'}-\overset{\cdot}{C}H-R_{n'}$

アルキルラジカルの分解は，電子不足の炭素が共有結合をしている電子を吸い寄せるため，2 番目の C–C 結合が弱くなり開裂が起こりやすい（β 切断）．この反応によりエチレンと，炭素鎖の短くなったラジカルが生成し，再びラジカルの分解が起こり，次々とエチレンが生成してくる．また，アルキルラジカルは第一級よりも第二級さらに第三級が安定なため，異性化が起こる．第二級アルキルラジカルからはプロピレンが，第三級アルキルラジカルからはイソブテンがそれぞれ低級アルケンとして生成する．しかしこれらラジカルの安定性には，それほど大きな差はないため，分解により最初に生成する第一級ラジカルからの生成物であるエチレンの生成が最も多くなる．炭素鎖が短くなったアルキルラジカルはアルカンから水素ラジカルを引き抜き，自身は低級アルカンとなり炭素鎖の長いアルキルラジカルを生成する．

炭化水素の反応性と生成物を規制するのは，各種炭化水素の熱力学的安定性である．図 1 に各種炭化水素の炭素原子当りの自由エネルギーの温度による変化を示す．高温

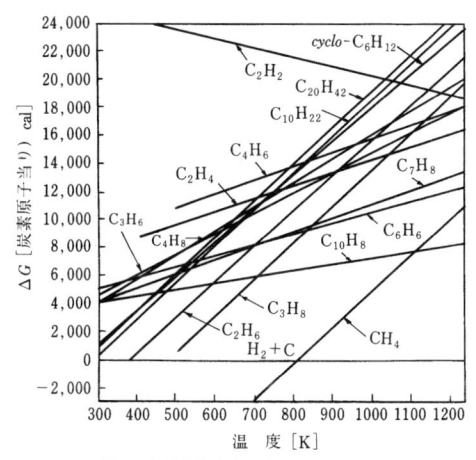

図 1　各種炭化水素の自由エネルギー
（八嶋建明，藤本　薫，「有機プロセス工業」，p. 55，大日本図書 (1997)）

になるにしたがいアルカンよりもアルケン(オレフィン)そして芳香族が安定となる．アルカンのなかでも炭素数の多いものほど不安定で熱分解が起こりやすいこともわかる．アルカンのうち直鎖アルカンは，炭素数の増加とともに熱分解を起こしやすく，反応速度も増大する．枝分れしたアルカンの分解速度は，第三級炭素の数とともに増大し，第四級炭素の数とともに低下する．シクロアルカンは，環を形成しているC-C結合が切れ，鎖状アルカンと同様に分解するほか，C-H結合が切れて脱水素し，芳香族へと転化する．ナフサの熱分解*によるエチレン，プロピレンなどの低級アルケンの製造は，炭化水素のラジカル分解の工業的応用例である．

固体酸触媒を用いるアルカンの接触分解は，カルベニウムイオンを中間体とする連鎖反応により進行する．

（1）開始反応： カルベニウムイオンの生成には以下の3通りの反応が考えられる．

① $R_m-CH=CH_2 + HB \longrightarrow R_m-HC^+-CH_3$
$\qquad\qquad\qquad\qquad\qquad\quad B^-$

反応条件下でアルカンの熱分解が起こり，少量生成したアルケンに触媒上のブレンステッド酸点(HB)からプロトンが付加し，カルベニウムイオン*を生成する．

② $R_m-CH_2-CH_3 + L^+ \longrightarrow R_m-HC^+-CH_3 + HL$

触媒上のルイス酸点(L^+)が，アルカンからヒドリドイオン(H^-)を引き抜き，カルベニウムイオンを生成する．

③ $R_m-CH_2-CH_3 + HB \longrightarrow \left[R_m-\underset{CH_3}{\overset{H}{C}}\underset{H}{\overset{H}{\diagup}} \right]^+ B^- \longrightarrow R_m-HC^+-CH_3 + H_2$
$\qquad\qquad\qquad\qquad\qquad\qquad\qquad\qquad\qquad\qquad\qquad\qquad\qquad B^-$

$\qquad\qquad\qquad\quad \longrightarrow \left[R_m-\underset{H}{\overset{H}{C}}\underset{H}{\overset{CH_3}{\diagup}} \right]^+ B^- \longrightarrow R_m-H_2C^+B^- + CH_4$

アルカンにブレンステッド酸点からプロトンが付加し，不安定なカルボニウムイオン*が形成される．このカルボニウムイオンは直ちに脱水素あるいは脱メタンし，カルベニウムイオンへと転化する．

ゼオライトのように強い酸点をもつ固体酸触媒による低級アルカンの分解では，③の反応によりカルベニウムイオンが生成すると考えられている．なお，カルベニウムイオンは，触媒表面上のプロトンが離れることで生成した共役塩基点に吸着し安定化されている．

（2）生長反応：

分解　　$R_m-HC^+-CH_3 \longrightarrow H_2C=CH-CH_3 + {}^+CH_2-R_{m-2}$

異性化　${}^+CH_2-R_m \longrightarrow H_3C-{}^+CH-R_{m-1} \longrightarrow H_3C-C^+-R_{m-2}$
$\qquad\qquad\qquad\qquad\qquad\qquad\qquad\qquad\qquad\qquad\qquad\quad\;\; |$
$\qquad\qquad\qquad\qquad\qquad\qquad\qquad\qquad\qquad\qquad\qquad\; CH_3$

移行　　　$^+CH_2-R_m + R_{m'}-CH_2-R_{n'} \longrightarrow H_3C-R_m + R_{m'}-HC^+-R_{n'}$

　カルベニウムイオンの分解は，アルキルラジカルのときと同様に，正に荷電した炭素が共有結合をしている電子を吸引するため，2番目のC-C結合が弱められ，開裂しやすくなる（β切断）．カルベニウムイオンは，第一級よりも第二級そして第三級と安定性が増加し，しかもその差はアルキルラジカルの場合と異なりかなり大きい．このため分解で最初に生成した第一級カルベニウムイオンの異性化反応が優先的に起こるので，生成物中には第一級カルベニウムイオンから生成するエチレンの割合が少なく，低級アルケンとしてはプロピレンが主生成物となり，イソブテンの生成も多くなる．ゼオライト*を触媒とする軽油などの流動接触分解*は，固体酸によるアルカン分解の代表例である．

　金属触媒を用いるアルカンの水素化分解に有効な金属は，主として8～10族のNi，Co, Feおよび貴金属類のRu, Rh, Pd, Ir, Ptである．この反応は高級アルカンから低級アルカン，主にメタンを生成するもので，現在のところ工業的な意味よりも，むしろ金属の表面状態や電子状態を知るためのテスト反応としての意義が大きい．すなわち，エタンの水素化分解活性と金属の最も高酸化数をもつ安定酸化物の1モル当りの生成熱（$-\Delta H_f^\circ$）との関係は，図2に示すように火山型となる．

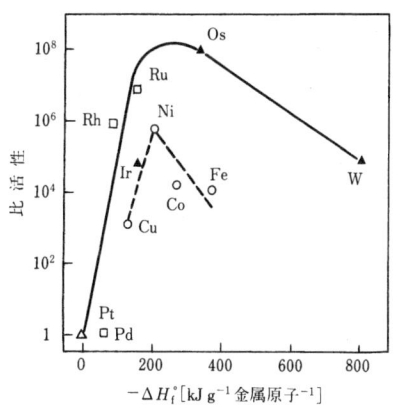

図2　エタンの水素化分解活性と金属の最高酸化数をもつ安定酸化物の生成熱との関係
（五十嵐　哲，「工業触媒反応Ⅰ　触媒工学講座Vol. 8（触媒学会編）」, p. 28, 講談社サイエンティフィク（1985））

　アルカンの水素化分解では，アルカンのC-H結合が2か所解離して2個の炭素金属原子間の結合（化学吸着*）が生成し，この結合が強いと脱水素が進み，ついには炭素間の結合が切断される．この後水素化が起こり，二つのアルカンとして金属表面から脱離する．

$$R_m-CH_2-CH_3 + M-M \longrightarrow R_m-\underset{M}{\underset{|}{CH}}-\underset{M}{\underset{|}{CH_2}} + H_2$$

$$R_m-\underset{M}{\underset{|}{CH}}-\underset{M}{\underset{|}{CH_2}} \longrightarrow R_m-\underset{M}{\underset{\|}{C}}-\underset{M}{\underset{\|\|}{C}} + 3/2\, H_2$$

$$R_m-\underset{M}{\underset{\|}{C}}-\underset{M}{\underset{\|\|}{C}} + 7/2\, H_2 \longrightarrow R_m-CH_3 + CH_4 + M-M$$

　C_3 以上のアルカンを水素化分解すると，Ni では吸着したアルカンの逐次的分解が進行するため，生成物はメタンのみになる．一方，Pt では各種アルカンが同時に生成し，水素化分解と同時に吸着アルカンの異性化も起こっている．これは，Ni 上ではアルカンの 1,2-炭素の二点吸着が選択的に起こるのに対し，Pt 上では 1,3-炭素の二点吸着も起こることで説明されている．

　アルカンの水素化分解反応は，複数の活性点が近接して存在することが必要なため，構造敏感型反応であり，合金触媒*を用いる活性サイトのアンサンブル効果*を観測するテスト反応としてよく用いられる．また，Pt 金属結晶表面上のステップやキンクサイトがテラスサイトよりも高い活性を有していることや，ステップとテラスではアルカンの C-C 結合切断の位置が異なることなどが明らかにされている．

　二元機能触媒を用いる水素化分解反応は，まず金属触媒によりアルカンの脱水素でアルケン(オレフィン)を生成し，このアルケンの二重結合に酸触媒(HB)からプロトンが付加してカルベニウムイオンが生成する．あとは固体酸触媒上での接触分解の場合と同様に，異性化や分解が起こり，低級アルケンが生成する．このアルケンは金属触媒で水素化されるので，生成物としては枝分れした異性体を含む低級アルカンが得られる．

$$R_m-CH_2-CH_3 \longrightarrow R_m-CH=CH_2 + H_2$$

$$R_m-CH=CH_2 + HB \longrightarrow R_m-\underset{B^-}{HC^+}-CH_3$$

$$R_m-\underset{B^-}{HC^+}-CH_3 \xrightarrow[\text{分解}]{\text{異性化}} R_{m'}-CH=CH_2,\ R_{n'}-\underset{|}{\overset{CH_3}{C}}=CH_2$$

$$\left.\begin{array}{l} R_{m'}-CH=CH_2 \\ \quad\quad\ \ \underset{|}{CH_3} \\ R_{n'}-C=CH_2 \end{array}\right\} + H_2 \longrightarrow \left\{\begin{array}{l} R_{m'}-CH_2-CH_3 \\ \quad\quad\ \ \underset{|}{CH_3} \\ R_{n'}-CH-CH_3 \end{array}\right.$$

　この反応は，Pd 担持 Y 型ゼオライトや Co-Mo 担持アルミナ，Ni-W 担持シリカ・アルミナなどの触媒を用い，石油の高沸点留分や残油などの重質油から LPG，ガソリン，灯油，軽油を製造する工業プロセスに応用されている．　　　　　〔八嶋建明〕

→ナフサの熱分解，流動接触分解，水素化分解

アルカンの芳香族化　aromatization of alkanes

　低級(軽質)アルカンの脱水素環化あるいは脱水素二量化環化反応などにより，ベンゼン，トルエンやキシレンなどの芳香族炭化水素へ転化する反応をいう．芳香族炭化水素の需要増に伴い原料となる重質ナフサの不足が生じた場合の新技術として開発されている．

　C_7 以上のナフサ留分はリフォーミング法により一部芳香族炭化水素に転化されるが，リフォーミング触媒は C_6 以下の低級アルカンの芳香族化には活性が低い．C_6 アルカンは脱水素環化により直接ベンゼンに転化することができるが，液化石油ガス(LPG)や石油発掘時の随伴ガス，あるいはナフサの熱分解や接触分解*，リフォーミング*の副生ガスなどに含まれる $C_2 \sim C_5$ 低級アルカンは脱水素あるいは分解したのち重合環化する．

　ヘキサンの脱水素環化反応にはアルカリカチオンでイオン交換したL型ゼオライトに Pt を担持した触媒が活性である．アルカリカチオンが Li, Na, K, Rb と塩基性になるほど軽質ガスやメチルシクロペンタンの生成が減少して，ベンゼンへの選択性が増加する．脱水素環化反応の活性点は Pt 微粒子と考えられており，ゼオライトの塩基性に伴う活性の促進は Pt の電子密度の増加によるものとして説明されている．

　$C_2 \sim C_5$ 低級アルカンは，ZSM-5 ゼオライト*に Ga や Zn を担持した触媒を用いて500℃前後の温度で反応させると，炭素基準の選択率 60 % 以上で $C_6 \sim C_9$ の芳香族炭化水素を生成する．提案されている反応経路を以下に示す．

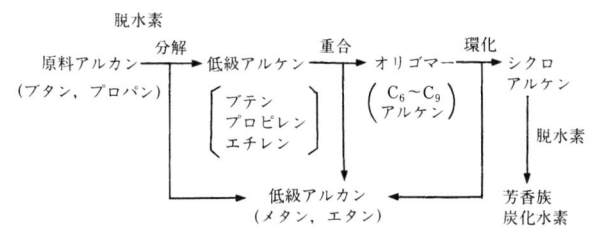

```
                 脱水素
       分解              重合           環化
原料アルカン ──→ 低級アルケン ──→ オリゴマー ──→ シクロ
(ブタン，プロパン)  ┌ブテン  ┐    ┌ C₆～C₉ ┐    アルケン
                   │プロピレン│    │アルケン│       │
                   └エチレン ┘    └      ┘       ↓脱水素
                       │                          │
                       ↓                          ↓
                   低級アルカン                  芳香族
                   (メタン，エタン)              炭化水素
```

　低級アルカンは酸化ガリウムなどの活性点で脱水素され，生成したアルケンは固体酸*の作用で低重合・環化されてシクロアルケンとなり，さらに脱水素反応*により芳香族炭化水素が生成する二元機能触媒*反応機構で進行する．

　表に代表的な新規プロセスの概要を示す．いずれも，プロセスフローは通常のリフォーミング装置に類似している．LPG から軽質ナフサが原料となるが，原料の炭素数の増加に伴って芳香族収率は増加する．

　アロマックス法は Chevron Research 社(CRC)が初めて商業化したプロセスで，触媒にL型ゼオライトを用いるため，硫黄分と水分を高度に除去する必要がある．サイクラー法は，非貴金属を担持したゼオライト触媒(BP 社が開発)と UPO 社が開発した連続触媒再生技術(CCR)を組み合わせたプロセスである．Z-フォーミング法は，Ga を含むゼオライト系触媒を用いて，反応と再生を周期的に繰り返す半再生式プロセスである．そのほかに，フランスの IFP 社とオーストラリアの Salutec 社が開発したア

アルカンの芳香族化プロセス

プロセス	Aromax	Cyclar Process	Z-Former	Aroformer Process
ライセンサー	CRC	BP/UOP	三菱石油/千代田化工	IFP/Salutec
主原料	軽質ナフサ（主にC_6）	C_3, C_4 アルカン	C_3, C_4 アルカン，軽質ナフサ	C_3, C_4 アルカン，軽質ナフサ
反応条件				
温度［℃］	440〜510	8以下	450〜580	480〜530
圧力［atm］	1〜8		1〜8	1〜5
触媒	Pt/KL ゼオライト	非貴金属/ゼオライト	Ga/ゼオライト系	ゼオライト系
反応器形式	固定床	移動床	固定床	固定床多管式
触媒再生方式	各種	連続再生	反応塔切替え	反応塔切替え，連続再生

ロフォーミング法がある． 〔菊地英一〕

アルキリジン錯体　alkylidyne complex　→カルビン錯体

アルキリデン錯体　alkylidene complex　→カルベン錯体

アルキル化　alkylation

　置換反応または付加反応によりアルキル基を導入する反応である．通常アルキル基は有機化合物中のCに結合するが，N, O，あるいは金属に結合する場合も広い意味ではアルキル化である．有機化学的には，グリニャール試薬のカルボニル化合物への付加，強塩基存在下でのハロゲン化アルキルによるカルボニル化合物のα炭素へのアルキル基導入などが典型的なアルキル化であるが，工業的に重要なアルキル化には次のものがある．

　(1) 芳香族化合物の核アルキル化*：　エチルベンゼンの合成*, イソプロピルベンゼンの合成*, 高級アルキルベンゼンの合成*, フェノールのアルキル化*, ナフタレンのアルキル化*などの反応で，触媒として酸触媒が，アルキル化剤としてアルケン，アルコール，ハロゲン化アルキルなどが用いられる．芳香環に結合しているHと求電子試薬であるカルベニウムイオンとの置換反応であり，フリーデル-クラフツ反応*の一つである．

　(2) 芳香族化合物の側鎖アルキル化*：　芳香環に結合しているアルキル基のα炭素にアルキル基を導入する反応で，触媒として塩基触媒が，アルキル化剤としてエチレン，メタノールなどが用いられる．α炭素に結合しているHとの置換反応である．

　(3) アルカンのアルキル化*：　工業的に重要なものは，イソブタンのプロペン，ブテン，イソブテン，ペンテンなどによるアルキル化で，複数のメチル側鎖を有するアルカン（アルキレートとよばれ，オクタン価が高い）が生成する．通常触媒に硫酸，$AlCl_3$, HF などの均一系強酸触媒が用いられる．このアルキル化は付加反応である．

〔難波征太郎〕

→2,6-キシレノールの合成

アルキル錯体　alkyl complex

　メチル，エチル，ブチルなどのアルキル基が金属に単結合（σ結合）で配位した化合物を指し，アリール錯体も同じ範疇に含めることが多い．図に代表例を示したように，その中心金属や配位構造は多様であり，ほとんどの典型金属と遷移金属で安定なアルキル錯体が知られている．アルキル配位子のみを有する錯体は典型金属に多いが，遷移金属では，ジアミン，第三級ホスフィン，シクロペンタジエニルなどの適当な支持配位子によって安定化されたアルキル錯体が一般的である．典型元素のアルキル錯体の合成は金属による有機ハロゲン化物の活性化や金属水素化物とアルケンの反応によって行われることが多く，遷移金属アルキル錯体は主として典型金属アルキル化合物と遷移金属錯体とのトランスメタル化反応や低原子価遷移金属錯体への有機分子の酸化的付加*反応によって合成される．アルキル配位子は形式的にアニオン性配位子に分類されるが，一部の典型金属を除くとその M-C 結合の極性は小さい．特に遷移金属アルキル錯体の反応性は単純なカルボアニオンとは異なり，熱的な還元的脱離*，β 脱離*，α 脱離*などにより他の有機金属錯体へ変化または分解する一方，一酸化炭素，アルケンなどの小分子化合物との反応による M-C 結合への挿入，求電子反応剤による M-C 結合の活性化などを行うなど多岐にわたっている．これらアルキル錯体の化学的性質は中心金属の種類，価数，配位数，支持配位子の種類などによって変化し，熱的な安定性，空気や水に対する安定性も配位子によって影響を受ける．

　アルキル遷移金属錯体はアルケンの水素化，脱水素，アルケンや有機ハロゲン化物のカルボニル化，アルケンの重合および低重合，有機化合物のホモカップリング，クロスカップリング反応などの多数の錯体触媒反応の中間体であり，錯体の反応と触媒の反応機構との関連についても多くの場合明らかにされている．　〔小坂田耕太郎〕
→挿入反応

アルキルヒドロペルオキシド　alkyl hydroperoxide　→ヒドロペルオキシド

アルキルペルオキシド　alkyl peroxide

　過酸化水素をジアルキル化した化合物であり，ジアルキルペルオキシドともいう．

対称アルキルペルオキシドは，第三級アルコールと過酸化水素の酸触媒反応により得られる．非対称アルキルペルオキシド (ROOR′) は，ヒドロペルオキシド ROOH の塩基触媒アルキル化によって合成する．最も多用されるのは t-ブチルペルオキシド (t-BuOOBu-t) である．熱分解 (120〜150°C) または光分解により O-O 結合がラジカル開裂し，アルコキシラジカルを発生する．このラジカルの主な反応としては，水素引抜きと二重結合への付加がある．炭化水素 (RH) の水素引抜き反応により，二量体 (R-R) が合成される．二重結合への付加反応は，重合や架橋の開始反応であり実用的に重要なプロセスである．

〔沢木泰彦〕

→ヒドロペルオキシド

アルキルベンゼンの脱アルキル化　dealkylation of alkylbenzene

アルキルベンゼンのアルキル基がメチル基以外の場合，脱アルキル化はブレンステッド酸*を有する固体酸触媒*により容易に促進され，ベンゼンとアルケンを生じる．このような脱アルキル化はアルケンによるベンゼンのアルキル化*の逆反応であり，工業的には特に重要とはいえない．ただし，イソプロピルベンゼンの脱アルキル化は固体酸触媒の特性を明らかにするためのテスト反応としてしばしば利用される．

工業的に重要な脱アルキル化は，需要の少ないトルエンなどの脱メチル化によるベンゼンの製造である．アルキルベンゼンのアルキル基がメチル基の場合，固体酸触媒を用いても脱メチル化は選択的には起こらない．選択的な脱メチル化には，触媒を用いる接触的方法と無触媒の熱的方法がある．いずれの場合も水素存在下の反応である．熱的方法では，反応はラジカル連鎖反応で進行する．工業的に有利な接触的方法では，触媒に Cr_2O_3/Al_2O_3 などの比較的弱い水素化・脱水素能を有する触媒を用い，反応条件は 500〜650°C，水素圧 30〜50 気圧の条件下で実施されている．トルエンの脱アルキル化の場合の反応式を下に示す．反応は水素化分解*であり，水素が大過剰に存在するときの平衡転化率は 100 % である．

$$\text{C}_6\text{H}_5\text{CH}_3 + \text{H}_2 \xrightarrow{Cr_2O_3/Al_2O_3} \text{C}_6\text{H}_6 + \text{CH}_4$$

このほか，トルエンの脱メチル化には Ni/Al_2O_3 などを触媒とする水蒸気脱アルキル化がある．トルエン 1 モルに対して 3 モルの水素が生成するという利点があるが，水素を用いた接触的方法に比べて選択性が低いため工業的には不利である．

$$\text{C}_6\text{H}_5\text{CH}_3 + 2\text{H}_2\text{O} \xrightarrow{Ni/Al_2O_3} \text{C}_6\text{H}_6 + \text{CO}_2 + 3\text{H}_2$$

〔難波征太郎〕

アルキルベンゼンのトランスアルキル化　transalkylation of alkylbenzenes

2分子のアルキルベンゼン間でアルキル基が移動する反応であり，下記に示す反応式で表される．各種のアルキル化プロセスで生成するポリアルキル化ベンゼンを目的物に変える際や，需要の低いトルエンから価値の高いキシレンなどを製造するのに用いられる．トランスアルキル化反応のうち，同種類のアルキルベンゼンの間でのアルキル化の移動反応は不均化*ともよばれる．芳香族のアルキル化と同様に，酸触媒反応であり，塩化アルミニウムのようなルイス酸，三塩化ホウ素-フッ化水素錯体のような水素酸，シリカ-アルミナ，ゼオライト*などの固体酸などが触媒作用を示す．

この反応における生成物の選択性は，低温では，速度論的支配を受け，反応性の高い位置へのアルキルの移動が起こるが，高温では，熱力学的支配を受け，安定な異性体を生成する．また，ゼオライトのように立体的に制限された酸点を有する触媒を用いると，最も小さい異性体を与えることがある．例えば，リンあるいはマグネシウムで修飾された H-ZSM-5 を触媒に用いると，p-キシレンを高い選択率で与えることが報告されている．

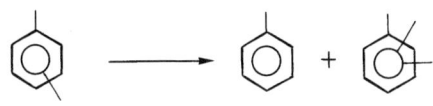

〔杉　義弘〕

→トルエンの不均化

アルキン錯体　alkyne complex

アルキン（アセチレン；acetylene）が C-C 三重結合の π 電子を介して金属に配位*した錯体．金属中心との相互作用はいわゆるデュワー-チャット-ダンカンソンモデル*で表現されるが，電子欠損型の前周期金属錯体*の場合には配位結合軸方向と直交している π 電子も結合に関与することがある．また多核錯体の場合には直交した π 軌道がそれぞれ別々の金属と相互作用して四面体型の C_2M_2 コアをもつ付加体などの複雑な構造を形成する．アルケン錯体と比べて置換基による立体障害が小さいために金属に対する配位は強い．

重合*，環状三量化，カルボニル化反応*などのアルキンの触媒反応の鍵中間体であり，共存する σ 結合性配位子（ヒドリド，アルキルなど）-金属結合への分子内移動挿入*（ヒドロメタル化*，重合*など）は触媒反応のアルキン取込み段階に関与する素反応である．また酸化的還化反応によりアルキンの二量化が起こってメタラシクロペンタジエン中間体が生成する反応は，アルキンの三量化・共三量化による触媒的な芳香族化合物合成反応のキーステップとなっている．アルケン錯体*同様に配位することによってアルキン炭素上の電子密度が減少するため求核付加反応*を受けやすくなっている．

四面体型　C_2M_2　コアを有する複核コバルト錯体についてはポーソン-カーン（Pauson-Khand）反応が知られており，アルケン，CO と共環化してシクロペンテノン

誘導体が生成する．当量反応の報告例が多く，CO 圧が高い場合には触媒的に進行する場合もあるが，炭化水素の環状三量化生成物などが副生する． 〔稲田宗隆〕

アルキンの水素化　hydrogenation of alkynes

アルキン（アセチレン）類の水素化反応には，アルキン類からアルケンとアルカンが並行して生成するルートと，アルキン→アルケン→アルカンと逐次的に生成するルートがある．触媒により，どちらかのルートが主流となる．逐次反応ルートの場合，アルケンを高選択的に得るには，アルキン類が対応するアルケン類よりもはるかに強く触媒上に吸着し，吸着したアルケンが水素化されるよりもアルキン類が吸着したアルケンを追い出す速度が大きくなければならない．実際，アルキンはエチレンよりも強く触媒上に吸着するが，水素が過剰のときは最終的にはエタンが生成してくる．生成するアルケンは，低転化率ではシス型が多くなる傾向があるが，水素の消費がアルキンに対し当量に近づくか，当量以上になるとトランス型が急に増える．反応は，気相で室温以下で選択的で，アルケン類への選択性の序列は，Pd≫Pt～Ph＞Ir である．必要に応じて選択性を上げるため他の金属，硫黄化合物，あるいはキノリンのような塩基を添加した Pd 触媒が使用される．リンドラー触媒(Pd-Pb/CaCO$_3$) (H. Lindlar and R. Dubois, $Org. Synth.$, **46**, 89 (1966))も選択的水素化触媒の例である．アルキン類を対応するアルカン類まで水素化する場合にも Pd 触媒が最もよく使われるが，中間体のアルケンの異性化を嫌う場合は Pt を使う． 〔飯田逸夫〕

アルキンのヒドロホルミル化　hydroformylation of alkynes

アルキン（アセチレン）に水素と一酸化炭素とを反応させ，元のアルキンよりも炭素数の一つ多いアルデヒドを合成する反応をいう．アルキン1分子に対し，水素1分子と一酸化炭素1分子が反応すれば $α,β$-不飽和アルデヒドが生成する．しかしほとんどの反応系では，$α,β$-不飽和アルデヒドがさらに水素化された飽和アルデヒドも生成し，ときには飽和アルデヒドのみが得られる場合もある．

$$R-\!\!\!\equiv\!\!\!-R' \xrightarrow[\text{触媒}]{CO, H_2} \begin{array}{c} R \\ \diagdown \\ H \end{array}\!\!\!=\!\!\!\begin{array}{c} R' \\ \diagup \\ CHO \end{array} + \begin{array}{c} R \\ | \\ H-C-C-H \\ | \quad\ | \\ H\ \ CHO \end{array} \begin{array}{c} R' \\ | \\ \\ \end{array}$$

Rh 錯体を触媒とした系や，Pd 錯体と Co 錯体を混合触媒として用いた系などで，選択的に $α,β$-不飽和アルデヒドが得られることが見いだされている．生成物の二重結合に対して，付加した水素とホルミル基は同じ側に位置する．これはアルキンへのヒドロメタル化*がシン付加で進行するためである． 〔福本能也〕

➡ ヒドロホルミル化

アルケン錯体　alkene complex

アルケン（オレフィン；olefin）が C-C 二重結合の $π$ 軌道を介して金属に配位*した錯体で，水素添加，ヒドロホルミル化などの付加反応・(低)重合*・異性化*などアル

ケンの関与する触媒反応の鍵中間体である．金属中心との相互作用はいわゆるデュワー-チャット-ダンカンソンモデル*で表現され，金属上の電子密度が低い高原子価錯体などではアルケン錯体構造（I）の寄与が大きいのに対し，低原子価錯体やd軌道レベルの高い前周期金属錯体の場合には逆供与*に由来するメタラシクロプロパン構造（II）の寄与が大きい．IIの構造の寄与が大きくなるほど，アルケンの金属への配位は強くなり，配位結合軸周りの自由回転障壁も高くなる．配位の強さはアルケンの構造にも依存し，電子吸引性の置換基を有する場合にはIIの寄与がより顕著になり，置換基数が増えたりかさ高い置換基がつくと他の補助配位子との立体反発により解離しやすくなる．

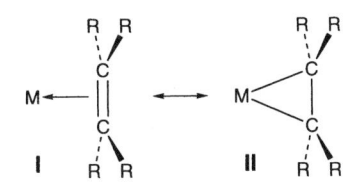

合成方法としては，置換活性な配位子との配位子交換反応が最も一般的で，アルキル錯体のβ水素脱離反応や金属アニオンのエポキシドへの求核付加反応，それに続く脱水反応などでも合成される．

アルケン類は電子吸引性基が結合していない場合にはそのままでは求核付加反応*は起こらないが，金属に配位することによってアルケン炭素上の電子密度が低下し，配位しない場合に比べて求核攻撃を受けやすくなる．この求核付加によってβ置換アルキル錯体が生成する反応が配位アルケン類の最も特徴的な反応で，外部求核試薬の付加反応，共存するσ結合性配位子の分子内反応（移動挿入反応）に分類できる．それぞれワッカー反応の水付加段階，ヒドロメタル化*，重合が代表例としてあげられ，数多くの当量反応，触媒反応の中間体となっている．

M-C結合への挿入反応*も知られている．I型錯体の場合にはアルケン，アセチレンなどの不飽和炭化水素類と反応してそれぞれメタラシクロペンタン，メタラシクロペンテンが生成し，低重合反応のキーステップとなっている．反応の前後で金属の酸化数が増加するので酸化的環化反応とよばれる．一方II型錯体の場合にはグリニャール試薬と同様にケトン，ニトリルなどの極性多重結合が挿入する反応が起こる．

〔穐田宗隆〕

アルケンのアセトキシル化　acetoxylation of alkenes

酢酸にアルケン(オレフィン)が直接付加することにより，対応する酢酸エステルを合成できる．例えばエチレン，プロピレンの場合には，酢酸エチル，酢酸イソプロピルが生成する．触媒としては，ブレンステッド酸が有効であり，プロトンの付加により生成するカルボニウムカチオンへの酢酸の求核付加反応で進行する．リン酸，ヘテロポリ酸，イオン交換樹脂，H型ゼオライトなどでの反応について多くの報告例がある．得られるエステル，加水分解して得られるアルコールが別法(ティシェンコ反応，アルケンの直接水和法など)で工業的に生産されているため，実用化はされていない．

〔瀬戸山　亨〕

アルケンのアミノ化　amination of alkenes

アルケンのアミノ化はゼオライトなどのアルミノシリケートを用いてアンモニアとアルケンを原料とする気相接触反応により製造されている．反応物のアルケンとしては C_2〜C_4 モノエンが主に使用され，反応生成物はメチルアミン，ジメチルアミン，モノーおよびジ-n-プロピルアミン，シクロヘキシルアミンなどの低級アルキルアミンである．反応は，高圧下，温度は約 200〜500°C で行われる．低温では転化率が低く，高温では，アルケンの重合や，ニトリルなどを形成するため，生成物選択性が低下する．また，一般に供給原料におけるアンモニアとアルケンの比は約 1：1〜10：1 である．

〔瀬川幸一〕

アルケンの異性化　isomerization of alkenes

アルケンの異性化には，骨格(構造)異性化，二重結合移行，シス-トランス(幾何)異性化がある．

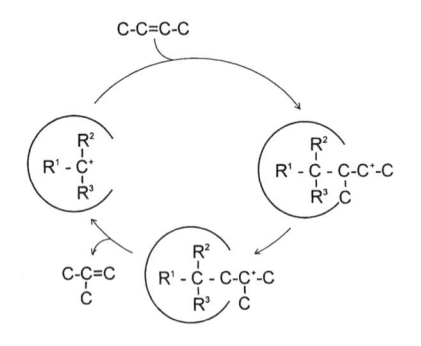

骨格異性化反応は工業的な意義が少ないため，あまり研究されてこなかったが，近年ガソリン添加物である MTBE(メチル t-ブチルエーテル)の原料であるイソブテンを製造するプロセスが Shell から発表された．骨格異性化に活性な触媒としては Al_2O_3, $Al_2(SO_4)_3$, 固体リン酸やフェリエライト(ゼオライト*)などの固体酸*が知られており，Shell のプロセスではフェリエライトが触媒として用いられている．350°C, 1

bar の条件下で，イソブテン収率が高く，コーク生成による転化率の低下が少なく比較的長時間にわたり安定な活性を示す．また，経時的にイソブテン選択率が向上すること，反応中に生成するコークが活性点の形成を促進していること，などの特性を示す．本条件下では，イソブテンが二量体を形成するメカニズムが提唱されており，フェリエライトの高い選択性は二量体からの形状選択性（生成物規制）とフェリエライト特有の分解活性で説明されている．

骨格異性化に比べて，二重結合移行やシス-トランス異性化は容易であり極めて多くの触媒系で進行する．両反応が同時に起こりうる最小のアルケンであるブテンでは，以下に示すように三つの異性体間の相互変換反応である．

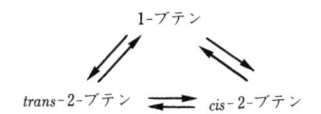

$$\text{trans-2-ブテン} \rightleftarrows \begin{array}{c} \text{1-ブテン} \\ \end{array} \rightleftarrows \text{cis-2-ブテン}$$

酸触媒のうちブレンステッド酸*で起こる反応では，s-ブチルカチオンが中間体となり，1-ブテンから cis あるいは $trans$-2-ブテンがほぼ等量生成する．$trans$-2-ブテン/cis-ブテン比は酸強度に依存し，ブレンステッド酸では 1 以上であり，強い酸ほど大きくなる．ルイス酸*ではブテンからヒドリドが引き抜かれ，ブテニルカチオンが生成すると考えられ，1-ブテンの異性化ではトランス型とゴーシュ型の存在比を反映して $cis/trans$ 比が 2 になるといわれている．

均一系の強塩基であるアルキル金属アルコラートを触媒とすると，1-ブテンから生成する 2-ブテンの $cis/trans$ 比は 20 以上となる．ZnO, CaO, MgO などの固体塩基でも，大きな $cis/trans$ 比が得られている．アリル位の水素が H^+ として引き抜かれ，π-アリルアニオン中間体が形成されるが，このアニオンは $anti$-(cis-)型が syn-($trans$-)型よりも安定となるため，cis-2-ブテンへの選択性が高くなる．π-アリルアニオン中間体を経由する異性化では，アルキル中間体に比べて π-アリルアニオン中間体の $anti$-syn 間の変換が困難なため，シス-トランス異性化が二重結合移行に比べて遅い．したがって，cis-2-ブテンの異性化では $trans$-2-ブテン/1-ブテン比が小さいのが特徴である．

Ni, Pd, Fe などの金属触媒や MoS_2, Co_3O_4 などを触媒とすると，水素共存下において半水素化状態のアルキル中間体を経て異性化が進行する．また，Mo, W, Re を含む錯体や酸化物では，メタセシス*が起こり，同時にシス-トランス異性化が起こる．

ウィルキンソン錯体である Rh 錯体や Pd, Ru, Ir, Ni などの金属錯体や，これらをホスフィン系やアミン系の官能基に固定化して不均一系化した固定化触媒*でもアルケンの異性化は進行する．これらの触媒では，ヒドリドとして配位した M-H 結合に配位アルケンが挿入する反応機構が一般的で，生成した σ-アルキル錯体から水素が β 脱離することにより異性化が起こる．

〔菊地英一〕

アルケンの酸化　alkene oxidation

　アルケン(オレフィン)の部分酸化による含酸素，含窒素化合物の合成は石油化学工業における最も重要な反応の一つである．代表的な酸化反応プロセスとその触媒を表に示す．触媒酸化プロセスは大きく気相酸化と液相酸化に分類される．気相酸化はまた，反応が酸素付加だけからなるものと C-H 結合の切断を経て酸素付加，窒素付加が起こる2種類に分けることができる．前者は Ag 触媒*を用いてエチレンやブタジエンを酸化し，エポキシドを合成する反応で，触媒の銀表面で活性化された酸素が二重結合を直接攻撃して進行する．後者はモリブデン・ビスマス*触媒を用いてプロペンを酸化，アンモ酸化*しアクロレイン，アクリロニトリルを合成するアリル型酸化反応に属する反応が代表的な例である．この反応では結合の最も弱いアリル位の C-H 結合が触媒の作用により切断され，引き続いてこれに酸素付加，窒素付加が起こる．この分類には他に C-C 結合の切断や酸化的水和*脱水素などのステップもあるが，これらは特別の場合を除きアルケンの酸化では選択性の低下を招く．

代表的な C_2〜C_4 アルケンの酸化反応と触媒

反応物	酸化剤＋同伴反応物		主生成物	触媒
エチレン	酸素		エチレンオキシド	Ag-Cs-Cl/担体
エチレン	酸素	(H_2O)	アセトアルデヒド	Pd-Cu
エチレン	酸素	酢酸	酢酸ビニル	Pd-添加物/担体
プロペン	酸素		アクロレイン	多元系 Mo-Bi-O
プロペン	酸素	NH_3	アクリロニトリル	多元系 Mo-Bi-O, Fe-Sb-O
プロペン	酸素	酢酸	酢酸アリル	Pd-添加物/担体
プロペン	ROOH		プロピレンオキシド	Mo, V, Ti 化合物
n-ブテン	酸素		無水マレイン酸	V-P-O
イソブテン	酸素		メタクロレイン	多元系 Mo-Bi-O
イソブテン	酸素	NH_3	メタクリロニトリル	多元系 Mo-Bi-O
ブタジエン	酸素		エポキシブテン	Ag-Cs-Cl/担体
ブタジエン	酸素	酢酸	1,4-ジアセトキシ-2-ブテン	Pd-Te/担体

　一方，液相酸化には，ワッカー法*の名で知られる Pd(II)塩のアルケンに対する特異的な酸化能を利用した反応，オキシランプロセスとよばれる Mo 錯体触媒を用いたアルケンとヒドロペルオキシドからのエポキシ合成，およびラジカル連鎖反応を基本とする Co などの遷移金属イオンを触媒とする自動酸化*などがあり，工業的に幅広く利用されている．特に Pd 触媒を用いるアルケンの酸化は水系反応のアルデヒドやケトン合成のみならず，酢酸中で反応させて酢酸ビニルなどを合成する酸化的アセトキシル化*に展開できるなど，工業的重要度は高い．　　　　〔上田　渉〕
➡アリル型酸化，エチレンの酸化，プロピレンの酸化

アルケンの重合　polymerization of alkenes　➡エチレンの重合，プロピレンの重合

アルケンの水素化　hydrogenation of alkenes

　C-C 二重結合の水素化反応は容易に進行するが，その機構は必ずしも簡単ではない．金属触媒の場合，1934 年に提出された堀内-ポラニ機構は，議論はあるものの，二重結合の移動とシス-トランス異性化が起こることを説明するなど，一般的に受け入れられる基本的要素を含んでいる．この機構では，次式に示すように，水素分子は解離吸着する一方，アルケンは二重結合が開いて二つの近接するサイトに二点吸着する．これに水素 1 原子が付加し，半水素化された化学種が一点吸着されたのち，さらに水素 1 原子が付加してアルカンとなる．ここで，＊は吸着サイトである．

$$2* + H_2 \longleftrightarrow \underset{*}{H} + \underset{*}{H}$$

$$-CH_2-CH=CH-CH_2- + 2* \longleftrightarrow -CH_2-\underset{*}{CH}-\underset{*}{CH}-CH_2-$$

$$-CH_2-\underset{*}{CH}-CH-CH_2- + \underset{*}{H} \longleftrightarrow -CH_2-\underset{*}{CH}-CH_2-CH_2- + 2*$$

　一点吸着した半水素化物が C-C 軸に関して回転したのち，逆反応で元のアルケンに戻ると，シス-トランスの異性化が起きる．また，一点吸着した半水素化物が元のアルケンに戻るときに二重結合の移動が起きることもある．反応中に異性化が先に起こると，異なる生成物をもたらす，あるいは二重結合が水素化されにくい方へ移動してしまう，などの影響がある．水素化反応中のシス-トランス異性化や二重結合の移動の起こしやすさは，触媒により著しい差がある．アルケンの脱離が起きにくい Pt を用いた場合は異性化は起こりにくい．一方，Pd のように吸着種の吸着が相対的に弱い場合は，上記の逆反応が速やかで，異性化も起きやすい．異性化の起こりやすさの序列の目安は Pd＞Ni≫Rh〜Ru＞Os＞Ir＞Pt である．ただし，Rh は低温では Pt に似て異性化は起きないが，80℃以上になると Pd に似て異性化が著しく進むようになる．

　工業的側面からいえば，石油精製以外の分野では，多様なアルケンの混合物を多量に連続反応装置で水素化することは稀である．一方，多くの比較的純粋なアルケンが，小さなバッチ反応装置で水素化され，さまざまな化成品や薬剤が製造されている．この場合，多種類の Ni 触媒(Ni/Al_2O_3，ラネーニッケル＊など)，貴金属系触媒(通常，活性炭とか Al_2O_3 に担持して使われる)，硫化物系触媒($Ni-Mo/Al_2O_3$，$Co-Mo/Al_2O_3$ など)が使われる．Ni は安価であるが毒物質に弱いので，原料中の硫黄その他の毒物質が低濃度であるときに使われる．逆に貴金属触媒は低レベルながらハロゲンとか硫黄を含む場合の水素化に好まれる．一般的に，貴金属触媒のほうが，より温和な条件で反応が進行し，選択性もよい．アルケンの水素化に貴金属触媒を使う場合，ほとんどの場合 Pt か Pd が使われる．硫化物系の Ni-Mo とか Co-Mo は，反応系の硫黄を低減することが実用的でない場合に採用される．モノアルケンあるいはジアルケンの水素化を，常温常圧でいろいろな溶媒を用いて行う場合，Pd/カーボン，あるいは Pd/Al_2O_3 が通常最もすぐれた触媒である．常温常圧以上の条件では Pt と Rh がすぐれている．活性の序列は Ribeiro らのまとめによれば，エチレンの水素化で 0 ℃の場合，おおむね Pt＝Pd＞Rh＞Ir＝Ni である (F. H. Ribeiro, A. E. Schach von Wittenau, C. H. Bartholomew and G. A. Somorjai, *Catal Rev.-Sci. Eng.*, **39**, 49

(1997)).しかし,同じ Pt/SiO$_2$ でも,活性報告値に1桁以上の差があり,さらに,同じ貴金属でも担体が変わった場合には活性報告値にさらに大きな差があることに注意する必要がある.一方,プロピレンの水素化の0℃での活性序列は Ir≫Ni＞Co＝Re≫Pt となっている.

Ru は混合アルケンの水素化で特徴的な挙動を示す.すなわち一置換体のアルケンが二置換体や三置換体のアルケンよりもずっと選択的に水素化される.例えば,2-オクテンと1-オクテンの混合物の場合,2-オクテンが水素化されるより先に末端二重結合の方が完全に水素化される.Ru 上では二重結合の移動が Pd などより遅いので,こうした高い選択性がみられるのである.また,Ru 触媒を用いた混合アルケンの水素化は,水を共存させて行われる.Ru では水が無いと水素化の速度が非常に遅くなる.

2個以上の二重結合を含む化合物では,一般的に最も立体障害の少ない結合が優先して水素化される.障害の程度が同じならば最もひずみのかかった結合が優先的に水素化される.

またアルケン類の水素添加については錯体を触媒として用いる重要な応用例がある.水素化活性をもつ錯体触媒は,実質的にはウィルキンソン錯体[RhCl(PPh$_3$)$_3$]の発見に始まる.反応は均一系で常温常圧で進行し,その機構がよく検討されている.水素が酸化的付加してジヒドリド錯体をつくり,これにアルケンが配位してジヒドリドアルケン配位錯体を形成する.その後,アルケンが M-H 結合に挿入,水素添加し,還元的脱離*してゆく.初めにアルケンが配位し,その後水素が酸化的付加*をする経路も考えられている.

錯体触媒による水素化においては,不斉配位子をもつ錯体による不斉水素化*が重要な意義をもつ.大きな進展の一つは,C_2 対称のジホスフィンを不斉配位子に使うことによる配位の立体異性体数の削減とコンホメーションの制御で,これにより不斉収率が著しく向上した.パーキンソン病の治療薬として知られる L-dopa は L 体は有効であるが,D-dopa には薬効がない.L-dopa の製造法として,ジホスフィンの不斉配位子(DIPAMP)をもつ Rh 錯体を用いて,不斉を含まない二重結合を水素化して不斉な化合物にする工程を通る製法が工業化されたが,これが不斉錯体触媒工業化の初めの例である.　　　　　　　　　　　　　　　　　　　　　　　　〔飯田逸夫〕

アルケンの水和　hydration of alkenes　　→エチレンの水和,プロピレンの水和,シクロヘキセンの水和

アルケンの脱水素　dehydrogenation of alkenes

アルケン(オレフィン)の脱水素により,アルキン,ジエン(さらにポリエン)などが生成する.前者のうち,エチレン→アセチレンの反応は,アセチレンの水素化*の逆反応にあたる.

アルカンと比較して,アルケンは C=C 二重結合をもつため吸着しやすく,また結合エネルギー的にアリル位の C-H 結合が活性化を受けやすいという特徴がある.脱

水素反応*の触媒として，Cr_2O_3/Al_2O_3, $Ca_8Ni(PO_4)_6$, Fe_2O_3 系などアルカンの脱水素*にも用いられるものが有効であるが，より温和な反応条件で脱水素が可能である．

代表的な反応として，1-ブテン→1,3-ブタジエン，イソアミレン→イソプレン，シクロヘキセン→ベンゼンがある．脱水素法による 1,3-ブタジエンの製造は，原料にブタンとブテンの混合物が用いられ，温度 600〜680℃，減圧〜常圧の条件で行われる．なお，工業的にはナフサ分解で多量に生成する C_4 留分から 1,3-ブタジエンを抽出する製法が主流となっている．

〔篠田純雄〕

アルケンのヒドロホルミル化　hydroformylation of alkenes

アルケン（オレフィン）に水素と一酸化炭素とを反応させ，元のアルケンよりも炭素数の一つ多いアルデヒドを合成する反応をいう．オキソ合成ともいう．単にヒドロホルミル化というときはアルケンのヒドロホルミル化を指す．

$$R-CH=CH_2 \xrightarrow[\text{触媒}]{CO, H_2} R-CH_2-CH_2-CHO + R-CH(CHO)-CH_3$$

1938 年に Ruhrchemie 社の Roelen によって発見された．工業的に最も重要な触媒反応の一つであり，全世界で年間 700 万 t 以上の生産能力があるといわれている．触媒としては Ru, Co, Rh, Ir, Pt 錯体が高い反応性を示す．特に Rh 錯体の触媒活性が高い．初期の工業プロセスでは比較的安価な Co が触媒として用いられてきたが，近年新しく建設されたプラントでは Rh 錯体が使われている．ホルミル基の付加の位置によって 2 種類の位置異性体が生成するが，一般に直鎖アルデヒドのほうが多く得られる．工業的にはそれ以上に直鎖アルデヒドの需要が多いため，さまざまな工夫がなされている．直鎖アルデヒドの多くはさらに水素化されアルコールへと変換される．

〔福本能也〕

→ヒドロホルミル化

アルケンの不均化　disproportionation of alkenes　→メタセシス

アルコールの合成　synthesis of alcohols

アルコール合成法として，（1）一酸化炭素の水素化*，（2）アルケンやシクロアルケンの水和，（3）アルデヒドの水素化*および（4）脂肪酸あるいはエステルの水素化による方法が実施されている．メタノールは，（1）の方法により合成されている．現在，実施されている合成プロセスは，1966 年 ICI 社により開発されたもので，Cu/ZnO 系触媒上，5％程度の二酸化炭素を含む合成ガス（$CO+H_2$）を用いて反応が行われている．一方，エタノール，イソプロパノール，イソブタノールなどは，シリカ担持リン酸触媒やヘテロポリ酸などを用い，（2）の方法により合成されている．最近，類似の方法として，高シリカゼオライト触媒を用い，シクロヘキセンの水和によりシクロヘキサノールを合成する方法が工業化された．（3）の方法は，n-プロパノール，ブタノ

ールなどや高級アルコールの合成に用いられている.原料として用いるアルデヒドは,アルケンのヒドロホルミル化*により合成されている.高級アルコールの合成では(4)の方法も重要である.この場合,Cu/Cr_2O_3, Cu/ZuO 系触媒が有効である.これらのほか,主なアルコールの製造には,アリルアルコールの合成がある.この合成には,プロピレンオキシド,アクロレインあるいは酢酸エチルが原料として用いられる.アクロレインを経由する方法では,Cd/Zn 触媒を用いて水素添加する方法や MgO/ZnO触媒を用いて sec-ブタノールなどを水素供与剤とし,メーヤワイン-ポンドルフ反応*により合成する方法がある.また,一酸化炭素の水素化によるエタノールやエチレングリコールの合成,二酸化炭素の水素化によるメタノール合成などが検討されているが,実用化されていない. 〔竹澤暢恒〕

➜高級アルコールの合成

アルコールの脱水　dehydration of alcohols

　1分子のアルコールから1分子の水を脱水してアルケンを,2分子のアルコールから1分子の水を脱水してエーテルを生成する反応.工業的な合成法としてあまり使われていない反応であるが,通常の反応条件で平衡がアルケンにかたよっているため生成物の分析が容易であること,出発物質が同じでも反応条件や触媒の性質を敏感に反映し違った生成物を与えることから数多くの基礎的研究がなされている.

　触媒の酸性度*と触媒活性との間に相関があることや,塩基による阻害効果がみられることからアルコール脱水反応は酸性物質によって触媒されることがわかる.しかし,触媒が,酸強度* $-8.0 \leq H_0$ の強い酸点をもつと重合などの副反応が起こるので,酸強度は $-8.0 \leq H_0 \leq -3$ であることが推奨されている.使われる触媒としては無機酸,有機酸,固体酸*がある.これらの大部分の触媒は,セイチェフ則*に従う生成物を与える.ホフマン則*に従う生成物を与える触媒として,Y_2O_3, In_2O_3, La_2O_3, ThO_2, ZrO_2, CeO_2 などがある.しかし,これらの触媒も反応温度を上げるとセイチェフ則に従う生成物を与えるようになる.塩基性触媒では,アルコールは脱水素しケトンやアルデヒドを与えることが多い.

　無機酸,有機酸などを使う溶液反応では,$ROH + H^+ \rightarrow ROH_2^+ \rightarrow R^+ \rightarrow$ アルケン $+ H^+$ の経路で反応が進行し,対アニオンの効果についてあまり考慮しない.しかし,固体酸塩基触媒では強さの差こそあれ,表面に酸点と塩基点が共存する.アルコール脱水反応においては,この触媒の酸–塩基対および反応基質の C_α–O と C_β–H 間の結合の強さによって生成物選択性が変わる(図参照).触媒の酸性が強いあるいは C_α–O の結合が弱い場合は,C_α–O 結合が先に切れ C_α 上にカルベニウムイオン*ができたあとで,C_β–H が切れる反応経路すなわち E1 脱離*が起こる.E1 脱離では,生成したカルベニウムイオンの転移・付加反応により多様な異性化生成物を与える.逆に,触媒の塩基性が強いあるいは C_β–H の結合が弱い場合は,C_β–H 結合が先に切断され C_β 上にカルボアニオン*が生成したあとで,C_α–O の結合が切れる反応経路すなわち E1cB で反応が進行する.C_β–H 結合の切断が反応律速である E1cB では,C_β–D に

よる同位体効果が期待される．この二つの反応のちょうど中間にあるのが，C_α-O 結合と C_β-H 結合の切断がほぼ同時に起こる経路すなわち E2 脱離*である．

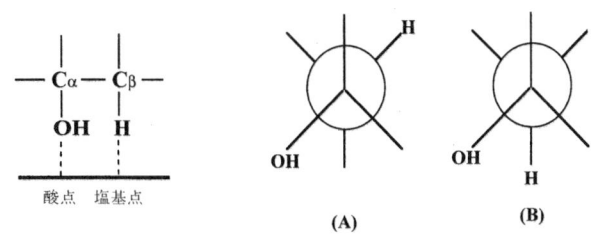

(A)　(B)

アルコールの脱水反応の活性が，第一級＜第二級＜第三級の順に増加することも，この順に C_α-O 結合が弱められ，カルベニウムイオン生成が容易になることが原因である．さらに，脱離反応では(A)のように OH と H が反対方向から抜ける anti 脱離と OH と H が同じ方向から抜ける syn 脱離を区別する必要がある．threo-あるいは erythro-アルコールを脱水し生成するアルケンの立体選択性から，anti と syn 脱離の判定が行われる．また，活性中心が陽イオン的か陰イオン的であるかの判断材料は，活性中心近傍の与える置換基効果を数値化した直線自由エネルギー関係*(LFER)が提供する．以下，これまで判定された例を示す．この例とホフマン則に従う生成物を与える触媒を比べると，ホフマン則は E1cB 脱離によって実現されたことがわかる．反応温度の上昇によって，ホフマン則に従う生成物からセイチェフ則に従う生成物へと変化していくが，同様に脱離経路も E1cB → syn-E_2 → E1 と変わっていくことが知られている．

脱離方式	触媒
E1	SiO_2，X 型ゼオライト，陽イオン交換樹脂，ヘテロポリ酸，BPO_4
anti-E2	アルミナ，Ga_2O_3，$AlPO_4$
syn-E2	ヒドロキシアパタイト，リン酸塩
E1cB	ThO_2，CeO_2，La_2O_3，ZrO_2

アルケン生成が一分子脱離反応に分類されるのに比し，エーテル生成はアルコラートに対する求核反応であるとの報告がある．また，アルミナを触媒とするアルケン生成とエーテル生成を LFER の手法で調べてみると，前者の活性中心は陽イオン的であり後者の活性中心は陰イオン的であるとの結論を得た．これから，アルケン生成とエーテルは違う律速過程を経ると推論される．

工業的に実施されている脱水反応は数少ないが，TiO_2/Al_2O_3 触媒を使った 1-フェニルエタノールからのスチレンの合成やヘテロポリ酸を触媒とする 1,4-ブタンジオールからのテトラヒドロフラン合成，シリカをアルカリ金属とリンで修飾した触媒によるモノエタノールアミンからのエチレンイミン合成があげられる．〔大西隆一郎〕

アルコールの脱水素　dehydrogenation of alcohols

　第一級あるいは第二級アルコールを脱水素することにより，それぞれアルデヒドあるいはケトンが生成する．平衡的には，一般に後者の方が有利であり，またメタノールやエタノールからのアルデヒド生成は同族体に比べて不利である．通常，脱水素は水酸基とそれに隣接するC-Hの部位で起こるが，水酸基に対してα, β位の炭化水素部分で脱水素が起こってエノールを生じ，これが異性化することによってカルボニル化合物を与える場合もある．後者の反応は，むしろアルカン(パラフィン)の脱水素*に近い．

　一般にアルコールは，酸点では脱水反応*(アルケン，エーテル生成)が起こるのに対して，塩基点では脱水素反応*が起こる．この際，アルコールが解離吸着してアルコキシド中間体と吸着水素を生じ，後者が前者のα位水素と反応してH_2を生成すると考えられている．代表的な触媒としては，CuO，ZnO，MgOなどの酸化物のほか，Cu，Znなど水素活性化能の低い金属，Ru，Rh，Irなどの錯体がある．錯体触媒では，アルコキシド錯体中間体のα位水素を中心金属が求電子的に攻撃し，ヒドリド錯体とカルボニル化合物を与える機構が一般的である．ヒドリド錯体は，アルコキシド錯体を生成する際に生じたプロトンと反応してH_2を生成し，触媒サイクルが完結する．なお，錯体触媒のなかには光触媒活性も示すものがあり(例えば[$RuCl(SnCl_3)_5$]$^{4-}$)，また，[$RuH_2(PPh_3)_4$]では，脱水素に続く縮合反応により第一級アルコールからエステルを，ジオールからラクトンを与える．

　工業的に重要なアルコール脱水素反応としては，CuやZnを金属あるいは酸化物として含む触媒を用いたシクロヘキサノールからシクロヘキサノンへの単純脱水素，AgあるいはFe_2O_3-MoO_3触媒を用い，メタノールからホルムアルデヒドを得る酸化脱水素*がある．また，テルペンアルコールの脱水素はファインケミカルズ合成に重要である．　　　　　　　　　　　　　　　　　　　　〔篠田純雄〕

➡メタノールの脱水素，メタノールの酸化

アルデヒドの合成　synthesis of aldehydes

　アルデヒドの合成には，アルコールの脱水素，酸化脱水素，アルケンのヒドロホルミル化*および部分酸化が利用されている．ホルムアルデヒドは，酸素存在下，メタノールの脱水素および酸化脱水素により合成されている．メタノール過剰の条件では，銀系触媒が，一方，酸素過剰の条件ではFe_2O_3/MoO_3触媒が用いられている．一方，アセトアルデヒドは，塩化パラジウムおよび塩化銅(II)存在下，液相でエチレンを酸化する方法により合成されている(ワッカー法)．この反応では，共存する酸素はエチレンの酸化には直接関与せず，エチレンの酸化には水が関与している．これらのほか，エタノール脱水素法があるが，酸化脱水素*法の方が広く利用されている．より高級なアルデヒドは，アルケンのヒドロホルミル化により合成されている．この反応には，Rh，CoおよびRuの錯体が有効な触媒である．工業的にはCo系錯体触媒もしばしば用いられる．アルケンの部分酸化による方法では，プロピレンの酸化によるアクロ

レインの合成がある．この反応には，Bi_2O_3/MoO_3 系触媒が高い活性と選択性を示す．これらのほか，新しい合成法として，芳香族カルボン酸の水素化により芳香族アルデヒドを合成する方法が工業化されている．この反応には，酸化ジルコニウム系触媒が用いられている． 〔竹澤暢恒〕

→アルコールの脱水素，ヒドロホルミル化，ホルムアルデヒドの合成，ワッカー法

アルデヒドの水素化　hydrogenation of aldehydes

アルデヒドは容易に水素還元されて対応するアルコールになる．しかし脂肪族アルデヒドと芳香族アルデヒドでは挙動に違いがある．

脂肪族アルデヒドの還元において過剰な水素化が進むことなくアルコールを得る触媒は多数ある．例えば，Ru がこの反応にすぐれていて，Ru/カーボンは，ブドウ糖をソルビットにする触媒として使われている．一般的に，Ru/カーボンは，水を含む溶媒中において多糖類の多価アルコールへの還元に高活性である．実験室でのアルデヒド還元では PtO_2(いわゆるアダムス触媒)が使われるが，この触媒は速やかに劣化し，かつ凝塊化を伴う．$FeCl_2$ や $SnCl_2$ を少量添加しておくと反応は速やかに完結する．これらの添加物は還元反応を加速して凝塊化を阻止する効果を有する．同様に Pt/カーボンあるいは Ru/カーボンでも，$SnCl_2$ を，Pt 1 原子に対して Sn 1 原子程度加えると促進効果がある．一方，Pd は脂肪族アルデヒドの還元にほとんど活性がない．したがって，逆に Pd は脂肪族アルデヒド化合物中，あるいは共存下での，他の官能基の還元に適している．

芳香族アルデヒドの還元の場合は，脂肪族と異なり，Pd が最も活性で，Ru では反応が遅い．当量の水素が消費されたところで反応を止めれば，高収率で芳香族アルコールが得られる．もし反応が行き過ぎるならば，溶媒を非極性，非酸性とし，触媒添加量を少なくし，さらに塩基性の反応阻害剤(第三級アミン，水酸化アルカリなど)を加えると改善される．芳香族のアルデヒド基をアルキル基まで還元するのにも Pd がすぐれている．少量の酸や極性溶媒が水素化分解をもたらす．

アルデヒドの還元反応には工業的に重要な反応が多い．直鎖あるいは分枝状のオキソアルデヒド($C_4 \sim C_{18}$)を水素化してアルコールを得る反応は一例であるが，これには Cu/Cr 触媒，Co 触媒，Ni 触媒などが使われる．

Cu/Cr 触媒はクロトンアルデヒドから n-ブタノールへの反応($CH_3CH=CHCHO+2H_2 \rightarrow CH_3CH_2CH_2CH_2OH$)，フルフラールからフルフリルアルコールへの反応($AO-CHO+H_2 \rightarrow AO-CH_2OH$(ここで，AO は C_4H_3O(フルフリル)基))，などにも使われる．Ni あるいは Co 触媒は例えばメチルイソブチルケトンからメチルイソブチルカルビノールの製造($CH_3COC_4H_9+H_2 \rightarrow CH_3CH(OH)C_4H_9$)に適用される． 〔飯田逸夫〕

アルデヒドのヒドロホルミル化　hydroformylation of aldehydes

アルデヒドをヒドロホルミル化の反応条件で反応させるとギ酸エステルが生成す

る．この反応は，（1）触媒活性種であるヒドリド錯体*（H-M, M は金属）がアルデヒドの C=O 二重結合にヒドロメタル化*してアルコラート錯体が生成，（2）O-M 結合に一酸化炭素が挿入，（3）水素との反応によりギ酸エステルが生成し，触媒活性種が再生，という機構で進行していると考えられる．

$$\text{RCHO} + \text{H}-\text{M} \longrightarrow \text{RCH}_2\text{O}-\text{M} \xrightarrow{\text{CO}} \text{RCH}_2\text{O}\overset{\overset{\text{O}}{\|}}{\text{C}}-\text{M} \xrightarrow[\text{H}-\text{M}]{\text{H}_2} \text{RCH}_2\text{O}\overset{\overset{\text{O}}{\|}}{\text{C}}\text{H}$$

この反応はアルケンのヒドロホルミル化における二次反応の一つである．二次反応としては他にアルデヒドの水素化*によるアルコールの生成やアルドール縮合などがある．工業プロセスでは，アルケンの水素化*や異性化などの副反応とともにこの二次反応をいかに制御して直鎖アルデヒドの選択性を上げるかが重要となる．

〔福本能也〕

→ヒドロホルミル化

アルドール縮合　aldol condensation

α 位に少なくとも 1 個の活性水素を有するカルボニル化合物（アセトアルデヒド，アセトンなど）は水酸化ナトリウムなどの塩基触媒の存在下で縮合体を形成する．固体触媒として塩基性イオン交換樹脂や固体塩基*も用いられる．

$$\underset{\text{アセトアルデヒド}}{\overset{\text{H}}{\text{CH}_2}\text{C}=\text{O} + \text{H}-\overset{\alpha}{\text{C}}\text{H}_2\text{CHO}} \rightleftarrows \underset{\text{アルドール}}{\text{CH}_3\overset{\text{OH}}{\text{CH}}\text{CH}_2\text{CHO}}$$

アルドールに見られるように，縮合体は α 水素に隣接した OH 基を有し，容易に脱水反応（アルドール→クロトンアルデヒド）を起こすので不飽和結合を導入することができる．アセトンはアセトアルデヒドより付加能力は低い．ホルムアルデヒドや芳香族アルデヒドは α 水素をもたいなが，α 水素を有するカルボニル化合物との間で縮合反応を起こすことができる．

類縁の反応にティシェンコ反応*やカニツァロ反応*がある．　　〔山口　力〕

→アセトンのアルドール縮合

α_s-プロット　α_s-plot

t-プロットの改良法で，t の見積りや N_2 以外のガスへの適用の煩雑さを避けるために Sing らにより提唱された（例えば，D. A. Payne, K. S. W. Sing and D. H. Turk, *J. Colloid Interface Sci.*, **43**, 287 (1973)）．細孔のない標準試料への物理吸着等温線においてその各相対圧における吸着量と相対圧 0.4 における吸着量との比を α_s と定義し，標準試料の吸着等温線から，各相対圧に対応する α_s の値を得る．測定試料の吸着等温線が得られたら，相対圧を α_s に変換したプロットを作成する．これは，t-プロットと同様の形状をとり，$\alpha_s \to 0$ に外挿した切片からミクロ細孔体積を求めることがで

きる.また,直線部分の傾きはミクロ細孔を除いた外表面積に比例するので,BET法などにより表面積が既知であれば,α_s-プロットと比較することにより,測定試料の外表面積を知ることができる. 〔犬丸 啓〕

➡ t-プロット

α 脱離　α-hydrogen elimination

遷移金属アルキル錯体の α 炭素上の C-H 結合が活性化され,ヒドリドおよびカルベン配位子を有する錯体を生成する反応を指す.アルキル錯体の熱的な分解経路としては還元的脱離*および β 水素脱離がより一般的であるが,これらが起こりにくい Nb, Ta などのアルキル錯体の反応として報告されている.他の反応との競合のために,錯体の反応としての報告例は必ずしも多くないが,錯体触媒を用いるアルケンのメタセシス*,環状アルケンの開環メタセシス重合*の中間体であるカルベン錯体*を発生する反応として重要であり,これら触媒反応では開始段階に関与しているとみなされている.

α 水素脱離反応によるカルベン錯体生成反応

〔小坂田耕太郎〕

アルフォールプロセス　Alfol process

有機アルミニウムを用いるエチレンからの直鎖脂肪族第一級アルコールの合成法で,触媒調製,炭素鎖の成長,酸化,加水分解の4段階からなる.触媒調製の段階では,次式の反応によって,AlEt$_3$ の量を増加させる.Al+2 AlEt$_3$+1.5 H$_2$→ 3 AlHEt$_2$, AlHEt$_2$+C$_2$H$_4$→ AlEt$_3$.第2段階で AlEt$_3$ を C$_2$H$_2$ と反応させて,Al[C$_{2n}$H$_{4n+1}$]$_3$ (n=3〜10)とし,さらに,これを乾燥空気で酸化して,Al[OC$_{2n}$H$_{4n+1}$]$_3$ を得る.さらに,このアルコキシドを加水分解することにより,アルコールを得る.生成物は洗剤の合成に用いられる. 〔小野嘉夫〕

アルミナ　alumina

アルミナは耐熱性や化学安定性にすぐれ,資源的にも恵まれた材料であるが,単味では固体酸触媒あるいは触媒担体として,さらには,他成分との複合酸化物として,最も普遍的に使われる材料である.

合成法:アルミニウム塩,水酸化アルミニウム,アルミニウムアルコキシドの熱分解,金属アルミニウムの酸化などで合成される.鉱物名では,三水和物型(Al$_2$O$_3$・3 H$_2$

O)のギブス石やバイヤライト,一水和型($Al_2O_3 \cdot H_2O$)のベーマイトやダイアスポアがあり,これらの出発原料と焼成温度の違いから,異なった結晶相($\alpha, \gamma, \eta, \theta, \chi$ など)のAl_2O_3が得られる.例えば,天然物相からの焼成では

ベーマイト→(大気中,500°C 焼成) →γ-Al_2O_3→(900°C,焼成)→δ-Al_2O_3→(1200°C,焼成)→α-Al_2O_3

ギブス石→(大気中,300°C 焼成)→χ-Al_2O_3→(900°C,焼成)→κ-Al_2O_3→(1200°C,焼成)→α-Al_2O_3

バイヤライト→(大気中,250°C 焼成)→η-Al_2O_3→(900°C,焼成)→θ-Al_2O_3→(1200°C,焼成)→α-Al_2O_3.

触媒材料としての工業的製造法は,硫酸アルミニウム,塩化アルミニウム,硝酸アルミニウムなどの塩類をアンモニア水で処理し,得られた水酸化アルミニウム($Al(OH)_3$)ゾルを焼成してアルミナを製造する.アルミン酸ナトリウムなどを原料とする場合には,塩酸処理でNaを除去したのちにアンモニアを加えるか,CO_2で処理して水酸化物とする.また,高純度アルミナを得るには,アルミニウムアルコキシドなどの加水分解も行われる.生成物はアルミナ水和物/無水和物,無定形/各結晶相アルミナなど調製法によって変化する.さらに,比表面積,細孔径分布,酸量などの物性は,出発物質,共存物質,温度,圧力,H_2Oの存在など反応プロセスで多様に変化できる.ちなみに,比較的低温で調製されるアモルファスアルミナ,η-Al_2O_3やγ-Al_2O_3では,130〜300 $m^2 g^{-1}$,高温安定型のα-Al_2O_3でも〜30 $m^2 g^{-1}$程度の比表面積が得られる.

表面の性質:アルミナの表面水酸基(Al-OH)の酸性は極めて弱く,350°C以上の排気あるいは,高温加熱で部分脱水することで,初めて露出アルミニウムに起因するルイス酸サイトを形成し(図1),固体酸触媒機能を発現するといわれる.酸強度は二成分系固体酸のシリカ・アルミナなどに比べてむしろ弱いが,ハロゲンが残存しているとルイス酸性が強くなることがある.また,加熱条件によっては酸点のほかに塩基点が存在する.

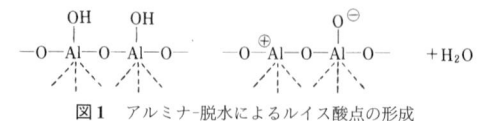

$$\begin{array}{c} \text{OH} \quad \text{OH} \\ | \quad\quad | \\ -\text{O}-\text{Al}-\text{O}-\text{Al}-\text{O}- \end{array} \quad \begin{array}{c} \text{O}^{\ominus} \\ | \\ -\text{O}-\overset{\oplus}{\text{Al}}-\text{O}-\text{Al}-\text{O}- \end{array} +H_2O$$

図1 アルミナ-脱水によるルイス酸点の形成

Periは,完全に水酸基でおおわれたアルミナ表面$(Al-OH)_n$から段階的に部分脱水して,いくつかの露出 -Al- とAl(OH)との複合構造を想定し,脱水率とモンテカルロ法による酸性サイトの構造との関係を検討した.その結果,露出した孤立 Al サイト,それぞれ1〜4個のAl-OHに囲まれたAlサイトの5種の酸強度の異なる酸性サイトモデルとを提案し,赤外吸収スペクトルとの対応をつけた(図2).

触媒機能,担体性質:アルミナは単独では固体酸触媒,複合酸化物では固体酸触媒や酸化触媒,脱硫触媒として用いられるほか,固体触媒の担体として広い用途がある.表にも示すように,金属,酸化物クラスター,金属錯体などを担持する多孔質担体としても多用される.その理由は,耐熱性に富み,適度な表面積,細孔径,酸性質をも

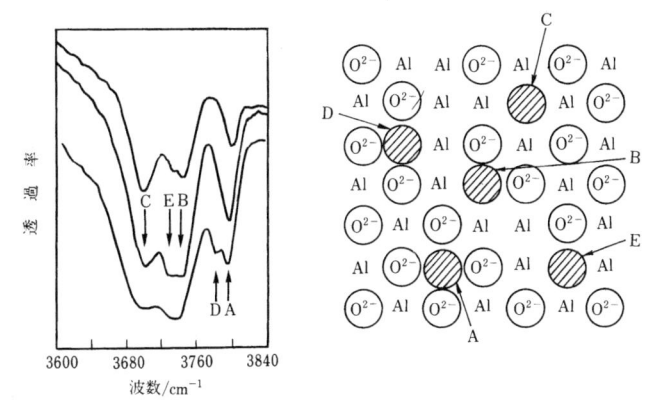

図2 Al_2O_3 の五つの OH 基伸縮振動の IR スペクトルと対応する表面 OH 基のモデル

つ金属酸化物のためである。表面とバルクの性質は直接関連しないが、バルク Al_2O_3 は両性酸化物に属し、pH 条件を変えることで、陽イオン交換/陰イオン交換が可能である。

Al_2O_3 の触媒としての応用

系	種類	用途
単独 Al_2O_3	固体酸	アルコール脱水,脱ハロゲン化水素,炭化水素異性化,クラッキング,脱水素
複合酸化物 SiO_2-Al_2O_3 CrO_x-Al_2O_3	固体酸	典型的なアモルファス型固体酸触媒,炭化水素の分解,不均化,アルキル化,重合
MoO_x-Al_2O_3	脱水素	エチルベンゼンよりスチレン合成,炭化水素の脱水素化,脱水素環化
V_2O_3-Al_2O_3	酸化	酸化反応,高温燃焼触媒
(MO_x-Al_2O_3)	脱硫—	石油脱硫,脱硫一般 (M=Mo, Ni, W)
担体 Ni/Al_2O_3	水素化	水素化一般
Pt/Al_2O_3 Ni/Al_2O_3 Pt-Sn/Al_2O_3 Pt-Re/Al_2O_3	改質 水蒸気改質	炭化水素の水素化分解+芳香族化+異性化 $CH_4 + H_2O$ 炭化水素+$H_2O \rightarrow CO + H_2$+炭化水素 $CO_2 + H_2O \rightarrow CO$+炭化水素
Ag/Al_2O_3 Ag/Al_2O_3 Co/Al_2O_3	酸化 脱硝 脱硝	エチレンオキシド合成 NO+CO;NO+炭化水素 NO+CO

触媒としてはアルコールの脱水や炭化水素の脱水素,クラッキング,異性化に用いられるが,多くは,他の酸化物との混合物や複合酸化物としても用いられる。
酸性の担体効果の例として,CO 水素化で Pd/Al_2O_3(酸性) では CH_4 が生成するのに対し,Pd/SiO_2(中性) では CH_3OH が生成する。炭化水素の反応では炭素質が沈着しやすいとされる。　　　　　　　　　　　　　　　　　〔上松敬禧〕

アルミノホスフェートモレキュラーシーブ　aluminophosphate molecularsieve ——
アルミノホスフェート(アルミ,リン酸塩型)モレキュラーシーブはゼオライト(アルミノシリケート)に類似した分子サイズの細孔を有する比較的新しいリン酸塩モレキュラーシーブであり,1980年に初めて Union Carbide 社(UCC)により合成された.一般に AlPO は $AlPO_4\text{-}n$ あるいは $AlPO\text{-}n$ と表記され,記号 n により結晶構造を表す.AlPO に特有な構造のものを含め現在 50 種類以上の $AlPO_4\text{-}n$ が合成されている.主なものを表に示した.細孔は 1 次元のもの(*),2 次元のもの(**),3 次元のもの(***)がある.細孔の直径は 1 nm 以下のものが多いが,VPI-5 では 1.2 nm とやや大きい.$AlPO_4\text{-}n$ は $Al_nP_nO_{4n}$ の組成式で表され,AlO_4 の四面体と PO_4 四面体を交互に配列した構造をもっている.したがって電荷はバランスしており,イオン交換性をもたない.$AlPO_4\text{-}n$ のなかには,ゼオライトと同じ構造を有するものがある.$AlPO_4\text{-}42$,$AlPO_4\text{-}34$ は,それぞれ,A 型,チャバザイトと同じ構造をとる.しかし,ゼオライトに対応する構造がないものも多く,結晶構造が確定されていないものも多い.

$AlPO_4$ と類縁化合物

種類	結晶構造 (構造コード)	空洞開口部 酸素員環	空洞開口部 直径 [nm]	類縁物質
*$AlPO_4$-5	AFI	12	0.73*	SAPO-5
*$AlPO_4$-8	AET	14	0.79×0.87*	
*$AlPO_4$-11	AEL	10	0.43×0.70*	SAPO-11
*$AlPO_4$-12-TAMU	ATT	8	0.42×0.46*, 0.38×0.38**	
*$AlPO_4$-16	AST	6		
$AlPO_4$-17	エリオナイト, ERI	8	0.36×0.51***	
*$AlPO_4$-18	AEI	8	0.38×0.38*, 0.38×0.38*	
$AlPO_4$-20	ソーダライト, SOD	6		
*$AlPO_4$-22	AWW	8	0.39*	
$AlPO_4$-24	アナルサイム, ANA			
*$AlPO_4$-25	ATV	8	0.30×0.49*	
$AlPO_4$-31	ATO	12	0.54*	
$AlPO_4$-33	ATT	8	0.40*	
*$AlPO_4$-34	シャバサイト	8	0.38***	SAPO-34
	レビン	8	0.36×0.48**	SAPO-35
$AlPO_4$-36		12	0.65×0.75	SAPO-36
$AlPO_4$-37	ホージャサイト		0.74***	SAPO-37
		8	0.40	MAPO-39
				SAPO-40
*$AlPO_4$-41	AFO	10	0.43×0.70*	
$AlPO_4$-42	A 型, LTA	8	0.41***	SAPO-42
	ギスモンディン, GIS	8		SAPO-43
	チャバザイト	8	0.38***	SAPO-47
*$AlPO_4$-52	AFT	8	0.28×0.44***	
$AlPO_4$-54, VPI-5	VFI		1.21*	
	AFX	8	0.34×0.36	SAPO-56
*$AlPO_4$-C	APC	8	0.34×0.37*, 0.29×0.57*	
*$AlPO_4$-D	APD	8	0.21×0.63*, 0.13×0.58*	
*$AlPO_4$-H_2	AHT	10	0.33×0.68*	
*$AlPO_4$-H_3	APC			

図1にはAlPO$_4$-5とVPI-5*の細孔の模式図が示してある．AlPO$_4$-5の細孔は一次元的であり，酸素12員環の大きさで規定されている．VPI-5の細孔構造はAlPO$_4$-5の4員環のそれぞれに，4員環をもう一つ付け加えた構造となっている．この物質は初の18員環モレキュラーシーブで，この構造はゼオライトでは未だ成功していない．このように細孔が大きいので，ゼオライトでは吸着できなかった大きな分子に対しても，選択的な吸着作用が期待できる．

(a) AlPO$_4$-5　　(b) VPI-5

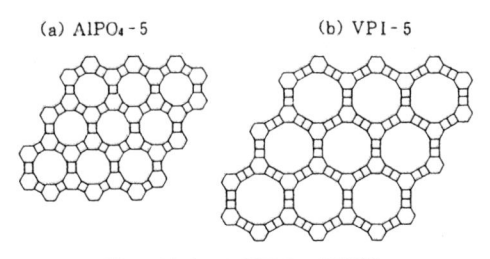

図1　AlPO-5とVPI-5の細孔構造

AlPO$_4$-nおよびその類縁体の合成はいわゆる水熱合成法により行われる．Al源，P源(リン酸)，その他の金属源を含むゲルに，有機アンモニウムイオンなどが加えられる．生成物はpH，温度，反応時間などのほか，加える有機アミンの種類や撹拌の有無などによっても変化する．有機アミンは通常テンプレート剤とよばれているが，その作用は単純ではなく，VPI-5の合成ではpH調製剤としての効果が大きいとされている．同一のテンプレート剤を用いても，反応条件によって異なった構造の生成物を与えることがある．AlPO-5は20種類以上のテンプレート剤を用いて合成されている．図2にAlPO$_4$-5の合成手順を模式的に示した．合成物は細孔内にテンプレート剤である有機アミンや有機アンモニウムイオンを含んでいるので，吸着剤や触媒として用いるためには，空気中で焼成しこれらの有機物を燃焼除去する必要がある．

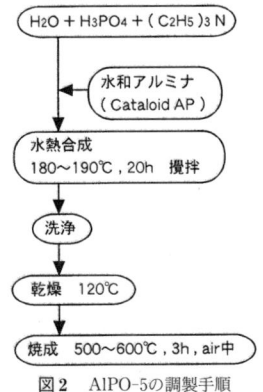

H$_2$O + H$_3$PO$_4$ + (C$_2$H$_5$)$_3$N
↓
水和アルミナ
(Cataloid AP)
↓
水熱合成
180〜190℃, 20h　撹拌
↓
洗浄
↓
乾燥　120℃
↓
焼成　500〜600℃, 3h, air中

図2　AlPO-5の調製手順

AlPO$_4$-nは一般にシリカ-アルミナ系のゼオライトよりも耐熱性が高いものが多い

が開口部の大きい VPI-5 の耐熱性はそれほど大きくない.

AlPO$_4$-n の Al および P の一部を他の元素で置き換えたものも合成できる. Si で置き換えたものはシリコアルミノホスフェート(SAPO)とよばれる. また, MAPO (Mg), CoAPO(Co), FAPO(Fe), MnAPO(Mn), ZAPO(Zn)などの2価ないし3価の金属イオンで置換したもの(一般的には MeAPO), V や Ti を導入したものも合成されている. さらに2種類の金属イオンを導入したものも合成されている.

Al の代わりに2価または3価, P の代わりに4価の金属イオンが AlPO$_4$ 骨格に導入されると, 電荷バランスからイオン交換が可能になり, またプロトン型は酸性質を有するようになる. 〔滝田祐作〕

➡ シリコアルミノホスフェートモレキュラーシーブ

アレニウス式　Arrhenius equation

化学反応の速度定数の温度依存性を示す実験式で, 1889 年 S. A. Arrhenius により提出された. 反応速度定数 k は絶対温度 T の関数として,

$$k = A\exp(-E_a/RT)$$

と表せる. ここで, R は気体定数, A は頻度因子, E_a は見かけの活性化エネルギーとよばれる. A および E_a は反応系と反応条件に関するパラメーターであるが, 狭い温度範囲では一定とみなすことができる. この式は一般の化学反応だけでなく, 拡散*や粘性などの輸送現象にも適用される. k が一つの素反応に対応する場合には, アレニウス式の各定数は絶対反応速度論*により物理的意味が明確にされているが, 幾つかの素反応が集積された複合反応の速度定数である場合には, その物理的意味は複雑であり, 単に実験式の定数にすぎない場合も多い. 実験的には, 反応速度式*の成立する温度範囲で, 各温度での k の値が求まれば, アレニウスプロットとよばれる $\log k$ と $1/T$ のプロットにより直線が得られ, その勾配より E_a, $1/T \to 0$ に外挿入した点の $\log K$ の値より A が求められる. 〔堂免一成〕

➡ 活性化エネルギー

アレーン錯体　arene complex

芳香族化合物の6個の π 電子が金属と配位結合した化合物でビスアレーン錯体と, モノアレーン錯体に大別できる. 金属としては Fe, Ru, V, Mn, Cr, Mo, W などが知られている. なかでも, 6族の遷移金属, 特にクロムが配位した0価のアレーントリカルボニルクロム錯体は, 空気中でも安定で有機合成に幅広く利用されている. 芳香族化合物としては多くのベンゼン誘導体のみならず, ヘテロ原子をもつピリジンや, ホスファベンゼンなどのヘテロ芳香族化合物も対応するアレーン金属錯体を形成する.

このアレーン錯体は遷移金属の強い電子吸引性により芳香環の電子密度が減少しており, 芳香環への求核反応が容易に進行する. さらに, 芳香環水素の酸性度が増加し, ブチルリチウムのような強塩基と反応して核リチオ化反応が起こる. ベンジル位ではカルボアニオンが安定化されるとともに, 金属の d 軌道からの逆供与でベンジルカチ

オンも安定化され，それらに基づく反応が起こる．また，金属が芳香環面の一方を遮蔽しており，芳香環およびその近傍で立体選択的な反応が起こる．

さらに，芳香環上に異なる置換基をもつアレーン金属錯体には，芳香環面に由来する不斉が存在するので光学活性体として合成でき，不斉反応への展開ができる．

ナフタレンクロムトリカルボニル錯体は共役二重結合の異性化，シスアルケンへの1,4-還元や，共役エノンの1,4-還元反応の触媒として用いられる． 〔植村元一〕

アンサンブル効果　ensemble effect

合金触媒における活性金属の希釈効果の一つ．二元合金の場合，合金化による金属の触媒活性変化には二つの効果がある．一つはリガンド効果*(配位子効果)で，高活性金属Mを低活性金属M′で合金化により希釈してゆくと，M原子に隣接する原子(配位子とみなせる)は，当初Mのみであるが，希釈に従いM′の割合が増大する．配位子が異なれば，M原子の電子状態が変化し触媒機能も変化する．これを配位子効果という．

アンサンブル効果は，一つの反応を触媒するために複数の活性金属原子からなる集団，すなわちアンサンブルを必要とする場合に現れる．反応分子が固体表面に吸着する場合，複数個の隣接した吸着サイトを必要とするならば，こうしたサイト(つまり表面原子)の集団が存在しうる確率は，低活性金属M′との合金化によって減少する．反応物質分子の吸着に多くのサイトを要するほど，活性低下は著しいことになる．

金属M上での n-ヘキサンを例にとると，n-ヘキサンは表面金属M原子1個と次の中間体を形成する．

$$\mathrm{H_3C} \overset{\mathrm{CH_2}}{\diagdown} \underset{\mathrm{M}}{\mathrm{CH}} \overset{\mathrm{CH_2}}{\diagup} \overset{\mathrm{CH_2}}{\diagdown} \mathrm{CH_3}$$

この中間体は，このまま脱離するか脱水素反応を受ける可能性がある．または次の二点吸着型に変化する可能性がある．

$$\mathrm{H_3C} \overset{\mathrm{CH_2}}{\diagdown} \underset{\mathrm{M}}{\mathrm{CH}} \overset{\mathrm{CH_2}}{\diagup} \underset{\mathrm{M}}{\mathrm{CH}} \overset{\mathrm{CH_3}}{\diagup}$$

さらにまた，次の三点吸着型に変化する可能性もある．

$$\mathrm{H_3C} \underset{\mathrm{M}}{\overset{\mathrm{CH}}{\diagdown}} \underset{\mathrm{M}}{\overset{\mathrm{CH}}{\mathrm{CH}}} \underset{\mathrm{M}}{\overset{\mathrm{CH}}{\diagup}} \overset{\mathrm{CH_3}}{\mathrm{CH_2}}$$

この型になってしまうと，C-C結合の切断を伴わずに脱離することは困難で，水素化分解を起こして表面吸着サイトを再生することになる．Ni-Cu合金におけるエタンの水素化でもアンサンブル効果が観測されている．

このように，水素化分解は脱水素化反応に比べて多くの表面原子を要するので，合

金化による反応速度の低下は，前者のほうが後者に比べて大きいことになる．また，このような効果を利用して，反応の選択性を制御することも可能である．

アンサンブル効果は，吸着にも見いだされている．金属表面における一酸化炭素の吸着には3種類(直線型，架橋型，多点吸着型)がある．完全固溶した Pd-Ag 二元合金吸着した CO 原子の赤外吸収スペクトルの場合，2100 cm^{-1} 付近に Pd 原子1個に直線状に吸着した CO，2000 cm^{-1} 付近に Pd 原子に架橋型，多点吸着型に吸着した CO が見られる．Pd を Ag で希釈すると，アンサンブルを必要とする架橋型，多点吸着型 CO は急激に減少し，直線型はむしろ増大する．

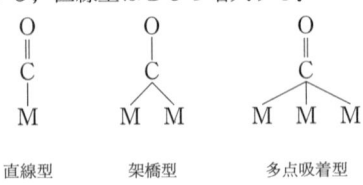

```
      O           O              O
      ‖           ‖              ‖
      C           C              C
      |          ╱ ╲           ╱ | ╲
      M        M    M         M  M  M

    直線型      架橋型        多点吸着型
```

〔土屋　晋〕

安定化ジルコニア　fully stabilized zirconia；FSZ

酸化物イオンを可動イオンとする固体電解質*の代表的なもので，酸化ジルコニウム ZrO_2 に CaO あるいは Y_2O_3 などを添加してつくられる．ZrO_2 は 2200°C 以上では立方晶系(ホタル石型構造)，それ以下の温度で正方晶系，1170°C 以下で単斜晶系をとる．このような相変態による構造の不安定性は，Zr^{4+} よりイオン半径*が大きい Ca^{2+} を加えることにより除かれ，ホタル石型構造で安定化される．また，電気的中性条件を保つために，添加した CaO の量に比例して酸化物イオンの空格子点が生じ，この空格子点を介して酸化物イオンが動きやすくなる．CaO は通常 10〜20 mol％が添加され，作動温度は約 800°C である．酸化物イオン伝導体の両側を酸素ガス雰囲気にした場合に生じる酸素濃淡電池としての起電力は，両側の酸素ガスの化学ポテンシャルの差に比例する．この原理を使って，安定化ジルコニアは酸素センサーに用いられている．さらに，固体酸化物燃料電池の電解質として最も多く使用されているだけでなく，酸素が関与する触媒反応への応用も検討されている．なお，安定化ジルコニアを電解質として用いる場合には，電子伝導体および触媒の役割を果たす電極として，白金超微粒子や電子伝導性金属酸化物などを表面に付けることが必要である．〔高須芳雄〕
➡イオン伝導体，化学センサー，格子欠陥，格子酸素，固体電解質，電解質

安定操作点　stable operational point

一般に反応が起こり始めると，その発熱と除熱，物質の供給と消費のバランスにより，外部から与えた条件(温度，濃度など)とは異なる定常条件で反応することになる．ある状態で操作をしているときに，外部から擾乱を加え(例えばわずかに供給ガスの温度を上げるなど)，その後元の条件に戻すことを想定する．そのとき，元の状態に戻る

場合には最初の状態は安定な操作点，そうでないときには不安定な操作点という．1個の粒子での触媒燃焼を考える．反応は境膜物質移動が影響しているものとしてそれが反応速度と釣り合い，また反応による発熱が周囲への伝熱速度に釣り合っているものとすると[注]，

$$h_\mathrm{p}(T_\mathrm{s}-T_\mathrm{f}) = \frac{(-H_\mathrm{r})(R_\mathrm{s}k/3)k_\mathrm{g}C_\mathrm{Af}}{k_\mathrm{g}+(R_\mathrm{s}k/3)} \tag{1}$$

が成立する．式(1)の右辺は粒子内の発熱速度，左辺は粒子表面からの除熱速度を示している．この解である T_s が実現される操作温度である．k に通常のアレニウス型の温度依存性を想定し，右辺(Q_g)，左辺(Q_r)を独立に温度を変数として表現すると図を得る．

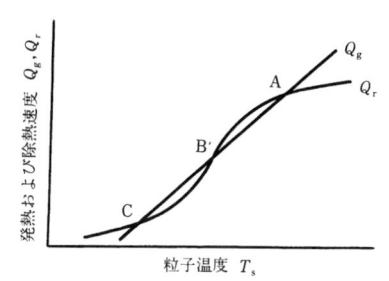

単一固体触媒粒子の発熱速度と除熱速度

普通はこの交点は一つであるが，パラメーターの値によっては図に示すように交点が三つ存在する．このような状態を多重操作という．この A, B, C の三つの操作点のうち，A, C は安定操作点，B は不安定操作点となる．なぜならば，A，C 点においては，何らかの原因で T_s がわずかに上昇したとすると $Q_\mathrm{r}<Q_\mathrm{g}$ となり温度は低下して元に戻ろうとする．逆に T_s がわずかに低下しても同じである．ところが，B 点においては T_s がわずかに上昇すると，$Q_\mathrm{r}>Q_\mathrm{g}$ となり，T_s はどんどん上昇し，B 点から離れていく．

二つの安定操作点のうち，どちらが実現されるかは，系の初期条件に依存する．触媒燃焼などでは，スタートアップ時に外部から熱を加え，A 点の近くにもっていけば，その後は反応による発熱により触媒温度を高く保つことができる．

なお，h_p は熱伝達係数[J m^{-2} s^{-1} K^{-1}]，T_s, T_f は粒子および流体の温度[K]，ΔH_r は反応のエンタルピー変化[J mol^{-1}]，R_s は粒子径[m]，k は一次反応速度定数[s^{-1}]，k_g は境膜物質移動係数[m s^{-1}]，C_Af, C_As は流体本体および触媒粒子内の原料濃度[mol m^{-3}]である．

〔注〕導出を簡単に示しておく．1個の触媒粒子に着目する．周囲への熱散逸速度が反応による発熱に等しいことから，$4\pi R_\mathrm{s}^2 h_\mathrm{p}(T_\mathrm{s}-T_\mathrm{f})=r(-\Delta H_\mathrm{r})$．ここで，触媒粒子1個の反応速度 r は，反応が外表面積に比例する物質移動と粒子体積に比例する触媒反応速度の直列過程から構成されていると考えることにより，$r=4\pi R_\mathrm{s}^2 k_\mathrm{g}(C_\mathrm{Af}-C_\mathrm{As})$

$=(4/3)\pi R_s^3 k C_{As}$ となる．この式の二つの等号から連立方程式を解いて C_{As} を消去すると，

$$r = 4\pi R_s^2 \{(R_s k/3) k_g / (k_g + R_s k/3)\} C_{Af}$$

を得る．この式を熱収支式に代入すると式(1)となる．ここで，反応速度は粒子内の着目物質濃度および触媒体積に比例するとし，一方外部流体からの物質移動，熱移動速度は触媒球粒子と外部流体との濃度差あるいは温度差を推進力として起こり，外表面積に比例するとしている． 〔新山浩雄〕

アントラキノンの合成 synthesis of anthraquinone

アントラキノンは染料，医薬品中間体としての用途をもち，合成法としてはアントラセンの気相接触酸化法*，無水フタル酸とベンゼンのフリーデル-クラフツ反応*による方法，ナフトキノンとブタジエンのディールス-アルダー反応*による方法がある．これらのうちアントラセンの気相接触酸化法が生産効率が高く，かつ安価な製法である．

気相接触酸化法の触媒は V_2O_5 を主成分とする酸化触媒であり，アルカリ金属，Mo，Fe，Ti，Si，Mn，Mg などの元素を添加することにより，アントラキノンへの選択性を上げている．

アントラセン濃度 0.1～0.2 vol%，反応温度 350～450°C，アントラセン転化率 95% 以上，アントラキノンへの選択率 80～90 mol% の性能が得られている．

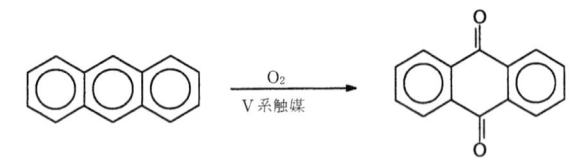

〔植田健次〕

アントラセンの酸化 oxidation of anthracene　➡アントラキノンの合成

アンドリュッソー法 Andrussow process

メタンを気相接触アンモ酸化*して青酸を製造するプロセスである．

$$CH_4 + NH_3 + \tfrac{3}{2} O_2 \longrightarrow HCN + 3H_2O\ ;\ \nabla H = -475\,KJ$$

触媒は Pt が用いられる．Pt に 5～10% の Rh または Ir を添加すると触媒の寿命*が長くなる．Pt は網状で，または，担体*に担持して用いられる．網状触媒は線の太さ約 0.08 mm の Pt 線を 600～900 目 cm^2 のメッシュ状に成形して得る．担持触媒はアルミナ*，トリア，陶土などの多孔性耐熱担体に Pt 化合物，例えば，塩化白金または塩化白金酸の水溶液を含浸し，乾燥後還元性ガス流下に加熱して得られる．

メタンのアンモ酸化はおおよそ次の条件下に行われる．反応温度 1000～1200°C，反応圧力 100～300 KPa，供給ガスモル比 $NH_3 : CH_4 :$ 空気 $= 1 : 1.2～1.4 : 6～7$ およ

び接触時間*0.001〜0.01 s.

触媒層を出た高温の反応ガス流は熱交換されて750℃以下に急冷される．ガス流中の青酸は熱交換器冷却管表面の Fe によって酸化的加水分解($HCN+H_2O+\frac{1}{2}O_2 \longrightarrow CO_2+NH_3$)を被るので，Fe 分の少ない Ni 合金などの冷却管が用いられる．

このような配慮により，約80％の収率(アンモニア基準)で青酸を得ることができる．

熱交換ガス流は8℃に冷却した弱酸性硫安水溶液で洗浄・吸収する．次いで，水蒸気でストリッピングして50〜60％の青酸水溶液として回収し，これに少量のリン酸を加えて精留して青酸ガスを得る．

アンドリュッソー法による青酸の製造は全生産量の約2/3を占めている．残りの大部分はプロピレンのアンモ酸化によるアクリロニトリルの合成*時に副生する青酸である． 〔青木囿壽〕

アンモオキシム化　ammoximation

アンモニアと酸化剤を用いて，ケトンまたはアルデヒドからオキシムを得る反応．触媒としてチタノシリケート*である TS-1 を用いて，シクロヘキサノン，アンモニア，過酸化水素からシクロヘキサノンオキシムを得る反応がよく知られている．

$$\text{シクロヘキサノン} + NH_3 + H_2O_2 \longrightarrow \text{シクロヘキサノンオキシム} + 2H_2O$$

アンモニアと過酸化水素からヒドロキシルアミンが生成し，これがシクロヘキサノンと反応する機構が提案されている．シクロヘキサノンと硫酸ヒドロキシルアミンからのオキシム合成にくらべ，オキシム合成時およびヒドロキシルアミン合成時に硫酸を使用する必要がないという利点がある． 〔小野嘉夫〕

アンモ酸化　ammoxidation

アンモニアの共存下に酸化反応を行い，1段の反応で，主として有機化合物中のメチル基をシアノ基に変換する反応をいう．多くは200〜500℃の気相接触酸素(空気)酸化反応として行われる．

$$R-CH_3 \xrightarrow[\text{触媒}]{O_2,\ NH_3} R-CN \quad (R=H,\ CH_2=CH-,\ Ar\ \text{など})$$

古く20世紀の初頭よりメタンのアンモ酸化による青酸の合成がアンドリュッソー法*として知られていたが，1950年頃，Allied Chemical 社によって芳香族側鎖のアンモ酸化が芳香族ニトリルの合成法として開発され，1960年頃には SOHIO 社によってプロピレンからアクリロニトリル合成法が工業プロセス化され，広く知られるようになった．現在では，芳香族やアルケンに限らず，複素環化合物にシアノ基を導入するプロセスなどに広く利用されている．

この反応は，まず触媒上で有機化合物の酸化脱水素が起こり，生成した中間体の末端の不飽和炭素に NH_x が付加する機構で進行するが，律速過程が最初の酸化ステップにあるため，触媒の主成分はアンモニア不在で進行する単純な酸化反応と同じものが使われる．アルケンのアンモ酸化には Mo や Sb 系の複合酸化物が，芳香族の反応には V_2O_5 が，アルカンの反応には V, Sb, Mo などの複合酸化物が，メタンの反応には Pt などの貴金属が主触媒となる．生成物であるニトリルは，対応する単純酸化生成物のアルデヒドや酸より酸化条件が安定なため，単純酸化では選択性の劣る反応でも，アンモ酸化では比較的高選択的に進むこともある．

$$CH_2=CH-CH_3 \xrightarrow[\text{多元系 Sb-Fe-O}]{\text{多元系 Mo-Bi-O}\ \ O_2,\ NH_3} CH_2=CH-CN$$

$$\underset{CH_3}{\underset{|}{\bigcirc}}\text{-}CH_3 \xrightarrow[\text{V_2O_5系触媒}]{O_2,\ NH_3} \underset{CN}{\underset{|}{\bigcirc}}\text{-}CN$$

上例の反応が石油化学工業の中間原料製造に大規模にプロセス化されているほか，ブタジエン，ピラジン，トリクロロトルエンなどのアンモ酸化が工業プロセスとして実用に供されている．　　　　　　　　　　　　　　　　　　　　　〔諸岡良彦〕
→アクリロニトリルの合成，ブタジエンのアンモ酸化，プロパンのアンモ酸化，芳香族のアンモ酸化，メタクリロニトリルの合成

アンモニア合成触媒　ammonia synthesis catalyst

　アンモニア合成における触媒の役割は N_2 および H_2 を吸着解離させ表面N原子，H原子とした後，逐次会合させ NH, NH_2 を経て NH_3 を合成させるものである．このなかで N_2 の解離吸着が律速段階として重要であり，このステップを効率良く進めるものが良い触媒の第一の条件である．金属元素のうち適当な温度(200〜600℃)で N_2 を可逆的に解離吸着できるものは以下のとおりである：Sr, Ba(2族)，Ce(希土類)，Mo, W, U(4族)，Mn, Tc, Re(7族)，Fe, Ru, Os(8族)，Co, Rh, Ir(9族)，Ni(10族)．このうち Sr, Ba, Ce は窒素雰囲気下では窒化物となり，適当な温度で N_2 を可逆的に活性化できる．Sr の窒化物(Sr_2N)の窒素同位体交換活性(触媒重量当り)は遷移金属のなかで最も活性の高いラネー Ru とほぼ同じレベルにある．しかし，これらの元素はアンモニア合成条件下では水素化物になり合成活性がほとんど失われる．微量の含酸素化合物でも不可逆的に失活する．現実的なアンモニア合成触媒となりうるのは上記の6〜9族の遷移金属である．一般的には窒素や水素との結合の強すぎるWや弱すぎる Rh, Ir よりも中程度の Tc, Re, Fe, Ru, Os などが有効とされている．Tc は放射性，Os は高価のため利用は控えられる．

　以上は単一元素の性質であるが，添加物を加えることにより，触媒作用は大きく変化する．触媒作用を支配する要素として元素の一般的特性のほかに窒素活性化に対する表面構造効果や促進剤効果(電子供与効果など)がある．さらに速度論的因子として

窒素活性化に対する吸着窒素の表面阻害,吸着水素の表面阻害などがある.
　Fe はアンモニア工業発祥時からバルク型の二重促進鉄*として,Ru は最新の工業プロセスに担持触媒として使われている.この2系統の触媒の作用はかなり違う.これらの作用の概略を以下に示す.

	N_2 活性化能	N吸着阻害	H吸着阻害	触媒の形態
Fe 触媒	表面構造に大きく依存	強い	ほとんどない	溶融鉄*
Ru 触媒	電子供与促進剤効果大	小さい	強い	担持型

　Fe 触媒上では生成アンモニアと平衡にある吸着Nの阻害が大きく,転化率(アンモニア濃度)を上げると反応速度が落ちる.Ru 触媒は水素の阻害が大きいので窒素濃度の高い反応条件で有利となり,鉄と異なり高転化率の条件下でも使用できる.このようにアンモニア合成触媒はその反応条件が異なるとその活性序列も異なる.これらの要素はさらに添加物(促進剤)を加えると変化する.特に Ru にアルカリ,アルカリ土,希土類酸化物を添加するとその性質が大きく変化する.アルカリは電子供与により N_2 活性化能を増加させ,希土類はH吸着阻害を軽減させるなどして,Ru の高機能化に寄与している. 〔秋鹿研一〕

→アンモニアの合成

アンモニアの合成　ammonia synthesis

　アンモニアは,触媒存在下,高温,高圧の条件で窒素と水素から直接合成されている.この製造プロセスは,1913年,ドイツの Badische 社により工業化された.その成功は,Haber, Nernst による化学平衡の研究,Mittasch によるアンモニア合成触媒*の発見,および,Haber および Bosch による高圧循環プロセスの開発に負うところが大であった.
　これまでの研究より,反応は,解離吸着窒素と吸着水素が関与する以下の機構で進行することが明らかにされている.

$$N_2 \longrightarrow 2N(a)$$
$$H_2 \longrightarrow 2H(a)$$
$$N(a) + H(a) \longrightarrow NH(a)$$
$$NH(a) + H(a) \longrightarrow NH_2(a)$$
$$NH_2(a) + H(a) \longrightarrow NH_3(a)$$
$$NH_3(a) + H(a) \longrightarrow NH_3$$

　ここに,(a)は吸着していることを示す.したがって,合成反応に有効な触媒は,窒素を解離吸着させる機能とそれを水素化して迅速にアンモニアに変換する機能を備えている.これらの機能を備えている触媒として,Os, Ru, Fe, Mo, Re などの金属触媒があげられる.反応の律速段階は,反応条件により異なるが,工業反応の条件では,窒素の解離吸着の段階が律速的であると考えられている.触媒の活性は,窒素の吸着熱に対して火山型の依存性があり(火山型活性序列*),Os, Ru, Fe などが高い活性を示

す．Co などの窒素の吸着熱が小さい金属では，窒素の吸着速度が遅く，一方，W などのような吸着熱の高い金属では，反応条件下における窒素の吸着量が多いため，その吸着速度が低下することが，このような依存性を示す要因であると説明されている．触媒活性は，表面構造や添加物により著しく異なることが知られている．例えば，Fe 単結晶上の反応では，(111)面の活性は，(100)および(110)面の活性の，それぞれ 13 および 430 倍にもなることが見いだされている．また，これらの表面にカリウムを添加すると，窒素の吸着速度が，Fe(111)面においてほぼ 10 倍，(100)面においてほぼ 280 倍も増加することが明らかにされている．

現行の工業用触媒は，Mittasch により見いだされた触媒が基本となっている．この触媒は，マグネタイト(Fe_3O_4)に酸化カリウム 0.3〜1.5％および酸化アルミニウム 0.6〜2％を加え，1770〜1870 K で固溶させて調製されている．場合によっては，これらのほか，酸化カルシウム，酸化マグネシウム，二酸化ケイ素などが添加される．実際の使用に際しては，窒素/水素モル比＝1/3 の混合ガスを用いて，マグネタイトを活性成分である金属鉄に還元している．酸化アルミニウムは，Fe の焼結を防止する機能をもっており，表面積を高く維持し，活性サイトを増大させる役割を果たしている．一方，酸化カリウムは，Fe 表面に分散して Fe 表面原子当りの活性を向上させている．最近，Fe 単結晶を用いた研究により，酸化アルミニウムが存在すると，窒素および水素の混合ガスによる触媒還元において生成する水により，表面が再構築され，活性表面である Fe(111)面が現れることが示されている．一方，酸化カリウムは，カリウムを添加した場合と同様，窒素の解離吸着の段階を促進させるほか，生成物であるアンモニアの脱離を促進させている．このような意味で，酸化アルミニウムおよび酸化カリウムを，それぞれ構造促進剤および化学的促進剤とよび，これらの促進剤を含む Fe 触媒を二重促進鉄触媒*とよんでいる．このような促進剤の添加によって，アンモニア合成用鉄触媒の活性は，格段に増加する．また，耐久性も著しく向上し，工業用触媒のなかでも，極めて長い寿命を有している．反応は，9〜15 MPa，670〜720 K(低圧法)，20〜30 MPa，720〜820 K(中圧法)，あるいは 75〜100 MPa，720〜920 K(高圧法)で行われている．現行の合成プロセスでは，中圧法を用いるものが多い．原料である水素の製造には，天然ガスの水蒸気改質法あるいは石油または重油の部分酸化法が用いられている．この際，水素，一酸化炭素および二酸化炭素が生成するが，これらの混合ガスに空気を導入して，窒素，水素，二酸化炭素および一酸化炭素の混合ガスに変換したあと，水性ガス転換およびメタン化反応により一酸化炭素を，また，吸着法により二酸化炭素を除去し，窒素および水素の混合ガスを調製している．これらの Fe 触媒を用いる合成プロセスは，1913 年以来君臨してきたが，最近，Kellogg 社により，Ru 系触媒を用いる合成プロセスが工業化された．この触媒は，炭素を担体とし，促進剤としてアルカリを添加している．従来法に比べて，アンモニアの生産能力の格段の増加(20〜40％)と省エネルギー化が見込まれている．工業プロセスでは水素/窒素モル比＝2 の混合ガスを用いて，反応温度 640〜780 K，全圧 7〜10 MPa という温和な条件で反応が行われている．Fe と Ru のハイブリッド型プロセスも考えられている．

〔竹澤暢恒〕

アンモニアの酸化　oxidation of ammonia

アンモニアの酸化には

$$4NH_3 + 5O_2 \longrightarrow 4NO + 6H_2O + 908 \text{ kJ} \qquad (1)$$
$$2NH_3 + 2O_2 \longrightarrow N_2O + 3H_2O + 552 \text{ kJ} \qquad (2)$$
$$4NH_3 + 3O_2 \longrightarrow 2N_2 + 6H_2O + 1268 \text{ kJ} \qquad (3)$$

が起こりうるが，触媒と反応条件を選ぶと(1)または(2)の反応を選択的に進めることができる．NO の生成は工業的な硝酸の合成を目的として大規模に行われている．1902 年に工業化が始まったオストワルド法であり，Pt-Rh 合金網を触媒としてアンモニアを 900〜1000℃の高温で空気酸化し NO を得る．NO は低温で NO_2 に酸化され，水に吸収されて硝酸となる．Co_3O_4 や Fe_2O_3-Bi_2O_3 などの酸化物も触媒として有効である．

亜酸化窒素(N_2O)への転化は Mn_2O_3-Bi_2O_3 を触媒として 300℃付近の比較的低温で選択的に進行する．硝酸の合成に比較すれば小規模だが，工業生産が行われている．

〔諸岡良彦〕

→硝酸の合成(製造)，亜酸化窒素の合成

い

EELS　electron energy loss spectroscopy　→電子エネルギー損失分光法

EAN 則　effective atomic number rule

遷移金属原子の電子数と配位子から供与される電子数の総和が，同一周期の希ガス原子の原子番号(電子数)と等しい場合にその錯体は安定であるという規則．軽原子からなる化合物にあてはまるオクテット則を拡張したもので，1927 年に Sidgwick によって提案された．遷移金属原子の全電子数を原子価電子数に置き換えたときには，電子数の総和が 18 のときに錯体が安定になる．これを 18 電子則とよぶが，その意味するところは EAN 則と等しい．遷移金属原子の原子価 d, s, p 軌道のすべてが配位子との結合に使われ，電子対によって完全に占有されると安定な電子状態が得られることによる．平面四配位錯体では，垂直方向の金属空 p 軌道が配位子との結合に関与しないため 16 電子則が適用される．EAN 則は遷移金属錯体の安定性を知る簡便な方法として広く用いられており，また，触媒反応機構を考察する際にも有用である．

カルボニルやホスフィンなどの π 受容性配位子をもつ後周期遷移金属錯体が EAN 則によく従う．EAN 則(または 18 電子則)を満たす錯体は電子的および配位的に飽和しており，供与性配位子がさらに金属に付加することはほとんどない．したがって，

総電子数が EAN 則を越える金属錯体は極めてまれである．逆に，総電子数が EAN 則よりも少ない欠電子性錯体はしばしば見られ，特に d 電子数の少ない前周期遷移金属化合物が欠電子性錯体となることが多い． 〔巽　和行〕

→等電子構造，18 電子則

ESR　electron spin resonance　→電子スピン共鳴

ESCA　electron spectroscopy for chemical analysis　→ X 線光電子分光法

ESDIAD（電子衝撃脱離イオン角度分布）　electron stimulated desorption ion angular distribution

500 eV 以下の低速電子を固体表面に照射すると，表面原子や吸着*している分子などが脱離*する．脱離粒子は中性原子・分子，励起中性粒子，正・負のイオンである．放出されるイオン強度の角度依存性を調べるのが ESDIAD 法である．電子衝撃により表面から脱離するイオンの脱離方向は，表面上の原子，分子の表面に対する結合角，結合位置の対称性などを強く反映しており，第一近似としては結合の方向に一致している．このため，ESDIAD の測定により，上に述べた吸着状態に関する幾何学的な情報が得られる．

ESDIAD の測定は，検出器を走査して脱離強度の空間分布を得る方法が最も簡単であるが，通常の電子衝撃脱離では脱離イオンの信号強度が小さいために測定時間が長くなり実用的でない．二次電子増倍板（チャネルプレート）の後ろに蛍光スクリーンを置いて像を得る方法，あるいはスクリーンの代わりに二次元位置敏感検出器を置き，ディジタル信号処理により信号強度分布を得る方法などが開発されている．

〔堂免一成〕

EXAFS　electron X-ray absorption fine strucure　→ X 線吸収広域微細構造

硫黄の回収　sulfur recovery

水素化脱硫工程ガス，製油所オフガスおよび天然ガスなどに含まれる硫化水素中の硫黄はクラウス法*により回収される．クラウス法は硫化水素の 1/3 量を空気または酸素で燃焼し，生じた二酸化硫黄と残りの硫化水素とをアルミナを主成分とする触媒上で反応させ硫黄を回収する．

$$H_2S + \tfrac{3}{2}O_2 \rightleftharpoons SO_2 + H_2O \qquad (1)$$
$$2H_2S + SO_2 \rightleftharpoons 3S + 2H_2O \qquad (2)$$

クラウス法では硫黄のみが回収されるが，硫化水素を接触分解し硫化水素中の硫黄と水素とを同時に回収することも可能である．

$$H_2S \rightleftharpoons H_2 + S \qquad (3)$$

この反応に対する触媒としては遷移金属の硫化物が有効であり，特に MoS_2 が高い

触媒活性を示す．硫化水素の分解反応に対する MoS_2 触媒の活性点としては Mo の配位不飽和サイトが考えられている．　〔杉岡正敏〕
→脱硫触媒

イオン交換　ion exchange

　一つあるいは複数のイオン種(陽イオンあるいは陰イオン)が固体表面あるいは固液界面で吸着し，同時に等量の一つあるいは複数の同符号のイオン種が脱離する過程をイオン交換という．イオン交換樹脂*やゼオライト*などの各種のイオン交換体が開発され，それらのイオン交換反応は，分離・精製などに利用されている．イオン交換体中のイオン交換にあずかるイオン性基をイオン交換基とよぶ．イオン交換体の単位量当りのイオン交換基の量をイオン交換容量という．イオン交換は，分析化学や分離技術の展開のみならず触媒調製の一手法としても重要である．陽イオンあるいは陰イオンを選択的に透過するイオン交換膜によるイオン透過性も重要で，海水の濃縮・製塩プロセスへ展開されている．　〔黒田一幸〕

イオン交換樹脂　ion-exchange resin

　有機高分子鎖にイオン解離・置換が可能な官能基を導入し，イオン交換能をもたせたものをイオン交換樹脂という．プロトン(H^+)，金属イオン，金属錯体などの陽イオンを交換できるものを陽イオン交換樹脂，水酸化物イオンやハロゲン化物イオンなどの陰イオンを交換できるものを陰イオン交換樹脂，両者を交換できるものを両性イオン交換樹脂という．天然繊維や羊毛などタンパク質もイオン交換能をもつ．このほか，金属イオンをキレート配位することで類似の機能をもつキレート樹脂もある．
　イオン交換樹脂が合成されたのは 1934 年フェノールとホルムアルデヒドの重縮合樹脂が最初である．その後，フェノールスルホン酸とホルムアルデヒドの重縮合体(陽イオン交換樹脂)を経て，1944 年 G. Aleli によりスチレンとジビニルベンゼンの共重合体を基体とし，スルホ基($-SO_3H$)，カルボキシル基($-COOH$)を導入した陽イオン交換樹脂や第四級アンモニウム基を導入した陰イオン交換樹脂など多種類のイオン交換樹脂が開発された．以来，水処理に関しては，粘土，パームチット(無機の合成イオン交換体)やゼオライトに代わって，イオン交換樹脂が主に使われるようになった．
　代表的用途としての純水の製造には，陽イオン交換樹脂と陰イオン交換樹脂を併用して，金属イオン，アンモニウムイオン，ハロゲン化物イオンだけでなく，有機分子イオンや巨大な配位子をもつ有機錯体イオンも除去できる．単位樹脂量当りのイオン交換能は通常イオン交換容量(meq g^{-1}-resin；工業的には 100 g 樹脂ベース)で表し，イオン交換の選択性は例えば，交換平衡定数 $K_d(M/Na)=(\overline{M}/M)/(\overline{Na}/Na)$ で表せる．ここで，M，Na はそれぞれイオン交換樹脂上の金属イオン M と Na を示す．比表面積は，樹脂基体にもよるが，スチレンベースのものでおおむね 100〜700 m^2 g^{-1}，細孔径は 5〜20 nm 程度でゼオライトよりは細孔径が大きい．日本国内で市販されている主要なイオン交換樹脂の分類を表 1，表 2 に示す．

表1 イオン交換樹脂の分類（官能基による）

分類	酸塩基性	基体樹脂	官能基	CEC	pH	耐熱性
陽イオン交換	強酸性	PS-DVB	$-SO_3H$	~2.5	0~14	≦120°C
	弱酸性	PMA-DVB	$-COOH$	2.5	5~14	≦120°C
	弱酸性	PAC-DVB	$-COOH$	3.5	4~14	≦120°C
陰イオン交換	強塩基性	PS-DVB	$-CH_2N^+(CH_3)_2(C_2H_4OH)Cl^-$	1.3	0~14	≦40°C
	強塩基性	PS-DVB	$-CH_2N^+(CH_3)_3Cl^-$	1.3	0~14	≦60°C
	弱塩基性	PS-DVB	$-N^+(CH_3)_3Cl^-$	1.5	0~9	≦100°C
	弱塩基性	PAC-DVB	$-CONH(CH_2)_nN(CH_3)_2$	1.2	0~9	≦60°C

CEC：イオン交換容量 [meq ml^{-1}], PS：ポリスチレン, PMA：ポリメタクリル酸樹脂, PAC：アクリル酸樹脂, DVB：ジビニルベンゼン.

表2 イオン交換樹脂の分類（基体構造による）

型	特徴
直鎖（非架橋）	均一系触媒, 低重合度で溶媒に可溶, 蒸留, 沪過, 遠心分離可
架橋樹脂	網目・細孔構造, ガラス転移特性, 耐摩耗性, 耐熱性などが変化
ゲル型	低架橋度, 膨潤性大, 溶媒で膨潤, 無溶媒では細孔閉鎖
多孔性・MR型	不均一系触媒, 非水溶媒・気固系で細孔維持, 機械的強度大
ペリキュラー型	液体クロマトグラフ用・機械的強度大, 微粒子上に薄層を形成
表面多孔型	樹脂被覆したガラスビーズを担体上に保持, 交換反応速度大
繊維型	合成繊維にイオン交換基を導入, 圧損を抑制

　酸塩基の強さは，官能基でおおむね決定されるが，触媒活性サイトへの疎水場の影響，樹脂細孔内の高濃度電界質の場，架橋樹脂における高い膨潤圧，細孔径，樹脂表面の疎水性などの因子が触媒作用とかかわっており，無機系イオン交換体の固体酸，固体塩基触媒とは異なる特性をもつ．
　触媒としては，スルホン酸樹脂が硫酸やスルホン酸などの強酸触媒に匹敵する強酸性をもち，無機酸や固体リン酸を代替する（不溶性固定酸）触媒として用いられた．しかし，初期の樹脂では，非水系で細孔が閉鎖し，耐熱性も低いため応用が限定されていたが，各種のエステル合成，エステル加水分解やエステル交換に用いられた．利点は強酸ではあるが不溶であるため，腐食性，触媒の分離・回収上の難点が少ないとされることである．
　非膨潤性巨大網状構造(macro reticular, MR)型のスルホン酸樹脂では，架橋度も高く，細孔も安定なので，加熱排気で水和水を除去するに応じて，シリカ・アルミナに匹敵する強酸性($H_0<-12.0$)を発現し，150°Cでも比表面積(~ 80 m^2 g^{-1})が維持され，気固系でアルケン異性化やエステル化の触媒として有効である．また，水の吸着能もシリカゲル以上に強く，有機溶媒の脱水にもゼオライト同様使える．さらに，耐熱性は樹脂自体の解重合や官能基の熱分解に依存するが，ポリアミドやフッ素樹脂（ナフィオンの項参照）を骨格とすることで，改善も行われている．
　最近では，大規模な工業触媒として，メタクリル酸(MAA)合成やそのメチルエステルであるメタクリ酸メチル(MMA)の合成触媒，ポリカーボネートやエポキシ樹脂の原料であるビスフェノール A(BPA)をフェノールとアセトンの縮合により合成する

塩酸の代替触媒,ガソリン添加剤として需要の高い MTBE(メチルターシャリーブチルエーテル)の合成などに不可欠の高性能触媒として,重要視されている.イオン交換樹脂の応用例を表3に示す.

表3 イオン交換樹脂の触媒への応用例

1. エステル化反応(スルホン酸樹脂)
 $R^1COOH + R^2OH \rightarrow R^1COOR^2 + H_2O$
 脂肪酸(1価〜多価)+アルコール(1価〜多価)=脂肪酸エステル
 芳香族カルボン酸+糖類→芳香族糖エステル
2. エステル交換反応
 $R^1COOR^2 + R^3COOR^4 = R^1COOR^3 + R^2COOR^4$
3. アセタール化
 $>C=O \rightarrow >C(OR)_2$
4. アルコール化分解反応
 $R^1COOR^2 + R^3OH \rightarrow R^1COOR^3 + R^2OH$
5. エステル加水分解反応
 $R^1COOR^2 + H_2O \rightarrow R^1COOH + R^2OH$
6. アルケン水和反応(イソプロパノール合成など)
 $-CH=CH_2 + H_2O \rightarrow -CH_2-CH_2OH$

イオン交換体のなかには,単にイオン結合によるイオン交換ではなく,N, O, P, Sなどを含む配位結合型の官能基と金属イオンの錯体形成によるものも多い.特に,希土類金属イオンなどの場合,イオンの電気陰性度,水和イオン半径だけでなく,キレート性官能基とのキレート錯体生成でイオン吸着能が支配されることがあり,陽イオン交換樹脂,陰イオン交換樹脂とは異なる特異的な選択性を示す.イミノジ酢酸型($-N(CH_2COOH)_2$),キレート樹脂,ポリアミン型($-(NHCH_2CH_2)_nNH_2$),アミドオキシム型($-C(NH_2)=NOH$)などのキレート樹脂の触媒応用としては,ロジウム錯体を固定化してメタノールのカルボニル化に用いた研究例はあるが,実用触媒としては未開拓である. 〔上松敬禧〕

イオン交換法 ion-exchange method ────

　一般には,希土類元素の分離やガラスの物性制御をはじめ,多分野に展開されているイオン交換の応用に関する多くの方法をいうが,触媒化学の分野では担体への触媒物質の担持による触媒調製の手法として重要である.通常カラム法とバッチ法がある.イオン交換によって担持できる担体としてはゼオライト*,層状ケイ酸塩など陽イオン交換体ばかりでなく,複合酸化物などの固体酸や高分子イオン交換体もある.
　含浸法*や共沈法*などの他の担持法と比較すると,粒径の小さい微粒子が得られやすい特徴があり,触媒物質の分散度の点ですぐれている.
　ゼオライトの陽イオン交換能を利用して,さまざまな金属担持の例が報告されており,種々のゼオライト触媒を調製する手法としても重要である. 〔黒田一幸〕
→イオン交換,イオン交換樹脂,希土類イオン交換ゼオライト

イオン伝導体　ionic conductor

イオンが電気を運ぶ物質をイオン伝導体といい，気体，液体，固体を問わないが，一般にはイオン結晶あるいは非晶質固体などの固体電解質*をいう．固体内のイオン伝導率 σ_i は次式で表される．

$$\sigma_i = (nA/kT)\exp(-E/kT)$$

n は可動イオンの濃度，A は定数，k はボルツマン定数，E はイオンの移動に要する活性化エネルギーである．この式は，n が大きく，E が小さく，温度が高いほどイオン導電率の値が大きいことを示している．イオン伝導体の特徴として，（1）多量の空格子点を有する，（2）トンネル，層状，あるいは網目構造をとる，（3）非晶質的な性質を有する，ことなどがあげられる．代表的なイオン伝導体としては，酸化物イオン伝導体の安定化ジルコニア*，ナトリウムイオン伝導体の β アルミナ，銀イオン伝導体の α-AgI，フッ化物イオン伝導体の CaF_2 などがあり，ほかに，H^+, K^+, Cu^+, Cl^- の各イオンを可動イオンとするものをはじめ多数ある．イオン伝導体は，酸素センサー，イオン選択性電極，燃料電池，電気分解などの電解質*に用いられる．

〔高須芳雄〕

→イオン半径，化学センサー，格子欠陥，格子酸素

イオン半径　ionic radius

基本的には，イオン結晶中のイオンを球とみなし，その半径を隣り合う陽イオン（A^+）と陰イオン（B^-）の間隔（r_{A-B}）から計算したものである（$r_{A-B} = r_{A^+} + r_{B^-}$）．配位数によって異なる値を示す．イオン半径の算出方法はいろいろある．Pauling は O^{2-} および F^- の半径をそれぞれ 140 pm，136 pm と仮定し，等電子イオン間の距離をそれぞれの原子核の有効電荷に逆比例するように比例配分して計算した．Shannon らは，岩塩構造の F^- のイオン半径を 119 pm として配位数，電子スピン，共有結合性，反発力などの因子による補正を行いイオン半径を算出した．日本化学会編「化学便覧改訂3版」には Shannon らにより算出されたイオン半径が掲載されている．金属塩の構造は，陽イオン/陰イオンのイオン半径比によりほぼ決まるので重要な物性値である．

イオン間距離を二つのイオンに割り当てなければならないので，一つのイオン半径を定義し，それを物差しとして他のイオンの半径を表すことになる．したがって，基準となったイオンとその半径により値が異なることに注意すべきである．

〔北山淑江〕

→付録の表E

イオンマイクロアナリシス　ion microanalysis, ion microprobe analysis (IMA), ion microprobe mass analysis (IMMA)

試料表面に $1\mu m\phi$ 程度に収束した Ar^- や O^- などのイオンビームを入射したとき，表面から放出される二次イオンを四軸極型などの質量分析計を用いて質量スペクトルを測定する装置．二次イオン質量分析の手法の一つである．表面を走査すること

により，二次元の元素分布の観察（イオンプローブマイクロアナリシス，IPMA）が可能である． 〔堂免一成〕

➡二次イオン質量分析

異性化 isomerization

分子内の化学量論は変えずに，分子構造が変化し異性体を生成する反応をいう．固体結晶の結晶系の変化や転移などは通常含まず，トランス-ゴーシュなどの動的回転異性化も含まない．異性化反応は，構造異性化，幾何異性化，光学異性化などに大別される．

触媒化学的にも，工業的にも重要な異性化は炭化水素の異性化で，アルカンの異性化，アルケンの異性化，キシレンの異性化が代表的である．水素移行による互変異性やアルキル基以外の官能基の構造や位置の変化を伴う異性化の例は少ない．

使用される触媒は反応の種類によって多種多様である．酸触媒は，アルケンの構造異性化，二重結合移行，幾何異性化，芳香族炭化水素のアルキル置換基の構造異性化に活性である．塩基もアルケンの二重結合移行に活性な触媒となる．Ni, Pd, Fe などの金属，Co などの酸化物や Mo, W などの硫化物は水素の存在下でアルケンの異性化を促進する．Pt や Pd などの金属と固体酸からなる二元機能触媒*は水素存在下でアルカンの骨格異性化やキシレンの異性化に触媒として用いられる．$HF-BF_3$ はキシレンの均一系異性化触媒として活性である．ウィルキンソン錯体である Rh 錯体や Pd, Ru 錯体も均一系触媒として，あるいは固定化触媒*としてアルケンの異性化触媒となる． 〔菊地英一〕

➡アルカンの異性化，アルケンの異性化，キシレンの異性化

イソ合成 iso synthesis

酸化トリウム，酸化セリウム，酸化ジルコニウム，酸化ランタンなどの弱塩基性希土類酸化物を触媒とし，400℃以上 100～300 気圧の高圧で合成ガスを反応させると，イソブタンを主体とする炭化水素を与えることが知られている．この反応生成物の名称をとってイソ合成と称する．生成物はイソブタンのほかメタン，エタン，プロパンなどが生成するが，奇妙なことに C_5 以上の炭化水素はほとんど生成しない．代表的な炭化水素合成反応であるフィッシャー-トロプシュ合成*は金属が触媒であり直鎖の炭化水素を主成分として与えるので明らかに C–C 生成の機構は異なる．同類の触媒をより低温，低圧で用いるとメタノール，エタノール，ジメチルエーテルあるいは低級アルケンなどが生成することが知られている．一方，Cu-Zn あるいは Zn-Cr などの酸化物に K^+, Cs^+ などのアルカリ金属化合物を添加した触媒を用い，50～100 気圧，280～350℃ で合成ガスを反応させるとメタノール，エタノール，n-プロパノール，イソブタノールを与える．イソブタノール以上の高級アルコールはほとんど生成しない．この反応をイソブタノール合成と称する．このアルコールの炭素骨格分布はイソ合成のそれとほとんど一致している．これらの事実を考慮すると，イソ合成はいわゆるイ

ソブタノール合成と同様に炭素連成が進行してイソブタノールとなり，それが脱水して(酸化トリウムはすぐれたアルコールの脱水触媒である)アルケンとなり，それがさらに水素化されてイソアルカンとなると推定される．　　　　　　　　〔藤元　薫〕
➡一酸化炭素の水素化

イソタクチック重合　isotactic polymerization

アクリル酸エステルやプロピレンのような一置換アルケンおよびメタクリル酸メチルのような 1,1-二置換アルケンの重合において，同一の立体構造が連なった (d, d, d または l, l, l) ポリマーを与える重合形式をいう．各モノマー間の立体配置はメソ型 (m) となっている．

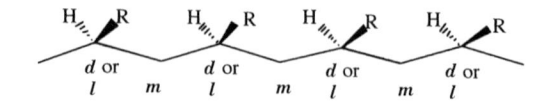

〔安田　源〕

イソプロピルベンゼンの合成　synthesis of isopropylbenzene

プロペンをアルキル化剤とするベンゼンの核アルキル化により合成する．ベンゼンのエチレンによるアルキル化*でエチルベンゼンの合成*を行う場合と同様に，このアルキル化は触媒として塩化アルミニウム，固体リン酸，ゼオライトなどの酸触媒を用いる典型的なフリーデル-クラフツ反応*である．エチレンに比べてプロペンはアルキル化剤としての反応性が高いため，エチルベンゼンの合成に用いる触媒すべてがイソプロピルベンゼンの合成反応の触媒になる．合成反応は 99.6 kJ/mol (298 K, 気相) の発熱反応である．また，反応は求電子置換反応として進行する．

イソプロピルベンゼン(慣用名：クメン)はクメン法によるフェノール製造の原料として工業的に重要である．工業的なイソプロピルベンゼンの製造には固体酸触媒*が用いられている．$AlCl_3$ 触媒を用いた液相反応や H_3PO_4/SiO_2 触媒を用いた気相反応が中心であったが，現在では ZSM-5, Beta, MCM-22, MCM-56 などのゼオライト*を触媒として用いる気相反応が開発されている．また，原料のベンゼン/プロペン比を高くして，プロペン基準の選択率を向上させるとともに，ポリイソプロピルベンゼンの生成を抑制している．また，少量生成するポリイソプロピルベンゼンはベンゼンとのトランスアルキル化*によりイソプロピルベンゼンに変換する．したがって，最終的な選択率は，ベンゼン基準で 95％以上，プロペン基準で 98％以上である．

〔難波征太郎〕

→クメンの合成，芳香族化合物の核アルキル化

イソポリアニオン isopolyanion →ポリ酸

イソポリ酸 isopolyacid →ポリ酸

E2 脱離 E2 elimination →脱離反応

E1 脱離 E1 elimination →脱離反応

一次同位体効果 primary isotope effect →速度論的同位体効果

一次粒子 primary particle
単一の結晶粒子または微細な結晶粒子からなる基本構成粒子である．通常，一次粒子は凝集して二次粒子*の混合物として存在することが多いため，粒子径の測定には，使用する分散剤を含め分析方法の選択が重要となる．測定法としては，沈降法，ふるい分け法，顕微鏡法，細孔通過法，動的光散乱法，レーザー回折法，FFF(Field Flow Fractionation)法などが挙げられる．一次微粒子半径をR，一次微粒子の真密度をρ，BET比表面積をSとすると，$S=3/(\rho \cdot R)$という関係式が成立することから，得られた粒子径が一次粒子径によるものであるかどうかの判断ができる． 〔小谷野圭子〕

位置選択性 regioselectivity
反応が二つ(もしくはそれ以上)の異なる位置で起こりうるときの反応位置の優先性．芳香族求電子置換反応やディールス-アルダー反応*の配向性や二重結合への付加反応における(逆)マルコウニコフ則は，位置選択性の議論である．
例えば，1-ヘキセンのヒドロホウ素化反応では，ボランのテトラヒドロフラン錯体は末端炭素とホウ素が結合した位置異性体を94％の位置選択性で与える．ホウ素にかさ高い置換基をもった9-BBNのようなジアルキルボランを用いると，その位置選択性は99.9％にまで向上する．

$$CH_3(CH_2)_3CH=CH_2 \longrightarrow \left[\begin{array}{c} CH_3(CH_2)_3 \diagdown \quad \diagup H \\ C=C \\ H \diagup \quad \diagdown H \\ H-BR_2 \end{array} \right] \longrightarrow CH_3(CH_2)_3\underset{H}{CH}-\underset{BR_2}{CH_2} + 位置異性体$$

$BH_3 \cdot THF$ —— 94 : 6 ——

9-BBN (9-borabicyclo[3.3.1]nonane) —— 99.9 : 0.1 ——

〔三上幸一〕

一酸化炭素の水素化　hydrogenation of carbon monoxide

　一酸化炭素の水素化反応は生成物より分類すると炭化水素を与える反応およびアルコールを与える反応がある。もちろん、触媒や反応条件は異なるが、同一の原料より異なった生成物を与えることは工業的にはおおいに価値がある。また原料である一酸化炭素と水素(合成ガス)は石炭や重質油あるいはバイオマスなどのガス化、天然ガスや軽質炭化水素の水蒸気改質*などの各種の方法で製造されるため各種炭化水素資源から合成油やアルコールを製造するための基本技術として長期にわたって膨大な研究が行われてきた。

　一酸化炭素の水素化反応の触媒、反応条件と主生成物を表に示す。表より明らかなように炭化水素を与える触媒はほとんど8族金属である。これらはいずれも金属状態で触媒活性を発揮する。また反応圧力はアルコール合成に比較して一般により低圧である。合成ガスからの炭化水素生成に関してはメタン合成およびフィッシャー-トロプシュ合成など工業的にも重要であるため基礎、応用の両面から多くの研究が行われ、その反応機構についてもかなり明らかとなっている。基本的には触媒表面上でC-Oの結合が切断され、そのおのおのが水素化されると考えられている。ただしC-C結合形成の機構については明らかでない。一方、アルコール合成は炭化水素合成に比べ一般に高圧を必要とする。これはアルコール生成では、反応性の低いC-O結合の水素化により高圧を必要とするためであろう。

　以下に主要な一酸化炭素の水素化反応について列記する。
　（1）メタン化反応
　（2）フィッシャー-トロプシュ合成
　（3）メタノール合成
　（4）高級アルコール合成
　（5）STG反応
である。

　（3）のメタノール合成には金属触媒と酸化物触媒が用いられる。酸化物触媒はZn-Cr系混合酸化物とCu-Zn系混合酸化物が代表的である。そのほか低原子価モリブデン酸化物硫化物また金属触媒ではPd, Pt, Rhなどがある。これらの貴金属触媒上におけるメタノールの生成は分子状でかなり強く吸着した一酸化炭素と解離吸着した水素との反応によって進行すると考えられている。Cu-Zn系酸化物はさらにAl_2O_3、Cr_2O_3などの第三成分を添加して構造安定性を高め、実用に供されている。Zn-Cr系酸化物は300〜400℃程度の高温で活性であり、平衡の観点から合成は100〜200気圧の高圧で操作される。一方、Cu-Zn系触媒は250℃程度で十分活性が高く、反応圧力は50〜100 atmでよい。酸化物触媒上におけるメタノールの生成機構については未だ明らかでない点が多いが、一酸化炭素が直接水素化されるのではなく、合成ガス中の二酸化炭素が吸着し、それが水素化されてギ酸塩、ホルミル基を経由して、メタノールと水に変換されるようである。この水が一酸化炭素と反応して二酸化炭素と水素を与え、見かけ上一酸化炭素が水素化される。またCu-Znの複合酸化物中のCuは炭酸

一酸化炭素の水素化反応

主生成物	触媒	反応条件 温度[℃]	反応条件 圧力[atm]	摘要
メタン	Ni, Ru（金属）	250～400	1～20	パイプラインガスとして工業化．副生物はほとんどない．
液状炭化水素	Co, Ru（金属）	200～250	1～20	シュルツ-フローリー分布．直鎖アルカン
	Fe-K-X	250～350	10～40	Fe触媒はアルケンを多く与える．工業化プラントあり．
低級アルカン	Pd, Cu-Zn（酸化物）およびゼオライト	250～350	10～40	メタンが少ない，C_6+が著しく少ない．イソブタン，イソペンタンが多い．メタノールの生成，重合，水素化よりなる．
ポリメチレン	Ru	100～150	1000～2000	分子量10万以上のものもあり．直鎖成分のみ．
イソブタン（イソ合成）	Th, La, Ce, Zr（酸化物）	300～400	300～400	メタン，エタン，n-プロパンが副生．C-C結合生成のメカニズムはイソブタノール合成のそれに近いと推定されている．
メタノール	Cu-Zu-Al, Cr（酸化物）	200～300	50～150	少量の炭酸ガスが必要．反応そのものは炭酸ガスの水素化，大規模に工業化されている．
	Pd, Pt（金属）	200～300	10～50	COの直接水素化，強い分子状吸着．
	Rh, Ru, Co（錯体）（均一系）	150～200	100～300	メタノールのほか，エタノール，アルデヒド，エチレングリコールなど副生物も多い．
メタノール	ナトリウムアルコラートおよびNi錯体またはCr（酸化物）	100～200	10～20	アルコール溶媒中で実施，ギ酸アルカリの生成およびその水素化分解によりなる．炭酸ガスあるいは水が存在すると失活．
エタノール	Rh（金属）+(Mn, Li, Moほか)	250～350	40～80	メタノール，メタンの副生あり．COリッチガスが必要．転化率が低い．メタノールのホモロゲーション．
	Rh, Ru Co 錯体（均一系）	150～200	100～200	
C_{2+}アルコール	Co-Cu-K（酸化物） Mo-(Co)-K（硫化物） Ru, Ir, Rh-Mo-K Ni-Ti-アルカリ	250～350	500～100	炭化水素がかなり副生，C-C連鎖の生成はF-T合成と同じ．C_2～C_6直鎖アルコールが多い．メタノールも多い．
イソブタノール	Cu-Zn-K（酸化物） Zn-Cn-アルカリ	250～300 300～400	50～100 50～150	メタノール，エタノール，n-プロパノールが副生，C_5+アルコールは少ない．C-C生成のメカニズム不明（F-T型とは異なる）．

ガスの活性化を，Znは気相の水素を取り込む機能を果たしているとの推定もある．
　アルコラート（RONa, ROKなど）は触媒としてアルコールと一酸化炭素から低温でギ酸エステルを与える．

$$\text{ROH} + \text{CO} \xrightarrow{\text{RONa}} \text{HCOOR}$$

その系に水素と例えば Ni 錯体, Cu-Cr 酸化物などのギ酸エステルの水素化分解触媒を共存させると, メタノールと原料のアルコールを与える.

$$\text{HCOOR} + 2\text{H}_2 \longrightarrow \text{CH}_3\text{OH} + \text{ROH}$$

この現象を利用してメタノール溶媒中で一酸化炭素と水素から 100〜150℃, 10〜20 atm の低温, 低圧でメタノールを合成する方法が開発されている. ただし, この方法は反応系中に水や炭酸ガスが共存するとアルコラートが容易に炭酸化され, 反応活性を失う.

均一系触媒では Rh, Ru, Co の酢酸塩, ヨウ化物およびそれらの各種錯体が 150〜250℃, 200〜300 atm の条件下, 液相系で合成ガスからメタノールを与える. しかし, これらの反応系は同時にメタノールのホモロゲーションあるいはエチレングリコール生成反応に対しても触媒活性を示すため, メタノールを選択的に与えることは困難である.

(4) の高級アルコール合成は, 一酸化炭素の水素化による C_2+ アルコールの合成であり, 触媒は 3 系統に区分される. 担持 Rh 触媒は Mn, Li, Mo の化合物などを添加すると 250〜300℃, 40〜80 atm 程度の条件においてエタノールを高い選択率で与える. ただし, H_2/CO 比が高いと炭化水素の副生が増すため CO 過剰の条件で行われる. Co-Cu-K, Co-Mo-K, Ni-Zn-K などのフィッシャー-トロプシュ (F-T) 合成に活性をもつ成分に Mo, Zn, Cu など一酸化炭素を分子上で吸着する成分およびアルカリ化合物よりなる複合触媒は 300〜400℃, 50〜100 atm の条件下でメタノールのほか C_2〜C_6 の主として直鎖アルコールを与える. これらの触媒上においては F-T 合成に類似した機構で炭素連鎖が成長し, 最後のステップで CO 挿入, 水素化が進行して C_2+ アルコールが生成すると考えられている. 一酸化炭素の水素化反応においては珍しいことに Mo-K 混合硫化物も同様の条件で合成ガスから混合アルコールを与える.

一方, Cu-Zn, Zn-Cr などのメタノール合成触媒と類似の組成をもつ混合酸化物を炭酸カリウム, 酢酸カリウムなどの強アルカリ化合物で修飾した触媒を用いて 250〜350℃, 50〜100 atm の条件で合成ガスを反応させるとメタノール, 少量のエタノール, n-プロパノールおよび多量のイソブタノールを与える. n-ブタノールや C_5+ 以上の高級アルコールはあまり生成しない. この反応はメタノールがまず生成し, それに C_1 種が付加してエタノールとなり, その β 炭素に C_1 種が付加して n-プロパノールが, さらにその β 炭素に C_1 種が付加してイソブタノールが生成すると考えられる. イソブタノールにはフリーの β 炭素が存在しないからそれ以上のアルコールは生成しない. C_1 種については明らかではないが, ホルムアルデヒドが C-C 結合の中間となっている可能性がある.

(5) の STG 反応は合成ガスからガソリンを合成する反応である (syngas to gasoline). メタノール合成触媒とゼオライトなどのメタノールを炭化水素に転化する触媒との物理混合物を触媒として 10〜50 atm, 300〜350℃ の条件で合成ガスから C_2〜C_5

の低級アルカンを与える．この触媒は炭酸ガスの水素化においても類似の炭化水素を与える． 〔藤元 薫〕
→アルコールの合成，イソ合成，フィッシャー-トロプシュ合成，メタノールの合成，メタン化反応

一般酸・一般塩基触媒作用　general acid-general base catalyzed reaction

触媒反応のなかには，酸あるいは塩基が触媒になるものが多い．この酸と塩基の定義には，プロトンの授受を基本にした Brønsted の定義と電子対の授受を基本にした Lewis の定義がある．溶液反応でヒドロニウムイオン(H_3O^+)あるいは水酸イオン(OH^-)による触媒作用は他の酸・塩基に比べて特に顕著なので，特殊酸・特殊塩基触媒作用*といい，それ以外の非解離である酸・塩基，イオンである酸・塩基，溶媒などを含めた広義の酸・塩基が触媒となる場合を一般酸・一般塩基触媒作用とよぶ．

触媒反応中のヒドロニウムイオンと非解離の酸による反応速度定数 k_{H^+}, k_{AH} は，次の関係式を用いて，k_{obs}/a_{H^+} を a_{AH}/a_{H^+} に対してプロットすることにより切片と勾配からそれぞれ求められる．第1項が特殊酸触媒作用によるもので，第2項が一般酸触媒作用によるものである．

$$k_{obs} = k_{H^+} \cdot a_{H^+} + k_{AH} \cdot a_{AH}$$

k_{obs} は全体の反応速度定数，a は活量である．

水溶液中の酸触媒作用が一般酸触媒あるいは特殊酸触媒作用で進むかは，反応機構をもとに考える必要がある．反応が基質 S へのプロトン移行(第1段階)とプロトンと結合した基質 SH^+ からのプロトン放出(第2段階)で進む場合，第2段階でプロトンを受け取る物資が溶媒であるときをプロトライテック機構とよび，塩基性物質の場合をプロトトロピック機構とよぶ．

プロトライテック機構の反応　　プロトトロピック機構の反応

$$S + BH^+ \underset{k_{-1}}{\overset{k_1}{\rightleftarrows}} SH^+ + B \qquad S + BH^+ \underset{k_{-1}}{\overset{k_1}{\rightleftarrows}} SH^+ + B$$

$$SH^+ + H_2O \xrightarrow{k_2} P + H_3O^+ \qquad SH^+ + B \xrightarrow{k_2} P + BH^+$$

プロトライテック機構の反応の反応速度 r は，$r = k_1 k_2 / (k_{-1}[B] + k_2) \cdot [S][BH^+]$ で表される．$k_1[B] \ll k_2$ の場合は $r = k_1[S][BH^+]$ となり，一般酸触媒反応の型となる．$k_1[B] \ll k_2$ の場合は，酸の解離定数 $K = [B][H_3O^+]/[BH^+]$ を用いると $r = (k_1 k_2/k_{-1} K)[S][H_3O^+]$ となり特殊酸触媒反応である．一方，プロトトロピック機構の反応の反応速度 r は，$r = k_1 k_2/(k_{-1} + k_2) \cdot [S][BH^+]$ で表されるので常に一般酸触媒反応となる．

〔船引卓三〕
→特殊酸・特殊塩基触媒作用

EDX　energy dispersive X-ray spectrometer　→エネルギー分散型 X 線分光器

移動層反応装置　moving-bed reactor

　移動層は固体-流体間の連続的接触方式の一つである．上方から送り込まれる固体粒子が重力によって落下する間に，それと向流あるいは並流する流体と接触する．向流および並流接触のいずれも可能で，粒子の摩耗も少ない点はすぐれているが，使用できる粒径範囲が限定されることと，層内温度の均一化が困難であるという欠点がある．
　この移動層状態を利用して固体-流体間の反応を行わせるのが移動層反応装置である．溶鉱炉も大型の移動層反応装置であるが，触媒を用いる反応装置例としては，ナフサを脱水素して芳香族を製造する連続再生式プラットフォーミングがある．白金を触媒として反応が進行するが，炭素が析出して劣化した触媒粒子が再生塔に送られ，空気により炭素が燃焼再生されて反応塔に戻される．反応塔，再生塔とも移動層となっているが，1時間に約1％の触媒量が取り出され，また戻されるという緩やかな固体粒子の動きとなっている．　　　　　　　　　　　　　　　　　　　〔吉田邦夫〕

EPMA　electron probe microanalyzer　→X線マイクロアナライザー

イルメナイト構造　ilmenite structure

　チタン鉄鉱型構造ともいう．化学式ABX_3で表される化合物の結晶構造の一つ．三方晶系．空間群R3．Xはすこしひずんだ六方最密構造をつくり，その8面体間隙にA, Bが6配位で規則配列をしている(巻末図参照)．A, BがともにAl^{3+}で，XがO^{2-}のときは，コランダム構造(α-Al_2O_3)である．この構造をとる酸化物には，代表例の$FeTiO_3$(イルメナイト，チタン鉄鉱)のほか，$NiTiO_3$, $NiMnO_3$, $CoMnO_3$, $NaCdCl_3$, $NaMnCl_3$などがある．　　　　　　　　　　　　　　　　　　　　　　〔小野嘉夫〕

イーレイ-リディール機構　Eley-Rideal mechanism　→リディール機構

incipient wetness 法　→含浸法

インターカレーション　intercalation

　元来，暦に閏を入れることを意味するが，通常，無機層状物質へ異種の分子，イオンなどが侵入する反応をいう．層状物質の場合には層間に種々のゲスト種を取り込むことが可能となるので，新規物質系の構築に利用される．インターカレーション反応は，イオン交換*，電荷移動などで生じ，異方性の高い空間を利用した反応制御，生成物制御が試みられている．多くの層状物質でインターカレーションが知られている．黒鉛や層状粘土鉱物*が一般的で，層間架橋粘土触媒*もインターカレーションによる層間修飾法である．層間のゲスト種の存在状態の特異性や配向制御の可能性から盛んに研究されている．　　　　　　　　　　　　　　　　　　　　　　〔黒田一幸〕
→グラファイト，サポナイト，ハイドロタルサイト，モンモリロナイト

う

ヴァスカ錯体 Vaska compound ─────────────

ヴァスカ錯体は，$trans\text{-}Ir(CO)Cl(PPh_3)_2$ の化学式をもつ安定な平面四角形の錯体である．この錯体は，多くの基質と反応して六配位錯体をつくるが，特に，水素分子やヨウ化メチルとの反応は，典型的な酸化的付加*反応を錯体化学的に証明した例として有名である．水素の酸化的付加は，シス付加で起こり，$ClIr(H)_2(CO)(PPh_3)_2$ を与える．また，ヨウ化メチルの酸化的付加はトランス付加で起こり，$(CH_3)ClIr(I)(CO)(PPh_3)_2$ を生成する．CO やアセチレンはヴァスカ錯体に可逆的に配位*する．一般に，Ir 錯体は，その Rh 類縁体と異なり，触媒としての活性は小さいが，錯体の素反応過程を実験的に証明できるため，カルボニル化反応をはじめとする Rh の触媒反応の反応機構を考察する際のモデル反応としての価値が高い． 〔永島英夫〕

ウィッティヒ反応 Wittig reaction ─────────────

カルボニル基(ケトン，アルデヒド)を炭素-炭素二重結合へと特異的に変換する合成的に極めて重要な反応であり，この反応を開拓したノーベル化学賞受賞者 G. Wittig にちなみウィッティヒ反応とよばれている．二重結合への変換は3段階を経るが，まず，ホスホニウム塩(1)を塩基で処理して得られるリンイリド(2)がカルボニル基(3)に求核攻撃し不安定なベタイン(4)を形成する．さらにオキサホスフェタン(5)を経て生成物となるアルケン(6)とともにホスフィンオキシド(7)を副生成物として与える．

安定化イリド： $Ph_3P=C(Ph)_2$, $Ph_3P=CHCO_2R$, $Ph_3P=CHCN$, $Ph_3P=CHCOPh$ など

準安定化イリド： $Ph_3P^+\text{-}C^-HCH=CH_2$, $Ph_3P^+\text{-}C^-HPh$ など

非安定化イリド： $Ph_3P^+\text{-}C^-HR$, $Ph_3P^+\text{-}C^-H_2$, $Ph_3P^+\text{-}C^-=CR_2$, $Ph_3P^+\text{-}C^-HOR$ など

ホスホニウム塩（1）はトリフェニルホスフィンとハロゲン化アルキル（R^1R^2CHX）を混合することによって容易に調製することができる．一方，リンイリド（2）の生成ならびにその反応性はアルキル置換基 R^1, R^2 の構造に大きく依存し，置換基の種類により3種に分類することができる．電子求引性の置換基を有する安定化イリドはアルカリ水溶液やアミンなどによって容易に生成することができ，ホスホラン（2'）として安定に単離することも可能である．一方，電子供与基の置換した非安定化イリドは，アルキル金属やメタルヒドリドなどの強い塩基を必要とし，イリドの発生後すぐに反応に使用する．これらの中間に位置する準安定化イリドの生成にはメタルアルコラートやアルキルリチウムなどが用いられる．ウィッティヒ反応で生成する二重結合の立体選択性はイリドの反応性に大きく依存する．一般に反応性に富む非安定化イリドでは Z 体を優先して与える．一方，安定化イリドの場合には E 体が主として得られるが，準安定化イリドの場合には E/Z 混合物となることが多い．

立体選択性はこうしたイリドの反応性のみならず用いる溶媒，塩基，条件などによっても大きく影響を受ける．また，PPh_3 基を $(RO)_2PO$ 基に代えたウィッティヒ反応の変形であるホーナー–ウィッティヒ反応では E 体に選択的な二重結合の生成が可能である．　　　　　　　　　　　　　　　　　　　　　　　　　　　　〔寺田眞浩〕

ウィリアムソン合成　Williamson synthesis

ハロゲン化アルキルとアルカリ金属アルコキシドとの反応によるエーテル合成法．1851年に A. W. Williamson が脂肪族エーテル合成に用いて以来，広く，一般的に用いられている．第一級アルキルのハロゲン化物は収率良くエーテルを与えるが，第二級，第三級アルキルのハロゲン化物の反応ではアルケンが副生し，収率が低い場合が多い．

$$R-X + M^+O^--R' \longrightarrow \underset{RR'}{\overset{O}{\diagup\diagdown}} \quad (X=Cl, Br,\ M=Na, K,\ \text{など})$$

〔友岡克彦〕

ウィルキンソン錯体　Wilkinson complex

平面四配位型の Rh(I) 錯体 $[RhCl\{P(C_6H_5)_3\}_3]$ で，1966年 G. Wilkinson らが報告した．窒素下，熱エタノール中で $RhCl_3 \cdot 3H_2O$ を過剰の $P(C_6H_5)_3$ で還元することにより橙または赤色の結晶として得られる．市販品がある．融点157〜158℃．ベンゼン，トルエン，$CHCl_3$, CH_2Cl_2 に溶解するが，溶液状態では空気に不安定である．固体状態では短時間ならば空気下で扱うことができる．均一系でのアルケン水素化触媒として極めて活性が高く，末端アルケンでは常温常圧下で水素化が進行する．また分子内にカルボニル基などの官能基が存在しても $C=C$ を選択的に水素化することができる．水素付加の立体化学は syn である．反応機構としては，$P(C_6H_5)_3$ が1個解離した三配位型錯体が活性種となり，水素の酸化的付加*によるヒドリド錯体*，アルケン

の配位*と挿入反応*によるアルキル錯体*を経由し，還元的脱離*でアルカンを生成する．　〔福岡　淳〕
→均一系触媒反応

ウッドワード-ホフマン則　Woodward-Hoffmann rule
ペリ環状反応(中間体を経由せず1段階で起こる反応で環状の遷移状態を経て協奏的に進行する)における基質特異性や生成物の立体特異性を理論づける一般則であり，R. B. Woodward と R. Hoffmann によって提唱された．その骨子は協奏反応における反応の前後で軌道の対称性が保存されるということであり，軌道対称性保存則(orbital symmetry conservation rule)ともよばれる．この法則によれば，ペリ環状反応において基質の各被占軌道が生成物の同じ対称性の被占軌道に移行する過程で，全体として顕著なエネルギー増大を伴わないときにその反応過程は対称性許容(symmetry-allowed)であり，その過程が大きなエネルギーを必要とするときは対称性禁制(symmetry-forbidden)であると分類される．そしてペリ環状反応はすべて対称性許容過程に沿って進行するとされる．反応前後の軌道の対称性の対応とエネルギー状態については，軌道対称性相関(correlation of orbital symmetry)もしくは電子状態図(electronic state diagram)による方法で検証できる．ここでは前者の方法でブタジエンからシクロブテンを生じる電子環状反応について例示する(図1)．

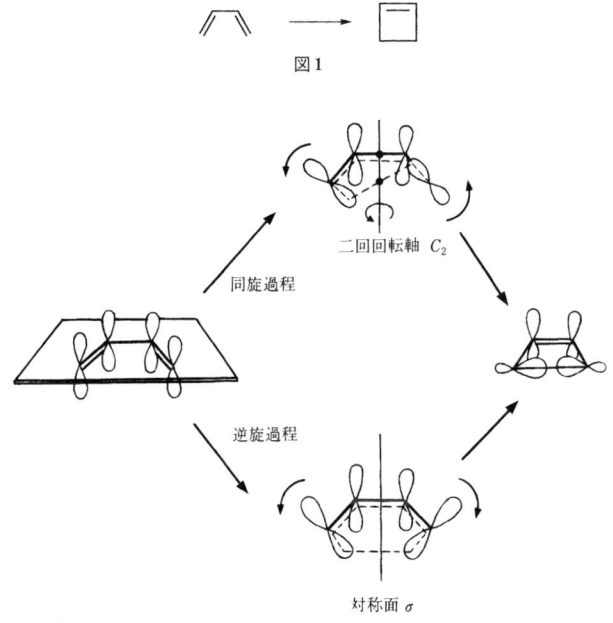

図1

図2

図3

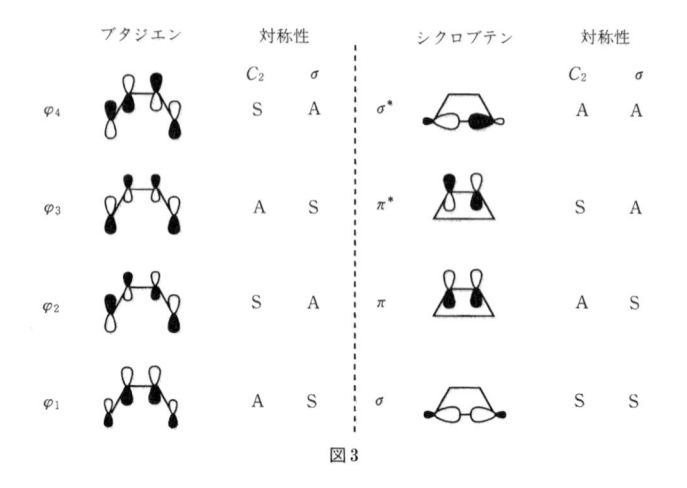

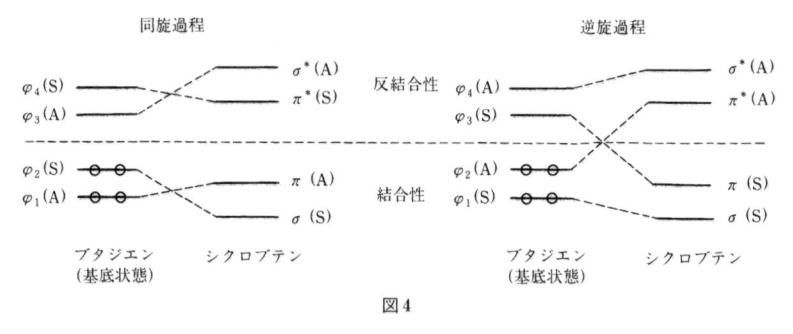

図4

この反応ではブタジエンのπ分子軌道($\varphi_1, \varphi_2, \varphi_3, \varphi_4$)がシクロブテンの CH=CHπ 軌道($\pi, \pi^*$)と CH$_2$-CH$_2$ σ 軌道(σ, σ^*)に変化するが,その過程としては同旋環化(conrotatory:常に分子が二回回転軸 C_2 対称性を保つ過程)と逆旋環化(disrotatory:常に分子が対称面 σ を保つ過程)が可能である(図2).ここで原系(ブタジエン)が生成系(シクロブテン)に移行する間にその系が保ち続ける対称要素を基準として分子軌道の相関を考え,原系の被占軌道の変化に要するエネルギーの大小によって「許容」もしくは「禁制」であるかを判断する.この系において反応に関与する分子軌道の構成と C_2 軸と σ に関する対称性(S:対称,A:逆対称)は図3のとおりである.それらの関係から同旋環化と逆旋環化それぞれにおける原系と生成系の各軌道の相関エネルギー準位は(図4)のようになる.

この相関図から同旋過程では原系の結合性軌道がそのまま生成系の結合性軌道に変化しており,その過程に大きなエネルギーを必要としないのに対し,逆旋過程では結合性分子軌道の一つ(φ_2)が反結合性分子軌道(π^*)に移行するために大きなエネルギーを必要とすることがわかり,基底状態では逆旋過程が「禁制」となる.一方,光反応

においては最高被占軌道の電子が1個励起された状態(第一励起状態)で反応が進行することから同旋過程の方が大きなエネルギーを必要し,「禁制」となる.このような解析を他の系についても行うと表のような一般則(電子環状反応選択則)が得られる.

π電子数	基底状態反応 (熱反応)	第一励起状態反応 (光反応)
$4q$	同旋	逆旋
$4q+2$	逆旋	同旋

このようにウッドワード-ホフマン則によって他のペリ環状反応であるシグマトロピー転位(コープ転位やクライゼン転位など)や付加環化反応(ディールス-アルダー反応など)などについても一般的選択則が導かれる.　　　　　　　　　　〔友岡克彦〕

雲　母　mica

Mg^{2+} や Al^{3+} を中心イオンとする八面体シートを介して SiO_4 四面体の三つの頂点で互いに連結したシートが連結にあずからない酸素どうしで向かい合わせになり,四面体シート2枚が八面体シート1枚を狭んだサンドウィッチ構造の層を形成し,その層が積み重なってできた層状ケイ酸塩鉱物である.天然のものでは層間に K^+, Na^+, Ca^{2+}, H_2O などが存在する.理想式は,白雲母:$\{K_x\}(Al_2)[Si_{4-x}M_x^{3+}]O_{10}(OH)_2$,金雲母:$\{K_x\}(Mg_3)[Si_{4-x}M_x^{3+}]O_{10}(OH)_2$,黒雲母:$\{K_x\}(Mg,Fe^{2+})_3[Si_{4-x}M_x^{3+}]O_{10}(OH)_2$ で示される.$\{K\}$ は層間イオンを表し,M^{3+} は Al^{3+} や Fe^{3+} のような3価の陽イオンが Si^{4+} と置換したもので,x の値が大きいものほど電荷補償のための層間イオンの量が多いためイオン交換容量は大きい.OH基の全部または一部がFで置換さ

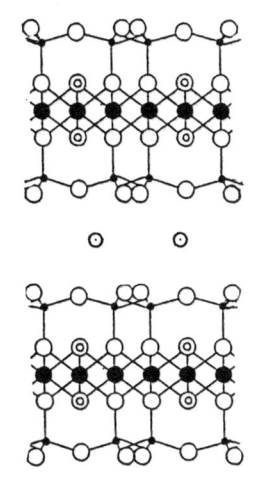

●:Mg; ●:Si または Al; ○:O; ◎:OH; ⊙:K
金雲母 $[K_2Mg_6(Si_6Al_2)O_{20}(OH)_4]$

れた雲母も存在する．合成雲母で膨潤雲母と弥されるものは，層間に有機物や陽イオンをインターカレートすることにより複合材料や触媒として使われている．

〔北山淑江〕

え

エアロゲル aerogel ➡ゲル

エアロゾル aerosol ➡ゾル

AES Auger electron spectroscopy ➡オージェ電子分光

AFM atomic force microscopy ➡原子間力顕微鏡

HSAB(硬い酸・塩基, 軟らかい酸・塩基) hard and soft acid and base
　1963年に Pearson が提出した酸・塩基の概念．ルイス酸・塩基を硬い(ハード)と軟らかい(ソフト)酸・塩基に分類した．軟らかい塩基とは，概して原子半径が大きく，有効核電荷が低く，分極しやすい塩基で，硬い塩基とはその逆である．一般に，硬い

硬い酸	中間の硬さの酸	硬い塩基
H^+, Li^+, Na^+, K^+	$Fe^{2+}, Co^{2+}, Ni^{2+}, Cu^{2+}, Zn^{2+}, Pb^{2+}, Sn^{2+}$,	H_2O, OH^-, F^-
$Be^{2+}, Mg^{2+}, Ca^{2+}, Sr^{2+}, Mn^{2+}$	$Sb^{3+}, Bi^{3+}, Rh^{3+}, Ir^{3+}, B(CH_3)_3, SO_2$,	$CH_3CO_2^-, PO_4^{3-}, SO_4^{2-}$
	$NO^+, Ru^{2+}, Os^{2+}, R_3C^+, C_6H_5^+, GaH_3$	$Cl^-, CO_3^{2-}, ClO_4^-, NO_3^-$
$Al^{3+}, Sc^{3+}, Ga^{3+}, In^{3+}, La^{3+}$		ROH, RO^-, R_2O
	軟らかい酸	NH_3, RNH_2, N_2H_4
$N^{3+}, Cl^{3+}, Gd^{3+}, Lu^{3+}$	$Cu^+, Ag^+, Au^+, Tl^+, Hg^+, Pd^{2+}, Cd^{2+}, Pt^{2+}$,	
$Cr^{3+}, Co^{3+}, Fe^{3+}, As^{3+}, CH_3Sn^{3+}$	$Hg^{2+}, CH_3Hg^+, Co(CN)_5^{2-}, Pt^{4+}, Te^{4+}$	中間の硬さの塩基
$Si^{4+}, Ti^{4+}, Zr^{4+}, Th^{4+}, U^{4+}$	$Tl^{3+}, Tl(CH_3)_3, BH_3, Ga(CH_3)_3$	$C_6H_5NH_2, C_5H_5N, N_3^-$,
$Pu^{4+}, Ce^{3+}, Hf^{4+}, WO^{4+}, Sn^{4+}$	$GaCl_3, GaI_3, InCl_3$	$Br^-, NO_2^-, SO_3^{2-}, N_2$
$UO_2^{2+}, (CH_3)_2Sn^{2+}, VO^{2+}, MoO^{3+}$	RS^+, RSe^+, RTe^+	
$Be(CH_3)_2, BF_3, B(OR)_3$		軟らかい塩基
$Al(CH_3)_3, AlCl_3, AlH_3$	I^+, Br^+, HO^+, RO^+	R_2S, RSH, RS^-
$RPO_2^+, ROPO_2^+$		$I^-, SCN^-, S_2O_3^{2-}$
$RSO_2^+, ROSO_2^+, SO_3$	I_2, Br_2, ICN など	$R_3P, R_3As, (RO)_3P$
$I^{7+}, I^{5+}, Cl^{7+}, Cr^{6+}$		CN^-, RNC, CO
RCO^+, CO_2, NC^+	トリニトロベンゼンなど	C_2H_4, C_6H_6
HX (水素結合分子)	クロラニル, キノンなど	H^-, R^-
	テトラシアノベンゼンなど	
	$O, Cl, Br, I, N, RO\cdot, RO_2\cdot$	
	金属原子	
	金属	
	CH_2, カルベン類	

塩基は硬い酸との親和性が大きい．また，軟らかい塩基は，軟らかい酸との親和性が大きい．例えば，軟らかい塩基であるホスフィンは，アルカリ金属イオンのような硬い酸とは，結合しにくい．クロロスルホン酸フェニルの塩基（アニオン）による分解反応は，Cl が軟らかい塩基により引き抜かれて反応が進行し，その速度は塩基が軟らかいほど大きくなる．Pearson の分類表を示す．

　HSAB 原理は，定性的には便利な経験則であるが，熱力学的安定性と関連付けるには問題がある．一方，有機金属錯体の結合では，軟らかい金属と軟らかい配位子の相互作用が重要な場合が多く，多くの場合に π 結合が関与していることが指摘されている．　　　　　　　　　　　　　　　　　　　　　　　　　　　　　〔水野哲孝〕

H_0 関数　H_0 function　→酸度関数

A型ゼオライト　A type zeolite

　ゼオライト*の一種で，酸素八員環の3次元の細孔*を有する．合成ゼオライトのなかで最も古く，X型ゼオライト*と並んで 1956 年に Linde（現 Union Carbide）社によって工業的生産が始まった．結晶構造は LTA と表されるが，これは Linde type A の名に由来する．Si/Al 原子比が 1 に近い Na 型がつくられることが多く，Na を K，Ca などでイオン交換*して細孔径を調節できる．

　NaA 型ゼオライト（LTA 構造を有し，カチオンが Na^+ であるゼオライト）は，安価で大きなイオン交換能をもつことから，ビルダー（添加剤）として合成洗剤に加えられている．界面活性剤の洗浄力を阻害する水中の Ca^{2+}，Mg^{2+} などをイオン交換作用によって Na^+ と交換し，この作用の結果，いわゆる硬水を軟化する効果がある．この用途に対しては，従来用いられてきたリン酸塩が河川の富栄養化を促進するため，代替物質として使われるようになり，全ゼオライト中でこの用途に対する NaA 型ゼオライトの消費量が最も多い．

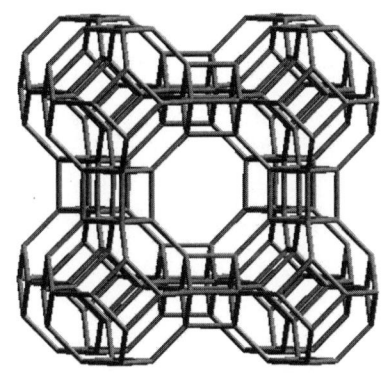

LTA 骨格の[100]方向からの投影図

A型ゼオライトは分子ふるい作用*を示し，モレキュラーシーブ*という商品名で吸着剤*として各種気体の分離・精製プロセスに使われている．NaA型ゼオライト中のNaの40％以上をより大きなKカチオンで交換したものは，細孔径が約3 Å (0.3 nm)となることから，モレキュラーシーブ3 Aとよばれ，極めて小さい極性分子しか吸着しないので，各種気体・冷媒用フロンの脱水乾燥などに用いられる．NaA型ゼオライトの細孔径は0.41 nmで通称モレキュラーシーブ4 A，Naの65％以上を小さなCaカチオンで交換したものは細孔径約0.5 nmで通称モレキュラーシーブ5 Aである．NaA，CaA型ゼオライトは，X型ゼオライトと同様，空気を酸素と窒素に分離できる重要な特徴がある．しかし，その分離機能の発現は分子径の違いによるものではなく，吸着特性の違いによるものである．窒素分子は不対電子による四極子モーメントをもち，酸素分子よりもゼオライトに強く吸着する特徴があり，この吸着特性の違いにより両者を分離することができる．このほかにも，CaA型ゼオライトはフロンの精製・炭化水素異性体の分離などさまざまな分離・精製過程に用いられている．

〔片田直伸・丹羽 幹〕

液空間速度　liquid hourly space velocity; LHSV

流通反応装置における原料の空間速度*を常温常圧の液体の体積基準で示したもので，液体原料の時間当りの供給速度の反応器容積（または触媒体積）に対する比を示し，単位は時間の逆数である．原料が反応器内で気化・蒸発していたり，他の物質と混合されていても，LHSVを用いることによって，1時間当りの液体原料の処理量の目安が得られる．

〔五十嵐 哲〕

→空間速度

液相酸化　liquid phase oxidation

溶液中で行われる酸化反応をいい，比較的温和な条件下での含酸素化合物の合成法として工業的に重要で，自動酸化型と接触酸化型の反応がある．

自動酸化では，炭化水素からの水素引抜きによりラジカル*が生成し，これが酸素分子と反応してラジカル連鎖反応が進行するが，そのなかで触媒は連鎖反応の開始，成長および停止の種々の素過程に関与する．第二次世界大戦後の石油化学の勃興期に，この自動酸化を利用した多くのプロセスが開発され，さらに技術改良が行われて現在に至っている．代表的なものとしては p-キシレンからテレフタル酸，シクロヘキサンからシクロヘキサノンなどへの酸化反応がある．酸化剤として重要な過酸化物，すなわちエチルベンゼンヒドロペルオキシド，第三級ブチルヒドロペルオキシドも自動酸

化により合成される．いずれの酸化反応でも Co, Mn などの可溶性の金属塩が触媒として用いられる．

　接触酸化の代表的なものには，ドイツの Wacker 社により開発されたワッカー法およびアメリカの Oxirane 社により開発されたヒドロペルオキシド酸化*がある．前者では，水溶液中で $PdCl_2$-$CuCl_2$ 系の触媒を用い，エチレンからアセトアルデヒドを合成するが，反応は Pd^{2+} と Pd^0 および Cu^{2+} と Cu^+ の間の酸化還元のカップリングにより進行する．アセトアルデヒドは主として酢酸合成に用いられていたが，モンサント法*が開発されるに至って需要がなくなり，現在は稼働率は低下している．後者では，Mo, Ti などの化合物をルイス酸触媒として用い，ヒドロペルオキシド*を酸化剤としてプロピレンからプロピレンオキシドが合成される．従来，均一系触媒が用いられてきたが，近年，オランダの Shell 社により開発されたプロセスでは不均一系の TiO_2-SiO_2 触媒が使用されている．

$$CH_2=CH_2 \xrightarrow{PdCl_2\text{-}CuCl_2} CH_3CHO$$

$$CH_3CH=CH_2+t\text{-}BuOOH \xrightarrow{Mo^{6+}} CH_3CH\underset{\underset{O}{\diagdown\diagup}}{-}CH_2+t\text{-}BuOH$$

〔竹平勝臣〕

➡パラキシレンの酸化，シクロヘキサンの酸化，自動酸化，ワッカー法

液相酸化触媒　catalyst for liquid phase oxidation ─────────

　液相酸化*触媒には大別してラジカル反応を促進するホモリシス（homolysis）型とイオン反応を促進するヘテロリシス（heterolysis）型触媒とがある．

　前者では，Co, Mn などの金属塩で有機溶媒中に可溶な化合物が用いられ，金属イオンが炭化水素からの水素引抜き，ハーバー-ワイス機構でのヒドロペルオキシドのラジカル分解（A）あるいはペルオキシラジカルとの反応による連鎖停止反応を行う．これらのホモリティックな触媒作用により，反応を促進すると同時に複雑なラジカル連鎖反応に方向性を与えて目的化合物への選択性を高める．代表的なものとしては，メチル基からの水素引抜き（B）が律速である p-キシレンからテレフタル酸への一段酸化のための Co^{3+}-Mn 複合系触媒，ヒドロペルオキシドのラジカル分解を促進するシクロヘキサン酸化のための Co あるいは Mn 触媒があり，いずれの場合も可溶性の金属塩が用いられる．

$$\left.\begin{array}{l} ROOH+Me^{n+} \longrightarrow RO\cdot+Me^{(n+1)}+OH^- \\ ROOH+Me^{(n+1)+} \longrightarrow RO_2\cdot+Me^{n+}+H^+ \end{array}\right\} \quad (A)$$

$$PhCH_3+Co^{3+} \longrightarrow PhCH_2\cdot+Co^{2+}+H^+ \quad\quad (B)$$

　後者では，ワッカー法*のための Pd 系触媒およびヒドロペルオキシド酸化*のためのルイス酸*触媒が代表的なもので，いずれの系でもヘテロリティックな触媒反応が進行する．エチレン酸化のための $PdCl_2$-$CuCl_2$ 系触媒では，まず Pd^{2+} に配位活性化さ

れたエチレンに水が求核的に付加してアセトアルデヒドが生成し，このとき Pd^{2+} は Pd^0 に還元される．これを Cu^{2+} と酸素により Pd^{2+} に再酸化する酸化還元サイクルによって反応が進行する(C)．ヒドロペルオキシドによるプロピレンからプロピレンオキシドへの酸化には，ルイス酸触媒としては Mo^{6+} などの可溶性の金属化合物が用いられるが，近年は Shell 社で開発された TiO_2-SiO_2 に見られるように不均一系の触媒も用いられる．いずれの場合もヒドロペルオキシドを配位活性化して活性酸素のプロピレンへの求電子的付加を促進する(D)．

$$CH_2=CH_2 \;\; Pd^{2+} \;\; Cu^{2+} \atop CH_3CHO \;\; Pd^0 \;\; Cu^+ \;\; O_2$$

(C)

$$CH_3CH=CH_2 \atop R-O \to Me \;\; \longrightarrow \;\; CH_3CH-CH_2 \atop O \;\; + \;\; ROMe$$
$$ROH \;\; ROOH$$

(D)

〔竹平勝臣〕

→シクロヘキサンの酸化

SEM　scanning electron microscope　→走査電子顕微鏡

SHE　standard hydrogen electrode　→標準水素電極

S_N1 反応　S_N1 type reaction　→求核置換反応

S_N2 反応　S_N2 type reaction　→求核置換反応

SMSI　strong metal-support interaction

1978 年 Exxon 社の Tauster らは Pt/TiO_2 触媒の高温還元(高温水素処理 500°C)で水素および CO 吸着量が極端に小さくなる現象を見いだした．金属粒径の変化は見られない．最大の特徴は，酸素処理(400°C程度)および低温水素処理(200°C)により吸着量が通常の数値に戻ることであり，この現象には繰り返し再現性がある．Tauster らは強い金属と担体*の相互作用のために，このような現象が起こるとして，SMSI (strong metal-support interaction)と名付けた．そのメカニズムとして，薬箱(pill-box)状の金属微粒子(Pt/TiO_2 触媒)が報告されたが，現在では，デコレーション(decoration)モデルが一般に受け入れられるようになった．高温水素処理中に担体(TiO_2, Nb_2O_5, V_2O_5)表面の一部が還元され部分的に還元された種(TiO_x, NbO_x, VO_x)が担体上を移動(migration)し，金属表面上をおおってしまうというモデルである．デコレーションモデルまたはマイグレーションモデルとよばれる．マイグレーションする原動力としては，部分的に還元された種(TiO_x, NbO_x など)は配位不飽和な結合をもっ

ているので金属と強く結合すると考えられる．酸素処理により元の状態に戻るのは，TiO_x, NbO_x が完全に TiO_2, Nb_2O_5 に酸化され金属との相互作用が弱くなり，担体上にこぼれ落ちると考えられる．その後の低温還元により金属表面が還元され，水素，CO の吸着能を回復する．ただし，完全に清浄な金属表面に戻るかあるいは一部島状に被覆されているかについては異論もあり，触媒系や処理条件による．SMSI 酸化物とみなされるものは，易還元性の酸化物で，TiO_2, Nb_2O_5, $V_2O_5(V_2O_3)$ のほかに，MnO, Ta_2O_5, Cr_2O_3 などがあげられる．最近，CeO_2, La_2O_3, ZrO_2 担体も注目されているが，SMSI 酸化物の定義については研究者によって見解が少し異なる．

上記のメカニズムによると，酸化物添加金属触媒でも同様な挙動が期待される．実際，non-SMSI 触媒である Rh/SiO_2 に Nb_2O_5 を添加した触媒系は，高温還元後および酸素処理，低温還元処理後は，Rh/Nb_2O_5 触媒と全く似た触媒挙動を示し，デコレーションモデルが実証された．この場合，SMSI 状態にてエタンの水素化分解活性が 5 桁以上も低下することから，島状被覆モデルよりも分子状均一被覆モデルが提案されている．また，高温焼成などで調製した貴金属複合酸化物 $RhVO_4/SiO_2$, $RhNbO_4/SiO_2$ などの還元・分解によっても SMSI 効果が見られる．

以上のように，SMSI 酸化物を使用しなくても，添加することでも SMSI 効果が見られることから，strong metal-support interaction というよりも，strong metal-oxide interaction(SMOI)または strong metal-promoter interaction(SMPI)とよばれることもある．しかし，SMSI の言葉はある程度定着しているので，酸化物添加系も含めて広い意味で SMSI が使われている．現在，SMSI の概念は，還元処理温度依存性という狭い定義から，典型的な担体効果*の一つとしても一般化されている．また，デコレーションモデルのような幾何学的効果のほかに電子的効果*も無視できないとする報告もある．

SMSI 効果は，触媒の活性・選択性に著しい変化をもたらす．一つの特徴として，好ましくない副反応(水素化分解反応)を著しく抑さえて，脱水素反応などの選択性を上げることである．また，CO 水素化反応，クロトンアルデヒドなどの選択的部分水素化反応，エチレンのヒドロホルミル化(CO 挿入)反応などの活性・選択性を著しく向上させる．　　　　　　　　　　　　　　　　　　　　　　　　　〔国森公夫〕
→金属触媒

SCR　selective catalytic reduction

排煙中などの希薄窒素酸化物を触媒を用いて選択的に還元除去する方法．ガス中に酸素が共存しても，還元剤と窒素酸化物が触媒上で選択的に反応し，窒素を生成する．代表的な還元剤としてはアンモニアが知られている．また，分解して容易にアンモニアを放出する固体還元剤(尿素，炭酸アンモニウム，メラミン，シアヌール酸など)も用いられる．

普通，アンモニアを還元剤とする場合を SCR とよび，各種固定発生源の排煙脱硝法として広く適用されている．基本反応は次式により進行する．NO の場合はその反

応速度は酸素の共存により加速される．

$$4NO + 4NH_3 + O_2 \longrightarrow 4N_2 + 6H_2O$$
$$6NO_2 + 8NH_3 \longrightarrow 7N_2 + 12H_2O$$
$$NO + NO_2 + 2NH_3 \longrightarrow 2N_2 + 3H_2O$$

触媒には V_2O_5-TiO_2 系やゼオライト系が知られている．
　また，最近炭化水素類やアルコールを用いても，かなり選択的に NO_x を還元できる触媒が見出されている． 〔加藤　明〕
➡ 窒素酸化物の除去，窒素酸化物の選択還元，排煙脱硝

STM　scanning tunneling microscopy　➡ 走査トンネル顕微鏡

STY　space time yield　➡ 空時収量

エステル化　esterification

低級有機酸と低級アルコールとのエステルは食品の香料や溶剤として，高級脂肪酸，不飽和カルボン酸，芳香族ジカルボン酸のエステルは加塑剤やポリマー原料として使われており，多くの工業的エステル化反応が実施されている．
　エステル化反応は，主に酸触媒によって行われ，液相反応では硫酸，リン酸，ホウ酸，HF，メタンスルホン酸，塩化スズなどが，不均一液相あるいは気相反応ではスルホン酸型陽イオン交換樹脂，ペルフルオロイオン交換樹脂（ナフィオンなど），ヘテロポリ酸，ニオブ酸，アルミナ，シリカ・アルミナ，シリカ・チタニアなどが触媒として使われる．プロトンは，アルコールよりカルボン酸との親和性が大きいため，下式のようにカルボン酸のカルボニル基に作用して炭素の陽イオン性を高めることで反応を促進する．

$$R-C\overset{O}{\underset{OH}{\diagup}} \underset{-H^+}{\overset{+H^+}{\rightleftarrows}} R-C^+\overset{OH}{\underset{OH}{\diagup}} \underset{-R'OH}{\overset{+R'OH}{\rightleftarrows}} RC(OH)(\overset{+}{O}H_2)(OR') \underset{-H_3O^+}{\overset{+H_3O^+}{\rightleftarrows}} RCOOR$$

本反応は平衡反応であるため，目的生成物を収率良く得るには一つの原料の量を大過剰にするか，生成物の一つを連続的に反応系から除くことが必要である．通常，前者は低価格のアルコールを有機酸の 5〜10 倍量加えることで，後者は低沸点となる水あるいはエステルを連続的に蒸留除去することで行われる．
　反応温度が高い場合や触媒の酸強度が大きい場合には，アルコールからアルケンやエーテルへの脱水反応*が併発する．これを防ぐため，系中のカルボン酸量を増してアルコールが触媒の酸点と反応する機会を減らすとか，金属アルコキシド，アルキルスズなど酸以外の触媒を使うことがある． 〔大西隆一郎〕

SV　space velocity　➡ 空間速度

SPM　suspended particulate matter　→粒子状物質

2-エチルヘキサノールの合成　synthesis of 2-ethyl hexanol

2-エチルヘキサノールは DOP(ジオクチルフタラート)などの可塑剤，合成潤滑剤，界面活性剤等の中間原料，香料として使用されており，以下のステップにより工業的に製造されている．

（1）プロピレンのヒドロホルミル化(オキソ法)による n-ブチルアルデヒドの合成．

（2）n-ブチルアルデヒドのアルドール縮合*による 2-エチルヘキセナールの合成．

（3）2-エチルヘキセナールの水素添加による 2-エチルヘキサノールの合成．

（1）～（3）を3工程で行う方法が主流といわれており，1工程で行うシェル(Shell)法も用いられている．合成ルートを図に示す．

反応経路図

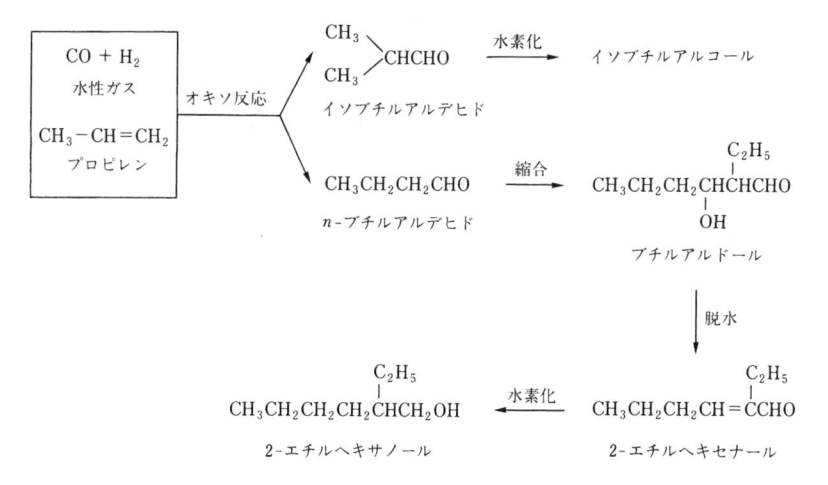

$$CO + H_2 \text{ 水性ガス}$$
$$CH_3-CH=CH_2 \text{ プロピレン}$$

オキソ反応 →

$$\begin{array}{c}CH_3\\CH_3\end{array}\!\!\!>\!CHCHO$$ イソブチルアルデヒド　—水素化→　イソブチルアルコール

$CH_3CH_2CH_2CHO$　n-ブチルアルデヒド　—縮合→　$CH_3CH_2CH_2\underset{OH}{\underset{|}{CH}}\underset{}{\overset{C_2H_5}{\overset{|}{CH}}}CHO$　ブチルアルドール

↓脱水

$CH_3CH_2CH_2CH=\overset{C_2H_5}{\overset{|}{C}}CHO$　2-エチルヘキセナール　←水素化―　$CH_3CH_2CH_2CH_2\overset{C_2H_5}{\overset{|}{CH}}CH_2OH$　2-エチルヘキサノール

第1段階のプロピレンのヒドロホルミル化*(オキソ法)では触媒として，トリフェニルホスフィン修飾 Rh 触媒，スルホン化トリフェニルホスフィン修飾 Rh 触媒(二相反応)，あるいは Co 触媒が用いられ，加圧下でブチルアルデヒドが合成される．n-ブチルアルデヒドとイソブチルアルデヒドは蒸留分離し n-ブチルアルデヒドを得る．第2段階では n-ブチルアルデヒドをアルカリ水溶液(NaOH または KOH)を触媒とし，アルドール縮合により二相条件で縮合・脱水し，2-エチルヘキセナールを得たのち，第3段階で Ni 系，Cu-Zn 系，Cu-Cr 系触媒により水素添加し，2-エチルヘキサノールを得る．

現行法の問題点としては，（1）オキソ反応工程の選択性改善，（2）Rh 系では触媒

回収法の改良, があげられる. 〔山口　力〕

エチルベンゼンの合成　production of ethylbenzene

エチルベンゼンの大部分はエチレンによるベンゼンのエチル化で製造されている. 一部はリフォーミング*で生成する C_8 芳香族炭化水素の精密蒸留で得られている. ベンゼンのエチル化は酸触媒を用いて工業的に液相および気相で行われている.

$$\text{C}_6\text{H}_6 + \text{C}_2\text{H}_4 \xrightarrow{\text{酸触媒}} \text{C}_6\text{H}_5\text{-C}_2\text{H}_5 \quad \Delta H = -113\,\text{kJ mol}^{-1}$$

$AlCl_3$ などのフリーデル-クラフツ触媒*を用いる液相エチル化では助触媒として塩化水素または塩化エチルが用いられる. $AlCl_3$ と HCl から $H^+AlCl_4^-$ が生成し, これがエチレンをプロトン化する. また, 触媒活性が徐々に低下するので触媒の一部を取り出し, 新しい触媒と取り換える必要がある. Monsanto-Lummus 社で開発されたプロセスではエチルベンゼン 1 kg 当りの $AlCl_3$ 消費量は 0.25 kg である. ポリアルキルベンゼンの生成を抑制するためにはベンゼン転化率を抑え, ベンゼン/エチレン比を大きくしなければならない. 生成したポリエチルベンゼンは脱アルキル化やトランスアルキル化*により一部エチルベンゼンに転化される. フリーデル-クラフツ触媒を用いる反応では, 触媒の腐食性, 生成物に含まれる酸性成分の中和・水洗工程で発生する排水の処理, リサイクルするベンゼンの乾燥などの問題点がある.

気相エチル化反応には, H_3PO_4/SiO_2, SiO_2-Al_2O_3, BF_3/Al_2O_3, ゼオライト*などの固体酸触媒*が用いられる. 工業的には ZSM-5 型ゼオライト*を用いるモービル-バッジャー (Mobil-Badger) 法が主流である. このプロセスの反応条件は 435～450℃, エチレン/ベンゼン≒0.2 (モル比), 1.4～2.8 MPa である. 転化率 85% で, エチルベンゼンの選択率はベンゼン基準で 98%, エチレン基準で 99% に達する. ZSM-5 型ゼオライトの細孔*はベンゼン環よりもほんのわずか大きいだけである. そのため, 形状選択性*により p-ジエチルベンゼンよりかさ高い他のポリアルキルベンゼンの生成が抑制される. しかし, この触媒は 2～4 週間ごとに再生する必要があり, プラントの反応器部分は二系列化されている. SiO_2/Al_2O_3 比の大きい ZSM-5 型ゼオライトは疎水性であるためにアルキル化剤として含水エタノールも使用できる. 最近では, ZSM-5 と同程度の細孔とそれより大きい細孔の両方を有する MCM-22 ゼオライトが触媒として用いられ, さらに良好な反応成績が得られている. ゼオライト系触媒を用いた液相エチル化も ABB Lummus Crest/UOP 社により開発されている. 液相エチル化は気相エチル化に比べて副生成物が少ないという特徴を有する. 〔松田　剛〕

→アルキル化

エチルベンゼンの脱水素　dehydrogenation of ethylbenzene

エチルベンゼン (EB) の側鎖エチル基から脱水素し, スチレンを得る反応をいう.

$$C_6H_5C_2H_5 \longrightarrow C_6H_5CH=CH_2 + H_2 + 30 \text{ kcal mol}^{-1}$$

この反応は吸熱・分子増加反応であるため平衡論上，高温，低 EB 分圧が望ましい．スチレンの工業的製造は，大部分，EB 脱水素反応により行われる．工業的には 550～650℃，多量のスチームの存在下，常圧もしくは減圧で，酸化鉄-カリウム系触媒を用いて行われる．この触媒は析出した炭素質をスチームとの反応により除去する作用をもつ自己再生型触媒であることが知られている．スチームは，炭素質除去のほかにも熱供給源となり，EB 分圧を下げて平衡転化率を上げ，触媒中の酸化鉄の還元を防止するなどの役割をもつ．酸化鉄-カリウム系触媒の反応活性種は $KFeO_2$ であるといわれ，触媒表面の塩基点での H^+ の引抜きにより反応すると考えられている．

EB の脱水素によりスチレンが生成することは 1867 年に見いだされていたが，工業化されたのは 1930 年頃のことであった．1940 年代には酸化鉄-カリウム系触媒を用いる現在のエチルベンゼン脱水素プロセスの基礎が確立され，1950 年頃には酸化鉄のシンタリング抑制のため Cr を含有する Fe-K-Cr 触媒が主に用いられた．1970 年代には Fe-K-Ce-Mo 系触媒が高選択性を示すことが見いだされ，現在では広く用いられている．

酸素存在下で EB 脱水素を行いスチレンと水を生成する EB の酸化脱水素は，発熱反応であるため反応温度を低くできるという利点があるが，工業化には至っていない．

〔坂田五常〕

エチレンオキシドの合成　synthesis of ethylene oxide

エチレンオキシド（オキシラン）はエチレンの二重結合に酸素原子が付加してエポキシ環を形成した化合物であり，Ag 触媒を用いた気相接触酸化*法で合成されている．

$$H_2C=CH_2 + \tfrac{1}{2}O_2 \longrightarrow H_2C\underset{O}{-}CH_2 \qquad (1)$$

エチレンオキシドは，1859 年にエチレングリコールの合成過程で発見され，グリセリンの代替品として使用されていた．二十世紀初頭には，エチレンに次亜塩素酸を付加させて得たエチレンクロロヒドリンを水酸化カルシウムで脱塩化水素する方法（エチレンクロロヒドリン法：液相法）で製造されていた．1931 年に Lefort が Ag を用いたエチレンの直接酸化でエチレンオキシドを得ることに初めて成功し，1937 年 Ag 触媒を用いたエチレンの空気酸化法で Union Carbide 社が工業生産を開始した．1958 年には，Shell 社によって純酸素を用いた酸素酸化法による工業プロセスが開発され，実施された．

空気酸化法では，エチレン濃度を 2～7 vol％に抑え，直列 2 段の反応器で反応させており，エチレン損失が大きく，大容量の不活性ガスの循環とパージ設備が必要である．酸素酸化法は単一反応器で構成され，エチレン/酸素の濃度比 20/7 または 30/8 の原料ガスを用いて単流転換率を低く抑え，循環数を大きくしてエチレンを 100％反応

させている。反応選択性を改善する目的でジクロロエチレンなどの有機塩化物1～5 ppmを反応ガスに添加している。蓄積する二酸化炭素は熱炭酸カリウム水溶液で吸収，除去される。この方法は，廃ガス量が少なく，生産性は空気酸化法の約2倍に達する。現在ではすべての工場でこの酸素酸化法を採用しており，反応温度443～543 K，圧力7～30 kg cm^{-2}，空間速度3300～8000 h^{-1}の反応条件で，選択率81～86％が得られている。

世界のエチレンオキシドの生産能力は，1976年には約450万t，1996年には1000万tを超えている。工業プロセスとしては，シェル(Shell)法，UCC法，SD法，日本触媒法，BASF法などが知られており，いずれも使用しているAg触媒に最大の特徴がある。なお，日本ではエチレンオキシドの約80％が，USAおよびEUでも50～60％はエチレングリコールの製造に向けられている。このため，エチレングリコールの製造プロセスを併設して稼働させている。

式(1)の反応は，まずAg上に酸素分子が吸着して活性酸素種*であるスーパーオキソラジカル($O_2^-{}_{ads}$)が生成し，その末端酸素原子が求電子的にエチレンの二重結合を攻撃して酸素挿入(エポキシ化*)が起こる。Ag上に残された吸着酸素原子上に再びエチレンが吸着して燃焼中間体が形成され，二酸化炭素と水が生成する。さらに，生成したエチレンオキシド分子の一部が触媒上に吸着し，開環異性化を起こし，吸着酸素の攻撃を受けると二酸化炭素と水になる(逐次反応*または二次的酸化反応)。

すなわち，エチレンの気相酸化反応は，

$$6C_2H_4 + 6O_2^-{}_{ads} \longrightarrow 6C_2H_4O + 6O^-{}_{ads} \quad (2)$$
$$C_2H_4 + 6O^-{}_{ads} \longrightarrow 2CO_2 + 2H_2O \quad (3)$$
$$C_2H_4O + \tfrac{5}{2}O \longrightarrow 2CO_2 + 2H_2O \quad (4)$$

の並発反応*と逐次反応からなる複合反応である。式(2)，(3)，(4)の反応律速過程は，それぞれ，$O_2^-{}_{ads}$の末端酸素原子とエチレンとの結合ステップ，燃焼中間体である$C_2H_4O_{1\sim2}$のC-H結合切断ステップ，再吸着したエチレンオキシドの-OĊHCH$_3$への異性化ステップである。エチレンオキシドの理論選択率は式(2)と(3)の和から，

6/7(85.7%)となるが,式(4)の反応が起こるため,通常はこの選択率よりも低い.しかし,O^-_{ads}の反応性を抑制するか,O^-_{ads}からもエチレンオキシドが生成するような環境をつくることができれば,反応選択率はさらに上昇すると考えられている.

式(1)の反応に活性な金属は未だに Ag のみである.Ag は Au とともに,金属酸化物の生成エンタルピー($-\Delta H_f^0$)と酸化活性の間に成立する火山型活性序列*の左側のスロープ上に位置する金属である.酸素吸着においては,これらの金属は非解離型吸着(分子状吸着)を伴う.Ag 上に O_2^- が存在することは,IR, ESR*, XPS*, UPS, HREELS, 高感度 SERS などによる測定,および理論化学計算から明らかにされている.

エチレンオキシドの直接の用途は殺菌剤,害虫駆除剤,発酵抑制剤などに限られている.エポキシ(オキシラン)環が高い化学反応性をもつことから,エチレンオキシドは有機化学工業界における数多くの反応中間体の製造に用いられている最も重要な物質の一つである.その一次誘導物質には,エチレングリコール,グリコールエーテル類,アルコールアミン類などがある.これらは反応性に富む官能基をもつので,グリオキサール,ジオキサン,ポリエチレングリコール,ポリエチレンテレフタラート(PET),ポリウレタン,非イオン性界面活性剤などの合成に用いられる.したがって,エチレンオキシドは,繊維,樹脂,可塑剤,染料,洗剤,化粧品などの有機化学工業界をはじめ,不凍液,潤滑油として利用する自動車および機械工業界などにも波及効果の大きい基礎化学物質である. 〔菖蒲明己〕

→銀触媒,アルケンの酸化,酸素分子の活性化

エチレンのアセトキシル化　acetoxylation of ethylene

エチレンの酸化的アセトキシル化はワッカー反応の類似反応として,1960年Moiseev らによって発見された.可溶性パラジウム塩の存在下,酢酸ナトリウムを添加した酢酸溶液にエチレンを吹き込むと酢酸ビニルが生成し,Pd は金属となって沈殿する.

$$CH_2=CH_2+PdCl_2+2CH_3COONa$$
$$\longrightarrow CH_2=CH-OCOCH_3+2NaCl+Pd+AcOH \qquad (1)$$

析出した Pd 金属を酸素と $CuCl_2$ で酸化して Pd 塩に戻す技術が進み,ICI 社をはじめとする数社で液相酸化プロセスとして工業化されたが,反応器が Cl^- や OAc^- を含む強い酸性液にさらされ,腐食によるトラブルが絶えず,操業数年にして製造は中止となった.

液相に引き続き,気相プロセスが検討され,多くの特許が出願された.Bayer 社を中心に,Pd-KOAc/Al_2O_3 系の触媒が提案され,気相法でも十分可能性のあることが示されたが,これを最初に工業化したのはクラレの技術である.現在はすべての酢酸ビニルはエチレンの気相アセトキシル化で製造されている.

気相法の酢酸ビニル合成は次式で表される.

$$CH_2=CH_2+CH_3COOH+\tfrac{1}{2}O_2 \xrightarrow{Pd\text{-}KOAc/担体} CH_2=CHOCOCH_3+H_2O \tag{2}$$

多管式反応管中に充填された触媒層に圧力 5〜10 kg cm^{-2}，反応温度 150〜200°C で，6〜7％の酸素を含むエチレン，酢酸の混合ガスを送って反応させる．反応は被酸化物過剰の下に行われ，エチレンの単流反応率 10％，酢酸 20％，酸素 60〜70％で，酢酸ビニルへの選択率は 90％近く，未反応エチレンと酢酸は生成物と分離後リサイクルされる．触媒はアルミナまたはシリカ-アルミナに担持した金属 Pd に酢酸カリウムを加えたもので，Pd に他の貴金属が添加されることもある．担体の細孔径が適当な大きさでかつそろっていることが重要で，900°C で焼成したネオビード C が最適という安井らの報告がある．反応機構は液相反応と若干異なり，ともに解離吸着したエチレンと酢酸どうしの反応で酢酸ビニルが生成する機構が中村らによって提案されている．

$$C_2H_4+2Pd \underset{k'_1}{\overset{k_1,\ K_1}{\rightleftarrows}} CH_2=CH-Pd+2Pd \tag{3}$$

$$O_2+2Pd \underset{k'_2}{\overset{k_2,\ K_2}{\rightleftarrows}} 2Pd-O \tag{4}$$

$$CH_3COOH+Pd \underset{k'_3}{\overset{k_3,\ K_3}{\rightleftarrows}} Pd-CH_3COOH(a) \tag{5}$$

$$Pd-CH_3COOH(a)+Pd-O \underset{k'_4}{\overset{k_4,\ K_4}{\rightleftarrows}} Pd-OCOCH_3+PdOH \tag{6}$$

$$Pd-OCOCH_3+CH_2=CHPd \underset{k'_5}{\overset{k_5,\ K_5}{\rightleftarrows}} Pd-CH_2=CHOCOCH_3(a) \tag{7}$$

$$Pd-CH_2=CHOCOCH_3(a) \underset{k'_6}{\overset{k_6,\ K_6}{\rightleftarrows}} CH_2=CHOCOCH_3+Pd \tag{8}$$

$$Pd-OH+Pd-H \underset{k'_7}{\overset{k_7,\ K_7}{\rightleftarrows}} Pd-H_2O(a)+Pd \tag{9}$$

式(7)を律速とし，速度式は，式(10)で表され，実測値とよく一致する．

$$R=\frac{k_5 K_1 \sqrt{K_2} K_3 K_4 \cdot P_{C_2H_4} \cdot \sqrt{P_{O_2}} \cdot P_{CH_3COOH}}{[1+K_1 P_{C_2H_4}+\sqrt{K_2 P_{O_2}}+K_3 P_{CH_3COOH}]^2} \tag{10}$$

〔諸岡良彦〕

エチレンの酸化　oxidation of ethylene　→エチレンオキシドの合成，ワッカー法

エチレンの重合　ethylene polymerization ―――

　汎用ポリマーであるポリエチレンには，種々の製造法がある．
　ポリエチレンの工業生産につながる最初のエチレンの重合*法は，1933年，ICI 社（イギリス）において，エチレンとベンズアルデヒドとの高圧反応の実験中偶然に見いだされた．高圧法とよばれるこの方法は，酸素，有機過酸化物などのラジカル開始剤を用

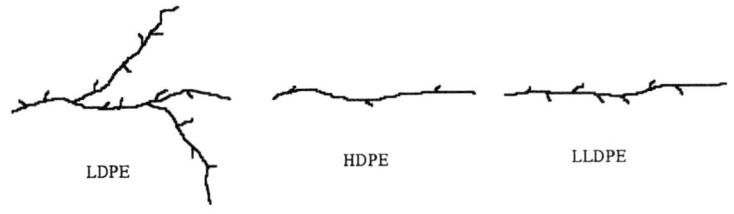

各種ポリエチレンの構造

いて，1000 atm 以上の超高圧エチレン下，塊状または溶液重合で行われる．生成ポリマーにはエチル，ブチルなどの短鎖分岐に加え，ポリマーへの連鎖移動によって生じる主鎖と同程度の長さの長鎖分岐が存在する．密度は0.91から0.93 g cm^{-3}程度であり，低密度ポリエチレン(low density polyethylene；LDPE)とよばれる(図参照)．典型的な市販品の結晶化度は45～55％，融点は105～120°Cである．ラジカル重合であるため，酢酸ビニルなどのラジカル重合性の極性ビニルモノマーを共重合により導入することができる．

1950年代には，遷移金属触媒を用いることにより，より温和な条件下でポリエチレンを製造することが可能になった．酸化クロムをシリカ-アルミナに担持したフィリップス(phillips)触媒や酸化モリブデンをアルミナに担持したスタンダード(standard)触媒などの固体酸化物触媒を用いるエチレンの製造は，触媒を懸濁した溶媒中，30～70 atm下，130～250°Cで行われるため中圧法とよばれる．低圧法はチーグラー触媒を用いた製造法で，圧力数 atm～数十 atm，60～80°Cで行われる．中圧法や低圧法で得られるポリエチレンは，分枝のない直鎖構造を有しており，高密度ポリエチレン(high density polyethylene；HDPE)とよばれる．密度は0.96～0.97 g cm^{-3}，結晶化度は70～90％，融点は約135°Cである．遷移金属触媒は水，酸素，含酸素・含窒素・含硫黄化合物により容易に失活するため，これらの方法では，モノマーや溶媒を厳密に精製する必要がある．

中圧法や低圧法においても，少量のα-アルケンを共重合させ側鎖を導入することにより，0.91～0.94 g cm^{-3}程度の低密度ポリエチレンを合成することができる．これは高圧法によるLDPEと区別して直鎖状低密度ポリエチレン(linear low density polyethylene；LLDPE)とよばれる．α-アルケンとしては，1-ブテン，1-ヘキセン，1-オクテン，4-メチル-1-ペンテンなどが用いられる．触媒の進歩とプロセスの改良により，LDPEに匹敵するポリマーを温和な条件下で効率的に製造することが可能となり，エチレン系ポリマーの製造は一部を除いて，低圧法に転換されつつある．

重合触媒と製造プロセスの変遷： TiCl$_4$とAlEt$_3$からなる初期のチーグラー触媒はたかだか2～3 kg-PE/g-Ti程度の活性しか示さず，生成ポリマー中には多量の触媒成分が残存するため，触媒を除去する工程を必要とした．1963年Solvay社は表面水酸基を利用して，TiCl$_4$をMg(OH)Clに固定化担持することによって活性を約1桁向上させることに成功した．次いで，1968～1969年にかけて，Montecatini社と三井

石油化学工業はそれぞれ独立に,さらに高活性な $MgCl_2$ 担持 $TiCl_4$ 触媒(100～800 kg-PE/g-Ti)を開発した。担体の $MgCl_2$ は,単にチタン種を高分散担持し活性点数を増加させるだけでなく,電子的効果により生長反応速度をも増大させることが明らかにされている。担体の調製法を工夫することにより,触媒効率は 5000 kg-PE/g-Ti 程度まで向上する。$MgCl_2$ 担持型高活性触媒では,触媒除去に関連する一連のプロセスが不要となり製造プロセスは大幅に簡略化された。また,触媒の粒径および形状を制御することにより,溶媒を用いずにエチレンガス雰囲気下で重合を行う気相法プロセスをも可能にした。

フィリップス触媒もチーグラー触媒と同様に改良を加えられてきた。Union Carbide 社は,1967 年,有機配位子を有する $[(C_6H_5)_3SiO]_2CrO_2$ をシリカ-アルミナに担持することにより,重合活性を 600 kg-PE/g-Cr まで向上させることに成功した。シリカをアルキルアルミニウム処理したり,チタニアを表面に共存させることにより,触媒効率は 1000 kg-PE/g-Cr 程度まで向上する。この高活性触媒は流動層反応器によるエチレンの気相重合に適用されている。

以上のように,担持触媒の進歩により経済的な PE の製造プロセスが実現した。しかし,固体触媒で得られる LLDPE は活性点の不均一性を反映して,分子量分布・組成分布ともに広い。一般に,分子量が低く α-アルケンの含有率が高い成分と分子量が高く α-アルケンの含有率が低い成分が混在するため,共重合組成を変えさまざまな密度の LLDPE を製造しようとする際に問題を生じる。1980 年に Sinn, Kaminsky らにより見いだされた均一系のチーグラー-ナッタ触媒*であるメタロセン触媒*は,この欠点を克服しうる新たな触媒として期待されている。すなわち,4 族,特に Zr のビスシクロペンタジエニル化合物は,水とトリメチルアルミニウムとの縮合生成物であるメチルアルミノキサンと組み合わせることにより,超高活性で分子量分布の狭い HDPE を与える。例えば,ジルコノセンジクロリドを用い 95℃,エチレン圧 8 atm で重合を行うと,1 時間,1 mol-Zr 当り約 40 t の PE が生成する。この触媒系は,α-アルケンの重合にも活性を示し,エチレンとの共重合により組成分布,分子量分布ともに狭い均質な LLDPE を与える。しかし,分子量分布が極端に狭いことから溶融粘度が高く,加工性は悪い。Dow 社は,幾何拘束触媒といわれる特殊な構造を有する Ti のカチオン錯体触媒(1)を用いた高温溶液重合により,LDPE と同様に長鎖分枝を有し均質で加工性にすぐれた LLDPE を製造しうることを示した。触媒の立体障害が小

(1)　　　　　　　　(2)

さく共重合能が高いため，β水素脱離で生成した末端ビニル化ポリマーが重合に関与することにより長鎖分枝が生成するものと考えられている。同様の長鎖分枝は，フィリップス触媒においても生成するといわれている。また，Brookhart らは，かさ高いジイミン配位子を有するパラジウムのカチオン錯体(2)が，アクリル酸メチル(MA)やメチルビニルケトンなどの共役系極性ビニルモノマーとエチレンとのランダム共重合を進行させることを見いだした。現在，高圧法で製造されているエチレンと極性ビニルモノマーとの共重合体を，温和な条件下で製造できる可能性を示しており注目される。これらの均一系錯体触媒は，通常の固体触媒とは異なり本質的に単一の重合活性種のみからなることからシングルサイト触媒*とよばれている。　〔塩野　毅〕

→カミンスキー触媒，重合，配位重合，β脱離

エチレンの水素化　hydrogenation of ethylene

1897 年 Sabatier と Senders により見いだされた反応で，接触水素化の基本反応として古くから研究されている。この反応は，金属，金属酸化物などのような不均一系触媒のほか，$RhCl(PPh_3)_3$（ウィルキンソン錯体*）などのような金属錯体存在下において迅速に進行する。金属触媒上において，反応は，吸着水素原子と二重結合を開いた吸着エチレンの関与する下記の機構（堀内-ポラニ機構）で進行する。

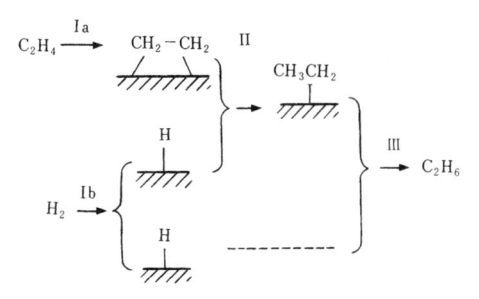

Ni 触媒などでは，反応速度は温度に対して山形の変化を示し，低温では水素の解離吸着のステップ Ib が，一方，高温では，吸着エチルの水素化のステップ III が律速的となっている。エチレンの吸着は，水素の解離吸着より容易に進行するので，水素の解離の有無が，この反応を進行させる鍵となっている。したがって，水素解離能のない金属ではこの反応は進行しない。水素化活性と水素の吸着熱との間に良い相関性が成立している。活性序列は，Rh＞Ru＞Pd＞Pt＞Ni＞Ir＞Co＞Fe＞Cu＞W＞Cr＞Ta の順となっており，吸着熱の低い金属ほど活性が高い。一方，金属酸化物では，三酸化二クロム(Cr_2O_3)，四酸化三コバルト(Co_3O_4)，酸化亜鉛，酸化カドミウムなどが高い活性を示す。この場合も水素の活性化が極めて重要である。この触媒では，II および III のステップは不可逆的となっている。金属酸化物では，活性サイトが孤立しており，活性サイトの構造に錯体モデルを適用して，配位不飽和の立場から，これらの触媒における反応サイクルが，矛盾なく説明されている。この反応に有効な均一系

触媒として，ウィルキンソン錯体がよく知られている．この触媒における反応は，上記の機構と類似の機構で進行し，ステップIIが律速的となっている．錯体触媒を用いた反応では，反応の進行に伴う触媒構造の変化が，分子レベルで明らかにされており，金属酸化物における活性点構造を理解するうえでも大きな役割を果たしている．

〔竹澤暢恒〕

→アルケンの水素化

エチレンの水素化精製　purification of ethylene by hydrogenation　→アルキンの水素化

エチレンの水和　hydration of ethylene ―――――

エチレンの水和によるエタノールの合成は，古くは硫酸を試薬として用いる，いわゆる間接水和法で行われてきた．まずエチレンと反応させ硫酸エステルとしこれを加水分解する二段法である．しかし，エチレンでは硫酸への溶解度が低いことなどから，この方法は不利であり，最近は固体酸触媒*による直接水和法が用いられている．

$$C_2H_4(g) + H_2O(g) \rightleftharpoons C_2H_5OH(g) + 10.5\,kcal$$

反応は発熱反応であるが，エントロピー減少が大きいために，平衡は原系にかたよっている．平衡的には低級アルケンのなかでは最も有利であるが，反応性は最も低い．気相反応での圧平衡定数は $\log K_p = 2100/T - 6.195$ で表される．液相にすると，生成したエタノールが水に溶ける状態で反応が進行するから平衡的には有利になる．

用いられる固体触媒の代表的なものは SiO_2 に H_3PO_4 を担持した固定化リン酸である．水蒸気下では，Pは担持細孔内に液膜として存在しており，また反応中に揮発するので常時補給する必要がある．代表的な反応条件は，290℃，70気圧，エチレン/H_2O=1.7で，この条件で転化率は4.7％，選択率は97％となっている．このほか，シリカ-タングステン酸触媒では，300℃，260気圧，エチレン/H_2O=1:17で選択率99％が得られている．

一般に反応は，酸によるカルベニウムイオン*生成を経て進行する．固体酸の酸強度が高いとエチレンの重合が起こり，選択性が低くなる．この反応に有効な固体酸の酸強度は $-8.2 \leq H_0 \leq -3.0$ の領域とされている．

〔奥原敏夫〕

エッグシェル　egg shell ―――――

担持触媒の担体粒子・成形体内における活性成分の分布状態の一つで，活性成分が担体粒子あるいは成形体の外表面にのみ存在する状態をいう．外層担持ともいう．これに対して，活性成分が担体の内層あるいは中心部に選択的に担持された状態をエッグホワイト*あるいはエッグヨーク*という．一般に，反応速度が大きく細孔内拡散が律速であるような触媒反応では，活性成分を外表面付近に選択的に担持することにより，活性成分が有効に利用されるため，担持量を減らすことができる．含浸法により触媒を調製する際に，溶質と担体との結合が強い場合には溶質が担体の表面付近にのみ吸着して内部にまで侵入しないためエッグシェル型の触媒が得られる．

〔安田弘之〕

XRD　X-ray diffraction　→ X線回折法

XAFS　X-ray absorption fine structure　→ X線吸収微細構造

XANES　X-ray absorption near edge structure　→ X線吸収端近傍構造

X型ゼオライト　X type zeolite

　FAU 構造をもつゼオライト*のうち，Si/Al 原子比が1〜1.5のものをX型，Si/Al>1.5のものをY型ゼオライト*という．A型ゼオライト*と並んで，最も古くから工業的に生産されてきたゼオライトである．通常 Na 型で合成され，Na の一部をプロトンでイオン交換したものは固体酸性を示す．1960 年代から接触分解*(FCC)に用いられてきたが，現在では利用されていない．水素化分解*には貴金属あるいは遷移金属を担持したXおよびY型が用いられている．

　結晶構造に由来する直径 0.74 nm(酸素 12 員環)の 3 次元の細孔*を有する．NaX 型ゼオライトはモレキュラーシーブ 13 X とよばれ，吸着剤*として窒素・酸素の分離，キシレン異性体混合物からのp-キシレンの分離に用いられる．また燃焼排気中の CO_2 の回収などに CaX 型とともに利用されている．CsX 型ゼオライトは塩基性をもつゼオライトで，固体塩基触媒*として芳香族化合物の側鎖アルキル化*などに有効な触媒として知られる．　　　　　　　　　　　　　　　〔片田直伸・丹羽　幹〕

X線回折法　X-ray diffraction

　X線回折法には単結晶を対象とする場合と，多結晶を対象とする場合があるが，実用触媒は粉末であり，その結晶成分は多結晶体であるから，触媒への応用は後者に属し，粉末X線回折法とよばれる．現在の粉末X線回折法は自記記録式X線回折計によるのが一般的であり，X線源としては金属 Cu, Mo ときには Ag(対陰極)に高電圧で加速された電子流を当て，発生する固有X線を用いる．最も普通の対陰極は Cu で，その Kα 線を利用するが，Cu-Kα 線は波長が接近した(1.5443 と 1.54051Å) 2 本の線からなり，通常のX線回折ではこの混合X線を用いている．X線回折計はX線発生源と，平板上に成形された試料をその中心に置く台およびその周りの円周上を角度走査する検出器(通常比例計数管)を備えたゴニオメーター，検出器の出力を電圧に変換する計数記録装置からなる．記録される粉末回折図形は回折角の 2 倍の角度における計数値を記録したものである．回折図形のピーク先端での回折角を読み取り，ブラッグ(Bragg)の回折条件

$$2d\sin\theta = n\lambda$$

から格子面間隔 d を求める．また，最高強度のピークに対する各ピークの相対強度を測定する．

対象が単一化合物で，精密なデータが得られたときは，粉末X線回折図形からでもリートベルト(Rietveld)法によって，単結晶解析と同様な結果を得ることができるが，触媒の場合は多相系であるのが普通であり，まずこの解析法は適用できない．そこで構造の同定は既知物質のデータとの比較により行う．そのためのデータベースが Joint Committee on Powder Diffraction Standards (JCPDS)-International Center for Diffraction Data によって作成されている．

触媒の研究では活性種の粒径を知りたい場合が多い．電子顕微鏡の解析による方法が直接的ではあるが，X線回折ピークの線幅からシェラー(Scherrer)の式

$$L = K\lambda/\beta \cos\theta$$

からも推定できる．ここで，L は粒子径，K は形状因子で通常 0.9 である．また β は 2θ 単位での(すなわち記録された図形上での)真のピーク半価幅である．β が真のピーク幅であることが重要である．記録されるピーク幅には $K\alpha$ 線が二重線であることからくる広がりと，装置上の広がりの成分を含んでいるので，これの補正が必要である．この補正法について H. P. Klug and L. E. Alexander, "X-ray diffraction procedures", 2nd Ed. Chap. 7, John Wiley (1974) に詳しい解説がなされている．

〔吉田郷弘〕

X線吸収広域微細構造　extended X-ray absoroption fine structure; EXAFS

X線吸収スペクトル(XAS)は，一般の吸収スペクトルと同じようにX線の試料透過率を測定することにより得られる．異なる点は吸光度に相当する吸収 μt が透過率の逆数の自然対数であることである．すなわち，$\mu t = \ln(I_0/I)$ の関係がある．ここで，μ は吸収係数，t は試料厚みである．μt はX線エネルギーに対し単調に減少するが，試料中に含まれる原子の内殻電子の結合エネルギーに相当する点で不連続に飛躍し，再び単調減少する．この飛躍するエネルギー点を吸収端とよぶ．飛躍の高さは，原子濃度に比例し，吸収端エネルギーは原子により異なるために，XPS*や XRF(X線蛍光分析)と同様に，これを用いれば試料中の原子の種類と濃度を決定することができる．20世紀半ばに，この吸収端より高エネルギー側 1000～2000 eV までの単調減少部分に，吸収端飛躍の数%以下の大きさの振動微細構造があることが見いだされた．この微細構造が EXAFS とよばれるものであるが，これを発見し解析に取り組んだ研究者 Krönig にちなんでクレーニヒ構造とよばれることもある．EXAFS はX線照射により吸収原子から飛び出した光電子が，周辺の原子に散乱されて再び原子核の位置に戻ってきて引き起こす干渉現象であると理解されている．したがって，原理的にはエネルギー準位 $-E_0$ の内殻電子の始状態からエネルギー $(\hbar k)^2/2m$ をもった光電子の自由電子散乱波と1回散乱から無限回の多重散乱を繰り返した散乱波までの総和という終状態への双極子遷移である．ここで，m を電子質量，$\hbar k$ を光電子運動量，E を入射X線エネルギーとすれば，$\hbar k = [2m(E-E_0)]^{1/2}$ である．現実には，吸収端から約 30 eV より高エネルギー領域においては多重散乱による寄与は小さくなるので1回の後方散乱を考えるだけで十分である．EXAFS 関数 $\chi(k)$ は1回散乱と周辺原子の運動が調

和振動であるという仮定により，以下の式で表される．

$$\chi(k) = \sum_j \frac{N_j}{kr_j^2} S_j(k) \exp(-2r_j/\lambda_j(k)) \exp(-2\sigma_j^2 k^2) f_j(k;\pi) \sin(2kr_j + \delta_j(k))$$

ここで，j は j 番目の隣接原子団(殻)を表す．N_j は原子間距離 r_j に存在する原子の個数，$S_j(k)$ は始状態と終状態で励起される電子以外の軌道が再配列されるために生じる減衰因子，$\lambda_j(k)$ は物質内での電子の平均自由行程で XPS*の脱出深度に相当する量，σ_j は隣接原子の熱振動あるいは乱雑な配置により生じる原子間距離 r_j からの偏差でデバイ-ワラー(Debye-Waller)因子とよばれる．また，$f_j(k;\pi)$ は後方散乱因子，$\delta_j(k)$ は位相シフトである．このうち，$\delta_j(k)$ は，運動量 k に対してはほぼ線形($-ak+b$)であり，その係数 a は 0.2 nm 以下である．したがって，EXAFS をフーリエ変換してやれば，ピークが $r_j-a/2$ にみられる 1 次元の動径分布関数に対応するものが得られる．実際には，上の公式からわかるように k の大きなところでの振幅減衰が大きいため，k^n の重率($n=1〜3$)をかけてフーリエ変換される．実験で得られた EXAFS 関数あるいはそのフーリエ変換に対し，上の式でシミュレーションすることにより，未知物質の周辺原子の種類，配位数，原子間距離，デバイ-ワラー因子などが決定できる．

EXAFS スペクトルの特徴としては，物質の状態(結晶，非晶質，液体，ガス)に制限がなく測定ができることであり，たいていはガス雰囲気下においても測定が可能である．この特徴を利用して，アルミナ上のロジウム原子は不活性ガス雰囲気下で金属微粒子として存在しているが，一酸化炭素を導入すると単核 $Rh(CO)_2$ として分散するということが見いだされている．また，低濃度試料に対しては蛍光法，電子収量法という手法においても測定が可能である．その場合は，吸収係数に相当するものは $\mu t \sim I/I_0$ となる． 〔田中庸裕〕

→ X 線吸収端近傍構造

X線吸収端近傍構造 X-ray absorption near edge structure ; XANES

X 線吸収スペクトル(XAS)のうち，吸収端より高エネルギー側は EXAFS*とよばれる振動微細構造が見られるが，吸収端前 10 eV から吸収端後 50 eV 程度までに単純な振動構造とは異なった微細構造が観測される．この構造を X 線吸収端近傍構造(XANES)とよぶ．あるいは，本構造の研究者 Kossel にちなみコッセル構造とよばれることもある．EXAFS 振動の振幅は当該吸収係数の数%以下の大きさであり，その振動のさらに小さな変化を観測するため，高い S/N 比が要求され，放射光のような高輝度光源が必要である．これに対し，XANES の吸収ピークやその変化は比較的大きなものもあり光源自体の強度の大きさは特に必要ではなく，そのため歴史的には研究は EXAFS よりも進んでいた．1960 年には，「XANES は原子価あるいは第一，第二近接配位圏情報といった化学的情報に対し敏感である」という考えに基づいてすでに XANES の触媒への応用に関する総説が出版されている．XANES スペクトルにおいて，吸収端前のピークは内殻電子が励起され空の束縛状態に遷移したもの，吸収

端後の微細構造は空の束縛状態への遷移と光電子多重散乱(MS)との重なりであると理解されている．MS は EXAFS の多重散乱現象であり，大小の差はあっても必ずかかわってくる現象である．したがって，XANES を NEXAFS(近傍 EXAFS)とよぶこともある．以上のことは，XANES のピークは吸収原子の関係する空軌道を反映するということであり，XANES スペクトルが吸収原子周辺の空間配置や電子状態に強くかかわっていることを示している．まず，全般的にいえることは，吸収端のエネルギー位置が XPS*の化学シフトに対応することである．電子遷移直後の状態緩和による系のエネルギー変化が吸収エネルギーにかかわらないので XPS に比べ原子価をよく反映することがある．例えば，Mn，Fe，Cu などの価数を比較的容易に決定することができる．吸収端のエネルギー位置としては，エネルギーに対する微分スペクトルの吸収飛躍の中間あたりに見られる極大点がよく用いられる．これは，自由原子のX線吸収がエネルギーに対してアークタンジェント関数(逆正接関数)的に変化することに関連があるが，現実には，吸収端飛躍にピークが重なることもあり，微分で求められた位置が必ずしも吸収端の位置である保証はなく注意を要する．1s あるいは 2s 電子励起であるK殻および L_I 殻 XANES においては，吸収端前に特徴的なピークをもつ．このピークは典型元素においては束縛p準位への遷移に起因するもので，配位数によってピーク位置が変化することがある．遷移金属元素においては，空のd軌道からなる分子軌道への遷移で，吸収原子周辺の配位子の対称性により束縛p軌道が混入して大きな吸収ピークとなる．したがって，正四面体ユニットの中心にある原子のピークは非常に強く，正八面体ユニットの場合は極めて弱いものとなり，かつ，配位子場分裂が観測される．こうした吸収ピークの特徴から，4，5，6族遷移金属は金属酸化物担体上に高分散担持されると，四面体型のオキソアニオンとして存在することが見いだされた．2p 電子励起である L_{II} 殻，L_{III} 殻の場合は許容遷移であるd軌道への遷移(線幅が狭く強度が大きく white line とよばれる)が特徴的であり，貴金属では吸収ピークの大きさから原子価が見積もられ，第二遷移金属では配位子場分裂を明確に読み取ることができる．混合原子価状態となる希土類元素では，ピーク強度比から原子価の混合比を見積もることができる．　　　　　　　　　　　　　〔田中庸裕〕

→X線吸収広域微細構造

X線吸収微細構造　　X-ray absorption fine structure；XAFS

ザフスともいう．X線吸収端近傍構造*(XANES)とX線吸収広域微細構造*(EXAFS)の総称．X線吸収スペクトルで，吸収端より短波長(高エネルギー)側約 30 eV にみられる微細構造を XANES といい，吸収端からさらに高エネルギーの領域にみられる微細構造を EXAFS という．両者をあわせて，議論するときに用いられる．

〔小野嘉夫〕

X線光電子分光法　　X-ray photoelectron spectroscopy；XPS

ESCA(electron spectroscopy for chemical analysis)ともいう．XPS は，試料に

X線を照射して表面から飛び出す光電子のエネルギー分布を測定し,表面における元素組成や構成元素の化学結合状態を調べる表面電子分光法である.他の方法に比較して,表面の損傷や二次電子放出による帯電が少ないため,金属,触媒表面から半導体,高分子材料まで広く用いられる.図のように,試料に $h\nu$ (通常, AlKα, 1486.6 eV や MgKα, 1253.6 eV を用いる)のX線が吸収されると, $h\nu$ だけエネルギーの高い状態に励起され,この励起状態が真空準位より上にあると,光電子として放出される.この光電子の運動エネルギーは, $h\nu - E_b - \phi$ で与えられる.ここで, E_b はフェルミ(Fermi)準位を基準とした束縛エネルギー, ϕ は装置の仕事関数である.内殻電子の束縛エネルギー E_b は各元素に固有であるため,試料表面の元素分析に用いられる.XPSにおける1 keV 以下の光電子エネルギーは,固体中での非弾性散乱効果が大きいため,平均自由行程は数 nm 以内となり,表面に敏感な測定となる.この光電子強度は,装置関数,光イオン化断面積,光電子の脱出深度を考慮すると,体積当りの原子数に比例するので,相対感度係数を用いて元素の相対的な濃度を求めることができる.このとき,表面垂直方向よりも,表面平行に近い角度から発生する光電子を検出すると,脱出深度が見かけ上大きくなり表面近傍の組成分析ができる.また,その元素の化学結合状態(電子吸引基や電子供与基との結合,酸化数の違い,表面とバルクサイトでの配位数の変化)に応じて,価電子状態の変化が起こる.この結果として,XPS 過程の始状態である内殻電子の結合エネルギー E_b が化学シフト(数 eV 以内)を起こす.これに対して,半導体や酸化物などの試料では,終状態でできる正孔を他の電子が速やかに打ち消すことができないために,帯電による結合エネルギーの見かけ上の変化が現れる.この場合には,表面汚染物である炭素の1sレベルや金蒸着の4f準位の結合エネルギーを内部標準として用いることが多い.エネルギー分解能(1 eV 程度)と

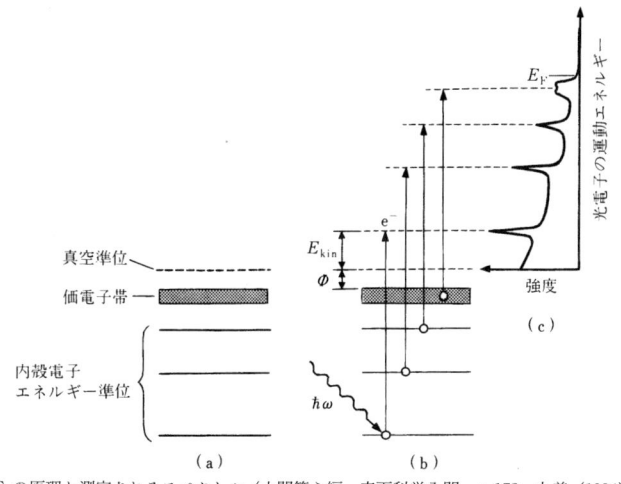

XPS の原理と測定されるスペクトル(小間篤ら編,表面科学入門, p.172, 丸善 (1994))

感度が良くないため,価電子帯のエネルギー分布の測定は,合金表面など限られた研究で行われているが,UPS*測定で行われることが多い. 〔江川千佳司〕
➡紫外光電子分光法

X線小角散乱　small angle X-ray scattering, SAXS

物質による,X線の0°～5°までの小さい散乱角で生じる前方散乱をいう.たんぱく質結晶などのように大きな面間隔の格子面が存在する時に起こる小角の回折の場合もあるが,1～100 nm 程度の領域が多数あるとき,これらが散乱体となって生じる散慢な散乱によっても現れる.後者の場合,散乱体が結晶性でなくてもよい.散乱強度の角度分布から,散乱体の大きさ,形,分布などを知ることができる.散乱強度の分布は,散乱体ゾル中のコロイド粒子,高分子物質などの研究のほか,固体触媒においては,多孔質物質の表面積,細孔分布,担持金属の粒径分布の測定に利用される.

〔小野嘉夫〕

X線マイクロアナライザー　X-ray microanalyzer

固体表面の微小部分の元素分析をする装置.直径 1 μm 以下に絞った高速電子線を試料表面にあて,そこから出てくる特性X線を分光測定する.その波長から元素の種類が,強度から元素の含有量がわかる.電子プローブX線アナライザー(electron probe microanalyzer, EPMA)ともいう.電子線で表面を走査することにより,元素の2次元分布も観測できる.Be 以上の元素について微小部分の非破壊分析ができるので,金属中の不純物,鉱石の分析,有機材料,生体組織など広い範囲の応用がある.

〔小野嘉夫〕

XPS　X-ray photoelectron spectroscopy　➡ X線光電子分光法

エッグホワイト　egg white

担持触媒の担体粒子・成形体内における活性成分の分布状態の一つで,活性成分が担体の内層に存在する状態をいう.内層担持ともいう.これに対して,活性成分が担体の外表面あるいは中心部に選択的に担持された状態をエッグシェル*あるいはエッグヨーク*という.反応物中に微量含まれる毒物質が触媒上に蓄積していくことにより活性劣化を引き起こす場合には,毒物質は触媒外表面から徐々に沈着することが多いため,活性成分を担体の内層あるいは中心部に担持しておくことにより,触媒寿命を改善することができる.自動車排ガス浄化触媒や重油脱硫触媒ではこのような工夫が施されている.また,活性成分を機械的損傷から保護するためにもエッグホワイト型あるいはエッグヨーク型が有利である.反応速度が反応物に対して負の次数をもつような触媒反応の場合,反応物濃度は担体内部ほど小さくなるため,活性成分を担体内部に担持することにより活性が増加することも知られている.このような分布状態をもつ触媒を含浸法により調製する手段として,含浸溶液中に活性成分化合物よりも吸

着力の強い有機酸などの競争吸着剤を添加することでクロマトグラフ的効果により活性成分化合物を担体内部に濃縮する方法が一般的である．この際，添加量，pH，含浸時間，担体の表面積やマクロポア，乾燥，還元過程などを制御することにより，エッグヨーク型の分布も含めて活性成分の存在位置を変化させることができる．

〔安田弘之〕

エッグヨーク　egg yolk

担持触媒の担体粒子・成形体内における活性成分の分布状態の一つで，活性成分が担体の中心部に存在する状態をいう．中心担持ともいう．これに対して，活性成分が担体の外表面あるいは内層に選択的に担持された状態をエッグシェル*あるいはエッグホワイト*という．エッグヨーク型の利点として，エッグホワイト型と同様に毒物質や機械的損傷からの活性成分の保護や自己阻害物質を含む反応における活性向上があげられる．エッグヨーク型の活性成分の分布状態は，触媒調製時に競争吸着剤を添加する方法などにより実現することができる．

〔安田弘之〕

エナンチオマー　（鏡像異性体，光学異性体，対掌体）　enantiomer

鏡に右手を映すと左手に見える．しかし，右手と左手を重ね合わせることはできない．この右手と左手のように鏡像と重ね合わせることのできない性質を掌性，キラル (chiral；ギリシャ語の cheir，"手"から)とよぶ．

鏡像と一致しない分子は，エナンチオマーあるいは鏡像異性体(enantiomer：ギリシャ語の enantio，"反対の")とよばれる立体異性体をもつ．鏡像異性体は，多くの場合四面体炭素が異なる四つの置換基と結合している場合に生じる．そうした中心性キラル化合物に加えて，軸性"キラル化合物"，面性キラル化合物にも"鏡像異性体は"生じる．

$$W \blacktriangleright \overset{X}{\underset{Z}{C}} \blacktriangleleft Y \quad \big| \quad Y \blacktriangleright \overset{X}{\underset{Z}{C}} \blacktriangleleft W$$

〔三上幸一〕

NHE　normal hydrogen electrode　→標準水素電極

n 型半導体　n-type semiconductor　→半導体

エネルギー分散型 X 線分光器　energy dispersive X-ray spectrometer；EDX

電子線マイクロアナライザー(electron probe X-ray microanalyzer：EPMA)に装備されるX線分光器の一種で，Si(Li)半導体検出器とマルチチャネル波高分析器 (multi-channel pulse height analyzer：MCA)を用いて X 線エネルギーおよび計数

率を測定するものである．EPMA の X 線分光器は EDX と波長分散型 X 線分光器 (wave dispersive X-ray spectrometer : WDX) の二つの方式があり，EDX は WDX に比べ分解能は 150 eV 程度と劣るが，分光結晶を使用しないため固有 X 線を解析することが可能で，励起された固有 X 線が検出器に直接入射し，分光結晶，ソーラースリットによるロスが少なく検出効率が高い．また，MCA との組合せにより多元素同時分析が可能であり，測定時間も短いという特徴がある．Si(Li) 半導体の Li が移動しやすく，常時液体窒素で冷却する必要があるため，測定は真空中で行う．X 線入射窓として一般的には Be 窓が用いられるが，Na 以下の元素の低エネルギー X 線は Be 窓に吸収されてしまい，それらの元素に対する検出効率は著しく低い．〔堂免一成〕

エピタキシャル成長　epitaxial growth

結晶成長において，ある結晶表面上に他の結晶が一定の結晶方位関係をもって成長する現象をいい，成長した結晶層をエピタキシー層という．このように二つの結晶が接合したものをエピタキシャル接合という．エピタキシャル成長は結晶構造と格子面間隔の類似した結晶の間に起こりやすい．結晶系の異なる物質を結晶表面上に成長させた場合，境界面の両側の原子間には結晶配位のミスフィット (misfit) が存在する．このとき，下地結晶 (基板) の結晶配位に対してミスフィットの小さい結晶配位をもつ結晶が通常成長する．エピタキシャル成長は，種々の条件に依存するが，なかでも基板温度は重要であり，ある温度以下では起こらない臨界温度が存在する．

エピタキシャル成長において，気相が関与する物理的方法として真空蒸着，スパッタリング，分子線法（分子線エピタキシー（MBE : molecular beam epitaxy））などが，また化学的方法として，気相反応を用いて析出させる化学蒸着法（CVD 法）*があり，いずれも構造の規定された薄膜触媒を作成するのに適する．　　　　　　〔井上泰宣〕

FCC　fluid catalytic cracking　→流動接触分解

エポキシ化　epoxidation

C=C 二重結合に酸素 1 原子を付加させ，アルケンを 1,2-エポキシド（オキシラン）に酸化的に変換する反応を指す．アルケンの直接的エポキシ化はエポキシ化剤として有機過酸を用い，ジクロロメタンなどの不活性有機溶媒中で行われる．過酸は C=C 二重結合を求電子的に攻撃し，立体特異的にエポキシドを与える．

$$\text{C=C} + \text{R-C(=O)-OOH} \longrightarrow \text{C-C(O)} + \text{R-C(=O)-OH}$$

間接的エポキシ化としては，アルケンに次亜ハロゲン酸 HOX(X=Cl, Br) を付加させて得られる β-ハロアルコールを分子内 S_N2 置換により環化させる手法が知られている．

近年では，プロキラルなアルケンを不斉触媒を用いて面選択的に酸化し，光学活性エポキシドを合成できるようになっている．光学活性な酒石酸ジエチルの存在下に Ti($O^{i}Pr$)$_4$ を触媒としてアリルアルコールを t-BuOOH で酸化すると，高い不斉収率でエポキシドが得られる．また不斉マンガン-サレン錯体を触媒とし，アルケンを次亜塩素酸ナトリウムなどで酸化すると，高い不斉収率で高効率にエポキシドが得られる．

〔村橋俊一〕

MAS NMR magic angle spinning nuclear magnetic resonance ──────
 固体試料の NMR では，低い分子運動性など固体特有の物理的性質から，溶液 NMR と同じ方法，すなわち，静磁場 B_0 内で試料を回転させる溶液 NMR と同程度の電磁波照射では，通常は尖鋭なピークをもつ高分解能スペクトルは得られない．固体状態でのスペクトル線幅は，隣接する ^{1}H 核からの双極子磁場と核四極子相互作用のために数十 kHz 以上にも広がる．また，固体状態では外部磁場に対する分子の配向が平均化されないので，化学シフト異方性(chemical shift anisotropy；CSA)に起因する広がりも数 kHz に及ぶ．これらの影響による線幅の広がりが"不均一"で"粉末型(powder pattern)"スペクトルである場合，スピン系に対して次の(1)と(2)の技術を用いて初めて高分解能スペクトルが得られる(図1)．
 (1) 観測核の周囲にある異核(例えば ^{1}H)がつくる不均一な局所磁場を消す目的で，特定周波数の高周波数電磁波を照射する方法(高出力デカップリング：highpower dipolar decoupling；DD)．
 (2) CSA を消去する目的で，B_0 とマジック角(54.7°)をなす軸の周りで試料を高速回転させる方法(マジック角回転：magic angle spinning；MAS)．
 CSA は，B_0 に対して異なる配向の分子に異なる共鳴線を与えるので，(1)の方法のみでは線幅は狭くならない場合が多い．CSA の大きさは，多くの電磁気的相互作用と同様に $(3\cos^2\theta-1)$ によって変化する．θ は静磁場方向と試料の回転軸のなす角度である．この因子を 0 にするには $\theta=54.7°$ とすることである．このマジック角で試料を回転させることによって，溶液で観測されるのと同じ化学シフトテンソルの等方性項 $\sigma_{zz}=(\sigma_{11}+\sigma_{22}+\sigma_{33})/3$ だけが残り，その他の項は $(3\cos^2 54.7°-1)$ との積になるため消去される．実験上で大事なことは，平均化しきれない部分が回転速度に応じて側帯波(spinning sideband；SSB)として残らないように，回転速度を CSA の幅($|\sigma_{11}-\sigma_{33}|$)より大きくすることである．
 線幅の尖鋭化すなわち分解能という点では，(1)，(2)の組合せで，双極子-双極子相互作用(H_D)，核四極相互作用および CSA を消去できるのでそれで十分であるが，$I=1/2$ の rare spin(^{13}C や ^{29}Si など)の場合は，観測角どうしが離れているためスピン-格子緩和時間 T_1 が長くなる．そこでは

（3） 低感度の観測核に対しての，周囲の高感度の ^{1}H などとの H_D を介して感度を高めて積算効率を上げる方法(交差分極法：cross polarization；CP).
が有効となる．

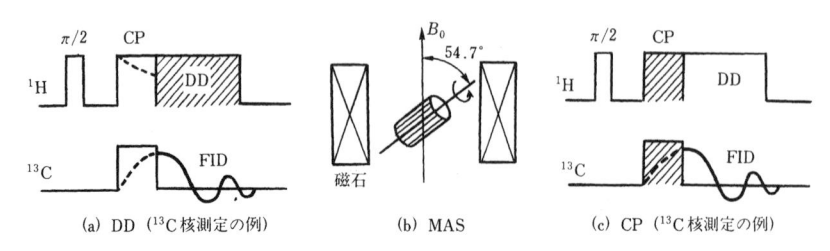

```
        π/2   CP                  B₀                π/2   CP
              ┌──┐                54.7°                   ┌──┐
    ┌┐   ┌────┤DD│           ┌─┐    ┌─┐          ┌┐       │DD│
 ¹H ┘└───┘    └──┘           │ │ ╱  │ │       ¹H ┘└───────┤  │
                             │ │╱   │ │                   └──┘
                             │ ╱    │ │
              ┌─┐            │╱     │ │              ┌────┐
        ┌─────┤FID ╲         └─┘    └─┘              │FID ╲
¹³C ────┘     └─┘   ╲─                       ¹³C ────┘    ╲─

   (a) DD (¹³C核測定の例)         磁石               (c) CP (¹³C核測定の例)
                               (b) MAS
```

図1　固体高分解能 NMR 法の要素技術

MASNMR でよく用いられるパルス系列は，[SP](single pulse)，[HD](SP+^{1}H-decoupling)，[CP](CP+^{1}H-decoupling) の3種類である．これら三つのパルス系列が，試料あるいは目的に応じて使い分けられる．一方，測定の難しい核ないし試料としては，

① 天然存在比の小さい核(rare spin：^{13}C, ^{29}Si, ^{15}N, ^{17}O など)
② 低周波数で共鳴する核(^{109}Ag, ^{183}W, ^{47,49}Ti など)
③ 核四極相互作用の大きな核(半整数スピン核：^{27}Al, ^{23}Na, ^{71}Ga, ^{17}O など)
④ 同種核どうしの H_D が大きな核(^{1}H, ^{19}F)
⑤ CSA の大きな試料

があげられる．①に対しては，試料を観測核同位体元素でエンリッチするか，積算時間を長くとることで対応する．②に対しては，低 γ 専用プローブによる高磁場測定が必要となる．③では，結合の対称性が悪い試料の場合，二次の核四極相互作用(second-order quadrupolar effect；SOQE)の消去が必要となる．SOQE の消去には，試料の二重回転(double rotation；DOR)法や dynamic angle spinning (DAS)法，多次元・多量子(multiple-quantum；MQ)MAS 法など特殊な手法で対応することになる．核種によっては①～③の性質が重複するものもある．

④では，^{1}H，^{19}F ともに天然存在比が高く高感度に検出される核であるが，磁気回転比が大きく ^{1}H 双極子 decoupling を伴う MAS だけでは H_D が消去できないことが多い．その場合 H_D 消去が目的の多重パルス法と CSA 消去のための MAS 法を併用する combined rotation and multiple pulse spectroscopy (CRAMPS)が有効である．ただしゼオライトなどの表面プロトンの検出には高速回転 MAS で対応できる．^{1}H 測定では，試料以外に由来するバックグラウンド成分を除去するための試料調製やローター周りの工夫が必要となる．^{19}F 測定では，^{1}H に比べ化学シフト範囲が広いので CRAMPS の適用には限界があり，試料の超高速回転(15 kHz～)MAS 法でスペクトルの高分解能化が可能になる場合が多い．

触媒の MASNMR の適用例としてゼオライト(ホージャサイト)の ^{29}Si スペクトル

を図2に示す．Si 原子の局所環境の違い：Si(nAl)[$n=0 \sim 4$]が分裂ピークとして識別されており，スペクトルから波形分離で面積比を求めることで，ゼオライト骨格の Si/Al 原子比を算出できる．

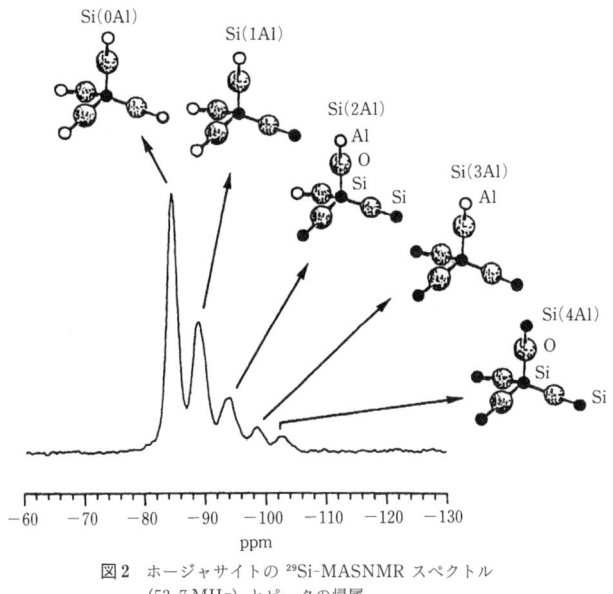

図2 ホージャサイトの ^{29}Si-MASNMR スペクトル (53.7 MHz) とピークの帰属

〔中田真一〕

→核磁気共鳴，化学シフト

MCM-22

合成ゼオライトの1種であり，骨格は[Al$_x$Si$_{72x}$O$_{144}$]$^{x-}$ の組成をもつ Si/Al 比の大きいゼオライトである．細孔入り口が酸素 10 員環からなる2種の独立な細孔をもっている．そのうちの一つは 0.71×1.82 nm のスーパーケージを細孔内にもっている．構造コードは MWW である．ベンゼンとエチレンからのエチルベンゼン，ベンゼンとプロピレンからのイソプロピルベンゼンの合成に工業的に用いられている．

〔小野嘉夫〕

MCM-41

アメリカ，Mobil 社の研究者により合成されたメソ細孔をもつモレキュラーシーブ．MCM-41 はセチルトリメチルアンモニウム(CTMA)などのカチオン性界面活性剤を合成に用いる点に特徴がある．このような界面活性剤はリオトロピック液晶としての性質を示し，濃度により六方晶構造や層状構造となる．前者の構造による規制を利用

して生成させることのできる六方晶系($P6m$)の物質が MCM-41 で，ゼオライト類似物質としてはこれまでに例のない巨大なハニカム状の一次元チャネル構造をもつ．熱的には安定で乾燥空気中では 800°C でも構造に変化はない．早稲田大，豊田中研の研究者らによって層状シリカであるカネマイトを界面活性剤水溶液中で加熱することにより合成された FSM-16 (folded sheets mesoporous material) は，MCM-41 と類似の構造を有するが，合成の報告は MCM-41 より早い．MCM-41 と類似の合成系により立方晶のメソポーラスモレキュラーシーブ MCM-48 ($Ia3d$) や層状物質 MCM-50 も生成し，これらを M41S と総称する．生成物は原料モル比，pH，シリカ源，アルカリイオン，温度に依存する．MCM-41 の構造の生成機構については，界面活性剤のミセルが集合して棒状となり，さらにこれが六方晶に配列した液晶構造がまず生成し，この棒状構造の周りにケイ酸アニオンが並ぶとする説，棒状ミセルがまずケイ酸アニオンと相互作用し，六方晶への配列が促されるとする説，層状構造が生成したのち，六方晶に変わるという説がある．通常，M41S の合成は塩基性条件で行われるが，酸性条件でも Cl$^-$，Br$^-$ などの対アニオンが介在することによって，カチオン性のシリカ種が配列しメソポーラス物質が得られる．このうち，六方晶の SBA-3 は MCM-41 と類似しているが，立方晶の SBA-1 は MCM-48 と異なり $Pm3n$ の空間群に属する．SBA-2 は双子型のカチオン性界面活性剤を用いて合成される六方晶 ($P6_3/mmc$) でケージの存在する三次元細孔構造を有する．アルキルアミンやポリエチレンオキシドを型剤として MCM-41 類似の HMS，MSU がそれぞれ合成できるが，MCM-41 より構造秩序は低い．

MCM-41 や MCM-48 は 1000 m^2 g^{-1} を超える非常に大きな BET 表面積をもち，ベンゼンやシクロヘキサンの吸着量は大きい．メソポアを構成する壁はゼオライトと異なりミクロなレベルでの結晶は存在せず，むしろ非晶質シリカやシリカ・アルミナに類似していることが赤外や NMR から推測されている．界面活性剤のアルキル鎖長の増減により細孔径が変化するが，有機分子を共存させることにより細孔径を最大 10 nm まで大きくすることができる．出発物質に目的元素を加えることによりシリカ骨格の Si の一部を Al, B, Ga, Ti, V, Mn, Fe, Sn などで置換した物質が合成できる．一方，あらかじめ合成したメソポーラスシリカに金属種を導入することも可能である．疎水化や触媒，吸着剤としての利用を目的として，細孔内表面の有機官能基による修飾も行われている．MCM-41 や MCM-48 の触媒的な応用については，ゼオライトに比べて細孔径が非常に大きいことを利用した大きな分子の反応への適用が期待され，活発な研究開発が行われている．

シリカ以外にも Al$_2$O$_3$，TiO$_2$，ZrO$_2$，Nb$_2$O$_5$，Ta$_2$O$_5$，WO$_3$，SnO$_2$，PbO$_2$，AlPO$_4$，Zn$_3$(PO$_4$)$_2$ などの多種多様な物質の規則的なメソ構造の合成が報告されている．これらの構造は一般にシリカメソポーラス物資に比べて不安定で，型剤を除いた後の安定性については疑問の残るものが多い．　　　　　　　　　　　　　　　　　〔辰巳　敬〕

MTG 法　MTG process

　ZSM-5 ゼオライト*を触媒としてメタノールから高オクタン価ガソリンを製造するプロセスで，開発した Mobil Oil 社により MTG (Methanol to Gasoline) 法と命名された．メタノールからの炭化水素合成に ZSM-5 ゼオライト触媒を用いると，その細孔による形状選択性*で生成物分布が制御され，C_{11} 以上の炭化水素が生成しないのでガソリン留分が高収率で得られる．しかも芳香族炭化水素と分枝したアルカンの含有率が大きいため高オクタン価となる．反応形式としては固定層，流動層プロセスが開発されている．

　本プロセスは，1985 年にニュージーランドで，固定層反応器*を用いて工業化された．プロセスフローを図に示す．

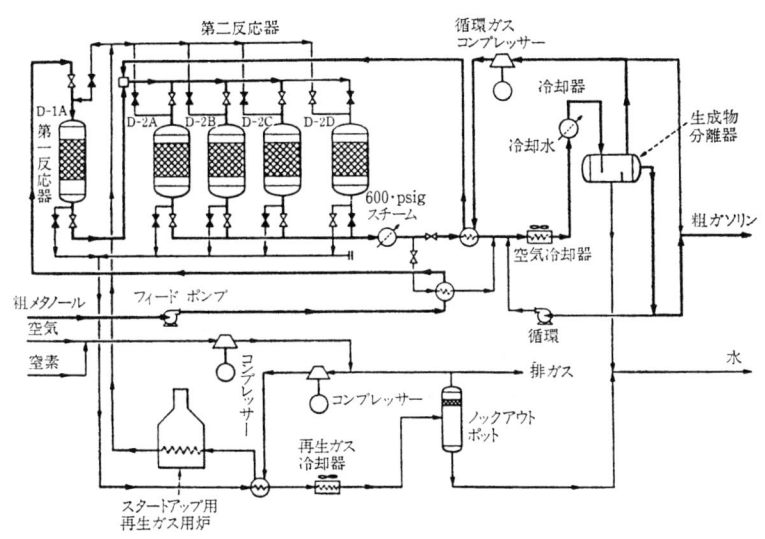

固定層 MTG プロセスのフローシート

　原料となる天然ガスを水蒸気改質*により合成ガスとし，メタノールを合成する．第一反応器でメタノールはジメチルエーテルに脱水され，未反応メタノールとジメチルエーテルは第二反応器において炭化水素と水に転換される．第一反応器の触媒はアルミナであり，第二反応器の触媒は ZSM-5 である．生成物のうち低沸点成分は第二反応器に循環される．反応を 2 段階に分けて行うのは，反応には大きな発熱を伴うからである．発熱量の 20％が第一反応器で，残り 80％が第二反応器で発生する．低沸点生成物の循環はガソリン収率を増加させるとともに，反応温度の上昇を抑えるのに効果的である．

　第一反応器の触媒はほとんど劣化しないが，第二反応器の触媒はコーキング*により徐々に失活する．3 週間程度反応を行うと，メタノールおよびジメチルエーテルが生成物中に検出されるようになるので，運転を中断して空気-窒素混合気体により触媒上

に析出したコークを燃焼除去して触媒を再生する．5基の反応器で構成され，4基を運転，1基を触媒の再生*に用いる．

MTG プロセスの反応条件と生成物組成の例を表に示す．

MTG プロセスの反応条件と生成物

	固定層	流動層 (4BPD)		固定層	流動層 (4BPD)
入口温度 [℃]	360	413	炭化水素分布 [wt%]		
出口温度 [℃]	416		メタン＋エチレン＋エタン	1.4	5.6
圧力 [atm]	22	3.7	プロパン	5.5	5.9
循環比（モル比）	9.0	—	プロピレン	0.2	5.0
空間速度（WHSV）	2.0	1.0	イソブタン	8.6	14.5
収率，供給メタノール基準の wt%			n-ブタン	3.3	1.7
メタノール＋エーテル	0.0	0.2	ブテン	1.1	7.3
炭化水素	43.4	43.5	C_5^+ ガソリン	79.9	60.0
水	56.0	56.0	計	100.0	100.0
CO＋CO$_2$	0.4	0.1	製品分布 [wt%]		
コークほか	0.2	0.2	ガソリン（アルキル化後）	85.0	88.0
計	100.0	100.0	LPG	13.6	6.4
			燃料ガス	1.4	5.6
			計	100.0	100.0

生成物中のプロピレン，ブテン類をイソブタンでアルキル化することにより，最終的なガソリン収率を 85 wt%にすることができる．生成するガソリンは高品質であるが，メタノールを経由するため生産コストが高くなる．　　　　　〔菊地英一〕
→メタノールからの炭化水素合成

MTBE の合成　synthesis of methyl t-butyl ether

MTBE はメチル t-ブチルエーテルの英語名からの略称．分子式$(CH_3)_3COCH_3$，沸点 55.2℃，融点 −109℃の化合物．オクタン価がガソリンの約 1.2 倍あり無鉛ガソリン製造用の高オクタン価調合材として使われる．調合材として同様に使われる芳香族化合物は，その毒性のため添加量減少が求められており，代わりに MTBE あるいはアルキレートが添加される．

MTBE は強酸性カチオン交換樹脂を触媒として使用し，メタノールとイソブテンから反応温度 50～80℃，圧力 8～14 kg cm^{-2} の液相反応で合成する．反応条件を適度に選ぶことにより，ジイソブチレンやジメチルエーテルを生成する二量化および t-ブチルアルコールを生成する水和反応などの副反応を抑え，イソブテン転化率 99％，MTBE 生成選択率 99％を達成することが可能である．反応温度は，低温ほど MTBE 生成が熱力学的に有利になること，高温で反応速度は増すが副反応を起こしやすいことを考え合わせ選択する．反応活性はメタノール/イソブテン比によっても大きくかわる．その理由として，比が大きい場合は強酸性カチオン交換樹脂のプロトンはメタノールに移行したのち，イソブテンに移り短寿命のカルベニウムイオンとなり，それが

メタノールと反応して MTBE を生成する経路をとり，比が小さい場合はイオン交換樹脂のプロトンが直接イソブテンと反応する経路をとるためと考えられる．本反応は発熱反応($\Delta H_0^{298} \approx 40$ kJ mol^{-1})であり，反応熱の除去が高い選択率を得るための鍵となる．

イソブテンは，ナフサの熱分解*によるブタジエンを分離した残りの留分あるいは石油精製の接触改質*による C$_4$ 留分に n-ブテン，イソブタンとともに含まれているが，イソブテンの反応性が大きいため分離せずに反応が行われる．したがって，生成物 MTBE をメタノールとイソブテンに分解することにより，C$_4$ 留分からのイソブテン分離の手段としても用いられる．未反応の n-ブテンは骨格異性化により，イソブタンは脱水素によってイソブテンへの変換が可能である． 〔大西隆一郎〕

エリオナイト erionite ──────────────────────
ゼオライト*の一種で，0.36×0.51 nm の径(酸素八員環)をもつ 3 次元の細孔*を有する．結晶構造は ERI と表される．比較的高シリカ(Si/Al=3 程度)で細孔径が小さいことが特徴である．エリオナイトとオフレタイトは似た結晶構造をもつため，これら 2 種の結晶間で相互に構造変化する．Ni を担持したエリオナイトはアルカンの水素化分解*において形状選択性*を示し，ナフサからの直鎖炭化水素の選択的分解に用いられている． 〔片田直伸・丹羽　幹〕

LHSV　liquid hourly space velocity　➡空間速度 ──────────

LFER　linear free energy relationship　➡直線自由エネルギー関係 ──────

L型ゼオライト　L type zeolite ────────────────────
ゼオライト*の一種で，0.71 nm の直径(酸素 12 員環)をもつ 1 次元の細孔*を有する．結晶構造は LTL と表される．Si/Al=3 程度の組成となることが多く，アルカリ金属またはアルカリ土類を含んだ形で用いられる．K$^+$ イオンでイオン交換し，Pt を担持したものはアルカンの芳香族化*(n-ヘキサンからベンゼン)に対する高活性な触媒である．K-L 型ゼオライトは固体塩基触媒*としても用いられる．

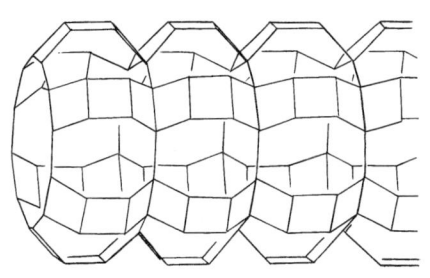

LTL 構造中のミクロ細孔の模式図

〔片田直伸・丹羽　幹〕

LB 膜　Langmuir-Blodgett film　→ラングミュア-ブロジェット膜

エレクトロキャタリシス　electrocatalysis

電極触媒作用．電極上での電気化学反応，すなわち電極とこれに接する電解質溶液中の物質間の電子移動反応に対する触媒作用．電気化学反応においては，熱力学的に予想される電位より余分に電圧を加えないと電子移動が進行しないことが多い．この電位のずれは過電圧とよばれ，電子移動反応に対する活性化エネルギーと考えることができる．電極上あるいは電解質溶液中に第三成分を添加したときに過電圧が減少し，かつ添加成分が反応前後で変化しない場合，この現象をエレクトロキャタリシスあるいは電極触媒作用，添加した成分を電極触媒という．電流-電位曲線を描いたときに，電極触媒の添加によって目的の酸化還元反応にかかわる電解電流が新たに現れる，あるいは電流が増加する場合，この電流を触媒電流とよぶ．また，特に有機電解反応系において電解反応の効率や選択性を向上させる目的で電解質溶液中に添加する成分をメディエーター(mediator)と称することもあるが，これも電極触媒の一種である．さらに，電極反応以外の電子移動反応において同様の効果が得られる場合にも，エレクトロキャタリシスとよばれることがある．　〔大谷文章〕

→化学センサー，電解酸化，無電解メッキ法

エロビッチの吸着速度式　Elovich equation

吸着速度の吸着量依存性を表現する実験式の一つで，吸着速度が吸着量について指数関数的に減少する場合をいう．多くの吸着系に適用されている．吸着量 q，吸着時間 t を用いると

$$dq/dt = A \exp(-\alpha q)$$

と表現できる．A，α は定数である．吸着速度の活性化エネルギーは多くの場合吸着量とともに増大することに基づいて考案された．これは吸着量が増すとともに吸着熱が減少することに起因する．その原因として吸着種間の反発作用と，吸着量を増すほど吸着がより小さい吸着熱の場所で起こるとする考えがある．後者の不均一表面モデルを体系化した Roginsky に因んでゼルドビッチ-ロジンスキー(Zeldowitch-Roginsky)式ともいう．　〔松島龍夫〕

→チョムキン-ピジェフの速度式，チョムキンの吸着等温式

塩化アルミニウム触媒　aluminum chloride catalyst

フリーデル-クラフツ反応*，クラッキング反応などのルイス酸*触媒として利用される無水三塩化アルミニウムのこと．塩化アルミニウムは金属アルミニウムと加熱塩化水素から製造される．純粋なものは白色であり，湿気に触れると塩化水素の白煙を生じる．水とは爆発的に反応し，激しく発熱するので注意が必要である．ベンゼン，ニ

トロベンゼン，四塩化炭素，クロロホルムなどの多くの有機溶媒に易溶である．イオン性結晶の塩化アルミニウムは192°Cで昇華して気体となり，二量体 Al_2Cl_6 を生じる．

$$Cl_{\cdots}\!\!\diagdown\overset{Cl}{\underset{Cl}{Al}}\!\!\diagup\!\!\diagdown\overset{\cdots Cl}{\underset{Cl}{Al}}\!\!\diagdown Cl$$

単量体の $AlCl_3$ はオクテット則(octet rule：原子の周りに 8 個の価電子(最外殻電子)をもつ分子構造は安定であるという理論)を満たしていないので，ルイス塩基の非共有電子対が配位することで安定なオクテット構造をとりやすく，したがってルイス酸性を示す．カルボニル化合物，アルコール，エーテル，ハロゲン化物，窒素化合物，硫黄化合物などに含まれるヘテロ原子(酸素原子，ハロゲン原子，窒素原子，硫黄原子)がもつ非共有電子対が，塩化アルミニウムに配位して分子内に分極を生じることによりルイス酸触媒の働きをする．例えば，カルボニル基の酸素原子が塩化アルミニウムに配位することにより C=O 結合はより分極し，炭素原子はより正電荷を帯びるようになり求核試薬と反応しやすくなる(ルイス酸触媒による活性化)．

$$\overset{\delta^+}{C}=\overset{..}{\underset{..}{O}}\!:\!\searrow\!\!\underset{AlCl_3}{\delta^-}$$

〔尾中　篤〕

塩化ビニリデンの合成　synthesis of vinylidene chloride

塩化ビニリデン($H_2C=CHCl$)は，塩化ビニルやアクリロニトリルとの共重合に用いられている．塩化ビニリデンの合成は，塩化ビニルの塩素化による 1,1,2-トリクロロエタンの生成(1)および 1,1,2-トリクロロエタンのアルカリによる脱塩化水素(2)からなる．使用アルカリは，モノクロロアセチレン生成の少ない消石灰が一般的である．

$$H_2C=CHCl+Cl_2\xrightarrow[20\sim 90°C]{FeCl_3 触媒} ClCH_2CHCl_2 \qquad (1)$$

$$ClCH_2CHCl_2+½\,Ca(OH)_2\xrightarrow[60\sim 100°C]{} H_2C=CHCl+½\,CaCl_2+H_2O \qquad (2)$$

塩化ビニリデンは蒸留中重合する場合があるので安定剤を使用する．　〔土屋　晋〕

塩化ビニルの合成　synthesis of vinyl chloride

塩化ビニルはポリ塩化ビニル樹脂の原料として重要で以下の方法がある．

(1) アセチレン法：　最も初期の工業プロセス．コークスより製造されたカルシウムカーバイドに水を反応させてアセチレンを製造し，次にアセチレンと塩化水素ガス

を気相反応させて塩化ビニルとする．カルシウムカーバイドが電気の缶詰といわれた時代の産物である．

$$CaC_2 + 2H_2O \xrightarrow{室温} HC \equiv CH + Ca(OH)_2 \qquad (1)$$

$$HC \equiv CH + HCl \xrightarrow[\sim 150°C,\ 2\sim 3\ atm]{HgCl_2/活性炭} H_2C = CHCl \qquad (2)$$

（2）EDC 法： 塩化鉄(III)触媒を用いエチレンを塩素と反応させ，1,2-ジクロロエタン（これを ethylene dichloride と称し，EDC と略記する．二塩化エチレンともいう）を製造し，それを脱塩化水素して塩化ビニルを製造する方法である．エチレン供給量増大，価格の安定により実施されるようになった．EDC 分解には，液相アルカリ分解法（4）および熱分解法（5）の2方式があるが，前者は経済性に劣り大規模生産には不向きである．後者は現在後述のオキシ塩素化法と組み合わせて行われている．

$$H_2C = CH_2 + Cl_2 \xrightarrow[\sim 85°C]{FeCl_3} ClCH_2CH_2Cl \qquad (3)$$

$$ClCH_2CH_2Cl + NaOH \xrightarrow[140\sim 150,\ 4\sim 5\ atm]{} H_2C = CHCl + NaCl + H_2O \qquad (4)$$

$$ClCH_2CH_2Cl \xrightarrow[400\sim 550°C]{} H_2C = CHCl + HCl \qquad (5)$$

（3）混合ガス法（エチレン-アセチレン併用法）： 原料がアセチレンの時代から，石油化学の発展により原料が完全にエチレンに転換するまでの間の過渡的プロセス．エチレンの塩素化による1,2-ジクロロエタンの製造（6），1,2-ジクロロエタンの熱分解による塩化ビニルと塩化水素の製造（7），塩化水素とアセチレンの反応による塩化ビニルの製造（8）の3工程からなる．この方法は副生成物が出ず，反応も単純であるため多く用いられた．また，アセチレンとエチレンを等モル消費するので，ナフサの高温熱分解によってアセチレンとエチレンの等モル混合ガスをつくり，それに塩化水素，塩素を反応させて3工程を2工程で実施する方法も日本で開発され工業的に実施された．

$$H_2C = CH_2 + Cl_2 \longrightarrow ClCH_2CH_2Cl \qquad (6)$$

$$ClCH_2CH_2Cl \longrightarrow H_2C = CHCl + HCl \qquad (7)$$

$$HC \equiv CH + HCl \longrightarrow H_2C = CHCl \qquad (8)$$

（4）オキシ塩素化法： 炭素源としてエチレンのみを使用する．塩素を完全利用できるので，水以外の副生成物をほとんど発生しないことを特徴とする1970年以降の主流プロセス．エチレンの塩素化による EDC の生成（3），EDC の熱分解による塩化ビニルと塩化水素の生成（5），オキシ塩素化による EDC の生成（11）からなる．

$$H_2C = CH_2 + Cl_2 \longrightarrow ClCH_2CH_2Cl \qquad (9)$$

$$ClCH_2CH_2Cl \xrightarrow[400\sim 550°C]{} H_2C = CHCl + HCl \qquad (10)$$

$$H_2C = CH_2 + 2HCl + \tfrac{1}{2} O_2 \xrightarrow[250\sim 350°C]{CuCl_2/Al_2O_3} ClCH_2CH_2Cl + H_2O \qquad (11)$$

〔土屋　晋〕

→オキシ塩素化

塩基性点（塩基点） basic site　→固体塩基触媒

円錐角　cone angle

　有機金属化合物の代表的有機配位子であるホスフィン化合物の立体的かさ高さを示す指標に Tolman によって導入された円錐角がある．ホスフィン配位子をもつ有機金属化合物の安定性や反応性を理解するのに役に立つ．

　一般に，PR_3（R＝H，アルキル，アリール基など）で示されるホスフィンが金属に配位すると図のように配位子と金属の結合軸を中心に円錐が形成される．R基をスペースフィリング表示して回転して得られるこの円錐の頂角 Θ を円錐角という．R基が異なる，$PR^1R^2R^3$ の場合は，置換基がそれぞれつくる円錐角を測定して式（1）により計算することができる．

$$\Theta = (2/3)\sum(\Theta_i/2) \tag{1}$$

このようにして求められた Θ は例えば式（2）に示すような四配位パラジウム錯体のホスフィン配位子の解離のしやすさと相関関係を示す．かさ高い配位子をもつ錯体は立体的要因によってホスフィンを放出して配位不飽和な錯体を生成しやすい．

$$PdL_4 \rightleftarrows PdL_3 + L \rightleftarrows PdL_2 + 2L \tag{2}$$

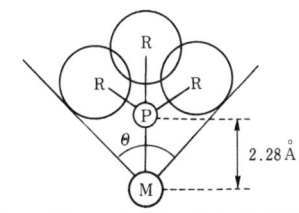

$PR^1R_2R_3$	Θ [deg]	$PR^1R_2R_3$	Θ [deg]
PH_3	87	$P(CH_3)_2(C_6H_5)$	136
PF_3	104	$P(C_6H_5)_3$	145
$P(OCH_3)_3$	107	$P(CH(CH_3)_2)_3$	160
$P(CH_3)_3$	118	$P(C(CH_3)_3)_3$	182
$PCH_3(C_6H_5)_2$	122	$P(C_6H_4\text{-}p\text{-}CH_3)_3$	194

〔碇屋隆雄〕

エンドオン　end-on

　一般に酸素分子などの二原子分子が金属に配位する際，一方の原子のみが配位する形式をよぶ．ヘム鉄に酸素分子が結合する際はこの形式をとる．より厳密には「η^1 配位」と表記される．

〔穐田宗隆〕

➡サイドオン

お

オイゲンの式　Eugen equation　➡圧力損失

オキシ塩素化　oxychlorination

炭化水素を塩化水素と酸素を用いて塩素化する方法．ラシッヒ(Raschig)法フェノール合成の第1段階におけるベンゼンの塩素化，エチレンを原料とする塩化ビニルの製造における1,2-ジクロロエタン(EDC)の合成などの例がある．EDCの熱分解により塩化ビニルを製造する．

$$C_6H_6 + HCl + \tfrac{1}{2} O_2 \xrightarrow[240°C]{CuCl_2\text{-}FeCl_3/Al_2O_3} C_6H_5Cl + H_2O$$

$$H_2C=CH_2 + 2HCl + \tfrac{1}{2} O_2 \xrightarrow[250\sim 350°C]{CuCl_2} ClCH_2CH_2Cl + H_2O$$

エチレンの金属塩化物(MCl_x)によるオキシ塩素化は，次のようなレドックス系と考えられ，このサイクルの速度定数k_1, k_2が適当な金属の塩類を触媒とすることが望ましい．

$$H_2C=CH_2 + 2MCl_x \xrightarrow{k_1} ClCH_2CH_2Cl + 2MCl_{x-1}$$

$$+) \quad 2MCl_{x-1} + 2HCl + \tfrac{1}{2}O_2 \xrightarrow{k_2} MCl_x + H_2O$$

$$H_2C=CH_2 + 2HCl + \tfrac{1}{2}O_2 \xrightarrow{k} ClCH_2CH_2Cl + H_2O$$

小南らは，EDC生成活性は図のようなCuを頂点とする火山型活性序列*になるが，それはCuより左側では$k_1 > k_2$のため金属塩化物の再酸化が，右側では$k_1 < k_2$のため還元が律速になるためと考察している．

オキシ塩素化法触媒として多数の特許，文献が発表されているが，大部分は$CuCl_2$を主触媒とするもので，これに可変原子価金属塩化物，アルカリ金属塩化物，ランタノイド族希土類金属などを助触媒として添加している．担体には，活性アルミナ，シリカ，活性炭などの多孔質固体が用いられている．

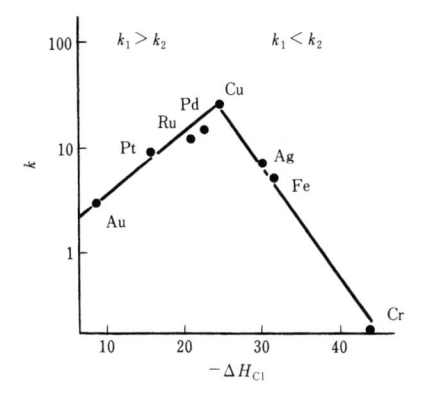

金属塩化物の生成熱とエチレンの塩素化活性

〔土屋 晉〕

→ディーコン法，塩化ビニルの合成

オキシゲナーゼ（酸素添加酵素）oxygenase

　生体内酸化還元反応を触媒する酵素のうち，分子状酸素を基質に添加する反応を触媒するものをオキシゲナーゼ（酸素添加酵素）といい，天然に広く分布している．動物，植物，微生物，特に Pseudomonas, Mycobacteria のような好気的な微生物に多く存在し，種々の基質の代謝に重要な役割を果たしている．オキシゲナーゼにはモノオキシゲナーゼ（一原子酸素添加酵素）とジオキシゲナーゼ（二原子酸素添加酵素）があり，モノオキシゲナーゼは2電子，2プロトン供与により，基質に一原子酸素を供与すると同時に水分子を生成する．モノオキシゲナーゼの反応においては，還元型ピリジンヌクレオチド(NAD(P)H)のような電子供与体を要求するものが多く，また，電子はフラビン，鉄-硫黄タンパクを介して供給されるものが多い．

$$S + O_2 + 2e^- + 2H^+ \longrightarrow SO + H_2O$$

また，ジオキシゲナーゼには，単一の基質に二原子酸素を添加するものと異なった基質に一原子酸素を添加するものが知られている．後者の例には α-ケト酸依存ジオキシゲナーゼがあり，α-ケト酸が一原子酸素の受容体として犠牲試薬的な役割を果たす．

$$S + O_2 \longrightarrow SO_2$$
$$S + S' + O_2 \longrightarrow SO + S'O$$

　酸素添加酵素のほとんどは反応の活性中心に鉄あるいは銅を含んでいる．鉄を含む酵素は，活性中心に鉄-プロトポルフィリン IX 錯体を有するヘム鉄酵素(heme Fe enzyme)とポルフィリン配位子をもたない非ヘム鉄酵素(nonheme Fe enzyme)に分類される．ヘム鉄モノオキシゲナーゼの代表例がチトクローム P-450*で，軸配位子にシステイン由来のチオレート基を有する．反応は，(1)基質の Fe(III)中心近傍への取り込み，(2)NAD(P)H による鉄の還元，(3)酸素錯体*の形成，(4)酸素錯体の還

元，(5)プロトン化，(6)O-O結合開裂による酸化活性種の生成，(7)基質の酸素化，という経路で進むと考えられている．(6)で生成する高原子価鉄オキソ種(P^+-Fe^{IV}=O, P^+はポルフィリンカチオンラジカル)の生成については，モデル研究などから多くの情報が得られている．P-450の反応選択性は高く，コレステロールの酸化的代謝におけるステロイド生成などにその例を見ることができる．基本的な反応は，アルカンや芳香環の水酸化，アルケンのエポキシ化，O-あるいはN-脱メチル化などである．

非ヘム鉄モノオキシゲナーゼには，メタンモノオキシゲナーゼ(sMMO)のように二核鉄型のものとプテリン依存型水酸化酵素やイソペニシリン-N合成酵素のように単核鉄型のものがある．sMMOについては，最近X線結晶解析による活性点近傍構造が解明され，酸素分子の活性化についても菱形構造のような配位構造が提案されている．この酵素はメタンを水酸化するのが特徴であるが，P-450と同様種々のアルカンや芳香環の水酸化，アルケンのエポキシ化を触媒する．

$$CH_4 + O_2 + NADH + H^+ \xrightarrow{MMO} CH_3OH + H_2O + NAD^+$$

単核鉄モノオキシゲナーゼであるプテリン依存型水酸化酵素(フェニルアラニン，チロシン，トリプトファン水酸化酵素)は，それぞれの基質の芳香環を水酸化する．イソペニシリン-N合成酵素はペニシリンなどの抗生物質の合成過程で，炭素-炭素結合生成による環化を触媒するが，基質には酸素は添加されず，酸素は2分子の水に変換される．鉄による酸素の活性化機構の類似性からモノオキシゲナーゼに分類されている．

モノオキシゲナーゼには単核の銅を活性種とするドーパミン β-モノオキシゲナーゼや2核の銅が関与するチロシナーゼがある．後者の2核の銅は sMMOと異なり離れて存在するが，酸素分子の存在下では酸素を介して菱形の銅-酸素-銅構造の活性種を形成すると考えられている．

ジオキシゲナーゼには，ヘム鉄酵素としてインドール環を酸素化開裂するトリプトファン2,3-ジオキシゲナーゼがあるが，多くは非ヘム鉄酵素であり，芳香環を酸素化開裂するカテコールジオキシゲナーゼ，1,4-ペンタジエン構造をもつ脂肪酸のヒドロペルオキシ化を触媒するリポキシゲナーゼ，プロリンやリジン残基の水酸化などを行う α-ケト酸依存型酸素化酵素，芳香環を二重水酸化する酵素などが多種知られており，それぞれの基質の代謝過程で重要な役割を果たしている．このうちカテコールジオキシゲナーゼやリポキシゲナーゼについてはX線結晶解析による活性点近傍構造も明らかにされている．

カテコールジオキシゲナーゼは最も研究の進んでいる非ヘム鉄酸素化酵素である．この酵素にはFe(III)を含む酵素とFe(II)を含む酵素があり，開裂の様式が異なる．Fe(III)を含む酵素(ピロカテカーゼ，プロトカテキン酸3,5-ジオキシゲナーゼ，クロロカテコールジオキシゲナーゼなど)は水酸基のついている炭素間へ酸素を挿入する(intradiol型開裂)．Fe(II)を含む酵素(メタピロカテカーゼ，プロトカテキン酸4,5-ジオキシゲナーゼ)は水酸基のついている炭素と隣の炭素の間へ酸素を挿入する(extradiol型開裂)．反応の第1段階はカテコールの鉄への配位であり，そののち一原

子酸素の炭素-炭素結合への挿入で環の開裂が進行する。非ヘム鉄錯体による類似機能発現が多く報告されている。

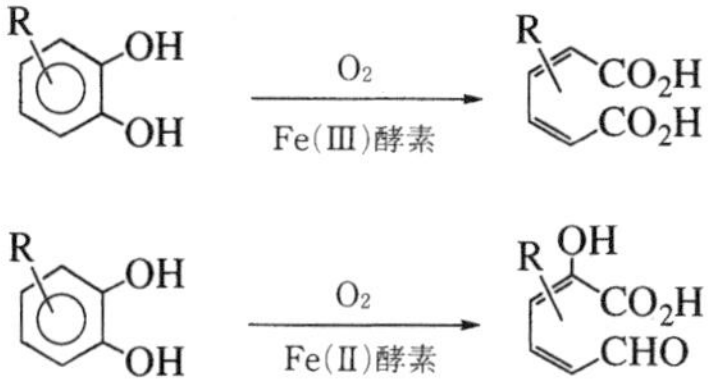

[反応式: カテコール誘導体 + O_2 → (Fe(III)酵素) → ムコン酸誘導体]

[反応式: カテコール誘導体 + O_2 → (Fe(II)酵素) → 開裂生成物]

〔船引卓三〕

オキソ合成　oxo synthesis　→ヒドロホルミル化 ─────

オキソ酸　oxo acid　→酸素酸 ─────────────

オキソ酸素（均一系） oxo oxygen (homogeneous system) ─────
　遷移金属やヘテロ原子に O^{2-} イオンが結合した化学種がオキソ化合物であり，酸素に注目して特にオキソ酸素とよぶ．下記のように，さまざまな単結合と二重結合を形成することが可能である．SO_4^{2-}, $O=PCl_3$, OsO_4, MnO_4^-, $O=V^{2+}$, や $O=Fe^{4+}$ ポルフィリン(Por)などが二重結合の例である．O=M 化合物は高い酸化活性を示すことが多く，酸素添加反応を触媒する金属酵素の酸化活性種もこの構造をとる場合が知られている．単結合は，架橋構造をとる二重体によく見られ，$Cr_2O_7^{2-}$, $Mo_2O_7^{2-}$, $P_2O_7^{2-}$, M(Por)-O-M′(Por) などがその例である．非ヘム酵素の複核中心もオキソ架橋構造をとるものが多く知られている．

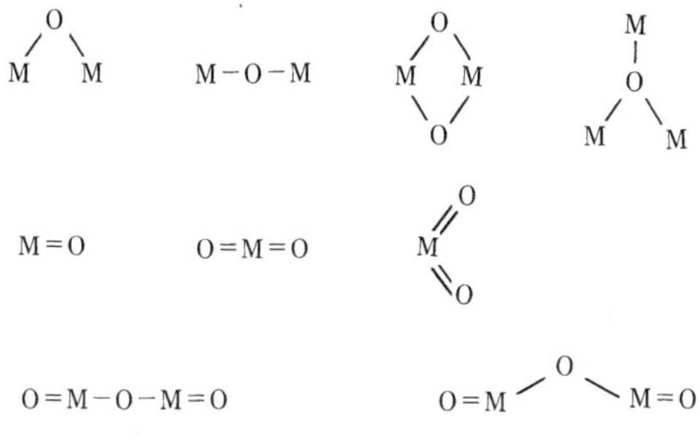

[構造式群: M₂O 架橋構造, M-O-M, M₂O₂, M-O-M (T字型), M=O, O=M=O, M=O₂, O=M-O-M=O, O=M-O-M=O (架橋型)]

〔渡辺芳人〕

→酸化酵素，酸素錯体，活性酸素種

オキソ酸素（不均一系） oxo oxygen (heterogeneous system) ─────
　オキソ酸素(不均一系)とは，酸化物中の二重結合酸素(=O)のことであり，表面に

露出したオキソ酸素は選択的酸化反応の活性種となる．V_2O_5，MoO_3，Sb_2O_4 などの 5，15 あるいは 16 族などの酸化物がこのオキソ酸素を有する．特に，オキソ酸素が活性種とされる反応には，五酸化バナジウム触媒上でのベンゼン，o-キシレン，ナフタレンなどの芳香族の酸化反応，$NO-NH_3$ 反応，ブテン類，n-ブタンからの無水マレイン酸合成などがある．

酸化反応は平衡論的に有利な反応であるため，活性酸素による脱水素が最終段階まで進行して CO や CO_2 が生成しやすい．よって，選択的酸化で反応を止めて目的の生成物を得るには，酸素付加と脱水素がバランスよく進む必要がある．酸化反応に有効な活性種である O^-，O^{2-} は時として求核性が強すぎるため，脱水素反応だけが起ってしまうが，オキソ酸素は求核性が比較的小さく，酸素付加反応にも活性なため選択酸化反応に有効とされる．　　　　　　　　　　　　　　　　　　　　〔宮本　明〕

オクタン価　octane number

ガソリンのアンチノック性(対異常燃焼性)を表す指数である．100 以下のオクタン価については，アンチノック性の高いイソオクタン(2,2,4-トリメチルペンタン，オクタン価 100 と定める)とアンチノック性の低い n-ヘプタン(オクタン価 0 と定める)を混合した標準試料と供試ガソリンとのアンチノッキング性をオクタン価試験装置(CFR エンジン)により比較し，試料と同一のアンチノッキング性を示すイソオクタンの容量%をオクタン価と定める．オクタン価が 100 から 107 までのガソリンに対しては，イソオクタンとトルエンの混合比の異なる標準試料との比較により求められる(JIS K 2280-96 に記載されている)．

オクタン価には，低速時のアンチノッキング性を表すリサーチ法オクタン価(RON)と高速走行性を表すモーター法オクタン価(MON)があり，CFR エンジンの運転条件(回転数，吸気温度)を変えて測定する．RON は MON に比較して高いオクタン価を示す．一般にパラフィン類は分子量が小さいほど，側鎖が多いほどオクタン価は高い．またオレフィン類はパラフィン類よりオクタン価は高く，芳香族炭化水素類は RON が 100〜120 とさらに高いオクタン価を示す．　　　　　　　　　　　〔西村陽一〕

オージェ電子分光　Auger electron spectroscopy

物質に構成原子(イオン)の内核電子の結合エネルギー以上のエネルギーをもつ電子あるいは X 線を照射すると，内核電子が励起され二次電子が飛び出す．この二次電子には内核の軌道から直接真空中に飛び出すものと，図に示すように，ある軌道の電子(例えば K 核の電子)が飛び出してできた電子空孔へ他の軌道にある電子(例えば L_1 核の電子)が落ち込み，そのとき放出されるエネルギーによって，第 3 番目の軌道にある電子(例えば $L_{2,3}$ 核の電子)が飛び出すものがある．このような電子励起過程をオージェ遷移，飛び出した電子をオージェ電子という．オージェ遷移では三つの軌道が関係するので，これを表すのに，この例では KLL 遷移という．

オージェ電子の運動エネルギーは近似的には次の式で表される．

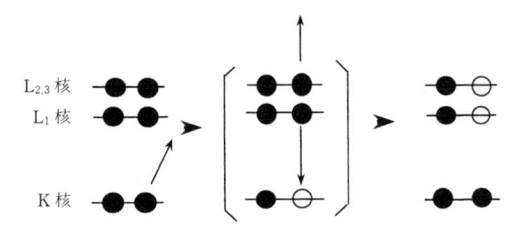

$$E(W_oX_pY_q) = E(W_o) - E(X_p) - E(Y_q, X_p)$$

ここで，$E(W_o)$ は基底状態において，最初に飛び出す電子(上例ではK核電子)の結合エネルギー，$E(X_p)$ は生じた空孔へ落ち込む電子(上例ではL_1核電子)の結合エネルギーで，$E(Y_p, X_q)$ は Y_q にあった電子(上例では$L_{2,3}$核電子)のエネルギーであるが，X_p にあった電子がなくなって余分に正に荷電したために生じたポテンシャル場の影響を受けたものである．これは核荷電が $\Delta Z (0.5 \sim 1$ の値)大きな原子の，対応する準位にある電子の結合エネルギーで近似できる．オージェ電子のエネルギーは基本的には原子の軌道エネルギーで決まるから，このエネルギーを測定することにより，元素の同定ができ，また強度から定量も可能である．

オージェ電子分光(AES)ではエネルギーがおおむね $10 \sim 2000$ eV の電子を測定対象とするが，このエネルギー範囲の電子の脱出深さは $0.5 \sim 2$ nm であり，表面近傍で生じた電子のみが観測されることになる．同様な表面分析法として XPS(X線光電子分光法)*があるが，オージェ電子のエネルギーは励起源のエネルギーにはよらないので，扱いやすい電圧(通常数 kV)で加速された電子を励起源にすることができる．電子流は絞り込むことが容易であるので，絞った電子流で試料面上を走査する面分析が可能である(走査オージェ電子分光)．

価電子が関係するオージェ遷移では，結合状態によってエネルギー値がシフトしたり，スペクトル線形が変化する．例えば炭素のKLL遷移において，sp^2混成とsp^3混成軌道ではスペクトルが明瞭に異なる．また XPS では Cu イオンの $2p_{3/2}$ ピークの化学シフトは Cu(0) と Cu(I) でほとんど差がなく，スペクトルから区別が困難であるが，オージェ LMM 遷移のピークでは明瞭に区別ができる．一方，Cu(0) または Cu(I) と Cu(II) との区別は XPS のほうがより明瞭である．このように AES と XPS は相補的に利用され，オージェ電子の運動エネルギーを結合エネルギーに対してプロットした「化学状態プロット」が正確な化学状態識別に用いられる．

AES, XPS ともに測定される電子のエネルギーは，電子が表面から飛び出すに必要な仕事関数と測定中のイオン化の影響を受ける．そこで，この影響を除いた次のオージェパラメーター α を用いることが提案されている．

$$\alpha = E_k(\text{Auger}) - E_b(\text{XPS})$$

ここで，$E_k(\text{Auger})$ は測定されたオージェ電子の運動エネルギー，$E_b(\text{XPS})$ は XPS で測定された結合エネルギーである．

〔吉田郷弘〕

→電子分光法

押し出し流れ　piston flow, plug flow

　流通系反応操作*の解析・設計の際に仮定される理想的な流れの一つ．反応流体が反応器内を流れるとき，流れと直角な方向には速度分布がなく，さらに流れの方向には混合も拡散もない状態で移動する場合をいう．したがって，ある時刻に反応器内に流入した流体部分は，他の時刻に流入した流体部分と混合することなく，反応器の任意の断面において，面内を均一の速度で通過し，反応器出口に至る．流体が装置内を一様な流速で移動する様子が，あたかもピストンの動きのように考えられることから，ピストン流あるいはプラグ（栓）流ともよばれる．このような状態では，反応流体の濃度，温度は流れの方向に沿って変化し，したがって反応速度も，反応器内の各位置によって異なる．このため，押し出し流れ反応器の設計式は素断面での物質収支を入口から出口まで積分して誘導しなければならない．空管型反応器のほか，固定層反応器*にも押し出し流れが仮定される．押し出し流れと対照的な理想流れとして完全混合流れ*がある．　　　　　　　　　　　　　　　　　　　　　　　　〔田川智彦〕

オゾン分解　ozone decomposition

　オゾンは人体に対して強い毒性をもつが，複写機，電気集塵機などから微量ながら発生してくる．一方，オゾンは，水処理，空気環境浄化，半導体洗浄，プラスチック表面処理に広く用いられるようになり，その結果，余剰のオゾンを処理する必要が生じた．処理すべきオゾン濃度は，複写機，空気清浄器などで 1～10 ppm，殺菌脱臭機，水処理などで 10～200 ppm，半導体洗浄，水処理などで 1000 ppm とさまざまである．それぞれに実用触媒が開発され，使用されている．オゾンの分解は MnO_2, Fe_2O_3, NiO などの金属酸化物，あるいは Ag, Pd, Pt などの金属触媒で進行するので，これらをけいそう土，ゼオライト*，チタニア（TiO_2），アルミナ*，シリカ*などに担持した触媒が使われている．オゾン分解触媒は航空機にも使用されている．12000 m 以上の高空を飛ぶ飛行機は，最高 4 ppm にも及ぶオゾンを含む大気を取り込むが，このまま客室に入れると頭痛などの障害を引き起こす．そこで触媒を用いてオゾンを分解してから供給している．1％ $Pd/\gamma\text{-}Al_2O_3$ をモノリスにつけた触媒が使用され，150～200℃，空間速度 200000～500000 h^{-1} のもとで分解率は 95％以上である．　〔飯田逸夫〕

オニウムイオン　onium ion

　中性分子がプロトンなどの陽イオンを付加し，元素の共有原子価が増加してできる陽イオンをいう．代表的なオニウムイオンとして，3価のオキソニウムイオン（R_3O^+），4価のアンモニウムイオン（R_4N^+），5価のカルボニウムイオン（R_5C^+）がある．古くから，3価のカルボカチオン*（R_3C^+）をカルボニウムイオン*とよんできたが，現在では5価のカルボカチオンをカルボニウムイオン，3価のカルボカチオンをカルベニウムイオン*として区別している．

　アンモニウムイオンは安定に存在し単離可能であるが，オキソニウムイオンやカルボニウムイオンは一般に不安定で単寿命な活性種である．これらのオニウムイオンは

脱離反応，置換反応，ルイス酸などを用いた酸性条件下の反応における不安定中間体として重要な役割を果たしている。　　　　　　　　　　　　　　　〔山田晴夫〕

オリゴメリゼーション　oligomerization

　モノマー(単量体)からポリマー(高分子量体)が生成するポリメリゼーションに対して，モノマーからオリゴマー(低分子量体)が生成する反応に対して用いる．低重合ともいう．"オリゴ"はギリシャ語で"少ない"あるいは"一部"を意味し，van der Want と Stavermann によりオリゴペプチドやオリゴ糖などの天然物の命名法から導入された．オリゴマーとポリマーの違いは必ずしも明確ではないが，IUPAC の定義では，オリゴマーは少数の原子や原子団からなる構成単位が繰り返し結合した物質で，特に，数個の構成単位を加減するとその物理的性質が変化するものを指す．すなわち，オリゴマーは，通常の分離法により単一の分子量を有する化学物質として単離精製することができる．構成単位の繰返しの数を重合度(degree of polymerization)というが，重合度に応じて，ダイマー(二量体)，トリマー(三量体)，テトラマー(四量体)，ペンタマー(五量体)，ヘキサマー(六量体)などとよばれる．オリゴマーには，鎖状オリゴマーと環状オリゴマーがあり，さらに，構成単位が単一のホモオリゴマーと数種のモノマーからなるコオリゴマーがある．

　オリゴメリゼーションは，重合機構を解明するための手段として用いられてきた．炭化水素系モノマーのオリゴメリゼーションは，重合*と同様に炭素ラジカル，炭素カチオン，炭素アニオン，金属アルキル(ヒドリド)を活性種として進行するが，連鎖移動剤や重合禁止剤を添加したり，反応温度やモノマー濃度を調節することにより，生長反応に比較して連鎖移動反応や停止反応が優先するような条件下で行われる．

　アルケンのオリゴメリゼーションは，化成品原料の合成法としても重要である．酸触媒による合成ガソリンの製造を目的としたプロピレンのオリゴメリゼーションは，古くから行われている．一方，エチレンは，100℃加圧下で，Al-H および Al-C 結合に挿入し，直鎖状のトリアルキルアルミニウムとなることが知られてる．生長反応速度はエチレン圧にほぼ比例しアルキル鎖の重合度はポアソン分布に従うが，生成物を酸化あるいは脱ヒドロアルミニウム化することにより，対応するアルコールならびに α-アルケンが得られる．Ziegler は，この反応において微量のニッケル化合物が存在すると二量化反応が選択的に進行しブテンが生成するニッケル効果を見いだした．チーグラー-ナッタ触媒*につながるこの発見を契機に，遷移金属触媒によるオリゴメリゼーションは急速に進展した(表参照)．遷移金属化合物と有機アルミニウムからなるチーグラー型オリゴメリゼーション触媒の遷移金属成分としては，Ti，Co，Ni などが有効である．また，Zr，Ni，Fe の錯体は助触媒としてメチルアルミノキサンを用いると，超高活性で高選択的にエチレンから直鎖状 α-アルケンを与える．Co や Ni のアルキル，ヒドリドおよびアリル錯体には，単独で活性を示すものもある．エチレンから直鎖状 α-アルケンを製造する Shell higher olefin process(SHOP)においては，1価のアニオン性二座配位子を有する Ni のアリル錯体が用いられている．これらの系

の活性種は金属ヒドリド（またはアルキル）で，アルケンの挿入により生長反応が進行し，β水素脱離により高級アルケンが生成すると同時にヒドリドが再生する．生成物の重合度はシュルツ-フローリー分布に従う．

アルケンオリゴメリゼーションに活性を示す遷移金属触媒の例

触媒系（Al/Metal：モル比）	モノマー反応条件	主生成物（選択率％）；ターンオーバー数 [h^{-1}]	文献
$TiCl_4$-$Al_2Cl_3Me_3$ (2)	C_2H_4 $-100°C$	1-ブテン(65), 2-エチル-1-ブテン(25)	1
	$-70°C$	1-ブテン(14), 2-エチル-1-ブテン(21)	
（アセチルアセトナト）$_2$Ni-AlEt$_3$	C_2H_4 100〜110°C	1-ブテン(80〜99)	2
[(η^3-C_3H_5)NiBr]$_2$-$Al_2Et_3Cl_3$-PR_3 (2)	C_2H_4 -40〜$20°C$	n-ブテン	3
	C_3H_6	ヘキセン(0.6〜22), メチルペンテン(22〜83), 2,3-ジメチルブテン(4〜77)	
$RhCl_3\cdot 3H_2O$	C_2H_4 30〜50°C, 1000 atm	1-ブテン(4), 2-ブテン(96)；35〜270	4
$HCo(N_2)(PPh_3)_3$	C_2H_4 $-20°C$, 1 atm	1-ブテン(2), 2-ブテン(98)；7	5
(η^3-C_8H_{13})(Ph_2PCH_2COO)Ni	C_2H_4 75°C, 10〜80 bar	直鎖 α-アルケン(93〜99), 500〜2600	6
[η^3-C_3H_5)PdX]$^+$SbF$_6^-$ X：$Ph_2P(CH_2)_2C(O)OEt$ など	C_2H_4 50°C	1-ブテン(4), 2-ブテン(96)；2700	7
(α-ジイミン)NiBr$_2$-メチルアルミノキサン α-ジイミン：(4-MeC$_6$H$_4$)N=C(Me)C(Me)=N(4-MeC$_6$H$_4$) など	C_2H_4 35〜75°C, 15〜36 atm	直鎖 α-アルケン(80〜94%), 53〜110×10^3	8
(EtOBC$_5$H$_5$)$_2$ZrCl$_2$-メチルアミノキサン	C_2H_4 60°C, 1 atm	直鎖 α-アルケン(>99%)；5700	9
[(2-ArN=CMe)$_2$C$_5$H$_3$N]FeCl$_2$-メチルアルミノキサン Ar：2C$_6$H$_4$Me	C_2H_4 35〜90°C, 200〜600 psi	直鎖 α-アルケン(99%), 15〜177×10^6	10

文献 1) H. Bestian et al.: *Angew. Chem.*, **74**, 955 (1962). 2) K. Ziegler et al.: *Liebigs Ann. Chem.*, **629** 121, 172, (1960). 3) B. Bodganovic et al.: *Ind. Eng. Chem.*, **3**, 34 (1970). 4) T. Alderson et al.: *J. Am. Chem. Soc.*, **87**, 5638 (1965). 5) K. E. Alderson et al.: *J. Am. Chem. Soc.*, **90**, 7170 (1968). 6) M. Peuckert et al.: *Organometallics*, **2**, 594 (1983). 7) G. J. P. Britovsek et al.: *J. Chem. Soc., Chem. Commun.*, 1632 (1993). 8) C. M. Killan et al.: *Organometallics*, **15**, 2650 (1996). 9) J. S. Rogers et al.: *J. Am. Chem. Soc.*, **119**, 9305 (1997). 10) B. L. Small et al.: *J. Am. Chem. Soc.*, **120**, 7143 (1998).

共役ジエンのオリゴマーも化成品の原料として重要である．ニッケル化合物は1,3-ブタジエンの環化二量化や環化三量化の代表的な触媒となる．配位子の種類や反応条件により，シクロドデカトリエン，シクロオクタジエン，ジビニルシクロブタン，ビニルシクロヘキセン，オクタトリエンなどが得られる．一方，共役ジエンの鎖状オリゴマーの合成にはパラジウム系触媒が有効であり，テルペン類の合成原料として有用なイソプレンの頭-尾型二量体が得られている．

これらのオリゴメリーゼーションにおいて目的の化合物を得るためには，重合度に加えて位置規則性や立体規則性を制御する必要がある．さらに，生成物の異性化や原料モノマーとのコオリゴメリゼーションなどの副反応も抑制しなければならず，触媒には極めて高度な選択性が要求される． 〔塩野 毅〕

→環化オリゴメリゼーション，エチレンの重合，プロピレンの重合，ブタジエンの重

合

温度ジャンプ法　temperature-jump method　→緩和法

オンボードリフォーミング　on-board reforming

　電気自動車の駆動動力に用いる高分子型燃料電池(PEFC: polymer electrolyte fuel cell)に燃料水素を供給するシステムとして，2通りの方法がある．純水素を高圧タンクや水素吸蔵合金に貯蔵して供給する方法では，内燃自動車に比べ，走行可能距離や補給スタンドのインフラ整備の点において，現状では障害が大きいと考えられている．この解決策として，メタノールやガソリンなどの液体燃料を車載し，車上でCOを含まない改質水素を得る方法が燃料電池メーカー，自動車メーカーを中心に活発に研究されている．これがオンボードリフォーミングである．

　オンボードリフォーミングには，従来の化学プラント用以上に短時間スタート，高負荷応答性，高耐衝撃性，コンパクト性が求められる．したがって，水蒸気改質*法(効率＞90％)のほか，効率を若干犠牲にした部分燃焼法(効率約85％)が検討されている．また，PEFCにはPt主体の高活性電極触媒が用いられるため，その耐CO被毒性の観点から，NiまたはRu/Al_2O_3触媒による改質反応ののち，2段の水蒸気COシフト反応(Fe/Cr系高温型高活性触媒，Cu/Zn系低温型高シフト触媒)によりCO＜1％としたのち，さらにCO＜100 ppmとすることが求められる．この最終的なCO低減方法としては，PtまたはPt-Ruの合金などをアルミナあるいはゼオライトに担持した触媒を用いる選択酸化法が有力な方法となっている．これらの反応は，負荷変動による副反応の可能性や，吸熱反応，発熱反応を含む．それ故，触媒反応のみならず，伝熱，物質移動問題などが互いに関連しているので，化学工学的な検討も必要である．

〔渡辺政廣〕

→リフォーミング，COシフト反応

か

開環重合 ring-opening polymerization

環状化合物を開環させて直鎖上のポリマーを得る付加重合の一つの様式．次の一般式で表される．Xは，アルケン，O, N, S, P, Si などのヘテロ原子，およびこれらのヘテロ原子を含む官能基である．

$$n \, \overset{}{\underset{X}{\bigcirc}} \longrightarrow \{\!\!-\!X\!-\!\}_n$$

モノマーの開環重合性は，環のひずみと官能基あるいは原子Xの性質に支配される．他の重合反応と同様に生長種の構造により，カチオン重合*，アニオン重合*，ラジカル重合，配位重合*（アニオン・メタセシス）に分類される．工業的に用いられている開環重合には，エチレンオキシドやプロピレンオキシドのアニオン重合，テトラヒドロフランやトリオキサンのカチオン重合，ノルボルネンのメタセシス重合，ε-カプロラクタムの加水分解重合などがある．

開環重合では錯体触媒によるリビング重合の例が比較的多く，前周期遷移金属(Ti, Mo, W, Ta など)カルベン錯体*によるノルボルネンの重合，ランタノセンアルコキシドによるラクトンの重合，アルミニウムポルフィリン錯体によるエポキシドやラクトンの重合などがある．特に，アルミニウムポルフィリンのアルコキシド錯体によるエポキシドのリビング重合では，通常停止剤として用いられるアルコール，カルボン酸，塩酸などを添加すると単分散を保ったまま添加量に比例してポリマー鎖数が増加することから，イモータル(不死)重合(immortal polymerization)という概念が提案されている．これらの添加物と生長種との反応生成物であるアルミニウムポルフィリン錯体のアルコキシド，カルボキシラートおよび塩化物がいずれも速やかに重合を開始するとともに，新たに生成したポリマー鎖末端の水酸基が生長鎖と可逆的に交換することがイモータル重合を可能にしている．　　　　　〔塩野　毅〕
→開環メタセシス重合

開環メタセシス重合 ring opening metathesis polymerization

環状アルケンをメタセシス反応により開環重合させる反応を指し，英語名の頭文字をとって ROMP ともよばれる．反応機構はメタセシス反応とまったく同様でカルベン中間体に環状アルケンが反応して開環し，新たなカルベン中間体が生成するサイクルを繰り返して，炭素鎖が伸長する．

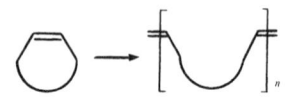

シクロペンテンやノルボルナジエンの ROMP により生成するポリマーは主鎖に C=C 結合を含むためにゴムとして利用されている．　　　　　　　　〔穐田宗隆〕

改質触媒　reforming catalyst →リフォーミング触媒

改質反応　reforming

　改質はリフォームの訳語である．価値に乏しい化合物の，変換反応を積極的に行い，より付加価値の高い化合物に変換する反応をリフォーミングという．石油精製業界とガス業界では，全く異なる反応を指して使われることが多いので，注意を要する．
　石油精製業界で使われる改質反応は（リフォーミング），n-アルカンなどを主成分とする直留ガソリンを，Pt 系の触媒を使って環化，異性化，芳香族化反応によって，オクタン価の高いイソアルカンや BTX（ベンゼン，トルエン，キシレン）などの芳香族分に富んだガソリン留分に変換することを意味している．化学原料用の BTX などの製造法としても利用される．
　一方，ガス業界で使われる改質反応は，炭化水素を水蒸気と反応させるので，水蒸気改質*といわれることが多い．この場合には，付加価値の乏しい炭化水素類を Ni 系の触媒を用いて水蒸気と反応させて水素や一酸化炭素，メタンなどを製造する反応をいう．この反応は，平衡に達する反応であるので反応条件である温度，圧力，それに C/H 比，H_2O/C 比が決まれば一義的に生成ガス組成は決まる．400〜600℃ の範囲では，平衡的に水素よりもメタンが主成分となるので，都市ガスを製造する場合に使われる．一方，水素の製造を目的にする場合には，800〜950℃ という高温で操作される．反応は吸熱反応であるため，熱を効率的に与える反応器の設計が必要となり，さらに，水素製造の場合には，高温に耐える反応器材料，また触媒の耐熱性などが要求される．触媒は通常耐火物セメントに活性成分の Ni を練り込んだものが使われる．

$$\diagdown\!\diagup\!\diagdown\!\diagup \xrightarrow[\text{Ni 系触媒}]{H_2O} CO, H_2, CO_2, CH_4$$

〔松本英之〕

→リフォーミング，リフォーミング触媒，水蒸気改質

外層担持　egg shell →エッグシェル

回分式反応器　batch reactor →回分反応操作

回分反応操作　batch operation

　反応器の操作方法による分類の一つ．反応操作は原料の供給方法によって，連続的に供給する流通系反応操作*と，必要な生成量を得るのに少量の原料を何度かに分けて反応させる回分反応操作に分類される．回分反応操作*には，撹拌槽型反応器の利用が一般的である．1 回の仕込みのことをバッチ（batch）ということから，バッチ操作とも

よばれる．不連続操作であり，いったん仕込んだ反応物は，反応終了まで反応器内にとどめておかれ，途中での追加や取出しは行わない．したがって，各バッチごとに原料から所定の反応率までの非定常の変化を繰り返す．このため，微分反応速度を反応開始から停止までの時間で積分して設計式を得る．多品種を少量ずつ同一の反応器を用いて生産するのに適しているが，各バッチごとに，反応の停止，生成物の取出し，装置の洗浄，新しい原料の仕込み，次のバッチの反応の開始，などの操作を繰り返す必要があるため損失は免れない．反応が急激に進行するような場合には，原料の一方を少量ずつ添加して反応を制御する半回分操作が採用される． 〔田川智彦〕

界面動電電位 electrokinetic potential →ゼータポテンシャル

解離吸着 dissociative adsorption

　分子が吸着する際，分子を構成する原子間の結合が切れて化学吸着*することをいう．例えば，H_2分子やO_2分子が室温以上の温度で金属表面に解離吸着する場合には，それぞれ二つのH原子および二つのO原子として表面原子と強い化学結合を形成する．分子間で原子の組み替えが起こる固体触媒反応では，解離吸着が必須である場合が多い．例として，COとH_2からメタンを合成する反応を示す．

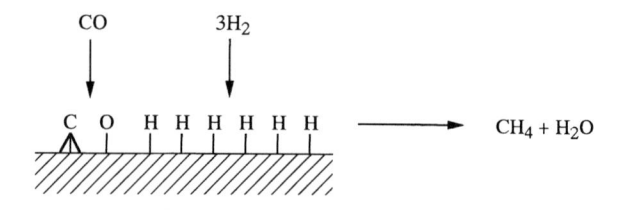

$$CO \quad 3H_2 \longrightarrow CH_4 + H_2O$$

〔大塚　潔〕

化学吸着 chemisorption, chemical adsorption

　吸着する原子または分子と吸着媒*の原子または原子団との間で化学結合をつくって吸着する場合をいう．化学吸着では，吸着原子(分子)と表面原子間に電子移行や電子共有が起こり，しばしば解離吸着*を伴う．一般の化学反応と同様な現象と理解してよい．化学吸着の吸着熱*は物理吸着*の場合よりもずっと大きく，化学反応熱と同程度の値150〜1000 kJ mol^{-1}をもつ．化学吸着は大きな活性化エネルギーをもつことが多いので，活性化吸着とよぶこともある．その吸着速度は温度の上昇とともに著しく速くなる．脱離の活性化エネルギーは通常吸着熱よりも大きいので，化学吸着分子(原子)の脱離には，高温排気，イオン衝撃などの特別な処理が必要となる場合が多い．物理吸着は，BET吸着のように，吸着層がしばしば数分子層の厚さになるが，化学吸着は単分子層吸着*で完結する．化学吸着の型(解離，分極，エンド-オン，サイド-オン，多点吸着，価数，イオン結合，共有結合など)は触媒の種類に著しく依存し，それゆえ

触媒活性・選択性*と化学吸着との間には密接な関連がある．化学吸着の型のいくつかの模式図を下に示す（Sは表面原子を意味する）．

H_2の化学吸着

$$\begin{array}{ccc} H^- \; H^+ & H \; H & H \\ | \;\;\; | & | \;\;\; | & \diagup \backslash \\ -S-S'- & -S-S- & -S\;\;S- \end{array}$$

COの化学吸着

直線型　架橋型　ツイン型　解離型

O_2の化学吸着

架橋型　π型　σ型　エンド-オン型　解離型
サイド-オン型

メタンの化学吸着

　A＋B→Cの化学反応において，触媒を用いると反応速度が速くなるのは，AまたはB，あるいは両者が化学吸着することにより，活性錯合体生成の活性化エネルギーを低下させるからである．したがって，化学吸着は触媒の作用のなかで，最も本質的な素過程一つである．　　　　　　　　　　　　　　　　　　〔大塚　潔〕

化学シフト（NMRにおける）　chemical shift

　核磁気共鳴（NMR）分光法で用いられる基本用語で，"化学的環境の変化によりもたらされる遮蔽の相対的変化"のこと．NMRスペクトルの横軸を表す無次元値で，観測する核周辺の化学的な局所環境を反映することから，分子構造を決める有力な手掛りとなる．

　NMRにおける外部磁場の強さ B_0 は，使用する機器に付属する超伝導磁石（SCM）に依存するので，異なる機器で得られるスペクトルを相互に比較する場合には，共鳴周波数の違いを B_0 で正規化する必要がある．すなわち核の周りの電子状態は，化学的環境の変化によって変わるので，核の位置の磁場強度が外部磁場強度と異なると共鳴周波数に違いが出てくる．そのラーモア周波数の差を表す値を化学シフトという．

　化学的環境の違いにより σ_0（基準物質），σ（測定対象物質）で与えられる異なった遮蔽定数をもつ二つの核が B_0 の中に置かれたとき，それぞれの核の共鳴周波数は，

$$v = (\gamma B_0/2\pi)(1-\sigma) \tag{1}$$

$$v_0 = (\gamma B_0/2\pi)(1-\sigma_0) \tag{2}$$

のように表されるので次式が成り立つ.

$$v - v_0 = (\gamma B_0/2\pi)(\sigma_0 - \sigma) \tag{3}$$

式(1), (3)から周波数変化の比は,

$$(v - v_0)/v = (\sigma_0 - \sigma)/(1 - \sigma) \tag{4}$$

ここで, $\sigma \ll 1$ であるから

$$(v - v_0)/v = \sigma_0 - \sigma \tag{5}$$

と簡単化される.すなわち周波数変化の比は二つの核の化学的環境の違いによる遮蔽の差に等しくなる.化学シフトはこの相対的な量のことを指し,その値は ppm で表される.例えば,9.4 T (B_0=94 kG; ^{1}H 基準で 400 MHz)の磁場強度をもつ NMR 装置で測定した ^{1}H-NMR スペクトルにおいて,ベンゼンと基準物質のテトラメチルシラン[TMS; $(CH_3)_4Si$]の ^{1}H 共鳴周波数の差が 2900 Hz とすると化学シフトは,

$$\delta = \{2900/400 \times 10^6\} \times 10^6 = 7.25 \text{ ppm}$$

となる.$v - v_0$ は NMR 装置の発振器の周波数により異なるが,δ は装置によらず同じ値になる.化学シフトのスケールについては下のような関係がある.

```
        低い遮蔽        高い遮蔽
        低磁場          高磁場
        高周波数        低周波数
        ─────────────────────────
            +δ              −δ
```

化学シフト値の精度は,NMR 装置のもつ分解能および測定モード(溶液/固体)に依存する.　　　　　　　　　　　　　　　　　　　　　　　　　〔中田真一〕
→核磁気共鳴,MAS NMR

化学修飾電極　chemically modified electrode ─────

　電極表面に機能物質を化学的な結合を介して固定化して特定の機能をもたせた電極を化学修飾電極あるいは広く機能電極という.機能物質の固定化法は多様で,真空蒸着などの物理的な方法のほかに,種々の化学的な固定化法がある.電極表面に例えば,(1)基板材料とは異なる原子を電気化学的に単原子層修飾する(アドアトム),(2)高分子を塗布あるいはモノマーを電解重合*などの方法で固定する,(3)シラン化合物などを表面の酸素原子と結合させる,(4)アミノ基を有する分子を表面のカルボキシル基とペプチド結合させる方法などさまざまある.特に最近では,(5)チオール基あるいはスルフィド基を有する分子を,チオレート基を介して結合させて単分子層を形成させる方法が注目されている.電極表面に固定する分子の他方の端に目的の機能部位を導入することで多様な機能がデザインできる.例えば,触媒機能,金属タンパク質などの電子移動反応の促進,分子の配向制御,親水性・疎水性などの表面物性の改変,分子・イオン認識,固定化分子の性質評価などなど,さまざまな機能をもつ電極が知られている.　　　　　　　　　　　　　　　　　　　　　〔谷口　功〕
→化学センサー

化学蒸着法　chemical vapor deposition ; CVD

　化学蒸着法は，気体原料あるいは気体原料と不活性気体の混合気体を加熱した基板上を通し，分解や酸化などの化学反応を経て，生成物を基板上に析出成長させ薄膜を作成する方法をいう．この方法では，金属，酸化物や炭化物など種々の物質を，高純度で合成でき，またその構造も非晶質から結晶質まで変えて合成できる．CVD 法においては熱化学反応が主であるが，プラズマおよび光エネルギーを加えることも行われる(それぞれプラズマ CVD および光 CVD といわれる)．原料気体としては，反応場以外では安定であり，十分な蒸気圧を有するハロゲン，水素，アルコール，アルキル基，シクロペンタジエニル，β-ジケトンなどと金属との化合物が用いられる．原料気体の圧力および気相や基材温度は成膜速度，生成膜の組成および構造に著しい影響を与える．例えば，反応成分の分圧を低下させるとエピタキシャル成長*が起こりやすく，圧力を増加させると多結晶膜が成長する．CVD 法のこれらの特徴は，触媒表面の改質や薄膜触媒作成において有用な方法となっている．　　　　　　　〔井上泰宣〕
→蒸着膜，触媒調製

化学センサー　chemical sensor

　センサー*のうち，化学物質の検出あるいは定量に用いられるもの．例えば，イオン選択性電極ともよばれ溶液中の水素イオンなどのイオン種の濃度を測定するイオンセンサー，酵素などを利用してグルコースなどの生体関連物質を識別，定量するバイオセンサー，気体中に含まれる成分ガスを検知，定量するガスセンサー*などが実用化されている．物理センサーとはちがって，化学センサーには目的の化学物質を識別する機能が不可欠である．このため，基本的な動作原理は目的物質と選択的に反応する，あるいは目的物質と接触することによって生じる特定の化学変化あるいは物理変化を検出，定量することにある．また，実用的には，測定濃度範囲，すなわちダイナミックレンジが広いことや妨害物質の影響が小さいこと，さらに耐久性，安定性などが要求される．
　イオンセンサーの多くはガラスや固体，液体などの薄膜の両側のイオン濃度の違いによって生じる電位差を検出する．膜の組成により検出する化学物質の種類が決まる．バイオセンサーでは，酵素，微生物，抗原，あるいは抗体などを膜中に固定し，これらが特定の化学物質と反応をしたときに生じる化学物質，熱，あるいは光などを検出，定量するものがほとんどである．特に水素イオン(ウレアーゼを用いる尿素センサー)や酸素(グルコースオキシダーゼや微生物を用いるグルコースセンサー)，過酸化水素(コレステロールオキシダーゼを用いるコレステロールセンサー)など，化学物質の発生や消費を利用して検出するものが多く，イオンセンサーやガスセンサーに固定化膜を組み合わせたものが主流であるが，電極に直接酵素などを固定し電気化学的に検出する方式も開発されている．いずれにせよ，最終的に電気化学的な検出を行う場合には，用いた酵素などが電極触媒として機能することになる．バイオセンサーは特定の化学物質に対する選択性が極めて高いため，目的物質以外に多くの物質が共存してい

ても高い応答性を示すが,逆に自然界に存在しない化学物質や必要な酵素などが単離されていない場合には作製することができない.ガスセンサーでは,半導体*などの固体素子への成分ガスの吸着*や表面反応,あるいは吸収や透過などの現象が利用され,素子の電気抵抗の変化(半導体素子を用いる一酸化炭素や二酸化窒素センサー),固体電解質*膜の両側の電位差(ジルコニア膜を用いる酸素センサー)を測定する場合や,高分子膜などのガス選択透過膜を通過した成分ガスを電解してその電流を測定する(酸素センサー)方式などがある.一般にガスセンサーでは成分ガスに対する選択性の向上が重要な開発課題である場合が多いが,数種のセンサーを組み合わせてその応答を解析することで,多成分のガスを同時に定量する試みもなされている.化学センサーとしては,上で述べた検出法以外には,化学物質の光吸収や発光を利用したものがあり,目的物質が特異的な吸収や発光を示す場合には感度良く検出できる. 〔大谷文章〕

化学選択性 chemoselectivity →官能基選択性

化学量数 stoichiometric number

逐次反応*の定常状態において,全反応が1回完結する間に,各素反応の起こるべき回数をいう.堀内は,化学量数が反応機構の決定の有効な手段であることを示した.命名も堀内による.

素反応 i の化学量数 $\nu(i)$ を用いて反応全体の正味の速度 V を表すと,
$$V=[v_+(i)-v_-(i)]/\nu(i)$$
$v_+(i)$,$v_-(i)$ は単位時間に素反応 i が正方向および逆方向に起こる回数である.反応による自由エネルギーの変化は,律速段階*でのみ起こる.律速素反応の自由エネルギー変化は,全体の反応の自由エネルギー変化 $-\Delta F$ を化学量数で除した値となる.反応全体の正逆速度の比,V_+/V_- は次式で化学量数と結ばれる.
$$V_+/V_-=\exp\{-\Delta F/\nu(r)RT\}$$
実験的には正逆両方向の速度の測定と $-\Delta F$ の値から $\nu(r)$ が決められる.多くの場合同位体追跡法で正逆速度が決められる.同位体が律速段階の素反応を経由しないで反応種と生成物の間を移動できるとき,上式から計算される $\nu(r)$ の値が非常に大きくなるので反応経路の判定にも使われる. 〔松島龍夫〕

可逆電極電位 reversible electrode potential

電極上で1種類の電極反応
$$p\mathrm{P}+q\mathrm{Q}=x\mathrm{X}+y\mathrm{Y}+ne^- \tag{1}$$
のみが進行している系で,電気化学的平衡状態が成立しているときの電極電位*をいい,平衡電極電位(equilibrium electrode potential)ともいう.標準電極電位 $E°$ は,電極反応に関与する化学種の活量がすべて1のときの可逆電極電位である.式(1)の反応において,化学種 P,Q,X,Y の活量をそれぞれ $a_\mathrm{P}, a_\mathrm{Q}, a_\mathrm{X}, a_\mathrm{Y}$ とすると,任意の活量における可逆電極電位 E は

$$E = E° + \frac{RT}{nF} \ln \frac{a_X{}^x a_Y{}^y}{a_P{}^p a_Q{}^q}$$

で表され，この式をネルンストの式(Nernst equation)とよぶ．ここに，R は気体定数，T は温度[K]，n は反応電子数，F はファラデー定数である． 〔井藤壮太郎〕

拡　散　diffusion

　触媒学の種々の分野に拡散現象が関係してくる．それらは，触媒反応の速度と細孔内拡散*の速度との比より生ずる触媒有効係数*や形状選択性*に関係する事項，ある活性物質上で生じた特定の化学種が担体の上に溢れ出す(スピルオーバー*)現象，触媒反応中に触媒自身が酸化，還元，硫化など相変化を起こすときの表面から固体内部への移動現象，金属触媒*がシンタリング*(金属粒子の成長)を起こすときの金属原子移動機構などである．

　拡散とは化学種の無秩序な動きの結果として全体としては濃度の勾配に比例した移動が生ずることをいう．どのような拡散現象でもフィック(Fick)の法則によってその速度が記述される．すなわち，J を拡散流束[mol m^{-2} s^{-1}]，D を拡散係数[m^2 s^{-1}]，C を濃度[mol m^{-3}]としたとき，$J = D dC/dx$ で記述される．拡散係数の値は分子拡散，クヌッセン拡散*，ゼオライト*のような制限された空間における拡散，液体中の拡散，固体内の拡散など拡散の状況によって大きく異なる． 〔新山浩雄〕

→細孔，分子拡散，境膜抵抗

拡散限界電流　diffusion controlled current

　電極表面で起きる反応物質へのあるいは反応物質からの電子の授受(酸化還元反応)が十分速いとき，バルク相にある反応物質の電極表面への拡散速度が電極上での電子授受の速度(単位時間当りの電気量すなわち電流)を決めるようになることがある．このときの電流を拡散限界電流あるいは拡散律速電流という．

　一般に反応物質は，拡散以外にも，電位勾配による電気泳動や溶液の対流によっても移動する．このため電子の授受速度が非常に速いときの電流は拡散以外に電気泳動や対流の影響を受けるが，電解液に多量の電解質が含まれている場合には電気泳動の影響は無視できるようになり，また溶液の流動がなく電極が静止している場合には対流の影響も無視できるようになり，観測された電流が拡散限界電流となるような条件をつくり出すことは困難でない．フィックの拡散第一法則を用いて，拡散限界電流を理論的に定式化したものをイルコビッチ式といい，それによると，拡散限界電流値は反応物質の濃度に比例し，拡散定数の平方根に比例する．ポーラログラフィーは拡散限界電流が反応物質の濃度に比例することを利用しており，定量分析法として重要であった時代があった． 〔井藤壮太郎〕

拡散反射法　diffuse reflectance spectroscopy

　触媒や有機物質などの粉体など，光学的に粗な面をもつ試料に対して行われる分光

法である．拡散反射法は主に，紫外可視光あるいは赤外光を透過せず，透過法ではスペクトルが得られない試料に対する分光法として有効である．得られたスペクトルはKubelka-Munk(KM)理論の下に，試料濃度に比例したスペクトルに変換され，スペクトルの定量的な取扱いができるようになる．この理論は，試料の散乱係数が一定であるという仮定の下に成り立っているが，実際の試料の散乱係数は粉体の粒径，形状，充塡密度などに大きく影響されるため，必ずしも一定ではない．したがって，定量的にスペクトルを扱おうとする際には，測定の条件をそろえておくことが必要がある．

〔野村淳子・堂免一成〕

→紫外可視分光法，赤外分光

核磁気共鳴　nuclear magnetic resonance

液体ないし固体物質の着目する元素周りの化学的な局所環境を調べる手法で，外部磁場中の核磁気モーメントのゼーマン分裂により生じたエネルギー準位間の共鳴遷移を利用した分光法．

NMRの起源をどこにおくかについては議論はあるが，最初は原子核物理学の実験手段として使われた．1920年代初めにSternとGerlachは，不均一磁場中の原子線が磁場に対する電子の磁気モーメントの配向に応じて曲げられるという結果を示した．その後1939年にRabiらは，水素分子線を最初不均一磁場に置き，次いで均一磁場に通して分子にラジオ周波数の電磁エネルギーを与えると，ある特定の周波数で分子線によるエネルギーの吸収が起こり，測定可能な分子線の微小な振れが生じることを示した．これが初めての"核磁気共鳴"の観測であるが，このような研究は高真空下での分子線だけでなされ，そこではNMR信号の検出ではなく，原子核の磁気モーメント測定のための手段として利用された．日本でRabiらのこの実験を紹介したのは湯川秀樹であり，『原子および宇宙線の理論』の著書の中で磁気的共鳴法という訳語で1942年に登場している．その後1945年にPurcellらは液体の水を，Blochらは固体アルカンをそれぞれ試料として最初のNMR信号を検出した(論文発表はともに1946年)．

"物理で生まれて化学で育った"といわれるNMR法は，装置および解析技術の目ざましい進歩に伴い，幅広い分野で化学構造解析，物性研究，品質管理，病理診断などの手段として活用されている．触媒研究では，固体触媒に対するMAS法を併用する固体高分解能法，^{129}Xe-NMRなどの固体広幅法，スピンエコー法，イメージング，および反応・生成物や均一系触媒に対する溶液法の利用などがあげられる．

NMRの測定が可能な同位体元素の原子核は一つの小さな磁石のような性質をもっている．例えば，質量数1の水素原子は原子核と電子1個からなり，原子核は陽子(プロトン)1個だけである．このように奇数個の陽子をもつ原子核(以下核という)は磁気モーメントをもち，核スピンとよばれる．この小磁石(核スピン)を磁場の中に置くと，回っている独楽に起こるような運動(ラーモアの歳差運動)が起こる(図1)．この回転運動の周波数をラーモア周波数といい，NMRの共鳴周波数νに相当する．歳差運動

の角速度 ω,外部磁場の強さ B_0 および核磁気回転比 γ には次の関係が成り立つ.
$$\nu=\omega/2\pi=\gamma B_0/2\pi$$

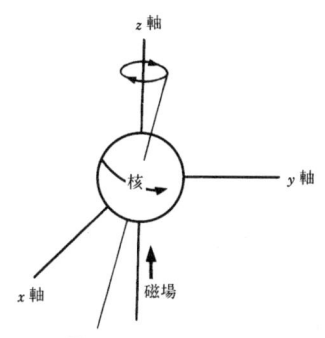

図1 核スピンの歳差運動

一方,磁場中に置かれた大きさ μ の核磁気モーメントは,
$$E=\mu B_0$$
で表されるエネルギーをもつ. μ は,
$$\mu B_0=m\gamma h B_0/2\pi$$
で表される.ここで,m は I,$I-1$,$I-2$,…,$-I$ である.h はプランクの定数,I は核スピン量子数,例えば ^{1}H では $I=1/2$ なので,$m=-1/2$ と $m=1/2$ の二つの値をとる.

外部磁場のないときには,核スピンはランダムな方向を向いており,それを磁場の中に入れると $I=1/2$ の場合,二つの配向をとり,二つの異なるエネルギー準位(α, β 準位)に分裂する.これをゼーマン分裂という.それぞれのエネルギーは,^{1}H を例にとると次のように表される.
$$E_\alpha=(-1/2)\gamma h B_0/2\pi$$
$$E_\beta=(1/2)\gamma h B_0/2\pi$$
これらは外部磁場と平行で同じ方向(α)と反対方向(β)核磁気モーメントである.ゼーマン分裂の間隔の大きさをゼーマンエネルギーといい,
$$\Delta E=E_\beta-E_\alpha=\gamma h B_0/2\pi$$
で表される(図2).そのときのエネルギー差,ΔE と共鳴する周波数の電磁波を照射するとエネルギーの吸収が起こるので,ラジオ波のエネルギーを $h\nu$ とすると,
$$h\nu=\gamma h B_0/2\pi \quad \text{すなわち} \quad m=\gamma B_0/2\pi$$
となる.つまり共鳴周波数 ν[Hz]のラジオ波を照射したときにエネルギーの吸収が起こる.その共鳴吸収の起こる周波数は,同種の核であっても,局所環境,特に電子密度や近接する他の原子核の有無によって変化し,化学シフト*の違いとして表される.それを利用して分子の構造や状態に関する情報が得られる.また固体では,観測核周りの運動性や対称性によって信号の線形が変化する.NMR スペクトルから得られる基本情報は,化学シフト,スピン-スピン結合定数および緩和時間である.化学シフト

は，核の周りの電子による磁気遮蔽のために生じる共鳴周波数の変化であり，化学結合の違いによって変化する．スピン-スピン結合定数は，分子内の結合電子を通した隣接核どうしの相互作用により信号が分裂する現象であり，結合電子の性質に依存する．磁気モーメントをもつ分子の集合体を磁場の中に入れると，平衡状態に達するまでに一定の時間を要するが，その時定数が緩和時間である．

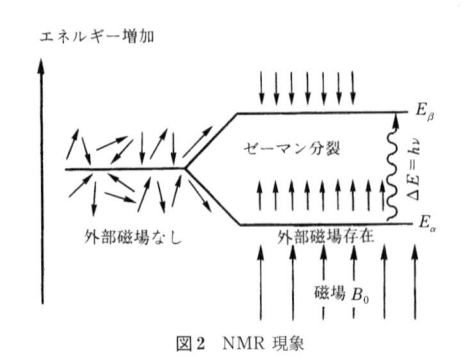

図2 NMR 現象

　NMR 装置は一般に，分光計，超伝導磁石，試料回転部(共鳴中心)をもつ各種プローブヘッド，エアコンソール，温度可変装置，固体試料測定用のパワーアンプ，データ処理システムなどから構成される．装置固有の磁場強度 B_0 の単位はT(テスラ)で表され，1 T は ^{1}H の共鳴周波数で 42.6 MHz に相当する．
　^{1}H，^{13}C 核以外の核種を他核(other nuclei)または多核(multinuclei)とよぶ．最近では後者の呼び方が一般的である．NMR では，信号の検出感度 S は，次式に示すように，試料中の核スピン濃度 N に比例する．
$$S = I(I+1)\nu_0^3 N$$
ここで，ν_0 は共鳴周波数．N は観測核の天然存在比 a と試料溶液の濃度によって決まるので同位体化合物による濃縮(enrichment)，試料の高濃度化，強磁場測定が有利となる．信号の検出しやすさは，^{13}C の感度を基準にした相対感度(relative receptivity) R' が目安とされることが多い．
$$R' = [I(I+1)/(1/2)(1/2+1)][\nu_0/\nu_{^{13}C}]^3[a/a_{^{13}C}]$$
　一方，$|I|>1/2$ の核(四極子核)では核四極モーメント Q が存在し，速い核四極緩和によって信号の線幅が広がり，見かけ上検出感度が低下する．四極子核における線幅広幅化因子(line width factor; LW)は次式で与えられ，信号観測の難易度の目安となる．
$$LW = (2I+3)Q^2/I^2(2I-1)$$
LW が小さいほど線幅の狭い信号を与えるため観測しやすいことになる．
　このほか，磁気回転比 γ が小さく低周波数側で共鳴する $|I|=1/2$ 核，^{103}Rh，^{57}Fe，^{183}W，^{109}Ag などについては，低感度で緩和時間が長いので，^{1}H や ^{31}P などの高感度核との相互作用を利用する INEPT(insensitive nuclei enhanced by polarization

transfer)法を用いて積算を効率化する方法が有効である．$|I|>1/2$ の低感度核種については，多数回の積算を行うことになる．

触媒研究への NMR の応用は，多核種 NMR と MAS 法を併用する固体高分解能 NMR の適用で幅広い展開をみせている． 〔中田真一〕

→ MASNMR

過　酸　peroxy acid　→ペルオキシカルボン酸

過酸化アシル　acyl peroxide　→アシルペルオキシド

過酸化水素酸化　oxidation with hydrogen peroxide

　過酸化水素を酸化剤に用いる酸化反応の総称である．触媒として強酸，強塩基，金属触媒が用いられる．過酸化水素は酸化反応後，水となり副生成物を生じないので環境上有利な酸化剤である．高濃度の過酸化水素は爆発の危険性が高いため注意する必要がある．また，反応後は過酸化水素が残存していないことを確認する必要がある．

　過酸化水素酸化は触媒の有無や種類によって異なる機構を経由して起こる．硫酸などの酸触媒を用いる場合，過酸化水素の酸素原子に対して基質が求核攻撃することで反応が進行する．カルボニル基がある基質では，プロトン化されたカルボニルに対して過酸化水素の酸素原子が求核攻撃して反応が進行する．水酸化ナトリウムなどの塩基を触媒に用いる場合，HOO^- が基質に対して求核攻撃して反応が進行する．

　触媒としては，Ti, V, Mo, W, Fe, Mn, Ru, Pd, Pt などの遷移金属錯体や W, Mo などのヘテロポリ酸などが用いられる．これらの反応では，反応活性種として金属ヒドロペルオキシド錯体(M-OOH)，金属オキシド(M=O)，ヒドロキシルラジカル(・OH)などが生成するとされている．

　Mo や W 錯体，あるいはヘテロポリ酸を触媒とするアルケンのエポキシ化がよく用いられている．$MeReO_3$ を触媒とするエポキシ化反応は高効率である．酸化される基質はアルケンに限らず，アミン，スルフィド，アルコール，さらには芳香族化合物等々がある．また，不斉配位子をもつ金属錯体触媒を用いることで不斉酸化反応を行うこともできる．

　工業的には，繊維などを薄い過酸化水素水に浸し，50℃以上で処理する漂白法や殺菌などに用いられている．生体内でも過酸化水素酸化が起こっている．分子状酸素から生成するスーパーオキシドをスーパーオキシドジスムターゼが不均化することで過酸化水素が生成し，さらに Fe 錯体との接触分解によってヒドロキシルラジカルが生成し，これにより DNA やタンパク質，ペプチドの損傷や分解が起きている．

〔村橋俊一〕

過酸化水素の合成　synthesis of hydrogen peroxide

　過酸化水素は現時点ではもっぱら AQ(アントラキノン)法でつくられているが，水

素の直接酸化による方法も，工業化が検討される段階にまで研究が進展している．

AQ 法では，作動液(working solution)中の2-アルキル-9,10-アントラキノンを75℃以下，水素圧力 0.1〜0.4 MPa 条件下，主として Pd 触媒存在下で水素化してヒドロキノンとする．触媒を除いたのち(触媒が存在していると生成した過酸化水素が分解する)，ヒドロキノンを含む作動液を酸素含有ガス(通常は空気)で酸化するとキノンに酸化され同時に過酸化水素が生成する．過酸化水素を作動液から水で抽出し，蒸留して 50〜70 % の工業用過酸化水素を得る．キノンを含む作動液は水素化工程に循環される．反応は何れも発熱で，元素からの過酸化水素の生成熱の 55 % が水素化工程で残りは酸化工程で発生する．AQ 法は作動液を媒体として，ガス状の水素と酸素から過酸化水素を合成しているといえる．活性キノンの種類，水素化触媒，作動液の溶媒の組合せで特徴あるプロセスが成立している．

$$H_2 + O_2 \longrightarrow H_2O_2 \quad 189 \text{ KJ mol}^{-1}$$

水素化工程では，アントラキノン環への水素化が起こる．

(III)も酸化工程で2-アルキル-5,6,7,8-テトラヒドロアントラキノン(「テトラ」)(IV)と過酸化水素に酸化される．「テトラ」は(I)よりも水素化されやすいので「テトラ」の生成を積極的に抑制しないと活性キノンがすべて「テトラ」になる全テトラ系プロセスとなる．水素化条件を温和にして「テトラ」の生成を抑制し活性キノンが2-アルキル-9,10-アントラキノン(I)のアントラ系プロセスは酸化工程がテトラ系に比

べて速い特徴がある．

　水素化触媒はスラリー状態の使用が多く，固定層の例もある．Pd 触媒が主で，金属あるいは担持触媒で使用される．溶媒は反応に安定で，キノン，ヒドロキノンの溶解度が高く，かつ過酸化水素を水で抽出しやすいことが要求され，炭化水素と極性溶媒の混合溶媒が使われる．

　ガス状水素の酸素による直接酸化法は，触媒を含む水溶液中に水素と酸素含有ガスを吹き込む方式が有望である．Pd 触媒を用い，生成した過酸化水素の水素化分解の抑制に臭素イオンを使うことで大きく進歩した．しかし実用化には，生成速度をいちだんと高める触媒の開発が必要である．　　　　　　　　　　　　　　〔小松　真〕

火山型活性序列　volcano-shaped activity pattern ────────────

　触媒活性(反応速度)を触媒反応の中間体の安定性に対して，プロットすると，しばしば山形のグラフが得られる．触媒活性と中間体の安定性との間に成立するこの関係を火山型序列という．Balandin は，1956 年，酸化クロム上の炭化水素の脱水素，アルコールの脱水および脱水素をモデルとして，活性化エネルギー*と触媒表面と中間体との間の結合エネルギーとの間には，火山型の関係(volcano-shaped curve)が成立することを提唱した．実験的には，1960 年，Sachtler らが，各種の金属のギ酸分解活性をギ酸金属塩の生成熱に対してプロットして，火山型の関係があることを見いだした(図参照)．ここでは，反応中間体がギ酸塩に近い形であると想定し，ギ酸塩の生成熱が反応中間体の安定性の尺度として採用されている．Sachtler らの報告以後，「火山型」の用語は，サバティエ(Sabatier)の原理「反応物質と触媒との結合が強すぎても，弱すぎても触媒活性はない」の一つの表現であるとして，急速に広まった．その後，火山型活性序列は，各種の反応で成立することが見出され，触媒選択の指針としても利用され

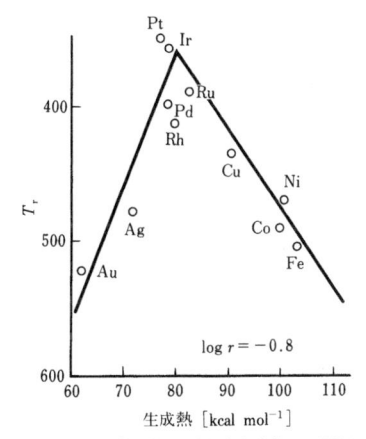

金属のギ酸分解活性とギ酸塩生成熱との関係
(縦軸は分解速度がある一定速度に達する反応温度をとってある)

てきた．中間体の安定性の尺度（横軸）としては，反応に応じて，金属酸化物や塩化物の生成熱，金属イオンの電気陰性度，酸化還元電位などが採用されている．また，選択性と中間体の安定性の間にも同様の関係が成立する場合もある．火山型活性序列は，堀内-ポラニ則，直線自由エネルギー関係の典型例として，理論的に説明される．

〔土屋 晋〕

→直線自由エネルギー関係

加水分解　hydrolysis

$$R-C\underset{Y}{\overset{O}{\Vert}} + H_2O \underset{}{\overset{-YH}{\rightleftharpoons}} R-C\underset{OH}{\overset{O}{\Vert}}$$

$Y = OR', NR_2', Cl, Br, OCOR'$

エステル，アミド，酸ハライド，酸無水物などが水と反応してカルボン酸をつくる反応．エステルの加水分解をけん（鹸）化（saponification）ともいうことがある．反応は，酸および塩基によって触媒される．塩基は水酸基としてカルボニル炭素に求核的に付加することで，酸はカルボニル酸素に付加してカルボニル炭素が求核的な攻撃を受けやすくなることで反応を促進する．反応性をYの順にならべると，ハロゲン，OCOR′＞OR′＞NR₂′となり，酸ハライドや酸無水物の加水分解は容易に進行する．エステルの加水分解には触媒が必要であり，アミドの加水分解では高濃度の触媒や高温を必要とする．また触媒の種類やRやR′によって反応性が大きく変わる．Rがアルキル基の場合，電子供与性がメチル＜エチル＜イソプロピル＜t-ブチルの順に大きくなるためカルボニル炭素の求電子性が減り，塩基触媒ではこの逆の順に速度が大きくなり，酸触媒で速度はこの順となる．ニトリル（R-CN）を加水分解すると条件によっては，YがNH₂であるR(CO)NH₂を生成する．

油脂はグリセロールと脂肪酸のエステルであり，加水分解で得られる脂肪酸は塗料，ニス，石鹸，洗剤として幅広く使われている．

固体触媒として，ニオブ酸やヘテロポリ酸が検討されている．　〔大西隆一郎〕

ガスセンサー　gas sensor

ガスセンサーは気体中に含まれる特定の成分ガスを適当な信号として検出するデバイスであり，機能的には成分ガスが有する化学的性質を識別し，感知する機能（分子識別機能）と電気信号（光信号）に効率よく変換する機能（信号変換機能）からなっている．成分ガスの識別には，吸着*，反応，発光などのガスの化学的性質が利用されることが多く，信号への変換には，電池起電力のようにガスとの接触によって直接センサー信号が得られる直接方式や電気抵抗などの材料物性やトランジスター特性などのデバイス特性がガスとの接触によって変化することを利用して間接的にセンサー信号へ変換する間接方式がある．

表に代表的なガスセンサーの種類と原理を示す．現在のガスセンサーの先駆けとな

ったのは，1969年に世界で初めて日本で実用化された半導体ガスセンサーであり，可燃性ガス漏れ警報器をはじめ，種々の用途に用いられている。1970年代には，自動車排ガス浄化システムにジルコニア酸素センサーが，また電子レンジの自動調理システムにセラミック湿度センサーが用いられるようになった。現在，対象ガス種としては，酸素，水蒸気(湿度)をはじめ，水素，メタン，エタンなどの一般可燃性ガス，炭素酸化物，塩化水素，アンモニア，窒素酸化物，硫黄酸化物，フロンなどの有毒および環境関連ガス，硫化水素，メチルピラジン，トリメチルアミンなどのにおいや鮮度に関連するガスなど多種多様である。以下に，最も重要な半導体ガスセンサーと固体電解

ガスセンサーの種類

ガスセンサーの種類		信号発生に用いられる物性，特性	検知材料	対象ガス
半導体センサー	表面制御型	電子(正孔)伝導度	SnO_2, ZnO, In_2O_3, WO_3, WO_3-SnO_2, CuO-SnO_2, Au-WO_3, Rh-WO_3, Fe_2O_3, ポルフィリン，フタロシアニンなど	可燃性ガス(H_2, 炭化水素，アルコールなど), CO, O_2, NH_3, H_2S, NO, NO_2, SO_x, O_3, においなど
	バルク制御型		TiO_2, Nb_2O_5, $SrTi_{1-x}Mg_xO_3$, γ-Fe_2O_3, $Ln_{1-x}Sr_xCoO_3$ など	O_2, LPG, アルコールなど
固体電解質センサー		電池起電力，限界電流，混成電位	NASICON, Na-β/β'' アルミナ Y_2O_3-ZrO_2, MgO-ZrO_2 $Sb_2O_5 \cdot H_2O$, LaF_3, $PbCl_2$, $PbBr_2$ など	O_2, H_2, CO, H_2O, CO_2, NO, NO_2, SO_x, Br_2, Cl_2, H_2S など
湿度センサー		イオン伝導度，電子伝導度，静電容量	$MgCr_2O_4$-TiO_2, 有機系ポリマー MgF_2O_4 アルミニウム陽極酸化膜	H_2O
FETセンサー		トランジスター作用	Pd-MISFET	H_2, C_2H_4 など
圧電体センサー		共振周波数	ピエゾ素子+吸着媒	H_2O, SO_x, NH_3, NO_2, H_2S, スチレンなど
		表面弾性波	SAWデバイス($LiNbO_3$など)+吸着媒(WO_3, フタロシアニンなど)	
接触燃焼式センサー		燃焼熱	Pt (Pd, Rh)+活性アルミナ	可燃性ガス(H_2, 炭化水素，アルコールなど)
電気化学式センサー	定電位電解型	電解電流	ガス透過膜/電解液/ガス透過膜	CO, O_2, O_3, NO, NO_2, SO_x など
	ガルバニ電池型	限界電流	卑金属(Pb)/電解液/酸素電極	O_2
光ファイバーセンサー		光吸収 蛍光(発光，消光)	光ファイバー+反応層(Eu-$BaSO_4$, 色素-高分子系, Au-Co_3O_4 など)	H_2, CO, O_2, CO_2, H_2O, NH_3, アルコールなど

質ガスセンサーについて，原理と特徴を略述する．

半導体ガスセンサー(semiconductor gas sensor)は，ガスとの相互作用が半導体表面にとどまるもの(表面制御型)とバルクにまで及ぶもの(バルク制御型)に大別される．表面制御型センサーには，空気中でガスの吸着や反応を可逆的に行わせるために，ある程度の高温(100～500℃)が必要であり，主に酸化物半導体の焼結体が用いられる．この多結晶体表面では，酸素のように電子受容性の強いガスが半導体の電子を奪って負電荷吸着種を生成し，空間電荷層(空乏層：L)が形成される．可燃性ガスが接触すれば，吸着酸素が反応消費されるので，電子欠乏状態が緩和され，酸素よりも電子受容性の強い非可燃性ガスが接触すれば，電子欠乏が助長される．一方，これに伴い結晶子間の粒界ポテンシャルが変化するので電子輸送の抵抗(電気抵抗)が変化することになる(図)．また，酸化物半導体微粒子表面に Pd などの貴金属微粒子を微量分散させれば，表面の分子識別機能が大幅に改善され，センサー機能が向上することが多くの系で見出されている．一方，バルク制御型センサーでは，雰囲気の平衡酸素分圧により酸化物半導体の非化学量論組成(格子欠陥*)が可逆的に変化する系や酵素存在下においても可燃性ガスによりバルクが部分的に還元されやすい系を用いている．

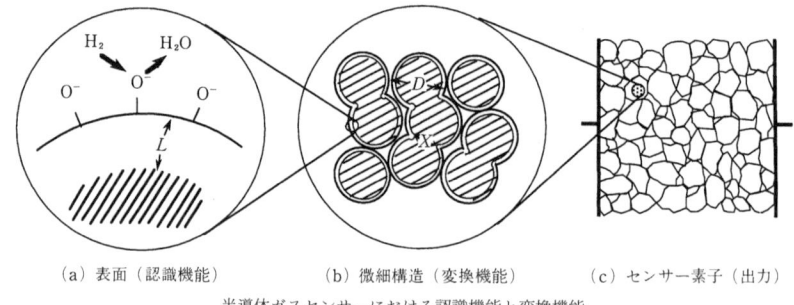

(a) 表面（認識機能）　　(b) 微細構造（変換機能）　　(c) センサー素子（出力）

半導体ガスセンサーにおける認識機能と変換機能

固体電解質*を用いて電気化学セルをつくり，目的のガスを検出するセンサーは固体電解質ガスセンサー(solid electrolyte gas sensor)とよばれ，起電力式と限界電流式に分けられる．起電力式ガスセンサーでは，固体電解質を用いたガス濃淡電池(式(1))において起電力が二つの電解質/電極界面における導電イオンの化学ポテンシャル差に等しいという原理に基づいている．したがって，一方の界面のガス分圧を固定(基準：P_I)にしておけば，起電力から他方の界面のガス分圧(P_II)を知ることができる．起電力はネルンストの式(2)に従い，一般にガス濃度の対数に比例するので，広い濃度範囲でのガス検出に適している．

$$P_\mathrm{I},\ \text{電極 I}\,|\,\text{固体電解質}\,|\,\text{電極 II},\ P_\mathrm{II} \qquad (1)$$

$$E = E_0 + \frac{RT}{nF}\ln\left(\frac{P_\mathrm{II}}{P_\mathrm{I}}\right) \qquad (2)$$

R は気体定数，T は絶対温度，n は反応電子数，F はファラデー定数．

限界電流式センサーでは，固体電解質セルの検知極上に適当なガス拡散層を取り付け，外部電圧を印可して電気化学ポンプ作用を起こさせ，検知極のガス供給が律速となったときの限界電流を信号として用いる．この限界電流値はほぼガス濃度に比例するので，狭い濃度範囲で高精度のガス検出が可能である．この方式を利用したのが，安定化ジルコニアを用いた酸素センサーである．また近年，Na^+ 導電体(NASICON など)や O^{2-} 導電体(安定化ジルコニアなど)などの固体電解質をベースとして，これに無機酸素酸塩(一種のカチオン導電体)を補助相として結合した新しいタイプの固体電解質ガスセンサーが報告されている．例えば，NASICON と炭酸ナトリウムを結合すれば CO_2 センサーとなる．このセンサーは，原理的には式(3)

$$O_2, Au | NASICON | Na_2CO_3 | Au, O_2 + CO_2 \qquad (3)$$

|←―――――――→|←―――――――→|
　　(Na^+ 導電体)　(Na^+ 導電体)
|←―――――――→|←―――――――→|
　　酸素感応性電池　　CO_2 感応性半電池

のように表され，NASICON(固体電解質)が主体となる酸素感応性半電池(左側)と Na_2CO_3(補助相)が主体となる CO_2 感応性半電池(右側)を結合したものと考えることができる．この原理を用い，CO_2 をはじめ NO_2, NO, SO_2 などを対象とする新しいセンサーが見出されている．　　　　　　　　　　　　　　　　〔山添　昇〕

→化学センサー，センサー

カソード反応　cathodic reaction

電気化学システムにおいて，電流が電解質側から電極側に流れる(電子はその逆方向)反応，すなわち電気化学的還元反応をカソード反応という．例えば，酸素のカソード反応は次式で示され，この反応場となる電極の触媒特性が，反応機構および反応速度に大きく影響する．

$$\tfrac{1}{2}O_2 + 2H^+ + 2e^- \longrightarrow H_2O$$

カソード反応が起こる電極を，電気分解の場合には陰極，電池の場合には正極，腐食反応の場合はカソードという．実用的には，食塩電解工業および水電解における水素の発生(例えば Fe-Ni 系触媒電極)，アクリロニトリルの電解二量化によるアジポニトリルの製造(Pb 系触媒電極)，燃料電池*における酸素の還元(例えば Pt 系触媒電極)などが重要な反応と触媒である．　　　　　　　　　〔高須芳雄〕

→アノード反応

ガソリンの製造　production of gasoline

ガソリンは，炭素数 4〜10 の範囲，沸点がおよそ 30〜220°C の炭化水素から構成されており，自動車ガソリン，航空機ガソリンおよび工業ガソリンに分けられる．需要が最も多いのは自動車ガソリンで，オクタン価，蒸気圧，硫黄，ガム類などの不純物，酸化安定性などが規定されており(JIS K 2202)，リサーチ法オクタン価(RON)によっ

てレギュラーガソリン(RONが89以上)，プレミアムガソリン(RONが96以上)の2品種が製造されている．

自動車用ガソリンは，常圧蒸留による直留ガソリン，接触改質法(リフォーミング)による改質ガソリン，接触分解法*による分解ガソリン，イソブタンとオレフィンガスのアルキル化*によるアルキレート，異性化，水素化分解などからのガソリン留分と，オクタン価調整のためのMTBEなど含酸素炭化水素類を調合してガソリン製品となる．各種ガソリン基材の性状は原料，その製造条件により異なる．直留ガソリンはパラフィン分が多いので，オクタン価は低い．これに対して，水素化脱硫*されたナフサ留分を原料とする接触改質ガソリンは芳香族に富み，リサーチ法オクタン価(RON)が100から105の製品が得られ，自動車ガソリンに最も多く調合されている．また，重質油を原料とする接触分解法(FCC)による分解ガソリンはオレフィン，芳香族を多く含み，RONが90～93の経済性が高い製品で，改質ガソリンに次いでガソリンへの混合量が多い．ガソリン中のベンゼン含有量規制(5 vol.%以下)にともなって，オクタン価*の高い含酸素炭化水素類(MTBEやTAME)がガソリンへ添加されている．自動車ガソリンへの含酸素化合物の添加量は7 vol.%以下と規定されている(JIS K 2202-1996)． 〔西村陽一〕

硬い塩基 hard base → HSAB

硬い酸 hard acid → HSAB

カタラーゼ catalase

過酸化水素の分解($2H_2O_2 \rightleftarrows 2H_2O+O_2$)を触媒する酵素(EC 1.11.1.6)．また，ギ酸，エタノール，チオール化合物などが水素供与体(AH_2)となりペルオキシターゼ活性($AH_2+H_2O_2 \rightleftarrows A+2H_2O$)も有する．嫌気性細菌を除くほとんどすべての生物に存在する．好気的環境に生存する生物体内に生成する過酸化水素の分解，無毒化に関与する．ウシ肝臓のカタラーゼ(分子量248,000)は同一サブユニットからなる四量体であり，1分子中に4個のフェリプロトポルフィリンIX-鉄(ヘム)基を含むヘムタンパク質であるため，629,540,500,405 nm付近に吸収極大を有する．他のカタラーゼも非常によく似た構造をもつ．カタラーゼの代謝速度は非常に速く($44,000\ s^{-1}$)，反応は拡散律速である．アスコルビン酸，硫化水素，シアン化水素，アジ化ナトリウムなどで阻害されるほか，酸によってもヘムの解離が起こる． 〔大倉一郎〕

カチオン重合 cationic polymerization

正電荷を帯びた生長種がモノマーに求電子付加*を繰り返すことにより進行する重合反応．電子供与性の置換基を有するビニルエーテル，N-ビニルカルバゾール，イソブテンならびにブタジエンやスチレンの誘導体などの共役ジエンがカチオン重合する代表的モノマーである．CF_3SO_3HやHClO$_4$などの超強酸やBF$_3$，AlCl$_3$，SnCl$_4$，

TiCl₄, SbCl₅ などのルイス酸が開始剤として用いられるが，後者では水，アルコール，プロトン酸などプロトンを放出しうる化合物やハロゲン化アルキルのようにカルボカチオンを与える化合物を必要とする．ビニルモノマーのカチオン重合では炭素カチオンの不安定性と対アニオンの求核性により，β位の水素の引抜きによる連鎖移動反応や停止反応などの副反応が起こりやすい．一般にハロゲン化アルキルとルイス酸の組合せでできる活性種の対アニオンは求核性が低くポリマーを与える場合が多い．ブチルゴムは，塩化メチル中 $AlCl_3$ 触媒を用いて $-100°C$ でイソブテンを重合することにより製造されている．

　生長鎖の炭素カチオンを対アニオンで安定化することにより，リビング重合が達成されている．第三級のエステル，エーテルあるいはアルコールと BCl_3 を組み合わせた開始剤系やヨウ化水素-ヨウ化亜鉛系のようなプロトン酸と弱いルイス酸を組み合わせた開始剤系は，それぞれ，イソブテンやビニルエーテルのリビング重合を進行させる．エステルやスルフィドなどの塩基を添加することにより生長鎖を安定化することも可能である．

　環状エーテル，環状アミン，環状スルフィド，ラクトンなどの環状モノマーもカチオン機構により開環重合*する．トリオキサンとエチレンオキシドや1,3-ジオキソランとのカチオン開環重合はアセタール樹脂の工業的製法として重要である．

〔塩野　毅〕

活性化エネルギー　activation energy

　化学反応において，原系の反応分子がポテンシャルエネルギーの最も高い遷移状態を経て生成系に移る場合，この遷移状態を越えるのに必要なエネルギーの最小値をいう．化学反応の速度定数 k と反応の絶対温度 T との間にはアレニウス式*，

$$k = A\exp(-E^0/RT)$$

が成り立つ．ここで，A は頻度因子および R は気体定数である．このアレニウス式の定数を活性化エネルギー E^0 といい，反応に固有な値となる．素反応に対し遷移状態理論*を用いると，定圧下の反応速度定数 k は

$$k = \kappa(k_B T/h)\exp(\Delta S^*/R)\cdot\exp(-\Delta H^*/RT)$$

で表される．ここで，κ は透過係数，k_B はボルツマン定数，h はプランク定数 ΔS^* は活性化エントロピー*，および ΔH^* は活性化エンタルピー*である．アレニウス式における活性化エネルギー E^0 と ΔH^* との関係は，$E^0 = \Delta H^* + RT$ となる．多くの反応では RT は ΔH^* に比べ小さいので，E^0 は活性化エンタルピーにほぼ等しい．触媒反応においては，反応はいくつかの素反応から成り立っており，全反応の速度定数は，この素反応の速度定数の組合せからなる．したがって，アレニウス式から求めた活性化エネルギーは見かけの活性化エネルギー E_a となり，触媒反応の律速段階の活性化エネルギーとその前段階の擬平衡反応熱の代数和で与えられる．例えば，触媒表面上の反応において，1種類の反応分子を原系とし，その表面反応が律速段階*とすると，表

面への吸着が弱い場合には，見かけの活性化エネルギー E_a は，表面反応の活性化エネルギーを E_t，また原系の反応分子の吸着熱*を Q とした場合に，$E_a = E_t - Q$ となる．したがって，原系の反応分子のエネルギーを基準とした見かけの活性化エネルギーは負の値をとる場合も起こる．原系が2種類の場合も同様である．例えば，ニッケル表面上でのブテンの水素化反応において，反応温度 373 K 以上では，見かけの活性化エネルギーは $-23\ \mathrm{kJ\ mol^{-1}}$ と負の値となる．この温度域では，律速段階が，吸着ブチル基と吸着水素原子の反応であり，前段階の吸着熱が寄与するため，見かけの活性化エネルギーが負の値になると説明されている．　　　　　　　　　　　〔井上泰宣〕
➡活性化エントロピー，活性化エンタルピー，衝突理論

活性化エンタルピー　enthalpy of activation

　活性化熱ともいわれる．化学反応における反応の原系と遷移状態とのエンタルピー差であり，化学反応の遷移状態理論*において，活性化エンタルピー ΔH^* は定圧下の反応速度定数 k を表す式に以下のように含まれる．
$$k = \kappa (k_B T/h) \exp(\Delta S^*/R) \cdot \exp(-\Delta H^*/RT)$$
で表される．ここで，κ は透過係数，k_B はボルツマン定数，h はプランク定数，R は気体定数，ΔS^* は活性化エントロピーである．　　　　　　　　　　〔井上泰宣〕
➡活性化エネルギー，活性化エントロピー

活性化エントロピー　entropy of activation

　化学反応の原系と活性錯合体とのエントロピー差をいう．活性化エントロピー ΔS^* は，遷移状態理論*における定圧下の素反応の反応速度定数 k の中に，
$$k = \kappa (k_B T/h) \exp(\Delta S^*/R) \cdot \exp(-\Delta H^*/RT)$$
で表される．ここで，κ は透過係数，k_B はボルツマン定数，h はプランク定数，R は気体定数，ΔS^* は活性化エントロピー，および ΔH^* は活性化エンタルピーである．反応速度定数のアレニウス式*では，活性化エントロピーは，頻度因子の中に含まれ，衝突論における反応速度式では，ΔS^* を含む項は立体因子にあたる．活性化エントロピーは，活性錯合体の構造が原系分子にほぼ等しい場合には小さいが，気相分子の固体触媒上での反応では，並進および回転運動の自由度を失うため，大きな負の値をとる．
　　　　　　　　　　　　　　　　　　　　　　　　　　　　　　〔井上泰宣〕
➡活性化エネルギー，活性化エンタルピー

活性サイト　active site　➡活性点

活性錯合体　activated complex

　原系から生成系に向かう化学反応は，反応系のギブズの自由エネルギーが最大となる遷移状態を経由して進行する．反応のポテンシャル曲面で考えると，この状態はエネルギーが極大となる点にほぼ相当し，鞍点にあたる．鞍点において，反応座標に沿

った運動方向を除けば，通常の分子と同じように，振動や回転運動をする仮想分子を活性錯合体という．通常の分子の場合と同様の計算により，その熱力学諸量を求め，原系と活性錯合体の間の平衡定数を決定することが行われている．この考えは，遷移状態理論*に応用されている．　　　　　　　　　　　　　　　　　　〔井上泰宣〕

活性酸素種 active oxygen species ────────────────────────

　酸素酸化は地球上で最も重要な化学変換であり，各種の活性酸素種が介在することが多い．酸素分子はラジカルでありながら例外的に安定であり，通常の C-H 結合とは反応しない．この安定な酸素分子(三重項状態の酸素，$^3O_2$)に光増感によりエネルギーを与えると励起して一重項酸素($^1O_2$)になり，特有の反応が起こる．また，短波長(高エネルギー)の光照射により酸素原子(O)を生ずる．

$$O_2 \quad (^3O_2, \dot{O}\text{-}\dot{O}) \xrightarrow[\text{光(高エネルギー)}]{\text{光増感(低エネルギー)}} \begin{array}{l} O=O \quad (^1O_2,\ 一重項酸素) \\ O(^3P),\ O(^1D) \quad (酸素原子) \end{array}$$

酸素分子はラジカルとしての反応性が低いが，炭素ラジカルとは容易に結合し，最終的には二酸化炭素にまで変換する．酸素を還元すると種々の活性酸素種が発生する．

$$O_2 \xrightarrow{+e^-} O_2^- \xrightarrow{+e^-/H^+} H_2O_2 \xrightarrow{+e^-/\text{-}OH} OH \xrightarrow{+e^-/H^+} H_2O$$

動物の体内では各種の酵素が存在し，これらの活性酸素種を除去する働きをしている．以下には，主な活性酸素種について均一系反応を中心に概説する．

　(1) 一重項酸素(singlet oxygen)：　色素(Sen)に光照射すると励起色素(Sen*)となり，酸素分子にエネルギー移動すると一重項酸素($^1O_2(^1\Delta_g)$)が生成する．また，過酸化水素を次亜塩素酸で酸化しても効率良く一重項酸素を発生する．$^1O_2(^1\Delta_g)$ とアルケンの間ではエン型反応が起こり，二重結合の移動した不飽和ヒドロペルオキシドを与える．また，硫黄などのヘテロ原子を酸化する．気相反応では第二励起状態の $^1O_2$ ($^1\Sigma_g^+$) も関与する．一重項酸素の反応については光増感酸化を見よ．

　(2) オゾン(ozone)：　酸素に短波長の光を照射すると酸素原子が発生し，他の O_2 に付加するとオゾンが生成する．オゾンは 300 nm 以下に強い吸収帯を有するので，上空では有害な紫外線のフィルターになっている．

$$O=\overset{+}{O}\overset{O^-}{\diagup} \underset{\text{オゾン}}{\longleftrightarrow} \dot{O}-O\overset{\dot{O}}{\diagup}$$

オゾンは 1,3-双極性分子でもありラジカルでもある．基質によって多様な反応性を示す興味深い分子である．アルケンとは容易に反応し，一次オゾニド，カルボニルオキシド，二次オゾニドなどの活性酸素種を生成する．詳細はオゾン分解を見よ．C-H 結合との反応でトリオキシド中間体を生じ，ラジカルと一重項酸素を生成することが報告されている．

$$R_3C-H + O_3 \longrightarrow R_3C-OOOH \begin{array}{c} \longrightarrow R_3CO\cdot + \cdot OOH \\ \longrightarrow R_3C-OH + {}^1O_2 \end{array}$$

（3）酸素原子(oxygen atom)： O_2, オゾン, N_2O などを光分解すると三重項酸素原子($O(^3P)$)が主に発生する。短波長の光では一重項の $O(^1D)$ も混合して発生するが，これに関しては研究が少ない。酸素原子はラジカルとして反応し，C-H より炭素ラジカルを生成する。

$$CH_4 + O(^3P \text{ または } {}^1D) \longrightarrow CH_3 + OH$$

アルケンとの反応では，$O(^3P)$ は求電子剤として働き，二重結合に付加したのち，エポキシドと転位生成物のケトンを与える。

$$\diagdown C=C\diagup + O(^3P) \longrightarrow -\underset{\cdot O}{\overset{|}{C}}-\overset{|}{\underset{|}{C}}- \longrightarrow -\underset{O}{\overset{\diagup \diagdown}{C}}-\overset{|}{\underset{|}{C}}- + -\overset{|}{\underset{|}{C}}-\underset{O}{\overset{\|}{C}}-$$

気相反応では，さらに，内部エネルギーにより C-C や C-H の解裂した生成物を与える。この型の反応は，触媒表面上での酸素原子の反応モデルでもあり，不均一反応の立場からも重要である。

（4）酸素アニオン(oxygen anion)(O^-)： O^- は酸素分子を電子銃で分解するか，固体表面への吸着，光化学反応などによってつくられる。塩基としての性質が強く，水素やプロトン引抜き反応，求核置換反応を行う。フリーの O^- は炭化水素に対し，飽和，不飽和を問わず，あらゆる C-H 結合からほとんど活性化エネルギーなしに脱水素または脱プロトンする。

$$C_2H_6 + O^- \longrightarrow C_2H_5 + OH^-$$

$$CH_2=CH-CH_3 + O^- \begin{array}{c} \longrightarrow CH_2\cdots\overset{CH}{\cdots}CH_2 + OH \\ \longrightarrow CH_2\cdots\overset{CH}{\underset{\ominus}{\cdots}}CH_2 + OH \end{array}$$

水中では水素結合により不活性化されるが，触媒表面や気相中では強塩基として重要な反応活性種である。

（5）ヒドロキシラジカル(hydroxy radical)： 過酸化水素を一電子還元したり，O-O ホモリシスすればヒドロキシルラジカル(OH, HO・とも書く)が発生する。活性酸素中で最も反応性が高く，求電子性ラジカルである。水中でのヒドロキシルラジカルは $pK_a = 11.9$ であるので，強アルカリ性条件下では O^- となり，求電子ラジカルとしての性質はなくなり塩基として作用する。

OH ラジカルは，ほとんどの脂肪族化合物に対して水素引抜き反応を行い，C-H は第三級＞第二級＞第一級の反応性順序である。芳香族化合物では核ヒドロキシル化が主反応であり，アルケンでは α-H の引抜き反応が主に起こる。詳しくは，フェントン試薬を見よ。

（6）ペルオキシラジカル(peroxy radical)： 自動酸化や燃焼の中間体として必ず介在するのが，ペルオキシラジカル(ROO·)である．ROO·の反応性はHO·よりもかなり低く，逆に選択性は高い．ROO·は α-O による共鳴安定化を受けているために安定であり，活性水素を選択的に攻撃するのである．アルデヒドの自動酸化では，アシルペルオキシラジカル(RCO_3·)が介在する．

$$RC\underset{\underset{O}{\|}}{-}H \xrightarrow{I·} RC\underset{\underset{O}{\|}}{·} \xrightarrow{O_2} RCOO\underset{\underset{O}{\|}}{·} \xrightarrow{>C=C<} -\underset{\underset{O}{\diagdown\diagup}}{C-C}- + RCO\underset{\underset{O}{\|}}{·}$$

このラジカルはアシル基の電子吸引性により求電子性ラジカルであり，選択的にC-C二重結合に付加し，ラジカルエポキシ化が達成される．この場合，アルケンの立体化学は保持されず，より安定なトランスエポキシドが主生成物である．

（7）スーパーオキシド(superoxide)： 有機溶媒中で酸素を電解還元するとスーパーオキシド(O_2^-，$O_2^{-·}$とも書く)の溶液が得られる．スーパーオキシドの塩は，KO_2として安定で市販されている．スーパーオキシドの反応としては求核置換，求核付加などが知られており，ラジカルとしての反応性は低い．酸素の酸化還元電位(O_2/O_2^-)は，$0.16\,V(H_2O)$，$-0.80\,V(MeCN)$ vs. SHEであるので，スーパーオキシドは還元剤である．例えば，四塩化炭素との反応では，一電子還元によりCCl_4が分解する過程がキーポイントである．プロトンの存在下では，スーパーオキシドは不均化により過酸化水素と酸素になる．水中では$pK_a=4.68$であるので，酸性条件下では不均化反

$$O_2^- + H^+ \longrightarrow HOO· \longrightarrow H_2O_2 + O_2$$

応は速い．生体内でO_2^-が発生すると有害であるので，SOD酵素により一電子酸化を行い無毒化している．

金属酸化物へのO吸着物はスーパーオキシドと考えられるが，水素引抜き能は低い．Ag上の吸着物はエチレンと反応して選択的にエチレンオキシドを与える．

〔沢木泰彦〕

→酸素分子の活性化，自動酸化，ヒドロペルオキシド

活性成分　active component

触媒は一般に多成分からなるが，そのなかで触媒作用を実際に発現するのに必須な成分を活性成分とよぶ．例えば，担持金属触媒において，多くの場合，金属は活性成分であり，担体は，金属を高分散させるために用いられる．しかし，活性成分以外の成分も電子的に活性成分を修飾したり，特異な活性構造を安定化させたり，また，反応物を活性成分に拡散輸送したりして，間接的に触媒作用に関与する場合がある．また活性成分が複数であり，反応の異なる多段ステップで機能する場合もある．

〔朝倉清高〕

活性炭 activated carbon, active carbon ─────────

大きな比表面積と吸着性能を有する多孔性の炭素質物質．炭素質は多環芳香族分子(グラファイト状)の積層集合体と非晶質の炭化水素からなる．一般に少量の水素，酸素，無機成分を含み，水酸基，ラクトン基などをもつ．かさ密度は $0.3\,\mathrm{g\,cm^{-3}}$ 程度，比表面積は $800\sim2000\,\mathrm{m^2\,g^{-1}}$，細孔径は $0.4\sim4\,\mathrm{nm}$．木質(やし殻，おがくず)，石炭またはピッチなどを熱処理して炭化し，さらに水蒸気，二酸化炭素あるいは塩化亜鉛などを用いて賦活(活性化)することにより製造する．通常，粉状または粒状であるが，必要に応じて成形(粒，ハニカム，繊維状)して使用する．気体，水蒸気，有機蒸気，ハロゲンおよび水中の疎水性物質を強く吸着する．溶剤回収，ガスの精製，脱臭剤および溶液の精製，脱色に使用される．塩化ビニル，酢酸ビニル合成触媒の担体や貴金属触媒の担体としても用いられる．すぐれた触媒特性を発現させるため，細孔構造制御，高表面積化などがはかられている．　　　　　　　　　　〔阪田祐作〕
→モレキュラーシービングカーボン

活性中心 active center →活性点 ─────────

活性中心説 theory of active center ─────────

固体触媒の反応速度論において，多くの場合，固体表面の原子は均一であると仮定するが，1925 年 H. S. Taylor は，この仮定は必ずしも正しくなく，固体触媒の表面の多くは配位不飽和*度の異なる原子で構成される不均一な場であり，配位不飽和度の高い表面のほんの一部分が触媒活性を支配する場合があるとする考え方を提唱した．この説が活性中心説である．この説は，石英上の一酸化炭素と酸素の反応を例に説明され，さらに，熱処理や金属の加工による活性の変化，微量の触媒毒*による被毒(触媒活性の低下)，気体の微分吸着熱*の吸着量による変化，反応による触媒毒の相違などの例とともに提示された．

現在，この考え方は一般的に受け入れられており，触媒反応が進行する特定の場所(活性中心)を活性点*，あるいは活性サイトともよぶ．表面での結合の不飽和度の高い部分，例えば，結晶の縁や角，結晶面上のステップ，キンク*，点欠陥，転位の末端などが活性点の候補としてあげられるようになった．反応速度*が結晶粒子径などの構造に依存せずに触媒表面積に比例する場合には，活性点が全表面に均一にあると解釈できる．　　　　　　　　　　〔服部　忠・吉田寿雄〕
→構造敏感型反応

活性点 active site ─────────

活性点とは，触媒上において触媒作用*が行われる特定の部分のことで，活性サイト，活性中心(active center)，酵素では活性部位ともいう．活性点となる化学種という意味で活性種と表現することも多い．

触媒反応の速度は，活性点の数と活性点当りの反応速度*(ターンオーバー頻度*)で

決まるので，触媒作用の解明には，活性点の同定と定量が不可欠である．均一系触媒では活性種を同定し定量することは比較的容易であり，固体触媒でも，貴金属触媒上でのアルケンの水素化のようにすべての表面原子が同等に関与する場合(構造非敏感型反応*または構造鈍感型反応とよばれる)には，活性点の数を比較的容易に測定できる．しかし，アルカンの水素化分解*のように特定の構造を必要とする場合(構造敏感型反応*とよばれる)もあるので，一般的には固体触媒の活性点の数を知るのは容易ではない．構造敏感型反応の場合，活性サイトには，特定の配列をもった格子面や，結晶面上のステップ，キンク*，点欠陥，転位の末端など，配位不飽和*度の高い原子や原子の集団が候補としてあげられることが多い．選択酸化触媒や固体酸触媒*のような酸化物触媒でも，特定の構造をもった原子あるいは原子集団を活性点と考える場合が多い．

活性点の同定や定量には，プローブ分子の吸着*が利用されることが多い．プローブ分子の種類と吸着状態が活性点の同定に利用され，吸着の強さと量が活性点の強度と数の定量に使われる．固体酸触媒では，ピリジンやアンモニアなどの塩基性プローブ分子を用いて酸の型(ブレンステッド酸*とルイス酸*)，酸強度*，酸量(酸性度*)が測定され，固体塩基触媒*では二酸化炭素などの酸性分子を用いて塩基点の強度と量の測定が行われている．また，金属触媒*では一酸化炭素や水素などの吸着により表面金属原子数の測定がなされている．その他の触媒に関しては，プローブ分子の吸着，触媒毒*による被毒あるいはパルス法*による触媒反応を利用した方法など，各論的な提案はあるが，一般的な確立した方法はない． 〔服部　忠・吉田寿雄〕

→活性中心説

活性劣化　deactivation

触媒としての能力が使用時間の経過とともに低下する現象をいう．このとき，触媒の活性が反応上不適当な状態に低下するまでの使用時間を触媒の寿命*とよぶ．この触媒寿命は一義的には決まらず，その使用条件によって著しく異なる場合が多い．

活性が反応時間とともに低下してゆく原因としては，機械的破損(機械強度*)による場合，反応物質による場合，触媒自身の変化による場合などがあげられる．

（1）反応物質による場合：　反応原料中に含まれている不純物，副生成物あるいは反応中間体として生成する物質が，触媒の活性点に作用し，触媒毒*となって触媒の反応活性・選択性を低下させる現象である．例えば，酸触媒に対する塩基や塩基触媒に対する酸性物質が毒物質として作用する．特に，原料中に含まれる硫黄化合物が多くの触媒反応において毒物質としてふるまうことはよく知られており，硫黄化合物の毒作用に関しては多くの研究がある．

反応物や反応中間体に由来する活性点での炭素状物質の析出(コーキング*)も活性を低下させる．この場合，毒として作用するのではなく，析出した炭素状物質が活性点をおおうことにより反応を阻害している．生成する炭素状物質は，多環芳香族化合物であり，その H/C 比は小さく，長時間使用することによりグラファイト化する．

その生成機構は，酸化物触媒，金属触媒などの種類によって異なる．炭素状物質析出による活性の低下は，活性点の変質を伴うものではないため，この物質を取り除くか生成を抑制することによって触媒の活性劣化を防ぐことができる．反応原料中に水蒸気や水素を添加して生成を抑制する方法や，それが難しい場合には，空気中で炭素状物質を燃焼除去し再び反応に用いる(再生)方法などが用いられている．

（2）触媒自身の変化による場合：　触媒組成の変化を伴わない活性の低下の原因としてシンタリング*がある．これは，分散していた活性成分が反応熱により凝集し，活性サイトの減少および表面構造の変化などを引き起こす現象をいう．その機構は，熱により活性成分自身が凝集する場合と担体の表面積の減少に伴う活性成分の凝集がある．そのため，反応を行ううえでは活性成分のみならず使用する担体の熱安定性も考慮する必要がある．その他としては，反応条件下における触媒の相転移・相分離や固相反応がある．相転移とは使用している条件下で触媒の結晶構造が変化することをいい，表面積の低下を招く．相分離は，多成分系触媒にみられる現象で，均一な組成が反応雰囲気下で成分の分離を引き起こし，活性点を変質させることをいう．固相反応は，固相内で化学変化が起こり，活性点の構造変化が生じることをいう．NiO/Al_2O_3 触媒の NiO 活性種が $NiAl_2O_4$ に変化する現象が固相反応の例である．

最後に触媒組成の変化を伴うものとして，活性成分の揮発損失がある．これは，活性成分が揮発性・昇華性である場合にみられる現象で，活性サイトの減少が起こるため活性は低下する．

これらの活性劣化の現象は，①触媒の形態観察(形状，色など)，②物理的測定(表面積，細孔径)，③構造測定，④化学的測定(組成分析)，⑤表面物性測定(金属表面積，酸・塩基性，電子顕微鏡，電子分光など)を用いることによって，その原因を調べ対策をたてることができる．　　　　　　　　　　　　　　　　　〔上野晃史・角田範義〕

ガッターマン-コッホ反応　Gattermann-Koch reaction　→フリーデル-クラフツ反応

カップリング反応　coupling reaction

脱離基Xを有する有機化合物 R-X や有機金属化合物 R'-M から，R-R，R-R' あるいはR'-R' を生成する反応を一般にカップリング反応とよぶ．さらに，R-R や R'-R' が生じる反応をホモカップリング，R-R' を生成する反応をクロス(あるいは交差)カップリング反応と区別する．Cu, Ni および Pd などの遷移金属化合物が代表的な触媒となる．主な適用範囲および触媒系を表にまとめた．Ni や Pd 触媒反応は，他の方法では困難な sp^2 混成炭素-ハロゲン化合物のカップリングに特に有効である点が特徴である．

遷移金属触媒カップリング反応とその適用範囲のまとめ[a]

R	X	R′	M	触媒系
ホモカップリング 2RX→R-R				
アリール基 アルケニル基	Cl, Br, I, OTf	—	—	触媒：$NiCl_2L_2$ 共触媒：KI, Bu_4NI など 還元剤：Zn
ホモカップリング 2R′M→R′-R′				
—	—	アリール基 アルケニル基	ZnX, SnR_3, $B(OH)_2$	触媒：$PdCl_2L_2$ 酸化剤：O_2, t -BuOOH, $ClCH_2COCH_3$, $phCHBrCHBrCO_2Et$ など
クロスカップリング RX+R′M→R-R′				
アルキル基	Br, I, OTs	アルキル基 アルケニル基 アリール基	Li, MgX	$CuBr, CuI, Li_2CuCl_4$
同上 アルケニル基 アリール基	同上 Cl, Br, I, OTf	同上 アルキル基 アルケニル基 アリール基	BR_2 MgX, ZnX, $B(OH)_2, SiX_3$ SnR_3	$PdCl_2L_2$ など $NiCl_2L_2, PdCl_2L_2$ など

[a] L=PPh_3, PEt_3 など。L_2=$Ph_2P(CH_2)_2PPh_2$(dppe), $Ph_2P(CH_2)_3PPh_2$(dppp), $Ph_2P(CH_2)_4PPh_2$(dppb), 1,1′-ビス(ジフェニルホスフィノ)フェロセン (dppf) など。OTf=OSO_2CF_3, OTs=$OSO_2C_6H_4CH_3$-p.

〔玉尾皓平〕

過電圧　overpotential, overvoltage

電解電流が流れている条件下における電極電位*Eとネルンスト式から求められる平衡電極電位 E_{eq} との差 $\eta=E-E_{eq}$ を，その電流に対する過電圧という．過電圧には電荷移動に関係する活性化過電圧，物質移動に関係する濃度過電圧，ならびに電極表面の抵抗などによる抵抗過電圧がある．活性化過電圧には，電流密度，電極材料の種類(電極の触媒特性に関係)ならびに温度などが大きく影響する．過電圧と電流密度との関係を示すターフェル式*は電極反応の機構や速度を反映するものであり，電極の触媒特性を評価する際に重要な指標となる．過電圧が大きいと浴電圧(アノードとカソードの間の電位差)が大きくなって電圧効率が低下するので，一般の電解では過電圧が小さくなるように工夫されるが，反応選択性を向上させるには過電圧を調節したり，望ましくない反応に対する過電圧が大きな電極を使用する．例えば，アクリロニトリルの電解二量化によるアジポニトリルの製造では，電解二量化反応と同時に水素が発生するのを抑制するために，水素過電圧の大きな鉛がカソード(陰極)に使用されている．ちなみに，水素過電圧の小さな金属には，Pd, Rh, Pt, Ni，水素過電圧の大きな金属には，Zn, Hg, Cd, Pb などがある．

図1に電気分解における電極電位，電解電流，槽電圧，過電圧の関係を，図2に電池の場合の電極電位，放電電流，電池電圧，過電圧の関係を示す．

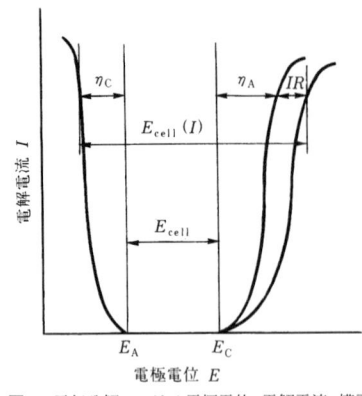

図1 電気分解における電極電位,電解電流,槽電圧,過電圧の関係
E:電極電位,E_A, E_C:アノードおよびカソードの平衡電極電位,E_{cell}:理論分解電圧,η_A, η_C:アノードおよびカソードの過電位,I:電解電流,$E_{cell}(I)$:槽電圧,R:抵抗(電極と電源間,電解質,隔膜などの抵抗を含む)

図2 電池における電極電位,放電電流,電池電圧,過電圧の関係
E:電極電位,E_A, E_C:アノードおよびカソードの平衡電極電位,E_{cell}:理論起電力,η_A, η_C:アノードおよびカソードの過電位,I:放電電流,$E_{cell}(I)$:電池電圧,R:内部抵抗(電極と電源間,電解質などの抵抗を含む)

〔高須芳雄〕

→アノード反応,カソード反応,燃料電池,標準電極電位

過渡応答法　transient response method

流通式反応器(開放系)を用いた不均一系触媒反応*の有用な解析法の一つである.特定の反応条件下で定常状態にある系に,一つ以上(他の条件は変えない)の反応条件のステップ変化(刺激)を与えたとき,系は次の新しい定常状態になるまでに特徴的非定常挙動(過渡応答という)を出現させる.この過渡応答曲線を解析することにより,固体触媒表面で起こっている反応分子の吸着*,反応中間体*の蓄積,表面化学反応,吸着分子の脱離過程に関するそれぞれの量的割合,素反応速度,律速過程*などの情報を得る方法をいう.刺激として,濃度,温度,圧力,流速などがある.特に反応物濃度の過渡応答がよく用いられ,このときの反応器出口での生成物の応答形態はその特有の反応機構に応じて瞬時応答,単純増減応答,オーバーシュート応答,ファールススタート応答,複合形態応答など特徴的なものが得られる.このような特徴的応答曲線の図上解析からそれぞれに対応して表面反応律速(または吸着律速),表面反応・脱離過程ともに律速,活性種再生律速,複合素過程律速などを推測できる.ただしこの解析手法応用のためには微分反応器(転化率数%以下)の条件を満足する系でなければならない.これまで一酸化炭素の酸化反応,亜酸化窒素の分解反応,エチレンのエポキシ化*反応,一酸化炭素の水素化*反応などに用いられ,それらの反応機構解明に大きな成果をあげている.　　　　　　　　　　　　　　　　〔小林正義〕

カニツァロ反応　Cannizzaro reaction ──────────────────
　芳香族アルデヒドあるいは α 水素をもたない脂肪族アルデヒド 2 モルが水酸化ナトリウムに代表される強塩基で処理され，1 モルは酸化されてカルボン酸へ，もう 1 モルは還元されて第一級アルコールへ導かれる反応をいう．α 水素をもつアルデヒドからはアルドール縮合*が優先して進行するため，この反応は起こらない．

$$2\,\text{ArCHO} \xrightarrow{\text{NaOH}} \text{ArCH}_2\text{OH} + \text{ArCOO}^- \quad (\text{Ar} = アリール基)$$

　この反応はヒドロキシイオンがカルボニル基を攻撃し，ヒドリド移動により他のアルデヒドを還元する機構により進行する．

〔土井隆行〕

ε-カプロラクタムの合成　synthesis of ε-caprolactum　→ベックマン転位 ──────

カーボランダム　carborundum　→シリコンカーバイド ──────────────

カーボンブラック　carbon black ────────────────────────
　天然ガス，石油，クレオソート油などの炭化水素の熱分解および不完全燃焼を巧みに組み合わせて生産する微結晶を含む球状または鎖状の黒色粒子．微球状の基本粒子が不規則に凝集し複雑な構造をとる．凝集体の粒子径は 10〜100 nm，比表面積は 20〜300 m^2 g^{-1} 程度で，調製方法により異なる．ゴム補強剤，樹脂着色剤，印刷インキ，乾電池用の電極材料としての用途がある．製法により以下の 3 種類のカーボンブラックがある．(1) ファーネスブラック (furnace black)：1300〜1700°Cの高温燃焼ガス雰囲気に，液状の原料油を連続的に噴霧し熱分解させた後，400〜600°Cまで急冷し，生成した微粒子を回収する．大部分のカーボンブラックはこの方法で生産されている．(2) サーマルブラック (thermal black)：炭素源としてのガス状の炭化水素を用い，燃焼と熱分解を周期的に繰り返す方法．大粒径で粒子の凝集構造がほとんどみられないカーボンブラックを得ることを特徴とする．(3) チャネルブラック (channel black)：原料ガスを燃焼させ，その炎を冷チャネル鋼に当て冷却することにより生産する方法．環境問題などから採用されない傾向にあるが，一部の高級カラー用に限定使用されている．

〔阪田祐作〕

カミンスキー触媒　Kaminsky catalyst

1980年，Kaminsky(ハンブルグ大学・ドイツ)が発見した二塩化ジルコノセン(Cp_2ZrCl_2)とメチルアルミノキサン(MAO)を組み合わせた均一系アルケン重合用触媒を発見者の名を冠してカミンスキー触媒という．また，この触媒はメタロセン化合物を用いることからメタロセン触媒*ともよばれている．

シクロペンタジエニル配位子が遷移金属を挟んだ構造の化合物(メタロセン化合物)を重合触媒として用いる試みは古く，1957年 Cp_2TiCl_2 と Et_2AlCl との組み合わせた均一チーグラー–ナッタ触媒がエチレンの重合*に対して活性を示すことは Natta や Bleslow らによって見出されていた．しかし，エチレン重合活性は低く，プロピレンなどの α-アルケンに対しては重合活性を示さなかったことから，重合触媒反応機構のモデル錯体として基礎研究の対象として取り上げるにすぎなかった．

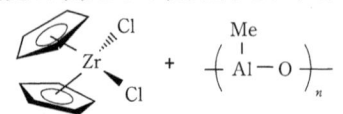

メタロセン化合物　　メチルアルミノキサン
　(主触媒)　　　　　　(助触媒)

Kaminsky らは Me_3Al をあらかじめ H_2O で処理し，適度な重合度をもつ縮合物(メチルアルミノキサン)を生成させておき，これをジルコノセン(メタロセン化合物)とともに用いることにより，エチレンの重合に対して極めて高い活性を示す触媒系の発見に至った．さらに，得られたポリマーの分子量分布は狭く，またプロピレンの重合*では完全なアタクチックポリプロピレンが高活性にて得られた．このカミンスキー触媒は活性点が均一なシングルサイト触媒*であり，従来のチーグラー–ナッタ触媒にはなかった多くの特質をもち全世界で活発に研究が進み，触媒構造を制御することにより得られたポリマーの一次構造や立体規則性*が制御できる触媒系になりつつある．

〔石原伸英〕

カルビン錯体　carbyne complex

アルキリジン(alkylidyne)錯体ともよばれる金属-炭素間が三重結合で結ばれた錯体[$M \equiv C-R$]．カルベン錯体*の α 炭素上の置換基を脱離させることにより生成するが，カルベン錯体に比べて例は少なく，その反応性の研究例も少ない．5，6族元素を含む錯体の報告例が多い，カルビン錯体を中間体とする触媒反応としては，アセチレンのメタセシス*反応が報告されている．　　　　　　　　　　〔穐田宗隆〕

カルベニウムイオン　carbenium ion

CH_3^+ を母イオンとする sp^2 混成軌道をもつ 3 配位のカルボカチオン*．6個の原子価電子が三つの二電子二中心結合をつくり平面構造をとりやすい．

S_N1 反応*，求電子反応*，ルイス酸*，無機酸や固体酸*で触媒される炭化水素の異

性化*，アルキル化*，重合反応など多くの反応で，生成物の選択性や立体規則性の研究からカルベニウムイオンが反応中間体であると推定されてきた．しかし，通常の条件ではカルベニウムイオンは不安定である．しかし，酸素，窒素，ハロゲン，硫黄など非結合電子対をもつヘテロ原子が隣接すると，ヘテロ原子からの電子供与により，

$$\begin{matrix}R\\ \end{matrix}\!\!>\!\!C^{+}\!-\!\ddot{Z}\rightleftharpoons \begin{matrix}R\\ \end{matrix}\!\!>\!\!C=Z^{+} \quad (Z=O, N, F, Cl, S \text{ など})$$

のように安定なオニウムイオンが共鳴式に関与しカルベニウムイオンは安定化する．また，C=C，C≡C，フェニルのような π 電子系やシクロプロピル基が隣接するとカルベニウムイオンは安定化する．例として，塩として安定に取り出せるトリフェニルカルベニウムイオン($(C_6H_5)_3C^+$)や，濃硫酸中で安定なトリシクロプロピルカルベニウムイオン($(c\text{-}C_3H_5)_3C^+$)，さらに

$$\begin{matrix}&CH_3&CH_3&\\ &|&|&\\ H_3C-&C{=\!\!\!=}\!\!\!-C&-CH_3\\ &+&|\\ &&H\end{matrix} \equiv \left[\begin{matrix}CH_3&CH_3\\|&|\\H_3C-C=C-C^+-CH_3\\ &|&\\ &H&\end{matrix}\rightleftharpoons\begin{matrix}CH_3&CH_3\\|&|\\ H_3C-C^+-C=C-CH_3\\ &|&\\ &H&\end{matrix}\right]$$

のような二つのビニルカルベニウムイオンが共鳴式に関与するアリル型の陽イオンが知られている．

G. A. Olah(1995 年ノーベル化学賞受賞者)らは，SbF_5，AsF_5，TaF_5，NbF_5，$B(O_3SCF_3)_3$ などのルイス酸，あるいはそれに FSO_3H，CF_3SO_3H，HF などのプロトン酸を混合すると求核性が弱く，非常に強い酸性を示す溶液(超強酸*)となり，この溶液中では，通常不安定なカルベニウムイオンが安定に存在することを ^1H-NMR，^2H-NMR，^{13}C-NMR，IR，ラマン分光，XPS などで明らかにした．例えば，$-60°C$ で 1-フルオロブタン，2-フルオロブタン，フッ化イソブチル，フッ化 t-ブチルの 4 種の C_4H_9F を SbF_5 と反応させると同一の化合物を与える．その ^1H-NMR は 4.35 ppm に 1 本のピークを，また ^{13}C-NMR は 335.2 ppm にメチン炭素と 47.5 ppm にメチル炭素のピークを示す．すべてのピーク位置が出発物質より極めて低磁場側に現れることから生成物が正の電荷を帯びていると解釈される．さらにラマン分光から，C_{3v} の対称性をもつことがわかる．これらの実験結果は，$(CH_3)_3C^+$ が生成し，4 個の炭素原子が平面構造をとっていることを示す．カルベニウムイオンは，C-H や C-C 結合が隣接することによる超共役によって第一級＜第二級＜第三級の順に安定になる．上記，フルオロブタン類の例では，出発物質によらずいちばん安定な第三級のトリメチルカルベニウムイオン($(CH_3)_3C^+$)が生成したことがわかる．

反応温度を下げると第二級のカチオンも安定に観測できる．例として，2-クロロブタンと SbF_5 との反応を示す．この反応を $-112°C$ 以下で注意深く行い ^1H-NMR で測定したところ，2:1 の面積比で 2 種の水素が観測され，第二級ブチルカチオンの 2 位と 3 位の第二級炭素上の水素移行がすばやく起こっていることを示す(式(1)　A

⇄B). −110°Cから−40°Cまで温度を上げると幅広のピークを経て1本のピークに収束し，トリメチルカルベニウムイオンEへ非可逆的に転移する．この転移はプロトン化されたメチルシクロプロパンCが中間体であり，第一級カチオンDを通って第三級カチオンEが生成するため，加温が必要となる．しかしこれまでのところ，第一級カチオンを安定に観測した例はない．

$$
\begin{array}{c}
\text{(構造式 A ⇌ C)} \\
\updownarrow \qquad \updownarrow \\
\text{(構造式 B)} \qquad \text{(構造式 D)} \rightarrow \text{(構造式 E)}
\end{array}
\tag{1}
$$

$$
\text{F} \rightleftarrows \text{G} \tag{2}
$$

$$
\text{H} \rightleftarrows \text{I} \tag{3}
$$

水素やメチル基の転位の例を次に示す．2-フルオロ-2,3-ジメチルブタンのSbF_5溶液を−60°Cで^{1}H-NMRと^{13}C-NMRで観測すると2種類の水素と炭素のシグナルを与える．その位置から式(2)のように水素の転位により，二つのジメチルイソプロピルカルベニウムイオン，F, Gがすばやく転換していると解釈される．また，2-フルオロ-2,3,3-トリメチルブタンのSbF_5溶液を−60°Cで^{1}H-NMRと^{13}C-NMRを測定すると，1種類の水素と2種類の炭素のシグナルが観測される．これは，式(3)のようにメチル基の転位により二つのジメチルt-ブチルカルベニウムイオン，H, Iの間の移動が起こっていることを示す．−160°Cでも水素や炭素のピーク位置は変わらないことから，メチル基の移動障壁は5 kcal mol^{-1}以下と非常に小さい．

石油工業で重要な固体酸*で触媒される炭化水素の反応は，以上に述べた水素やメチル基の移動，およびプロトン化されたシクロプロパンを通って起こる(1)型の反応によってより枝分れした化合物へ転化される反応に加え，カルベニウムイオンとアルケンやアルカンとの反応，さらに分子間の水素やアルキル基の転位反応，また陽イオン

炭素の β 位のプロトンやアルキル基の脱離など数多くの反応が組み合わされて起こると考えられている. 〔大西隆一郎〕

カルベノイド carbenoid →カルベン

カルベン carbene

　2価の炭素原子上に2個の非結合性電子が存在する化学種をいい,極めて反応性に富んでいる. 2個の電子のスピン状態により一重項状態と三重項状態とに区別され,それぞれ反応性も大きく異なる. 三重項状態では sp^2 混成による非直線的な場合(1)と sp 混成を受けた直線状の場合(2)とがあるが, 実際には前者が多く, また2個の電子はそれぞれ異なる軌道に入るため, ビラジカルとしての反応性を示す. 一方, 一重項状態(3)では2個の電子は電子対を形成するため空のp軌道による求電子性を示す. これら反応性の違いはイソプロピルアルコールに対するジフェニルカルベンの反応において顕著である(図). また, 一重項カルベン, 三重項カルベンともに二重結合に対して付加したシクロプロパン誘導体を生成するが, 一重項の場合は二重結合の幾何異性を反映して立体特異的に反応が進行するのに対し, 三重項の場合には立体特異性が失われる.

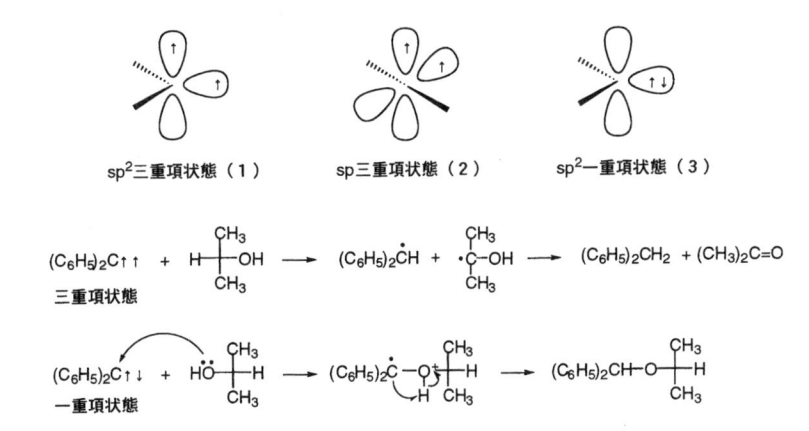

sp^2三重項状態(1)　　sp三重項状態(2)　　sp^2一重項状態(3)

$(C_6H_5)_2C\uparrow\uparrow$ + H-C(CH_3)_2-OH → $(C_6H_5)_2\dot{C}H$ + $\cdot C(CH_3)_2$-OH → $(C_6H_5)_2CH_2$ + $(CH_3)_2C=O$
三重項状態

$(C_6H_5)_2C\uparrow\downarrow$ + HÖ-C(CH_3)_2-H → $(C_6H_5)_2\dot{C}$-O-C(CH_3)_2-H → $(C_6H_5)_2CH$-O-C(CH_3)_2-H
一重項状態

　これら一重項, 三重項状態のカルベンのいずれが生成するかは一般にその発生法によって決まる. 一重項カルベンがジアゾ化合物を直接熱分解あるいは光照射することによって生成するのに対し, 三重項カルベンはベンゾフェノンなどの増感剤存在下に光増感反応によって発生させる. これらの発生法ではフリーカルベンともいわれる極めて反応性の高い遊離のカルベンを生成するが, これとは別にカルベンに類似の反応性を示す化学種としてカルベノイドがあげられる. シモンズ-スミス反応*に代表されるジハロアルカンからの生成, あるいは種々の金属錯体触媒によるジアゾ化合物の分解によって生成する. 特に後者の場合, 不斉配位子*を導入した触媒を用いることによ

って光学活性なシクロプロパン誘導体を与えるので合成的に有用である．

〔寺田眞浩〕

カルベン錯体　carbene complex

　金属-炭素間が二重結合で結ばれた化合物(A)と定義され，フィッシャー(Fischer)型とシュロック(Schrock)型に分類される．前者は，後周期遷移金属錯体*に多く，1964年に Fischer らによって初めて合成された．これらの錯体は，後周期遷移金属のd軌道が低エネルギーなため，B型の寄与が大きい．したがってカルベン炭素は求電子性を示してアルケンのシクロプロパン化などの触媒活性種となる．また安定に単離される錯体では，この求電子性を中和するために置換基としては OR, NR_2 などの電子供与性基が多い．これとは対照的にシュロック型錯体は前周期遷移金属錯体*に多く見られ，炭化水素置換基のみを含む錯体はアルキリデン(alkylidene)錯体とよばれる．C型の寄与を反映してカルベン炭素は求核性を示し，ウィッティヒ(Wittig)試薬と同様な電子構造をとっているため，カルベン配位子は$[CR_2]^{2-}$(D) に近い性質を示してケトン類のアルケン化試薬(当量反応：例．テッベ(Tebbe)試薬　$Cp_2Ti_2=CH_2-AlMe_2Cl$)となる．

B　　　A　　　C　　　D
後周期遷移金属　　　　前周期遷移金属

　上記のようなイオン的反応以外に，カルベン錯体の重要な反応性として不飽和炭化水素の付加による四員環メタラシクロブタン，メタラシクロブテン中間体の生成反応があげられるが，これはアルケンメタセシス，開環メタセシス重合*反応，アセチレン重合などの触媒反応の炭素-炭素結合生成段階となっている．また不飽和炭化水素，COなどとの環化反応は多環化合物合成によく用いられ，その一例として芳香族環形成反応(benzannulation)を示したがこの反応はカルベンとCOから生成するケテン種が中

間体となっている。

カルベン錯体の合成法としては，フィッシャー型錯体はアシル錯体*のアシル酸素アルキル化による方法が一般的であり，シュロック錯体はジアルキル錯体（かさ高いアルキル基の例が多い）の α 脱離反応を経る方法が一般的である。また α 置換アルキル錯体[M—CR$_2$—X]の脱X反応(X=H, OR, ハロゲンなど)によっても合成される。このほかカルベン発生源となりうるジアゾアルカン，リンイリドを使用することも可能であるが，実際はこの方法で錯体を単離した例は多くはなく，シクロプロパン化反応などのカルベン錯体を中間体とする合成反応のカルベン源供給方法として使用されることが多い。

複数の金属に架橋した架橋カルベン錯体も数多く知られている。不均一系触媒表面吸着種であるカルベン(メチレン)種のモデル化合物として研究されてきたが，上記の単核錯体に比べて一般的に反応性は低く，これを中間体とする触媒反応は報告例がない。

単核・多核錯体のいずれについても共役系が延長されたビニリデン錯体(M＝C＝CR$_2$)も知られており，カルベン錯体同様炭化水素の重合・低重合反応の開始剤となるほか，置換基の一方が水素のものは 1-アルキンから容易に合成できるため，1-アルキン類の転換反応中間体としても有用である。 〔穐田宗隆〕

カルボアニオン　carbanion

CH_3^- を母イオンとし sp^3 混成軌道をもつ 3 配位の炭素陰イオン。C-H, C-C, C-N, C-O, C-M(M は金属)結合のヘテロリティックな切断で生成する。B を塩基とした場合，R—H+B＝R$^-$+BH$^+$ の平衡定数から，R-H の酸性度あるいは共役塩基であるカルボアニオンの安定性が求められる。溶液中で求められた pK_a の値を示す。この表から，C-H 結合に s 電子の関与が大きい場合，電子吸引基が隣接する場合，あるいは生成したカルボアニオンが芳香族性をもつ場合に，生成カルボアニオンが安定化するので，R-H の pK_a が小さくなることがわかる。このようにして生成したカルボアニオンを経由して進行する多くの反応が知られている。これらの多くは，C$^{\delta+}$ にカルボアニオンが求核的付加を起こすことから反応が始まる。例として，アルドール縮合*，カニツァロ反応*，クネベナゲル縮合*，テイシェンコ反応*がある。

化合物	pK_a	化合物	pK_a	化合物	pK_a
エタン	42	プロピレン	35.5	アセチレン	25
メタン	40	トルエン	35	CH_3COCH_3	20
ベンゼン	37	$(C_6H_5)_3CH$	32.5	シクロペンタジエン	15
エチレン	36.5	CH_3CN	25	CH_3NO_2	10

〔大西隆一郎〕

カルボカチオン　carbocation

C 原子に陽電荷をもつイオンをいう。長寿命に安定なカルボカチオンを分光学的に詳細に検討した結果，カルボカチオンには古くから知られた 3 配位の炭素陽イオンに

加え5配位の存在も確認された.そこで,形式的に2配位の中性カルベン(carbene)*に求電子試薬*が付加してできたとして表すことができる3配位,原子価電子6個のカルボカチオンをカルベニウムイオンとよぶ.一方,5配位のカルボカチオンは,オキソニウム,アンモニウム,スルホニウムなど接尾語としてオニウム(onium)をもつイオンが共通して8個の原子価電子をもち,形式電荷が+1で配位数が中性分子より一つ多いことから,カルボニウムイオンとよぶ. 〔大西隆一郎〕
➜カルベニウムイオン,カルボニウムイオン

カルボニウムイオン　carbonium ion

CH_5^+ を母イオンとする5配位のカルボカチオン*(A).8個の原子価電子が三つの二電子-二中心結合と,一つの二電子-三中心結合をつくる.C_s 構造をとりやすい.
カルボニウムイオンという概念は,ノルボニルカチオンをワグナー-メーヤワイン転位によってすばやく交換している二つのカルベニウムイオンB,Cとして表すか一つの非古典的なイオンDとして表現するかの論争の副産物である.結局この論争は,G. A. Olah が測定したノルボニルカチオンの低温 ^1H-NMR,^{13}C-NMR および XPS が決め手になって後者に決着した.ここで,イオンDをよく見ると,1と2位の炭素は非局在化した3配位のカルベニウムイオンであるが,6位の炭素はそれまで知られていなかった5配位のカルボカチオンであり,これをカルボニウムイオンと名付けた.

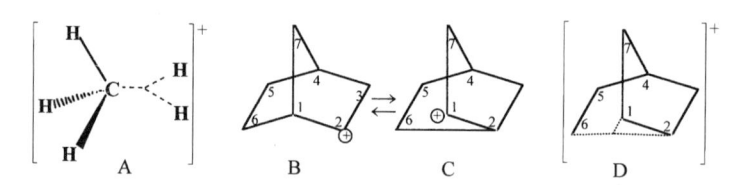

超強酸中で起こるメタンと D^+ 間の重水素交換反応ではメタンの C-H 結合に D^+ が付加してできたカルボニウムイオンEの介在を,メタンとエチレンからプロパンを生成する反応では,メタンのC-H結合にエチルカルベニウムイオン($C_2H_5^+$)が付加したカルボニウムイオンFを考える必要がある.すなわち,プロトン,アルキルカルベニウムイオン,NO^+ などの求電子試薬と飽和炭化水素の反応では,σ電子を供与するC-HやC-C結合に求電子試薬が付加したカルボニウムイオンGが反応の重要な中間体と考えられる.

カルボニウムイオンは,ゼオライトなどの固体酸触媒によるアルカンのクラッキン

グなどにおいても反応中間体として想定されている． 〔大西隆一郎〕

カルボニル化反応　carbonylation, carbonylation reaction

　一酸化炭素が有機化合物中に，アルデヒド，ケトン，カルボン酸などのカルボニル基として取り込まれる反応をカルボニル化反応という．遷移金属錯体を触媒量，もしくは化学両論量用いる反応が多い．例としてヒドロホルミル化(オキソ合成)*やモンサント法*などがある．また一酸化炭素がカルボニル基以外の形で取り込まれてもカルボニル化反応とよばれることがあり，反応条件などにより取り込まれる様式はさまざまである．フィッシャー-トロプシュ合成*がその例である．遷移金属錯体を用いる場合，一酸化炭素取込み過程は2種類ある．一つは，(1) σ錯体，特にσ-アルキル錯体のM-C結合間に一酸化炭素が挿入し，アシル錯体*が生成する機構で，もう一つは，(2) 金属上の一酸化炭素配位子にアルコールなどの求核剤が攻撃する機構である．どちらで進行するかは反応条件によって異なる．それ以外の方法として，コッホ反応*のように酸性条件下でカルボカチオン中間体を経る反応，アルキルリチウムなどのカルボアニオンを用いる方法，炭素ラジカルを経る方法などがある．上記の反応例のように，工業プロセスとして稼働している反応も数多く知られている． 〔福本能也〕
→ヒドロホルミル化，挿入反応

カルボニル錯体　carbonyl complex

　一酸化炭素が金属に配位した錯体で，有機金属化学の歴史のなかで最も古くから研究されてきた化合物であり，COのみを配位子としてもつ最初の化合物である $Ni(CO)_4$ は1890年にMond(仏)により合成された．合成法としては，一酸化炭素雰囲気下で金属塩を還元剤で処理するのが最も一般的であるが，多くの場合高圧条件を要する．Ni, Feなどの場合は清浄な金属を用いれば常温常圧でも反応することが知られている．多核錯体は，単核錯体と同様な還元反応，単核錯体の縮合反応(ヒドリド錯体の脱水素反応，金属アニオンと金属ハライドの置換反応など)などにより合成される．
　金属との相互作用の様式としてはこれまで図に示したものが知られており，炭素の

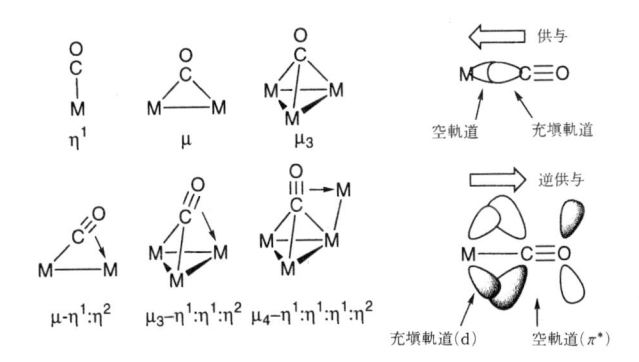

みで金属に配位した η^1, μ, μ_3 タイプのものが最も一般的であるが，CO の π 電子も結合に関与した side-on タイプ（semi-bridge タイプ）のものも知られている．原子半径が大きい第二，第三周期金属錯体の場合には，金属間結合距離の増加に伴って金属-CO 間距離が長くなりすぎるため架橋配位は困難になり，η^1 配位の例が多い．

結合は，CO の充填軌道から金属の空軌道への供与*，金属の充填 d 軌道から CO の π^* 軌道への逆供与*という相乗的な二つの結合性相互作用からなっている．特に後者の π 酸*としての性質は，電子豊富な遷移金属錯体の電子を CO 部分にまで非局在化させてカルボニル錯体を安定に存在させるために有効に作用している．逆供与の指標としては，IR の CO 伸縮振動が簡便なためよく用いられる．逆供与が強くなると C-O 間の結合次数は低下するため CO 伸縮振動は低波数領域に観察される．同様に架橋 CO 配位子の場合も，複数の金属からの逆供与を受けるため，一般に η^1（2120〜1850 cm^{-1}），μ（1850〜1750 cm^{-1}），μ_3（1730〜1620 cm^{-1}）の順に低波数領域側にシフトして観察される．

カルボニル配位子の最も重要な反応性としては，金属から解離することにより空の配位サイトを提供して，他の基質が金属に配位できる状況をつくり出すことがあげられる．上記の結合作用のため CO の配位はかなり強いが，熱・光条件下で解離する．アミンオキシドなどの酸化剤を作用させて CO_2 として脱離させる方法もある．

CO 配位子の π^* 軌道は逆供与によりその求電子性は幾分弱められてはいるものの，依然として求電子的な性質を示し，金属に結合している他の求核性配位子の分子内移動挿入反応*あるいは外部の求核試薬が炭素に付加を経てアシル錯体*が生成する．求電子的性質は，逆供与の程度が小さいほど顕著なため，反応性は陽イオン錯体＞中性錯体＞陰イオン錯体の順である．この反応はヒドロホルミル化*などの一連の触媒的カルボニル化反応の CO 取込み段階となっているキーステップである．〔穐田宗隆〕

カルボン酸の水素化　hydrogenation of carboxylic acids

カルボン酸を水素により還元して相当するアルデヒド，アルコールに変換する反応をいう．特にアルコールの製造が古くから工業的に大規模に行われており，天然油脂から高級アルコールの製造法として重要な反応である．液相懸濁法，液相固定床および気相固定床の反応方式が現在採用されている．液相法の場合反応圧が，20 MPa 以上，反応温度が 200°C 以上の反応条件でアルコールを製造している．

触媒はアドキンス触媒*として知られている Cu-Cr の酸化物触媒に代表される銅酸化物触媒が一般的であり，過酷な反応条件を必要とするがアルコールの選択率は 95 % 以上と良好である．この際，カルボン酸は触媒の耐酸性の問題からエステルに変換されて反応系に供給される．

一方，カルボン酸からアルデヒドを製造するプロセスは三菱化学が 1988 年に初めて開発した．ジルコニアを主成分とする触媒を用いて気相固定床方式が採用されている．

〔原　善則〕

かん液充塡層反応器　trickle bed reactor

気液固の3相が存在する三相反応器*の一種である．気体および液体をともに反応流体として，縦置きの固定層反応器*に塔頂から下向きに流す気液並流下向型反応器のなかで，特に比較的液流量が遅く，滴として流下する流域のとき，かん液充塡層反応器あるいはトリクルベッドリアクターとよび，工業的に最も多用されている．

原油の水素化脱硫プロセスでは，かん液充塡層反応器に Mo 系固体触媒を充塡し，水素気流中で原油を液相のまま流下させ原油中の硫化物を水素と反応させ，硫化水素として除去するものである．このプロセスでは，原料油を液相のまま保持するのは，すべて気化させるとエネルギーを浪費するとともに，固体触媒の許容温度以上の高温を必要としたり，過度の水素化分解により水素消費量の増大を招くおそれなどがあるためである．

液の偏流が起きると反応性能が落ちるので，分散器の形式，固体触媒の充塡方法あるいは高さと塔径の比などに注意が必要である．また，固体触媒の表面を薄膜状におおう液の割合，すなわち，部分的ぬれの割合が反応性能の評価に重要な因子となる．

〔後藤繁雄〕

環化脱水素　dehydrocyclization

脱水素環化ともいう．炭素数6以上のアルカンが脱水素と環化を同時にうけて，芳香族炭化水素になる反応をいう．リフォーミング*の反応器中でおこる反応群の一つである．リフォーミング中に起こる環化脱水素には二つの反応機構が同時に関与している．一つは担持金属触媒が，金属上で脱水素，酸点上で環化が起こる二元機能触媒*として作用するものであり，もう一つは，環化と脱水素がともに金属上でおこる一元的な機構である．前者の機構では，n-ヘキサンを例にすると，金属上で脱水素されてn-ヘキセンとなり，n-ヘキセンは酸点上でカルベニウムイオンを経てメチルシクロペンテンとなる．メチルシクロペンテンは，金属上で脱水素されてメチルシクロペンタジェンとなり，これは酸性点でシクロヘキセンとなる．また，メチルシクロペンテン→シクロヘキセン→ベンゼンの経路もある．シクロヘキセンは金属上でさらに脱水素されてベンゼンとなる．リフォーミングにおいては，担持金属触媒の金属成分として，C-C 結合の切断能力の低いものが選ばれる．

白金を担持したL型ゼオライトは，n-ヘキサンの脱水素環化に対する活性と選択性が非常に高い触媒として知られている．反応は Pt 上での一元的機構によるものとされており，L型ゼオライト中のアルカリ金属イオンの存在は，Pt 上の電子密度を増大させる効果があると考えられている．

〔小野嘉夫〕

→リフォーミング触媒

環境浄化触媒　catalyst for environmental control　→環境触媒

環境触媒　environmental catalyst

　環境保全・浄化・改善用の触媒を総称して環境触媒という．環境汚染物質を直接的に無害化する触媒と，環境負荷の少ない触媒プロセスにより間接的に環境を改善するものとがある．燃焼排ガスに含まれる窒素酸化物を除去する触媒は前者の例で，触媒燃焼により窒素酸化物の生成を抑制するのは後者の例である．

　直接的に汚染物質を除去する触媒の代表例はガソリン自動車の排ガスを浄化する三元触媒*(TWC)や発電所ボイラー排ガスのアンモニアによる選択還元触媒(SCR*)がある．いずれも1970年代の研究の成果であり，日本は高い触媒技術と普及率を有している．石油系燃料中の硫黄分を除去する脱硫触媒は，燃焼排ガスの排煙脱硫と相まって大気中の硫黄酸化物濃度の低減に貢献している．住環境の快適化にも脱臭，窒素酸化物除去などで触媒が利用される．代表的な環境触媒を環境問題に対比させて表に示す．

環境の課題		対応する触媒技術
大気	酸性雨（NO_x, SO_x）	燃料脱硫，クリーン燃料製造，排煙脱硝，触媒燃焼
	オゾン層破壊	CFC処理，代替
	温暖化	エネルギー高効率利用のための触媒
	光化学スモッグ	NO_x，炭化水素除去
	悪臭	悪臭分解
水	有機汚濁（COD, BOD）	排水処理（湿式酸化，光酸化）
土壌	重金属，有機塩素化物	バイオ触媒
廃棄物処理		リサイクル，焼却排ガス処理
環境調和型プロセス		固体酸プロセス，選択的触媒酸化
（グリーンプロセス）		超臨界場触媒

　不要あるいは有害な廃棄物を副生しない触媒プロセスは間接的な環境触媒に属するが，広く考えるとほとんどの触媒が含まれてしまうので，積極的に環境負荷の軽減を目的にした触媒プロセスの場合に限定して環境触媒とよぶべきであろう．選択性の向上は一般に環境負荷を低減するが，100％選択性でも反応によって副生物量が非常に異なることに留意すべきである．例えば，硫酸などの液体酸を用いるプロセスは硫酸アンモニウムなどの無機塩を必然的に副生するので，選択率は高くても固体酸プロセスへの転換が望ましい．試薬酸化の触媒酸化への転換も同様である．

　わが国で製造出荷されている工業触媒のうち金額では約半分が環境触媒であり，その大部分が自動車触媒，次いで脱硫触媒となっている．これら環境触媒の多くで，通常の合成用触媒に比較すると，広い温度範囲，高流量，極低濃度，変動する反応条件など格段に厳しい条件で機能することが要求される．新規な触媒材料，触媒合成技術，さらには新規な触媒設計コンセプトが必要である．　　　　〔御園生　誠〕

還元的脱離　reductive elimination

　金属に配位したアルキル，アリール，π-アリルなどの二つの有機配位子が新たにC-C結合を形成し，金属から脱離する反応であり，中心金属の価数が2減少する．ジメチル錯体，ジエチル錯体，ジフェニル錯体からはそれぞれエタン，ブタン，ビフェニルが還元的脱離生成物として得られる．ヒドリドとアルキル，アルキルとアミドのように同じ中心金属上の異なる配位子からの還元的脱離も知られている．互いにシス位の配位子が M-C 結合の開裂と C-C 結合の形成を同時に行う協奏的な反応機構で進行する．電子供与性が大きいアルキル配位子ほど還元的脱離反応性が高く，同一の中心金属，配位構造をもつメチル，エチル，プロピル錯体ではこの順に反応が起こりやすい．アルキル配位子に比較するとヒドリドおよびアリール配位子の還元的脱離はより容易に進行する．
　中心金属の実質的な酸化状態も反応性に大きく影響し，例えば4価の Pd, Pt などのジアルキル錯体は二価錯体よりも容易に還元的脱離反応を行う．後期遷移金属ジアルキル錯体の還元的脱離は酸化剤や電子吸引性置換基を有するアルケンを添加することによって促進されるが，これも添加した化合物の配位によって金属のd軌道準位が変化することによる．
　ジアルキル錯体の熱的な分解経路として一般的であるとともに，錯体触媒を用いる各種有機化合物のホモカップリング反応，クロスカップリング反応において有機生成物が錯体から脱離する過程に相当する．　　　　　　　〔小坂田耕太郎〕
→カップリング

環状オリゴメリゼーション　cyclic oligomerization

　アセチレン，ブタジエンなどの不飽和化合物を複数分子反応させ，環状化合物を得る反応をいう．触媒としては，Ni 錯体，Co 錯体などが用いられる．古くはレッペ反応による，アセチレンの環化三量化，環化四量化によるベンゼン，シクロオクタテトラエンの合成(Ni 触媒)が有名である．このほか，ブタジエンの環化二量化，環化三量化による1,5-シクロオクタジエン，1,5,9-シクロドデカトリエンの合成(Ni 触媒など)，アセチレン類とニトリルの共環状オリゴメリゼーションによるピリジン誘導体の合成(Co 触媒など)が知られている．これらの環状オリゴメリゼーションは，医薬品のファインケミカルズの合成，高分子化合物の原料の合成などに用いられている．
　　　　　　　　　　　　　　　　　　　　　　　　　　〔山本隆一〕
→オリゴメリゼーション，レッペ反応

含浸法　impregnation method

　担体*の表面に活性成分を分散させた担持触媒を調製する方法の一つで，最も広範に行われている方法である．一般的には，触媒担体となる物質に対象とする活性種あるいはその前駆体を溶解した溶液を滴下するか，あるいは逆に溶液に担体を含浸するなどにより，活性種と担体を一定の時間攪拌などを行い接触させる．その後，不要な溶

液を蒸発,沪過などで除去,乾燥したのち,活性成分を担体に固定化するために高温で焼成を行う.そして,おのおのの触媒に対応した活性化処理を行う.担体に含浸させる方法により以下の分類ができる.金属イオンの担体への吸着力を利用して,飽和吸着量以下の金属イオンを吸着させる吸着(adsorption)法,飽和吸着以上の溶液を浸し過剰の溶液を取り除く平衡吸着(equilibrium adsorption)法,担体の細孔容積と同じ容積の溶液を滴下してすべて担体に吸収させるポアフィリング(pore-filling)法,担体の吸水量に見合うまで溶液を滴下し,担体表面が均一にぬれた状態かつ過剰な溶液が存在しない状態で終了する incipient wetness 法,担体に含浸させ,撹拌しながら溶液を蒸発させる蒸発乾固(evaporation to dryness)法*,担体を乾燥状態にして溶液を吹き付ける噴霧(spray)法などである.ちなみに,活性成分を含浸したのちに洗浄が可能な方法は吸着を利用した方法のみであり,その他の方法では不要な成分が不純物として残留することがあるのでその点を注意する必要がある.〔上野晃史・角田範義〕
→担持触媒,触媒調製

完全混合流れ complete mixing flow, perfect mixing flow

流通系反応操作*の解析・設計の際に仮定される理想的な流れの一つ.十分に撹拌が行われている槽型反応器に粘性の低い反応流体を流通させるような場合,反応流体は反応器に流入した直後に反応器内に均一に分散される.したがって,各瞬間での濃度,温度などの物理量は装置内で全く均一であり,反応器出口の値はその時刻における反応器内の値に等しい.このような反応器は連続流撹拌槽型反応器(continuous feed stirred tank reactor; CSTR)ともよばれ,反応器の入口と出口の物質収支から設計式が誘導される.処理効率の向上や操作条件の最適化を行うため多段化*して用いられる場合も多い.このほかにも流動層反応器*や気泡塔反応器内の流れも完全混合流れを仮定することができる.完全混合流れと対照的な理想流れとしては押し出し流れ*がある.〔田川智彦〕

完全酸化 complete oxidation

酸化反応において,部分酸化にとどまらず,CO_2, H_2O, NO_x にまで被酸化物を完全に酸化することをいう.

触媒燃焼*や環境に有害な物質の酸化除去のように完全酸化を目的としたプロセスもあり,これらには普通燃焼活性の高い Pt, Pd のような貴金属触媒や Co, Mn, Cu, Cr などの酸化物が使われる.石油化学の酸化プロセスは多く部分酸化生成物の合成を目的としたもので完全酸化は目的生成物への選択性を低下させるため極力抑制がはかられている.〔諸岡良彦〕
→選択酸化,気相接触酸化

官能基選択性 (化学選択性,ケモ選択性) chemoselectivity

反応が二つ(もしくはそれ以上)の官能基に対して進行しうるときの官能基間の優先

性．例えば，2-シクロペンテノンの還元では，水素化ホウ素ナトリウムを用いると二つの二重結合がともに還元される．この還元を塩化セリウム存在下に行うと，C=C二重結合が残った 2-シクロペンテノールが 97％の優先性で得られる．このとき，この還元反応は「97％の官能基選択性あるいは化学選択性を示す」という．

	生成比	
NaBH$_4$	0 : 100	
NaBH$_4$/CeCl$_3$	97 : 3	
9-BBN	100 : 0	
DIBAL-H	99 : 1	
LiAlH$_4$	16 : 84	

9-BBN：(構造式)

DIBAL-H：[(CH$_3$)$_3$C]$_2$AlH

〔三上幸一〕

管壁反応器　wall reactor

代表的なものに濡壁塔(wetted-wall column)がある．濡壁塔では，図に示すように垂直円管の内壁に沿って薄膜状に流下させた液体と，管の中心部を流れる気体または第二の流体とを接触させて反応させる．濡壁塔は，最初，2相間の接触面積が把握できるところから蒸留，ガス吸収，溶液抽出などにおける二相間移動係数を求める実験方法として考案された．

しかし，管外からの加熱や冷却が容易なことから，激しい反応熱を伴う反応装置として塩酸の製造やベンゼンの塩素化などに用いられるようになった．また，紫外線を照射して反応を進めるとき，光吸収距離が限られるため液体を薄膜に保つことが求められて，濡壁型の反応器が使用されている．

近年は，さらに積極的に管壁を電気化学的に処理して多孔質化し，触媒を担持させることによって管壁を単に熱交換面とするばかりでなく反応面として利用しようとすることが考案された．Al 管を陽極酸化したのちに，塩化白金酸溶液に浸して焼成することによって Pt 触媒を担持した Al 管がつくられる．Al の高伝熱性とともに，内壁面の γ-アルミナ層を触媒層として使用できるので，すぐれた管壁反応器となる．ケミカルヒートポンプのように，わずかな反応熱を効率良く回収利用することを求められるときの反応装置として注目されている．

濡壁塔

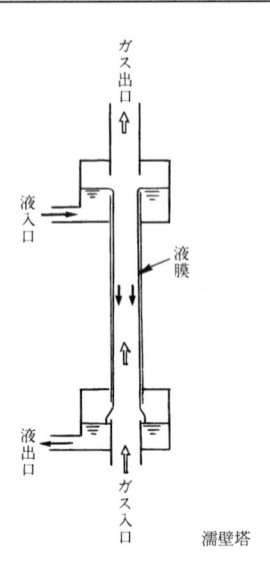

〔吉田邦夫〕

緩和法 relaxation method ─────────────

化学緩和法ともいい，1950年代にEigenらにより開発された速度論の方法．A+B ⇌ Cのような平衡にある可逆反応系に対して，温度，圧力，電場など，平衡を支配している外的因子を速やかに変化させる(摂動)と，系が新たな平衡状態へと追随しようとする．緩和法ではこの傾向を利用して正逆両反応の速度を測定する．

摂動には周期的摂動法と段階的摂動法の2通りがある．周期的摂動法は超音波のように周期的な外的因子の変動を与えるものである．この方法では10^{-9}秒程度までの測定が可能である．一方，段階的摂動法は平衡にある系の温度，圧力，または電場を一挙に段階状に変化させ，系が新しい条件で規定される平衡状態に向かう過程を，時間に対して連続的に測定するものである．温度ジャンプ法や圧力ジャンプ法などという．この方法では摂動に要する時間によるが，10^{-6}から10^{-8}秒以上の半減期をもつ反応が測定対象となる．

いま平衡にある系A+B⇌Cに摂動を加えると，AおよびBの平衡濃度は，新しい平衡値$\bar{C}_A$および$\bar{C}_B$に向かって変化する．摂動後の時間tにおけるAおよびBの濃度をC_A，C_Bとし，$x=C_A-\bar{C}_A=C_B-\bar{C}_B$とおくと，次の関係が成立する．

$$-dx/dt = x_0[k_1(\bar{c}_A+\bar{c}_B)-k_2]$$
$$\therefore \quad \Delta c = \Delta C e^{-t/\tau}$$
$$1/\tau = k_1(\bar{c}_A+\bar{c}_B)+k_2$$

ここで，x_0は摂動時($t=0$)におけるxの値である．この式で，τは時間の次元をもち緩和時間とよぶ．時間tに対してΔcの対数をプロットすると直線が得られ，この直線の

傾きが緩和時間に対応する．また$(\bar{c}_A+\bar{c}_B)$に対する$1/\tau$のプロットからk_1とk_2が決定できる．以下にさまざまな反応形式における緩和時間と速度定数の関係を示す．

反応形式	$A \underset{k_2}{\overset{k_1}{\rightleftarrows}} B$	$2A \underset{k_2}{\overset{k_1}{\rightleftarrows}} B$	$A+B \underset{k_2}{\overset{k_1}{\rightleftarrows}} C$	$A+B \underset{k_2}{\overset{k_1}{\rightleftarrows}} C+D$
$\dfrac{1}{\tau}$	k_1+k_2	$4k_1\bar{c}_A+k_2$	$k_1(\bar{c}_A+\bar{c}_B)+k_2$	$k_1(\bar{c}_A+\bar{c}_B)$ $+k_2(\bar{c}_C+\bar{c}_D)$

〔大倉一郎〕

き

擬液相　pseudoliquid phase

ある種のヘテロポリ酸*が固体状態で，気相あるいは液相から極性分子を固体バルクの格子(二次構造)内に吸収して，固体内で触媒作用を示し，外観は固体でありながらあたかも溶液触媒のように振る舞うことがある．この状態を擬液相という．擬液相には相転移に似た現象も見られ，転移に伴って触媒作用が大きな変化を示す．通常の固体触媒では表面という二次元反応場であるが，擬液相では溶液と同様な三次元の触媒反応場となる．そのため，高い活性や特異な選択性が発現することが多い．また，均質性，分子性を活かすことにより触媒設計や反応機構の解析が容易になる．

〔御園生　誠〕

機械強度　mechanical strength

工業触媒に要求される重要な条件の一つである．具体的には，反応装置に充填する際の破損，反応中の熱衝撃および化学変化による粉体化，触媒の粒子どうしの衝突による摩耗，排出ガスに含まれる多量のダストによる摩耗などにより触媒粒子の形状および粒度分布が変化し，反応装置の連続運転を不可能にすることを防ぐための触媒粒子の強度をいう．

機械的な強度は，通常，成形処理によって得ることができる．この強度は，構成する粒子の形状，大きさおよび粒度分布，粒子間の接触面積および接触点数に依存するだけでなく，成形体の密度分布も関係する．そのため，成形条件の最適化(原料粉体の粒度，成形圧力，バインダーの種類と量，水分の量)をそれぞれの工業触媒の要求性能に応じて選ぶ必要がある．一般にこれらの方法で強度を上げると触媒活性が低下(活性劣化*)する傾向があるのでこの点も考慮する必要がある．　〔上野晃史・角田範義〕

→触媒形状(成形)

幾何学的因子 geometrical factor ─────────

　結晶表面の触媒活性の発現に関する考え方の一つ．表面原子の配列・原子間隔と反応物あるいは生成物の構造との関係で触媒活性が決定されるという考え．合金*触媒表面での原子集団による活性発現，金属や化合物上では表面原子の配位不飽和度の違いによる活性点構造の理解でこの効果の重要性が示されている．

　ベンゼンの六員環の C-C の距離・配置に近い原子間隔の金属で六回対称の表面がベンゼンの水素化に活性であるとする考えや，エチレンの水素化において C-C の結合距離に近い原子間隔をもつ金属が高活性であるとした例が始まりである．これらはその後多くの例外が見いだされたが，表面原子配置と反応分子の安定化や活性化機構の研究につながった． 〔松島龍夫〕
→構造敏感型反応

ギ酸メチルの合成 synthesis of methyl formate ─────────

　ギ酸メチルは，溶剤や殺虫剤の分散剤として用いられるほか，ギ酸，ホルムアミドや高純度一酸化炭素の中間体としての用途がある．主なギ酸メチル合成法としては，(1)メタノールのカルボニル化*，(2)メタノールの脱水素*，(3)メタノールの酸化脱水素および(4)ホルムアルデヒドの二量化による方法があげられる．(1)の方法では，アルカリアルコラートなどの塩基触媒を用い，液相，2～7 MPa，330～390 K の条件でギ酸メチルを製造している．過剰のメタノール存在下では，極めて高い選択率が得られる．触媒に用いるアルカリアルコラートは二酸化炭素の影響を受けやすく，反応には高純度の一酸化炭素が必要である．アルカリアルコラートに代わる新しい触媒として，Ru, Pt, W などの錯体が検討されている．これらの系では，二酸化炭素の影響が軽減されるが，活性は低い．(2)の方法は，近年，開発された方法で，Cu 系触媒が用いられる．工業化プロセスでは，Cu/ZnO を基本成分とする触媒を用いて 520～570 K および 0.3～0.5 MPa の条件で反応が行われる．この方法は，メタノールのカルボニル化よりも反応条件が緩和であり，一酸化炭素を原料とする必要がないなどの利点を備えている．また，不均一系で反応が行える点も長所である．この反応に対して，Cu 系触媒が特異的に高い選択性を示すが，最近，Pd および Pt を酸化亜鉛などに担持すると，メタノールの脱水素により，高選択的にギ酸メチルが生成することが報告されている．(3)の反応は，液相および気相で行われている．液相反応では，Cr 化合物や Ru 錯体が有効である．また，液相中，Pd/C 触媒を用いると，300～330 K の温度域において，メタノールの酸化脱水素によりギ酸メチルを製造することができる．一方，SnO_2/MoO_3 存在下では，気相酸化脱水素によりギ酸メチルを合成することができる．Sn/Mo 原子比＝7/3 の触媒では，90%以上の選択率(423 K)でギ酸メチルが得られている．メタノールの酸化脱水素は，脱水素よりも温和な条件で進行するが，水が生成するので，メタノールの水素を有効利用できない欠点がある．(4)の方法は，ホルムアルデヒドより，ティシェンコ反応*類似の反応によりギ酸メチルを製造する方法である．Cu 系触媒，酸化鉛，SnO_2/WO_3 などが高い触媒特性を示す．こ

の反応は，メタノール脱水素よりも低温で進行するが，メタノールが副生することが多い．　　　　　　　　　　　　　　　　　　　　　　　　　　　　〔竹澤暢恒〕

基準電極　standard electrode
　電極電位を測定する場合に用いる電位の基準となる電極を基準電極という．標準水素電極*（単位活量の水素ガスおよび水素イオンの系）を一次基準とし，あらゆる温度における標準水素電極の電位(SHE : standard hydrogen electrode)が 0 V とされている．しかしながら，水素電極には，高純度の水素，濃度が明確な電解液ならびに高純度の白金黒などを用いる必要があり，水素の換気にも留意しなければならないなど，使用にあたって多くの配慮が必要である．また，測定系に用いる電解液が，酸化剤を含む溶液，還元されて電極面に析出する金属イオンや還元作用の強い物質を含む溶液，あるいは吸着性物質を含む溶液の場合には，白金黒電極の表面や電解液が汚染される可能性がある．このような諸問題を考慮して，使いやすい他の基準電極（参照電極*，照合電極ともいう）が用いられる場合が多い．例えば，電解質溶液のアニオンをも考慮して，飽和カロメル電極(SCE : saturated calomel electrode ; Hg｜Hg_2Cl_2｜sat. KCl ; 0.2412 V vs. SHE)，銀・塩化銀電極(Ag/AgCl : silver-silver chloride electrode ; Ag｜AgCl｜HCl(aq) ; 0.2223 V vs. SHE)あるいは酸化水銀電極(Hg/HgO : mercury-mercury oxide electrode ; Hg｜HgO｜KOH(aq) ; 0.098 V vs. SHE)などが使用されている．　　　　　　　　　　　　　　　　　　　　　　　　　　　　〔高須芳雄〕
→標準電極電位，電極電位

2,6-キシレノールの合成　synthesis of 2,6-xylenol
　2,6-キシレノール（2,6-ジメチルフェノール）は，耐熱・耐薬品性，電気的特性にすぐれた熱可塑性樹脂であるポリフェニレンオキシドの原料として，工業的に重要である．工業的には，フェノールのメタノールによるメチル化により，o-クレゾールとともに併産されている．気相法では，アルミナなどの金属酸化物を触媒として360～450°Cで，液相法ではアルミナを触媒として 300～360°Cで行われる．
　フェノールの核アルキル化は，求核置換反応であり，フリーデル-クラフツ反応*の一種といえる．ブレンステッド酸*をもつ固体酸触媒*によるメタノールとフェノールの反応では，フェノールのオルト，パラ配向性のために，アルキル化は 2，6 位のほか，4 位にも起こる．また，O-アルキル化によりアニソールも生成する．2,6 位の選択的アルキル化のためには，固体酸触媒よりも高温を要するが，Al_2O_3，ZnO-Fe_2O_3 などの両性触媒や MgO，CaO などの固体塩基触媒*が有効である．固体塩基触媒が OH 基のオルト位を選択的にアルキル化できるのは，固体塩基触媒では，ベンゼン環が触媒表面に垂直に近い状態で吸着するためであるとの説がある．なお，1,3-ジメチル-2-イソプロピルベンゼンをクメンと同様な方法で酸化する合成法も考えられるが，実際には，m-キシレンの 2 位のイソプロピル化が，立体障害のため困難であるので成立しない．　　　　　　　　　　　　　　　　　　　　　　　　　　　〔難波征太郎〕

→フェノールの合成, 芳香族化合物の核アルキル化, フェノールのアルキル化

キシレンの異性化 isomerization of xylenes ─────────

キシレンの異性体である C_8 芳香族の構造異性化反応をいう．キシレン異性体の物性値と平衡組成を表に示した．異性体のなかでは，テレフタル酸製造用原料である p-キシレンの需要が最も大きい．混合キシレンを異性化触媒で平衡混合物に転化し，p-キシレンを分離する．他の異性体は混合キシレンとともに再び異性化反応器に循環供給され，平衡組成まで転化される．

キシレン異性体の物性と熱力学平衡組成

キシレン類	C_8 芳香族の物性値		平衡組成 [mol%]	
	沸点 [℃]	融点 [℃]	400 K	800 K
o-キシレン	144.411	−25.173	18.6	22.8
m-キシレン	139.103	−47.872	55.8	45.8
p-キシレン	138.351	13.263	23.8	20.6
エチルベンゼン	136.186	−94.975	1.8	10.8

キシレンの異性化触媒には，異性体の一つであるエチルベンゼンを異性化する二元機能型触媒と，脱エチルする脱アルキル型触媒がある．いずれの異性化法とも350〜550℃で反応を行う．また，低温異性化法として $HF-BF_3$ 触媒を用いるプロセスがある．

二元機能型触媒は固体酸担持白金触媒で，水素化・脱水素反応は白金上で起こり，異性化反応が酸点上で起こる．キシレンのメチル基はカルベニウムイオン機構で構造異性化される．エチルベンゼンはナフテンを経由してキシレンに転化されると推定される．この触媒の酸強度は弱く，異性化以外の不均化反応やトランスアルキル化反応はほとんど起こらない．

脱アルキル型触媒も固体酸担持金属触媒で，酸強度は二元機能型触媒より強く，キシレンの異性化はほぼ平衡値まで達する．脱アルキル反応性は，エチル基＞メチル基であるため水素化脱エチル反応が主で，生成するアルカンは主にエタンである．

固体酸としては，アルミナ，シリカ・アルミナなどの非晶質酸化物が用いられたが，モルデナイト*や ZSM-5 ゼオライト*などのゼオライト系へと変化している．異性化反応の副反応である不均化*はキシレン収率を減少させるので抑制する必要がある．ZSM-5 ゼオライトの細孔は，キシレン不均化反応の遷移状態(ジフェニルメタン型)の形成には狭すぎるため，形状選択性*により不均化を抑制することができる．

二元機能型触媒では，少ない原料で p-キシレンの生産を最大限に可能とするが，循環原料油中に C_8 ナフテンが熱力学的平衡量存在し，触媒の酸強度が低いため異性化率も低くなり，そのぶん循環液量が多くなるので装置は大きくなる．一方，脱アルキル型触媒は，脱エチルするぶん原料キシレンの所要量が多くなるが，エチルベンゼン転化率やキシレン異性化率は二元機能型触媒より高く，循環原料油が少ないので，装置コストを最小にして p-キシレン生産を可能とすることができる．

HF-BF₃ を触媒とする MGC(三菱ガス化学)法では，相対塩基性の大きい m-キシレンが HF-BF₃ と優先的に錯化合物を形成する性質を利用しており，HF-BF₃ が m-キシレンの異性化反応の触媒となるとともに，反応生成物から m-キシレンを分離する．反応温度は，他の異性化プロセスに比べて低く，ユーティリティー消費量は少ないといわれるが，触媒が腐食性であるため特別の装置材料が必要になる．

　キシレン異性体は，表に示すように沸点が近いため，蒸留による分離が困難である．p-キシレンの分離プロセスには，p-キシレンの凝固点の高いことを利用した深冷結晶化分離法とキシレン異性体のゼオライトへの吸着力の差を利用した吸着分離法が工業化されている．1970年以前は深冷結晶化分離法が唯一の工業的分離法であったが，現在の最新設備では，回収率やエネルギー効率で有利な吸着分離法によっている．

〔菊地英一〕

気相接触酸化　catalytic gas phase oxidation

　金属，金属酸化物などを触媒とし，分子状酸素を活性化して，気体状の有機，無機の物質を酸化する反応を総称していう．稀に室温で進行するケースもあるが，多くは 200°C 以上の高温を要する．触媒には多く遷移金属元素が使われ，高温で酸素と共存するため，Pt, Pd, Rh, Au などの貴金属元素は金属状で作用するが，他は金属酸化物の形態をとる．

　触媒の最も重要な役割は，酸素分子の活性化である．酸素は稀に O_2^- のような分子状で反応することもあるが，ほとんどの場合は触媒上で解離し，O^-，O^{2-} のような原子状種で反応する．これらの吸着種は触媒表面の結晶格子を構成する酸素イオンと区別できないこともあり，このような活性酸素が反応に関与するものを Mars-van Kreveren 機構という．

　反応の選択性を無視し，ただ酸化が進むか否かを問えば，触媒の活性は，酸素の解離吸着熱をパラメーターとして一次的に近似できる．諸岡はプロピレンの燃焼反応を例にとり，吸着熱に対応する因子として金属酸化物の酸素原子当りの生成熱($-\Delta H_0$)をパラメーターとして各種触媒の酸化活性を整理し，図に示す火山型の相関図を得た．

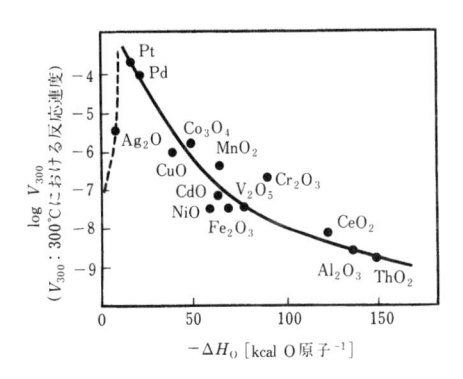

山の左側は触媒と酸素の親和性が乏しく,酸素の解離吸着が律速となり,山の右側は金属と酸素の親和性が大きいため,反応律速になる.山の頂上にPt, Pdといった貴金属が位置するが,これは酸素との親和性が適当で,酸化反応に最も活性であると説明されている.選択性を問わない,単なる燃焼反応にPtやPdなどの貴金属が多用されるのはこのためである.

部分酸化のように選択性が重要となる反応には多くの因子が複雑に関与する.触媒も単独元素の化合物ではなく,合金や複合酸化物,混合酸化物が使われる.活性酸素種の吸着サイトは金属イオンであり,その反応の選択性には相手の金属イオンの性質が大きく反映する.金属イオンと1:1で結合しているか(M=O),1:2か(M-O-M),触媒の結晶構造や仕事関数,表面の酸・塩基性などが複雑にからみあって反応の活性,選択性が定まる.

Mars-van Kreveren機構に従う場合は,酸素を活性化する場所と活性酸素種が反応する場所が離れているケースも多く,酸素イオンは固体内のバルクを拡散して移動するので,格子欠陥や酸素イオンの移動の速度も重要となる.個々の反応によって千差万別なので,詳しくは触媒の構造と反応機構に基づき検討する以外にない.

気相接触酸化はアルケン,アルカン,芳香族などの酸化,アンモ酸化,酸化的アセトキシル化などによる含酸素,含窒素化合物の合成反応に多く利用され,石油化学工業の基幹プロセスとなっている.さらに環境に有害な物質の酸化分解処理にも用途が広がっている.　　　　　　　　　　　　　　　　　　　　　　　〔諸岡良彦〕

→酸素分子の活性化,活性酸素種,アルケンの酸化

希土類イオン交換ゼオライト　rare earth-exchanged zeolite

ゼオライト*は高いイオン交換能をもち,カチオンとしてプロトンを導入すると酸性点*を発現し,固体酸触媒*となる.プロトンの代わりに多価カチオンを導入しても,ブレンステッド酸が発現し,しかも酸強度*を適度に制御することができる.また,多価カチオンを導入したゼオライトは,プロトン型に比べ熱的にも安定である.これらの特徴を利用して,石油の改質過程における接触分解*(FCC)の触媒として,比較的酸強度が強い希土類イオン(一般には混合イオン)でイオン交換したY型ゼオライト*が広く用いられている.ゼオライトの触媒としての利用のうち,量的には大部分をこのイオン交換Y型ゼオライトが占める.　　　　　　　　　　〔片田直伸・丹羽　幹〕

ギブズの吸着式　Gibbs equation

溶液の濃度を変えた場合の表面張力変化と吸着量の関係を定量的に表す式.ある溶媒にある溶質を溶かすと,溶質が溶液の内部と表面において不均等に分布し,溶液の表面張力を下げようとする.このとき,溶質の表面での過剰量つまり吸着量をΓ,表面張力をγ,濃度をcとすると,

$$\Gamma = -(c/RT)(d\gamma/dc)$$

または

$$\Gamma = -(1/RT)(d\gamma/d\ln c)$$

という関係が成立する．この関係をギブズの吸着式という．表面過剰量 Γ の次元は [mol m^{-2}]，表面張力 γ の次元は[N m^{-1}]または[J m^{-2}]であり，濃度 c の次元は[mol m^{-3}]にとる．実在溶液では濃度の代わりに活動度を用いなければならない．

一般に有機化合物の水溶液の表面張力は濃度とともに減少し，上式に従って $\Gamma > 0$ となる．溶液内部より表面のほうが溶質濃度の高い正の吸着*の実例である．逆に，無機の酸，アルカリ，塩類などの水溶液の表面張力は濃度とともに増大し，$\Gamma < 0$ となって負の吸着を起こす．

微粉状の固体物質を溶液に加えると多くの固体-液体界面ができるが，そこへギブズの吸着式を適用すると，粗い一般則として，その物質が溶媒の表面張力を下げるものであれば溶質が界面に集まり固体吸着剤に吸着される，と予測できる．実際，活性炭に物質を吸着させる場合，表面張力が大きくて多くの物質がその表面張力を低下させる水を溶媒として用いると吸着が容易に進むのに対して，表面張力がもともと小さいエタノールを溶媒として用いると水のときほどは吸着しないことが経験される．

〔堤　和男・西宮伸幸〕

逆供与　back-donation

金属錯体において，金属原子の占有軌道から配位子の空軌道へ電子が与えられること，およびそれによって結合が形成されることをいう．金属原子の空軌道へ配位子の電子対を与えることによってできる配位結合を供与型とよぶのに対し，逆の電子の流れによって結合ができるため逆供与と名付けられた．逆供与は金属の占有 dπ 軌道から配位子の空 π^* 軌道へ起こることが多く，この結合は金属-配位子結合軸に対して節面を一つもつので π 逆供与（π back-donation）とよばれることもある．

金属への一酸化炭素（カルボニル）の配位では，CO の炭素上の孤立電子対から金属空軌道への供与結合と同時に，金属の占有 dπ 軌道から COπ^* への逆供与結合が形成される．金属 d 軌道と COπ^* のエネルギー準位が近いことと，COπ^* 軌道は炭素上に大きな広がりをもつため，金属からカルボニルへの強い逆供与相互作用が起こる．その結果，M-CO 結合距離はアルキル錯体の M-C 結合距離よりもかなり短くなる．逆供与によって C-O 結合は弱められるので，その伸縮振動数を測定することによって逆供与相互作用の強さを見積もることができる．ニトロシル（NO$^+$）錯体やイソシアニド（CNR）錯体でもカルボニル錯体と同様な逆供与結合がみられ，ホスフィン錯体でもリン原子の空 d 軌道へ逆供与が起こると考える場合がある．アルケン，アルキン，共役ジエン，環状ポリエンなどの不飽和炭化水素の金属錯体も逆供与結合によって安定化される．逆供与の程度は d 電子数の多い低原子価後周期遷移金属で強くなると考えられてきたが，エネルギー準位の高い d 軌道に電子が占有された低原子価前周期遷移金属のほうが，さらに強い逆供与相互作用を示すことが知られている．金属-アルケン結合で逆供与結合が特に強い場合は C-C 間が単結合に近づき，三員環メタラシクロプロパンが形成されたとみなされることがある．

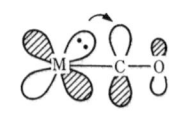

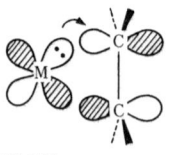

π 逆供与相互作用の例

〔巽　和行〕
→配位，供与，カルボニル錯体，デュワー-チャット-ダンカンソンモデル，前周期遷移金属錯体，メタラサイクル

逆スピネル　inverse spinel　→スピネル

逆スピルオーバー　reverse spillover　→スピルオーバー

求核置換反応　nucleophilic substitution reaction

　求核剤が基質を攻撃したとき，脱離基が追い出され求核剤と置き換わる反応形式を求核置換反応あるいは親核置換反応とよぶ．求核置換反応の速度は脱離基の脱離能（負電荷を受け入れる能力）と関係が深い．脱離基としてよく利用されるハロゲン化物イオンの場合，脱離基としての能力は周期表の同族列を下りるにつれて大きくなる．そのほか，メシラート，トシラート，トリフラートなどのスルホン酸イオンも脱離性が非常に高いことから脱離基としてよく利用される．また，求核置換反応は溶媒効果*の影響を大きく受ける．一般に，求核置換反応はメタノール，エタノールなどのプロトン性の極性溶媒中で行われる．しかし，DMF，DMSO，HMPAなどの非プロトン性溶媒を用いると，求核剤の対カチオンをアニオンから引き離す効果が働き，求核剤の反応性を飛躍的に高めることができる．
　求核置換反応の反応機構は，反応速度*が基質と求核剤の両方の濃度に依存する二分子求核置換反応（S_N2 と略記される）と，基質の濃度のみに依存する一分子求核置換反応（S_N1 と略記される）に大別される．S_N2 反応では，求核剤は脱離基と反対側から炭素を攻撃すると同時に脱離基が離れる．すなわち，結合の生成と結合の開裂が協奏的に進行し，一段階過程で生成物を与える．また，S_N2 反応は立体特異的に進行し，生成物の立体化学はすべて立体配置*の反転を伴う．この立体化学が反転する現象をワルデン（Walden）反転とよぶ．一方，S_N1 反応は次の三段階過程からなる．すなわち，下に示すハロアルカンと水との反応を例にすると，（1）ハロアルカンから臭化物イオンが解離しカルボカチオン*の生成する段階（律速段階*），（2）水分子がカルボカチオン*を求核攻撃しアルキルオキソニウムイオンが生成する段階，（3）アルキルオキソニウムイオンの脱プロトン化によりアルコールが生成する段階，である．中間体として生成するカルボカチオンはアキラルな sp^2 混成した三方形平面構造をとるため，光学活性な第三級，第二級ハロアルカンを用いても S_N1 生成物はラセミ体となる．

S_N2 反応

光学活性なハロアルカン　　　背面からの攻撃　　　立体配置の反転

S_N1 反応

光学活性なハロアルカン　　　アキラルな平面構造

ラセミ体

　純粋な S_N2 反応は第一級ハロアルカンにおいてのみ見られる．第二級ハロアルカンでは溶媒，脱離基，求核剤，立体障害などに依存して，S_N2 反応と S_N1 反応のどちらのパスが優先するかが決まる．また，第二級ハロアルカンの求核置換反応は S_N2 反応と E2 反応*の競争反応となる．第三級ハロアルカンでは S_N1 反応が起こる．

〔山田晴夫〕

→脱離反応，立体配置

求核反応　nucleophilic reaction

　有機化学の電子 2 個の授受を伴う極性反応(イオン反応)において，反応基質のなかで相対的に電子密度の低いカチオン性の部位に対して，電子密度の高いアニオン性の部位をもつ求核剤が攻撃して 2 電子を与える反応を経由するものを求核反応という．求核反応は求核置換反応*，求核付加反応*に大別される．求核剤は一般にアニオンなどの非共有電子対をもつルイス塩基であるが，炭素に対する結合が関与するときに求核剤，求核反応という用語が使われる．求電子反応*とは逆の関係になる．

〔福岡　淳〕

求核付加反応　nucleophilic addition

　求核剤，すなわちアニオン性の原子団あるいは非共有電子対をもつ分子が不飽和結合の電子密度の小さい部位や空軌道を攻撃する形式で進行する付加反応．
　C-C 不飽和結合すなわちカルボニル基に対する反応はこの形式の代表といってよく，H^- や CN^- などをはじめとする多彩な求核剤と反応する．アルドール結合*，ク

ライゼン結合*，メーヤワイン-ポンドルフ-バーレー反応*，カニツァロ反応*，ウィッティヒ反応*，ベンゾイン縮合などの有機合成においてよく知られている有用な反応もこの形式に含まれる．付加の立体選択性についても詳しく調べられているほか，不斉反応への展開なども盛んに研究されている．

C-C 不飽和結合の場合，電子吸引基の置換により分極している α,β-不飽和カルボニル化合物(C＝C—C＝O)に対する反応が数多く知られている．アミン，チオール，OH^- などの求核剤が α,β-不飽和カルボニル化合物の β 炭素に付加する．カルボアニオンとの反応はマイケル付加*として知られており，C-C 結合を形成する．

〔大島正人〕

吸 着 adsoprption

相の表面または界面の物質の濃度が内部と不均等になる現象．表面または界面の濃度が内部より大きい場合を正の吸着，小さい場合を負の吸着という．吸着する物質を吸着質*とよび，吸着する表面または界面を提供する物質を吸着媒*とよぶ．

吸着質が表面または界面にとどまらず，元の相から他の相へと移動してそこにとどまる現象は吸収とよばれ，区別される．吸着と吸収を合わせて収着という場合がある．

吸着には物理吸着*，化学吸着*，解離吸着*，マイクロポアフィリング*などの種類がある．物理吸着は吸着質と吸着媒の間のファンデルワールス力が主体となって起こり，このときの吸着熱*は吸着質の凝縮熱程度で小さい．化学吸着は固体表面への気体の吸着に多く見られ，吸着質と吸着媒との間に化学結合が形成されるため，吸着熱は化学反応熱と同程度になる．一般に固体表面への気体の物理吸着は，多分子層吸着*の形となるが，化学吸着は単分子層吸着*の形をとる．金属ニッケルに水素が室温付近で吸着する際，分子状水素の形でいったん物理吸着し，つづいて水素原子に解離し，Ni-H 結合を形成して化学吸着に至る．これが解離吸着であり，化学吸着の一種である．細孔の入口径が 2.0 nm 以下のマイクロポアに分子を吸着させると，ケルビン式*に従う蒸気圧の下で吸着分子が細孔を急激に充塡するマイクロポアフィリングという現象が起こるが，これは物理吸着に属する．

吸着の際，吸着質は三次元空間を運動していた自由度の大きい状態から二次元空間に捕捉された自由度の小さい状態に移るため，一般に，吸着過程のエントロピー変化 ΔS は全体として負になる．また吸着は自発過程であるからギブズ自由エネルギー変化 ΔG も負である．したがって，吸着過程のエンタルピー変化 ΔH は，$\Delta H=\Delta G+T\Delta S<0$ となり，吸着は発熱過程であることがわかる．

吸着平衡は，多くの場合，平衡圧(あるいは平衡濃度)，平衡温度および平衡吸着量の 3 者の関係として記述できるが，これを二次元平面の図として表示する目的で，上記 3 者のうちの一つを一定値にとって他の 2 者の関係を線図として表すことが多い．一定にとる変数を名称に入れて，吸着等圧線*，吸着等温線*および吸着等量線*とよばれる．特に吸着等温線には，ラングミュア吸着等温式など人名を冠した著名なものが多く，吸着機構の理解を深めるのに役立ち，また固体表面の特性化にも有用である．

平衡に至る過程を速度論的に扱った速度式にもエロビッチの吸着速度式*のように著名なものがある．

吸着の測定は学術的にも工業的にも多くの有用な知見を与える．N_2 や Kr の物理吸着測定から固体の表面積が求められる．水蒸気を物理吸着させると固体表面の親疎水性がわかる．一酸化炭素，水素などの化学吸着の測定によって，担持触媒における金属の分散度*が求められる．ピリジン，アンモニア，ギ酸などの吸着量の測定や赤外分光法*などの各種分光法による吸着状態の測定から，固体表面の酸塩基性についての知見を得ることができる．吸着熱*の測定や昇温脱離法*により，固体表面の化学的性質を探ることも広く行なわれている．

吸着分離は重要な応用技術であり，溶媒からの脱水，気体の乾燥，酸素と窒素の分離，脱臭などがある．ガスクロマトグラフにも吸着分離の原理を利用したものがある．

〔堤　和男・西宮伸幸〕

→競争吸着，混合吸着，表面積測定法

吸着剤　adsorbent

多量の分子，イオンを吸着する能力をもつ物質のこと．吸着質*に対して吸着媒ともよばれる．吸着剤の吸着活性は吸着質と吸着剤表面の相互作用の強さが大きく影響する．

吸着は吸着質-吸着剤表面間に常に働く分散力に基づく非特異的相互作用および吸着質と吸着剤表面の極性に基づく特異的相互作用(物理吸着)，あるいは吸着質-表面間の化学反応による化学結合の形成(化学吸着)によって起こる．このため，吸着分離を行うための，吸着剤の選択にあたっては吸着質や吸着剤表面の化学的性質を考慮し，目的にあった吸着剤を選ぶ必要がある．

吸着剤	特　徴
ゼオライト*	結晶性アルミノシリケートの総称．約0.3〜0.9 nm 程度のミクロ細孔を有し，細孔径は骨格構造により決まる．カチオンサイトは極性点として作用し，サイト数は骨格内の Al 原子数に対応する．H 型は固体酸性を示す．Si/Al 比が約10以下で親水的な，それ以上で疎水的な性質を示す．モレキュラーシーブ* 3 A，4 A，5 A とよばれるゼオライトはカチオンサイトが K^+，Na^+，Ca^{2+} の A 型ゼオライト (LTA) のこと．粘土を混練してペレット状に成形して用いる場合がある．
活性炭*	微細な黒鉛層と未黒鉛化炭素からなり，10^{-1}〜10^3 nm 次元の細孔径を有する．比表面積，細孔径分布は活性炭の製造方法，原料によって異なる．表面は本質的に無極性であり無極性分子に対して良い吸着性を示すが，カルボキシル基，フェノール性水酸基，ラクトン基，キノン基などの極性基も存在するため極性分子も吸着する．
シリカゲル*	比表面積約200〜1000 $m^2\,g^{-1}$，細孔径約 2〜50 nm 程度のものが得られる．合成条件を制御して比表面積，細孔径分布を調整したものが得られる．表面にはシラノール基が存在するため，無極性分子 (炭化水素) よりも極性分子 (水，アルコール，フェノール，アミン) の吸着性にすぐれている．

ゼオライト*,活性炭*,シリカゲル*のような多孔性物質は表面積が大きいため高い吸着量が得られ,特に凝縮性の分子では細孔内へのミクロ細孔充填や毛細管凝縮により高い吸着量を示す.ただし,ゼオライトのように細孔径が分子の大きさ程度のミクロ細孔性物質は分子ふるい性を有するため,この性質を利用して吸着質*分子の大きさによる選択的吸着を行うことができる.

代表的な吸着剤を表に示す.このほかにアルミナなどの金属酸化物や粘土鉱物が吸着剤としてさまざまな用途に用いられている.

〔堤　和男・松本明彦〕

吸着質　adsorbate, adsorptive

相の表面または界面に吸着*される物質をいう.また吸着を起こさせる表面または界面を提供する物質を吸着剤あるいは吸着媒*とよぶ.

気体が固体表面に吸着する場合,吸着質は気体分子そのものであるが,溶液から固体表面への吸着が起こる場合,吸着質は溶媒と溶質の両方となりうる.溶質の吸着のみに着目してこれを吸着質ととらえることもでき,あるいは溶質と溶媒の競争吸着*または混合吸着*ととらえることもできる.

吸着質の種類を変えたときの吸着挙動の差から固体表面の性質を知る方法は広く用いられており,例えば,一酸化炭素,水素,酸素,アセチレン,エチレンなどの化学吸着の挙動は,表面における金属種の状態についての情報を与える.

〔堤　和男・西宮伸幸〕

吸着等圧線　adsorption isobar

吸着質*の圧力が一定の下で,吸着温度に対して吸着量をプロットしたものを吸着等圧線とよぶ.図の実線部は二重促進鉄*による水素の吸着等圧線である.

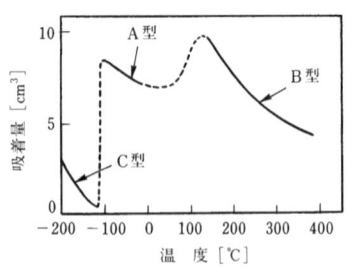

二重促進鉄による水素の吸着等圧線
(P. H. Emmett and R. W. Harkness, *J. Am. Chem. Soc.,* **57**, 1631 (1935))

吸着熱*は一般に正であるので,吸着等圧線の温度係数が負となる実線部は吸着平衡にあり,温度係数が正となる点線部は非平衡である.それらの吸着の活性化エネルギー*は温度上昇とともに,C型,A型,B型の順に高くなると予想される.また吸着量の温度勾配から判断して,C型の吸着熱はA型のそれより高い.したがって低温で出

現するＣ型の吸着も物理吸着*ではなく化学吸着*と考えられ，この二重促進鉄には3種類の異なる水素の化学吸着が存在することが予想される．このように広い温度範囲における吸着等圧線から種々の吸着種の存在が示される． 〔鈴木　勲〕
➡吸着等温線，吸着等量線

吸着等温線　adsorption isotherm ──────────

　温度一定の下で吸着平衡における，吸着質*の濃度あるいは圧力と吸着量をプロットしたものをいう．吸着特性を表す最も基本的な関係である．吸着等温線を利用して，粉体の表面積や多孔体の細孔分布が計算される．吸着等温線の形は，吸着質と吸着剤*との相互作用の強さや吸着剤の細孔構造などにより決定される．すなわち，吸着等温線の形は吸着温度や吸着質と吸着剤との組合せに特異的である．Brunauer らは，物理吸着の場合には，図に示すような五つの典型的な吸着等温線の形があることを指摘している．化学吸着の場合にはⅠ型となることが多い．吸着等温線における吸着量は，吸着質の濃度あるいは圧力の減少あるいは吸着剤の重量増加から求めるのが一般的である．吸着量と吸着質の濃度あるいは圧を式の形で表したものを，吸着等温式という．吸着等温式は，本来，実験式であるが，ラングミュアの吸着等温式*のように，理論的に導出されるものもある．このほか，フロイントリッヒの吸着等温式*，BET 吸着等温式*などが知られている．

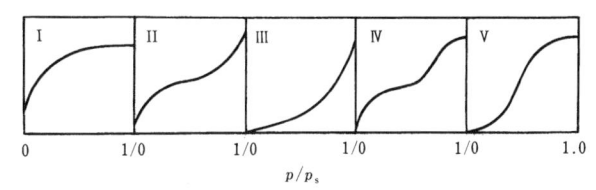

物理吸着における吸着等温線の典型（p は平衡圧，p_s は飽和蒸気圧）

〔鈴木　勲〕

➡吸着，表面積測定法，細孔分布測定法

吸着等量線　adsorption isostere ──────────

　吸着平衡にある系において，吸着量 v は温度 T と圧力 p の関数である．したがって，吸着量を一定とすると，平衡圧は温度のみの関数となる．吸着量一定の条件下における，吸着温度と平衡圧との関係を図示したものを吸着等量線という．実際には，複数の温度における吸着等温線*から，特定の吸着量における吸着温度と平衡圧の関係を得るのが一般的である．クラウジウス-クラペイロン(Clausius-Clapayron)式の関係を利用すると，吸着熱*が計算できる．こうして得られる吸着熱 Q を等量吸着熱とよぶ．すなわち，等量吸着熱は，$Q=RT^2(\partial \ln p/\partial T)_v = -R(\partial \ln p/\partial(1/T))_v$ で与えられる． 〔鈴木　勲〕

吸着熱 heat of adsorption ─────────

　ある分子が吸着剤*(吸着媒)へ物理吸着*あるいは化学吸着*するとき発生する熱のことを広義に吸着熱という。熱力学的関数と関連付ける場合には，物理吸着するとき発生する熱を指すことが多い。物理吸着熱の場合でも等温過程と断熱過程では吸着熱の熱力学的な内容が異なるが，触媒研究分野では吸着媒，吸着質，非吸着分子からなる系で等温で物理吸着が起きて吸着平衡に達する過程で発生する熱を示すことが多い。

　いま等温過程での固体表面への気体吸着を考える(溶液からの分子，イオン吸着の場合も取扱いは同様である)。気体分子 n_a[mol]が吸着して，周囲の恒温相に Q の熱が移ったとすると，

$$q_{\text{int}} = Q/n_a \tag{1}$$

を積分吸着熱*と定義する．また，吸着前後の系の全内部エネルギーをそれぞれ U_i, U_f とすると，体積変化など外界との仕事の交換がなければ吸着に伴う系の全内部エネルギー変化 ΔU は系外に出る熱 Q と等しく，

$$\Delta U = U_f - U_i = -Q \tag{2}$$

となる．

　吸着前の非吸着気体の量を N[mol]とし，気体のモル内部エネルギーを u_g, 吸着相の平均モル内部エネルギーを u_a(u_a は n_a によって変化するため"平均"の値)とすると，

$$\Delta U = [(N - n_a)u_g + n_a u_a] - N u_g = n_a(u_a - u_g) \tag{3}$$

であり，式(2)，(3)より

$$Q = -n_a(u_a - u_g) \tag{4}$$

$$q_{\text{int}} = -(u_a - u_g) \tag{5}$$

の関係が導かれる．

　ΔU の代わりに吸着に伴う系のエンタルピー変化 ΔH を吸着熱と定義する場合があるが，これは厳密には吸着のエンタルピーであり，吸着熱と区別されるべき量である．

　微小量 dn_a の気体が吸着媒に吸着して dQ の熱が発生する場合，

$$q_{\text{diff}} = (\partial Q/\partial n_a)_T \tag{6}$$

を微分吸着熱*と定義する．ここで，T は絶対温度である．これに式(4)を代入すれば

$$q_{\text{diff}} = -(u_a - u_g) - n_a(\partial u_a/\partial n_a)_T \tag{7}$$

あるいは

$$q_{\text{diff}} = u_g - [\partial(n_a u_a)/\partial n_a]_T \tag{8}$$

となる．ここで，$[\partial(n_a u_a)/\partial n_a]_T$ は吸着した気体の微分モル内部エネルギーである．

　吸着媒*の重量を M_s, 単位重量当りの吸着量を α[mol]および単位重量当りの単分子層吸着量を α_m[mol]とし，被覆率 $\theta = \alpha/\alpha_m$ とすると，式(6)，(7)はそれぞれ

$$q_{\text{diff}} = (1/M_s)(\partial Q/\partial \alpha)_T = (1/M_s \alpha_m)(\partial Q/\partial \theta)_T \tag{9}$$

$$q_{\text{diff}} = -(u_a - u_g) - \theta(\partial u_a/\partial \theta)_T \qquad (10)$$

と表される.

　実験的には Q_{int} が n_a の関数として十分な圧力範囲にわたって測定でき，かつ n_a の変化量が十分小さければ近似的に q_{diff} を求めることができる．吸着熱を直接測定する場合は吸着ラインが連結した熱量計を用いて吸着量と熱量を同時に測定する．この方法のほかに吸着等温線，ガスクロマトグラフィーを用いて吸着を測定し，その温度変化にクラウジウス-クラペイロン式

$$q_{\text{st}} = RT^2(\partial \ln p/\partial T)_\Gamma \qquad (11)$$

を適用して間接的に吸着熱を求める方法がある．ここで，$\Gamma = n_a/A$（A は吸着媒の表面積）である．q_{st} は等量吸着熱とよばれ，熱力学的には

$$q_{\text{st}} = q_{\text{diff}} + RT \qquad (12)$$

の関係がある．間接法は測定が直接測定法と比べて簡便であるが，導出過程でいくつかの仮定が入るため直接測定に比べると信頼性が落ちる．またクラウジウス-クラペイロン式が可逆平衡においてのみ成立する式であることから，活性サイトへの吸着，ヒステリシスを示す吸着などの場合は適用できない．

　吸着熱の測定は固体表面と吸着質の相互作用を明らかにする有力な手段であり，触媒の研究分野では表面の酸性度を調べる場合に特に有用である．気体塩基であるアンモニアを吸着質として用いて微分吸着熱を測定すると，強い酸点から吸着が起こり高い熱が発生することから，微分吸着熱の大きさを酸強度，吸着量を酸量として極めて定量的な酸点の解析が可能である．　　　　　　　　　　〔堤　和男・松本明彦〕
➡微分吸着熱，積分吸着熱

吸着媒　adsorbent　➡吸着剤

求電子置換反応　electrophilic substitution, S_E type reaction

　陽イオンや電子親和力の大きい空軌道をもつ分子など，基質の電子密度の高い部位や非共有電子対を攻撃するものを求電子反応剤とよぶ．この求電子反応剤による置換反応が求電子置換反応（S_E 型反応）である．

$$\text{—C—L} + \text{E}^+ \longrightarrow \text{—C—E} + \text{L}^+$$

　芳香族置換反応に多く見られ，ニトロ化，ハロゲン化，スルホン化，フリーデル-クラフツ反応などもその例である．これらは陽イオン種が芳香環を攻撃して生成した σ 錯体からプロトンが脱離することにより完結する芳香環水素の置換反応である．

アルドール反応など，炭素に結合した水素が塩基によりプロトンとして引き抜かれてカルボアニオンを生成し，これが求電子反応剤に捕捉される反応は脂肪族化合物における求電子置換反応の例である．カルボアニオンの生成が反応の律速段階になる場合には，反応全体の速度式は基質について1次となる．このような反応をS_E1型反応という．一方，速度式が基質と求電子反応剤のそれぞれについて1次となり全体としては2次になるS_E2型反応としては，ジ-sec-ブチル水銀と臭化水銀(II)から2分子の臭化-sec-ブチル水銀が生成する反応などが知られている． 〔松本隆司〕

求電子反応 electrophilic reaction ─────────────
　親電子反応ともよばれる．有機化合物中の電子密度の高い部位に対して，電子密度の低い部位をもつ求電子剤が攻撃して2電子を受け取る反応を経由するものを求電子反応という．求電子置換反応，求電子付加反応が含まれる．求電子置換反応としては芳香族化合物上での求電子芳香族置換がよく知られており，ハロゲン化，ニトロ化，スルホン化，フリーデル-クラフツ反応*(アルキル化およびアシル化)により芳香環上に官能基を導入できる．求電子剤は求核剤とは逆にルイス酸であり，求電子反応は求核反応*と逆の関係になる． 〔福岡　淳〕

求電子付加反応 electrophilic addition reaction ─────
　アルケンは，求電子試薬に電子対を供与し付加生成物を与える．これを総称して求電子付加反応とよぶ．親電子付加反応ともいう．求電子試薬としては，臭化水素などの鉱酸や臭素などのハロゲン化合物，臭化シアン，塩化スルフェニル，2価の水銀塩(オキシ水銀化)などが用いられる．例えば，下に示す反応では，求核的なπ結合の電子が求電子試薬を攻撃したのちに生成するカルボカチオン*中間体に，求核的な臭化物イオンが結合し中性の付加生成物を与える．一般に，アルケンへのHXの付加では，Hはアルキル基のより少ない炭素，Xはアルキル基のより多い炭素につく．これをマルコウニコフ則という．ボランを用いるヒドロホウ素化*(ハイドロボレーション)では，一般の水和反応と異なり，逆マルコウニコフ付加したアルコールを与える．

$$\mathrm{CH_3}\!\!>\!\!\mathrm{C}\!=\!\mathrm{CH_2} \xrightarrow{\mathrm{HBr}} \left[\mathrm{CH_3}\!\!>\!\!\overset{\oplus}{\mathrm{C}}\!-\!\mathrm{CH_2}\!\!<\!\!\mathrm{H} \right] \longrightarrow \mathrm{CH_3}\!-\!\underset{\mathrm{CH_3}}{\overset{\mathrm{Br}}{\mathrm{C}}}\!-\!\mathrm{CH_3}$$

〔山田晴夫〕

→マルコウニコフ付加

共酸化 co-oxidation ─────────────
　酸化還元電位が低く自動酸化*を受けやすい化合物を共存させて，その酸化の過程で生成する過酸化物などの活性酸素種を，他の基質の酸化に利用する液相酸化*反応をいう．本来，無触媒下の反応をいうが，現在は広義に触媒存在下の反応を含めて共酸化

と称している.例えばアルデヒドとアルケンを共存させて,アルデヒドの酸素酸化により生成する過酸を酸化剤として,*in situ* でアルケンのエポキシ化*を行うことができる.過酸の代わりにヒドロペルオキシド*を生成させてもよい.このような反応には,自動酸化を促進するホモリティックな触媒作用とエポキシ化を促進するヘテロリティックな触媒作用の両機能が必要である.

$$CH_3CHO \longrightarrow CH_3COOOH$$

$$CH_3COOH \quad R\text{-}CH=CH_2 \longrightarrow R\text{-}CH\text{-}CH_2 \atop O$$

〔竹平勝臣〕

鏡像異性体 enantiomer →エナンチオマー

競争吸着 competitive adsorption

吸着媒*が提供する吸着座席をめぐって2種以上の吸着質*が占有を競う吸着をいう.

吸着質間でその化学吸着力に差がある場合は,吸着力の強い吸着質が優先的に吸着したり,先に吸着している他の吸着質を脱離*させたりする.Ru(10$\bar{1}$0)上の CO と H_2 の競争吸着の例では,より強く吸着する CO によって H が元の吸着座席から追い出され,結合エネルギーの低い圧縮状態に押し込められ,昇温脱離法*の H_2 の脱離温度が低温へシフトすることが知られている.

触媒反応において,反応物以外の吸着質が吸着座席を優先的に占めると触媒毒*になる.また,2分子間の反応で,反応に関与する物質のうち特定のものだけが優先的に吸着しても反応は進行しにくくなる.

吸着質と吸着媒との相互作用のエネルギーが吸着質間で大差がない場合は,同種の吸着質どうしの相互作用が異種の吸着質の間の相互作用よりも強いときに競争吸着が起こる.吸着媒上で同種の吸着質が集合する傾向を示す結果,異種の吸着質を排除して互いに吸着座席を奪い合うようになるためである.LEED(低速電子回折)を用いた観察によれば,Pd(111)上の CO と O はそれぞれ固有の秩序をもった島状の構造を形成することが認められている. 〔堤 和男・西宮伸幸〕

→混合吸着

鏡像体過剰率 enantiomeric excess

鏡像体(光学異性体)の量的比率を表す場合,測定法により光学純度と鏡像体過剰率の表記方法がある.

光学純度は旋光計により旋光度を測定して鏡像体の混合割合を決定するもので,古くから利用されている方法である.光学活性(キラル)分子を含む溶液に偏光を当てると偏光面が右側に回転する場合と左に回転する場合とがある.それぞれ右旋性(+)体

あるいは左旋性(−)体化合物とよび，キラル1分子が示す旋光能は同じ値で逆の符号をとる．キラル分子が純粋のときは旋光度は最大値をとり，光学純度は100％となり，等量混合している(ラセミ体)ときは旋光性を示さず，純度0％となる．鏡像体混合物の光学純度は，同一条件で測定した純粋のキラル分子の比旋光度 $[\alpha]_{\lambda\max}^t$ を基準に以下の算出法により決定する．

$$比旋光度\ [\alpha]_\lambda^t = (\alpha \times 100)/(l \times c)$$

$$光学純度(\%) = ([\alpha]_\lambda^t \times 100)/([\alpha]_{\lambda\max}^t)$$

α は実測の回転角[度]，l は測定セルの長さ[dm]，c は濃度(溶液100 cm³ 中に含まれる試料の質量[g])，t は温度[℃]，λ は光の波長[nm]を表す．一般には比旋光度の測定には Na-D 線(589.3 nm)がよく用いられる．

鏡像体過剰率は一方の鏡像体がもう一方の鏡像体(鏡像異性体)に比べて過剰に存在する割合を示す表記法である．それぞれの鏡像体の存在量を正確に測定することが必要である．その手段として，ガスクロマトグラフィー，液体クロマトグラフィーやキラルシフト試薬を用いた核磁気共鳴スペクトル法を用いる方法がある．得られたそれぞれの存在量 $[R]$, $[S]$ から次式で過剰率を算出する．

$$\%ee = \left(\frac{|[R]-[S]|}{[R]+[S]}\right) \times 100$$

光学純度と鏡像体過剰率とは原理的には同じ値あるいは比例関係となるがキラル分子によっては単純な比例関係が成り立たない場合がある．分析機器の著しい進歩により比較的容易にしかも正確に鏡像体存在比を決定できるようになり，鏡像体過剰率を用いる場合が多くなってきている．

具体的には，光学純度や鏡像体過剰率は多くの場合，エナンチオ選択反応によって得られた鏡像異性体の生成割合を表すのに使われる．光学収率はこの反応の選択性を評価するための尺度として使われ，生成物の光学純度をもとに決められる．

反応選択性発現の要因(試薬，触媒など)が光学的に純粋な場合，光学収率は光学純度と一致する．すなわち，

$$光学収率 = 光学純度\ (\%)$$
$$= 鏡像体過剰率\ (\%ee)$$

一方，その要因が光学的に純粋でない場合，光学収率は光学純度と一致せずに，実験で得られた光学純度を，用いた試薬や触媒などの要因の光学純度で割って得られた値から求められる．すなわち

$$光学収率 = 生成物の光学純度／要因の光学純度 \times 100$$

〔碇屋隆雄〕

共沈法　coprecipitation method

多成分系触媒を調製する方法として用いられる沈殿法*であり，通常，2種あるいはそれ以上のイオンを同時に沈殿させることをいう．この沈殿混合物を，乾燥・焼成して得られた触媒は，含浸法*の場合と比較して活性成分が高表面積になることが多い．

例えば，複合酸化物触媒を調製する場合，それぞれの金属塩の混合水溶液をアンモニア水で沈殿させる方法，アンモニアの代わりに解離速度の遅い尿素を用いて沈殿剤が一様に分散された状態で沈殿させる方法がある．洗浄，乾燥後，673～873 K で数時間焼成して反応に用いる．

一方，担持触媒を調製する場合では，担体成分溶液と活性成分溶液を混合し，この溶液に沈殿剤を加えて共沈殿をつくる方法と担体成分溶液と活性成分溶液の混合で共沈殿ができる方法がある．洗浄，乾燥ののち適切な温度で焼成・活性化処理を行って反応に用いる．

どちらの場合も得られた沈殿が均一であることが重要であるので，溶液の濃度，溶液の pH，温度，混合成分および沈殿剤の添加順序，添加速度，撹拌の強さなどの操作因子を考慮して行う必要がある．また，沈殿進行中の pH 変化による解膠や沈殿物の長時間洗浄による影響，乾燥・焼成の脱水・分解過程による触媒の構造・物性の変化を考えると，混合濃度の差が大きい触媒ほど再現性良く調製することが難しい．

〔上野晃史・角田範義〕

境膜抵抗　film resistance

異相界面における境膜内の物質移動の抵抗を表し，境膜物質移動係数の逆数．

〔松方正彦・野村幹弘〕

→境膜物質移動係数

境膜物質移動係数　film mass transfer coefficient

固体-流体，流体-流体など位相界面の物質移動を考える場合には，流体側の界面ごく近傍では流体本体と比較して速度が非常に遅い層(境膜)が生じる．境膜物質移動係数は，物質移動速度と移動の起きる面積および境膜内の推進力に比例すると仮定したときの比例係数．すなわち，物質移動速度 $N[\mathrm{kg\ h^{-1}}]$ は，境膜物質移動係数 $h_\mathrm{c}[\mathrm{m\ h^{-1}}]$，異相界面の濃度 $C_\mathrm{i}[\mathrm{kg\ m^{-3}}]$，流体本体の平均濃度 $C[\mathrm{kg\ m^{-3}}]$，接触面積 $A[\mathrm{m^2}]$ を用いると，

$$N = h_\mathrm{c} A (C_\mathrm{i} - C)$$

により表される．物質移動の推進力には，濃度差のほか，分圧差，モル分率差が採用されることもあり，それにより単位が変わるので注意が必要である．物質移動係数に影響を及ぼす因子には，レイノルズ数(推進力/抵抗力)，シャーウッド数などがあり，これらの無次元数は装置構造，装置の大きさなどに影響を受ける．

〔松方正彦・野村幹弘〕

供　与　donation

配位子の電子対が金属原子の空軌道へ電子が与えられること，およびそれによって結合がつくられることをいう．σ 対称軌道の電子対が供与されることが多く，σ 供与 (σ donation) ともよばれる．さまざまな金属錯体における配位結合の大部分は σ 供与

型相互作用によって形成される．金属と配位子との軌道重なりが大きく，配位子軌道のエネルギー準位が高いほど供与型相互作用は強い．金属−配位子結合軸に垂直な $p\pi$ 型供与電子対があり，それと同じ対称性の金属空軌道が存在するときには π 供与も起こる．d 電子数の少ない前周期遷移金属にハロゲン，アミド，アルコキシドなどが配位したとき，配位原子の $p\pi$ 電子対が結合に関与することがある．σ 供与に $p\pi$ 供与が加わって金属−配位子間に多重結合ができ，アミド錯体の M-NR$_2$ 部分が平面構造になったり，アルコキシド錯体の M-O-R 部分が直線構造をとったりする．

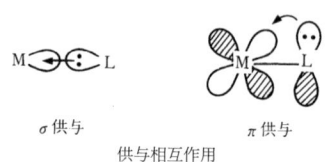

σ 供与　　　　π 供与
供与相互作用

〔巽　和行〕

→配位，逆供与，前周期遷移金属錯体

ギルマン試薬　Gilman reagent

有機銅試薬の一種．アルキルリチウムを銅（Ⅰ）塩と作用させることにより形成される可溶性のアート錯体．溶液中での反応活性種の構造は単一ではなく，また溶媒によっても異なるなど不明な点が多いので，試薬は以下のように組成式で表現されることが多い．

$$2RLi + CuX \longrightarrow R_2CuLi \cdot LiX$$

この有機銅試薬はカルボニル化合物，ニトリル，アルキン，電子不足アルケン，ハロゲン化物，イミン，オキシランなどのさまざまな種類の官能基と反応するアルキル化剤である．また，α,β-不飽和カルボニル化合物への選択的な 1,4-付加反応や立体的に混み合った化合物へのアルキル基の導入などにおいて，有機リチウム試薬やグリニャール試薬*とは異なる選択性や反応性を示す．　　　　〔大島正人〕

均一系触媒反応　homogeneous catalytic reaction

均一相内で起こる触媒反応であり，不均一系触媒反応*と対比される．気体触媒による気相均一系触媒反応と，硫酸触媒や金属錯体触媒などによる液相均一系触媒反応に分けられる．PdCl$_2$/CuCl$_2$ 触媒によるワッカー反応（ヘキスト-ワッカー反応）や有機金属錯体触媒による有機合成反応は均一系触媒反応の代表的なものである．主な均一系触媒には有機遷移金属化合物（錯体）および HF，硫酸などの酸がある．有機遷移金属錯体は多様な酸化状態をもち，電子的，立体的に異なる種々の化合物を配位子とすることにより，触媒としての機能を分子設計することが可能なため，有機合成に広く用いられている．酵素反応も，多くは均一系触媒反応に分類される．

均一系触媒反応は，不均一系触媒反応に比べて活性種の制御が容易であり，次の特

徴がある．（1）分子レベルの設計が容易である，（2）単一反応サイトによる反応である，（3）選択性が高い，（4）温和な条件で活性が高い，（5）触媒の適用に比較的一般性がある，（6）分子レベルで触媒反応機構を解析できる．一方，均一相であることによる次の欠点も有する．（1）反応後の生成物の分離が困難，（2）触媒の回収が困難，（3）触媒の再使用が制限される，（4）安定性が低い，（5）プロセス操作性が悪い，（6）反応の種類によっては反応器が腐食されやすい．

　液相系工業触媒としては，$PdCl_2/CuCl_2$ 触媒によるエチレンやプロピレンの酸化によるアルデヒドやケトン合成（ワッカー法*），ヘテロポリ酸*によるアルケンの水和（酸触媒反応），Co-Mn-Br 系触媒によるテレフタル酸合成（酸化触媒反応），Rh 錯体によるL-DOPA 合成（不斉還元），Rh 錯体による脂肪族アルデヒド合成（ヒドロホルミル化*），Rh 錯体によるメタノールからの酢酸合成（モンサント法*）などがある．ファインケミカルズ，医薬品，機能性高分子などの精密合成には温和な反応条件での高選択性が要求される場合に，選択性のすぐれた均一系触媒プロセスの役割が期待される．

　有機金属錯体触媒は一般に空気や水分に敏感であるので，その取扱いには注意を要することが多い．実験室的にはシュレンク管による方法，グローブボックスを用いる方法，真空系で行う方法などがある．

　有機金属化合物（錯体）による均一系触媒反応において，重要で基本となるのは次の四つの化学過程である．ここで，M は金属，L，L′は配位子を表す．

（1）配位子の解離（配位不飽和サイトの形成）と反応分子の配位（活性化）

$$L_nM-L'+S \rightleftharpoons L_nM-S+L'$$

（2）酸化的付加*と還元的脱離*

$$L_nM+R-X \rightleftharpoons L_nM{<}^R_X$$

（3）挿入と脱離

$$L_nM-R+X=Y \rightleftharpoons L_nM-X-Y-R \quad (X=Y：CO \text{やアルケンなど})$$

（4）配位分子と求核試剤との直接的反応

$$L_nM-R+Z \rightleftharpoons L_nM-R-Z$$

錯体の構造，安定性，反応性などを決める因子の一つに，配位飽和性・不飽和性の概念がある．一般に錯体の電子数（金属の d 電子の数と配位子から供与される電子の数の合計）が18電子則を満たす錯体は，配位飽和であり，18電子則に満たない場合は配位不飽和であるという．触媒反応は錯体の配位不飽和サイトの反応性による．多くの不均一系触媒反応の機構が依然として不明確であるのに対し，均一系触媒反応の機構は一般性があり，素反応は解析しやすい．例えば，反応速度式の解析，中間体の単離・XRD 構造解析，NMR など各種の分光法による中間体の同定，閃光分解や発光分析などの手法が用いられる．　　　　　　　　　　　　　　　　　　〔岩澤康裕〕

→触媒，反応速度

均一相モデル　quasi-homogeneous model ─────

　触媒粒子が充填された固定層型反応装置や，あるいは触媒が分散・浮遊した流動層型反応器では，固相と流体相が存在する不均一相である．このような反応器内の反応の様子を記述する際に，流体と触媒粒子内部を区別して表現すると式が複雑になる．そこで，固定層の場合，工業反応装置では一般に反応流体の流量は大きく，流体と粒子表面間の温度・濃度差は無視できる場合が多いので，固体相全体を多孔質の固体と考え，その内部に流体成分を含む擬均一相であるとみなすことができる．この際には，見かけの反応速度は触媒有効係数*を触媒粒子内の物質移動抵抗が無視できる場合の反応速度(r)に乗じることで表す．一方，触媒粒子が分散・浮遊しているような場合には，触媒粒子と流体の相対速度が小さいため，見かけの反応速度はr，触媒有効係数以外にも触媒粒子外表面での境膜の物質移動係数を考慮することによって均一系触媒のように取り扱うことができる．上記のような擬均一相の考えを均一相モデルとよび，装置内の反応の様子を記述する簡便な方法として広く用いられている．〔増田隆夫〕
➡固定層反応器，流動層反応器

均一担持　homogeneous loading　➡粒子内活性分布 ─────

キンクとステップ　kink and step ─────

　表面科学の進歩により，構造のよく規定された金属単結晶表面での吸着，脱離，化学反応の研究が可能になった．Pt, Pdなどの低指数面(111), (100), (110)での研究例が多いが，低指数面から数度傾けて結晶を切ると，図に示すように，階段状(stepped)でテラスとステップが周期的に現れる表面をつくり出すことができる．例えば，Pt(755)では，6原子幅の(111)面のテラスと1原子幅の(100)配向面のステップから構成され，Pt[6(111)×(100)]と表記する．Pt(533)(Pt(335)とも書く)では[4(111)×(100)], Pt(544)では[9(111)×(100)]である．ステップ上には，図のように，二つのステップが交わったキンクが生成することも知られている．また，Pt(679)では，[7(111)×(310)]と表され，(310)は[3(100)×(110)]に相当するので，1原子幅のステップに周期的にキンクが存在する．

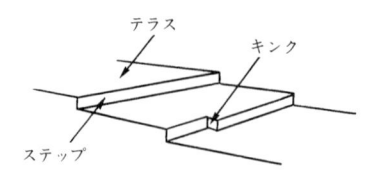

　このようなキンク，ステップが触媒活性点であるという考えが古くからあった．実際このような高指数面(ステップ状の表面)のほうが低指数面よりも活性であるという報告が多い．しかし，反応の種類，反応条件によってはフラットな(111)などのテラス面が活性であるという考えもある．この場合，昇温脱離法*など，実際の触媒反応(定

常状態条件下)とはかけ離れた条件での研究が多いので,活性サイトがテラスサイトかステップサイトかなど,触媒反応条件下での真の活性点の同定はこれからの課題である。　　　　　　　　　　　　　　　　　　　　　　　　　　　〔国森公夫〕
→表面再配列,構造敏感型反応,分散度

金触媒　gold catalyst

Auは化学的安定性が高く,触媒としての活性に乏しいと考えられていたが,粒子径5 nm以下の半球状超微粒子として種々の金属酸化物上に分散・固定化するとすぐれた触媒特性を示す。他の貴金属の場合に比べ,担体として用いる金属酸化物の種類によって触媒特性が著しく変化することが第一の特徴である。種々の反応に特に有効な金属酸化物担体を表に示す。第二の特徴として,触媒調製*法によって活性や選択性が極端に変化することがあげられる。高活性なAu触媒をつくるには共沈法*,析出沈殿法,有機金錯体を用いた化学蒸着法*や液相での表面化学反応法が有効である。これは,Au超微粒子が半球状となり金属酸化物担体とぴったりとくっつき,両者の接合界面周縁部(活性点の一部として働く)の長さが大きくできるためと考えられる。

Auの触媒機能を引き出す担体の例

化学反応	Au超微粒子の担体
完全酸化	
一酸化炭素（-77℃）	SiO_2, TiO_2, Fe_2O_3, …, $Be(OH)_2$, $Mg(OH)_2$
炭化水素	Co_3O_4
悪臭　$(CH_3)_3N$	$NiFe_2O_4$
炭化水素の部分酸化 含酸素有機化合物の合成	TiO_2(アナターゼ),チタノシリケート
メタノール合成	ZnO
窒素酸化物の還元	Al_2O_3

〔春田正毅〕

銀触媒　silver catalyst

不活性な α-アルミナの担体*に適当な銀化合物を含む溶液を含浸担持させ,還元または分解処理をした銀担持触媒をいう。気相接触酸化*法でエチレンからエチレンオキシド(オキシラン)を合成するときに用いられる。また,メタノールからホルムアルデヒドを合成するときには網状の銀,銀結晶などが用いられるが,これも銀触媒とよんでいる。

エチレンオキシド合成用銀触媒の調製法には,(1)担体に酸化銀の水またはエタノールのスラリーを濃縮担持後,または硝酸銀水溶液の含浸後,C_2H_4,H_2気流中423〜773 Kで還元する,(2)酸化銀,硝酸銀,シュウ酸銀,コハク酸銀,乳酸銀などの銀塩をアルカノールアミン類,アルキレンジアミン類,アミノエーテル類,その他アミン類などと反応させて水溶性の錯塩をつくる。これを水または有機溶媒に溶解し

て担体に含浸させ，373～648 K の低い温度で徐々に加熱分解して担持する，（3）酢酸銀と無水酢酸から銀ケテニドを担体上に沈着させて 443 K で分解する，などの方法がある。

　銀粒子はシンタリング*を起こしやすい(酸素存在下では激しく起こる)ので，還元または錯体を分解するときの温度制御には注意を要する。（2）のアンミン錯体を用いる方法では，平均粒子径 0.05～1 μmϕ の半球状の銀粒子が担体の細孔内表面上に均一に分散した銀触媒が得られる。銀の担持量は 8～34 wt％であり，安定した活性と高選択性の得られる銀の結晶子径は 5～50 nm，二次粒子径は 50～400 nm である。また，Ag(110)表面が特に活性であるともいわれている。

　担体には，機械的強度，熱伝導性が大きく，酸性，塩基性のほとんどない SiO_2, SiC, 溶融 Al_2O_3（コランダム），α-Al_2O_3 などが使用され，特に α-Al_2O_3 が好ましい。担体の物理化学的性質は反応選択性に影響を及ぼすので，表面積，気孔率，細孔径，粒子形状および添加物に特徴をもたせて改良した α-Al_2O_3 担体がつくられている。一般の α-Al_2O_3 は 0.1 $m^2 g^{-1}$ 程度の比表面積をもつが，改良 α-Al_2O_3 は 0.5～2 $m^2 g^{-1}$ の大きな比表面積をもつ。これらは，0.1 から 10 μmϕ の一次粒子で 10 μmϕ 以下の細孔をつくって表面積を大きくし，それらの 20～200 μmϕ の二次粒子を用いて 25～500 μmϕ の大きな細孔をもつように工夫してラシヒリングに成形し，エチレンオキシドの滞留時間の短縮と熱伝導性の向上を図っている。担体への添加物には，アルカリ，アルカリ土類金属のほか，Si, Ti, Zr, Fe などの金属酸化物が用いられている。

　上記のように調製された銀触媒は高い酸化活性は得られるけれども，約 60％のエチレンオキシド選択率しか得られない。高い選択性を得るために，促進剤としてアルカリ金属，アルカリ土類金属，S, F, Sb, Cl などの 2～5 種の元素が 30～2000 ppmw の範囲で添加される。添加方法としては担体への前含浸，後含浸，Ag との同時含浸などの方法がある。これら促進剤の添加によって，80％程度の選択率が得られる。1988 年，Shell 社は Ag-Re-Cs 系，Ag-Re-Cs-S 系の触媒を開示した。Re, Cs, S は酸化物状

エチレンオキシド合成用銀触媒とその性能

製造会社 特許資料	UCC JP H5-305237	Shell JP H5-84440	BASF JP H4-317741	三菱化学 JP H4-363139	日本触媒 JP H5-319368
担体					
α-Al_2O_3	99％	98.8％	99.7％	99.7％	(シリカ・アルミナ
添加物	F, Al, Ca, Mg, K, Na	ZiO_2, $MgSiO_3$	SiO_2, Al, Ca, K, Na	NH_4ReO_4	層で被覆)
活性成分					
Ag (wt%)	33.7	13.2	16	12	15
添加物 (ppm)	K 1394 Co 139	Cs 481 Re 279, Li 28	Li 250	Na(0.2%), Cs 473 Ba 50, Cl 42	Cs 1462
反応条件 [反応ガス組成：C_2H_4/O_2/CO_2 [vol%]/Cl [ppm]]					
ガス組成	30/8/0/5/(/NO 5ppm)	30/8.5/5～7/0.5～5	30/8/0/2	30/8/6/1.5	20/7/7/2
圧力 (kPa)	1896	1550	1600	785	2452
SV (h^{-1})	8000	3300	3300	4300	5500
反応温度 (K)	528	525	483	501	503
転換率 (％)	2.3 EO	50 O_2	50 O_2	40 O_2	10 C_2H_4

態で存在し，Ag表面に多量の酸素を保有させて，大幅に選択性を向上させている．また，Mo, W, Crのオキソアニオンの添加も選択性向上に効果があるといわれている．さらに，1〜5 ppmvの有機塩化合物を反応ガスに添加して選択率の改善が行われている．Ag-Re-Cs系では，この有機塩化物と促進剤との相乗効果で86％を超える高選択率が得られている．代表的な工業用銀触媒と性能，反応条件を表に示す．触媒寿命は1〜3年といわれている．なお，銀触媒は芳香族化合物，硫黄化合物，生成物のポリマーなどの沈着で失活しやすい．

Ag上への酸素吸着は求電子的に起こり，3種類の吸着酸素種 O_2^-, O^-, subsurface -O(浅い表面層内の潜り込み酸素原子)が生成する．反応促進剤としてのアルカリ，アルカリ土類，Reなどの添加金属は，Agの仕事関数を低下させ，酸素の付着確率または酸素被覆率を増大させて，それら自身は酸化物状態で存在する．その結果として分子状吸着酸素 O_2^- を安定化させる．反応ガス中の有機塩化合物から発生する塩素は強い求核性をもつため，O^- のsubsurfaceへの拡散移動を促進し，より求電子的な酸素種の存在比率を増大させ，反応選択性を上昇させていると考えられている．

一方，メタノールの酸化脱水素*反応によるホルムアルデヒドの合成*においては，網状のAg，0.5〜3 mmのAg結晶，SiO_2またはクリストバライト上に電着された金属銀などの銀触媒が使用される．ホルムアルデヒドとしての収率は88％，選択率は91％に達する．逆反応の起こらない最適な反応温度が953〜993 Kと高温のため，Ag表面の薄層が反応中の部分的ホットスポットで不活性化しやすい．触媒寿命は2〜4か月といわれ，再生プロセスが不可欠である．通常，メタノール-空気-水蒸気の混合ガスが反応に用いられる．水蒸気は銀の不活性化の抑制，ホルムアルデヒドの分解反応の抑制，および反応管出口流体の423 Kまでの急冷(0.1〜0.3秒以内)に効果を発揮する．　　　　　　　　　　　　　　　　　　　　　　　　　　　〔菖蒲明己〕

➡エチレンオキシドの合成，メタノールの酸化，メタノールの脱水素，酸素分子の活性化，活性酸素種

金属間化合物 intermetallic compound

広義には2種以上の金属元素から形成される化合物．通常は2種以上の金属元素が簡単な整数比で結合し結晶を形成したもの．特有の物理化学的性質を示すことが多い．およそ，以下の3種類に分けられる．(1)大きさの異なる成分金属原子を密に充填する構造．特にAB_2型の化合物は多くの金属間で形成され，ラベス相とよばれる．$MgCu_2$, $MgNi_2$など．(2)ヒューム-ロザリー則による電子化合物(➡合金)．(3)電気陰性度の差の大きい金属元素間で，互いの原子価を満たすように結合を形成する場合．Mg_2Pbなど金属元素間のみならず，半導体GaAs, CdSのような非金属の化合物まで含まれる．　　　　　　　　　　　　　　　　　　　　　　　　　　　〔三浦　弘〕

金属触媒 metal catalyst

周期表の1〜14族元素は金属元素とよばれるが，通常の触媒反応温度で水素により

酸化物から安定な金属状態に還元できるものは5〜11族(主として遷移金属)であり，これらが金属触媒となる．これらはいずれも金属原子半径が0.12〜0.15 nmであり，融点は1000℃以上である．この族以外の元素は酸化物として安定なものが多く，酸化物として酸化や酸塩基触媒となる．ただし，上記の金属触媒になりうる元素のなかにも，酸化雰囲気下では酸化物触媒として作用するものも多い．

バルク中の金属原子は，例えば面心立方(f.c.c.)構造であれば12原子で囲まれており，12の結合子をもつといえるが，(111)面を例にとれば，表面原子は隣接する表面の6原子と第1層下の3原子とのみ結合をもち，本来あるべき三つの結合が失われ，エネルギー的に高い状態にある(この切れている結合をダングリングボンド(dangling bond)という)．H_2，COなどの分子は自らの結合を切断し，金属表面のダングリングボンドと結合できる(解離吸着)．金属は同一元素の集合体であるので，分子の解離は(イオン的でなく)等極(ラジカル)的である．

同じ面心立方(f.c.c.)構造であっても単位格子の面の切り方は三角形の(111)面のほか，四角形の(100)面，長方形の(110)面などがあり，それぞれ異なった表面構造もとりうる．反応分子と各面との相互作用の仕方は結合の再編成を伴うためおのずと異なり，このことが反応全体を支配し，反応の活性や選択性に影響する．このような例を構造敏感型反応とよぶ．体心立方(b.c.c.)構造であるWやFe面に対する窒素分子の解離吸着はそれぞれの構造に著しく敏感である．Wでは(100)面が，Feでは(111)面が他に比べ著しく高活性である．

金属が触媒する反応は，金属状態(還元状態)を保つ必要から，水素の関与する反応(水素化，脱水素，リフォーミングなど)が主である．特に工業的に用いる場合はアンモニア合成，フィッシャー-トロプシュ反応，リフォーミング反応などの大型プロセスのほかに選択水素化(不飽和アルデヒドの部分水素化，ベンゼンの部分水素化，アルケンの不斉水素化など)が重要となる．このような目的のために金属に他の金属や酸化物(不斉水素化の場合は不斉化合物)を添加するなどして修飾する．その役割はさまざまであるが，これが高機能化のポイントとなる．最近では自動車排ガス浄化*にも貴金属系の触媒が用いられている．

触媒の形態としては担持型，バルク型に大別される．担持型は主として貴金属触媒(8〜10族)であるが，担体や添加物の種類によって金属粒子の電子状態を変化させたり，粒径を変化させて表面積や露出配向面を制御できる．金属と担体の強い相互作用をSMSI(strong metal support interaction)とよぶ．金属と担体の二つの機能を生かす例もある．例えば，金属(Pt)の水素化・脱水素能と酸性担体(SiO_2-Al_2O_3)の酸機能が両方機能し，炭化水素のリフォーミングが効率良く進行する(二元機能触媒*)などである．

バルク型への促進剤添加は酸化物として複合溶融させたのち水素還元し，金属-促進剤酸化物として高表面積状態を得る例が多い．ラネー型は金属状態で混合し(合金化)，一方を溶出させ高表面積化する．担持型，バルク型ともに活性な2種類以上の金属を合金あるいは混合状態で用いることもある．

金属触媒の元素としての固有の性質を比較するには，電気陰性度または金属酸化物生成熱がよく用いられる．酸素との結合の強い金属は，一般に O_2, H_2, N_2, CO, エチレンなどの簡単な分子も強く吸着し，活性化する．この特性にもとづいて反応の活性選択性に対する金属種の違いを説明できることが多い(火山型活性序列*など)．

金属触媒の特性を調べる方法には，金属露出原子数測定(H_2, CO 化学吸着)，金属粒径，構造(TEM)，吸着の強さ(TPD, プローブ分子の FT-IR)，バルク構造(XRD)，電子状態(XPS)，局所構造解析(EXAFS)などがある． 〔秋鹿研一〕

→アンモニアの合成，フィッシャー-トロプシュ合成，リフォーミング，芳香族の水素化，物性測定法(付録)

金属粒子径　metal particle size

金属を触媒として利用する場合は，通常，シリカやアルミナ，チタニアなどの耐熱性にすぐれた酸化物を担体とし，これらの担体表面に担持(分散)して使用する．触媒反応は金属粒子の表面で進行するので，同じ重量の金属を担持する場合にはなるべく金属粒子の表面積が大きくなるように担持することが好ましい．そのためには担持される金属粒子をより小さくすればよい．担持金属触媒の調製法としては，(1)含浸法*，(2)担体表面に存在する水酸基を利用するイオン交換法*，(3)金属アルコキシドなどを用いるゾルゲル法*，(4)ゼオライト*の微細孔を利用するシップ・イン・ボトル(ship in bottle)法などがよく使われる．金属微粒子の大きさは電子顕微鏡*で直接観察するか，水素の化学吸着量を測定して算出するか，いずれかの方法により求めることが多い．前者の方法では金属粒子の粒子径分布が測定できるが，後者の方法では平均粒子径のみが観測できる．また，後者の方法では金属微粒子表面に存在する金属原子1個に水素原子1個が吸着すると仮定して計算し，吸着水素量から粒子表面に存在する金属原子の数を算出する．これに金属原子の断面積を掛けることにより金属粒子の表面積がわかる．さらに，金属粒子の重量が1gであるとして金属粒子の比表面積 S を算出する．金属の密度を ρ とすると粒子径 d は粒子が球形ならば $d=6/\rho S$，立方体であれば $d=5/\rho S$ として算出される．また，全金属原子のうち粒子表面に存在する金属原子の割合を金属粒子の分散度*といい，微粒子になるほど分散度が大きくなる．金属微粒子触媒は金属の表面積が大きいため金属重量当りの(見かけの)活性は増大するが，単位表面積当りの活性(比活性)に直すと金属粒子の大きさによらず一定の値になるはずである．しかし，金属粒子の大きさが1 nm以下の超微粒子になると，予想される比活性と大きく異なる場合がある．さらに，反応の活性化エネルギーや生成物の選択性なども著しく変化することがある．これらを粒子径効果という．触媒作用に対して粒子径効果が現れる原因としては，(1)金属超微粒子による量子サイズ効果*，(2)金属超微粒子と担体との相互作用(担体効果*)などがあげられる．前者では金属粒子が1 nm以下になると金属として本来もっていた物性が変質し，それが触媒作用に反映されるためと考えられている．また，後者では超微粒子になると担体との接触面積が増加し，担体との相互作用が著しく増幅されるためと考えられている．チタニア

などを担体としたときに観測されるSMSI*(strong metal support interaction)や水素のスピルオーバー*が後者により説明されたことから,触媒作用に対する粒子径効果の原因は担体効果であるとする研究が多い.担体との相互作用により金属の電子状態が変化する様子は,XPS*などの電子分光法*で観測されている. 〔上野晃史〕
→金属粒子径測定法

金属粒子径測定法 measurement of diameter of metallic particles
　担持金属触媒*では,金属粒子の粒子径*が小さくなると,表面積の増大に加え,エッジやコーナー部および担体との接合界面周縁部の原子の割合が増加したり,担体との相互作用(電子移行,合金化など)の顕在化により,触媒活性や選択性が著しく変化する場合がある.したがって,金属粒子の寸法を測定することは触媒特性を理解するうえで重要であるが,実際の触媒では金属粒子は大きさの分布をもっているので,金属粒子を球状と仮定したときの粒子径分布から求められる平均直径,または触媒に含まれるすべての金属粒子の総金属原子数 N_T に対する表面に出ている金属原子数 N_S の割合,N_S/N_T(分散度*)で評価する.通常の担持金属触媒では金属粒子径が2～10 nmであることが多いので,透過電子顕微鏡,X線回折線幅,気体吸着による方法が有効である.
　(1) 透過電子顕微鏡*: 透過電子顕微鏡を用いると,電子線が透過する度合が物質によって違うため濃淡の平面像として金属粒子の形状と寸法を直接観察することが可能で,粒子径分布を決定できる.担持金属触媒の場合,担体である金属酸化物の粒子が金属粒子より1桁以上大きいので,PdやPtなどの貴金属でないと5 nm以下の超微粒子*を観察しにくいという制約がある.また,金属粒子の分散が触媒試料全体を通して一様でないと,観察する場所ごとに粒子径分布が著しく異なり,数千個にわたる粒子を観察しても正しい粒子径分布が得られないことがある.2 nm以下の超微粒子はコントラストが薄く,見落とすことが多くなることにも注意が必要である.
　(2) X線回折: 粉末X線回折パターンを測定して,金属粒子による回折ピークの半値幅 $\Delta(2\theta)$(装置による線幅を差し引いたもの)からシェラーの式によって金属結晶子の大きさ d_{hkl} が計算できる.

$$d_{hkl} = K\lambda/\Delta(2\theta)\cos\theta$$

ここに,d_{hkl} は(h, k, l)結晶方位の結晶子径,λはX線の波長,θは回折角,Kは粒子の形状,装置の仕様などに依存する定数で,0.9～1.4の値をとる.
　各結晶方位について上記の方法で結晶子の大きさを求めれば,幾何学的形状に関する情報も得られる.測定可能な粒子径範囲は3～100 nmであるが,これより小さな金属粒子では回折ピークが現れなくなるので評価できない.また,この方法によって得られるのは結晶子径であるので,一つの粒子が多数の結晶子の集合からなるときは粒子径を求められない.
　(3) 気体吸着法: 担持金属触媒の単位重量当りの気体吸着量を測定すれば,表面金属原子1個当りに吸着する気体分子の数(吸着気体の量論)から表面金属原子の総数

が求められる．この数値から，金属の分散度*や平均粒子径が計算できる．測定には容量法やパルス法*吸着装置を使用するが，担体に吸着せず，金属にのみ選択吸着する気体を用いる，気体が金属粒子表面に単分子層吸着する測定条件で行う，気体分子が金属表面原子上に一定比で吸着し，しかも，金属粒子径や担体によってその比率が変わらないこと，などの条件が満たされているかに注意することが必要である．

気体分子としては，水素を用いることが一般的であるが，一酸化炭素を用いることもある．吸着気体の量論は，Ni, Pd, Pt に対して水素原子/表面原子＝1/1 が成立する．また，酸素吸着のあと水素または一酸化炭素と反応させて滴定する方法もあり，例えば，Pt-O(表面)＋2CO(気相)→Pt-CO(表面)＋CO_2 の反応式から表面金属原子数を求めることができる．
〔春田正毅〕

均密沈殿法 homogeneous precipitation method →沈殿法

く

空間時間 space time

流通反応装置において，原料供給速度(単位時間あたりに供給される原料の体積)を v_0，反応器容積(または触媒体積)を V としたときに，空間時間 $\tau = V/v_0$ となる．空間速度*の逆数であり，時間の単位をもつ，v_0 と V を変えることによって空間時間を変化させて転化率を求めると，両者の関係から反応速度式が得られる．
〔五十嵐　哲〕

空間速度 space velocity ; SV

流通反応装置において，原料供給速度を v_0，反応器容積(または触媒体積)を V としたときに，空間速度 $SV = v_0/V$ と定義され，単位は時間の逆数(h^{-1})である．反応器単位容積(または単位触媒体積)でどれだけ多量の原料を処理できるかの目安となり，所定の転化率を得るために必要な空間速度の値が大きいほど，触媒性能がすぐれている．工業的に触媒性能を評価するときには，反応器容積つまり触媒体積が重要となるので空間速度は便利な指標であり，研究レベルと工業規模の触媒性能を空間速度で同一に評価することができる．

原料が気体または蒸気の場合は，原料供給速度として単位時間あたりに供給される原料の標準状態(0 °C, 1 atm)での体積を用い，供給速度を反応器容積で割った値をガス空間速度(GHSV : gas hourly space velocity)と表す．ガス空間速度を単に空間速度ということも多い．有機物や水溶液のように標準状態では液体であるが，反応条件では気体や蒸気となる原料については，原料供給速度として単位時間あたりに供給

される原料の液体としての体積を用いる液空間速度(LHSV)で表すことが多い．さらに，原料の供給量と触媒量について重量比を基準としたときには，重量空間速度(WHSV：weight hourly space velocity)が用いられる．

なお，正確な反応速度式を求める場合には，触媒体積基準では不正確であることと反応中の原料の体積変化の影響を避けるために，触媒重量と単位時間に供給される流体のモル数(または質量)を用いた反応時間因子(タイムファクター)を用いるのが適当である．この場合，規定された条件における密度がわかれば，反応時間因子は容易に空間速度に換算できる． 〔五十嵐 哲〕

空気浄化 air purification

粉塵やNO_x，SO_xなどの有害物質，悪臭で汚染された空気を，集塵，脱臭などにより清浄化することをいう．脱臭や有害物質除去の手段として触媒が用いられることがある．

高濃度の悪臭や有害物質を触媒を用いて分解除去することが可能であり，産業用にも広く用いられている触媒燃焼法にはPtやPdなどの貴金属触媒や銅，マンガン酸化物触媒が用いられる．触媒を用いない直接燃焼法に比べて低温で脱臭できるため，燃料を節約できる．民生用では調理器や暖房機器の未燃焼ガスの分解や脱臭に用いられている．

トイレの脱臭などには，コスト，安全性の面から加熱を行わない触媒脱臭が用いられる．貴金属触媒やCu，Mn系などの低温活性の高い触媒が使われるが，常温での触媒反応だけでは悪臭物質をすべて分解することは難しいため，ゼオライトや活性炭といった吸着剤と組み合わされることが多い．冷蔵庫内やトイレの脱臭に用いられるオゾン脱臭法は，小型のセラミックオゾン発生器で発生させたオゾンを，悪臭を含む空気と一緒に二酸化マンガンなどのオゾン分解触媒を通して，脱臭と余剰オゾンの分解を行う方法である．脱臭機能付きの空気清浄機に，光触媒脱臭方式を用いているものがある．酸化チタン系の光触媒に紫外線ランプで光照射することにより，触媒に吸着した悪臭成分を分解する． 〔黒川徹也〕

空隙率 void, voidage

粉粒体または充塡物が見かけ上占める全容積に対する空間容積の比率．単位は無次元である．空間率，間隙率，ボイドともいわれる．通常の空隙率の定義では，粉体あるいは充塡物に含まれる細孔容積は含めない．多孔質の固体の空間率(気孔率)を空隙率ということもあるので，定義に注意が必要である．

空隙率$\varepsilon[-]$と見かけ(かさ)密度$\rho_\mathrm{p}[\mathrm{kg\ m^{-3}}]$および真密度$\rho_\mathrm{t}[\mathrm{kg\ m^{-3}}]$の間には，次の関係が成立する．

$$\varepsilon = \rho_\mathrm{p}(1/\rho_\mathrm{p} - 1/\rho_\mathrm{t})$$

同一直径をもつ粒子を固定層反応器に充塡するとき，その空隙率は粒子径d_pと反応管径Dによって変化する．$d_\mathrm{p}/D < 0.1$であれば，$\varepsilon = 0.45$と近似してよい．また，気

液固三相系では，気体の占める割合を灌液時空隙率といい，一方液体の占める割合をホールドアップという．単に充填層反応器の空隙率というときには，気固系で測定した乾燥時空隙率を指す．　　　　　　　　　　　　　　　　　　　　〔高橋武重〕

空時収量　space time yield；STY

流通反応装置を用いるときに，単位時間，反応器単位容積(または触媒体積，触媒重量)当りに生成する目的生成物の量を示す．空時収率，空時得率ともいう．空時収量は空間速度*(原料供給量はモル数または質量基準)に目的生成物への転化率を乗じたものに等しく，触媒性能の尺度となる．　　　　　　　　　　　　　　〔五十嵐　哲〕

空塔速度　superficial velocity

充填層触媒反応装置の内部を反応流体が流れているときに，装置内部に触媒が充填されていない空塔とみなして求めた流体の見かけの流速をいう．触媒の形状や大きさによって充填層の流れの状態は異なり，また流体が通過する真の装置断面積を知ることは困難なので，反応装置の設計のための便宜的な流速として一般に広く用いられている．空塔速度は装置内の真の流速とは異なり，また必ずしも真の流速に比例する値でもない．流体の流量として体積流量，質量流量，モル流量を用いた場合の空塔速度のそれぞれについての単位は，例えば$[{\rm m\ h^{-1}}]$，$[{\rm kg\ m^{-2} h^{-1}}]$，$[{\rm kmol\ m^{-2} h^{-1}}]$が用いられる．なお，空塔速度は流動接触分解(FCC)反応装置などの最適操作のために重要な操作変数である．　　　　　　　　　　　　　　　　　　　　　　　〔五十嵐　哲〕

空燃比　air to fuel ratio

内燃機関に供給する空気と燃料の重量比(A/F比と略す)．通常のガソリンエンジン(オットーサイクル)は，完全燃焼に必要量小限の空気とガソリンの割合(理論空燃比という．ガソリンでは約14.7)付近の空燃比で燃焼させる．この割合が理論空燃比より大きい場合(空気過剰)をリーン(希薄燃焼)，小さい場合(燃料過剰)をリッチという．希薄燃焼型ガソリンエンジンやディーゼルエンジンではこれより大きい空燃比で燃焼させるので，燃費(単位燃料消費量あたりの走行距離または単位走行距離あたりの消費燃料量)が向上するが，排ガスに酸素が過剰に含まれるためその処理に通常の三元触媒*が使えない．　　　　　　　　　　　　　　　　　　　　　　　　　〔御園生　誠〕
➡自動車触媒，NO_x吸蔵環元触媒

クヌッセン拡散　Knudsen diffusion

ヌッセン拡散ともいう．低圧下では，気体分子の平均自由行程が長くなり，物質および熱の移動は分子自身の移動によって支配され，分子相互の衝突は無視できるようになる．このときの拡散現象をクヌッセン拡散とよぶ．クヌッセン拡散領域の判別にはクヌッセン数Knが用いられる．クヌッセン数は分子の平均自由行程$\lambda[{\rm m}]$と流れ場の代表長さ$L[{\rm m}]$の比，λ/Lである．$Kn \gg 1$となる場合，すなわち，分子の平均自

由行程が代表長さより十分長い場合が，クヌッセン拡散領域である．この場合には，気体を連続体とみなす巨視的な取扱いはできず，個々の気体分子の運動に着目した気体分子運動論に基づく取り扱いが必要となる．$Kn<1$ では，分子拡散が起きる．円筒状細孔内のクヌッセン拡散係数 $D_K [\text{m}^2\,\text{s}^{-1}]$ は，分子量 $M[-]$，温度 $T[\text{K}]$，気体定数 $R[\text{kJ}\,\text{mol}^{-1}\,\text{K}^{-1}]$，細孔半径 $r[\text{m}]$ を用いて，

$$D_K = \frac{2}{3}\left(\frac{8RT}{\pi M}\right)^{1/2} r$$

と表される． 〔松方正彦・野村幹弘〕

→自己拡散，相互拡散，分子拡散，細孔内拡散

クネベナゲル縮合　Knoevenagel condensation

一般にアルデヒドあるいは α 水素をもたないケトンと二つの電子吸引基を有する活性メチレン化合物の縮合反応をいう．この反応は多くの場合，ピペリジンやアルコキシドを触媒として用いるが，酸触媒によっても進行する．

$$\underset{\underset{O}{\|}}{R-C-R'} + Z-CH_2-Z' \xrightarrow{\text{塩基}} \underset{Z-C-Z'}{\overset{R-C-R'}{\|}}$$

(Z = CHO, COR, CO_2H, CN, NO_2, SOR, SO_2R, SO_3R, 他の電子吸引基)

本反応は活性メチレン化合物からのカルボアニオンの生成，カルボアニオンのカルボニル基への付加，続く脱水反応で進行する．

〔土井隆行〕

$$Z-\overset{-}{C}H-Z' + \underset{\underset{O}{\|}}{R-C-R'} \longrightarrow \underset{Z-CH-Z'}{\overset{R-\overset{O^-}{\underset{|}{C}}-R'}{}} \longrightarrow \underset{Z-C-Z'}{\overset{R-\overset{OH}{\underset{|}{C}}-R'}{}}$$

クメンの合成　synthesis of cumene →イソプロピルベンゼンの合成

クメン法　cumene process

代表的なフェノールの合成法で，プロピレンとベンゼンからフリーデルクラフツ触媒，あるいはゼオライト系固体酸触媒によってクメン（イソプロピルベンゼン）を合成し，クメンの空気酸化によりクミルヒドロペルオキシドを得，その酸分解によってアセトンとフェノールを合成するプロセス． 〔諸岡良彦〕

→イソプロピルベンゼンの合成，フェノールの合成

クライゼン縮合　Claisen condensation

α 水素をもつエステルを強塩基を用いて縮合し，β-ケトエステルを生成する反応をいう．ジカルボン酸エステルの分子内縮合の場合，ディークマン縮合という．

$$2\ \text{R-CH}_2\text{-C(=O)-OR'} \xrightarrow{\text{塩基}} \text{R-CH}_2\text{-C(=O)-CH(R)-C(=O)-OR'}$$

(R = アルキル基)

この反応は，エステルと強塩基で生成するエノラートがもう1分子のエステルに求核付加した後，アルコキシ基の脱離により進行する．

$$\text{R-CH=C(O}^-\text{)-OR'} + \text{R-CH}_2\text{-C(=O)-OR'} \longrightarrow \text{R-CH}_2\text{-C(OR')(O}^-\text{)-CH(R)-C(=O)-OR'}$$

α 水素をもたないエステルとのクロス縮合も可能である．　　　　〔土井隆行〕

クライゼン転位　Claisen rearrangement　→ウッドワード-ホフマン則

クラウス法　Claus process

製油所オフガス，天然ガスなどに含まれる硫化水素を硫黄として回収するプロセスで，ドイツの Claus により考案された．現在，最も多く使用されているものは燃焼反応炉と反応器を含む全供給方式である．これは硫化水素またはこれを含む原料ガスの全量を燃焼反応炉に供給し，ここで供給された硫化水素量の 1/3 を燃焼できる量の空気によって燃焼し (燃焼反応炉)，生じた二酸化硫黄と残りの硫化水素で硫黄を生成する硫黄回収法である．硫化水素を燃焼したのち，硫化水素/亜硫酸ガスの比が 2：1 になるように調節することにより，無触媒下および触媒下(アルミナなど)で行う(反応器)．生成された硫黄蒸気は S_2, S_6, S_8 を含み溶融状硫黄として回収される．通常原料ガス中の硫化水素濃度が 50～100％の範囲内のものに使用される．
　反応は次式で示される．

$$H_2S + \tfrac{3}{2}O_2 \longrightarrow SO_2 + H_2O + 518.56\ \text{kJ}\ \text{g}^{-1}\ \text{mol}^{-1}\ H_2S^{-1}$$

$$2H_2S + SO_2 \rightleftarrows \tfrac{3}{2}S_2 + 2H_2O - 24.00\ \text{kJ}\ \text{g}^{-}\ \text{mol}^{-1}\ H_2S^{-1}$$

〔永井正敏〕

クラスター　cluster

狭義には3個以上の金属原子を含み金属-金属の直接結合を有する錯体を金属クラスターというが，一般には2個以上の金属原子を含む錯体を指すことが多い．金属は安定化配位子でおおわれている．特に CO を配位子とするカルボニル錯体*では多数の

クラスターが知られている．また分子性錯体以外でも，超微粒子*のうち粒子径 10 nm 以下をクラスター，それ以上をコロイド*とよぶ場合がある．金属クラスターはバルク金属と単核金属錯体の中間に位置付けられる化合物であり，金属触媒表面の活性点*を切り取ってきたモデル分子と考えられ，フィッシャー-トロプシュ合成*などの反応機構の研究で有用な知見を与えた．一方，複数の金属の共同効果により単核錯体にはない新しい反応性が発現し，CO や炭化水素などを特異的に活性化して触媒反応を進行させる例がある．なお，生体内の酵素中にも金属クラスターは含まれており，窒素分子の活性化や電子伝達をつかさどっていると考えられている． 〔福岡　淳〕

クラッキング　cracking

　一般的には，有機化合物の熱分解反応をいう．石油精製の分野では，炭化水素の熱分解のほかに，触媒を用いる炭化水素の分解(接触分解)もクラッキングという．炭化水素の熱分解の代表例はナフサの熱分解*による低級アルケンの製造である．反応温度は 1000～1200 K である．熱分解プロセスには，このほか，ビスブレーキング法やコーキング法がある．ビスブレーキング法は残油などの重質油の粘度を下げる目的で行われ，重質油を 20 気圧，800 K 前後の温度で液相熱分解する．コーキング法は石油コークスを製造する方法で，減圧蒸留残油などを常圧で 750 K 前後で熱分解して，ガス，ガソリン，軽油留分を得るとともに，その残油を長時間熱分解してコークス化する．熱分解反応は，フリーラジカルを中間体とする連鎖反応で進行する．接触分解の代表例は，流動接触分解*である．主として，軽油留分を分解して高オクタン価ガソリンやナフサ*を製造する方法である．触媒としては，固体酸*であるゼオライト*が用いられる．反応は，カルベニウムイオン*機構で進行する．カルベニウムイオンは 3 級が安定であることから，枝分かれしたアルカンや芳香族炭化水素が主に生成する．接触分解と水素化を組み合わせたプロセスとして水素化分解*がある． 〔小野嘉夫〕
→ガソリンの製造

グラファイト　graphite

　炭素には，sp, sp^2, sp^3 の原子価をもつ炭素原子から構成される三つの同族体カルビン，グラファイト(黒鉛)またはフラーレン，ダイヤモンドがある．このうち，触媒としては，主に黒鉛系の炭素が用いられている．黒鉛結晶は図示したような巨大な炭素ヘキサゴナル平面が数百層以上規則正しく積層した構造をもっているが，広く黒鉛系材料をみるとヘキサゴナル平面の大きさ，積層規則もさまざまである．ヘキサゴナル平面があまり大きくなければ，アームチェアー，ジグザグ型のヘキサゴナル末端に水素あるいは酸素などからなる原子団を有し，それらが表面を構成して吸着，触媒反応に関与する．これらの官能基は酸・塩基および酸化還元力を発現する．置換基のない炭素表面はフリースピンを有するか，あるいはベンザイン様の結合を有する．黒鉛系炭素は一般に多孔体であり，気泡孔とヘキサゴナル面間の大小のスリットからなる細孔により，極めて高い表面積を有することがある．このような高表面積炭素は活性

炭素とよばれる．スリット形の細孔は分子ふるいとして働くことがある．一方，カーボンブラックあるいはすすは数百 nm の微粒子で，表面に多数の含酸素官能基を有する高表面積炭素である．こうした構造をもつ黒鉛系炭素はそれ自身が触媒として働くほか，金属，金属硫化物，金属酸化物，金属錯体，金属塩基あるいは無機化合物，有機化合物を分散担持できることで，触媒担体としても広く用いられている．

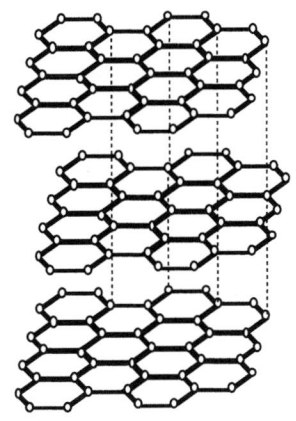

黒鉛の結晶構造

一方，黒鉛結晶はその層面間に電子供与あるいは受容性金属および化合物が充填され，ヘキサゴナル面と電荷移動相互作用により安定化され，黒鉛層間化合物（グラファイト，インターカレーション）が形成される．層間に第二のゲストを取り込み，触媒として働くことも報告されている． 〔持田 勲〕

→活性炭，モレキュラーシーブ

グリニャール試薬　Grignard reagent

一般式 RMgX で表される活性な化合物の総称．1901 年に F. A. V. Grignard（フランス）によって見出された．無水ジエチルエーテルなどのエーテル系の溶媒中で金属マグネシウムとハロゲン化炭化水素を反応させることで得られる．代表的なアルキル化剤で以下に示すような種々の反応性があり，有機合成などに広く利用されている．

（1）カルボニル化合物と反応し，アルデヒドから第二級アルコール，ケトンから第三級アルコールを生成する．

$$R'COR'' \xrightarrow{\text{1) RMgX}}_{\text{2) H}^+} RR'R''COH$$

（2）エステル，酸無水物，酸ハロゲン化物に 2 当量作用させることにより第三級アルコールが得られる．

（3）アルコールやアミンなどの活性水素をもつ化合物と反応して炭化水素を生じる．

$$RMgX + R'OH \longrightarrow R-H + R'OMgX$$

（4）他のハロゲン化炭化水素との交換反応で他のグリニャール試薬を生成する．

$$RMgX + R'X \longrightarrow RX + R'MgX$$

（5）ニトリル，酸アミドとの反応によりケトンが生じる．

$$R'C \equiv N' \xrightarrow[2) H^+]{1) RMgX} RR'C=O$$

（6）二酸化炭素との反応ではカルボン酸を生成する．

$$RMgX + CO_2 \longrightarrow RCO_2MgX \xrightarrow{H^+} RCO_2H$$

（7）典型金属ハロゲン化物と反応させて対応する有機金属化合物を得る．有機ケイ素，有機リン，有機ホウ素，有機スズなどの合成に利用されている．

（8）加熱するか遷移金属触媒存在下でハロゲン化炭化水素と反応させるとカップリング反応が起こる．

（9）遷移金属錯体と反応させ，対応するアルキル錯体を合成する．また，金属が還元されたり，ヒドリド錯体が得られる反応も知られている．これらの反応はアルキル錯体を経由していると考えられている．　　　　　　　　　　　　　　　〔大島正人〕

グリーン触媒　green catalyst

グリーンケミストリーあるいはサステイナブルケミストリーとは，簡単にいえば，環境に優しいものとものづくりの化学で，持続性のある社会に望まれる化学技術の体系．とくに，設計の段階で，プロセスや製品のライフサイクル全体を考え環境負荷を最小にしようとする．病気に例えれば，診断，治療，予防のうち予防の重視に相当する．従って，環境調和型プロセスのための触媒，あるいは環境調和型化学製品を作るための触媒をグリーン触媒という．環境触媒*のうち間接型に分類したものにほぼ対応している．グリーン触媒の候補を次表に示す．これらにはトレードオフ関係とケースバイケース問題があることに注意し，常に全体を通して評価することが肝要である．反応，分離の効率向上は常に有効であるが，抜本的な発想の転換による予防策が望まれている．

```
多段プロセスの少数段化
危険試薬を使わないプロセス
量論反応の触媒反応化
液体酸塩基の固体酸塩基化
溶液触媒・試薬の固定化
反応媒体の改善（無溶媒化，異相化，超臨界流体，水溶媒）
再生可能資源の活用
環境に優しい製品（量より質へ，環境負荷の低減）
```

〔御園生　誠〕

クロミア-アルミナ触媒　chromia-alumina catalyst　→三酸化二クロム-三酸化二アルミニウム触媒

け

形状係数　（粒子の）　shape factor

粒子の形状を数値で表したものであるが，その多くは球からのずれの尺度として使用される．よく用いられるのは，比表面積形状係数 ψ であり，粒子の表面積形状係数 $\psi_s=S/d_p^2$ を体積形状係数 $\psi_v=V/d_p^3$ で割った値として定義される．ここで，S は使用する固体の外表面積 [m² kg⁻¹]，V は形状から求められる体積 [m³ kg⁻¹] である．すなわち，比表面積形状係数 $\psi=\psi_s/\psi_v=d_pS/V=d_p\cdot s$ となる．ここで，s は粒子1個の表面積をその体積で除した比表面積である．球については $\psi=6$，その他の形状の粒子については，粒子の代表径 d_p のとり方によっても異なるが，一般に 6 よりも大きくなる．また，粒子の形状が球から離れるほど大きくなる．

直径が d で高さが h の円筒形触媒の場合には，代表長さとして次の式で定義される当体積球形が用いられる．

$$d_p=[6\cdot V/\pi]^{1/3}=[6\cdot(\pi(d/2)^2h/\pi)]^{1/3}=(1.5\times d^2\times h)^{1/3}$$

また，粒子の長径と短径の比を長短度 (elongation) といい，粒子の短径と高さとの比を偏平度 (flakiness) とよぶ．これらは，粒子の形状を数値で表したものであるが，これらも形状係数の一つということができる．　　　　　　　　　　　　　　　〔高橋武重〕

形状選択性　shape selectivity

ゼオライト*は分子サイズレベルの均一な細孔をもつ結晶性化合物で，通常，結晶粒子径はミクロンオーダーであり，外表面積は数 m² g⁻¹ にすぎない．このため，活性点の大部分は細孔内に存在し，反応物や生成物の大きさがゼオライト細孔と同程度の場合，細孔と分子形状の幾何学的関係により反応の速度や選択性が影響を受ける．特定の分子の拡散や特定の反応の進行がこのような立体的因子によって阻害される結果，発現する反応の選択性を形状選択性という．形状選択的反応は，すでにかなり前から石油精製プロセスに応用されてきた．例えば，硫化ニッケル担持エリオナイトを用いたセレクトフォーミング*はナフサ中のオクタン価の低い直鎖アルカンだけを選択的に水素化分解によって除去し，分枝アルカンや芳香族を残してオクタン価を向上させるプロセスである．

A 型ゼオライト*やエリオナイト*などの酸素八員環を有するゼオライトに加えて，ZSM-5 ゼオライト*などの酸素十員環のゼオライトが合成されて，芳香族や分枝アルカン間での分子径の差による選択性が出るようになり形状選択性触媒は大きく発展した．酸素 12 員環を有するモルデナイト*や X 型ゼオライト*，Y 型ゼオライト*を用い

てもしばしば形状選択性が発現する．また，粘土層間に酸化物の柱(ピラー)を立てゼオライト類似の多孔体を形成して新しい形状選択性として用いる試みや，ヘテロポリ酸*結晶間に形成される細孔や有機物の構成する三次元ネットワークによる細孔の利用も研究されている．

形状選択性の発現機構は次の3種類に分類できる．

(1) 反応物選択性： 反応分子の大きさにより決定される選択性で，ゼオライト細孔内に入ることができない，または入りにくい分子の反応は規制され，容易に入ることのできる分子が優先的に反応することに基づく．図に示したように八員環細孔をもつ Ca-A(Ca^{2+}イオンで交換したA型ゼオライト)，H-エリオナイトなどでは分枝アルカンに対して直鎖アルカンが選択的に分解される．また，Ca-A では1-ブタノールの脱水は起こるが，イソブチルアルコールは反応しない．

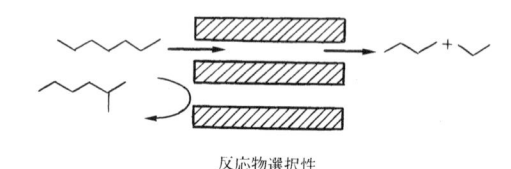

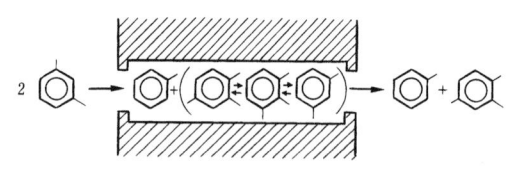

反応物選択性

生成物選択性

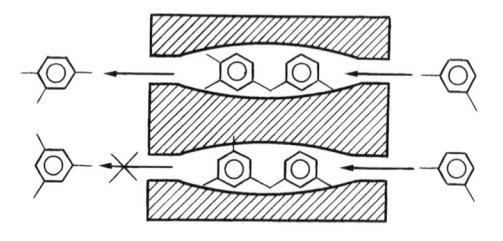

遷移状態規制選択性

形状選択性の発現機構
(S.M.Csicsery, *Pure & Appl. Chem.*, 58, 841(1986))

(2) 生成物選択性： ゼオライト細孔内で生じた分子のうち，細孔内拡散が十分速く，結晶外に出ることができる分子だけが生成物として得られ，大きすぎる分子は小さな分子に変換したのち初めて結晶外に出る．生成物の拡散速度の差を利用するこの選択性が成立するためには二次的な変換反応が十分に速いことが必要である．図に示

した m-キシレンの不均化では，3種のトリメチルベンゼン異性体のうち分子径の小さな1,2,4-体のみが生成物として得られる．X型によるデカンの接触分解生成物の C_4，C_5 のイソ/ノルマル比が SiO_2-Al_2O_3 触媒による場合に比べて小さいことや Ca-A でのヘキサンの接触分解生成物がほとんど直鎖であることはこの効果によるとされる．

（3）遷移状態規制選択性： 反応物ならびに生成物の分子の細孔内拡散は阻害されていないにもかかわらず，ある種の反応が起こらないことを説明する．例えば H-モルデナイト*によるキシレンの不均化で1,3,5-トリメチルベンゼンが生成しにくい理由は，図に示すように，かさ高い遷移状態を経由する必要があるからとされる．m-キシレンの異性化は単分子反応であるため進行するが，不均化は2分子からなる活性錯合体を経由する必要があるため H-ZSM-5 では起こりえない．遷移状態規制の概念は前2者と比べて新しく提案されたものであるが，拡散の制約を受けないため高い反応速度と高い選択性の両立が可能であり，ゼオライト細孔内の立体的に制約された反応場を利用した触媒反応の設計の観点から非常に重要である．

このほかに二次的形状選択性という概念も出されている．ある反応物の存在が別の反応物の反応性に対する阻害効果をもたらす場合を指す．競争吸着などに原因するものとは異なり，立体的な制約がない場合には起こりえない．H-ZSM-5 によるオクタンの分解速度が拡散の遅い2,2-ジメチルブタンを加えることにより低下することがその例である．

ある反応で観察される形状選択性が，どの発現機構によっているのかの判別は必ずしも容易でない．対象分子の吸着量なども判別の根拠となるが，反応物規制，生成物規制いずれも生成物ないし反応物の拡散によるものであることから，粒子径の影響がなければ遷移状態規制と考えてよいはずである．しかし，開口部のみが狭まっている場合や外表面活性点での二次的な反応の寄与もあるため，生成物規制と遷移状態規制の区別は困難である．また，形状選択性はガスクロマトグラフィーで検出される生成物をベースに議論されることが多いが，拡散が困難なためにゼオライトの細孔外には出てこないけれども実際はゼオライト中で生成している化学種が直接確認できれば，選択性の発現機構がより明確になる．固体 ^{13}C-NMR や IR，ゼオライトの溶解除去によって反応生成物の吸着種が観察されている．

H-ZSM-5 を触媒とした低温領域での C_6 アルカンの分解速度はヘキサン>3-メチルペンタン>2,2-ジメチルブタンの順となり，後2者の差は2,2-ジメチルブタンの拡散が遅いための反応物規制による．一方，前2者の差は遷移状態規制による．律速段階であるカルベニウムイオン*生成が，分解により生成したカルベニウムイオンによるアルカンからのヒドリド引抜き（二分子反応）で，3-メチルペンタンではこの遷移状態が ZSM-5 の細孔サイズに比べて大きすぎる．対応するアルケンではプロトンの付加によりカルベニウムイオン*が生成するため，二分子錯合体を形成する必要がなく，形状選択性は現れない．

トルエンとメタノールからの p-キシレン合成では通常の H-ZSM-5 を用いると平

衡値である 24% 程度の選択性しか得られないが，P，Mg，コーク，Si での修飾により 90% 以上の高い p 選択性が達成できる．これらの修飾 ZSM-5 はトルエンの不均化*にも高い選択性を示す．P，Mg などによって修飾した ZSM-5 によるトルエンの不均化におけるキシレン生成物中の高い p 選択性は，生成するキシレンのうち o 体や m 体が p 体よりも分子サイズが大きく，修飾により細孔開口部や通路が狭められるとそれらの拡散が困難となり結晶外に出にくくなるために，二次的な反応を受けること（生成物選択性）ならびに非形状選択的な外表面の活性が修飾により抑えられること（二次的な異性化の抑制）が原因とされている．一方，トルエンのメチル化によるキシレン合成に修飾 ZSM-5 が高い p 選択性を示すのは，細孔内では遷移状態規制によりもともと p 体しか生成せず，酸強度の低下により p-キシレンの異性化が抑制されるためとする説明もある．

ナフタレンやビフェニルに位置選択的に官能基を導入すれば機能性材料の原料として用いることができる．ナフタレンの酸触媒によるアルキル化は α 位への攻撃が優先する．しかし，熱力学的には β 体のほうが安定である．2-メチルナフタレンとメタノールの反応において，MFI 構造のメタロシリケートを触媒としてかさ高い塩基を用いて結晶外表面の酸点の活性だけを抑制すると，β 位だけにメチル基をもつ 2,3-，2,6-，2,7-ジメチルナフタレンが選択的に得られる．これは細孔内でのメチル化が遷移状態規制により β 位にしか起こりえず，また二次的な異性化がやはり遷移状態規制により抑制されるためである．この際，非選択的な反応を起こす結晶外表面の不活性化も重要である．これまで 2,7-ジメチルナフタレンの生成を抑えて有用な 2,6-ジメチルナフタレンの選択性を十分に高くすることはできていない．しかしよりかさ高い生成物を与えるイソプロピル化では 2,6-ジイソプロピルナフタレンの高い選択性が得られている．この反応には脱アルミニウム処理をし，かつ外表面をセリアで不活性化したモルデナイトが有効で，遷移状態規制によるものとされている．モルデナイトによりビフェニルの 4 の位置に選択的にイソプロピル基を導入することも可能である．

形状選択的酸触媒反応については数多くの工業的実施例がある．初期に採用されたセレクトフォーミングに代わって M-フォーミングが ZSM-5 を用いて実用化されている．ZSM-5 触媒は芳香族の軽質アルケンによるアルキル化とともに，直鎖アルカンとメチル基一つを側鎖にもつアルカンの選択的分解を促進する．また軽油や潤滑油の接触脱ろうがやはり ZSM-5 を用いて広く実施されている．FCC 触媒に少量の ZSM-5 を添加するとガソリン留分のオクタン価の向上，C_3，C_4-アルケン収率の増加がもたらされる．MTG 法*では，炭素数 11 以上の芳香族が生成しないという ZSM-5 触媒の生成物形状選択性が重要な役割を果たしている．MTG 反応は中間生成物としてアルケンを経由していることから，細孔径を小さくすることにより，アルケンから芳香族炭化水素への反応を抑制することができると考えられる．実際，H-ZSM-5 をリン化合物で含浸したものや，酸素八員環細孔をもつチャバザイト*，エリオナイト*などがメタノールからのアルケン合成に適しているとされるが，失活が激しく実用化には至っていない．チャバザイト構造の Ni-SAPO-34 が極めて高いエチレン選択性を与え

るという報告もある.

芳香族製造にもゼオライト触媒の形状選択性が活かされている. 全世界の p-キシレン生産の半分以上は ZSM-5 を用いた C_8 芳香族の異性化によっている. ZSM-5 の細孔規制により, エチルベンゼンの不均化やエチルベンゼンとキシレンのトランスアルキル化が, キシレンの不均化に比べて非常に速いので, キシレンのロスを抑えることができる. ただし, キシレン中の p-キシレンの選択率は平衡組成にすぎず, ここでは形状選択性によるキシレン異性体組成のコントロールはできていない. トルエンの不均化による p-キシレン合成も ZSM-5 を用いて工業化されているが, p-キシレンはやはり平衡組成で得られるために不要な異性体をリサイクルにかけパラ体に転化する必要がある. この問題点を改良したプロセスが近年開発されている. このプロセスでは結晶径の大きな ZSM-5 を修飾することにより p-キシレン選択性を高めた改良触媒が用いられている.

固体酸触媒上でのアンモニアとメタノールの反応は逐次的に進行し, モノメチルアミン(MMA), ジメチルアミン(DMA), トリメチルアミン(TMA)の混合物を与える. DMA の需要が最も多いにもかかわらず, その選択率には熱力学的制約がある. アルカリ金属イオンで部分的にイオン交換した H-モルデナイトを触媒として DMA の選択的合成が工業的に実施されている. アルカリ金属イオンがモルデナイトの有効細孔径を調節し, 生成物規制による形状選択性を高めているものと考えられている. さらに Na-モルデナイトを $SiCl_4$ 処理後プロトン交換することにより, メタノール転化率 90 %において MMA, DMA をあわせて 99 %の選択率で与える触媒となることが報告されている. この場合には, 少量の SiO_2 が外表面に沈着するため, 開口部が狭まったことが高選択率の原因とされている.

アシル化, ハロゲン化, ニトロ化, 水和などでも形状選択的反応が報告されている. 形状選択性は酸触媒反応に限らない. Pt/Al_2O_3 はイソブテン, 1-ブテンをともに水素化するが $Pt/Ca-A$ は 1-ブテンのみ水素化し, イソブテンは水素化できない. チタノシリケート*TS-1 を触媒とした過酸化水素によるフェノールの水酸化においては p 体(ヒドロキノン)と o 体(カテコール)の選択性が問題になるが, TS-1 の細孔径による規制のため, p 体：o 体が 60：40 程度となるとされている. TS-1 はアルケンのエポキシ化やアルカンの水酸化の触媒にもなり, これらの反応では環状体の反応性が鎖状体の反応性に比較して非常に小さいという特異な形状選択性を示す. 〔辰巳　敬〕
➡アルキルベンゼンのトランスアルキル化, キシレンの異性化, 脱ろう法, ナフタレンのアルキル化, 芳香族化合物の核アルキル化, メチルアミンの合成

軽油の製造　production of diesel oil

軽油は灯油と重油の間の沸点留分で, ディーゼル機関用燃料として需要が高い. このため, ディーゼル機関における自己着火性を表すセタン価あるいはセタン指数[*1], 低温流動性(流動点)および排気ガス中の硫黄酸化物規則のため硫黄含有量などが重要特性となる. ディーゼル軽油は, 灯油と同様に, 主として常圧蒸留からの軽油留分を Co/

Ni/Mo アルミナなどの水素化処理触媒*による水素化脱硫脱窒素，減圧軽油の水素化分解，さらに流動点改良を目的とした水素化脱ろうなどにより製造されている．接触分解(FCC)*によっても軽油留分(分解軽油)が製造されるが，セタン価が 20〜30 と低いのでディーゼル軽油には使用されていない．軽油のセタン価は n-パラフィンが最も高く，オレフィン，芳香族の順に，また分子量が高くなると低くなる．ディーゼルなど内燃機関用の軽油のセタン指数は JIS K 2204 で 45 以上と規定されている．大気汚染の原因となる硫黄分に関しては，これまでの低圧脱硫装置に加えて，高圧脱硫装置や水素化分解装置などにより低硫黄軽油(硫黄濃度が 0.05 wt%以下)が製造されている．さらに，環境浄化の点から深度脱硫により硫黄分 50 ppm 以下のディーゼル軽油の製造も検討されている．

＊1：セタン価は n-セタン，ヘプタメチルナノン(HMN)および両者の混合比が異なる標準試料と CFR エンジンによる着火性の比較から求める．これに対して，セタン指数はエンジンによるセタン価測定に代えて，50%留出温度と 15°C の密度から簡便的に求める方法で，一般的にはセタン指数が用いられている．

〔西村陽一〕

→水素化脱硫，脱硫触媒，灯油の製造，脱ろう法

結晶場理論　crystal field theory

遷移金属錯体中の金属軌道準位の分裂の様子を記述する摂動理論．配位子の電子効果を点電荷で近似したもので，基本的な考え方は 1929 年に H. Bethe によって提案された．中心金属原子(イオン)に及ぼす影響に，静電的相互作用以外の効果も含めたものを配位子場理論(ligand field theory)という．結晶場理論は配位子場理論の特殊な場合とみなせる．d 遷移金属錯体ではもっぱら d 軌道準位の分裂に注目し，ランタノイドやアクチノイドの f 遷移金属錯体のときには f 軌道準位の分裂をみる．現在の高度に進歩した量子化学的取扱いに比べると結晶場理論は極めて単純な考え方に基づいているが，遷移金属錯体の安定性や磁気的性質および分光学データを解釈するための基礎的情報を簡便に得ることができる．

正四面体錯体および正八面体錯体の d 軌道分裂を図に示す．分裂の様子は中心金属周りの配位環境の対称性(点群)によって決まり，結晶場理論では分裂の大きさをそれぞれ $\Delta_{tet}=(40/9)Dq$ と $\Delta_{oct}=10\,Dq$ で表す．Dq は正方結晶場のパラメーターで，$(1/6)Zz_e^2\langle r^4\rangle/a^5$ で求められる(Z は金属の価数または電荷，z_e は配位子の点電荷，$\langle r^4\rangle$ は d 軌道の r^4 の期待値)．例えば，正八面体構造では dx^2-y^2 と dz^2 が不安定化されるが，これらの d 軌道にある電子と配位子の負電荷が大きな静電的反発をもつことが視覚的に理解できる．金属への配位力が強い配位子ほど結晶場分裂が大きくなる．d-d 遷移に基づく電子スペクトルの解析により，配位力の強さの順序として分光学系列：I$^-$＜Br$^-$＜Cl$^-$＜OH$^-$＜C$_2$O$_2{}^{2+}$〜H$_2$O＜NCS$^-$＜py〜NH$_3$＜en＜dipy＜o-phen＜NO$_2{}^-$＜CH$^-$ が提案された．

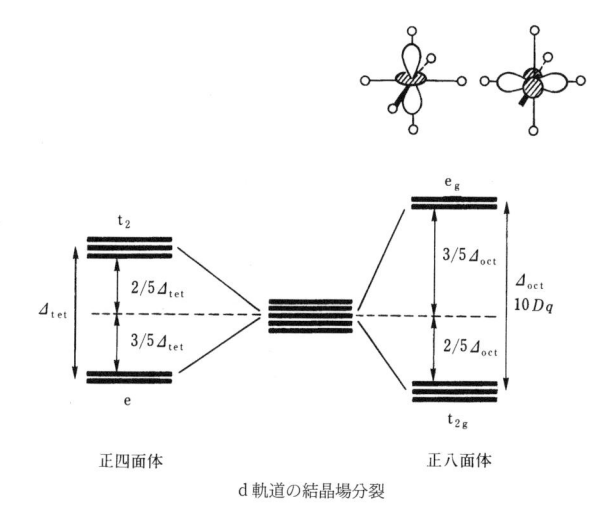

正四面体　　　　　　　　　　正八面体
d 軌道の結晶場分裂

〔巽　和行〕

ケトンの合成　synthesis of ketones

代表的なケトンの合成法としては，(1)第二級アルコールの過マンガン酸カリ，酸化クロムなどによる酸化，または銅系触媒，ラネーニッケル*触媒などによる脱水素反応*，(2)パラジウムを主触媒とするアルケンのワッカー反応*，(3)置換アセチレンの水和反応*(古くは水銀触媒が用いられたが近年は非水銀系触媒の報告も多い)，(4)芳香族ケトンの合成については塩化アルミのようなルイス酸*触媒存在下，芳香族炭化水素と酸無水物あるいは酸塩化物とのフリーデル-クラフツ反応*などが知られている．

工業的に重要なアセトンはイソプロパノールの脱水素反応，またはクメン法によるフェノール製造の際の副生物として，またメチルエチルケトンは 2-ブタノールの脱水素反応により製造されている．

〔斉藤吉則〕

ケトンの水素化　hydrogenation of ketones

ケトンのアルコールへの水素化挙動は，脂肪族ケトンと芳香族ケトンで異なる．脂肪族の場合，特に活性化されたものでない限り，酸素がはずれることは稀であるが，芳香族の場合，水素化分解，核水素化はしばしば問題となる副反応である．

触媒としては Ni 触媒，Cu/Cr 触媒，貴金属触媒などが使われる．貴金属触媒で脂肪族ケトンの水素化をする場合，中性ないしアルカリ性溶媒中で Rh と Ru が活性である．Ru の場合，加圧条件で反応させる．低圧では長い誘導期がある場合がある．また Ru 触媒には水が著しい促進効果をもつ．Rh は温和な条件で反応が進行し，他の貴金属ではうまくいかない場合でもうまくいくことがある．Pd は脂肪族ケトンの水素

化活性は低い．この性質から逆に Pd は不飽和カルボニルの二重結合部分の水素化に使われる．Pt の場合，特に酸化白金が脂肪族ケトンの還元に有効である．この場合は，少量の酸あるいはアルカリがしばしば反応の促進効果をもつ．酸化白金あるいは白金黒などは，その調製過程からアルカリ残分を含み，これがアルカリを含まない触媒と異なる挙動をもたらすことがある．Ni 触媒や Cu/Cr 触媒を使用する場合は，貴金属より一般に厳しい反応条件を必要とする．

　芳香族ケトンを水素化して第二級アルコールにすることは比較的容易である．生成物が化学量論より多少すくなくなる原因は，水素化分解や核水素化の存在による．水素化分解は，酸性溶媒を使わない，有機塩基を用いる，水素の理論消費量に至ったとき反応を止める，などにより抑えることができる．芳香族アルデヒドの水素化と同様，芳香族ケトンの水素化による第二級アルコール生成反応には Pd が最も適している．Pd はケトンの還元力が強い一方で，核水素化能力は小さいからである．なお，非貴金属触媒も使用できて，例えばアセトフェノンからメチルフェニルカルビノールへの反応は，実用的には銅クロム触媒を使うことができる． 〔飯田逸夫〕

ケミカルヒートポンプ　chemical heat pump

　ヒートポンプは熱機関とは逆サイクルの機能をもつものであり，外部からの仕事を用いて，低温熱源からの熱の吸収と高温熱源への熱の放出を行う．したがって，熱は低温部から高温部へと移動する．ケミカルヒートポンプは，この吸・発熱過程に化学的な可逆変化を利用したものであり，広く用いられる吸収式冷凍機の吸収-蒸発(LiBr 水溶液/水)に加えて，吸着-脱離(シリカゲル，ゼオライト/水)，配位-解離($CaCl_2$/メチルアミン)，水和-脱水(CaO/水)，水素化-脱水素(有機化合物，水素吸蔵合金/水素)，有機化合物の異性化などの利用が考えられる．

　これらの化学的な可逆変化をヒートポンプとして利用するには，圧縮，分離濃縮(蒸留，膜分離)，ある種の化学反応サイクルの付加など，何らかの形での自由エネルギー供給がなされる．電気駆動の圧縮機を用いる場合には，この仕事は電力として供給されるが，別の可逆的な吸・発熱過程を利用することも可能である．この過程は，化学変化ばかりでなく，相変化であってもよい．

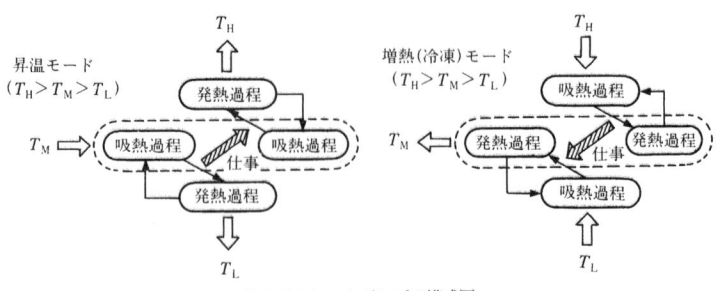

ケミカルヒートポンプの模式図

ケミカルヒートポンプの模式図を示す．昇温モードでは，温度 T_M で吸収された熱の一部が温度 T_L で放出されることによって得られる仕事を用い，温度 T_M の低質熱が温度 T_H の高質熱へと変換される．一方，増熱モードでは，高質熱(T_H)を用いて低質熱(T_L)を汲み上げることにより，中質熱(T_M)が多量に得られる(なお，温度 T_L が環境温度以下の場合には，冷凍サイクルと同じ形式をもつため冷凍モードとよばれる)．

触媒のかかわる前者の例として，2-プロパノール液相脱水素反応(吸熱，T_M=80°C)，アセトン気相水素化反応(発熱，T_H=200°C)および蒸留分離操作(放熱，T_L=30°C)からなる低品位熱の改質システムがある．また，水素吸蔵合金を用いる熱駆動型冷凍システムは，後者の原理に基づいている．すなわち，Ti-Zr-Mn-V-Ni 系合金が T_M=32°Cで 10 気圧の水素を吸収し，T_L=−20°Cで周囲から熱を奪いつつ水素を放出する．他方，La-Ni-Mn-Al 系合金がその水素を T_M=32°Cで吸収し，太陽熱などを利用した T_H=140°Cでの加熱により 10 気圧にして放出する．ここでは，冷凍のために必要な仕事が水素の加圧を通して与えられている．　　　　　　　　　　〔篠田純雄〕

ケモ選択性　chemoselectivity　→官能基選択性

ゲル　gel

ゾル*が流動性を失って固化したものをいう．ファンデルワールス力のような物理的相互作用や三次元的な化学結合などで，媒質中に分散したコロイドなど微粒子が集合し，個々の独立した運動性を失うとゲルになる．この現象をゲル化(gelation)とよぶ．粒子の集合で粒子間空隙が網目状にできる．空隙は種々の低分子を取り込み含むことができる．水を含んだものをヒドロゲル(hydrogel)，有機溶媒を含むものをオルガノゲル(organogel)，また空気などの気体を含むものをエアロゲル(aerogel)という．ゲルをつくる結合が物理的な弱い相互作用による場合には，撹拌したり，温度，イオン強度などの外部環境の変化で容易に結合が切れ，ゲルがゾルに変わる(ゾルゲル転移)．化学結合でつくられた網目は切れにくいが，外部環境を変えると，ゲルのままで，体積変化を起こす場合がある(ゲルの相転移)．寒天，こんにゃく，ゼリー(ゼラチン)，目の角膜や水晶体などはヒドロゲルである．シリカゲル*は網目が堅いために，空隙に気体，水，有機溶媒などを取り込むことができる．　　　　　　　〔水上富士夫〕

ケルビン式　Kelvin equation

固-液界面の蒸気圧と液面の曲率半径との関係を示す式．1871 年 W. Thomson(後の Kelvin 卿)により理論的に導かれた．平らな液面での蒸気圧を p_0 とすると，曲率半径 r の液面での蒸気圧 p は次式で表される．

$$(RT/M)\ln(p/p_0)=2\gamma/\rho r$$

ここで，R は気体定数，T は絶対温度，M は液体の分子量，γ は表面張力，ρ は液体の密度である．これを通常トムソンの式(Thomson formula)とよぶ．$r>0$ であれば，

r が小さいほど(すなわち液滴が小さいほど)蒸気圧が大きくなる(蒸発しやすくなる). 一方, 毛管中の水のように液面が凹面の場合には $r<0$ となり, 蒸気圧は平らな液面でのものより低下するため, 蒸気の凝縮が起こる. これが毛管凝縮で, $r<0$ でのトムソンの式をケルビン毛管凝縮式(Kelvin equation of capillarity)ともよぶ.

〔小宮山政晴〕

原子価制御　valence control

半導体物質に原子価の異なる不純物原子を添加して, 格子欠陥, 電気伝導率, 外圧依存性などを制御する方法で, Verwey(1949)および Kröger(1956)によって確立された. 電子的欠陥制御(electronic defect control)ともよばれ, 実用半導体材料を設計するうえでの基本原理である. 現在は, 金属酸化物をはじめとする無機固体材料に同じ概念が広く適用されている. 金属酸化物の場合, 正常な陽イオンサイト(例えば NiO 中の Ni^{2+})に低原子価イオン(Li^+)を少量固溶すると, 同形置換*が起こり, 電荷補償によって高原子価イオン(Ni^{3+})が生成する. 原子価制御には, 置換するイオンと置換されるイオンの大きさがほぼ等しく, 置換するイオンの原子価が一定している必要がある. 複合酸化物の形成の結果, 高酸化状態イオンが安定化される現象も, 広義の原子価制御である. 例えば, $LaNiO_3$, $LaCoO_3$ などのペロブスカイト型複合酸化物中では, 単独酸化物としては不安定な Co^{3+} または Ni^{3+} が安定に存在する. さらに, $La_{1-x}Ca_xMnO_3$ などの系では, 置換量 x の変化によって, 単独酸化物に比べより容易かつ広範囲な原子価制御が可能になり, 混合原子価状態が達せられる. 原子価制御を利用して, 触媒活性点となる不安定な原子価状態を安定化させ, 酸化還元触媒活性を向上させた例が多数ある.

〔町田正人〕

→半導体, ペロブスカイト型酸化物

原子間力顕微鏡　atomic force microscopy; AFM

走査トンネル顕微鏡(STM)*から派生した, 走査プローブ顕微鏡(SPM)の一種. 図に示すように, ピラミッド形の探針と小さなてこを一体化したカンチレバーにより試料表面を走査し, 探針先端の原子と試料表面原子との間に働く力によるカンチレバ

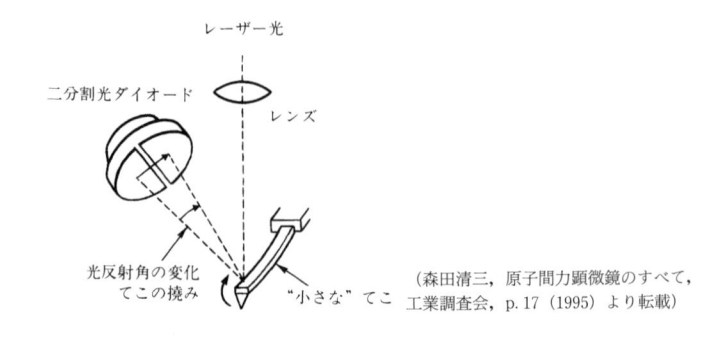

(森田清三, 原子間力顕微鏡のすべて, 工業調査会, p.17 (1995) より転載)

ーの変位を検出して，試料表面の凹凸を画像化する．原子間力は非常に小さく(通常nN以下)，カンチレバーの変位は微少なため，その検出には図に示すようなレーザー光を用いた光てこなどが用いられる．

AFMはSTMと同様，測定雰囲気を選ばず，液体中でも試料によっては原子像を解像することができるが，STMとは異なって試料に電気伝導性を要求しないため，絶縁性試料にも適用可能であることを大きな特徴とする．

測定方法には，探針先端と試料表面との距離を一定に保って試料表面を走査するいわゆるコンタクトモードのほかに，探針に強制振動を与えてその振幅や振動数変化を検出するACモードがあり，後者は柔らかい試料やより弱い力の検出に用いられている．また探針に働く横方向の力を検出して，表面の摩擦力を画像化したり，磁性探針を用いた磁気力分布の測定も可能である．

触媒研究への応用としては，これまでの他の手法では困難であった高密度流体(溶液など)の中での表面観察や力の測定，さらにはゼオライトなど絶縁性表面の原子像や吸着分子像の観察などが試みられている．　　　　　　　　　　　〔小宮山政晴〕

こ

光化学電池　photoelectrochemical cell

光化学反応により起電力，すなわち電位差を生じる湿式電池の総称で，シリコンなどの固体太陽電池とはちがって化学反応をその動作原理とする．光を吸収する化学物質が，(1)電極自身，(2)電極上に固定された化学物質，あるいは(3)電極と接する電解質溶液中の化学物質，のいずれかによって三つに大別できる．(1)の代表例としては，半導体電極を用いるものがある．n型半導体を例にとると，光照射された半導体電極表面において正孔が電解質溶液中の化学物質(酸化還元対)を酸化するとともに，外部回路を通して励起電子が対極に流れる(p型では逆のプロセスが起こり，対極から半導体電極に電子が流れる)．正孔により酸化された化学物質が対極で還元されて再生される場合には実質的な化学変化はなく，吸収された光エネルギーのうち，さまざまなロスを差し引いた部分が電気エネルギーに変換される．一方，半導体電極で酸素，対極で水素が発生するような場合には，光エネルギーの一部が化学エネルギーに変換される．(2)は色素増感(太陽または光)電池ともよばれ，半導体*などの電極表面上に金属錯体，あるいは有機色素などの光増感剤を固定したものを用い，ヨウ素イオンなどを酸化還元対，ITO(酸化スズ・インジウム)透明電極などを対極として組み合わせたものが多い．光を吸収して励起状態となった増感剤が電極へ電子を注入して酸化状態となり，これが溶液中の酸化還元対と反応して再還元され，さらに対極で酸化還元対が再生される機構が提案されている．最近，この形式の電池で10％程度の太陽光エネルギー変換効率を示すものが報告され，固体太陽電池より低コストの光電池とし

て実用化への期待が高まっている．(3)は，光照射した電極近くで酸化還元対の濃度が変化し，照射しない対極との間に電位差が生じるもので，一種の濃淡電池である．(1), (2)と比べると光の利用効率が低い． 〔大谷文章〕
➡光起電力，光触媒反応，水の光分解

光学異性体　enantiomer　➡エナンチオマー

光学収率　optical yield　➡鏡像体過剰率

光学純度　optical purity　➡鏡像体過剰率

高級アルキルベンゼンの合成　synthesis of long chain alkylbenzenes
　長鎖(炭素数10〜14)の1-アルケン(α-オレフィン)によるベンゼンのアルキル化*により生成する高級アルキルベンゼンは，合成洗剤製造の中間体として工業的に重要である．このようなアルキル化はフリーデル-クラフツ反応の一種であり，酸触媒が有効である．高級アルキルベンゼンのなかでもアルキル基の2位にフェニル基が結合したものが洗剤の性能の面からは望ましいとされている．したがって，アルキル化は促進するが，アルキル化剤である1-アルケンの二重結合移行反応は促進しない触媒が望ましい．以下に1-ドデセンによるベンゼンのアルキル化の反応式を示す．この反応はHF-BF$_3$, AlCl$_3$を触媒とする常温付近での液相反応により行われている．

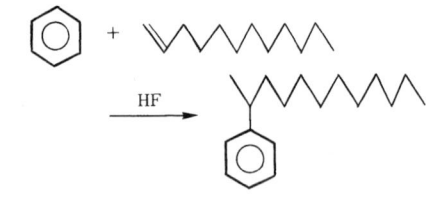

〔難波征太郎〕

高級アルコールの合成　synthesis of higher alcohols
　炭素数6〜11，12〜18のアルコールは，それぞれ，エステルの形で可塑剤，洗剤として用いられる．これらのアルコールは，次の四つの方法で合成されている．(1)アルケンのヒドロホルミル化を応用する方法．アルケンのヒドロホルミル化*で得られるアルデヒドを水素化する方法とアルデヒドをアルドール縮合したのちに水素化する方法がある．前者の例には，イソヘプテンから得られるC$_8$-アルコール，ジイソブテンから得られるC$_9$-アルコールがある．また，後者の例としては，1-ブテンからの2-エチルヘキサノールがある．(2)油脂やアルカンの接触酸化によって得られる脂肪酸の水素化による直鎖第1級アルコールの合成．すなわち，油脂に含まれている脂肪酸トリグリセリドのZnO触媒などで加水分解によって得られる脂肪酸，あるいは，メタノーリシ

スによって得られる脂肪酸メチルエステルを銅-クロム触媒*(Cu-Cr 酸化物触媒)で水素化する．(3) n-アルカンの酸化による直鎖第2級アルコールの合成．灯油留分から得られる n-アルカンをホウ酸の存在下で空気または酸素で酸化して，ホウ酸エステルとする．アルコールはエステルの酸による加水分解によって得られ，同時にホウ酸を回収する．(4)有機アルミニウムによるエチレンの低重合を利用したアルフォール(Alfol)プロセス*により直鎖第1級アルコールを得る方法．　　　　　〔小野嘉夫〕

合　金　alloy

　金属元素と，他の金属または非金属元素とを混合して得られる金属状の物質．一般には Cu-Zn のような金属元素どうしの組合せを意味する場合が多いが，Fe-C のように非金属成分を含むものも合金とよばれる．成分間の親和性の大きさによって，互いによく混合し固溶体*や金属間化合物*を形成する場合と，互いに別個の結晶を形成した共晶体になる場合とがある．さらに固溶体には，置換型固溶体と侵入型固溶体がある．互いに結晶構造，原子半径，電気陰性度*が類似している場合には任意の組成で固溶体を形成する(全率固溶)が，相溶性が低ければ固溶限界を生じる．置換原子が規則的な配置をとれば，結晶構造は母相と異なったものとなり，金属間化合物*を形成する．合金の構造に関して Hume-Rothery は，以下のような一般則を出した．(1)寸法：固溶限界を決める大きな因子は原子半径の比であり，差異が15%以内の場合には広範囲に固溶しやすい．(2)原子価：母相より原子価の小さな金属は，原子価の大きい金属より固溶しやすい．(3)電気陰性度：電気陰性度の差が大きければ金属間化合物を形成する傾向が強くなり，差が小さければ固溶体を形成する傾向が強くなる．(4)電子化合物：原子数 a と価電子数 e との比が特定の値($e/a=3/2, 21/13, 7/4$)に一致した場合に，安定な結晶構造をとりやすい．合金のバンド理論からすると，このような条件を満たす場合にフェルミ面がブリルアンゾーンの境界に内接することに対応する．(例． $e/a=3/2$; CuZn, NiAl, $e/a=21/13$; Cu_5Zn_8, $e/a=7/4$; $CuZn_3$)

　触媒の観点からは，結晶構造とともに表面組成が重要である．合金の表面組成は，おのおのの金属の表面エネルギー，結合エネルギー，混合による結晶の格子ひずみなどが関係する．これらの因子から表面組成を推算しようとする試みもなされたが，実用的な精度で推算することは難しい．おおまかな指針として，表面エネルギーが小さい金属が表面に偏析しやすい，原子半径が母相より大きい金属は表面に偏析しやすい．いずれにせよ，合金の表面組成は内部組成とは一致しないことが多い．触媒として用いる場合，担体に担持した多成分金属触媒として使われる場合が多い．工業的に用いられる合金触媒としては，アンドリュッソー法*によるシアン化水素の合成反応の Pt-Rh 触媒(金網状)がその代表例である．また Ni, Cu などの Al 合金は，ラネー触媒の前駆体として重要である．　　　　　　　　　　　　　　〔三浦　弘〕

→多元金属触媒，ラネーニッケル，ラネー銅

格子欠陥 lattice defect

絶対零度で最も安定な固体の状態は完全結晶である.しかし,実際の結晶中には原子の熱振動に起因して種々の格子の乱れが存在する.この乱れの部分を格子欠陥とよぶ.格子欠陥には表に示すようなさまざまな種類が存在する.

主な格子欠陥の種類

種類	名称
電子的欠陥	電子 (electron),正孔 (hole)
点欠陥 (point defect)	空孔 (vacancy),格子間原子 (interstitial atom)
	置換原子 (substitutional atom),不純物原子 (impurity atom),会合中心 (associated center)
複合欠陥 (extended defect)	クラスター (cluster),せん断構造 (crystallographically sheared structure),ブロック構造 (block structure)
線欠陥 (line defect)	転位 (dislocation)
面欠陥 (plane defect)	表面 (surface),粒界 (grain boundary)

格子欠陥は濃度が高くなるに従い会合し,点欠陥から転位を含む線欠陥,面欠陥へと発展し,最終的には材料の破壊と密接に関係する.固体の反応や電気物性などにおいて格子欠陥の及ぼす影響は大きく,触媒作用においても密接な関係があると指摘されている.

格子欠陥にはさまざまな段階が存在するが,大きく分類して,温度に伴い熱力学的な平衡で導入される非化学量論性に起因して発生する固有欠陥と不純物の混入または添加により発生する外因的欠陥があり,一般的に,低温では外因的な欠陥濃度が高く,温度上昇とともに固有の欠陥濃度が支配的となる.格子欠陥はクレーガー-ビンク (Kröger-Vink) 表示とよばれる,着目する欠陥の種類と存在位置,および欠陥の有効電荷を用いて表される.材料の電気的な物性を考えるうえで,点欠陥および電子的欠陥の濃度変化を考えることは重要である.イオン結晶に見られる格子欠陥構造としてショットキー型とフレンケル型が知られている.ショットキー型欠陥は陽イオン空孔と陰イオン空孔の対からなり,フレンケル型欠陥は欠陥と格子間イオンの対からなるものである.

CoO や ZnO のように異なる原子価をとる金属元素を含む金属酸化物の電導性を考えるうえで,電子的な欠陥が及ぼす影響は大きく,低温では添加物により発生した自由電子または正孔が半導性を支配する.一方,高温では酸化物の非化学量論性により発生する電子的欠陥の影響も現れる.酸化物半導体の電子伝導性は欠陥の種類に依存して変化し,一般的には酸素分圧に $1/2 \sim 1/6$ の範囲で依存する.同じ酸化物でも欠陥の種類により酸素分圧への依存性は変化するので,ある温度での伝導度の酸素分圧依存性を測定すると,欠陥構造を推定することが可能である.一方 ZrO_2 などの安定な原子価を有する金属の酸化物では,酸素非化学量論性による欠陥生成はほとんどなく,添加された不純物によって点欠陥が生成し,生成した欠陥を介してイオン伝導を生じる.

格子欠陥と触媒作用との関係については,十分,解明されているわけではないが,

多元系 Mo-Bi 系酸化物を用いたプロピレンの酸化*反応では，触媒の格子欠陥濃度と活性の密接な関係が報告されており，格子欠陥が酸素の活性化に寄与することが指摘されている．酸化反応用複合酸化物触媒では多元化することで，酸化還元（レドックス）サイクルに参加する触媒表層を深くする工夫がなされており，このレドックス層の広がりによる活性酸素の貯蔵庫の発生には，格子欠陥の存在が必要不可欠とされている．一方，気体の固体表面への吸着では，吸着による電子的な相互作用により電子的な欠陥が生成し，これにより，酸化物の抵抗値が吸着量とともに変化する．これは半導体式ガスセンサーの検知原理として広く応用されている．また，逆に酸化物の電子的状態は気体吸着と生成する表面吸着種の電子状態に大きな影響を与えるので，酸化物の半導性，つまり，電子的な欠陥濃度は触媒反応の活性，選択性の制御において重要である． 〔石原達己〕

→半導体，固体電解質，ガスセンサー，多元系モリブデン-ビスマス触媒

格子酸素　lattice oxygen

　接触酸化反応においては，金属酸化物上の吸着酸素よりもむしろ酸化物の格子酸素が触媒反応に重要である場合が多い．そのため，触媒表面の状態によって活性，選択性，などが大きく影響を受ける．1945 年に Mars と van Krevelen は，五酸化バナジウム触媒上での芳香族炭化水素（ベンゼン，トルエン，ナフタレンなど）の酸化反応を速度論的に研究し，V_2O_5 の (010) 面に垂直に突き出る二重結合の格子酸素 (V=O) が酸化活性種であるとの機構を提案した．すなわち，気相 O_2 からの酸素が直接反応生成物に取り込まれるのではなく，いったん金属酸化物中の酸素になってから反応に関与するという機構である．この V=O 活性点説は 1964 年多羅間らによって確認され，その後五酸化バナジウム触媒上の多くの酸化反応にあてはまるとされている．V_2O_5 触媒によるベンゼンからの無水マレイン酸合成において，MoO_3 が助触媒として有効に働くのは，格子酸素である V=O 種の結合が弱くなることにより説明されている．

　また，1970 年と 1971 年に Keulks と Wragg はおのおの，MoO_3-Bi_2O_3 触媒を用いたプロピレンのアリル酸化によるアクロレインの合成反応において，触媒中の格子酸素が酸化活性種であることを明らかにした．その後の研究により，この触媒表面上ではプロピレンの活性化と酸素分子の活性化が別のサイトで起こることがわかっている．この触媒サイクルを可能にしているのは，格子酸素のバルク内移動である．格子酸素はバルク内を移動して，還元されたプロピレンの活性化サイトを再酸化する．一方，格子酸素がプロピレンの酸化に活用されると，酸素空孔が形成される．この酸素空孔は逆方向に移動し，触媒表面上で気相中の酸素ガスを還元し格子酸素が複製される．反応に利用される格子酸素は数十層から千層にも及ぶ触媒が知られている．MoO_3-Bi_2O_3 触媒は，プロピレンのアンモ酸化によるアクリロニトリルの合成にも使用され，開発した SOHIO 社にちなんで SOHIO 法とよばれる．SOHIO 法においても格子酸素が重要な役割を果たす．ただし，MoO_3 と Bi_2O_3 のどちらがプロピレンの活性化サイトで，どちらが酸素の取込み口であるかは諸説があり，いまだ明らかにされて

いない。〔宮本　明〕

後周期遷移金属錯体　late transition metals ────────

　前周期遷移金属と同様に，周期表の左右で遷移金属を二つに分類した場合，第 8～12 族を後周期遷移金属として整理することがある．特に，8～10 族金属は，ホスフィンやカルボニル配位子をもつ低原子価錯体が数多く合成され，これらの錯体を用いたさまざまな触媒反応が開発されている．Ni, Pd のホスフィン錯体は，ハロゲン化アリールやハロゲン化ビニル，種々のアリル化合物を容易に活性化し，求核剤との反応による触媒的なカップリング反応*，ヘック反応*，カルボニル化反応*などを起こす．また，これらはアルケンやジエンのオリゴマー化のよい触媒となるが，配位子を選択することにより，生成物の選択性を変えることができる．Rh(I), Ru(II) のホスフィン錯体は，水素化やヒドロシリル化*に触媒活性をもつほか，芳香族化合物やビニル化合物の C-H 結合の活性化を含む触媒反応が開発されている．これらの反応には，いずれも，低原子価錯体への反応基質の酸化的付加過程が含まれている．低原子価状態を安定化する配位子である一酸化炭素は，金属からの効率的な逆供与により後周期遷移金属を安定化するため，ほとんどの後周期遷移金属で錯体が合成されている．そのなかには，多核錯体（金属クラスター錯体）も多い．これらのカルボニル錯体は，アルケンのヒドロホルミル化*，メタノールからの酢酸合成をはじめとする数々のカルボニル化反応の良い触媒となる．一方，低原子価状態と比較して高原子価状態が不安定であるため，Pd(II) 塩や OsO_4, RuO_4 といった高原子価後周期遷移金属化合物は，有機化合物の良い酸化剤となる．特に，Pd(II) 塩の酸化作用は，ワッカー法*をはじめとしたアルケンの酸化反応に用いられている．窒素系配位子により安定化された Ni(I), Pd(II) 錯体は，カチオン性錯体にすることにより，アルケンの重合触媒としての機能が開発されている．

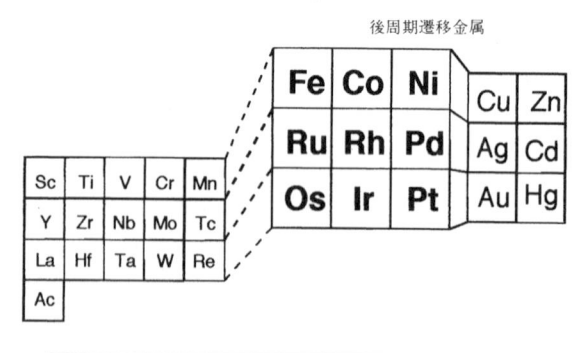

〔永島英夫〕
→前周期遷移金属錯体，オリゴメリゼーション，配位子，クラスター，18電子則

合成ガスの製造　production of synthesis gas

　合成ガスとは水素と一酸化炭素の混合物であり，メタノール合成，オキソ合成の原料ガスとして使われ，またアンモニア合成用ガスの原料，各種水素添加用水素，還元ガスの原料として広い用途をもつ．合成ガスは天然ガス，ナフサ，重質油あるいは残渣油，石炭などの化石燃料の水蒸気改質*反応あるいは部分酸化反応によって製造されている．天然ガス，ナフサでは触媒を用いた水蒸気改質が主体で，重質油，石炭では無触媒の部分酸化反応による．天然ガスは，外部より加熱された Ni 担持触媒を充填した管状反応器に水蒸気とともに導入され，水蒸気改質反応により合成ガスを得る．アンモニア合成原料では，出口温度 750〜800℃ で水蒸気改質を行い，残りの未反応メタンは二次改質炉で空気による接触部分酸化を受ける．メタノール合成では，改質ガス中にメタンを残さないように，850〜900℃ に上げる．部分酸化のみで合成ガスを得る方法もあり，触媒を使う方法と非接触的方法がある．ナフサ原料の場合，接触水蒸気改質反応が使われる．水素に富んだガスの製造には，Ni 触媒を用いた一段法，CO に富んだガスの製造は，同じく Ni 触媒を用いた二段法が使われ，1段目は低温でメタンを多量に含むガスをつくる．非接触的な部分酸化によるプロセスもある．
　重質油あるいは残渣油原料の場合は，部分酸化反応が使われ，高圧，無触媒プロセスが稼働している．石炭原料の場合，無触媒の部分酸化法であり，常圧法と高圧法がある．石炭に適用できる方法は石油コークスにも使うことができる．　〔小松　真〕
→メタンの水蒸気改質

構造因子　structural factor

　触媒作用は活性成分元素が存在するだけで発現するわけではない．活性成分の原子が適当な電子状態，価数をとることおよび原子が適当な配列，組合せをとることが必要である．前者が触媒作用の電子的因子であり，後者が構造的因子である．しかし両者は区別できないこともある．構造因子は，単に結晶構造を指すだけではない．担持金属の多くは金属が微粒子となり，X線回折の結晶パターンを示さないことがある．また，触媒作用に直接関与する表面の構造がX線回折でわかるバルクの構造と異なることもある．したがって，実際に活性を発現する部位の構造をさまざまな物理化学的手法により直接決定することが大切である．　〔朝倉清高〕

構造非敏感(型)反応　structure insensitive reaction　→構造敏感(型)反応

構造敏感(型)反応　structure sensitive reaction

　固体触媒反応では，反応速度が表面原子の配列に著しく依存する場合とほとんど依存しない場合がある．前者を構造敏感型反応，後者を構造非敏感型反応とよぶ．例え

ば鉄表面上で進行するアンモニア合成反応では異なる構造の結晶表面で反応速度が3桁程度違う．また白金表面上の酸素の解離吸着では約5桁の違いがある．これらは構造敏感型反応に分類されるが，敏感さの程度についての基準はない．またこの分類は定常的に進行する反応全体の速度に基づいているので，実験条件を変え律速段階*が変わると同じ反応でも構造敏感型から非敏感型に変化することがある．白金表面上のCO酸化の速度は，COの吸着が律速段階で進行するとき表面構造に依存しないが，酸素吸着が律速となると表面結晶構造に大きく依存する．

　構造敏感反応と非敏感反応の区別は，Boudartが表面金属原子当りの反応速度が金属粒子径に依存する反応と依存しない反応とに分類したことに始まる．粒径の変化で起こる電子的効果*よりも表面原子の配位を重視したものである．この考えは触媒表面の活性中心説*から発し，合金*触媒表面での原子集団の活性発現機構(アンサンブル効果*)につながっている．　　　　　　　　　　　　　　　　　〔松島龍夫〕

酵素酸化　oxidation by enzyme

　基質を酸化還元酵素により酸化する反応．酸化還元酵素はその反応の種類により，デヒドロゲナーゼ(脱水素酵素)*，レダクターゼ(還元酵素)，オキシダーゼ(酸化酵素)，オキシゲナーゼ(酸素添加酵素)に分類される．これらの酵素に対して，比較的少数の補酵素(ピリジン補酵素，フラビン補酵素，チトクローム，鉄硫黄タンパク質など)が電子やプロトンの受容体あるいは供与体として働く．これらの酵素はエネルギーの獲得，好気的物質代謝に関与する．

　一般に酸化酵素といわれるオキシダーゼは，酸素分子を電子受容体として基質を酸化する反応を触媒する．酸素は電子とともにプロトンを受容し，水または過酸化水素になるが，基質有機物に付加される(オキシゲナーゼ)こともある．酸素から水を生じる酵素としてはチトクローム c オキシダーゼ，アスコルビン酸オキシダーゼがあり，過酸化水素を生じる酵素としてはグルコースオキシダーゼがある．チトクローム c オキシダーゼは酸素呼吸における末端酸化酵素であり，還元型チトクローム c の酸化反応を触媒する．広範囲の生物に分布する重要酵素の一つである．この酵素には2個のチトクロームと2個の銅を含んでいる．

　オキシゲナーゼには，1個の酸素原子を基質有機物に導入し，他の酸素原子を水に還元するモノオキシゲナーゼと，酸素原子の両者を基質有機物に導入するジオキシゲナーゼの2種類が存在する．モノオキシゲナーゼは還元剤からの2電子の供与を必要とするが，ジオキシゲナーゼにはその要求性はない．モノオキシゲナーゼの一つ，メタンモノオキシゲナーゼは化学的に安定なメタンを常温常圧でメタノールに水酸化する酵素である($CH_4 + O_2 + 2\,e^- + H^+ \rightarrow CH_3OH + H_2O$)．また，基質特異性が乏しいため，メタン以外にも種々のアルカンや芳香族化合物の水素化反応，アルケンのエポキシ化反応およびハロゲン化合物の脱ハロゲン化反応を触媒する．メタンモノオキシゲナーゼには細胞質に存在する可溶性酵素と細胞内膜結合型の膜結合性酵素の2種類が存在する．可溶性酵素は活性部位に鉄の二核クラスターが存在するが，膜結合性酵素

の活性部位については明らかにされていない． 〔大倉一郎〕

酵素反応　enzyme reaction

　酵素によって触媒される反応であり，穏和な条件で効率良く反応が進行すること，特異性が非常に高いことが特徴である．
　酵素反応における反応物質は基質とよばれ，タンパク質中の活性部位とよばれる作用部位に基質が結合し酵素-基質複合体を形成し，生成物に変換される．典型的な酵素反応では非酵素反応に比べて $10^8 \sim 10^{14}$ 程度の加速効果がある．酵素反応のこのような大きな触媒能は以下のように説明されている．酵素内の疎水場に取り込まれた基質分子が大きなひずみを受け，反応に好都合な空間配置をとることにより反応の活性化エネルギーを低下させる．数種の官能基が協同して触媒作用を行うことも反応の活性化エネルギーを低下させる一因となっている．酵素反応は酵素-基質複合体中で進行する一種の分子内反応であり，分子間反応に比べ，エントロピー的に有利であると考えられている． 〔大倉一郎〕

抗体触媒　catalytic antibody

　動物には体内に侵入した異物から身を守るために免疫という生体防御機構が備わっている．この異物に特異的に結合する機能性タンパク質が抗体であり，抗体に酵素（触媒）機能を付与したものが抗体触媒である．酵素反応において，基質は遷移状態を経由して生成物へと変化する．反応の遷移状態にある基質と強く結合する抗体は，その反応の遷移状態を安定化する．したがって，そのような抗体も反応の活性化エネルギーを減少させ，酵素と同様，触媒として機能することが期待される．しかし，不安定で過渡的にしか存在しない遷移状態分子を単離することは実質的に不可能である．そこで，遷移状態分子と構造的かつ電子的に類似した分子（遷移状態アナログ）を設計・合成し，それと特異的に結合する抗体を取得するという手法が考案された．抗体触媒の最初の成功例はエステルの加水分解反応である．カルボン酸エステルの加水分解は四面体型中間体を経由して進行することが知られており，遷移状態分子もこの中間体に類似の構造をとると推察される．そこで，この反応の遷移状態アナログとして，同様な四面体構造をとるリン酸エステルが用いられた．リン酸エステルのP-O間結合距離はC-O間よりも20％程度長く，実際の遷移状態のC-O間結合距離に近いと考えられる．このリン酸エステルと結合するモノクローナル抗体は，エステル結合の加水分解活性を有することが確認された．抗体酵素の応用範囲は加水分解反応だけにとどまらず，酸化還元・転移・縮合反応などへも広がりつつある．

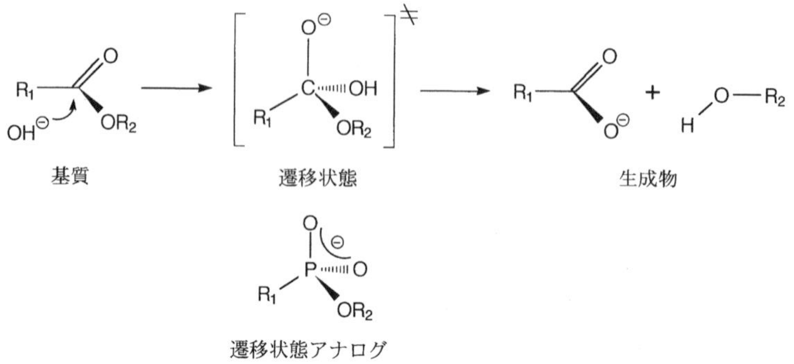

カルボン酸エステルの加水分解反応と遷移状態アナログ

〔中村　聡〕

光電子分光法　photoelectron spectroscopy

物質に電磁波を照射したときに放出される光電子の運動エネルギーの分布，角度分布，などを測定することにより，物質の電子構造や原子配列，磁気的性質などについての情報を得る方法．触媒表面の構造や組成および吸着物質の状態に関する知見を得ることができる．光源の種類により，真空紫外を用いる紫外光電子分光*，X 線を用いる X 線光電子分光*に分類される．

〔小野嘉夫〕

コーキング　coking

炭化水素類を原料として不均一触媒上で反応を行う場合に，わずかずつではあるが触媒上に炭素様物質（コーク：coke）が蓄積する現象を指す．炭化水素が触媒上に吸着するとき，C-H 結合が解裂して水素原子を失って原料分子に比べ水素リーンな吸着種が生成する．表面で分子の再構成が起こり生成物として脱離するだけでなく，さらに脱水素が進行し H/C 比が小さく揮発度の低い不純物が生成する．炭素質として蓄積するのは反応原料のごく一部であるが，触媒上に積分的に蓄積し活性点を被覆するので経時的な反応成績の低下を引き起こし実プロセスにとって重大な影響を与える．炭化水素類を原料とする反応のすべてで起こると考えてよく，長期間触媒を使用するためには，蓄積コークの燃焼による除去操作を定期的に行う必要がある．また，触媒自体を修飾し炭素質蓄積速度を低下させる方法も実用触媒では多く採用されている．

〔西山　覚〕

→活性劣化

五酸化バナジウム系触媒　vanadium pentoxide catalyst

五酸化バナジウム（V_2O_5）系触媒はベンゼン，ナフタレン，o-キシレンなどの芳香族炭化水素の選択酸化反応（おのおの，無水マレイン酸，無水フタル酸，無水フタル酸が

合成される），SO_2 の酸化反応用触媒として古くから実用化されてきた．また，l-ブテン，n-ブタンからの無水マレイン酸の製造用あるいは NO の NH_3 による還元用触媒としても実用に供されている．V_2O_5 系触媒の特徴の一つは，その活性，選択性が TiO_2，Al_2O_3，SiO_2 などの担体，P_2O_5，MoO_3，WO_3，SnO_2，K_2SO_4 などの助触媒により大きく変化することである．

V_2O_5 は図のように(010)面に平行な網面の積み重ねで構成されており，各網面は酸素原子を介して緩く結合している．各V原子の周りの酸素の配位数は6であるが，1個の酸素は特に結合距離が短く(0.154 nm)，二重結合酸素(V=O)である．この二重結合酸素が V_2O_5 系触媒上の多くの酸化反応の活性酸素になると考えられている．触媒原料としては，メタバナジン酸アンモニウムのほかに，$VOCl_3$，バナジルアセチルアセトナート，アルコラートが使われており，水溶液の代わりにトルエンなどの有機溶媒，あるいは気相法を用いて担持 V_2O_5 触媒を調製することもできる．

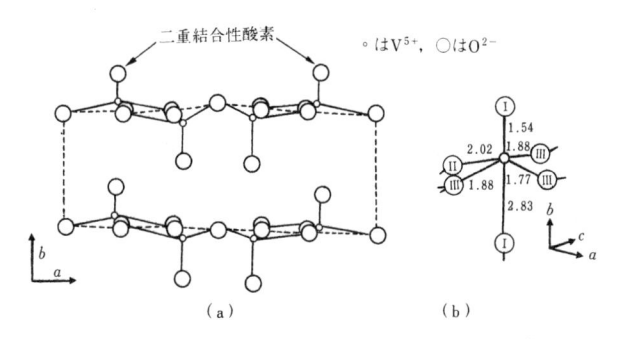

V_2O_5 の結晶構造(a)および V^{5+} イオンの周りの酸素イオンの配位(b)

V_2O_5 系触媒上での酸化反応は，酸化還元機構(Mars-van Krevelen 機構)で進むのがほとんどである．すなわち，反応物と O_2 (または，O_2^-，O^- などの吸着酸素)が触媒上で直接反応するのではなく，O_2 はいったん触媒の酸素して取り込まれ，反応物は触媒の酸素と反応するという機構である．また，V_2O_5 系触媒上には活性酸素(V=O)のほかにブレンステッド酸点も存在する．V_2O_5 上での NO-NH_3 反応においては，ブレンステッド酸点が NH_3 を V=O の近傍に濃縮するとともに NH_4^+ として活性化し，V=O が NH_3 の水素を引き抜くというブレンステッド酸点と活性酸素(V=O)の共同作用が働く．

V_2O_5 を TiO_2，Al_2O_3，ZrO_2 などの担体上に担持すると，単位触媒重量当りの活性が著しく増加する場合が多い．NO-NH_3 反応に関して担持 V_2O_5 触媒の活性は，低担持率においては TiO_2 担体が最も活性が高い．この場合，表面 V=O 当りの活性は一定であるため，担体の役割は表面 V=O 数を増すことにある．他の反応についても，担持 V_2O_5 触媒の活性は主に表面 V=O 数で決まるが，ベンゼン酸化反応のように TiO_2 担体による反応促進効果が見られる場合もある．また，SiO_2 などに担持された V_2O_5 は光反応触媒としても，アルケンの酸化反応や異性化反応などに高い活性をもつ．この

反応においては，V_2O_5 の二重結合酸素($V^{5+}=O^{2-}$)が光励起によって三重項状態(V^{4+}-O^-)に変化し，これが活性点となることが報告されている．

V_2O_5 に P_2O_5，MoO_3，WO_3，SnO_2，K_2SO_4 などの助触媒を加えると，助触媒の種類により，活性，選択性が著しく変化する．例えば，P_2O_5 は C_4 炭化水素(ブテン，ブタン)からの無水マレイン酸合成において，MoO_3 はベンゼンからの無水マレイン酸合成において，WO_3 は NO の NH_3 による還元反応において，SnO_2 はアルキルピリジンのアンモ酸化反応において，K_2SO_4 はナフタレンからの無水フタル酸合成においてすぐれた助触媒効果を示す．MoO_3 の助触媒効果は，V_2O_5 中に MoO_3 が固溶することにより，V=O 種の結合が弱くなることにより説明されている．SnO_2 についても同様の効果が指摘されている．P_2O_5 の助触媒効果については，$(VO)_2P_2O_7$ などの結晶相が大きな役割を果たすことがわかっている．また，このピロリン酸バナジル($(VO)_2P_2O_7$)自体も n-ブタンからの無水マレイン酸合成が可能な酸化反応触媒として知られている．このとき，反応は下記のレドックス機構で進むと考えられている．

$$2VOPO_4(a) \rightleftharpoons (VO)_2P_2O_7 + \tfrac{1}{2} O_2$$

〔宮本　明〕

五酸化バナジウム-三酸化モリブデン系触媒　　V_2O_5-MoO_3 catalyst

芳香族系炭化水素の選択酸化に用いられる V_2O_5 触媒は，しばしば MoO_3 が助触媒となり，さらに数種の添加物が加えられて工業触媒として利用される．V_2O_5，MoO_3 はいずれも選択酸化の主触媒となるが，V_2O_5 の酸化力は MoO_3 より強く，V_2O_5 が主触媒として働いていると推定される．系によっては第3の添加物も加わって複合酸化物や固溶体をつくるので，作用機構の実体は複雑で未解明のケースが多い．プロパンの酸化などのアルカンの酸素酸化の触媒にも V_2O_5-MoO_3 系触媒が検討されている．

〔諸岡良彦〕

コージェライト　　cordierite

菫青(きんせい)石ともいう．緑柱石群の鉱物であり，斜方晶系に属す．a = 17.03，b = 9.67，c = 9.35．組成式は $Mg_3Al_2[AlSi_5O_{18}]$ で表されるが，Mg は Fe に置換されることもある．また，結晶構造に空隙があるため，少量の H_2O，Na，K，Cs，Rb などが入り得る．無色または灰青，灰色で，ガラス光沢をもつ．異方性があり，劈開は{010}に起こりやすい．熱膨張率が比較的小さく，耐酸，耐アルカリ性が強い，電気絶縁性が高いという特長を生かして，理化学用磁器，排ガス触媒ハニカム担体などに利用されている．

〔小谷野圭子〕

固体塩基触媒　　solid base catalyst

固体であって，塩基としての性質をもつものをいう．代表的な塩基触媒を表1に示す．

このほか，Al_2O_3，ZrO_2，La_2O_3 などの酸化物や MgO-Al_2O_3 などの複合酸化物*は，

表1　代表的な固体塩基触媒

アルカリ土類酸化物*	MgO, CaO, SrO, BaO
アルカリ土類水酸化物	Ba(OH)$_2$
担持アルカリ金属	Na/Al$_2$O$_3$, Ma/MgO, K/Al$_2$O$_3$, Na/NaOH/Al$_2$O$_3$
担持アルカリ水酸化物	KiOH/Al$_2$O$_3$, NaOH/Al$_2$O$_3$, KOH/Al$_2$O$_3$
担持アルカリフッ化物	KF/Al$_2$O$_3$, NaF/Al$_2$O$_3$, CsF/Al$_2$O$_3$
担持アルカリアミド	KNH$_2$/Al$_2$O$_3$, NaNH$_2$/Al$_2$O$_3$
ゼオライト	アルカリ金属イオン交換X, Yゼオライト
陰イオン交換樹脂	

酸性と塩基性の両方の性質を示す．塩基としての強さは，溶液系におけるハメットの酸度関数*Hを便宜的に用いて表すことが多い．塩基溶液中で分子 AH が，プロトンを放出して，アニオン A$^-$ を生成する反応

$$AH + B^- \rightleftarrows A^- + BH$$

において，溶媒中の AH ならびに A$^-$ の濃度を C_{AH}，C_{A^-} とすると，H_- は次式で与えられる．

$$H_- = pK_a^{AH} - \log(C_{AH}/C_{A^-})$$

溶液中では，C_{AH} と C_{A^-} が等しいとき，H_- は BH の pK_a と等しいことになる．固体塩基では，表面の吸着種の濃度をとることになる．しかし，表面での C_{BH}，C_{B^-} の決定は困難であるので，実際には，AH を吸着させたとき，A$^-$ の存在が確認されれば，$H_- = pK_a^{AH}$ よりも強い塩基点をもつと規定する．塩基強度を変色で見るための指示薬としては，表2のようなものがある．

表2

指示薬	pK_a
2,4,6-トリニトロアニリン	12.2
2,4-ジニトロアニリン	15.0
4-クロロ-2-ニトロアニリン	17.2
4-ニトロアニリン	26.5
4-クロロアニリン	26.5
ジフェニルメタン	35.0

表3

	pK_a
マロノニトリル	11.1
マロン酸ジメチル	13.5
アセトン	20
プロピレン	35.5
トルエン	35〜37

また，表3に示す pK_a の知られている物質の関与する反応に活性をもつかどうかからも塩基の強さを推定することができる．

$H_- = 26$ よりも強い塩基強度をもつ固体を超強塩基*とよぶことがある．注意すべき点は，溶液系では，H_- は溶液としての性質であるのに対し，固体塩基では，一般的には，塩基点の強さと考えることである．したがって，固体塩基の性質を規定する因子としては，塩基点の数や塩基点間の塩基強度の分布が存在する．また，塩基強度と塩基量の測定には，二酸化炭素の吸着や昇温脱離もよく用いられる．

固体塩基が触媒となる反応には，アルケンの異性化*，アルキンの異性化，アルドール縮合*，クネベナゲル縮合*，マイケル付加*，クロロシラン，アルコキシシランの不均化，トルエンの側鎖アルキル化，ジエンの水素化などがある．固体塩基触媒は二酸

化炭素，水によって，容易に被毒されるので，取扱いには特別の注意が必要である．
〔小野嘉夫〕
→アルカリ金属触媒，アルミナ，イオン交換樹脂，ジルコニア，昇温脱離法，フッ化カリウム触媒，芳香族化合物の側鎖アルキル化，ゼオライト

固体酸触媒 solid acid catalyst

表面が酸性質を示し，酸点が触媒活性点として作用する固体を固体酸触媒という．反応の第1段階が，固体表面が酸として作用し，反応分子が塩基として作用する酸塩基相互作用で始まる．反応分子の酸塩基性によって，同じ固体でも酸として作用することもできる場合とできない場合がある．多くの反応分子に対して酸として作用し，酸触媒反応を促進する物質を，代表的な固体酸触媒として表に示す．

固体酸触媒の例

単独金属酸化物	Al_2O_3, TiO_2, WO_3
複合金属酸化物	SiO_2-Al_2O_3, SiO_2-TiO_2, SiO_2-MgO, SiO_2-WO_3, Al_2O_3-B_2O_3, WO_3-ZrO_2
金属塩	$NiSO_4$, $AlPO_4$, BPO_4, $AlCl_3$, ヘテロポリ酸（金属塩）
金属酸化物担持酸	H_3PO_4/SiO_2, H_2SO_4/SiO_2, SO_4^{2-}/ZrO_2
イオン交換樹脂	アンバーライト，ナフィオン-H

酸強度が100％硫酸（$H_0=-11.9$）より強い固体酸を固体超強酸*という．

酸性（点）の発現機構は，それぞれの固体酸によって異なるが，代表的な固体酸であるシリカ-アルミナ*あるいはゼオライト*については，次のような機構である．シリカ-アルミナは，シリカ（SiO_2）中のSiをAlで同型置換したものである．ケイ素イオンは4価であり，四つの四面体酸素と電気的に釣り合っているが，3価のアルミニウムイオンは四つの酸素陰イオンと結合しているので，アルミナ四面体（AlO_4）は-1の残余電荷をもつ．電荷の中性を保つためAlO_4付近にカチオンが存在する．合成時あるいは天然に存在するときにはそのカチオンはNa^+であるが，イオン交換可能である．H^+あるいは多価陽イオンでイオン交換することにより固体酸性が発現する．H^+は通常Oと結合しており，ブレンステッド酸として作用する．二つのOHから脱水が起こるとルイス酸点が生成する．

ゼオライトの
ブレンステッド酸点

固体表面上に発現した酸点は，種々の測定法*を用いてその性質を調べることができる．

固体酸触媒の活性点が酸点であることが認められるのは，主に次の四つの場合である．

（1） 触媒の活性と酸量・強度との間に平行関係が認められる．
（2） 塩基性物質の添加により触媒活性が添加量に比例して減少する．すなわち触媒が塩基性物質(アンモニア，アミン，アルカリなど)により被毒を受ける．
（3） 均一系の酸触媒反応と同様な反応が起こる．
（4） 生成物分布，トレーサー法，分光学的研究によって，反応中間体としてカルベニウムイオンを経由する反応機構で進行していると推定される．

硫酸などの液体の酸と比較すると固体酸触媒の特徴として次の点があげられる．
（1） 生成物との分離が容易である．
（2） 反応温度を高くすることができる．
（3） 触媒を再生し，繰り返し使用できる．
これらは工業プロセスに使用するときには利点となる．

固体酸触媒が促進する反応の代表的なものは，炭化水素の接触分解*，骨格・二重結合異性化，アルキル化*，トランスアルキル化*，オリゴメリゼーション*，アルケンの水和，アルコールの脱水*，エステル化*，エステルの加水分解*があげられる．いずれの反応も，固体酸のプロトン酸点あるいはルイス酸点の作用でカチオン中間体を生ずることで反応が開始される．

炭化水素の反応では，カルベニウムイオン*($C_nH_{2n+1}^+$)の生成から反応が始まる．不飽和炭化水素ではプロトンの付加で生成する．

$$RCH_2-CH=CH_2 + H^+ \longrightarrow RCH_2-\overset{\oplus}{C}H-CH_3$$

芳香族炭化水素からは同様にカルベニウムイオンが生成する．

飽和炭化水素からのカルベニウムイオン生成は，ルイス酸によるヒドリドイオン引抜き，あるいは，プロトンの付加により生成するカルボニウムイオン*の脱水素(あるいは脱メタン)により生成する．また，カルベニウムイオンによるヒドリドイオン引抜きによっても生成する．

$$RH + H^+ \longrightarrow \overset{\oplus}{RH_2} \longrightarrow R^+ + H_2$$
$$RH + L \longrightarrow R^+ + L\text{-}H^- \quad (L：ルイス酸)$$
$$RH + R'^+ \longrightarrow R^+ + R'H$$

カルベニウムイオンは，β開裂するとクラッキング，メチルシフトすると骨格異性化，プロトン放出すると二重結合異性化，他の炭化水素に求電子反応をするとアルキル化あるいは重合反応となる．

化学工業のなかで最大のプロセスである石油精製の中のクラッキングプロセスは，固体酸を触媒とする流動接触分解*(FCC)である．1930年代に用いられた触媒は，酸処

理された粘土(活性白土)であった．1940年代には合成されたシリカ-アルミナが，1960年代からゼオライトが使用されるようになった．反応は500〜550℃で行われ，触媒活性点はプロトン酸点である．

ナフサの改質プロセスのなかで重要な反応であるアルカンの骨格異性化も固体酸触媒が用いられる．ただし，金属を担持した固体酸触媒であり，金属の水素化・脱水素能と酸の異性化能の二つの機能をもつ二元機能触媒*である．Ptを塩素処理したアルミナに担持したPt/Al_2O_3が代表的な触媒である．Pt/SO_4^{2-}-ZrO_2も高活性を示す．また，金属成分を含まないSO_4^{2-}-ZrO_2だけでもアルカンの異性化が進行する．

アルケンの水和によるアルコールの合成にも酸触媒が用いられる．エチレンからのエタノールの合成にはリン酸をシリカやけいそう土に担持した固体酸が，シクロヘキセンからのシクロヘキサノールの合成にはゼオライト*(ZSM-5)が用いられるが，プロピレン，ブテンの水和にはヘテロポリ酸の水溶液が用いられる．

アルキルベンゼンのトランスアルキル化も固体酸触媒で促進される．トルエンの不均化でキシレンを生成する反応にZSM-5を用いると，p-キシレンが選択的に生成する．ゼオライトの形状選択性*と酸性の両機能が作用する例である．

以上のほかに，石油精製，石油化学，有機工業化学，ファインケミカルズなどの分野で固体酸触媒が用いられている例は多い．酸触媒反応以外において，例えば酸化反応の選択性に触媒酸性質が影響を及ぼしていることや，窒素酸化物の選択還元において酸点がアンモニアを吸着する役割をしていることなど，固体表面の酸性質が関与する反応は多い．　　　　　　　　　　　　　　　　　〔服部　英〕

→ ZSM-5 ゼオライト

固体超強塩基　solid superbase

固体塩基*のなかで特に塩基強度の大きいものをいう．$H_-=26$よりも強い塩基を超強塩基とする考え方もある．これは，超強酸*が$H_0=-12$より強い酸であることから，$H_0=7$を中心として，19だけ逆方向にずらしたものである．

固体超強塩基としては，MgO，CaOなどのアルカリ土類酸化物*やAl_2O_3やMgOに担持したNa，K，KNH_2などがある．MgO，CaOの塩基強度は$H_-=-26.5$，Na/MgO，Na/Al_2O_3のH_-は35と測定されている．また，Al_2O_3をNaOHと673Kで加熱，さらにNaを担持したものは，$H_-=37$以上であるといわれている．また，KNH_2/Al_2O_3も同様の強さがある．ただし，$H_-=35$よりも強い塩基に対しては，適当な指示薬は知られていない．

超強塩基は，通常の塩基反応に高い活性を示すが，特に強い塩基を要する反応には，アルケンの異性化*，アルキンの異性化，トルエンの側鎖アルキル化などがある．超強塩基では，これらの反応は室温以下の温度でも進行する．ちなみに，プロピレンのpK_aは35.5，アルキンのpK_aはフェニルアセチレン12.5，アセチレン25である．また，トルエンのpK_aは35〜37である．工業的に用いられている固体超強塩基を触媒とする反応には，Na/NaOH/Al_2O_3による5-ビニル-[2,2,1]-ヘプト-2-エンの異性化が

ある。　　　　　　　　　　　　　　　　　　　　〔小野嘉夫〕
→アルカリ金属触媒，芳香族化合物の側鎖アルキル化

固体超強酸　solid superacid　→超強酸触媒

固体電解質　solid electrolyte
　融点に比べて十分低い温度において高いイオン導電率(10^{-1}〜10^{-5} S cm^{-1})を示し，かつ電子伝導性が低い(10^{-8} S cm^{-1} 以下)固体をいう．ZrO_2-Y_2O_3系酸素イオン導電体や α-AgI 系銀イオン導電体などが20世紀初頭から知られている．現在まで F$^-$, O^{2-} を電荷担体とするアニオン導電性，あるいは H$^+$, Ag$^+$, Cu$^+$, アルカリ金属イオンを電荷担体とするカチオン導電性を示す無機結晶質，アモルファスおよび有機高分子が数多く開発されている．これらの材料はセンサー*，燃料電池*，電解装置，分離精製，電極，表示素子などに応用される．酸素イオン導電性を示す ZrO_2-Y_2O_3 系は，酸素センサーとしてすでに実用化され，三元触媒と組み合わせて自動車用排ガス浄化*に利用されている．また，イオン伝導状態にある固体電解質の表面は，著しい触媒活性の増加をもたらすことが知られており，アノード酸化およびカソード還元による触媒反応の基礎研究としても重要である．　　　　　　　　　　〔町田正人〕

固着確率(係数)　sticking probability (coefficient)
　吸着確率ともいう．化学吸着は原子，分子が表面に衝突して起こるが，1個の化学吸着が起きるのに，平均何回の衝突が必要かを示したもの．衝突した原子，分子が物理吸着する確率は凝集確率(condensation probability)とよび，区別することがある．固着確率は被覆率*が増すに従い，一般に小さくなる．そこで，被覆率＝0のときの固着確率を初期固着確率(initial sticking probability)とよぶ．固着確率は温度や被覆率に依存するだけでなく，表面の構造にもよる．例えば，酸素の Pt (110)への吸着確率は(1×2)構造に再構成した表面では，0.3〜0.4，再構成していない表面では0.4〜0.5であるのに対して，再構成していない Pt (100)は 0.1 である．また Pt (100)が六方構造に再構成すると 10^{-3}〜10^{-4} と小さくなる．　　　〔朝倉清高〕

コッホ反応　Koch reaction
　酸触媒存在下で，アルケン，一酸化炭素および水からカルボン酸を生成する反応(アルケンのヒドロカルボキシル化)を指す．1960年 H. Koch により初めて報告された．酸触媒として，硫酸，フッ化水素あるいはリン酸などの鉱酸を単独で用いたり，プロトン酸(ブレンステッド酸)を三フッ化ホウ素や五フッ化アンチモンと組み合わせて用いる．反応はアルケンへのプロトン付加によって生じたカルベニウムイオン*が，分子内のプロトン移動や，炭素骨格の転位によってより安定なカルベニウムイオンを形成する．そこへ一酸化炭素が付加してアシルカチオンを生じ，続いて水(あるいはアルコール)と反応してカルボン酸(エステル)を生成する．この反応機構のために，通常分枝

カルボン酸の異性体混合物が得られ，第三級カルボン酸の生成割合は反応条件に依存する．リン酸／三フッ化ホウ素触媒を用いたイソブテンのコッホ反応により，ピバル酸（トリメチル酢酸）が工業的に生産されている．

$$\begin{array}{c}H_3C\\H_2C\end{array}C=CH_2 + CO + H_2O \xrightarrow{H^+} H_3C-\underset{\underset{CH_3}{|}}{\overset{\overset{CH_3}{|}}{C}}-COOH$$

〔尾中　篤〕

→カルボキシル化，カルボニル化

固定化触媒　immobilized catalyst, supported metal complex catalyst

　金属錯体を有機あるいは無機の固体表面に担持することにより，活性サイトの均質な触媒を合成したり，均一系錯体触媒の欠点である触媒の分離・回収・再使用を容易にする目的で調製された触媒である．固定化により均一系にない反応性，選択性の発現も期待できる．固定化には，SiO_2，Al_2O_3，MgO，TiO_2，ゼオライトのような多孔性無機担体を用いる方法と，ポリスチレン，ポリビニルピリジンのような有機高分子担体を用いる方法がある．固定化には交換可能な配位子や官能基を担体表面に形成することが重要であり，種々の方法が知られている．無機担体では熱安定性が高く，有機溶媒に対してほとんど膨潤しないので広範囲の反応条件で用いることができる．有機高分子担体では，多種類の官能基を用いることができ，有機溶媒による高分子の膨潤効果が期待でき，また，不安定な錯体や中間体を固定することも可能となる．さらに，光学活性な高分子，配位子を用いることにより，エナンチオ区別反応を起こさせることもできる．　　　　　　　　　　　　　　　　　　　　〔船引卓三〕

固定床反応器　fixed bed reactor　→固定層反応器

固定層反応器　fixed bed reactor

　固体触媒を動かないように充填し，反応流体を連続的に供給し，反応させる流通式反応器のことであり，固定床反応器とよぶこともある．構造が簡単であり，建設費および維持費が安く，操作が容易である．さらに，反応流体の流量および触媒の充填量を変化させることにより，接触時間を大きく変化させることができ，反応率および選択率を制御できる．これらの特徴のために，広く固体触媒反応に使用されている．反応流体としては，気体あるいは液体のいずれか一方を流す．気体および液体を同時に反応流体として流すと，かん液充填層反応器＊となる．

　ただし，固定層反応器は固体触媒の劣化が著しいときには，触媒の置換に手間がかかることから適さない．また，反応器を通るときの圧力損失＊をできるだけ少なくするために，触媒の粒径が数 mm 程度のものが適しているが，粒子内拡散抵抗が大きいときには，反応速度が粒径に逆比例して遅くなる．さらに，固定層内の伝熱速度が遅い

ことから，激しい発熱あるいは吸熱反応に対しては温度制御が困難であり，触媒の許容温度を越えたり，ときには暴走反応が起きることがある．これらの欠点を補う反応器としては流動層*がある． 〔後藤繁雄〕

→流通系反応操作

コバルト-モリブデン系硫化物触媒　Co-Mosulfide based catalyst　→脱硫触媒

ゴムの水素化　hydrogenation of rubber

　ゴムの水素化は，天然ゴム，ジエン系ゴムなどの不飽和結合を飽和させ，耐熱性，耐候性を向上させることを目的として行われることが多い．通常のポリブタジエンの場合には水素化によりポリエチレン類似の構造になり結晶性を示すので，ゴム状のポリマーを得たい場合には側鎖を増やすなどの工夫が必要である．
　水素化反応は，通常，溶液状態のゴムを触媒，水素と接触させて行う．触媒としては，不均一系の Ni, Pd, Pt などの金属および担体担持触媒，均一系の Ni, Co, Ti などのチーグラー触媒，Rh, Ru, Pd, Ir などの錯体などが用いられる．高粘度溶液の反応であるために反応速度が遅く，過酷な条件を選ぶとポリマーの分解反応などが併発するので，高活性の触媒を使用する必要がある．p-トルエンスルホニルヒドラジドによるジイミド還元法などの触媒を用いない水素化法もある．
　工業的にはスチレンブタジエンブロックコポリマー，NBR(アクリロニトリルブタジエンゴム)などの水素化が行われている．スチレンブタジエンブロックコポリマーの水素化には Ni 化合物と有機 Al 化合物を組み合わせた系が用いられていたが，活性が高く脱灰が不要となるチタノセン系の触媒が使用され始めた．NBR の水素化の場合には耐油性を維持するためにニトリル基を保持する必要があり，Rh などの錯体(ウィルキンソン錯体*など)，細孔径分布をコントロールしたシリカに Pd を担持した系などが使用される． 〔森田英夫〕

固溶体　solid solution

　ある原子(溶質原子)が別の原子(溶媒原子)の結晶格子のなかに溶媒原子の基本結晶構造を変えないで入り込んだもの．溶質原子の入り方の違いにより，置換型と侵入型の2通りがある．置換型固溶体(substitutional solid solution)は溶媒原子の結晶の格子点が溶質原子によって置換されたもので，両原子の大きさ，性質が類似している場合にみられる．両原子が任意の割合で混ざりあうものを連続固溶体(または全率固溶体)という．置換型固溶体の場合，溶質原子と溶媒原子の置換がランダムに起こるものとすれば，固溶体の格子定数の値は溶質原子の濃度に比例する．これをベガードの法則(Vegard law)という．一方，侵入型固溶体(interstitial solid solution)は溶媒原子よりも小さな溶質原子が溶媒原子のつくる結晶格子の隙間に入り込んだもので，例として，遷移金属中への H, B, C, N などの固溶が知られている．溶質原子の原子価が溶媒原子のそれと異なる場合，固溶体の形成に伴い電荷のバランスを保つために，イオ

ン空孔や格子間イオンといった点欠陥や原子価の変化が生じる.　　〔安田弘之〕
➡金属間化合物

コランダム　corundum

　α-Al_2O_3 の鉱物名．鋼玉ともいう．α-Al_2O_3 の構造は六方最密充填した O^{2-} イオンと，その八面体型隙間の 2/3 を占有する Al^{3+} イオンとで構成される．これは，A_2B_3 の化学組成をもつ化合物のとる典型的結晶構造の一つであり，コランダム型構造(α-アルミナ型構造)とよぶ．コランダム型構造を有する化合物には α-Al_2O_3 のほかに，α-Fe_2O_3, Cr_2O_3, V_2O_3, Ti_2O_3 などがある．α-Al_2O_3 は代表的なセラミックス材料の一つであり，耐熱性，電気絶縁性にすぐれかつ高強度，高硬度，高熱伝導性を有することから，耐熱材，切削工具，研削材，碍子，IC 回路用基盤など広範囲に利用されている．また，ミクロ細孔をもたないため，炭化水素の部分酸化反応用触媒の担体としても用いられる．高表面積触媒担体や吸着剤として広く用いられている γ-Al_2O_3 は，スピネル型構造に類似の構造をとっている．　　〔安田弘之〕

コロイド　colloid

　コロイドとは，少なくとも一方向におおよそ 1 nm から 1 μm の大きさをもつ分子あるいは粒子がある媒質中に分散している状態をいう．また，コロイド状態で分散している分子または粒子のことをいう．
　コロイドとなる微粒子の大きさは，大きな結晶や液滴などの大きさと，イオンや原子の大きさの中間にあるが，コロイドはこれらとは異なる特異な性質をもつ．これには，半透膜を通過しないが沪紙を通過すること，ブラウン運動をすること，濁っていてチンダル現象を呈すること，微粒子の大きさによって濁度がかわること，などがあげられる．
　微粒子の構造から，デンプン，タンパク質，ゴムなどが媒質中に分散した分子コロイド(または高分子溶液)，界面活性剤などのミセルを含むミセルコロイド(または会合コロイド)，気体・液体・固体のいずれかの微細物が媒質中に分散した分散コロイドに分類できる．サスペンション，エマルジョン，エアロゾルは分散コロイドに属する．また，微粒子と媒質との親和性からは，親液コロイドと疎液コロイドに分類され，特に媒質が水の場合には，それぞれ親水コロイド，疎水コロイドという．分子コロイドとミセルコロイドは親液コロイド(親水コロイド)，分散コロイドは疎液コロイド(疎水コロイド)であることが多い．疎水コロイドは一般に不安定であるが，タンパク質などの親水コロイドを加えると著しく安定となり，電解質を加えても擬集しなくなる．この目的で加える親水コロイドを保護コロイドという．
　コロイド状に金属微粒子が分散しているもので触媒活性をもつものをコロイド状触媒という．これは金属塩を保護コロイド存在下で還元して得られる．金属粒子が高分散しているので高活性を示すが，触媒と生成物の分離が困難である．Pt, Rh, Pd などのコロイド状触媒は水素化触媒となる．　　〔鈴木榮一〕

混合拡散　dispersion

巨視的な流れの中で物質の混合が起こり，その混合がフィック（Fick）の拡散法則（濃度勾配を推進力とする物質の移動）に従うときそれを混合拡散という．混合が分子レベルではなく分子集合体を単位としてなされるとしても，それが無秩序な動きをしていれば，ある仮想的な面を通過する流速は濃度勾配に比例するので上記の法則に従う．

分子拡散係数は物性定数であるが，混合拡散係数は系の流れ状態にも依存していることが大きな特徴である．また分子拡散係数に比べて極めて大きいのが普通である．混合拡散係数それ自体よりも，それを含む無次元数 P_{el}（ペクレ-ボーデンシュタイン数）と流れ状態との相関が報告されている．

触媒層内の流速分布，無秩序な運動の寄与，などのいろいろな理想的な流れからのかたよりを混合拡散係数に押し込めてモデル化（混合拡散モデル*）することがよく行われる．　　　　　　　　　　　　　　　　　　　　　　　　　　　　〔新山浩雄〕

→拡散

混合拡散モデル（反応器の）dispersion model

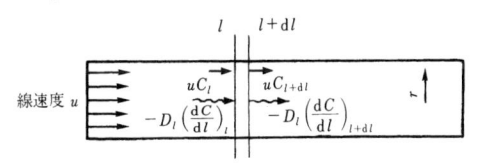

反応器設計の基礎式はその反応器内の流れ状態に基づいて定立される．押出し流れ管型反応器，すなわちすべての流体要素が一定速度で流れ混合が起こらない反応器においては，$W/F = y_0 \int (1/r_A) dx$ によって記述される．ここで，W は反応器に存在する触媒量，F は原料供給速度（希釈剤などを含む），y_0 は原料のモル分率，r_A は反応速度（原料Aの濃度の減少速度）である．しかし，現実の反応器においてはいろいろな理由によって各流体要素が異なる滞留時間をもって流れる．この異なる時間をもつ機構を混合拡散によるとするモデルを混合拡散モデルという．混合拡散モデルに基づく物質収支の考え方を図に基づいて説明する．l と $l + dl$ にある二つの断面によって囲まれる微小空間を考える．この空間に単位時間当り，流体の一様な流れによって持ち込まれる物質量は uSC，軸方向の濃度分布を推進力とする混合拡散に基づく流入量は $-D_l S(dC/dl)_l$ となる．流出も同じように考える．その差はその微小空間において反応により消費されると考えると式（1）を得る．

管型反応器（速度分布のない場合）に対する混合拡散モデルの適用の概念図

$$D_l \frac{d^2 C}{dl^2} - u \frac{dC}{dl} - kC = 0 \qquad (1)$$

ここで，u は流体の線速度 [m s^{-1}]，S は反応器の断面積 [m^2]，C は（原料の）濃度 [mol m^{-3}], D_l は混合拡散係数[m^2 s^{-1}], l は入口からの距離[m], k は一次反応速度定数[s^{-1}].

反応の転化率は, 速度定数と接触時間に加え混合拡散係数 D_l にも影響される. 式(1)は一次反応の場合であるが, この解は解析的に与えられ, 計算図も与えられている(触媒学会編, 触媒講座第6巻). 現実には混合拡散以外に多くの現象が滞留時間分布に影響しており, それらを一つのパラメータ D_l にしわ寄せしているという意味もある. 充塡層の挙動を表現するのに混合拡散モデルを用いる例は多いが, 物理像は全く異なる完全混合槽列モデルによっても表現できる. 〔新山浩雄〕

混合吸着　mixed adsorption

広義には, 化学的に異なる2種以上の吸着質*が同時に吸着することをいい, 共吸着ともよばれる. 狭義には, 2種以上の吸着質が同時に吸着する系において, 吸着質間の相互作用が強く, 成分が隣り合い混じり合って吸着することをいい, 共同吸着ともよばれる.

ここでは, 以下, 前者を共吸着, 後者を混合吸着とよぶ.

いま, 2種の吸着質A, Bが共通の吸着媒に共吸着する場合を考える. 吸着媒に対する化学吸着のエネルギーにはA, Bで大差がないとすると, 下記の式で与えられるエネルギーバランス ΔE の正負によって吸着媒上の吸着質分布が大きく変化する.

$$\Delta E = |\omega_{AA}| + |\omega_{BB}| - 2|\omega_{AB}|$$

ここで, ω_{IJ} は吸着分子Iと吸着分子Jの間の相互作用エネルギーである.

もし, 異種の吸着質の間の相互作用が同種の吸着質どうしの相互作用よりも強ければ ΔE は負となるが, このとき, 吸着質A, Bは隣り合うほうがエネルギー的に有利であるため, 吸着媒上でA, Bは混じり合って存在するようになる. つまり, $\Delta E<0$ は混合吸着(狭義の)が起こる.

これに対して $\Delta E>0$ ではAとBの混合は起こりにくく同種のものが集合する傾向を示す. その結果, 異種の吸着質を排除して互いに吸着座席を奪取し合う競争吸着*が起こることになる.

単結晶表面での混合吸着をLEED(低速電子回折)で観察すると, 吸着質それぞれが単独で吸着した場合に期待される秩序相ではなく, 異なる表面周期性の新たな相が認められることがある. これを時に表面錯体とよぶ. Pd(110)上のCOと水素は混合吸着の好例である. CO単独ではc(2×2)構造, 水素単独では(1×2)構造を形成するのに対して, COを前吸着させた表面を水素に曝すと新規(1×3)構造ができる. このときの表面にはCOと水素が互いに混じり合った相が形成されている.

Rh(111)上のベンゼンとCOの例では, 混合吸着相のほかに個々の吸着質単独の秩序相も認められている. また, Pt(111)への吸着の場合は, ベンゼンを単独で吸着させても何の秩序構造も認められないが, ベンゼンとCOが混合吸着すると周期構造を示すようになる.

共吸着の吸着等温式は単成分に対する既知の吸着等温式の拡張で表現できる場合が

あり，例えば活性炭へのベンゼン-トルエン混合蒸気の吸着においては，ラングミュアの吸着等温式*の拡張で測定結果を説明することができる．すなわち，2種の気体A，Bの分圧を p_A, p_B，吸着量を v_A, v_B とすると，

$$v_A/v_{mA}=(b_A p_A)/(1+b_A p_A+b_B p_B), \quad v_B/v_{mB}=(b_B p_B)/(1+b_A p_A+b_B p_B)$$

となる．ここで，v_{mA} および v_{mB} は，気体A，Bを単独で吸着させたときの飽和吸着量，b_A および b_B は定数である．共吸着の場合でも，吸着種間に相互作用がある場合などでは，ラングミュア型の吸着式は原理的にも，実験的にも適合しない．この場合，実験的にはフロイントリッヒの吸着等温式の変形である次式が適合することが多い．

$$v_A/v_{mA}=b_A p_A^{n_A}/(1+b_A p_A^{n_A}+b_B p_B^{n_B}), \quad v_B/v_{mB}=b_B p_B^{n_B}/(1+b_A p_A^{n_A}+b_B p_B^{n_B})$$

〔堤　和男・西宮伸幸〕

混合酸化物　mixed oxide　→複合酸化物

コンビナトリアルケミストリー　combinatorial chemistry

　材料の開発において，材料の組成，構成ユニットを系統的に変えた多数のサンプル（このサンプル群をライブラリーという）を短時間に評価し取捨選択する手順を繰り返し，次第に最適な組成，構成に絞り込んでいく研究開発手法．多数のサンプルを合成，用意することと，短時間にスクリーニングできる信頼性のある評価手法の確保が不可欠である．医薬の開発において成功を収め，有機・無機材料に応用が広がり．触媒の開発においても試されている．　〔御園生　誠〕

混練法　kneading method

　少なくとも2種類以上の物質どうしを，必要に応じて水などのバインダー成分を加えて混合した後，ボールミルや混和機を用いてなるべく微視的なレベルまで一様なペースト状の混合物になるまで混練する方法である．このペースト状混合物を，乾燥・焼成して得られた触媒の比表面積は，含浸法*の場合と比較して高表面積となる傾向がある．混合の組合せには，(1) 粉末+粉末，(2) 粉末+活性成分溶液，(3) ヒドロゲルまたは水和沈殿物+ヒドロゲルまたは水和沈殿物，(4) ヒドロゲルまたは水和沈殿物+活性成分溶液がある．この方法の特徴は，上に述べたように物理的混合状態に比較して均質な混合物質が得られることや，触媒成分の混合比の制御が容易なことである．乾燥過程に留意すれば均一分散も可能であり，共沈法*と比較して再現性の良い方法であるため，多成分系触媒の実用規模の調製法として用いられることが多い．

〔上野晃史・角田範義〕

さ

サイクリックボルタモグラム　cyclic voltammogram

　試験電極の電位を一定速度(10^{-3}〜10^2 V s^{-1})で所定の電位範囲を繰り返し走査し，そのときに流れる電流を記録して電極反応を解析する方法をサイクリックボルタンメトリー，その電位-電流曲線をサイクリックボルタモグラムという．電位走査に伴い，溶液反応が電極表面で進行する場合のボルタモグラム(電極電位*と電流との関係を示す図)を，電位走査速度，ピーク電流，ピーク電位，折返し電位，ならびに半ピークなどに着目して解析する．この方法は，電気化学反応が生じる電位，反応速度，反応生成物の反応性・可逆性などを把握するのに便利であるが，厳密な解析には限界がある．
　サイクリックボルタンメトリーは電極表面状態の評価にも利用することができる．図に硫酸水溶液中における多結晶白金電極のサイクリックボルタモグラムを示す．電位 E_A では，白金上に水素が飽和吸着している．E_A から電位を正方向に走査すると，まず，H(a)→H$^+$+e$^-$ なる反応による酸化電流が流れる．ピークが複数現れており，水素の吸着状態が数種あることを示唆している．この領域の電気量は，しばしば白金の実表面積の推定に用いられる．電位をさらに正方向に走査すると，電気二重層*の充電電流に続いて，H_2O→O(a)+2H$^+$+2e$^-$ による酸化電流が現れ，表面が吸着酸素でおおわれる．電位 E_λ で電位走査の方向を逆転させると，吸着酸素の除去に続いて吸着水素の生成による還元電流ピークが現れる．電極表面に異種の吸着種がある場合には，その酸化あるいは還元による電流およびその電位などから，触媒電極としての特性と反応性が検討される．

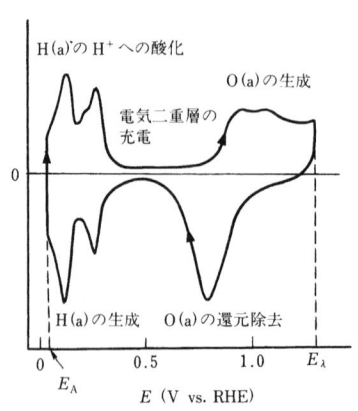

多結晶白金電極のサイクリックボルタモグラム
(0.5M H_2SO_4, 25℃, 電位走査速度 0.1 V s^{-1})

〔高須芳雄〕

➡アノード反応，カソード反応，吸着

細　孔　pore

　固体触媒の多くは多孔性固体であって，粒子内部に存在する表面積は $10\sim1000\,m^2$ $(g\,触媒)^{-1}$ にも達する．それは，触媒内部に存在する微小な孔によるものであり，これを細孔という．IUPAC の命名によれば，細孔はその径によって，ウルトラミクロ細孔 ($0.7\,nm$ 以下)，スーパーミクロ細孔($0.7\sim2\,nm$)，メソ細孔($2\sim50\,nm$)，マクロ細孔($50\,nm$ 以上)に分類されている．そして，$1\,\mu m$ を超えるものについては，細孔とはよばない．

　細孔の成因を大きく分類すると，ゼオライトのように結晶構造に起因するミクロ細孔あるいはメソ細孔，均一であった物質を処理して有機物あるいは水分を揮発させたのちにできる活性炭あるいは多孔性ガラスの細孔，微細な一次粒子の間隙にできるメソ細孔および粉末状固体の成形の際に生成するマクロ細孔がある．ゼオライトあるいはモレキュラーシービングカーボンでは，一次粒子内にあるミクロ細孔と一次粒子の間隙にできるメソあるいはマクロ細孔との2種類が存在する．細孔分布曲線が一つのピークをもつものを単一分散固体といい，二つ以上のピークをもつものを多分散固体という．

　触媒の細孔構造を表す特性値としては，触媒の単位質量当りの細孔表面積 S_g，細孔容積 V_p，見かけ密度 ρ_p，真密度 ρ_t，空隙率 ε ならびに細孔容積分布曲線が通常使用されている．

〔高橋武重〕

細孔内拡散　pore diffusion

　反応分子が粒子の外部から気固境膜を通過して触媒外表面へ移動する．さらに，外表面から粒子内部へ拡散する現象をいう．この物質移動としては，(1)分子拡散，(2)クヌッセン拡散*，(3)表面拡散および(4)ウルトラミクロ孔内拡散がある．分子拡散とクヌッセン拡散のどちらが支配的になるかは，細孔半径 r と平均自由行程 λ_A の相対的な大きさによって決定される．平均自由行程は，次の式で計算できる．

$$\lambda_A = v_T/f$$

さらに $v_T = \{8kT/(\pi m)\}^{1/2}$, $f = \sqrt{2}\cdot\pi d^2 v_T C$ となる．ここで，k はボルツマン定数 ($1.38\times10^{-23}\,J\,K^{-1}$)，$m$ は注目する1個の質量[kg]，d は分子径[m]，C は単位体積中に存在する分子の個数濃度[m^{-3}]である．1気圧の条件下で，300 K の窒素分子について，平均自由行程を計算すると $9.4\times10^{-8}\,m$ になる．

　細孔半径が平均自由行程より大きい ($r/\lambda_A>10$) ときには，分子拡散が支配的になり，細孔半径が平均自由行程よりも小さい ($r/\lambda_A<0.1$) ときには，クヌッセン拡散が支配的になる．$0.1<r<\lambda_A<10$ の中間の場合には，分子拡散とクヌッセン拡散の両方を考慮しなければならない．

　表面拡散は，主として低温で局在化して吸着していた分子がポテンシャル障壁を越

える程度のエネルギーを得たとき，二次元的に移動する現象である．触媒反応が起こる温度領域では，吸着量が小さいため，総括的な物質移動に与える寄与は小さい．

　ウルトラミクロ孔内拡散は，分子径と同程度の径をもつ細孔内を固体壁の強い束縛を受けながら，分子が移動する現象である．種々のゼオライト内では，この拡散が支配的になる．ウルトラミクロ孔内拡散定数の温度依存性は，一般にアレニウス型の式で表すことができ，その活性化エネルギーは，20kJ mol^{-1} 以上になることが知られ，分子拡散係数およびクヌッセン拡散の温度依存性よりもはるかに大きいのが特徴である． 〔高橋武重〕

細孔分布　pore size distribution ───────────────

　多孔性固体では，通常細孔の大きさは一定ではない．細孔半径 r を横軸に，r よりも大きな半径を有する細孔の容積 V_p を縦軸にとると，積分型の細孔分布曲線が得られる．この曲線の r の位置における勾配 dV_p/dr を縦軸にして，r に対してプロットすると微分型の細孔分布が得られ，これを細孔分布として用いるほうが一般的である．

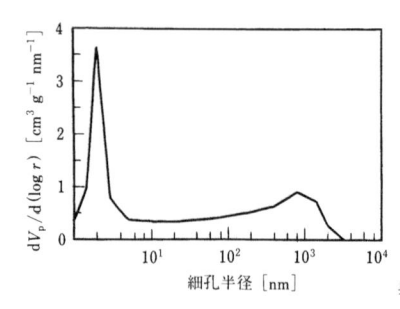

典型的な細孔分布曲線

　細孔分布が広い範囲にわたるときには，横軸を $\log(r)$ でとると全体の分布を容易に見ることができる．微分型の細孔分布では，縦軸は $dV_p/d\log(r)$ になる．図に広い細孔分布をもつ固体の代表的な微分型の細孔分布曲線を示す．この固体は，2 nm に鋭いピークをもち，1000 nm 付近にもう一つのピークをもつ多分散型固体であることがわかる． 〔高橋武重〕

→細孔径分布測定法

細孔分布測定法　pore size distribution measurement ───────────

　多孔性固体の細孔径は，通常 0.5 nm から 1000 nm までの広い範囲に広がっている．この広い分布を一つの方法で測定することは困難であり，3～1000 nm の比較的大きな細孔分布の測定には水銀圧入法が使用され，30 nm 以下の小さな細孔分布の測定には，吸着等温線*の変化を利用したガス吸着法が使用される．現在では，この二つを組み合わせて測定するのが理想的とされている．

　水銀圧入法の原理は次のとおりである．いま，半径 r の細孔に表面張力 σ の液体が入っているとする．液体の接触角を θ とすると，液体を押し出そうとする力は $-2\pi r\sigma$

$\cos\theta$ であり，押し込む向きに働く力は，圧力を P とすると $\pi r^2 P$ であり，これが釣り合っていると，

$$Pr = -2\sigma\cos\theta$$

となる．ここで，水銀の接触角は，通常 140° が用いられる．この式を使用して，計算すると圧力が 1000 kg cm^{-2} では水銀は半径 15 nm より大きい細孔に進入し，10000 kg cm^{-2} では，半径 1.5 nm までの細孔に進入する．水銀に加える圧力と圧入される水銀の体積の関係から，細孔径の分布が決定される．

ガス吸着法では，細孔分布は吸着等温線を毛管凝縮理論に多分子吸着に基づく補正を加えた理論から測定されている．詳細は省略するが，その理論式は次のようになる．

$$V_g - v = \int_{r_p}^{\infty} \pi(r-t)^2 L(r) dr$$

ここで，V_g は全細孔容積，v は平衡圧 P における液体としての吸着量，t は多分子吸着層の厚みである．実験によって，V_g と v を求め，相対圧と t の関係が求まれば，積分の下限 r_p が求まるので，細孔分布 $L(r)$ が求まる．現在用いられている BLH (Barrett, Joyner, Halenda) 法あるいは CI (Cranston, Inkely) 法は，上式を適当に変形し，仮定をおいて数値積分により細孔分布を求める方法である．後者の方が精度が良いといわれ，現在は CI 法が主として使用されている． 〔高橋武重〕

→細孔分布

細孔容積　pore volume

細孔容積 V_g は，固体の単位質量当りの細孔の容積で定義される．その測定については，いくつかの方法が知られている．

最も簡単な方法は，十分乾燥した一定量の試料を液体の中に入れて，煮沸・冷却し，液体を取り除いたのち，表面だけを乾燥させて，その質量を測定して，質量増加と液体の密度から算出する方法である．しかし，この方法は簡単ではあるが，細孔内の空気と液体が完全に置き換わったかどうか，あるいは表面だけが乾燥した状態がどの時点を指すかなど，実験者の任意性が入るため，誤差が入る．より本質的な誤差は，試料の多孔質体に細孔とよべない程度の大きな空隙があると，これも細孔容積に加えてしまう点である．

より精密な測定法として，水銀-ヘリウムの組合せを使用することが行われる．水銀は細孔の中に入らず，一方ヘリウムは細孔の中に入ることを利用する．よって，水銀置換法では見かけ密度（粒子密度）ρ_p をヘリウム置換法から真密度 ρ_t を求め，次の式で計算する．

$$V_g = (1/\rho_p - 1/\rho_t)$$

ただし，この方法は水銀にぬれる試料には利用できない．

また，30 nm 以上の大きな細孔の容積が無視できるときには，気体の吸着等温線から飽和蒸気圧における吸着量を外挿により求め，その温度における吸着分子の液体の密度から算出する方法もよく使われる． 〔高橋武重〕

サイドオン　side-on

一般に酸素分子などの二原子分子が金属に配位する際，両方の原子が配位する形式をよぶ．第二周期遷移金属酸素錯体においてはこの形式で配位することが多い．より厳密には「η^2 配位」と表記される．

$$M\mathord{<}\genfrac{}{}{0pt}{}{X}{Y} \quad \left(M\mathord{<}\genfrac{}{}{0pt}{}{O}{O}\right)$$

〔穐田宗隆〕

→エンドオン

酢酸アリルの合成　synthesis of allyl acetate

プロピレンの酸化的アセトキシル化(昭電法)によって合成されている．プロピレンは反応温度 160〜180℃ で担持 Pd 触媒を用いて酸化的にアセトキシル化され，生成した酢酸アリルは連続的に加水分解され，アリルアルコールに転換される．

$$CH_2=CHCH_3 + CH_3COOH \xrightarrow[\text{担持 Pd}]{O_2} CH_2=CHCH_2OCCH_3\ (\text{O})$$

〔諸岡良彦〕

→アリルアルコールの合成

酢酸の合成　acetic acid synthesis

酢酸は有機化合物のなかで，古くから人類にとって身近な製品すなわち食酢として使用されていた．紀元前からアルコール発酵により食酢がつくられていたとされている．この製法は醸造法であり，製造法そのものは現在も行われている．酢酸が食用以外の幅広い分野に使用されるようになると，より生産性の高い製法が求められ，木材の乾留から得る木酢法が見出された．この方法はヨーロッパで錬金術師が用いていたが，19 世紀にアメリカで盛んになり 20 世紀半ばには世界的な工業製法となった．しかし，木酢法はその後の合成法の発展につれて衰退し現在ではほとんど行われていない．工業的合成法として酢酸マンガンを触媒とするアセトアルデヒド酸化法が 1914 年にドイツで工業化された．

$$CH_3CHO + \tfrac{1}{2}O_2 \longrightarrow CH_3CO_2H$$

アセトアルデヒドはカーバイドからのアセチレンを原料としていた．わが国では 1928 年に日本合成化学工業が自社技術により生産を開始した．やがて石油化学の発展とともに多くの製造プロセスの開発が進み，アセトアルデヒドに関しては，エチレンを原料とする画期的なヘキスト-ワッカー法*による $PdCl_2/CuCl_2$ を触媒とするプロセスが 1959 年に出現した．

$$C_2H_4 + O_2 \longrightarrow CH_3CHO$$

このエチレン法の出現により従来のアセチレン法によるアセトアルデヒドの製造法は取って代われらた．わが国では 1962 年に技術導入によりエチレン法の生産が始まり，

アセチレン法は 1968 年に中止された．

　この時期，炭化水素の酸化技術も開発され，1952 年には酢酸コバルトを触媒とする n-ブタンの液相酸化法による酢酸の合成が，また 1956 年には Mn, Co, Ni などを触媒とするナフサの液相酸化法による酢酸の合成が企業化されている．わが国では 1964 年にダイセル化学工業が技術導入により企業化している．

　一方，これらの石油化学系原料に限定されない方法として，メタノール，一酸化炭素を原料とするメタノールのカルボニル化*による酢酸合成法が開発された．これらの原料は天然ガス，石炭，重質残渣油などからつくられる．

$$CH_3OH + CO \longrightarrow CH_3CO_2H$$

　BASF 社(ドイツ)がヨウ化コバルトを触媒として 1960 年に，Monsanto 社(アメリカ)がヨウ化ロジウムを触媒として 1970 年に工業化を行った．特に後者は，今日のメタノールによる酢酸合成法の主流となっている．わが国では Monsanto 社の技術を導入し，協同酢酸(ダイセル化学工業)が 1980 年に生産を開始している．

　また最近，昭和電工がパラジウム/ヘテロポリ酸を触媒としてエチレンを酸化し，アセトアルデヒドを経由しない直接酢酸合成の技術を開発して 1997 年に工業生産を開始した．

$$C_2H_4 + O_2 \longrightarrow CH_3CO_2H$$

　酢酸の合成法としてはさらにロジウム/シリカ触媒による合成ガス直接法，ヨウ化ロジウムを触媒とするギ酸メチルの変換法，ルテニウム錯体触媒によるメタノールだけを原料とする方法などがあるが工業化はされていない．　　　　　　　　〔小島秀隆〕
➡アセトアルデヒドの合成，ワッカー法，液相(触媒)酸化，合成ガスの製造，ギ酸メチルの合成

酢酸ビニルの合成　synthesis of vinyl acetate　➡エチレンのアセトキシル化

サポナイト　saponite

　層状粘土鉱物*のなかで 3 八面体型スメクタイト*族粘土鉱物に属す．層間に陽イオンと水を有する．四面体シートの陽イオンは Si^{4+} の一部が Al^{3+} で置換され，八面体シートの陽イオンは主に Mg^{2+} である．八面体陽イオンとして Fe^{2+}，Fe^{3+}，Al^{3+} を含むことがある．化学式は理想的には

$$(M^+, M^{2+}{}_{1/2})_y Mg_3(Si_{4-x}Al_x)O_{10}(OH)_2 \cdot nH_2O, \quad y : 0.2 \sim 0.6$$

(M：交換性陽イオン)と表記できる．モンモリロナイト*と同様にインターカレーション*反応のホスト物質として用いられる．　　　　　　〔上松敬禧・黒田一幸〕
➡層間架橋粘土触媒

酸・塩基測定法　determination of acidic and basic properties

　通常固体触媒の酸・塩基性の測定をいう．すなわち，固体表面の酸性点*(酸点)と塩基性点*(塩基点)の強度，量，および種類が測定の対象である．酸点には，相手分子に

H$^+$ を供与するプロトン酸点(ブレンステッド酸点)と相手分子から電子対を受容するルイス酸点の2種がある．一方，塩基点については，同じ塩基点であっても，相手からH$^+$ を引き抜くときにはブレンステッド塩基として作用し，電子対を供与するときにはルイス塩基として作用するので，表面塩基点そのもののブレンステッド塩基，ルイス塩基の区別は不可能である．

これらの酸点，塩基点を測定する方法として，以下に示す各種方法がある．
(1) 気体分子吸着法
(2) 指示薬を用いる滴定法
(3) 分光学的方法Ⅰ (吸着プローブ分子の状態測定)
(4) 分光学的方法Ⅱ (表面状態の直接測定)

・酸点測定

(1) 気体分子吸着法: 原理的にはアンモニアなどの塩基性物質の吸着等温線を吸着温度を変えて測定し，吸着熱*と吸着量から酸点の強度と量を求めることができるが，実際には，低圧での吸着等温線*を求めなければならず，非常に難しい．実用になる方法は，熱量計を用いる方法と昇温脱離法*がある．

熱量計を用いる方法の一例を示す．150℃においてアンモニアを少量ずつ吸着させ，発生する吸着熱を熱量計で測定すると，吸着量の関数として吸着熱が求められる．吸着温度を150℃にするのは，吸着平衡に速く到達できるようにするためである．

昇温脱離法の一例を示す．アンモニアなどの塩基性物質を吸着した触媒を，排気しながら，あるいは，キャリヤーガスを流しながら温度を一定速度で昇温させる．弱い酸点に吸着している分子は低温で脱離するが，強い酸点に吸着している分子は高温にならないと脱離しない．図は，種々のゼオライトにアンモニアを吸着させたときの昇温脱離曲線である．各ゼオライトとも弱い酸点(150℃でアンモニアが脱離)と強い酸点の2種の酸点が存在する．

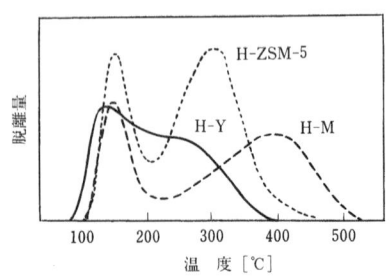

各種ゼオライトに吸着したアンモニアの昇温脱離曲線
(C. V. Hidalgo, H. Itoh, T. Hattori, M. Niwa and Y. Murakami, J. Catal., **85**, 362 (1984) のデータより)

(2) 指示薬を用いる滴定法: 古くからジョンソン(Johnson)法，ベネシー(Benessi)法として知られているもので，シクロヘキサンなどの無極性溶媒中でn-ブチルアミンを吸着させた試料に指示薬を加えて変色を観測し，指示薬の種類から酸強

度を，n-ブチルアミンの量から酸量を算出する方法である．指示薬には一連のハメット指示薬を用い，強度はハメットの酸度関数* H_0 で表される．溶媒中で行うため吸着平衡に長時間を要する，指示薬の変色の観察が困難であるなどの欠点がある．

（3）分光学的方法Ｉ（吸着プローブ分子の状態測定）： ピリジンを吸着させ，IRで吸着状態を測定することによってブレンステッド酸点とルイス酸点を区別する方法が代表的なものである．ブレンステッド酸点に吸着するとピリジニウムイオンに帰属される 1540 cm^{-1} と 1490 cm^{-1} の吸収を示し，ルイス酸点に吸着すると配位結合したピリジンに帰属される 1450 cm^{-1} と 1490 cm^{-1} の吸収を示す．吸着したピリジンの排気温度を変えて赤外分光スペクトル（IR）を測定すると，脱離温度を酸点の強さの尺度としたブレンステッド酸点，ルイス酸点の強度分布が求められる．ピリジンの代わりにアンモニアを用いてもブレンステッド酸点，ルイス酸点の区別ができる．

CO を低温（-196°C）で吸着させ，IR を測定すると OH の伸縮振動の吸収が低波数にシフトする．シフトは OH が酸として強いほど大きい．また，ルイス酸（金属カチオン）に CO が吸着すると電場勾配が大きいほど C-O の伸縮の吸収が大きく低波数にシフトする．

（4）分光学的方法 II（表面状態の直接測定）： 表面上の H$^+$ の状態は IR により OH 基の伸縮振動に帰属される吸収を測定することによって推定できる．一般に強い酸点ほど O-H 結合は弱く，したがって吸収は低波数に表れる．また，OH が水素結合しているとブロードになり，低波数にシフトする．吸着分子と相互作用すると吸収が消失したり低波数にシフトしたりする．

^{1}H MAS NMR によっても固体表面の H$^+$ の状態を観測できる．酸としての強さと関連する H$^+$ の存在状態は，NMR スペクトルのケミカルシフト*に反映される．また，測定温度を変えてピークの半値幅を測定することにより，H$^+$ の運動性を求めることができる．

・塩基点測定

固体塩基の塩基点についても，酸点測定と同様な手法を用いることができる．

（1）の気体分子吸着法に関しては，固体酸の場合のアンモニアなどの代わりに，酸性分子である二酸化炭素を用いて，熱量計による測定や昇温脱離法によって塩基点の強度と量を測定することができる．

（2）の滴定法については，n-ブチルアミンに代えて安息香酸を用い，酸度関数の一つである H_- 関数で塩基強度を表す塩基点の強度と量を求めることができる．

（3）については，塩基点上に吸着した二酸化炭素の状態を IR で測定することにより塩基点の構造を，排気温度を変えて IR 測定を行うと，脱離温度を強度の尺度とした塩基点の強度分布が求められる．

（4）については，固体塩基の塩基点はほとんどの場合表面 O であるので，O のキャラクタリゼーションを XPS により行うことができる．O の電子密度が大きいほど塩基として強いと推定される．O$_{1s}$ の結合エネルギーを測定し，結合エネルギーが小さいほど塩基として強いと推定される．

〔服部　英〕

→ブレンステッド酸，ルイス酸，酸強度

酸化カップリング oxidative coupling

　反応基質を酸素などの酸化剤で酸化することにより分子内あるいは分子間で新たな結合をつくること．代表的なものとしてはアルケン間，芳香族化合物間，アルケン-芳香族化合物などの炭化水素間の酸化カップリングがあり，この反応では反応基質が酸素などの酸化剤により酸化脱水素されることにより C-C 結合が生成される．アルケン間の酸化カップリングではイソアルケンに加えて，分子内カップリングにより芳香族化合物(アルケンの環化)が生成する．また，フェノール類の酸化カップリングでは分子間の C-C 結合の生成に加え C-O 結合が(例として図)，アミン類では N-N 結合が形成される．

　最近注目されている酸化カップリングにメタンの酸化カップリング*でエタン，エチレンを生成する反応，あるいはメタンとトルエンの酸化カップリングでエチルベンゼン，スチレンを生成する反応がある．メタンを原料とする増炭反応(炭素数増加反応)として工業的意義は大きい．　　　　　　　　　　　　　　　　　〔大塚　潔〕

酸化カルシウム calcium oxide　→アルカリ土類酸化物

酸化酵素 oxidase

　生体内脱水素反応の中で，オキシダーゼは式(1)または(2)に示すように酸素を電子または水素受容体ととする酵素であり，FMN(flavin mononucleotide)や FAD(flavin adenine dinucleotide)のような酸素以外の場合の脱水素酵素と区別される．オキシダーゼの反応には，FMN のような補酵素あるいは Fe, Cu, Mo のような遷移金属イオンが必要である．

$$SH_2 + O_2 \longrightarrow S + H_2O_2$$

$$SH_2 + \tfrac{1}{2} O_2 \longrightarrow S + H_2O$$

代表的な例としてチトクロームオキシダーゼがあり，呼吸系の末端にあって，酸素を水に還元する役割をもつ生理学的に重要な酵素として知られている．呼吸系をもつ生物の細胞のミトコンドリアに存在し，ヘム鉄と銅を二核構造を酸素結合サイトとしてもっていると考えられているが，複雑な構造は解明されていない．チトクローム a およびチトクローム a_3 (チトクローム a と c の複合体)に結びついているといわれる．チトクローム c の Fe(II) が酸素によって酸化型(Fe(III))に酸化され，同時に水が生成する．

$$2Fe(II) + \tfrac{1}{2} O_2 + 2H^+ \longrightarrow 2Fe(III) + H_2O$$

その他，銅を含む ascorbate oxidase, galactase oxidase や非ヘム鉄とマンガンを含む ribonuculeotide reductase など多くの種類の酵素が知られている．

〔船引卓三〕

→脱水素酵素

酸化数 oxidation number ─────────

二つの原子間に結合があるとき，その結合を形成する二つの電子をより電気陰性度の高い原子に帰属する，として，それぞれの原子の酸化状態を計算した場合に現れる数字を酸化数という．例えば，$PdCl_2$ は電気陰性度の高い Cl を Cl^- と考えるため，Pd の酸化数は 2 となる．酸化数は必ずしもその金属錯体の化学的性質と関係しない．例えば，金属-アルキル(M-R)結合は一般に M^+R^- で考えるが，M-R がホモリティックに切断される例は多い．また，同じ金属で，同じような配位子をもつが，金属中心が異なる酸化数をもつ金属錯体において，金属の酸化数が高いことが必ずしも錯体の電子受容性が高いことを意味しない．配位子まで含めた錯体全体の電子状態を考慮する必要がある．

〔永島英夫〕

酸化脱水素 oxidative dehydrogenation ─────────

酸素に代表される酸化剤を水素受容体として反応基質から水素を引き抜く反応．例として酸素によるアルカンの酸化脱水素がある．

$$C_nH_{2n+2} + \tfrac{1}{2} O_2 \longrightarrow C_nH_{2n} + H_2O$$

脱水素反応には酸化脱水素のほかに反応基質から水素を水素分子として引き抜く単純脱水素反応があるが，この反応は吸熱反応で反応の平衡定数は小さい．このため転化率を大きくするには高温を必要とするが，高温では炭素析出が問題となる．一方，酸化脱水素は発熱反応であり平衡定数が大きいため，単純脱水素に比べ低温で行うことができプロセス上有利な点が多い．しかし酸化剤を用いるため生成物の完全酸化が起こりやすく，酸化脱水素法が比較的収率良く進むのはブタン，ブテンからブタジエン，エチルベンゼンからスチレンなどの目的とする生成物の C-H 結合が原料に比較して安定な場合だけで，より複雑な化合物を原料としたときは完全酸化が防げない場合が多い．

〔大塚　潔〕

酸化チタン titanium oxide →二酸化チタン

酸化的アセトキシル化 oxidative acetoxylation

ビニル位，アリル位，ベンジル位，芳香核などの C-H 基を酸化的に解裂しアセトキシル化する反応．触媒としては Pd をベースとする触媒系がよく知られており，その形態は均一系，担持型いずれも報告がある．気相反応，液相反応いずれの形式でも反応が進行することが知られている．反応の進行には酸化剤が必要で有機合成的にはキノンなどの有機酸化剤が用いられるが，工業的には分子状酸素を使用するのが通例である．エチレンから酢酸ビニルを合成する反応(Pd-KOAc 系触媒)，ブタジエンからジアセトキシブテンを合成する反応(Pd-Te 系触媒)の2反応が工業化されている．このほかの例としては，Pd のレドックス機能を利用したベンゼンから酢酸フェニルの合成，トルエンからベンジルアセタートの合成，シクロヘキセンからアセトキシシクロヘキセンの合成などの反応が知られている． 〔原 善則〕
→エチレンのアセトキシル化，ブタジエンのアセトキシル化

酸化的エステル化 oxidative esterification

アルデヒドとアルコールの共存下で酸化させ，対応するカルボン酸エステルを合成する反応．

$$R^1CHO + R^2OH + \frac{1}{2}O_2 \longrightarrow R^1COOR^2 + H_2O$$

アクリル酸メチル，メタアクリル酸メチルなどの合成では，アクロレイン，メタクロレインの気相酸化によりいったんカルボン酸を合成したのち，エステル化する方法が工業的に採用されているが，工程が長いことに加え，HCN などを反応試剤に使用する必要のあるかなり煩雑なプロセスである．1990 年代に入り，アクロレインまたはメタクロレインからメタノールの存在下，Pd を主触媒とする液相酸化反応で1段で目的物を得る合成法が注目され，1998 年より旭化成のメタアクリル酸メチルの製造プロセスが稼働している． 〔瀬戸山 亨〕

酸化的カルボニル化 oxidative carbonylation

酸素の共存下に活性水素をもつ化合物のカルボニル化反応により有機化合物中にカルボニル基を導入する反応をいう．例えばアルコールを原料に用いるとカーボネートとシュウ酸エステルが生成する．アルケンの存在下でアルコールのカルボニル化反応を行うとアクリル酸エステルおよびコハク酸エステルの誘導体が得られる．アルコールの代わりに第一級アミン，チオールを使用するとそれぞれ尿素，チオカーボネートの誘導体が生成するなど応用範囲の広い反応である．

1960 年頃にワッカー型の Pd 触媒で本反応が見出されて以来，Se，塩化銅(I)が触媒として開発された．1970 年代の後半に宇部興産社により初めて酸化的カルボニル化反応を利用したシュウ酸エステルの商業生産が開始された．ブタノールの代わりに亜硝酸ブチルエステルを原料とする画期的技術である．

現在では Cu 触媒を用いた Enichem 社のジメチルカーボネート製造プラント，宇部興産社の Pd 触媒を使用して気相法によるジメチルカーボネート製造プラントが稼働している．　　　　　　　　　　　　　　　　　　　　　　　　〔原　善則〕

酸化的水和　oxyhydration
複合酸化物触媒による低級アルケンの接触酸化で，触媒表面に酸点が存在し水蒸気が共存すると，まずアルケンの水和が起こり，生成したアルコールが酸化されてケトンを生ずる反応が進む．

$$CH_2=CH-CH_3 \xrightarrow[\text{酸点}]{H_2O} CH_3-\underset{OH}{CH}-CH_3 \xrightarrow[\text{酸化点}]{O_2} CH_3-\underset{O}{\overset{\|}{C}}-CH_3$$

プロピレンからはアセトンが，n-ブテンからはメチルエチルケトンが生成する．生成したケトンにより酸点が被毒されるので，高収率でケトンを得るのは難しい．アリル型酸化を選択的に進めようとするとき，この反応が副生すると目的生成物の収率を低下させるので，酸化的水和を引き起こすような不必要な酸点はアルカリ添加などで殺す必要がある．　　　　　　　　　　　　　　　　　　　〔諸岡良彦〕
→ アルケンの酸化

酸化的脱水素二量化　oxidative dehydrodimerization
反応基質分子間で酸素などの酸化剤を水素受容体として水素を引き抜き，同一分子間で結合を生成させ二量体を得る反応．アルケン間の酸化的脱水素二量化では芳香族化合物が生成(酸化的脱水素芳香族化)する．図にイソブテンの酸化的脱水素二量化とさらに続く芳香族化反応を示す．この反応は π-アリル中間体を経由して進行していると考えられている．

$$H_2C=\underset{CH_3}{\overset{CH_3}{C}}-CH_3 \xrightarrow{\text{脱水素}} H_2C=\underset{CH_3}{\overset{CH_3}{C}}-CH_2 \xrightarrow{\text{二量化}} H_2C=\underset{CH_3}{\overset{CH_3}{C}}-\underset{H}{\overset{H}{C}}-\underset{H}{\overset{H}{C}}-\underset{CH_3}{\overset{CH_3}{C}}=CH_2$$

π-アリル中間体

↓ 脱水素環化

芳香族化合物（キシレンなど）

このほかの例として，水蒸気の存在下で 2 分子のトルエンを酸化脱水素二量化してスチルベンを合成する反応がある．

$$2\ \underset{}{\bigcirc}\text{-}CH_3 \longrightarrow \underset{}{\bigcirc}\text{-}\overset{H}{C}=\overset{H}{C}\text{-}\underset{}{\bigcirc}$$

〔大塚　潔〕

酸化的付加　oxidative addition ────────

　水素分子，有機ハロゲン化物が低原子価遷移金属錯体と反応し，基質の H-H, C-Br などの結合が開裂し，2個の配位子として金属に結合する反応で，中心金属の酸化数，配位数はともに増加する．d 電子の多い後期遷移金属錯体では一般的な反応であり，その有機金属錯体の合成法としても重要度が高い．配位不飽和な錯体または支持配位子の解離によって生じた配位不飽和な活性種が反応に関与する．図に一部を例示したように16電子配置をもつヴァスカ(Vaska)型の Ir(I) 錯体はさまざまな化合物の酸化的付加を受ける．上記以外に酸化的付加反応を行う基質と結合はカルボン酸(O-H)，有機シラン(Si-H, Si-Si)，炭化水素(C-H)，高ひずみ炭化水素(C-C)など多岐にわたる．水素分子の酸化的付加反応は協奏的に進行してシスジヒドリド錯体を与え，これはジヒドリド錯体からの水素分子の還元的脱離*の逆反応に相当する．一方，有機ハロゲン化物の酸化的付加反応では，ラジカル中間体を経る段階的な反応機構によって互いにトランス位に新しく配位子が付加した錯体生成物を与えることが多い．

　アルケン類の水素化反応，有機ハロゲン化物や有機擬ハロゲン化物を基質とするクロスカップリング反応など広い範囲の錯体触媒反応において基質分子の活性化過程として重要である．　　　　　　　　　　　　　　　　　　　　　〔小坂田耕太郎〕
➡カップリング

酸化マグネシウム　magnesium oxide　➡アルカリ土類酸化物 ────────

酸化モリブデン系触媒　molybdenum oxide-based catalyst　➡三酸化モリブデン系触媒

酸化力 oxidizing power ─────────────

触媒のもつ酸化剤としての強さのことを触媒の酸化力とよぶ。金属酸化物を触媒とする酸化反応の多くは，触媒の酸化還元サイクルにより進行し(Mars-van Kerevelen 機構*)，触媒活性が金属酸化物の還元しやすさ(すなわち酸化力)とともに増加する傾向を示すことが多い。これは，触媒活性と酸化物の安定性の間にみられる火山型活性序列*において，多くの金属酸化物は，火山の右下がりの領域にあるためである。還元性物質と触媒との反応の速度や平衡により酸化力を表すことが試みられている。

〔御園生　誠〕

酸強度　(固体酸の) acid strength (of solid acids) ─────────

固体の酸性質を説明するには，表面の酸強度，酸性点*の数(酸性度*という)および酸性点の種類(ブレンステッド酸*点かルイス酸*点か)を知る必要がある。固体の酸強度とは，表面の酸性点が塩基にプロトンを与える能力あるいは塩基から電子対を受け取る能力のことである。酸強度の測定は主に，指示薬法と気体塩基吸着法で行われる。

指示薬法は，最もよく用いられる酸強度の測定法である。酸性点が指示薬にプロトンを与えるか電子対を受け取るかして，指示薬を塩基型から共役酸型に変えると変色が起こる。pK_a の小さい指示薬を変色する固体ほど，その酸強度は大きいことになる。すなわち，表面に吸着して共役酸型の色を示した指示薬の pK_a が酸強度の尺度となるわけである。指示薬としては，通常，ハメットの指示薬*を用いる。また，溶液中のハメットの酸度関数* H_0 に準じて，表面の H_0 を定義する。すなわち，吸着*した指示薬が酸性色を示すとき，表面の H_0 関数の値はその指示薬の共役酸の pK_a に等しいかそれ以下である。したがって，H_0 が小さいほどまた負値になるほど，酸強度は大きいことになる。例えば，ある固体がジシンナマルアセトン($pK_a=-3.0$)を吸着して赤色を示し，ベンザルアセトフェノン($pK_a=-5.6$)では無色であるならば，その固体の H_0 の値は -3.0 と -5.6 の間にあるとする。したがって，固体の酸強度(あるいはその範囲)をできるだけ詳しく知るためには，pK_a の異なる種々の指示薬を使う必要がある。なお，固体超強酸*の酸強度の測定法については別項の指示薬が使われる。

気体塩基吸着法では気体塩基を吸着させたのち，昇温する。昇温過程で吸着塩基の一部は脱離するが，それが吸着していた酸性点の酸強度は残存塩基が吸着している酸性点の酸強度よりも弱い。したがって連続的に昇温し，脱離塩基量または残存塩基吸着量を求めれば，各温度に対応する酸強度の酸性点の数がわかる。この方法を昇温脱離法*という。通常，残存塩基吸着量はミクロ天秤で測定され，脱離塩基量は熱伝導度検出器や質量分析計で測定される。なお，昇温脱離法では，脱離の活性化エネルギー(通常は吸着熱*に等しいとみなす)が酸強度の尺度となる。

指示薬法では指示薬の pK_a を尺度として酸強度を測定できるが，気体塩基吸着法では，相対的な酸強度しか得られない。反面，指示薬法では室温における吸着塩基量で酸性度を評価するため，室温よりも高い温度で行われる酸触媒反応に実際に寄与する酸性度を測定できない。

〔多田旭男〕

→固体酸，固体酸触媒，酸・塩基測定法

三元触媒　three-way catalyst

　内燃機関から排出されるガスのうち，燃料の不完全燃焼に起因する一酸化炭素(CO)および炭化水素(HC)，空気中の窒素の高温酸化に起因する窒素酸化物(NO_x)の3種の有害成分を同時に浄化する触媒をいう．

　内燃機関の燃焼室から排出されるガス中には，上記の3成分に加えて水素(H_2)，酸素(O_2)，水蒸気(H_2O)，二酸化炭素(CO_2)および窒素(N_2)が含まれている．このうちの還元性の成分(CO, HC, H_2)と酸化性の成分(NO_x, O_2)を反応させ，無害の成分(CO_2, H_2O, N_2)を生成する．

　したがって，三元触媒が性能を発揮するためには酸化性成分と還元性成分の化学量論比が当量であることが重要であり，もとをたどれば内燃機関に供給する空気/燃料の混合比(空燃比)が最適になっている必要がある．この最適比率(理論空燃比)はガソリンエンジンの場合，重量比で約14.6である．また，理論空燃比付近で三元触媒が高浄化率を示す示す範囲(図の影のつけた部分)を空燃比ウィンドウとよぶ．

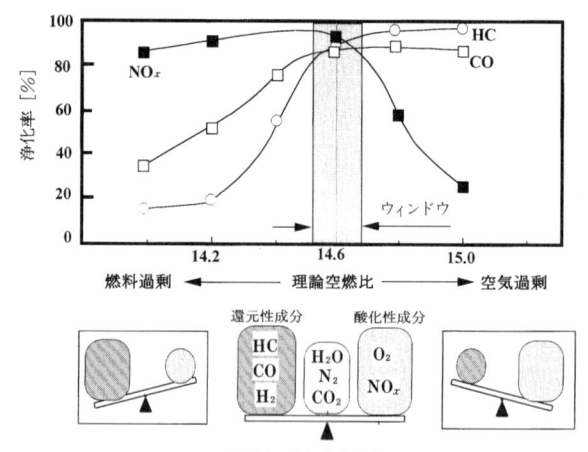

三元触媒の排気浄化性能

　触媒の構成は，活性成分にPt, Rh, Pdなどの貴金属が一般的に用いられ，アルミナ，ジルコニアなど，高表面積で耐熱性の高い担体に高分散に担持される．通常，これに活性および耐久性向上の目的で種々の成分および助触媒が添加された形で使用される．助触媒成分のうち代表的なものは酸化セリウムであり，酸素の貯蔵，放出機能をもつことから，主として，排気ガス組成の酸化性成分と還元性成分が化学量論比から外れた場合の浄化率低下を緩和する目的で使われている．

$$CeO_2 \longrightarrow CeO_{2-x} + (x/2)O_2$$

耐熱向上に関しては，貴金属の粗大化，担体の表面積低下を抑制するために，アルカ

リ土類金属,希土類などが添加されることが多い.
　実際の使用においてはハニカムあるいはモノリスとよばれる触媒支持体を用いる.これは排気ガスの流れ方向に多数の貫通孔(セル)が形成された構造をもっており,触媒成分はこの貫通孔の内壁にコーティングされて使用される. 　〔松下健次郎〕
➡自動車触媒

三酸化二クロム-三酸化二アルミニウム触媒　Cr_2O_3-Al_2O_3 catalyst

　水素に対する親和性が高く,水素分子や C-H 結合の解離に優れる.炭化水素の脱水素,脱水素環化,酸化,重合,フッ素化,酸化的脱水素,脱水素芳香族化反応などに活性を示す.高温でも還元されにくく,安定性に優れているのが特長である.NO の NH_3 による脱硝反応にも活性を示すが,SO_2 による被毒を受けやすい.多くの場合,活性点はクロム酸化物であると考えられている.
　無水クロム酸,硝酸クロムを Al_2O_3 に含浸,焼成することにより得られるが,CrO_2Cl_2-$AlCl_3$ のような混合塩化物蒸気の酸化分解や Cr, Al の硝酸塩から共沈させる製法もよく用いられる.Cr_2O_3 と Al_2O_3 は全組成領域に渡り固溶体を形成するため,その構造は複雑であり,Cr_2O_3 の単独の場合に比べて特異な挙動を示すことが多い.
　　　　　　　　　　　　　　　　　　　　　　　　　　　　〔小谷野圭子〕

三酸化モリブデン系触媒　molybdenum trioxide-based catalyst

　MoO_3 を活性主成分とする三酸化モリブデン系触媒は炭化水素の部分酸化や水素化脱硫*,水素化脱窒素*など多くの工業反応に用いられている.MoO_3 自体はこれら反応に対して選択的な触媒作用を示すことが多いが,単独では酸素分子の活性化能が低いため総じて酸化活性は低く,結晶化しやすく表面積が小さいことや他の酸化物に比べ揮発しやすいことなどの理由から,単独で触媒に用いられることはない.通常他の金属酸化物と複合され,金属イオンどうしの協同作用により主触媒の酸化モリブデンの活性向上がはかられる形で用いられている.
　MoO_3 は MoO_6 八面体構造が2稜2頂点を共有する層状構造をなす金属酸化物で,他の多くの金属酸化物との間でさまざまな酸素酸塩*を形成する.種々の陽性金属酸化物と $xM^I_2OyMoO_3$ の形式の複合酸化物*塩をつくるが,x と y の比によって次のような形態のものに分類される.

　　　　　$M^I_2[MoO_4]$　　　$(x:y=1:1)$　　オルトモリブデン酸塩
　　　　　$M^I_2[Mo_2O_7]$　　　$(x:y=1:2)$　　二モリブデン酸塩
　　　　　$M^I_6[Mo_7O_{24}]$　　　$(x:y=3:7)$　　パラモリブデン酸塩
　　　　　$M^I_2[Mo_3O_{10}]$　　　$(x:y=1:3)$　　三モリブデン酸塩
　　　　　$M^I_2[Mo_4O_{13}]$　　　$(x:y=1:4)$　　メタモリブデン酸塩
　　　　　$M^I_2[Mo_8O_{25}]$　　　$(x:y=1:8)$　　八モリブデン酸塩
　　　　　$M^I_2[Mo_{10}O_{31}]$　　　$(x:y=1:10)$　十モリブデン酸塩

また,Mo 酸化物は P, As, Si などを中心元素としてヘテロポリ酸*の塩を形成する.

いずれの場合も，さまざまな陽性金属酸化物を同時に複合化することもでき，またMoをVやWで部分置換することも可能であるため，三酸化モリブデン系触媒は実に多様である．さらに実用的には成形の容易さおよび強度を与えるためにSiO_2やAl_2O_3を加えたり，これに担持するなどして使用されている．

MoO_3への他種金属酸化物の複合により，酸点の発現，添加陽性金属酸化物による塩基性の付与，欠陥導入に伴う格子酸素イオン移動能の変化などのバルク性質の変化や表面構造変化，酸化-還元特性，配位不飽和なMoサイト上での酸素，窒素，硫黄化合物の活性化などの特性が生じ，これらが有効に機能してさまざまな反応を触媒的に促進する．　　　　　　　　　　　　　　　　　　　　〔上田　渉〕

➡多元系モリブデン-ビスマス触媒，五酸化バナジウム系触媒

三酸化モリブデン-五酸化バナジウム系触媒　　MoO_3-V_2O_5 catalyst

➡五酸化バナジウム-三酸化モリブデン系触媒

参照電極　reference electrode

ある電極の電極電位*を測定する場合，電池を構成するために対となる電極が必要である．いろいろな電極の電極電位を相対的に比較するための共通の基準になる対電極をいう．基準電極，照合電極，比較電極ともいう．

熱力学の立場からは，標準水素電極(standard hydrogen electrode：SHE あるいはNHE，1気圧の水素ガスで飽和した活量1の水素イオンを含む水溶液に浸した電極)を参照電極に用いるのが望ましいが，使用上の簡便さから，一般には，飽和カロメル電極(飽和甘汞電極，saturated calomel electrode：SCE)，銀-塩化銀電極などが用いられる．例えばPdの標準電極電位*は0.915 V 対 SHEあるいは0.915 V (vs SHE)と書かれるが，飽和カロメル電極を参照電極に用いたときのPdの電極電位の値は0.674 V (vs SCE)と見かけ上変化する．これは飽和カロメル電極自体の電位が0.241 V (vs SHE)であるからである．

参照電極の電極電位の値は，温度や電解質溶液の組成によっても変化するので，報告された電極電位あるいは酸化還元電位の値を比較するときには注意を要する．

〔井藤壮太郎〕

酸性点　acid site

固体表面において，酸性発現の要因となる局所構造をいう．例えば，ゼオライト*では，AlとSiに架橋しているOH基が酸性点であり，強酸性のイオン交換樹脂*では，スルホ基が酸性点である．また，アルミナでは，3配位のアルミニウムが酸性点である．ゼオライトのOH基やイオン交換樹脂のスルホ基はブレンステッド酸*として作用し，アルミナの三配位アルミニウムはルイス酸*として作用する．酸性点の数は，一般に塩基分子の化学吸着量から決定される(酸性度の項を参照)．酸性点の構造，酸性点の数，酸としての強度，酸としての種類(例えば，ブレンステッド酸かルイス酸か)

は，固体酸*の性質を決定する主要な因子である．　　　　　〔多田旭男〕
→酸・塩基測定法，酸強度

酸性度 acidity ─────────────

　一般に，溶液あるいは固体表面の酸としての性質をいう．固体の酸性質を決定する因子には，表面の酸性点の酸強度*，酸性点の数および酸性点の種類(ブレンステッド酸*点かルイス酸*点か)などがある．狭義には，固体表面の酸性点*の数を酸性度という．この場合，酸性度は固体の1gあるいは1m^{2}当りの酸性点の数で表される．固体の酸性度は，酸性点に結合した塩基の数から求めることができる．そのような塩基の数は通常，アミン滴定法や気体塩基吸着法で測定される．
　アミン滴定法では，無極性溶媒中の粉末試料に指示薬を吸着*させて酸型にしておき，塩基であるアミンを滴下して試料表面に吸着させ，指示薬を塩基型に戻すのに要した塩基量を酸性度とする．この場合，滴下されたアミンは指示薬が吸着していない酸性点に吸着し，それらをすべて被覆しつくしたのちに指示薬を塩基型に戻すと仮定する．この方法では，指示薬のpK_aと同じ値のH_0値以下の酸強度範囲の酸性度が測定されることになる．したがって，種々の指示薬を用いてアミン滴定を行うと，種々の酸強度範囲の酸性度を求めることができる．つまり，酸性点の酸強度分布を知ることができる．なお，アミン滴定法ではブレンステッド酸点，ルイス酸点の両方が測定される．なぜならば，固体表面のプロトン供与体も電子対受容体も指示薬あるいはアミンの電子対と結合して配位結合をつくるからである．
　気体塩基吸着法では，気体の塩基(アンモニア，ピリジン，n-ブチルアミンなど)を試料表面に吸着させ，その吸着量を酸性度とする．この場合，気体の塩基を吸着させる温度が問題となる．低すぎると物理吸着も起こり塩基が酸性点以外の場所にも結合するからである．通常は100℃で塩基を吸着させる．酸性点以外の場所に吸着した塩基を，その温度で排気して脱離させたのち，残っている塩基の吸着量を酸性度(吸着温度が100℃のときの酸性度)とする．通常は，塩基を吸着させたのち，昇温し，各温度における脱離塩基量または残存吸着塩基量を求め，酸強度と酸性度を同時に求める．この方法には，固体酸*が触媒として実際に動作している高い温度での酸量を測定できる，有色試料にも適用できるなどの利点がある．　　　　　〔多田旭男〕
→固体酸触媒，ハメットの指示薬，酸度関数，昇温脱離法

酸素移行反応 oxygen transfer reaction ─────────────

　分子状酸素は基底状態では三重項であり，一重項である通常の有機化合物との反応はスピン禁制となるため直接の反応は起こりにくい．酸素分子を金属錯体に付加させ活性化することによりこの禁制を解くことができるが，均一系接触酸化や生体酸化においては酸素分子のうち一方の酸素原子だけが基質の酸化に使われ，もう一方の酸素原子は共還元剤により(共還元剤が水素供与体であれば水に)還元されるタイプの反応がしばしばみられる．このような酸素分子-共還元剤のシステムの代わりにあらかじめ

活性化された酸素原子をもつ酸化剤を用いた触媒的な酸化-酸素移行反応(下式)を起こすことができる.

$$S + X\!-\!O\!-\!Y \xrightarrow{\text{触媒 } H_2} SO + XY$$

このような酸化剤としては亜酸化窒素, 過酸化水素, t-ブチルヒドロペルオキシド, ヨードシルベンゼン, トリメチルアミンオキシド, 次亜塩素酸ナトリウム, ペルオキソ二硫酸カリウムなどがあり, 基質に酸素を与えることにより, それぞれ, 窒素, 水, t-ブチルアルコール, ヨードベンゼン, トリメチルアミン, 塩化ナトリウム, 硫酸カリウムに転化する. 過酸化水素酸化*は副生成物が水であり処分が問題となる廃棄物を与えないことから好ましい. 酸素移行反応の機構としては金属-オキソ($M=O$)を経由する場合と金属と酸化剤から生成する錯体を経る場合とに分けられる. 共酸化*の代表的な例としては, 均一系触媒を用いたものとしては, Mo, Wの塩を触媒とし, ヒドロペルオキシド, 過酸化水素を酸化剤としたアルケンのエポキシ化, OsO_4を触媒とし各種の酸化剤を用いたアルケンからのグリコール合成があり, 不均一系触媒によるものとしては, 鉄イオン交換ゼオライトを触媒としたベンゼンのN_2O酸化によるフェノールの合成, シリカチタニアを触媒としヒドロペルオキシドを酸化剤としたアルケンのエポキシ化, チタノシリケートを触媒とし過酸化水素を酸化剤とした芳香族の水酸化, ケトンのアンモキシム化(ケトンを過酸化水素-アンモニアによりオキシムとする)がある. 〔辰巳 敬〕

→ヒドロペルオキシド酸化

三相反応器　three phase reactor

気体および液体のどちらにも反応物が含まれており, 固体を触媒とする気液固の3相が存在する反応器が三相反応器である. その形式は多様であり, 固体触媒が動くか動かないかで粒子固定型と粒子流動型とに大別される.

粒子固定型反応器は, 気体と液体をともに縦置きの固定層反応器*に流すものであり, 気液の流れの方向により, 3種に細分化される. すなわち, 気液並流下向型, 気液並流上向型および気液向流型である. 気液並流下向型反応器のなかで, 比較的の液流量が遅く滴として流下するときが, かん液充填層反応器*であり, 三相反応器のなかで代表的なものである. 気液並流上向型反応器は, 下向型に比較して, 物質および熱移動の速度が大きいという特徴があるが, 圧力損失*も大きく固体触媒が少し動き摩耗しやすいなどの欠点がある. 一方, 気液向流型は, 充填塔におけるガス吸収など反応を伴わない場合には一般的であるが, 反応器としてはほとんど使用されない. これは, フラッディング現象が起きるために気液両相の流量に制限があること, 塔底での液面制御の必要があることなどの欠点があるためである.

粒子流動型反応器は, 粉末の固体触媒を液中に懸濁させておき, そこに気泡を吹き込んで反応させる反応器である. 機械的に撹拌するかしないかで, 懸濁気液撹拌槽反応器と懸濁気泡塔反応器に分けられる. 懸濁気泡塔反応器の場合は気泡の上昇に伴う

撹乱によるので，装置が簡単であり，粉末 Ni 触媒を用いる不飽和油脂の水素添加反応による硬化油の製造など多くの適用例がある． 〔後藤繁雄〕

酸素キャリヤー　oxygen carrier

生体内にあって酸素の運搬の役目をになうタンパク質で，ヘモグロビン(hemoglobin, Hb)，ミオグロビン(myoglobin, Mb)，エリトロクルオリン(erythrocruorin, Er)，ヘムエリトリン(hemerythrin, Hr)，ヘモシアニン(hemocyanin, Hc)などがある．Hb, Mb, Er はヘム鉄，Hr は二核非ヘム鉄，Hc は銅タンパク質であり，X線結晶解析により構造が明らかにされている．Hb, Mb は哺乳動物，鳥，魚などの脊椎動物や昆虫に，Er はカタツムリやミミズなど，Hr はオオム貝など，Hc は節足動物や軟体動物に存在する．Hb は Mb の四量体のような構造をしており，Mb に類似の二つのサブユニットと少し構造の異なった二つのサブユニットから構成されている．Hb は血球中にあって酸素の運搬に，Mb は筋肉中にあって酸素の貯蔵の役目を果たしている．Mb は低圧酸素濃度でも酸素との結合性が高いが，Hb は酸素分圧に対してシグモイド型の結合曲線を示す．これは1分子の酸素が結合することにより，他の鉄への酸素結合が容易になるという四量体構造の特徴によるものである．デオキシ型 Hb, Mb の中心金属は T 状態($Fe(II)$)にあり，一つの軸配位子がヒスチジン残基である．空いている軸配位座に酸素が結合しオキソ型の R 状態($Fe(III)-O_2^-$)になる(図(a))．このような酸素結合は，ピケットフェンスポルフィリン鉄錯体による安定な酸素錯体*の生成などで支持されている．また，軸配位子がシステイン残基である酸素化酵素*(チトクローム P-450)の研究とも密接な関係があり，軸配位子変換による酸素化機能発現などの研究が進められている．

Hr の二核鉄錯体構造は，非ヘム鉄酸素化酵素であるメタンモノオキシゲナーゼ($sMMO$)に類似するが，基質への酸素添加能はない．酸素は図(b)に示すように一つ鉄に配位する．

Hc のデオキシ体では二核銅を結びつけるものはないが，酸素の存在下で生成するオキソ体では図(c)のように菱形構造のペルオキソ体を形成する．この酸素の結合はチロシナーゼのような銅を活性中心とするモノオキシゲナーゼの場合と類似する．

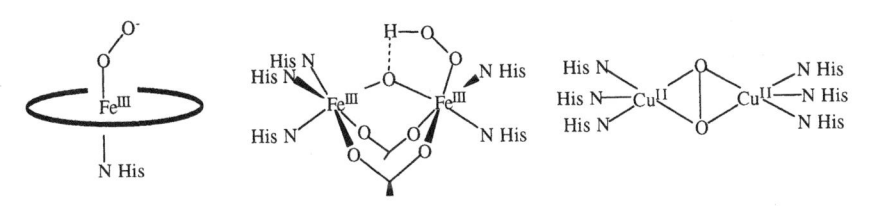

（a）オキソヘモグロビン　　（b）オキソヘムエリトリン　　（c）オキソヘモシアニン

〔船引卓三〕

酸素錯体　dioxygen complex

ヘモグロビン，ミオグロビン，ヘモシアニンのような天然の酸素キャリヤーで知られるように，低原子価の金属イオンの錯体は，分子状酸素を可逆または不可逆的に吸収し，酸素錯体を形成する．またオキシゲナーゼ(酸素添加酵素)のような酸素代謝にかかわる金属タンパク質や，液相酸化の触媒として働く金属イオンを含む化合物も，何らかの意味で酸素分子と相互作用をもち，その多くは不安定な酸素錯体を形成することが，分光学的測定などにより確かめられている．人工的に酸素錯体をつくる研究も古くから盛んで，ほとんどすべての遷移金属で酸素錯体が合成されてきた．合成法は古くは低原子価金属錯体に対する酸素分子の酸化的付加によったが，最近では O_2^- や過酸化物中の酸素イオンと錯体のアニオン性配位子を交換する方法が開発され，X線回折の進歩と相まって，低温での不安定な酸素錯体の単離同定も可能となり，生体系の酸化反応の解明にも大きく貢献した．代表的な型を図示したが，中心金属が単核，複核の錯体のほかに，最近では多核酸素錯体も合成されている．

| η^1 | η^2 | $trans$-μ-η^1:η^1 | cis-μ-η^1:η^1 |

| μ-η^1:η^2 | μ-η^2:η^2 | di-μ-oxo |

酸素錯体中に取り込まれた酸素分子の電子状態は O-O 間の結合距離およびラマン光などで検出される O-O 伸縮振動の波数と密接な関係がある．1000～1200 cm^{-1} に観測されるのはスーパーオキシド(O_2^-)であり，800～900 cm^{-1} のものはペルオキシド(O_2^{2-})に分類される．η^1 型はヘモグロビンの Fe 錯体で知られ，Co シッフ塩基でも例が多い．μ-η^1:η^1 型は Co アンミン錯体に多く，金属ポルフィリン錯体でも，立体的事情が許せば，しばしば μ-η^1:η^1 型をとる．最近非ヘム鉄でも酸素を可逆または不可逆に配位する μ-η^1:η^1 型の錯体が単離，構造決定され，メタンモノオキシゲナーゼの反応機構に関連して注目されている．

Tsumaki (1940)

酸素錯体	O-O 伸縮振動 [cm^{-1}]	O-O 間結合距離 [Å]	電子状態
O_2	1580	1.21	O_2
$\eta^1, \mu-\eta^1:\eta^1$	1000〜1200	1.31〜1.35	O_2^-
$\eta^2, \mu-\eta^1:\eta^1$	800〜900	1.40〜1.50	O_2^{2-}
$\mu-\eta^2:\eta^2$	740〜760	1.40〜1.50	O_2^{2-}
di-μ-oxo	700以下		O^{2-}

η^2 型は,ヴァスカ(Vaska)錯体による酸素の可逆的吸収で知られるように,イソニトリル,ホスフィンなどのソフトな配位子をもつ低原子価の金属錯体に,酸素分子を酸化的に付加して合成される.O-O 伸縮は 800〜900 cm^{-1} に観測され,Pt, Pd, Rh, Ru, Ir, Ni, Co, Ti などの多数の金属で例が知られている.配位酸素は求核的性質が強く,ホスフィン,イソニトリルなどの還元性の分子は酸化するものの,アルケンや芳香族などの炭化水素とはほとんど反応せず,合成化学的な有用性は乏しい.

Vaska (1963)

一方,Mo, W, V などの元素では,HMPA などの配位子の存在下で酸化物を過酸化水素で処理するとペルオキソ錯体が得られる.この錯体中の酸素は前記の η^2 型錯体と異なり求電子性で,アルケンをエポキシ化する.(Mimoun 試薬).

HMPA

$\mu-\eta^2:\eta^2$ 型の酸素錯体は最近北島・諸岡らによってトリスピラゾリルボラートを配位子とする Cu 錯体で合成された.この錯体の O-O 伸縮振動は 750 cm^{-1} 付近に見られ,他の分光学的データもヘモシアニンの酸化型と完全に一致することから,それまで謎とされてきたオキシヘモシアニンの構造解明に決定的役割を果たした.

$\mu-\eta^2:\eta^2$ 型の二核 Cu 錯体は配位子をトリアザシクロノナンに変えると O-O 結合が切れ,di-μ-oxo 錯体が生成することが Tolman らによって見出された.di-μ-oxo 型の錯体は,Co, Ni でも引地・諸岡らによって単離され,結晶構造が解明された.これらの di-μ-oxo 型の生成は金属イオンから酸素への大きな逆供与によるもので,oxo 酸素種の反応性は高く,室温以下でもほとんどすべての C-H 結合を酸化する.二核銅の $\mu-\eta^2:\eta^2$ 型および di-μ-oxo 型の酸素錯体はフェノールの位置選択的酸化重合の勝れた触媒となり,選択的にポリ p-フェニレンオキシドを与えることが見出され,酵素類似反応に新しい領域を拓きつつある. 〔諸岡良彦〕

酸素酸 oxo acid ──────────────────
酸素以外の非金属あるいは金属原子に酸素あるいは広義にはヒドロキシル基が配位した基を有する酸(SO_4^{2-}, MoO_4^{2-} など). オキソ酸ともいう. 酸素酸をつくる元素は，B, C, Si, P, S, Cl, V, Cr, As, Br, Mo, W などがあり，特に Si, P, Mo, W などの酸素酸は，触媒としてよく用いられる. 対陽イオンがプロトン以外の場合は，酸素酸塩という. 〔水野哲孝〕

酸素酸塩 salt of oxo acid ──────────────────
酸素酸の塩のこと.
→酸素酸

酸素センサー oxygen sensor →化学センサー，ガスセンサー ──────────────────

酸素添加酵素 oxygenase →オキシゲナーゼ ──────────────────

酸素分子の活性化 activation of dioxygen ──────────────────
触媒酸化プロセスは，気相，液相ともに数多く実用化されているが，酸素分子の活性化は気相接触酸化反応においてより重要な意味をもつ. 液相酸化は反応温度が比較的低温であり，触媒の役割は被酸化物の活性化やラジカル的に生成したヒドロペルオキシドの分解などにあると考えられている. 一方，不均一系の接触酸化では，単独に各種触媒の酸化活性を比較すると，アルカン，アルケン，芳香族などの炭化水素や CO, H_2 などの酸化反応，$^{16}O_2$〜$^{18}O_2$ の平衡化反応のいずれの反応の活性をとっても，反応の種類によらずほぼ一定の序列となるため，触媒の最も重要な役割は酸素分子の活性化にあると考えてよい.
　不均一系の接触酸化反応の触媒は，ほとんどが貴金属，あるいは卑金属の酸化物であり，これらは酸素分子に対し，電子供与体として働く. 酸素分子はまず O_2^- として吸着し，次いで O^-, O^{2-} のような原子状種に解離活性化される. ESR, 赤外分光など，多くの手段で固体表面上の O_2^-, O^- が検出確認されている. このように酸素分子はアニオン種として活性化されるが，接触酸化で分子状種が活性種として反応に関与する例は極めて稀で，普通は O^-, O^{2-} の原子状種が活性種となる. 金属イオンと強く結びついた原子状活性種は O^{2-} と同定されるが，これは固体表面に露出した触媒酸化物の格子酸素イオンと区別できにくい. 触媒によってはさらに結晶内部の格子酸素イオンも表面へ拡散して反応に関与する系もあり，このような反応形式を Mars-van Kreveren 機構*という. 原子状種を活性種とする接触酸化反応では，活性化された酸素の吸着のエンタルピーをパラメーターとして火山型の活性分布図が得られる.
　O^-, 特に O^{2-} は強い塩基性を示し，被酸化物の C-H 結合を切断して脱水素する. しかし，その性質は対の金属イオンによって大きく異なり，Mo, V, Sb, Te といった 5〜6 価金属では金属自体が実際に 5 ＋や 6 ＋の電荷をもたないため，これと結合した

酸素アニオンも実効荷電は2-よりかなり小さく，若干の求電子を示すこともあり，不飽和炭素への付加も条件によっては起こりうる．部分酸化反応で，含酸素化合物を得る反応の主触媒にこれらの元素の酸化物が多用されるのは，このためである．これに反し，2～3価の遷移金属イオンやアルカリ性の金属イオンに結合した酸素アニオンはより塩基性が強く，強く脱水素するので，含酸素化合物の生成には不向きだが，反面メタンの酸化カップリングのような脱水素を主体とする反応には有効である．

また Mars-van Kreveren 機構に従う系では，酸素分子の活性化サイトと，反応サイトが離れていることが多く，活性酸素は O^{2-} のバルク内拡散を通して移動するので，原子価制御などによりバルク内に格子欠陥をつくって O^{2-} イオンの拡散速度を高める工夫が必要である． 〔諸岡良彦〕

→気相接触酸化，活性酸素種

酸度関数 acidity function

ハメットの酸度関数(Hammett acidity function) H_0 は，あるハメット塩基に溶媒がプロトンを与える能力の尺度となるもので，

$$BH^+ \rightleftarrows H^+ + B$$

に対して次のように表される．

$$H_0 = pK_a + \log([B]/[BH^+])$$

ここで，B は塩基であり，BH^+ はそれにプロトンがついた形である．また $pK_a = pK_{BH^+} = -\log K_{BH^+}$ であり，K_{BH^+} は BH^+ の解離の平衡定数である．pK_a がわかっている指示薬を使えば，上の式から硫酸・塩酸などの水溶液の H_0 値を求めることができる．例えば硫酸-水系に対しては次のような H_0 値が知られている．この H_0 スケールは希水溶液では pH スケールと同じになる．

硫酸と水の混合物の H_0

H_2SO_4 [重量%]	H_0	H_2SO_4 [重量%]	H_0	H_2SO_4 [重量%]	H_0
5	+0.24	40	-2.28	80	-6.82
10	-0.16	50	-3.23	85	-7.62
15	-0.54	60	-4.32	90	-8.17
20	-0.89	70	-5.54	95	-8.74
30	-1.54	75	-6.16	100	-10.60

田部浩三，竹下常一：「酸塩基触媒」，p.76，産業図書 (1966)．

ある溶媒が塩基にプロトンを与える能力を表す尺度である H_0 を，固体表面に適用し，H_0 で酸性点の強さ(酸強度*)を表すことができる．すなわち，塩基 B に相当する指示薬を固体酸*の表面に吸着させたとき，酸型になった指示薬の濃度と塩基型のままである指示薬の濃度の比が1に等しい場合，その酸性点*の H_0 値は指示薬の酸型の pK_a の値と同じになる．しかしこの場合の濃度は表面にある吸着種の濃度であり，その決定は困難である．そこで実際には，ある指示薬を吸着*させたとき，酸型の色が確認されたらその酸性点の H_0 値は指示薬の酸型の pK_a の値と同じかそれよりも小さいとみなす(H_0 値が小さいほど酸強度が強い)．

H_0 の添字 0 は塩基の電荷がゼロであることを意味する．塩基が -1 価である場合，
$$BH \rightleftharpoons H^+ + B^-$$
酸度関数は H_- と書かれる．
$$H_- = pK_a + \log([B^-]/[BH])$$
ここで，B^- は -1 価の塩基であり，BH はそれにプロトンがついた形である．また $pK_a = pK_{BH} = -\log K_{BH}$ であり，K_{BH} は BH の解離の平衡定数である．H_0 の場合と同様に，H_- を固体表面に適用し，H_- で塩基点の強さ(塩基強度)を表すことができる．ある指示薬を吸着させたとき，塩基型の色が確認されたらその塩基点の H_- 値は指示薬の酸型の pK_a の値と同じかそれよりも大きいとみなす(H_- 値が大きいほど塩基強度が強い)． 〔多田旭男〕

➡固体塩基，固体塩基触媒，固体酸触媒，ハメットの指示薬，酸・塩基測定法，ブレンステッド酸，ルイス酸

し

ジアシルペルオキシド diacyl peroxide ➡アシルペルオキシド

ジアステレオマー diastereomer

鏡像異性体(エナンチオマー)以外の立体異性体をすべてジアステレオマーとよぶ．したがって，シス／トランス体(E/Z 体)，トレオ／エリトロ体など，その種類も多い．エナンチオマーが旋光性以外，全く同じ物理的性質をもつのに対し，ジアステレオマー間の物理的性質は異なる．下図において左右の立体異性体はエナンチオマーの関係にあり，上下はジアステレオマーの関係にある．

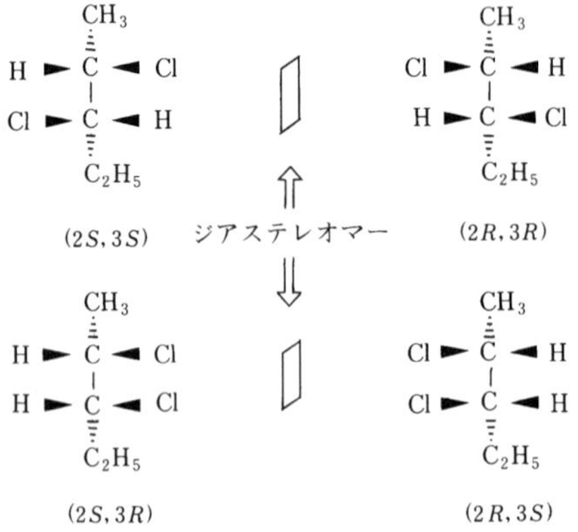

〔三上幸一〕

→エナンチオマー

ジアルキルペルオキシド dialkyl peroxide →アルキルペルオキシド

CSTR continuous stirred tank reactor →連続流撹拌槽型反応器

CVD chemical vapor deposition →化学蒸着法

シェラーの式 Scherrer equation →デバイ-シェラー式

ジエン錯体 diene complex

　共役ジエンは種々の遷移金属の π 配位子として広く用いられている。金属に配位したジエンは一般に，s-シス配位構造をとる。η^4-ジエン構造(A)とメタラシクロ-3-ペンテン構造(B)の寄与があるが，後周期遷移金属ではAの寄与が大きく，ジエンの配位子置換反応などが起こる。一方，前周期遷移金属ではBの寄与が大きい傾向にあり，挿入反応などが起こる。これとは対照的にジエンが s-トランスで配位した単核錯体(C)も合成されている。複核錯体の場合には η^2-C=C 配位で架橋した錯体(D)などが合成されている。

　s-シスで配位したジエンの他の配位子に対する配位方向は supine および prone という呼び方で表現する。例えば，ビス(η^4-s-シス-ジエン)錯体の可能な3種類の配位様式(E, F, G)はそれぞれ，supine-supine, prone-prone, supine-prone と表現される。Mn, Fe, Ru, Rh, Ir などのビス(ジエン)錯体は配位様式 E であるが，Nb および Ta のビスジエン錯体では二つのジエンの配位方向が異なっている G の構造をとる。

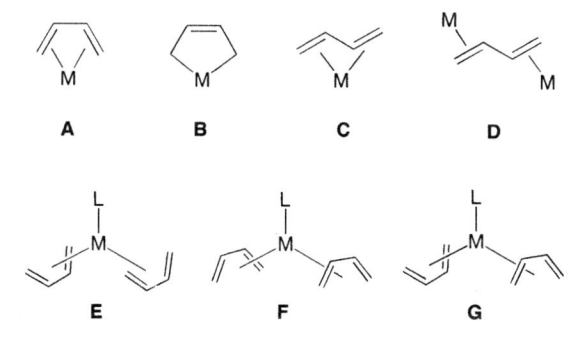

〔真島和志〕

紫外可視分光 ultraviolet-visible (UV-vis.) spectroscopy

　分子の電子スペクトルは 100〜800 nm の波長の電磁波の領域で観測される。このうち可視光は約 400〜800 nm の波長を有し，紫外光は近紫外部(200〜400 nm)と遠紫外

部あるいは真空紫外部（<200 nm）に分けられる．紫外可視光はエネルギーに換算すると約 1～12 eV で価電子の励起エネルギーに相当する．物質の電子遷移の強さは波長により異なり，吸収スペクトルはその物質に特有のもので紫外可視スペクトルとよばれる．これによって物質を分析する方法を紫外可視分光法という．紫外可視スペクトルにより試料の同定，定量分析が可能で，また試料の電子状態に関する情報が得られる．

有機化合物が紫外可視の光エネルギーを吸収すると，σ, π およびn（非結合電子）軌道にある電子が基底状態から通常反結合性軌道とよばれる高エネルギー状態に遷移する．反結合性軌道は，非励起状態においては空の分子軌道で，σ 結合には σ^* 軌道が，π 結合には π^* 軌道が対応する．n 電子は結合を形成していないので，これに付随する反結合性軌道はなく，n 電子は σ^* あるいは π^* 軌道に遷移する．図1は $\sigma, \sigma^*, \pi, \pi^*$ 軌道の抽象化した図で，影のついた部分，白い部分は結合性，反結合性軌道をそれぞれ表し，黒点は原子核を表している．

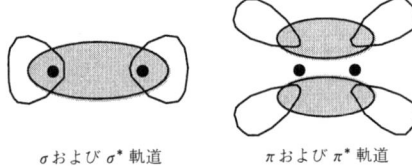

σ および σ^* 軌道　　　　π および π^* 軌道
図1 結合性，反結合性軌道の抽象図

紫外可視光の吸収に伴って起こる電子遷移（→）には $\sigma \to \sigma^*$, $n \to \sigma^*$, $n \to \pi^*$ および $\pi \to \pi^*$ のようなタイプがある．$\sigma \to \sigma^*$ 遷移に必要なエネルギーは著しく大きいので，例えば飽和炭化水素のように，原子価殻の電子がすべて単結合形成に関与している化合物は，普通の紫外領域に吸収を示さない（シクロプロパンは例外）．また図2にこれらの遷移に必要な電子励起エネルギーの相対的な関係を示した．

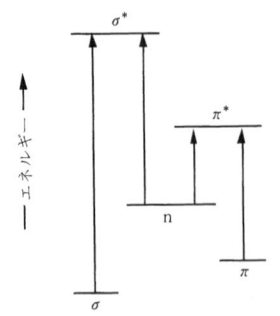

図2 電子遷移のエネルギー

分光器の基本的部分は，光源，試料容器，モノクロメーター，検出器および検出器出力測定部である．均一系触媒*など溶液の試料は，ガラス製あるいは石英製のセルが一般に用いられ，定量分析は補正された光路長とランベルト-ベールの関係を用いて行

う．
$$A=\log(I_0/I)=\varepsilon cl$$
ここで，A は吸光度とよばれる．I, I_0 は試料セルおよび対照セルの透過光強度，$\varepsilon, c,$ l はそれぞれモル吸光係数，溶液の濃度，セルの光路長である．均一系触媒の場合，金属原子の d 電子の遷移や配位子-金属原子の結合軌道の電荷移動，および配位子の電子遷移に帰属される吸収が観測され，触媒*の電子状態に関する有用な知見が得られる．

一方，粉体触媒では拡散反射法が用いられる．粉体試料の表面層に入射した光は，光の波長よりも小さな粒子部分では散乱し，大きな粒子部分では粒子表面で正反射したり粒子内部へ屈折，透過する．前方散乱光と屈折透過光は試料内部へと入っていき，散乱，反射，屈折を繰り返し拡散する．この拡散光は最終的に試料表面層から再放出される．この散乱光を拡散反射光という．したがって，拡散反射法では，実際には，反射光と透過光の混合光を観測していることになる．現在市販の分光光度計では，たいてい付属装置として拡散反射測定装置を装着することが可能である．ただし，試料に応じて適当な調整をする必要がある．反射率 ρ はフレネルの式（n_1, n_2 はそれぞれの媒体の屈折率，χ は吸収指数を表す）で与えられる．

$$\rho=\frac{(n_1-n_2)^2+\chi^2}{(n_1+n_2)^2+\chi^2} \quad (フレネルの式)$$
$$\chi=(\lambda/4\pi)\times 2.303\varepsilon$$

χ が小さい試料（$\log\varepsilon$ で 10^2 以下）ではそのまま微粉末にして，また χ が大きいときには吸収のない物質で希釈して測定できる．このとき直接観測される拡散反射率 R_d（入射光強度に対する拡散反射光強度の割合）とモル吸光係数の間にはクベルカ-ムンク（Kubelka-Munk）の式が成り立つ．ここで，S は散乱係数である．

$$f(Rd)=\frac{(1-R_d)^2}{2R_d}\propto\frac{\varepsilon}{S} \quad (クベルカ-ムンクの式)$$

$\log f(Rd)$ を波数に対してプロットした曲線は，同じ試料を透過法で測定して，$\log A$ と波数をプロットしたものと同じ形となる． 〔野村淳子・堂免一成〕

→拡散反射法

紫外光電子分光法 ultraviolet photoelectron spectroscopy；UPS
He ガス放電で発生するシャープな線幅（meV 程度）の 21.2 と 40.8 eV の波長の共鳴線を固体表面に照射して，飛び出す光電子のエネルギー分布を測定する分光法である．UPS では，試料の価電子帯の状態密度や吸着した分子軌道のエネルギー準位を調べることができる．励起源として，最近では波長が可変であるシンクロトロン放射光の利用も多い．UPS における光電子の運動エネルギーは，表面脱出深度が最も短い領域にあたるため，表面数層の敏感な測定ができる．エネルギー保存則によって，真空紫外光のエネルギーから光電子スペクトルのエネルギー幅（フェルミ準位から二次電子のカットオフまで）を差し引いたものが仕事関数となる．アルカリ金属元素や電気陰

性度の大きい元素の吸着による電荷移動は，仕事関数の減少または増加として観測される．また，物理吸着した Xe 原子の 5p 軌道の結合エネルギーは，真空準位基準でほぼ一定となるため，ステップ構造の局所的な仕事関数の低下もテラス面の仕事関数と区別して測定されている．表面から放出される光電子は，その波数ベクトルの表面平行成分が保存される性質があるため，角度分解型測定において価電子バンドの分散曲線を求めることで，バルクの電子状態との比較ができる．これにより，表面あるいは界面に局在した電子状態，ステップやキンクなどの表面欠陥構造に由来する電子状態の存在が確認されている．吸着や表面反応では，こうした表面に局在する電子状態密度は，吸着原子や分子の軌道との結合によって変化するため，清浄な表面との差スペクトルの形で示されることが多い．この場合，吸着種の軌道のなかで直接表面原子と結合に関与する軌道が，安定な結合エネルギーへシフトしたり，表面原子と新たな結合性軌道を形成することが多い．これにより，分子から原子へと解離して吸着するなどの表面過程を調べることができる．さらに，シンクロトロン放射光の偏光特性と，単結晶表面の対称性に双極子選択則を用いると，吸着種の軌道の特定や分子の配向などを詳細に決定することができる． 〔江川千佳司〕

→ X 線光電子分光法

直火加熱法 direct heating process ─────────

加熱しようとするとき，多くの場合は熱交換壁面を介しての間接的な加熱が実施される．しかし，直火に当てても変色や変形が生じる心配がないときに，例えば，噴出する石油バーナの炎を加熱すべき物体に直接的に吹き付けることもある．あるいは，石炭を噴霧燃焼させた高温域で，別のノズルから微粉の石炭を吹き込んでガス化させるのも直火加熱法の一種といえる． 〔吉田邦夫〕

ジーグラー-ナッタ触媒 Ziegler-Natta catalyst →チーグラー-ナッタ触媒

シクロプロパン化 cyclopropanation ─────────

アルケンとカルベン源となる化合物の反応でシクロプロパンが生成する反応．遷移金属成分に関して当量反応と触媒反応に大別され，カルベン源としてはジアゾアルカンが多用される．非対称アルケンの場合にはカルベンの付加の方向によって2種類の

立体異性体が生成可能なため，実用的な反応とするためには立体選択性の問題を解決する必要があり，医薬品原料などに適用する場合には，さらにアルケンの付加する面の区別まで考慮した不斉反応の開発が必要となる．

　当量反応については，6族のフィッシャー型カルベン錯体，$[CpL_nM=CR_2]^+$型カルベン錯体とアルケンの反応が最もよく研究されている．この反応はカルベン配位子のアルケンへの求電子付加反応であるためカルベン炭素は電子不足のほうが反応性が高い．したがってカルベン錯体は単離されるほど安定でない場合が多く，通常はアルケン共存下で前駆体からカルベン種を発生させる手法がよく用いられる．

　一方，触媒反応では，銅錯体，パラジウム錯体，あるいは$[(\mu\text{-}L)_4Rh_2]$型複核ロジウム(II)錯体(L＝カルボキシラート，カルボキシアミドなど)が触媒として頻用されている．反応機構としては，カルベン部分にアルケンが付加して生成するメタラシクロブタン中間体の還元脱離反応を経る機構と，カルベン炭素がアルケンに求電子的に付加して生成するγ位に陽イオンを有する置換プロピル中間体を経る機構などが提案されているが，決定的な実験証拠に欠け，詳細についてはなお結論が出ていない．歴史的に最も古く研究された触媒的不斉合成反応であり，近年の活発な不斉配位子の開発ともあいまってジアゾ酢酸エステルとの反応による菊酸誘導体合成は高い不斉収率が達成され，工業化に至っている．

〔穐田宗隆〕

シクロヘキサンの合成　synthesis of cyclohexan　→芳香族化合物の水素化

シクロヘキサンの酸化　oxidation of cyclohexane

　微量の金属塩触媒を用いて，8～12 kg cm^{-2}の空気加圧下，液相，150～170℃でシクロヘキサンを酸素酸化してシクロヘキサノンおよびシクロヘキサノール(KA油)を製造する．さらに，シクロヘキサノールは脱水素としてシクロヘキサノンとし，大部分は6-ナイロンの原料に使用されるが，一部は硝酸酸化されてアジピン酸用に使用される．シクロヘキサンの酸化にはCoあるいはMnなどのホモリティックな作用を有する均一系触媒がシクロヘキサンに対して数 ppm の濃度で用いられ，シクロヘキシルヒドロペルオキシド中間体の生成とその分解による自動酸化*機構によって反応が進行する．反応条件下では，生成するシクロヘキサノンおよびシクロヘキサノールが原料シクロヘキサンよりも酸化されやすいため，シクロヘキサン転化率3～6％とし，KA油の選択率を75～85％程度に維持する反応方法がとられている．

〔竹平勝臣〕

シクロヘキセンの水和　hydration of cyclohexene

シクロヘキセンの水和反応は,硫酸などの液体酸で進行することは知られていたが,生成したシクロヘキサノールが硫酸が含まれている水相に分配されるので,その分離が困難である．つまり,蒸留による分離では,シクロヘキサノールの沸点近くにすると,共存する酸によって逆反応が進行するのである．

触媒的水和反応では,シクロヘキセンは内部アルケンであり,また水に対する溶解度が低いなどからプロピレンやイソブテンに比べて著しく反応が遅い．また,平衡組成もプロピレンやイソブテンに比べて1桁程度低い．

固体触媒として,イオン交換樹脂を用いる方法もあるが,反応温度は100℃以上を要し,耐熱性が低いことから寿命に問題があった．

最近,H-ZSM-5(SiO_2/Al_2O_3=25〜30)が固体触媒としてすぐれていることが発見され,実用化された．120℃で実施されており,生成したシクロヘキサノールは有機相に抽出されているため,油水分離により,分離回収できる．　　　　〔奥原敏夫〕

シクロペンタジエニル基　cyclopentadienyl ligand

シクロペンタジエンの脱プロトン化(pK_a=18.0)により容易に得られるシクロペンタジエニル基は,6π-アニオン性配位子であり,多くの有機金属錯体の配位子として用いられている．インデン(pK_a=20.1)やフルオレン(pK_a=22.6)もシクロペンタジエンと同様に,アニオン性の配位子となる．ペンタメチルシクロペンタジエン(pK_a=26.1)のアニオンは,メチル基の立体的および電子的要因により,種々の有機金属錯体を安定化する．フェロセンをはじめとするメタロセンおよび半メタロセン化合物では五員環のすべての炭素で金属に配位する(η^5配位とよぶ)．このほかη^3およびη^1で配位する場合も知られている．

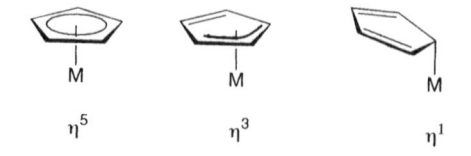

〔真島和志〕

シクロメタル化　cyclometallation

配位子のC-H結合が金属に酸化的付加*して,金属を含む環状化合物をつくる反応をいう．低原子価の後期遷移金属により,β水素をもたない配位子のγ位あるいはδ位のC-H結合が活性化される場合が多い．前期遷移金属錯体ではシグマ結合メタセシスとよばれる協奏過程によって,C-H結合の酸化的付加反応を伴わずに環状化合物

が生成する場合も知られている.

$$Et_3R\text{-}Pt\text{-}Et_3P \xrightarrow{-CMe_4} Et_3R\text{-}Pt\text{-}Et_3P$$

トリフェニルホスフィンやアゾベンゼンのようなアリール基を含む配位子がアリール基の o 位の C-H 結合の酸化的付加によって環状化合物を形成する反応は古くからよく知られ,特にオルトメタル化反応とよばれている.　　　　〔小沢文幸〕

自己拡散　self-diffusion ─────────────
　同じ種類の分子あるいは原子が熱運動により相互に位置を交換する現象.全く同一の同位体では自己拡散を観察することはできない.一方,放射性同位体を用いると自己拡散現象を実験的に観察することができ,自己拡散係数を求めることができる.自己拡散係数 D[m^2 s^{-1}]を用いると,拡散流束 J[kg m^{-2} s^{-1}]は

$$J = D(\partial C/\partial x)$$

によって表される(フィック(Fick)の法則).C は濃度[kg m^{-3}], x は基準とする面からの距離[m]である.フィックの法則は,拡散現象を定量的に取り扱うための代表的な基礎式であるが,一般的には拡散係数は濃度に依存するので,幅広い濃度範囲を対象とする場合には注意が必要である.自己拡散係数には濃度依存性がなく,フィックの法則が厳密に適用できる.　　　　　　　　　　　〔松方正彦・野村幹弘〕
→クヌッセン拡散,相互拡散,分子拡散,細孔内拡散

自己触媒作用　autocatalysis ─────────────
　ある反応が触媒的に進行する場合で,反応物あるいは生成物自身が有効な触媒として作用する場合に自己触媒作用があると表現される.自触媒作用ともいう.生成物が正触媒である場合,反応時間と変化率の関係が S 字形曲線を示したり,生成物を添加すると反応速度*が増大したりする.例えば,炭酸カルシウムや炭酸マグネシウム,酸化銀の熱分解反応,あるいは酸化銅や酸化ニッケル,五酸化バナジウムの水素による還元反応などは生成物が正触媒になっている例である.また,エステルの加水分解*反応もこの例であり,生成物である水素イオンが触媒として作用する.〔岩本正和〕

自己熱交換式　autothermal heat-exchanging method ─────────────
　反応器は,触媒の活性を保持するためにも,反応を爆発など生じさせることなく安定して進行させるためにも,ある一定温度域に維持することが望まれる.そこで熱交換によって熱を供給,あるいは除去することが必要となる.発熱反応において,反応器に供給する反応物質を反応熱の除去に利用することが,この反応物質の予熱にもなるという熱の有効利用がはかられる.図に,この自己熱交換式の代表的な流体の流れを示す.

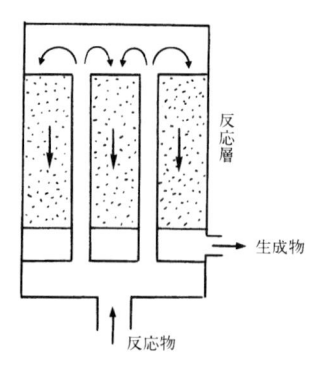

〔吉田邦夫〕

自触媒作用 autocatalysis → 自己触媒作用

湿式酸化 wet oxidation

　湿式酸化とは，空気存在下で200～300℃，30～100気圧の条件において廃水中の主に有機化合物を酸化分解し，COD（化学的酸素要求量）を低下させるプロセスを指す．提案者の名前 Zimmermann に由来してジンマーマンプロセス（Zimmermann process）とよばれる．

　これに触媒反応を組み合わせる方法として，古くから銅イオンを数百 mg l^{-1} 添加する均一系触媒が知られており COD 減少率を50％から85～95％まで向上できる．近年では，ジンプロ法に比べてより低温・低圧で廃水中の低濃度有害物質を分解・無害化する固体触媒反応が開発された．廃水中のアンモニアと当量の亜硝酸イオンを添加し Pt/TiO_2 系触媒により160℃，10気圧程度で分子状窒素を得るものもある（式（1））．また，カルボン酸，アンモニア，硫化水素などが混合した廃水に対して貴金属担持 TiO_2 または ZrO_2 触媒系にて225～285℃，55～90気圧にて1段で分解する触媒反応も開発されている（式（2）～（4））．

$$NH_4^+ + NO_2^- \longrightarrow N_2 + 2H_2O \qquad (1)$$
$$CH_3COOH + 2O_2 \longrightarrow 2CO_2 + 2H_2O \qquad (2)$$
$$4NH_3 + 3O_2 \longrightarrow 2N_2 + 6H_2O \qquad (3)$$
$$H_2S + 2O_2 \longrightarrow H_2SO_4 \qquad (4)$$

〔水野光一〕

→水浄化

シップインボトル合成 ship-in-bottle synthesis

　ゼオライト*や粘土鉱物などの多孔質結晶性物質は分子サイズ（0.7～2 nm 径）の細孔，層間やトンネル構造からなり，分子識別能を備えた"ナノサイズの反応容器"として利用できる．実際にゼオライトのミクロ細孔内では，水溶液中や有機溶媒中で進

行するさまざまな有機合成やフタロシアニンなどの錯体合成が可能である．溶液反応では得られない高度にひずみがかかった新しいシクロファン化合物やポルフィリン錯体分子が細孔内で合成されている．また 1 nm 程度の大きさをもつ金属クラスター分子例えば $Rh_6(CO)_{16}$ や $Pt_{12}(CO)_{24}{}^{2-}$ は，0.7 nm 程度の細孔窓をもつ NaY ゼオライト細孔には直接外部から入れることはできない．しかし NaY ゼオライト細孔内にイオン交換法*により導入した Rh^{3+} や Pt^{2+} イオンは $CO+H_2$ あるいは $CO+H_2O$ との還元的カルボニル化反応を受けて，ゼオライト細孔の大きさ(1.3 nm)に適合した金属クラスター錯体が鋳型合成される．これはちょうどおもちゃ店に展示されているウイスキー瓶中の船(ship-in-a-bottle)の作成に似ている．この考えをゼオライト細孔内の錯体合成や金属クラスター触媒の合成などに応用したのがシップインボトル合成法である．
〔市川　勝〕

自動酸化　autoxidation

　自動酸化は現象としては古くから油脂などの酸化劣化において知られ，光あるいは混在する微量の重金属塩などの作用により，炭化水素から水素が引き抜かれてラジカル*が生成し，酸素分子ラジカルとの反応で連鎖反応が進行する．全体としては，反応はラジカル生成による連鎖開始(1)，ラジカルと酸素との反応による連鎖成長(2)およびラジカルどうしあるいはラジカルと他の基質との反応による連鎖停止(3)の 3 段階で進行し，停止反応により最終生成物が得られる．触媒はこれらの素過程のなかで，開始および停止反応，あるいは生成するヒドロペルオキシド*の分解などに対して種々のかたちで作用して，反応を促進すると同時に生成物への選択性を制御するのに用いられる．ただし，主たる反応を支配するのは連鎖成長過程であり，これに関するラジカル種のかたちおよび反応性は原料炭化水素の構造により一義的に決まるので，自動酸化においては触媒は補助的な役割を占めるにすぎない．近年は，イオン型反応との組合せなどで触媒の改良が行われ，目的物への選択性を向上させる工夫がなされている．

$$RH \xrightarrow{h\nu \text{ または } Me^{n+}} R\cdot \quad\quad (1)$$

$$\left.\begin{array}{l} R\cdot + O_2 \longrightarrow RO_2\cdot \\ RO_2\cdot + RH \longrightarrow ROOH + R\cdot \end{array}\right\} \quad (2)$$

$$2RO_2\cdot \longrightarrow 生成物 + O_2 \quad\quad (3)$$

〔竹平勝臣〕

自動車触媒　automobile catalyst

　自動車触媒はエンジンから排出される有害物質である HC(炭化水素)，CO(一酸化炭素)，NO_x(窒素酸化物)を浄化する機能をもち，自動車排ガス浄化*触媒とも称する．自動車に搭載される位置はエンジン排気マニフォルド直下，あるいは床下であり，触媒の体積はエンジン排気量と同程度のものが一般的に用いられている．その使用条件

は，エンジン排ガス中の HC, CO, NO_x の濃度は数〜数千 ppm，排ガス量は最大 1 m^3 s^{-1} 程度，温度は氷点下数十°C から 1000°C と変動の大きいものである．自動車触媒には，このように低濃度で大量かつ変動の大きいガスを処理する高い反応活性と，それを長時間維持する耐久性が同時に必要であり，他の工業触媒と比べ，求められる要件がかなり厳しくなっている．

触媒上で起こる主な反応は以下の酸化還元反応や水性ガスシフト反応*である．

$$2CO + O_2 \longrightarrow 2CO_2$$
$$C_mH_n + (m+n/4)O_2 \longrightarrow mCO_2 + (n/2)H_2O$$
$$2NO + 2CO \longrightarrow 2CO_2 + N_2$$
$$2NO + 2H_2 \longrightarrow N_2 + 2H_2O$$
$$2NO_2 + 4H_2 \longrightarrow N_2 + 4H_2O$$
$$CO + H_2O \longrightarrow CO_2 + H_2$$
$$C_mH_n + 2mH_2O \longrightarrow mCO_2 + (n/2+2m)H_2$$

自動車触媒を形状で分類するとペレットタイプとモノリスタイプに大別される．前者は表面積が数十〜数百 $m^2 g^{-1}$ の活性アルミナからなる直径 2〜4 mm の球状担体に触媒成分を担持したものである．触媒成分は貴金属 (Pt，Pd，Rh) や助触媒として CeO_2 などが用いられている．後者は多数のガス流通孔 (数十個 cm^{-2}) をもつ一体成形体の表面にペレットタイプと同様の材料を塗布したもので，一体成形体はコージエライト ($2 MgO・2 Al_2O_3・5 SiO_2$) セラミックスか耐熱ステンレス箔でできている．触媒活性，質量，圧力損失などモノリスタイプのほうがすぐれた面が多いので最近ではほとんどこのタイプが使われている．

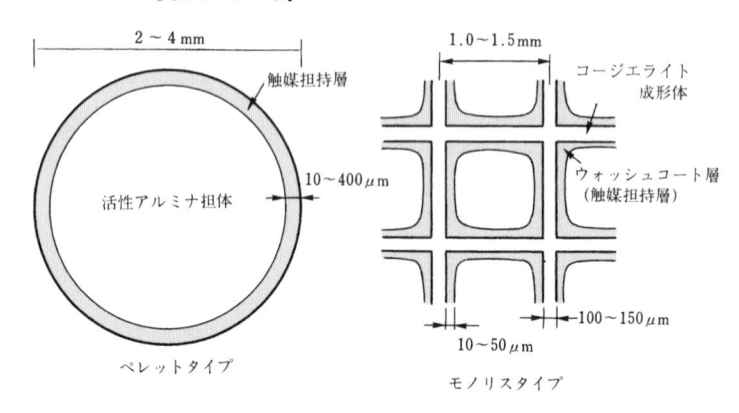

ペレットタイプ (2〜4 mm，活性アルミナ担体，触媒担持層 10〜400 μm)

モノリスタイプ (1.0〜1.5 mm，コージエライト成形体，ウォッシュコート層 (触媒担持層)，100〜150 μm，10〜50 μm)

触媒機能の面では酸化触媒，還元触媒，三元触媒*に分類できる．酸化触媒は，ガソリンエンジンの場合は HC と CO を，ディーゼルエンジンの場合はそれらに加えてパティキュレートといわれる微粒子状物質中の高沸点 HC 成分を酸化して H_2O と CO_2 に転換する機能が要求される．いずれも排ガスは酸素過剰雰囲気である．ディーゼルエンジンでは燃料の軽油中には数百 ppm の硫黄が含まれており，排ガス中に SO_2 と

して排出される．排ガス温度が高い場合には，SO_2 が触媒上で酸化されて微粒子物質として車外に排出されるので，その酸化作用を抑制する技術が必要である．触媒技術面では担体材料，添加物，貴金属の担持分布などの工夫がされている．

還元触媒は NO_x を N_2 に還元する機能を要求される．排ガスが還元雰囲気の場合には容易に還元されるが，この場合車の燃費が悪化する，NH_3 が生成するなどの問題があり，実用化には至っていない．最近では CO_2 排出量低減の要請から燃費の良い希薄燃焼エンジンや直噴エンジンが実用化されている．これらの場合，酸素過剰雰囲気下で NO_x を N_2 に還元する触媒が必要である．現在実用化されている触媒は吸蔵還元タイプと選択還元タイプの2種類ある．前者は酸素過剰雰囲気下で NO_x を触媒上で酸化し，塩基性物質中に硝酸塩の形で一時的に吸蔵する．次に車の運転条件によって排ガスが還元雰囲気になる場合に，吸蔵された NO_x は触媒上で N_2 に還元して車外に放出されると同時に触媒中の硝酸塩の形になった塩基性物質は元の形に戻る．この二つの状態を繰り返すことによって NO_x を浄化する機能を持続する．通常の三元触媒に塩基性物質を添加した $Pt, Rh, Ba/Al_2O_3$ が代表的な触媒である．一方，後者の選択還元タイプは，酸素過剰雰囲気下で NO_x を HC によって還元する触媒である．ガソリンエンジンの場合には排ガス中に未燃の HC が当量の NO_x より多く排出される運転条件が多いので O_2 が存在する状態でも触媒温度を適当に選んでやれば NO_x を還元することができる．Pt, Ir/ゼオライトと $Ir/BaSO_4$ が実用化されている．ディーゼルエンジンの場合には，排ガス中に未燃の HC が非常に少ない，前述した SO_2 酸化の抑制と NO_x の還元を両立させる技術，SO_2 による触媒劣化などの課題が未解決であり，両タイプの触媒とも未だに研究レベルである．

三元触媒は HC, CO, NO_x の3成分を同時に浄化する機能がその名称の由来であり，燃料と酸素が反応当量点である理論空燃比近傍の狭い領域で3成分の高い浄化率が得られる．この特性を生かすために，理論空燃比を検出する排ガス酸素センサーとその検出信号に基づいて空燃比を制御する燃料噴射システムが同時に開発され，ガソリンエンジンの場合に主流の触媒システムとして広く使われている．

自動車触媒として以上の3種類の触媒に共通して具備すべき重要な要件は信頼性である．すなわち，個々の車が使用される期間中その機能，構造を維持しなければならない．排ガス浄化機能の面では車の使用環境をできるだけ広くカバーできるように，低温から高負荷運転まで高い活性が望まれる．現在実用化されている触媒は温度が約 $300°C$ 以上，空間速度は $10^5/h$ 以下で使用されるのが望ましく，そのため装着位置や大きさが選択されている．浄化機能の経時劣化は熱劣化と被毒劣化が大きな原因である．熱劣化は，車の運転条件によっては $1000°C$ 近くの温度にさらされ，触媒活性成分である貴金属が凝集して活性点が減少する，担体である活性アルミナが相変化して表面積が低下し細孔径が変化する，CeO_2 などの助触媒成分の変質が起こるなどの現象である．貴金属の種類や担持方法の選択，La, Ba などを適量添加して活性アルミナの相変化を抑制する，CeO_2-ZrO_2 固溶体を形成させて，CeO_2 の変化を抑制するなどの熱劣化抑制のための工夫がなされている．後者の被毒劣化は，燃料中の S, Pb やエンジン

潤滑油中のPなどが排ガス中に排出され触媒毒となる現象である．Sは貴金属や担体であるAl$_2$O$_3$に付着した場合，触媒活性は低下するが，600℃以上，還元雰囲気下でSO$_2$として放出されるので，三元触媒の場合には触媒活性が回復する一時的な被毒現象となる．酸化雰囲気のみで使用されるディーゼルエンジン用触媒や塩基性物質を使用するNO$_x$吸蔵還元触媒の場合にはSと反応しにくい触媒材料面の工夫やSを触媒上から脱離させるエンジン制御上の工夫が必要である．Pbは貴金属と直接反応して触媒活性を低下させるので触媒技術面からは有効な回避手段がなく，触媒装着車には無鉛燃料の使用が義務づけられている．Pは担体であるAl$_2$O$_3$と反応して表面積の低下や細孔径の閉塞を起こし，また単独で貴金属表面上を被覆して触媒活性を低下させる．P被毒の抑制にはエンジンの潤滑油消費量を少なくし，また潤滑油中にCaなど結晶性のリン酸塩を形成する金属成分を添加してAl$_2$O$_3$との反応や貴金属被覆を抑制することが有効である．

構造面での信頼性確保は機能面と同様自動車触媒には重要な要件である．エンジンや走行中の車体から受ける振動，飛び石による衝撃などによって破壊しない，また，エンジン排ガス温度の変化や水溜り走行時など外部からの強制冷却により受ける熱衝撃にも耐える必要がある．モノリスタイプでは熱膨張率を小さくするように材料配合や成形法を工夫したコージエライト成形体，熱衝撃を緩和するように接合法を工夫した耐熱ステンレス箔成形体，さらに触媒体を保護する保持材，クッション材，外筒構造などの工夫がなされている．　　　　　　　　　　　〔松本伸一〕

→三元触媒

自動車排ガス浄化　clean up of automobile exhaust gas

自動車エンジンからはHC(炭化水素)，CO(一酸化炭素)，NO$_x$(窒素酸化物)，微粒子状物質などの有害物質が排出される．HCとCOは燃料がエンジンの燃焼室内で完全燃焼せずに排出される成分で，NO$_x$は高温で燃焼する際に空気中のN$_2$とO$_2$が反応して生成するものである．排ガス浄化とはこれらの有害物質を低減し，無害なN$_2$，CO$_2$，H$_2$Oとして車外に排出することをいう．

排ガス中の有害物質低減方法には発生源である燃焼室内における燃焼を制御する方式と触媒による後処理方式の二つがある．前者は点火時期，燃焼室形状，空燃比，燃料噴射方式などにより燃焼を制御するものである．HC,COおよび微粒子状物質中の炭素，有機成分の低減にはエンジン燃焼室内で燃料を完全燃焼させることが必要である．NO$_x$の低減には燃焼室内での燃焼温度を下げることが有効であり，希薄燃焼方式やEGR(exhaust gas recerculaion：排ガスの一部を燃焼室内に再循環させる方法)がその例である．これらの方式によって車の動力性能，燃費，運転性を損なうことなく有害物質を低減するには限界があり，ほとんどの場合，触媒方式が併用されている．

触媒方式は自動車触媒をエンジン排気系に装着して触媒反応によって有害物質を低減するものである．反応方式によって酸化触媒，還元触媒，三元触媒＊に分類される．酸化触媒はガソリンエンジンの場合はHCとCOを，ディーゼルエンジンの場合はそ

れらに加えてパティキュレートといわれる微粒子状物質中の高沸点 HC 成分を酸化して H_2O と CO_2 に転換するものである．

　還元触媒は酸素過剰雰囲気下で NO_x を N_2 に還元する触媒が希薄燃焼エンジンや直噴ガソリンエンジン用に実用化されている．触媒には NO_x を触媒上で酸化し，塩基性物質中に硝酸塩の形で一時的に吸蔵する吸蔵還元タイプと，NO_x を HC によって還元する選択還元タイプの 2 種類ある．還元雰囲気下で使用する還元触媒は NO_x を容易に還元するが，燃料を空気より過剰に使う必要があるので車の燃費が悪化する，NH_3 が生成するなどの問題があり，実用化には至っていない．

　三元触媒は HC, CO, NO_x の 3 成分を同時に浄化する触媒であり，燃料と酸素が反応当量点である理論空燃比近傍の狭い領域で 3 成分の高い浄化率が得られる．この特性を生かすために，理論空燃比を検出する酸素センサーとその検出信号に基づいて空燃比を制御する燃料噴射システムが同時に開発され，ガソリンエンジンの場合に主流の触媒システムとして広く使われている．　　　　　　　　　　〔松本伸一〕
➡自動車触媒，センサー，ディーゼルエンジン排ガス浄化

シフト反応　shift reaction　➡水性ガスシフト反応

脂肪酸の合成　synthesis of fatty acids

　脂肪酸 RCOOH（R は飽和または不飽和炭化水素）のうち，一般的に炭素数の少ないものは触媒反応により合成され，長鎖のものは天然油脂の加水分解によって得られる．工業的に合成されている脂肪酸の合成法について幾つか列挙する．
　（1）酢酸：　$PdCl_2+CuCl_2$ 触媒を用いるワッカー反応によりエチレンから得られるアセトアルデヒドをさらに酢酸マンガン触媒により空気酸化する方法が長く採用されていたが，メタノールに一酸化炭素を酸化的に付加させるモンサント法*（Rh＋ヨウ素塩触媒）が 1970 年代に開発された．この方法の改良案（Ir 触媒法），エチレンの直接酸化法などの 1990 年代に入り開発が進められている．
　（2）C_1〜C_5 カルボン酸：　軽質ナフサ（イソパラフィン系炭化水素）をナフテン酸コバルト，マンガンなどを触媒として 150℃以上の温度で空気酸化して，ギ酸，酢酸，プロピオン酸，酪酸などの混合物を得る方法がディスティラーズ法として採用されている．
　（3）アジピン酸：　ベンゼンを水素化して得られるシクロヘキサンの酸化により得られるシクロヘキサノンとシクロヘキサノールの混合物，またはフェノールを水素化して得られるシクロヘキサノールを原料として，バナジン酸アンモニウムなどを触媒として，硝酸酸化することにより合成される．NO_x の生成の少ないプロセスの検討が行われている．
　（4）アクリル酸，メタクリル酸：　これら二重結合を含むカルボン酸の製造は対応するアルケン類を気相酸化するプロセスが今日では主流になっている．

〔瀬戸山　亨〕

→アクリル酸

ジメチルジクロロシランの合成　dimethyldichlorosilane synthesis

　ジメチルジクロロシランは，工業的にはケイ素と塩化メチルとの反応によって合成されている．

$$\mathrm{Si} + 2\mathrm{CH_3Cl} \xrightarrow{\mathrm{Cu}} (\mathrm{CH_3})_2\mathrm{SiCl_2}$$

　この反応は金属のケイ素から直接に有機ケイ素化合物を得るものであり，直接法あるいは直接合成とよばれている．ケイ素の粉末，触媒としての銅の粉末，および塩化メチルを流動層反応器に供給し，反応温度553〜623 K，圧力0.4〜0.6 MPaで反応を行う．この反応は発熱反応である．主生成物のジメチルジクロロシランは，ケイ素基準の選択率80〜90％で生成する．反応器出口ガス中の微粉の除去後，未反応の塩化メチルは回収され反応器にリサイクルされる．ケイ素化合物中から，まず高沸点生成物であるポリシランを蒸留によって取り除く．次段の蒸留塔でメチルジクロロシラン（沸点314 K）を，これに続く蒸留塔でメチルトリクロロシラン（沸点339 K）を留去することによって，生成物中からジメチルジクロロシラン（沸点343 K）を取り出す．有機ケイ素化学工業では，この直接法から得られるジメチルジクロロシランを基幹原料として，シリコーンオイルやシリコーンゴムをはじめとする各種の有機ケイ素化合物が合成されている．

　歴史的には，この直接法は，E. G. Rochow によるケイ素と塩化メチルなどとの反応に関する一連の研究に負うところが大きい．当初，ケイ素と銅との合金 $\mathrm{Cu_3Si}$（η 相）に塩化メチルを接触させるとメチルクロロシラン類が生成することより，この相が活性種であるとされた．現在では，活性の発現にはケイ素表面に合金相が形成されることは必須とされているが，その組成については確定されていない．銅との合金相の形成によって Si-Si 結合が分断されることが活性発現に寄与している．反応は，ケイ素が侵食されるようにして進行する．反応機構に関するこれまでの研究を大観すると，塩化メチルと銅から生成したメチルラジカルがケイ素に攻撃するというラジカル反応説，合金上で塩化メチルがイオンに解離して反応が進行するとするイオン反応説，反応中間体としてシリレンを考えるシリレン説がある．　　　　　　　　　〔鈴木榮一〕

シモンズ-スミス反応　Simmons-Smith reaction

　アルケンとジヨードメタンに Zn-Cu カップルを作用させることによってシクロプロパン誘導体を得る反応で，その開発者 Simmons, Smith らの名にちなみシモンズ-スミス反応とよばれている．この反応はE-アルケンからはトランス-シクロプロパン誘導体が，Z-アルケンからはシス-シクロプロパン誘導体がそれぞれ得られる立体特異的なシクロプロパン合成法として広く用いられている．さらに，この反応ではアリル位あるいはホモアリル位に置換したヒドロキシ基が顕著な隣接基効果を示し，反応を促進するとともにヒドロキシル基に対してシスにシクロプロパン化反応が進行する

(図). Zn-Cu カップルの代わりに Zn-Ag カップル, エチルヨウ化亜鉛などを用いる改良法があるが, ジエチル亜鉛とジヨードメタンを用いた均一反応系の確立によって反応性, 収率が向上し, 現在ではこの方法が広く利用されている. この改良法を用いればジヨードメタン以外のジヨードアルカンも反応に用いることができる.

$$\text{(cyclopentenol)}-OH + CH_2I_2 \xrightarrow{\text{Zn-Cu カップル}} \text{(bicyclic product)}-OH$$
>99.5% シス体

〔寺田眞浩〕

シャープレス酸化　Sharpless oxidation

t-ブチルヒドロペルオキシドを酸化剤とし, チタン-酒石酸複合体を触媒としてアリルアルコール類を光学活性なエポキシドに変換する反応である. Sharpless らによって開発された方法で, 汎用性が広く, ラセミ混合物の速度論的分割などにも応用されている.

$$\begin{array}{c} R^2 \\ R^3 \end{array}\!\!\!\!=\!\!\!\!\begin{array}{c} R^1 \\ OH \end{array} + t\text{-}C_4H_9OOH \xrightarrow[\text{L-(+)-体}]{\begin{array}{c}C_2H_5OOC\cdots OH \\ C_2H_5OOC\cdots OH\end{array}/Ti(O\text{-}i\text{-}C_3H_7)_4} \begin{array}{c} R^2 \\ R^3 \end{array}\!\!\!\!\overset{O}{\triangle}\!\!\!\!\begin{array}{c} R^1 \\ OH \end{array}$$

〔碓田宗隆〕

重　合　polymerization

低分子化合物が結合を繰り返して高分子量体(重合体, ポリマー)を生成する反応あるいは現象. 原料となる低分子化合物を単量体あるいはモノマーという. 重合反応は, 反応形式, 反応機構, 重合法などによりさまざまに分類されている.

2種類の官能基が互いに反応して結合をつくる基本的な有機反応は, 置換と付加である. 置換反応が繰り返し起こりポリマーとなるためには, モノマーは二官能性でなければならない. 例えば, テレフタル酸ジメチルとエチレングリコールの反応では, それぞれのメトキシ基がエチレングリコールと置換しポリエチレンテレフタラートが生成するとともにメタノールが副生する. この形式の重合を縮合重合(condensation polymerization)あるいは重縮合(polycondensation)という. 一方, 付加反応によりポリマーが生成する反応には, 重縮合のように二官能性の低分子化合物が付加を繰り返す場合と, 不飽和結合や環状化合物が開裂付加を繰り返す場合とがある. 前者を重付加(polyaddition), 後者を付加重合(addition polymerization)および開環重合(ring-opening polymerization)という. ジオールとジイソシアナートからのポリウレタンの合成が重付加の代表例である. 一方, 汎用プラスチックであるポリ塩化ビニル, ポリエチレン, ポリプロピレン, ポリスチレンは, すべて付加重合により合成されている.

反応形式のうえから, 重縮合と重付加は逐次重合(successive polymerization あるいは stepwise polymerization)に, 付加重合および開環重合は連鎖重合(chain

重合反応の分類と反応例

縮合重合（重縮合）

$$n \text{ MeO-CO-C}_6\text{H}_4\text{-CO-OMe} + n \text{ HOCH}_2\text{CH}_2\text{OH} \longrightarrow \left[\text{CO-C}_6\text{H}_4\text{-CO-OCH}_2\text{CH}_2\text{O}\right]_n + 2n \text{ MeOH}$$

重付加

$$n \text{ O=C=N-R-N=C=O} + n \text{ HO-R'-OH} \longrightarrow \left[\text{C(O)-NH-R-NH-C(O)-O-R'-O}\right]_n$$

（以上、逐次重合）

付加重合

$$n \text{ H}_2\text{C=CHX} \longrightarrow \left[\text{CH}_2\text{-CHX}\right]_n$$

開環重合

$$n \text{ (テトラヒドロフラン)} \longrightarrow \left[\text{-(CH}_2\text{)}_4\text{-O-}\right]_n$$

（以上、連鎖重合）

polymerization）に分類される．逐次重合では，重合を開始させるための活性点は必要なく，すべてのモノマーがいっせいに重合反応に関与し，生成するポリマーの分子量は時間とともに増大する．また，高分子量ポリマーを得るためには各モノマーの官能基のモル比を厳密に合わせ，反応が定量的に進むように条件を整えなければならない．一方，連鎖重合では，少量の触媒（開始剤）から生じた活性種にモノマーが次々に付加することにより連鎖的に重合が進行する．活性種の違いにより，ラジカル重合，イオン重合（アニオン重合，カチオン重合），配位重合に分類されるが，一般に，開始反応，生長反応，連鎖移動反応，停止反応の四つの素反応からなる．また，通常，反応系には未反応のモノマーと高分子量のポリマーが共存しており，逐次重合のような反応時間（反応率）の増大に伴う分子量の増加は観測されない．

　連鎖重合において反応系に大量に連鎖移動剤を加えることにより積極的に低分子量のオリゴマーを合成することを，特に，テロメリゼーション（telomerization）という．この際使用する連鎖移動剤をテロゲン，モノマーをタキソゲン，生成するオリゴマーをテロマーとよぶ．一方，開始反応が極めて速く，連鎖移動反応も停止反応も起こらず，生長反応のみが進行する重合をリビング重合（living polymerization）という．リビング重合では，活性種と等モルの重合体が生成し，その分子量はモノマーの転化率に比例して増大する．アルミニウムポルフィリンのアルコキシド錯体によるエポキシ

ドのリビング重合において，アルコールを添加すると，活性種の生長鎖との可逆的な交換が生長反応に比べ極めて速やかに起こるため，添加したアルコール量に比例して分子量のそろったポリマー鎖が生成する．この反応はイモータル重合(immortal polymerization ; immortal＝不死の)と命名されている．

　重合反応により生成するポリマーの重合度(分子量)には必ず分布が存在する．逐次重合においてポリマー末端の官能基の反応性が重合度によらず一定であるとき，あるいは，連鎖重合において重合が定常状態にあるとき，モノマーが x 個つながった分子 (x を重合度という) の数分率 $f_n(x)$ および重量分率 $f_w(x)$ は，それぞれ，$f_n(x)=p^{x-1}(1-p)$，$f_w(x)=xp^{x-1}(1-p)^2$ で与えられる．ここで，p は，逐次重合の場合は重合率，連鎖重合の場合はモノマーの生長確率を表す．このような重合度の分布は最確分布(most probable distribution)とよばれる．最確分布では，数平均重合度 $\bar{x}_n$ ならびに重量平均重合度 $\bar{x}_w$ は，$\bar{x}_n=1/(1-p)$，$\bar{x}_w=(1+p)/(1-p)$ となる．重合度にモノマーの分子量を乗じることにより分子量となるが，数平均分子量を $\bar{M}_n$，重量平均分子量を $\bar{M}_w$ とすれば，$\bar{x}_w/\bar{x}_n=\bar{M}_w/\bar{M}_n=1+p$ となる．したがって，逐次重合においては，反応の進行に伴いこの値は増大し 2 に漸近する．付加重合において生長反応が連鎖移動反応や停止反応に比べて十分速くポリマーが得られる場合には，p は 1 に近く $\bar{M}_w/\bar{M}_n=2$ となる．$\bar{M}_w/\bar{M}_n$ の値は分子量分布指数とよばれ分子量分布の広がりの指標として用いられる．$\bar{M}_w/\bar{M}_n$ が 2 以上の場合は，重合系あるいは活性種が不均一であることを表している．一方，理想的なリビング重合においては分子量分布はポアソン分布に従い，$f_n(x)=e^{-\nu}\nu^{x-1}/(x-1)!$，$f_w(x)=[\nu/(\nu+1)]xe^{-\nu}\nu^{x-2}(x-1)!$ で与えられる．ここで，ν は均質な重合活性種 1 個当りのポリマー鎖の生長反応速度に重合時間を乗じたもので，リビング重合系では $\bar{x}_n$ に等しい．これらの式より，$\bar{x}_w/\bar{x}_n=\bar{M}_w/\bar{M}_n=1+\nu/(\nu+1)^2 \fallingdotseq 1+1/\bar{x}_n$ が導かれる．すなわち，リビング重合系の分子量分布は反応の進行に伴い狭くなる．$\bar{x}_n$ が 100 以上では $\bar{M}_w/\bar{M}_n \leq 1.01$ となり単分散ポリマーが生成する．

　重合反応で生成する高分子量のポリマーは，一般に，溶解性が悪く，また，溶解・溶融状態で高粘度であるため，効率的に反応を進めるためにさまざまな方法が用いられている．代表的な方法として溶液重合，溶融重合，固相重合，気相重合，界面重合，塊状重合，懸濁重合，乳化重合がある．また，連鎖重合では，活性種を生成させる方法により，熱重合，光重合，放射線重合，触媒重合，酵素重合などとよばれる．

〔塩野　毅〕

→アニオン重合，エチレンの重合，オリゴメリゼーション，開環重合，カチオン重合，配位重合，ブタジエンの重合，プロピレンの重合

シュウ酸エステルの合成　synthesis of oxalates

　シュウ酸あるいはシュウ酸エステルの合成法は，大別すると C_1(炭素数 1 の分子)を原料とする方法と C_2(炭素数 2 の分子)を原料とする方法がある．前者にはギ酸ソーダ法，CO 酸化カップリング法がある．後者としてはエチレングリコール酸化法が知られ

ている.
　ギ酸ソーダ法は CO を原料としギ酸ナトリウムを経由して多段反応でシュウ酸を合成するものである.

$$2CO + 2NaOH \longrightarrow 2HCOONa \longrightarrow (COONa)_2 + H_2$$
$$(COONa)_2 + Ca(OH)_2 \longrightarrow (COO)_2Ca + 2NaOH$$
$$(COO)_2Ca + H_2SO_4 \longrightarrow (COOH)_2 + CaSO_4$$

この方法は消石灰,濃硫酸を消費し,実用的には固体の熱分解や沪過などの煩雑な操作を含み複雑なプロセスとなる.
　CO の接触酸化カップリングによりシュウ酸ジエステルが合成されたことを Fenton らが見いだしているが,その方法は次式に示すように $PdCl_2$ 系触媒存在下,CO およびアルコールを O_2 で酸化するものである.

$$2CO + 2ROH + \tfrac{1}{2}O_2 \xrightarrow{PdCl_2 \text{系触媒}} (COOR)_2 + H_2O$$

　この方法ではシュウ酸ジエステル生成に伴って水が生成する.このため $PdCl_2$ 系触媒の水による失活を抑えるには脱水剤を反応系に存在させておく必要がある.
　CO の接触酸化カップリングにおいて,亜硝酸エステル(アルキルナイトライト)を反応媒体として用いることにより,脱水剤を使用せずシュウ酸ジエステルを合成する方法が宇部興産(株)で見いだされ実用化されている.例えば,シュウ酸ジブチルは液相法で Pd 担持懸濁層触媒を用い亜硝酸ブチルの存在下,CO を酸化カップリングさせ合成される.

$$2CO + 2ROH + \tfrac{1}{2}O_2 \xrightarrow{Pd \text{ 触媒-BuONO}} (COOR)_2 + H_2O$$

シュウ酸ジメチルは Pd 担持固定層触媒上で CO と亜硝酸メチルより気相合成される.

$$2CO + 2CH_3ONO \xrightarrow{Pd \text{ 担持触媒}} (COOCH_3)_2 + 2NO$$

　このアルキルナイトライト法では,高い触媒効率と選択性でシュウ酸ジエステルが得られている.
　また,C_2 を原料とするエチレングリコール酸化法は,エチレングリコールまたはグリコリド($\\!-\\!(OCH_2CO)_n\\!-\\!$)を硝酸媒体中で酸化してシュウ酸を得る.

$$HOCH_2CH_2OH + 2O_2 \xrightarrow{HNO_3} (COOH)_2 + 2H_2O$$

〔松崎徳雄〕

18 電子則　eighteen electron rule

　18 電子則は,有効原子番号則(EAN 則:effective atomic number rule)ともよばれ,遷移金属錯体の安定性や反応性を考察するのに重要な経験則である.一般に分子は,分子を構成する各原子の原子価殻が希ガス電子配置(閉殻)をとる場合に安定な構造となる.遷移金属錯体においては,金属の原子価殻は s, p, d 軌道をもっており,18

個の電子を受け入れることにより，閉殻構造となる．この電子は，各金属がもっている電子および配位子*より供給される電子である．現在，18電子則を考える際には，二つのやり方がある．一つは，金属をルイス酸，配位子をルイス塩基と考える，イオン性モデルである．各金属の原子価殻に存在する電子数(電子の数をnとして，しばしば，d^nという表記をする)は，金属の周期表における族と原子価により一義的に決まる．例えば，鉄の場合，Fe^0はd^8であり，Fe^{2+}はd^6である．一方，配位子が供与しうる電子数はそれぞれの配位子に固有であり，例えば，COは二電子配位子(2e)，シクロペンタジエニルアニオン(C_5H_5)は六電子配位子(6e)である．安定な錯体である$Fe(CO)_5$は，$d^8(Fe^0)+5\times2e(CO)=18e$，フェロセン$[(C_5H_5)_2Fe]$は，$d^6(Fe^{2+})+2\times6e(C_5H_5)=18e$となり18電子則を満たす．もう一つのやり方は，共有結合モデルというべきもので，金属は原子価を考えず，一律に0価の電子数を採用する．一方，配位子も中性で考え，例えば，シクロペンタジエニル基はこのやり方では，シクロペンタジエニルラジカルとして五電子配位子とする．イオン性モデルと比較すると，$Fe(CO)_5$の電子の考え方は変わらないが，フェロセンは$d^8(Fe^0)+2\times5e(C_5H_5\cdot)=18e$と考える．この二つのやり方の差は，金属-アルキル(M-R)結合や金属-ヒドリド(M-H)結合のように，金属-配位子間にσ結合がある場合，前者はM^+-R^-と考えるのに対し，後者は共有結合を考えることによる．しかしながら，一般に多くの化学結合は適度に分極しており，イオン結合と共有結合の中間に位置することが多く，いずれのやり方も錯体の電子数を数える際の簡略化したモデルと考えることができる．あえていえば，イオン性モデルは高原子価錯体に，共有結合モデルはクラスターまで含めた広範な錯体に適用が可能である点に特徴がある．

18電子則は，錯体の安定性，化学反応性の一つの指標であり，これからはずれた錯体，16電子錯体や20電子錯体は一般的に不安定で，反応性に富む．18電子則は多くの錯体に適用可能であるが，一部ではこれにあてはまらない錯体も存在する．周期表の遷移金属元素の真ん中あたりに位置する金属は，一般的に18電子則に忠実であるのに対し，両端に位置する元素では16電子でも安定に存在する場合がある．また，かさ高い配位子をもつ金属錯体では，金属への配位が配位子の立体障害により阻害されるため，14あるいは16電子で安定に存在するものがある．安定な常磁性錯体の存在が知られているが，これらは，18電子則を満足しないものが多い．しかし，これらも一電子酸化あるいは一電子還元に活性であり，二量化などの反応を起こして18電子を満たす錯体に変化する場合が多い．　〔永島英夫〕

シュルツ-フローリー分布　Schulz-Flory distribution

重合反応において主鎖の成長する確率(連鎖成長確率)が重合度nに依存せずpであるとき，$n-1$個の結合が形成される確率は，個々の確率の積に等しく，p^{n-1}である．また，n量体が$(n+1)$量体に成長しない確率は$(1-p)$である．したがって，n量体が生成したところで成長が停止する確率P_nは，

$$P_n = p^{n-1}(1-p)$$

で与えられる．鎖中の単量体ユニットの総数を N_0，n 量体の総鎖数を N_n，重合体の総鎖数を N とすると，

$$N_n = NP_n = Np^{n-1}(1-p), \quad N_0 = \sum_{n=1}^{\infty} nN_n = N(1-p)^{-1}$$

であることより，

$$N_n = N_0 p^{n-1}(1-p)^2$$

を得る．したがって，鎖中の単量体ユニットの分子量を M_0 とすると，生成した全重合体に対する重合度 n の重合体の重量分率 W_n は，

$$W_n = nN_nM_0/N_0M_0 = np^{n-1}(1-p)^2$$

で与えられる．この式にあてはまる分布をシュルツ-フローリー分布という．ここで，n は非常に大きいものとして式が誘導されており，主鎖の末端に付加するものの量は無視されている．

ところで，フィッシャー-トロプシュ合成による合成ガス（$CO+H_2$）からの炭化水素の合成では，C-C 結合が逐次的に成長する．炭化水素としての一次生成物はメタンを除いてアルケンであり，これが転化して二次生成物であるアルカンになる．生成した炭化水素は炭素数の変化を伴う二次反応を受けないものとする．CO からメタンまたはアルケンが生成する過程は，

$$CO \longrightarrow C_1 \xrightarrow{k_{1p}} \cdots\cdots \longrightarrow C_n \xrightarrow{k_{np}} \cdots\cdots$$
$$\quad\quad\quad\;\; \downarrow k_{1d} \quad\quad\quad\quad\quad \downarrow k_{nd}$$
$$\quad\quad\quad\;\; CH_4 \quad\quad\quad\quad\quad C_nH_{2n}$$

のように表される．ここで，アルケン C_nH_{2n} は炭素数 n の活性種が気相に脱離して生成する．k_{nd} はこの脱離段階の速度定数，k_{np} は炭素数 n の活性種が炭素数 $n+1$ の活性種に成長する段階の速度定数である．$\alpha_n = k_{np}/(k_{np}+k_{nd})$ とおくと α_n は炭素数 n の活性種の連鎖成長確率である．α_n は n に依存しないとすれば，生成した全炭化水素に対する炭素数 n の炭化水素のモル分率 F_n と重量分率 W_n は，

$$F_n = F_1\alpha^{n-1}, \quad W_n = nF_n/\sum_{n=1}^{\infty} nF_n = n\alpha^{n-1}(1-\alpha)^2$$

となる．この重量分率 W_n を表す式の形式は，先の重合反応におけるシュルツ-フローリー分布のものと等価になる．α を与えれば，生成する炭化水素の分布を計算できる．この式から，例えば，炭素数 5～11 のガソリン留分への選択率は，$\alpha=0.76$ のとき，50 % となる． 〔鈴木榮一〕

循環式反応器 circulating-bed reactor ─────────

気固系不均一系触媒反応に用いられる反応器の一つ．閉鎖系で反応が行われるので閉鎖循環式反応装置ともいう．実験室レベルでは，反応速度が対流や分子運動よりも速い場合に，反応が拡散律速とならないように，ピストンポンプなどで気体を強制循環させ，触媒との接触をよくする必要がある．流通系反応装置に比べ，触媒の酸化還元度を制御した反応，同位体を用いた反応，反応機構の解析など，精密な測定が必要

な反応に用いられることが多い．

また，反応基質や生成物の循環がなく，触媒のみが反応器内を循環する場合にも，循環式反応器ということができる．この反応器が工業的に用いられている代表的な例としては，接触分解プロセスが挙げられる．このプロセスでは，分離塔で生成物から分離された失活触媒を空気または酸素とともに再生塔に送り，コークを燃焼除去して再生した後，再び反応塔に戻す．この時，触媒は再生処理により生じた熱を吸熱反応である分解反応に供給する役割も果たしており，高効率が得られる．〔小谷野圭子〕

昇温脱離法 thermal desorption method (temperature programmed desorption)
　吸着*が発熱過程，脱離*が吸熱過程であることに着目し，連続加熱することにより吸着物質を脱離させ，脱離物質の分析および脱離過程の解析によって固体表面および表面吸着物質の情報を得る研究手法．安盛岩雄により TD(thermal desorption) の和訳術語として提唱された．これには大別して2方法がある．一つは高真空または超高真空下において金属上の吸着物質を加熱し脱離させるもので，代表的なものは flash filament desorption である．超高真空下において金属フィラメントに通電すれば，その温度を極めて短時間(数 ms～10 s)に上昇させて吸着物質を脱離させることができる．当初は吸着量の一測定法であったが，Ehrlich がいろいろな強さの吸着状態があることを認めて以来，物理吸着および化学吸着を区別したり，脱離の活性化エネルギーの異なる吸着を測定したり，脱離温度と脱離物質量の関係を示すスペクトル TDS (thermal desorption spectrum)を得たりするようになった．また近年は，金属フィラメントに代えて単結晶を用い，結晶面の違いによる吸着・脱離挙動の研究も行われている．

　もう一つはキャリヤーガスを流しながら普通の粉末や粒状触媒上の吸着物質を比較的ゆっくりと(数 K min^{-1}～50 K min^{-1})温度を制御しながら加熱し脱離させる TPD (temperature programmed desorption)で，Amenomiya により創始された．不活性ガスをキャリヤーとし流路の下流に検出器を設置し，脱離物質量と脱離温度の関係を連続的に表す曲線を得る．装置がガスクロマトグラフに似ていることから，当初この曲線は昇温脱離クロマトグラムと命名されたが，現在では昇温脱離スペクトルということが多い．TPD は質量分析系やガスクロマトグラフ系と連結して脱離物質の分析をすることができ，脱離物質の同定，定量が可能である．近年は，不活性ガスに変えて反応性ガスを用いて吸着物質を反応させ，脱離物質や反応生成物の分析，表面サイト活性の温度依存性などの情報を得る研究にも用いられている．

　ガスを吸着した固体(例えば触媒)の温度を連続的に上昇させると，脱離が吸着種の表面濃度に1次であり，かつ，脱離ガスの再吸着がない場合

$$V_\mathrm{d} = -v_\mathrm{m}\mathrm{d}\theta/\mathrm{d}t = k_0\theta\exp(-E_\mathrm{d}/RT) \tag{1}$$

ここに，V_d は吸着ガスの脱離速度，v_m は飽和吸着量，θ は被覆率(吸着率)，k_0 は脱離速度定数の頻度因子，E_d は脱離の活性化エネルギー，R は気体定数，T は温度，t は時間である．脱離速度は温度上昇とともに急激に増加するが，脱離により θ が減少

するので極大を示す．

昇温速度を β，昇温開始温度を T_0 とすると，
$$T = T_0 + \beta t \tag{2}$$
式（1）に式（2）を代入し
$$-v_m \beta d\theta/dT = k_0 \theta \exp(-E_d/RT) \tag{3}$$
脱離速度が極大になる温度 T_M では，$d^2\theta/dT^2$ であるから
$$2\ln T_M - \ln\beta = E_d/RT_M + \ln(v_m E_d/k_0 R) \tag{4}$$
昇温速度を一定にすれば，T_M は k_0 と E_d（つまり吸着種と吸着サイトとの相互作用の大きさ）で決まる．相互作用が大きいほど T_M は高温になる．相互作用の大きさが異なる吸着サイトが存在する場合は，複数のピークが現れる．また，昇温速度を変化させると式（4）の左辺は，T_M と直線関係があるので，脱離の活性化エネルギー E_d を求めることができる．

いったん脱離したガスの再吸着が起こる場合，脱離と再吸着の平衡を仮定すると，
$$2\ln T_M - \ln A_0 W/F = \Delta H/RT_M + \ln[\{\beta(1-\theta_M)^2(\Delta H - RT_M)\}/\{P_0 \exp(\Delta S/R)\}]$$
ここに，W は触媒（吸着剤）量，F はキャリヤーガス流速，ΔH は脱離熱，ΔS は脱離のエントロピー，θ_M はピーク時の被覆率，A_0 は吸着サイトの濃度である．再吸着が起こると，脱離ピークの形は幅広くなり，T_M は θ_M および A_0 によっても変化する．さらに，触媒の細孔内拡散の影響がある場合もピーク形や T_M が変化する．

例として，白金上の吸着水素の昇温脱離クロマトグラムを図示する．古くは，白金上の水素吸着には強い吸着と弱い吸着があるといわれていたが，四つのピークが認められ，赤外吸収測定の結果などと組み合わせて，4種類の吸着状態があることがわかった．さらに，昇温加熱の途中停止，再吸着，再昇温，同位体使用による染め分けなどを組み合わせて，各吸着状態水素の反応性に関する情報も得られている．

また，固体酸触媒*上に吸着させたアンモニアの昇温脱離クロマトグラムは，表面の

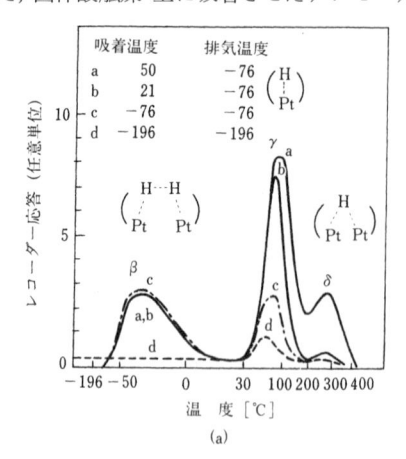

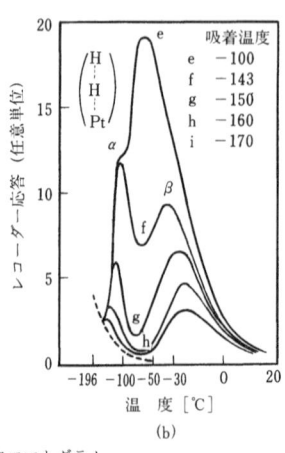

白金上に吸着した水素の TPD クロマトグラム

酸特性に関する情報として利用されている．

〔土屋　晋〕

→酸・塩基測定法，酸強度

小角散乱　small angle scattering　→ X 線小角散乱

焼　結　sintering　→シンタリング

硝酸の製造　nitric acid synthesis
　古くは硝石の酸分解によって製造されていたが，1913 年のアンモニア合成法の工業化に伴い，アンモニアの気相接触酸化法（オストワルド法）が工業化され，現在はすべてこの方法によって製造されている．反応の工程は① Pt-Rh 合金触媒上，800～900℃におけるアンモニアの空気酸化による NO の合成，②反応ガスを冷却して NO と過剰の酸素との反応による NO_2 の生成，③ NO_2 の水への吸収の 3 工程からなる．このようにして得られる硝酸の濃度は通常 5.5～6.3 W %であり，希硝酸とよばれる．濃硝酸を得るには硫酸あるいは硫酸マグネシウムを脱水剤とする希硝酸の抽出蒸留や，NO と N_2O_4，水，酸素を高圧下で反応させる直接合成法が用いられる．

〔吉田郷弘〕

蒸着膜　evaporated film
　金属や金属酸化物試料を真空中で加熱し，その蒸気を基板表面に析出させて得られる薄膜を蒸着膜という．試料の加熱方法には電気抵抗を利用する方法と電子ビームを利用する方法がある．電気抵抗加熱ではタングステンやタンタルなどの高融点材料をボート形やらせん形に成形し試料保持台として用いる．これを通電加熱し試料を蒸発させる．この方法では，1000℃以下で溶融する試料を対象とする．電子ビーム法ではタングステンフィラメントから放出される熱電子を数 kV の高電圧で加速し，試料表面に収束して加熱する．帯電により電子が蓄積する一部の絶縁体を除けば，融点が 1000℃以上の試料であっても蒸着が可能である．組成や膜厚の均一な蒸着膜を作製するためには試料と基板との間隔を長く（20 cm 程度）し，基板を予備加熱しておくことが好ましい．基板との間隔が短すぎたり，基板の予備加熱を怠ると島状の不均一な膜となる．また，基板の前面にはシャッターを取り付け，試料の蒸発速度が定常になってからシャッターを開いて基板上に析出させるような工夫も必要である．通常は析出基板の近傍に水晶膜厚計を設置し，水晶発振子の発振周波数の変化から膜厚を算出できるようにしてある．蒸着膜は清浄な金属表面の調製法として一時よく用いられた．組成的には純粋であるが，表面構造が不明確である点が欠点である．　〔上野晃史〕

衝突理論　collision theory
　化学反応の速度を分子間の衝突に基づいて求めようとする理論をいう．この理論で

は，二分子気相反応 A+B → P(生成系)を例にとると，気相にある分子 A, B 間の二分子反応は，分子間衝突のうち両分子の中心線上での相対運動のエネルギーが活性化エネルギー E^0 を越えるときに起こるとする．したがって，A, B 分子の単位時間当りの衝突数を Z，また A, B 分子の単位体積当りの分子数をそれぞれ n_A, n_B とすると，反応速度 v は，

$$v = Ze^{-E^0/RT} = kn_A n_B$$

となる．ここで，R は気体定数，および T は絶対温度である．したがって，反応速度定数 k は

$$k = Z^0 e^{-E^0/RT}$$

となる．ここに，Z^0 は単位濃度($n_A = n_B = 1$)の場合の衝突数．気体分子運動論によると分子間の衝突数は $T^{1/2}$ に比例するから，衝突論では頻度因子が温度依存性をもつことになる．しかし，頻度因子の温度依存性は，高温反応以外では寄与は小さく，頻度因子に温度依存性をもたないアレニウス式*に近似される．衝突理論では，活性化エネルギーの値を理論的に与えることはできない．また，実験的に決定された活性化エネルギーを用いて，実験的に Z^0 の値を計算して，衝突論から計算される Z^0 の値と比較すると，小さな分子どうしの反応では，比較的よい一致をみるが，大きな分子では，実験値は理論値に比べて，非常に小さな値となる．不一致の原因が，反応における衝突の有効性が分子の大きさや形状に依存するとして，次のように書き直す．ここで，p は立体因子とよぶ．

$$k = pZ^0 e^{-E^0/RT}$$

p の値は，K+HCl → KCl+H では 1.2，H+HCl → H_2+Cl では 0.039，PH_3+B_2H_6 → PH_3BH_3+BH_3 では 7.4×10^{-6} である．p の値は，実質的には，導出方法からわかるように修正因子であり，理論的に求めることはできない．単分子反応に対しては，二つの分子間の衝突で一つの活性分子が生成し，この生成過程と逆の失活過程は擬平衡状態にあり，反応は活性分子の分解により進むとするリンデマン機構を考えることで適用できる．衝突理論では上に述べたように，活性化エネルギーおよび立体因子の物理的意味が必ずしも明確でないため，遷移状態理論にとって代わられたが，最近では，量子力学的に衝突過程を考慮した理論が発展しており，分子線を用いた衝突過程の実験結果との比較が行われている． 〔井上泰宣〕

→遷移状態理論，活性化エネルギー

蒸発乾固法　evaporation to dryness method ─────

担体*を使った触媒調製法の一つであり，含浸法*の範疇に含まれる．その手法は，目的とする活性成分を溶解した溶液に担体を浸した後，撹拌しながら湯浴などの加熱体の上で溶液を徐々に蒸発させ，活性成分を担体上に乾固付着させる．乾燥後，高温での焼成を行い，目的に応じた活性化処理を施す．この方法は，活性成分と担体の親和性が弱い場合(例えば吸着力が小さい)や高担持量を得たい場合(吸着法では飽和吸着量が決まっておりそれ以上担持することができない)によく用いられるが，担持され

た活性成分の粒子径が不均一になりやすいことや，その活性成分が均一に分散されないなどの欠点がある．また，触媒の性能が蒸発乾固の過程に強く依存するため，活性の再現性を得るためには注意が必要である．　　　　〔上野晃史・角田範義〕
→担持触媒

触　媒　catalyst

　触媒は，古代中国やエジプトでのアルコール発酵，酢製造やワイン製造以来，人類の生活と深く長くかかわってきている．今日の化学工業の重要な化学プロセスのほとんどは触媒によって実現され，日常使われる大部分の物質が触媒により生産されているといっても過言ではない．触媒の応用分野は，資源，エネルギー，物質合成，環境改善など多様である．世界の触媒の売上げは 1989 年には 51 億ドル，1994 年には 73 億ドルに増加し，2000 年には 100 億ドルを超すと予測されている．化成品製造と石油精製関連では触媒価格の 500〜1000 倍の製品価格を生むとされ，脱硝，自動車排ガス浄化などの環境関連触媒を含めると，触媒が社会経済に与えるインパクトは非常に大きいことがわかる．

　18 世紀にはすでに硫酸の製造プロセスや硫酸によるアルコールからのエーテル製造が行われていたが，科学的な意味での触媒の研究は，19 世紀初頭の塩酸など無機酸によるデンプンの糖への分解反応の促進(1811 年，Kirchhoff，ロシア)の発見といえる．19 世紀初めには白金線上での空気による石灰ガスやアルコールの燃焼(1817 年，Davy，英国)，白金による SO_2 の SO_3 への酸化(硫酸製造)(1831 年，Phillips，英国)など，多くの触媒現象が見いだされていた．このような触媒による作用に対して，1835 年，Berzelius(スウェーデン)は catalysis(触媒作用)なる名称を用いた．また，1901 年，Ostwald(ドイツ)は触媒に対して，速度を変化させるが生成物には現れない物質，という定義を与えた．この初期の漠然とした定義は今日でも正しいが，触媒作用の機構が次第にわかってくると，それに対応した触媒の働きを含めた定義がなされるようになっている．触媒(catalyst)という言葉を用いたのは Armstrong(1942 年)である．

　触媒は，反応系に比較的微量存在してそれ自身は見かけ上は変化せず(反応前後で変化しない)，その化学反応の量論に無関係(反応式には現れない)であり，反応の平衡には実質上影響を与えないが，化学反応の速度を増大させる．すなわち，触媒は，新しい反応経路を生み出すことにより，反応分子を生成分子に転換する化学機能物質である．触媒はそれ自身が触媒活性を示す物質であるが，真の触媒活性種が反応系の中でつくられることもある．反応初期に自身が変化・変質することにより触媒作用を示す物質も，実用上，触媒という．

　反応物質と触媒が同一相である場合，均一系触媒といい，異なる場合，不均一系触媒という．これらの触媒によって進行する反応をそれぞれ均一系触媒反応，不均一系触媒反応という．

　一般に触媒反応は幾つかの素反応からなる複合反応であり，触媒はそれらの素反応に関与し，つまり触媒は変化しつつ触媒サイクルを形成する．例えば，均一系金属錯

体触媒では，一つの触媒サイクルの中で素反応ごとに錯体の配位構造や酸化状態が変化したり，金属酸化物触媒では，触媒表面は素反応ごとに還元と酸化を交互に受けたり，触媒はダイナミックに変化しながら反応分子を生成分子に変えていることがわかる．触媒表面の構造が反応中変化することは金属触媒においても知られている．しかし，重要なことはいずれの場合でも，1反応サイクル後には触媒は完全に元に戻る．

活性，選択性*，および寿命は触媒の有効性をはかる重要な触媒機能の三要素である．「活性」は反応速度を意味し，ターンオーバー頻度*(TOF：turnover frequency)で表されることも多い．TOF は一つの活性点当り単位時間に何分子の生成物を与えるかを示すもので，10^{-5} s^{-1}(1日に1触媒サイクル)から 10^9 s^{-1}(10気圧でのガス衝突速度に相当)までの広い範囲の触媒反応がある．活性が高ければ触媒量が少なくてすむし低温で反応が可能となり，また反応装置も小さくてすむ．「選択性」は複数の反応経路が可能であるとき，特定の反応がどれだけの割合で進行するかを表したものである．触媒は反応の平衡値を変えないが，複数ある反応のなかで平衡論的には不利であっても目的の反応を選択的に進行させることができる．高選択性は，資源の節約，廃棄物の減少，環境改善，分離精製の簡略化につながる．「寿命」は，特に工業プロセスが成功するかどうかに大きく影響する．クラッキングのように比較的寿命の短いものから，アンモニア合成のように 10^9 回もサイクルする長い寿命の触媒までさまざまである．触媒機能の劣化の原因には，活性成分の変質・飛散，活性成分・担体のシンタリング，毒物質の吸着，機械的破壊・摩耗，炭素析出などがあげられる．

実用触媒の分類

金属触媒 (担持，単体)	水素化，脱水素，酸化，還元，改質，脱硝
金属酸化物触媒　遷移元素酸化物	選択酸化，完全酸化，水素化，脱水素，脱硝
典型元素酸化物	異性化，水和，クラッキング，脱硝
錯体触媒	水素化，異性化，酸化，重合，カルボニル化
その他(硫化物，塩化物，有機塩，硫酸，イオン交換樹脂など)	脱硫，脱窒素，アシル化，オキシ塩素化，重合，酸化，水和，脱水，エステル化
生体触媒	酵素反応

実際に使用される触媒の種類は多種多様である．主なものを表に示す．原料の多様化などに対応して，新しい触媒プロセスが開発されている．例えば，酢酸合成は，アセチレンの水和(Hg 塩触媒)→エチレン酸化(Pd 塩触媒)→メタノールのカルボニル化(Rh 錯体触媒)へと，触媒プロセスは変遷した．　　　　〔岩澤康裕〕
➡触媒作用，不均一系触媒反応，均一系触媒反応

触媒形状(成形)　shape (forming) of catalyst ────────

固体触媒を工業的に使用するにあたっては，反応器に触媒を充填して使われることになる．この際注意しなければならないこととして，触媒を充填した触媒層の圧力損失* ΔP，反応流体の混合や偏流の度合，さらに充填した触媒の機械的強度*，ぬれ効率，触媒有効係数*などである．触媒反応は基本的に表面反応であるので，できるだけ有効な表面積を大きくとることが要請される．反応によっては触媒有効係数が影響す

るので,マクロな触媒形状は小さいほうが好ましいが,逆にあまり小さくなりすぎると反応器にかかる圧力損失が大きくなりすぎてしまう.したがって,工業的に反応器に充填される触媒には,最適な触媒形状が存在することになる.そしてこのような形状に触媒を製造する方法が,触媒成形である.一般に使われる触媒にはさまざまな形状がある.代表的な形状には,表に示したように円形,リング,丸粒,押出し成形品,球粒,顆粒などがある.触媒形状の選択は,反応形式(固定層か流動層か),有効係数が効く反応か否かなどに依存する.また,単に触媒性能ばかりでなく,触媒を輸送したり充填した際に破壊しない程度の機械的な強度も必要とされる.

種々の工業触媒形状

分類	反応系	代表形状	大きさ	典型図
錠剤 (tablet)	固定層	円 形	3〜10 mm	
リング (ring)	固定層	リング	10〜20 mm	
丸粒 (sphere)	固定層	球	5〜25 mm	
	移動層			
押出し品 (extrusion)	固定層	円柱状	0.5〜3*	
		三つ葉状ほか	10〜20 mm	
球粒 (bead)	固定層	球	0.5〜5 mm	
小球粒 (microshere)	流動層	微小球	20〜200 μm	
顆粒 (granule)	固定層	不定形	2〜14 mm	
粉末 (powder)	懸濁層	不定形	0.1〜80 μm	

〔松本英之〕

触媒作用　catalysis

　化学反応に対する触媒の作用.触媒反応は触媒の作用によって進行する反応であり,反応系と触媒の状態の違いから,均一系触媒反応*と不均一系触媒反応*に大別される.触媒反応の過程は,(1)触媒作用が行われる触媒の部分(活性点*)への反応分子の拡散などによる接近,(2)活性点への吸着あるいは配位,(3)活性点上の反応,(4)生成物分子の活性点からの脱離,(5)拡散などによる触媒から気相などへの生成物分子の離脱,から成り立つ.多孔質触媒の場合,反応速度はしばしば(1)や(5)の拡散過程に支配される場合もあるが,通常,反応過程の活性化エネルギー*は他の過程に比べて大きいので,(3)が律速段階*となる.このとき反応速度は活性点あるいは活性種の数に比例するから,触媒が均質であれば速度は触媒量あるいは表面積に比例することになる.触媒反応が化学平衡を越えて進むことはないが,生成物のうち平衡論的に不利なものを選択的に合成することは可能である.

図1のように無触媒ではエネルギー障壁(E'(無触媒))が大きくて反応(A+½B_2→AB)しないものが,触媒があるとエネルギー障壁の小さい幾つかの素反応からなる別の反応経路により,反応が速やかに進行する.図1では,固体触媒上で分子 B_2 が解離して B(a)となり吸着分子 A(a)と反応して AB(a)を与え,触媒から AB 分子として脱離していく.例えば,A が CO 分子であり,B_2 が O_2 分子であるとき,触媒の最も重要な働きは O_2 分子を反応性の高い原子状酸素 O(a)に転換することにある.Pdなどの貴金属触媒では,結合エネルギーの大きな O-O 結合の解離反応がほとんどエネルギー障壁なしに起こる.図2に Fe 触媒上でのアンモニア合成反応経路のエネルギープロフィルを示す.Fe 触媒上での鍵過程は N_2 の解離であり,そのエネルギー障壁 E_a の値は触媒表面の窒素濃度に依存して変化する.さらに H_2 はほとんどエネルギー障壁なしに原子状水素 H(a)へと解離して N(a)と逐次的に反応して最終的に NH_3 が生成する.これらの反応のエネルギー障壁はどれも小さく反応は速やかに進行

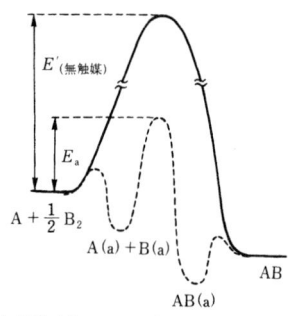

図1 触媒反応と無触媒反応のエネルギープロフィル (反応 A+½B_2→AB)

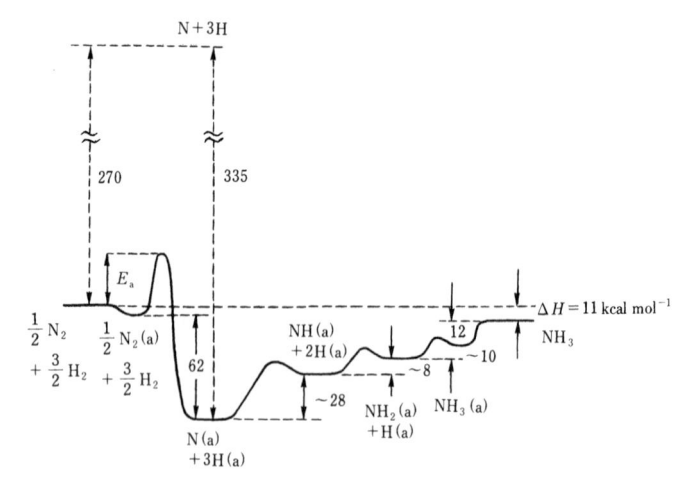

図2 Fe 触媒上でのアンモニア合成反応経路のエネルギープロフィル

する．

　触媒作用が化学現象であることを明確に述べたのは Sabatier(1918)である．Sabatier は反応中間体*は生成されやすく，なおかつ反応性に富んだものであると考えた．Balandin も吸着エネルギー的な考察から同様な結論に至っている．この考えによると，中間体が不安定の場合，その生成が律速になって反応は遅くなり，一方，中間体が安定すぎると次に続く反応が遅くなりやはり反応は遅くなる．したがって，活性を中間体の安定性に対してプロットすると火山型パターン(火山型活性序列*)が得られる．また，金属上のギ酸の分解反応($HCOOH \rightarrow H_2 + CO_2$)は，ギ酸イオン($HCOO^-$)を中間体として進むが，各種金属によるギ酸の分解速度を中間体の安定性の尺度である金属ギ酸塩の生成熱に対してプロットすると，火山型の関係(火山型活性序列)が得られる．また，金属酸化物触媒(MO)上の一酸化炭素の酸化反応($CO + \frac{1}{2} O_2 \rightarrow CO_2$)は，$CO + MO \rightarrow CO_2 + M$ (触媒の還元)と $M + \frac{1}{2} O_2 \rightarrow MO$ (触媒の再酸化)の二つの過程からなるレドックス機構(Mars-van Krevelen 機構*)により説明されているが，活性を酸化物(MO)の安定性に対してプロットすると火山型パターンが得られる．高い反応速度は，適当な安定性をもったギ酸塩を形成する金属や適当な還元/酸化特性をもつ酸化物で得られることになる．火山型の関係は多くの触媒反応系で観察されている．

　触媒作用発現の基本的因子(触媒概念)については多くの説が提案されてきた．Taylor(1925)は固体表面の一部のサイト(活性点)が触媒活性を示すとし，活性中心の考えを提出した．Balandin(1929)は反応分子に適合する表面の幾何学的構造が重要であると考えた．Boudart は，活性(ターンオーバー頻度*)が金属微粒子径に依存するかどうかで構造敏感型反応*，構造非敏感型反応*とに分類した(1966)．一方，構造と関連する電子状態が重要であるとの指摘もある．例えば，金属触媒活性と金属の電子密度との関係(Schwab(〜1940))，金属の％d特性(金属間結合(dsp混成)におけるd電子の寄与の度合)と活性との相関(Boudart(1950))，バンド理論による電気伝導率との関係(Schwab(1957))，あるいは個々の金属イオンの電子状態との関係(Dowden(1956))，配位不飽和度との関係(Siegel(1973))などである．また，Sachtler(1977)は合金触媒においてはアンサンブル効果*とリガンド効果*が存在するとした．ゼオライト*など固体酸触媒では固体の酸強度，酸量，分布が活性と大きく関係する．このように，触媒作用には種々の要因が関係し一様でない．触媒の活性や選択性の要因，反応機構など触媒作用の本性を明らかにするためには，活性点あるいは活性種が微量であり，触媒の作用状態における動的特性が重要になるため，反応条件下での測定が肝要である．

　触媒作用の機構を調べる方法は触媒の種類により多様である．構造に関する情報は透過および走査電子顕微鏡*，XRD*，EXAFS*/XANES，STM*/AFM*，核磁気共鳴スペクトル*，ラマン分光法*，SIMS などにより，電子状態(酸化状態)に関する情報はX線光電子分光法*，UPS*，紫外可視分光法*，ESR*などにより，また吸着種に関する情報は赤外分光法*，ラマン分光法*，核磁気共鳴スペクトル*，ESR*，昇温脱

離法*などにより得られる．　　　　　　　　　　　　　　　　　〔岩澤康裕〕
→触媒，選択性

触媒充填法　catalyst loading method
　大きく分けてソック・ローディング（sock loading）とデンス・ローディング（dense loading）がある．ソック・ローディングでは，作業者が充填面に降り立ち，布製の長い袋を通して送られる触媒粒子を反応器の底から充填する．しかし，充填触媒の表面が傾斜しやすく反応流体の偏流を引き起こしやすい．デンス・ローディングは触媒充填機を反応器中心に設置し，半径方向に触媒粒子を散布する方法であり，ソック・ローディングよりも10％程度多く充填でき，触媒粒子は最密充填に近い状態となる．そのため，この方法が多くの場合に採用されている．この方法の改良として，レーザー光と高感度カメラによって充填中の層表面の各位置を観測しながら，充填中の層表面が水平になるように触媒充填機を制御する方法が開発されている（例えば，分配板の回転数を円周部と中心部に対して別々に設定する）．また，触媒を放出する部分（回転円盤）の形状には触媒の粉化を防止する工夫がなされている．上記の方法以外にも，触媒粒子を液体中に浮遊させて反応器内に充填するスラリー充填法もある．

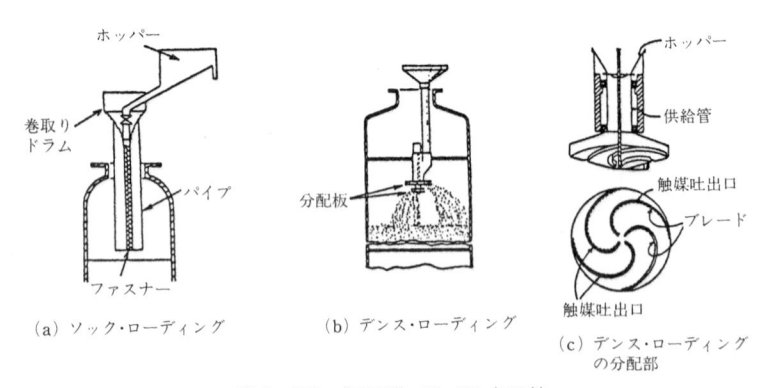

(a) ソック・ローディング　　(b) デンス・ローディング　　(c) デンス・ローディングの分配部

（鈴木，相良，化学工学，**58**，883（1994））

〔増田隆夫〕

触媒調製　catalyst preparation
　触媒調製とは，通常，固体触媒の合成法のことで，触媒機能を有する物質を表面に保持している固体を調製することをいう．ここで，調製とは単にその結晶構造をもつ固体を作製することを意味するのではなく，そのような固体を作製しかつ表面に触媒物質を生成させることを意味している．それは，触媒作用が化学物質としての化学的特性のほかに物質表面の構造にも強く依存しているためである．その表面構造は，多くの場合その調製法に依存するが，経由する中間化合物によっても定まるものもあり，

好ましい表面構造を作製する方法として多くの手法が提案されている．
　一般に，基本的な触媒調製の過程は，次のように行われる．
　(1) 目的とする触媒活性成分を決める．
　(2) 触媒を調製する準備をする．資料探索などから最適な触媒調製法(例えば，含浸法*，ゾルゲル法*，イオン交換法*，沈殿法*，混練法*，共沈法*，蒸発乾固法*，化学蒸着法*など)を決定する．
　(3) 担体*を決める．担持触媒の調製を目的とした場合，担体の性質(酸・塩基性，表面積，細孔径，化学的安定性，など)を考慮し，選択した担持法に有効な担体を選ぶ．
　(4) 調製法に従い触媒の中間物質となる前駆体を作製する．
　(5) 触媒前駆体の洗浄を行う．一般に，塩を出発物質に用いた場合，不要な対イオンが触媒上に残留するが，これを取り除くために洗浄という操作を行う．しかし，洗浄によって形成した前駆体が変化する場合もあるので注意する必要がある．なお，調製法によっては，この洗浄という操作を省略するものもある．
　(6) 触媒前駆体を乾燥する．この前駆体から，溶媒の除去あるいは粉体化を低温で行う処理をいう．このときの処理方法が，触媒の性質を左右する場合がある．特に担体と触媒活性成分の相互作用が弱いときなどは，乾燥処理によって活性成分の分散が不均一に偏析する可能性があるので，温度・処理時間に注意を払う必要がある．
　(7) 触媒を成形*する．使用する反応装置に合った触媒粒子の形状を機械的強度についても考慮して作製する．特に，工業的に行う場合には重要な過程である．
　(8) 触媒の焼成を行う．乾燥処理によって保持された触媒活性成分を安定に固定化するための，高温処理をいう．
　(9) 触媒の活性化*を行う．反応の目的に応じ，反応の選択性を高め，活性点の状態を変化させるために行う処理で，還元雰囲気など処理雰囲気の選択が重要である．
　このような手順で触媒は調製され，実際の反応に使用されることとなる．重要な点は，目的とする反応に対する調製法の決定と得られた触媒の再現性である．特に，実験室レベルからスケールアップをはかる場合，熱や濃度の不均一性に関するさまざまな現象が出現して再現性が失われることがあるので注意が必要である．

〔上野晃史・角田範義〕

触媒毒 catalyst poison ────────
　触媒反応は触媒表面の活性点上で進行する．したがって，反応ガス中に含まれる不純物などが活性点に強固に吸着すると，触媒反応の進行を阻害することになる．このような不純物のことを触媒毒(あるいは毒物質)といい，触媒毒により反応の進行を阻害されることを被毒という．触媒毒による被毒が容易に回復できるかどうかにより，永久被毒と一時被毒に分類される．アンモニア合成では反応ガス中に含まれる硫化水素が触媒毒となり触媒を被毒する．被毒された触媒では硫化水素を除去した反応ガスを用いても活性の回復は観測されない．これは永久被毒である．一方，アンモニア合成で反応ガス中に水蒸気が混入すると活性は低下するが，反応ガスから水蒸気を除去

すると活性は回復する。これは水蒸気による一時被毒である。永久被毒と一時被毒の違いは活性点上における触媒毒成分の化学吸着*の強さにより説明される。反応ガスよりも強く吸着する場合は永久被毒となり，弱い場合は一時被毒となる。また，活性点の反応性が均一である場合には触媒毒の吸着量に比例して触媒活性が低下するが，活性点の反応性が不均一である場合には反応性の高い活性点から被毒されるので，触媒毒の吸着量と触媒活性の低下には比例関係が観測されない。

遷移金属触媒による水素化活性は最外殻に存在するd軌道の電子に由来するので，これらの電子と強い相互作用をもつ以下のような化学物質は触媒毒になる。(1)非共有電子対をもつ15族(N, P, As, Sb)および16族(O, S, Se, Te)の元素またはその化合物，(2)d軌道が電子で満たされている金属または金属イオン($Cu^+, Ag^+, Cd^{2+}, Hg^{2+}, Ni^{2+}$など)，(3)不飽和結合をもつ分子($CO, C_2H_2$，芳香族，ジエンなど)。(1)の代表例は硫化水素やピリジン，チオフェン，アンモニアなどで，これらは白金触媒*やパラジウム触媒上での水素化反応の触媒毒となる。(2)は白金やパラジウムなどを液相水素化触媒として用いたときに観測される現象で，上述の金属イオンが存在すると触媒毒となり活性が低下する。(3)は不飽和結合が触媒の活性点に強く吸着するための被毒であり，例えばベンゼンは白金触媒に強吸着してシクロヘキセンの水素化反応を阻害し，アセチレンはニッケル触媒に強吸着してエチレンの水素化を被毒する。また，COは鉄触媒に強吸着しアンモニア合成反応を阻害する。

ゼオライトやシリカ-アルミナなどの固体酸触媒*は炭化水素の重合*や分解，異性化*反応に使用されるが，反応ガス中にアルカリやアルカリ土類金属の蒸気，ピリジンやキノリンなどの塩基性物質が混入するとこれらが触媒毒となり，活性が低下する。その他，反応中に析出した炭素分が触媒の活性点をおおい触媒反応の進行を阻害する。この現象はコーキング*とよばれる。　　　　　　　　　　　　　　　〔上野晃史〕

→活性劣化，活性点，活性中心説，活性成分

触媒燃焼　catalytic combustion

触媒燃焼は，炭化水素や含酸素化合物，水素，一酸化炭素などの燃焼反応を触媒を用いて通常の火炎燃焼よりも低温で効果的に進行させる方法で，生成物はすべてCO_2，H_2Oとなる完全酸化反応である。揮発性有機化合物(volatile organic compound)の燃焼はVOC酸化ということがある。応用としては排ガス中の未燃ガス，有

触媒燃焼の応用例

燃焼温度域	応用機器例
低温域	防毒マスク，懐炉，喫煙パイプ，ライター，アイロン，石油ストーブ，練炭などの着火源，ガスセンサー，水素燃焼器，バッテリー
中温域	自動車排ガス浄化，産業排ガス浄化および熱動力回収システム，各種脱臭装置，排ガス浄化および熱回収システム，触媒燃焼ヒーター(暖房機・乾燥機)，調理器，炉内浄化，発熱量センサー
高温域	ガスタービン(発電用・電力-熱併給システム・自動車用)，ボイラー

害物質，悪臭物質の除去・無害化などの環境浄化用を目的とするものと，種々の民生用加熱機器，暖房用ヒーター，熱機関用燃焼器などの熱発生(回収)を目的とするものの2種がある．使用温度域によって低温(室温〜300℃)，中温(300〜800℃)，高温(800℃以上)に分類される．触媒燃焼を利用した点火装置，燃焼による温度上昇を検出する可燃性ガスセンサー，ストーブの排ガス浄化，アイロン，ドライヤー，ヒーターなどの加熱機器は身近に見られる実用例である．

　触媒燃焼は通常の火炎燃焼と比較して次のような特徴があげられる．(1)燃焼速度が大きく，燃焼効率も高い．したがって大量の燃料の燃焼ができ，かつ無炎燃焼のため局部的に高温にならないので安定した燃焼が得られる．(2)低温で酸化反応が進行するのでサーマル NO_x がほとんど発生しない．(3)希薄な有機化合物を含む排ガスなど広範な空気/燃料比に対応できる．(4)触媒表面で反応が進行するため気相反応に比べて表面が高温に維持され，これによって着火源が提供されるので，火炉容積を小型化できる．(5)断熱反応器の場合，熱回収や動力としてエネルギー回収が可能となる．さらに反応温度，空気/燃料比を変化させることにより回収すべき熱量を自由に調節できるなどがあげられる．同時に問題点としては，(1)気体および液体燃料以外の燃焼は難しい．(2)燃料と空気の予混合が必要になる．(3)触媒の劣化損耗による交換が必要になる．(4)触媒の価格が高いなどがあげられる．

　燃焼用の触媒は通常，圧力損失を低減する目的からハニカム型モノリス構造やセラミックフォームの形状を与えられて用いられる．触媒は貴金属など活性物質とアルミナなどの担体およびコージェライトなどハニカム状の構造材料などの要素から構成される．高温用触媒では材料間の固相反応および熱膨張のミスマッチを避けるために活性な触媒成分のみでハニカム燃結体を構成することもある．

　燃焼触媒として第一に要求されるのは高い燃焼活性である．できるだけ低温で燃焼が開始し，かつ運転条件範囲において常に出口で完全燃焼が達成できるように十分に高活性であることが要求される．活性を高温条件下でも維持するために，広い反応表面積を保つ耐熱性も必要である．他に圧力損失が低い，すぐれた耐熱衝撃性を有することなどが要求される．低温で動作する燃焼触媒では低温で燃焼を開始し，燃焼を完結させる高い活性が最も重要である．一方，個々の反応サイトが十分な活性を示すような高温では活性成分の揮散や表面積の低下などによる活性低下，熱衝撃による触媒層の構造破壊をいかに避けるかが重要となる．

　一般に最も活性な燃焼触媒材料は Pd, Pt などの白金族の貴金属触媒材料である．しかし，高温で揮散しやすく，また500〜900℃の中温度領域において焼結しやすい欠点がある．現在のところ，Pd が低級の炭化水素に対し高い活性があることに加え，アルミナ担体との相互作用により耐熱性が向上するなどの利点を有することから用いられることが多い．また Au は貴金属のなかでも特に反応性が低い金属であるが，その粒径を著しく小さくすると担体との相互作用によって特定の化合物の燃焼に高い活性を示す場合がある．

　卑金属系酸化物は貴金属より一般に廉価であるだけでなく，ある種の用途には貴金

属よりすぐれていることから注目されている．ABO_3の組成式で表されるペロブスカイト型複合酸化物で，AサイトにLaなどの希土類，BサイトにCo, Mnなどの遷移金属を含むものが貴金属触媒に匹敵する高い酸化活性を示す．その触媒作用はLn^{3+}の一部をSr^{2+}で置換することにみられるような原子価(格子欠陥)制御に強く影響を受けることが知られている．一般にペロブスカイト型酸化物は900℃以下の領域で高い活性を示すので中温ないし高温域の低温側の使用に適している．高温では焼結(シンタリング*)が顕著に進行するため，低表面積となり活性が低下する．

AB_2O_4の組成式で示されるスピネル型酸化物のうち，特に活性の高いMn, Co, Ni, Cu系のもの(Co_2MnO_4, Co_2NiO_4など)は複合化により表面過剰酸素量の増加を起こし，活性が増加する．Cu系のスピネル化合物は卑金属のなかでは比較的高いメタンの酸化活性を有する．スピネル系の金属酸化物は揮発性有機化合物の燃焼除去用の触媒としても検討されている．

特定の結晶相が難焼結性である点を利用した高温触媒材料としてはLa-β-アルミナ，Ba-ヘキサアルミネートなどの一連の層状アルミネート化合物がある．燃焼触媒の耐熱性としては最も高いが，活性が貴金属よりも低いため高温の使用条件に適する．これらの化合物はスピネルブロックと鏡映面が交互に重なる層状構造を有しており，この極端な結晶成長の異方性が耐熱性，難焼結性をもたらしている．また，結晶構造内のAlサイトの一部をMn, Feなどの遷移金属で置換して燃焼触媒活性を付与することができる．

一般に触媒燃焼炉は空気と燃料の予備混合と予備加熱層および触媒層から構成される．触媒層の最初の部分では触媒温度は低く，化学反応律速となり，全反応速度は触媒の表面化学反応速度に支配される．この表面化学反応律速領域では反応速度は温度に対して指数関数的に増大する．高活性な触媒，より高温もしくはより高濃度な燃料で反応を行うと，表面化学反応は非常に速くなり全反応速度は表面への反応物の移動が律速となる．物質移動の温度依存性は小さいので反応速度は温度上昇とともにあまり大きくならない．表面において発熱反応がさらに進むと，触媒層のある点から気相ガス温度が著しく高くなり，気相均一反応と触媒不均一反応が同時に進行する．このように触媒燃焼は触媒により酸化反応が開始され，気相に伝播した場合にも安定に燃

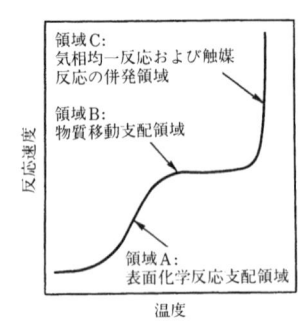

触媒燃焼装置における全反応速度と温度の関係

領域C: 気相均一反応および触媒反応の併発領域
領域B: 物質移動支配領域
領域A: 表面化学反応支配領域

焼が進む．触媒の大きな熱容量により広い空気-燃料組成において常に高効率で燃焼する．希薄燃料でも完全燃焼が期待でき，しかも低い温度で反応が完結するので，NO_x発生を最低に抑えることができる．

燃焼触媒材料の活性や耐熱性の向上により1000℃以上の高温下で運転されるようなプロセスにおいて応用が進められている．特に天然ガス，LPGなどを燃料としてガスタービン用の前段燃焼器に燃焼触媒を応用する試みが活発になされている．この目的では燃料の着火からタービンへ導入する高温域(1000～1400℃)における広い温度域を触媒でカバーする必要がある．高温触媒燃焼法の最大の利点は環境保全であり，NO_xの生成が小さく排ガスの脱硝を必要としない点にある．NO_xの生成反応は温度に強く依存し，通常の燃焼器の運転温度である1500℃以上では空気中の窒素の直接酸化によるサーマルNO_x生成の速度が急増する．触媒の存在下，燃焼温度を1500℃以下に制限することによりサーマルNO_xの生成を抑制することができる．触媒燃焼法には完全燃焼を触媒上で進行させる方法，触媒の耐熱温度まで触媒燃焼を行ったのち気相燃焼に移行させるハイブリッド燃焼，触媒燃焼と気相燃焼との複合燃焼とするなどいくつかの方式が提案されている．いずれも使用する触媒の活性，耐熱性，耐熱衝撃性が極めて重要で，広い温度域で活性をいかに安定に維持するかが触媒設計のうえで重要となる．

〔江口浩一〕

触媒の活性化　activation of catalysts

反応器に充填した触媒は，N_2などの不活性ガスで系内雰囲気を置換してから徐々に反応流体に置き換えていくのが普通である．特に炭化水素や水素を扱う系では，この操作を怠ると空気雰囲気となっている触媒層で，急激な発熱反応が起こり充填したばかりの触媒を駄目にしてしまうばかりでなく，暴発などの事故のもとにもなるので注意しなくてはならない．

このような操作以外に，十分な触媒性能を発揮させるために反応前に特別な前処理を必要とする触媒もある．この操作を触媒の活性化(activation)とよんでいるが，触媒の種類によってその操作方法にはいろいろある．代表的なものは，水素化処理，硫化処理および酸化処理の三つである．

Ni, Co, Cu, Pt, Pdなどの金属触媒では，製造段階は空気中で操作されるために調製後は酸化物の状態になっており，このままでは所期の性能は得られない．酸化物になりにくいPt, Pdなどの貴金属であってもその表面は酸素を吸着しており，そのままでは触媒の性能は十分発揮されないので，いずれも反応前に水素で還元処理をする必要がある．貴金属系の触媒では，単に表面吸着酸素を除くだけで十分であるので，操作温度も200℃以下といった低温でごく短時間行うだけで十分であるが，Ni, Co, Cuなどが主成分の触媒はこれらの元素が安定な酸化物状態となっているために，十分な時間をかけて還元しなければならない．このような還元反応は，以下に示した反応式のように水が副生する大きな発熱反応である．

$$NiO + H_2 \longrightarrow Ni + H_2O$$

$$CoO + H_2 \longrightarrow Co + H_2O$$
$$CuO + H_2 \longrightarrow Cu + H_2O$$

したがって，初期から高濃度の水素を流し，高温で操作すると触媒温度が急上昇し触媒自体をシンタリングによって駄目にしてしまうことがあるので注意が必要である．触媒メーカーやライセンサーなどから出される触媒操作マニアルをよく読み，当該触媒にあった処理，手順を心がけなければならない．還元処理の終了を知る目安としては，水素消費量からこれら酸化物の還元度を計算して知ることもできるし，生成した水の量からチェックすることもできる．このとき，必ず触媒層の温度を記録・監視し，急激な温度上昇を避けなければならない．

脱硫反応などに使われる Co-Mo-Al_2O_3，Ni-Mo-Al_2O_3 などの脱硫触媒は，作用状態では硫化物として機能するので，反応に先立ち硫黄化合物を使った硫化処理を行う．反応系が気相か液相かによって硫化方法も異なる．気相反応の場合には，N_2 ガス中に濃度を厳密にコントロールした H_2S を同伴して，低めの温度から流し始めて触媒層の温度に注意しながら徐々に昇温し，出口にリークしてくる H_2S を監視する．入口 H_2S 濃度と出口 H_2S 濃度が同じになれば，硫化は完了したことになる．灯軽油や重油の脱硫のような液相反応の場合には，ナフサなどの炭化水素油にあらかじめ硫化ジメチルや二硫化ジメチルさらに CS_2 などの硫黄化合物を規定量溶解させておき，それを低温から触媒に馴染ませながら流して徐々に温度を上げていき，この場合も出口 H_2S 濃度を監視する．硫化処理にあたっては，あらかじめ硫黄化合物を含まない油で触媒をよく馴染ませておき，その後に硫黄化合物を入れた油に切り替える．最初の操作はプリウェッティング(prewetting)といわれる．

酸化処理は，触媒が酸化状態で性能を発揮する酸化物系の触媒に対して行われるもので空気や酸素によって行われる．このような触媒の活性化・前処理は触媒性能を最大限発揮させるためには不可欠な操作である．〔松本英之〕

触媒の再生 regeneration of catalyst

触媒を長時間使用していると，徐々に性能が低下してくる．この触媒性能の劣化原因には種々の要因があるが，次のように大別される．
(1) 反応原料から毒物が持ち込まれることによる触媒劣化
　① 原料中に微量毒物が含まれていることによる劣化
　② 反応物，反応中間体，生成物自体が毒物となる劣化
(2) 反応条件での触媒自体の変質による劣化
　① シンタリング，相転移，相分離，固相反応(成分の組成は不変)
　② 反応流体との反応，成分の揮散(成分組成の変化)

実際に運転中にみられる触媒の活性劣化は，これらの要因が複雑に絡みあって，結果として触媒の性能が低下することになるわけだが，こうした劣化した触媒を再び元の性能に復元させる操作を触媒の再生(regeneration)という．反応器中で再生処理を行う場合と，反応器から取り出して再生する場合がある．どんな触媒でも再生できる

というわけではなく，再生が可能なものは触媒の劣化自体が可逆過程であるものに限られる．すなわち，上で述べた触媒劣化要因の分類のなかで劣化原因が触媒自体の変化でなく，毒物などにより毒されたり，反応流体により毒されたような場合には，劣化の原因となった毒物を除いてやれば原理的には元に戻ることになる．しかし，触媒劣化要因が触媒自体の反応中における変化や，毒物による劣化であっても，触媒と毒物との相互作用が強くて毒物を取り除くことが困難な場合や，毒物が触媒と強固な化合物を生成してしまった場合には，もはや再生することができない．

毒物を取り除く再生法としては，単なる物理吸着による毒物の表面被覆が原因であれば，反応温度を上げるだけでも除くことができるので，触媒が劣化してきたら，徐々に反応温度を上昇させて触媒を長く使う工夫が行われている．しかし，どこまでも温度が上げられるわけではなく，触媒の耐熱温度や反応管の材質の制限から自ずから最高温度が決められている．

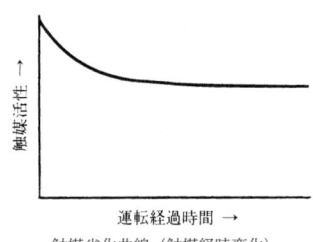

触媒劣化曲線（触媒経時変化）

一方，毒物と触媒との結合が強い場合には，温度を上げるだけでは十分でなく水素や空気などの助けを借りなければならない．このような場合には，一度反応を止めて系内を不活性な流体で洗い，温度も十分に下げてから触媒再生操作を行うことになる．水素による還元により賦活（活性を戻すこと）する触媒の代表は金属触媒であるが，金属は流体中の微量な混入物，例えば P，As，Sb，S，Se，Te などの化合物と強固な結合をつくり，再生できなくなるケースが多いが，単に酸素化合物による酸化や炭化水素による炭素析出が劣化原因の場合には，水素を流しながら還元操作をしてやればまた触媒活性を元に復元させることができる．また，炭素質が触媒上に沈着して劣化するケースは多く，この場合には触媒上に析出した炭素分を空気を流しながら燃やして除去することになる． 〔松本英之〕

触媒の寿命 catalyst life ─────────

「触媒とは自らは反応の前後において不変であり，当該反応の反応速度を速めたり遅らせたりするもの」として定義されているが，万物には，使用期限というものがあり，触媒も次第に性能が変化する．触媒性能が劣化して使用できなくなるまでの期間が触媒寿命である．触媒の場合に，使用期限でなく，寿命といわれるのは，触媒の使われ方が命ある生物のようにみられるからであろう．触媒の性能を長く保持させるためには，十分触媒の健康管理に心がけ，無理をさせないように扱わなければならない．原

料の仕様に注意して触媒にとって毒となるものを混入させない配慮とか，必要以上に反応温度を上げないとかの配慮が必要となる．

　触媒性能の経時変化を見ると，図のように反応開始時には大きな活性低下が見られ，これが落ち着いてほぼ定常状態になってからも時間とともにわずかずつではあるが，性能が低下していく．あるところまで性能が低下すると，原単位の上昇，未反応・副生物の増大による精製のための用役費の増大といった問題が生じてくる．そこで反応を止めて再生できるものであれば触媒の再生*を行うことになる．これで触媒性能が戻ればまた反応に戻ることができるが，これ以上再生しても経済的に引き合わなくなれば，充填されていた触媒を全量交換することになる．このように触媒反応を始めてから，最終的に触媒交換しなければならなくなるまでの期間を，通常，触媒寿命とよんでいる．したがって，同じ触媒であっても，どのような条件で何を反応させるのか，また原料はどの程度精製されたものかなどの条件によって触媒寿命は異なってくることになる．しかしながら，触媒のユーザーからすれば，触媒がどのくらいもつかは重要な情報であるため，多くの市販触媒では2～3年を目標とされているのが現実である．触媒メーカーにとっては，永久に使える触媒を開発してしまうと商売ができなくなるので，なるべく触媒交換を絶えずしてくれたほうがありがたい．そこで性能保証としての期間を1～2年として期待寿命として3～5年とする言い方がされている．

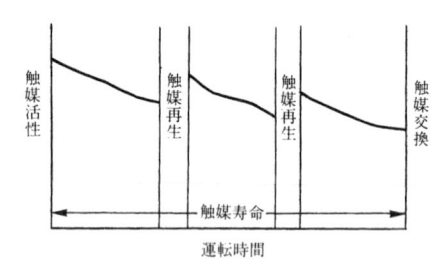

以上の記述は，固定層に充填される触媒が中心であったが，FCC(流動接解分解*)などに代表される流動層*反応器や移動層反応器*のように触媒を動かしながら同時に再生も行う触媒(常に一定量の触媒を抜き出しながら，新触媒も一定量ずつ添加していく場合)では，寿命の定義が難しくなる．〔松本英之〕

触媒の耐久性　durability of catalysts　→触媒の寿命

触媒有効係数　effectiveness factor of catalyst

　多孔性の触媒では，反応の速度が細孔内における分子の拡散速度によって影響を受ける．触媒有効係数は，次の式のように定義される．

$$\eta = \frac{実際に測定される反応速度}{触媒内部の温度および反応物質濃度が外表面と同一としたときの理想的反応速度}$$

球形触媒中で等温一次反応が進行するとき，触媒有効係数 η は次の式で与えられる．

$$\eta = 1/\phi \cdot \{1/\tanh(3\phi) - 1/3\phi\}$$

ここで，ϕ はチーレ数であり，上記の反応条件において，R を触媒半径，k_{lm} を触媒の質量基準の化学反応速度定数，ρ_p を触媒の見かけ密度，D_{eA} を有効拡散係数とすると，次の式で定義される．

$$\phi = (R/3)(k_{lm}\rho_p/D_{eA})^{1/2}$$

一次反応では，触媒有効係数はチーレ数だけの関数となる．η 対 ϕ の関係を図に示す．これからわかるように ϕ の値が 0.1 以下になると，触媒有効係数は 1 にちかくなり，この領域では反応速度よりも拡散速度が大きくなるので，反応律速領域とよばれる．一方，ϕ が 5 よりも大きくなると，$\eta = 1/\phi$ の関係が成り立ち，反応速度が拡散速度よりも大きいため拡散律速とよばれる．また，図には，修正チーレ数 Φ（チーレ数の項参照）と η との関係も示してある．

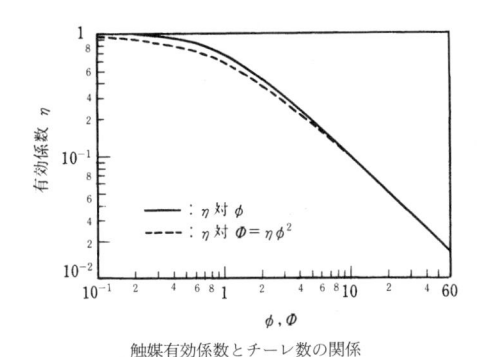

触媒有効係数とチーレ数の関係

〔高橋武重〕

→チーレ数

助触媒 promoter

実用触媒は通常多成分からなっている．そのうち触媒作用を主としてになっている成分を活性成分あるいは主成分といい，これに添加してその性能を改善する成分を助触媒あるいは促進剤，第二成分という．ただし，これはあくまで便宜的な呼び方であり，また，触媒性能改善の機構もさまざまである．アンモニア合成触媒は，鉄を主成分とし，アルミナなどの安定な金属酸化物と酸化カリウムの二つが助触媒として加えられていて二重促進鉄触媒とよばれるが，この場合，アルミナは鉄の焼結防止を，カリウムは鉄表面における窒素分子の解離を促進しているものとされている．

〔御園生　誠〕

ショットキー欠陥 Schottky defect →格子欠陥

シーライト scheelite

シーライトは天然鉱物(灰重石)の $CaWO_4$ の名に由来し，Mo や W(Bイオン)の ABO_4 型複合酸化物でAのイオン半径が約 0.1 nm より大きいときに形成される結晶性化合物の総称である．その構造は図に示したように酸素によって四面体配位したBの酸素酸イオンと，その酸素と点結合し八面体配位をとったAカチオンよりなっている．すべてのAは構造的に等価であり，また理想的にはBの酸素酸イオンの B-O 結合も等しく，すべてのBイオンと酸素アニオンも構造的に等価な位置にある．

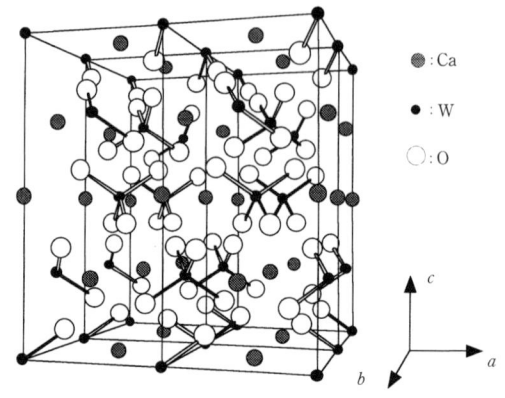

●:Ca
●:W
○:O

シーライト構造を形成するAイオンとBイオンを表に示す．Aイオンが8配位をとれ，Bイオンが4配位をとれさえすればシーライト構造形成は可能である．ただし，4配位をよくとるケイ酸イオンやリン酸イオンのシーライト化合物は知られていない．Aイオン，Bイオンとも，同じイオン半径をもった他の金属イオンで置換することができる．価数の異なった金属イオンで置換した場合，次の例のように二価金属のモリブデン酸塩を3価のビスマスと1価のナトリウムで構造を変えずに置換することができる．

$$M^{2+}MoO_4 \longrightarrow Bi_{0.5}{}^{3+}Na_{0.5}{}^{+}MoO_4$$

また，次のように3価のビスマスだけででも置換することができ，

シーライト構造（ABO_4）を形成する金属イオン種の例

	A		B
1+	Li, Na, Rb, Cs, Ag, Tl	2+	Zn
2+	Ca, Sr, Ba, Cd, Pb	3+	Ga, Fe
3+	Bi, 希土類	4+	Ge, Ti
4+	Zr, Hf, Th, Ce, U	5+	As, V, Nb, Ta
		6+	Mo, W, Cr, S
		7+	Re, Ru, I
		8+	Os

$$M^{2+}MoO_4 \longrightarrow M_{1-3x}{}^{2+}Bi_x{}^{3+}\phi_x MoO_4 \quad (\phi はカチオン欠陥)$$

この場合電価はカチオンの空席で置換してバランスがとられる．

このような欠陥型のシーライト構造体はアルケンのアリル型酸化の良い触媒となる．$Bi_2Mo_3O_{12}$ が代表的によく知られている．上式の方法でカチオン欠陥を意図的に導入すると，触媒酸化活性が発現し，カチオン欠陥の濃度が増大するにつれて酸化活性が飛躍的に高くなる．カチオン欠陥の生成に伴うアルケンからのプロトン引抜き能の向上や格子内の酸素イオンの移動性の増大から現象が説明されている．

〔上田　渉〕

→複合酸化物

シリカ　silica

二酸化ケイ素(SiO_2)のことである．硬度の大きい結晶性の化合物で，天然には3種の変態(石英，鱗けい石(トリジマイト)，クリストバル石(クリストバライト))が産する．このほか，コーサイト，スティショバイトがある．

SiO_2 の Si^{4+} を他の陽イオン M^{n+} で同型置換(SiO_2 の結晶構造を保ちながら，陽イオンだけ置換)すると，$4-n$ だけ陽電荷が不足するので，電気的中性を保つためには，これを補うための陽イオンが必要となる．粘土鉱物やゼオライトなどを構成するケイ酸塩では，この同型置換が多くみられ，不足する陽電荷が Na^+ などで補われている．この Na^+ は置換可能であり，酸で洗うと H^+ に変わる．この H^+ は酸性を示す．また SiO_2 ゲルを Al^{3+} を含む水溶液に入れたときに示す酸性は，表面近傍にある Si^{4+} の一部が Al^{3+} と置換し，この置換に伴って H^+ が取り込まれたとすれば理解できる．

SiO_2 はこのようにいろいろな金属酸化物との複合により酸性を示す．SiO_2-Al_2O_3 はその最も著名な例で，固体酸触媒として用途が多い．また，SiO_2-ZrO_2 のように原子価の同じ酸化物の複合によっても酸性が発現する．これは金属イオンの配位数(最近接酸素の数)が，大きなイオンほど増えるため，SiO_2 で4，ZrO_2 では8と異なることによる．

SiO_2 は，高表面積および耐熱性を有するため，金属および金属酸化物などの触媒活性種の担体としても使われる．

〔袖澤利昭〕

→担体，固体酸触媒，シリカゲル

シリカ-アルミナ　silica-alumina

非晶質の代表的な固体酸触媒の一つ．歴史的には，天然の酸性白土(蒲原粘土)，活性白土(酸処理により活性化したもの)がガソリン製造用クラッキング触媒として開発された．以後，合成シリカ-アルミナを経て，結晶性多孔体の合成ゼオライトへと発展してきた．合成シリカ-アルミナは需要の増大とともに各種の製造法が開拓されてたが，工業触媒としては，基本的には水ガラスと硫酸アルミニウムまたはアルミン酸ソーダを原料として，共沈法*，ゲル混合法で SiO_2-Al_2O_3 のヒドロゲルをつくり，これを乾燥，焼成して合成する．テトラエトキシシランとアルミニウムイソプロポキシド

を混合溶液を加水分解するアルコキシド法(ゾルゲル法*ともいう)や化学蒸着(CVD)法*もある。

SiO_2-Al_2O_3 固体酸性は，SiO_2 の四面体格子の Si^{4+} を Al^{3+} が同型置換したときに生ずる過剰電荷(-1)を補償するために誘起される水素基(ブレンステッド酸,プロトン酸)または，(三配位 Al＋三配位 Si)ペア構造上の Al(ルイス酸)によるものとされる(図)。同様に，アルミニウムを別の三価金属(Ga_2O_3，Cr_2O_3，La_2O_3 など)に置換しても固体酸性を生ずる。すなわち，シリカ系の四価-三価に限らず，一般的に，多成分系酸化物における固体酸発現の機構の一つは，電荷の異なる原子間の同型置換による局所的中性条件の破壊であるとされる。

ブレンステッド酸点　　　ルイス酸点
SiO_2・Al_2O_3 の酸性サイトモデル

SiO_2-Al_2O_3 上のブレンステッド酸点とルイス酸点は，吸着ピリジンや吸着アンモニアの赤外線吸収スペクトルから識別することができる。例えば，SiO_2-Al_2O_3 上で観測された表面水酸基の吸収スペクトルは3種類あり，そのうち2種がブレンステッド酸*に対応する。

OH(1)：3540 cm^{-1}　　酸性　　ピリジン吸着で消失　　(ブレンステッド酸サイト)
OH(2)：3643 cm^{-1}　　酸性　　ピリジン吸着で消失　　(ブレンステッド酸サイト)
OH(3)：3740 cm^{-1}　　非酸性　ピリジン吸着と無関係　(中性-SiOH)

初めの二つのピークはともに，ピリジン吸着で消失し，ピリジニウムイオン(PyH^+)のピーク(1540 cm^{-1} 付近)を生ずることから確認される。さらに，1450 cm^{-1} 付近に配位ピリジン(L：Py^+)に帰属される吸収ピークを生ずることから，ブレンステッド酸とルイス酸の両サイトの共存がわかる。

SiO_2-Al_2O_3 の固体酸性は，主に酸の種類(ブレンステッド酸，ルイス酸)，酸量，酸強度の3因子がある。これらは，Si と Al の割合，排気温度などで変化する。SiO_2 の割合が重量分率80％程度のとき，固体酸触媒機能が最も発揮される。また，一般に耐熱性は SiO_2 含有量の多いほど向上する。二成分 SiO_2 系の固体酸が発現する最高酸強度を，他のシリカを含む二成分系固体酸と比較するとおおむね表のようになる。十分

シリカ-アルミナとシリカ系固体酸の酸性質

酸強度	酸強度領域	シリカ系固体酸
強酸性	$-5.6 \geq H_0 > -12$	SiO_2-Al_2O_3　SiO_2-Ga_2O_3　SiO_2-ZrO_3
		SiO_2-TiO_2　SiO_2-MoO_3
強酸性	$+1.5 \geq H_0 \geq -5.6$	SiO_2-ZnO　SiO_2-WO_3　SiO_2-V_2O_5
弱酸性	$H_0 > 1.5$	SiO_2-CaO　SiO_2-SrO　SiO_2-BaO

な酸強度だけでなく，資源的豊富さ，構造的多様性なども含めて，シリカ-アルミナの固体酸触媒としてのすぐれた位置付けがわかる．

触媒反応としては，強酸により生成するカルベニウムイオン*を反応中間体として炭化水素のクラッキング，環化，芳香族化，骨格異性化，不均化*，アルキル化*や二量化，重合*，脱水素，二重結合移行などが進行する．また，ブレンステッド酸サイトを金属イオンに置換して，酸性質を変えたり，金属イオンを還元して金属担持触媒を調製することも広く行われている． 〔上松敬禧〕

シリカゲル　silica gel

ケイ酸ナトリウムゲルを加水分解してつくられるゲル，無定形の $SiO_2 \cdot nH_2O$ である．加熱脱水により高表面積のものが得られ，触媒担体，あるいは脱水・乾燥剤として用いられる．乾燥剤として利用する場合，通常，コバルト塩を加えてあり，青色ならば吸湿性があり，淡紅色ならば吸湿性が失われていることがわかる．

含水酸化物ゲルの中に水溶性ポリマーを共存させておくと，加熱分解後の細孔の容積や表面積が増す．シリカゾルにデンプン水溶液を加え，乾燥，焼成後，酸でデンプンを分解，抽出して得たシリカゲルには 20 nm 付近のそろった細孔ができる．酸化触媒のように，大孔径の細孔を有するものが望ましい場合には，繊維をゲルに混ぜて成形した後に焼成除去する方法もある． 〔袖澤利昭〕
→シリカ

シリカライト　silicalite　→ ZSM-5

シリコアルミノリン酸塩型モレキュラーシーブ　silicoaluminophosphate molecular sieve

アルミノリン酸塩型モレキュラーシーブ*$AlPO_4$-n の Al および P の一部を Si で置き換えたもので，SAPO とよばれる．SAPO-n の組成は $0 \sim 0.3 R(Si_xAl_yP_z)O_2$ と表され，R は合成に用いられる有機アンモニウムイオンである．x は一般的に $0.04 \sim 0.20$ である．P/Al=1 付近の仕込みで合成すると $1 > Al/P$ の SAPO が生成する．SiO_4 は電荷がバランスしているので，P より過剰分の Al がイオン交換サイトを与える．SAPO-n の構造は AlPO-n の同型置換と考えると次のように表すことができる．

$$\begin{array}{c} O\ \ O\ \ O\ \ O\ \ O \\ Al\ \ P\ \ Al\ \ P \\ O\ O\ O\ O\ O\ O\ O\ O \end{array} \xrightarrow[-P]{Si} \begin{array}{c} R^+ \\ O\ \ O\ \ O\ \ O\ \ O \\ Al\ \ Si\ \ Al\ \ P \\ O\ O\ O\ O\ O\ O\ O\ O \end{array} \quad (1)$$

$$\xrightarrow[-P,Al]{2Si} \begin{array}{c} O\ \ O\ \ O\ \ O\ \ O \\ Al\ \ Si\ \ Si\ \ P \\ O\ O\ O\ O\ O\ O\ O\ O \end{array} \quad (2)$$

すなわち，AlPO-n 構造中のPをSiで置換するか，Al+P の組を二つのSi で置換したものが AlPO-n の構造である．Si 含有率の小さいときは導入 Si 量と酸量が一致するが，Si 含有率が増大すると酸量は頭打ちになる．SAPO の構造中には P-O-Al，Al-O-Si の結合は NMR で確認されているが，P-O-Si 結合はないといわれている．すなわち Si は島状に存在し，その端にある酸点の強度が大きいと推定されている．AlPO，SAPO，MeAPO などにピロールを吸着すると，3370〜3400 cm^{-1} の N-H 伸縮振動が観測され，弱いルイス塩基点が存在するともいわれている．SAPO-34 は高い構造安定性を示し，1000℃ でも結晶形を維持することから自動車の排ガス浄化触媒として有望である．SAPO-35 も 1000℃ 以上まで安定で NH_3 の微分吸着熱が 130 kJ mol^{-1} の酸点をもっている．SAPO の一部を他の金属イオンで置換したものは MeAPSO とよばれる．SAPO-34 の骨格に Co イオンを導入した CoAPSO は NO_x の還元分解反応に活性を示す．SAPO，MeAPSO などを金属イオンで交換すると，さらに活性は高くなる．SAPO の骨格に導入された金属イオンは酸点を生じるとともに，レドックスによる触媒作用も期待される．

Al の代わりに Ga を組み込んだものに，酸素 20 員環の細孔入口をもつクローバーライトとよばれるガロホスフェートがある．入口が 8 員環のものも合成されている．

プロピレンのオリゴメリゼーションでは 12 員環の SAPO は急速な活性劣化を示し，SAPO-34 は細孔が小さいために活性が低く，0.60〜0.70 nm の細孔の SAPO-11，-31 は高い活性を示す．これらは酸性が弱くヒドリド移行が起こらないため，オリゴメリゼーションの選択性が高い．強酸点をもつ ZSM-5 ゼオライトが活性は高いが選択性が低いのと対照的である．

トルエンのメタノールによるアルキル化反応では，細孔径が大きい SAPO-5 は活性が高くベンゼンとキシレンへの不均化が主反応となり，キシレン異性体は平衡組成となる．ところが径が 0.6〜0.7 nm の SAPO では不均化が進行せずメチル化が進行する．

細孔のサイズを利用して反応を制御するとともに，SAPO-n は一般に ZSM-5 より弱酸性のものが多いのでその特徴を生かした触媒反応が期待できる．　　〔滝田祐作〕
→アルミノホスフェートモレキュラーシーブ

シリコンカーバイド　silicon carbide

炭化ケイ素．カーボランダム (carborundum) ともいう．SiC=40.10，炭素粉末と二酸化ケイ素の混合物を電気炉中で 1200℃ 以上に強熱し得られる．密度 3.2 g cm^{-3}．融点 2700℃ 以上．2200℃ で昇華する．結晶には α 型と β 型があり，α 型は六方晶系または三方晶系，β 型はダイヤモンド型構造でいずれも炭素とケイ素が交互に結合している．純粋なものは無色透明な結晶となるが，工業的につくられたものは黄，緑，青，灰，黒などの色を示す．Si と C の結合は共有結合性が大きいため，ルビーとダイヤモンドの中間の堅さを示す．耐熱性にすぐれ，研削材，砥石として用いられる．1000℃ 程度の高温では化学的に非常に安定で，反応容器として，また，気固系流通反応にお

いて希釈剤として触媒と混合して用いられる．フッ化水素酸，融解アルカリとは徐々に反応する．
〔小谷野　岳〕

ジルコニア　zirconia

　二酸化ジルコニウム，ZrO_2．ZrO_2には単斜晶，正方晶，立方晶の3変態があり，安定相は温度によって変化する．純粋なZrO_2は約1000°Cおよび1900°Cで単斜晶から正方晶，正方晶から立方晶に変化する．微量のアルカリ土類および希土類元素の添加により高温で安定な正方晶，立方晶を室温まで安定化させることができる．ZrO_2は高い硬度を有し，安定化した正方晶のZrO_2は機械強度が高く，構造材料として有用であり，立方晶安定化ZrO_2は固体電解質*として有用である．添加物としてはY_2O_3およびCaO, MgOが使われる．

　触媒として重要なのは非晶質，単斜晶ZrO_2である．ZrO_2は触媒担体として重要であるとともに，酸触媒としても重要で，SiO_2, TiO_2, Fe_2O_3などと複合した酸化物は超強酸になるとされている．ZrO_2にPt, Pdを少量担持した触媒はs-ブチルアルコールからエチルイソアミルケトンの一段合成，2-ブタノールの脱水による1-ブテンの高選択的合成触媒としてすぐれた触媒作用を示す．また，芳香族カルボン酸の選択的水素化にも用いられる．固体酸触媒*としても有用で，SbF_5を担持したSiO_2-ZrO_2，TiO_2-ZrO_2やSO_4^{2-}を担持*したFe_2O_3-ZrO_2が超強酸を示すとされている．
〔石原達己〕

➡安定化ジルコニア，固体超強酸

C1（シーワン）ケミストリー　C1 chemistry

　炭素数1の化合物から化成品を合成するプロセスのための化学．特に，炭素数1の化合物の関与する触媒反応および触媒の開発．1976年の第二次オイルショックの直後から，石油の安定供給への不安が起こり，化学製品の原料を石油に頼れないという気運が高まった．石炭のガス化で得られる合成ガスを，石油の代替原料として，化成品を合成する研究が盛んに行われた．すなわち，一酸化炭素を原料として，炭素数2以上の化合物を合成する化学反応が重要とされた．反応としては，フィッシャートロプシュ反応*（選択性の向上），合成ガスからのエタノール，酢酸，エチレングリコールの直接合成，メタノールと合成ガスからのエタノールの合成，メタノールからの低級炭化水素の合成などが含まれる．また，天然ガスからのエチレン合成などをC1化学に含めることもある．C1 Chemistryは，このとき，日本でつくられた用語である．
〔小野嘉夫〕

親液性コロイド　lyophilic colloid　→コロイド

親核置換反応　nucleophilic substitution reaction　→求核置換反応

真空紫外光電子分光法　ultraviolet photoelectron spectroscopy ; UPS　→紫外光電子分光法

シングルサイト触媒　single-site catalyst

　メタロセン触媒*は活性点の性質が均質であることからシングルサイト触媒とよばれている．特に，メチルアルミノキサンを助触媒として用いる触媒はメタロセン触媒またはカミンスキー触媒*とよばれている．これに対して，従来のチーグラー–ナッタ触媒*は性質の異なる活性点が混在しており，マルチサイト触媒とよばれている．

　シングルサイト触媒を用いて得られるポリマーの最大の特徴は活性点が均質であることから得られたポリマーの構造が均質であり，分子量分布が狭く，$M_w/M_n=1.5\sim 2$ 前後のポリマーが得られる．ここで，M_w，M_n は重量平均分子量および数平均分子量である．さらに，共重合によって得られるポリマーは組成分布の均一なポリマーが得られる．　　　　　　　　　　　　　　　　　　　　　　　　　〔石原伸英〕
→重合

シンジオタクチック重合　syndiotactic polymerization

　一置換または 1,1-二置換アルケンの重合において，交互に立体構造が異なるポリマー (d, l, d, l 体，各モノマー間の立体配座はラセミ構造) を与える重合形式をいう．

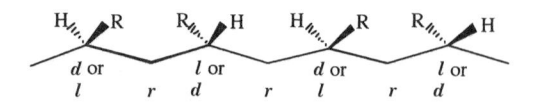

$$\underset{\substack{d\,\text{or}\\l}}{\overset{H\quad R}{\diagdown\!\diagup}}\underset{\substack{l\,\text{or}\\r}}{\overset{R\quad H}{\diagup\!\diagdown}}\underset{\substack{d\,\text{or}\\l}}{\overset{H\quad R}{\diagdown\!\diagup}}\underset{\substack{l\,\text{or}\\r}}{\overset{R\quad H}{\diagup\!\diagdown}}$$

〔安田　源〕

親水性コロイド　hydrophilic colloid　→コロイド

シンタリング　sintering

　アルミナ，シリカ，マグネシア，チタニア，ゼオライトなどの多孔質担体に，$1.0\sim 10$ nm の金属粒子を担持させた担持金属触媒は工業的に広く使用されている．すべての担持金属触媒に避けられない現象として，シンタリングがある．これは反応中に金属粒子が融合したり，担体の表面構造の変化で，いっそう大きな金属粒子になり，露出金属表面積の減少を招き，活性サイトの減少および表面構造の変化などの諸現象を起こすことをいう．シンタリングは触媒劣化の重要な要因となるが，水蒸気改質やメタネーションに用いられる担持 Ni 触媒および自動車排ガス浄化に用いられる Pt-Rh

系三元触媒などの高温用触媒において特に問題になる．これらのプロセスでは共通して使用雰囲気に水蒸気が高分圧で含まれるが，担体表面に化学吸着した水は表面における反応や拡散を促進するので担体のシンタリング速度を増加させる．

実用触媒として最も多く用いられる担持金属触媒のシンタリングは金属微結晶自体の成長および担体細孔構造の潰滅に起因する．固体上での金属微粒子の成長は結晶子移動(crystallite migration)および原子移動(atomic migration)で進行し，それぞれ特有の速度式および粒径分布を与える．前者は担体上を粒径約 5 nm 以下の微粒子がランダムウォーク(random walk)，衝突，融合を繰り返して成長するもので比較的低温で起こりやすい．後者は金属微粒子から原子が離脱，担体上を拡散，別の粒子に捕足される過程で，大きい粒子が比較的高温で成長する場合に起こる．このほか，金属が揮発性の酸化物(PtO_2)を形成し，気相を介した物質移動によって粒子成長が起こる場合もある．

担体が金属微粒子のシンタリング挙動に果たす役割は金属-担体相互作用とマトリックスとしての細孔効果に分類できる．金属-担体相互作用は酸素共存下において大きく変化することが多い．例えば，アルミナ担持 Pt や Rh 触媒を酸化雰囲気におくと粒子成長が促進される．金属原子が酸素存在下において担体の構造に取り込まれることもある．このような金属-担体相互作用が生じると結晶子移動機構の場合は結晶子の移動度が低下するためシンタリングは抑制されるのに対して，原子移動機構の場合は結晶子から担体上への原子離脱が容易になるのでシンタリングが促進される．

担体の細孔や表面の幾何学的構造もシンタリング速度に強い影響を及ぼす．金属微粒子のシンタリングは細孔構造によっても影響される．金属粒子の一部は担体細孔内にトラップされるので，担体の細孔分布がシンタリングの程度や機構を左右する．金属微結晶と同様に担体も熱的にシンタリングする．担体のシンタリングにより細孔容積が減少すれば，やがて細孔内に金属微粒子が詰まってしまう．また，担持金属触媒の場合，担体のシンタリングが引き金となって金属微粒子が成長することが多い．例えば Ni/Al_2O_3，Ni/SiO_2 の水素雰囲気下における熱劣化を調べると 650℃ 以下では担体の潰滅による Ni 結晶の閉塞，650℃ 以上では結晶子移動，750℃ 以上の熱処理では次第に原子移動機構へと遷移する．しかし，アルミナ担持触媒を，さらに高温で熱処理すると $α$ 相への相転移に伴い再び担体の潰滅の影響が支配的になる．

アルミナ担体ではベーマイト(AlOOH)を出発原料とするとベーマイト→$γ$→$δ$→$θ$→$α$ の順に相変化し，これに伴ってシンタリングが進行する．この場合 $α$ 相(コランダム構造)が唯一の安定相である．$γ$-Al_2O_3 は約 200 $m^2 g^{-1}$ の表面積を有するが 1000℃ 以上の相転移温度付近でシンタリングによって表面積が数 $m^2 g^{-1}$ にまで激減する．

担持触媒の熱劣化を防ぐうえで熱安定性にすぐれた触媒担体の開発は欠くことのできない課題である．その方法としては添加剤，組織制御および難焼結性微結晶材料による熱安定化がある．非常に高い融点を有する結晶性微粒子であれば熱安定性の触媒担体として有望であるのはいうまでもない．例えば，アルミナとアルカリ土類金属と

の複合酸化物であるヘキサアルミナートは1200℃以上の高温でも20〜30 m^2 g^{-1}の表面を維持し,高温触媒燃焼や高温水蒸気改質反応に適している. 〔荒井弘通〕

親電子置換反応 electrophilic substitution　→求電子置換反応

親電子反応 electrophilic reaction　→求電子反応

親電子付加反応 electrophilic addition reaction　→求電子付加反応

振動反応 oscillating reaction

　反応種の濃度が周期的に振動する変化をもつ化学反応をいい,平衡状態から大きくはずれた非平衡の状態で起こる.化学反応の進行に伴い,反応種が増減し,ある反応種の増加が,別の反応を誘起し,その反応による生成物が,再び前の反応に影響を与えるというように,複数の反応が互いに他方に影響を与える場合に起こる.溶液系では,ベルーゾフ-ザボチンスキー(Belousov-Zhabotinskii)反応がよく知られている.臭素酸カリウムによる硫酸水溶液中でのマロン酸の酸化にセリウム(IV)塩を加えると反応が促進されるが,このとき反応系内において,短い周期で,Ce^{4+}, Ce^{3+}, Br$^-$濃度が周期的に変動する.固体触媒上の振動反応は,1972年にPt上でのCO酸化反応について最初に報告され,以来代表例として,単結晶や分散触媒について研究されている.反応の振動機構は複雑であり,触媒の表面構造や形態によって決まる特定の温度,圧領域で生成速度に振動が起こる.また,Pt上のNO+CO, NO+NH$_3$, NO+H$_2$,炭化水素やアンモニアの酸化反応などでも,振動反応が見出されている.

〔井上泰宣〕

深度脱硫 deep desulfurization

　重質油あるいは軽油中に含まれる含硫黄有機化合物を水素化分解により硫化水素として除去し,製品油中の硫黄含量を大幅に低減する技術.特に,ディーゼル燃料となる軽油中の硫黄化合物を水素化脱硫*により約2%から0.05%まで低減する場合を深度脱硫という.さらに,数10 ppmまで低減する場合を超深度脱硫といっている.
→脱硫反応,ディーゼルエンジン排ガス,粒子物質　　　　　〔御園生　誠〕

す

水銀圧入法 mercury porosimetry →細孔分布測定法

水蒸気改質 steam reforming

　炭化水素の水蒸気改質は，炭化水素と水蒸気を Ni 系触媒の下に 400～1000°C で反応させ，水素や合成ガスあるいは都市ガスを製造する目的で古くから利用されてきた反応である．反応は温度，圧力さらに系内の H/C 比，H_2O/C 比で決まる平衡に到達する反応である（図1）．

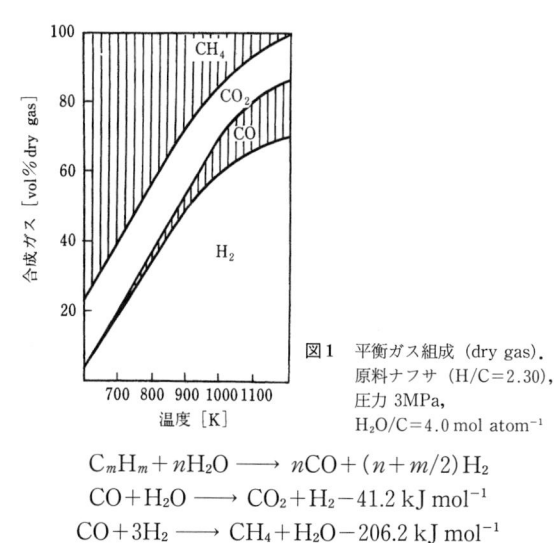

図1　平衡ガス組成（dry gas）．原料ナフサ（H/C=2.30），圧力 3MPa，$H_2O/C=4.0$ mol atom^{-1}

$$C_mH_m + nH_2O \longrightarrow nCO + (n+m/2)H_2$$
$$CO + H_2O \longrightarrow CO_2 + H_2 - 41.2 \text{ kJ mol}^{-1}$$
$$CO + 3H_2 \longrightarrow CH_4 + H_2O - 206.2 \text{ kJ mol}^{-1}$$

　炭化水素を変換する反応としては，水素で分解する水素化分解，酸素で分解する部分酸化があり，これらの反応はいずれも大きな発熱反応となるのに対して，水蒸気改質反応は逆に大きな吸熱反応となっている．しかし，水蒸気改質は，水のもっている水素原子と酸素原子の活用ということもできる．また，この反応の逆反応は合成ガスからの炭化水素合成，すなわち，フィッシャー-トロプシュ合成*である．このように水蒸気改質反応は，非常にユニークな反応といえる．

　反応条件は用途によって異なる（図2）．工業的に最も広い用途が水素製造で，燃料評価の炭化水素を原料にして 800～950°C の高温で H_2O/C モル比 2.0～4.5 で操作され H_2 濃度が 70% 程度の合成ガスが得られる．10～15% 程度含まれる CO はさらにシフト反応によって H_2 に変換され，最後にガス中の CO_2 を除くことによって 99.9

％以上の高純度の水素ガスを得ることができる．アンモニア合成やメタノール合成においても，水素の製造が必要になるが，通常，水蒸気改質が組み合わされている．この場合には，水蒸気改質は吸熱反応であっても後段のアンモニア合成反応やメタノール合成反応が発熱反応であるので熱のやりとりを効率的に行うプロセスが提案されている．

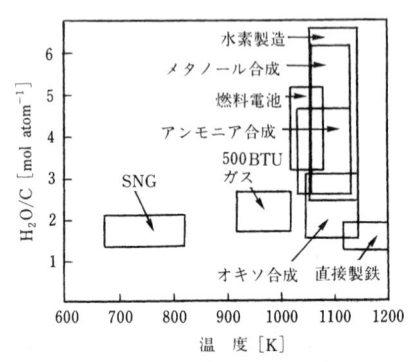

図2 典型的な用途別水蒸気改質条件

また，現在の都市ガスはカロリーアップが行われたために，天然ガスへの転換が進んでいるが，従来の都市ガス(SNG；synthetic natural gas)は安い炭化水素を水蒸気改質してメタンの含有量の多いガスを製造して，これを都市ガスとしていた．カロリーは当然低く 4500 kcal 程度であり，CO も含まれたためにガス中毒事故がよく起こった．一方，フィッシャー-トロプシュ合成用の原料となる合成ガス製造にも本反応は広く利用されている．

詳細な反応機構については，各素反応の反応速度が速く動力学的な面から推定するしかないのが現実である．実際には炭化水素が C_1（メタンや CO）まで分解し，あわせて水も分解しているので，触媒上での反応物の挙動は非常に複雑である．

〔松本英之〕

→改質反応，水蒸気改質触媒

水蒸気改質触媒 catalyst for steam reforming ─────────

水蒸気改質反応はいろいろな用途に利用され，触媒活性成分は基本的に Ni 金属であるが，実際に触媒として利用される形状，構造などはその用途によって大きく異なっている．

水素製造用に使われる高温水蒸気改質触媒は，900〜1100℃という高温に耐えられる耐熱性耐火物が担体として使われる．アルミナセメントが使われることが多く，これに NiO を 10〜25 wt％練り込んで焼き固めて製造されるのが普通である．さらに炭素析出防止のために MgO, CaO, K_2O, U_2O などのアルカリ金属ないしはアルカリ土類金属酸化物が 1〜5％程度添加される．一方，都市ガス製造を目的とする場合には，

450～550°Cという比較的低温領域で使われることから，触媒には耐久性よりは高活性が要求されている．そのために，NiO として 40～60％といった高 NiO 含量の共沈型触媒が使われる．

このように，工業的にはほとんどが Ni 系の触媒が使われているが，周期表の 8 族遷移金属はいずれも炭化水素の水蒸気改質反応に対して活性をもっており，報告されている反応活性の序列は下記のとおりである．

$$Rh, Ru > Ni > Ir > Pd, Pt, Re \gg CO, Fe$$

Ni よりも活性の高い Ru 系の触媒は，活性が高いだけでなく劣化の大きな原因となる炭素析出に対して耐性があり実用化される方向にある．Ru は貴金属ではあるが，そのなかでは比較的安価であり，Ru の含量も 1～5％程度ですむことと，Ni 系の触媒にない特色として反応前に触媒の還元処理が特に必要ないこと，炭素析出に対する耐性が高いために水蒸気比が低くてもいいことにより用役費が削減できるなどの特色がある． 〔松本英之〕

水性ガスシフト反応 water gas shift reaction ────

水性ガスシフト反応は CO シフト反応ともいわれ，若干の発熱を伴う次式の反応である．

$$CO + H_2O \rightleftharpoons CO_2 + H_2, \quad \Delta H_{298} = -40.3 \text{ kJ mol}^{-1}$$

天然ガスやナフサからの水蒸気改質や部分酸化による水素製造において，水素の収率を高めるために用いられる．また，アンモニア合成や燃料電池への改質ガスの使用に際しては CO の除去のために，さらにメタノール合成やオキソ合成では原料ガスの H_2/CO 比の調整のために用いられる．水性ガスシフト反応は熱力学的制約を受ける代表的な発熱反応である．低温ほど平衡転化率が高く，また水蒸気使用量を低減できるので有利となる．

通常，不均一系反応で，320～450°Cで用いる高温用 Fe-Cr 系触媒と 150～300°Cで高活性を示す低温用 Cu-Zn 系触媒が使用されている．反応器には断熱反応器が用いられ，要求される水素の純度により一段法あるいは二段法プロセスが適用される．一段法では Fe-Cr 系触媒を用いたときに残存 CO 濃度 2～3％，Cu-Zn 系触媒を用いたときに残存 CO 濃度が 0.1～0.5％となる．高純度の水素製造を目的とする場合には，2 段として高温法と低温法を直列に併用する．また，重質油や石炭からの合成ガスは硫黄化合物を多量に含むが，この場合には耐硫黄性触媒として硫化した Co-Mo 系触媒が用いられる．

なお，塩基の存在下でアルケンのヒドロホルミル化によりアルデヒドを経てアルコールを合成する場合のように水性ガスシフト反応を有機合成プロセスの一過程に組み込むためには，均一系触媒として鉄などのカルボニル錯体が用いられる．

〔五十嵐　哲〕

水素化処理 hydrotreatment ─────────────────────

　石油・石炭および，それから派生する炭化水素を水素圧下，触媒を用いて，高品質（オクタン価，セタン価などの高い），高清浄（S, N, 金属など不純物の少ない）の燃料に転換するプロセスを水素化処理と称している．したがって，種々の基質の水素化，水素化分解，脱硫，脱窒素，脱金属などの単位反応を含んでいる．石油精製プロセスとしてはガソリン（ナフサ）の脱硫，アセチレン，ジエン類の水素化，灯油の脱硫・水素化，軽油の脱硫・脱窒素，真空軽油の脱硫・脱窒素・水素化分解，残油の脱金属・脱硫・脱窒素・水素化分解があげられる．石炭の直接液化やタール系ベンゼン，ナフタリンなどの留分におのおの含まれるチオフェンやベンゾチオフェンを除去する脱硫精製も水素化処理の例である．一方，ガソリンのリフォーミングは脱水素/水素化，異性化，環化，芳香族化などの単位反応を水素圧下で進めているが，一般には水素化処理には含めない．化学工業では芳香族化合物，有機酸，一酸化炭素など，多数の水素化反応が実行されているが，一般には水素化処理には含めない．

　水素化処理反応の原料の多くは硫黄化合物を含有したり，H_2S 生成を伴う反応であるから，触媒は主に金属硫化物・複合金属硫化物が使用されている．主な金属種は，Co, Ni, Mo, W である．このほか Fe あるいは，高深度に脱硫された原料に対しては貴金属触媒も使用されている．担体はアルミナが高表面積，細孔分布，担持触媒の高分散・機械強度から商業的に広く用いられている．スラリー反応器では微粒硫化物自体が使用されることもある．水素化に加えて，酸機能が特に要求される場合にはゼオライト，シリカ-アルミナなどが担体に加えられる．チタニアや炭素も次世代担体として検討されている．触媒の製造，つまり出発金属種の選択，担持法，添加物，硫化などの工程にはコスト/パフォーマンスを追求して，多くの商業的ノウハウが蓄積されている．

　水素化処理の代表例として重質残油の高圧水素化処理プロセスを説明する．減圧蒸留残渣油（VR; vacuum residue）は沸点 550℃ 以上の石油留分を指し，ヘキサンに可溶なマルテン 70〜95%，不溶なアスファルテン 5〜30% から構成されている．図に示すようにアスファルテンは，長鎖アルカンおよび長鎖アルキルを有する大小の芳香環が連結した高分子である．芳香環の一部はポルフィリン配位子を形成して，V, Ni を中心金属として，芳香環内に相当の S や N を同伴している．アスファルテンは残油中でミセルを形成している．鉄イオン，酸化鉄，硫化鉄を随伴していることも多い．したがって，残渣油の水素化処理プロセスは Fe などの夾雑物をフィルターで除いた後，ガード触媒でさらに徹底除去し，次に脱金属層でポルフィリンを分解，Ni, V を除去し，次いで脱硫，脱窒素，さらに水素化分解される．ガード触媒を通り抜ける Ni, V は後段の触媒に堆積し，触媒表面に沈降する炭素とともに触媒を失活させる．アスファルテンのミセルを解離するため，水素供与溶媒を使用することもある．水素化処理した精製油で"水素化"があらわには認められないこともあるが，脱金属，脱硫，水素化分解の第一ステップが水素化であることが多い．

　H_2S, NH_3, 低級炭化水素の生成は必ず水素化を含んでいる．したがって，水素化

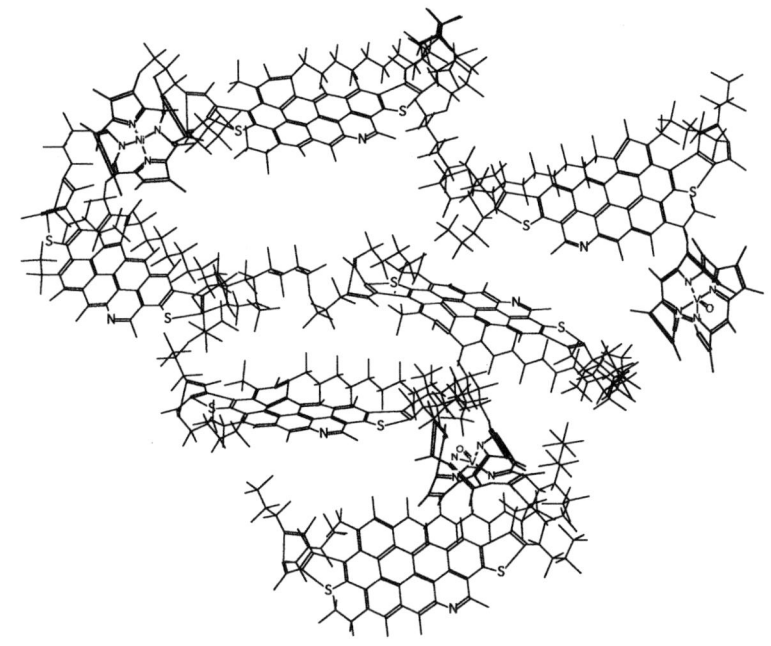

アスファルテンの構造モデルと分解機構

をいっそう強調した水素化前処理によってフィードが高度に水素化され，結果として目的とする反応が円滑に進み，触媒の活性低下が抑制できる二段プロセスが考案されている．残油の水素化処理において分解率が高くなると，ドライスラッジとよばれるコロイド状油状溶粒子が認められ，貯蔵タンクに堆積したり，輸送管を閉塞してトラブルを招くことがある．ドライスラッジは多環芳香族成分が脱アルキル反応によって芳香族性が増して凝集し，水素化によって脂肪成分の多くなったマトリックスから相分離，生成したもので，浮遊または沈降して閉塞を招く．芳香族溶媒の添加により溶解，あるいは水素化によって芳香族性を低下させると溶解度が向上して消去できる．さらに分解前に水素化しておけば残渣の分解が進み，ドライスラッジの生成が抑制できる．

　残油処理の多くは固定層反応器*であるが，重質度の高い残油については沸騰床も商業化されている．また特に多量の Ni, V を含有する重質な残油については，脱金属を移動層反応器*で実行するプロセスも提案されている．

　石炭直接液化も基本的には，残油の精製と同様の水素化・水素化分解を主とする一種の水素化処理であるが，石炭が固体であること，多くの鉱物(10％)を含んでいることから，第一のステップは石炭を溶解し，以後，液相水素化処理反応となる．触媒は残渣からの回収・再利用が困難なことから，使い捨てのできる安価な微粒硫化鉄系触媒が広く用いられている．最近，回収再生機能をもつ Ni, Mo 触媒，あるいは分離回

収法も提案されている．さらに石炭粒子に触媒を直接担持し，活性化された水素のスピルオーバーにより，石炭から軽質油が直接生成するプロセスも報告されている．

今後，原油は重質化芳香族化が進むと予想されているので，石油精製において水素化処理がいっそう重要となる．軽質化，脱硫，脱窒素，脱金属の徹底と並んで，芳香環の開環によるイソアルカンへの転換も必要になろう．水素化，炭素-炭素結合の選択的切断など触媒および反応コンフィギュレーションの考案が期待されている．

〔持田　勲〕

→アルケン類の水素化，水素化脱金属，水素化脱窒素，水素化脱硫，水素化分解，脱硫触媒，リフォーミング

水素化脱アルキル　hydrodealkylation

アルキルベンゼン基を含む炭化水素を水素存在下で脱アルキルするとともに，共存する非芳香族炭化水素をメタンやエタンなどの軽質炭化水素に水素化分解してベンゼンなどを製造するプロセスである．トルエンやキシレンからのベンゼンの製造と，メチルナフタレンやジメチルナフタレンからのナフタレンの製造に用いられ，熱的法と接触法がある．

熱的法は，低純度水素の使用が可能であり，触媒の再生を必要としない特徴をもち，MHC法(三菱油化)ではトルエンの水素化脱アルキルのために，700〜800°C，30〜100 kg cm^{-2} の条件下で，トルエン転化率は60〜90％，ベンゼン選択率は約95％に達する．

一方，接触法では，500〜650°C，30〜50 kg cm^{-2} の条件下で，Cr_2O_3, MoO_3, CoO などを Al_2O_3 に担持した触媒を用い，転化率，選択率ともに熱的法より高成績が得られる．ハイディール(Hydeal)法，デトール(Detol)法などが実施されている．

〔五十嵐　哲〕

水素化脱金属　hydrodemetallization

残油の水素化脱硫などに伴い，触媒上に沈積したり，触媒固定層に蓄積して触媒毒となるVやNiなどの有機金属化合物を除去する反応．これらの化合物は，水素化脱硫の前段の触媒上で分解され，触媒上に沈積させて反応物から除去される．触媒の金属保持容量は細孔のサイズによって左右され，細孔のサイズが大きい場合に大きくなるが，活性は相対的に低下する．

〔加部利明・石原　篤〕

水素化脱窒素　hydrodenitrogenation

石油留分中に含まれる窒素化合物を触媒存在下で水素と反応させ，製品中の窒素をアンモニアとして除去する方法で，石油の各留分の精製において脱硫と同時に進行する．石油中には，脂肪族アミンおよび芳香族アミンのほか，六員環の複素環をもつピリジン，キノリン，アクリジンや五員環の複素環をもつピロール，インドール，カルバゾールなどの含窒素複素環式化合物が含まれる．次式のアクリジンの場合を例にと

ると，水素化脱硫反応と異なり，芳香環が完全に水素化されたのちに C-N 結合の切断が進行し，主にジシクロヘキシルメタンなどの飽和炭化水素が生成される．触媒には，アルミナを担体として Co, Mo, Ni, W などが用いられる．

アクリジン → (H$_2$, 触媒) → ジシクロヘキシルメタン ＋ NH$_3$

〔加部利明・石原　篤〕

水素化脱硫　hydrodesulfurization ─────────────

　石油留分中に含まれる硫黄化合物を触媒存在下で水素と反応させ，硫黄を除去し製品の低硫黄化をはかる方法で，ナフサ，灯油，軽油などの留出油および残油の精製に広く用いられる．近年開発された軽油中の硫黄分を 0.05 wt% 以下まで低減する技術を特に軽油の深度脱硫法，さらに低減する技術を超深度脱硫法とよぶ．重油の低硫黄化には直接脱硫と間接脱硫の 2 通りがある．直接脱硫では，常圧残油や減圧残油を脱れき（アスファルト分の除去）などの前処理なしに，直接水素化脱硫する．間接脱硫よりも操作条件が過酷であるが，より低硫黄の重油を製造できる．間接脱硫では，常圧残油を減圧蒸留により，減圧軽油と減圧残油に分け，減圧軽油を水素化脱硫したのち，未処理の減圧残油と混合して硫黄分の少ない重油材を得る．直接脱硫に比べて反応条件は穏和であるが，硫黄分の多い減圧残油は処理しないため，得られる重油の硫黄分は直接脱硫に比べて多い．

　水素化脱硫反応では，硫黄化合物の C-S 結合が切断され，生成物として炭化水素と硫化水素を与える．炭化水素の C-C 結合の切断を伴う水素化分解とは異なり，石油製品の分子量分布は変化しない．表に石油中に含まれる主な硫黄化合物をまとめた．これらの化合物のなかでチオール類，ジスルフィドおよびスルフィドは比較的脱硫されやすく，チオフェン類は脱硫されにくい．また，環数が多くなるにつれて，さらに置換基が多くなるにつれて脱硫反応性は低下する．次式にジベンゾチオフェン（DBT）の反応を示す．この反応では芳香環の水素化を経ないで直接 C-S 結合が切断しビフェニルを与える場合といったん芳香環の水素化を経てから脱硫されてシクロヘキシルベンゼンを与える場合の二つの経路が存在する．後者の反応では，脱硫とは別に水素を消

ジベンゾチオフェン → (H$_2$, 触媒) → ビフェニル ＋ (シクロヘキシルベンゼン) ＋ H$_2$S

費するので，プロセスの経済性の点で重要な問題となる．

　水素化脱硫には，通常担体であるアルミナに Mo および Co が酸化物の状態で担持された触媒が用いられる，予備硫化により反応条件下ではこれらは硫化された状態となっている．表面積が約 250 m^2 g^{-1} のアルミナを用いた場合，Mo は MoO$_3$ として

化合物の種類	構造
チオール類	RSH
二硫化物	RSSR′
硫化物	RSR′
チオフェン類	チオフェン／ベンゾチオフェン／ジベンゾチオフェン／4-メチルジベンゾチオフェン／4,6-ジメチルジベンゾチオフェン

石油中に含まれている含硫黄化合物

約16 wt％までアルミナ上に均一に担持され，また，MoO_3 が16 wt％の触媒では Co は Co/Mo 比が約0.5まで均一に担持されることがわかっている．工業用の触媒としては他に Mo の代わりに W を，Co の代わりに Ni をさまざまな組成で組み合わせた触媒が用いられている．これらの触媒は重要な水素化触媒である Pt 触媒と異なり，高濃度の硫黄化合物が存在していても硫黄化合物の水素化分解活性を有するところに特徴がある． 〔加部利明・石原 篤〕
→水素化処理

水素化分解 hydrocracking

炭化水素を水素の存在下で分解し，より低級な炭化水素を得る反応である．低級アルカンの水素化分解は，Pt, Ni などの金属表面上で促進され，その速度は金属表面上の状態（キンクやエッジの濃度，合金の場合は電子状態や活性点密度）によって敏感に変化する．このため金属触媒のキャラクタリゼーションのためのモデル反応として用いられる．工業プロセスとしては石油精製において用いられ，重質な炭化水素を高温高水素圧下，二元機能触媒を用いて分解，水素化，異性化などの化学反応を行い，ガソリンなどの望ましい軽質石油製品に転化している．最近，重油の需要が減少し，ガソリンや灯・軽油の需要が増加していることから，重質油の軽質化のプロセスとして重要になってきている．

二元機能触媒の固体酸としては，シリカ-アルミナなどのアモルファス系および Y 型などのゼオライト系が，水素化触媒としては Co-Mo, Ni-Mo, Ni-W などの複合酸化物（硫化物）系と Pt などの貴金属系が使用されている．多くのプロセスでは第一反応器で Co-Mo 担持シリカ-アルミナ触媒により主に原料油の脱硫，脱窒素を行い，第二反応器で Pt 担持 USY 触媒による炭化水素の水素化分解を行う方式になっている．生成物には飽和炭化水素が多くなるのが特徴である．生成物は，留出油を原料とする

場合は主に LPG，ナフサ（ガソリン），灯油，軽油であり，残油を原料とする場合には灯油，軽油，減圧軽油および減圧残油である．なお，コストを低下させるためには，水素の消費量をできるだけ少なくすることが必要である．工業プロセスでは，残油の水素化分解では主に沸騰床反応器が，留出油の場合では主に固定層反応器がそれぞれ用いられている．　　　　　　　　　　　　　　　　　　　　　　〔八嶋建明〕
➡アルカンの分解

水素吸蔵合金　hydrogen-absorbing alloy ────────────────

　水素との反応性が高く，温和な条件下でも可逆的に水素の吸蔵・放出ができる合金系（A_2B, AB, AB_2, AB_5 タイプ）を一般に水素吸蔵合金とよぶ．代表的なものに $LaNi_5$, Mg_2Ni, $TiFe$ などがある．水素吸蔵合金を触媒に用いた反応には，これまでに水素化，アンモニア合成，脱水素，水素化分解，骨格異性化などがある．触媒としての特徴は，合金表面の水素分子活性化能が低温においても極めて高いことである．したがって，触媒反応では水素の関与する反応に高い活性と特異性が期待でき，水素化反応への応用が多い．水素化反応では，アルケンやジエン，また種々の官能基に対する選択的反応，さらに炭化水素やアルコール合成を目指した CO, CO_2 水素化などがある．

　水素吸蔵合金の水素吸蔵能を活かすと，次式に示すような水素化とその逆反応である脱水素反応を行わせることができる．

$$\text{不飽和化合物} + MH_2 \text{(金属水素化物)} \underset{\text{脱水素}}{\overset{\text{水素化}}{\rightleftarrows}} \text{飽和化合物} + M \text{(水素吸蔵合金)}$$

すなわち，合金中では水素は解離して存在することから，この吸蔵水素を利用して不飽和化合物の水素化反応が，また逆に，水素吸蔵合金（M）上での飽和化合物の脱水素においては，脱離した水素原子がそのまま合金中に取り込まれると，金属水素化物（MH_2）の生成分（$\Delta G°_2$）だけエネルギー的に有利になるため，一般に標準ギブズエネルギー変化（$\Delta G°_1$）が正となり熱力学的に不利な脱水素反応も水素吸蔵合金上では容易に進行しうる．

$$\begin{array}{ll} C_nH_{2n+2} \longrightarrow C_nH_{2n} + H_2 & \Delta G°_1 > 0 \\ M + H_2 \longrightarrow MH_2 & \Delta G°_2 < 0 \\ \hline C_nH_{2n+2} + M \longrightarrow C_nH_{2n} + MH_2 & \Delta G°_1 + \Delta G°_2 \end{array}$$

　さらに，反応により水素吸蔵合金そのものが有効な触媒として働いている場合と，CO や CO_2 水素化，アンモニア合成，骨格異性化反応に用いたときのように，合金はより高活性な触媒の前駆体となっている場合があり，いずれの場合にも従来の触媒系にはみられない特異性を示す．合金の改質操作としては，酸化，ハロゲン化，化学修飾，溶出などがあり，改質後の触媒は通常の調製法では達成できないような高活性を発揮することがある．　　　　　　　　　　　　　　　　　　〔今村速夫〕

水熱合成 hydrothermal synthesis ───────────

　水の存在下 100℃以上の温度領域で耐圧・耐熱・耐腐食性密封容器またはオートクレーブ中で行われる合成のことをいう．しかし，100℃以下でも水の存在下，密封容器で行われる合成については水熱合成とよばれることが多い．密封容器としては，テフロン容器が耐薬品性があり便利であるが，高温での使用は不可能である．常温常圧で水への溶解度の低い物質でも，高温高圧水溶液中では，溶解度も高くなり反応速度も速くなることから合成のみならず変成反応，結晶の育成にも適用される．ゼオライトなどの多孔質ケイ酸塩の合成，超微粒子無機化合物の合成，水晶のような人工単結晶の育成などが水熱条件下で行われている．天然にも水熱反応により生じた鉱物が存在し，熱水鉱床といわれる．粘土は，岩石が熱水による変質を受けたものである．臨界温度(374℃)と臨界圧力(22.1 MPa)を超えた超臨界水中での反応についても検討がなされつつある． 〔北山淑江〕

水和反応 hydration ───────────

　アルケンの水和は一般に発熱反応であるが，エントロピー減少が大きいために，平衡は原系によっている．したがって低温，加圧の条件が有利である．

　アルケン類の水和は，硫酸を試薬とし，アルケンを硫酸エステルとし，さらにこれを加水分解する二段法(間接水和とよぶ)と，触媒を用いる直接水和法がある．前者には硫酸の再使用のための濃縮や装置腐食など問題があるため，後者の方法が主流となっている．エチレンの水和*では，H_3PO_4 をシリカゲルに浸み込ませた固定化リン酸が用いられており，またプロピレンの水和*では均一酸としてヘテロポリ酸*の一種 $H_3PW_{12}O_{40}$ や $H_3PMo_{12}O_{40}$ が用いられている．n-ブテンやイソブテンの水和にも $H_3PW_{12}O_{40}$ が工業触媒となっている．

　シクロヘキセンの水和*は，固体触媒である H-ZSM-5 ゼオライト*が実用的に用いられている．

　ニトリルの水和は酸触媒によっても進行するが，Cu や Ni 系の触媒が有効である．工業的にはアクリロニトリルの水和が重要であり，Cu シリケートでは 70℃で，ニトリル酸アミド選択率 99.7％である． 〔奥原敏夫〕

すすの酸化 oxidation of soot ───────────

　一般にすすとは，炭化水素系燃料の燃焼によって生じる煙の中に含まれる炭素を主体とする微粒子状物質であり，主成分の炭素のほかに，未燃の燃料，熱分解や重合および縮合により生成する多環芳香族炭化水素なども含有する．特に，ディーゼルエンジンから排出されるすすは，大気汚染への影響が大きく，各種浄化法による低減の努力がなされている．浄化法としては，すすをフィルター機能を有するトラップで捕捉したのち，酸化してトラップを再生する方法が有効である．再生法には，バーナーや電気ヒーターを用いて間欠的に酸化する加熱方式がすでに実用化されているが，自動車用としては酸化触媒を利用してトラップを連続的に再生する方式が有利であり，

種々のシステムが試みられている．一例として，Pt系酸化触媒とトラップとを前後に組み合わせ，前段の酸化触媒で排ガス中の NO を酸化力の強い NO_2 に転化し($2NO+O_2 \rightarrow 2NO_2$)，後段のトラップに捕捉したすすを NO_2 により連続的に酸化させる($2NO_2+C \rightarrow 2NO+CO_2$)方式が提案されている． 〔松下健次郎〕

→自動車触媒

スチームリフォーミング steam reforming → 水蒸気改質

スチレンの合成 synthesis of styrene

スチレンは主としてベンゼンのアルキル化によって合成されるエチルベンゼン(EB)の脱水素反応で製造される．アルキル化は $AlCl_3$，BF_3-Al_2O_3 などのルイス酸によるフリーデル-クラフツ反応で行われていたが，$AlCl_3$ は腐食性が強く，プロセスに伴う排水処理にもコストがかかり，ZSM-5 などのゼオライト系固体酸触媒に変わりつつある．

反応はいずれもベンゼン過剰下で行われる．フリーデル-クラフツ触媒では液相，ゼオライト系固体酸触媒では反応温度 400～500°C の気相で行われ，エチレンの転化率は 100％，EB への選択率も 99％程度とほぼ定量的に進む．生成物には多置換体(PEB)が含まれるが，これは反応器に戻され，トランスアルキル化反応により EB に転化される．ゼオライト法では触媒の活性が使用とともに低下するので，一定期間連続運転ののち，空気焼成による再生処理が行われている．

EB の脱水素は吸熱反応であり，平衡条件を良くするために反応温度 500～650°C の高温で行われる．

$$\bigcirc + CH_2=CH_2 \xrightarrow{\text{酸触媒}} \bigcirc\!\!-\!C_2H_5 \underset{Fe_2O_3\text{-K系触媒}}{\rightleftarrows} \bigcirc\!\!-\!CH=CH_2 + H_2$$

反応器には EB と等量以上(重量比)の多量の水蒸気を混ぜたガスを供給し，反応後 EB とスチレンは蒸留によって分離され，EB はリサイクルされる．反応はほぼ選択的であるが，少量のベンゼン，トルエン，分解生成物，タールなどが副生する．脱水素反応には Fe_2O_3(93％)-Cr_2O_3(5％)-K_2O(2％) の Shell-105 とよばれる触媒が多用されていたが，現在では Fe_2O_3-MgO-K_2O にさらに添加物の加わった Girdler 系の触媒が主流となった．酸化鉄(鉄酸カリウム)が主触媒であり，Cr, Mg は触媒の安定化に，K は反応の促進および炭素の析出防止に効果がある．平衡反応による制約から逃れるため，酸化脱水素法も検討されているが，燃焼反応を完全に抑制することができず，現時点では実験室レベルにとどまっている．

このほか，スチレンの製法としてはエチルベンゼンのヒドロペルオキシドを使ったプロピレンオキシドの合成(ハルコン法)で併産する α-フェニルエタノール，$C_6H_5CH(OH)CH_3$ の脱水によるものがある．

$$C_6H_5CH_2CH_3 + O_2 \longrightarrow C_6H_5CH(OOH)CH_3$$
$$CH_2=CHCH_3 + C_6H_5CH(OOH)CH_3$$
$$\xrightarrow{\text{Mo, V 化合物}} CH_2\!-\!\!CHCH_3 + C_6H_5CH(OH)CH_3$$
$$\underset{O}{\smile}$$
$$C_6H_5CH(OH)CH_3 \xrightarrow{TiO_2/Al_2O_3} C_6H_5CH=CH_2 + H_2O$$

〔諸岡良彦〕

ステップ　step　→キンクとステップ

ストークス-アインシュタインの式　Stokes-Einstein equation

粘度 η の溶液中を粒子 (粒子径 a) が運動しているとき, 受ける摩擦係数 f はストークスの式に従う場合, $f=6\pi a\eta$ で表される (ストークスの式を参照). このときこの液体中を拡散する粒子や分子などの拡散係数 D と f との間には次式の関係がある.

$$D = kT/f$$

ここに, k はボルツマン定数, T は絶対温度である. この式をストークス-アインシュタインの式という.

ストークス-アインシュタインの式によれば, 溶液の粘度を測定することによって, 溶液中の分子や粒子などの拡散定数 D を求めることができる. 〔馬場俊秀〕

ストークスの式　Stokes equation

粘度が η である粘性流体中を溶質粒子が一定速度で運動するとき, 摩擦力によって粒子は抵抗を受ける. 摩擦係数を f とすると, 半径 a の球状の粒子が粘度 η の溶液中にある溶質分子が溶媒分子に比べて小さい場合, $f=6\pi a\eta$ で与えられる. この式をストークスの式という. この式は非圧縮性流体に関するナビエ-ストークスの運動方程式から, 以下に示す仮定のもとにストークスが導いた式である.

（1）　粒子の運動は十分に遅い　(レイノルズ数　≪1)
（2）　流体は無限に広がっている
（3）　粒子は剛体である
（4）　粒子の表面と流体との間にスリップはない
（5）　粒子は一定速度で運動し, かつ流体は定常運動をしている

沈降現象を扱う場合, 扱う粒子の分子量や粒子径を求めるのにストークスの式は便利である. その場合, 重力場における沈降は遅いことが多い. そのため超遠心機を用い, 重力場を遠心力場に変えることによって, 粒子や分子が, 速くしかも一定の速度で沈降する状況をつくり出している.

そこで遠心力場における粒子の運動を考えると, 遠心機の回転子の軸から r の距離にあって, 角速度 ω で回転している粒子 (質量：m) では, 媒質の浮力のために有効質量は $(1-\rho V_S)m$ となる. ここに, ρ は溶液の密度, V_S は溶質の比容である. また, 遠

心力場での粒子は $(1-\rho V_s)mr\omega^2$ の遠心力を受ける．この粒子の速度を v とすると，この粒子は fv の摩擦力を受ける．これが一定速度で動く場合には，摩擦力と遠心力が釣り合うので，$fv=(1-\rho V_s)mr\omega^2$ の関係が成立する．

ここで，沈降定数 S を $S=v/(r\omega^2)$ と定義すると，S は次のように書き直すことができる．

$$S=v/(r\omega^2)=(1-\rho V_s)m/f=(1-\rho V_s)M/fN_A$$

ここに，$m=M/N_A$（M は分子量，N_A はアボガドロ数）である．すなわち S は粒子や分子が単位遠心力場のときの移動速度である．大きな分子の S の値はおよそ 10^{-13} cm s^{-1} である．

ストークスの式から $S=(1-\rho V_s)M/6\pi a\eta N_A$ となるので，あらかじめ S と M がわかっていれば a が，または，S と a がわかっていれば M を知ることができる．

〔馬場俊秀〕

スーパーオキシドジスムターゼ　superoxide dismutase

超酸化物不均化酵素ともいう．スーパーオキシド（超酸化物）イオンラジカル $O_2^{-\cdot}$ を酸素 O_2 と過酸化水素 H_2O_2 に不均化する反応を触媒する酵素である．

$$2O_2^{-\cdot}+2H^+ \longrightarrow O_2+H_2O_2$$

生体内で生成するスーパーオキシドイオンラジカルの細胞内濃度を低下させ，スーパーオキシドイオンラジカルの毒性から生体を保護する役割を果たすと考えられている．

活性中心に金属を含む金属酵素であり，Cu-Zn 型，Fe 型，Mn 型の3種に分類されている．これらの多くは同一サブユニットからなる二量体であり（Mn 型の酵素には四量体の酵素が存在する），金属の酸化還元サイクルによりスーパーオキシドイオンラジカルを不均化する．

〔大倉一郎〕

スピネル　spinel

化学式 AB_2O_4 で示されるスピネル型構造をもつ複合金属酸化物の総称で，その名は $MgAl_2O_4$（せん晶石，spinel）に由来する．酸素イオンがほぼ立方最密充塡し，その四面体空隙の 1/8 を A イオンが，八面体空隙の 1/2 を B イオンが規則的に占めたものを通常あるいは正スピネル型構造（AB_2O_4）とよぶ．これに対し，B イオンの半数が四面体空隙を，A イオンと残りの B イオンが八面体空隙を占め，$B[AB]O_4$ と表されるものを逆スピネル型構造とよぶ．多くの場合，A イオンが2価，B イオンが3価の 2,3-型で，正スピネルとしては MAl_2O_4（M : Mg, Fe, Co, Ni, Mn, Zn），MCr_2O_4（M : Mg, Mn, Fe, Co, Ni, Cu），$Co_3O_4(Co^{2+}Co^{3+}{}_2O_4)$，$Mn_3O_4(Mn^{2+}Mn^{3+}{}_2O_4)$ などが，逆スピネルとしては $Fe^{3+}[M^{2+}Fe^{3+}]O_4$（M : Mg, Co, Ni, Fe），$Co^{2+}[Fe^{3+}Co^{3+}]O_4$，$Fe_3O_4(Fe^{3+}[Fe^{2+}Fe^{3+}]O_4)$ などが知られている．その他，4,2-型（$GeCo_2O_4$，$Fe[Ti, Fe]O_4$，$Mg[Ti, Mg]O_4$ など）や 6,1-型（WNa_2O_4，$MoAg_2O_4$ など）も存在する．固溶体の形成は同じ型の間ではかなりの範囲で，型が異なってもある程度の範囲で可能である．また

$\gamma\text{-}Fe_2O_3$ や $\gamma\text{-}Al_2O_3$ は，$M^{3+}[\Box_{1/3}M^{3+}_{5/3}]O_4$（$\Box$ は空格子点）と表される欠陥スピネルである．

Fe^{3+} と 2 価の遷移金属イオンからなるスピネル型フェライトはフェリ磁性体として実用的に重要である．また電気伝導体としても特異な性質を示すものがあり，例えば Li_2TiO_4 は 13.7 K 以下で超伝導性を示し，抵抗の温度係数が負の $CoAl_2O_4$ などは NTC サーミスターとして用いられている．触媒としては，その構造上の特徴から活性点構造(配位数，価数など)の解明などの基礎研究に多く用いられているが，実用的には担体としての $\gamma\text{-}Al_2O_3$，完全酸化(燃焼)触媒としての Co_3O_4，$CO\text{-}H_2$ 反応によるメタノール合成用亜鉛クロマイト触媒や水素化用銅クロマイト触媒中の MCr_2O_4（M：Zn, Cu）などが重要である．〔寺岡靖剛〕

スピルオーバー spillover

固体触媒において 2 種以上の成分間で，吸着種が表面拡散により移動する現象をスピルオーバーという．通常は金属(金属化合物)と担体からなる固体触媒で金属表面に吸着した化学種が担体表面上に移動する現象をいう．例えば，酸化タングステン（WO_3）は 400℃，水素雰囲気下では容易には還元されないが，アルミナに担持した Pt を WO_3 に混合すると，WO_3 は Pt からスピルオーバーしてきた水素原子により室温でも還元され，H_xWO_3 の生成が確認される．固体触媒反応では触媒表面に局在する活性点のごく近傍ですべての化学反応が進行していることがほとんどであるが，水素のような小さな反応分子の場合，吸着サイトで活性化された吸着分子が固体触媒表面を移動し吸着サイトから遠く離れた場所で触媒反応に関与する場合がある．

石油の接触分解および水蒸気改質反応では固体酸触媒がよく用いられているが，この触媒の活性は反応中に炭素質(コーク)の析出により著しく低下する．Pt などの金属を固体酸触媒に少量添加すると，金属からスピルオーバーした水素(あるいは酸素)が炭素質と反応し，炭素質がメタンあるいは一酸化炭素，二酸化炭素として除去されるため，触媒の劣化を抑えることができる．

Pt を活性炭に担持した触媒でも同様な現象がみられ，この触媒に水素を接触させると表面 Pt 原子数をはるかに上まわる水素が吸着する．活性炭表面は飽和炭化水素の C-H を解離する能力をもっており脱水素反応がゆっくり進行する．活性炭上でこの反応が遅いのは，飽和炭化水素から解離してできた水素原子を水素分子として放出する

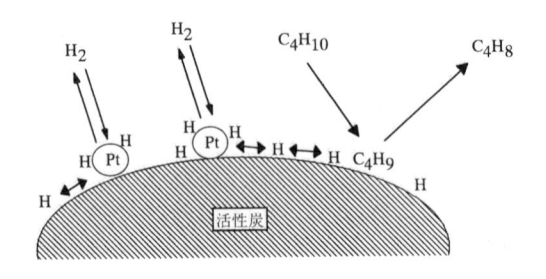

能力が低く，活性炭上に水素原子がたまってしまうためである．一方，活性炭にPtを担持した触媒上ではスピルオーバーの反対の現象（逆スピルオーバー）が起こり，飽和炭化水素のC-H結合の解離により生成した水素原子が活性炭表面上を移動して白金上で水素分子となり，気相に脱離する（図参照）．このため飽和炭化水素の脱水素の反応速度が著しく増加する．

〔大塚　潔〕

スメクタイト　smectite

2八面体型または3八面体型の2:1型層状粘土鉱物*で，層電荷が0.2〜0.6(O_{10}(OH)$_2$当り)のものの総称である．スメクタイト族粘土鉱物に属する主なものとして，モンモリロナイト*，バイデライト，ノントロナイト，サポナイト*，ヘクトライトがあり，主なスメクタイトの理想式（層間陽イオンと層間水は省略）を次に示す．

モンモリロナイト　$(Al_{2-y}Mg_y)Si_4O_{10}(OH)_2$
バイデライト　　　$Al_2(Si_{4-x}Al_x)O_{10}(OH)_2$
ノントロナイト　　$Fe_2^{3+}(Si_{4-x}Al_x)O_{10}(OH)_2$
サポナイト　　　　$Mg_3(Si_{4-x}Al_x)O_{10}(OH)_2$
ヘクトライト　　　$(Mg_{3-y}Li_y)Si_4O_{10}(OH)_2$

またモンモリロナイトとバイデライトとの間には中間組成のものもある．
層間水の量は層間陽イオンの種類や外界の湿度によって変化する．スメクタイトは膨潤性粘土鉱物の主要なものであり，インターカレーション*反応のホスト物質としても利用されている．

〔黒田一幸〕

➡層間架橋粘土触媒

せ

成形　molding, shaping

触媒を使用目的に適する一定の粒径や形状，機械的強度にするための操作．工業プロセスに用いられる際に成形されることが多い．成形の際，黒鉛，エチルセルロースなどの成形助剤（バインダー）を添加することもある．成形によりミクロ構造の変化が起きることがある．成形された触媒粒子の大きさと形状は触媒層の圧力損失，有効熱伝導度，反応流体の混合や流れの均一化，触媒の機械的強度，触媒有効係数などに大きく影響する．形状には円柱，リング，球状，押し出し形状などがある．最適な触媒形状は使用される反応器によっても異なり，プラント設計において形状の選択は重要である．形状が大きくなると圧力損失は少なくなるが，触媒有効係数も小さくなる．成形の方法として，圧縮成形（機械プレス）法，押し出し成形法などがある．

〔小谷野圭子〕

ゼオライト zeolite

粘土鉱物の一種で，一般的に次の組成を有する結晶である．
$$(M^I, M^{II}_{1/2})_m(Al_mSi_nO_{2(m+n)})\cdot xH_2O \quad (n \geqq m)$$
ここで，M^I は Na^+ など1価のカチオン，M^{II} は Ca^{2+} など2価のカチオンである．Si と Al の比 n/m は，ゼオライトの種類によって1から∞まで変化する．

ゼオライトの骨格構造は，SiO_4 四面体が酸素イオンを共有しながら連続的に配列してできる結晶性シリカの Si の一部を Al で同型置換したものと考えることができる．M^I，M^{II} などのカチオンは骨格内には組み入れられず，骨格構造のつくる空間や細孔の中に保持されている．すなわち，ゼオライトは M^I，M^{II} を対カチオンとするアルミノケイ酸塩とみなすことができる．また，空洞や細孔内には吸着水が存在する．

1756年に天然ゼオライトの一種スチルバイトが Cronstedt によって発見され，加熱によって大量の水を放出することから，「沸騰する石」を意味するギリシャ語に基づいてゼオライトと命名された．1930年代には Barrer によってゼオライトの合成の研究が始まり，1952年には Milton によって自然界に存在しないゼオライト（A型ゼオライト）が合成され，1956年には Linde（現 Union Carbide）社によるAおよびX型ゼオライトの工業生産が始まっている．1971年にはアルキルアンモニウムカチオンをテンプレートとして用いた ZSM-5 ゼオライトの合成が Mobil 社によって行われ，ゼオライト合成の新しい指針となった．以後，現在に至るまでさまざまなゼオライトが合成されている．

現在30種類以上の天然ゼオライトが知られており，80種類以上の合成ゼオライトの構造が決定されている．それぞれのゼオライトには通称があるが，構造的には3文字の英大文字からなるコードで表すことが推奨されている．例えば，X型ゼオライトやY型ゼオライトは FAU，ZSM-5 の構造は MFI と表記される．主なゼオライトのコードならびに構造上の特徴を巻末の付表にまとめてある．

ケイ素を Al 以外の金属（B, Ga, Fe, Ti, Zn など）で同型置換した構造の物質も合成可能である．これらの物質はメタロシリケート*と総称される．ゼオライト類似構造をもつものに，SiO_4 四面体の代わりに AlO_4 と PO_4 四面体を交互に配列した構造からなる物質も合成されており，アルミノリン酸塩型モレキュラーシーブ*（$AlPO_4$）とよばれている．

ゼオライトは 0.3 nm から 1.2 nm の大きさをもつ細孔や空洞を有するものが多く，一般に高い比表面積を有する．このため，ゼオライトは極めて高い吸着能を示すので，脱湿，溶媒の脱水，窒素と酸素の分離など吸着剤として広範に利用されている．また細孔径が多くの分子の大きさに近いので分子ふるい（モレキュラーシーブ*）としての特徴もある．この特徴を利用して，直鎖アルカンと側鎖をもつアルカンの吸着分離（A型ゼオライト），キシレン混合物からの p-キシレンの吸着分離（X型ゼオライト）などが行われている．ゼオライトの細孔径は一義的には結晶構造によって決まるが，交換カチオンの種類によって調節することも可能である．また外表面へのシリカの化学蒸着（CVD）法*などによっても，細孔の入口径を微調節することが可能である．

ゼオライト中のカチオンは骨格に固定されていないので，容易にイオン交換される．ゼオライトの大きなイオン交換能を活かして，A型ゼオライトなどが洗剤のビルダーとして，いくつかの天然ゼオライトが土壌改良材として用いられている．

　カチオンとしてプロトンや多価カチオンを含むゼオライトは固体酸性を発現し，固体酸触媒*として用いられる．プロトン型ゼオライトはアルカリ型ゼオライトを酸処理するか，アンモニウム塩でイオン交換してアンモニウム型とした後で焼成してアンモニアを脱離させることにより調製する．A型やX型などのSi/Al原子比が1に近いものは，プロトン型への交換率が高くなると結晶が崩壊するので，固体酸触媒として工業的に用いることはない．Y, ZSM-5, モルデナイト，ベータなどのゼオライトがプロトン型として用いられる．酸型ゼオライトは，結晶構造によって酸点の構造が規定されているために酸強度*の分布が狭いこと，組成によって酸性点*の密度を調節できることも利点である．また分子ふるい効果を有するため，形状選択性*をもつ触媒としても用いられる．

　固体酸触媒としての代表的な用途は，Y型ゼオライトを用いる原油の改質過程での接触分解*(FCC)反応である．また，石油化学の広い分野でZSM-5ゼオライトが使用されている．固体酸としてだけでなく，ゼオライト自体，および各種の物質をイオン交換・担持したゼオライトは，固体塩基触媒*，酸化還元触媒としても有用である．主なゼオライトの用途を表に示す．

ゼオライトの主な用途

名称	構造コード	主な用途
ベータ	BEA	エチルベンゼンの合成，トランスアルキル化炭化水素による窒素酸化物の選択還元 (Co担持)
エリオナイト	ERI	ナフサからの直鎖アルカンの選択的分解 (Ni担持)
X	FAU	溶剤精製，深冷空気精製，大気中酸素濃縮水素精製 (Ca交換), CO, CO_2 濃縮 (Ca交換)
Y	FAU	接触分解，水素化分解 (Pt, Pd, Ni-W, Co-Mo担持)アルカンの異性化 (Pt担持)キシレン異性体分離 (Ba+K交換)
フェリエライト	FER	n-ブテンのイソブテンへの異性化
A	LTA	洗剤ビルダー，気体・液体の乾燥，N_2-O_2 分離 (Ca交換)n-アルカンとイソアルカンの分離 (Ca交換)
L	LTL	アルカンの芳香族化 (Pt担持)
ZSM-5	MFI	接触分解，メタノールからのガソリン合成，キシレン異性化，エチルベンゼンの合成，水素化脱ろう，水素化分解(金属担持)，窒素酸化物の選択還元(金属担持)，有機溶媒の回収
TS-1 (チタノシリケート)	MFI	フェノールの H_2O_2 酸化
モルデナイト	MOR	水素化脱ろう (Pt担持), $N_2 \cdot O_2$ 分離
MCM-22	MWW	エチルベンゼンの合成

〔片田直伸・丹羽　幹〕

→A型ゼオライト，エリオナイト，ベータゼオライト，モルデナイト，ZSM-5ゼオライト，Y型ゼオライト，希土類イオン交換ゼオライト，X型ゼオライト，L型ゼオラ

イト

赤外反射吸収分光法 infrared (IR) reflection absorption spectroscopy　→赤外分光

赤外光音響分光法 infrared (IR) photoacoustic spectroscopy

　光音響法は気体，固体，液体，懸濁試料のすべてに適応できるが，赤外光の領域では主として固体試料の測定に用いられている．赤外光音響分光法の特徴は簡便さで，数百 μg 程度の試料を未処理，かつ未破壊で測定でき，試料の回収も容易である．したがって KBr 法では均一分散しない試料や，圧縮成形時に構造変化や水和のおそれのある試料に適する手法である．固体試料の光音響信号の解析で用いられる物理量は，試料の厚さ l，光吸収長 l_β，熱拡散長 μ_s である．光吸収長および熱拡散長はそれぞれ，光が試料内部に侵入する深さ，および試料表面の温度変化に寄与する熱分布の深さを表す目安となっている．これらは一般的に次式で表されるように，試料の光・熱的な性質と関係している．

$$l_\beta = \frac{1}{\beta}$$

$$\mu_i = \frac{1}{a_i} = \sqrt{\frac{2\alpha_i}{\omega}} = \sqrt{\frac{2k_i}{\omega \rho_i C_i}}$$

ここで，β[cm^{-1}]は吸光係数，a_i[cm^{-1}]は熱拡散係数，α_i[cm^2 s^{-1}]は熱拡散率，ω[rad s^{-1}]は入射光の変調周波数，k_i[cal cm^{-1} s^{-1} ℃$^{-1}$]は熱伝導度，ρ_i[g cm^{-3}]は密度，C_i[cal g^{-1} ℃$^{-1}$]は比熱である．また上式で，添字 i は試料，気体，試料支持台に対して s, g, b とする．

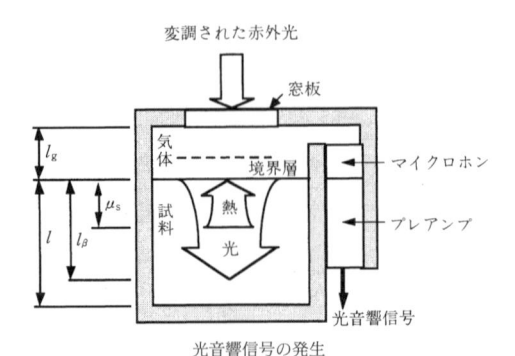

光音響信号の発生

　発生した熱は(1)熱による試料自身の膨張収縮，および(2)静的な熱伝導による試料近傍の気体層(境界層)の膨張収縮を起こす．通常は(2)の効果のほうが大きい．膨張収縮を繰り返す境界層がピストンとなって残りの気体層に音波を発生させ，これが光吸収量に対応した信号として検出される．この機構を一次のガス・ピストンモデル

といい，これに基づいた解析法を RG(Rosencwaig and Gersho)理論という．RG 理論で与えられる複雑な式は，試料の光学的な透明度，熱的な厚さで場合分け・簡略化され，実際の音響信号の解析に用いられている．

　試料の形状は任意であるが，粒径の小さな試料ほど良い S/N 比でスペクトルを得ることができる．これは試料の粒径が小さいほど拡散反射の寄与が大きく光吸収量が増すとともに，表面積の増大により試料内部の熱が気体層に伝わりやすくなるからである．通常の FT-IR を用いて行う高速走査型の測定では変調周波数が熱拡散長 μ_s に影響を与えるので，試料の既知の熱的パラメーターを用いることにより，測定される試料の深さを概算できる．通常の測定条件で観測される深さは，20〜30 μm 程度である．　　　　　　　　　　　　　　　　　　　　　　　　〔野村淳子・堂免一成〕

→赤外分光，光音響分光法

赤外分光　infrared (IR) spectroscopy

　赤外光とは普通 0.1〜1 mm 程度の波長をもった光を指し，そのうち 0.8〜3 mm 付近を近赤外領域，3〜200 mm 付近を中赤外領域，200 mm〜1 mm を遠赤外領域とよんでいる．このうち一般に赤外分光法で用いられる光の波長は，2.5〜25 mm のもので波数に換算すると 400〜4000 cm^{-1} の領域に相当する．この領域の光のエネルギーは分子の振動励起エネルギーに対応し，分子によって吸収されることにより振動スペクトルが得られる．分子には二つの基本的な振動(伸縮振動と変角振動)が存在する．伸縮振動は同軸上にある二つの原子が原子間距離を増減させる振動で，変角振動は原子の位置が結合軸からずれる振動である．ある一つの結合の伸縮振動や変角振動はそれぞれ量子化された一定の振動数で振動しているため固有であり，さらにその振動数は気体，液体，固体でほとんど変化しない．したがって，赤外スペクトルは物質の指紋のように取り扱うことができる．また，赤外吸収と分子構造との関係は，力の定数と質量，および幾何学的形態によって表され，これらは基準振動解析によって解かれている．

　均一系触媒反応の研究では，配位子のキーバンドを用いた同定および定量が行われている．固体触媒の研究に用いられる赤外分光法としては，(1)透過法，(2)拡散反

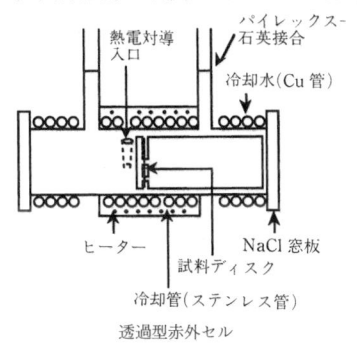

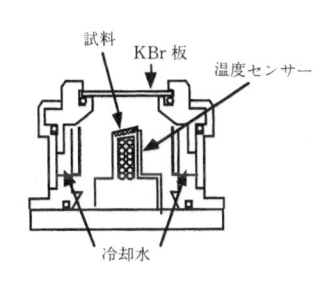

透過型赤外セル　　　　　　　　　　　　　　拡散反射型赤外セル

射法*,（3）光音響法*,（4）反射吸収法の四つがあげられる．透過法は酸化物や担持金属触媒の粉体試料をディスク型に加圧成形し，触媒のディスクに赤外光を透過させる方法である．粉体試料でディスク成形が困難な場合や，試料ディスクを赤外光が透過しない場合は，拡散反射法*が有効である．いずれの方法も，温度可変の赤外セルを流通系*や閉鎖循環系に組み込むことで，反応条件下での触媒および吸着種の赤外スペクトル測定が可能である．それぞれの手法に用いられるセルの例を図に示した．

酸化物表面（担持金属触媒の場合は担体）では，加熱真空排気後に触媒自身の赤外スペクトルを観測すると，孤立した表面水酸基が $3500 \sim 3800\ cm^{-1}$ に観測され，現れる波数から金属イオンに対する水酸基の配位数，および表面状態を知ることができる．透過法や拡散反射法は触媒の酸・塩基特性を調べるためによく用いられる．ブレンステッド酸点は表面水酸基として直接観測できるが，ルイス酸点や塩基点はそれ自身スペクトルに現れないので，種々のプローブ分子の吸着を利用する．酸・塩基点に吸着した分子は気相の分子とは異なる吸収ピーク波数に現れ，それらの差（シフト）からその触媒の酸・塩基特性に関する知見を得ることができる．酸点のプローブとしては，ピリジン，アンモニアなどの塩基性の強い分子が頻繁に用いられるが，強い酸点を観測するのに最近では CO や H_2, N_2 などの弱い分子が用いられている（水素，酸素，窒素などの同核二原子分子の伸縮振動は赤外不活性であるが，吸着によりスペクトルに現れるようになる）．塩基点の観測は CO_2 などの酸性分子が吸着に伴って反応してしまうため，一般に困難である．しかし最近，三ハロゲン化メタン（$CHCl_3$ など）やアセチレン類が適当であるという報告がある．

反射吸収法は光学的に平滑な金属表面に赤外光を大きな入射角で入射・反射させる測定法で，多結晶の膜や単結晶表面が試料として用いられている．試料の表面積は粉体触媒と異なり数 cm^2 程度しかないのでそこに吸着した分子の濃度は極めて低いが，実際には単分子層以下の濃度の吸着種も観測されている．このため高感度反射法ともよばれている．また，目的とした分子のスペクトルを得るためには表面の汚染を避けるために，前処理後の真空度は極めて高く保つ必要がある．通常，ベースプレッシャーは 10^{-10} Torr 以下で実験を行っている．反射吸収法には表面選択則が存在し，吸着種の構造を決定するのに役立っている．金属表面近傍では基盤に垂直な p 偏光が表面電場により強められ，表面に垂直な振動のみが赤外活性モードとなるが，金属基盤に平行な振動は不活性となる．したがって観測される振動はすべて表面に対して垂直な成分を有するものである．逆に，気相分子に存在すべき振動が吸着分子では観測されないときは，その振動の双極子は表面に平行であることがわかる．気相分子に対してはこの選択則は成り立たないので，表面に平行な s 偏光光と p 偏光光はともに吸収される．したがって，s 偏光と p 偏光のスペクトルを差し引きすれば気相分子の成分は相殺され，気相存在下での吸着種の赤外スペクトルを得ることができる．この方法は固-液界面でも応用され，溶液中の電極表面吸着種が観測されている．

〔野村淳子・堂免一成〕

石炭液化　coal liquefaction

　石炭液化は石油と比べ地球上に豊富に存在する石炭を液化し，主として石油代替の輸送用燃料を得る技術であり，直接液化技術と間接液化技術に大別される．直接液化技術は石炭の単位構造をできるだけ保存しながら低分子化して液体を得る方法であり，間接液化法は石炭を完全にガス化(石炭ガス化*)し，一酸化炭素と水素を得，これらを原料として炭化水素を合成する方法(フィッシャー-トロプシュ合成*)である．南ア連邦とマレーシアで工業プロセスが稼働している．直接液化技術は1910年代にドイツのBergiusらによって先駆的に検討され，高温・高圧水素の存在下，Fe系触媒を用いて石炭を分解・水素化することにより液化油を得る技術の開発が進められた．

　直接液化技術は戦前ドイツのIG社により工業化され主としてガソリン製造が行われた．わが国でも工業化研究が行われたが，戦後の安価な石油の大量供給によりいずれのプロセスも経済性を失い中止された．その後，1970年代の石油危機以降，石炭液化技術開発が石油代替エネルギー技術開発の重要な一環として内外で精力的に進められた．

　直接液化技術として多くのプロセスが提案され技術開発が行われているが，基本プロセスは，粉砕した石炭を循環溶剤および触媒と混合してスラリーを調製し，液化反応器(高温・高圧水素雰囲気)で石炭の熱分解を行い，生成した熱分解ラジカルを水素化することにより液化油を製造するプロセスである．液化反応に用いられる触媒の主な役割は，熱分解ラジカルの水素化反応と循環溶剤に水素供与性を付与する溶剤の水素化(芳香環の核水素化)反応である．石炭中には灰分など不純物が多く含まれており，触媒の活性は急激に低下する．このため，液化触媒として安価なFe系の使い捨て触媒が多く用いられている．Mo系触媒は高い水素化活性を有するが，高価であり活性低下防止技術も確立されていないため通常用いらない．

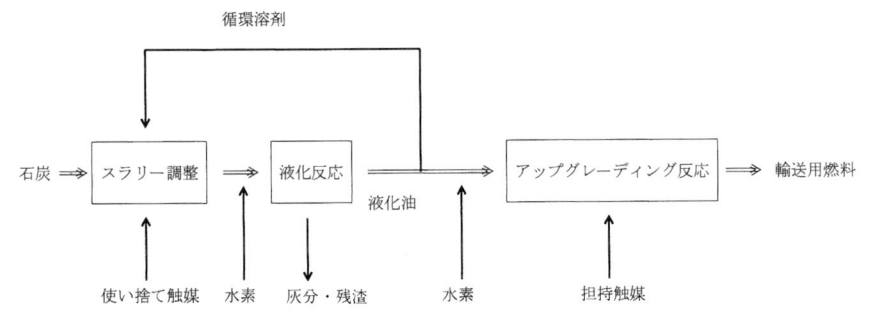

　直接液化で得られた液化油は芳香族性に富み，窒素，硫黄，酸素などのヘテロ原子を多く含むため，自動車などの輸送用燃料に用いるにはアップグレーディング(水素化処理*)が必要になる．固液分離装置などにより灰分，残渣分を分別したのち，固定層反応器*によりMoあるいはW系の担持触媒を用いてアップグレーディング反応を行う．　　　　　　　　　　　　　　　　　　　　　　　　　　〔西嶋昭生〕

石炭ガス化 coal gasification

石炭とガス化剤(水蒸気,二酸化炭素,水素,空気,酸素またはこれらの混合物)を600～1800℃の温度で反応させ,燃料ガス,合成ガス,水素ガスなどを製造するプロセス。重質油のガス化プロセスなどと本質的に同様の原理でガス化を行う。古くより,燃料ガスあるいは化学合成用ガスの製造に利用されてきたが,今後もクリーンエネルギー生産の一翼をになうものとして期待されている。

石炭のガス化反応は,大きく分けて初期の迅速な熱分解過程と生成したチャー(炭素質物質の一つ)の緩慢なガス化過程の2段階からなっている。熱分解過程は一般には急速加熱条件下で行われ,ガス(H_2O, CH_4, CO_2, CO, H_2),軽質油,タール,チャーなどの多様な生成物を与える。チャーのガス化過程は純炭素のガス化反応で近似することができる。炭素のガス化反応に関連する主な反応を,反応熱(単位:kcal mol^{-1})とともに以下に示す。

$$C+O_2=CO_2 \qquad +94.0 \qquad (1)$$
$$C+\tfrac{1}{2}O_2=CO \qquad +26.6 \qquad (2)$$
$$C+CO_2=2CO \qquad -40.8 \qquad (3)$$
$$C+H_2O=CO+H_2 \qquad -31.1 \qquad (4)$$
$$C+2H_2=CH_4 \qquad +17.9 \qquad (5)$$
$$CO+H_2O=CO_2+H_2 \qquad +9.6 \qquad (6)$$

主たる反応炉の形式として,移動層(moving bed),流動層*(fluidized bed),気流層(entrained bed)ガス化炉などがあり,それぞれ独特の機能をもっている。

目的とする製品により,高カロリーガス製造,中・低カロリーガス製造プロセスに大別できる。メタンに富む高カロリーガスを得る一方法として,水素をガス化剤として用いるものがある。石炭を水素中,10^4 K s^{-1} 以上といった昇温速度で900℃以上の温度まで急速加熱すると,ガス収率,特にメタン収率が高くなる。高カロリーガスを得るための他の方法として,メタン生成に有利な低温・高圧下で水蒸気ガス化するものがある。600～700℃で加圧水蒸気ガス化すると,平衡論的にメタンと二酸化炭素のみが選択的に生成し,1段で代替天然ガスを製造することができる。熱効率が高く,合理的なプロセスといえるが,低温での反応速度を高めるため触媒が必要となるので,触媒活性,触媒回収,触媒コストなどの課題を解決する必要がある。

一方,石炭を水蒸気・酸素の混合ガスでガス化すると,一酸化炭素・水素を主成分とする中カロリーガスが得られ,アンモニア,メタノール製造用などの化学工業原料,あるいは工業用燃料,発電用燃料として用いられる。南アフリカのSASOL社で,ガソリンや化成品をつくるための大規模な石炭ガス化が行われている。また,高価な酸素の代わりに空気を用いると,発熱量は低くなるものの,燃料用ガスが得られる。これらの生成ガスを燃料としてガスタービンとスチームタービンの両方を稼働させる石炭ガス化複合サイクル発電が期待されている。微粉炭燃焼による発電方式(熱効率～39%)に比べて飛躍的に高い熱効率(～43%)の発電システムであり,環境対策の面でもすぐれている。ガスタービン,高温脱塵,高温脱硫,燃料電池*の進歩によりさらに高

効率にできる可能性をもっている。　　　　　　　　　〔富田　彰〕
→水蒸気改質，合成ガスの製造，アンモニアの合成，メタノールの合成

積分吸着熱　integral heat of adsorption

等温過程で微小量 dn_a の分子が吸着媒に吸着して dQ の熱が発生する場合，

$$q_{diff} = (dQ/dn_a)_T \tag{1}$$

を微分吸着熱*と定義する。T は絶対温度である。また，

$$q_{int} = \int_0^{n_a} q_{diff} dn_a \tag{2}$$

を積分吸着熱*と定義する。あるいは，気体分子 n_a[mol]が吸着して，Q の吸着熱*が発生するとき

$$q_{int} = Q/n_a \tag{3}$$

を積分吸着熱と定義する。吸着した気体分子のモル数を n_a，気体のモル内部エネルギーを u_g，吸着相の平均モル内部エネルギーを u_a とすると，

$$Q = -n_a(u_a - u_g) \tag{4}$$
$$q_{int} = -(u_a - u_g) \tag{5}$$

で表される。

実験的には微分吸着熱*と吸着量の関係(微分吸着熱曲線)を測定し，この曲線について n_a まで図積分することで求めることができる。　〔堤　和男・松本明彦〕

ゼータポテンシャル(ゼータ電位)　ζ potential

固体と液体が接し，両者が相対的に運動しているとき，固体表面には固体とともに運動する液体の層が存在する。これを固定層といい，この層の液体側を滑り面という。滑り面における電位と，固体表面から十分離れた所での液体中の電位との差をゼータポテンシャル(ゼータ電位)または界面動電電位(electrokinetic potential)という。すなわち，ゼータポテンシャルは粒子の動電現象に関与する電位である。固体表面には表面層，例えば電気二重層などが形成されていて，正電荷のシートと負電荷のシートによって固体表面がおおわれている。滑り面はこの電気二重層の内部にある。したがって，ゼータポテンシャルは，表面層の内面(固体との接触面)と外面(液体との接触面)での電位差である表面電位*とは異なる。ゼータポテンシャルは表面電位とは異なり，実測が可能である。例えば，電気泳動法(コロイド*溶液中に置いた二つの電極に電圧をかけたときに電極間の電場に沿ってコロイド粒子が移動する現象)によって移動速度を測定することにより，ゼータポテンシャルを求めることができる。

〔鈴木榮一〕

接触改質　catalytic reforming　→リフォーミング

接触時間 contact time

反応器に存在する触媒量をW[g],原料供給速度(もし使っていれば希釈剤などを含む)をF[mol h^{-1}](時に m^3・NTP h^{-1} の単位も使われる)としたとき W/F を接触時間という。これが時間の意味をもっていることは,流通式固定層触媒反応操作の設計基礎式,$W/F=y_0\int(1/r_A)\mathrm{d}x$ と,回分式反応器の基礎式,$t=\int(C_{A0}/r_A)\mathrm{d}x$ との類似性から明らかであろう。ここで,固定層触媒反応器は押出し流れであるとし,r_A は,触媒重量当りの原料Aの減少速度[mol g^{-1} h^{-1}]である。y_0 は原料モル分率,x はAの転化率である。回分式反応器の場合は,r_A は,原料Aの濃度の減少速度[mol m^{-3} h^{-1}]をとる。 〔新山浩雄〕

→滞留時間,空間時間

接触分解 catalytic cracking

脂肪族炭化水素を固体酸触媒を用いて,異性化および分解を行い,イソ体の低級アルケンや低級アルカンを得る反応。工業プロセスとしては,石油精製において高オクタン価ガソリンを得るためのプロセスがある。また,アルキル芳香族を固体酸触媒により脱アルキルする反応も含める場合がある。(例:クメンの分解)

反応機構は,固体酸からの炭化水素へのプロトンの供与,生成したカルベニウムイオンの異性化および第三級カルベニウムイオンの分解,生成した低級カルベニウムイオンの他の炭化水素からのヒドリド引抜きと新たなカルベニウムイオンの生成,という連鎖反応となる。カルベニウムイオンは,第一級が最も不安定で,第二級,第三級と安定であるため,生成したカルベニウムイオンは直ちに第二級さらには第三級へと異性化する。C-C 結合の切断は,カチオンとなった炭素から数えて 2 番目の C-C 結合で起こる(β切断)。このため,最短鎖長の生成物はプロピレンあるいはイソブテンとなり,エチレンの生成は少ない。 〔八嶋建明〕

→流動接触分解,アルカンの分解

絶対反応速度論 absolute reaction theory →遷移状態理論

ZSM-5

ゼオライト*の一種で,1970 年代初頭に Mobil 社によってアルキルアンモニウムカチオンをテンプレートに用いて水熱合成された。命名の由来は Zeolite Scony Mobil No.5(FIve)で,これにちなんで結晶構造は MFI で表される。ZSM-5 の特徴を要約すると,①酸素 10 員環で規定される細孔径,②強い固体酸性,③高いシリカ組成(高 Si/Al 原子比)の3点をあげることができる。結晶構造に由来する直径 0.53×0.56 と 0.51×0.55 nm の 2 種類の細孔*(両者とも酸素 10 員環)が三次元的につながっており,ベンゼン環の径よりも少し大きい細孔径を有している。また,ゼオライトのなかでは強い固体酸性をもつ。結晶性が高く,高シリカ組成のゼオライトを合成しやすい。

Si/Al原子比は通常12から500と高く、Al濃度が小さいので、酸密度が低い。また、疎水性をもち、熱安定性・高温の水蒸気に対する耐久性が高い。酸素10員環からなる細孔の大きさに基づく形状選択性も大きな特徴である。このため、実験・工業的にさまざまな反応に対して固体酸触媒*および触媒の担体*として用いられている。Al含有量を不純物レベルまで下げたものはシリカライトとよばれ、Al^{3+}の代わりにGa^{3+}、B^{3+}、Ti^{4+}、Fe^{3+}などを骨格に導入したものがMFI型のメタロシリケート*である。

ZSM-5ゼオライトの名を高めたのは、メタノールからガソリンへの転化反応(MTG法*)への応用である。高い形状選択性*を示すこと、炭素質の析出が起きにくいために長寿命を有することが特徴で、この反応に突出した高性能を示す。反応は、初め脱水反応*によってジメチルエーテルが生成し、これが重合によって低級アルケンとなり、さらに芳香族炭化水素へと成長する機構によって進行すると考えられている。

$$CH_3OH \longrightarrow CH_3OCH_3 \longrightarrow アルケン \longrightarrow 芳香族炭化水素$$

このプロセスは、現在世界中で唯一、ニュージーランドにおいて稼働されている。

また芳香族炭化水素の需給調整のために行われるトルエンの不均化*、トルエンのメチル化、およびキシレンの異性化*において、p-キシレン生成の形状選択性をもつ。また、直鎖炭化水素、メチル基一つを分枝としてもつ炭化水素を選択的に分解除去する反応は、脱ろう法*とよばれ、ZSM-5ゼオライトの形状選択性に基づく反応である。同じく、接触分解*(FCC)において、Y型ゼオライト*を主成分とする触媒系にZSM-5ゼオライトを添加すると、オクタン価が向上する。重質ガスオイル中のアルカンの水素化分解*やエチルベンゼンの合成*にも用いられている。このほか、各種有機合成反応や環境触媒反応へのさまざまな応用が研究されている。Cuなどの遷移金属を担持したZSM-5が、酸素存在下での炭化水素を還元剤とする窒素酸化物の選択還元*に高活性を示すことが見いだされ、注目されている。

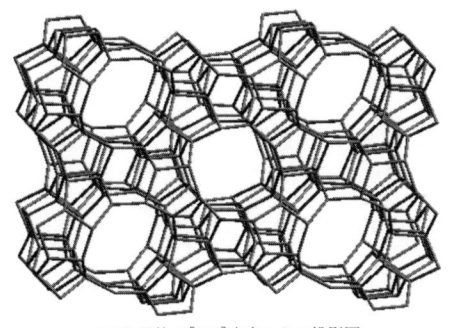

MFI骨格の[010]方向からの投影図

〔片田直伸・丹羽　幹〕

セピオライト sepiolite

理想的な化学式は $Mg_8Si_{12}O_{30}(OH)_4(OH_2)_4 \cdot nH_2O$ でトンネル構造をもつ天然産の粘土．Mg^{2+} を中心イオンとする八面体シートを介して 2 枚の SiO_4 四面体シートが向かい合わせになり構成された層が反転してトンネル（断面積 1.34×0.67 nm^2）を形成し，両端（トンネル壁）の Mg^{2+} には 2 分子の水が配位して六配位八面体を形成する．そのため結晶は繊維状となり繊維軸に沿って形成されたトンネル内には 6 から 8 分子のフッ石水が存在する．トンネル壁の Mg^{2+} は水溶液中で他の金属イオンと交換できる．Mg^{2+} に配位した 2 分子の水は段階的に異なる温度で脱離し，四水和物から二水和物を経て無水物となる．脱水・脱臭剤，固体酸触媒，形状選択触媒，重質油の脱金属触媒などに使われる．

トルコ産白色緻密塊状のものは海泡石（meerschaum）ともいわれる．栃木県葛生産は白色綿状，中国と朝鮮半島で産するものは長い繊維の束からなり絹糸のような光沢がある．トルコ産，スペイン産の褐色粉末状のものも顕微鏡下では繊維状である．

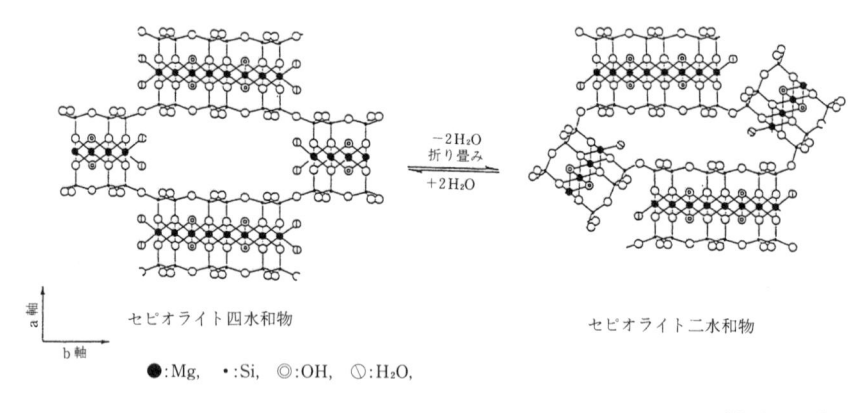

セピオライト四水和物　　　　　　　　セピオライト二水和物

●：Mg, ・：Si, ◎：OH, ◯：H$_2$O,

〔北山淑江〕

セレクトフォーミング selectforming

Mobil Research and Development 社によって開発された高オクタン価ガソリンの製造法である．炭化水素のうち n-アルカンのみを細孔内に吸着できるエリオナイトあるいはチャバザイトなどの，細孔入口が八員酸素環を有するゼオライトの細孔内に，Pt，Pd などの貴金属を担持した触媒を用いる．リフォーメイト（重質ナフサをリフォーミングした生成油）を水素加圧下上記触媒と接触させると，オクタン価の低い n-アルカンだけを選択的に水素化分解除去されるため，残りのリフォーメイトのオクタン価が上昇する．

ただし，この方法では n-アルカン分が減少してしまうためガソリン留分の損失が大きく，現在ではそれほど多くのプロセスは稼働していない．　　〔八嶋建明〕
➡水素化分解，形状選択性，リフォーミング

遷移状態理論　theory of transition state ───────

　化学反応の反応経路を考えると，原系の反応分子は，ギブズ自由エネルギーの極大点，一般にはポテンシャルエネルギー曲面の鞍点である遷移状態を通過して生成系へ移行する．原系と遷移状態とが熱平衡にあると仮定し，化学反応速度を，単位時間当りに活性錯体が生成系へ移る数として統計力学的計算を行う理論を遷移状態理論という．1935 年頃に H. Eyring らによって提唱され，活性錯合体理論，絶対反応速度論ともいわれる．反応座標のなかで，遷移状態を X^* で表せば，反応速度 V はその状態を通過する頻度 ν と X^* の濃度の積 $V=\nu[X^*]$ で与えられる．頻度 ν は系が遷移状態を通過する平均速度であるとして，$\nu=k_BT/h$ となる．ここで，k_B はボルツマン定数，T は絶対温度，および h はプランクの定数である．定容条件で進行する分子の気相反応 $A+B \to X^* \to$ 生成系においては，反応速度定数 k は，

$$k=\kappa\{(k_BT/h)(Q^*/Q_AQ_B)\}\exp(-E^0/RT)$$

で与えられる．ここで，κ は遷移状態から生成系側へ移行する割合を示す透過係数である．室温付近では，特殊な反応でない限り κ は 1 に近いと考えられている．Q_A，Q_B はそれぞれ原系の成分の分配関数，Q^* は活性錯合体の分配関数(反応座標軸に沿った振動自由度を除く)，R は気体定数，および E^0 は原系の基底状態と活性錯合体との内部エネルギー差である．Q^* は反応座標方向の運動を除いた残りの自由度についての分配関数であるから，分子構造が決まれば通常の分子と同様に計算できる．したがって反応系に属する各分子の構造と運動状態，および反応のポテンシャルエネルギー曲面が与えられれば，反応速度の絶対値を評価することができる．定圧条件では，速度定数 k は次のように表される．

$$k=\kappa(k_BT/h)\exp(\Delta S^*/R)\exp(-\Delta H^*/RT)$$

ここで，ΔS^* と ΔH^* はそれぞれ活性化エントロピー*および活性化エンタルピー*である．この理論は化学反応のみならず，拡散など種々の速度過程に適用されている．触媒表面上での反応に対しては，化学ポテンシャル μ を含む $p=\exp(-\mu/kT)$ で定義される p 関数を導入し，素反応の速度式を求めることが行われている．〔井上泰宣〕
➡衝突理論，活性化エネルギー

線形自由エネルギー関係　linear free energy relationship ➡直線自由エネルギー関係 ───────

センサー　sensor ───────

　物質を物理的(位置や大きさ，動き，あるいはエネルギーなど)あるいは化学的(化学物質の定性・定量)に検出・定量し，信号として出力，表示する装置，あるいはそのうち検出を行う部分(素子)．多くの場合，信号は電圧や電流などの電気信号である．センサーのうち，特に化学物質を対象とするものを化学センサーとよぶ．したがって，温度センサーは化学センサーではないが，湿度センサーは水蒸気量を測定するため，化学センサーに含まれる．〔大谷文章〕

→化学センサー，ガスセンサー

前周期遷移金属錯体 early transition metal complex

　遷移金属を周期表で見た場合，周期表の左の方にある遷移元素と右の方にある元素では構造や化学的性質が異なる傾向がみられることから，遷移金属を二つに分類し，第3～7族金属およびランタノイド，アクチノイドを広い意味の前周期遷移金属として整理することがある．遷移金属錯体の性質は，金属の種類だけでなく，その酸化状態や配位子*の種類により変化するため，この分類法は万能ではないが，特に3,4族およびランタノイド，アクチノイドの前周期遷移金属においては，同じ周期の後周期金属と比較して金属d軌道のエネルギー順位が高いため，d電子数の少ない高原子価状態をとりやすい傾向があること，および，hardな金属としての性質をもち，酸素親和性が高いため，空気中の酸素や湿気に敏感である点で共通性がみられる場合が多い．この性質を反映して，電気陰性度の高い酸素を含む配位子(オキソ基，アルコキシ基)やハロゲン配位子をもつ3～4族，ランタノイド，アクチノイド錯体が多く単離され，性質が調べられている．一方，5～7族遷移金属錯体においては，高原子価錯体も安定に存在するが，金属d軌道順位も下がるため，低原子価錯体も安定に存在する．前周期遷移金属でよく見られる触媒反応としては，Ti(IV)錯体を中心としたルイス酸触媒反応，Mo,W錯体を中心としたアルケンメタセシス反応，Ti, Zr, Hf,およびランタノイドのメタロセン型錯体によるアルケンの精密重合反応などが特徴的であり，これらの反応には一般的に高原子価錯体が用いられる．また，シャープレス(Sharpless)酸化*として有名なアルケンのエポキシ化反応も，チタン錯体がよい触媒となる．一方，Ti, Zrなどの低原子価錯体は一般的に不安定で取り扱いにくいが，配位子を工夫すれば合成可能である．これらの錯体は，強い塩基性をもち，C–H結合の活性化*や窒素固定のような不活性小分子の活性化作用をもつことが，錯体化学的に証明されている．

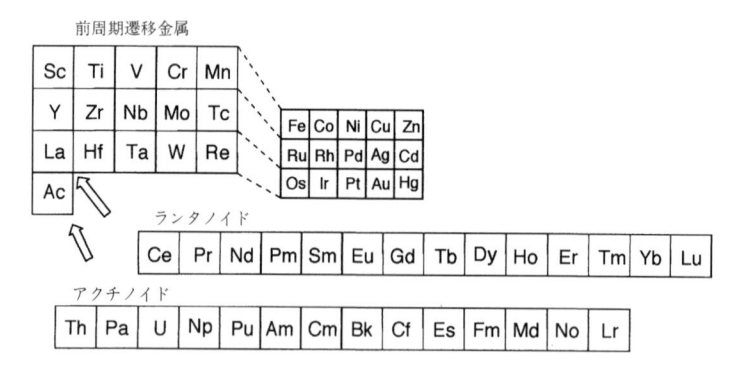

〔永島英夫〕

→後周期遷移金属錯体，18電子則

選択酸化 selective oxidation ──────────

酸化反応において，ほとんどの被酸化物は最終生成物である CO_2, H_2O, SO_x などに完全酸化*される以外に，分子の一部が部分的に酸化された部分酸化生成物で反応を止めることが熱力学的に可能である．プロピレンの酸化を例にとれば，プロピレンオキシド，アクロレイン，アクリル酸，アセトン，アリルアルコールなどが部分酸化生成物に相当する．これらの熱力学的に可能な特定の部分酸化生成物を選択的に合成するのが選択酸化で，競争反応による副生物の生成，逐次反応による完全酸化などを抑制することが，選択酸化を成功させる鍵となる．

石油化学の酸化プロセスの多くは選択酸化を目的としたもので，その設計には活性酸素種の性質，活性点の構造，触媒の酸・塩基性，表面電位や酸素イオンのバルク内の拡散速度，比表面積，細孔分布，反応条件など多くの面で細心の注意が必要である．選択酸化の触媒としては Mo, Sb, V などの複合酸化物が多く使われている．

〔諸岡良彦〕

→気相接触酸化

選択性 selectivity ──────────

触媒反応において，可能性のある多くの生成物中からある目的の化合物を生成する度合(割合)を選択率といい，そのようなある特定の経路により選択的に生成物を与える触媒作用の性質を選択性という．選択率(選択性)は，ある反応分子Aに着目して，一定時間の全反応モル数 Δn_A に対する生成物Bの生成モル数 Δn_B の比，$\Delta n_B/\Delta n_A$ により表される．あるいは，着目する反応の速度 v_B と他の反応の速度 v_Y との比(微分選択率ともいう) v_B/v_Y，で表されることもある．反応が細孔内部で進む場合，反応分子や生成分子の拡散過程が選択性に影響するが，その影響は反応条件によって異なる．

選択性が問題となるのは二つ以上の反応が同時に進行する場合である．次の三つの典型的な反応様式(1)～(3)がある．

(1) 原料中に2種類の反応物質AとXが存在し，両者がそれぞれ独立に反応する場合である．

$$A \xrightarrow{k_1} B$$
$$X \xrightarrow{k_2} Y$$

この場合のBの選択率(S_B)は，$S_B = v_B/v_Y$ で表されることが多い．二つの反応の反応次数が等しいとき，v_B/v_Y は両反応の速度定数の比に比例する．

(2) 一つの反応分子が2種類の反応を起こす可能性のある場合である．

$$A \begin{array}{c} \xrightarrow{k_1} B \\ \xrightarrow{k_2} C \end{array}$$

併発反応においては，$S_B = \Delta n_B/\Delta n_A$ で定義され，二つの反応がともに一次反応ならば $S_B = k_1/(k_1+k_2)$ であり，S_B はAの初濃度や反応率に依存しない．二つの反応でA

の次数が異なるときは，S_B は反応時間により変化する．
（3） 反応が逐次的に進行し，中間生成物Bを選択的に得ようとする場合である．

$$A \xrightarrow{k_1} B \xrightarrow{k_2} C$$

逐次反応では，Bの濃度は反応時間に対して極大値をもつ．Bの最大生成率（$n_{B(max)}/n_{Ao}$）は k_1/k_2 が大きいほど大きい．例えば，二つの素反応がともに一次反応の場合，$k_1/k_2=4$ のとき，Bの最大生成率は 62 ％であり，このときAの反応率は約 80 ％である．

このように選択的触媒作用には，併発型反応においてBだけを得る，逐次反応において中間生成物Bまでで止める，立体化学を区別する（タクチシティー，不斉性），反応部位を区別するなど，種々の場合がある．

選択性を支配する要因は多い．元素や化合物それ自身の特有の性質に加えて，粒径，合金化，複合化，助触媒，担体によっても大きく変わる．ゼオライト*など形状のそろった細孔をもった触媒では，形状選択性*が現れる．形状選択性には，反応分子の大きさと細孔径の大きさとの関係で発現する場合（反応物規制），生成物分子の大きさと細孔径の大きさとの関係で発現する場合（生成物規制）がある．さらに，活性錯合体の大きさと細孔径の大きさとの関係で発現する場合（活性錯合体規制）もあるとされる．ゼオライトの形状選択性は 1960 年代中頃に発見されて以来，n-アルカンの選択的水素化分解，メタノールからのガソリン製造，キシレンの異性化など多くの石油化学プロセスに応用されている．

選択性の向上は，資源の有効利用になるだけでなく，分離や副生成物の無害化プロセスが不用になるなど，省エネルギーおよび環境保全効果も大きい．　〔岩澤康裕〕

選択接触還元法　selective catalytic reduction　→ SCR

栓　流　plug flow　→押し出し流れ

そ

総括伝熱係数　overall heat transfer coefficient

固体壁を隔てて高温流体から低温流体へ熱が伝わる場合のすべての伝熱抵抗を考慮した熱伝達係数*のことをいう．この場合，伝熱抵抗は伝熱壁の両側に形成される流体の境膜による抵抗と伝熱壁の伝導伝熱による抵抗（および汚れ抵抗：伝熱面に付着したスケールや微粒子また腐食などによる抵抗）からなっている．総括伝熱係数は，一般に外表面積を基準とし，記号Uを用いて表され，[W m^{-2} K^{-1}]の単位をもつ．総括伝熱係数と熱伝達係数の間には，次の関係がある．

$$1/U = 1/h_1 + 1/h_2 + (\delta/\chi)$$

ここで，h_1, h_2 は相 1 および相 2 の熱伝達係数，χ は伝熱壁の熱伝導率$[\mathrm{W\ m^{-1}\ K^{-1}}]$，$\delta$ は壁の厚さ$[\mathrm{m}]$である．

　大きな発熱あるいは吸熱を伴う触媒反応を自己または多管熱交換式反応器を用いて行う場合，総括伝熱係数を考慮した熱収支式が必要となる．総括熱伝達係数ともいう．

〔五十嵐　哲〕

相間移動触媒　phase transfer catalyst

　水に溶解するイオン性無機試薬と，疎水性の高い有機試薬との反応を，水-有機相の 2 液相中で効率良く行う場合に用いる触媒のこと．例えば，シアン化カリウムの水溶液と 1-クロロオクタンを激しく撹拌しても，それぞれの反応試薬は水相中，有機相中に分離しているため，1-シアノオクタンは生成しない．しかし，反応系中に少量の第四級アンモニウム塩($R_4N^+Cl^-$)あるいはホスホニウム塩($R_4P^+Cl^-$)を加えると，室温で容易に 1-シアノオクタンを生じる．シアン化カリウムのカリウムイオンは水中で強く溶媒和(水和)されるが，有機相中では溶媒和を受けられないため安定化せず，その結果シアン化カリウム自身は疎水性有機相へほとんど溶け込めない．一方，大きな疎水性アルキル基(R)をもつ R_4N^+ や R_4P^+ は，水中よりもむしろ有機相のほうに安定に存在する．そこで，水中で K^+CN^- はカチオンを $Q^+(R_4N^+$ または $R_4P^+)$と交換し Q^+CN^- となり(平衡式 1)，有機相へ移動する(平衡式 2)．有機相に移った求核種 CN^- は溶媒和を受けにくく求核性を高く保つために，直ちに 1-クロロオクタン(RCl)との求核置換反応*を起こし，1-シアノオクタン(RCN)を生成する．同時に生じる Q^+Cl^- は平衡式 3 により再び水相に戻り，この触媒サイクルが完結する．この反応過程が繰り返されることで，触媒反応が進行する．

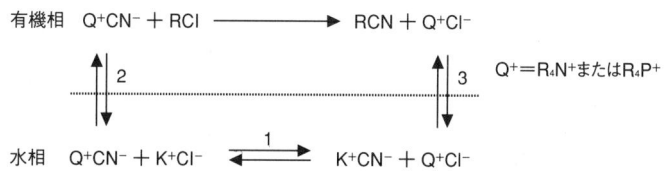

```
有機相   Q+CN- + RCl  ⟶  RCN + Q+Cl-
         ↕2                   ↕3     Q+ = R4N+ または R4P+
水相     Q+CN- + K+Cl-  ⇌1⇌  K+CN- + Q+Cl-
```

　アンモニウム塩やホスホニウム塩のほかに，クラウンエーテルとよばれる大環状エーテル化合物も相間移動触媒としてしばしば用いられる．カチオンの大きさに応じた脂溶性の高い大環状エーテル環化合物を用いると，カチオンは酸素原子の強い配位で取り込まれ(包接ともいう)，対アニオンを伴って疎水性有機相へ溶解しやすくなり，有機相中での反応が促進される．例えば，過マンガン酸カリウムはクラウンエーテルを用いるとベンゼン溶媒によく溶けるようになり，酸化反応がベンゼン中で容易に起こる．

　相間移動触媒はイオン性の求核試薬 M^+X^- の有機相への溶解性を高めるばかりでなく，カチオン M^+ と相間移動触媒が相互作用することにより，M^+X^- のイオン対を緩ませ，X^- のアニオン性を増大させる働きもする．このような状態の X^- は裸のア

ジシクロヘキサノ-18-クラウン-6 に取り込まれたシアン化カリウム

ニオンとよばれ，求核性の高い反応試薬として利用される． 〔尾中 篤〕

層間架橋粘土触媒　pillared clay catalyst

層状粘土鉱物*などの無機層状物質の層間に金属酸化物などの支柱(pillar)を導入することにより，層間距離を増大させることができる．その結果，ミクロ孔の形成や比表面積の増大がみられ，ミクロ多孔質物質として用いることができる．pillared interlayered clay (PILC) と称される．ホスト物質としてスメクタイト*族粘土鉱物をはじめ，リン酸ジルコニウムなど種々の層状物質が層間架橋に利用されている．合成法としては層間金属イオンを加水分解により水酸化物にする方法や陽イオン性の多核金属水酸化物イオン（例 $[Al_{13}O_4(OH)_{24}(H_2O)_{12}]^{7+}$）のインターカレーション*が用いられる．層間架橋時に有機化合物を共存させるなどの方法を用いて層間架橋メソポア多孔体も合成されている．細孔径がゼオライトより大きいので，この特徴を生かした触媒としての応用が研究されている．クラッキング，不均化，アルキル化，水和，エステル化などの酸触媒反応にも用いられる．有機金属錯体なども架橋剤反応として機能する場合もあり，ホストゲスト化学の観点から，層間を修飾し，新規反応場として利用する研究が進められている． 〔上松敬禧・黒田一幸〕

相互拡散　mutual diffusion

気相の拡散*によってある物質が移動するとき，系の等圧性を維持するためには反対の方向に等モルの物質が移動しなければならない．これを等モル相互拡散といい，その拡散係数を相互拡散係数という．相互拡散係数は拡散に関与する二つの分子の物性によって決まる．大過剰の希釈剤の中での物質の拡散はそれに対し，一方拡散とよばれる． 〔新山浩雄〕

走査電子顕微鏡　scanning electron microscope; SEM

走査電子顕微鏡は，1935 年 M. Knoll により初めてつくられたが，透過電子顕微鏡の発達の陰に隠れ，ようやく 1950 年代にケンブリッジ大学のグループ(Oatley 門下)により現在に近い装置につくり上げられた．

原理は，電子銃から出た電子線をレンズとコイルを用い小さく絞って試料上を走査しながら照射し，その際試料から出てくる以下に述べる各種の信号強度を試料位置の関数として検出し，信号の大きさに対応したブラウン管(CRT)の輝度変調信号として，走査する電子の位置と同期させて SEM 像とする．

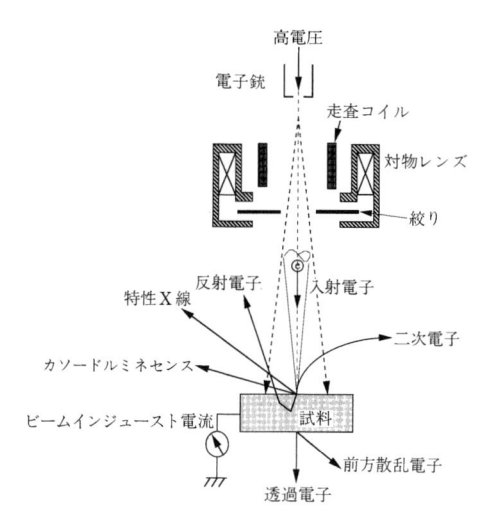

その信号の種類と用途は，

（1）電子の試料に対する入射角度により強度が異なる二次電子—試料表面の形態観察，

（2）物質の平均原子番号にほぼ比例した強度の反射電子—組成元素マッピング，

（3）入射電子に励起されて放射する特性X線やカソードルミネセンス—組成の分析や不純物の電子状態の観察，

（4）結晶の方位あるいは原子種によって透過能が異なる透過電子—結晶粒の観察や結晶方位合せ，

（5）ビームインジュースト電流—局所的な伝導特性の測定，

などがある．

分解能は，試料上に絞られる走査電子ビームの大きさで基本的に決まる（現在，最高で1 nm程度）．

走査電子顕微鏡は，焦点深度が深く試料表面の形態および試料の組成とその空間分布に関する情報が，非常に広範囲な倍率で得られる．また，観察用の試料作製が簡便でかつ顕微鏡の操作も容易であることが主な特徴である．

最近では，水や各種の溶媒を含んだままの試料を低真空下で観察できる環境SEM，あるいはnatural SEMとよばれる装置も出現している． 〔寺崎　治〕

走査トンネル顕微鏡　scanning tunneling microscopy ; STM

走査プローブ顕微鏡（SPM）の一種．1982年にIBMチューリヒ研究所のG. BinningとH. Rohrer（1986年ノーベル物理学賞）により開発された．図に示すように，鋭い探針の先端の原子と，試料表面の原子との間に流れるトンネル電流を検出して，試料表面の凹凸を画像化する．装置構成が比較的簡単で，測定雰囲気を選ばず，試料によっ

ては溶液中でも原子像を解像できるという特徴をもつ．また得られる像は実空間でのものであるため，試料表面の原子配列に長周期性を必要としない．これらの特徴のため，STMは特に表面化学の分野で急速に普及し，それまでの手法では得られなかった数々の新知見をもたらした．

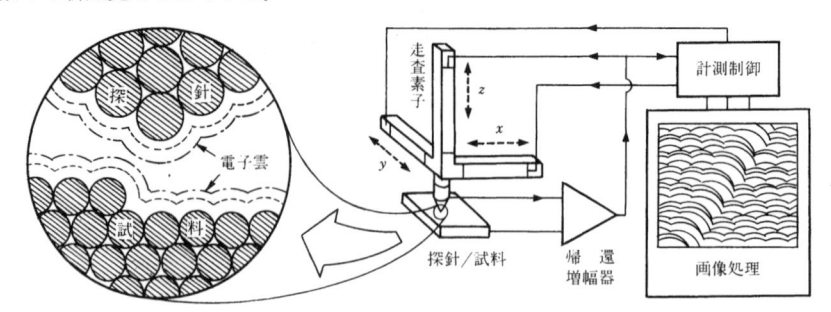

(小野雅俊, 化学, **10**, 666 (1990) より転載)

トンネル電流は，探針および試料のフェルミ準位近傍の充満準位と空準位の状態密度に依存するため，STM像は実際には試料表面の状態密度分布の像であって，試料表面の原子の位置とは必ずしも一致しない．一方これを利用して，探針-試料間に印加するバイアス電圧を掃引することにより，試料表面におけるフェルミ準位近傍の状態密度分布を原子分解能で測定することもできる．これを走査トンネル分光法(STS)とよぶ．

STMと同様の装置構成で動作する類似の顕微鏡もあいついで開発された．これらを総称して走査プローブ顕微鏡(SPM)とよぶ．これらはいずれも基本的には鋭い探針の先端で試料表面をなぞるものであるが，探針先端原子と試料表面原子との間の距離を測る物理量が異なっており，その結果適用可能な試料系や得られる情報などが異なっている．　　　　　　　　　　　　　　　　　　　　　　　〔小宮山政晴〕
→原子間力顕微鏡

層状粘土鉱物　layered clay mineral
　粘土鉱物のなかで二次元層状構造を有する層状ケイ酸塩をいう．Siを4個の酸素が囲んだ[SiO_4]四面体が三つの酸素を隣接する四面体と共有することによって，二次元的に広がった構造単位(四面体シート)を形成する．Mg, Alなどを6個の酸素(あるいはOH)が囲んだ八面体が二次元的に連結した八面体シートも重要な構成要素であり，四面体シートと八面体シートが交互に積層した構造のものを1：1型といい，八面体シートが2枚の四面体シートに挟まれた構造のものを2：1型とよぶ．おのおのの構造モデルを図に示す．
　これらの鉱物は組成に応じてさらに細かく分類されている．特に八面体シート中の陽イオンの組成が主にM^{3+}(多くはAl^{3+})であるものを2八面体型(dioctahedral)とよぶ．この場合，八面体を構成する陽イオンのサイトの2/3を実際に陽イオンが占有

図1 四面体シートと八面体シート構造

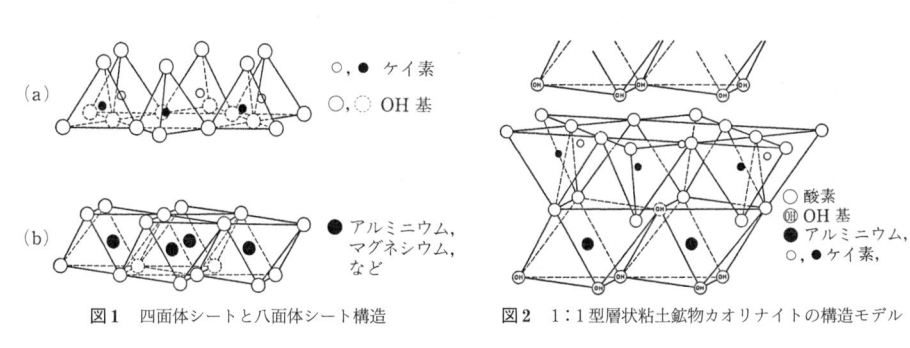

図2 1:1型層状粘土鉱物カオリナイトの構造モデル

図3 2:1型層状粘土鉱物の構造モデル（水和した陽イオンを有するモンモリロナイトの場合）

し，1/3は空位となっている．一方，陽イオンがM^{2+}（多くはMg^{2+}）であるものを3八面体型(trioctahedral)とよび，陽イオンサイトがすべてM^{2+}で占有されている．

さらに四面体シートではSi^{4+}の代わりにわずかにイオン半径の大きいAl^{3+}が代わりに入ることがある．また八面体シートではAl^{3+}の代わりにイオン半径のあまり違わないMg^{2+}が入ることがある．これらの置換では結晶構造に大きな変化はなく，同形置換とよばれる．この置換により層は電荷の不足を生じ，これを補うために結晶表面あるいは層間にアルカリ金属イオンあるいはアルカリ土類金属イオンが存在する．層状粘土鉱物には，水などの分子を層間に吸着して膨潤するものがある．膨潤性粘土鉱物の層間陽イオンは交換性で，その総量は陽イオン交換容量(CEC ; cation exchange capability)として測定される．表に層状粘土鉱物の分類を示す．層状粘土鉱物の合成も広く行われ，なかにはフッ素四ケイ素雲母など膨潤性をもつものもある．

層状粘土鉱物の分類（一部略）

構造型	族 (X：単位化学式 $O_{10}(OH)_2$当りの層電荷)	亜族 T：3八面体型 D：2八面体型	主な鉱物
1：1	（X：〜0）	T（蛇紋石鉱物）	アンチゴライト，クリソタイルなど
		D（カオリン鉱物）	ディッカイト，カオリナイト，ハロイサイト
2：1	（X：〜0）	T（タルク）	タルク
		D（パイロフィライト）	パイロフィライト
	スメクタイト ($0.2<X<0.6$)	T	サポナイト，ヘクトライト
		D	モンモリロナイト，バイデライト，ノントロナイト
	バーミキュライト ($0.6<X<0.9$)	T	バーミキュライト
		D	バーミキュライト
	雲母 (X：〜1)	T	金雲母，黒雲母
		D	白雲母
	緑泥石 (X：変化有)	T	クリノクロア，シャモサイト
		D-T	スドーアイト
		D	ドンバサイト
	脆雲母 (X：〜2)	T	クリントナイト
		D	マーガライト

　層状粘土鉱物ではないが，上記八面体シートを含まず，[SiO_4]四面体の連結様式も異なる層状ケイ酸塩としてマガディアイト，カネマイトなどが知られている．これらは独特の層間化合物形成能があり，新規なケイ酸塩骨格形成に有効なケイ酸源となりうる．層間に酸化物微粒子を挿入し空隙を反応場として利用する手法が知られている．また，層間に導入した各種の活性サイトを利用した反応も試みられている．

〔黒田一幸〕

→インターカレーション，雲母，サポナイト，スメクタイト，層間架橋粘土触媒，モンモリロナイト

挿入反応　insertion

　一酸化炭素，二酸化炭素，アルケン，アルキン，イソニトリルなどの小分子化合物がM-H，M-Cなどのσ結合に挿入して新しい錯体が生成する反応を指す．アルケン挿入のようにM-C結合間に2個の原子が挿入する場合と一酸化炭素挿入のように1個の原子が挿入する場合がある．いずれにおいても挿入の前段階として小分子化合物が中心金属にπ配位して活性化されることが重要である．これに関連して，錯体か

ら中性またはアニオン性支持配位子が解離して中心金属を配位不飽和および求電子的にすることにより挿入反応が促進されることが多い．一酸化炭素の金属-アルキル結合への挿入反応の機構では，図に模式的に示したようなアルキル配位子が配位カルボニル基へ移動することによって反応が進行する移動挿入機構が一般的である．Rh 触媒によるメタノールのカルボニル化*反応，Co, Rh 触媒によるアルケンのヒドロホルミル化*反応における重要な素過程である一方，遷移金属錯体を用いたアルケン重合における生長反応は単量体の多重挿入に相当する．

移動挿入機構による M-C 結合への一酸化炭素の挿入の例

〔小坂田耕太郎〕

疎液性コロイド　liophobic colloid　→コロイド

速度論的同位体効果　kinetic isotope effect

　基質・触媒あるいは溶媒中に含まれる原子を同位体で置換することによって反応速度が変化する現象をいう．動的同位体効果 (dynamic isotope effect) ともいう．反応によって同位体置換原子との結合が切断あるいは生成する場合の同位体効果を一次同位体効果 (primary isotope effect)，近接する位置に同位体を含む結合や分子によって引き起こされる反応速度の変化を二次同位体効果 (secondary isotope effect) とよぶ．後者は事実上，原子番号の最も小さな水素の同位体においてしか観測できない．

　反応速度は同位元素の違いによって異なってくる．切断あるいは生成する結合に同位元素が関与しているときの一次同位体効果は顕著に現れる．すなわち，律速素反応の始原系あるいは生成系に大きな同位体効果が期待できるため，反応機構決定の一手段として利用されている．例えば，ニトロメタンの臭素化反応はニトロメタンのメチル基の水素を D にすると速度は 1/6.5 となる．この同位体効果は次のようにして説明される．

　簡単のために二原子分子と考えると，引き離すのに必要な解離エネルギー D_e は ν を結合の基準振動数として次式で与えられる．

$$D_e = E_o - (1/2) h\nu$$

ここで，$(1/2) h\nu$ は零点エネルギーである．例えば C-H 結合の伸縮振動数を ν とし，同位元素に無関係な結合力定数を f とすると，ν は $(1/2\pi c)\sqrt{f/\mu}$ によって与えられる．ここでは換算質量を μ，水素の質量を μ_H，炭素のそれを μ_C とすれば $1/\mu = 1/\mu_H + 1/\mu_C \approx 1/\mu_H$ であるから，$\nu_H = \sqrt{2}\,\nu_D$ となる．したがって C-H から H を引き抜くときのエネルギーのほうが C-D に比べて小さい．活性錯体*のエネルギーが同位元素

によって変わらないと仮定すれば，活性化エネルギーはこの零点エネルギーの差だけ変化する．例えばニトロメタンの C-H 伸縮振動数(2900 cm^{-1})から考えて速度定数比 k_H/k_D を算出すると 6.9 であり，実験とよく一致する．

プロピレンの空気酸化でアクロレインやアンモ酸化*でアクリロニトリルを選択合成する Bi_2O_3-MoO_3 複合酸化物触媒は SOHIO 工業触媒として有名である．重水素化位置が異なる標識プロピレンを用いた酸化反応でのアクロレイン生成速度を表に示す．メチル基を重水素置換したプロピレンを用いた場合のみ軽プロピレンに比べて重水素化個数により酸化速度が 0.5～0.8 に減少する．また，^{18}O で標識した Bi_2O_3-Mo $^{18}O_3$ 触媒上でのプロピレンと $^{16}O_2$ との酸化反応では，反応初期には CH_2=$CHCH$ ^{18}O のみが得られることがわかった．以上の速度論的同位体効果ならびに同位体トレーサー法*の実験結果は，Bi_2O_3-MoO_3 触媒上ではプロピレンのメチル基の水素引抜きによる π-アリル中間体の生成を律速過程として，π-アリル中間体への複合酸化物触媒中の MoO_3 の格子酸素の付加反応によりアクロレインが生成される触媒反応機構により説明できる． 〔市川　勝〕

MoO_3-Bi_2O_3 上の重水素化プロピレンの酸化反応速度

プロピレン	アクロレイン生成速度の比較	
	観測値	計算値
C_3H_6	1.00	1.00
CH_2=CH-CH_2D	0.85±0.02	0.83
CHD=CH-CH_3	0.98±0.02	1.00
C_3D_6	0.55	0.50

→同位体効果

疎水性コロイド　hydrophobic colloid　→コロイド

ソーダライト　sodalite

方ソーダ石ともいう．図に示す四角形と六角形からなる十四面体(正八面体の角を切り取った形)のソーダライトケージを基本構造にもつ Na, Al, Cl のテクトケイ酸塩鉱物のことをいう．図の頂点は金属イオン，稜線上には酸素イオンがある．組成 $Na_8(Si_6Al_6O_{24})Cl_2$, 等軸晶系，a_0 8.87Å，密度 2.3 g cm^{-3}, 硬度 5.5. Na は Ca, K により，Al は Fe により，Cl は S によりそれぞれ少量ずつ置換されることがある．ゼオライト類にはソーダライトケージを基本構造にもつものがある．LTA 構造(A 型ゼオライトなど)は個々のケージの四角形の部分が互いに酸素を介して架橋され，三次元構造をつくる．六角形どうしが酸素により架橋されているものには FAU 構造(X, Y 型ゼオライトなど)や EMT 構造(EMC-2, ZSM-20 など)がある．

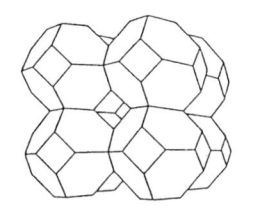

〔小谷野　岳〕

ソハイオ法　SOHIO process

1950年代の末，Standard Oil Ohio社（SOHIO社，現BP Amoco社）によって，リンモリブデン酸ビスマスを触媒としたプロピレンのアンモ酸化によるアクリロニトリルの製造が工業化され，現在のオレフィンを原料とする接触酸化反応の基礎が築かれた．

狭義にはSOHIO社によって発見され，その後改良が加えられて現在に至っている酸化モリブデン-ビスマス系の触媒を用いたプロピレンのアンモ酸化法を指すが，広義には他社によって開発，改良された触媒を使ったプロセスをも含めて，プロピレンのアンモ酸化全般を指す意味に使われることもある．　　　〔諸岡良彦〕

→アクリロニトリルの合成，プロピレンの酸化

素反応　elementary reaction

一つの化学反応式で表される化学反応は，実際には，複数の化学反応から成り立っていることが多い．ただ一つの反応段階からのみなっている化学反応，すなわち，それ以上の反応段階に分けて考えることができない化学反応を，素反応という．複数の素反応からなる反応を複合反応という．触媒反応は常に複合反応である．

ヨウ素を触媒とする気相反応 $CH_3CHO \rightarrow CH_4 + CO$ は，次の素反応群からなっている．

$$I_2 \longrightarrow 2I \qquad (1)$$
$$I + CH_3CHO \longrightarrow HI + CH_3 + CO \qquad (2)$$
$$CH_3 + I_2 \longrightarrow CH_3I + I \qquad (3)$$
$$CH_3 + HI \longrightarrow CH_4 + I \qquad (4)$$
$$CH_3I + HI \longrightarrow CH_4 + I_2 \qquad (5)$$

ヨウ素は触媒であり，化学反応式には現れないが，素反応(1)，(3)では反応物であり，素反応(5)では，生成物であることがわかる．複合反応の機構解明の第1段階は，構成している素反応群を明らかにすることにある．複合反応が逐次的に進むとき，特に速度の遅い素反応を反応の律速段階*という．　　　〔小野嘉夫〕

ゾル　sol

微粒子（1 nm～1 μm）が媒質中に分散し流動性を示す系をいうが，一般にはコロイ

ド溶液と同義である．したがって，空気を分散媒にした系は，特にエアロゾル(aerosol)とよばれ区別される．黒インク，泥水，水ガラス，また，金属アルコキシド溶液を加水分解して得られる金属酸化物コロイド溶液などがゾルの典型である．ゾルにすることをゾル化(solation)といい，ゾルでは粒子は活発なブラウン運動をしている．電荷の正負により陽性ゾルと陰性ゾルに，分散媒とコロイド粒子との親和性の大小で親液ゾルと疎液ゾルに，分散媒が水か有機溶媒かでヒドロゾル(hydrosol)とオルガノゾル(organosol)とに分けられる． 〔水上富士夫〕

ゾルゲル法 sol-gel processing ──────

　コロイドなど微粒子が溶液中に分散したゾルの状態を通り，さらにそれらが液体や空気を含んだまま固まったゲルの状態を経て，固体の物質・材料を得る方法をいう．流動状態を経るため，膜状や繊維状など形状付与を行いやすい．ガラス，セラミックスなど材料の主成分が金属酸化物である場合には，ゾルは水和金属陽イオンのpH調整，あるいは金属アルコキシドの加水分解などで調製する．ゾル調製前に原料を混合しておいたり，あるいは異なる複数のゾルの混合や，ゾルへの他の金属イオンの添加で複合多成分系材料の作製にも応用できる．また，金属コロイドと金属酸化物コロイドのそれぞれのゾルの混合で金属-金属酸化物の複合体を得ることもできる．ゾル状態の分散性を保持したままでゲル化すれば，複合系ではおのずと成分どうしの混合はナノレベルとなる． 〔水上富士夫〕
→ゾル，ゲル，コロイド

た

対掌体 enantiomer →エナンチオマー

滞留時間 residence time

　反応器に滞留している時間のこと．空塔の押出し流れの反応器においてはすべての流体要素は同じ滞留時間，V/Q をもつ．ここで，V は反応器体積[m^3]，Q は体積流量 [$m^3\ s^{-1}$]である．一般には滞留時間は一定ではなく，ある分布をもつ．それを滞留時間分布関数，その平均値(一次モーメント)を平均滞留時間という．空塔の完全混合槽型反応器においては滞留時間分布関数 $E(t)$ は $(1/\tau)\exp(-t/\tau)$ と表される．ここで，$\tau = V/Q$[s]は平均滞留時間である．

　触媒反応器においても同じような意味で V/F (V は触媒層の体積，F は標準状態での体積流量[$m^3 \cdot NTP\ s^{-1}$])を平均滞留時間ということがある．本来の意味では，これは正しくない．すなわち，(1)反応器の一部は触媒という固体によって占有されており，実効体積は V ではない．(2)吸着などにより反応物は不活性物質よりも長く滞留する，すなわち滞留時間は化学種によって異なる．(3)同じモル数基準の供給を行っても反応温度によってその体積流量は異なる．

　しかし，反応器あるいは触媒の効率を示す意味で V/F，W/F のような時間因子を用いることは意味がある．そのような混乱を避ける意味で，W/F を接触時間*といい，V/F を空間時間*というほうが適切である．なお，F の単位には上記の[$m^3 \cdot NTP\ s^{-1}$]のほかにいくつかの別の単位が使われることもあるので注意が必要である．

〔新山浩雄〕

滞留時間分布 distribution of residence time →滞留時間

滞留量 holdup →ホールドアップ

多管式反応器 multitube reactor

　化学反応には必ず反応熱が伴う．反応を円滑に進行させるためには，反応装置を加熱あるいは冷却して，反応装置内の温度を適切な値に調節する．この温度調節を実行するための伝熱方式の選定が反応装置の性能に大きく影響する．強度の発熱を伴う気固触媒反応を固定層反応器*で行うときには，反応管を直径の小さな反応管に分割し，多管式の熱交換器と同じ構造にして伝熱面積を増大させる方式をとる．通常は管内側に反応流体を，胴側に熱媒体を流す．この方式はプロピレン直接酸化によるアクリル酸製造や，ナフタレンや o-キシレンの空気酸化による無水フタル酸製造などで使用さ

れている．前者の場合には，管内径 20〜35 nm，長さ 2.5〜5 m の触媒充塡反応管が 5000〜10000 本（能力 20000 t y^{-1}）を並列に配置し，熱媒体としてナイター（NaNO$_2$，NaNO$_3$ と KNO$_3$ の混合物）などを用いている．

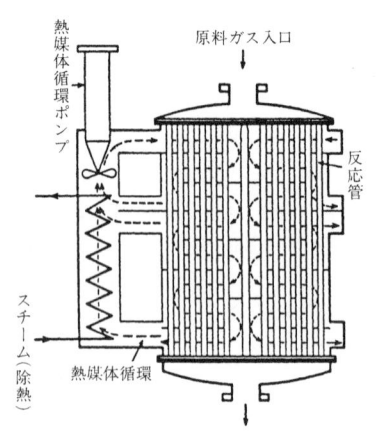

プロピレン直接酸化反応用多管式反応器
（橋本，「工業反応装置」，p.65，培風館 (1984)）

〔増田隆夫〕

多元金属効果　multimetallic effect　→多元金属触媒

多元金属触媒　multimetallic catalyst

　複数の金属成分からなる触媒で，燃料油の改質反応*用の Pt-Re/Al$_2$O$_3$ や自動車排ガス処理用の三元触媒*Pt-Rh/Al$_2$O$_3$ などがその代表例である．合金触媒（無担持）も含まれるが，ほとんどの場合は担体上に高分散された超微粒子状で用いられる．多成分系の超微粒子は，バルクの合金とは違った性質をもつことが多い．バルクでは合金を形成しない Ru-Cu, Os-Cu のような金属の組合せでも，担体上に高分散された状態では混合粒子を形成し，触媒作用のうえで金属間相互作用を示す場合がしばしば見られる．Sinfelt はこのような二成分金属粒子をバルクの合金と区別してバイメタリッククラスターとよんだ．これらの粒子の構造は，金属間の相溶性の大小や担体との相互作用によって，完全に別個の粒子となる場合や，完全に混合した粒子になる場合を含めて，さまざまな形態をとる．特に二つの成分が外側と内側に分離し二重層構造となった場合を，チェリーモデルとよぶ．混合粒子を形成する場合も，表面原子と内部原子のエネルギー差から A, B 成分間で表面原子と内部原子との交換平衡が次式のように成り立ち，一方の成分が表面に濃縮した構造となる．多成分金属触媒の作用を研究するうえで表面組成を精度良く測定することは重要だが，一般的な方法は確立されていない．

$$A(内部) + B(表面) \rightleftharpoons A(表面) + B(内部)$$

多元金属触媒の作用は，アンサンブル効果*やリガンド効果*などの相互作用によってしばしば説明される．しかしスピルオーバー*のように離れた金属粒子間で相互作用する場合や，担体との相互作用が関与する場合などもあり，複雑な要素を含む．

〔三浦 弘〕

多元系モリブデン-ビスマス触媒　multicomponent molybdenum bismuth catalyst

酸化モリブデンと酸化ビスマスを主体とした多成分の固体酸化物触媒で，プロペンやイソブテンの酸化，アンモ酸化*によるアクロレイン，アクリロニトリル，メタクロレイン，メタクロニトリル合成で工業的に用いられている．関連する触媒として酸化アンチモンをベースとした多元系酸化物触媒がある．

表1　プロペン酸化，アンモ酸化プロセスと多元系モリブデン-ビスマス触媒

反応	反応条件	触媒成分				
		M^{VI}, M^V	M^{III}	M^{II}	M^I	X
アクロレイン合成 $C_3H_6+O_2 \longrightarrow$ $CH_2=CH-CHO+H_2O$	反応温度　290〜350°C 原料濃度　2〜8% 接触時間　1〜7 s 単流収率　90〜94%	Mo, Bi W, V	Fe, Cr Al	Co, Ni, Mn, Mg, Zn	K, Na	P, B Ce, In Sn, Ge
アクリロニトリル合成 $C_3H_6+\frac{3}{2}O_2+NH_3 \longrightarrow$ $CH_2=CH-CN+3H_2O$	反応温度　400〜470°C 原料濃度　6〜10% 接触時間　3〜8 s 単流収率　80〜85%	Mo, Bi Sb, Te, W V	Fe, Cr	Co, Ni, Cu Mn, Mg, Pb	K, Na	P, B Ce, Zr Sn, Ge In

工業用多元系モリブデン-ビスマス触媒の構成成分（表1）は多様で，Mo と Bi を必須成分に普通6〜10種の元素の酸化物あるいは複合酸化物が不均一な相で粒子を形成している．反応によって構成成分には幾分差があり，工業的にはプロセスによって触媒の互換性はないが基本骨格は共通で，次式のように表される．

$$Mo\text{-}Bi\text{-}M^{II}\text{-}M^{III}\text{-}M^I\text{-}X\text{-}O$$

M^{II}：Ni^{2+}, Co^{2+}, Fe^{2+}, Mg^{2+}, Mn^{2+}, Cu^{2+}, Pb^{2+} のうち1〜3種
M^{III}：Fe^{3+}, Cr^{3+}, Al^{3+} 特に Fe^{3+}
M^I：K^+, Na^+, Cs^+, Tl^+, …
X：P, B, …

Mo は主要成分で含有量も多く，全金属成分の50%ちかくを占め，Bi 以下の成分はほとんど Mo との複合酸化物として存在する．Bi は必須成分であるが添加量は少なく5%以下であり，多すぎると活性を損なう．残りの大部分は M^{II} と M^{III} であり，M^I と X は微量成分である．確認される微量成分以外の主な結晶相は，

（1）モリブデン酸ビスマス
（2）$M^{II}MoO_4$（α-$CoMoO_4$ 型，α-$MnMoO_4$ 型，シーライト型）
（3）$M_2^{III}(MoO_4)_3$
（4）$BiFeMoO_4$，Bi_3FeMoO_4 などの3種以上の金属の複合酸化物

(5) 遊離の MoO_3

である．多元系モリブデン-ビスマス触媒の粒子モデルとして，$M^{II}MoO_4$ および $M_2^{III}(MoO_4)_3$ が相互に固溶して格子欠陥を多く含む基本粒子を形成し，それを担体にモリブデン酸ビスマスや遊離の MoO_3 が表面の一部をおおった構造が提案されている．このように多元系モリブデン-ビスマス触媒の粒子は不均一な多相系になり，表面とバルク組成が異なるので，成分の比率，調製法などが性能に大きな影響を与える．

多元系モリブデン-ビスマス触媒の主活性種は表面近傍のモリブデン酸ビスマスで，アリル型酸化への反応を支配している．M^{II} 以下の成分の添加効果をまとめると，
 (1) 比表面積の増大(M^{II}，M^{III})
 (2) 単位表面積当りの活性の増大(M^{II} と M^{III} の共同効果)
 (3) 反応の選択性および触媒の安定性の向上(M^{II}，M^{III}，M^{I}，P，B など)

表2 プロペン酸化における多元系モリブデン-ビスマス触媒の活性

触媒	比表面積 [$m^2 g^{-1}$]	比活性	表面積当りの比活性	アクロレイン選択性 [%]
$Bi_2Mo_3O_{12}$	2〜3	1	1	90
$Bi_2Mo_2O_9$	1〜2	1.3	1.2	90
$CoMoO_4$	10〜15	0.1	0.01	20
Mo-Bi-Co-O	4〜8	0.9	0.2	70
Mo-Bi-Co-Mg-O	4〜10	0.8	0.1	70
Mo-Bi-Co-Fe-O	6〜14	20	5	95

(1)，(2)の効果は表2からわかるように明解であるが，(3)の効果は多種の効果の複合した結果である．M^{II}，M^{III} 以外の成分は主として表面酸性を変え，反応物および生成物の吸着を制御し，また電子のドナーあるいはアクセプターになることにより活性種の電子状態にも影響を及ぼすことで選択性の向上に寄与するとともに，触媒を安定化して劣化防止にも寄与するが，添加量がすぎると活性を損ねる．(2)の効果については，担体の役割を果たしている M^{II}，M^{III} の二つの価数の異なる複合モリブデン酸塩で格子欠陥*が介在して格子酸素イオンのバルク内拡散が速く，それによって表面活性サイトへ酸素を供給することができ，活性酸素*の授受に伴い電子移行も可能となって表面活性サイトレドックスが容易になるためと説明されている(Y. Morooka and W. Ueda, *Advan. Catal.*, **40** 233 (1994))． 〔上田 渉〕
→アルケンの酸化，プロピレンの酸化，三酸化モリブデン系触媒，モリブデン-ビスマス

多段化（反応器の），多段反応器 multi-stage reactor, continuous staged reactor

流通式完全混合槽型反応器においては出口濃度と反応器全域の濃度が等しい．このことは，仮に90％の転化率を得るように設計してあるとすると，原料の濃度は供給されると同時に反応器内の混合により 1/10 となってしまい，反応速度が低下する(正の反応次数の場合)ことを意味する．転化率を大きくするには極端に反応器体積を大きくせねばならない．

この欠点を補う方法が多段化，すなわち，いくつかの完全混合槽を直列に連ねることである．一次反応の場合，全体で体積Vとなるn個の直列槽の転化率X_Aは式(1)で表される(触媒学会編，触媒講座，6巻，p 34)．

$$X_A = 1 - \frac{1}{(1+k(\theta/n))^n} \quad (1)$$

なお，θはVを基準とした滞留時間，kは一次反応速度定数である．nを大きくすると転化率は大きくなる．多段化のメリットは大きな転化率を目標にしたときに特に大きくなる． 〔新山浩雄〕

脱 臭 deodorization →空気浄化

脱硝反応 denitration

通常，化石燃料の燃焼排ガス中に含まれる窒素酸化物を除去ないし無害化する反応．生態系における窒素酸化物の反応にも用いられることがある． 〔御園生 誠〕
→排煙脱硝，窒素酸化物の除去

脱水素反応 dehydrogenation reaction

脱水素反応とは，基質(多くは有機化合物)から水素を脱離させる反応であり，水素を分子として脱離させる単純脱水素と酸素・ハロゲン・硫黄などの酸化剤やCO_2を水素の受容体とする酸化脱水素*がある．なお，後者と類似の反応で，アルケン，ケトンなどの不飽和結合への水素移行を伴って脱水素が起こる場合，特に移動脱水素とよばれる．

通常，脱水素は分子内で起こり不飽和結合を生じるが，分子間でも可能である．また，脱水素反応は他の反応と複合して起こることもあり，環化脱水素(例えば，n-ヘキサン→ベンゼン)，異性化脱水素(例えば，アルキルシクロペンタン→アルキルベンゼン)，脱水素縮合(例えば，メタノール→ギ酸メチル)などがある．

基質としては，アルカン，アルケン，アルコール，アミンなどがあり，それぞれに適した触媒が用いられる．表に示すように，一般に単純脱水素反応は吸熱反応であるため，通常行われる常圧付近での反応では，高い平衡転化率を得るのに400〜700℃程度の高温が必要である．また，モル数の増加する反応であり，平衡的には低圧が好ましい．このため，工業操作では熱媒体を兼ねた多量の高温水蒸気による原料の希釈を行い，分圧を下げることも行われる．

代表的な脱水素反応とその熱力学特性（気相，298.15K）

	$\Delta H°$[kJ mol^{-1}]	$\Delta G°$[kJ mol^{-1}]
C_6H_{12}(シクロヘキサン)→$C_6H_6+3H_2$	206.2	98.1
$CH_2=CH-CH_2CH_3 \rightarrow CH_2=CH-CH=CH_2+H_2$	110.3	89.4
$CH_3CH(OH)CH_3 \rightarrow CH_3COCH_3+H_2$	55.3	20.8
$CH_3CH_2NH_2 \rightarrow CH_3CN+2H_2$	111.8	46.2

単純脱水素反応における平衡的な制約を克服するために，水素を選択的に透過・分離する膜(例えばパラジウム膜)を組み入れた膜反応器*を用いる工夫もなされている．また，沸騰・還流条件下での液相反応では，発生する水素が直ちに気相に放出されるため，同様の効果がある．液相反応には，固体触媒を用いた懸濁系や可溶性の錯体触媒を用いた均一系での反応があり，単純脱水素反応の吸熱性を生かして低品位熱の改質を行うケミカルヒートポンプ*の提案もなされている． 〔篠田純雄〕

→アルカンの脱水素，アルケンの脱水素，アルコールの脱水素，メタノールの脱水素，アミンの脱水素

脱水反応　dehydration

通常はアルコールの脱水を指すことが多い．1分子のアルコールから1分子の水がとれるとアルケンが生成し，2分子のアルコールから1分子の水がとれるとエーテルが生成する．第一級アルコールよりも第二級，第三級アルコールのほうが脱水反応を起こしやすく，前者はエーテルを，後者はアルケンを生成しやすい．

脱水触媒としては固体酸触媒が用いられる．固体塩基触媒や金属触媒を用いるとアルコールの脱水素が優先的に起こり，第一級アルコールからはアルデヒド，第二級アルコールからはケトンが生成するのと対照的である．代表的な固体酸触媒はアルミナ*であり，シリカ-アルミナ*や酸型ゼオライトでもアルコールの脱水*が進行する．エタノールをアルミナ触媒を用い200〜300℃で脱水を行うと，低温ではジエチルエーテルが，高温ではエチレンが多く生成する．

固体酸触媒を用いると生成するアルケンは熱力学的な平衡組成に近いのが一般的であるが，異なった選択性を示す触媒としてジルコニア*(酸化ジルコニウム)，酸化トリウム，希土類酸化物がある．例えば，2-ブタノールの脱水では平衡組成の小さい1-ブテンが選択的に生成する．アルミナ触媒では2-ブテン生成が多い．反応中間体が酸触媒を用いた場合にはカチオンであるのに対して，酸化ジルコニウムなどではアニオンであるためとされている．

アルコールの脱水以外では，カルボン酸からケテン，アミドからニトリル，アルコールやフェノールのアミノ化などがある．反応物や反応の種類によって用いられる触媒は多種多様であるが，概して酸・塩基触媒が多い． 〔服部　英〕

脱　着　desorption　→脱離

脱　離　desorption

吸着*をしていた吸着質*が表面または界面から離れて気相あるいは液相に移動する現象をいう．脱着ということもある．真空中での脱離は吸着質が系外に去る不可逆な過程であるが，吸着平衡下の脱離は吸着過程と正逆の1対をなす可逆的な過程である．

吸着している原子や分子は，表面ポテンシャルのエネルギー井戸の極小のところに位置して表面と平衡を保っているが，そのエネルギー井戸から出るのが脱離であると

いうこともできる．したがって表面ポテンシャル中での吸着種の振動や吸着媒のフォノンとのカップリングなどが重要な役割を演じる．

真空中への脱離や吸着質と同種の化学種の分圧の低い気相への脱離の過程において，表面の吸着種の濃度 σ が時間とともに減少していく様子は，多くの場合，下記のウィグナー－ポラニ式で表すことができる．

$$-\mathrm{d}\sigma/\mathrm{d}t = v\exp(-\Delta E^*/RT)\,\Theta^x$$

ここで，Θ は表面被覆率，x は脱離の次数，ΔE^* は脱離の活性化エネルギー，v は頻度因子である．

脱離の次数は，0次，1/2次，1次，2次などのものが知られているが，多くは1次または2次の速度式に従う．Pd(100)上の CO のように分子として吸着して分子として脱離するものは1次，Ni(100)上の H_2，O_2，N_2 のように解離吸着しているものは2次となることが多い．

実験結果をウィグナー－ポラニ式にあてはめて求めた脱離の活性化エネルギーおよび頻度因子に厳密な物理的意味をもたせるのは困難であるが，おおよその意味は以下のようなものであると考えることができる．

分子状の吸着質の場合は，脱離の活性化エネルギーは表面上での結合エネルギーと同等である．解離吸着の場合は，解離吸着した状態と吸着-脱離過程の遷移状態とのエネルギー差が活性化エネルギーとなる．このとき，脱離の活性化エネルギーは吸着の活性化エネルギーに吸着熱の絶対値を加えた値に等しい．

頻度因子は吸着種が脱離に向かう試みの総数であるから，1次の脱離では吸着種の振動数が主要な部分を占め，2次の脱離では吸着種どうしの衝突頻度が主要となる．

脱離過程における活性化エネルギーなどのパラメーターは，系の温度を時間に対して直線的に上昇させて，脱離量を温度とともに記録する昇温脱離法*により決定することができる．吸着過程がラングミュアの吸着等温式*で完全に表現できるような系，つまり吸着種間相互作用のない系では脱離のパラメーターが被覆率に依存することはなく，昇温脱離法の解析は容易である．しかし，一般的にはパラメーターの被覆率依存性や異なる結合状態の存在割合が影響するので，単純ではない場合もある．

脱離過程の解析によって固体の表面状態を知る目的には，上述の昇温脱離法のほかに，電子刺激脱離法(ESD)や光刺激脱離法(PSD)などを用いることもできる．吸着種と表面との間の結合を切るエネルギーを，熱的にではなく，電子や光子によって供給しようとするもので，これらのものはエネルギーのチューニングが容易であるため，共鳴的，特異的で効率の高い結合開裂ができるのが特徴である．

〔堤　和男・西宮伸幸〕

脱離反応　elimination reaction

ハロゲン，水酸基，アンモニウム塩などの官能基(X)をもつアルカンから HX が脱離し，二重結合が生成する反応を脱離反応という．脱離反応は反応条件や基質の構造によって反応機構が変化する．ハロゲン化アルキルを水酸化物イオンやアルコキシド

イオンのような強塩基で処理するとE2反応が起こる．この過程は基質と塩基の両方の濃度に依存することから二分子脱離とよばれ，塩基による脱プロトン化，脱離基の解離，アルケンの生成が同時に起こる協奏反応である．E2反応は第三級ハロゲン化物ばかりでなく，第二級，第一級ハロゲン化物でもS_N2反応*と競争的に起こる．一方，第三級ハロゲン化物の加メタノール分解や第二級，第三級アルコールの酸による脱水反応では，E1反応が起こる．この反応は基質の濃度のみに依存することから一分子脱離反応とよばれ，カルボカチオン*への解離の段階が律速段階*になっている．このため，E2反応が協奏反応であるのに対し，E1反応はカルボカチオンの生成と脱プロトン化の2段階で進行する．また，E1反応でも，塩基を添加すると脱プロトン化が促進され脱離反応生成物が選択的に得られる．

脱離反応で生成する二重結合の位置選択性は，基質の構造，反応に用いる塩基や脱離基の性質に依存する．例えば，2-ブロモ-2-メチルブタンの脱離反応にナトリウムエトキシドを作用させると70％の選択性で熱力学的に安定な2-メチル-2-ブテンが生成する．一方，立体的にかさ高い*tert*-ブトキシドを用いて脱離反応を行うと73％の選択性で熱力学的に不利な2-メチル-1-ブテンが生成する．前者の反応で熱力学的に有利な二重結合が生成するのは，脱離反応の遷移状態の構造が生成物の構造に近いため(late transition-state)，より安定な生成物が速く生成すると説明できる．この事実をわかりやすく，"より多くの置換基をもつ二重結合が優先的に生成する"と一般化した記述がセイチェフ則*である．立体的にかさ高い塩基を用いる後者の反応例では，立体障害が少ないメチル基から水素を引き抜く方がメチレン基の水素を引き抜くより有利なため熱力学的に不利な異性体が生成すると説明できる．これを，"より置換基の少ない二重結合が優先的に生成する"と一般化した記述がホフマン則*である．このホフマン則に従った脱離反応の位置選択性は第四級アンモニウム塩の熱脱離反応においても見られる．

セイチェフ則 ／ ホフマン則

（反応式：EtONaで左方向（セイチェフ則生成物）、t-BuOKで右方向（ホフマン則生成物）、中央に2-ブロモ-2-メチルブタン）

〔山田晴夫〕

→ 求核置換反応，β脱離

脱硫触媒　hydrodesulfurization catalyst

石油中に含まれる硫黄化合物（主としてスルフィド，チオフェン，ベンゾチオフェン，ジベンゾチオフェンなど）を水素と反応させ硫化水素と炭化水素に転換するための触媒．

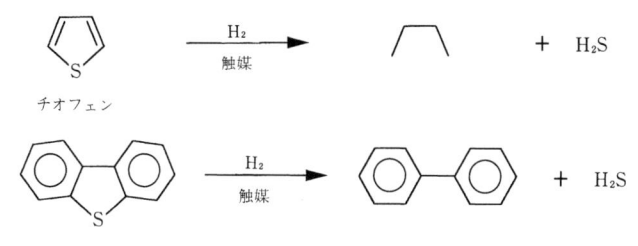

チオフェン + H_2 →（触媒）→ （ブタジエン／ブテン） + H_2S

ジベンゾチオフェン + H_2 →（触媒）→ ビフェニル + H_2S

Mo に助触媒として Co を組み合わせ，γ-アルミナに担持したものが広く用いられているが，原料油の種類や精製の目的に応じて Mo と Ni，W と Ni を組み合わせることもある．Mo（あるいは W）に Co（あるいは Ni）を組み合わせると活性が何倍も向上する典型的なシナジー（相乗効果）がみられる．このシナジーの原因として，Co-Mo-S 相とよばれる特殊な表面化合物を活性点とする説と，モリブデン硫化物粒子とコバルト硫化物粒子間の水素のスピルオーバー*を仮定する説とがある．

触媒の調製は γ-アルミナにパラモリブデン酸アンモニウムと硝酸コバルトの水溶液を含浸，乾燥，焼成し，使用前に活性化のため硫化処理を施すのが一般的である．広い温度範囲（200〜400℃）と圧力範囲（1〜150 気圧）で触媒活性を発現し，ほとんどすべての有機硫黄化合物の水素化脱硫*に対応できる．一般にガソリン，灯油，軽油，重油など石油の各留分の水素化脱硫では，それぞれの留分に含まれる硫黄化合物の反応性がこの順に低くなるので，反応条件もこの順に厳しくして対応している．また，これらの触媒は水素化脱硫のほかに，水素化，水素化脱窒素*，水素化脱金属*など，石油の水素化精製の主要な反応の何れにもすぐれた触媒活性を示す．

近年，環境保全の観点から，深度脱硫といって自動車燃料油中の硫黄を数百 ppm 以下まで低下させることが要求されるようになり，重要な環境触媒*といえる．

〔山田宗慶〕

脱硫反応 desulfurization reaction →水素化脱硫

脱ろう法 dewaxing process

潤滑油基油および軽油の低温流動性の向上のために，含有するろう分(n-アルカン)を取り除く方法．潤滑油の場合には，メチルエチルケトンとトルエンの混合溶媒やプロパンを溶媒に使う溶剤脱ろう法と，ろう分を選択的に分解や異性化により取り除く接触脱ろう法とがある．ここでは，潤滑油および軽油の接触脱ろう法について記述する．

低温流動性を向上させるには，n-アルカンだけでなく枝分れの少ないアルカンまで除去する必要がある．そこで，これらのアルカンを選択的に細孔内に吸着できる10員酸素環の細孔入口径を有するZSM-5*，歪んだ12員酸素環の細孔入口径を有するモルデナイト*などのゼオライトの細孔内に貴金属を担持した触媒を用い，水素加圧下で原料油を処理し，n-アルカンおよび枝分れの少ないイソアルカンを，選択的に水素化分解あるいは異性化により除去する．これにより，流動点を20℃前後から−20℃程度にまで低下させることができる．また分解生成物として，潤滑油基油の場合は灯軽油が，軽油からはガソリンが主に得られる．

工業プロセスとしては，潤滑油基油の場合は，Mobil Research and Development 社の MLDW (Mobil Lube Dewaxing) プロセス，British Petroleum 社の BP 接触脱ろう (BP Catalytic Dewaxing) プロセス，Chevron Products 社の IDW (Chevron Iso-Dewaxing) プロセスなどがある．また，軽油の場合は，Mobil Research and Development 社の MDDW (Mobil Distillate Dewaxing) プロセスと MIDW (Mobil Isomerization Dewaxing) プロセス，深度脱硫も同時に行うことが可能な Akzo 社の Akzo-FINA CFI プロセスなどがある． 〔八嶋建明〕

→水素化分解，形状選択性

ターフェル式 Tafel equation

電極反応を速度論的に取り扱うとき，電流密度 i という量で表される電極反応速度と過電圧 η との間に成立する関係式

$$\eta = a + b \ln|i| \quad (a, b \text{ は定数})$$

で，過電圧が大きくなると電流密度が指数関数的に増大することを示している．過電圧とは，電極表面で電気化学的反応を有限の速度で進行させるために，平衡電極電位* E_{eq} に上乗せする電位で，実際に電極反応が進行する電位を E とすると

$$E = E_{eq} + \eta$$

の関係がある．過電圧には，電荷移動過程に関係する活性化過電圧と物質移動過程に関係する濃度過電圧があるが，電荷移動過程が律速の場合には，均一系反応の速度定数 k

$$k = A \exp(-\Delta E / RT)$$

における活性化エネルギー* ΔE に相当する内容をもつものが η であるため活性化過電圧とよばれる．ターフェルの式は，過電圧が比較的大きいとき ($\eta > 100$ mV) よく成立する．　　　　　　　　　　　　　　　　　　　　　　　　　　　　　〔井藤壮太郎〕

ダブルカルボニル化　double carbonylation

1段階で2分子の一酸化炭素が連続的に有機化合物に取り込まれるカルボニル化反応をいう．アルコールやアミンのカルボニル化によりシュウ酸エステルやシュウ酸アミドを合成する，いわゆる一酸化炭素の還元的二量化反応が比較的古くから知られているが，最近では Co 触媒や Pd 触媒を用いて有機基の炭素鎖を一挙に二つ伸長する形式の反応が開発されている．生成物である α-ケト酸誘導体は容易に α-アミノ酸や α-ヒドロキシ酸に誘導化される．

$$RX + 2CO + HNu + Base \xrightarrow{\text{Pd あるいは Co 触媒}} RCOCONu + Base \cdot HX$$

(X=ハロゲン，HNu=アミン，アルコール，水)

遷移金属錯体触媒によるカルボニル化反応において，遷移金属に配位した一酸化炭素が触媒サイクルに取り込まれていく過程には主として，M-C 結合への分子内挿入反応と，配位カルボニル基に対する外圏からの求核付加反応がある．Pd 触媒によるハロゲン化アリールのダブルカルボニル化反応ではこれらの素反応が連続的に進行している．

〔小沢文幸〕

多分子層吸着　multilayer adsorption

界面で吸着質*が単分子層を越えて吸着することを多分子層吸着という．ラングミュアの吸着等温式*に代表される単分子層吸着*と対比される．多分子層吸着は多くの気・固吸着系における物理吸着*において観測される．多分子層吸着を表す代表的な吸着等温式として BET 吸着等温式*がある．

BET 吸着等温式の導出において仮定された論理的矛盾を正す過程で多くの多分子

層吸着の吸着等温式が提案されている．次式のフレンケル-ハルゼイ-ヒル型吸着等温式がその代表例である．

$$\log (p/p_0) = -(A/v^s)$$

ここに，p_0 は吸着質の飽和蒸気圧であり，v は吸着量である．また A および S は定数であり，S は $2 \leq S \leq 3$ である．この吸着等温式は実験的に得た多くの吸着等温線*をBET 吸着等温式より広い圧力範囲で適合できる．また均一な結晶表面への低温における希ガスあるいはエタンなどの表面凝縮にみられる階段型吸着等温線も多分子層吸着の例である．　　　　　　　　　　　　　　　　　　　　　　　　〔鈴木　勲〕

ターンオーバー数　turnover number

　もともとは，一つの活性点*が単位時間当りに変換する分子数で定義され使われていたが，現在では，これを記述する用語としては，IUPAC がターンオーバー頻度*を推奨している．最近では，反応終了までに一つの活性点が変換する分子の数で定義され，触媒的に反応が繰り返されているかどうかの指標として用いられる場合が多い．この場合，ターンオーバー数が1を超えると，すなわち，変換された分子数が活性点の数を超えると，触媒的に反応が進行していることになる．　　〔服部　忠・吉田寿雄〕

ターンオーバー頻度　turnover frequency

　反応速度*の表現の一つで，一つの活性点*が単位時間当りに変換する分子の数で定義され，活性点の固有の触媒能の評価として用いられる．慣用的にターンオーバー数*（turnover number）ともいうが，IUPAC ではターンオーバー頻度の使用が推奨されている．TF，TOF と略記する．触媒活性を評価する場合に触媒重量当りあるいは触媒表面積当りの比速度で表すよりも，ターンオーバー頻度で評価したほうが，触媒作用のより本質的な解明のためには有効である．

　ターンオーバー頻度の算出には，反応速度*と活性点の定量が必要である．反応速度は，触媒の状態，反応温度，反応物の濃度やその他の反応条件に左右されるので，触媒間で比較する場合には注意が必要である．反応速度が著しく大きい場合には，ターンオーバー頻度は反応物の拡散速度で決まることもある．また反応速度は反応の進行度(転化率)にも依存するので，ターンオーバー頻度の記述には，反応条件だけでなく転化率の範囲なども併記する必要がある．活性点の数は，酵素や，錯体触媒の場合には，見積もりやすいが，固体触媒の場合には，活性点の同定も定量も容易ではない．固体触媒の分野でターンオーバー頻度の概念が最もよく定着しているのは担持金属触媒であるが，この場合には，CO，H_2 などのプローブ分子の吸着量を表面金属原子数に換算したり，X線回折や電子顕微鏡*写真から金属粒子径*を求めて表面金属原子数に換算し，活性点数とすることが多い．ゼオライトなどの固体酸触媒*ではアンモニア吸着などにより求めた酸点の数を活性点の数とする．また，活性点についての知見がない場合には，単に，BET 表面積から求めた表面原子数を活性点数と仮定することもある．いずれの場合にも活性点数の算出には仮定が伴うので，ターンオーバー頻度の

記述には，活性点数の定義や測定と計算の方法を併記しておく必要がある．また，構造敏感型反応*のように，すべての表面原子が同等の活性をもつとは限らないので，ターンオーバー頻度の値は，個々の活性点のターンオーバー頻度の平均値であることにも注意する必要がある． 〔服部　忠・吉田寿雄〕

炭酸エステルの合成　synthesis of alkyl carbonates
　炭酸ジエステルの合成法としてはホスゲンを原料とする方法が従来より知られているが，最近ではホスゲンを原料としない合成法が開発され実用化されている．
　いわゆるホスゲン法炭酸エステル合成は，一般的に塩基性触媒の存在下，ホスゲンとアルコールから合成する．ホスゲン法は毒性の高いホスゲンを原料に用いるため特に安全環境上の対策を要する方法である．

$$COCl_2 + 2ROH \xrightarrow{\text{塩基性触媒}} (RO)_2CO + 2HCl$$

　非ホスゲン法炭酸エステル合成法としては触媒存在下アルコールおよび CO を酸化する方法が知られている．

$$CO + 2ROH + \frac{1}{2}O_2 \xrightarrow{\text{触媒}} (RO)_2CO + 2H_2O$$

　この反応において CuCl 触媒をスラリー状で用い炭酸ジメチルを合成する液相酸化法が EniChem 社(イタリア)で開発され，企業化されている．条件は，反応温度 120〜140℃，反応圧 15〜40 kg cm^{-2} である．
　このアルコール/CO 酸化法では固定層反応器*を用いて気相法で炭酸エステルを合成することもできる．
　さらに，亜硝酸エステル（アルキルナイトライト）を用いる炭酸エステル合成法が宇部興産(株)で開発されている．

$$CO + 2RONO \xrightarrow{\text{Pd 触媒}} CO(OR)_2 + 2NO$$

　この反応での触媒としては Pd 化合物が有効である．亜硝酸エステルは炭酸エステル合成の反応基質であり同時に酸化剤でもある．この反応は液相，気相いずれも可能であるが，Pd 担持固定床触媒を用い亜硝酸エステルとして亜硝酸メチルを用いることにより気相で炭酸ジメチルが合成される． 〔松崎徳雄〕
→シュウ酸エステルの合成

炭酸ジメチル　dimethyl carbonate　→炭酸エステルの合成

担持触媒　supported catalyst
　触媒活性成分の表面積を増大する，安定性を増すなど触媒性能を改善するため，活性成分を担体*表面に微粒子状あるいは薄膜状に分散担持した触媒． 〔御園生　誠〕
→担持法，担体効果

担持パラジウム触媒　supported palladium catalyst

Pdは金属粉(パラジウムブラック)の形で触媒として用いられることもあるが，そのほとんどは担持触媒*である．担体としてはカーボン粉，カーボン粒(破砕炭)，カーボンペレット，アルミナ粉，アルミナペレットなどが一般的であるが，炭酸カルシウムも担体として用いられる．

調製法は，一般的には水溶性のPd塩，例えば$PdCl_2$, $Pd(NO_3)_2$を担体に含浸し，H_2, HCHO, $NaBH_4$, N_2H_4等々で還元する方法による．含浸条件がPdの担持深さ，あるいは分散度を決定する．

Pdは貴金属触媒のなかで最も多く，かつ多方面にわたって用いられている．特にアルケン，芳香族のニトロ基の水素化においては，ラネーニッケル*に比べて低温低圧で反応が進行し，副反応も少ないことから多くのファインケミカルの合成に用いられる．

Pdをカーボンあるいはアルミナに担持した触媒は，モノアルケンあるいはアルカジエンを対応するアルカンにするのに最もすぐれた触媒である．ナフサのスチームクラッキングによる低級アルケンの製造ではジエン類が12〜17％副生する．このジエン類(ペンタジエン，シクロペンタジエン，ブタジエン，プロパジエンなど)は，酸素酸化を受けやすく，またガムを生成するもとになる．したがってこれを部分水素化して，モノアルケンにするのは工業的に重要なプロセスである．これにはPd/Al_2O_3ペレットあるいはPd/Al_2O_3球が最もよく用いられる．この目的の場合，細孔中の拡散が反応の律速になるのを避けるため，Pdは成形担体の表面に担持される．

アルケン(エチレン，プロピレンなど)の中に含まれるアルキンは，アルケンを重合させるときの触媒毒になる．これの水素化にPd/Al_2O_3が有効である．$Pd/CaCO_3$をPb被毒して，アルキンをアルケンまでの水素化にして，それ以上水素化が進んでアルカンにいかないように選択性をあげたものがリンドラー(Lindlar)触媒である．この触媒は，ジアルケンからモノアルケンへの還元にも用いられる．

p-キシレンの液相酸化*で得られるテレフタル酸(p-HOOC―C_6H_4―COOH)は，ポリエステルの重要な原料であるが，これに酸化が不完全な4-カルボキシベンズアルデヒド(p-HOOC―C_6H_4―CHO)が不純物として含まれると重合が阻害され，また着色の原因となる．これはそのままではテレフタル酸から分離しにくい．そこで粗テレフタル酸は水に溶解され，4-カルボキシベンズアルデヒドは水素化され，トルイル酸にされる(H_2+p-HOOC―C_6H_4―CHO→p-COOH―C_6H_4―CH_3)．このものはテレフタル酸結晶化の際，溶液中に残る．この水素化反応には0.5％Pd/カーボン粒(破砕炭)が用いられる．この反応も細孔中の拡散が大きな反応抵抗となるので，Pdは担体のごく表面に担持される．

担持Pd触媒はニトロベンゼンを還元し，アニリンを得るのにすぐれた触媒の一つである．この反応の場合，溶媒は酸性か中性である．アルカリ性溶媒で10 atm(ゲージ圧)で反応させると二量化したビフェニルジアミンが生成する．

Pd触媒は酸クロライドを還元してアルデヒドを得る反応(RCOCl→RCHO+HCl；ローゼンムント反応(Rosenmund reaction)にも適していて，Pd/カーボン，あ

るいは Pd/BaSO₄ が使える．過剰水素化して，アルコールやアルカンになるのを防ぐため，チオフェンなどを修飾剤として用いる．この反応は，Pd が脂肪族アルデヒドの還元能力がほとんどないことを利用したものである．芳香族の核水素化では Pd は Pt や Rh よりも厳しい反応条件を必要とする．逆にもしフェノールから水酸基をはずしてベンゼンを得ようとするならば，核水素化が進みにくい Pd が適している．

Pd はまた，酸化触媒としても工業的に重要である．自動車の排気ガス中の還元性成分である CO と炭化水素の酸化に Pd が有効であることはよく知られ，Pd を含む自動車排ガス触媒は多い．

酢酸ビニルはポリ酢酸ビニル，ポリビニルアルコールの原料であるが，担持 Pd を触媒としてエチレン，酢酸，酸素の気相接触酸化反応として工業化された($CH_3COOH + CH_2 = CH_2 + 0.5O_2 \rightarrow CH_3COOCH = CH_2 + H_2O$)．この用途に用いられるのは，酢酸に強いシリカに担持した Pd であり，細孔径のそろった担体の選択が収率向上の鍵とされる．また，選択性を上げるため助触媒として Au が用いられることもある．

〔飯田逸夫〕

担持法　preparation of supported catalyst

通常，大きな比表面積をもつ担体*を使い，触媒活性成分の分散度*を高めるとともに，熱的，機械的な安定性，活性成分と担体との相互作用により活性・選択性を向上させることを目的とする担持触媒*の調製手法である．この担持触媒は，高い分散度で活性成分を担持させることにより活性成分の使用量を低減できる経済性もあり，広範に用いられている．そのための調製法としては，水溶液からの担持，非水溶液からの担持(特殊な活性化合物の場合)，気相からの担持(蒸気圧の高い活性物質)などの方法があり，特に水溶液からの担持には，担体との相互作用が弱い活性化合物を対象とする乾燥による担持法，活性成分を沈殿剤などを使って担体上に沈殿を析出させる担持法，活性成分の吸着力やイオン交換能力を利用する担持法，担体と活性成分を混合して担持する方法などがある．また目的に応じて，活性成分の担持量を増やすときや，活性成分の溶解度が小さいとき，あるいは，多成分の活性成分を順次担持するなどには逐次的な担持も行われる．

〔上野晃史・角田範義〕

→触媒調製

炭素陽イオン　carbocation　→カルボカチオン

担体　support, carrier

Pt などの高価な金属を触媒として使う際に，できるだけ金属成分を高分散させて効率良く反応させることが望まれる．そのためには，もともと高表面積で機械的強度もあるアルミナやシリカのような物質の表面上に Pt を安定に分散担持させることによって，高活性で機械的強度もありかつ経済的な触媒を製造できることになる．このアルミナやシリカを触媒担体(catalyst support)とよんでいる．

一般的に触媒担体とは，触媒を構成する成分の一つであって自らは触媒機能をもたないが，触媒能をもつ成分が働きやすい場を提供するものと定義される．もっとも担体自身も触媒反応の一部をになうものもあり，いちがいに担体には活性がないとはいえない．

　かつては，触媒担体とは触媒を載せる台であったり，触媒の増量材といった説明がされていた時代もあったが，触媒化学の進展とともに触媒担体の役割の重要性が再認識されて，真に触媒性能を十二分に発揮させるためには，担体を含めた触媒設計が必要なことが明らかになってきた．触媒担体の役割として，次のようなことが要請される．

（1）主触媒を助けて触媒活性を増大させる．
（2）同じく選択性を増大させる．
（3）触媒寿命を延長させる．
（4）触媒体としての機械的強度を増大させる．
（5）固体触媒化をはかる．

　このような目的にあうものとしては，化学的に安定であり，通常は表面積が大きいものでなければならない．物質，熱の移動が適切に起こるような細孔容積，細孔径の制御も担体にとって重要である．さらに，価格も要件の一つである．一昔前は，安いことが重視されたこともあって，酸性白土，けいそう土，軽石といった天然にある多孔性の鉱物が多く使用されたが，天然品では品質にばらつきが多く触媒調製の再現性が得られないといった問題が生じた．このため酸性白土は，シリカアルミナさらには合成ゼオライトへ置き換わり，けいそう土はシリカへ，軽石はアルミナへといずれも合成品に転換された．このほかにも特殊なケースとして金属錯体や酵素などを載せる担体としては，結合性やリガンド効果などを期待してポリスチレン系の耐熱性有機ポリマーなどが使われる．

　使われる担体の形状としては，微粉末，顆粒，球，押出し品，打錠品などが一般的であるが，自動車排ガス浄化処理触媒や脱硝触媒の担体としては，モノリス，クロス状といった特殊形状の担体も使われている．　　　　　　　　　　〔松本英之〕

担体効果　support effect

　狭義には，担持金属触媒において，担持された金属微粒子の吸着能，触媒作用などが担体により影響されることをいう．一般には，担持金属触媒または担持酸化物触媒の担体*の種類を変えることにより，活性・選択性*などの触媒特性が異なる現象を総称して担体効果という．しかし，担体の役割として，触媒活性・選択性の向上だけでなく，活性成分*の安定化，触媒寿命，耐熱性，耐毒性などの向上，物質拡散，細孔内のミクロ空間の利用，機械的強度の増大，熱拡散（熱伝導）の促進などがあり，種々の効果が複合している場合が多い．

　最初に，担持金属触媒の調製時における担体の影響を考える必要がある．一般に，高表面積の担体を用いることで高分散（金属粒子径小）になる．しかし，担体（例えば，

等電点*の異なるもの)と金属成分前駆体(金属塩)の組合せによっても，担持される金属の分散性に影響を与える．含浸操作中に，担体(V_2O_3 など)が溶け出し金属表面上を被覆する現象も知られている．

金属と担体との相互作用が強くなると，金属微粒子の形状が変わる．これは，担体とのぬれ特性にも関係する．いかだ(raft)構造のもの，あるいは Pt/TiO_2 触媒では薬箱(pill-box)状の Pt 金属微粒子が報告されている．金属と担体との界面に特殊な錨(anchor)効果を指摘する論文もある．金属と担体の接触が強まると電子的効果*により，金属の電子状態が異なり，活性・選択性に影響を与える．例えば，ゼオライトケージ中の金属超微粒子はプロトンとの相互作用により，電子欠乏(electron-deficient)になると報告されている．

高温水素処理中に担体(TiO_2, Nb_2O_5 など)表面の一部が還元され，部分的に還元された種(TiO_x, NbO_x)が担体上を移動し，金属表面上をおおう現象があり，SMSI*(strong metal-support interaction)効果とよばれている．吸着特性，活性・選択性に著しい影響を与える．担体中の不純物が金属の触媒性能に重要な役割をすることがある．例えば，Pt/Al_2O_3 触媒においてアルミナ担体中の硫酸根(SO_4^{2-}, sulfate)が高温水素処理により還元され，原子状 sulfur となり，Pt 表面上に付着する．したがって，水素吸着能は減少し，触媒能も変化する．高温酸素処理，低温還元処理により，S は酸化され担体上に硫酸イオンとして戻り，清浄な Pt 表面になり元の状態に戻る．

金属の触媒作用とともに担体の酸・塩基などを利用した二元機能*，スピルオーバー*現象，担体の細孔分布*と細孔内拡散*，ゼオライト*などの細孔構造，形状選択性*，金属微粒子の安定化，炭素析出防止などの触媒寿命など，広い意味での担体効果は多岐・多様である．　　　　　　　　　　　　　　　　　　　　　〔国森公夫〕

➡ 金属触媒

断熱クエンチ法　adiabatic quenching ─────────────

例えば重質油を熱分解してアルケン類を得ようとするとき，炭素にまで過分解が進むのを防ぐために油や水などを利用して急冷させる．この急冷操作を特にクエンチとよぶ．外部へのむだな熱放出がないように，断熱が極力はかられる．　　〔吉田邦夫〕

単分子層吸着　monolayer adsorption ─────────────

界面に吸着質*が1層だけ吸着することを単分子層吸着とよび，多分子層吸着*と対比される．また，界面を単分子層で完全におおうのに必要な吸着量を単分子吸着量とよび，これから試料の表面積を算出することができる．

単分子層吸着は化学吸着*において典型的にみられ，ラングミュアの吸着等温式*がその例である．物理吸着*においても特殊な例でみられる．例えば活性炭*などの小さな細孔内では多分子層吸着が形成されないので，単分子層吸着となる．吸着分子間に引力が働き，表面上での二次元凝縮を説明する次式の Hill-de Boer による階段状の吸着等温式も単分子層吸着の例である．

$$a \cdot p = \{\theta/(1-\theta)\}\exp[\{\theta/(1-\theta)\}K \cdot \theta]$$

ここに，p および θ はそれぞれ吸着質の圧力および被覆率*であり，a および K は定数である。　　　　　　　　　　　　　　　　　　　　　　　〔鈴木　勲〕

➡ 表面積測定法

ち

チキソトロピー　thixotropy

粘度鉱物などの懸濁液，水酸化アルミニウムなどのコロイド溶液，また種々のエマルジョンなどに応力を加えると，軟化が起こってその粘度が減少する．応力を除くと硬化して粘度が復元する．この可逆現象をチキソトロピーという．歴史的には，静止状態にあるときにはゲルの状態にあり，撹拌状態のときにはゾルの状態にあるという現象について与えられた言葉である．構造の破壊(軟化)が進行する度合や，構造の再生(硬化)に必要な時間は，チキソトロピーを決める鍵となる．

チキソトロピーの測定には，例えば回転粘度計を用いる．静止状態から，回転数を連続的に増加させ最高回転数に至ったのちに，回転数を減少させる．これら二つの過程での流動曲線にはヒステリシスがある．チキソトロピーが大きいほど，このヒステリシス曲線が囲む面積が大きい．測定には，一定の回転数で行う方法もある．

〔鈴木榮一〕

逐次反応　consecutive reaction

ある化学反応の生成物がさらに反応して別の生成物に変わる場合，連続反応とよばれる．連続反応は，反応途中で生成する化学種によって反応が循環的に繰り返される場合は連鎖反応*，それ以外は逐次反応と区分される．一般に一つの化学反応式で表される反応も，実際は多くの素反応の組合せからなる逐次反応であることが多い．例えば，二塩化エチレンの加水分解反応* $ClCH_2CH_2Cl + 2H_2O \rightarrow HOCH_2CH_2OH + 2HCl$ では，まず，二塩化エチレンのエチレンクロロヒドリンへの加水分解が起こり，それがさらにエチレングリコールに加水分解する反応が連続して起こっている．二量化，三量化反応，あるいは重縮合反応なども逐次反応の一種である．　　　〔岩本正和〕

チーグラー触媒　Ziegler catalyst　➡ チーグラー-ナッタ触媒

チーグラー-ナッタ触媒　Ziegler-Natta catalyst

1953年，ドイツの K. Ziegler は $TiCl_4$ と $AlEt_3$ を組み合わせた触媒系が常温常圧下でエチレンの重合を進行させ，直鎖状の高密度ポリエチレンを与えることを発見し

た．次いで，イタリアの G. Natta は $TiCl_4$ の代わりに α 型 $TiCl_3$ を用いることによりプロピレンを特異的にイソタクチックに重合させ結晶性ポリマーを得ることに成功した．これらの発見を契機に，遷移金属化合物と有機金属の組合せからなるさまざまな触媒系がアルケンやジエンの立体特異性重合，オリゴメリゼーション*，水素化などに適用された．一般に，遷移金属化合物と有機典型金属化合物の組合せからなる重合触媒を発見者の名にちなみチーグラー触媒あるいはチーグラー-ナッタ触媒という．また，$TiCl_4$ を用いる触媒系をチーグラー触媒，$TiCl_3$ を用いる触媒系をナッタ触媒とよぶこともある．活性種は空配位座を有する遷移金属アルキルで，配位活性化したアルケンが挿入することにより重合が進行することから配位重合あるいは配位アニオン重合とよばれる．α-アルケンが配位する際にプロキラル面の選択性があると立体特異性重合*が進行する．立体特異性は生長末端の不斉炭素により誘起される場合(末端規制(chain-end control)という)と遷移金属アルキル自身の不斉により誘起される場合(触媒規制(enantiomorphic site control)という)があるが，バナジウム系の可溶性触媒によるシンジオタクチック重合*は前者の機構により，また，チタン系の固体触媒によるイソタクチック重合*は後者の機構によりそれぞれ進行することが明らかにされている．

　工業的に重要なチタン系の固体触媒は，担持による高分散化を中心に触媒の高性能化が進められた．その結果，$TiCl_4$ を $MgCl_2$ に担持しトリアルキルアルミニウムで活性化することによりエチレン重合用の高活性触媒が得られた．さらにルイス塩基で処理した $MgCl_2$ を担体に用い重合時にルイス塩基を併用することにより，高活性かつ高イソタクチックなプロピレン重合用触媒が開発された．当初はルイス塩基として安息香酸エチルなどの芳香族モノエステルが用いられてきたが，固体触媒にフタル酸ジエステル，重合時に有機アルコキシシランをそれぞれ区別して用いるなど，さまざまなルイス塩基が検討され触媒のいっそうの高性能化が進められている．

　一方，チタノセン化合物と有機アルミニウムからなる均一系のチーグラー-ナッタ触媒は Ziegler らの発見後まもなく見いだされたが，活性は極めて低く，またプロピレンに対しては重合活性を示さなかった．ところが，1970年代末，W. Kaminsky らにより，水と $AlMe_3$ の縮合生成物であるメチルアルミノキサンを助触媒として用いると，4族，特に Zr のビスシクロペンタジエニル化合物がエチレンやプロピレンの重合に高活性を示すことが発見された．この均一系チーグラー-ナッタ触媒は，カミンスキー触媒*あるいはメタロセン触媒*ともよばれる．従来の担持型触媒とは異なり活性種が均質で共重合特性にすぐれ，さまざまなアルケンの重合に活性を示すことから，直鎖状低密度ポリエチレンの生産プロセスにおいて一部工業化されている．

〔塩野　毅〕

→イソタクチック重合，エチレンの重合，シングルサイト触媒，ブタジエンの重合，配位重合，プロピレンの重合，立体特異性重合，レジオスペシフィック重合

チタノシリケート titanosilicate

チタノシリケートはメタロシリケート*のなかでも合成法，構造，触媒活性が最もよく研究されている．イタリア，ENI の Taramasso らはシリカライト-1(MFI 構造の Si のみからなるゼオライト)の Si の一部が Ti に置き換わったチタノシリケートを合成し TS-1 と名付けた．TS-1 は Si 源に Si(OEt)$_4$ もしくはコロイダルシリカ，Ti 源に Ti(OEt)$_4$，型剤に Pr$_4$NOH を用い，オートクレーブ中で 160～180℃ で水熱合成される．Ti^{4+} は 6 配位をとりやすく，塩基性条件下では重合し，沈殿を生じやすい．型剤中の不純物として Na, K があるとゼオライト骨格外にアナターゼなどの Ti 化合物が生成しやすいため，できるだけアルカリ分のない型剤を用いなければならないとされている．コロイダルシリカを用いる方法では，過酸化水素を添加することにより，塩基性条件でも単核種の Ti のペルオキシドが安定に存在する．インド，National Chemical Laboratory のグループは，あらかじめ Si(OEt)$_4$ の加水分解を部分的に行っておくこと，加水分解がより遅い Ti(OBu)$_4$ を使い，かつ 2-PrOH で希釈した水により母液を調製すること，を特徴とした改良法を報告した．TS-1 の合成法には SiO$_2$-TiO$_2$ や SiO$_2$ の乾燥ゲルを型剤で含浸する方法，フッ化物を原料にして非塩基性条件で行う方法もある．

Ti の骨格への同形置換*は XRD の格子定数の増加により確認できる．その他，ESR*，XANES*，EXAFS*による研究から Ti は四配位構造をとっていることが観察されている．UV-Vis 拡散反射スペクトルでは TS-1 の骨格内 Ti は 48000 cm^{-1} に吸収を示すが，骨格外 Ti 種が存在すると長波長側に吸収が現れる．TS-1 の IR, ラマンスペクトルには純粋なシリカライト-1 では観察されない特徴的な吸収が約 960 cm^{-1} に存在する．この吸収の帰属は [SiO$_4$] ユニットの伸縮振動の隣接する Ti^{4+} による摂動，または Si-O$^-$ 欠陥とされているが，定説にはなっていない．このことは TS-1 中での Ti の構造が図のどちらなのかという議論が未だにあることと対応している．

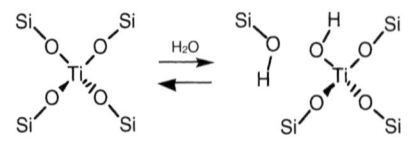

TS-1 は各種の炭化水素の，過酸化水素を酸化剤とした液相酸化反応の触媒となる．最初に注目されたのは芳香族炭化水素の水酸化で，フェノールからのヒドロキノンの製造は ENI により工業化されている．TS-1 はアルカンの水酸化にも活性を示し，アルコール，ケトンを与える．直鎖体に比べて環状や分枝アルカンの酸化は遅く，形状選択性*が観察される．アルケンのエポキシ化においても同様な形状選択性がみられる．アルコールの酸化，シクロヘキサノンをアンモニアと過酸化水素の反応によるオキシム合成も可能である．これらの反応ではヒドロペルオキシド種を活性種とする考え方が一般的である．

型剤を Bu$_4$NOH として TS-2(10 員環細孔)が，Et$_4$NOH として Ti-β が合成でき

る．後者は 12 員環チャネルを有するために，分子サイズの大きな化合物の酸化では TS-1 より高い活性を示し，二環芳香族の酸化も可能である．その他，Ti-ZSM-12, Ti-UTD-1，ETS-1 などが合成されている．ETS-1 では通常のチタノシリケートとは異なり，Ti は 6 配位で線状につながっており，かつ酸素 12 員環のメインチャネルには面していない．このため Ti は反応分子と接触できず酸化活性はみられない．

〔辰巳　敬〕

チタン鉄鉱型構造　ilmenite structure　→イルメナイト構造

窒素錯体　dinitrogen complex

　窒素錯体とは，窒素分子が金属に配位した分子性金属化合物である．1965 年に Allen と Senoff により最初の窒素錯体 $[Ru(NH_3)_5(N_2)]X_2$ $(X=Br, I, BF_4)$ が合成されて以来，現在までに多くの単核および複核の窒素錯体が合成されている．ほとんどの遷移金属はその価数と配位子を適当に選択することにより，金属上の電子密度を高めてやると窒素分子を結合することができる．最も典型的な窒素錯体は単核錯体であり，窒素分子は一酸化炭素と同様に金属に直鎖状に配位する．それらのなかでも，Mo および W の単核窒素錯体 $M(N_2)_2(L)_4$ $(M=Mo, W; L=phosphine)$ は極めて興味深い反応性を示す．すなわち，この配位窒素分子は活性化されており，穏和の条件下にアンモニア，ヒドラジン，およびピロールなどの含窒素有機化合物に変換される．一方，多核窒素錯体では，窒素分子は複数の金属にまたがって結合する．従来の高温・高圧を必要とするアンモニアの合成法（ハーバー-ボッシュ法）に取って替わる新しい窒素固定法の開発に向けて，これら窒素錯体の反応性に関する研究が現在盛んに進められている．

〔干鯛眞信〕

→アンモニアの合成

窒素酸化物の除去　DeNO$_x$ process, denitration

　ノックス（NO$_x$）と総称される窒素酸化物は大気汚染や酸性雨の主因の一つとなっており，その除去は緊急の課題となっている．燃焼排ガス中に含まれる NO$_x$ を除去する方法は乾式法と湿式法に大別される．後者では酸化吸収法，硫酸吸収法，錯塩吸収法などが提案検討されている．前者には分解法，接触還元法，吸着吸収法などがある．現時点で実用化されている主なものは，固定発生源用のアンモニア選択還元法，量論燃焼式ガソリンエンジン用の三元触媒*法である．最近，固定発生源用に NO$_x$-SO$_x$ 同時吸収法が，希薄燃焼式ガソリンエンジン用に吸蔵還元法が新たに実用化された．窒素酸化物を無害化するための最良の方法は分解法であるが，現時点では接触分解，電子衝撃分解ともに実用化レベルには達していない．また，地球環境問題の顕在化とともにディーゼルエンジンや希薄燃焼式ガソリンエンジンの排ガス浄化触媒の開発が急務となっている．

〔岩本正和〕

→窒素酸化物の選択還元，自動車排ガス浄化

窒素酸化物の選択還元　selective catalytic reduction (SCR) of nitrogen oxides

　過剰酸素の共存下で窒素酸化物を選択的に接触還元する方法は，使用する還元剤の種類によって分類され，アンモニアによる選択還元法と炭化水素による選択還元法の2種がある．この場合の「選択」という言葉は生成物ではなく，反応基質に対して（窒素酸化物か酸素か）使われていることに注意する必要がある．

　アンモニア法の場合，還元剤である NH_3（あるいは反応中に生じる NH_2 ラジカル）が NO と反応しやすく，酸素共存下でも無駄に消費されないという特性を利用している．この反応では，酸素が共存するほうが反応速度が大きくなる．都市型コジェネレーション用脱硝プロセスなどの場合，危険なアンモニアの使用を避けるため，最近では尿素が使われるようになってきた．アンモニア選択還元法の触媒は，当初は V_2O_5-TiO_2 系が主流であったが，次第に WO_3-TiO_2 系およびゼオライト系に置き換わりつつある．これは，酸化バナジウム系の場合，排ガス中に含まれる硫黄酸化物に対する酸化活性が高く，装置および運転上の問題が生じるためである．アンモニア法は還元効率が高く，すぐれた方法であるが，未使用アンモニアの漏出が新たな大気汚染を引き起こすおそれがあるため，漏出アンモニア濃度が厳しく規制されている．このため，実使用時の空間速度をそれほど大きくとれない．

　最近，炭化水素を還元剤とする選択還元が可能であることが見出され，実用化へ向けて活発な研究が行われている．これまでに検討された触媒系はゼオライト系，金属酸化物系，貴金属系に大別できる．金属イオン，担体などによって活性温度域や空間速度依存性が大きく変化する．種々の炭化水素を還元剤として利用できるが，有効に利用できる炭化水素種は用いた金属イオン種に依存する．反応機構に関しては種々の説が提案され，まだ定まっていない．大別すると，炭化水素と NO_x が直接反応しているとする意見と反応していないとする意見がある．前者の場合，NO_x 種として NO，NO_2，N_2O_3，NO_3^- などが，炭化水素種として部分的に酸化された炭化水素，含窒素炭化水素，炭素状物質などが提案されている．　　　　　　〔岩本正和〕

→窒素酸化物の除去

チトクローム P-450　cytochrome P-450

　活性中心にヘム（鉄ポルフィリン錯体）を有するタンパク質をヘムタンパク質とよぶが，チトクローム P-450（以下 P-450 とよぶ）は，還元型（Fe^{2+} 状態）に一酸化炭素を結合させると 450 nm に吸収極大を示す一群のヘムタンパク質の総称である．これは，ヘム鉄に配位するアミノ酸がシステイン由来のチオラートであることに起因する．歴史的には，式（1）で示される一原子酸素添加酵素としてその存在が知られていたが，最近では一酸化窒素合成酵素や一酸化窒素還元酵素などシステイン残基を軸配位子とするヘム酵素が見いだされ，P-450 と同様に 450 nm に吸収極大を示す．これらは非 P-450 ヘムチオラートタンパクとよばれ区別される．P-450 が触媒する水酸化反応をはじめとする種々の酸化反応の化学量論は以下のようになる．

$$RH + O_2 + NAD(P)H + H^+ \longrightarrow ROH + H_2O + NAD(P)^+ \qquad (1)$$

ここで，RH は水酸化される基質を示す．この式に示すように水酸化反応には NADPH または NADH から 2 当量の電子が供給され，酸素分子を還元的に活性化する．したがって，過酸化水素を酸化剤として酸化反応を行うペルオキシダーゼやカタラーゼ*との類似点も多い．P-450 による酸素の活性化反応は多段階(スキーム 1)で進行し，実際に酸化反応を行う化学種は O=Fe^{VI} ポルフィリンラジカルカチオンであると考えられている．なお[ ]内の化学種は酵素系で観測されていないかあるいはキャラクタライズされていないが，ペルオキシダーゼやカタラーゼ*では O=Fe^{VI} ポルフィリンラジカルカチオンが観測されており，合成モデル錯体を含めて P-450 様の高い酸化活性を示すことから，P-450 でも活性種であろうと考えられている．

$$Cys\text{-}Fe^{3+} \xrightarrow{e^-} Cys\text{-}Fe^{2+} \xrightarrow{O_2} Cys\text{-}Fe^{2+}(O_2) \longleftrightarrow Cys\text{-}Fe^{3+}(O_2^-)$$

$$\left[\xrightarrow{e^-} Cys\text{-}Fe^{3+}(O_2^{2-}) \xrightarrow[H_2O]{2H^+} Cys\text{-}Fe^{4+}=O(Por^{\cdot+})\right] \xrightarrow[ROH]{RH} Cys\text{-}Fe^{3+}$$

スキーム 1

　生体内における P-450 の基本的役割は，水酸化反応によるステロイド類の合成や薬物などの外来基質の酸化的代謝と考えられている．コレステロールに始まるステロイド合成経路とそこに関与する P-450 を示したのがスキーム 2 である．不活性な C-H 結合に対する位置および立体選択的水酸化反応を行っている様子がうかがわれる．こうした反応は毎分数回から数十回のターンオーバーで進行するが，緑膿菌由来の酵素である P-450 cam は d-カンファー 5-エキソ位の水酸化を毎分 1000 回程度で行っている．水酸化反応以外にアルケンのエポキシ化，アルコキシ基の O-脱アルキル化(一般的に脱メチル化)，スルフィドの酸化，アルキルアミンの N-脱アルキル化などがある．

　このように P-450 は生体酸化触媒として働いているが，合成化学への応用を目指して，鉄ポルフィリン錯体によるモデル反応の研究も行われている．一般には，Fe や Mn を用いた金属ポルフィリン錯体と過酸，ヨードソベンゼン(PhI=O)，次亜塩素酸塩などの酸化剤との組合せによって，P-450 と同様の酸化反応を進行させることが可能である．また，ポルフィリン環に不斉置換基を導入することで，不斉酸化*反応への応用も試みられている．一方，P-450 と同様にシステインを軸配位子としているクロロペルオキシダーゼは，過酸化水素を酸化剤として高い不斉水酸化を行うことが知られており，合成化学への応用が期待されている． 〔渡辺芳人〕

→酸化酵素，酸素錯体，オキソ酸素，酸素分子の活性化

チャバザイト　　chabazite

　リョウ沸石．ゼオライト*の一種で，0.38 nm の直径(酸素八員環)をもつ 3 次元の細孔*を有する．シャバサイト，チャバサイトともよばれることがある．結晶構造は CHA と表される．高シリカ組成(Si/Al>2)と小さな細孔径が特徴で，アルミノホスフェー

スキーム 2

トモレキュラーシーブ*の一種 $AlPO_4$-34 は同じ CHA 構造を有する．メタノールとアンモニアからのメチルアミンの合成*に対して，細孔径が小さいためにトリエチルアミンの生成が抑えられ，モノ・ジ体を選択的に生成する．また，同じ理由で，メタノールから低級アルケンを選択的に合成する触媒となる．　〔片田直伸・丹羽　幹〕

中心担持　egg yolk　→エッグヨーク

超強塩基　superbase　→固体超強塩基

超強酸　superacid

　超強酸は100％硫酸より大きい酸強度を有する酸と定義される．すなわち，ハメットの酸度関数(H_0)*にして-12以下のものであり，H_0値が小さいほど酸性が強くなる．フッ化硫酸(FSO_3H, $H_0=-15$)が代表例だが，フッ化水素やフッ化硫酸などのブレンステッド酸*と五フッ化アンチモンや五フッ化タリウムなどのルイス酸*を混合すると，酸強度の大きい超強酸が得られ，また硫酸に無水硫酸を混合しても得られる．特にSbF_5-HSO_3Fの混合液体は，$H_2SO_3F^+$および$SbF_5(SO_3F)^-$または$Sb_2F_{10}(SO_3F)^-$のようにイオン化し，室温でC-C結合を切断して飽和炭化水素であるろうを溶かすほど酸性が強く，この場合は魔法の酸(magic acid)ともよばれる．この超強酸は$H_0<-18$で，酸強度は硫酸の100万倍以上ということになる．

　超強酸に関する研究が有機化学において1960年代に発展したが，それらの主なものは超強酸系下で有機化合物の反応中間体を生成させてそれを分光学的に観察を行う研究，およびもう一つは超強酸を利用した有機化学反応である．　　　　〔荒田一志〕
→酸強度，超強酸触媒

超強酸触媒　superacid catalyst

　超強酸を触媒として利用するのは，液体による均一系と固体による不均一系があり，液体から出発した後その固定化が試みられた．液体超強酸は危険であり公害をもたらすことや容器を腐食させるなどの理由により，触媒として化学工業ではわずかに利用される程度であった．酸が極めて強いので酸により促進される化学反応に有効であり，その点扱いにくいが，学術的研究は非常に多い．代表的な液体の超強酸とその酸強度を示す．

　酸強度*であるH_0は酸(溶媒)が塩基(指示薬)にプロトンを与える能力を表す．中性

表1　液体超強酸と酸強度

液体超強酸	酸強度(H_0)
H_2SO_4	-11.93
H_2SO_4-SO_3 (1:0.2)	-13.41
$ClSO_3H$	-13.80
FSO_3H	-15.07
HF-SbF_5 (1:0.14)	-15.3
FSO_3H-SO_3 (1:0.1)	-15.52
FSO_3H-AsF_5 (1:0.05)	-16.61
FSO_3H-TaF_5 (1:0.2)	-16.7
FSO_3H-SbF_5 (1:0.1)	-18.94
FSO_3H-SbF_5 (1:0.2)	-20
HF-SbF_5 (1:0.03)	-20.3

括弧内はモル比．

表2

指示薬	pK_a
m-ニトロトルエン	-11.99
p-ニトロフルオロベンゼン	-12.44
p-ニトロクロロベンゼン	-12.70
m-ニトロクロロベンゼン	-13.16
2,4-ジニトロトルエン	-13.75
2,4-ジニトロフルオロベンゼン	-14.52
1,3,5-トリニトロベンゼン	-16.04
2,4,6-トリクロロベンゼン	-16.12
(2,4-ジニトロフルオロベンゼン)・H^+	-17.35
(2,4,6-トリニトロトルエン)・H^+	-18.36
(p-メトキシベンズアルデヒド)・H^+	-19.5

塩基として超強酸強度の pK_a 値をもつ指示薬を選び，酸と反応させたときの共役酸への変色よりその酸の強度 H_0 が決定される．超強酸の酸強度測定に使用される指示薬とその pK_a 値を表2に示す．

液体の超強酸の炭化水素に対する触媒作用は，C:C もしくは C:H の σ 結合を H^+ が攻撃し5配位の炭素中間体を生成する機構による．n-ブタンの反応では，H^+ が C-H 結合に付加すると $C_4H_9^+$ と H_2 が生成し，C-C 結合に付加すると $C_3H_7^+$ と CH_4 が生成する．

$$\diagdown\diagup\diagdown \xrightarrow[H^+]{超強酸} \begin{matrix} [\cdots H \cdots H]^+ \longrightarrow C_4H_9^+ + H_2 \\ [\cdots H \cdots]^+ \longrightarrow C_3H_7^+ + CH_4 \end{matrix}$$

一方固体の超強酸は，液体超強酸を固体上に担持する方法で始まり，主として企業で試みられた．また，グラファイトの層間に挿入する手法もとられた．それらのなかで，SbF_5/SiO_2-Al_2O_3 または SiO_2-TiO_2 は超強酸発生機構など学術的に詳細に調べられている．少しタイプが異なるが，$AlCl_3$ もしくは $AlBr_3$ と Cu などの金属塩を摩砕混合によって調製されたものもある．

以上のものと全く異なるものとして，硫酸イオンを金属酸化物に吸着させ焼成して担持結合させた硫酸化金属酸化物とそれらに Ir や Pt などの金属を添加したもの(特に硫酸化ジルコニア)，高温で焼成した金属酸化物超強酸(例えば，WO_3-ZrO_2)，スルホ基をもつフッ化樹脂，ヘテロポリ酸*，などがある．

表3 固体の超強酸

種類	担持物	担体
固定化液体超強酸	SbF_5, TaF_5, BF_3, $AlCl_3$, HF-SbF_5, FSO_3H-SbF_5	Al_2O_3, SiO_2, ゼオライト, SiO_2-Al_2O_3 ポリマー, グラファイト, 金属
二元金属塩	$AlCl_3$, $AlBr_3$	$CuSO_4$, $CuCl_2$, $Ti_2(SO_4)_3$, $TiCl_3$
硫酸化金属酸化物	SO_4^{2-}	Fe_2O_3, TiO_2, ZrO_2, HfO_2, SnO_2, Al_2O_3, SiO_2
金属酸化物超強酸	WO_3, MoO_3, B_2O_3	ZrO_2, SnO_2, TiO_2, Fe_2O_3
樹脂		ナフィオン-H
ヘテロポリ酸		$Cs_{2.5}H_{0.5}PW_{12}O_{40}$

これらの固体の超強酸で，指示薬による酸強度測定で最も酸性が高いのは硫酸化 SnO_2, ZrO_2, HfO_2 の $H_0<-16$ である．硫酸化および金属酸化物超強酸では，硫酸化ジルコニアが最もよく使われている．これらの超強酸はブタン，ペンタンなどの飽和炭化水素の骨格異性化,酸無水物やカルボン酸による芳香族のフリーデル-クラフツ型アシル化，エステル合成，などに不均一触媒作用を示す．ほかに，イソブタンのブテン類によるアルキル化，芳香族類のアルキル化，メタンの塩素化，アルケンの低重合化などに使用されている．

固体の超強酸の触媒作用は液体の場合と異なる．例えば n-ブタンの反応では主生成

物は骨格異性化物であるイソブタンであり，水素ガスは生成しない．反応機構として，ルイス酸による H^- の引抜きによって生成するプロトン化シクロプロパン中間体を経由する単分子的な機構と，ブレンステッド酸による C-H 結合への H^+ 付加を経て生成するアルケンが関与する二分子的な機構が提案されている．　〔荒田一志〕
➔ハメットの指示薬，ルイス酸，ブレンステッド酸

超微粒子　ultrafine particle ─────────────
　物質の寸法を小さくしていくと，その結晶構造，物理的性質，化学的性質がバルクとは異なることがある．このような物性変化は粒子径*が少なくとも 1 μm 以下にならないと見られないこと，通常の機械的粉砕では 1 μm 前後までが限界であることから，直径 1 μm 以下の微粒子を超微粒子とよんでいる．一方，粒子径 1 nm 以下になると構成する原子の数が数十個以内となり表面に出ている原子の割合が 90％を超すのでクラスター（塊）とよばれる．したがって，超微粒子とは粒子径 1 μm～1 nm の範囲のものと考えるのが妥当であるが，現在のところ統一した基準があるわけではない．狭義にとらえて，0.1 μm～10 nm を超微粒子，10 nm 以下をナノ粒子とよぶこともある．
　ステンドグラスの美しい色は，ガラス中に封入された 0.1 μm 以下の金属の超微粒子によるものであり，液相でのコロイド分散粒子では 10～100 nm の範囲の超微粒子が多い．担持金属触媒における活性金属種は通常 1～10 nm の粒子径で存在する．
〔春田正毅〕

直線自由エネルギー関係　linear free energy relationship ─────
　触媒反応系において，反応物質，触媒，溶媒などを系統的に変化させたとき，反応速度や活性化エネルギーと反応系を特徴づける熱力学的変数との間に直線関係がみられることがある．この経験則を直線自由エネルギー関係(LFER)という．LFER の理論的基礎は，堀内-ポラニ則である．ハメット則，ブレンステッド触媒則，火山型触媒序列は，LFER に含まれる．

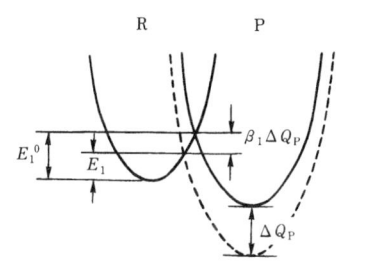

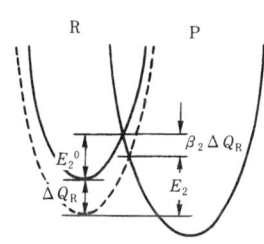

（a）生成系のエネルギー変化　　　　（b）原系のエネルギー変化
（ともに破線は変化後を示す）．
素反応 R→P のポテンシャル曲線と堀内-ポラニ則

いま反応，R→Pのポテンシャルエネルギー曲線が図のように描けるとする．ここで，生成系や原系を変化させたとき，反応機構やポテンシャルエネルギー曲線の形が変化しない場合を考える．生成系が変化し，反応熱がΔQ_Pだけ増大するとき，活性化エネルギーは式(1)に従って直線的に低下するものとする．ここで，βは，反応系に特有の定数である．

$$E_1 = E_1^0 - \beta_1 \Delta Q_P \qquad 0 < \beta_1 < 1 \qquad (1)$$

逆に，反応熱が減少するとき，活性化エネルギーは増加する．また，原系が変化し，ΔQ_Rだけ安定化するとき，活性化エネルギーは式(2)に従い増加する．

$$E_2 = E_2^0 + (1-\beta_2)\Delta Q_R \qquad 0 < \beta_2 < 1 \qquad (2)$$

式(1)，(2)で表される関係を堀内-ポラニ則という．ここで，反応に伴うエントロピーの変化量が，反応系により変わらないとすると，$\Delta F^{\ddagger} = \beta \Delta F$となり，原系から遷移状態への自由エネルギー変化と反応前後の自由エネルギー変化が直線関係で結ばれる．この関係のためLFERとよばれる．この場合，反応の速度定数kと平衡定数Kの関係は，式(3)のようになる．

$$\Delta \ln k = \beta \Delta \ln K \qquad (3)$$

均一系反応で用いられるハメット則，ブレンステッド触媒則も式(3)に還元され，LFERの一例であることがわかる．

不均一系触媒反応へのLFERの適用により，反応速度の触媒依存性を示す火山型触媒序列が得られる．いま反応物Rが触媒の活性点Sに吸着し，生成物Pを与える反応系を考える．

$$R + S \xrightarrow{k_1} R \cdot S \qquad (4)$$

$$R \cdot S \xrightarrow{k_2} P \qquad (5)$$

ここで，触媒を変化させたとき，中間体R・Sのポテンシャルエネルギー曲線が，図に示したと同様，形状を変えないでΔQだけ低下したとする．堀内-ポラニ則より反応(4)，(5)の活性化エネルギーE_1, E_2はそれぞれ式(1)，(2)に示されるだけ変化する（$\Delta Q_P = \Delta Q, \Delta Q_R = \Delta Q$）．一方，式(4)，(5)で示される反応では，反応速度rは定常状態法を適用して式(6)で表すことができる（P_RはRの圧力）．ここで，$[S]_0$は活性点の濃度である．

$$r = k_1 k_2 P_R [S]_0 / (k_2 + k_1 P_R) \qquad (6)$$

反応(4)が，律速段階の場合，$r \simeq k_1 P_R [S]_0$となり，ΔQの増大，すなわち反応中間体R・Sの安定化とともに活性化エネルギーE_1は低下し，反応速度は速くなる．また，表面反応(5)が律速段階のときは，$r \simeq k_2 [S]_0$となり，ΔQの増大とともに反応速度は低下する．したがって，ΔQのある値で反応速度は最大となり，触媒を系統的に変えたとき，火山型触媒序列が得られる．ΔQの代わりに，酸化物の生成熱，ギ酸塩の生成熱など反応と関係した熱力学量を用いることが多い．

また，SiO_2-Al_2O_3触媒上での種々置換基をもつアルキルベンゼンの脱アルキル化，

異性化反応などの酸触媒反応において，炭化水素からカルベニウムイオンを生成するヒドリド引抜き反応の生成熱と反応速度が，直線関係で結ばれる例が知られている．固体酸を用いる触媒反応速度の酸強度依存性も，均一系でみられるブレンステッド触媒則同様，LFER の一例である． 〔岡本康昭〕
→ハメット則，ブレンステッド則，火山型活性序列

チョムキンの吸着等温式 Temkin adsorption isotherm ─────────
吸着質*の圧力 p と吸着量 v が
$$v = a \cdot \log(b \cdot p)$$
と表される吸着等温式をいう．吸着熱*が吸着量 v とともに直線的に減少するとして，近似的にチョムキンの吸着等温式を導くことができる．したがってチョムキンの吸着等温式は表面が不均一である場合の吸着等温式に相当する．

吸着熱が吸着量とともに直線的に減少し，直線自由エネルギー関係*が成立すれば，吸着あるいは脱離*の活性化エネルギー*も吸着量とともに直線的に変化することになる．したがって吸着の速度 r_a および脱離の速度 r_d はそれぞれ $r_a = k_a \cdot p \cdot \exp(-\alpha \cdot v)$ および $r_d = k_d \cdot \exp(\beta \cdot v)$ と近似的に表される．ここに k_a, k_d, α および β は定数である．平衡においては $r_a = r_d$ であるので，$v = \{1/(\alpha+\beta)\} \cdot \log(k_a \cdot p/k_d)$ を得る．したがって先の吸着等温式の a および b はそれぞれ $a = 1/(\alpha+\beta)$ および $b = (k_a/k_d)$ と表される．

Temkin と Pyzhev は，アンモニアの合成および分解反応の反応速度式*を導く過程で，窒素の吸着および脱離の速度式として，r_a および r_d（エロビッチの吸着速度式*）を用いて，その反応速度を見事に説明した（チョムキン-ピジェフの速度式*）．

蒸着膜*あるいは粉末状の鉄に対する H_2, N_2 の吸着あるいは白金触媒*への H_2 の吸着等温線*にチョムキンの吸着等温式の例が見られる． 〔鈴木　勲〕

チョムキン-ピジェフの速度式 Temkin-Pyzhez equation ─────────
Temkin と Pyzhev がアンモニア合成触媒*上のアンモニア合成・分解速度の実験結果を説明するのに用いたエロビッチ型速度式をいう．ここでは窒素の吸着・脱離が全反応の律速段階と仮定され，吸着種は窒素のみとして窒素の吸着速度，脱離速度が窒素の吸着量に指数関数的に依存するとして扱われた．これらの仮定は反応中の吸着量測定法で後に確認された．分解速度は $(p^2_{NH_3}/p^3_{H_2})^{1-\alpha}$ に比例する形をしている．p_{NH_3}, p_{H_2} はアンモニア，水素の分圧，α は定数である．アンモニアと水素についての次数の比が 1.5 となる特徴がある． 〔松島龍夫〕
→エロビッチの吸着速度式，チョムキンの吸着等温式

チーレ数 Thiele modulus ─────────
球状触媒内部で等温一次反応が進行するとしたとき，定常状態では半径 R の触媒粒子の内部における反応物質 A の物質収支式は，次のように与えられる．

$$D_{eA}\left(\frac{d^2C_A}{dr^2}+\frac{2}{r}\cdot\frac{dC_A}{dr}\right)-k_{1m}\rho_p C_A=0$$

境界条件は,$r=0$, $dC_A/dr=0$:$r=R$, $C_A=C_{AS}$.

ここで,D_{eA}は有効拡散係数,k_{1m}は触媒の単位質量基準の一次反応の速度定数,ρ_pは触媒の見かけ密度,C_{AS}はAの触媒外表面での濃度である.$\psi=C_A/C_{AS}$, $\xi=r/R$と無次元化するとこの解は,

$$\psi=\begin{cases}\dfrac{\sinh(3\phi\cdot\xi)}{\xi\cdot\sinh(3\phi)} & (0<\xi\leq 1)\\[2pt]\dfrac{3\phi}{\sinh(3\phi)} & (\xi=0)\end{cases}$$

となる.ここで,

$$\phi=\frac{R}{3}\cdot\left(\frac{k_{1m}\rho_p}{D_{eA}}\right)^{1/2}$$

はチーレ数とよばれ,細孔内拡散速度に対する反応速度の比を表すパラメーターである.(文献によっては,チーレ数を$\phi=R\cdot[k_{1m}\rho_p/D_{eA}]^{1/2}$と定義しているものもある.)

任意の形状をもつ触媒でn次反応が進行しているとき,次の式で定義されるチーレ数mをϕの代わりに使用することができる.

$$m=\frac{V_p}{S_p}\left(\frac{n+1}{2}\cdot\frac{k_{nm}\rho_p C_{AS}{}^{n-1}}{D_{eA}}\right)^{1/2}$$

ここで,V_pとS_pは触媒粒子1個の体積と表面積,k_{nm}は触媒の質量基準のn次反応速度定数である.

拡散の影響がある一次反応では,反応速度r_A(触媒単位質量当りのAの生成速度)が$-r_A=k_{1m}C_{AS}\eta$で表されるが,多くの場合真の反応速度定数k_{1m}の値は不明である.そこで,新たに

$$\Phi_1=\phi^2\cdot\eta=\left(\frac{R}{3}\cdot\left\{\frac{k_{1m}\rho_p}{D_{eA}}\right\}^{1/2}\right)^2\cdot\frac{(-r_{1m})}{k_{1m}\cdot C_{AS}}=\frac{(-r_{1m})}{9D_{eA}C_{AS}}$$

で定義される変数を導入することにより,η対Φ_1のグラフを作成すると,触媒有効係数の項にある図の破線のようになる.(触媒有効係数の項を参考のこと).このΦ_1を修正チーレ数(modified Thiele modulus)ということがある.見かけの反応速度$(-r_{1m})$と有効拡散係数が知られ,ガス本体のAの濃度と触媒表面でのそれが等しいとすると上式からηを推定することができる.また,一次反応以外では,上で定義したmを用いて,

$$\Phi=\phi^2 m$$

とおくと,得られるη対ϕの関係は,一次反応と同一になる. 〔高橋武重〕

➡細孔内拡散,触媒有効係数

沈殿法 precipitation method

この方法は触媒調製法のなかで最も一般的な方法の一つである.通常,金属塩類の水溶液をかき混ぜながらアルカリなどの沈殿剤を加えるか,または逆にアルカリなど

の沈殿剤に金属塩水溶液を加えるなどして沈殿物(通常水酸化物)を生成させる．この沈殿を不必要な成分を取り除くために蒸留水などで洗浄，沪過を繰り返し，乾燥・焼成する．この方法で得られる触媒は，沈殿生成条件すなわち金属塩類溶液の濃度，沈殿剤の種類，温度，溶液の pH，撹拌の強さ，滴下速度，添加順(酸溶液をアルカリに添加するかまたはその逆か)に依存し，その結果，沈殿物の生成速度および沈殿粒子の大きさが異なり，触媒活性に反映する．沈殿剤を化学反応により溶液全体に均一生成させる方法をとくに均密沈殿法という．たとえば，尿素の加水分解による NH_4^+ の生成．さらに，その後の沈殿物の熟成処理時間，乾燥法にも著しく支配される．一般に洗浄などの処理に手間がかかるが，工業的な多元系触媒の調製にはこの方法が主として行われている．この沈殿法の範疇には多元系触媒の調製法として知られる共沈法*，混練法*が含まれる． 〔上野晃史・角田範義〕

→触媒調製

て

TEM transmission electron microscope →透過電子顕微鏡

TF turnover frequency →ターンオーバー頻度

DF 法 density functional method →密度汎関数法

TOF turnover frequency →ターンオーバー頻度

ディークマン縮合 Dieekmann condensation →クライゼン縮合

ディーコン法 Deacon process
　塩化水素の空気酸化により塩素を製造する方法．塩化銅 $CuCl_2$ が触媒として用いられる．
$$4HCl + O_2 \longrightarrow 2Cl_2 + 2H_2O$$
　1868年，イギリスの化学者 Deacon により開発された．当時過剰状態にあった塩化水素から，さらし粉などの漂白剤製造に用いられた． 〔三浦　弘〕

ディーゼルエンジン排ガス emission from diesel engine
　ディーゼルエンジンは，理論空燃比よりかなり高い空燃比*(25付近)で圧縮熱によりシリンダー内に噴射した燃料を着火させて燃焼させ動力を得る内燃機関．通常，軽油を燃料とする．ガソリンエンジンに比較し燃費(単位燃料消費量あたりの走行距離

または単位走行距離あたりの消費燃料量で表す）が良いので，乗用車の一部と大部分の大型バス，トラックに使われているが，排ガス中のすす状の粒子状物質*の除去，窒素酸化物の還元が困難（酸素が過剰，かつ未燃炭化水素含量が小さいため）など，排ガスの後処理が難しい． 〔御園生　誠〕
→自動車排ガス浄化触媒

ティシェンコ反応　Tishchenko reaction

アルデヒド2分子が触媒により縮合してカルボン酸エステルを生成する反応で，1906年に V. Tishchenko により見いだされた．カニツァロ反応*に類縁した機構の水素移行型の酸化還元反応であり，アルデヒド1分子が酸化されて生成するカルボン酸と，他の1分子が還元されて生成するアルコールがエステル化したものに相当する生成物が得られる．

$$2RCHO \longrightarrow RCOOCH_2R$$

触媒としては，Al, Mg, Ca, Na などのアルコキシドが用いられる．アルカリ土類金属水酸化物やアルカリ土類金属酸化物などの不均一触媒も温和な反応条件で活性を示すほか，ヨウ化サマリウムや4族メタロセン錯体も触媒となる．

触媒に必要とされる性質は反応基質によって異なり，ルイス酸性，またはルイス酸性と塩基性が必要となる場合がある．反応はアルデヒドのカルボニル酸素が触媒に配位する過程から進行し，触媒の塩基性は縮合を促進する．反応完了までにヒドリド移動過程が存在する点は共通するものの，触媒，反応基質によって律速段階は異なる．

$$\underset{\ominus}{\overset{\oplus}{R-C-O-Al(OR')_3}}\overset{H}{|} \xrightarrow{RCHO} R-\overset{H}{\underset{O-Al(OR')_3}{C}}-O-CH-R \xrightarrow{-Al(OR')_3} R-\overset{}{\underset{O}{C}}-O-CH_2R$$

塩基性の強い触媒は α 位に水素を有しないアルデヒドでは収率よくエステルを与えるが，α 位に水素を有するアルデヒドの場合，アルドール縮合を起こしやすく，アルドールを経由した三分子縮合による 1,3-ジオールのモノエステルを生じやすい．

$$2RCH_2CHO \longrightarrow RCH_2\overset{OH}{\underset{R}{CH}}CHCHO \xrightarrow{RCH_2CHO} RCH_2\overset{OH}{\underset{R}{CH}}CHCH_2O\overset{O}{C}CH_2R$$

工業的実用例として，アルミニウムアルコキシドを触媒とした，アセトアルデヒドの縮合による酢酸エチル製造プロセスが知られている．そのほかに，アルカリ土類金属水酸化物によるヒドロキシピバルアルデヒドの縮合のように，化学工業の中間原料製造プロセスとして実用に供されている．

また，ティシェンコ反応型の機構を含んだ還元反応として，β-ヒドロキシケトンとアルデヒドから 1,3-ジオールのモノエステルを合成する反応に応用されている．触媒としてはヨウ化サマリウムやジルコノセン錯体が知られている．この β-ヒドロキシケ

トンの分子内ティシェンコ型還元反応はケトンを立体選択的に還元できることから合成的利用価値が高い．

[辻　秀人]

低重合　oligomerization　→オリゴメリゼーション ─────────────

定常状態近似　steady state approximation ─────────────────────
　複数の素反応の組合せからなる反応を複合反応とよび，定常状態近似は複合反応の反応速度*を解析する理論的手法の一つである．ここにいう定常状態とは，反応中間体*の濃度を定常(反応中に一定)であると近似し，素反応の反応速度式*の組合せから複合反応の速度式を導出する近似方法である．一般に反応中間体の反応性は大きく，そのため反応中間体の濃度あるいは圧力は反応物や生成物のそれに比較して格段に小さくなるので，このような近似が成立する．
　複合反応を構成している多くの素反応は二分子反応であり，反応物あるいは生成物の濃度あるいは圧力変化を記述する方程式(反応方程式)は非線形の微分方程式となる．したがってその解析解は一般には得られないので数値積分によらなければならない．しかし反応中間体の濃度あるいは圧力変化が小さければ，反応開始後ある時間(誘導期とよぶ)を経過すれば，その時間変化を 0 と等値することにより，近似解を得ることができる．このような近似が定常状態近似である．またこのような定常状態近似が成立している場合に，さらに律速段階*が存在する場合には速度式がより簡単になる(律速段階近似*)．
　酵素反応*の反応機構として知られているミカエリス-メンテン機構*は，酵素の濃度が反応物あるいは生成物の濃度に比較して格段に小さいので，反応中間体である酵素-基質複合体の濃度を定常として導かれた定常状態近似である．

[鈴木　勲]

低速電子回折　low energy electron diffraction；LEED ─────────────
　500 eV 以下の低速電子は，試料表面の数層までの領域で物質と強く相互作用して反射される．このとき，表面原子でできた格子によって回折を受けるため，表面原子の配列を調べることができる．電子の加速電圧 $E\,[\mathrm{V}]$ とすると，電子の波長は，$(1.5/E)^{1/2}\,[\mathrm{nm}]$ で表され，原子間隔程度となる．原子間隔が a の表面原子列に電子線が垂直に入射して，表面垂直方向から θ の角度で反射すると，隣り合う二つの原子で反射した波の行路差は $a\cdot\sin\theta$ となる．この行路差が波長の整数倍になるとブラッグ条件をみたす．この回折現象は，原子配列が 100 nm 程度まで秩序構造を維持すると，顕著な強度分布となる．電子銃を中心にして，球面状に蛍光スクリーンとグリッド電極(阻止

電場用)をもつ分光器では，この回折像は蛍光スクリーンに輝点となって観測される．六方最密充填構造をとる Ru 単結晶(001)表面のように，原子が二次元格子として配列する場合(図参照)，この周期性を表す二つの単位ベクトル(a_1, a_2)を用いて，ブラッグ条件を満足する回折像を考えると，図のように黒塗の点となる．このように，表面の二次元格子が正六角形からなるときには，回折像も同じ正六角形となって現れる．Ru (001)面に吸着した CO 分子の周期構造(超格子構造)を表す単位ベクトル(b_1, b_2)は，下地の Ru 原子の周期の $\sqrt{3}$ 倍で方向が 30°ずれている(これを $\sqrt{3} \times \sqrt{3} R - 30° - CO$ と表記する)ため，回折像は，白抜きの点として $\sqrt{3}$ 分の 1 短い間隔で 30°ずれた方向に現れる．これらの輝点は，電子エネルギーの増加(波長の減少)とともに小さな角度 θ でブラッグ条件を満足するため，蛍光スクリーンの中心へと移動する．ここでは，吸着している分子の絶対位置についてはわからない．さらに表面構造解析を行うためには，回折強度のエネルギー依存性(I/V 曲線)を測定して，構造モデルに基づく理論解析との比較が必要となる．この目的のためには，ビデオカメラによる迅速な回折強度測定が行われる．規則的にステップ構造を有する表面では，入射電子エネルギーを掃引すると，回折輝点が周期的にステップに直交する方向に分裂する．これは，ステップで隔てられたテラス面における回折波の干渉による．これまでの低速電子回折の固体表面構造の研究から，二次元周期を維持しながら各原子層間距離が固体内部と異なる表面緩和や，原子配列が異なる新しい周期構造になる表面再構成などが明らかにされている．さらに，表面への原子あるいは分子の吸着に伴う表面原子の構造とは異なる二次元秩序構造(超格子構造)の発現や，下地表面の構造変化なども明らかにされている．

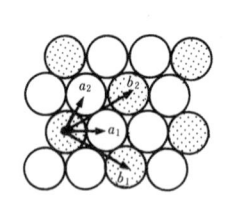

(a) ○は表面Ru原子、◎は吸着CO分子

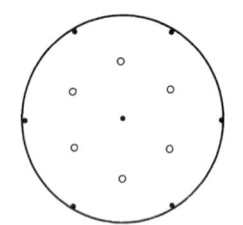

(b) ($\sqrt{3} \times \sqrt{3}$)$R-30°$ LEEDパターン ($E=49$eV) ●は表面Ru原子、○は吸着CO分子からのスポットを示す。

RU(001)表面への CO 吸着における表面構造モデル(a)と低速電子回折パターン(b)
(E. D. Williams and W. H. Weinberg, *Surf. Sci.*, **82**, 93(1979))

〔江川千佳司〕

TPD　temperature programmed desorption　→昇温脱離法

t-プロット　*t*-plot ─────────────────────
　固体への N_2, Ar などの気体の物理吸着*の解析において，吸着量を，気体の相対圧

ではなく，各相対圧に対応する多層吸着の厚さ t に対してプロットした図を t-プロットという．t の計算法には次の FHH(Frenkel-Halsey-Hill)式とよばれる実験式がよく用いられる．

$$\ln(p_0/p) = b(t/\sigma)^s$$

ここで，p_0 は吸着気体の飽和蒸気圧，p は吸着圧，σ は単原子層の厚さ，b および s は定数である．金属酸化物，イオン結晶について $b=2.99$，$s=2.75$ が提案されているが，物質により多少異なるため，細孔のない同質の試料がある場合は実測したほうがよい．ミクロ細孔およびメソ細孔のない試料の場合，t-プロットは原点を通る直線を与え(図中(a))，吸着量の単位を mol g^{-1} とすれば，プロットの傾き b_t[mol g^{-1}Å^{-1}]から表面積 A[m^2 g^{-1}]が次式により求められる．

$$A = a_m \sigma L b_t$$

ここで，a_m は吸着分子の断面積[m^2 分子$^{-1}$]，L はアボガドロ数である．77K での N_2 吸着では $a_m=16.2\times10^{-20}$[m^2 分子$^{-1}$]，$\sigma=3.54$Å を用いる．ミクロ細孔が存在する場合，t-プロットは図中(b)のようにミクロ細孔内への吸着量分だけ上に移動した形となり，直線部分を $t=0$ に外挿した切片からミクロ細孔体積，直線部分の傾きから多孔体の表面積のうちミクロ細孔を除いた外表面積が求められる．メソ細孔がある場合には t が大きい領域で毛管凝縮の影響でプロットが直線より上にずれる(図中(c))．

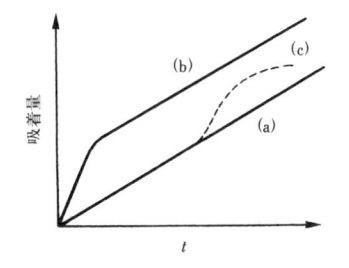

〔犬丸 啓〕

→ a_s-プロット

ディールス-アルダー反応　Diels-Alder reaction

アルケンが 1,3-ジエンに 1,4-付加してシクロヘキセン誘導体を生じる反応を指す．1928 年 Otto Diels とその弟子 Kurt Alder によって見いだされ，その功績により，1950 年 2 人にノーベル化学賞が授与された．このアルケンとジエンの[2+4]環状付加反応は，ウッドワード-ホフマン則*によれば熱的許容反応である．一般的には二つの結合が同時に生成する協奏反応であるので，アルケンの立体化学が付加生成物に反映することが多い．例えばシス-アルケンからはシスの立体配置をもつ付加体が，またトランス-アルケンからはトランス付加体が立体選択的にできる．

熱反応では通常高温を必要とするが，塩化アルミニウム*などのルイス酸*触媒を用いると低温で反応が進み，また付加生成物が立体異性体を生じる場合には，その立体

選択性が向上することが知られている．このほか，固体酸触媒*共存下，水溶媒中，高圧下，超音波照射下，抗体触媒*存在下で行う方法，不斉触媒を用いた不斉ディールス-アルダー反応など，現在も盛んに新しい反応手法の開発が行われている．

〔尾中　篤〕

鉄-アンチモン系触媒　iron-antimonate catalyst

鉄-アンチモン系触媒はプロピレンのアンモ酸化によるアクリロニトリル(AN)合成用触媒として1960年代初頭に日東化学工業，UCB，SOHIOの各社によって独立に見いだされた．その後，鉄-アンチモン系触媒は1969年に日東化学工業によってAN合成用触媒として工業化され，SOHIOプロセスに用いられて現在に至っている．

鉄-アンチモン系触媒は鉄化合物とアンチモン化合物とを混合し，加熱，反応させることによって調製することができる．具体的には(1)酸化第二鉄と三酸化アンチモンを混合し，空気中で焼成する方法．(2)硝酸鉄と三酸化アンチモンを混合し，空気中で焼成する方法．(3)硝酸鉄とアンチモン酸を混合し，焼成する方法．(4)硝酸鉄と三酸化アンチモン，必要により硝酸との混合物からなる水性スラリーをpH 1〜4の範囲に調製し，80〜105°Cで加熱処理する方法，あるいはさらにこれを乾燥し，500〜1000°Cで焼成する方法がある．(4)の方法が沈殿洗浄の必要もなく，再現性よく製造でき，好ましい方法である．

鉄-アンチモン系触媒の主構造である鉄-アンチモナートは$FeSbO_4$として知られており，統計ルチル構造をとる．X線回折データはd値=3.28, 2.56, 1.72に特徴的なピークを示す．ANに良好な触媒活性を示す組成範囲としてはFe：Sb＝1：1.3〜6の範囲にあり，1：2の付近で最高活性を示す．触媒の表面はSbが過剰となっており，$FeSb_2O_6$のような構造をとっているとの提案がある．鉄-アンチモナート単独では格子酸素の易動性が悪いため還元劣化しやすい．このためMo, W, Vなどの添加物を加えることにより格子酸素の易動性を改善し，酸化還元安定性を向上させている．選択性向上の添加物としてはP, B, Teなどが効果的である．触媒表面にはSbが過剰に存在するが，場合によってはSb_2O_4がスティック状の結晶として析出することがあ

る．この抑制のために Cr, Mn, Mg, Zn, Ni, Co, Cu などのアンチモナートを生成する金属を加える方法がとられる．

AN 合成反応において鉄-アンチモン系触媒はモリブデン-ビスマス系触媒に比べアンモニア燃焼が少ないためオフガス中の NO_x が少ないことや，アクリル酸などの高沸成分の生成が少ないため廃水処理の負荷が少ないことなどの特徴を有する．

鉄-アンチモン系触媒は AN 合成ばかりでなく，プロピレンの酸化によるアクロレイン合成，イソブテンのアンモ酸化によるメタクリロニトリルの合成，イソブテンの酸化によるメタクロレイン合成，ブテンの酸化脱水素によるブタジエン合成，メタノールのアンモ酸化による青酸合成，アルキル（ヘテロ）芳香族のアンモ酸化による（ヘテロ）芳香族ニトリル合成などにも高い活性を示す．　　　　〔森　邦夫〕
→アンモ酸化，アルケンの酸化

K_2NiF_4 型構造　K_2NiF_4 type structure

Sr_2TiO_4, La_2CuO_4 などと同型の結晶構造を総称して K_2NiF_4 型構造とよぶ．ペロブスカイト*構造（$KNiF_3$, $SrTiO_3$）を有する層の間に KF, SrO の層が挿入された構造である．$KNiF_3$・KF, $SrTiO_3$・SrO と表せる．　　　　〔御園生　誠〕

デバイ-シェラー式　Debye-Scherrer equation

一般的にはシェラーの式（Scherrer equation）という．X 線回折の回折線幅からその粒子の回折面方向の厚みを見積もる式．波長 λ の X 線を用いて測定した粉末 X 線回折の回折角 θ_0 およびその回折線幅 $\Delta(2\theta)$ より，$dN=K\lambda/\Delta(2\theta)\cos\theta_0$ の式に従い，回折面方向の厚み（連続する N 個の面間隔 d の大きさ）を計算することができる．$\Delta(2\theta)$ は測定線幅から装置による線幅を差し引いたもの．角度は 2θ の値を弧度法（ラジアン）で表す．K は比例定数で，回折線幅として半値幅を用いた場合は 0.9，積分幅を用いた場合は 1.0 を用いる．$dN<500$Å の粒子では $\Delta(2\theta)>0.2°$（0.004 rad）となり容易に測定できるが，～1000Å では半値幅が小さくなり，測定は難しくなる．それ以上の大きさの粒子への適用は困難である．厚みが広い分布をもつときには裾の広がったピークとなり，粒子の大きさを過大評価しやすい．　　　　〔小谷野　岳〕

デバイ-ヒュッケル理論　Debye-Hückel theory

イオン間の静電相互作用を考慮することにより，電解質溶液の非理想性を説明するために P. Debye と E. Hückel が導いた理論である．溶液は全体としては中性であるが，任意のイオンの近傍にはこれとは反対の電荷をもつイオンが余分にあり，各イオンは符号が反対の電荷の雰囲気下にあると考え，これが各イオンの化学ポテンシャルが理想値から逸脱する原因であるという考えに基づいた理論である．

この理論から，イオンの活量係数とイオン強度との関係が導かれる．すなわち，電解質の平均活量係数 $\gamma_\pm$ は，デバイ-ヒュッケルの式
$$\log \gamma_\pm = -A|z_+z_-|I^{1/2}/(1+BaI^{1/2})$$

で表される。ここに，z_+ と z_- はそれぞれカチオンとアニオンの電荷数，a は平均イオン直径，A と B は定数である。また，I は溶液のイオン強度であり，c_i を溶液中のイオン i の重量モル濃度(mol kg^{-1})，z_i を電荷数とすると

$$I = (1/2) \sum_i c_i z_i^2$$

で与えられる。希薄溶液では，

$$\log \gamma_\pm = -0.509 |z_+ z_-| I^{1/2}$$

と表される。これをデバイ-ヒュッケルの極限法則という。〔鈴木榮一〕

デヒドロゲナーゼ （脱水素酵素） dehydrogenase ─────

基質(AH_2)から水素を引き抜き電子受容体(B)に渡す反応($AH_2 + B \rightleftarrows A + BH_2$)を触媒する酸化還元酵素の総称。アルコールからケトン，アルデヒドからカルボン酸への酸化，不飽和結合の生成や酸化的脱アミノ反応などを触媒する。基質 AH_2 に対する基質選択性は一般に高いため，多種類の酵素が知られている。

大部分の酵素反応は二還元等量の転移を伴う。生体内では電子受容体としてピリジン補酵素(NAD(P)$^+$)，フラビン補酵素(FAD，FMN)，チトクロームや鉄硫黄タンパク質などがある。その他，フェナジンメトサルフェートやウルスターブルーなども電子受容体として働く。活性部位として亜鉛を含む肝由来アルコールデヒドロゲナーゼやピロロキノリンキノンを含むメタノールデヒドロゲナーゼなどが知られている。異化代謝によるエネルギーの獲得，代謝中間体の生成，膜電位の維持，能動輸送に関与する。〔大倉一郎〕

デヒドロベンゼン dehydrobenzene →ベンザイン ─────

デュワー-チャット-ダンカンソンモデル Dewar-Chatt-Duncanson model ─────

π 配位したアルケンと金属原子との間には，アルケンの占有 π 軌道との供与相互作用と空 π^* 軌道との逆供与相互作用があり，その両方によって強いアルケン-金属結合が形成される。この結合様式をデュワー-チャット-ダンカンソンモデルといい，ツァイゼ塩をはじめとする多くのアルケン錯体の結合と安定性をうまく説明する。1951年に Dewar が銀のアルケン錯体の結合様式を提案し，次いで 1953 年に白金とアルケンの結合様式が Chatt と Duncanson によって発表された。これらの論文の著者の名前を冠して，デュワー-チャット-ダンカンソンモデルとよばれる。この結合モデルはアルキンやケトン類などの π 配位錯体にも適用することができる。アルケンの結合性 π 電子を供与し，反結合性 π^* 軌道に逆供与を受けると C-C 結合が伸びると同時に，アルケンは金属から反対の方向に屈曲する。その程度は金属 d 軌道の逆供与能(π 塩基性ともいう)に依存する。逆供与相互作用が極めて弱いときには図の(a)のような表現で，逆に極端に強いときには(b)のメタラシクロプロパン構造として表現することができる。多くのアルケン錯体は両者の中間の構造をとっているものと思われる。

```
      \ /
       C
  M ←‖         M〈 C
       C           C
      / \
     (a)         (b)
   金属-アルケン結合
```

〔巽　和行〕

→供与，逆供与，アルケン錯体，アセチレン錯体

電界イオン顕微鏡　field ion microscope ────
　希ガスまたは水素中で細い針状の試料と蛍光スクリーンの間に高電圧を印加することにより，スクリーン上に試料先端の原子配列が数百万倍に拡大されて投影される顕微鏡である．電界イオン顕微鏡(FIM)は，1951年にE. W. Müllerにより発明された．本質的な構造が極めて単純であり，原子レベルでの分解能をもつことが特徴である．しかし，試料の形状に制限があること，FIM像が単純な結晶投影でないこと，試料に高電界に伴う応力がかかることの問題をもつ．1983年の走査トンネル顕微鏡(STM)*の登場までは，金属学などにおける重要な表面分析手段として広く研究に用いられた．FIMは，FIM像の各輝点に対応する原子種を同定できるアトムプローブ電界イオン顕微鏡(atom-probe FIM : AP-FIM)へと発展し，近年，再び重要な表面分析手段として注目されている．

　FIMの基本構造は図のようであり，電界イオン化を利用するものである．試料に正の高電圧を印加すると，試料表面に接近した希ガス原子と試料表面の原子のトンネル障壁が低下し，希ガスの陽イオン化が起こる．この希ガスイオンは試料との反発力によりスクリーンへ飛行し，衝突することによりスクリーン上に像が投影される．試料は液体窒素などで冷却するが，これは試料に接近した希ガスの熱振動を抑制し，高分解能で像を得るためである．電界放射顕微鏡(FEM)*に比べて分解能が高いのは，イオンの不確定幅が電子のものより小さいためである．

　試料に正の高電圧を印加すると表面原子自体が陽イオン化して脱離する電界蒸発と

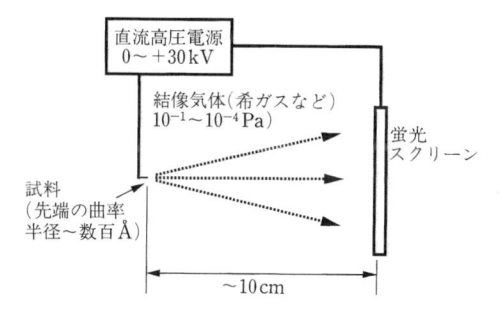

```
            ┌─────────────┐
            │ 直流高圧電源  │
            │ 0～+30 kV    │
            └─────────────┘
               結像気体(希ガスなど)
                $10^{-1}$～$10^{-4}$Pa        ┌──┐
                                             │蛍光│
   試料    ・・・・・・・・・・→        │スク│
 (先端の曲率  ・・・・・・・・・→         │リーン│
  半径～数百Å)                          └──┘
            ├──────～10 cm──────┤
```

いう現象も起こる．この陽イオンを FIM に装着した質量分析器で分析し，それぞれの輝点に対応する原子種を明らかにする手法が AP-FIM である．

〔堂免一成〕

電解酸化 electrochemical oxidation, electrolytic oxidation, anodic oxidation ────
電気化学的に基質を酸化すること．直接電解酸化法と間接電解酸化法がある．

直接電解酸化では，陽極に電圧を掛けることにより基質から陽極へ電子が直接移動し，基質カチオンが生成して酸化が進行する．最初の基質カチオン生成に引き続き，化学反応と電子移動反応が進行して酸化反応が完結する．具体例として，式(1)に示すように，白金電極上，メタノール・硫酸水溶液中でトルエンの電解酸化を行うと，一電子酸化によりフェニルカチオンが生成し，プロトンの脱離と電子移動に続きメタノールの求核付加により1-メトキシトルエンが生成する．トルエンの直接電解酸化ではベンゼン環の酸化はほとんど進行しない．

間接電解酸化は，電気化学的に酸化剤を陽極上で発生させ，基質を酸化する方法である．具体例として，式(2)に示したように，硝酸水溶液中で Ce(III) イオンを白金陽極上で電解酸化して Ce(IV) を発生させ，Ce(IV) でトルエンを選択的にベンズアルデヒドに酸化する方法がある．Ce イオンはレドックス触媒として機能する．また，硫酸水溶液中で β-PbO_2 陽極を用いると，HO・が発生し，これがベンゼンを選択的に p-ベンゾキノンに酸化する反応も間接電解酸化としてよく知られている．

溶媒，支持電解質，電極材料，そしてレドックス触媒を選択すれば，さまざまな有機化合物の部分酸化，メトキシ化，そしてアセトキシ化などが進行する．

$$C_6H_5CH_3 \xrightarrow{-e^-} [C_6H_5CH_3]^{+\cdot} \xrightarrow{-e^-,\,-H^+} C_6H_5CH_2^+ \xrightarrow{CH_3O^-} C_6H_5CH_2OCH_3 \quad (1)$$

$$Ce(III) \longrightarrow Ce(IV) + e^-$$

$$C_6H_5CH_3 + 4\,Ce(IV) + H_2O \longrightarrow C_6H_5CHO + 4\,Ce(III) + 4\,H^+ \quad (2)$$

〔大塚　潔〕

電解質 electrolyte ────
溶媒に溶けてイオンに解離し，その溶液に電気伝導性(導電性)を与える物質．解離の程度により硫酸，塩化ナトリウムなどの強電解質と酢酸などの弱電解質に分類される．アセトニトリルなどの非水溶媒に導電性を与えるときには塩化テトラエチルアンモニウムや塩化テトラブチルアンモニウムなどが電解質として用いられる．塩化ナトリウムのようなイオン結合性の固体でも，高温に加熱・融解するとナトリウムイオン

と塩化物イオンからなる溶融塩となり良い電気伝導体となる．高温型の燃料電池*では溶融炭酸塩を電解質に用いている．

固体状態でも安定化ジルコニアは O^{2-} が電荷の担体（キャリヤー）となって導電性を示し，また α-ヨウ化銀のように，イオン半径の大きいヨウ化物イオンで構成されているトンネル構造中の格子欠陥を銀イオンが担体となって移動することにより導電性を示す物質もあり，これらを固体電解質という．　　　　　　　　　〔井藤壮太郎〕

電解重合　electropolymerization

適当な溶媒にモノマーと支持電解質を溶かし，電極を挿入して電圧を印加することで電極表面に高分子を生成させる重合法．重合開始剤の生成のみに電極反応が関与する電解開始重合，モノマーと重合生成物の両方が電極反応により重合活性種となる陽極酸化法および陰極還元法など重合機構により分けられるが，一般には陽極酸化法（電解酸化重合）を指す．

導電性高分子の合成法として一般的であり，易動性水素を有する芳香族化合物の重合に適している．ピロール，チオフェン，アニリンなどから対応するポリピロール，ポリチオフェン，ポリアニリンなどが得られる．1段階の操作で電極上に高分子薄膜を形成できる，膜厚の制御が簡単である，容易に電気化学的なドーピングを施せる，などの点で化学的な重合法に比べすぐれている．　　　　　　　　　〔山本隆一〕

電界放射顕微鏡　field emission microscope

細い針状の試料に蛍光スクリーンに対して負の高電圧を印加すると，外部の電界および鏡像力により電子のトンネル障壁が低下して電子の放出が起こるという電界電子放射を利用した顕微鏡である．この放出された電子が試料との反発力によりスクリーンに向かって飛行し，衝突することにより，スクリーン上に試料先端の原子配列が数十万倍に拡大されて投影される．電界放射顕微鏡（FEM）の基本構造は電界イオン顕微鏡（FIM）*のものと同じであるが，FEM の場合は真空中で試料に負の数 kV の電圧を印加する．1936 年に E. W. Müller により発明された．FEM は，金属および半導体表面の観察のみならず，吸着による仕事関数の変化，吸着種の被覆率の変化および表面拡散現象の観察，あるいは吸着種の脱離の活性化エネルギーの評価などに用いられてきた．また，FEM 像が 0.3～2 nm の原子レベルでの分解能を有するか否かについて長い間論争になっていたが，1980 年代に金属原子を試料に蒸着させた系で FIM 像との比較から原子レベルでの分解能を有することが証明された．　　〔堂免一成〕

電気陰性度　electronegativity

結合をつくっている二つの原子 A, B が電子を引き付けようとする能力を数値化したもの．A, B の電気陰性度の差が大きくなるほど，電子は一方の原子にかたより，A-B 結合はよりイオン的になる．A-B の結合エネルギー D_{AB} と A-A, B-B の結合エネルギー D_{AA}, D_{BB} の平均値の差 $\Delta_{AB}=D_{AB}-(D_{AA}+D_{BB})/2$ が結合のイオン性の尺度

となる．Pauling はこの値を用いて電気陰性度を数値化する方法を提案した．つまり，多数の原子の組合せについて $\varDelta_{AB}$ を求め（単位：eV），$|\chi_A-\chi_B|=\varDelta_{AB}^{1/2}$ の式をできるだけ満足するように各原子の電気陰性度 χ を決定するというものである．こうして求められた Pauling の電気陰性度の値は，巻末の付表に示してある．元素の化学的性質を示す半定量的パラメーターとしてよく用いられている．一方，Mulliken は，電気陰性度の尺度として，電子親和力とイオン化ポテンシャルの算術平均を用いることを提案している．Pauling の電気陰性度と Mulliken の電気陰性度の間には，ほぼ比例関係が成立する． 〔富田 彰〕

電気泳動　electrophoresis

溶液中に存在するイオン性物質に電場が与えられたとき，イオンが移動する現象を電気泳動という．単位電位勾配 [V cm^{-1}] 当りの移動速度 [cm s^{-1}] を電気泳動移動度 [cm^2 V^{-1} s^{-1}] とよぶ．電気泳動移動度は，イオンの電荷，大きさ，分子量など当該イオン固有の性質ばかりでなく，イオンの存在する雰囲気(溶媒の誘電率，温度，イオン強度，pH など)によっても大きく変化する．

核酸やタンパク質はリン酸基，カルボキシル基，アミノ基などイオン化しうる官能基をもっているので，電気泳動法は，電荷の正負，移動速度の違いを利用して，比較的高分子量の成分を精密に分離分析できるので広く使われている．泳動液の支持体としてポリアクリルアミドゲルやアガロースゲルを用いることが多い． 〔井藤壯太郎〕

電気二重層　electrical double layer

電極-電解質溶液界面，異種金属界面，半導体 p-n 接合面やコロイド粒子-溶液相間など 2 相が接する界面で，それぞれ異符号の電荷をもって向き合って並んだ層をいう．

電極-電解質溶液界面の場合，二つの電極を 0.1 mol dm^{-3} 程度の電解質*を含む水溶液に浸し両極間に 1V 程度(水の電気分解が起こらない電位)の電圧をかけると，表面がプラスに帯電した電極(正極)付近では，電気的中性を保つために，電解質溶液中の陰イオンの濃度が陽イオンに比べてやや過剰の層(厚さ 1〜10 nm 程度)が生成し，また負極付近では陽イオンの濃度が陰イオンに比べてやや過剰の層ができる．この正極(負極)上の電荷層と溶液相の陰(陽)イオンが過剰の層が向かい合って並んで形成された，平板コンデンサーのような層が電気二重層で，実際，微弱な電気容量をもつ．両極間に加えられ電圧によってできる電位勾配は，ほとんどすべて電気二重層に集中している． 〔井藤壯太郎〕

電極触媒　electrode catalyst　→エレクトロキャタリシス

電極触媒作用　electrocatalysis　→エレクトロキャタリシス

電極電位　electrode potential

例えばダニエル電池では，
負極では，　　　　　　　　　$Zn \longrightarrow Zn^{2+} + 2e^-$　　　　　　　　（1）
正極では，　　　　　　　　　$Cu^{2+} + 2e^- \longrightarrow Cu$　　　　　　　　（2）
の反応が起こっている．この電池の起電力を考えるとき，Zn/Zn^{2+}電極とCu/Cu^{2+}電極という二つの部分に分け，それぞれに固有の電位を割り当てたものを電極電位(あるいは単極電位，single-electrode potential)とよぶ．この電極電位は単独では測定することが不可能であるが，別の電極と組み合わせて電池を構成し，その起電力を実測することにより求めることができる．一方の電極に標準水素電極(standard hydrogen electrode：SHE または normal hydrogen electrode：NHE)を用い，電極反応に関与する化学種の活量がすべて1のときの電極電位を，その電極の標準電極電位 $E°$ あるいは標準酸化還元電位とよぶ．このとき用いられる標準水素電極の電極電位も絶対値は知ることができないが，規約により 0 V とおく．

電極電位 E は，式(1)のように電子 e^- を右辺において書いたときの反応に伴う自由エネルギー変化 ΔG の別の表現法で，$\Delta G = -nFE$ の関係にある．ここで，n はその反応に関与する電子数，F はファラデー定数(96,485 C mol^{-1}≒104 kJ V^{-1} mol^{-1})であり ΔG が負のとき E の値は正となる．

標準水素電極の電極電位を 0 V とおくということは，熱力学の表現では
$$\tfrac{1}{2}H_2 \longrightarrow H^+ + e^-$$
の反応に伴う自由エネルギー変化 ΔG を0と仮定していることになる．

〔井藤壮太郎〕

→可逆電極電位，参照電極

電子エネルギー損失分光　electron energy loss spectroscopy；EELS

EELS では，単色化された電子を試料に当て，反射や透過されてくる電子のエネルギー損失をエネルギー分光器で測定する．試料で起こる非弾性散乱として，表面原子，分子の振動(フォノン)に起因する 500 meV 以下のエネルギー損失，バンド間の電子遷移やプラズモンの励起に伴う数十 eV までの損失，内殻準位から空準位への電子遷移に基づく数百 eV 以上にも及ぶ損失に分けられる．内殻励起による損失は，透過型電子顕微鏡*の 100 keV 以上の電子線を用いて測定でき，触媒試料のバルクの元素分析に用いられる．2 keV 程度までのエネルギー範囲の低速電子の反射を用いると，表面近傍でのプラズモン励起の大きさやバンド間の結合状態密度の測定ができ，光電子および逆光電子分光法(UPS*，IPE)で求められる被占と空電子状態密度との比較ができる．また，数百 eV 以下(通常は数 eV 程度)の低速電子の反射に伴う損失を，数 meV (1 meV = 8 cm^{-1})以下の高分解能で測定する高分解能電子エネルギー損失分光法(HREELS)では，表面における原子や分子の吸着状態(吸着サイトの対称性，表面垂直双極子選択則による吸着種の配向，解離吸着の有無など)や表面原子の格子振動(表面フォノン)の分散関係についての知見が得られる．赤外反射吸収分光法*に比べて，高

感度で測定領域が広く，すべての基準振動モードを原則的に観測できる（双極子散乱のほかに，衝突散乱，共鳴散乱機構が存在する）特徴をもつため，吸着過程や表面反応で形成される表面吸着種の同定に用いられる振動分光法である． 〔江川千佳司〕
➡真空紫外光電子分光法，電子顕微鏡，フーリエ変換赤外反射分光法

電子回折　electron diffraction

　電子線回折ともいう．電子を物質にあてると，構成する原子核や電子雲のつくる電場によって散乱が起こる．散乱能は一般に原子番号の大きい原子ほど大きい．電子は光と同じように波動性をもつので，散乱電子は互いに干渉して回折現象を示す．逆に回折像の解析から物質の原子構造を知ることができる．X線にくらべると，電子は物質によって強く散乱，吸収されるので，電子回折は特に薄膜，固体表面，気体分子の構造解析に利用される．結晶構造解析にも用いられる．固体表面における電子線の侵入距離は，電子の速度に依存する．エネルギーが数十ないし数百 eV の"遅い電子"は表面からの侵入距離が小さく，固体の表面構造，吸着状態の研究にとくに適している． 〔小野嘉夫〕
➡低速電子回折

電子顕微鏡　electron microscope

　顕微鏡とは，肉眼では見ることが困難な物体の構造に関する情報を可視化（同時に多くの場合は拡大）する器械のことである．光学顕微鏡を代表に，電子顕微鏡，その他に音波，X線顕微鏡などがある．
　電子は電荷をもっているため，電磁界中を運動するとその運動方向に垂直な力を受けて曲げられる．このことを利用してレンズがつくられる（ただし，常に凸レンズである）．
　電子顕微鏡は，歴史的には電子を曲げる技術，ブラウン管（CRT）や各種電磁界レンズの発達のなかでドイツで誕生した．当時は，電子の波長がドブロイの式で与えられ（1925），電子が波の性質をもち回折現象を示すことを Davisson & Germer が示す（1927）など，電子に対する理解を確立していく時代でもあった．その後の機器開発は，特にドイツ，イギリスで，第二次大戦後は日本で発展したといえる．
　光学顕微鏡における分解能 δ は，Rayleigh が
$$\delta = 0.61\lambda/(\mu \sin\beta)$$
で与えられることを示した．ただし，波長 λ，媒質の屈折率 μ，レンズの半頂角 β である．したがって，光学顕微鏡では 300 nm 程度が観察限界となる（可視光の緑の波長が約 550 nm）．一方，電子顕微鏡の場合には β が 10 mrad 程度と小さく，上式は $\delta = 0.61\lambda/\beta \sim 61\lambda$ と近似される．
　電子の波長 λ[nm] は，電子の運動量 p，運動エネルギー E[eV] を用いて，de Broglie の次式（相対論効果を無視した場合）
$$\lambda[\text{nm}] = h/p \sim 1.22/E[\text{eV}]^{1/2}$$

で与えられるから，例えば100 kV で加速された電子の波長は0.0037 nm と可視光のそれより5桁も小さく，原子の直径より2桁小さく，また分解能もそれに応じて小さくなることが期待される．

ところが，電子顕微鏡では光学顕微鏡のように凹レンズと組み合わせて収差補正ができない．このため，分解能は，用いる電子線の波長ではなく，試料を照射するビームの大きさ，レンズの収差や非点などで決まり，それよりも2桁悪い．

電子顕微鏡は観察様式の違いによって，走査(SEM)，透過(TEM)，および走査透過(STEM : scanning transmission electron microscope)型顕微鏡と区別される．

また，入射電子としては，フィラメントを加熱して出てくる熱電子(thermal emission)，あるいは高電界の下で金属表面から取り出される電子(field emission, 高輝度でエネルギー幅が狭く干渉性も良い)が用いられる．特に後者を用いた装置は，例えばFE-SEM のように FE…とよばれることが多い． 〔寺崎　治〕

電子スピン共鳴　electron spin resonance

電子スピン共鳴(ESR)は常磁性共鳴ともよばれるように，不対電子の存在にもとづく磁気共鳴である．ESR 測定により，不対電子の電子状態やそれが置かれている環境についての情報が得られる．ESR 測定の対象は，不対電子をもつことが不可欠である．したがって，それに該当する化学種または物質には次のものがある．

（1）　遊離ラジカル
（2）　遷移金属元素を含む物質
（3）　常磁性の分子や原子(O_2，NO など)
（4）　伝導電子(金属，半導体など)
（5）　格子欠陥をもつ物質
（6）　イオン結晶の色中心をもつ物質
（7）　励起多重項状態の化学種

不対電子は，自転をしながら核の周りに軌道運動しているので，これによって磁場ができる．その磁場の強さが磁器モーメント μ で表されるとすると，1個の電子は強さ μ をもつ磁石と考えることができる．量子力学的に軌道運動の大きさは軌道角運動 L，スピンの大きさはスピン角運動 S で記述される．このとき二つの運動に起因する磁気モーメント μ は，$\mu=-\beta(L+2S)$ で示される．ここで，β はボーア磁子である．

磁気モーメント μ をもつ電子は磁場がないときには縮重しているが，磁場 H_0 の中に置かれるとゼーマン分裂を起こし，

$$\Delta E = E_\alpha - E_\beta = g\beta H_0$$

のエネルギー差を示す二つのエネルギー状態になる．g は g 値(自由電子では $g=2.002319$)とよばれる．この値は化学種によって固有の値を示すので，同定に用いられることが多い．測定試料の g 値の校正には，標準物質として，N,N'-ジフェニルピクリルヒドラジルがよく用いられる．

二つのエネルギー準位は S の磁場方向の成分 M_S で記述され，下の準位が $M_S=$

$-1/2$, 上の準位が $M_S=1/2$ に対応する. ESR はこの二つの準位間の遷移によるエネルギーの吸収, 放出を観測するものである. ここで, 静磁場に垂直な方向に振動数 ν の電磁波を作用すれば, 電子はその磁場成分による摂動を受けて, $\Delta M_S=\pm 1$ の準位間の遷移を起こす. そのときのエネルギーは $h\nu=g\beta H_0$ を満たしており, これを共鳴条件とよぶ. したがって, ESR における準位間のエネルギーは, 磁場の強さに比例する.

熱平衡時, 電子はボルツマン分布則に従って分布している. ここで, マイクロ波の吸収-放出による遷移は同じ確率で起こるので, 二つの準位間のスピン数の差に比例するマイクロ波の吸収が起こる. これが ESR の共鳴吸収である. ところが, 系は熱平衡状態からずれると, 緩和機構が働いて熱平衡状態に戻ろうとするため, スピン系のエネルギーは格子系に転換される. このエネルギーの転換の速さの尺度が, スピン格子緩和時間 T_1 である. 有機ラジカルでは $\sim 10^{-5}$ s, 遷移金属イオンでは $\sim 10^{-8}$ s である.

測定は通常 ν が一定の条件下で行われるので, g 値の異なる化学種は異なった磁場で共鳴吸収を示す. 通常, ν としては, ~ 9 GHz（X バンド）, ~ 24 GHz（K バンド）, ~ 36 GHz（Q バンド）が用いられている. $g=2$ のとき, それぞれ 0.3 T, 0.75 T, 1.2 T 程度の磁場で吸収を示す. したがって, ν が大きいほど, 大きな磁場を必要とする. スペクトルは検出感度を上げるため磁場変調を行い, 吸収線の微分形で検出する.

ESR スペクトルにより次のことがわかる. スペクトルの位置（g 値）と時間変化を含めた吸収強度の変化から（1）スピンをもつ化学種の同定と定量,（2）電子密度およびその分布状態,（3）電子状態（エネルギー準位）,（4）化学種の結合状態または吸着状態,（5）結晶場分裂エネルギー,（6）反応速度および平衡定数, を推定することができる. 一方, スペクトルの線形および線幅から,（1）スピンの置かれている環境,（2）不対電子の分布状態,（3）不対電子と軌道角運動量との相互作用,（4）スピン相互作用,（5）交換相互作用,（6）運動状態を, 推定することができる.

g 値のほかに化学種の同定に超微細結合定数が欠かせない. 分子を構成している原子の核のなかには, 磁器モーメントをもっているものがある（例えば, ^{1}H, ^{14}N など). 電子スピンは核磁気モーメントのつくる内部磁場とも相互作用を起こすことがある. これを超微細相互作用という. その結果, 共鳴線の分裂が観測される. この共鳴線の分裂を超微細分裂（hyperfine splitting）という. 超微細分裂は不対電子の周囲または中心に, どのような核が何個あるかという情報を与える.

固体表面に吸着した化学種で超微細分裂が観測される例としては, CaO に吸着して生成した $^{17}O_2^-$ やピリジン分子（^{14}N）の配位した Y 型ゼオライト中の Cu^{2+} イオンなどの例が知られている. 〔馬場俊秀〕

電子的欠陥制御　electronic defect control　→原子価制御

電子的効果　electronic effect ────────
　一般には，原子団の電子状態がそれに結合する置換基，配位子の種類により変化するために生ずる効果である．固体触媒の分野では，固体表面での電子密度の変化が表面原子・分子の結合エネルギーや反応性に影響を及ぼす場合に広く使われる．この効果の定量的尺度はないが，電子供与性あるいは電子吸引性の化学種の量を表面上で制御して触媒機能を設計する際に有用である．表面に添加される化学種の電子放出能力の大小に応じて，表面の化学種の分子内・分子間結合の電子密度が変化する．電子は固体表面の電子状態を経由して各結合に影響を与えるとみられている．
　この効果は幾何学的因子*と対比されて古く提案された歴史があるが両者は同時に現れるので分離は難しい．結晶の原子間距離と関係の深いd電子の金属結合への関与の度合が大きいほど触媒活性が増すことや，合金*触媒の電子構造をバンド理論で扱いd電子帯の空孔形成が触媒活性に重要とした例に始まる．電子分光法を用いた，表面電子構造の解明により，添加物によって生じる吸着種の結合の電子状態変化が確認できている．　　　　　　　　　　　　　　　　　　　　　　　〔松島龍夫〕

電子プローブX線アナライザー　electron probe microanalyzer　→X線マイクロアナライザー ────────

電子分光法　electron spectroscopy ────────
　物質に電子あるいは硬(軟)X線や紫外線などの電磁波を照射したときに生じる相互作用を利用して物質の性質を調べることができる．プローブとして電子を用い，電子のエネルギー分布や角度分布を制御された電場あるいは磁場によって測定するものを一般に電子分光法という．相互作用を引き起こす励起源が電子のものとして，電子エネルギー損失分光法*のように一次電子の非弾性散乱を利用するもの，ならびに入射電子によって原子の内核電子が励起され真空中に二次電子が放出される現象を利用するオージェ電子分光法*などがある．ただし，オージェ電子はX線による励起によっても生成する．一方，励起源が電磁波で光電子が放出されるものには，X線光電子分光法(XPS)*，紫外光電子分光法(UPS)*などがある．
　電子は物質との相互作用が強いため，固体内部で生じた二次電子でエネルギーが10〜1000 eVのものは表面に到達できない．換言すると固体のキャラクタリゼーションに励起源のエネルギーを適当に選んだ電子分光法を用いると，表面層についての情報が得られる．　　　　　　　　　　　　　　　　　　　　　　　　〔吉田郷弘〕

テンペラチャー・アプローチ　temperature approach　→平衡への接近度 ────────

電流効率　current efficiency ────────
　電解系において，電極界面を通過した電子のうち目的の酸化あるいは還元反応に使われた割合．化学反応の観点からみれば，通電量を基準とする酸化還元反応の収率と

いえる.反応量をS[mol],通電量をC[C],反応物1分子の酸化還元に必要な電子数をnとし,ファラデー定数F[C mol^{-1}]を用いると,電流効率はnSF/Cと表され,0と1の間の値をとる.電流のうち,電極表面の二重層の充電電流(非ファラデー電流)が電荷移動による電流(ファラデー電流)と比較して無視できない場合には,充電電流を差し引いたものを通電量とする必要がある.電流効率は副反応や電流の漏れがある場合には,理論値である1より小さくなる.一方,電池系における電流効率は,外部に取り出した電気量を電池活物質(酸化還元物質)の反応量で割り付けたもの,すなわち起こった酸化還元反応のうちで電流として取り出された割合と定義され,この場合は前述の式の逆数(C/nSF)となる. 〔大谷文章〕
→電流密度,電気二重層

電流密度 current density ────────

電子の流れに垂直な単位面積当りの電流量.実際には,用いる電極の見かけの面積を使って電流値を割り付けたもの.SI 単位系では,A m^{-2} で表されるが,実際の研究室レベルでの電気化学反応系では面積の単位として cm^2 を用いることが多い.電流は電極反応の速度を表すので,電流密度は,物質移動なども含めた電子移動反応の単位面積当りの速度に相当する.電極表面はミクロに見れば凹凸があるため,鏡面に仕上げた電極を用いても,真の表面積は見かけの数倍になることがほとんどである.電流密度についてこの表面積補正を行うには,結晶面のわかった単結晶電極上で水素吸着など,表面構造と反応量の関係が既知の電極反応を行い,その電気量を使って真の表面積を求める必要がある. 〔大谷文章〕

と

同位体効果 isotope effect ────────

同一元素に属する(すなわち同じ原子番号Zをもつ)原子の間で質量数が異なる原子を互いに同位体とよぶ.一般に同位体どうしの化学的な性質は類似している.原子や分子内のある原子を同位体で置換したとき,同位体の質量の相違によって生ずる物理的,化学的効果の差を同位体効果という.この効果は原子番号の小さい元素ほど著しく,水素において最大である.例えば,気体の拡散,遠心分離,電磁場内でのイオン運動などの物理的現象では同位体の質量により並進運動状態に差異を生じる.同じ温度では重い分子の方が拡散速度が遅くなる.このようなわずかな挙動の差を利用して,同位体の分離や濃縮が行われる.また,その質量の差によって分子の回転・振動・並進運動エネルギーが異なるので,加水分解,酸化還元,化合物の分解反応における化学平衡や反応速度などの化学現象に差異が現れる.同位体によって反応速度の大きさが違ってくる場合を速度論的同位体効果(kinetic isotope effect),反応平衡の平衡定

数に差を生じる場合を静的同位体効果(static isotope effect)という．速度論的同位体効果は同位体を含む結合が反応によって直接切断あるいは生成する場合に反応速度の差として現れる．この速度論的同位体効果を利用して，化学反応や触媒反応などの反応機構を解析することができる．速度論的同位体効果は，動的同位体効果(dynamic isotope effect)とよばれることも多い． 〔市川　勝〕
→同位体標識，同位体トレーサー法，速度論的同位体効果

同位体トレーサー法　isotope tracer method
　同位体によって分子を標識し，被標識物質を追跡して反応機構を解析する．ホモローゲーション反応における ^{13}C 標識や酸化反応における ^{18}O 標識にみるように，生成物に含まれる原子の由来が明らかにされ，触媒反応の反応機構を研究するうえで有用な方法である． 〔市川　勝〕
→同位体効果

同位体標識　isotope labeling
　ある化合物の一つあるいは複数個の元素をその同位体で置換する標識のこと．^3T や ^{14}C などの放射性同位体で標識する場合と，濃縮した ^2D, ^{13}C, ^{17}O, ^{18}O などの安定同位体で標識する場合とがある．標識化合物は放射線の測定あるいは IR，NMR や質量分析計によって同位体シフトとして検出できる．同位体間の化学的性質が類似していることを利用して，トレーサーとして物質の挙動を追跡したり，同位体希釈法など同位体効果の測定に用いる． 〔市川　勝〕
→同位体効果

透過型赤外分光法　transmission infrared spectroscopy　→赤外分光

透過電子顕微鏡　transmission electron microscope ; TEM
　透過電子顕微鏡は，1931 年ドイツの E. Ruska らによって初めてつくられた（公表論文は Knoll & Ruska, 1932）．当初は，加速電圧 70 kV，倍率は 150 倍，分解能は 10 μm で光学顕微鏡に及ばなかった．しかし，1933 年には光学顕微鏡の分解能を超え，現在の商用の電子顕微鏡では 100～400 kV の加速電圧で，分解能は 0.16～0.3 nm 程度となっている．
　電子顕微鏡の光路図を考えるために，図のように前焦点面より離れた位置 a にある物体に光軸に沿った平行光線が入射する凸レンズ（焦点距離 f）の光学系を考える．物体を透過した（あるいは遮られた）光は後焦点面に回折スポットを，像面 b に倒立像をつくる（a, b, f には $1/a + 1/b = 1/f$ の関係があり，倍率は b/a で与えられる）．電子が物体内を透過すると，物体を構成する原子の静電ポテンシャルにより散乱される．透過電子顕微鏡は，各原子で散乱された電子波がその配列（内部構造）を反映した干渉効果の回折図形（通常，前方の小さな散乱角のみで，後焦点面にできる），およびその

フーリエ変換である物体を透過した電子の強度分布である像(像面にできる)とを観察する装置である．

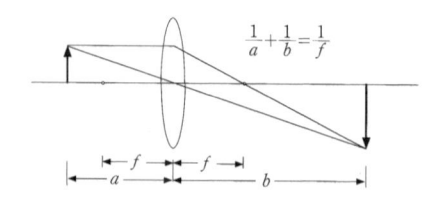

$$\frac{1}{a}+\frac{1}{b}=\frac{1}{f}$$

観察試料は，電子が物体を透過できるほど薄くなければならない．ドイツのHeidenreichが，1949年に初めて電子線が通り抜ける薄い金属箔を作製して以来，透過電子顕微鏡法は物質の構造評価の手段として急激に発展した．さらに1950年代後半以降ケンブリッジのグループが精力的に一連の電子の回折コントラストに関する基礎理論を発表し，金属箔中の積層欠陥や転位の直接観察(運動を含め)に関する多くの実験報告がなされた．また，オーストラリアのグループも違った立場で計算しやすい理論形式を展開し，構造評価に関しては理論の大枠は完成したといえる．最近は，この基礎理論に立脚して，高分解能電子顕微鏡像観察による新物質の構造解析・評価が盛んである．また，各種の記録装置やコンピューターの性能が向上してきたので，像や電子線回折強度の定量測定も可能となってきた．今後，電子線回折図形の強度測定からのみ，あるいはそれと高分解能像とを組み合わせて構造解析を行う，電子線結晶学の進展が期待される．

観察の様式には，像と回折図形があり，それぞれの用途には次のようなものがある．
像：高分解能像，ローレンツ像(磁区，磁壁観察)，エネルギーフィルター像
回折：収束電子回折，制限視野電子回折，マイクロ(領域)電子回折

その他，試料の局所的な組成分析を対象とした分析電子顕微鏡があり，また最近では，構成元素の電子状態を電子エネルギー損失スペクトルとして測定する装置，さらに，各種の計測装置と複合させた電子顕微鏡の開発が行われている． 〔寺崎 治〕

銅クロム触媒　copper-chromium catalyst

実用化されているCu触媒*は3成分以上が複合化された混合触媒であり，多くはアドキンス触媒*といわれる銅クロム触媒を改良したものである．1931年に開発された$CuO\text{-}Cr_2O_3$系触媒は，Cu系触媒*にとって課題であった耐熱性，耐酸性を著しく向上させたものである．水素化や水素化分解の分野で広く応用されており，アルデヒドやケトンなど含酸素化合物のアルコールへの水素化，$C=C$二重結合の水素化，酸やエステルのアルコールへの水素化分解(油脂類の水素化分解)，アミドのアミンへの水素化分解，芳香族側鎖の還元など工業的にも重要なプロセスを多く含んでいる．

工業用の銅クロム触媒の組成は，$CuO \cdot CuCr_2O_4$($Cu/Cr=1$)で示され，通常，耐久性を増すため少量のBa，Mnが添加されている．重クロム酸ナトリウム溶液にアンモニア水を添加してクロム酸アンモニウムにした溶液に，硫酸銅(または硝酸銅)水溶液を

添加して生成した沈殿を，沪過，洗浄，乾燥，焼成すると $CuO \cdot CuCr_2O_4$ の微結晶集合体が得られる．その過程は次の反応式で示される．

$$2CuSO_4 + Na_2Cr_2O_7 + 4NH_3 + 3H_2O$$
$$\longrightarrow 2Cu(OH)NH_4CrO_4 + Na_2SO_4 + (NH_4)_2SO_4,$$
$$2Cu(OH)NH_4CrO_4 \xrightarrow{(300\sim500^\circ C)} CuO \cdot CuCr_2O_4 + N_2 + 5H_2O$$

CuO-Cr_2O_3 系触媒の最も重要な用途の一つが，油脂類の水素化分解による高級アルコールの製造である．高級アルコールは，界面活性剤や洗剤の素材として必須であり，多くの場合，パームオイルややし油などの植物性油脂類から得られた脂肪酸のメチルエステルを原料として製造される．触媒には通常，Ba, Mn を第三成分とした CuO-Cr_2O_3 系触媒が用いられるが，Cu イオンを Cd や Mg などの 2 価のカチオンで部分置換することによって，触媒の特性や熱安定性が変化することが明らかになっている．

CuO-Cr_2O_3 系触媒のもう一つの重要な用途に芳香族側鎖の還元がある．これは芳香族核に対する水素化能がない Cu 系触媒の特徴の一つを逆に利用したもので，ニトロベンゼンの還元によるアニリンの製造が多管式反応塔の気相固定層反応器*で，反応温度 473～623 K，常圧の条件で行われているほか，フルフラールの還元によるフルフリルアルコールの製造も工業的に有用である．含酸素化合物の水素化によるアルコール製造としては，テルペン系アルコール，オキソアルコールの製造に利用されているが，CuO-Cr_2O_3 系触媒では貴金属触媒に比べると過酷な条件が必要である．また，二重結合の水素化にも用いられており，Ni に比べて活性は低いものの安定性が良く，硫黄などへの耐酸性も高いうえ，ポリエンからモノエンが高選択的に得られる．

以上示したように，CuO-Cr_2O_3 触媒は水素化や水素化分解*の領域で広く用いられ，その活性種については多くの研究があり議論の分かれているところであるが，現在では，Cu^+ または Cu^0 であると考えられている．一方，Cr の効果は，$CuO \cdot CuCr_2O_4$ の還元によって生成した活性種の Cu^0 が $Cu_2Cr_2O_4$ または Cr_2O_3 構造に取り囲まれた状態にあり，微結晶のまま結晶化が抑制され，高分散の状態が保持されることにある．また，第三成分として Ba, Mn, Ca, Mg などが有効で，活性や耐久性が向上すると報告されているが，機構は明らかではない．Ba の場合は CuO-Cr_2O_3 系酸化物の焼結抑制効果とする報告もある．〔下川部雅英〕

→アルコールの合成，ギ酸メチルの合成，水性ガスシフト反応，芳香族の水素化

銅系触媒　copper-based catalyst

Cu の酸化物には CuO と Cu_2O があるが，触媒として単独で用いるには耐酸性，耐熱性などに問題があるため実用的ではない．酸化クロムを助触媒とした系はいわゆる銅クロム触媒*で，アドキンス触媒*（CuO-Cr_2O_3）として著名であり，すぐれた水素化能・水素化分解*能を有する．

酸化亜鉛との混合触媒である CuO-ZnO はメタノールの合成*および分解に極めて有効な触媒として古くから注目されていた．耐熱性，耐酸性に問題があったが，Al,

Crなどの添加によって耐熱性が著しく向上し，さらに，1960年代に入って硫黄分をほとんど含有しない天然ガスが原料に用いられるようになって以来，$CuO\text{-}ZnO\text{-}Al_2O_3$ や $CuO\text{-}ZnO\text{-}Cr_2O_3$ がメタノール合成触媒の主流となった．反応条件もそれまで用いられていた $ZnO\text{-}Cr_2O_3$ の反応温度 573～673 K，圧力 15～20 MPa に比べて，反応温度 473～523 K，圧力 5～10 MPa と穏和な条件でのメタノール合成が可能になった．これらの三成分系のメタノール合成触媒は CO_2 の水素化においても高活性，高選択性であることが知られている．$CuO\text{-}ZnO$ 系触媒は，マラカイト，オーリカルサイトなどの沈殿物を経て製造され，比較的広い Cu, Zn 成分組成範囲(Cu 25～75 atm％，Zn/Cu＝0.4～2.0)で高活性を発揮し，Cu/Zn＝30/70 の組成のものが最もすぐれた触媒作用を示すとされている．また，オーリカルサイトを含む前駆体から調製した触媒は他の前駆体から調製した触媒よりも Cu が高分散で高い活性を示すことが明らかになっている．　　　　　　　　　　　　　　　　　　　　　　　　　〔下川部雅英〕
→水性ガスシフト反応，アルコールの合成

同形置換　isomorphous substitution, isomorphous replacement
　同じ結晶構造型に属する(同形の)化合物を形成する元素どうしを同形元素(isomorphous element)という．同形元素は結晶構造型に変化を及ぼすことなしに，互いに置換できる．両元素の化学結合およびイオン半径が類似すれば，任意の割合で同形混晶が生成する．例えば，KCl-RbCl 系同形混晶では，K と Rb との比率を連続的に変化できる．互いに異なる結晶構造型の化合物を形成する元素どうしでも，部分的な同形置換は可能である．また，異なる原子価の元素との置換は，酸化数の和が一定に保たれれば，同形混晶を与える．$NaAlSi_3O_8$ と $CaAl_2Si_2O_8$ との間の同形混晶はその典型的な例で，Na^+Si^{4+} および $Ca^{2+}Al^{3+}$ の酸化数の和はいずれも＋5に保たれる．遷移元素を含む複合酸化物では，酸化数の異なる元素との同形置換に伴う電荷補償によって，遷移元素の原子価および酸素欠陥量を制御することができ，触媒設計の基本的手法になっている．　　　　　　　　　　　　　　　　　　　　　　　　　〔町田正人〕
→原子価制御

銅触媒　copper catalyst
　Cu の酸化物は，M-O 間結合エネルギーが低く，$CuO\text{-}Cu_2O\text{-}Cu$ 間での酸化状態の変化が容易であるため，酸素の活性化を伴う酸化反応や酸素同位体交換反応などに高い活性を示す．Cu_2O はプロピレンの酸化で選択的にアクロレインを生成することが知られている．Cu 触媒は単独では熱衝撃に弱く，熱によるシンターリングを受けやすいこと，硫黄酸化物などによる被毒を受けやすいことなど，耐熱性，耐酸性に問題があるうえ，調製法の微妙な相違を顕著に反映し触媒特性の再現性に難点があるなどの欠点をもっている．これらの Cu 系触媒*を実用化するうえでの課題は，1931 年に開発されたアドキンス触媒(主成分：$CuO\text{-}Cr_2O_3$)によって著しく改善され，水素化や水素化分解*触媒として真価を発揮した．Cu 系混合触媒としてはこのほか，$CuO\text{-}ZnO\text{-}$

Al$_2$O$_3$ がメタノール合成*触媒として著名であるほか，銅ケイ素酸化物，銅鉄アルミニウム酸化物，銅亜鉛チタン酸化物などが報告されている．多成分の混合による効果は，金属酸化物やゼオライトに担持すると Cu は Cu$^+$ や Cu^0 の状態でも安定に存在し，各原子価にそれぞれ特有の触媒特性を示すためである．Cu^0 の状態では脱水素，水素化反応にすぐれた触媒特性を示し，アルコールの脱水素*反応，アルデヒド，ケトンの還元によるアルコール生成に高選択性を示す．また，イオン交換法により調製した Cu-ZSM-5 は Cu$^+$ を安定に保持するために NO$_x$ の分解や炭化水素類による選択的還元にすぐれた触媒特性を示すと報告され，光触媒としての応用も行われている．このほか，還元アルキル化，酸化，メタノール合成，低温 CO シフトなど，多岐にわたる分野において応用される． 〔下川部雅英〕

→銅クロム触媒，アルコールの合成，ギ酸メチルの合成，水性ガスシフト反応

動的同位体効果 dynamic isotope effect →同位体効果，速度論的同位体効果

等電子構造 isoelectronic structure

　二つの分子あるいはイオンに含まれる電子数の総和と電子配置がともに等しいとき，両者は等電子構造にあるという．例えば，CO 分子と N$_2$ 分子と NO$^+$，BH$_4$$^-$ と NH$_4$$^+$ と CH$_4$ などがある．比較する分子およびイオンの原子数は必ずしも同じでなくともよく，総電子数の等しい CH$_4$ と NH$_3$ も等電子構造の関係にあり，これらを同じ電子数をもつ Ne 原子と対応させるとオクテット則が導き出される．広義には，原子価軌道の電子数とその電子配置が同じときも等電子構造とみなす．AlH$_4$$^-$，SiH$_4$，PH$_4$$^+$ などは CH$_4$ と等電子構造とする．Cr(CO)$_6$ と Mo(CO)$_6$ と W(CO)$_6$ の組や，(η^5-C$_5$H$_5$)$_2$Fe と (η^5-C$_5$H$_5$)$_2$Co$^+$ などのように金属錯体でも等電子構造となる例が多くある．さらに，金属錯体の中心金属周りの電子数のみに注目すれば，EAN 則(18電子則)を満たす錯体はすべて等電子構造と考えることもできる． 〔巽　和行〕

→ EAN 則，アイソローバル

等電点 isoelectric point

　水中にある微粒子などの分散質は帯電しているとき，液の pH が低い領域では分散質にプロトンが結合して分散質の正味の電荷は正となり，pH が高い領域ではプロトンが失われるので正味の電荷は負になる．すなわち分散質の正味の電荷は pH に依存し，これが 0 であるときの pH を等電点という．電気泳動*法によって，移動速度を種々の pH において測定し，これが 0 のときの pH を求めることで等電点が得られる．分散質がタンパク質のとき，等電点ではタンパク質の溶解度が最小になるので凝析を最も容易に行える．等電点が異なる複数の電解質の存在下でタンパク質の電気泳動を行うと，電解質によって形成された pH 勾配のうち特定の領域にタンパク質が集まるので，タンパク質を濃縮することができる．

　等電点は，触媒調製においても重要な因子である．水との接触に伴う水和反応によ

種々の金属酸化物の等電点

SiO_2	1.0〜2.5	$\gamma\text{-}Al_2O_3$	7.4〜8.6
TiO_2	4.7〜6.7	ZnO	9.2〜9.7
ZrO_2	4〜11	MgO	12.4
$\alpha\text{-}Al_2O_3$	9.1〜9.5		

(*Chem. Rev.*, **65**, 177 (1965) より抜粋)

って, 金属酸化物の表面は水酸化される. pH が低い領域では, プロトンにより金属酸化物表面は正に帯電する. 一方, pH が高い領域では, 金属酸化物表面の水酸基が脱プロトン化されることで, 表面は負に帯電する. この固体表面の帯電が 0 となる pH を等電点という. 表に示すように, 等電点は金属酸化物の種類によって大きく異なる. 等電点は, 中性領域ばかりではなく, 特に酸化マグネシウムなどの塩基性酸化物では塩基性領域に, シリカなどの酸性酸化物では酸性領域にある. 金属酸化物を担体とする担持触媒の調製において, 平衡吸着法(含浸後に固体を沪別・洗浄することで吸着した成分のみを担体上に残す方法)において, pH が低いと陰イオンが吸着しやすく, 反対に pH が高いと陽イオンが吸着されやすい. 一般に, 金属塩の水溶液は低い pH を示すことが多い. 触媒調製をイオン交換法で行う場合, 金属酸化物表面のプロトンは, 直接金属陽イオンでイオン交換できないことがある. この場合には, 金属酸化物をアンモニア水に浸すことで表面のプロトンをいったん NH_4^+ に変え, 次に目的の金属イオンでイオン交換を試みるとうまくゆくことがある. 〔鈴木榮一〕

灯油の製造　production of kerosene

　灯油は沸点範囲が 150〜250℃で留出する炭素数 11〜13 を中心とする炭化水素で構成されており, 冷暖房, 厨房用の白灯油 (JIS 1 号相当) と石油発動機や機械洗浄に使用される茶灯油 (JIS 2 号相当) が製造されている. 家庭用に使用される白灯油の品質については, 安全性を考慮した引火点(40℃以上), 燃焼すすの生成を示す煙点(23 mm 以上, 寒冷地では 21 mm 以上), 不快臭のもととなる硫黄分 (0.015 % 以下) などが JIS で規定されている. 灯油は主として常圧蒸留からの灯油留分の水素化精製, 減圧軽油の水素化分解*の 2 法により製造される. 水素化精製では, Co/Ni/Mo アルミナ触媒により硫黄化合物, 窒素化合物の除去, さらに煙点を改良するため貴金属や Ni 触媒により不飽和炭化水素の水素化などを行い, 上記品質を満足する灯油を製造している. 減圧軽油の水素化分解は, 2 段反応が一般的で, 1 段反応塔では Co/Ni/Mo アルミナなどの水素化処理触媒により脱硫, 脱窒素を行い, 2 段目ではシリカーアルミナなどの無定型あるいはゼオライト*などの固体酸触媒*により所定の留分に分解される. 分解灯油は, 硫黄や窒素が除かれているとともに, 芳香族も高度に水素化されているので, 高煙点の高品質灯油が得られる. 〔西村陽一〕

➡水素化処理, 脱硫触媒

特殊酸・特殊塩基触媒作用　specific acid-specific base catalyzed reaction

　触媒反応のなかには，酸あるいは塩基が触媒になることが多い．この酸と塩基の定義には，プロトンの授受を基本にした Brønsted の定義と電子対の授受を基本にした Lewis の定義がある．水溶液中の反応でヒドロニウムイオン(H_3O^+)あるいは水酸イオン(OH^-)による触媒作用は他の酸・塩基に比べて特に顕著なので，特殊酸・特殊塩基触媒作用といい，それ以外の非解離である酸・塩基，イオンである酸・塩基，溶媒などを含めた広義の酸・塩基が触媒となる場合を一般酸・一般塩基触媒作用とよぶ．

　特殊酸触媒反応および速度式は下記のようになり，エステルの加水分解やアルコール分解，ショ糖の光学反転，ジアゾ酢酸エステルの分解，オルトギ酸エチルエステルの加水分解，アセタールやエーテルの加水分解などに見られる．

$$S+H^+ \overset{K_{eq}}{\rightleftarrows} SH^+$$

$$SH^+ + R \xrightarrow[k]{slow} P$$

$$r = kK_{eq}[S][H^+][R]$$

特殊塩基触媒反応および速度式は下記のように[OH^-]に比例する．アセトンのジアセトンへの縮合反応などの縮合反応がある($K_B = [BH^+][OH^-]/[B]$)．

$$SH + B \overset{K_{eq}}{\rightleftarrows} S^- + BH^+$$

$$S^- + R \xrightarrow{slow} P$$

$$v = (kK_{eq}/K_B)[SH][R][OH^-]$$

〔船引卓三〕

→一般酸・一般塩基触媒作用

毒物質　poisoning substance　→触媒毒

ドナー準位　donor level

　n型半導体の導電性は，伝導帯の近くに形成される不純物準位から伝導帯に電子が励起され，この電子(負電荷)を電荷キャリヤー(電荷担体)として発現する．この不純物準位を特にドナー準位とよぶ．このように電子を電荷キャリヤーとする半導体をn型半導体，そして不純物準位をドナー準位とよぶ．図に示すように，例えば，価電子が4個のSi原子からなる結晶に対して価電子数が5個のP原子を置換すると，P原子は周囲の4個のSi原子と共有結合しても1個の電子があまる．このようなP原子がバンドギャップ*内の伝導帯に近い位置にドナー準位を形成する．この場合，価電子帯から伝導帯への電子の移動に要する励起エネルギーよりもはるかに小さいエネルギーで，ドナー準位から伝導帯への電子の移動が可能になり伝導電子が生成することになる．このように，伝導帯よりやや低いところに位置し，伝導帯に電子を与えることのできる不純物エネルギー準位をドナー準位とよぶ．

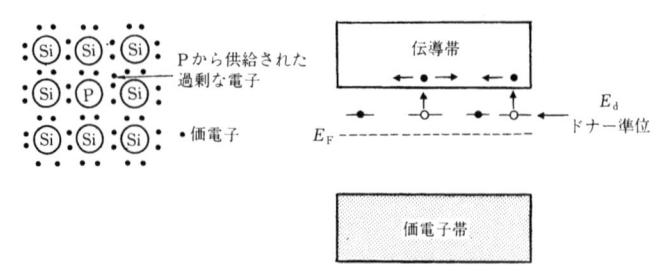

Si 原子からなる半導体結晶に不純物として P 原子を置換した場合（左図）とそれに伴い半導体のバンドギャップ内に形成されるドナー準位（右図）

〔安保正一・松岡雅也〕

→半導体

トランスアルキル化 transalkylation →アルキルベンゼンのトランスアルキル化

トランス影響 trans influence

主として d^8 平面正方形錯体において，M-X 結合が X のトランス位の配位子 T によってどの程度弱められているかを示す尺度である．トランス影響をはかる直接的な手段は X 線構造解析であるが，赤外スペクトルにおける M-X 伸縮振動の波数や NMR スペクトルにおける M-X 間のカップリング定数もトランス影響のよい指標として利用されている．おおよその序列は以下のとおりである．

$PhMe_2Si > C_6H_5 > CH_3 \gg PR_3 > CN > CO,\ RNC > AsR_3 > Py > I,\ Br,\ Cl > CH_3CN > NO_3$

トランス効果*が配位子 X の置換反応速度に対するトランス配位子 T の動的効果を示すのに対して，トランス影響は静的効果の尺度といえる． 〔小沢文幸〕

トランス効果 trans effect

トランス位に配位子 T を有する d^8 平面正方形錯体の配位子 X が，溶液中で他の配位子 Y により置換される場合，置換反応速度は配位子 T の種類に強く依存する．このような配位子 T の効果はトランス効果とよばれ，以下の順序になっている．

$CO,\ C_2H_4,\ CN > PR_3,\ H > CH_3,\ SC(NH_2)_2 > C_6H_5,\ NO_2,\ I,\ NCS > Br,\ Cl > Py,\ NH_3,\ H_2O$

トランス効果は，その発現機構から σ-トランス効果と π-トランス効果に分離することができる．トランス位の配位子 T がヒドリド基やアルキル基のように σ 結合のみによって中心金属と結合している場合には，配位子 T がトランス位の M-X 結合を弱めるように働いているため，原系のエネルギーが上昇している．そのために置換反応

の活性化エネルギーが低下して，反応速度が増大する(σ-トランス効果)．一方，配位子Tが一酸化炭素，アルケン，ホスフィンのように中心金属とπ結合をつくる場合には，金属-配位子間の逆供与*相互作用によって，配位子置換反応の五配位遷移状態が安定化するため，置換速度が増大する(π-トランス効果)． 〔小沢文幸〕

トリクル流れ trickle flow ➡かん液充填層反応器

トリクルベッド trickle bed ➡かん液充填層反応器

トリクルベッドリアクター trickle bed reactor ➡かん液充填層反応器

トルエンの酸化 oxidation of toluene

トルエンは液相または気相で部分酸化され，安息香酸およびベンズアルデヒドとなる．

液相酸化*法はMnO_2，硫酸などを用いる古典的方法である．気相接触酸化法*はトルエンの蒸気と分子状酸素含有ガスとを，完全酸化を抑制するための多量の水蒸気とともに固体触媒上に接触させ安息香酸あるいはベンズアルデヒドを得る方法である．

目的生成物が安息香酸の場合は主にV_2O_5/TiO_2系の触媒が用いられるが，ベンズアルデヒドの場合にはV_2O_5/TiO_2系以外にV複合酸化物系，Mo複合酸化物系，Pd-Sb-P系なども触媒として用いられる．

また，ベンズアルデヒドを目的生成物とする反応では，安息香酸を目的生成物とする場合に比べ低いトルエン転化率で最高収率が得られる．

〔植田健次〕

➡芳香族の酸化

トルエンの不均化 disproportionation of toluene

トルエン2分子からキシレンとベンゼンを生成する反応である．工業的には，需要の少ないトルエンからポリエステル原料になるキシレンに変換するのに用いられる．本反応は，酸触媒反応であり，触媒として，シリカ-アルミナ，H-モルデナイト，H-ZSM-5などの固体酸，$HF-BF_3$などの液体酸があげられる．生成するキシレンの異性体分布は，通常，反応温度における平衡混合物に近い組成になるが，H-ZSM-5のように立体的に制限された酸点を有する触媒を用いると，最も小さい異性体であるp-キシレンが優先的に生成する．

〔杉　義弘〕

トレーサー法　tracer method　同位体トレーサー法

な

内層担持 egg white →エッグホワイト

ナイロン nylon

　本来は，W. H. Carothers が発明し，1938 年に du Pont 社から発売された世界初の合成繊維ポリヘキサメチレンアジポアミドの商標名であったが，現在ではポリアミド系の合成高分子の総称となっている．ジアミンとジカルボン酸の重縮合によって得られる直鎖型脂肪族ナイロンは $H[HN(CH_2)_mNHCO(CH_2)_nCO]_xOH$ と表され，ジアミン，ジカルボン酸の炭素数からナイロン$m,(n+2)$と呼ぶ．また，ラクタムの開環重合またはアミノカルボン酸の重縮合により合成された $H[HN(CH_2)_nCO]_xOH$ の場合にはナイロン$(n+1)$と呼ばれる．ナイロン 66 とナイロン 6 が代表的なナイロンである．機械的強度は結晶化度により影響されるが，一般的に，弾性，耐衝撃性，耐熱性などに優れている．有機溶剤にも不溶であり，アルカリに対しても耐性が強いが，強酸には溶解し加水分解を受ける．衣料用，ファスナーやタイヤコード，歯車，ベアリングなどの工業材料として用いられている．　　　　　　　　　〔小谷野圭子〕

ナフィオン Nafion

　Du Pont 社が NASA 用燃料電池用に開発したテトラフルオロエチレンとペルフルオロスルホニルエトキシビニルエーテルの共重合体，換言すれば，フッ素樹脂を基体とし，$-SO_3H$ 基を交換基とする陽イオン交換樹脂である．樹脂基体は疎水性でスルホ基近傍の水分子を排除すること，フッ素の電子誘引効果のため，通常の強酸性樹脂よりもプロトン酸性がさらに強く，超強酸性を示すといわれる．そのため，典型的な固体酸触媒の SiO_2-Al_2O_3 などでは 500°C 以上で進行する炭化水素の骨格異性化が，ナフィオンでは 200°C 以下で可能であり，不溶性の超強酸として注目されている．また，耐熱性はポリスチレン基体のイオン交換樹脂では 150°C どまりであるが，フッ素樹脂系なので 200°C 以上になる．

$$-CF_2-CF_2-CF-CF_2-CF_2-CF_2- \quad (ナフィオンの部分構造)$$
$$|(OCF_2CF-CF_3)_n$$
$$|OCF_2CF_2SO_3H$$

　ナフィオンは強酸性固体酸触媒として多くの有機反応に応用されている．このほか，次に示すように酸性をもつ担体としての利用もある．ナフィオン担持 Rh 触媒を用いると，150°C でトルエンの酸化/カルボニル化による p-トルイル酸の合成が高選択率で進行する．

$$C_6H_5CH_3 + CO + O_2 \longrightarrow p\text{-}C_6H_4CH_3(COOH)$$

また，ナフィオンに担持した Pd あるいは Ph 触媒では，メチルイソブチルケトン(MIBK)二量化/水素化の一段直接合成が進行する.

$$2CH_3COCH_3 + H_2 \longrightarrow CH_3COC(CH_3)_3 \quad (MIBK)$$

〔上松敬禧〕

ナフサの熱分解　thermal cracking of naphtha

石油化学原料であるエチレン，プロピレンなどの低級アルケンを製造するために行われる．石油の軽質留分であるナフサ(沸点範囲 30～230℃)を 800～850℃，常圧，反応時間 0.01～1.0 秒で熱分解し，生成物を急冷したのち低温加圧下で蒸留する深冷分離法で分離し，各種アルケンを取り出す．副生物として水素，低級アルカンのほかに芳香族(ベンゼンが最も多い)や重油が得られる．反応条件により生成物分布は変化するが，典型的な生成物分布を表に示す．

原料ナフサ性状とその分解生成物分布

ナフサ	A	B	ナフサ	A	B
性状			単流収率 [wt%]		
比重　15/4℃	0.69	0.66	水素	1.14	1.25
組成 [wt%]			メタン	15.67	16.47
直鎖アルカン	35	54	エチレン	24.17	27.32
イソアルカン	44	38	エタン	3.93	4.45
シクロアルカン	14	6	プロパン+プロピレン	16.81	18.48
芳香族	7	2	ブタジエン	3.89	2.53
硫黄含有量 [ppm]	30	250	ブタン+ブテン類	6.61	6.07
			C_5 類	4.96	6.74
			C_6～C_8 ナフテン	3.39	2.53
			ベンゼン	5.55	4.69
			トルエン	4.17	2.41
			キシレン類	2.96	2.12
			C_9+芳香族	2.55	1.59
			重油	4.20	2.01

反応温度：820℃.
(八嶋建明，藤本 薫，「有機プロセス工業」，p.59，大日本図書 (1997))

ナフサの成分は主にアルカンおよびシクロアルカンであり，その熱分解はアルキルラジカルを経る連鎖反応である．ラジカル生成反応は，C-C 結合の熱的解離である．この反応の活性化エネルギーはエタンの場合にも最も高く約 370 kJ mol^{-1} で炭素鎖が長くなると低下する．生成したラジカルは不安定で，容易に分解しアルケンとラジカルを生成する．このとき分解の起こる C-C 結合は原子不足の炭素から 2 番目で起こる(β切断)．炭素鎖の短くなったラジカルは，炭素鎖の長いアルカンから水素を引き抜き，自身は低級アルカンとなり，同時に炭素鎖の長いラジカルをつくる．このようにして分解反応が連鎖的に進行する．

また，アルキルラジカルは第一級が最も不安定で，第二級さらに第三級と安定になる．そこで分解と同時に異性化が起こるため，エチレンのほかにプロピレンやイソブテンが生成する．そのほか，安定なベンゼン環をもつ芳香族も副生してくる．

〔八嶋建明〕

→アルカンの分解

ナフタレンのアルキル化　alkylation of naphthalene

アルキルおよびジアルキルナフタレンはファインケミカルズ，液晶，高機能性高分子などの出発物質として重要である．例えば，2-アルキルナフタレンはビタミンK，2,6-ジアルキルナフタレンはポリエチレンナフタラートや液晶の原料となる．アルキルナフタレンは固体酸触媒*を用いたアルケンやアルコールによるナフタレンのアルキル化*やトランスアルキル化*で合成される．

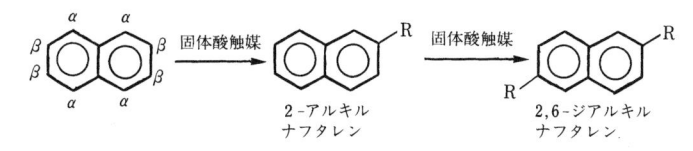

アルキルナフタレンでは熱力学的には1-アルキルナフタレンよりも2-アルキルナフタレンのほうが安定である．この傾向はアルキル基が大きくなるほど顕著で，メチル基の場合の異性体平衡組成は1-メチル体約35%，2-メチル体約65%であるが，イソプロピル基の場合には2-イソプロピル体が約98%となる．したがって，アルキル化により2-イソプロピル体を選択的に得ることは容易であるが，2-メチル体については難しい．しかし，ナフタレンのメタノールによるアルキル化にZSM-5ゼオライト*などの形状選択性触媒*を用いると分子径の小さい2-メチルナフタレンがほぼ100%の選択率で生成する．

ジアルキルナフタレンには10種類の異性体が存在する．また，ジアルキルナフタレン異性体ではα-β間の分子内異性化は容易に進行するが，β-β間の分子内異性化は非常に起こりにくい．ナフタレンやアルキルナフタレンのアルキル化では立体障害のため1,8-，1,2-，2,3-ジアルキルナフタレンはほとんど生成しない．β,β位にアルキル基を有する2,6-と2,7-ジアルキルナフタレンは異性体中で最小の分子径を有するため，それらの合成には形状選択性触媒がやはり有効である．その際，触媒の外表面に酸点が存在するとそれらの寄与で選択性が低下するため，触媒の外表面酸点を完全に除く必要がある．高度に脱アルミニウムしたモルデナイトやZSM-12型ゼオライト触媒を用いたナフタレンのイソプロピル化では，2,7-体に比べて2,6-体が選択的に生成する．これは狭い細孔内ではより直線性の高い2,6-体のほうが生成しやすいためと考えられている．種々の触媒でエチル化やメチル化が検討されているが，このような2,6-体への選択性はみられない．しかし，テトラエチルベンゼンなどかさ高いエチル化剤を用いてトランスアルキル化*を行うと立体障害が大きくなり2,6-体への選択性が向上する．

〔松田　剛〕

ナフトキノンの合成　synthesis of naphthoquinone

1,4-ナフトキノンはパルプ蒸解除剤などの需要があり，またブタジエンとのディールス-アルダー反応によりテトラヒドロアントラキノンを経てアントラキノンを合成する原料としても使われるので，ナフタリンの酸化により工業的に製造が行われている．

1,4-ナフトキノンは V_2O_5 系触媒によりナフタリンから無水フタル酸を合成する際の中間体であるが，付加価値としてはナフトキノンのほうがかなり高い．反応条件や触媒の調整によってナフトキノンへの選択性を高めることができ，川崎化成でプロセス化された．マクロポアーを有する担体に $V_2O_5\text{-}KHSO_4\text{-}K_2SO_4$ のような硫酸カリウムで修飾した V_2O_5 を担持させて触媒とする．反応温度400℃付近でナフタリンを転化率90％以上で反応させ，ほぼ等量の1,4-ナフトキノンと無水フタル酸（おのおの40％強の収率）が得られる．

〔諸岡良彦〕

に

二元機能触媒　bifunctional catalyst

もともと，二元機能触媒とは，ナフサから高オクタン価ガソリンあるいは芳香族に富む炭化水素混合油を得るための触媒を指し，この触媒は Pt/Al_2O_3 を主体とし，他の金属またはハロゲンを加えたものである．Ptの機能と固体酸としての機能の二つの異なった機能を兼ね備えているので，二元機能触媒とよばれる．

ナフサの改質反応（リフォーミング*）では，アルカンの環化脱水素，アルカンの骨格異性化などさまざまな反応が含まれるが，いずれもPtの脱水素-水素化機能とアルミナ上の酸触媒機能の二元機能がうまく連動している．

例として n-ペンタンの骨格異性化における二元機能を述べる．この反応は次の式(1)〜(3)ステップで進行する．

$$^nC_5H_{12} \xrightleftharpoons{Pt} {}^nC_5H_{10} + H_2 \tag{1}$$

$$^nC_5H_{10} \xrightarrow{酸} {}^{iso}C_5H_{10} \tag{2}$$

$$^{iso}C_5H_{10} + H_2 \xrightleftharpoons{Pt} {}^{iso}C_5H_{12} \tag{3}$$

Pt の含有量が 0.1 wt％以上では，転化率は Pt の量には依存しないことから，式（1）は平衡にあり，式（2）の酸点上のアルケンの骨格異性化が律速となっていると考えられている．実際に反応中，平衡濃度のアルケンが生成し，水素分圧に関して負の依存性もこのスキームによって説明できる．さらに，Pt/SiO_2 および SiO_2-Al_2O_3 それぞれの単独では，反応は極めて遅いが，これらを物理混合した触媒はかなりの活性を示し，二元機能の機構を裏付けている．

このほかの二元機能触媒として，Pt-SO_4^{2-}/ZrO_2，Pt-$Cs_{2.5}H_{0.5}PW_{12}O_{40}$ や H-ZSM-5 と Pt/SiO_2 のハイブリッド触媒などがある．Pt-SO_4^{2-}/ZrO_2 は水素共存下でのペンタンの骨格異性化に高い耐久性を示す．この触媒では，水素分子が Pt 上で解離し，生成した水素原子は Pt 上から ZrO_2 にスピルオーバーし，ZrO_2 上のルイス酸点でプロトンに変化すると考えられている．H-ZSM-5 と Pt/SiO_2 からなるハイブリッド触媒はペンタンの骨格異性化に有効である．この場合もスピルオーバーした水素原子が，H-ZSM-5 上でプロトンとして機能すると推定されている．Pt-$Cs_{2.5}H_{0.5}PW_{12}O_{40}$ はブタンの骨格異性化に高選択的である．この触媒の場合，Pt の水素化分解活性が，近接するプロトンによって大きく抑制され，選択性が高いと考えられる．

現在，二元機能は広い意味で用いられている．金属-酸の複合機能をもつ触媒は異性化，改質反応以外にも適用されており，また酸-塩基二元機能，酸-酸化二元機能の例もある．

プロピレンを原料とするアセトンの合成は，水，酸素共存下で Pd/SiO_2-Al_2O_3 上で進行する．プロピレンが酸点上で水和されイソプロピルアルコールを生成し，引き続いて Pd 上での脱水素を経てアセトンを生成する．

$$C=C-C + H_2O \xrightarrow{H^+} \underset{\underset{OH}{|}}{C-C-C} \xrightarrow{Pd} \underset{\underset{O}{\|}}{C-C-C} \qquad (4)$$

酸と塩基の二元機能によって特異的な活性，選択性を与える例も多い．SiO_2-MgO 上での 2-ブタノールとアセトン間の水素移行反応では，酸点と塩基点が協奏的に作用することが示されている．活性は酸点と塩基点がバランスよく共存する触媒で高活性となる．

ZrO_2 上には弱い酸点と弱い塩基点が共存しており，酸-塩基の協奏反応による特異な選択性を与える例がある．2-ブタノールの脱水素反応では，通常の固体酸である SiO_2-Al_2O_3 は 2-ブテンを主に与えるのに対し，ZrO_2 上では 1-ブテンが高選択的に生成する．これも広い意味では二元機能触媒といえる．

$H_3PMo_{12}O_{40}$ を触媒とするメタクロレインの酸化によるメタクリル酸の合成では，第一ステップは酸点による水和であり，第二ステップは水和によるジオール体からの脱水素からなっている．酸と酸化機能の二元機能触媒作用とみることができる．

〔奥原敏夫〕

二元金属触媒　bimetallic catalyst　→多元金属触媒

二酸化硫黄の酸化　oxidation of sulfur dioxide　→硫酸の製造

二酸化炭素の水素化　hydrogenation of carbon dioxide

Ni あるいは Ru など一酸化炭素を水素化してメタンに変換する触媒は，二酸化炭素の水素化により大きな速度でメタンを与える．また，Fe 触媒は 300°C 以上の温度で二酸化炭素と水素の混合物から C_1〜C_{10} の炭化水素混合物を与える．

しかし，これらは二酸化炭素が一酸化炭素に還元された後それが水素化されて炭化水素を与えると考えられており，二酸化炭素の水素化とはいいがたい．

二酸化炭素独特の水素化反応は下記の2種の反応である．

（1）メタノール生成反応：合成ガスからのメタノールの合成は工業的に実施されているが，実際はその中に少量含まれている二酸化炭素の水素化によるメタノールと水の生成およびその水と未反応の CO の反応による二酸化炭素と水素の生成よりなっている．高濃度二酸化炭素の水素化によるメタノール合成技術も開発されている．二酸化炭素からのメタノール生成経路は以下のように推定されている．

$(CuO)_m-(ZnO)_n$ $\xrightarrow{CO_2}$ [O=C, O O on Cu Cu] $\xrightarrow{H_2}$ [H-C, O---O on Cu Cu] $\xrightarrow{H_2}$ [CH$_3$, O O on Cu Cu] $\xrightarrow{H_2}$ CH_3OH / CO

（2）ギ酸およびその化合物の生成反応：二酸化炭素が1分子水素化を受けるとギ酸となる．固体触媒を用いる反応例は見あたらないが，$RuH_2[P(CH_3)_3]_4$ 錯体をアミンを添加した超臨界二酸化炭素中に溶解させた触媒系により 50°C，210 atm の条件でターンオーバー数*5000 程度で進行する．

反応式は，$CO_2+HX+H_2 \rightarrow HCOX+H_2O$ である．　　　　〔藤元　薫〕

二酸化チタン　titanium dioxide

二酸化チタンにはアナタース型，ルチル型，ブルッカイト型がある．アナタースとルチルは正方晶系で，ブルッカイトは斜方晶系である．ルチルが最も安定で，アナタースからルチルへの転移は 1000 K 付近から起こる．3種の二酸化チタンの物性値を表に示した．低酸素分圧下で高温にすると，酸素欠陥を生じ，n 型半導体となる．また，表面水酸基の生成熱は，アナタース (110.5 kJ mol^{-1})，ルチル (77.8 kJ mol^{-1}) であり，アナタースの方が大きい．また，これらの値はシリカ (67.4 kJ mol^{-1})，γ-アルミナ (40.2 kJ mol^{-1}) よりも大きい．

工業的に広く利用されているのはルチルとアナタースである．

二酸化チタンは高い屈折率と隠蔽性を有するために古くから白色顔料として塗料，インキ，化粧品，合成樹脂，紙などに，また，紫外線を効率よく吸収することから紫外線吸収剤としてサンプロテクト化粧品などに幅広く利用されている．一方，化学的

に安定であることから触媒担体としても広く利用されており，二酸化チタン担体上に担持した V_2O_5 触媒（V_2O_5/TiO_2）はアンモニアを還元剤とする窒素酸化物（NO_x）の選択的脱硝触媒として有名である．また，二酸化チタン上に担持した金微粒子触媒（Au/TiO_2）が特異な低温酸化活性を示すことも知られている．さらに，酸化チタンはn型半導体でありバンドギャップに相当する紫外光（約 380 nm よりも短波長の紫外光）を照射すると，価電子帯の電子が伝導帯に励起され，価電子帯には正孔が生成する．これら光照射で生成した伝導帯の電子と価電子帯の正孔は酸化チタン触媒表面でそれぞれ還元反応と酸化反応を誘起する光触媒としても機能する．

二酸化チタンは結晶形によらずおよそ 380 nm よりも短波長の紫外光を吸収することで，伝導帯に電子が，価電子帯に正孔が生成し，これらにより表面で還元反応と酸化反応が誘起される．特に，ナノ微粒子のアナタース型二酸化チタンは高い光触媒反応性を有し，水や酸素存在下で強力な酸化力を有する OH ラジカル（水酸化ラジカル）や O_2^-（スーパオキサイドアニオンラジカル）を生成し各種の光触媒反応を誘起することができる．最近では，これらの高い反応性を利用して，水中の微量の有害有機物質を分解除去したり大気中の窒素酸化物を分解して大気の清浄化を図るなどの新しい利用も始まっている．また，ガラスなどの平滑材料表面上にコートした二酸化チタン薄膜に紫外光を照射すると水滴の表面接触角がゼロ度近くにまでも小さくなり，水滴が表面に濡れ広がる光誘起超親水化現象が見出され，材料の表面に防汚性・防曇性を付与でき，防汚性・防曇性の新しい材料の製品化も始まっている．

現在，二酸化チタンは，従来の工業的利用に加え，新規な光機能物質・光応答材料として幅広い様々な新しい用途展開が始まっており，二酸化チタンの光応答領域が紫外光から可視光領域にまで広がれば，さらなる大きな地球規模での応用展開が期待できる材料として注目を集めている．

二酸化チタンのアナタース，ルチル，ブルッカイト結晶形の諸物性の比較

物性	ルチル	アナタース	ブルッカイト
結晶形	正方晶系	正方晶系	斜方晶系
比重	4.2	3.9	4.1
屈折率	2.71	2.52	2.6
モース硬度	6〜7	5.5〜6	5.5〜6
相対隠蔽率（PCV 20 %）	125	100	
着色力（レイノルズ）	1700	1300	
紫外線吸収率（% 360 nm）	90	67	
可視部反射率（% 400 nm）	47〜50	88〜90	
（% 500 nm）	95〜96	94〜95	
化学的安定性（HCl）	不溶	不溶	
（NaOH）	不溶	不溶	
バンドギャップ（eV）	3.0	3.2	
融点（℃）	1858	ルチルに転移	ルチルに転移
等電点	4.8	6.1	—

〔安保正一〕

二次イオン質量分析法　secondary ion mass spectrometry；SIMS

　二次イオン質量分析法とは，一次イオンを固体試料に照射して，試料から放出される二次イオンを質量分離して試料表面の構成成分を元素分析するものである．数 keV のイオンビームを固体表面に照射すると，一部は表面原子により反射するが，残りは固体内に侵入し，固体内原子と衝突を繰り返し，ある深さで停止する．また一次イオンに衝突された固体内原子も，さらに他の固体内原子との衝突を繰り返す．これを衝突カスケードとよぶ．この衝突カスケードによって固体内原子の一部が試料表面より飛び出す．これをスパッタリング現象とよぶ．一般にスパッタ粒子の多くは中性粒子であるが，一部は正または負の電荷をもったイオンである．このイオン粒子を質量分析して固体表面の化学分析を行おうとする手法が SIMS である．この方法は最初，1936 年に F. L. Arnot によって開発されたが，広く使われだしたのは 1960 年代になってからであり，材料中の不純物の微量測定，偏析，析出物の同定，表面・界面の研究などに利用されている．入射イオンとしては希ガス(Ar^+ など) や活性ガス(O^-, O_2^+, N_2^+, Cs^+) が試料の性質に応じて使い分けられ，試料表面から放出される二次イオンの質量分析には電場・磁場を用いた分析計や飛行時間型質量分析計などが使われている．二次イオンは表面から数 nm 以内の固体内から主として放出されるため，試料表面の分析法として有力である．また，表面を一様にスパッタリングしながら二次イオンの質量分析を行えば試料の深さ方向の定量的化学分析も可能である．さらに，入射イオンビームを細く絞って試料表面を走査させれば，表面での種々の元素の二次元的な分布を観測することも可能となり，極めて有効な化学分析手段になりつつある．1 個のイオンが注入されると表面構造がその部分で破壊されるが，測定の時間内にその領域には再び衝突が起こらない程度の一次イオン密度を用いれば，確率的には常にダメージのない表面層を観測することができる．このような実験条件を static SIMS とよび，明らかにダメージ層を観測するモード (dynamic SIMS) と区別される．表に SIMS の

SIMS の特徴一覧表

長所	(1)	高感度である．
	(2)	深さ方向分析ができる．
	(3)	水素からウランまでの全元素が分析できる．
	(4)	二次元（三次元）元素分布を得ることができる．
	(5)	同位体分析ができる．
	S-SIMS で強調されるべき長所	
	(6)	表面化学構造情報を得ることができる．
	(7)	表面第 1 層の情報を得ることができる．
	(8)	化合物の同定，分子量・重合量の決定が可能*．
	(9)	単分子スケールの深さ方向分解能で深さ方向分布測定が可能*．
短所	(1)	破壊分析である．
	(2)	定量分析が複雑である．
	(3)	二次イオン発生の機構に関する知見が不十分．
	(4)	電子をプローブとする分析法に比べて面分解能が劣る．

*　飛行時間型質量分析器を用いた装置において顕著に見られる特徴．
　大西孝治，堀池靖浩，吉原一紘，「固体表面分析 I」，p. 207，講談社 (1995)．

二次同位体効果 secondary isotope effect　→速度論的同位体効果

二重促進鉄 doubly promoted iron

　純鉄に比べ，K_2O と Al_2O_3 を添加した鉄は，アンモニア合成反応の触媒として高活性，長寿命であることは Haber-Bosch の時代に発見され，二重促進鉄触媒として現行の工業用アンモニア合成触媒*の基本となっている．K_2O は電子的促進剤といわれ，Al_2O_3 は構造的促進剤といわれる．実際には多元素が添加され ICI 触媒の例のように $K_2O(0.8\%)$，$Al_2O_3(2.5\%)$，$CaO(2.0\%)$，$MgO(0.3\%)$，$SiO_2(0.4\%)$ などが加えられている．これらの助触媒*も構造効果，長寿命効果や耐毒効果などの意味があるとされる．

　純マグネタイト(Fe_3O_4)から還元された純鉄触媒は $1\ m^2\ g^{-1}$ 程度の表面積しかもたないが Al_2O_3 を含むとバルク金属原子の間に入り込み，シンタリングを防いで高表面積を保つ役割をする．2%の添加で比表面積は約 $20\ m^2\ g^{-1}$ 程度まで増加するが，それ以上添加しても増加しない．マグネタイトに対する Al^{3+} イオンの固溶限界にほぼ対応している．アルミナに少量の鉄(硝酸塩など)を添加した担持型の溶媒では鉄が十分還元されず，活性は低い．鉄はバルク型にしてはじめて，完全に還元される．

　カリウムは K_2CO_3 の形で添加されるが，K_2O(または KOH)の形態で鉄表面を部分的におおっている．0.5%の添加で鉄表面の約 25%をおおい，電子的な促進効果が最大の効果を与えるが，実際には飛散などを考慮して 1%程度(表面の 50%以上をおおう)添加している．K_2O が鉄に電子を供与し，分子状窒素の活性化(N-N 結合の弱化)を助けるとされている．

　Al_2O_3 の構造効果には最近の表面科学的研究からの新解釈がある．アンモニア合成(窒素活性化)に対し鉄表面構造の違いが大きく影響することが明らかになってきた．最も開放構造をとる(111)面に対し，密な(100)面，さらに密な(110)面では 1/10 以下，1/100 以下と活性が減少する．Al_2O_3 は鉄の表面を再配列させ(111)面をつくり出す役割があるという．　　　　　　　　　　　　　　　　　　　　　　　〔秋鹿研一〕
→溶融鉄

二次粒子 secondary particle

　一次粒子*が集合して作られる凝集体のこと．ファンデルワールス力や粒子間に存在する水分，静電気力などの弱い力により凝集している場合と，部分的な焼結のように強い力で凝集している場合とがある．　　　　　　　　　　　　　〔小谷野圭子〕

ニッケル系触媒 nickel-based catalyst

　金属触媒のなかで資源的にも恵まれ安価であることにより，最も需要がある金属触媒である．Ni は周期表で第 8 族の遷移金属に分類されており，この族の金属種は共通

して水素に関連する種々の触媒機能を有している．例えば，水素化，脱水素，水素化脱硫などである．このためアルミナ，けいそう土，活性炭などに担持して炭化水素の水蒸気改質触媒として，重質油，油脂，アルケン，ニトリルなどの水素化，メタン化触媒として使われるほか，MoO_3-Al_2O_3，WO_3-Al_2O_3 に担持して水素化脱硫*用触媒として使用される．また Al や Mg と合金をつくっておき，これを苛性ソーダや酸などで Al や Mg を溶出(展開という)させることにより，高表面積の Ni 系触媒が製造される．これはラネーニッケル触媒とよばれる．溶出した Al や Mg の存在した部分が細孔を形成し，活性金属である Ni が多孔質骨格をつくるので多孔質触媒(skeleton catalyst)ともよばれる．有機合成用還元触媒として広く利用されるが耐熱性は高くない． 〔松本英之〕

→ラネーニッケル，水蒸気改質触媒

ニッケル-モリブデン系硫化物触媒　Ni-Mo sulfide based catalyst　→脱硫触媒

ニトリルの水素化　hydrogenation of nitriles

ニトリル基を還元すれば，第一級，第二級，第三級，第四級アミン，イミン，アルデヒドなどいろいろの生成物が生成する可能性がある．生成物の制御は可能で，このためニトリルの還元はたいへんに有用な合成反応となっている．ニトリルからアミンを生成する場合，イミン中間体を経由するとされている．

$$RC \equiv N \xrightarrow{H_2} RCH = NH \xrightarrow{H_2} RCH_2NH_2$$

ここで，イミン中間体に，生成物の第一級アミンが付加した中間体 $RCH(NH_2)NHCH_2R$ ができると，その水素化分解，あるいはアンモニア脱離，水素化により第二級アミン$(RCH_2)_2NH$ が生成する．この第二級アミンがさらにイミン中間体と反応すれば，中間体 $RCH(NH_2)N(CH_2R)_2$ を経て第三級アミン $(RCH_2)_3N$ が生成する．

以上から，生成した第一級アミンが速やかに除かれてイミン中間体と反応しないならば第二級，あるいは第三級アミンの生成を抑えることができる．実際，第一級アミンは，酸とは塩生成，無水酢酸とはアシル化するので，この方法により系外に取り出すことができる．しかし，鉱酸を含まないカルボン酸を用いた場合は第二級アミンも生成してしまう．なお，第一級アミンは，立体障害のあるニトリルから，あるいは過剰のアンモニア(1～5当量)を使って得ることもできる．Ni 触媒あるいは Co 触媒は低分子の脂肪族ニトリルから第一級アミンを得るのにはすぐれている．Pd, Rh，あるいは Ru 触媒も使うことができる．脂肪族ニトリルから第二級アミンへの水素化$(2RCN \rightarrow (RCH_2)_2NH + NH_3)$には Rh/カーボンが適している．この触媒は，アミンの存在下，ニトリルを還元して非対称の第二級アミンを合成するのにも有効である．脂肪族ニトリルから第三級アミンへの水素化$(3RCN \rightarrow (RCH_2)_3N + 2NH_3)$の場合，少なくとも低分子量のニトリル(ブチロニトリル程度)ならば，不活性溶媒中で Pd か Pt を使えば，選択性良く反応させることができる．置換基の混合した第三級アミンは，

過剰のアミンの存在下で Pd か Pt 触媒を使ってニトリルを還元すれば得られる．

ベンゾニトリルに代表される芳香族ニトリルは，触媒，溶媒，反応条件によりベンジルアミン，ジベンジルアミンのほか，核水素化生成物も生成する．第一級アミンを得るには，脂肪族のニトリルの水素化と同様に，酸性溶媒，アシル化剤の添加，過剰のアンモニアの使用，などの方法がある．また反応系に第二級アミンを添加しておくという方法もある．脂肪族ニトリルとは傾向がやや異なり，第二級アミン生成に対しては Pt と Rh がよい．Pd の場合，ベンジルアミンとジベンジルアミンが同程度できてくる．第三級アミンはできてこない．

芳香族ニトリルを酸中で水素還元すれば，中間体のイミンが水和されることにより，芳香族アルデヒドが生成する．

$$\text{ArCH}=\text{NH}+\text{H}_2\text{O} \longrightarrow \text{ArCHO}+\text{NH}_3$$

この場合イミンの水和がアミンへの還元より早く進む必要がある．

工業的にみればニトリルの水素化反応は，他の多くの水素化反応同様発熱反応で温度制御が重要である．Co/Al_2O_3，Co/けいそう土などが工業的には好適な触媒である．ファインケミカル関係で広く用いられているのはラネーコバルトで，ラネーニッケル*よりも選択性がすぐれ，高収率で第一級アミンが得られる．その他，目的に応じて Cu，Rh，Pt，Pd 触媒も使うことができる．

〔飯田逸夫〕

ぬ

ヌッセン拡散 Knudsen diffusion　→クヌッセン拡散

ね

熱交換型反応器 heat-exchanger type reactor

反応器は反応を一定の温度域で進めるために，熱の供給あるいは除去が熱交換によって行われる．この意味で反応器はすべて熱交換型である．しかし，特に熱交換型反応器と称されるものが生まれたのは，反応器の壁面に触媒を担持させて熱交換面としてだけでなく，反応面としても使用しようとする複合機能を有した反応器のアイデアが提出されたためである．反応熱を効率よく熱交換して利用しようとするときに用いられる．

〔吉田邦夫〕

→管壁反応器

熱重量分析　thermogravimetry；TG

熱天秤を用い，物質の温度を一定のプログラムに従って変化させながら，その物質の重量変化を温度または時間の関数として測定する分析法である．類似の分析法として示差熱分析(differential thermal analysis；DTA)があり，これは試料と熱的に不活性な基準物質を同様に温度変化させたときの両者の温度差を測定するものである．このように，物質の温度を一定のプログラムで変化させながら，その物質の種々の物理的性質を温度または時間の関数として測定する一連の測定法を総称して熱分析(thermal analysis)といい，下記のようなものがある．

種々の熱分析法と測定される物理的性質

熱重量分析（質量），示差熱分析（温度），示差走査熱量測定（エンタルピー），
熱膨張測定（長さ），熱機械分析（力学特性），熱音響測定（音響特性），
熱光学測定（光学特性），熱電気測定（電気的性質），熱磁気測定（磁気特性）

熱分析時の試料の雰囲気は通常大気中であるが，種々のガス雰囲気あるいは流通下で，さらには高圧や減圧で測定する場合もある．熱分析によって，物質の物理的変化や化学的変化が起こる温度を知ることができる．例えば，脱水のような物理変化や気体が発生するような化学変化は試料の重量変化があるので熱重量分析でその情報を得ることができる．ただし，重量変化を伴わない結晶の相転移や融解のような変化は熱重量分析で情報を得ることはできない．この場合はこれに伴う熱の発生や吸収を測る示差熱分析などの測定を行うことが必要である．装置によっては，2種以上の物理量を同時に測定することができるものがあり，例えば熱重量-示差熱を同時測定できる装置などが市販されている．本法は，触媒の研究分野では極めて有用な分析法となっている．例えば，固体触媒調製時における乾燥温度や空気焼成温度の最適値を知り，最適の調製条件を設定したり，触媒の熱による構造変化を調べ耐熱性を評価したりできる．また，反応熱の測定により直接活性をスクリーニングする試みもなされている．

〔浜田秀昭〕

熱伝達係数　heat transfer coefficient

固体壁とそれに沿って流れる流体との間との伝熱を熱伝達とよぶ．対流伝熱では，単位時間，単位面積当りに移動する熱は，流体温度と固体表面温度との差に比例する．この比例定数を熱伝達係数という．熱伝達係数は，記号 h を用いて表し，[$W\ m^{-2}\ K^{-1}$]の単位をもつ．熱伝達係数 h は定数ではなく，一般に流体の種類，流れの状態により定まる値である．例えば固体-流体間で物質移動や熱移動が生じるときに，流体の薄い膜の存在を考え，その中でのみ物質や熱の拡散抵抗が起こることが知られている．これを境膜といい，水蒸気改質*のような高温反応の場合には，反応管壁および触媒粒子表面と原料ガスの間の境膜中での熱移動速度は極めて重要な因子であり，反応成績に大きな影響を与える．境膜伝熱係数ともいう．

〔五十嵐　哲〕

→総括伝熱係数

燃焼触媒 combustion catalyst →触媒燃焼

燃料電池 fuel cell

　燃料電池(水素/酸素)は,電解質の両側にある1対の不溶性多孔質ガス拡散電極の片方(アノード)に水素を,他方(カソード)に空気(酸素)を供給することにより直接電気を得る発電装置で,高効率無公害を大きな特徴とする.電極中にあるサブミクロンサイズ細孔の表面またはそこに担持した触媒表面が反応場となり,次の起電反応が起こる.H^+ および e^- がカソードに向かって電解質,外部導線中をそれぞれ移動することにより電流が流れ,電気的仕事が得られる.

$$H_2 \longrightarrow 2H^+ + 2e^- \text{(アノード反応*)} \tag{1}$$
$$\tfrac{1}{2}O_2 + 2H^+ + 2e^- \longrightarrow H_2O \text{(カソード反応*)} \tag{2}$$

一般的に燃料電池は作動温度と電解質の違いにより特徴づけられる.低温作動(≦200°C)のアルカリ型燃料電池(AFC: alkali fuel cell),高分子型燃料電池(PEFC: polymer electrolyte fuel cell),リン酸型燃料電池(PAFC: phosphoric acid fuel cell),また中温作動(約650°C)の溶融炭酸塩型燃料電池(MCFC: molten carbonate fuel cell),さらに高温作動(約1000°C)の固体酸化物型燃料電池(SOFC: solid oxide fuel cell)が研究開発されている.アルカリ型以外では燃料水素を天然ガス,石炭ガス化ガスなどの化石燃料やメタノールを Ni あるいは Ru 系担持触媒上で水蒸気改質して用いる.200°C以下で運転する電池では,十分な性能を得るために Pt を主体とするアノードおよびカソード電極触媒を用いる.その触媒の高活性の維持が重要である.これらの触媒は,金属は通常カーボンブラック(粒径数十 nm)表面に担持率10～40 wt%で高分散(粒径数 nm)担持される.また,アノード触媒が改質ガス中の CO により被毒するのを避けるため,PAFC(200°C)の場合は CO シフト反応による除去(CO<1%),電気自動車用 PEFC(≦100°C)ではさらに CO 選択酸化による除去(CO<100 ppm)のための触媒の役割も重要である.

　AFC は卑金属電極触媒でも70%以上の発電効率が得られるが純 H_2,O_2 を必要とする.PEFC はスルホン酸系イオン交換膜を電解質とし,衝撃に強く非常に高い出力密度が得られ,材料選択の幅が広いことから低コスト化の可能性がある.それ故,電気自動車用電源あるいは家庭用電源(数十～数 kW サイズ)として研究開発が活発に行われている.しかし,電池性能のいっそうの向上には,耐 CO 被毒アノード触媒,前記 O_2 還元カソード触媒の検討が重要である.Pt と他の8族遷移金属との合金を用いてすぐれた触媒が設計されつつある.本電池の燃料供給法としてオンボードリフォーミング*も考えられている.PAFC は開発が最も進み,信頼性も向上し200 kW サイズの商用機の導入が始まった.発電効率は40%前後であるが廃熱利用(コジェネレーション)により総合燃料利用率80%が実証されている.MCFC は Li/K または Na の炭酸塩を電解質とし Ni,NiO をそれぞれアノード,カソード基本電極材として用いる.材料の耐食性の改善により寿命向上がはかられつつある.現在,1～5 MW クラスのプラント実証が行われている.SOFC は一般的には $ZrO_2 + 8\% Y_2O_3$(YSZ)を電解

質とし，Ni-YSZ サーメット，$La_{1-x}Sr_xMnO_3$ ペロブスカイトをそれぞれアノード，カソードとし，現在 100 kW クラスのプラント試験が行われている．これら2者は高温運転されるため，CO を含む改質ガスを燃料に用いても十分な電極触媒能を達成できる．また，電池の高温廃熱を利用して原料ガスを電池内で内部改質しながら燃料とすることもできる．また高温廃ガスを蒸気タービン発電に利用すると，60〜70％の総合発電効率が得られる可能性がある．

いずれの電池においても，燃料中に硫黄分が含まれるとリフォーミング触媒，電極触媒のいずれもダメージを受けるため，あらかじめ水素化脱硫を施すことが必須である．しかし，このような予備脱硫が行われ，また，改質反応，電池反応も 1000°C 以下のため，酸性雨源となる硫黄酸化物や，窒素酸化物の排出は皆無にちかい．

〔渡辺政廣〕

の

濃硫酸触媒 concentrated sulfuric acid catalyst ──────

濃硫酸触媒は，高オクタン価でガソリンブレンド基材となるアルキレートを製造するプロセス(アルキレーションプロセス)で主に用いられている．このプロセスではイソブタンのアルキル化が重要であり，その際に強い酸が必要である．硫酸を触媒とした反応プロセスは数多くあるが，アルキレーションプロセスでは96％以上の濃硫酸が触媒として必要である．強い酸としてはフッ化水素触媒＊も用いられているが，濃硫酸触媒を用いると製品アルキレートのオクタン価が高いなどの特徴がある．日本のアルキレート生成では，濃硫酸触媒を用いた方法のみが採用されている．アルキレーションの硫酸法は反応熱の除去法の違いにより主に2種類のプロセスに分かれ，反応器内の C_4 留分の蒸発潜熱を利用する ER&E 法とケロッグ法，反応生成物を利用するストラドフォード法がある．濃硫酸触媒の使用には，反応装置の腐食や廃酸の処理，さらに安全性などに問題点がある．

〔瀬川幸一〕

→アルカンのアルキル化

NO_x ──────

NO および NO_2 のこと．ノックスと読む．
→窒素酸化物

NO_x 吸蔵還元触媒 NO_x sorption and reduction catalyst (NSR catalyst) ──────

自動車排ガス処理触媒＊の一つ．三元触媒＊を酸化バリウムなどの塩基性物質で修飾し，排ガス中の窒素酸化物を硝酸塩としていったん吸蔵してから還元する．酸素を過剰に含む希薄燃焼型ガソリンエンジンやディーゼルエンジンの排ガスでは，還元剤と

なる炭化水素や一酸化炭素が酸素と反応してしまい窒素酸化物が還元除去されないので通常の三元触媒が適用できない．これに塩基性物質を添加すると，排ガス中の窒素酸化物が三元触媒に含まれる Pt 成分により酸化され，硝酸塩として塩基性物質に補足される．適当な時間間隔で運転条件を変えて排ガスを還元性にスイッチする（空燃比*を小さくする）と，補足された硝酸塩が炭化水素，水素により窒素分子に還元されて除去される．硫黄酸化物が毒物質となるので，触媒性能，特に耐久性は燃料中の硫黄含量に敏感である． 〔御園生　誠〕

→窒素酸化物の選択還元，除去

は

π-アリル錯体　*π*-allyl complex

　アリル基($CH_2=CH-CH_2-$)が遷移金属と結合した化合物には金属と炭素の σ 結合のみの σ-アリル錯体とさらにアルケンまたは二重結合部分が金属に π 配位した π-アリル錯体とがある。π-アリル錯体では σ 結合と π 結合の区別が困難で，アリル型転位をした二つの極限構造がすばやく変換している構造のものと同等であり，この結合様式は三つの炭素が四電子配位子として金属に配位した構造と考えることができる。π-アリル錯体は，金属と二つの配位座のつくる平面と配位アリル基の三つの炭素原子のつくる平面がほぼ垂直に交わるような立体構造をもつ。アリル基の1位に置換基をもつ π-アリル錯体は二つの立体異性体がある。この錯体のうち中央の炭素の置換基と同じ側にあるものはシン(*syn*)体，反対側にあるものはアンチ(*anti*)体とよばれる。π-アリル遷移金属錯体に配位している炭素には，その錯体の中心金属の性質により求核剤または求電子剤と反応する。Pb などの遷移金属の π-アリル金属錯体は，アリル化合物の求核置換反応，カルボニル化反応などの錯体触媒反応の中間体として存在することが知られている。

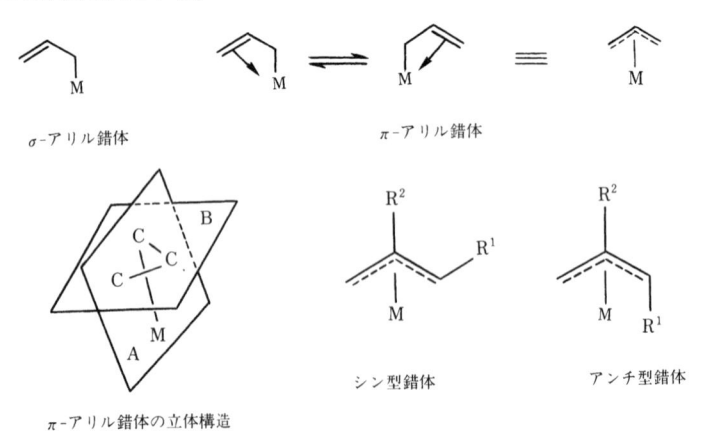

σ-アリル錯体　　　　　　　　　π-アリル錯体

π-アリル錯体の立体構造　　　シン型錯体　　アンチ型錯体

〔清水功雄〕

→S_N2 反応，求核置換反応，カルボニル化反応

配　位　coordination

　原子，原子団，分子などの電子対(電子供与体)が金属などの電子受容体に電子を与えることを配位といい，これにより形成する結合を配位結合という。通常，水，アミ

ン，ホスフィンなどの電子供与体は配位子とよばれ，金属に配位して種々の金属錯体を形成する．配位子からの供与電子の数は通常2であり，これにより非イオン性の単結合を形成する．ハロゲンやアルキル基のような一電子供与体と金属の結合は共有結合と考えることができるが，ハロゲンが金属から1電子を受け取ることによりアニオンとなり，これが金属陽イオンに2電子供与して配位すると考えることができることから，広義には金属に結合しているものはすべて配位子とよばれる．

供与電子は配位子中の結合形成に使われているものでも，結果として生成錯体が安定になるのであれば配位結合を形成することができる．例えば，エチレンのπ電子や水素分子のσ結合電子も金属と配位結合を形成する．前者では同時に金属の充填d軌道からエチレンのpπ*軌道への逆供与があり，エチレンと金属の間の結合が安定化される．後者では金属から反結合性σ*軌道へ逆供与が強くなると，H-H結合が切断されてジヒドリド錯体となる． 〔小宮三四郎〕

配位子　ligand

遷移金属原子は，単独状態では不安定で存在できないが，周りに，配位子とよばれる原子を安定させる原子または分子が結合することにより，安定に単離することが可能である．多くの安定な金属錯体では，18電子則*を満たすように，金属の周りに配位子が結合することにより，中心原子が閉殻構造をとって安定化する．無機化学では，典型金属まで含めて，配位子の定義は，金属に少なくとも1対の電子を供与することのできるイオンあるいは分子であり，ルイス塩基と考えることができる．古典的なルイス塩基である，ハロゲンイオン，シアノ基，アルコシキ基のような酸素配位子，ピリジンのような窒素配位子がこの範疇に入る．一方，d軌道をもつ遷移金属錯体では，配位子は電子供与体として金属の空のd軌道との相互作用を起こすだけでなく，金属の充填されたd軌道からの電子の受容体(π受容体)としての効果をもち，両方の電子効果により錯体を安定化する特徴がある．π受容体の典型的な例は，一酸化炭素である．COは弱い電子供与体であるが，その空のπ*軌道は，金属の充填d軌道と相互作用し，配位子から金属への逆供与により錯体を安定化する．また，有名なデュワー-チャット-ダンカンソンモデルに見られるように，アルケンやアセチレンは，その充填π軌道がσ供与体として金属の空のd軌道の相互作用に貢献するだけでなく，空のπ*軌道がπ受容体として金属の充填軌道と相互作用(逆供与*)して，錯体を安定化する．

配位子は，また，中心金属への電子の供与数により分類することができる．例えば，ホスフィンは二つの電子対で金属と相互作用するため，二電子配位子であり，ベンゼンのπ電子がすべて金属に配位した場合，ベンゼンは六電子配位子として作用する．18電子則の項で述べるように，特に金属と配位子のσ結合が存在する場合には，配位子の電子の供与数には2通りの流儀が存在する．表に典型的な配位子の電子数を二つのモデルで表したものをまとめる．

典型的な配位子と電子数 (M＝金属)

配 位 子	C	I	配 位 子	C	I
ハロゲン，CN	1	2	η^4-ジエン＝	4	4
η^1-アルキル，η^1-アリール	1	2			
NR_3，PR_3，$P(OR)_3$，CO	2	2	η^5-シクロペンタジエニル	5	6
η^2-アルケン＝	2	2			
η^3-アリール＝	3	4	η^6-アレーン＝	6	6

Cは共有結合モデル，Iはイオン性モデル．

〔永島英夫〕

配位重合 coordination polymerization

ポリマーの生長鎖末端が金属に結合しており，金属に配位し活性化したモノマーが金属-ポリマー間に挿入することにより進行する重合反応．活性中心金属が不斉を有するとプロキラルなモノマーでは一方の配位面が，またラセミモノマーでは一方の対掌体が選択されることにより，イソタクチックポリマーが生成する．チーグラー--ナッタ触媒*によるアルケンの重合や $FeCl_3$ によるプロピレンオキシドの重合に対して 1956 年に提唱された．生長鎖末端が負に分極した炭素やアルコキシドであることから配位アニオン重合ともよばれる．　　　　　　　　　　　　　　　　　〔塩野　毅〕
→イソタクチック重合，エチレンの重合，カミンスキー触媒，シングルサイト触媒，ブタジエンの重合，プロピレンの重合，メタロセン触媒，立体特異性重合

配位不飽和 coordinative unsaturation

錯体の中心金属周りの価電子数が結合理論によって許容されている最大の数に達している状態を配位飽和という．逆に最大許容数に達していない状態を配位不飽和とよぶ．遷移金属は，一つの s 軌道，三つの p 軌道，五つの d 軌道をもつため，中心金属の d 電子数と配位子からの供与電子数の合計が貴ガスと同じ 18 電子であるとき配位飽和となる．$Pd(PPh_3)_4$ や $Fe(C_5H_5)_2$ は配位飽和であり，$Rh(PPh_3)_3Cl$ （16 電子）や $Ir(PPh_3)_2(CO)Cl$ （16 電子）は配位不飽和である．配位不飽和な錯体は基質から電子を受け入れやすい傾向にあり，一般に反応活性を有している．例えば $Ir(C_5Me_5)(PMe_3)(H)_2$（18 電子）に紫外光を照射する際，水素分子を脱離することによって生成する配位不飽和種 $Ir(C_5Me_5)(PMe_3)$ はアルカンの C-H 結合の切断に対して高い活性を示す．　　　　　　　　　　　　　　　　〔鈴木寛治〕

排煙脱硝 flue gas NO_x reduction, flue gas denitration

火力発電所，化学工場，ごみ焼却炉などの燃焼排ガス中の窒素酸化物を除去するこ

とをいう．燃焼排ガスの場合は，窒素酸化物の大部分は反応性の低いNOである．排煙脱硝技術には乾式法と湿式法がある．乾式法には，接触分解法，吸着法，非選択接触還元法，選択接触還元法，無触媒還元法，電子線照射法などがある．一方，湿式法には，酸化吸収法，還元吸収法，錯体吸収法などがある．湿式法は硫黄酸化物との同時除去が可能な利点があるが，廃液処理が複雑でごく一部の小容量プラントで使用されているのみである．最も一般的に用いられているのが選択接触還元法(SCR*)である．本方式は還元剤としてアンモニアを添加し，触媒上でNO_xを窒素と水に分解する．

火力発電所排ガスを対象としたシステムは1970年代中期に日本で実用化され，各種ボイラー，ガスタービン，ディーゼルエンジンなどの燃焼排ガスに対し幅広く適用されている．また，都市ごみ焼却炉排ガス処理にも適用され始めている．石炭だきボイラー排ガス処理の代表的なシステム例を図に示す．脱硝装置のほかに電気集塵器(EP)，脱硫装置が付設される．AH，GGHは空気予熱器，ガスヒーター．

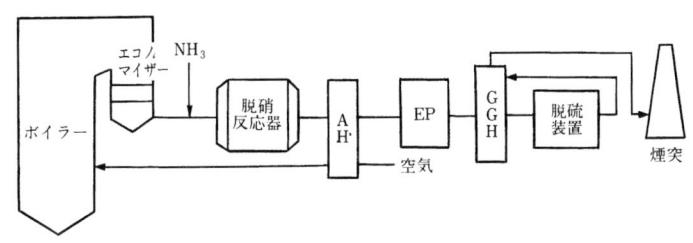

石炭だきボイラーの排煙システム

代表的な脱硝触媒は，酸化チタンに酸化バナジウム，酸化タングステン，酸化モリブデンなどを担持したものである．形状としては，低圧損のハニカム状と板状がもっぱら使用される．反応温度は200〜500℃が一般的である．

また，還元剤としてアンモニア以外にメタンやプロパンなどの炭化水素類を用いる方法も，最近小型のコージェネシステムに適用され始めている．触媒はアルミナ系やゼオライト系が用いられる．

なお，自動車排ガス中のNO_x浄化は通常，排煙脱硝に含めない．　〔加藤　明〕
→窒素酸化物の除去，窒素酸化物の選択還元，$DeNO_x$

π 酸　π acid

電子をπ結合(π対称性を有する結合)を通して受容できる化合物をπ酸という．この酸性という言葉は電子受容体(ルイス酸)の意味で用いられる．これに対し，電子をπ結合により供与する化合物をπ塩基という．カルボニルや電子吸引性の置換基をもつアルケンのような配位子と遷移金属の結合では，金属の充填d軌道から配位子の空のpπ*軌道に電子が逆供与(π-back donation, π-back bonding)されるが，これらの配位子をπ酸性(またはπ受容性)配位子とよぶ．一方，芳香環やアルケンなど

のいわゆる π 電子を受容することのできる分子も π 酸ということがある．例えば，π 酸としての 1,3,5-トリニトロベンゼンは 1,3,5-トリメチルベンゼンと π 錯体（電荷移動錯体）を容易に形成する．　　　　　　　　　　　　　　　　　〔小宮三四郎〕

ハイドロタルサイト　hydrotalcite ─────────────────

　天然に産出する粘土鉱物の一つであり，$Mg_6Al_2(OH)_{16}CO_3·4H_2O$ の組成式で表される層状化合物である．$Mg(OH)_2$ がもつブルサイト構造において部分的に Mg^{2+} が Al^{3+} で置換されてできる正に帯電した複水酸化物の層，ならびに層間の炭酸イオンと層間水とからなる．複水酸化物の層の正の電荷と，層間にある炭酸イオンの負の電荷とが釣り合うことによって，鉱物全体としては電気的に中性が保たれている．層間の炭酸イオンはほとんどイオン交換されず，ハイドロタルサイトは安定に存在する．底面間隔は 0.82 nm であり，このうち層の厚さは 0.48 nm，層間距離は 0.34 nm である．制酸剤や樹脂の添加剤などとして用いられる．焼成によって Mg-Al 複合酸化物となり塩基性を示すので，これは固体塩基触媒として利用できる．
　ハイドロタルサイトならびにハイドロタルサイトと構造が類似の化合物 $M_{1-x}^{2+}M_x^{3+}(OH)_2X_{x/n}^{n-}·mH_2O$，$x=0.2 \sim 0.4$（以後，単に合成ハイドロタルサイトとよぶ）は，比較的容易に合成できる．ここで，M^{2+} は Mg^{2+}，Ni^{2+}，Zn^{2+} など，M^{3+} は Al^{3+}，Fe^{3+}，Cr^{3+} など，X^{n-} は OH^-，F^-，Cl^-，Br^-，NO_3^-，SO_4^{2-}，CrO_4^{2-}，CO_3^{2-} などである．層間陰イオンが NO_3^- や Cl^- などの場合には，陰イオン交換が容易である．また，カチオンとして種々の金属イオンを導入可能なので，焼成によって種々の複合金属酸化物が得られる．金属の分布が均一な複合金属酸化物触媒の調製法となる．さらに，層間を微粒子触媒の調製の場として利用することもできる．
　合成ハイドロタルサイトは，触媒化学の分野以外にも，構成陽イオンの新しい組合せによる新規化合物の合成，大きな陰イオンの挿入による層間の拡張，層間の陰イオンの重合による新材料の創製，などの観点から研究の対象とされ，インターカレーション，ホスト-ゲスト化学などの分野で興味ある材料である．特に $Mg_{1-x}^{2+}Al_x^{3+}(OH)_2X_{x/n}^{n-}·mH_2O$ についての研究例が多い．　　　　　　〔鈴木榮一〕

BINAP

　ビナフチル骨格を有し，触媒的不斉合成に頻用される，野依，高谷らによって開発されたジホスフィン配位子である．二つのビナフチル環の立体障害のためそれらを結ぶ単結合のまわりの自由回転が阻害されるため軸性不斉となり,対掌体対が存在する．ロジウム，ルテニウム錯体と組み合わされてオレフィン類の不斉水素添加反応，カルボニル化合物の不斉水素還元など数多くの触媒的不斉合成の補助配位子として用いられる．中でもアリルアミンの不斉異性化反応は世界最大規模の光学活性メントール製造の鍵段階となっている．

(R)-BINAP (S)-BINAP

〔穐田宗隆〕

バイメタリック触媒 bimetallic catalyst → 多元金属触媒

バイヤー-ビリガー酸化 Baeyer-Villiger oxidation
　ケトンに過酸(過安息香酸や過酢酸)を作用させると,酸素原子が挿入してエステルを生成する反応を指す.1899年 A. von Baeyer と V. Villiger により見いだされた.カルボニル基に結合する一方のアルキル置換基が,酸素原子と結合するために転位したとみなせるので,バイヤー-ビリガー転位ともよばれる.

$$\text{R-C(=O)-R'} \xrightarrow{\text{Ph-C(=O)-OOH}} \text{R-C(=O)-OR'}$$

　非対称ケトンの場合,一般に転位する置換基 R′ は,第三級アルキル基＞第二級アルキル基,アリール基＞第一級アルキル基＞メチル基の順で移動しやすい.したがってメチル基が最も移動しにくいので,メチルケトンからは酢酸エステルが選択的に得られる.この反応は環状ケトンからラクトンを合成する際にも利用される.例えば,シクロヘキサノンと過酢酸から ε-カプロラクトン(鋳型成形用樹脂向けのポリエステル製造原料)が工業的に生産されている(UCC法).　　　　　　　　〔尾中　篤〕

パイロクロア pyrochlore
　一般に $A_2B_2O_7$ で表される複酸化物で,蛍石(CaF_2.酸化物では ZrO_2 の構造)型構造の陰イオン8個のうち一つが規則的に抜けた構造を有する(実際はイオン半径に応じ蛍石型構造がやや歪んでいる).金属イオンAは2あるいは3価,Bは5あるいは4価である.例,$Cd_2Nb_2O_7$, $La_2Co_2O_7$.　　　　　　　　　　〔御園生　誠〕

白金黒 platinum black
　白金化合物を還元して得られる黒色の微粉末.水素化反応などに高い触媒活性を示し,電極としても使われる.用いる還元剤によって,Adams の方法($NaNO_3$ と溶解して得た酸化白金を水素還元),Brown の方法($NaBH_4$ 還元),Willstätter の方法(ホルマリン還元)などの調製法がある.出発原料や還元剤により表面積,含まれる不純物などが異なり,触媒活性も微妙に異なる.白金に限らず,貴金属の微粉末はパラジウム黒,ルテニウム黒などとよばれる.　　　　　　　　　　〔三浦　弘〕

白金触媒 platinum catalyst

Pt は水素化, 水素化分解, 脱水素, 酸化, 異性化*, 還元アルキル化など, 多くの反応に活性を示す. 形態としては, 白金黒(白金ブラック)*, アダムス(Adams)触媒(酸化白金), 担持 Pt 触媒などがある. 白金黒(白金ブラック)は塩化白金酸のホルマリン還元などの方法によりつくられる. 白金ブラックは必ずしも純金属ではなく, 調製時の出発塩の種類, 溶媒, 温度などによりその純度には差異がある.

酸化白金は塩化白金酸を硝酸ナトリウムと溶融してつくられる. これが還元触媒として用いられるときには水素を導入時に還元される. 組成は純粋の PtO_2 ではなく, 数%のアルカリ塩が存在する. これは洗浄では除けないが反応には影響が及ぶ場合がある. 例えばベンゼンの水素化活性は共存する Na の量に強く依存する. 少量の強い酸を用いると反応への促進効果があるのは触媒中の Na との相互作用によるとされる. しかし場合によっては酢酸のような弱い酸が反応促進に効果的なこともある.

工業的によく用いられる Pt 触媒は担持触媒である. 担体はカーボン, アルミナ*の粉体, 成形体が多いが, ゼオライト*, チタニアなども担体として用いられる. 担体の選択, および調製法により, 反応活性, 選択性に大きな影響を及ぼす. 調製法はさまざまであるが, 一般的には水溶性の Pt 塩, H_2PtCl_6, $Pt(NH_3)_4Cl_2$ などを担体*に含浸し, H_2, HCHO, $NaBH_4$, N_2H_4 などで還元する. 含浸の条件により Pt の担持深さ, 分散の程度が決まる.

Pt 触媒の用途は多岐にわたる. 二重結合あるいは三重結合の水素化に適用できるが, 特に水素化中に二重結合の移動や異性化が起きるのが好ましくないときには Pt が有効である. 芳香環の水素化にも適用できるが, 水素化分解が特に問題となるようなときには Rh や Ru が用いられる. 芳香族ニトロ化合物のニトロ基($-NO_2$)を水素化してアミノ基($-NH_2$)にするのにも Pt は Pd と同様に多用されている. また還元アルキル化($-NH_2 + RCOR' \rightarrow -NHCHRR'$)にも活性があり, 用いられる. ニトロ基の還元, あるいは還元アルキル化においては, Pt/カーボンを硫黄化合物処理した硫化白金触媒も非常に耐毒性にすぐれた触媒として使われている. Pt は, イミンの水素化によるアミンの合成($-CH_2N=CH- \rightarrow -CH_2NHCH_2-$)にも一般的に用いられる. ヒドラゾン類をヒドラジン類に還元する反応($RCH=NNH_2 \rightarrow RCH_2NHNH_2$)は, 酸化白金あるいは Pt/カーボンが好適である.

Pt は脱水素反応*にも使用される. $Pt/Sn/Al_2O_3$, あるいはそれにさらにアルカリを添加したものにより, n-ブタンからイソブテンを製造できる. シクロヘキサン類をベンゼン類にするのにも Pt 触媒は有効である.

石油精製分野においては Pt はナフサのリフォーミング用の触媒として重要である. この触媒では Pt は Cl^- などで酸性を強くされた γ-Al_2O_3 に担持されたものが用いられる. さらに寿命を延ばすため, Re が添加され 10〜20 ppm の H_2S で処理されたりする. 硫化レニウムが Pt の表面原子を小さなアンサンブルに分割し, コーク生成確率を下げる効果があるとされる. その他の促進剤として, Ge, Ir, Sn も Re の代わりに使われる.

Ptはまた，自動車排ガス触媒の主活性成分の一つである．Pt/RhあるいはPt/Pd/Rhといった組合せで用いられる．貴金属はAl_2O_3に担持され，コーディエライトあるいは金属のモノリス(蜂の巣状の形状をもつのでハニカムともよばれる)にコートした形で使われる．反応条件が厳しく，取付け位置によっては900℃で水蒸気を含む排ガスにさらされるので担体の熱的安定性のため，Laなどの希土類元素とかBaなどが担体に添加されている．

Ptは硝酸製造においても重要である．アンモニアを酸化してNOを得る反応 ($NH_3 + 1.25O_2 \rightarrow NO + 1.5H_2O$) においては，90% Pt，5% Pd，5% Rhあるいは90% Pt，10% Rhのガーゼ触媒が用いられる．この反応のエンタルピー変化は-226 kJ mol^{-1}と非常な発熱反応で，ガーゼの温度は加圧運転($6.8 \sim 9.2$ atm)では940℃，低圧運動($1 \sim 2$ atm)でも850℃にもなる．生成したNOは，非触媒的に酸化されてNO_2となり，水に溶かされて硝酸となる．アンモニアの酸化反応はNOができる反応のほか，窒素と水が生成する反応 ($4NH_3 + 3O_2 \rightarrow 2N_2 + 6H_2O$)，あるいは$N_2O$が生成する反応 ($2NH_3 + 2O_2 \rightarrow N_2O + 3H_2O$)，アンモニアが窒素と水素に分解する反応 ($2NH_3 \rightarrow N_2 + 3H_2$) なども平衡論的には生成系に有利な反応なので，反応選択性が非常に重要である．そこで圧倒的にすぐれたNOへの選択性ゆえにPtが触媒の主成分として選ばれている．このプロセスでは反応中にPtの酸化物が揮散していくので，後段にPdに富んだガーゼを置き，PtPdの合金として回収する．

Pt-Rhのガーゼはまた，$NH_3 + 2CH_4 + 3.5O_2 \rightarrow HCN + CO_2 + 5H_2O$によるHCN生成にも使われる(アンドリュッソー法)．こちらの場合は全体の雰囲気が還元性なのでPtの揮散はほとんど起きない．

〔飯田逸夫〕

白金族系触媒　Pt group catalyst

　第4，第5周期の8〜10族に属する6元素，Ru, Rh, Pd, Os, Ir, Ptを総称して白金族とよぶ．いずれも腐食に強く，硫酸などの強酸にも侵されにくいことから貴金属として扱われる．特にRu, Rhは王水にも溶解が困難である．一方では遷移金属であるので，さまざまな金属錯体を形成し，また，金属表面は吸着能力に富んでいる．したがって，金属触媒として最も重要な元素である．これらの金属は同時に産出するので，生産量は需要にかかわらずほぼ一定の比率になる．Rhのように生産量に比して需要の多い金属は高価なものになる．用途は金属ごとに異なるが，Rh以外は触媒としてより電子機器，歯科材料などが多い．触媒としては，水素化反応をはじめ非常に広範な反応に有効で，環境・石油精製・石油化学など工業的用途も広い．

　ルテニウム(Ru)：融点の高い金属であるが，空気中加熱すると昇華性・毒性のRuO_4が生成する．担持Ru触媒も，空気中加熱で表面積を減退する．主に水素化触媒として有効で，アンモニア合成やCO水素化に高活性である．またアルケン，カルボニル化合物，含窒素化合物の水素化にもすぐれた活性を示す．ベンゼンを部分的に水素化してシクロヘキセンを生成するような特異的選択性も示す．なお，Ru微粉末をつくるのに$NaBH_4$還元法を用いると，爆発性の粉末が生じるとの報告がある．

白金族元素の性質

元素	Ru	Rh	Pd	Os	Ir	Pt
原子番号	44	45	46	76	77	78
原子量	101.1	102.9	106.4	190.2	192.2	195.1
結晶系	hcp	fcc	fcc	hcp	fcc	fcc
密度 [g cm^{-6}]	12.4	12.4	12.0	22.6	22.6	21.5
融点 [°C]	2282	1960	1552	3045	2443	1772
第一イオン化ポテンシャル [eV]	7.36	7.46	8.33	8.7	9	8.62

　ロジウム(Rh)：三元触媒の成分として自動車排ガス浄化*用に大量に使われている．金属は水素化反応に高活性で，エチレンやベンゼンの水素化には最も高活性な触媒とされる．錯体触媒としても水素化，カルボニル化などに有効で，特にオキソ反応の触媒としては工業的にも重要である．

　パラジウム(Pd)：最も代表的な水素化触媒として，広範に用いられる．アルケンや芳香環の水素化のほか，カルボニル基やニトロ基の水素化にも高活性である．特にアセチレンの水素化*やブタジエンの部分水素化でエチレンやブテンを生成する反応に高い選択性を示し，工業的に Pd/Al$_2$O$_3$ 触媒が使われている．水素化触媒としては活性炭担持のものが広く使われるほか，Pd/BaSO$_4$，Pd/CaCO$_3$ もしばしば使われる．Pd/CaCO$_3$ を酢酸鉛で部分被毒した触媒は，リンドラー触媒*として知られ，アセチレン結合の部分水素化にすぐれた選択性を示す．

　オスミウム(Os)，イリジウム(Ir)：これらは資源的に希少で高価な金属である．微粉状の金属オスミウムは室温でも昇華性の酸化物 OsO$_4$ を生じ，臭気をもつ．Ir は全元素中最も密度が高い．接触改質用の多元金属触媒*や自動車触媒*の成分として用いられる．　　　　　　　　　　　　　　　　　　　　　　　　　〔三浦　弘〕

➡三元触媒，改質触媒

バッチ操作　batch operation　➡回分反応操作

パティキュレート　particulate　➡粒子状物質

バナジウム-モリブデン系触媒　V$_2$O$_5$-MoO$_3$ catalyst　➡五酸化バナジウム-三酸化モリブデン系触媒

ハーバー-ワイス機構　Haber-Weiss mechanism

　フェントン試薬(過酸化水素と Fe^{2+})は古くより知られていたが，Haber と Weiss によって，次式のように，過酸化水素の一電子還元によるラジカル発生機構が提案された(1932 年)．

$$Fe^{2+} + H_2O_2 \longrightarrow Fe^{3+} + OH^- + OH$$

その後，ヒドロペルオキシド*などと遷移金属塩によるラジカル生成について，次式の

ごときレドックス反応をハーバー-ワイス機構として総称するようになった.金属塩と

$$ROOH + M^{n+} \longrightarrow RO + OH^- + M^{(n+1)+}$$
$$ROOH + M^{(n+1)+} \longrightarrow ROO + H^+ + M^{n+}$$

しては，Co, Mn, Cu, Fe などである．有機溶剤中におけるヒドロペルオキシドの金属塩触媒分解速度は，必ずしもそのレドックス電位の順ではなく，配位子，溶媒によって異なる． 〔沢木泰彦〕

→過酸化水素酸化

ハメット則　Hammett rule

芳香族化合物の置換体の反応または平衡に及ぼす置換基の影響を定量的に論じるために，L. P. Hammett により提唱された経験則である．置換基をもたない安息香酸の 25°C の水溶液における酸定数解離定数 $K_a°$ を基準に，メタまたはパラ位に置換基をもつ安息香酸の 25°C の水溶液中での酸解離定数 K_a を用い，置換基に固有な定数(置換基定数) σ を定義した．

$$\sigma = \ln(K_a/K_a°)$$

種々の反応に対しては，一般に次の式が成立する．

$$\sigma \rho = \ln(K_a/K_a°)$$

電子供与基の σ 値は負，電子吸引基は正の値をとる．この σ 定数を用いると，解離平衡のみでなく，反応速度についても次の式が成立する．$k, k°$ は置換基のある場合とない場合の速度定数である．ρ は，ハメットの反応定数とよばれる．

$$\sigma \rho = \ln(k/k°)$$

平衡定数と反応速度定数の間に次の関係式が成立することは，解離の自由エネルギーと反応の活性化自由エネルギーの間に直接関係があることを示すもので，直線自由エネルギー関係*(LFER)の一つの例である．

$$\ln(K_a/K_a°) = a \ln(k/k°)$$

	置換基定数　σ 値										
	NH_2	OH	OCH_3	CH_3	H	F	Cl	Br	I	CO_2Et	CN	NO_2
パラ位置	-0.660	-0.357	-0.268	-0.170	0.000	0.062	0.226	0.232	0.276	0.522	0.628	0.778
メタ位置	-0.160	-0.002	0.115	-0.069	0.000	0.337	0.373	0.391	0.352	0.398	0.678	0.710

(H. H. Jaffé: *Chem. Revs.*, **53**, 191 (1953)).

ハメット式は，反応点と置換基の間に立体干渉がありうる脂肪族化合物にはうまく適用できない．次のタフト(Taft)式はこれに代わるもので，ハメット式に似ているが，得られる情報は異なってくる．ここで，σ^* は分極置換定数，ρ^* は反応定数である．σ^* はエステル(RCOOR')の酸および塩基加水分解の速度定数を比較して決められる．k_0 は $R = CH_3$ の場合の値である．

$$\ln k = \ln k° + \sigma^* \rho^*$$
$$\sigma^* = 1/2.5[\ln(k/k_0)_{basic} - \ln(k/k_0)_{acidic}]$$

$(k/k_0)_{acidic}$ は活性化自由エネルギーに対する立体効果，$\ln(k/k_0)_{basic}$ は立体および誘

起両効果に寄与に比例するので，σ^* は誘起効果のみの目安となる．溶液反応のみならず固体触媒反応における置換基効果を論ずる際に，誘起効果のみに注目するときには Taft の σ^* が用いられることがある． 〔船引卓三〕

ハメットの酸度関数　Hammett acidity function　→酸度関数

ハメットの指示薬　Hammett indicator

酸強度の測定に用いる pK_a の異なる一連の指示薬を，ハメットの指示薬とよぶ．ハメット塩基ともいう．溶液中における指示薬の発色を調べることにより，ハメットの酸度関数 H_0 を決めることができる．すなわち，H_0 は，指示薬 B の pK_a (K_a=[B][H$^+$]/[BH$^+$]) と，$H_0 = pK_a + \log([B]/[BH^+])$ の関係があるから，溶液中における[B]/[BH$^+$]を分光法などで調べることにより，H_0 を決定することができる．逆に，H_0 が既知である溶液中の[B]/[BH$^+$]を測定することにより，塩基の pK_a を決めることもできる．表は各種のハメット指示薬の pK_a と酸性色ならびに塩基性色を示したものである．固体酸の酸強度にも，ハメットの酸度関数の考え方が適用される．ハメット塩基の吸着による発色を利用する．すなわち，アントラキノンで塩基性色であり，ベンザルアセトフェノンで酸性色を示した場合，固体酸の酸強度は H_0 が -5.6 と -8.2 との間にあるとする．固体酸に適用する場合，酸強度を酸度関数 H_0 で表すことができる利点の反面，溶媒中(通常ベンゼンを用いる)，室温での測定に限定される，色の濃い触媒に適用しにくい，などの欠点がある．ブレンステッド酸，ルイス酸の区別なく測定される．表に示したもののうち，ジシンナマルアセトンは不安定で分解しやすく保存に注意を要する．ベンザルアセトフェノン，アントラキノンの呈色は明瞭でない．ハメット指示薬を用いて固体表面の酸強度の分布を求める方法として，指示薬により着色した試料を n-ブチルアミンで滴定する方法(例えば *J. Phys. Chem.*, **59**, 827 (1955))と，既知量の n-ブチルアミンを前吸着した後，残存酸点の有無をハメット指示薬で検定する方法(Benesi の方法，*J. Am. Chem. Soc.*, **78**, 5490 (1956)，*J. Phys. Chem.*, **61**, 970 (1957))がよく用いられる．

ハメット指示薬

指示薬名	pK_a	酸性色	塩基性色
アントラキノン	-8.2	黄	無色
ベンザルアセトフェノン	-5.6	黄	無色
ジシンナマルアセトン	-3.0	赤	黄
ベンゼンアゾジフェニルアミン	$+1.5$	紫	黄
p-ジメチルアミノアゾベンゼン	$+3.3$	赤	黄
フェニルアゾナフチルアミン	$+4.0$	赤	黄
メチルレッド	$+4.8$	赤	黄
ニュートラルレッド	$+6.8$	赤	黄

〔犬丸　啓〕

→酸度関数

パラキシレンの酸化　oxidation of p-xylene

繊維，樹脂などに用いられるポリエステルの原料としてのテレフタル酸は，p-キシレンを液相でCoなどの遷移金属塩触媒の存在下で空気酸化することにより合成される．高分子原料用の高純度テレフタル酸の製造が工業的には重要な課題であった．従来技術では，2個のメチル基を1段で同時にカルボキシル基にまで酸化することが困難であり，またテレフタル酸の形では蒸留などによる精製が困難であるため，触媒反応ならびに分離精製過程でいくつかの工夫がこらされてきた．例えば，Co塩触媒によりp-キシレンを空気酸化するとp-トルイル酸が得られるが，このままでは残りのメチル基を酸化することは容易ではない．そこでp-トルイル酸をメチルエステルとし，次いで残るメチル基の酸化反応を行いテレフタル酸ジメチルとして精製する方法がとられてきた．しかし，1955年にCo, Mnなどの遷移金属塩にBrを添加した触媒を用いることにより，酢酸中でp-キシレンを液相空気酸化すると1段でテレフタル酸が得られることが見いだされ，1958年にはAmoco社などによって企業化された．CoまたはMn単独では触媒活性は小さいが，両者を適当な比率で混合すると活性は著しく増大する．反応は10～30気圧の圧力下，200°C前後の温度で行われ溶媒としては酢酸が使われる．反応は臭素ラジカルによるメチル基からの水素引抜きで始まり，ラジカル連鎖反応で進んでp-トルイル酸が生成し，これが4-カルボキシベンズアルデヒドに酸化するステップが律速とされる．さらに，触媒の存在下で水素添加することにより副生する不純物を除去する精製法が開発されて，現在ではテレフタル酸の大半がこの方法により製造されている．

〔竹平勝臣〕

パルス法　pulse technique

　パルス法は，1955年にEmmettらによりmicro catalytic techniqueの名称で簡便な触媒反応実験法として提案された．彼らの装置はガスクロマトグラフのサンプル注入口と分離カラムの間に小型の触媒反応器を置いたものであり，少量の反応物を通常のガスクロマトグラフと同様に注入すると，反応物はキャリヤーガスに運ばれて触媒層に到達して反応し，生成物はそのままガスクロマトグラフで分析される．名称の示すとおり触媒や反応物が少量ですむこと，また実験操作が簡単で結果が迅速に求められることなどが強調された．現在も，基本的にはEmmettらと同様の装置を使い，簡便さ・迅速さを活用して流通系反応操作*(流通法)の代用法として触媒活性や選択性の簡便測定に用いられることが多い．

　しかし，パルス法の利用と研究が進むにつれて，パルス法による反応結果が必ずしも流通法の結果と一致しないことが明らかになってきた．パルス法は本来非定常状態で反応を行うので，定常状態を原則とする流通法では見られない特異な現象が起こるからである．これに伴い，パルス法は，流通法の代用としての簡便測定法と流通法とは別種の情報を与える特殊測定法の二つの側面をもつことになった．

　流通法の代用として触媒のスクリーニングに用いる場合，あるいは，劣化しやすい触媒の初期活性を測定する場合などには，特異現象の主な原因は吸着*にあるので，吸着の影響の少ない条件を選ぶ必要がある．一次反応がその典型例であり，可逆反応，逐次反応*，併発反応*などを組み合わせた複雑な反応系であっても，すべての過程が1次であれば，反応結果が流通法と一致することが理論的に示されており，実験的にも確認されている．パルス法で一次反応であることを確かめるには，パルスサイズを変えても，転化率や選択率が変化しないことを確認すればよいとされている．また，一次反応の条件を満たさない場合にも，パルス幅を意図的に広くとることにより特異現象の影響を低減し，流通法に近い結果を得ることができる．

　非定常反応法の特徴あるいは特異現象を利用した特殊測定法としては，活性点*量および素過程速度の測定があげられる．パルス法による活性点量の測定は，プローブ分子の単純な吸着を利用する方法と触媒反応を利用する方法にさらに大別される．前者の代表例としては，COパルス吸着法による担持貴金属触媒の分散度*あるいは金属粒子径測定*および硫黄化合物あるいはCOを触媒毒*とするパルス被毒(被毒滴定)法による金属触媒*の活性点量の測定などがある．後者は，反応条件の選択により活性点が1回しか使われない(single turnover)条件を実現して，反応量から活性点量を求めるものである．低温でのアルコール脱水反応における生成アルケンのクロマトグラムの解析による酸性点*の測定，ベンズアルデヒド-アンモニア滴定法による塩基点の測定，窒素酸化物-アンモニア矩形パルス法によるV_2O_5の表面V=O数の測定などの例がある．

　触媒反応を構成する素過程の速度をパルス法により個別に測定する方法としては，モーメント法とパルス表面反応速度解析法がある．前者は，数学的な取扱いが必要であること，すべての過程が1次である線型反応にしか適用できないことなどの理由の

ため，拡散*などの物理現象の解析に主に用いられている．パルス表面反応解析法は，零次反応の条件下で利用できる方法であり，生成物のクロマトグラムの解析により吸着反応分子の一次表面反応の速度定数を得ることができる．アルコールの脱水*，イソプロピルベンゼンの分解，COの水素化などに適用されている． 〔服部 忠〕
→活性劣化，ターンオーバー数

半導体　semiconductor

　固体状態の物質は，その導電性の有無により，金属などの導体と電気抵抗が極めて大きいダイヤモンドなどの不導(絶縁)体に大別される．半導体はこの中間に位置し，典型的な例である高純度の Si 半導体では，室温で 10^{-4} S cm^{-1} 程度の電気伝導率をもつ．これら物性の相違は，物質の電子エネルギー準位の相違に起因する．
　図には，Si 半導体結晶(原子の電子配置：$1s^2 2s^2 2p^6 3s^2 3p^2$)の電子軌道の模式図を示す．結晶中では最外殻の 3s 軌道と 3p 軌道は sp^3 混成軌道を形成するが，このとき 2 個の 3s 軌道と 6 個の 3p 軌道は結合性軌道 4 個と反結合性軌道 4 個とに分裂し，それぞれが Si 半導体では，価電子が充満する価電子帯(valence band)と電子が占有していない空の伝導帯(conduction band)を形成する．価電子帯と伝導帯との間のエネルギー差をバンドギャップ*とよぶが，バンドギャップの大きさ(幅)が 1eV 程度であると，室温付近の温度においても価電子の一部は伝導帯に励起されて伝導電子となり，同時に価電子帯には電子の抜けた後に正孔が生成し，これら伝導電子と正孔が電荷キャリヤーとなり導電性が発現する．したがって，半導体の導電性は，金属などの良導体とは異なり，温度の上昇とともに増大する．一方，バンドギャップの幅が 3eV 以上の大きさになると，価電子帯から伝導帯に熱的に励起される電子の数が極めて少なく，良導体とはなりえず不導体とみなすことができる．このように，バンドギャップの大きさにより電気伝導率が決まる半導体を真性半導体(intrinsic semiconductor)とい

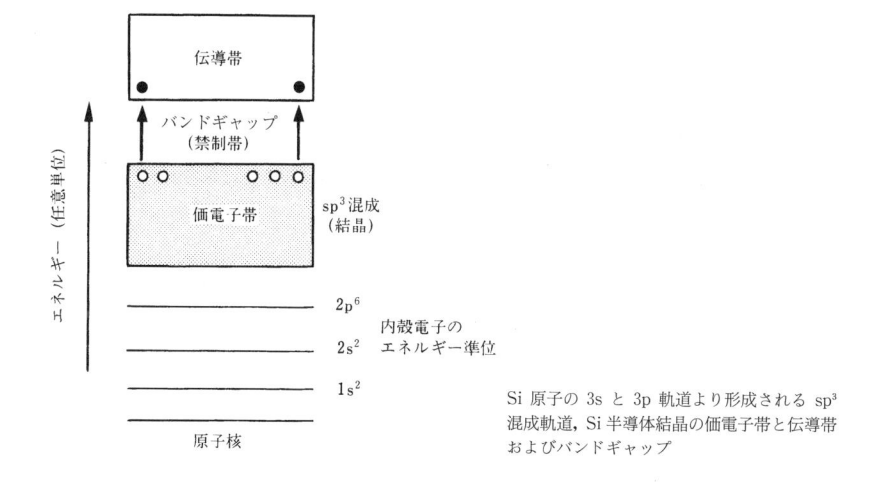

Si 原子の 3s と 3p 軌道より形成される sp^3 混成軌道，Si 半導体結晶の価電子帯と伝導帯およびバンドギャップ

う.

　一方,真性半導体に不純物をドープすると,バンドギャップの間に不純物による新しいエネルギー準位が形成される.この不純物準位と伝導帯もしくは価電子帯との間で電荷キャリヤーのやりとりが起こり,これが導電性の発現する原因となる場合がある.このような半導体を真性半導体に対して不純物半導体(impurity semiconductor)とよぶ.不純物半導体の電気伝導率は真性半導体に比べ4～7桁も大きくなることがある.不純物半導体で,不純物準位から伝導帯に電子を与え(ドナー準位*),その電子をキャリヤー(電荷担体)として伝導性が向上するものをn型半導体,他方,価電子帯の近くで不純物準位を形成し価電子帯からの電子を収容することで(アクセプター準位*),価電子帯に正孔を与え,その正孔をキャリヤーとして伝導率が向上するものをp型半導体とよぶ.例えば,価電子が4個のSi原子からなる結晶に対して価電子が5個のP原子を置換すると,P原子は周囲の4個のSi原子と共有結合しても1個の電子があまり,これがドナー不純物準位を形成するが,この電子は伝導帯に移動して比較的自由に結晶内を動くことができる.このように電子がキャリヤーとなり導電性が大きくなる半導体がn型半導体とよばれるものである.逆に,価電子数が3個のB原子を添加すると,B原子が周囲のSi原子と共有結合するには電子が1個不足するが,これがアクセプター不純物準位を形成する.このアクセプター準位はSiの共有結合から1個の電子をとって負に帯電し,価電子帯には1個の正孔が生成することになる.この正孔が電荷キャリヤーとなり導電率が大きくなる半導体をp型半導体とよぶ.半導体デバイスの分野では,これら不純物準位を形成する不純物の質と量を制御して作成した不純物半導体が広く用いられている.

　その他,半導体にはSiやGeのような単体とGaAsやCdSのような化合物があるが,化合物半導体には有機物そのものによる有機半導体と有機-無機複合体もあり,また,各種の高分子化合物が形成する半導体も多く知られており,特殊な応用が期待されている.

〔安保正一・松岡雅也〕

バンドギャップ　band gap

　図に示すように,一つの最外殻電子をもつ原子が2個互いに結合をつくるとき,結合に関与する二つの原子軌道から結合性分子軌道と反結合性の分子軌道が形成される.この考えを数多くの原子からなる結晶に拡張すると,原子数が多くなるとともに分子軌道の数も増加し,原子数がさらに増加すると結合性の電子が詰まったエネルギー準位は帯状(バンド)構造の価電子帯を形成するようになる.一方,電子の空の反結合性の分子軌道も帯状(バンド)構造の伝導帯を形成するようになる.これら価電子帯と伝導帯の間には電子が占めることのできないエネルギー領域が形成されるが,この領域をバンドギャップ(禁制帯)とよぶ.固体物質の多くの化学的・物理的特性は最外殻の電子数とバンドギャップ値に依存する.例えば,バンドギャップが十分大きくて価電子帯のエネルギー準位が電子によって完全に充填される場合には固体は不導(絶縁)体となり,この価電子帯が部分的に電子で占有される場合には,固体は高い電気伝

導率を示し金属となる．半導体は，通常，バンドギャップの大きさが 1 eV 程度と比較的小さいので，熱や光により価電子帯の電子が伝導帯に励起され，伝導帯に電子が価電子帯には正孔が生じ，これらが電荷キャリヤー（電荷担体）となり電気伝導性を示すようになる．このように，固体物質の化学結合を模式的に説明することができるが，固体物質の諸物性を定量的に予測し議論するには多原子系のシュレーディンガー波動方程式を精度よく解く必要がある．

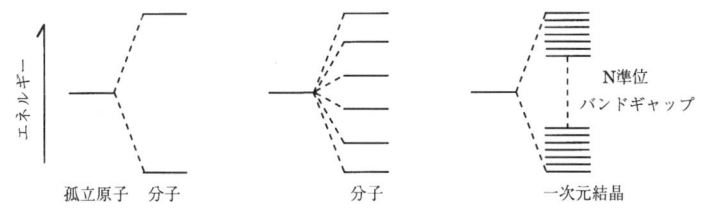

二つの原子軌道からの結合性分子軌道と反結合性分子軌道の形成および多原子の分子軌道による帯状（バンド）構造の形成

〔安保正一・松岡雅也〕

反応経路　reaction path

　一般に触媒反応は幾つかのこれ以上分割できない素反応*の組合せから成り立っている．ただ一つの素反応からなる反応を孤立反応または単純反応というが，多くの反応は 2 種類以上の素反応からなる複合反応である．触媒反応の機構を決定するためには，まず，これらの素反応の集合の仕方を明らかにする必要がある．ある出発物質から生成物質に到達するまでの一連の素反応の組合せを反応経路とよぶ．複合反応の反応経路は 1 種類であるとは限らず，むしろ複数の反応経路の存在する場合も多い．実際の反応はこのうちの最も容易な反応経路を通って進行することになるが，温度や濃度などの反応条件により反応経路が変化することもある．また，反応経路の途中で枝分れを起こし別の生成物の反応経路と交差することもあり，このような場合目的以外の生成物も同時に生じることになる．反応経路を決定するためには，まず反応中間体*を同定する必要があり，そのために種々の分光法が適用される．また，反応物に同位元素で印を付け，反応中これを追跡する同位体トレーサー法は反応経路の推定に有効な手法である．

〔内藤周弌〕

反応次数　order of reaction

　反応速度 v が，$v=k[A]^a[B]^b$ のように反応物濃度のべき関数の積で表現できる場合，べき指数を反応次数という．a, b をそれぞれの化学種についての反応次数，$a+b$ を全体の反応に対する反応次数という．k は反応速度定数である．反応次数が n の反応を n 次反応という．H_2 と I_2 から 2 mol の HI が生成する反応の速度式は，$v=k[H_2][I_2]$ となるので，H_2 と I_2 それぞれについて 1 次であり，反応の反応次数は 2 となる．この場合は，反応次数が反応式の化学量論係数と一致しているが，多くの場合

この関係は成立しない．つまり，A＋2B＝3C という反応の速度が$[A][B]^2$ に必ずしも比例しない．次数が分数や負の数になることもあるし，酵素反応*のミカエリス-メンテン式* $v=k[E][S]/(1+K[S])$ のように，反応速度が簡単なべき関数で表せないことも多い（ここで，$[E]$，$[S]$，Kはそれぞれ酵素，基質の濃度，および定数）．このとき，反応次数は形式的に $n=\partial \ln v/\partial \ln[S]=1/(1+K[S])$ である．〔富田　彰〕
➡反応速度，反応速度式

反応速度　reaction rate ────────

（1）反応速度の定義：　化学反応が進行する速度であり，一つの化学方程式で表示される反応では，反応物か生成物のいずれかの単位時間当りの変化量で表される．化学反応の速度は，^{238}U の壊変のように極めて遅い（半減期が約50億年）ものから，H^+ と OH^- との結合のように極めて速い（約1兆分の1秒で終了）ものまでさまざまである．

化学反応

$$aA + bB \longrightarrow cC + dD \tag{1}$$

の反応速度 v は

$$v = -\frac{1}{a}\frac{dn_A}{dt} = -\frac{1}{b}\frac{dn_B}{dt} = \frac{1}{c}\frac{dn_C}{dt} = \frac{1}{d}\frac{dn_D}{dt} \tag{2}$$

で定義される．a, b, c, d は化学量論係数である．ここで，n_s は注目する物質Sのモル数である．

例えば，反応，$3H_2 + N_2 \rightarrow 2NH_3$ では，H_2 の減少速度（$v_{H_2}=-dn_{H_2}/dt$），N_2 の減少速度（$v_{N_2}=-dn_{N_2}/dt$），NH_3 の増加速度（$v_{NH_3}=dn_{NH_3}/dt$）を用いて，$v=v_{H_2}/3=-v_{N_2}=v_{NH_3}/2$ で表され，各成分の変化量には $v_{H_2}=3v_{N_2}=(3/2)v_{NH_3}$ の関係がある．可逆反応では，反応速度は正反応の速度 v^+ と逆反応の速度 v^- の差を指す．

体積 V が一定の均一系触媒反応では，単位体積当りの反応速度 v_V を濃度変化量 dC_i/dt で表す方が便利である（式（3））．

$$v_V = \frac{v}{V} = -\frac{1}{a}\frac{dC_A}{dt} = -\frac{1}{b}\frac{dC_B}{dt} = \frac{1}{c}\frac{dC_C}{dt} = \frac{1}{d}\frac{dC_D}{dt} \tag{3}$$

また，dC_A/dt はAの濃度の増加速度とよばれる．

一方，不均一系触媒反応では，触媒の表面積 S や重量 W 当りの反応速度 v_S（触媒の比活性ともよばれる）で表されることが多い．

$$v_S = -\frac{1}{aS}\frac{dn_A}{dt} = -\frac{1}{bS}\frac{dn_B}{dt} = \frac{1}{cS}\frac{dn_C}{dt} = \frac{1}{dS}\frac{dn_D}{dt} \tag{4}$$

または，

$$v_W = -\frac{1}{aW}\frac{dn_A}{dt} = -\frac{1}{bW}\frac{dn_B}{dt} = \frac{1}{cW}\frac{dn_C}{dt} = \frac{1}{dW}\frac{dn_D}{dt} \tag{5}$$

触媒活性点（*）が均一で，その数（n^*）がわかるときは，活性点当りの反応速度としてターンオーバー頻度*（TOF：turnover frequency）を使って表現できる．例えば，HZSM-5(MFI)のヘキサンのクラッキング活性はHZSM-5中のAl含量に比例し，

互いに独立なブレンステッド酸(H^+)点の一つ一つが活性点として働く。

$$\text{TOF} = -\frac{1}{an^*}\frac{dn_A}{dt} = -\frac{1}{bn^*}\frac{dn_B}{dt} = \frac{1}{cn^*}\frac{dn_C}{dt} = \frac{1}{dn^*}\frac{dn_D}{dt} \quad (6)$$

これら異なる基準で表示された反応速度の数値は，固体触媒の重量，表面積などの値から相互に換算できる。しかし，触媒反応の速度の値には，反応物の減少速度あるいは生成物の増加速度をもって速度としている(化学量論係数 a, b, c, d を省いている)ことがあるので注意を要する。

(2) **反応速度の表現**： 反応(1)の速度は反応物や生成物の濃度に対して，式(7)の反応速度式*によって表現することがある。

$$v = kC_A^\alpha C_B^\beta C_C^\gamma C_D^\delta \quad (7)$$

ここで，k は速度定数，$\alpha, \beta, \gamma, \delta$ はそれぞれの物質濃度に対する反応次数であり，それらの合計 $\alpha + \beta + \gamma + \delta = n$ を反応(1)の反応次数*といい，この反応を n 次反応という。速度式(7)は実験的に求められるもので，次数は正，負の整数，分数，小数などさまざまな値をとる。均一系触媒反応*の速度は，式(7)で表されるようなべき乗の積で整理される場合が多い。不均一系触媒反応*の速度は反応物などの吸着量に依存するので，式(7)のべき乗積速度表現のほかに，ラングミュア型吸着式*やチョムキン型吸着式*に基づいたラングミュア型速度式*やチョムキン-ピジェフ型速度式*がよく使われる。

k は前指数因子 A と活性化エネルギー* E を用いて実験的にアレニウス式*(8)により与えられる。

$$k = A \exp(-E/RT) \quad (8)$$

前指数因子 A は，反応分子どうしが反応に有効な配置で衝突する頻度に相当する(衝突論)，あるいは活性化エントロピーに関係する(遷移状態理論)と説明されている。

反応物を活性化して反応を進行させるには，熱による活性化(熱化学反応)，光による活性化(光化学反応)，放射線による活性化(放射線化学反応)，触媒による活性化(触媒反応)などがある。触媒反応は化学工業プロセスの根幹をなす。

(3) **触媒反応速度の求め方**： 回分式タンク型反応器あるいは閉鎖循環系反応装置では，成分濃度または転化率の反応時間に対する変化曲線の勾配から体積当りの反応速度の値を求めることができる。例えば，反応，A+B→P，において，成分Aの初物質量(モル)，初濃度および転化率をそれぞれ n_{A0}, C_{A0} および χ_A とすれば，Aに関する化学量数は1であるから，v_v は式(9)で表される。

$$v_v = -\frac{1}{V}\frac{dn_A}{dt} = -\frac{dC_A}{dt} = -\frac{n_{A0}}{V}\frac{d\chi_A}{dt} = -C_{A0}\frac{d\chi_A}{dt} \quad (9)$$

流通式管型反応装置では，触媒充填層の一方から反応物を一定速度で供給し，入口と出口の濃度の差から反応速度を計算する。触媒充填層の体積 V，触媒重量 W，反応器入口の全供給モル速度 F_0，注目成分Aの反応器入口でのモル分率 y_A^0 を用いると体積当りの反応速度 v_A は式(10)で表される。F_0 が変化しないと仮定すると，

$$v_\mathrm{A} = \frac{\mathrm{d}\chi_\mathrm{A}}{\mathrm{d}(V/F_0 y_\mathrm{A}^0)} \tag{10}$$

$F_0 y_\mathrm{A}^0$ は反応器入口での注目成分Aのモル供給速度に相当し，F_0 を体積速度 F で表す場合は，y_A^0 をモル濃度 C_A^0 に置き換える．転化率が十分小さい場合の微分反応条件では，式(11)で表され，反応速度は転化率を求めることにより算出される．

$$v_\mathrm{A} = \frac{\chi_\mathrm{A}}{V/F_0 y_\mathrm{A}^0} = \frac{F}{V} C_\mathrm{A}^0 \chi_\mathrm{A} \tag{11}$$

また，触媒充塡層の体積 V の代わりに触媒の重量 W を用いることも多い(式(12))．

$$v_\mathrm{w} = \frac{F}{W} C_\mathrm{A}^0 \chi_\mathrm{A} \tag{12}$$

反応物や生成物の濃度を測定するには，物理的手法と化学的手法がある．前者には分光法，質量分析法，クロマトグラフ法などがあり，また濃度に比例する物理量である屈折率，電気伝導率，旋光度，誘電率などを測定する方法もある．後者には熱分析，重量分析，容量分析などがある． 〔岩澤康裕〕

→触媒，触媒作用

反応速度式　rate equation

反応速度を反応に関与する物質の濃度の関数として表した式を反応速度式という．反応速度 v は，しばしば A, B, C 分子の濃度のべき表現として

$$v = k[\mathrm{A}]^\alpha [\mathrm{B}]^\beta [\mathrm{C}]^\gamma \cdots$$

のように表される．ここで，k は濃度に依存しない定数であり反応速度定数とよばれる．また，濃度の指数項の和$(\alpha+\beta+\gamma\cdots=n)$を反応次数* n という．実験的な反応速度式は上式において他の反応物の濃度は一定に保ちながら，ある1種類の反応物の濃度だけを変化させて速度を測り決定するが，n の値は必ずしも正の整数とは限らず負または分数の場合もある．これは一般に化学反応はいくつかの素反応の組み合わさった複合反応である場合が多く，上式はそのうちの特に遅い素反応(律速段階*)の速度を主とする実験的な近似式にすぎないからである．より正確な反応速度式を決定するためには，反応を構成している各素過程の組合せ(反応経路*)や律速段階が決定された後に，定常状態近似*のような手法を用いなければならない． 〔内藤周弌〕

反応中間体　reaction intermediate

化学反応において反応物質と生成物質を結ぶ反応経路*の中間にあり，反応座標の方向に沿って自由エネルギー極小の状態にある物質を反応中間体という．しかし，そのエネルギー値は反応物と生成物のいずれよりも高く，これより不安定なのが一般である．反応中間体とよく混同される活性錯合体*は，素反応*原系と生成系の間にあり，エネルギー極大の状態をいい励起状態(遷移状態)にある．したがって，各反応中間体の前後には必ず活性錯合体が存在することになる．反応中間体は不安定とはいえ一種の化合物であるから，寿命の比較的長いものは種々の分光法により検出・定量するこ

とも可能である．しかし，反応中に反応場で検出された物質が必ずしも反応中間体であるとは限らず，単なる副生物である場合も多い．このような場合，検出された物質に何らかの方法で同位体の標識を付け，それが全反応速度と同じ速さで生成物中に入り込んでくることを確かめなければならない．一方，短寿命の反応中間体を検出することは難しいが，低温凍結するなど何らかの実験的工夫により安定化させるか，時間分解分光法のような手法で捕捉できる場合もある．いずれにしても，反応中間体の同定は反応経路や反応機構を解明するうえで，重要な課題である． 〔内藤周弌〕

反応分子数　molecularity of reaction ──────────

素反応*に関与する原系分子の数をいう．C_2H_6の分解反応で2個のCH_3が生成するときのように1個の分子だけが関与するものを一分子反応（あるいは単分子反応）という．この場合でも，分子は周辺の分子と衝突し，活性化されて生成物になることが一般的である．2個の分子が関与するものを二分子反応，3個の分子が関与するものを三分子反応という．三分子衝突が起こる確率は極めて小さいが，活性化エネルギーが小さければ，三分子反応も稀に起こりうる．三分子反応以上のものはないといっていい．素反応では反応分子数は反応次数と一致するが，複合反応では一般には反応次数と一致しない． 〔富田　彰〕

ひ

BET 吸着等温式　BET adsorption isotherm ──────────

1938年に S. Brunauer, P. Emmett および E. Teller によって理論的に導かれた多分子層吸着*の吸着等温線*を表す式である．BET 吸着等温式はラングミュア吸着等温式*における理論を多分子層吸着に拡張することにより導くことができる．

この理論では，第1層への吸着層の上にさらに重なって，多分子層吸着が起こると考える．すなわち第k層の吸着層の上にさらに第$k+1$層の吸着層が形成される．その際，第k層と，第$k+1$層の間には，ラングミュアの吸着平衡が成立すると考える．また，吸着平衡定数は第2層以上の吸着ではすべて等しく，第1層の吸着平衡定数のみがそれと異なるとする．すなわち第2層以上の吸着熱*は吸着質の凝縮熱 E_L に等しく，第1層の吸着熱 E_1 とは異なるとする．全吸着分子数は第1層から第n層までのすべての吸着分子数の和であり，吸着が第n層までに限られるときには吸着量vは次式で与えられる．

$$v = \frac{c \cdot v_m \cdot x \{1-(n+1)\cdot x^n + n \cdot x^{n+1}\}}{(1-x)\{1+(c-1)\cdot x - c \cdot x^{n+1}\}}$$

ここで，xは吸着質の平衡圧pとその飽和蒸気圧p_0の比であり（$x=p/p_0$），相対圧とよばれる．またv_mは単分子層吸着に必要な吸着量（単分子吸着量とよぶ）である．定

数 c は $c=c_0\cdot\exp((E_1-E_L)/R\cdot T)$ と表され，R および T はそれぞれ気体定数および絶対温度である．これを n 層 BET 吸着等温式とよぶ．

上式で $n=\infty$ とすると無限層 BET 吸着等温式とよばれる次式を得る．

$$v=\frac{c\cdot v_m\cdot x}{(1-x)(1-x+c\cdot x)}$$

一般に，この無限層 BET 吸着等温式を単に BET 吸着等温式とよぶ．

これを変形して

$$\frac{x}{v\cdot(1-x)}=\frac{1}{c\cdot v_m}+\frac{(c-1)\cdot x}{c\cdot v_m}$$

として実験結果と比較できる．すなわち x に対して $x/\{v\cdot(1-x)\}$ をプロットすれば，直線関係が得られる．通常の試料では，この直線関係は $0.05\leq x\leq 0.35$ の間でのみ成立する．この直線の切片より $1/(c\cdot v_m)$ を，また勾配より $(c-1)/(c\cdot v_m)$ を得る．したがって両者より c および v_m が得られる．このようなプロットを BET プロットとよぶ．

BET 吸着等温式は多くの吸着媒*に対する沸点付近における相対圧 x が $0.05\leq x\leq 0.35$ の範囲における希ガス，窒素および酸素などに対する吸着等温線をよく説明する．吸着質の吸着断面積が既知であれば，測定された単分子吸着量 v_m からその固体の表面積(BET 表面積*)を計算することができる．

BET プロットが小さな切片を与える例は多く，そのような場合には定数 c は大きい．このような場合には近似的に切片を 0 と等値してもよく，$v_m=v\cdot(1-x)$ と近似することができる．

一般に BET プロットは小さな相対圧 x に対しては下方に，また大きな相対圧 x に対しては上方にずれる．下方へのずれは，不均一表面上の大きな吸着熱を有する吸着により BET 吸着等温式による吸着量より実際の吸着量がまさるためである．上方へのずれは BET 吸着理論による吸着層数の異なりによる表面上の凹凸が，吸着質液体の表面張力(吸着分子間の引力)により実際は減少するからであるとされる．

先の n 層 BET 吸着等温式で $n=1$ とすれば，ラングミュアの吸着等温式と一致する．また n 層 BET 吸着等温式において適当な n および c を選ぶと，多くの吸着等温線を説明できる．

BET 吸着等温式には先に簡単に記した導出法のほかに数多くの運動論的および統計力学的な導出法がある．一方，BET 吸着等温式の導出に際して採用された仮定に対しては矛盾も指摘されている．特に吸着質分子間の引力をすべて無視したことは本質的な矛盾である．吸着質分子間の引力を考慮すると均一表面上の多分子層吸着は階段状の吸着等温線になることが予想される．実際に均一な結晶表面上の希ガスなどの吸着には階段状の吸着等温線が見られ，多くの多分子層吸着の吸着等温線が滑らかなのは，表面が不均一なためとされる． 〔鈴木　勲〕

→ BET 表面積，表面積測定法

BET 表面積　BET surface area

BET 吸着等温式*から得られる単分子層吸着量 v_m を用いる表面積(v_m の求め方については，BET 吸着等温式の項を参照）．粉体の表面積測定法として最も一般的なものである．比表面積 $S[\mathrm{m}^2\ \mathrm{g}^{-1}]$ は，$v_\mathrm{m}[\mathrm{cm}^3\ \mathrm{g}^{-1}]$ と次の関係にある．

$$S = (v_\mathrm{m}/22414) \cdot N_\mathrm{A} \cdot \sigma$$

ここに，N_A はアボガドロ定数であり，σ は吸着質1分子が表面で占める面積である．

吸着質の吸着断面積 σ は，吸着温度における液体の密度から，次式で推算する．すなわち，吸着質は，球形であり，表面上に最密充塡で単分子層を形成していると仮定する．また，液体中では立方最密充塡していると考える．

$$\sigma = 2\sqrt{3}\{M/(4\sqrt{2} \cdot N_\mathrm{A} \cdot d)\}^{2/3}$$

ここに，M および d は，それぞれ，吸着質の分子量および密度である．また，d の値を吸着温度における固体の値から推算することもある．最もよく使われる液体窒素温度における窒素分子の吸着断面積は，この方法で求めた値を使用する．また，同一の試料に対する単分子層吸着量とある吸着質の単分子層吸着量の比から，吸着断面積を推定することもある．また，Xe や Kr の吸着断面積は，ボールベアリングのように，表面粗さの非常に小さい試料に対する単分子層吸着量から直接計算により求められている．表はこのようにして求められた各種の吸着質の吸着断面積の値を示す．

最も一般的な BET 表面積測定法は液体窒素温度における窒素を吸着質とする測定法であり，数 m^2 までの表面積測定が可能である．さらに小さい表面積の試料に対しては，飽和蒸気圧の小さい Kr あるいは Xe が吸着質として用いられる．液体窒素あるいは液体酸素温度における Kr および Xe の吸着では，それぞれ，数百 cm^2 あるいは数十 cm^2 までの測定が可能となる．また，温度補償型定容吸着量測定装置を用いて，液体窒素温度における Kr 吸着および液体酸素温度における Xe 吸着により，それぞれ，1 cm^2 および 0.1 cm^2 の表面積が測定されている．

BET 表面積は，吸着等温線が BET 式に従っていることが前提であるので，この点を確認することが重要である．また，細孔径の小さな試料では，細孔に進入できる吸着質を用いなければならない．逆に，ゼオライトなどの外表面積の測定には，細孔内に入らない吸着質を使用する．

各種吸着質の吸着断面積

吸着質	吸着温度 [K]	飽和蒸気圧 [kPa]	吸着断面積 [nm^{-2}]
N_2	77K	101	0.16
Ar	77K	28	0.15
Kr	77K	240	0.23
Xe	77K	0.13	0.28
Xe	90K	6.1	0.31
CH_4	77K	1300	0.19
CO_2	195K	101	0.20
C_4H_{10}	273K	101	0.44

〔鈴木　勲〕

PAS photoacoustic spectroscopy →光音響分光

PM particulate matter →粒子状物質

p型半導体 p-type semiconductor →半導体

光音響分光 photoacoustic spectroscopy；PAS

　光音響効果(断続的な光を物質に照射するとその物質から断続周波数と同じ周波数の音波が発生する現象)を利用した分光測定法で,固体試料のスペクトル測定に有効な手法である．光が物質に吸収されると，化学反応や発光などに寄与しないエネルギーは無放射遷移(失活)過程を経て最終的には熱に交換され放出される．この放射熱は物質の光化学的性質や熱化学的性質に関する情報を含んでいるため，これを音波という力学的エネルギーに変換し測定することにより，試料物質の光化学的・熱的性質に関する知見を得ることができる．

　測定装置の主要な構成要素は，光源，チョッパー(変調器)，セル，音響センサー，信号処理系などであり，セル部のみ試料の形態に応じて作成する．図に音響分光計の基本構成を示した．センサーには音響エネルギーを電気エネルギーに変換するさまざまなマイクロホンが用いられるが，通常コンデンサーマイクロホンが最もよく用いられている．

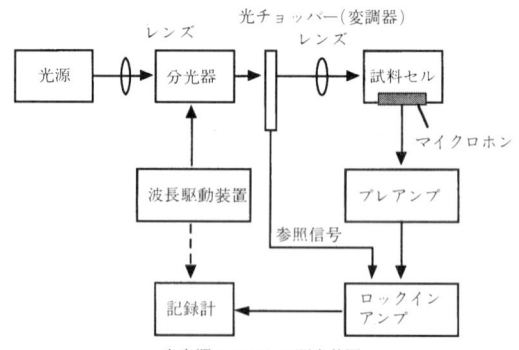

光音響スペクトル測定装置

　光音響分光法は感度が良く，ごくわずかの試料でも測定が可能であるため，気体中のトレース物質の検出および定量分析が主な研究対象であったが，近年では，固体，液体試料への応用が示されている．例えば，葉を摘みとってきてその可視領域のスペクトルを測定すると，その成分である葉緑体の吸収がはっきりと観測されるほどに感度が良く，なおかつ抽出などの処理が必要ない．粉体試料では，Cr_2O_3 粉末の測定例があげられる．Cr_2O_3 粉末の光音響スペクトルでは，厚さ 4 μm の単結晶のスペクトルと同様に，460，600 nm 付近に Cr_3^+ イオンによる特徴的な配位子場吸収スペクトルを観測することができる．同じ試料の拡散反射スペクトルと比較すると，ピーク強

度ははるかに強く，S/N 比は1桁以上よいものが得られている．また，半導体粉末を測定すると直接遷移に基づく吸収端が明確に観測され，CdSe，CdS，ZnS などはバンドギャップ*の文献値とよく一致している．

測定上の留意点としては，そのままの試料を測定すると強いピークは飽和してしまうため，測定したい光の領域で不活性で光反射率を有する粉末(紫外可視領域の場合 MgO など)で希釈することが必要であることがあげられる．

〔野村淳子・堂免一成〕

→赤外光音響分光法，拡散反射法

光起電力　photoelectromotive force, photopotential

光エネルギーの吸収によって端子間に電位差が生じる現象を光起電力効果(photovoltaic effect)という．例えば，半導体*の p-n 接合部，半導体-金属接合界面，半導体-溶液界面などにおいて，半導体のバンドギャップ*以上のエネルギーをもつ光が照射されると，半導体の荷電子帯の電子が伝導体に光励起される．ここで光励起された電子と生じた正孔が電荷分離されると電子過剰側の電極(端子)と電子欠損側の電極(端子)との間に電位差が生じる．このような光照射下での二つの電極(端子)の間に生じた電位差(起電力)を光起電力という．

この効果に基づく電子移動反応は，太陽電池，半導体光触媒反応，湿式光化学電池，光画像形成(情報記録素子)，化学センサー*，光合成モデルなどへと応用されている．太陽光(可視光)の有効利用のため，半導体表面に色素を固定化して色素の光吸収波長で電子を光励起する光増感も多用されている．

〔谷口　功〕

→光化学電池

光触媒反応　photocatalytic reaction

工業触媒や自動車触媒などの従来の触媒は熱が加わることで触媒反応を誘起するのに対し，光の照射により触媒機能を発現するものを光触媒という．光触媒にも長い歴史がある．光の照射下，光触媒上で進行する触媒反応を光触媒反応とよぶ．水の分解を例として，もう少し厳密な光触媒の作用機構と光触媒の定義について説明する．水の分解を光化学反応として進行させるには，水分子が光を吸収し結合開裂に至る電子状態に励起されねばならず，165 nm 以下の真空紫外領域の短い波長の光が必要となる．これに対して図に示すように，水中の二酸化チタン微粒子半導体をそのバンドギャップ*よりも大きなエネルギーをもつ光(およそ 380 nm 以下の波長の紫外光)で励起すると，価電子帯の電子が伝導帯に励起され，伝導帯に電子が価電子帯に正孔が生成する．これが，バンドギャップ励起による電子と正孔の生成である．

光照射で生成した電子と正孔のうち，伝導帯の電子は還元力が高く水中の H^+ を還元し水素を生成し，価電子帯の正孔は酸化力が高く OH^- を酸化し OH ラジカル，H_2O_2 を経由し酸素を生成することができる．結果として，二酸化チタン微粒子半導体を用いない直接的な水の光分解反応の場合に比べ，はるかに低いエネルギーの光により

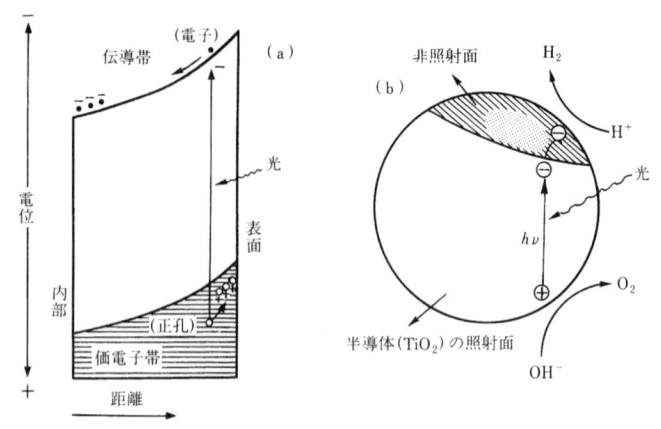

n型の二酸化チタン半導体のバンド構造と光励起による電子と正孔の生成（左図）および水中での二酸化チタン微粒子半導体光触媒の光照射に伴う H_2 と O_2 の生成（右図）

水が水素と酸素に分解したことになる．このような作用を示す二酸化チタン微粒子半導体を光触媒とよび，これによる水の分解反応は光触媒反応の例である．

　緑色植物のクロロフィルによる光合成は，P680 の色素を含む光合成系 II と P700 の色素を含む光合成系 I の複雑な電子伝達系による効率的な電荷分離で生成する電子と正孔による二酸化炭素の還元と水の酸化による糖と酸素の生成反応であり，光合成反応を光触媒反応の一つと考えることもできる．半導体光触媒系では，光照射で生成した電子と正孔の多くは再結合により失活するが，光合成系のように電荷分離の効率を上げることで光触媒反応の効率を上げることができる．例えば，二酸化チタン光触媒に白金などの金属を微少量添加すると電荷分離の効率の向上が起こることが知られている．

　ポルフィリン，フタロシアニン，ルテニウム錯体などの金属錯体を光触媒とする均一溶液系での光触媒反応の例もみられるが，一般には，無機固体半導体物質を光触媒とする不均一系光触媒反応の例が多くみられる．酸化物半導体としての TiO_2，$SrTiO_3$ や ZnO，硫化物半導体としての CdS や ZnS などを光触媒とする酸素の吸着・脱離，窒素酸化物（NO_x）の分解，CO やアルコールおよび炭化水素の酸化反応，ブテンの異性化，水からの水素と酸素の製造，二酸化炭素の水による還元固定化反応などの例がみられる．最近では，二酸化チタン光触媒が安全かつクリーンで常温で機能することから環境調和型の触媒として注目され，脱臭，抗菌・殺菌，防汚触媒として広く利用されている．

　また，二酸化チタン光触媒の活性のいっそうの向上と可視光を利用できる新規な二酸化チタン光触媒の開発に向けての研究が活発化している．前者では，ゼオライトなどの多孔性担体に高分散状態で担持した酸化チタンが，後者では，酸化チタンにイオン注入技術により微量の V や Cr イオンを注入して電子状態を摂動し可視光を吸収し

可視光で機能する第二世代の新規な酸化チタン光触媒が検討されている．

〔安保正一・松岡雅也〕

➡光増感酸化

光増感酸化　photosensitized oxidation

　光増感酸化反応は，光増感剤(sens)を光触媒とする酸化反応で，Type Ⅰ と Type Ⅱ に分けられる．Type Ⅰ はケトン，キノンなどを増感剤とする光酸素化反応で，光励起された三重項増感剤(^{3}sens)の水素引抜きによって開始されるラジカル反応である．

Type Ⅰ　　　　　　　sens $\xrightarrow{h\nu}$ ^{1}sens $\longrightarrow$ ^{3}sens
　　　　　　　　　　^{3}sens$+$AH $\longrightarrow$ sensH・$+$A・
　　　　　　　　　　A・$+$O$_2$ $\longrightarrow$ AO$_2$・
　　　　　　　　　　AO$_2$・$+$AH $\longrightarrow$ AO$_2$H$+$A・

Type Ⅱ は代表的な光増感酸化反応で，メチレンブルーやローズベンガルなどの色素を増感剤とし，励起三重項状態の色素からのエネルギー移動によって生成した一重項酸素分子 ^{1}O$_2$($^1\Delta_g$, $E=94$ kJ mol^{-1})が活性種である．

Type Ⅱ　　　　　　　sens $\xrightarrow{h\nu}$ ^{1}sens $\longrightarrow$ ^{3}sens
　　　　　　　　　　^{3}sens$+^3$O$_2$ $\longrightarrow$ sens$+^1$O$_2$
　　　　　　　　　　A$+^1$O$_2$ $\longrightarrow$ AO$_2$

^{1}O$_2$ は強い求電子性を有し，電子リッチなアルケン，芳香族，アミン，スルフィドなどの基質と特徴ある反応を行う．アルケンとの反応は最もよく研究されており，ene 反応，1,4-付加，1,2-付加が知られている．

　　　　　　　　　　　　　　　　　　　　　　　　　　　　　ene 反応
　　　　　　　　　　　　　　　　　　　　　　　　　　　　　1,4-付加
　　　　　　　　　　　　　　　　　　　　　　　　　　　　　1,2-付加

　ene 反応，1,4-付加は一般的で，多様なアルケンで進むが，1,2-付加は軌道の対称性より禁制の反応で，特殊なアルケンにのみ可能であり，生成するジオキセタンの多くは不安定で，発光を伴って2分子のカルボニル化合物に分解する．これらの反応は有機合成にも用途が広く，合成手法としても定着している．

　このほか，9,10-ジシアノアントラセンや 9-シアノアントラセンを増感剤として極性溶媒中で光酸化すると，^{1}O$_2$ に対し安定と思われる化合物が酸化され，Type Ⅰ，Type Ⅱ とは別の光酸化反応が起こっていると考えられる．報告例は多く，種々の反応

経路が提案されているが，いずれも電子移動を伴って生成する活性種によって引き起こされる反応で，新しい型の光増感酸化反応である．　　　　　　　　　〔諸岡良彦〕

比　重　specific gravity　→密度

ピストン流　piston flow　→押し出し流れ

被　毒　poisoning　→触媒毒

ヒドリド錯体　hydride complex

　遷移金属と水素原子の間に σ 結合をもつ錯体はヒドリド錯体とよばれ，アルケン，カルボニル化合物の水素化，アルケンのヒドロホルミル化など水素が関与する触媒反応の中間体として重要な役割をになっている．遷移金属-水素結合は共有結合性が大きく，その結合解離エネルギーは 240〜350 kJ mol^{-1} と，一般的な傾向として M-C 結合より強い．ヒドリド錯体の配位様式には，末端配位，架橋配位，三重架橋配位などが知られている．

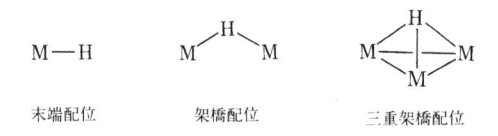

　　　M—H　　　　M$\overset{H}{\diagup\diagdown}$M　　　　M$\underset{\underset{M}{|}}{\overset{H}{\diagup|\diagdown}}$M
　　末端配位　　　　架橋配位　　　　三重架橋配位

　ヒドリド錯体の M-H 結合は，通常，金属中心が δ_+ に，水素原子が δ_- に分極しており塩基性を有するが，HCo(CO)$_4$ のようにヒドリド錯体からヒドリド配位子を取り去った残余部分がアニオンとして安定化する場合には酸性を示すことがある．
　ヒドリド錯体は金属ハロゲン化物と LiAlH$_4$ などのヒドリド化剤との反応，低原子価遷移金属錯体と水素の反応，遷移金属錯体とプロトン酸との反応，あるいは遷移金属アルキル錯体からの β-H 脱離などによって生成する．
　ポリヒドリド錯体のうち，二つのヒドリド配位子が結合性の相互作用を保ったまま金属に配位したものを分子水素錯体(molecular hydrogen complex, dihydrogen complex, η^2-H$_2$ complex)とよぶ．分子水素錯体は，金属の占有 d 軌道と水素の s*軌道のエネルギーギャップが大きく，金属からの逆供与が弱い場合にだけ生成する．また逆供与が弱いため H$_2$ 配位子上の電子密度は低く，配位水素分子は配位していない水素分子に比べ酸性が強い．　　　　　　　　　　　　　　　　　　〔鈴木寛治〕

ヒドロエステル化反応　hydroesterification

　アルケンやアセチレンなどの不飽和化合物に一酸化炭素とアルコールとを反応させ，元の不飽和化合物に水素とエステル基を導入する反応をいう．Co, Rh, Ni, Pd, Pt など，多くの遷移金属錯体を触媒に用いることができる．

$$R\diagup\!\!\!\diagup \xrightarrow[\text{触媒}]{\text{CO, R'OH}} R\diagdown\!\diagup\!\text{CO}_2\text{R'} + R(\text{CO}_2\text{R'})(\text{H})$$

Ni 触媒によるアセチレンからのアクリル酸エステル合成(レッペ反応*)や BASF 社が開発したブタジエンからのアジピン酸合成がよく知られている．また分子内にヒドロキシル基を有するアルケンやアセチレンでは分子内反応が進行し，ラクトンが生成する．

この反応の反応機構については，不飽和化合物へのヒドロメタル化*，続く一酸化炭素の挿入によりアシル錯体が生成し，最後にアルコールと反応してエステルが生成する，と考えられている．また別の反応機構として，遷移金属錯体と一酸化炭素とアルコールとから生成するアルコキシカルボニル錯体(M-COOR′)を経る反応機構も知られている． 〔福本能也〕

→挿入反応

ヒドロシアノ化　hydrocyanation

アルケンやジエンにシアン化水素が付加する反応であり，遷移金属錯体を用いると触媒的に進行する．Ni 錯体 $Ni[P(OR)_3]_4$ を触媒に用いたブタジエンの二段階ヒドロシアノ化によるアジポニトリルの合成が，du Pont 社により工業化されている．

$$\diagup\!\!\!\diagdown \xrightarrow{\text{HCN}} \diagup\!\!\!\diagdown\!\text{CN} \xrightarrow{\text{異性化}} \diagup\!\!\!\diagdown\!\text{CN}$$

$$\xrightarrow{\text{HCN}} \text{NC}\diagdown\!\diagup\!\diagdown\!\text{CN}$$

触媒活性種は触媒前駆体にシアン化水素が酸化的付加*した $Ni(H)(CN)L_n$ であり，Ni-H 結合へのジエンあるいはモノエンの挿入とそれに続く還元的脱離*を経て進行する．アジポニトリルは，さらにヘキサメチレンジアミンに変換され，ナイロン 66 原料として利用される． 〔小沢文幸〕

ヒドロシリル化　hydrosilylation, hydrosilation

ヒドロシラン H_nSiR_{4-n}(通常 n は 1, 2，R はアルキル基，アリール基，塩素に代表されるハロゲン化物イオンなどが混在してもよい)の Si-H 結合を触媒によって活性化させて，C-C，あるいは炭素-ヘテロ元素の多重結合に付加させる反応をヒドロシリル化とよぶ．この反応は工業的にはシリコーンエラストマーを製造するための架橋反応，シランカップリング剤の合成などに利用されていて重要なばかりでなく，合成化学的に有用な種々の官能基を含む有機ケイ素化合物を得る極めて実用的な手段となっている．ヒドロシリル化反応は無触媒では全く進行しない．過酸化物，放射線によるラジカル付加も可能であるが，9, 10 族遷移金属錯体，特に Pt 化合物を触媒に用いる例が多い．実際，Speier 触媒とよばれる塩化白金酸のイソプロピルアルコール溶液，

あるいは Karstedt 触媒として知られるビニルジメチルシロキサンを配位子とする白金 0 価錯体が均一系錯体触媒として極めて活性が高く，通常のシリコーン製品では触媒が 1〜100 ppm 程度加えられるだけでこの付加反応が完結する．

ヒドロシランは，Si 原子上の置換基の違いによって，錯体触媒への酸化的付加*の反応性に著しい差が生じることは重要である．さらに，錯体金属種とシリル基との間にも明らかに親和性の違いがあり，Pt 化合物が触媒の場合はいずれのヒドロシランを用いてもヒドロシリル化が進行するが，Pd 種ではほとんど $HSiCl_nR_{3-n}$ ($n=2,3$) が利用され，Rh 種では $HSiR_3$ に限られる傾向がある．反応基質としてはアルケン，共役ジエン，およびアルキン類，α,β-不飽和カルボニル化合物，あるいはケトン，イミン類などがヒドロシリル化を受ける．この後 2 者の反応はヒドリド還元と等価である．しかし，触媒的ヒドロシリル化では，これらの基質中に還元に敏感な他の官能基が存在しても反応に影響しないことが特徴の一つである．最近では，図に示すように反応機構的に関連があるアルケンの脱水素シリル化（脱水素カップリング）にも注目が集まっている．

図に錯体（m で表す）触媒作用の可能なサイクルを示した．例をアルケンにとっているが，共通中間体 I から II を経るサイクル A が最も広く受け入れられているチョーク-ハロッド (Chalk-Harrod) 機構である．これに対し，サイクル B は近年しばしば見いだされる特異な位置および立体選択性を示すヒドロシリル化において，配位アルケンへのシリルメタル化を鍵段階として III を経由する機構である．この機構は同時に，脱水素シリル化をもたらすサイクル C につながるという点で新規性があり，この二つの機構の分岐点がいかなる反応条件の下で可能であり，その選択性が制御されるのかに関心が集まっている．

〔山本經二〕

→ 不斉ヒドロシリル化

ヒドロペルオキシド　hydroperoxide

過酸化水素をモノアルキル化した化合物で，アルキルヒドロペルオキシド(alkyl hydroperoxide)ともいう．主な合成法は過酸化水素の置換である．第一級および第二級アルキル基の導入は塩基触媒置換(S_N2 型)により行い，第三級アルキル化は酸触媒置換(S_N1 型)である．

$$RX + H_2O_2 \longrightarrow ROOH$$

炭化水素 RH の自動酸化による ROOH の合成法も有用である．キュメンの自動酸化によるキュメンヒドロペルオキシドを高収率で合成し，その酸触媒転位によりフェノールとアセトンが製造される(キュメン法)．最も安定で酸化剤として多用されるのは t-ブチルヒドロペルオキシドであり，t-ブチルアルコールと過酸化水素より酸触媒反応により合成される(この過酸化物は蒸留により精製できるが，爆発の危険があり通常の実験室で行ってはいけない)．t-ブチルヒドロペルオキシドを W, Mo, V などの金属酸化物触媒とともに用いると，エポキシ化*などの酸化反応が可能になる．なかでも，Ti 触媒によるアルケンの不斉エポキシ化は画期的な酸化系である．　　〔沢木泰彦〕

→不斉酸化，エポキシ化，フェノールの合成，過酸化水素化

ヒドロペルオキシド酸化　oxidation with hydroperoxide

ヒドロペルオキシド*を酸化剤として，ルイス酸*触媒の存在下でアルケンなどの基質を液相で酸化する方法であるが，工業的には主としてプロピレンの酸化によるプロピレンオキシドの製造に用いられる．酸化剤として用いられるヒドロペルオキシドはいずれも自動酸化*により合成され，工業的には酸素がとれて生成する副生物の用途を考慮して，エチルベンゼンヒドロペルオキシドおよび第三級ブチルヒドロペルオキシドが用いられる．すなわち，これらはいずれもエポキシ化反応を行ったのち，相当するアルコールに変換されるが，脱水してスチレンおよびイソブテンとして高分子化合物の原料とするか，さらに後者はメタノールと反応させてメチル第三級ブチルエーテルに変換してガソリン添加剤として利用される．

$$
\begin{array}{c}
CH_3CH=CH_2 \\
CH_3CH-CH_2 \\
\quad\quad\backslash O/
\end{array}
\Big\{
\begin{array}{l}
t\text{-BuOOH} \\
t\text{-BuOH} \longrightarrow (CH_3)_2C=CH_2 \longrightarrow (CH_3)_3COCH_3 \\
PhCH(CH_3)OH \longrightarrow PhCH=CH_2 \\
PhCH(CH_3)OOH
\end{array}
$$

エポキシ化反応のためのルイス酸触媒としては，均一系触媒としては Oxirane 社で開発された Mo, Ti, V などの d^0 遷移金属触媒が用いられ，プロピレンオキシド製造用の均一系触媒では $Mo(CO)_6$ などの Mo 系触媒が高活性を示す．近年は流通式のプロセスを動かすうえでより有利な不均一系触媒の適用が検討され，例えば Shell 社で開発された TiO_2-SiO_2 のような固体酸*触媒が用いられる．この系の固体酸触媒の技術開発の延長線上に，イタリアの Enichem 社で開発されたゼオライト系のチタノシ

リケート*(TS-1)触媒があるが,この触媒は現在はエポキシ化反応ではなくて,主として過酸化水素による芳香環水酸化に用いられている.いずれの触媒もそのルイス酸触媒機能により,ヒドロペルオキシドを配位活性化してその酸素移行反応を促進するが,この系の触媒機能をさらに発展させ,不斉触媒機能をもたせたものに,アルケンの不斉エポキシ化反応を行うシャープレス(Sharpless)酸化反応がある. 〔竹平勝臣〕
→プロピレンオキシドの合成

ヒドロホウ素化　hydroboration

ホウ素水素化物の不飽和炭素-炭素多重結合に対する付加反応(ヒドロホウ素化反応)は通常無触媒下で進行する.したがって,触媒的ヒドロホウ素化反応の研究は他の金属水素化物の反応に比べて大きく遅れたが,1985年Nöthらによりカテコールボランの付加反応がRh錯体存在下で大きく加速されることが報告されて以来詳細な調査が行われた.カテコールボランが最も一般性を有するヒドロホウ素化剤であり,Rh,Pd,Ir,Niなどの遷移金属錯体以外にCp*$_2$LnRなどのランタノイド錯体も触媒効果がある.反応は,まずH-B結合が低原子価遷移金属錯体(M)に酸化付加してH-M-B錯体を生成した後,C-C不飽和結合が配位,挿入して進行すると考えられており,H-B結合は多重結合に対して選択的にシス付加する.

ヒドロホウ素化反応を触媒的に行う利点は,低温で反応が進行する,無触媒反応と全く逆の立体選択性や位置選択性が得られる,ホスフィン配位子による立体制御が可能になることなどである.一例として林らによるキラルホスフィン配位子を用いた不斉ヒドロホウ素化反応の例を示した.

$$\text{Ph-CH=CH}_2 \xrightarrow[-78°C/2h]{\text{HB(cat)} \atop \text{Rh(COD)}_2\text{BF}_4/(+)\text{-BINAP}} \text{Ph-CH(CH}_3\text{)-B(cat)} \quad 96\%ee$$

〔宮浦憲夫〕

ヒドロホルミル化　hydroformylation

アルケンに水素と一酸化炭素とを反応させ,元のアルケンよりも炭素数の一つ多いアルデヒドを合成する反応をいう.オキソ合成(oxo synthesis)ともいう.広義では水素と一酸化炭素を用いて有機化合物に水素とホルミル基を導入する反応をいい,アルケン以外に,アルキン,エポキシドなどが適用される.

$$\text{R-CH=CH}_2 \xrightarrow[\text{触媒}]{\text{CO, H}_2} \text{R-CH}_2\text{-CH}_2\text{-CHO} + \text{R-CH(CHO)-CH}_3$$

ヒドロホルミル化は1938年Ruhrchemie社のRoelenによって発見された.工業的に最も重要な触媒反応の一つであり,全世界で年間700万t以上の生産能力がある

といわれている．触媒としては Ru, Co, Rh, Ir, Pt 錯体が高い反応性を示す．特に Rh 錯体の触媒活性が高い．初期の工業プロセスでは比較的安価な Co が触媒として用いられていたが，近年新しく建設されたプラントでは Rh 錯体が使われている．ホルミル基の付加の位置によって2種類の位置異性体が生成するが，一般に直鎖アルデヒドのほうが多く得られる．工業的にはそれ以上に直鎖アルデヒドの需要が多いため，さまざまな工夫がなされている．直鎖アルデヒドの多くは水素化されアルコールへと変換される．最も大規模に行われているのはプロピレンのヒドロホルミル化で，生成物である n-ブタナールから n-ブタノールや，アルドール縮合を経て2-エチルヘキサノールが合成されている．

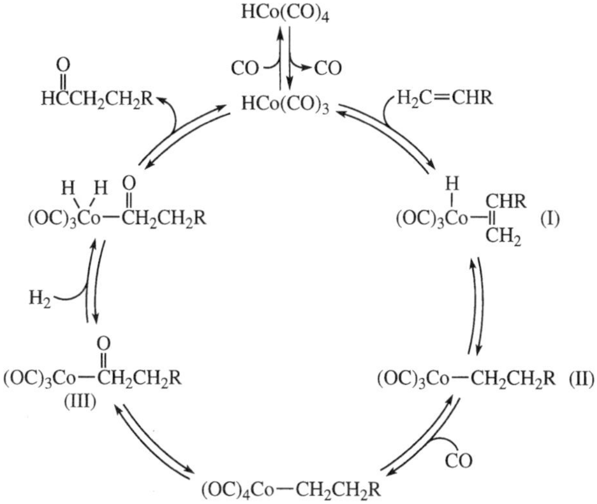

Co を例にしてこの反応の反応機構を示す．

$HCo(CO)_4$ は反応系中で Co の金属粉または塩と水素と一酸化炭素から容易に発生する．この反応系では 25～30 MPa, 140～180°C 程度の反応条件が必要である．まず $HCo(CO)_4$ から一酸化炭素が脱離し，配位不飽和種である $HCo(CO)_3$ が生成する．この空の配位場にアルケンが配位し π-アルケン錯体(I)が生成する．次にアルケンへのヒドロメタル化*が進行し σ-アルキル錯体(II)が生成する．このヒドロメタル化の方向により直鎖あるいは分枝アルデヒドのどちらが生成するかが決定される．さらに一酸化炭素が挿入するとアシル錯体*(III)となり，水素の酸化的付加*，続く還元的脱離*によりアルデヒドが生成する．アシル錯体(III)と $HCo(CO)_4$ との反応によりアルデヒドが生成するとの報告もある．

直鎖生成物の選択性向上のために，Shell 社はこの Co 触媒系に第三級ホスフィン，例えば PBu_3 を添加する改良触媒系を開発した．この改良プロセスでは直鎖生成物が約 90％の選択性で得られる．触媒活性種は $HCo(CO)_2(PBu_3)$ であり，上図と同様の反応が進行する．この活性種は未修飾の Co 触媒よりも安定なため，反応は 5～10

MPaと低圧で行えるが,触媒活性が低いため反応温度は180～200°Cとやや高くする必要がある.そのうえ,このプロセスでは生成したアルデヒドは水素化されてしまうため,アルコール合成として有用なプロセスである.

ヒドロホルミル化はRh/PPh$_3$触媒系を用いることによりさらに温和な反応条件で進行する.1976年Union Carbide社によって工業化されたこのプロセスは90～120°C, 0.7～2.5 MPaという反応条件下で行われ,90％以上の直鎖アルデヒド選択性で反応が進行する.このプロセスはLPO(Low-Pressure Oxo)プロセスとよばれる.この反応系での触媒活性種はHRh'(CO)(PPh$_3$)$_2$であり,やはりCo触媒系と同様の反応機構で進行すると考えられている.

一方,Ruhrchemie社とRhône-Poulenc社はPPh$_3$のフェニル基のメタ位がスルホン化された配位子を用いることによりLPOプロセスを改良した.このプロセスの利点は,配位子が水溶性であるため触媒も水に可溶となり,反応終了後層分離により生成物と触媒を容易に分離できることである.さらに触媒を水層から回収することなくそのまま用いることができる.直鎖アルデヒドの選択性も95％と高い.

分枝アルデヒドの選択的合成の研究も行われており,いくつかの基質では選択的に進行することが見いだされている.しかし基質の適応範囲が限られており一般性はない.

不斉ヒドロホルミル化の研究も盛んに行われている.特にPt/不斉ホスフィン系を用いた研究例が多い.近年Rh/不斉ホスフィン-ホスファイト触媒系での研究が行われ,Pt/不斉ホスフィン系よりも良い結果が報告されている.しかしいずれの反応系も直鎖/分岐選択性に問題がある. 〔福本能也〕

ヒドロメタル化　hydrometallation

ヒドリド錯体*の金属-ヒドリド結合が切断され,アルケンやアセチレンなどの不飽和化合物に付加することをいい,アルケンの水素化*や,ヒドロホルミル化(オキソ合成)*など数多くの触媒反応のなかに含まれる素反応の一つである.金属-ヒドリド結合間に不飽和化合物が挿入するともいう.この反応は可逆的で,逆反応はβ脱離*(特にβ水素脱離)とよばれる.アルケンへのヒドロメタル化の場合,まずアルケンの二重結合部分が金属錯体に配位し,四中心機構を経て進行するものと考えられている.

金属とヒドリドは不飽和結合に対してシン付加することが確かめられており,このことは四中心機構と矛盾しない.アルケンのヒドロホルミル化*では,この段階での金属-ヒドリドの付加の方向によって生成物の位置選択性*が決定する. 〔福本能也〕

ピナコール転位　pinacol rearrangement

ピナコールは 2,3-ジメチル-2,3-ブタンジオールの慣用名，または，式 RR'C(OH)C(OH)R"R''' で表される二価アルコール(I)を指す総称．ピナコールに酸を作用させると脱水と転位が進行し，ケトンまたはアルデヒド(III)が生成する反応をピナコール転位とよぶ．置換基 R～R''' がそれぞれ異なるものである場合，複数の化合物の生成が可能であり，反応は複雑になる．各置換基の転位のしやすさと，中間に生じるカルボカチオン(II)の安定性（二つの水酸基のうちどちらから脱水反応が起こりやすいか）が各化合物の生成比を支配する重要な因子となる．一般に置換基の転位しやすさは，フェニル＞第三級アルキル＞第二級アルキル＞第一級アルキルの順である．2,3-ジメチル-2,3-ブタンジオールから生成する $(CH_3)_3CCOCH_3$ または RR'R"CCOR''' で表されるケトンが慣用的にピナコロンとよばれることから，ピナコール-ピナコロン転位ともよばれる．

$$\begin{array}{c} R\ R'' \\ R'\!\!-\!\!|\!\!-\!\!|\!\!-\!\!R''' \\ HO\ OH \\ I \end{array} \xrightarrow{H^+} \begin{array}{c} R\ R'' \\ R'\!\!-\!\!|\!\!-\!\!|\!\!-\!\!R''' \\ +\ \ OH \\ II \end{array} \longrightarrow \begin{array}{c} R \\ R'\!\!-\!\!|\!\!=\!\!R''' \\ R''\ O \\ III \end{array}$$

〔松本隆司〕

比表面積　specific surface area　→表面積測定法

ビフェニル異性　biphenyl isomerism　→アトロプ異性

被覆率　coverage

吸着量を示す尺度で，θ で表されることが多い．吸着量 σ_s を単位面積当りの吸着種の数と定義すると，吸着物が完全に表面をおおったときの吸着量 $\sigma_{s,max}$ で，吸着量 σ_s を割ったものを被覆率 θ と定義する．

$$\theta = \sigma_s/\sigma_{s,max}$$

清浄表面では，単位面積当りの下地原子の数 N_s で，吸着量 σ_s を割ったものを被覆率 θ とよぶ場合が多い．

$$\theta = \sigma_s/N_s$$

前者の定義では，$0 \leq \theta \leq 1$ であるが，後者では，θ が最大 1 以下であったり，1 を越えたりすることがある．なお，表面科学では，L（ラングミュア）を露出量の単位として用いることがある．1 L とは，表面を 1×10^{-6} Torr の気体に 1 秒間接触させたときの露出量をいう．この 1 L は気体の固着確率*が 1 であったときに，表面がほぼ完全に気体でおおわれてしまう露出量に対応している．

〔朝倉清高〕

微分吸着熱　differential heat of adsorption

等温過程で微小量 dn_a の分子が吸着媒に吸着して dQ の熱が発生する場合，

$$q_{\text{diff}} = (\partial Q/\partial n_a)_T \qquad (1)$$

を微分吸着熱と定義する．ここで，T は絶対温度である．

非吸着気体，吸着質(吸着している気体分子)，吸着媒が平衡にある系を考えるとき，等温過程で吸着による系の体積変化がないとすると，u_g, u_a をそれぞれ気体のモル内部エネルギーおよび吸着相の平均モル内部エネルギー，n_a を吸着質のモル数として，

$$q_{\text{diff}} = u_g - [\partial(n_a u_a)/\partial n_a]_T \qquad (2)$$

となる．通常微分吸着熱というとこの形の q_{diff} を指す．$[\partial(n_a u_a)/\partial n_a]_T$ は吸着した気体の微分モル内部エネルギーである．

等温かつ等圧過程の場合は，吸着した気体のモルエントロピーを s_a として，

$$q_{\text{diff}} = T s_g - T[\partial(n_a s_a)/\partial n_a]_{p,T} \qquad (3)$$

となる．$(\partial \ln p/\partial T)_{n_a} = [s_g - [\partial(n_a s_a)/\partial n_a]_{p,T}]/RT$ なる関係と比較すれば，単位表面積当りの吸着量 $\varGamma = n_a/A$ (A は吸着媒の表面積) が一定のときの p と T の関係(吸着等量線)から次に示すクラウジウス-クラペイロン(Clausius-Clapeyron)式を用いて微分吸着熱 q_{st} が求められる．

$$q_{\text{st}} = RT^2(\partial \ln p/\partial T)_\varGamma = -R[\partial \ln p/\partial(1/T)]_\varGamma \qquad (4)$$

q_{st} は吸着等量線から求められるため等量吸着熱とよばれ，熱力学的には式(2)で表される q_{diff} と，

$$q_{\text{st}} = q_{\text{diff}} + RT \qquad (5)$$

の関係がある．

熱測定から実験的に直接微分吸着熱を求めるには，吸着媒を等温に保っておき気体の圧力を少しずつ変えて逐次吸着させてその都度発生する熱量を熱量計で測定する．Δn_a[mol]吸着したときに ΔQ の熱が発生するとき $\Delta Q/\Delta n_a$ は積分吸着熱*を示すが，Δn_a を小さくしたときの

$$q_{\text{diff}}^{\text{exp}} = (\Delta Q/\Delta n_a)_T \qquad (6)$$

を近似的に微分吸着熱と考える． 〔堤 和男・松本明彦〕

➡吸着熱

標準水素電極　standard hydrogen electrode

電極電位を決定する基準になる電極の一つ．電気化学系において観測できるのは二つの電極間の電位差であるので，ある一つの電極の電位を示すためには，基準となる電極を用いてこれに対する相対的な電位として表示する．標準水素電極では電極反応にかかわる化学物質の濃度(活量)がすべて 1，すなわち標準状態であるため，SHE あるいは NHE(normal hydrogen electrode, normal は規定の意味)と略称される．電極の構成は，白金黒を析出させた高表面積の白金電極(Pt/Pt と表示されることが多い)を，水素分圧 1 atm(101,325 Pa)，水素イオン活量 1 (pH = 0)の水溶液に挿入したもの．いずれの温度においても，この電極の電位を 0 と定義する．標準水素電極は平衡電極電位の再現性が高く，また安定であるが，高純度の水素ガスの供給を必要とするなど，必ずしも実験室における取扱いが容易ではない．このため，飽和カロメル

電極(SCEと称される。298 Kにおいて標準水素電極基準(vs SHE)+241 mV)や銀-塩化銀電極(Ag/AgClと表示されることが多い。電解液が飽和塩化カリウム水溶液の場合、298 Kにおいて+199 mV vs SHE)などを使用し、結果をSHE基準で表示することが多い。また、使用する電解質溶液と同じ溶液を含む水素電極はRHE(real hydrogen electrode)とよばれ、使用中の電解液組成の変化がなく、また電解質溶液と電極の間に液間電位、すなわち溶液の接触部において組成の違いに応じて発生する電位差がないため、比較的正確な電位測定が可能である。この場合、溶液の水素イオン濃度とともにRHE基準の電位を示すか、あるいは水素イオン濃度を用いてSHE基準に補正した電位を表示する。 〔大谷文章〕

→電極電位、標準電極電位

標準電極電位 standard electrode potential

水溶液中に置かれたある電極の電位(電極電位*)Eは、左側に標準水素電極*、右側にその電極を組み合わせた電池の起電力として定義されている。すなわち、標準水素電極の電位を0 Vとした場合のその電極の電位である。一般に、$Ox + ne^- \rightleftarrows Red$ (Ox:酸化体、Red:還元体)なる電極の電位は次のネルンスト式で与えられるので、

$$E = E° + (RT/nF)\ln(a_{ox}/a_{red})$$

標準電極電位$E°$としては、標準状態(活量a_{ox}, a_{red}が1)の場合の電極電位をとる。なお、文献などに掲載されている標準電極電位の値の多くは実測されたものではなく、熱力学データからの計算値である。一方、溶融塩中のデータや有機非水系電解液中のデータは、例えば、Ag(I)/Ag(0)系の標準電極電位を基準とした値が利用されている。
〔高須芳雄〕

表面拡散 surface diffusion →細孔内拡散

表面再配列 surface reconstruction

バルク中にある原子は結合が飽和しているが、それを切り出してつくった表面にある原子は不飽和であるため不安定である。この表面原子が、表面エネルギーを最小にするような新しい平衡位置に移り、原子配列がバルクから予想される表面の格子周期性と異なることを表面配列という。新しい周期性を$(m \times n)$構造と表現するのが一般的であるが、少し大きな単位胞をとってその中心に等価な格子点を含むようにした$c(m \times n)$(c=centered)とか、理想表面の格子に対する回転角θを指定した$(m \times n)R\theta°$のような表記法もある。

Si, Ge, GaAsなどの半導体、Bi, Teなどの半金属のような共有結合性の強い結晶の場合、ほぼすべての表面で再配列している。例えば、Siの(111)表面では、真空へき開した表面は(2×1)であるが、この表面は準安定層で、450～600°Cで熱処理すると(7×7)になる。また、これらの共有結合性結晶では表面原子層での変位は表面から数原子層に及んでいる。一方、金属表面では一般には(1×1)であるが、Pt(100), Au(100),

Ir(100)の安定相はそれぞれ(5×20)，(5×20)，(5×1)，低温領域でのW(100)は($\sqrt{2} \times \sqrt{2}$)$R45°$，Mo(100)は($\sqrt{2} \times \sqrt{2}$)$R45°$に近い非整合構造である．そのほかにもいくつか例外的に再配列を起こしている．また，新しい表面をつくる場合のみでなく，表面に気体などの吸着*が起こったり，表面反応が進行したりする場合にも，同じように表面の再配列が起こる．　　　　　　　　　　　　　　　　　　　　　　〔堂免一成〕

表面準位　surface level

結晶性の固体物質の電子エネルギー準位はバンド構造を形成するが，表面では原子配列の周期性が失われるため，固体内部(バルク)とは異なった電子エネルギー準位が形成される．例えば，結晶表面の原子のポテンシャルエネルギーの形が結晶内部のものと同じでも，表面や表面近傍での原子間隔が小さくなることや共有結合が切断されたダングリングボンド(dangling bond：未結合手)の出現により，表面原子の電子状態は結晶内部のものとは異なるために，バンドギャップ*(禁制帯)内に新しい表面電子エネルギー準位(Schockley statesまたはTamm states)が形成される．このような表面エネルギー準位は，二次元的には連続したイオンから形成されるものであるが，それ以外に，欠陥すなわち空孔，格子間イオン，さらにはテラス，ステップ，キンクなどの結晶が不連続となっている部位では固体を構成するイオンの配位不飽和度が異なり，とびとびの表面エネルギー準位が形成される．これらの表面エネルギー準位は，触媒反応や光触媒反応*の活性サイト，さらには吸着現象における活性サイトとして重要な役割をなすことが知られている．図には，ZnOにおけるZn^{2+}およびO^{2-}イオンのダングリングボンドや空孔に由来する各種の表面電子エネルギー準位を示した．また，固体表面への酸素イオンなどの各種イオンの吸着などによっても表面準位が生成する．結晶内部のバンドとの間で電子のやりとりが容易な表面準位を速い準位(fast state)，遅いものを遅い準位(slow state)とよぶこともある．

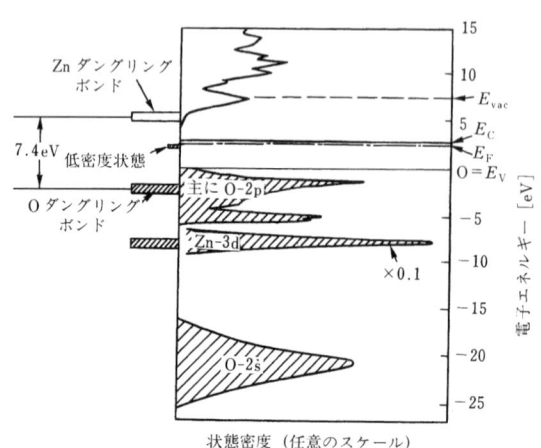

半導体 ZnO における各種の表面電子エネルギー準位とその分布状態

〔安保正一・松岡雅也〕

表面積測定法　surface area measurement

　表面積(あるいは,比表面積:単位質量あたりの表面積)の測定法には,固体に対する浸漬熱測定からの浸漬熱法(ジュラ-ハーキンス(Jura-Harkins)法),固体表面への分子の吸着を用いる吸着法,粉体充塡層中の流体の透過性からの透過法などの多くの測定法がある.

　浸漬熱法では,浸漬する液体の蒸気をあらかじめ飽和吸着させた試料を多量の液体中に浸漬した場合の発熱量である浸漬熱から表面積を測定する.浸漬によりあらかじめ生成した吸着層の表面が消失するために発生する熱が浸漬熱である.表面に吸着層を形成した試料の浸漬熱はその液体の全表面エネルギーに相当し,液体の表面張力およびその温度係数から計算される.試料を液体に浸漬した場合の小さな発熱量の測定という実験的な困難さはあるが,その理論には仮定が少ないのでこの浸漬熱法はジュラ-ハーキンスの絶対法とよばれる.非多孔性試料の表面積測定に限られるという欠点もあるが,BET 表面積*測定にみられる単分子吸着量および吸着断面積を用いないで表面積測定ができる利点がある.

　しかし最も一般的な表面積測定法は,感度が良くかつ簡便な容量法による吸着法表面積測定である.吸着法表面積測定法のなかでは吸着等温式として BET 吸着等温式*を使用する BET 表面積が最も代表的である.これは BET 吸着等温式を適用して得られる単分子吸着量に吸着質の吸着断面積を乗じて求める.BET 法では表面の化学組成,欠陥あるいは表面構造にはほとんど依存せず,固体の表面積を与える.担体*触媒上の金属部分だけの表面積を測定するには,水素,酸素あるいは一酸化炭素などの化学吸着*を利用した表面積測定法がある.その際使用する吸着等温式としてはラングミュアの吸着等温式*が一般的である.これにより担体触媒表面に露出している金属原子数あるいはその金属の分散度*の測定ができる.

　小さな細孔分布*を有する多孔性吸着媒に対しては吸着質の毛管凝縮*に起因して異常に高い BET 表面積を与えることがある.このような場合には非多孔性標準試料による吸着層の厚さ t に対して吸着量をプロットすることにより多孔性試料の表面積を解析する方法があり,これを t プロット*法とよぶ.この方法は毛管凝縮を起こしやすい活性炭*などに対して有効な表面積測定法である.　　　　　〔鈴木　勲〕

→金属粒子径測定法

表面電位　surface potential

　電極を電解質溶液に浸したとき,電極表面には表面層が形成される.これには電気二重層や吸着層などがある.前者の構造を説明するものとして,ヘルムホルツ模型,グイ-チャプマン(Gouy-Chapman)模型,シュテルン(Stern)模型があげられる.いずれにせよ,電極表面には,正負の異電荷のシートが重なるように形成されると考えることができる.表面層の存在は電極付近の電位に影響を及ぼす.すなわち,電極表面

の電位は，表面層の電極側の電位(内部電位またはガルバニ電位 ϕ)に等しいが，これは表面層の電解質溶液側の電位(外部電位またはボルタ電位 ψ)とは異なる．表面電位 χ は，$\chi=\phi-\psi$ で定義される．巨視的にみると，表面層外のしかも電極から十分に離れた領域では，電解質溶液中の電位は，電極からの距離の逆数に依存するクーロンポテンシャルに従って変化する．表面層内の電解質溶液に近い領域では電位は ψ に近く，電極からの距離に対して緩やかに変化する．一方，表面層内で電極表面に近い領域で，電位は一躍 ϕ に変化する． 〔鈴木榮一〕

表面プラズモン　surface plasmon

表面近傍の自由電子の集団振動をいう．自由電子の密度に一時的なゆらぎが起こると，自由電子は平衡の位置に戻ろうとするが，慣性質量をもつために平衡位置を通り過ぎて新しい不均一な電荷分布を形成する．この結果生じる電子電荷密度の振動がプラズマ振動であり，これを量子化するとプラズモンになる．特に，表面近傍では表面の境界条件を満たすようなプラズモンが存在し，これを表面プラズモン(SP)という．また，プラズモンは電子の集団振動であり，電磁波の振動を伴うので表面プラズモンポラリトン(surface plasmon polariton：SPP)ともよばれる．

SP は縦波であり，横波である光などの電磁波とは直接的には結合できないが，金属表面に電磁波が入射すると，誘電率の異なるバルク金属と透明媒質の界面の両側には大きさの異なる電場が生成し，これが金属表面近傍の電荷を誘起する．この結果，SPP が電磁波の入射面内で振動する p 偏光波として表面近傍を伝播する．SPP は表面に到達するとこれと同じ振動数をもつ光子に変換されて放出される． 〔堂免一成〕

表面分光法　surface spectroscopy

以前は主に励起光を物質の表面に照射し，物質表面および表面吸着種と相互作用して生ずる光の強度を分光器を用いて波長ごとに解析する赤外分光法*やラマン分光法*などを指していた．しかし，現在では励起電子および信号量子に X 線，電子およびイオンまでが含まれるようになっており，その組合せは非常に多い．信号量子には一次量子のみならず，オージェ電子，特性 X 線，あるいは電子励起イオンといった二次量子を利用した分光法もある．しかし，励起量子または信号量子に電子やイオンを用いる場合には，高真空下での測定が必要である．表面分光法によって得られる情報は，主に物質の表面近傍および表面吸着種の結合振動状態または電子状態に関するものである．これらは表面の元素・状態の分析，表面吸着種の同定および反応性の分析などに有用である．一般に表面分光法では，表面に一様な励起子を入射することにより表面に関する平均的な情報が得られるため，原子レベルで局所的な情報を得ることのできる走査トンネル顕微鏡(STM)*などの表面顕微鏡法を用いた相補的な解析が，表面の理解において重要である．現在，最も一般的に用いられている表面分光装置は X 線光電子分光装置(XPS)，電子プローブ X 線マイクロアナライザー(EPMA)，オージェ電子分光装置(AES)，二次イオン質量分析装置(SIMS)である．

表面分光の感度は検知器の改良のみならず，測定方法の改良により大きく改善された．表面に凹凸を付けて励起光により誘起される表面電場を大きくした表面増強ラマン散乱(SERS)，偏光変調法により気相の影響を減少させた赤外反射吸収分光法(IRAS)*，また，光源に高出力であるレーザーを用いたレーザー分光法や非線形光学を利用した第二次高調波発生法(SHG)あるいは界面和周波発生法(SFG)など，その方法もさまざまである．

最近では，従来の分光法に角度・空間分解能をもたせることにより，物質表面および表面吸着種の配向に関するより詳細な情報が得られるようになった．あるいは時間分解能(フェムト秒=10^{-15}秒まで)をもたせ，エネルギー緩和ばかりでなく，従来の分光法ではできなかった非常に短寿命の反応中間体の観測も可能になった．しかし，現在の表面分光法では，触媒反応の鍵となるような非常に活性が高くかつ短寿命であるような中間体を観察することは極めて困難または不可能な場合が多い．〔堂免一成〕
→X線光電子分光法，オージェ分光法，二次イオン質量分析計，付録表参照

表面露出原子数　number of atoms exposed　→分散度

ピリジン合成　synthesis of pyridine

　ピリジンは，コールタール中に多量(約0.1 wt %)に含まれており，工業的には主にコールタールから単離される．しかし，需要の増加に伴いピリジンの合成法が重要性を増しており，種々のアルキルピリジンを直接得るためのピリジン骨格合成法が工業化されている．
　アセトアルデヒド，ホルムアルデヒドとアンモニアを気相，350〜400℃，Al_2O_3またはAl_2O_3-SiO_2からなる多成分系触媒上で反応させると，ピリジンと3-ピコリンが合成される．

$$CH_3CHO + HCHO + NH_3 \xrightarrow{[触媒]} \text{(ピリジン)} + \text{(3-メチルピリジン)} + H_2O + H_2$$

アセトアルデヒド，ホルムアルデヒドの代わりにアクロレインを用いる場合もある．

$$CH_2=CH-CHO + NH_3 \xrightarrow{[触媒]} \text{(ピリジン)} + \text{(3-メチルピリジン)} + H_2$$

アセトアルデヒド，またはパラアルデヒドを30〜40％のアンモニア水溶液と混合し，液相，酢酸アンモニウム触媒の存在下，220〜280℃，10〜20 MPaで反応させると，70％の選択率で2-メチル-5-エチルピリジンが合成される．

$$4CH_3CHO + NH_3 \xrightarrow{[触媒]} \text{(2-メチル-5-エチルピリジン)} + 4H_2O$$

アセトンとアクリロニトリルを塩基触媒(イソプロピルアミン)の存在下で反応させ

ると, 80%以上の選択率で5-オキソヘキサンニトリルが合成される. 次に水素存在下, 担持金属触媒 (Ni/SiO$_2$, Pd/Al$_2$O$_3$) 上, 気相で脱水環化させると, 2-ピコリンとその水素化生成物が合成される.

$$CH_3-\underset{O}{\overset{}{C}}-CH_3 + CH_2=CHCN \xrightarrow{[触媒]} CH_3-\underset{O}{\overset{}{C}}-CH_2CH_2CH_2CN$$

$$CH_3-\underset{O}{\overset{}{C}}-CH_2CH_2CH_2CN \xrightarrow{[触媒]} \text{(2-メチルピペリジン)} + \text{(2-ピコリン)}$$

エチレンとアンモニアを, アンモニア性パラジウム塩溶液と銅-レドックス系触媒の存在下, 100~300℃, 3~10 MPa で反応させると, 合計選択率 80% で 2-ピコリンと 2-メチル-5-エチルピリジンが合成される.

$$C_2H_4 + NH_3 \xrightarrow{[触媒]} \text{(2-ピコリン)} + \text{(2-メチル-5-エチルピリジン)}$$

〔瀬川幸一〕

ふ

不安定操作点 unstable operational point　→安定操作点

VOC 酸化 oxidation of volatile organic compounds　→触媒燃焼

フィッシャー-トロプシュ合成　(F-T 合成) Fischer-Tropsch synthesis

　フィッシャー-トロプシュ合成は一酸化炭素と水素から炭化水素を合成する反応であり, 1923年ドイツの Max Planck 研究所で Fe 触媒を用いる方法が最初に見出された. その発見者の名前をとって上記のように命名されている. しかし, それより数年前に同じくドイツで別の触媒を用いる特許が出願されている.
　本反応は Pt, Pd, Rh, Ru などの白金族金属, その他 Mo, W などの遷移金属など種々の元素が活性を示すが, Fe, Co および Ru のみが工業化に足る触媒活性を示す. 活性化合物は基本的には金属状態であると考えられるが, Fe の窒化物も F-T 合成に十分高い活性を示すことが知られている. また酸化トリウムや酸化セリウムなどが 10 MPa 以上, 300℃以上の高温高圧の条件下でイソブタンなどのアルカンを与える一連の合成反応(イソ合成)*があるが, これは一般の F-T 合成とは明らかに異なるのでここではふれない.
　反応条件は触媒によっても異なるが, 温度 200~350℃, 圧力 0.1~5.0 MPa 程度で

ある．主な触媒の反応条件と生成物を図1に示す．一般に反応圧力が高く，反応温度が低い場合に生成物は高分子量であり，高温低圧下で低分子量の生成が多く，特にメタンの生成が増す．反応速度は一般に水素分圧に関して1次であり，一酸化炭素分圧に関して0またはマイナスである．これは触媒表面の大部分が活性あるいは不活性な一酸化炭素(または炭化物)によっておおわれていて水素の吸着が極めて少ないことを意味している．反応生成物は炭化水素が大部分であり，その他アルコール，カルボン酸，ケトン，アルデヒドなどが生成する．炭化水素は直鎖のアルカンと直鎖のα-アルケンである．α-アルケンは一次生成物であるが，逐次的に水素化されてアルカンとなる．

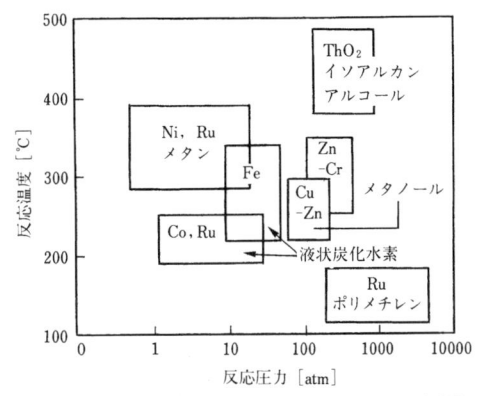

図1 一酸化炭素水素反応の温度・圧力範囲および主生成物

　反応機構については多くの研究が行われているが，現在最も信頼されている反応機構はカルベン機構である．すなわち一酸化炭素が金属触媒上へ解離またはそれに近い状態で吸着し，熱あるいは水素の作用により表面酸化物および表面炭化物に変化する．表面酸化物は吸着水素と反応して水となり，表面炭化物は水素化されてCH_x ($1 \leq X \leq 3$)となる．CH_3の一部はさらに水素化されてメタンとなるが，一部は金属-メチル間へのCH_2(カルベン)*の挿入によりアルキル基が成長し，そのアルキル基が触媒表面からβ脱離してアルケンと表面水素を与える．この反応は典型的な重合反応であり，生成物の炭素数分布は連鎖の成長と生成物への脱離の割合(その確率を連鎖成長確率* αと称する)が一定であるといういわゆるアンダーソン-シュルツ-フローリー(Anderson-Schulz-Flory; A-S-F)分布に従う．すなわち特定の炭素数のものを選択的に合成することは困難である．事実工業的に合成されたF-T合成物中には$C_1 \sim C_{1000}$の炭化水素が確認されている．この分布

$$W_n = n\alpha^{n-1}(1-\alpha)^2$$

で表され，連鎖成長確率αによって図2に示すように炭素数分布が変化する．なお，工業的に実施されているF-T合成プロセスでは連鎖成長確率は0.7〜0.9程度である．

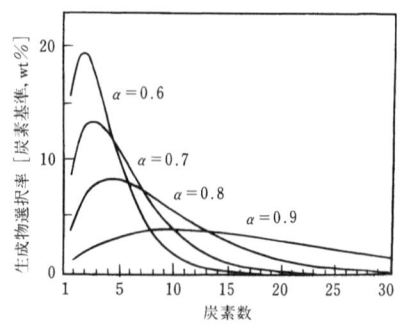

図2 連鎖成長確率（α値）と生成物選択率

　F-T 合成においてはエタノールを主成分とするアルコール類を副生成物として与える．これは F-T 合成における反応の中間体であるアルキル基-金属間に一酸化炭素が挿入し，さらに水素化が進行してアルコールを生成すると考えられる．この考えをさらに進めた混合アルコール合成触媒も開発されている．Co, Mo, Rh などの C-C 結合生成能力および一酸化炭素挿入能力をもつ活性成分を Cu, Ni などで修飾し，さらに K, Cs 塩などの強アルカリ性物質を添加した複合担持触媒である．300〜350℃，5〜10 MPa の条件で操作され，A-S-F 分布に従う炭素数分布に従ったアルコール混合物を与えるが，同時にメタンを主成分とする炭化水素も多量に生成するため工業化には至っていない．

　F-T 合成は石炭のガス化プロセスと組み合わせ，石炭を合成油に変換する石炭液化*法（間接液化法）の基幹技術として，1930 年代にドイツで工業化され，年間数十万 t の合成油が生産された．また 1940 年代に数年間日本においてもドイツの技術および独自技術を基本として複数のプロセスが工業化された．第二次大戦後も南アフリカにおいて 1956 年より石炭を原料とする大規模な工業プラントが稼働している．1992 年と 1993 年に天然ガスを改質して合成ガスとし，液状油に変換する工業化プラントが南ア

フリカとマレーシアにおいて稼働した．これは天然ガスが液体燃料の原料として利用された例として画期的なことである．

　F-T 合成プロセスは，本来固体触媒を用い，気体を原料とする気-固系接触反応プロセスであり，固定床あるいは流動床プロセスが開発されてきたが，近年生成油中に粉末触媒を分散させたスラリーに合成ガスを導入するスラリー層プロセスが工業化された．その経済的優位性が認められ，将来の主流プロセスと期待されている．そのほか超臨界状態の炭化水素流体中で合成ガスを反応させる超臨界プロセスも提案され，その特徴も明らかにされている．F-T 合成においては触媒が硫黄化合物によって強く被毒するため原料ガスを高度に脱硫することが必要であり，したがって，生成油中には硫黄分は存在しない．また生成油は直鎖アルカンがほとんどであるためディーゼル燃料として用いるとそのセタン価は 70 以上である．さらに排気ガス中の粒状物質や NO_x 量も少ないため，クリーンディーゼル燃料として将来の工業的展開が期待されている． 〔藤元　薫〕

➡︎ メタン化反応，シュルツ-フローリー式

VPI-5

　アルミナゾル，リン酸を原料とし，ジプロピルアミンをテンプレートとして合成されるアルミノリン酸塩型モレキュラーシーブ*の一種．1.21 nm という非常に大きな孔径の一次元酸素 18 員環チャネルを有し，その構造は VPI-5(VPI は Virginia Polytechnic Institute に由来する命名)にちなんで VFI 構造(VPI five)と称される．六方晶系結晶で空間群 $P6_3$，単位胞 $Al_{18}P_{18}O_{72} \cdot 42H_2O$，格子定数は $a=1.9$ nm，$b=0.84$ nm．オルトケイ酸エチルを加えヘキサノール-水の二相系で合成されるシリコアルミノリン酸塩型モレキュラーシーブ* MCM-9 も同じ構造である．テンプレート剤を含んだままの VPI-5 を加熱すると酸素 14 員環構造の $AlPO_4$-8(AET 構造)に変化する．この変化は冷却条件によっては可逆的である．VPI-5 が 1988 年に Davis らによって合成されるまでは酸素 12 員環を超える大きな細孔構造を有するゼオライト系物質は知られていなかった．対応するシリケート構造の物質はまだ合成されていない．
〔辰巳　敬〕

フェノールのアルキル化　alkylation of phenol

　フェノールのアルキル化はフリーデル-クラフツ反応*の一種であり，求電子置換反応である．ベンゼンのアルキル化に比べフェノールのアルキル化は，フェノールのヒドロキシル基が電子供与性であるため容易に進行する．したがって，ベンゼンの場合に比べ弱い酸性しか有しない触媒でも活性を示す．また，ヒドロキシル基がアルキル化されてアルキルフェニルエーテルが生成することもある．アルキル化において，フェノールはオルト・パラ配向性を示すが，強い酸性を有する触媒を使うとアルキル化と同時に生成物の異性化も起こる．HY ゼオライトを触媒に用いメタノールによるフェノールの気相アルキル化を行うと，次式に示すように 3 種のクレゾール異性体とと

もにアニソール(メチルフェニルエーテル)が生成する.

フェノール類のアルキル化により, 工業的に重要な o-クレゾール, 2,6-キシレノール, p-イソプロピルフェノール, 3-イソプロピル-5-メチルフェノール, p-$tert$-ブチルフェノール, p-オクチルフェノールなどが製造されている. なお, m-, p-クレゾールをフェノールのメチル化により合成することは可能であるが, 工業的にはトルエンのイソプロピル化により生成する m-, p-イソプロピルメチルベンゼンからクメン法と同様な方法で製造している. 〔難波征太郎〕

→ 2,6-キシレノールの合成, 芳香族化合物の核アルキル化, フェノールの合成

フェノールの合成　synthesis of phenol

フェノールの合成はそのほとんどがクメン法によるものであるが, クメン法はアセトンを併産し, アセトンの需要はフェノールに比較して少なく, これをどうするかがクメン法の大きな課題となっている. 安息香酸の酸化的脱カルボニル化法やベンゼンの直接酸化法も検討が続けられている.

(1) クメン法：　クメン法の原料となるクメンはベンゼンとプロピレンから $AlCl_3$ や固体リン酸を触媒とするフリーデル-クラフツ反応により合成される. プロピレンによるアルキル化はエチレンより容易でかつ速やかに進行する. この反応も現在ではZSM-5, MCM-22, MCM-56などのゼオライト系固体酸触媒を用いる気相反応に変りつつある. クメンの収率はベンゼンに対し95～97％, プロピレンに対し98％で, 少量のポリイソプロピルベンゼンとプロピレンのオリゴマーが副生する.

クメンは90～130℃の温度で空気によりクミルヒドロペルオキシド(CHP)に酸化される. 反応は典型的なラジカル連鎖反応で15～30 wt％のCHPを含むクメン溶液を得る. 酸化生成物はHPO濃度65～85％に濃縮されたのち, 60～90℃で硫酸で酸分解され, 90 mol％以上の選択性でフェノールとアセトンを生ずる.

$$\underset{\text{酸触媒}}{\xrightarrow{60\sim90^\circ C}}$$

なお，需要の少ないアセトンは水素化ののち，脱水してプロピレンに戻すプロセスも稼働している．

（２）安息香酸の酸化的脱カルボニル化：　トルエンの液相空気酸化で得られる安息香酸を接触酸化により脱カルボニル化してフェノールを合成するプロセスである．

$$C_6H_5COOH + \tfrac{1}{2}O_2 \xrightarrow{\text{触媒}} C_6H_5OH + CO_2$$

銅の安息香酸塩を触媒として反応温度220～250℃で溶融状態の安息香酸に空気と水蒸気を吹き込んで酸化すると，脱カルボニル化が起こり，収率85％でフェノールが得られる．工業的な基礎は確立しており，一部生産も行われているが，クメン法を駆逐してフェノールの製造の主流となるにはコスト面で問題がある．V_2O_5を触媒とする気相酸化で脱カルボニル化する方法も検討されているが，実動プロセスには至っていない．

（３）直接酸化法：　ベンゼンを分子状酸素で直接酸化してフェノールを合成する法は，永年研究をされ続けているが未だに成功していない．ただ系にH_2，CO，メタノールなどの還元剤を加えると選択性は著しく向上し，系を選べばほとんどCO_2の生成なしに空気酸化でベンゼンをフェノールに転換することが可能である．

$$\xrightarrow[\text{Pt-}V_2O_5/\text{担体}]{H_2, O_2}$$

東ソーで研究された上例では工業生産を達成できるほどの対空時収率も得られているが，フェノールの合成と無関係に消費される還元剤が相当あり，現時点では工業化に至っていない．またN_2Oのような化学ポテンシャルの高い酸素を有する酸化剤を用いるとベンゼンから選択的にフェノールが得られる．

$$+ N_2O \xrightarrow{\text{Fe-ZSM-5}} + N_2$$

このプロセスは最近Monsanto社で工業化されたが，N_2Oは少なくともその製造時に3モルのH_2を消費している高価な酸化剤であり，Monsanto社では他プロセスで副生するN_2Oを利用することで初めて成立したもので，フェノール合成の主流にはなりえない反応である．

〔諸岡良彦〕

➡イソプロピルベンゼンの合成

フェリエライト　ferrierite

ゼオライト*の1種であり，骨格は$[Al_xSi_{36-x}O_{72}]^{x-}$の組成をもつ．天然のものではSi/Al比は5程度であるが，Si/Al比のもっと大きいものも水熱合成により得ることができる．細孔は1次元で酸素10員環からなっているが，細孔径は $0.42×0.54\,nm$ と小さく，芳香族炭化水素は吸着されない．構造コードはFERである．n-ブタンのイソブタンへの異性化触媒として工業的に用いられている．　　　　〔小野嘉夫〕

フェントン試薬　Fenton reagent

鉄(II)イオンの存在下でH_2O_2が強い酸化力を示すことは，1894年にFentonによって見いだされ，以来Fe^{2+}-H_2O_2はフェントン試薬として知られている．Fe^{2+}によるH_2O_2のホモリシスで生成する水酸化ラジカルが活性種である．

$$Fe^{2+} + H_2O_2 \longrightarrow Fe^{3+} + OH^- + HO\cdot$$

多価アルコールからアルデヒドを生成し，ベンゼンの酸化ではフェノールや中間体のラジカル種が二量化したビフェニルを生ずる．反応にはFe^{2+}のレドックス(redox)も関与していると考えられている．　　　　〔諸岡良彦〕

フォージャサイト　faujasite　→ホージャサイト

不均一系触媒反応　heterogeneous catalytic reaction

固体触媒上で気相あるいは液相に存在する物質が反応するもので，触媒と反応物や生成物が異なる相に存在することからこの名がある．接触反応ということも多い．一般には，不均一相の界面で触媒作用が進行する．界面には気-固，液-固，気-液-固，および固-固系がある．触媒には，遷移金属，金属酸化物，金属硫化物，固定化錯体，イオン交換樹脂などが用いられる．工業触媒の活性成分は単一というよりも多成分からなることが多い．

気-固系の工業触媒反応には，ゼオライト*による接触分解*(酸触媒反応)，Mo-Bi系酸化物触媒によるアクリロニトリルの合成*(アンモ酸化*)，Ag触媒によるエチレンオキシドの合成*(酸化触媒反応)，Mo-Co硫化物触媒による脱硫*(水素化触媒反応)，二重促進鉄触媒によるアンモニアの合成*(水素化触媒反応)，担持チーグラー触媒によるイソタクチックポリプロピレン合成(立体選択重合*)などがあり，また，液-固系の工業触媒反応には，イオン交換樹脂によるエステル化(酸触媒反応)，Pd-Te合金触媒によるブタンジオール合成(酸化触媒反応)，ゼオライトによるシクロヘキセンの水和*(酸触媒反応)などがある．

不均一系触媒反応は，(1)反応物の固体表面への拡散，(2)吸着，(3)吸着種の表

面反応，（4）生成物の脱離，（5）生成物の気相や液相への拡散の五つの過程を経て進む．多孔性触媒では，反応速度*が（1）や（5）の拡散過程により支配されることもあるが，一般には表面反応過程での活性化エネルギー*が他の過程のそれに比べて大きいので，（3）が律速過程*となる．このとき，反応速度は吸着量の関数となり，ラングミュア-ヒンシェルウッド型*やチョムキン-ピジェフ型*などの速度式で表される．

不均一系触媒反応は，均一系触媒反応*に比べ，分子レベルでの設計が困難であることや活性種の制御が容易ではないなどの欠点を有するが，一方，（1）多成分化が容易で相乗触媒作用が期待できる，（2）触媒の安定性が高い，（3）触媒の再生・再利用が容易である，（4）プロセス操作性が良い，（5）生成物の分離が容易である，（6）腐食性が少ないなどの利点があり，工業プロセスとして多く用いられている．

触媒の性能は，活性成分の分布・分散，助触媒（促進剤として添加される第二，第三成分）の種類・分布・分散，担体の種類・性質・形状などにより著しく影響を受ける．また，触媒作用に直接関与する活性点*は，元来，数原子から数十原子の原子集団であるので，表面の原子配列を制御することにより活性や選択性が格段に改善されることがある．活性点構造を含めて反応場を分子レベルで組織的に設計することが重要である．

固体触媒作用の機構を調べるには，反応速度式の解析，同位体の利用，FT-IR や NMR などによる吸着種の測定，EXAFS*，XRD，ラマン分光法*などによる活性点／活性相の構造解析，紫外可視分光法*，XPS*，ESR*などによる酸化状態の解析，モデル表面を用いた表面科学的解析などを併用して行われる． 〔岩澤康裕〕
→触媒，触媒作用

不均化 disproportionation

同一種類の物質が反応することにより，2種類の化合物を与える反応を総称する．アルキルベンゼンのトランスアルキル化，アルケンの不均化（メタセシス）などにみられる反応様式である．前者は，通常固体酸*触媒上で進行する．触媒として，シリカ・アルミナ，H-モルデナイト，H-ZSM-5 などの固体酸，HF-BF$_3$ などの液体酸があげられる．例えば，トルエンを H-ZSM-5 などのゼオライトで処理すると，ベンゼンとキシレンの異性体混合物を生成する．

後者は，アルケンのアルキリデン基の組み替えにより起こる反応であり，一般に高級アルケンと低級アルケンへの不均化が起こる．触媒としては，均一系触媒として W，Mo 化合物から構成される触媒が高活性を示す．また，Co-Mo，Mo，Re，W などを活性成分とする固体触媒も活性を示す．反応はこれらの金属のカルベン錯体*を経由する機構により進行すると考えられている．

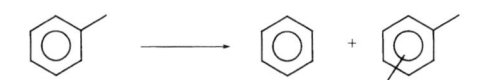

〔杉　義弘〕

➡ トルエンの不均化, メタセシス

複合酸化物　mixed oxide ─────────

2種以上の元素の酸化物, あるいは同じ元素でも酸化数の異なる2種以上の原子を含む酸化物. 混合酸化物ともいう. 例えば, $MgAl_2O_4$, Fe_3O_4 ($Fe^{2+}Fe^{3+}_2O_4$) など. 複合酸化物には, 複酸化物*と酸素酸塩*がある. これら酸化物の構造は, 金属種の酸化数とイオン半径でおおむね決まる. 実用触媒は異種の酸化物の混合物であることが多い.

〔水野哲孝〕

複酸化物　double oxide ─────────

複合酸化物のなかで酸素酸塩でないものの総称. 複酸化物の酸化物イオンは, 一方の金属イオンのみに結合している酸素酸を形成しない. 例えば二成分系の場合, 複酸化物は2成分の電気陰性度に大きな差がないものである. これらは, 2種の金属イオンと酸化物イオンの集合体とみなすことができる.

〔水野哲孝〕

不斉酸化　asymmetric oxidation ─────────

有機合成の基本反応である酸化反応において, ラセミ化合物もしくはプロキラル化合物を酸化して, D体またはL体のいずれか一方を選択的に合成する反応をいう. 不斉金属錯体触媒の存在下, 基質を酸化し光学活性な化合物を合成する方法は最も理想的な反応であるが, 困難な点の一つは光学活性な配位子が反応条件下で酸化されてしまうことが多いことである. Sharpless-香月らは $Ti(O^iPr)_4$ と酒石酸ジエチル(DET)から得られる不斉チタン錯体を触媒とし, t-BuOOH を用いてアリルアルコールを酸化すると, 90% ee 以上の高い不斉収率でエポキシドが得られることを見いだした. この反応は有機合成化学的にも工業的にも有用である.

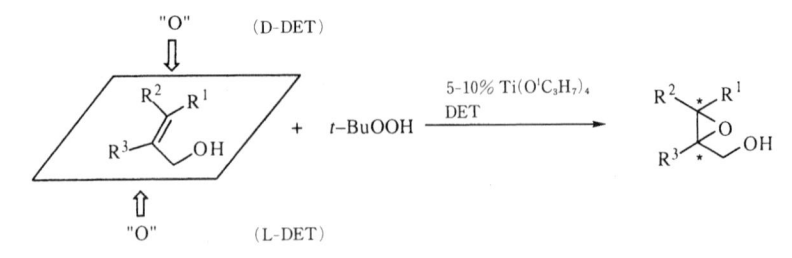

光学活性金属ポルフィリン錯体 A (M=Mn) や, 光学活性マンガンサレン錯体 B などを触媒としてアルケンを不斉酸化すると, エポキシドが高い不斉収率で得られる.

また，光学活性アミンを配位子とする四酸化オスミウムを触媒として，アルケンをN-メチルモルホリンオキシドで酸化すると不斉ジヒドロキシ化反応が起こる．このような不斉酸化触媒反応はアルケン類に限らず，スルフィドからスルホキシドへの不斉酸化触媒反応など，多くの基質について展開されつつある．また，酸化酵素であるデヒドロゲナーゼや，チトクローム P-450，フラビン酵素などを用いて不斉合成することもできる．

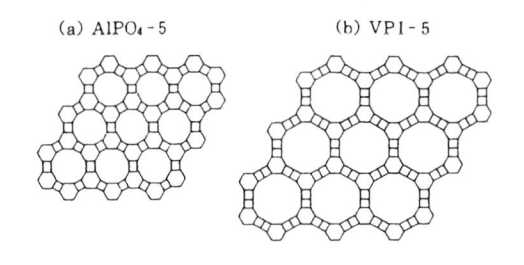

(a) $AlPO_4$-5   (b) VPI-5

〔村橋俊一〕

不斉修飾金属触媒　metal catalyst modified by chiral compound

不斉触媒反応に用いられる表面を光学活性物質で修飾した金属触媒をいい，Ni, Pt, Pd などによる不斉水素化の例が知られている．不斉触媒反応は普通キラルな配位子をもつ金属錯体を触媒として行われているが，表面をキラルな化合物で修飾した金属触媒を用いても，光学活性な化合物を合成することができる．代表的な反応例として，田井，泉らによって開発された光学活性な酒石酸で修飾されたニッケル触媒によるβ-ケトエステルやケトンの水素化が知られている．
金属とキラルな化合物を混合しただけで修飾した触媒であるので，調製が比較的簡単で，触媒と生成物の分離も容易であるが，不斉収率の面では現在の段階ではキラルな金属錯体触媒に比較し，一歩及ばない状態にとどまっている．

$$\text{MeO-CO-CH}_2\text{-CO-O} \xrightarrow[-\text{NaBr}]{\text{H}_2,\ \text{Raney Ni}-(R,R)\text{tartaric acid}} \text{MeO-CO-CH}_2\text{-CH(OH)-*}$$

(R) (86% ee)

〔諸岡良彦〕

不斉触媒反応　asymmetric catalysis

不斉反応は 1904 年に Marckwald らによって，アキラルな基質がキラルな試剤との反応によってキラル分子を生成する反応と定義された．その後 1970 年代に Morrison と Mosher によって現在の概念に拡張された．すなわち，基質分子中にあるアキラルな単位が反応試剤によってキラルな単位に変換され，どちらか一方の光学異性体を選択的に生成する反応を不斉反応という．選択性発現の要因が試剤や触媒によるエナン

チオ選択的な反応と，基質分子内にある要因によるジアステレオ選択的反応さらに光学分割に代表される異性体選択的反応の3種類に大別される．触媒にキラル化合物を用いた場合が不斉触媒反応である．

　一般に触媒反応は基質と触媒との相互作用によって形成する多くの遷移状態を経由して進行する．図に示すように，キラル源のない触媒を用いた場合，2種類の光学異性体（R体とS体）はそれぞれの遷移状態の安定性が等しいため，言い換えればそれぞれの活性化エネルギーが等しいため同量生成する．一方キラル触媒を用いるとプロキラル中心をもつ基質とキラル触媒とから，互いにジアステレオトピックな関係にある遷移状態を経由する．双方の反応中間体の活性化エネルギーの差により一方の光学異性体が優先的に生成する．その差が10 kJ/molあればほぼ一方の光学異性体のみ生成することになる．

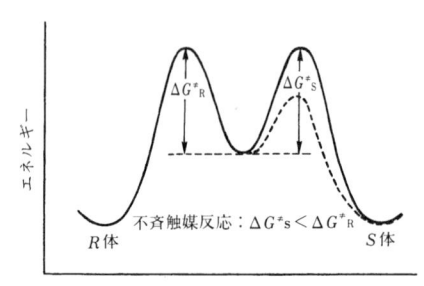

不斉触媒反応：$\Delta G^{\neq}{}_S < \Delta G^{\neq}{}_R$

不斉触媒反応の概念図

　不斉触媒として酵素，不斉金属錯体，さらに金属表面をキラル分子で修飾した不斉固体触媒などが用いられるが，これまで酵素や不斉金属錯体を用いる不斉触媒反応がよく研究されている．表1に示すように，分子量数百から2000以下の金属錯体は多種多様なキラル配位子と多くの金属から構成されている．それらの組合せを考慮すると不斉錯体触媒の例は無限にある．表2に示すように，これまで多くの工業触媒も開発されている．不斉錯体触媒反応には有機配位子の設計・合成が容易であること，R体とS体の両方の光学異性体を自由に合成できること，多くの反応基質に適用できるなど高い一般性をもつなどの特徴がある．一方，巨大分子からなる酵素を用いる反応では高い活性と選択性は確保できるものの，生成物などによる阻害作用を受ける場合があるため基質濃度を低く抑える必要がある．酵素は錯体触媒とは異なり特定の基質に

表1　金属錯体触媒反応と酵素反応の比較

金属錯体		天然酵素	
分子量	数百から2000以下	分子量	数万から数十万
有機溶媒		水	
高濃度		低濃度	
最大速度	$10^{10} M^{-1} s^{-1}$	最大速度	$10^{7} M^{-1} s^{-1}$
一般的		特異的	

有効であったり,天然型の光学異性体のみ生成するなど,酵素反応は高い特異性をもつ.近年,大規模合成可能な酵素反応も開発されており,両触媒を相補的に活用することができる.

表2 金属錯体による工業的不斉触媒反応の例

会社名	金属	反応	製品
Monsanto	Rh	水素化	L-ドーパ
住友化学工業	Cu	シクロプロパン化	シラスタチン
Anic. Enichem.	Rh	水素化	L-フェニルアラニン
J. T. Baker	Ti	エポキシ化	ディスパルラー
ARCO	Ti	エポキシ化	グリシドール
高砂香料工業	Rh	異性化	(−)-メントール
Merck	B	C=O 還元	MK-417
E. Merck	Mn	エポキシ化	抗高血圧剤
高砂香料工業	Ru	水素化	カルバペネム

W. A. Nugent, T. V. RajanBabu, and M. J. Burk, *Science*, **259**, 479 (1993).

なお,反応により不斉源より高い光学純度の分子が得られる場合を不斉増幅という.単に,不斉分子の数が不斉源分子の数より増える場合を不斉増殖ということがある.

〔碇屋隆雄〕

不斉水素化 asymmetric hydrogenation

有機化合物内の不飽和結合への水素付加によって,キラル化合物が生じるような系において,エナンチオマー対の一方を過剰に生成する反応.通常,基質としてはC-C,C-O,C-Nなどの二重結合をもつ化合物が対象となる.不斉水素化触媒としては,均一系,不均一系の両方が知られているが,その立体選択性*の高さにより,均一系触媒に関する研究・開発が近年盛んに進められており,100%にせまる選択性の報告も珍しくない.

遷移金属錯体を用いた均一系触媒による水素化反応の不斉化は,1968年にHorner, Knowlesらによって,不斉単座ホスフィン配位子を導入したウィルキンソン型ロジウム錯体を用いて始められた.初期の研究においては,ホスフィンのリン上に不斉点がある配位子が用いられたが,1972年のKaganらによる C_2 対称で,置換基上に不斉中心がある二座ホスフィン配位子 diop の開発は,その後のこの分野の発展に対して多大な貢献を果たした.

Rh, Ru など,後周期遷移金属錯体触媒によるアルケン類の不斉水素化においては,カルボニル基,水酸基など分子内に配位性の置換基を有する化合物が基質としてもっぱら用いられ,さまざまな不斉ホスフィン配位子の存在下,高い立体選択性が達成されている.特にα-アミノ酸の不斉合成の例が多い.これらの化合物の水素化においては,基質のアルケン部位と配位性置換基(アンカーあるいは錨とよばれる)とが触媒の金属中心へキレート配位することが重要であると考えられている.一方,最近になってTi, Ln など,前周期遷移金属のメタロセン錯体を用いて,単純アルケンの水素化

に対しても高い立体選択性を示す例が報告されている．ここで用いられている Ti, Ln 錯体中の金属中心の酸化数はそれぞれ+4, +3(それぞれの最高酸化数)であり，後周期遷移金属錯体の場合のように水素分子の金属中心への酸化的付加*を経由せず，σ bond metathesis，および基質の金属-ヒドリド結合への挿入反応*によって水素化が進行すると考えられている．

カルボニル化合物，イミン類は，一般にアルケン類よりも水素化に対して反応性が低く，それらの不斉水素化においては立体選択性のみならず，触媒の活性もが問題となる．最近になって Ru-binap 錯体を触媒とする効率の高い反応系が見いだされ，β-ヒドロキシ酸エステルなどの光学活性アルコールが高立体選択的に得られるようになった．

水素化の水素源として水素ガスではなく，ギ酸，アルコールなどを用いるいわゆる水素移動反応も広義には水素化反応の一法であり，不斉化が試みられている．水素移動反応の利点の一つは，反応に際して圧力容器を必要としない点であり，安全性の面からも注目される． 〔林　民生・小笠原正道〕

不斉増幅　asymmetric amplification　→不斉触媒反応

不斉配位子　chiral ligand

金属錯体において，金属中心に結合し，不斉環境を構築する一群の化合物，イオンのこと．一般に，金属錯体触媒による反応の不斉化を目的として用いられる．光学活性ホスフィン((1)，(2))，光学活性シッフ塩基(3)などのように，分子自身に不斉要素を有するものもあれば，カミンスキー型立体規則性重合触媒などに応用されているebi(ethylenebisindenyl)配位子(4)のように，それ自身ではアキラルであるが，金

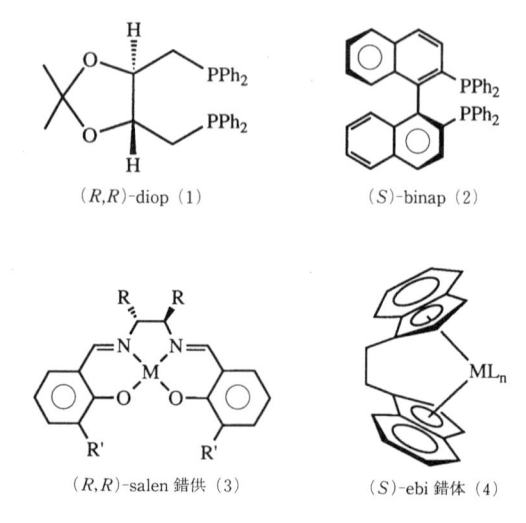

(R,R)-diop (1)

(S)-binap (2)

(R,R)-salen 錯体 (3)

(S)-ebi 錯体 (4)

属に配位することによって不斉を発現するタイプの配位子も存在する．配位可能な基の数により，単座，二座，さらには多座の配位子に分類されるが，一般に，より剛直な立体配座を実現できる多座配位子の方が，不斉反応へ応用した場合の立体選択性*が高いことが認められる．しかしながら，反応によっては単座の配位子しか用いることができない場合もある．

歴史的には，多くの不斉配位子が，酒石酸，アミノ酸などの天然物から誘導して合成されてきたが，天然物にその不斉源を求める場合，二つのエナンチオマーの入手のしやすさ・価格に大きな隔たりがあり，状況によっては必要とする鏡像体が得られない場合もある．近年，光学分割技術の進歩とともに，非天然物由来の不斉配位子が設計・合成され多くの成功を収めている． 〔林　民生・小笠原正道〕

不斉ヒドロシリル化　asymmetric hydrosilylation

アルキル-ケイ素結合を酸化的に開裂させることが容易になって以来，アルケンのヒドロシリル化が新しい局面を迎えた．それは，後述する不斉錯体を触媒とする効率の良い不斉ヒドロシリル化と(式(1))，その生成物の酸化開裂とを利用して，アルケンから光学活性アルコールを合成することにある．不斉ヒドロシリル化はさらに，1,3-ジエン類の1,4-付加によって有機合成に有用な光学活性アリルシラン誘導体を与え(式(2))，これはルイス酸の存在下で立体選択的なアリル化反応に利用される．

$$\underset{R'}{\overset{R}{\diagdown}}\!\!=\!\! + \text{HSiX}_3 \xrightarrow{\text{キラルな触媒}} X_3Si\underset{R'}{\overset{R}{\diagdown}}\!\!\overset{*}{\diagup} \quad (1)$$

$$\diagdown\!\!=\!\!\diagup\!\!R + \text{HSiX}_3 \xrightarrow{\text{キラルな触媒}} \diagdown\!\!=\!\!\diagup\overset{*}{\underset{SiX_3}{\diagdown R}} \quad (2)$$

アルケン類の不斉水素化*と軌を一にして，触媒的な不斉ヒドロシリル化には主に9,10族遷移金属錯体の配位子に用いられる光学活性ホスフィンの開発が不可欠であり，これまで100種を越えるキラルなモノホスフィン，ジホスフィンが考案されている．こうして得られる不斉なホスフィン錯体触媒にプロキラルな基質(例えば非対称な1,1-二置換アルケン，ケトンなど)が配位する際に，この不斉触媒によって互いにジアステレオマーの関係となる基質の配位面が高度に選択される．これが，続いて触媒の配位圏内で起きるヒドロシランの基質への付加で完結する触媒サイクルによって，ヒドロシリル化*の生成物に高い対掌体過剰率(enantiomeric excess, ee で表す)を発現させる源となっているものと理解されている．その代表的な例が，軸性不斉を有する単座のホスフィン配位子*である(R)-MeO-MOP を用いた Pd 触媒による1-アルケンの不斉ヒドロシリル化である(式(3))．この反応は，通常のヒドロシリル化でシリル基がアルケン末端に導入されるのとは全く異なる位置選択性を有する点で，特異な性格を示している．

$$R\text{-CH=CH}_2 \xrightarrow[\substack{\text{HSiCl}_3 \\ 40°\text{C}}]{(R)\text{-MeO-MOP/Pd} \atop (0.1\text{mol\%})} \underset{R}{\text{SiCl}_3} \xrightarrow{[O]} \underset{R}{\text{OH}} \quad (3)$$

R＝アルキル　　　　　　　　　　　　　　　　94〜97% ee

(R)-MeO-MOP

分子内不斉ヒドロシリル化では，複数の不斉炭素中心を制御することができ，その生成物の C-Si 結合を酸化開裂させて光学活性ジオールを合成する手法が際だってくる(式(4))．

$$(4)$$

$\text{syn}/\text{anti} = >99/1, 93\%$ ee
($R = 3{,}5\text{-Me}_2\text{C}_6\text{H}_3$)

(R,R)-DIOP

〔山本經二〕

ブタジエンのアセトキシル化　acetoxylation of butadiene

ブタジエンを酸化的にアセトキシル化して 1,4-ジアセトキシブテンを合成する反応．1969 年に Shell 社によってワッカー型の触媒 $PdCl_2\text{-}CuCl_2\text{-}LiOAc$ を均一系で使用することにより本反応が進行することが報告された．その後，三菱化学社により Pd と Te を担体に担持した固体触媒が本反応に有効であることが見いだされ，1982 年に液相不均一反応として工業化された．1,4-ジアセトキシブテンは，二重結合を水素化，ジアセタートを加水分解(一部環化)することにより，工業的に有用な 1,4-ブタンジオール，テトラヒドロフランへ誘導することができる．

$$\diagup\!\!\!\diagup + 2\text{AcOH} + 1/2\,\text{O}_2 \longrightarrow \text{AcO}\diagup\!\!\!\!\diagdown\!\!\!\diagup\text{OAc} + \text{H}_2\text{O}$$

本反応の詳細な反応機構は解明されていないが，1,4-ジアセトキシブテンの位置異性体である，3,4-ジアセトキシブテンが同時に副生してくることから以下の機構が提案されている(K. Takehira, H. Mimoun and I. Seree de Roch, *J. Catal.*, **58**, 155 (1979))．すなわち，活性点である Pd にブタジエンが吸着し，その末端 C-H が活性化され，酢酸の求核付加を受ける．その後，Pd と基質が π-アリル中間体を形成し，

この中間体に対し，第二の AcOH の求核反応が末端 C に起きるか，内部 C に起きるかによって生成物の OAc の位置が異なってくる．

反応活性種は，完全に酸化された Pd ではなく，弱く活性化された $Pd^{\delta+}$ であることが同時に提案されている．

〔瀬戸山　亨〕

ブタジエンのアンモ酸化　ammoxidation of butadiene

触媒，反応条件を選んでブタジエンをアンモ酸化すると，フマロニトリル(FN)，マレオニトリル(MN)が合成でき，ジエノフィルとして各種ファインケミカルズ製造原料，および耐熱性コポリマー原料として利用されている．

Bi, Mo 複合酸化物系では，FN, MN 混合物の収率は供給ブタジエン基準で 5 モル％程度であるが，V, W, Cr ないし V, W, Sb 複合酸化物系で，ブタジエン/アンモニア/空気供給モル比 1/5/94, 反応温度 500℃以上では FN, MN のほぼ等量混合物の収率は 60％を超え，クロトノニトリルはほとんど生成しない．V, W, Cr ないし V, W, Sb 複合酸化物系触媒では，ブタジエン以外 n-ブテン，n-ブタンからも FN, MN 混合物が得られ，ブタジエンとほぼ同様の反応条件でそれぞれの収率は 57％, 26％である．

〔古尾谷逸生〕

ブタジエンの重合　polymerization of butadiene

ブタジエンはラジカル重合，カチオン重合，アニオン重合することができる反応性に富むモノマーである．ブタジエンをチーグラー-ナッタ触媒を用いてアニオン重合する場合，触媒と反応条件によって 1,4-トランス構造，1,4-シス構造，1,2 構造のポリブタジエンが得られる．金属へのブタジエンの配位が π ジエチル型の場合 1,4-シス構造のポリマーが得られ，配位が π エチル型の場合 1,2 構造のポリブタジエンが得られる．さらに，立体規則性が発現すれば，シンジオタクチックおよびイソタクチックポリブタジエンが得られる．

|1,4-シス構造|1,4-トランス構造|1,2-構造|

ポリブタジエンの構造

〔石原伸英〕

フッ化カリウム触媒（アルミナ担持） potassium fluoride catalyst (alumina supported)

フッ化カリウム触媒は，多くの場合アルミナに担持した KF/Al_2O_3 として用いられている固体塩基触媒である．アルミナ以外に担持したフッ化カリウムは，KF/Al_2O_3 ほどの活性を示さない．KF/Al_2O_3 は，γ-アルミナをフッ化カリウム水溶液に含浸し，乾燥，前処理をして調製する．他の固体塩基触媒と比較すると，多種の有機合成反応の触媒として用いられるのが特徴的である．マイケル付加，ウィッティヒ-ホーナー反応，クネベナゲル縮合*，ダルゼン縮合，フェニルアセチレンとベンズアルデヒドの縮合，硫酸ジメチルによる C, O, N, S-アルキル化などの触媒となる．

活性点については不明な点が多いが，反応の種類が異なると最適な前処理温度が異なっており，塩基点として作用しうる数種の活性点が存在すると推定される．表面に高分散で存在する配位不飽和な F^- イオン，表面水酸基，F^- と相互作用している水酸基，KF と Al_2O_3 の反応により生ずる KOH などが塩基点として考えられている．

マイケル付加*などの有機合成反応には，触媒の前処理として200℃程度で乾燥して用いることが多く，また，前処理温度の影響も大きくはない．1-ブテンや1-ペンテンなどのアルケンの異性化に対しては，300〜400℃で排気処理をしたときのみ高活性を示す．

反応試薬あるいは触媒用として市販されており，固体塩基触媒としての用途のほかにフッ素化剤としても用いられる． 〔服部 英〕

フッ化水素触媒 hydrogen fluoride catalyst

フッ化水素触媒は，高オクタン価でガソリンのブレンド基材となるアルキレートを製造するプロセス（アルキレーションプロセス）で主に用いられている．このプロセスはイソブタンのイソブテンあるいはプロピレンによるアルキル化プロセスであり，強い酸を必要とする．フッ化水素は非常に強い酸であり，濃硫酸触媒*とともにこのプロセスに有効な触媒である．アルキレーションの HF 法では，反応器が水平型か垂直管型かにより，それぞれ UOP 法とフィリップス（Phillips）法とに分類される．このプロセスでは，反応器内に熱交換器を内蔵しているため，反応熱は冷却水により除去される．また，装置内に触媒再生装置が設けられており，運転中に再生できることや触媒消費量が小さいことから経済的で，大多数の国で採用されている．しかし，反応装

置の腐食や高揮発性のために漏洩の危険性がある，などの問題点が指摘されている．
〔瀬川幸一〕

→アルカンのアルキル化

物質要因 material factor

触媒機能を支配する要因は，元素の種類で決まる物質要因と同じ元素でも構造に依存する構造要因に分類できる(表参照)．例えば，CO吸着特性は金属元素で相当程度決まる．その結果，COの水素化触媒性能が大きく変化する．COの吸着は，周期表の左上になるほど強く，かつ，COが解離する傾向がある．このCO吸着特性を反映して，周期表右下のPbでは，COの解離が起こらずに水素化されるのでメタノールが生成し，左上のNi,CoではCOがすべて解離し，メタンなどの炭化水素が生成する．

	金属	金属酸化物
物質要因	金属元素の特性	金属酸化物の特性
構造要因	結晶面，欠陥， 粒径，分散度など	結晶面，欠陥， 粒径，配位不飽和度など

〔水野哲孝〕

物理吸着 physisorption, physical adsorption

吸着する原子(または分子)と吸着媒*との間で化学結合を形成せずファンデルワールス力によって起こる可逆的な吸着をいう．物理吸着は気体の凝縮に類似し，温度と圧力が凝縮の条件にちかければ，どのような気体と固体の組み合わせでも起こる．気体の物理吸着の吸着熱は液化熱程度($5 \sim 50$ kJ mol^{-1})であり，化学吸着の吸着熱($150 \sim 1000$ kJ mol^{-1})に比較し著しく小さい．一般に物理吸着の活性化エネルギーは0に近く，吸着は一瞬に起こり，脱離速度も速い．したがって吸着等温線*は通常可逆的であり，吸着曲線と脱離曲線は一致する．ただし，多孔質または微粉体吸着媒の場合は，細孔内部または微粉体粒子の間隙でのガス拡散が遅く，吸着等温線にヒステリシスの観測される場合もある．化学吸着*が単分子層の生成で完了するのに対して，物理吸着は多分子層の生成を起こす場合が多い．多分子層吸着を考えて導いたBET吸着等温式*は，触媒の表面積の測定に応用されている．　　〔大塚　潔〕

→BET表面積

ブテンの異性化 isomerization of butenes　→アルケンの異性化

ブテンの酸化脱水素 oxidative dehydrogenation of butenes

合成ゴムの原料であるブタジエンはナフサのクラッキング以外にブテンの酸化脱水素により製造されている．この方法は，脱離する水素が酸化されて水となるので発熱反応となり，直接脱水素法に比較し，反応の平衡をブタジエンの生成側に有利にする

のに加え，低温で行える利点がある．ブテンの酸化脱水素はπ-アリル中間体を経て次式のように反応すると考えられている．

$$\begin{matrix}CH_2=CH-CH_2-CH_3\\CH_3-CH=CH-CH_3\end{matrix}\xrightarrow{-H}[CH_2\cdots CH\cdots CH-CH_3]\xrightarrow{-H}CH_2=CH-CH=CH_2$$

この反応には，P-Sn-O 系，フェライト系，Bi-Mo-O 系触媒が用いられている．これらの触媒を用いた反応では酸素が使われるために，生成物であるブタジエンが逐次的に酸化された完全酸化が副反応として起こってしまうという問題点がある．

〔大塚　潔〕

ブードァール反応　Boudouard reaction

一酸化炭素2分子から二酸化炭素と炭素を生成する反応($2CO \rightarrow CO_2+C$)．炭素は触媒表面に析出する．

〔御園生　誠〕

部分酸化　partial oxidation　→選択酸化

フラクショナル　fluxional

ある分子が，ある原子配置をもつ構造から，これと立体化学的にもエネルギー的にも等価な他の構造に容易に転位する場合があり，これを縮重転位とよびこのような現象をフラクショナルな現象(挙動)とよぶ．これとは別に，立体化学的にもエネルギー的にも非常に近い他の異性体構造に転位する現象についてもこの用語が用いられる場合がある．この現象の解析にはもっぱら NMR（温度可変スペクトルの波形解析や飽和移動法）が用いられる．

温度可変測定の古典的な例としてシクロヘキサン環の反転現象があげられる．シクロヘキサンのアキシアル位，エクアトリアル位のメチレン水素は非等価であるが，室温では環の反転が NMR タイムスケールより速いため等価に観察される．低温ではこの反転が遅くなるため，徐々にシグナルはブロードになり，NMR のタイムスケールより十分遅くなるほどの低温にすると，この反転現象は事実上凍結されて，アキシアル位，エクアトリアル位の水素は別々のシグナルとして観察される．

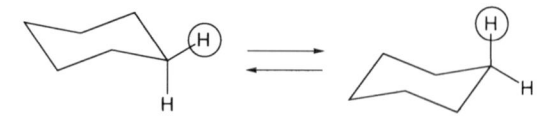

遷移金属錯体では，配位構造の異性化などが格好の研究対象とされてきた．これ以外に典型的な例としては，配位子(アルケンなど)の金属との結合軸周りの回転，σ 結合性配位子の π 配位中間体を経る異性化あるいはその逆反応(アリル基など)，配位子(ポリエンなど)上の金属の移動，多核錯体における配位子(CO, H など)の金属間移動およびこれに伴う構造の異性化などが詳細に研究されている．

〔穐田宗隆〕

プラグ流　plug flow　→押し出し流れ

プラスチックリサイクル　recycle of plastic wastes

　日本では毎年 1500 万 t ちかいプラスチックが製造されるが，廃棄されるプラスチックの量も 700 万 t 以上である．地球環境保全の視点からこれらの廃棄プラスチックをリサイクルするための技術開発が盛んに行われている．廃棄プラスチックのリサイクル方法は次のように区分される．(1)マテリアルリサイクル：洗浄後，粉砕・溶融・成形して再利用する方法，(2)サーマルリサイクル(またはエネルギー回収)：固形燃料や液体燃料として利用する方法，(3)ケミカルリサイクル：廃棄プラスチックを化学的に分解し，再び化学工業用原料として利用する方法．
　これらの方法のうち，サーマルリサイクルとして液体燃料を製造するプロセスにゼオライト触媒(ZSM-5)が使用されている．このプロセスは廃棄プラスチックの溶融槽，溶融槽から送り込まれる高分子の蒸気を軽質化する触媒塔，軽質化された油分を捕集するための冷却塔から構成されている．通常，溶融槽は 400～450℃，触媒塔は 450～500℃で運転され，年間処理量は 5000 t に達する．廃棄プラスチックの 60％は液体燃料として回収されるが，この油は芳香族炭化水素を含むガソリン成分である．ゼオライト以外にもシリカ・アルミナなどの固体酸触媒*や白金などの金属触媒*が使用されている．
　1997 年，日本全国で 30 基程度が稼動しているが，原則として廃棄塩化ビニルの混入は禁止されている．塩化ビニルが混入すると溶融槽で塩化水素が発生し装置腐食の原因となるだけでなく，猛毒物質であるダイオキシンの発生も引き起こす可能性があるからである．塩化ビニルが混入した廃棄プラスチックを液体燃料とするためには，前工程で脱塩化水素したのち溶融槽に入れなければならない．塩化ビニルが混入した廃棄プラスチックを 200～250℃で加熱し，ここで発生する塩化水素を水中捕集したのち溶融槽に送り込む方法が開発されつつある．　　　　　　　　　　〔上野晃史〕
→ゼオライト，塩化ビニルの合成

プラットフォーミング　platforming　→リフォーミング

プラットフォーミング触媒　platforming catalyst　→リフォーミング触媒

フリース転位　Fries rearrangement

　フェノールのカルボン酸エステルに等モルのルイス酸($AlCl_3$，$ZnCl_2$，$TiCl_4$ など)を作用させ加熱すると転位が起こり，o-アシルフェノールあるいは p-アシルフェノールまたは両者の混合物を生ずる反応．1908 年に K. Fries(ドイツ)により見出された．分子内転位と分子間転位反応が共存しており，低温で反応を行うと立体障害の少ないパラ置換体が，高温ではキレーションにより安定化されるオルト置換体の生成が有利になる．光の作用によっても同様の反応が進行する(光フリース転位)．

[松本隆司]

フリーデル-クラフツ触媒　Friedel-Crafts catalyst

アルキル化反応やアシル化反応を促進するルイス酸*やプロトン酸(ブレンステッド酸)触媒のこと．ルイス酸としては，$AlCl_3, AlBr_3, FeCl_3, FeBr_3, ZrCl_4, SnCl_4, BCl_3, BF_3, ZnCl_2$，プロトン酸としては，$HF, H_2SO_4, H_3PO_4$ などが一般的に利用される．

[尾中　篤]

→塩化アルミニウム触媒，フリーデル-クラフツ反応

フリーデル-クラフツ反応　Friedel-Crafts reaction

フリーデル-クラフツアルキル化反応とフリーデル-クラフツアシル化反応がある．
(1) フリーデル-クラフツアルキル化反応：

$$ArH + RCl \longrightarrow ArR + HCl \quad (ArH：芳香族化合物)$$

芳香環(例えばベンゼン環など)のアルキル化反応のことであり，アルキル化試薬としてはハロゲン化アルキル，アルケン，アルコールが最も一般的であるが，エポキシド，エーテル，チオール，硫酸エステル，スルホン酸エステルなども利用される．ハロゲン化アルキルの反応性は $F>Cl>Br>I$ の順である．反応には必ず触媒が必要であり，$AlCl_3, FeCl_3, BF_3$ などのルイス酸*や，時にはフッ化水素や硫酸などのプロトン酸(ブレンステッド酸)も利用される．多くはアルキル化試薬と酸触媒から生成するカルベニウムイオン*(R^+)が芳香環に付加すると考えられているので，第一級アルキル化試薬は，反応途中で第二級あるいは第三級アルキル基に異性化して反応することが多い．したがって，この反応は第二級，第三級アルキル化に適している．またこの反応では，モノアルキル化体のほかに，ジアルキル化などのポリアルキル化体も生成することが多い．

現在スチレン製造用原料のエチルベンゼンは，液相あるいは気相系でのエチレンによるベンゼンのフリーデル-クラフツ反応で生産されている．

(2) フリーデル-クラフツアシル化反応：

$$ArH + RCOCl \longrightarrow ArCOR + HCl \quad (ArH：芳香族化合物)$$

アリール(芳香族)ケトンを合成するのに利用される．アシル化試薬としてはハロゲン化アシル，カルボン酸，カルボン酸無水物が用いられる．フリーデル-クラフツアルキル化反応とは異なり，R基の異性化は起こらず，またモノアシル化反応のみが起こり，ポリアシル化体は得られない．ハロゲン化アシルの反応性は一般的には $I>Br>Cl>F$ の順である．反応はルイス酸*(通常 $AlCl_3, FeCl_3, ZnCl_2$，鉄粉などを使用)によ

り促進される．しかし，ルイス酸は生成物のアリールケトンと錯体を形成し失活するため，ルイス酸をアシル化試薬の等モル量以上用いる必要がある．カルボン酸をアシル化試薬として用いる場合には，プロトン酸（ブレンステッド酸）も促進剤になる．反応はアシル化試薬とルイス酸から反応性の高いアシルカチオン（RCO^+）が生成して芳香環に付加し，さらに脱プロトンを経てアリールケトンを与えると考えられている．CO，HCl を用いるホルミル化はガッターマン－コッホ反応という．〔尾中　篤〕
→エチルベンゼンの合成，芳香族化合物の塩素化

プリンス反応　Prins reaction

酸触媒存在下で，ホルムアルデヒド（または他のアルデヒド）がアルケンに付加して，1,3-ジオールと 1,3-ジオキサンの混合物を与える反応のこと．この反応の発見者，H, J. Prins の名前がつけられている．エチレン自身は苛酷な条件でなければ反応しないが，$R_2C=CH_2$ や $RCH=CH_2$ 型のアルケンは主に 1,3-ジオキサンを与える．また，$RCH=CHR'$ アルケンからは 1,3-ジオールが生成するが，収率は低い．

工業的には，プリンス反応はイソプレン合成に利用されている．すなわち，イソブテンと 2 分子のホルムアルデヒドから 4,4-ジメチル-1,3-ジオキサンをつくり，これを分解することによりイソプレンを生産する．〔尾中　篤〕

ふるい　sieve　→メッシュ

ブレオマイシン　bleomycin

1966 年に梅澤濱夫らにより発見された制癌性抗生物質．異常型のアミノ酸と糖からなる分子量約 1500 のグリコペプチドで，扁平上皮癌，悪性リンパ腫の臨床治療に効力を示す．ブレオマイシンは末端部分の 2,3-ジアミノプロピオンアミド-ピリミジン-β-ヒドロキシヒスチジンの部分に含まれる五つの窒素で二価鉄錯体を形成し，酸素を触媒的に活性化する．このとき発生する活性酸素の本体は過酸化水素かそれにちかいものと考えられている．一方，ブレオマイシンはビチアゾール部位で DNA に結合し，鉄錯体部位で発生した活性酸素により DNA を切断する．DNA 切断はグアニン塩基やシトシン塩基の多い配列の部分で起こり，デオキシリボース部分が酸化分解を受けることが知られている．ブレオマイシンの制癌作用は鉄錯体形成，触媒的酸素活性化，および DNA 切断と密接に関連している．ブレオマイシンの構造をもとに各種のペプチド性酸化触媒や DNA 切断活性をもった化合物が合成されている．〔大塚雅巳〕

フレンケル欠陥　Frenkel defect　→格子欠陥

ブレンステッド酸　Brønsted acid

酸はプロトン供与体，塩基はプロトン受容体であるとした Brønstead の定義に従い，プロトン供与体として働くものをブレンステッド酸とよぶ．例えば，次式において，

$$BH + S \longrightarrow B^- + SH^+$$

BH は S に対してプロトン酸として作用したという．S は BH に対して塩基として作用したともいえる．BH に対して B^+ を共役塩基，S に対して SH^+ を共役酸という．一方，電子対受容体，電子対供与体として酸，塩基を定義する場合はルイス酸，ルイス塩基などという．

　触媒として用いられるブレンステッド酸には液体，固体の両方がある．液体では硫酸，塩酸などの鉱酸のほか，トリフルオロメタンスルホン酸，ヘテロポリ酸*などが用いられる．固体酸としては，$SiO_2 \cdot Al_2O_3$，$SiO_2 \cdot MgO$ などの複合酸化物，各種ゼオライト，ヘテロポリ酸，H_3PO_4/けいそう土(固体リン酸)，陽イオン交換樹脂などがあげられる．

　固体酸のブレンステッド酸点，ルイス酸点を区別する方法として，吸着ピリジンの赤外吸収スペクトルがよく用いられる．ブレンステッド酸点に吸着して生成したピリジニウムイオンとルイス酸点に吸着したピリジンが異なる赤外吸収スペクトルに与えることを利用し，それらの吸収強度からブレンステッド酸点，ルイス酸点を独立に定量することもできる(例えば T. R. Hughes ら, *J. Phys. Chem.*, **71**, 2192 (1967))．

　酸点の発現機構の例として，ゼオライト*の場合を図に示す．4配位の Si のサイトに Al が置換することにより生じる負電荷を補償するためプロトンが Al 近傍の酸素イオンに結合している．

　酸触媒で進行する炭化水素の反応として，アルケンの二重結合異性化や重合，クラッキング，骨格異性化，アルキル化などがある．アルコールの脱水反応なども典型的

な酸触媒反応である．ブレンステッド酸点が関与する場合，反応分子にプロトンが付加し，カチオン中間体を経由して反応が進行する．　　　　　　　〔犬丸　啓〕
→ルイス酸

ブレンステッドの触媒法則　Brønsted catalysis law

　一般酸・塩基触媒反応において成立する直線自由エネルギー関係*式の一つで1928年に J. N. Brønsted により提唱されたものである．一般酸または一般塩基による触媒反応*の速度定数(k_A および k_B)とその酸および塩基の解離平衡定数(K_A および K_B)のあいだに次の関係式が成立する．

$$k_A = G_A K_A^\alpha \quad (0 < \alpha < 1)$$
$$k_B = G_B K_B^\beta \quad (0 < \beta < 1)$$

G_A, G_B, α, β は反応の種類，溶媒，反応温度などによって定まる定数である（同様の式が Brønsted 以前に Taylor によって出されているので，テイラー-ブレンステッド式ともいう）．

酸分子中の解離可能なプロトンの数 p（例えばシュウ酸では $p=2$），あるいはプロトン受容可能な共役塩基の数 q が複数である場合には，次の式が成立する．

$$k_A/p = G_A(q/p \cdot K_A)^\alpha$$
$$k_B/p = G_B(q/p \cdot K_B)^\beta$$

これらの式は，対数をとることにより次のような式に変換される．

$$\ln(k_A/p) = \alpha \ln(qK_A/p) + \ln G_A$$
$$\ln(k_B/p) = \beta \ln(qK_B/p) + \ln G_B$$

アルデヒド水和物の酸触媒による脱水反応について $\ln(k_A/p)$ と $\ln(K_A/p)$ のあいだに直線関係が成り立つことが示されている．一方，アルキルリン酸一水素アニオン（KPO_3H^-）のように解離可能なプロトンの酸機能とアニオンによる塩基機能をもつ酸・塩基両機能触媒では，ブレンステッドの触媒法則は成り立たない．〔船引卓三〕

フロイントリッヒの吸着等温式　Freundlich adsorption isotherm

吸着質*の圧力 p における吸着量 v が

$$v = a \cdot p^{1/n}$$

と表される吸着等温式*がフロイントリッヒの名でよばれる吸着等温式である．ここに，a および n は定数である．フロイントリッヒの吸着等温式は多くの気・固吸着系および液・固吸着系の吸着等温線*を再現する実験式である．特に収着（吸着とともに固体内部への吸収を伴う現象）が起こる場合に適用される．

理論的には吸着熱* が $\log v$ とともに直線的に減少するとして，フロイントリッヒの吸着等温式を近似的に導くことができる．吸着熱が $\log v$ とともに直線的に減少し，直線自由エネルギー関係*が成立するならば，吸着あるいは脱離*の活性化エネルギー*も $\log v$ とともに直線的に変化することになる．したがって吸着の速度 r_a および脱離の速度 r_d はそれぞれ $r_a = k_a \cdot p \cdot v^{-\alpha}$ および $r_d = p_d \cdot v^\beta$ と近似的に表される．ここに，α，β は定数である．平衡においては $r_a = r_d$ であるので，$v = (k_a/k_d)^{1/(\alpha+\beta)} p^{1/(\alpha+\beta)}$ と表される．したがって先の吸着等温式の定数 a と n は，それぞれ $a = (k_a/k_d)^{1/(\alpha+\beta)}$ および $n = \alpha + \beta$ と表される．

活性炭*への CO, SO_2, Cl_2, PCl_3 および水蒸気などの吸着等温式がこの吸着等温式で表される．なお中間領域の圧力においてフロイントリッヒの吸着等温式はラングミュアの吸着等温式*で近似できる．　　　　　　　　　　　　　〔鈴木　勲〕

プロパンのアンモ酸化 ammoxidation of propane

工業プロセスであるプロペンのアンモ酸化*によるアクリロニトリル合成をプロパン原料で行う反応で，アンモニア存在下での気相接触酸素酸化である．

$$C_3H_8 + 2O_2 + NH_3 \longrightarrow CH_2=CH-CN + 4H_2O$$

プロペンのアンモ酸化に通常用いられる MoO_3 系複合酸化物触媒はプロペンのアリル水素の引抜き（361 kJ mol^{-1}）よりも高いエネルギーを必要とするプロパンからの第二級水素の引抜き（401 kJ mol^{-1}）には有効には作用せず，より切断能力の高い触媒成分やプロセス条件が必要である．ハロゲン化物プロモーターを使用するか高いプロパン分圧（プロパン濃度30％以上）の条件を設定して気相ラジカル反応を誘起させたり，高い酸化活性を有する酸化バナジウム系触媒や脱水素能の高い貴金属の触媒機能を利用するとプロパンのアンモ酸化は進行する．ハロゲン化物添加法や，高プロパン分圧法は精力的に研究されたこともあったが，その後低プロパン濃度でも活性の高い V-Mo-Nb-Te-O 系触媒が見出され，低濃度法の研究が盛んになった．酸化バナジウム系触媒としてVとSbの組合せやVとMoとの組合せをベースとした複合酸化物が活性を示し，400℃以上の反応温度で反応が進行する．生成物であるアクリロニトリルは酸化反応条件で安定なため，他のアルカン酸化に比べ良好な収率が得られる．低転化率条件ではプロペンが生成することからプロパンのアンモ酸化はプロペンを経由して進行していると推定されているが，詳しい反応機構はわかっていない．

〔上田　渉〕

→アルカンの酸化，プロパンの酸化

プロパンの酸化 oxidation of propane

プロパンを気相均一ラジカル反応が起こらない条件で固体触媒を用いて部分酸化させ，酸化的脱水素生成物であるプロペンやアクロレイン，アクリル酸などの含酸素化合物を合成する反応である．これらプロパンの酸化のうち，酸化的脱水素反応*は V-Mg-O 系触媒，モリブデン酸塩系触媒などの金属酸化物や担持貴金属など，多くの触媒で容易に進行する．反応温度が高いほどプロペン生成の選択率は高くなる傾向があり，酸素分圧を低くし酸化活性の比較的低い触媒を用いるとさらに選択率は高くなる．しかし，選択率が高いのはプロパン転化率が低いときだけで，転化率が上がると，選択率低下は避けられない．この傾向は触媒の種類に関係がなく，生成したプロペンの結合の弱いアリル水素が容易に逐次反応することに原因がある．このため，プロパンの酸化脱水素によるプロペンの製造は工業化に至っていない．

プロパンの部分酸化によるアクロレインやアクリル酸などの含酸素化合物の合成では，これらの生成物がプロパンを活性化できる触媒や反応条件で容易に逐次酸化を受けるため，高い収率は得られていない．前述の酸化的脱水素触媒とよく知られているアリル酸化触媒の単純複合によりある程度の選択率は得られるが，転化率が高くなると酸化的脱水素触媒による完全酸化が進行するため限界がある．1段で酸化する触媒としては5族，6族の酸性金属酸化物からなる複合酸化物*やヘテロポリ酸*が知られ

ている．これらの触媒は活性元素の価数が最高酸化数より1段低原子価で反応条件下で安定である場合，比較的高い活性や選択性を示すようである．また塩基性の陽性金属酸化物を多く複合すると性能が低下するので触媒の固体酸性も重要である．

アンモ酸化によるアクリロニトリルの合成では，生成物が酸化条件で比較的安定なため，工業化が検討される段階まで研究が進展している．　　　　　〔上田　渉〕
→アルカンの酸化，プロパンのアンモ酸化

プロピレンオキシドの合成　synthesis of propylene oxide

プロピレンオキシドは無色透明の揮発性液体であり，その用途はプロピレングリコール(ポリエステル，食添)，ポリプロピレングリコール(ポリウレタン)，ポリエーテルポリオール(ポリウレタン，接着剤，塗料)，グリコールエーテル(溶剤)，アリルアルコールなどの原料である．

工業的にはクロロヒドリン法およびヒドロペルオキシド法により製造されている．
(1) クロロヒドリン法：

$$CH_2=CHCH_3 + Cl_2 + H_2O \longrightarrow CH_2-CH-CH_3 + HCl$$
$$\quad\quad\quad\quad\quad\quad\quad\quad\quad\quad\quad\quad\quad |\quad\quad\ |$$
$$\quad\quad\quad\quad\quad\quad\quad\quad\quad\quad\quad\quad\ OH\ \ Cl$$

$$CH_2-CH-CH_3 + HCl + Ca(OH)_2 \longrightarrow H_2C-CH-CH_3 + CaCl_2 + H_2O$$
$$\ |\quad\quad\ |\quad\quad\quad\quad\quad\quad\quad\quad\quad\quad\quad\quad\ \backslash\ /$$
$$OH\ \ Cl\quad\quad\quad\quad\quad\quad\quad\quad\quad\quad\quad\quad\quad O$$

世界のプロピレンオキシドの半量はこの製法で生産されている．

(2) ヒドロペルオキシド法：　工業的には tert-ブチルヒドロペルオキシド(TBHP)を用いる方法とエチルベンゼンヒドロペルオキシド(EBHP)を用いる方法があり，前者では反応後副生する tert-ブタノールは脱水し iso-ブテンにしたのちメタノールと反応しガソリンの改質剤であるメチルターシャリーブチルエーテル(MTBE)として利用され，後者では副生するヒドロキシエチルベンゼンは脱水されスチレンとして利用される．

TBHPを用いる方法

$$CH_2=CHCH_3 + (CH_3)_3COOH \longrightarrow H_2C-CH-CH_3 + (CH_3)_3COH$$
$$\quad\quad\quad\quad\quad\quad\quad\quad\quad\quad\quad\quad\quad\quad\quad\ \backslash\ /\quad\quad\quad\quad\quad\quad\ \ \ \ |$$
$$\quad\quad\quad\quad\quad\quad\quad\quad\quad\quad\quad\quad\quad\quad\quad\ O\quad\quad\quad\quad\quad\quad\quad \longrightarrow MTBE$$

EBHPを用いる方法

$$CH_2=CH-CH_3 + C_6H_5CH(OOH)CH_3 \longrightarrow H_2C-CH-CH_3 + C_6H_5CH(OH)CH_3 \xrightarrow{-H_2O} C_6H_5CH=CH_2$$

TBHPによるプロピレンのエポキシ化触媒は W, V, Mo などのカルボン酸塩であり，液層均一系で行われている．また，EBHP 系の触媒は Mo, W, Ti などのカルボ

ン酸塩である.
　しかし,上記製造法は必ずしも最適製造法ではない.すなわち,クロロヒドリン法では塩素の酸化力を用いているために,結果的に大量の塩が副生し,またペルオキシド法ではいずれも併産法であるため,併産物の市場動向の影響を受けるリスクが常に存在する.
　(3) 直接酸化法: 理想的な製法はプロピレンを酸素分子で直接酸化することであるが, 現在のところ工業的に実施可能なレベルには達していない. エチレンオキシドは Ag 触媒を用いることによりエチレンの直接酸化により工業的に製造可能であるが,プロピレンオキシドでは困難である.理由はプロピレンの場合メチル基(アリル位の水素)が酸化されやすく,アリル酸化やそれを経由する燃焼反応が優先するためである. 〔石村善正〕
→アリルアルコールの合成,エチレンオキシドの合成

プロピレンの酸化　oxidation of propylene

　プロピレンを部分選択酸化して含酸素化合物を得る反応は,石油化学の基幹プロセスとして,大規模に工業化が行われている.多くの部分酸化生成物を得る反応が知られているが,主要なものは次のとおりである.

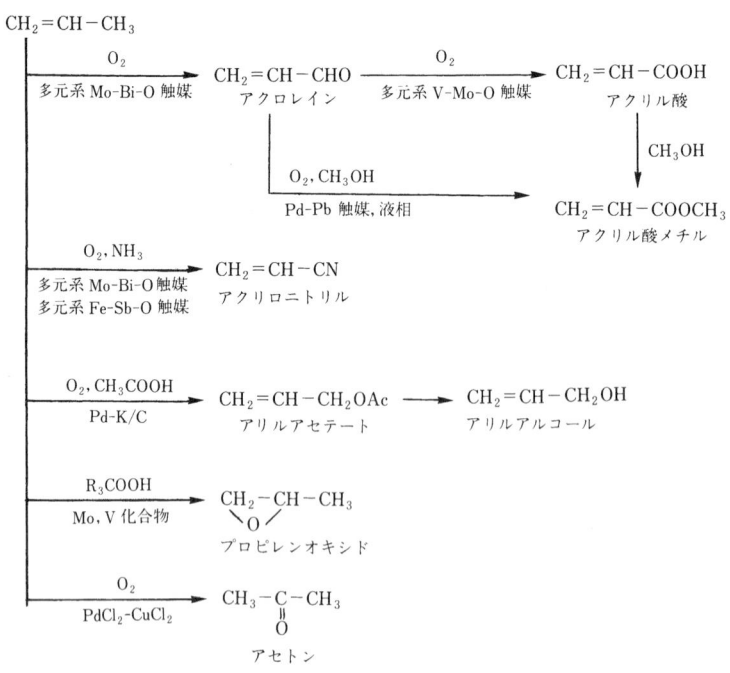

$CH_2=CH-CH_3$

- O_2, 多元系 Mo-Bi-O 触媒 → $CH_2=CH-CHO$ (アクロレイン) → O_2, 多元系 V-Mo-O 触媒 → $CH_2=CH-COOH$ (アクリル酸) → CH_3OH → $CH_2=CH-COOCH_3$ (アクリル酸メチル)
- O_2, CH_3OH, Pd-Pb 触媒, 液相 → $CH_2=CH-COOCH_3$
- O_2, NH_3, 多元系 Mo-Bi-O 触媒 / 多元系 Fe-Sb-O 触媒 → $CH_2=CH-CN$ (アクリロニトリル)
- O_2, CH_3COOH, Pd-K/C → $CH_2=CH-CH_2OAc$ (アリルアセテート) → $CH_2=CH-CH_2OH$ (アリルアルコール)
- R_3COOH, Mo, V 化合物 → $CH_2-CH-CH_3$ with O bridge (プロピレンオキシド)
- O_2, $PdCl_2$-$CuCl_2$ → $CH_3-\underset{\underset{O}{\|}}{C}-CH_3$ (アセトン)

　アクロレインの合成は多種の触媒が知られているが,工業的には多元系モリブデ

ン-ビスマス触媒*を用いて気相接触酸化で行われ，生成したアクロレインの大部分はアクリル酸エステルの合成に向けられている．多元系バナドモリブデン酸塩を触媒として気相酸化し，アクリル酸を得たのちメチルエステル化する法と，Pd-Pb 金属間化合物を触媒としてメタノール中で液相酸化し，直接メタクリル酸メチルを得る方法がある．

アンモ酸化も大規模に行われており，多元系モリブデン-ビスマス触媒，あるいは多元系鉄・アンチモン触媒によりアクリロニトリルが生産されている．活性炭に担持した Pd 触媒で酸化的にアセトキシル化するとアリルアセテートを経てアリルアルコールが得られる．以上はいわゆるアリル型酸化*である．

プロピレンのアリル位の C-H 結合は容易に切断されるので，プロピレンの不飽和結合を分子状酸素による接触酸化で直接エポキシ化するのは困難である．生体触媒を用いたり，還元剤を併用する酸素酸化や N_2O, H_2O_2, 過酸などの特殊な酸化剤を用いれば直接のエポキシ化は可能だがコスト面で問題が大きい．分解生成物が付加価値を有するヒドロペルオキシドを用いてプロピレンオキシドの生産が行われている（ハルコン法）．ワッカー反応ではアセトンが生成し，かつては工業プラントが建設されたこともあったが，アセトンの需用はクメン法の併産物で十分で，現在は稼働していない．
〔諸岡良彦〕

➜アクリル酸の合成，アクリロニトリルの合成，プロピレンオキシドの合成，アリルアルコールの合成

プロピレンの重合　propylene polymerization

プロピレンは，カチオン機構により重合し，リン酸や硫酸などの酸触媒を用いると液状オリゴマーが，また，フリーデル-クラフツ型の触媒を用いて低温で重合を行うと分子量 1000〜10000 の非晶性ポリマーが得られる．しかし，カチオン重合では，生成するポリマーの位置および立体規則性を制御することはできない．ラジカル重合では，プロピレンモノマーからの水素引抜きによる連鎖移動が起こり，また，生成するアリルラジカルの反応性が低いため，ポリマーは得られない．高位置規則的かつ立体規則的なポリプロピレンは，チーグラー-ナッタ触媒により初めて合成可能になった．

チーグラー-ナッタ触媒によるプロピレン重合の素反応：　活性種は配位不飽和な遷移金属アルキルあるいはヒドリドであり，プロピレンが空配位座に配位したのち，遷移金属-アルキル結合にシス付加することにより重合が進行する．このとき，メチル基を有する炭素がアルキル側に結合する場合を 1,2-付加 (primary insertion)，金属側に結合する場合を 2,1-付加 (secondary insertion) という．これらの付加の一方が選択的に起これば頭-尾結合のみからなる高位置規則的なポリマーが得られる．このとき，プロピレンのプロキラル面の選択性があると立体規則性ポリマーが生成する．すなわち，一方の面のみが選択されればイソタクチック，交互に選択されればシンジオタクチック構造となる．プロキラル面を選択する活性中心のキラリティーとしては，生長末端の不斉炭素と活性金属種自身の不斉とが考えられ，それぞれ，末端規制 (chain-end control)および触媒規制(enantiomorphic-site control)とよばれる(図). 末端規制では, 生長末端の金属-炭素結合や炭素-炭素結合の回転が抑制されることが必要であり, 一般に低温でのみ立体規則性ポリマーを与えるのに対し, 触媒規制では高温においても高立体規則性ポリマーを与える.

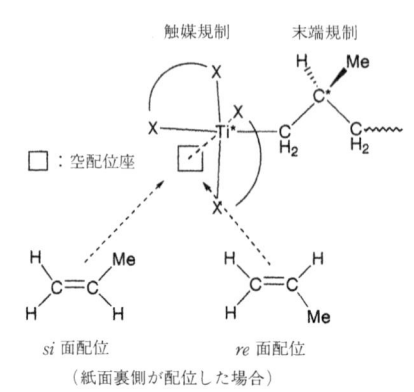

図1 立体特異性の発現機構 (1,2-付加の場合)

プロピレン重合用触媒の変遷： 結晶性 $TiCl_3$ と $AlEt_2Cl$ からなる初期のチーグラー-ナッタ触媒では, 選択的に 1,2-付加で重合は進行するが, 活性が著しく低いうえに 10％程度のアタクチック PP が副生する. 活性と立体選択性の向上を目指して, 触媒系には幾多の改良が加えられてきた. プロピレン重合触媒の変遷を表に示す. 生産当初は, 金属 Al で還元した $AlCl_3$ を含有する $TiCl_3$ を粉砕処理した AA (Al-reduced activated)型といわれる $TiCl_3$ が用いられていた. 1972 年 Solvay 社は, $TiCl_3$ を AlR_3 で還元した β-$TiCl_3$ をイソアミルエーテルで抽出処理したのち, $TiCl_4$ と反応させることにより, 粒径の制御された比表面積の大きな($100 \sim 200 \ m^2 \ g^{-1}$) δ-$TiCl_3$ を得ることに成功した.

1970 年代後半, Montecatini 社と三井石油化学工業は, それぞれ, $MgCl_2$ 担持 $TiCl_4$ 触媒にルイス塩基(LB)を添加することにより, 高活性・高イソタクチック重合触媒を実現した. この触媒系では, $AlEt_3$ と LB の混合物が助触媒として用いられる. 固体触媒調製時および重合時に用いる LB を, それぞれ, 内部ドナー(internal donor), 外部ドナー(external donor)とよんでいる. 新たなドナー化合物を開発することにより, 触媒系はさらに高性能化されてきた. 通常これらの $MgCl_2$ 担持 $TiCl_4$ 触媒を総称して第三世代とよんでいるが, ルイス塩基の組合せによりさらに細分化する見方もある(表). 固体触媒の調製法により触媒の形状を制御することも可能であり, 完全無脱灰プロセスが達成されている.

二つのシクロペンタジエニル基を架橋した剛直なジルコノセンやハフノセンの4価のカチオン種を用いることにより, 均一系触媒においてもプロピレンの立体特異性重合が可能になった. 代表的な錯体の構造と立体特異性の関係を図に示す. アイソタク

各世代の触媒性能

世代	成分	生産性[a] [kgPP/g 触媒]	I.I. [wt%]	モルフォロジー制御	プロセス要求
第一	δ-TiCl$_3$・0.33 AlCl$_3$＋AlEt$_2$Cl	0.8～1.2	90～94	不可[b]	脱灰＋アタクチック除去
第二	δ-TiCl$_3$＋AlEt$_2$Cl	3～5 (10～15)	94～97	可	脱灰
第三	TiCl$_4$/エステル/MgCl$_2$＋AlR$_3$/エステル	5～10 (15～30)	90～95	可	アタクチック除去
第四	TiCl$_4$/ジエステル/MgCl$_2$＋AlEt$_3$/シラン	10～25 (30～60)	95～99	可	
第五	TiCl$_4$/ジエーテル/MgCl$_2$＋AlEt$_3$	25～35 (70～120)	95～99	可	
第六	ジルコノセン＋─(Al─O)$_n$（Me）	(5～9×10^3) (kgPP/gZr)[c]	90～99[d]	達成されるであろう	

a. 重合：ヘキサンスラリー，70℃，0.7MPa，4 h，MW制御用 H$_2$（かっこ内は，70℃，水素あり，2時間バルク重合での値）．
b. アルキルアルミニウム化合物還元による200～300 μm サイズレベルの TiCl$_3$ によってのみ可能．
c. 1時間重合．
d. $mmmm$%（^{13}C-NMR）．

エドワード・P・ムーア・Jr 編著：ポリプロピレンハンドブック
（保田哲男・佐久間 暢翻訳監修）工業調査会, p.20,（1998）．

チック PP に加え，従来の固体触媒では得られない高シンジオタクチック PP も合成できるため，次世代の触媒として基礎・応用両面から期待が寄せられている．

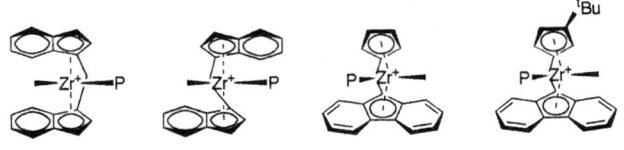

図2 ジルコノセン錯体の構造とプロピレン重合における立体特異性

非立体特異的　　アイソ特異的　　シンジオ特異的　　アイソ特異的

〔塩野 毅〕

➜イソタクチック重合，エチレンの重合，カミンスキー触媒，カチオン重合，シングルサイト触媒，シンジオタクチック，チーグラー－ナッタ触媒，配位重合，メタロセン触媒，立体特異性重合，レジオスペシフィック重合

プロピレンの水和　hydration of propylene

プロピレンの水和は硫酸を用いる，いわゆる間接水和法と固体触媒による直接水和法がある．間接水和法では，硫酸とエステルをつくり，それを加水分解して，イソプロピルアルコールを得る．直接水和法では，シリカゲルにリン酸を浸み込ませた固定化リン酸，イオン交換樹脂，タングステン系ヘテロポリ酸が用いられ，10気圧，150℃程度で行われている．

$$CH_3CH = CH_2 + H_2O \rightleftharpoons (CH_3)_2CHOH + 12\,kcal$$

固定化リン酸では，重合などの副反応が少なく選択性は高いが，リン酸が反応中に揮散していくので，常時補給する必要がある．スルホン酸系のイオン交換樹脂は，限界使用温度が130℃程度であり，反応中，加水分解によるスルホン基の脱離や主鎖の分解などにより寿命が短い．

タングステン系ヘテロポリ酸である $H_3PW_{12}O_{40}$ や $H_3PMo_{12}O_{40}$ は，均一触媒として高活性である．H^+ 当りのプロピレン水和活性は，それぞれ H_2SO_4 の約2および3倍である．この理由は，ポリアニオンのソフト性がカルベニウムイオン中間体の安定化に寄与しているからと推定されている．　　　　　　　　　　〔奥原敏夫〕

フロン(CFC)の合成　synthesis of chlorofluorocarbons

フロンはメタンあるいはエタンの同族体で，それらの水素をすべて塩素および少なくとも1個のフッ素で置換した一般式 $C_nF_xCl_{2n+2-x}$ ($n=1, 2$; $x≥1$) の化合物．フロンは四塩化炭素，クロロホルム，六塩化エタン，四塩化エチレンなどと無水フッ化水素(HF)との塩素・フッ素置換反応で合成される．反応は，強力なルイス酸として知られているフッ化塩化アンチモン(V)を触媒とし，フッ素系の溶媒を加えた超強酸*系の液相反応で行う．

$$SbCl_5 + 3HF = SbCl_2F_3 + 3HCl$$
$$SbCl_2F_3 + 2CCl_4 = SbCl_5 + CCl_3F + CCl_2F_2$$

この場合は，反応の進行につれ5価のアンチモンが3価に還元されるため酸素などによって再酸化する必要がある．本反応は，酸化クロムを単味あるいは担持触媒として用いる高温，気相系でも行われる．気相反応では液相反応より高い温度で運転するので，液相反応よりフッ素化度のより進んだ生成物を得るのに有利であるが，炭素析出などによる触媒活性の低下に対する対策や反応熱の効率的除去が必要となる．

フロンの使用停止に伴って代替フロンへの切り替えが始まった．代替フロンは使用目的に合致する性質をもつことは当然であるが，人体および地球に安全であることも要求される．そのため塩素を含まず水素を含む化合物のなかから，使用目的に合致する化合物が探索された．冷媒用の代替フロンとしては，従来のフロン CFC-12 (CCl_2F_2) と沸点，融点，三重点が酷似しており，しかもオゾンを全く破壊しない HFC-134a (CF_3CH_2F) が選ばれた．

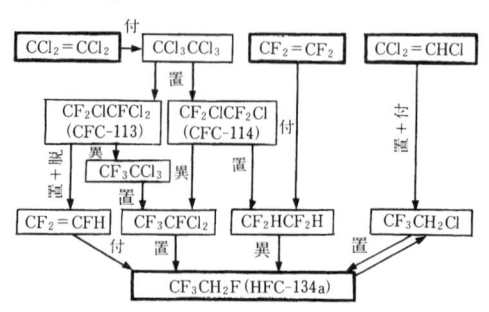

HFC-134aの合成には，図に示すような三塩化，四塩化および四フッ化の各エチレンを出発原料とする数多くのルートが提案されている．これらのルートの中間生成物のうち，CFC-113とCFC-114合成は既存の装置を使える利点がある．HFC-134a合成で使用する反応は，従来のフロン合成で使われた塩素・フッ素置換反応(図で「置」と略す)に加え，水素やCl_2やHFの付加反応(付)，水素・塩素置換反応(置)，異性化反応(異)，HClの脱離反応(脱)と数が多い．これらの反応のうち，水素が関与する反応ではPd系触媒が，HFが関与する反応はSb系触媒やCr系触媒が，異性化反応ではAlを主成分とする触媒が使われる．　　　　　　　　　　〔大西隆一郎〕

フロンの分解　decomposition of chlorofluorocarbons

　フロンは通称であり，クロロフルオロカーボン(CFCと略す)が正しい．CFCの触媒分解は基本的に加水分解である．分解活性，生成物の選択性は酸素分圧にはほとんど依存しないが，水蒸気の分圧に依存する．水蒸気分圧が高いとCO_2が生成するが，分圧が低くなると分解反応とともに不均化反応が進行し，原料のCFCよりフッ素の数の大きいCFCが生成する．

$$CCl_nF_{4-n} + 2H_2O \longrightarrow nHCl + (4-n)HF + CO_2$$

　したがってゼオライトなどの酸性質を有する酸化物触媒が活性を有する．しかし，通常，金属，金属酸化物，フッ化物を比較するとフッ化物の標準生成自由エネルギーが大きいので，金属や金属酸化物触媒は，分解反応により生成したHFと触媒が反応して次第にフッ化物化が進行する．フッ化物それ自身の反応活性はあまり高くないので，活性は低下する．また，一部のフッ化物の沸点は低いので反応温度によっては次第に揮散する．

　これまでに活性炭に担持された金属塩化物，SiO_2-Al_2O_3などの酸化物，H型のゼオライトなどについて検討されているが，副生成物が多く，活性が持続した例はない．通常の沈殿法で調製した$AlPO_4$などの一部のリン酸塩上では水蒸気分圧が高い条件下で，触媒がフッ化物に変化することなく，加水分解が進行することが知られている．この触媒上ではC数1のCFCはすべて分解される．分子中のF原子数が大きくなるほど，C-F結合は強固となり，高い分解温度が必要となる．CCl_4では200℃ぐらいで分解反応が進行するが，CF_4では600℃を必要とする．$AlPO_4$のAlの一部を希土類元素で置換すると助触媒効果が現れ，反応温度を50〜100℃低下させることができる．触媒上の水酸基のプロトンに対してCFC分子中の電子密度の高いF原子が求核的な攻撃をするところから加水分解が開始するものと考えられている．反応ガス中のCFC濃度が低いとCO_2への分解反応が選択的に進行するが，CFC濃度が高くなると，分解によって生じた表面に存在するFと原料CFC分子中のClとのハロゲン交換反応が進行し，原料CFCよりF原子数の大きいCFCが副生するようになる．助触媒としてCeを加えた触媒では$AlPO_4$と$CePO_4$の存在が観測されるが，助触媒効果の発現機構はまだ解明されていない．　　　　　　　　　　　　　　　　　〔滝田祐作〕

分散度 dispersion

　金属分散度(metal dispersion D_M)とは，担持金属触媒における金属微粒子がどのくらい細かく分散しているかを表す目安で，$D_M=N_S/N_T$ と定義される．ここで，N_T は触媒中の全金属原子数，N_S は金属粒子表面に露出している金属原子数である．例えば，平均の金属粒子径*($\bar{d}$)が 100Å であるとすると，D_M は約 0.1(10%分散)となる．dispersion というと物理などの分野では別の意味になるので，論文では the percentage exposed または the fraction exposed (露出度)という英語を使用するように推奨されているが，実際には，metal dispersion が多く使われている．一般に，分散度 D_M と金属粒子径 $\bar{d}$ (Å単位)は反比例の関係にある．簡単のために，仮に，Pt 金属粒子の形が立方体であり，その一面は担体と接触しているとすると，$D_M=9.4/\bar{d}$ の関係になる．球状モデルを用いると，近似的に $D_M=11/\bar{d}$ となる(詳しくは後述)．しかし，平均の金属粒子径 $\bar{d}$ がかなり小さいときには，粒子の形状を考慮して D_M と粒径との関係を求めなければならない．極端な例として，一原子層のいかだ(raft)構造の場合，粒径が大きくても 100%分散になる．重要なことは，約 9Å 以下の超微粒子の場合，いずれもほぼ 100%分散になるということである．また，金属表面積(metal surface area; MSA)は D_M に比例し，$\bar{d}$ に反比例するが，適当な仮定(球状モデルなど)のもとにおのおのの関係を求めることができる．

　電子顕微鏡は平均粒子径 $\bar{d}$ を求めるための直接的な手段であるが，分散度と直接関係しているのは，volume-area 平均粒径 $\bar{d}_{VA}$ (Å単位)である．球状モデルを仮定すると，以下のような関係がある．

$$D_M=6(V_M/a_M)/\bar{d}_{VA}$$

ここで，V_M と a_M はそれぞれ金属1原子当りの占める体積および面積であり，通常バルクのデータから見積もる．$6(V_M/a_M)$ の値は，Pt, Pd, Rh の場合についておのおの 11.35Å，11.36Å，10.98Å となる．粉末X線回折法によるピーク幅からも粒径，分散度を議論することもできるが，より一般的に金属分散度を知る方法として水素，CO の化学吸着量測定がある．この手法は，第一近似として，水素，CO は担体上に吸着しないで金属表面上に一定の量論で選択的に化学吸着*することを利用している．SMSI*効果，スピルオーバー*，または不純物の影響がある場合の吸着測定に注意を要する．通常，400℃程度の酸素処理と低温還元(200～300℃)の前処理により，SMSI の影響を和らげることができる．吸着の量論(ストイキオメトリー)については，Pt, Pd などの場合，表面金属原子に対し水素原子または CO 分子がおよそ 1:1 で吸着すると仮定する場合が多い．しかし，詳細についてはさまざまな議論がある．

　分散度または金属表面積(MSA)を用い，TOF(turnover frequency, ターンオーバー頻度*)または比活性(活性/MSA)を求めることを行う．TOF(s^{-1} 単位)の定義は，活性点当り，1s 当りに反応した分子数である．しかし，真の活性点の数は一般にはわからないので，表面露出金属原子数 N_S すなわち分散度を代用することが多い．ある反応/触媒系において，TOF が分散度に依存しない場合，構造非敏感型反応*とよばれ，活性は金属表面積に比例する．一方，TOF が分散度に大きく依存するとき，構造敏感

型反応*とよばれる.分散度が変わると金属微粒子の表面構造が変化するという考えが根底にある.分散度依存性から活性点の性質を知ることができるが,本質に迫るためには他の手段と合わせて研究する必要がある.

なお,金属以外の活性成分についても分散度は使われている. 〔国森公夫〕

→金属粒子径測定法,キンク,ステップ

分子拡散 molecular diffusion

気体あるいは液体中の分子の熱運動にもとづく分子の拡散*をいう.気体中の分子拡散の拡散定数Dは,気体運動論から,$D=(3\pi/32)(1/\pi N_t\sigma_{12}^2)(8kT/\pi\mu)^{1/2}$ によって推算できる.ここで,N_t は分子濃度(分子数/cm^3),σ_{12} は平均衝突直径,k はボルツマン定数,T は絶対温度,μ は換算質量である.D の値は,室温付近では,1 cm s^{-1} 程度である.液体中の拡散は気体中に比べてはるかに遅く,液体中の分子拡散定数の値は,$10^{-3}\sim10^{-5}$ cm s^{-1} である. 〔小野嘉夫〕

分子動力学 molecular dynamics

原子・分子の(通常集合体の)運動をシミュレートする計算手法.1957年に Alder と Wainwright が剛体球モデルを用いて行ったのが初めてであり,その後のコンピューターの発達に伴い大きな進歩を遂げてきた.原理的には,各原子間に働く力を,実験事実あるいは量子計算の結果を再現するように決められたパラメーターに基づいて計算し,ニュートン方程式に従って各原子を運動させる.原子一つ一つの挙動を追うことができるため,各種分析実験とともに触媒,機能材料の原子レベルでの解析に利用されている.例えば,金属,金属酸化物の表面状態,あるいはその上への金属の担持状態の解析などに応用されている.また,時間平均と空間平均が等しくなるというエルゴード仮説が成り立つ場合,十分に長い時間のシミュレーションを行うことによって,系の平均値から導き出される種々の物性値を予測ことができる.例えば,拡散係数,弾性率,膨張率,熱容量,誘電率などであり,細孔をもった触媒中での反応分子の拡散挙動の解析などにも適用されている.このほかに,系の平均値を求める手法にはモンテカルロ法などがある.また,近年では原子間に働く力を経験的にパラメーターによって与えるのではなく,直接量子計算により求める量子分子動力学法も開発されている. 〔宮本 明〕

分子ふるい作用 molecular sieving

細孔の大きさにより分子を識別する能力を示す多孔性物質を分子ふるい(モレキュラーシーブ*)という.径の均一な細孔を有するために,細孔より大きいサイズの分子は細孔内に入りえないので吸着されず,細孔より小さい分子のみが細孔内に吸着されるという原理により両者を分離することができる.これが分子ふるい作用である.分子ふるい作用を示す物質としては結晶性アルミノケイ酸塩であるゼオライト*が代表的であるが,他にも種々の結晶性固体,非結晶性固体,ポリマーゲルなどがある.モレ

キュラーシーブという用語は1932年，ゼオライトの一種であるチャバザイト*の吸着挙動からMcBainによって使用されたのが初めであるが，すでに1929年に鮫島らは同様のゼオライトに特異な吸着特性を指摘していた．

一般に，ゼオライトは空洞入口の酸素環の員数に従って分類される．すなわち，酸素8員環(正四面体配位のT原子も8個あるため合計では16員環)のチャネルをもつものを小細孔(スモールポア)ゼオライト，酸素10員環を中細孔(ミディアムポア)，酸素12員環を大細孔(ラージポア)，それより大きい細孔を超大細孔(ウルトララージポア)のゼオライトとよぶ．実際には，ゼオライト開口部の大きさは，環をつくる酸素の員数だけでなく，酸素原子のつくる面の平面からのずれ，開口部の形の真円からのずれ(楕円，涙状)によって変化する．さらに，このサイズは開口部付近に存在する交換カチオンや結晶水によっても影響される．例えば，A型ゼオライト*ではNa-A(モレキュラーシーブ4 A)では孔径約0.41 nmであるが，イオン半径のより大きいKイオンで交換したK-A(モレキュラーシーブ3 A)では孔径は約0.3 nmに縮小している．Ca-A(モレキュラーシーブ5 A)では2個のNaイオンが1個のCaイオンで交換され，細孔入口に金属カチオンが存在しなくなるので，孔径は約0.48 nmに広がる．酸素6員環以下の環しか存在しないゼオライトにはチャネルは存在せず，メタンですら通過できないため，触媒や吸着剤としての用途に乏しい．

Barrerらは各種ゼオライトの分子ふるい機構は吸着分子の分子径によって支配されることを明らかにし，吸着性の差を利用した炭化水素や有機溶剤混合物の分離が可能であることを示した．アルカンの直鎖体の分子径は0.39×0.43 nmでありモレキュラーシーブ5 Aの細孔には入ることができるが，4 Aには入ることができない．アルカンの分枝体は0.51×0.59 nmでありどちらにも吸着しない．分子ふるい作用を利用した直鎖アルカンの分離は，ガソリンのオクタン価向上や合成洗剤原料の製造など工業的な分離法としても用いられている．ガスや各種有機溶剤の乾燥には，分子径の小さい水だけが吸着し，ガスや溶剤自身は吸着しないという分子ふるい効果を利用している．酸素10員環のMFI構造のゼオライトにより，キシレン異性体混合物からのp-キシレンの分離が行われている．各種永久ガスの分子径のわずかな差により生じる細孔内拡散速度の差を利用して，A型ゼオライトによりArからの分子径のより小さい酸素の除去が行われている．モレキュラーシーブ5 AやX型ゼオライト*(モレキュラーシーブ13 X)を用いてガスクロマトグラフィーによりO_2, N_2, COを分けることができるが，この場合は吸着剤と分子との親和力の差を利用した分離であり分子ふるい効果によるものでない．この原理を利用して空気のN_2とO_2への分離が工業的に行われている．分子ふるい効果は液体クロマトグラフィーにも利用されている．ゲル浸透クロマトグラフィーならびにゲル沪過クロマトグラフィーはサイズ排除クロマトグラフィーに分類されるもので，固定相に多孔性の充填剤を用い溶質分子がそのサイズに応じて充填剤ゲルの細孔内部へ拡散あるいは浸透していく過程の速度の差を利用した分子ふるいクロマトグラフィーである．

〔辰巳　敬〕

へ

平衡への接近度　equilibrium approach, equilibrium temperature approach

可逆吸熱反応の触媒反応操作設計に用いられる概念．水蒸気改質のような大きな吸熱反応でかつ高い転化率を目的とする工業反応器の出口組成はほぼ平衡値に近くなっている．そのとき測定される組成に対応する温度を T_{cal} とし，実際に測定される出口温度を T_{ex} としたとき，$\Delta T_R = T_{ex} - T_{cal}$ を平衡への接近度という．$\Delta T_R = 0$ であれば反応はまさに平衡になっており，出口における反応の推進力が0である．この反応は大きな吸熱反応であるため，伝熱律速となっていることが多く，したがって反応の推進力を温度で表現することで設計計算が容易になる．　　〔新山浩雄〕

併発反応　（並発反応）　simultaneous reaction

一つの化学反応系で二つ以上の反応が並列的に起こる現象をいう．逐次反応*や連鎖反応*もこの例である．また，一つの反応物が併発する複数の反応により異なった生成物を与える場合を競争反応といい，併発反応に含まれる．A→B，A→C 型の競争反応では，二つの反応がともにAに1次であれば，生成物，BとCの比は反応時間によらず，一定である．触媒反応は複数の素反応を含むので，基本的にはすべて併発反応系である．工業的に重要な併発反応の例として，エチレン-アセチレンの混合物からのアセチレンの選択的水素化，エチレンの部分酸化（部分酸化と完全酸化の併発）などがある．　　〔岩本正和〕

ヘキスト-ワッカー法　Hoechst-Wacker process　➡ワッカー法

ベータゼオライト　zeolite β

ゼオライト*の一種で，酸素12員環からなり，3次元の細孔*をもつ高シリカ（高 Si/Al 原子比）ゼオライトである．細孔の直径は 0.76×0.64 nm と 0.55×0.55 nm の2種類がある．Si/Al 原子比は12から50程度である．結晶構造は BEA* で表されたが，この記号は結晶構造に2種類の繰返し規則が可能であることを示している．このため，通常得られるベータゼオライトは細孔構造の組合せの異なる2種類の結晶の混合物である．

代表的な高シリカゼオライトである ZSM-5 ゼオライト*と比較して，細孔径が大きく，酸強度*がやや弱い特徴があり，いろいろな応用が考えられている．特許の公表は1967年で新しいゼオライトではないが，最近に至るまで報告例は多くなかった．しかし，近年これに関する活発な研究が展開されている．H-ベータゼオライトは固体酸触媒*として芳香族炭化水素のアルキル化*やトランスアルキル化*，フリーデル-クラフ

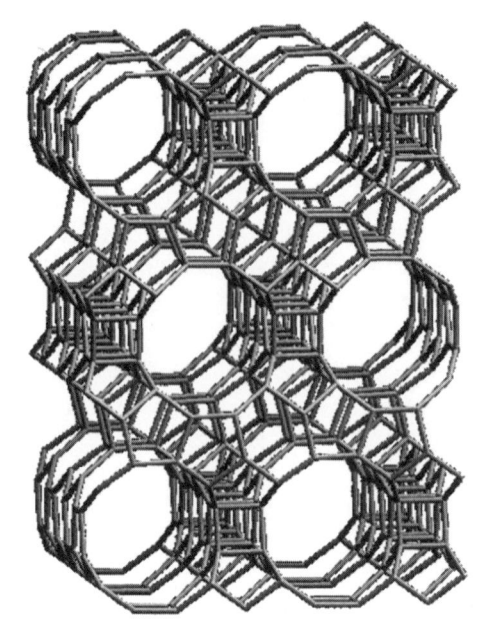

BEA 骨格の[100]方向からの投影図

ツ反応*など液相での有機合成反応に有望視されている．また，Co/ベータゼオライトは窒素酸化物の選択還元*に有効である．Al の代わりに Ti を骨格に導入した Ti βゼオライトの酸化反応に対する触媒活性が知られている． 〔片田直伸・丹羽 幹〕

β 脱離　β-hydrogen elimination

遷移金属のエチル以上のアルキル錯体において β 炭素上の C-H 結合と M-C σ 結合とが同時に活性化され，新たに金属と β 水素の間に結合が形成される β 水素脱離反応を一般に指し，図に模式的に示したようにアルキル錯体がヒドリドおよびアルケンが配位した錯体に変換される．M-C, C-C 結合の回転が自由であるアルキル錯体では β 水素と金属の接近が妨げられないが，ノルボルニル錯体などでは立体的な要請により β 水素脱離が阻害される場合がある．一般に Ni, Ru, Pd などの後期遷移金属のアルキル錯体は β 水素脱離を容易に起こすが，Ti, Zr のような前期遷移金属のアルキル錯体では比較的遅い．β 水素脱離は還元的脱離*を起こしにくいトランス型のジアルキル錯体の熱分解経路として重要であるが，シス型のジアルキル白金錯体のように M-C 結合が極めて安定な場合には還元的脱離に優先して起こる．β 脱離反応の中間には β 位の C-H 結合が金属に弱く配位した，いわゆるアゴスティック（agostic）な相互作用をもった錯体が関与しており，その単離も多数にわたっている．遷移金属触媒によるアルケンの重合における連鎖移動反応は生長末端の β 水素脱離とそれに続くアルケンの会合的な配位交換からなるものである．また錯体触媒存在下での炭化水素の脱

水素や二重結合移動反応もアルキル錯体中間体からの β 水素脱離によって進行する.

金属-β 水素間に
アゴスティック相互作用をもつ中間体

〔小坂田耕太郎〕

ヘック反応　Heck reaction

酢酸パラジウム(palladium acetate)[Pd(OAc)$_2$]やテトラキス(トリフェニルホスフィン)パラジウム[Pd(PPh$_3$)$_4$]などの Pd 触媒により有機ハロゲン化物(RX)とアルケンをカップリングさせて，R 置換アルケンを合成する反応をいう．普通，ジメチルホルムアミド(DMF)などの溶媒を用いて，加熱下(100°C前後)で行われる．また，反応により強酸(HX)が発生するので，これを中和するために，トリエチルアミンのような第三級アミンや炭酸塩，酢酸塩などの塩基を添加する．有機ハロゲン化物(RX)としては，芳香族ハロゲン化物が主に用いられるが，アルケニルあるいはアルキニルハロゲン化物も用いることができ，アルケンに有機置換基(R)を導入する反応として広く利用されている．ハロゲン(X)としては I と Br が用いられ，Cl はより高温が必要なので，通常は用いられない．

$$RX + \overset{}{\underset{}{\diagdown}}C=C\overset{H}{\underset{}{\diagup}} \xrightarrow[\substack{溶媒 \\ 塩基}]{Pd 触媒} \overset{}{\underset{}{\diagdown}}C=C\overset{R}{\underset{}{\diagup}} \quad \left(\begin{array}{l} R = Ar, CH_2=CH-, アルキル基など \\ X = I, Br \end{array} \right)$$

1971 年に溝呂木らと 1972 年に Heck らにより，独立に見いだされた反応であるが，現在はヘック反応とよばれている．類似の反応に守谷，藤原により 1967 年に見いだされた芳香族炭化水素とアルケンの酸化的カップリング反応がある．なお，ArX の X としてハロゲンのほか，-NH$_2$, -PR$_2$, -N$_2$X, -HgX などを用いることもできる．

ヘック反応は，RX の Pd(0)への酸化的付加*により R-PdX(1)の生成，1 のアルケンへの付加によるアルキル-パラジウム中間体(2)の生成(carbopalladation)および β 水素の syn 脱離による R-置換アルケンの生成および Pd(0)の再生により進行する．

$$RX + Pd(0) \longrightarrow R-PdX \xrightarrow[\text{syn 付加}]{} \underset{2}{R'-\underset{XPd}{\underset{|}{C}}-\underset{R}{\underset{|}{C}}-H} \xrightarrow{\text{回転}} \underset{3}{R'-\underset{XPd}{\underset{|}{C}}-\underset{H}{\underset{|}{C}}-H}$$

$$3 \xrightarrow[\text{syn 脱離}]{} \underset{R'}{\overset{H}{C}}=\underset{R}{\overset{R}{C}} + HPdX \; (= Pd(0) + HX)$$

触媒として Pd(OAc)$_2$ を用いる場合は，PPh$_3$ などの第三級ホスフィンを添加して反応系内で Pd(0) を発生させる．本反応の立体化学は鎖状アルケンの場合は上式から明らかなように *trans* 体を与えるが，環状アルケンの場合は 2 の回転ができないので，β 水素の *syn* 脱離により，アリル化合物(4)を与える．

〔藤原祐三〕

→ ワッカー法

ベックマン転位　Beckmann rearrangement

1886 年 E. Beckmann により見いだされた，オキシムに濃硫酸を作用して置換アミド化合物を生成する転位反応を指す．

反応の促進剤としては，濃硫酸のほかに五塩化リン，塩化チオニル，ギ酸，シリカゲル，ポリリン酸などが知られている．一般的にオキシムの水酸基のアンチ(反対)側の置換基(R)が転位する．環状ケトンから得られたオキシムの反応では，環拡大したラクタムが得られる．シクロヘキサノンオキシムに硫酸を作用して ε-カプロラクタムが工業的に生産され，ナイロン-6 の原料として供給されている．この製造法では大量の硫酸が使用されるため(反応後，使用した硫酸はアンモニアで中和し，硫酸アンモニウムとして回収される．実際には，量論量以上の硫酸アンモニウムが副生する)，現在，硫酸の使用量を減らす，あるいは全く用いない製造プロセスの開発研究が活発に行われている．

$$\underset{\underset{OH}{\underset{|}{N}}}{R\diagdown \overset{R'}{\diagup}} \xrightarrow{\text{H}_2\text{SO}_4} R'-\underset{O}{\underset{\|}{C}}-N(H)-R$$

〔尾中 篤〕

ヘテロポリアニオン heteropolyanion ➡ヘテロポリ酸

ヘテロポリ酸 heteropolyacid

ヘテロポリ酸は2種以上の無機酸素酸が縮合して生成した化合物の総称である．例えばリン酸イオンとタングステン酸イオンとの反応は次の式で示される．

$$PO_4^{3-} + 12\,WO_4^{2-} + 27\,H^+ \longrightarrow H_3PW_{12}O_{40} + 12\,H_2O$$

単独の無機酸が縮合してできる酸素酸はイソポリ酸とよばれ，ヘテロポリ酸とは区別される．一般に，ヘテロポリ酸の中の少ない元素の方をヘテロ原子とよぶ．もう一つの元素をポリ原子またはアッデンダ(addenda)原子とよぶ．最近はヘテロポリ酸のほかに，ポリオキソメタラート(polyoxometalate)やポリオキソ酸(polyoxoacid)とよぶことも多い．

Moをポリ原子とする代表的なヘテロポリアニオンの構造と組成を表に示す．このなかで安定性の高いケギン構造をもつヘテロポリ酸が，主として，触媒をはじめとする応用に用いられる．

Moを含むヘテロポリアニオンの例

縮合比			ヘテロ原子(X)	化学式
1:12	A型	ケギン構造	P^{5+}, As^{5+}, Si^{4+}, Ge^{4+}	$X^{n+}Mo_{12}O_{40}^{-(8-n)}$
	B型	シルバートン構造	Ce^{4+}, Th^{4+}	$X^{4+}Mo_{12}O_{42}^{8-}$
2:18		ドーソン構造	P^{5+}, As^{5+}	$X_2^{5+}Mo_8O_{62}^{6-}$
1:9		ワーフ構造	Mn^{4+}, Ni^{4+}	$X^{4+}Mo_9O_{32}^{6-}$
1:6		アンダーソン構造 (A型)	Te^{6+}, I^{7+}	$X^{n+}Mo_6O_{24}^{-(12-n)}$
		(B型)	Co^{3+}, Al^{3+}, Cr^{3+}	$X^{n+}Mo_6O_{24}H_6^{-(6-n)}$

ケギン型ヘテロポリアニオンの構造を図に示す．ケギン型ではヘテロ原子を中心に M_3O_{13} (Mはポリ原子)ユニットが4組縮合した構造をもつ．この M_3O_{13} ユニットが60°回転した構造も可能で，その回転状態に応じて $\alpha \sim \varepsilon$ までの異性体が存在する．ドーソン型ポリアニオンは，ケギン型から一つの M_3O_{13} ユニットが欠損したポリアニオンが二つ縮合した構造をもつ．ヘテロポリ酸アニオンのなかでヘテロアトムは4個の酸素と四面体をつくることが多いが，遷移金属イオンがヘテロアトムになる場合に八面体酸素配位をとる例もある．

ケギン型構造から MO_6 八面体ユニットが外れた構造のものは，欠損型ポリアニオン(lacunary polyanion)とよばれている．この欠損部分に種々の金属イオンや錯イオンを取り込み新しい化合物が合成できる．

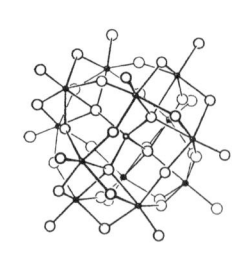

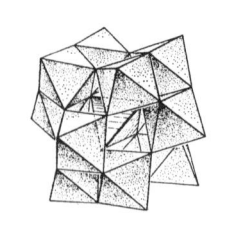

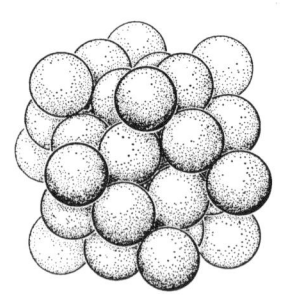

ケギン構造のヘテロポリアニオン

ヘテロポリ酸は水や極性溶媒に極めてよく溶解する．Na や Li 塩も溶解性が高いが，イオン半径が大きく，水和エネルギーの小さい K や Cs 塩の溶解度は低い．水溶液中では，pH が上昇するとヘテロポリアニオンは次のように加水分解を起こす．

$$PW_{12}O_{40}{}^{3-} \xrightarrow{OH^-} PW_{11}O_{39}{}^{7-} \xrightarrow{OH^-} P_2W_{18}O_{62}{}^{6-} \xrightarrow{OH^-} PW_9O_{34}{}^{9-}$$

ケギン構造のヘテロポリ酸は構成する酸素酸より強い酸性を示し，水溶液中ではプロトンは完全解離している．酸強度は各構成成分によって変化する．タングステン系ヘテロポリ酸では $H_3PW_{12}O_{40} > H_3PMo_{12}O_{40}$ であり，また中心原子によって $H_3PW_{12}O_{40} > H_4SiW_{12}O_{40} > H_5BW_{12}O_{40} > H_6CoW_{12}O_{40}$ の序列となる．

Mo や V を含むヘテロポリ酸は強い還元力をもっている．一般にヘテロポリアニオンを溶液中で電気化学的に還元すると，2,4,6 電子還元が起こり可逆的である．酸化力は $H_{3+x}PMo_{12-x}V_xO_{40} > H_3PMo_{12}O_{40} > H_3PW_{12}O_{40}$ の順に弱くなる．

固体状態では結晶として存在する．$H_3PW_{12}O_{40}$ の場合，6,14,24,29 水塩などが存在する．K や Cs 塩にすると，固体状態の熱安定性が向上する．　　　　〔奥原敏夫〕

ヘテロポリ酸触媒　heteropolyacid catalyst

ヘテロポリ酸*は強酸性を有し，かつ酸化力を兼ね備えているものもあり，触媒として高い機能をもっている．酸型は水や極性溶媒に極めてよく溶解するため均一触媒として用いることも可能であり，また固体状態の安定性が高いものは不均一系固体触媒としても用いられる．触媒としては熱安定性の高いケギン型ヘテロポリ酸が主に用いられる．

ヘテロポリ酸は強酸であり，水溶液ではヘテロポリ酸は完全解離している．水溶液での均一系酸触媒として，プロピレン，ブテンおよびイソブテンなどのアルケンの水和の実用触媒である．これらの場合，ポリアニオンのソフト性が反応を促進するのに重要であると考えられている．有機溶媒中での反応として，THF の重合による PTMG(polyoxotetramethyleneglycol)合成にも実用触媒として用いられている．反応系は THF 相と触媒相($H_3PW_{12}O_{40}$ と THF の複合体)の二相系となり，触媒相で生成した PTMG が自動的に THF 相に移動するため分子量が均一で，分離が容易な

反応系となっている．すなわち，この反応は相間移動重合である．このほか，均一触媒として，エステル化，ベンジルアルコールの重合，アセタール化，ビスフェノールAの合成などに高活性である．

固体酸として，例えば $H_3PW_{12}O_{40}$ は超強酸ないしそれに近い強酸に分類される．吸着塩基の昇温脱離や吸着熱の測定から，$H_3PW_{12}O_{40}$ は H-ZSM-5 よりも強い固体酸であることが示されている．

ケギン構造を一次構造と考えると，二次構造はポリアニオンと対陽イオン(H^+，金属・無機・有機イオン)，結晶水からなる三次元配列(微結晶)であり，その微結晶の集合を三次元構造とよぶ．アルコールなどの極性分子は，結晶格子であるヘテロポリアニオンの間を押し広げてバルク内部にまで吸収される．吸収アルコールの数がバルク全体のプロトン数の整数倍のとき(例えばエタノールでは1,2,3)，安定な構造をとる．触媒反応中も極性反応物がバルク内を出入りし，固体表面だけでなくバルク全体が反応に関与する．この現象はヘテロポリ酸があたかも濃厚溶液のようにふるまうので，"擬液相*"挙動とよばれている．この現象(バルク型触媒作用)によって，ヘテロポリ酸は極性分子が関与する反応，例えばアルコール脱水やエーテル化に対して，通常の固体触媒である SiO_2-Al_2O_3 やゼオライトに比べて極めて高活性である．

ヘテロポリ酸を Cs 酸性塩，特に $Cs_{2.5}H_{0.5}PW_{12}O_{40}$ にすると微細な結晶粒子からなる高表面積な固体触媒となり，種々の反応に高活性となる．芳香族のアルキル化やアシル化に酸型や他の固体酸よりも高収率を与える．さらに，アルカンの骨格異性化やイソブタンのブテンによるアルキル化などにも活性を示す．

Cs や NH_4^+ の酸性塩のなかには，多孔性となるものがある．前者では Cs 量によって細孔のサイズがマイクロ孔からメソ孔にまで変化する．$Cs_{2.5}H_{0.5}PW_{12}O_{40}$ は約4.0 nm のメソ孔を有するのに対して，$Cs_{2.1}H_{0.9}PW_{12}O_{40}$ や $Cs_{2.2}H_{0.8}PW_{12}O_{40}$ は 0.5 nm 付近のマイクロ孔のみを有するユニークな材料となる．これらのマイクロポーラスなヘテロポリ酸や Pt を複合化した触媒はエステル分解反応や水素化，酸化反応にゼオライト類似の分子形状選択性を発揮する．

Pt や Pd を複合化した二元機能ヘテロポリ酸は水素共存下でアルカンの骨格異性化反応に高選択的である．特に Pt-$Cs_{2.5}H_{0.5}PW_{12}O_{40}$ はブタンの骨格異性化に95％の選択率を与える．$H_3PW_{12}O_{40}$ の Ag 塩では，H_2 分子から H^+ が可逆的に生成し，水素共存下でのアルカンの骨格異性化に有効となる．H^+ の速い移動が示唆されている．

担持ヘテロポリ酸は実用面で重要であり，担体として主に SiO_2 が用いられる．Al_2O_3 や塩基性担体ではヘテロポリアニオンの構造が破壊する．担持によって一般にヘテロポリ酸の酸強度は低下する．また，液相反応では，担体からのヘテロポリ酸の脱離や溶出の防止が課題である．

均一系酸化反応では，Pd-ヘテロポリ酸による1-ブテン，シクロヘキセンのワッカー反応や $H_5PMo_{10}V_2O_{40}$ の O_2 による酸化脱水素，さらにアルケンやアルカンの H_2O_2 酸化に活性である．ヘテロポリ酸のセチルピリジニウム塩は相間移動触媒として作用し，アルケンの過酸化水素酸化に有効である．

固体触媒による酸化反応では，メタクロレインからメタクリル酸への選択酸化に $Cs_3HPMo_{11}VO_{40}$ を基本とするヘテロポリ酸が，工業触媒として用いられている．また，イソ酪酸からメタクロレイン合成にも Mo, V を含むヘテロポリ酸が有効である．酸化反応においても，プロトンと電子のバルクへの移動が速いために見かけバルク型の反応となる場合がある．CO の酸化反応の速度は各種ヘテロポリ酸の表面積に比例するが，H_2 の酸化反応は表面積に依存しない．

Fe と Ni を骨格内の欠損位に取り込んだヘテロポリ酸はプロパンやシクロヘキサンなどのアルカンの部分酸化に活性を示す．

ファインケミカル合成にもヘテロポリ酸が有効であり，グリコシド合成の実用触媒になっている．さらにビタミン E 合成過程のアセトキシ化やステロイドのエステル化反応に活性を示す．

光反応や電気化学の触媒さらには，生理活性物質としての機能もある．

〔奥原敏夫〕

ヘリウム散乱　helium scattering

ヘリウム (He) 気体を平行性のよいビームにして固体表面に入射し，その散乱の測定をヘリウム散乱という．He 原子は電子線と違って表面下に浸透することがなく，表面第一原子層で散乱される．低エネルギーの軽い原子・分子ではド・ブロイ波長が 0.01〜0.1 nm 程度になるため，表面結晶格子による回折散乱が観測される．弾性散乱原子の角度分布から表面の原子配置すなわち表面構造を調べることができる．また，パルス化した原子線を用いた飛行時間法により，散乱原子の速度分布を測定すると，非弾性散乱した原子が検出でき，表面の振動状態を調べることができる．そして，エネルギー損失値の散乱角度依存性を測定すると，フォノンの分散関係が得られる．

他に，数 keV 以下の低エネルギーヘリウムイオンビームを用いる方法もある．この方法では，表面の標的原子への運動量移行による散乱エネルギーの変化が標的原子の質量に依存するため，散乱ピーク強度の解析により表面組成の定量分析と構造解析を同時に行うことができる．

〔堂免一成〕

ペルオキシカルボン酸（過酸）　peroxycarboxylic acid

過酸化水素をモノアシル化した化合物がペルオキシカルボン酸であり，単に過酸ともいう（広義の過酸では，ペルオキシ硫酸，ペルオキシリン酸なども含むので注意を要する）．ペルオキシカルボン酸の合成法としては，カルボン酸と過酸化水素（酸触媒），酸クロリドと過酸化水素（塩基触媒），アルデヒドの自動酸化などの方法がある．

$$RCOX + H_2O_2 \longrightarrow RCO_3H \longleftarrow RCHO + O_2$$

アシル基の電子吸引性によりペルオキシカルボン酸の酸化力は強く，アミンやスルフィドの酸化，ケトンのバイヤー-ビリガー酸化*，アルケンのエポキシ化*などに多用される．実験質的には m-クロロペルオキシ安息香酸 (MCPBA)，モノペルオキシフタル酸マグネシウム (MMPP) が用いられるが，後者のほうが安全である．過酸による酸

化は，過酸酸素上での求核置換反応であるので，電子吸引基により酸化力があがる．過酸により C-H 結合のヒドロキシル化が可能であり，立体保持で挿入する．また，ラジカル反応によるヒドロキシル化は立体保持ではなく，ラセミ化を伴う．

〔沢木泰彦〕

➡過酸化水素酸化，ヒドロペルオキシド，アシルペルオキシド

ペロブスカイト型酸化物　perovskite-type oxide

化学式 ABO_3 で示される複合金属酸化物のうち，BO_6 八面体が頂点共有により三次元的に連結し，その隙間の酸素12配位サイトにAイオンが入った結晶構造をもつものをペロブスカイト型酸化物という．定比組成のみならず酸素欠損型($ABO_{3-\delta}$)や酸素過剰型($ABO_{3+\delta}$，実際は陽イオン欠損型)の不定比組成もとることができる．イオン半径の条件($r_A>0.09\,nm$，$r_B>0.051\,nm$，$0.75 \leq (r_A+r_O)/\sqrt{2}(r_B+r_O) \leq 1.0$)および A^{m+} と B^{n+} の電荷の条件($m \geq n$，$m+n=6\pm\delta$)を満たすAとBの組合せでペロブスカイトが形成され，Aとして希土類，アルカリ土類金属イオン，Bとして遷移金属イオンが代表的である．さらに，これらの条件を満たす範囲であれば，A, Bサイトに同一あるいは異なる原子価を有する複数の金属イオンを含むことも可能である．

A, Bサイト金属イオンの選択が多様で，酸素欠陥構造や遷移金属イオンの異常原子価，混合原子価状態の制御も可能であるため，材料設計の自由度が高く種々の機能性材料として広く用いられている．触媒としても完全酸化，部分酸化，NO_x 除去，水素化，水素化分解など多くの反応に用いられているが，なかでも $La_{1-x}Sr_xCoO_3$ や $La_{1-x}Sr_xMnO_3$ が完全酸化，NOの直接分解や非選択還元反応に高い触媒活性を示し，貴金属触媒の代替として注目されている．ペロブスカイトの触媒活性は，Bサイト金属イオンの性質でおおむね決まり，酸化活性序列はBサイト金属イオンの単独酸化物のそれとほぼ一致する．Aサイト金属イオンは部分置換の結果としてBサイト金属イオンの原子価や欠陥構造を制御して，間接的に活性に影響を及ぼす場合がほとんどである．

〔寺岡靖剛〕

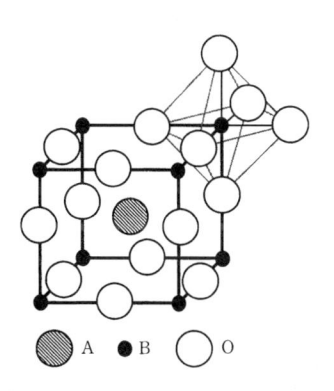

ベンザイン benzyne

ベンゼンの隣り合う炭素のそれぞれから水素原子を取り除いた構造をもつ不安定な反応性中間体。ベンゼン環のC-C結合の一つが三重結合に表されることからbenzyneの名が付けられている。デヒドロベンゼンともよばれる。単離はされていないが、その存在がさまざまな実験事実から証明されている。ハロゲン化アリールと金属アミド(例えば、$LiNR_2$)の反応(式(1))、アントラニル酸ジアゾ化合物を加熱して窒素と二酸化炭素を脱離させる方法(式(2))などにより発生させることができ、フランなどのさまざまな親エン剤との環化付加反応、求核剤の付加反応により捕捉される。式(1)の方法では、Xが十分な脱離能をもつ場合、アニオン中間体IIの発生が律速段階となるため、ここから発生したベンザインに対して反応系内に存在する金属アミドの付加が進行する。一方、Xの脱離能が低い場合には、IIからベンザインが発生する段階が律速段階となるため、発生したベンザインとIIとの反応が起こりやすい。また、ベンザインは極めて反応性が高く、ベンザインどうしの反応も競争するため、一般にベンザインを捕捉するには過剰量の捕捉剤を必要とする。最近、これらの問題を解決する効果的なベンザイン発生法が開発され、それらを利用する有用な合成反応が開発されるようになっている。

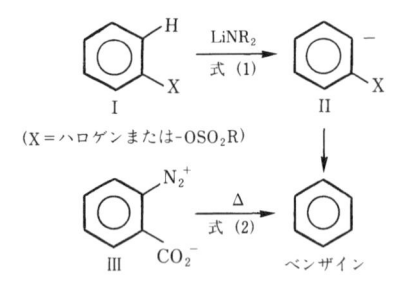

(X=ハロゲンまたは$-OSO_2R$)

〔松本隆司〕

ベンゼンの部分水素化 partial hydrogenation of benzene

通常、ベンゼンを水素2分子分だけ水素化してシクロヘキセンを生成する反応を指す。水素とベンゼンの混合系は、速度論的にも平衡論的にもシクロヘキサンまで水素化されやすく、触媒的な水素化によりシクロヘキセンの段階で選択的に反応をとめることが極めて難しい。ルテニウム触媒を中心に触媒や反応媒体に多くの工夫が試みられてきたが、1985年になって初めて工業的プロセスが稼動するに至った。

〔御園生 誠〕

→芳香族化合物の水素化

ヘンリーの吸着等温式 Henry adsorption isotherm

気体の吸着平衡において、吸着量vと気体の圧力pが互いに比例関係にあるとき、その関係式をHenryの吸着等温式という。すなわち、$v=ap$(aは定数)。気体の液

体への溶解に関するヘンリー則にならった命名である．気体の圧力が小さいときに成立する．ラングミュアの吸着等温式*の低圧部分とみることもできる．〔小野嘉夫〕
➡吸着等温式

ほ

ボイド void ➡空隙率

芳香族化 aromatization アルカンの芳香族化

芳香族化合物のアンモ酸化 ammoxidation of aromatic hydrocarbons
　芳香族ニトリル類は，相当する酸とアンモニア，あるいはカルボニル化合物とシアン化合物を原料として合成されていたが，1950年 Allied Chemical 社により，アルキルベンゼン類とアンモニアの気相接触酸化*によるニトリル類の直接一段合成法（アンモ酸化*）が開発され，以後芳香族ニトリル類合成法の主流となっている．
$$Ar\text{-}CH_3 + NH_3 + 1.5O_2 \longrightarrow Ar\text{-}CN + 3H_2O$$
　この反応はアルキルベンゼンの側鎖アルキル基が酸化され，そこにアンモニアが反応してニトリルが生成する．用いられる触媒は V_2O_5 系の部分酸化触媒であるが，アンモニアの酸化分解を抑制するため Sb, Cr, Mo などが添加物として加えられる．
　トルエン，メタキシレン，パラキシレンなどでは通常の気相酸化での部分酸化生成物は不安定であるが，アンモニア存在下では安定なニトリルが高収率で得られる．副反応としてはアルキルベンゼン類の完全酸化反応およびアンモニアの酸化分解があり，副反応抑制には理論量の2〜10倍のアンモニアが用いられる．

オルトキシレンのアンモ酸化ではフタロニトリルとフタルイミドが生成し，次の平衡が存在する．

したがって，フタロニトリル収率を高めるためには，系内のアンモニア分圧を高くし，水の分圧を低くするのが有利である．

アンモ酸化はトリクロロベンゾニトリルなどの置換芳香族ニトリル，シアノピリジンなどのヘテロ芳香族ニトリルの合成にも用いられており，VおよびMo, Cr, Fe, Sb, P, Agなどの元素，TiO_2, SiO_2, Al_2O_3などの基材を組み合わせた触媒が用いられている．〔植田健次〕

芳香族化合物の塩素化　chlorination of aromatic compounds

塩素分子(Cl_2)は，ベンゼンに対して三塩化鉄や三塩化アルミニウムのようなルイス酸*触媒の共存下でのみ反応し，塩素原子がベンゼン環上の水素と置換したクロロベンゼンを生じる(求電子置換反応*)．これは，塩素分子がアルケンに対して容易に反応し，1,2-ジクロロ付加物を与える反応(求電子付加反応*)とは大きく異なる．塩素分子自身には求核性の低いベンゼンと容易に反応するほどの求電子性はない．しかし，塩素分子に三塩化鉄が配位することにより，Cl–Cl 結合が分極して求電子性が高くなり，ベンゼンの求核的付加を受けてシクロヘキサジエニルカチオン中間体を生じる．この中間体はベンゼン環の芳香族性を取り戻すためにプロトンを放出してクロロベンゼンを与える．

電子供与性置換基をもつベンゼン誘導体や，活性な芳香族化合物の塩素化反応では，モノクロロ化だけでなくポリクロロ化も起こることがある．芳香族化合物の臭素化，ニトロ化，スルホン化，フリーデル-クラフツアルキル化，フリーデル-クラフツアシル化反応は，塩素化と同様の反応機構で進行する．

工業的にクロロベンゼンは溶媒としての用途のほか，フェノールやアニリンの合成用原料としても利用される．〔尾中　篤〕

芳香族化合物の核アルキル化　nuclear alkylation of aromatics

芳香族化合物の芳香環に結合している水素とアルキル基との求電子置換反応である．一般には，触媒としては，$AlCl_3$, BF_3, SiO_2-Al_2O_3, 各種ゼオライトなどの酸触媒が有効である．一般に，反応は気相でも液相でも，均一系でも不均一系でも可能である．アルキル化剤としては，アルケン，アルコール，ハロゲン化アルキルなどが用いられる．芳香環に電子供与性の置換基が結合していると反応性は高くなる．ベンゼ

ン誘導体の場合，アルキル基，ヒドロキシル基，アミノ基などが結合していると，2，4，6位の炭素の電子密度が高くなり，反応性が増すとともにオルト・パラ配向性を示す．一方，ニトロ基，カルボキシル基などの電子吸引性基が結合していると，2，4，6位の炭素の電子密度が低くなり，反応性は低下し，相対的に電子密度の高いメタ位で反応が起こる(メタ配向性)．

工業的に重要なエチルベンゼンの合成*はエチレンによるベンゼンの，イソプロピルベンゼンの合成*はプロペンによるベンゼンの，高級アルキルベンゼンの合成*はオクテンなどの高級アルケンによるベンゼンの核アルキル化による．

工業化には至ってないが，ゼオライト触媒の形状選択性*を利用する選択的核アルキル化については多くの研究が報告されている．修飾 HZSM-5 触媒を用いたトルエンのメタノールによる核アルキル化で p-キシレンを選択的に合成する研究，修飾モルデナイト触媒を用いたナフタレンおよびビフェニルのプロペンによる核アルキル化で，それぞれ 2,6-ジイソプロピルナフタレンおよび 4,4-ジイソプロピルビフェニルを選択的に合成する研究などがある．

o-クレゾールの合成と 2,6-キシレノールの合成*はメタノールによるフェノールの核アルキル化による．この場合には，塩基性をもつ酸化物触媒が用いられる．

〔難波征太郎〕

➡フェノールのアルキル化，ナフタレンのアルキル化，アルキル化

芳香族化合物の酸化 oxidation of aromatics

芳香族の環または側鎖を接触酸素(空気)酸化して，含酸素化合物を合成する反応が，化学工業の合成中間体の製造に利用されている．

ベンゼンの酸化には，α-Al_2O_3 や SiC に担持した V_2O_5-MoO_3 系触媒が使用され，助触媒として P_2O_5 などが添加される．得られる無水マレイン酸は不飽和ポリエステル樹脂，アクリル酸との共重合体，医薬などの原料として使用されている．

o-キシレンの酸化には，SiC に担持した V_2O_5-TiO_2 系触媒が使用され，助触媒としてアルカリ金属(K, Rb, Cs など)，リン，希土類元素(Nb など)などが添加される．反応によって得られる無水フタル酸は可塑剤，高分子化合物，染料などの原料として，使用されている．

ナフタレンの酸化では，SiC 担持 V_2O_5-TiO_2 系触媒(固定層)と SiO_2 担持 V_2O_5-K_2SO_4 触媒(流動層)が使用される．ナフタレンの酸化によっても無水フタル酸が得られる．無水フタル酸の合成原料は，初めはナフタレンが主流であったが，供給不足のため o-キシレンも使用され，現在では o-キシレンが 80％以上を占める．また，V_2O_5 触媒を用いたナフタレンの酸化によるナフトキノンの合成も工業化されている．ナフタレン，アントラセンの酸化でナフトキノン，アントラキノンを得る反応にも V_2O_5 系触媒が使われている．

p-キシレンの酸化は，液相で可溶性の Co-Mn 塩に臭素化合物を添加した触媒系で行われ，得られたテレフタル酸はエチレングリコールなどとの縮重合で合成繊維の製

造に利用されている． 〔宮本　明〕
➡無水マレイン酸の合成，無水フタル酸の合成，パラキシレンの酸化，アントラキノンの合成，ナフトキノンの合成

芳香族化合物の水素化　hyrogenation of aromatics
　芳香環は容易に水素化されて脂環式化合物になるが，この水素化は逐次的に進行すると考えられている．しかし，通常は部分的に水素化された中間体(アルケン)は，芳香環よりも水素化されやすいため蓄積されにくい．
　ベンゼンを水素化してシクロヘキサンを得るにはラネーニッケル*あるいは Pt が使われる．この反応は大きな発熱反応であり，スラリー反応系が選択される．ベンゼンの水素化についてのデータの集積から金属の活性序列は，Ru＞Ir＝Rh＞Pt＞Co＝Ni＞Pd＞Fe とされている．Ni 触媒の場合，活性化エネルギーは $33\sim55$ kJ mol^{-1}，水素およびベンゼンについての反応次数はそれぞれ $0.5\sim1.5$, $0.1\sim0.6$ である．また Pt 触媒では活性化エネルギーは $33\sim50$ kJ mol^{-1}，水素およびベンゼンについての反応次数はそれぞれ $0.5\sim1.5$, 0 である．また，反応は，ラングミュア-ヒンシェルウッドの速度式に従い，水素原子が解離した σ 結合種(吸着フェニル基)への水素化を経て進んでいると報告されている(D. Poondi, and M. A. Vannice, *J. Catal.*, **161**, 742 (1996))．
　ピリジンを水素化してピペリジンを得るには Ni, Pt, Pd, Rh, Ru が使用できる．Ni の場合，貴金属よりも厳しい反応条件を必要とする．Ni を低級アルコール中で用いた場合，窒素へのアルキル化反応および，特定のアルキル基をもつピリジンでの脱アルキルが主な副反応となる．貴金属のなかでの活性序列は反応条件や溶媒に依存する．温和な反応条件では Rh が最も活性が高い．68 atm, 100°C程度まで条件を厳しくした場合，Rh もすぐれているが，特に水中では Ru がすぐれている．ピリジンの塩基性窒素による触媒の失活を避けるため，酸性溶媒がしばしば使われる．このとき，酸は水素化される化学種をピリジン型からピリミジウムイオン型に変える．
　フェノールは，Ru あるいは Rh を使って，ほとんど水素化分解を伴うことなく核水素化してシクロヘキサノールに転換できる．例は少ないが Pd も使われる．芳香環水素化の際の水素化分解を避けるには圧を上げ，温度を下げ，低誘電率溶媒を用いるとよい．フェノールからシクロヘキサノンへの反応には Pd/カーボンがすぐれている．塩基の添加により反応は促進される．Pt 触媒を使えばフェノールからシクロヘキサンへ水素化分解させられる．
　アニリンは容易に飽和のアミンに水素化される．しかし副反応として C-N 結合の水素化分解，還元的二量化も起こりうる．触媒としては Co, Ni, Pd, Pt, Rh, Ru, Ir などが使える．貴金属以外のものではより高い圧と温度を要する．低圧では Rh，高圧では Ru が好適な触媒である． 〔飯田逸夫〕

芳香族化合物の側鎖アルキル化　side chain alkylation of aromatics

アルキルベンゼンは，塩基触媒の存在下で，アルケンまたはアルコールにより側鎖がアルキル化される．側鎖アルキル化は，アルキル基の1位(α位)で起こる．代表的な触媒は，Na, K などのアルカリ金属や t-BuOK およびこれらをアルミナなどに担持したものである．代表的な例にo-キシレンのブタジエンによるアルキル化がある．これは，2,6-ジメチルナフタレンの製造を目指すものである．

メタノールによるトルエンの側鎖アルキル化でスチレンを選択的に合成しようとする研究が数多く報告されている．この場合，触媒にはKX, RbX, CsX ゼオライトやアルカリ金属/活性炭などの塩基触媒が使われている．メタノールは塩基触媒により脱水素されホルムアルデヒドになり，塩基触媒により活性化されたトルエンのメチル基の炭素にホルムアルデヒドが付加・脱水してスチレンを生じる．また，スチレンの一部は水素化されてエチルベンゼンになる．

$$CH_3OH \longrightarrow HCHO + H_2$$

$$C_6H_5CH_3 + HCHO \longrightarrow C_6H_5CH=CH_2$$

$$C_6H_5CH=CH_2 + H_2 \longrightarrow C_6H_5CH_2CH_3$$

触媒が酸点も有する場合，核アルキル化によりキシレンも生成する．ホルムアルデヒドが塩基触媒で H_2 と CO に分解する反応も同時に起こるので，メタノール基準の選択性が低く，さらに触媒劣化の問題もあり工業化には至ってない．なお，メタノールの代わりにエチレンを用いるとプロピルベンゼンが生成する．　〔難波征太郎〕

芳香族化合物のニトロ化　nitration of aromatic compounds

1834年，E. Mitscherlich によって発見されて以来，硝酸と硫酸の混合物(混酸)を用いて行われることが多い．硫酸によって硝酸はプロトン化され，さらに水が脱離することにより求電子性の高いニトロニウムイオン(NO_2^+)を生じる．

$$HO-NO_2 + H^+ \rightleftharpoons H_2O^+-NO_2 \rightleftharpoons NO_2^+ + H_2O$$

これにベンゼンが反応して，塩素化と同様の芳香族求電子置換反応機構でニトロベンゼンを生じる．

ニトロベンゼンの主な用途はアニリン製造用であり，また染料，殺虫剤，医薬品などの製造中間体としても利用されている．　〔尾中　篤〕

方ソーダ石　sodalite　➡ソーダライト

補酵素　coenzyme

酵素には，酵素自体のみでは活性を示さず，補酵素とよばれる非タンパク質の低分子物質との相互作用により原子または原子団の授受にあずかって，はじめて機能を発現するものが多く存在し，このような酵素活性の発現に必要な低分子有機化合物を補酵素とよんでいる．補酵素は一種の補助基質であり，酵素と強く結合するものはとくに補欠分子族とよばれる．

水素原子を供与する補酵素Ⅰ（coenzyme Ⅰ）＝ニコチンアミドアデニンジヌクレオチド（NADH），補酵素Ⅱ（coenzyme Ⅱ）＝ニコチンアミドアデニンジヌクレオチドリン酸（NADPH），補酵素Q（coenzyme Q）＝ユビキノンやアシル基を供与する補酵素A（coenzyme A, CoA）などが知られている．　　　　　　　　〔諸岡良彦〕

保護コロイド　protective colloid　→コロイド

ホージャサイト　faujasite

ゼオライト*の一種である．天然に産し，その単位胞の典型的組成は，(Na$_2$, Ca, Mg)$_{29}$[Al$_{58}$Si$_{134}$O$_{384}$]・240H$_2$O で表される．同じ結晶構造をもつゼオライトは，水熱合成により合成される．水熱合成では，通常カチオンとしてNa$^+$をもつものが合成される．骨格のSi/Al 比もある程度変化させることができる．Si/Al が 1〜1.5 のものをX型ゼオライト*といい，1.5〜3 のものをY型ゼオライト*という．ホージャサイトは，天然の「ホージャサイト」とこれらの合成ゼオライトの総称でもある．合成のホージャサイトは，触媒，吸着剤，イオン交換体として多くの用途がある．結晶構造および用途については，X型ゼオライト，Y型ゼオライトの項を参照のこと．

ホージャサイトと同じ骨格構造をもつ結晶に，AlPO-37（シリコアルミノリン酸塩型モレキュラーシーブ*），SAPO-37（シリコアルミノリン酸塩型モレキュラーシーブ*）がある．これらの物質の構造は，ともに結晶コード FAU で表される．
〔小野嘉夫〕

補償効果　compensation effect

組成や前処理条件を異にする一連の触媒上での反応や，同一の触媒による置換基などを異にする一連の反応物の触媒反応の速度においてしばしばみられる，活性化エネルギー*Eと頻度因子*Aの間の次の関係をいう．

$$\ln A = mE + C$$

m, C は反応と触媒で決まる定数である．E が増加すればAも増加し，また，減少すればAも減少する．Pt-Cu, Ni-Cu 合金触媒上での o-H$_2$—p-H$_2$ 変換反応，ラネーニッケル触媒上での各種置換ニトロベンゼンの水素化反応など多くの反応系で報告されている．補償効果の原因に関しては，現在定説はないが，表面不均一説，吸着エネルギーと吸着エントロピー間の補償関係などいくつかの説がある．しかし，補償効果が成り立つ限り，反応機構は変わらないと推定される．　　　　　　　〔岡本康昭〕

ホスフィン配位子　phosphine ligand

　ホスフィン PR_3 やホスファイト $P(OR)_3$ などの三置換リン化合物は，リン上の孤立電子対を金属の空の d 軌道に供与すると同時に，金属の占有 d 軌道を通して逆供与を受けることによって金属との間に結合を生ずる σ 塩基-π 酸型の配位子である．ホスフィン配位子の性質はリン上の置換基に強く依存しており，ホスフィン配位子を適切に選択することにより金属錯体の反応性を制御することが可能である．Tolman はリン化合物の配位子としての性質を立体的因子と電子的因子に分離して定量的に評価した．前者に関しては円錐角 (cone angle) の概念を導入し，後者に対してはカルボニル錯体の伸縮運動波数 v_{CO} を指標とした．

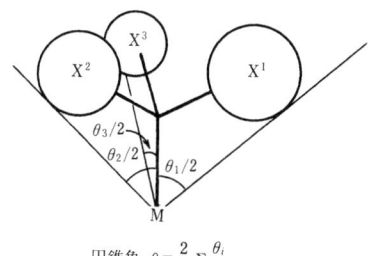

$$円錐角\ \theta = \frac{2}{3} \Sigma \frac{\theta_i}{2}$$

〔鈴木寛治〕

ホットスポット　hot spot

　固定層触媒反応装置において，局部的に高い温度を示す点をいう．触媒の損傷，活性金属の昇華，また副反応の発生の原因となるとともに，不安定操作の原因となり，反応管の破損につながるきわめて危険な状態をもたらす．ホットバンドともいう．特に，酸化反応など大きな発熱をともなう反応では，希釈剤としてのスチームなどの導入や，熱伝導がよい材質の反応管を用いてその肉厚を薄くするなどの種々の工夫が施されている．

　大きな吸熱反応である水蒸気改質*においても，ホットスポット対策は重要である．水蒸気改質では，触媒層に供給される熱量と反応によって消費される熱量が釣り合っている必要があるが，触媒上へのカーボンの析出などによる触媒の劣化が生じると，供給熱量が消費熱量を上まわり，熱バランスがくずれることになる．このとき，カーボン堆積物と失活した触媒は，反応管の閉塞を引き起こし，ホットスポットが生じるとともに，管全体の過熱をもたらす．また，反応管内の流体の不均一な流れが管の過熱状態をますます助長することになる．したがって，水蒸気改質においては，カーボンの生成を防ぐために速度論的および平衡論的な観点からカーボンの析出限界が考慮されている．

〔五十嵐　哲〕

ホットバンド　hot band　→ホットスポット

ホフマン則　Hofmann rule　→脱離反応

HOMO（最高被占軌道）highest occupied molecular orbital

　分子中の電子の波動関数を記述するのに使われる軌道を分子軌道（molecular orbital）とよぶ．分子軌道は一般に分子全体に広がった軌道で，それぞれの軌道にある電子は一定のエネルギーをもつ．電子の詰まった分子軌道（被占軌道）のうちでエネルギーの最も高い軌道をHOMO（最高被占軌道），空いた軌道（空軌道）のうちエネルギーの最も低い軌道をLUMO（最低空軌道）と略称する．福井謙一は1952年，これら二つの分子軌道を特にフロンティア軌道（frontier orbital）とよび，HOMOとLUMOの軌道相（重なりと軌道対称性）が化学反応の起こりやすさと立体選択的経路の決定において重要な役割を演ずることを示した．反応する二つの分子が近づくと分子軌道の間に相互作用が生じ，電子の非局在化が起こる．この軌道相互作用は軌道間の重なりが大きいほど，また軌道間のエネルギー差が小さいほど，相互作用系の安定化に寄与する．したがって反応初期にはHOMOとLUMOの重なりに最も有利な核配置をとりながら反応が進行すると考える．イオン化ポテンシャルの小さい分子Aと，電子親和力の大きい分子Bとの反応では，AのHOMOとBのLUMOの相互作用が重要な意味をもつ．つまり電子受容体との相互作用にはHOMO，また電子供与体との相互作用にはLUMOが重要な役割をつとめる．福井は1981年，「化学反応の理論的解明」によりアメリカコーネル大学Hoffmannとともにノーベル化学賞を受賞している．

　フロンティア軌道理論は主に有機化学反応を対象としたものであるが，今日，遷移金属錯体，高分子化合物，低次元半導体や固体表面などの周辺領域へ適用の範囲が広げられ，理論の一般性・普遍性が確立されている．例えば金属結晶を原子のクラスターとして取り出して考えることにより，固体表面の化学吸着，触媒作用の研究に応用されている．フェルミ準位を単純にHOMOに対応するものと考えると，化学反応における軌道相互作用の場合と同様に，固体結晶においても分子の吸着や表面反応に関与できるのはフェルミ準位の上下，数eVの範囲にあるHOMOバンド，LUMOバンドのみである．いろいろな形のクラスターを考え，それらのHOMO，LUMOの特徴的な軌道相から固体表面での分子の吸着や反応性を論じることができる．

〔山下晃一〕

ポリアニオン　polyanion　→ポリ酸

堀内-ポラニ則　Horiuchi-Polanyi rule

　反応機構が本質的に同じである一連の化学反応において，各反応の活性化エネルギー E と反応熱 Q との間にしばしば直線関係が成立する．

$$E = \alpha + \beta Q$$

したがって，反応による活性化エネルギーの差 ΔE と反応熱の差 ΔQ の間には，$\Delta E = \beta \Delta Q$ が成立する．この関係を堀内-ポラニ則という．熱力学的パラメーターで

ある反応熱（あるいは，平衡定数）と速度論的パラメーターである活性化エネルギー（あるいは速度定数）との関係を示す式として重要である．例えば，ラジカル反応の活性化エネルギーと反応熱との間には次の関係がある．

$E=a-0.25Q$ （発熱反応のとき），　$E=a+0.75Q$ （吸熱反応のとき）

直線自由エネルギー関係*，ブレンステッドの触媒法則*，ハメット則*も堀内-ポラニ則の別の表現形式である．

〔小野嘉夫〕

ポリエチレンの製造　production of polyethylene　→エチレンの重合

ポリ酸　polyacid

酸化数の大きい元素の陽イオンは水溶液中でオキソアニオン（PO_4，WO_4など）あるいはこれにプロトンが付加した状態（オキソ酸，酸素酸）にあるが，これらが縮合して生成した多核の縮合オキソ酸をポリ酸あるはポリアニオンという．ポリ酸のうち同種のオキソ酸が縮合したものをイソポリ酸（またはイソポリアニオン），異種のオキソ酸が縮合したものをヘテロポリ酸またはヘテロポリアニオンという．

$H_5P_3O_{10}$，$H_6Mo_7O_{24}$などがイソポリ酸，$H_3PW_{12}O_{40}$がヘテロポリ酸の例である．一般に，ポリ酸は水溶液中で加水分解と脱水縮合を起こしやすく，pH，濃度により決まる複数のポリ酸の平衡混合物になっている．触媒調製において，ポリ酸の化学は，酸化物を担体に担持する場合などの基礎化学として重要である．またある種のヘテロポリ酸はそれ自身が触媒として有用である．

〔御園生　誠〕

→ヘテロポリ酸

ポリプロピレンの製造　production of polypropylene　→プロピレンの重合

ホールドアップ　holdup

気体-液体などの異相間での反応，物質移動，熱移動をさせるための装置の中に存在している分散相（不連続相）の量のことであり，滞留量ともよばれる．装置の容積当りの分散相容積で表せることが多く，その場合には，ホールドアップ率あるいは滞留率とよばれることもある．ホールドアップは分散相や連続相の装置内での滞留時間*や両相間の接触面積に関係する重要な因子であるために，それぞれの装置について測定が行われており，これに及ぼす操作変数の影響が多くの相関式として提案されている．

かん液充填層反応器*のときには，動的液ホールドアップおよび静的液ホールドアップがある．動的液ホールドアップは，固体触媒粒子の間を流れる液量であり，反応に直接に関与する．一方，静的液ホールドアップは粒子間に停滞している液量であり，反応に関与しない．これらの液量に対して装置の容積を基準にする場合が普通であるが，粒子の空隙容積を基準にする場合もある．

気泡が液中を上昇する気泡塔反応器あるいはそれに粉末触媒を加えた懸濁気泡塔反応器のときには，気泡の全体量からガスホールドアップが決まる．このときも，気体

を流す前の反応器の容積を基準にするのか,流した後の膨張した容積を基準にするのかでガスホールドアップの値が異なるから注意する必要がある.　　　〔後藤繁雄〕

ホルムアルデヒドの合成　synthesis of formaldehyde　→メタノールの脱水素

ま

マイクロポアフィリング micropore filling

ミクロ細孔(直径 2 nm 以下の細孔)をもつ多孔体では, N_2, Ar などの気体の物理吸着等温線*において非常に低い相対圧で大きな吸着量が観測される. これは, 細孔壁が細孔内につくる深いポテンシャルにより気体分子が捉えられ, ミクロ細孔が吸着分子で満たされるためである. このことをマイクロポアフィリングとよぶ. Horváth-Kawazoe 法(*J. Chem. Eng. Jpn.*, **16**, 470 (1983))など, 吸着等温線のこの部分を解析してミクロ細孔径分布を求める方法がいくつか提案されている. なお, ポアフィリング法は含浸法*による担持触媒調製の一法である. 〔犬丸 啓〕

マイケル付加 Michael addition

マイケル反応ともよばれる. C-C 結合を形成する一般的な合成反応の一つ. 活性メチレンを有する化合物などのカルボアニオンが 1,4-不飽和カルボニル化合物などの極性の大きな置換アルケンを攻撃して付加生成物を与える反応. 例としてマロン酸エステルとアセトニトリルの反応を示す. この反応は塩基(通常は触媒量)により促進される. 反応は可逆的で, 律速段階は C-C 結合形成の段階にある.

$$CH_2(CO_2R)_2 \underset{EtOH}{\overset{EtO^-}{\rightleftarrows}} \overset{\oplus}{CH}(CO_2R)_2 \underset{}{\overset{EtOH}{\rightleftarrows}} \begin{matrix} CH(CO_2R)_2 \\ CH_2-CH_2CN \end{matrix} + EtO^-$$
$$\hookrightarrow CH_2=CHCN$$

〔大島正人〕

前処理 pretreatment →予備処理

膜反応器 membrane reactor →メンブレンリアクター

マクロ細孔 macropore →細孔

摩耗強度 attrition (abrasion) strength

各種の形状の成形触媒や担体の機械的物性の一つで, 固定層や流動層に用いられる触媒は十分な摩耗強度をもつ必要がある. 特に流動層反応器では, 触媒相互または反応器壁との衝突により触媒が微粉化するので, 耐摩耗性が触媒の重要な特性となる. ASTM 法(ASTM D4058, 1988)による摩耗強度の測定では, 標準ふるいで粒度をそろえた試料を一定温度で一定時間加熱乾燥・冷却したのち, ドラム内に試料を充填し,

ドラムを一定速度で一定時間回転させる．その後，ふるいにかけることによってふるい上に残った試料の重量から摩耗率(wt %)を算出する．このほかの測定法として，IFP 法，スペンス(Spence)法，LSA 法などがある．また，高流速下や熱衝撃条件下でモノリス触媒の基板から剥離したウォッシュコート層を評価することも行われる．

〔五十嵐　哲〕

マルコウニコフ付加　Markovnikov addition

非対称アルケンへの酸 HX の求電子付加反応において，H は水素が多く結合している炭素に結合し，X はアルキル置換基の多い炭素に結合するという法則を 1869 年，ロシアの化学者 Vladimir Markovnikov が提唱した．これが，マルコウニコフ則とよばれ，その逆を逆マルコウニコフ付加とよぶ．この法則は，求電子付加反応が，中間体としてより安定な炭素陽イオンの生成するように位置選択的に進行するとして理解される．一方過酸化物存在下の HX の逆マルコウニコフ付加では，より安定な炭素ラジカル中間体が生成するように，ラジカル X・ が付加する．

$$
\begin{array}{c}
\text{求電子付加} \quad \text{過酸化物なし} \\
CH_3CH=CH_2 \xrightarrow{HX} \begin{cases} [H^+] \rightarrow [CH_3\overset{+}{C}HCH_3] \rightarrow CH_3CHXCH_3 & \text{マルコウニコフ付加} \\ [X\cdot] \rightarrow [CH_3\dot{C}HCH_2X] \rightarrow CH_3CH_2CH_2X & \text{逆マルコウニコフ付加} \end{cases} \\
\text{ラジカル付加} \quad \text{あり}
\end{array}
$$

〔三上幸一〕

→位置選択性

Mars-van Krevelen 機構　Mars-van Krevelen mechanism

1954 年に Mars と van Krevelen によって提唱された酸化物触媒上での酸化反応機構である．彼らは，五酸化バナジウム触媒上での芳香族炭化水素(ベンゼン，ナフタレン，トルエンなど)の酸化反応を速度論的に研究し，本反応が図に示す酸化還元機構で進むことを示唆した．すなわち，気相 O_2 からの酸素が直接反応生成物に取り込まれるのではなく，いったん酸化物中の酸素になってから反応するという機構で，Mars-van Krevelen 機構とよばれている．五酸化バナジウム触媒上では(010)面に垂直に突き出る二重結合酸素(V=O)により，炭化水素は酸化されると考えられている．V_2O_5 触媒に限らず，多くの金属酸化物触媒上での多様な酸化反応がこの機構に従うことが報告さ

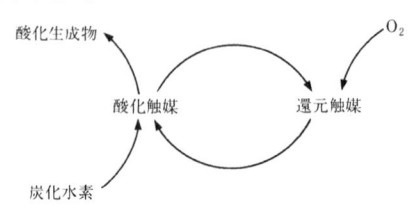

れている. 〔宮本 明〕

み

ミカエリス-メンテン機構　Michaelis-Menten mechanism

酵素濃度を一定にして，基質濃度を増加させると，低濃度域では反応速度は基質濃度に比例するが，基質濃度が増加すると一定値へと漸近し，基質濃度に対して零次反応となる．このような酵素反応速度と基質濃度の関係を説明する機構として L. Michaelis と M. L. Menten が提出したのがミカエリス-メンテン機構である．

この機構によると酵素反応は以下の過程で進行すると説明されている．

$$\mathrm{E+S} \xrightleftharpoons[k_2]{k_1} \mathrm{ES} \xrightarrow{k_3} \mathrm{E+P} \qquad (1)$$

すなわち，酵素反応は酵素(E)と基質(S)が結合し，酵素-基質複合体(ES)を形成し，その後この複合体から反応生成物(P)が遊離して酵素自身は反応初期の状態に戻るというものである．k_1, k_2, k_3 は反応速度定数である．

ES 複合体は瞬時に形成され E, S, ES は平衡状態にあるとすると，ES 濃度に対し定常状態近似法が適用でき，反応速度(P の生成速度)は以下の式で与えられる．

$$v = V_\mathrm{m}[\mathrm{S}]/(K_\mathrm{m}+[\mathrm{S}]) \qquad (V_\mathrm{m}=k_3[\mathrm{E}]_0,\ K_\mathrm{m}=(k_2+k_3)/k_1) \qquad (2)$$

この式をミカエリス-メンテンの式とよぶ．ミカエリス定数 K_m は最大速度 V_m の1/2の速度となる基質濃度に相当し，$1/K_\mathrm{m}$ が酵素と基質の親和度を表す．また最大反応速度は，酵素がすべて基質で飽和されたときの反応速度である．

$K_\mathrm{m}, V_\mathrm{m}$ を求めるには直線式に変形してプロットするのが便利である．式(2)はいくつかの直線式に変形できるが，その一つに以下のラインウィーバー-バークプロットがある．

$$1/v = K_\mathrm{m}/V_\mathrm{m}[\mathrm{S}] + 1/V_\mathrm{m} \qquad (3)$$

すなわち，$1/v$ を $1/[\mathrm{S}]$ に対してプロットすると直線が得られ，その直線の傾きと，縦軸の切片あるいは横軸との切片から V_m および K_m が求められる．〔大倉一郎〕

ミクロ細孔　micropore　→細孔

水浄化　water purification

廃水の浄化技術は生物学的処理と物理化学的処理に大別される．前者は活性汚泥法に代表される微生物を利用した処理であり，後者は沈殿，沪過，ばっ気(通気して揮発分を気化)，活性炭吸着，イオン交換，膜分離などの汚濁物質を分離する方法，ならびにオゾン酸化，フェントン酸化(過酸化水素と鉄塩による酸化)，紫外線照射などの汚濁物質を分解する方法がある．しかし，多くの場合はこれらの分離法・分解法を複数

組み合わせて実用される.

触媒を用いる水質汚濁物質の浄化は物理化学的処理の範疇に属し,廃水中の COD(化学的酸素要求量)や BOD(生物的酸素要求量)の基準を満足させる方法として有機化合物の触媒分解は湿式酸化で説明した.

近年では廃水中にトリクロロエチレンなどの有機塩素化合物やフェノール類という難分解性化学物質の混入が増え,それ自体が分解できないばかりか,通常の汚濁物質に対する処理を阻害する.これを解決する第一の方法は,廃水中からばっ気により気相に移した有機塩素化合物を触媒分解するものであり,貴金属担持アルミナ触媒や TiO_2 系光触媒が試みられている.第二は,廃水中で光触媒により直接分解する方法であり,粒子状の TiO_2 触媒および透明な膜状 TiO_2 触媒が検討されており,トリクロロエチレンやテトラクロロエチレンの分解反応が促進される.トリクロロエチレンの光触媒分解に関して気相での量子収率は 0.13 であるのに対して水中でのそれは 0.017 という低い値が報告されるが,気相に比べて水中では中間体の副生が少ない.触媒成分として TiO_2 に Pt を担持すると活性が向上する.また,過酸化水素や $S_2O_8^{2-}$ などの電子受容体を添加すると分解活性が促進される.塩素化合物では,トリクロロエチレンやテトラクロロエチレンのようなアルケン系およびクロロホルムは分解しやすいが,ジクロロエタンや 1,1,1-トリクロロエタンなどのアルカン系は分解しにくい.また,化合物による光波長の依存性もある.

$$TiO_2 \longrightarrow p^+ + e^-$$
$$e^- + O_2 \longrightarrow O_2^-$$
$$p^+ + Pol \longrightarrow Pol_{ox}$$
$$p^+ + Ti\text{-}H_2O_2 \longrightarrow H^+ + \cdot OH$$
$$\cdot OH + Pol \longrightarrow Pol_{ox}$$

p^+:正孔,e^-:電子,Pol:汚濁物質,Pol_{ox}:汚濁物質の酸化体
酸化チタンによる汚濁物質分解機構(田中啓一,水環境学会誌,**20**(2),63 (1997) より転載)

〔水野光一〕

→湿式酸化,光増感酸化,光触媒反応,フェントン試薬

水の光分解 photocatalytic decomposition of water

光触媒の存在下,水に紫外線や可視光線を照射することにより,水を化学量論的に水素と酸素に分解する反応をいう.反応式は下記のように表され,エネルギー蓄積型の反応である.

$$H_2O \xrightarrow[\text{光触媒}]{\text{光照射}} H_2 + 1/2 O_2, \quad \Delta G = 237 \text{ KJ mol}^{-1}$$

光触媒としては $Ru(bpy)_3^{2+}$ などの錯体触媒系や TiO_2 などの酸化物半導体粉末触媒系が研究されたが,水が確実に化学量論的かつ定常的に分解できる光触媒としては,現在のところ半導体触媒に限られる.図に TiO_2 を例とした半導体微粒子光触媒による水分解機構を示す.半導体の価電子帯(VB: valence band)と伝導帯(CB: conduction band)のエネルギー準位が水の酸化還元電位を挟み込むように位置しているとき

理論的に分解可能といわれている．光照射により半導体価電子帯の電子が伝導帯に励起され電子(e)と正孔(+)が生成する．電子と正孔がそれぞれ半導体表面に移動し，H^+ や OH^- と反応すると水素や酸素が発生する．一般に電子や正孔のトラップサイトや反応サイトとして Pt などの金属や RuO_2 などの金属酸化物が半導体微粒子に担持される．

1960 年代末に TiO_2 光電極と Pt 電極を組み合わせた光化学的電池で水が分解すること(本多-藤嶋効果)が発見されて以来，太陽光エネルギー利用の観点から世界的に幅広く研究されたが，液相水の定常的な水分解を可能にする光触媒は，なかなか見いだされなかった．1980 年代に入り，電子と正孔を効率的に分離でき，かつ水分解の逆反応を抑制できる特異な構造をもつ層状半導体(例：$NiO/K_4Nb_6O_{17}$)やトンネル構造半導体(例：$RuO_2/BaTi_4O_9$)が見いだされた．例えば，400 W の内部照射型高圧水銀灯照射で 0.1 wt % $NiO_x/K_4Nb_6O_{17}$ 触媒により 9.0 $cm^3 h^{-1}$ の水素と 4.5 $cm^3 h^{-1}$ の酸素が発生する．また 1990 年代に入り炭酸ナトリウム添加法が開発されて，最も典型的な半導体光触媒 Pt/TiO_2 でも定常的な水分解が可能であることが見いだされた．例えば，400 W の内部照射型高圧水銀灯照射で 0.3 wt % Pt/TiO_2 触媒により 25 $cm^3 h^{-1}$ の水素と 13.8 $cm^3 h^{-1}$ の酸素が発生する．現在 20 種類以上の半導体光触媒で水の光分解が可能となっている．また炭酸ナトリウム添加法で NiO_x/TiO_2 光触媒系を用いて太陽光照射下でも水が定常的に分解することが確かめられている．しかしながら，いずれの触媒系において紫外線照射下のみで水分解が可能で，可視光照射下で有効に働く光触媒は見いだされていない．

いうまでもなく，植物の光合成は可視光を利用して水を分解し，炭酸ガスを固定している．水の光触媒分解における今後の課題は，太陽光の大部分を占める可視光を有効に使用できる光触媒系の開発にあるといってよい．クリーンエネルギー開発の観点からも，効率的な太陽光による水分解触媒の開発が求められている．

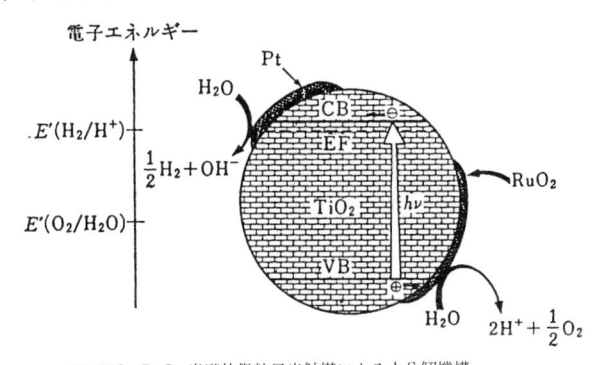

$Pt-TiO_2-RuO_2$ 半導体微粒子光触媒による水分解機構
(D. Duonghong *et al.*, *J. Am. Chem. Soc.*, **103**, 4685 (1981))

〔荒川裕則〕

ミセル　micelle

界面活性剤など両親媒性物質を水に溶かすと，ある濃度以上で親水基が水溶媒と接触し，疎水性炭化水素鎖が内部に向かって配向している界面活性剤の組織的な会合体を形成する．この会合体をミセルとよぶ．ミセルは界面活性剤の濃度がある濃度を越えると形成される．このときの溶液濃度を臨界ミセル濃度(CMC)*とよぶ．臨界ミセル濃度においては，表面張力，溶液の浸透圧，濁り度，電気伝導率などの物理的性質に突然の変化が起こる(図1)．例えば，表面張力は界面活性剤により著しく低下するが，臨界ミセル濃度以上では一定となる．表面張力の低下は，界面活性剤が溶液の表面に集まり水と空気の接触面積を減少させることによって，引き起こされる．臨界ミセル濃度以上では溶液表面は界面活性剤によって埋めつくされるため，界面活性剤の表面濃度は変わらず，表面張力に変化は生じない．一方，溶液中の界面活性剤はその濃度が高くなり，会合してミセルを形成する．

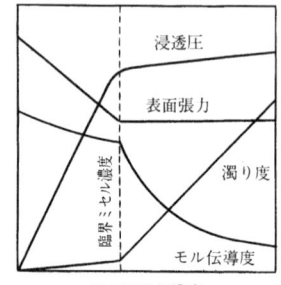

図1　界面活性剤濃度と溶液物性との関係

臨界ミセル濃度よりわずかに高い濃度においては，数十から数百分子が会合して直径数〜数十 nm 程度の球状ミセルが形成する．濃度が高くなると，会合がいちだんと進み，棒状ミセル，層状ミセルなど種々の会合状態をとる(図2)．ミセルはほぼ単分散であり，その大きさは主として界面活性剤分子の疎水性部分の性質に依存する．界面活性剤分子の疎水部分が増えると，CMC は低下する．水溶液中ではイオン性界面活性剤の CMC は CH_2 基が一つ付加されるごとにほぼ1/2になる．また，非イオン性界面活性剤の CMC は CH_2 基が一つ付加されるごとに 1/10 以下に減少する．ただし

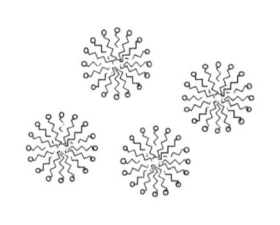

球状ミセル　　　棒状ミセル　　　層状ミセル
図2　ミセルの形状

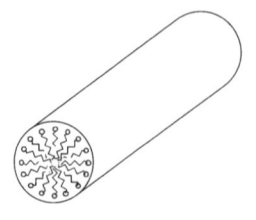

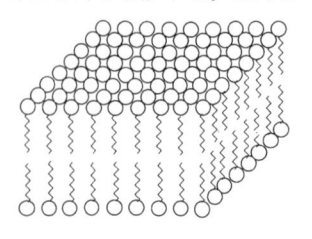

C_{18}以上の界面活性剤ではほぼ一定である．また，温度の低下，塩類の添加によっても CMC は低下する．

ミセル形成は MCM-41*，FSM-16 などのメソポーラス材料の合成と深く関連している．これらの合成にはアルキルアンモニウムイオンなどの界面活性剤が添加され，棒状ミセルあるいは層状ミセルがメソ細孔の鋳型の役割を果たす． 〔薩摩　篤〕

密　度　density

密度とは単位体積当りの質量である．比重(specific gravity)とは，ある温度である体積を占める物質の質量と，それと同体積の標準物質の質量との比をいう．固体および液体では，標準物質として通常 4 °C の水(密度：$0.999972\,\mathrm{g\,cm^{-3}}$)を用いるため，密度は比重の 0.999972 倍になるが，実用上は同値としても差し支えがない．気体の場合，標準状態(0 °C，1 atm)の空気，酸素，水素などを標準物質とするのが通例である．多孔性物体，粒体，粉体，繊維体などでは，実質以外の空間を含むため，(1)真密度：実質のみの密度，(2)見かけ密度：多孔性材料のように実質以外の空間が構成要素となっている場合の空間を含む体積を用いた密度，(3)かさ密度：粉体，粒体，繊維体などの粒子や繊維間の空間をまで含めた容器に充塡した場合の体積当りの質量，を区別する．かさ密度は同じ材料でも充塡の仕方により変化する． 〔小谷野　岳〕

密度汎関数法　density functional method

量子力学に基づく計算手法の一種．1964 年に Hohenberg と Kohn は，基底状態に縮退のない場合，電子系に作用している外場と基底状態における電子密度は 1 対 1 に対応していることを示した．さらに，1965 年に Kohn と Sham は，基底状態における電子密度の満たすべき方程式(1)〜(3)を導いた．

$$[-\nabla^2/2 + v_{\mathrm{eff}}(r)]\psi_i = \varepsilon_i \psi_i \qquad (1)$$

$$v_{\mathrm{eff}}(r) = v(r) + \int \{\rho(r')/|r-r'|\}\mathrm{d}r' + v_{\mathrm{xc}}(r) \qquad (2)$$

$$\rho(r) = \sum_i |\psi_i(r)|^2 \qquad (3)$$

ここで，$\rho(r)$は電子密度，$v(r)$は外場，$v_{\mathrm{xc}}(r)$は交換-相関ポテンシャルである．この方程式自体は厳密であるが，$v_{\mathrm{xc}}(r)$の厳密形は知られておらず，局所局所でその密度をもつ電子ガスの $v_{\mathrm{xc}}(r)$ を用いる局所密度近似(LDA)，密度の絶対値のみでなくその変化の度合(微分値)も考慮して $v_{\mathrm{xc}}(r)$ を決定する一般化勾配近似(GGA)，などに基づいたさまざまな形の $v_{\mathrm{xc}}(r)$ が提唱されている．また，α スピンをもつ電子と β スピンをもつ電子の密度が異なる場合への拡張として局所スピン密度近似(LSDA)がある．

以前は主に固体物理学において用いられてきたが，近年では精度の良い GGA の開発に伴い，低分子系の反応などにも応用されるようになった．ハートリー-フォック (Hartree-Fock) 法などの分子軌道法では電子相関の取扱いに困難さがあったが，密度汎関数法では容易に電子相関の効果を取り込むことが可能であり，遷移金属を含む触媒系の反応解析などにおいて極めて有効な計算手法となっている． 〔宮本　明〕

む

無水フタル酸の合成　synthesis of phthalic anhydride

　無水フタル酸は可塑剤，塗料，ポリエステル樹脂，洗顔料中間体，医薬品，香料などの原料として用いられている．1836年フランスの Laurent により 1,2,3,4-テトラクロロナフタレンの硝酸酸化によって初めて得られ，その後はナフタレンの液相酸化*（硫酸酸化法）で生産されていたが，1916年ドイツの A. Wohl，1917年アメリカの Gibbs & Conover によるナフタレンの気相接触酸化*法の発見以降，大量生産が可能になり，現在はナフタレンあるいはオルトキシレンの気相接触酸化法によって生産されている．また，近年ナフタレンとオルトキシレンの混合原料を用いた製造技術も開発されている．反応形態としては固定層と流動層があり，ナフタレン酸化法ではその両プロセスが，オルトキシレン酸化法および混合原料酸化法では固定層プロセスが用いられている．

　流動層プロセスでは SiO_2 上に V_2O_5 とアルカリ硫酸塩および P, Mo, W, B などの少量添加物からなる触媒成分を担持し，球状としたものが触媒として用いられ，固定層プロセスでは球状，リング状などさまざまな形状の不活性耐熱性無機担体にアナターゼ型 TiO_2 上に V_2O_5 を主成分にアルカリ金属および P, Nb, Sb, Ag, Zr, W, B, La, Ce, Sm, Sn などの元素を少量加えた触媒活性成分を被覆担持した担持型の触媒が用いられている．

　反応温度は 350～400℃，ナフタレンあるいはオルトキシレンの蒸気と空気または分子状酸素含有ガスとを混合し，上記触媒上で部分酸化され無水フタル酸を生成する．混合気中の原料濃度は 0.8～2.1 vol % の範囲で実施されており，原料転化率 99.9 % 以上で運転され無水フタル酸選択率はナフタレン酸化で 83～90 mol %，オルトキシレン酸化で 78～81 mol % である．副生成物としては CO, CO_2 以外に無水マレイン酸，安息香酸などの無水フタル酸分解型のものと，ナフタレンからナフトキノン，オルトキシレンからオルトトルアルデヒド，フタライドのような未酸化型の副生成物が発生

する．反応器を出たガスは熱交換されスイッチコンデンサーにて副生成物を含んだ粗製無水フタル酸として捕集され，熱処理，蒸留行程を経て高純度の精製無水フタル酸となる．
〔植田健次〕

→芳香族の酸化

無水マレイン酸の合成　synthesis of maleic anhydride

無水マレイン酸は，主に不飽和ポリエステル樹脂の原料として，ガラス繊維強化プラスチックの製造に用いられるほか，塗料，インキなどにも用いられる基礎化学品である．その生産量は年々増加している．

その製造法に歴史的変遷がある．V_2O_5-MoO_3 系触媒を用い，400～500°Cにてベンゼンを空気酸化することによって無水マレイン酸が得られる(式(1))．

$$\text{C}_6\text{H}_6 + \frac{9}{2}\text{O}_2 \longrightarrow \text{(maleic anhydride)} + 2\text{CO}_2 + 2\text{H}_2\text{O} \qquad (1)$$

この反応は原料の6個の炭素のうち，二つを無駄にしていることになる．

n-ブテンを空気酸化して無水マレイン酸を得るための触媒として，ベンゼン酸化用の V_2O_5-MoO_3 は適しておらず，その代わりに V_2O_5-P_2O_5 系の触媒が登場した．

$$\text{(butene)} + 3\text{O}_2 \longrightarrow \text{(maleic anhydride)} + 3\text{H}_2\text{O} \qquad (2)$$

触媒中の V/P は収率，選択率に大きな影響を与え，実用では $1.5 < \text{P/V} < 2$ であることから，$(VO)_2P_2O_7$ と $VO(PO_3)_2$ の混合系であると考えられている．

近年では，n-ブタンを原料とする無水マレイン酸合成が主流である．

$$\text{(butane)} + \frac{7}{2}\text{O}_2 \longrightarrow \text{(maleic anhydride)} + 4\text{H}_2\text{O} \qquad (3)$$

触媒はブテンと同様の V-P 酸化物であるが，$P/V = 1.05～1.20$ とほぼ等モルの V と P を含む組成のもので，基本成分は結晶性で V が4価の $(VO)_2P_2O_7$(ピロリン酸ジバナジル)である．1～3 mol％のブタンと空気の混合物を400°C程度で反応させると約60％収率で無水マレイン酸が得られる．固体触媒を用いた気相法アルカン酸化の初めての実用化の例として注目された．

V-P 酸化物には $P/V = 1$ で V^{5+} の α-VOPO$_4$，β-VOPO$_4$，V^{4+} の $(VO)_2P_2O_7$，さらに $P/V = 2$ の $VO(H_2PO_4)_2$ など結晶性の化合物が知られているが，n-ブタン選択

酸化による無水マレイン酸合成には$(VO)_2P_2O_7$が特異的にすぐれている．

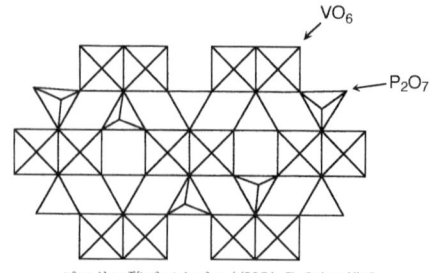

ピロリン酸ジバナジル$((VO)_2P_2O_7)$の構造

$(VO)_2P_2O_7$には特徴的なV^{4+}-O-V^{4+}のペアーサイトが微結晶の(100)基本面に存在し，このサイトが活性点と考えられている．微結晶の形態は調製法によって制御できる．例えば，5価のV原料を有機溶媒中，アルコールで還元して調製する方法(有機溶媒法)ではバラの花びら状の粒子が得られる．高表面積であり，活性が高いが，高転化率での選択性低下がある．VのサイトにFeをわずか導入すると，活性が向上するが，選択性には変化がない．

反応のステップは次のように推定されている．

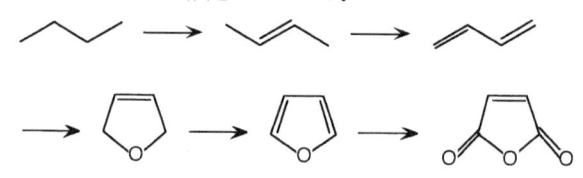

実用的には通常の固定層，流動層，触媒の酸化とブタンの非エアロビック酸化を繰り返す触媒循環法がある．　　　　　　　　　　　　　　　　　〔奥原敏夫〕

無電解メッキ法　electroless plating

電解を行わずに材料表面にメッキする方法．化学メッキ．プラスチックなど電気伝導性のない材料に対するメッキ法として開発され，現在極めて広範囲に利用されている．一般の電解メッキにおいてはメッキ金属のイオンを電解還元させるのに対し，溶液中に還元剤を加えて金属イオンを還元させることを原理とする．次亜リン酸ナトリウムや，ヒドラジン，あるいはホルムアルデヒドなどの強い還元剤が用いられるが，溶液中ではなく，材料表面のみで還元を進行させて金属の皮膜を形成させるためには，材料表面および析出した金属自身が金属イオンの還元に対して触媒作用(エレクトロキャタリシス*)を示す必要がある．このため，一般にはメッキ工程に先だって触媒化処理を行う．代表的な触媒化処理として，あらかじめエッチング処理をして表面に微細な凹凸をつけた材料を，2価のスズイオンと塩化パラジウムを含む水溶液に順次浸漬し，表面にパラジウム金属の微小粒子を析出させる方法がある．これを，金属イオンと還元剤を含んだ室温ないし90°C程度の溶液に浸漬させることにより，Ni, Co, Cu,

Au, Ag などをメッキすることができる. 〔大谷文章〕

め

メスバウアー効果　Mössbauer effect ─────
　原子核の励起状態は,基底状態とは異なる核スピンをもった長寿命(日〜年)の準安定核種と短寿命(0.1〜100 ns)の不安定核種からなる. 基底状態である安定核種とこれらの準安定核種, 不安定核種が同じ原子で同じ質量をもつときこれらを核異性体とよぶ. 不安定核種は高エネルギーの光子を放射して基底状態となる. この光子が γ 線とよばれるものでそのエネルギーは当該の核異性体のエネルギー準位の差である. γ 線は特性X線などと比べるとエネルギーの線幅が非常に狭く, 原子から放射された γ 線は周辺の同種の原子核に共鳴吸収され, これを励起する. この γ 線の共鳴吸収現象がメスバウアー効果とよばれるものである. Mössbauer が最初に観測したのは, 金属イリジウム中の ^{191}Ir から放射された 129.5 keV の γ 線を金属イリジウムに照射したときの透過率である. スペクトルは 129.5 keV にピークをもつローレンツ関数型のものであり, その半値幅は約 10^{-5} eV と非常に狭いものであった. このようなわずかなエネルギーの変化を与えるには線源を吸収体(試料)に対して動かしドップラー効果を用いなければならない. 吸収体のほうを動かしても同じことである. 速度 v で線源を吸収体のほうに運動させると吸収体はエネルギーが $\Delta E = E_0 v/c$ だけ増加した γ 線を照射されることになる. ここで, E_0 は γ 線のエネルギー, c は光速である. 線源と吸収体が離れるように運動させればエネルギー変化は負となる. メスバウアー実験での v の値はおおよそ〜cm s^{-1} である. 線源には, 核異性体の準安定核種や吸収体と異なった原子の崩壊性核種の化合物が用いられる. 例として ^{57}Fe 吸収体用の線源として使われる ^{57}Co の核壊変(崩壊)図を示す. ^{57}Co が EC 壊変(電子捕獲壊変)し, ^{57}Fe の核異性体に到達する過程が示されている. エネルギー準位の左横の数字は異性体の核スピン, 右側には半減期が書かれてある. ^{57}Fe のメスバウアー実験には 14.4 keV の γ 線を用い, 他の高エネルギー γ 線は金属フィルターなどで除去する. 線源と吸収体が全く同じであればメスバウアースペクトルは $v=0$ にピークをもつローレンツ関数となるが, 電子状態が異なるときは, 1s 電子が原子核位置につくるクーロンポテンシャルが異なりおのおのの核異性体のエネルギー準位が変化し, 吸収エネルギーも変化する. 結果としてのスペクトルのピーク位置は $v=\delta$ だけシフトする. この δ を異性体シフト(IS)とよび原子の電子状態を表す指標となる. また, 核スピンが 1/2 よりも大きい場合, 原子核は核四極モーメントをもち, 原子核の配向に応じてエネルギー準位が分裂する. この分裂幅 $\varDelta$ は四極分裂(QS)とよばれ原子の位置の周辺幾何学的情報に敏感である. さらに, 内部磁場がある場合は, スピン多重度だけ準位が分裂するため, 多重線が観測されることがある. γ 線の吸収を扱うためにガス雰囲気下での測定

が可能で，Y型ゼオライトにイオン交換した鉄イオンの周辺構造や電子状態がガス吸着により時間的にどのように変化するか，といった動的過程を容易に知ることができる．また，共鳴吸収により励起した核種はγ線を放射する以外に転換電子やオージェ電子，X線などを放出するので，透過率測定にかえて，これらの放射粒子を検出する散乱法によってもメスバウアースペクトルが得られる．特に，転換電子をプローブとした散乱法では，比較的表面近傍の情報を得ることができる．

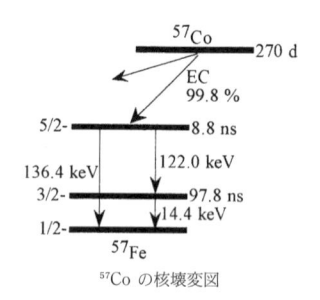

```
                    ⁵⁷Co
                    ────── 270 d
                      ↙ ↓ EC
                         99.8 %
     5/2- ──────────── 8.8 ns
          136.4 keV  122.0 keV
     3/2- ──────────── 97.8 ns
                       ↓ 14.4 keV
     1/2- ────────────
                    ⁵⁷Fe
```

^{57}Co の核壊変図

実際には，線源となる親核種(核壊変種)の寿命，安定核種の自然存在比や濃縮の可否により測定に供される核種には制限がある．それらのなかでも容易に測定できる核種は ^{57}Fe，^{119}Sn，^{121}Sb，^{151}Eu である． 〔田中庸裕〕
→核磁気共鳴，電子スピン共鳴

メソ細孔 mesopore →細孔

メタクリル酸メチルの合成 synthesis of methyl methacrylate

メタクリル酸メチル(MMA)は，1997年現在，全世界で約 200 万 ty^{-1} 規模で工業生産が行われている．MMA は，メタクリル樹脂，樹脂改質剤，人工大理石や各種高級エステル類と広範な用途に使用されている．

MMA の工業的製造法は，いまだ圧倒的に優位にたてる製造法はなく，多種多様な製造法が並立している．現在，工業化されている製造法および近い将来工業化予定の製造法について解説する．

(1) ACH 法： アセトンと青酸から合成されるアセトンシアンヒドリン(ACH)を硫酸，続いてメチルアルコールで処理することにより MMA を製造する方法である．本法は MMA 収率は高いが，青酸の確保難，酸性硫安の副生などの欠点を有する．MMA 生産量全体に占める ACH 法の割合は，全世界で約 80 %，日本で約 40 %で，欧米では依然として主流製造法である．

(2) 新 ACH 法： ACH を Mn 系触媒で水和し，α-ヒドロキシイソ酪酸アミドとし，ギ酸メチルとの反応により α-ヒドロキシイソ酪酸メチルを合成し，これをゼオライト系触媒で脱水して MMA を製造するプロセスである．この方法の利点は，硫酸を使用しないため廃酸回収工程が不要で，また，青酸は回収再使用するためロス分の

一部補給ですむ点であるが，ギ酸メチル製造工程を含め工程数が多い．

（3）直酸法： イソブチレンまたはその水和物である t-ブチルアルコール（TBA）を酸化してメタクリル酸（MAA）とし，さらにエステル化によりMMAを製造するプロセスである．酸化反応はプロピレンからアクリル酸を製造する場合と同様2段階で行われる．MMA製造に占める直酸法の割合は，全世界で約13％，日本で約43％であり，日本で中心に行われているプロセスである．

① 第1段目の酸化工程　イソブチレンまたはTBAからメタクロレイン（MAL）を合成する工程で，触媒としてMo, Bi, Feに2価の金属としてNiやCoを，さらに触媒の酸量を調節するためにアルカリ金属を添加した複合酸化物触媒*が用いられている．プロピレンと比較すると，イソブチレンのほうがアルケンとしての塩基性が強いため，工業触媒としてはプロピレン酸化触媒よりもアルカリ金属含有量を多くして，触媒の酸性を弱める工夫をしている．反応機構はプロピレンの酸化と同様 π-アリル中間体を経由する．また，生成したMALのアフターバーニングを防ぐため，一般的に固定層流通型の反応器が用いられている．

② 第2段目の酸化工程　MALからMAAを合成する工程で，触媒としてP, Mo, Vを主体としたヘテロポリ酸触媒*が用いられている．同じような反応で，アクロレインからアクリル酸を合成するMo, V系触媒と比較すると，反応温度は高く，触媒寿命が短いうえ，収率が低い．これは，α位メチル基の影響のためと考えられており，直酸法プロセスの鍵を握っている工程である．

（4）アンモ酸化法： イソブチレンまたはTBAをアンモ酸化してメタクリロニトリル（MAN）を合成し，さらにMANから硫酸処理によりMMAを製造するプロセスである．アンモ酸化触媒としてMo, Bi, Fe, SiO_2などからなる複合酸化物触媒が用いられている．プロピレンのアンモ酸化によりアクリロニトリルを製造する反応と収率はほぼ同等である．生成するMANがMALと比べると比較的安定なのでアンモ酸化は一般に流動層反応器が用いられている．ACH法同様酸性硫安が副生する欠点を有する．

（5）プロピオンアルデヒド経由法： エチレンを液相で $CO+H_2$ 混合ガスによりプロピオンアルデヒドとし，さらに触媒として第二級アミンを用い液相下，ホルムアルデヒドとの反応によりMALとし，気相酸化，エステル化を経てMMAとするプロセスである．直酸法同様MALの酸化に用いるヘテロポリ酸触媒の改良が課題である．

以上が現在工業化されている製造法である．次に，最近工業化されたもしくは現在開発中のプロセスについて紹介する．

（1）直メタ法： イソブチレンまたはTBAからMo, Bi, Feに2価の金属としてNiやCoを，さらにアルカリ金属を添加した複合酸化物触媒でMALを合成する工程は直酸法と同じである．生成したMALに過剰のメチルアルコールを加え，酸化的エステル化*により1段でMMAを製造するプロセスである．触媒としてPdにPbやBiなどを加えた粒子状の担持触媒を用い，液相で空気を吹き込みながら反応させ

MMAを製造する．この方法は，過剰のメチルアルコールを使用するため分離回収コストが大きくなるが，収率は高い．

（2）メチルアセチレン法： クラッキングの際の C_3 留分に含まれるメチルアセチレンを原料とし，2価の Pd 化合物，有機ホスフィン配位子およびプロトン酸により形成された均一系の触媒を用いて，メチルアルコール存在下，カルボニル化を行って1段で MMA を製造する方法である．メチルアセチレンから MMA の収率は定量的に近いが，まとまった量の原料確保が容易でなく，大規模の製造には適さない．

（3）イソ酪酸経由法： プロピレンをカルボニル化しイソ酪酸フッ化物とし，加水分解してイソ酪酸，続いて気相で脱水素，エステル化により MMA を製造するプロセスである．イソ酪酸を脱水素して MAA を合成する触媒は P, Fe 系と P, Mo 系で研究されているが，触媒寿命および収率面で問題がある．

（4）イソブタン法： 原料として，安価なイソブタンから直接 MMA を製造する方法である．触媒は，反応性の乏しいイソブタンを吸着-反応させる必要から，強い酸であり酸化力のある P, Mo 系のヘテロポリ酸触媒が有望であるが，反応温度が高いため触媒寿命面で不利である．現状ではイソブチレンを原料とするプロセスに比べて選択性も低いが，新しい触媒開発とともに今後脚光を浴びるプロセスとなる可能性はある．　　　　　　　　　　　　　　　　　　　　　　　〔大北　求〕

メタクリロニトリルの合成　synthesis of methacrylonitrile

メタクリロニトリルはイソブテンの気相接触アンモ酸化*により合成できる．

$$CH_2=CH-\underset{|}{\underset{CH_3}{C}}H_3 + NH_3 + \tfrac{3}{2}O_2 \longrightarrow CH_2=CH-\underset{|}{\underset{CH_3}{C}}N + 3H_2O$$

触媒は，基本的に，プロピレンのアンモ酸化によるアクリロニトリルの合成*触媒と同じである．1970年代に開発された Mo-Bi-Fe 系多成分酸化物触媒または Sb-Fe-Te 系多成分酸化物触媒を用いて 70％以上の収率でメタクリロニトリルを合成できる．

t-ブタノールはアンモ酸化反応条件下にイソブテンと水に分解するので原料ガスはイソブテンにかわって t-ブタノールを用いることもできる．酸素源としては，通常，空気が用いられる．

反応条件は，触媒によって異なるが，おおよそ次のとおりである．反応温度 400～460℃，反応圧力 120～200 KPa，供給ガスモル比 i-C_4H_8：NH_3：空気＝1：1.1～1.4：9～12 および接触時間* 3～10 s．

メタクリロニトリルは，1940年代より，アセトンシアンヒドリンの脱水反応*，イソブチロニトリルの脱水素反応*，その他種々の合成法が検討され小規模に生産されていたが，1984年に，旭化成工業（株）がシリカ担持 Mo-Bi-Fe 系多成分酸化物触媒の存在下に t-ブタノールを原料とする流動層アンモ酸化によるメタクリロニトリルの大規模生産プロセスを工業化した．触媒は，少量副生するメタクロレインに起因してコーキング*を被り，失活しやすいところから，10 nm 以下のミクロ細孔*の少ない構造

が要求されている．　　　　　　　　　　　　　　　　　〔青木圀壽〕

メタセシス　metathesis

下式に示すようにアルケンをC=C結合部分で切断して，他のアルケンと組み替える触媒反応をアルケンメタセシス反応(オレフィンメタセシス反応)とよぶ．アセチレンに対する同様な炭素骨格の組替え反応も知られているが，例が少ないため，アルケンメタセシス反応をメタセシス反応とよぶことが多い．

$$\begin{array}{c} R_A \\ R_B \end{array} C=C \begin{array}{c} R_C \\ R_D \end{array} + \begin{array}{c} R_a \\ R_b \end{array} C=C \begin{array}{c} R_c \\ R_d \end{array} \xrightarrow{[触媒]} \begin{array}{c} R_A \\ R_B \end{array} C=C \begin{array}{c} R_c \\ R_d \end{array} + \begin{array}{c} R_a \\ R_b \end{array} C=C \begin{array}{c} R_C \\ R_D \end{array} + \begin{array}{c} R_A \\ R_B \end{array} C=C \begin{array}{c} R_A \\ R_B \end{array} \text{ etc.}$$

反応の鍵中間体はカルベン種であり，下図に示した機構を経て触媒反応が進行することが確認されている．カルベン中間体にアルケンが[2+2]付加すると四員環のメタラシクロブタン中間体が生成し，四員環の開裂によってアルケンとカルベン中間体が生成する．このときaの位置で開裂すれば新しい生成物ができるが，bの位置で開裂すれば元に戻ることから，この反応が平衡反応であることがわかる．また異種アルケン間の反応を行なうと，クロスメタセシスのみならず，同一分子由来の$R_A R_B C=CR_A R_B$なども生成するうえ，アルケンの立体異性体も生成可能なため，一般には非常に複雑な平衡混合物となる．選択的な反応を行うには，一方の基質を過剰にして平衡をずらす方法や，アルケン部分構造($=CR_2$)が同じもの，対称アルケンを用いて生成物の数を減らす方法などがよく用いられる．経済的にはこの方法によりアルケンの供給バランスをコントロールできる利点がある．

$$M=C\begin{array}{c} R_A \\ R_B \end{array} \underset{b}{\overset{a}{\rightleftarrows}} \underset{\substack{C \\ R_a R_b}}{\overset{R_A R_B}{\underset{}{M\diagup\diagdown C}}} \underset{R_c R_d}{} \underset{a}{\overset{b}{\rightleftarrows}} \begin{array}{c} R_A \\ R_B \end{array} C=C \begin{array}{c} R_c \\ R_d \end{array} + M=C\begin{array}{c} R_a \\ R_b \end{array}$$

ジエン類の閉環反応にも用いられる．

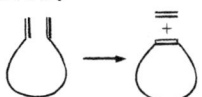

この反応はアルケン重合反応の副反応として見いだされたもので，その際は前周期

遷移金属アルキル中間体の α 水素脱離によりカルベン中間体が発生すると考えられているが，最近では 6 族金属や Ru のカルベン錯体やビニリデン錯体が触媒前駆体として用いられる．特に Ru 錯体は反応性官能基が共存していても失活しないという特徴があり，現在も活発にその応用研究が展開されている．

メタセシスは不均一系の触媒でもよく知られており，工業プロセスにも利用されてきた．1964 年，Triolefin プロセスとして，プロピレンとエチレンから 2-ブテンの製造が行われたのを契機として，β-アルケンとエチレンから利用度の大きい α-アルケンを製造する反応が開発された．触媒としてはアルミナやシリカに担持された WO_3, MoO_3, Re 化合物が用いられ，300〜450°C の温度で異性化とエテノリシスを行い，付加価値の高い α-アルケンに転換する．ネオヘキセンプロセスなどが知られている．

$$(CH_3)_3CCH=C(CH_3)_2 + CH_2=CH_2 \underset{WO_3\text{-}MgO/SiO_2}{\overset{\text{メタセシス}}{\rightleftarrows}} (CH_3)_3CCH=CH_2 + CH_2=C(CH_3)_2$$

$\updownarrow$ 異性化

$(CH_3)_3CCH_2C(CH_3)=CH_2$

〔稲田宗隆〕

メタノールからの炭化水素合成　hydrocarbon synthesis from methanol

1976 年 Mobil Oil 社から公表された MTG 法*は，ZSM-5 ゼオライト*触媒上で，メタノールから C-C 結合の形成を伴って炭化水素が合成できる新反応の発見として注目された．この反応は，モルデナイトなどのゼオライトやヘテロポリ酸などの強い酸触媒上で起こり，ZSM-5 に特異な反応ではない．各種ゼオライト触媒によるメタノールの転化反応の生成物分布を表に示す．ゼオライトの細孔径により形状選択性*が発現する．細孔径の小さいエリオナイトでは低分子量の脂肪族炭化水素が生成する．それに対して，大きな細孔径のモルデナイトでは生成物分布が高分子量側に移行する．ZSM-5 の細孔径は両者の中間にあり，C_5〜C_{10} の脂肪族，芳香族炭化水素が生成する．さらに，ZSM-5 では，その細孔構造の効果でコーキング*が抑制されるのが特徴である．

各種ゼオライトによるメタノールの炭化水素への転化（370°C，1 atm，LHSV=1）

炭化水素分布/wt%							
	エリオナイト	ZSM-5	モルデナイト		エリオナイト	ZSM-5	モルデナイト
脂肪族 C_1	5.5	0.1	4.5	芳香族 A_6	—	1.7	0.4
C_2	0.4	0.6	0.3	A_7	—	10.5	0.9
$C_2^=$	36.3	0.5	11.0	A_8	—	18.0	1.0
C_3	1.8	16.2	5.9	A_9	—	7.5	1.0
$C_3^=$	39.1	1.0	15.7	A_{10}	—	3.3	2.0
C_4	5.7	24.2	13.8	A_{11}^+	—	0.2	15.1
$C_4^=$	9.0	1.3	9.8				
C_5^+	2.2	14.0	18.6				

メタノールは以下のような反応経路で炭化水素に転化される．

$$2CH_3OH \longrightarrow CH_3OCH_3 + H_2O$$
$$2CH_3OH(CH_3OCH_3) \longrightarrow 低級(C_2\text{-}C_5)アルケン$$
$$低級アルケン + CH_3OH \longrightarrow アルカン + 芳香族炭化水素 + シクロアルカン$$
$$+ C_6^+ アルケン$$

メタノールからジメチルエーテルへの脱水反応*は多くの酸触媒で進行する反応で，ほぼ平衡に達する．メタノールやジメチルエーテルからの炭化水素合成反応は自己触媒的に進行する．すなわち，メタノールとジメチルエーテルの消費速度は反応の進行とともに加速される．これは，メタノールから最初のC-C結合が形成される段階が極めて遅い反応で，生成した低級アルケンとメタノールが速やかに反応するためである．しかも生成物がカルベニウムイオン*機構による諸反応（ヒドリド引抜き，水素移行，環化など）に関与する結果，アルカンや芳香族炭化水素が生成すると同時にアルケンが再生する連鎖反応*が進行する．

最初のC-C結合生成過程の反応機構に定説はないが，以下のカルベン機構，オキソニウムイオン機構，メチルカルベニウムイオン機構などが提案されている．

カルベン機構

$$CH_3OH + CH_3OR \xrightarrow{[H^+, B^-]} \underset{\underset{H \cdots CH_2OR}{|}}{\overset{\overset{B^- \cdots H \quad O \cdots H^+}{|\quad\quad |}}{CH_2}} \longrightarrow CH_3CH_2OR + H_2O \xrightarrow{[H^+]} C_2H_4 + ROH$$

オキソニウムイオン機構

$$CH_3OCH_3 + CH_3^+ \longrightarrow \underset{H_3C\quad CH_3}{\overset{CH_3}{\underset{|}{O^+}}}$$

$$\longrightarrow \overset{\delta^+}{\underset{\underset{\underset{O^-(ゼオライト)}{|}}{H}}{\underset{H_3C\cdots CH_2}{\overset{\overset{CH_3}{|}}{O^+}}}} \overset{\delta^-}{\underset{H\quad CH_2\text{-}CH_3}{\overset{\overset{CH_3}{|}}{O^+}}} \xrightarrow{-H^+} C_2H_4 + CH_3OH$$

メチルカルベニウムイオン機構

$$CH_3OH + CH_3OR \xrightarrow{[H^+, B^-]} \underset{\underset{H \cdots CH_2OR}{|}}{\overset{\overset{B^- \cdots H \quad O \cdots H^+}{|\quad\quad |}}{CH_2}} \longrightarrow CH_3CH_2OR + H_2O \xrightarrow{[H^+]} C_2H_4 + ROH$$

〔菊地英一〕

メタノール合成触媒　methanol synthesis catalyst

合成ガスからのメタノール合成*（$CO + 2H_2 \rightarrow CH_3OH$）に触媒活性を有する金属はPdおよびCuであり，金属酸化物としてはZnOおよびZrO_2がある．Pd系触媒で

は，Al_2O_3，ZnO，ゼオライトおよびランタン系希土類酸化物を担体とした触媒が活性である．Cu 系では，すぐれた工業触媒として $Cu/ZnO/Al_2O_3$ 触媒および $Cu/ZnO/Cr_2O_3$ 触媒が知られている．そのほかに，CuTh, $CuCeAl_{0.1}$, $CuCePd_{0.1}$, $ZrNdCu_2$ などの合金触媒が活性である．PtFe 合金触媒も活性を有する．

$Cu/ZnO/Al_2O_3$ 触媒は，比較的低圧(50～100 atm)，低温(523 K)での工業的メタノール合成を可能にした触媒である．共沈法によって調製され，含浸法で調製した触媒に比べて格段に高い活性を有する．共沈法による調製の場合，オーリカルサイト ($Cu_xZn_{1-x})_5(CO_3)_2(OH)_6$ を前駆体とした触媒が高い活性を示し，これは Cu と Zn が原子レベルで混合していることに起因する．通常，Cu 含有量が 40～60 wt% のときに，Cu 表面積およびメタノール合成収率が最大となる．この際，ZnO 粒子は Cu 粒子のスペーサーの役割をして Cu 表面積を増大させ，さらに Cu 粒子のシンタリングを防ぐものと考えられている．一方，ZnO は活性点を形成する役割をも有する．工業プロセスでは合成ガスに二酸化炭素を添加してメタノールを合成するが，CO_2 からのメタノール合成($CO_2+3H_2 \rightarrow CH_3OH+H_2O$)に対する活性点として，Cu 粒子表面に Cu-Zn サイトを形成する．さらに，ZnO 自身もメタノール合成活性を有するため，ZnO 粒子上でもメタノールが生成するものと予想される．Al_2O_3 もまたスペーサーとして働き Cu 粒子をより高分散化するが，熱的な活性劣化を抑制する点が特徴であり，触媒構造を長時間保つ効果がある．

$Cu/ZnO/Al_2O_3$ 触媒は硫黄および塩素により被毒を受ける．反応ガスが微量の硫黄を含む場合，使用後の触媒中に ZnS が生成する．一方，Cu_2S や CuS の生成は見られず，ZnO が硫黄を除去することがわかる． 〔中村潤児〕

メタノールのカルボニル化　carbonylation of methanol

メタノールのカルボニル化では，酢酸(式(1))，ギ酸メチル(式(2))，また酸化的カルボニル化で炭酸ジメチル(式(3))が得られるが，ここではメタノール法酢酸について記す．

$$CH_3OH+CO \longrightarrow CH_3CO_2H \qquad (1)$$
$$CH_3OH+CO \longrightarrow HCO_2CH_3 \qquad (2)$$
$$2CH_3OH+CO+\tfrac{1}{2}O_2 \longrightarrow (CH_3O)_2CO+H_2O \qquad (3)$$

Ni, Co, Rh, Ir などを触媒としてメタノールと一酸化炭素を反応させると酢酸が得られる．この反応では，ハロゲン特にヨウ素が助触媒として有効で，次の素反応を経て反応が進行する．ヨウ化メチルと一酸化炭素の反応が触媒反応である．

$$CH_3OH+HI \longrightarrow CH_3I+H_2O$$
$$CH_3I+CO \longrightarrow CH_3COI$$
$$CH_3COI+H_2O \longrightarrow CH_3CO_2H+HI$$

Co を触媒とするプロセスが，BASF 社により開発され 1960 年に工業化された．反応条件は，圧力 65 MPa，温度 250°C で，選択率はメタノール基準 90%，一酸化炭素基準で 60～70% である．Co 触媒の活性が低いので，触媒濃度が高くなっている．触

媒活性種はヨウ化コバルトカルボニル錯体である．

　Rhを触媒とするプロセスは，Monsanto社により1970年に工業化された．したがって，モンサント法とよぶことがある．圧力3 MPa，温度180°C程度の温和な反応条件で，選択率はメタノール基準99％，一酸化炭素基準90％以上である．触媒活性種は1価4配位のロジウム錯体$[Rh(CO)_2I_2]^-$で，この錯体にヨウ化メチルが酸化的に付加する反応が律速となる．次いでCOの挿入，還元的脱離*でヨウ化アセチルが生成し，これが水と反応して酢酸とヨウ化水素を生成する．

　ダイセル化学工業およびHoechst Celanese社は，Rh触媒系にヨウ化物塩を添加することにより，Rh錯体の安定化，活性向上，反応液の水濃度の低減をはかり，副反応が少なく，省エネルギー効果のある改良プロセスを開発した．

$$[Rh(CO_2)I]_2 + 2I^- \longrightarrow 2[Rh(CO)_2I_2]^-$$

　BP Chemicals社はRh触媒に代わりIr系触媒で，高活性で副生物が少ない，省エネルギープロセスを開発している．反応機構はRh触媒よりも複雑で，反応速度*がメタノール（酢酸メチル），ヨウ化メチル，ヨウ素イオン，水などの濃度と一酸化炭素圧力の影響を受ける．触媒活性種は，Rhと同様なアニオン錯体$[Ir(CO)_2I_2]^-$であるが，この錯体へのヨウ化メチルの酸化的付加*反応は速く，CH_3-Ir結合への一酸化炭素の挿入反応*が律速となる．また，Irと等モル程度のRuやOsを存在させると反応活性が向上し，副反応が抑制される．Ir系の触媒をBP Chemicals社では"Cativa"と命名し実用化した．

　IrはRhよりも現時点では安価な金属であるが，Rhに比べて産出量が少なく工業触媒としての資源的な制約がある． 〔小島秀隆〕

→酢酸の合成

メタノールの合成　methanol synthesis

　メタノールは，ホルムアルデヒド，酢酸，メタクリル酸メチル(MMA)，テレフタル酸ジメチル(DMT)などの化学原料，溶剤，燃料の添加剤として重要である．最近では，ガソリンの添加剤であるメチル-*tert*-ブチルエーテル(MTBE)の原料として用いられている．メタノールの工業的製造は1923年にBASF社によって始められた．当初は，石炭コークスから得た合成ガスを用い，耐熱性・耐硫黄性にすぐれたZnO/Cr_2O_3触媒を使用し，573〜673 K，150〜200 atmの条件で合成された．その後1960年代に入り，硫黄分の少ない天然ガスを原料とするメタノール合成プロセスに移行し，低温ですぐれた活性を示すCu系触媒*が用いられるようになった．ICI社はCu/ZnO/Al_2O_3触媒を使用するメタノール合成プロセスを開発し，50〜100 atm，523 Kでの合成を可能にした．現在では，大部分が天然ガスを出発原料とし，Cu/ZnO/Al_2O_3(Cr_2O_3)系触媒を用いたプロセスに置き換わっている．このプロセスでは，まずメタンの水蒸気改質および副反応である水性ガスシフト反応によって，CO_2を含む合成ガスが得られる．

$$CH_4 + H_2O \longrightarrow CO + 3H_2 \tag{1}$$

$$CO + H_2O \longrightarrow CO_2 + H_2 \qquad (2)$$

引き続き CO および CO_2 の水素化反応によってメタノールが合成される．

$$CO + 2H_2 \longrightarrow CH_3OH \qquad (3)$$
$$CO_2 + 3H_2 \longrightarrow CH_3OH + H_2O \qquad (4)$$

式(3)および(4)のエンタルピー変化 ΔH_{298} はそれぞれ -90.5 kJ mol^{-1}，-49.3 kJ mol^{-1} であり，低温・高圧ほど平衡転化率は大きくなる．メタンの改質反応(1)は大きな吸熱であるため，コストの7～8割が水蒸気改質に要するといわれる．

Cu 系触媒によるメタノール合成の反応機構，活性点および担体効果については現在議論がある．以下に論点を整理して述べる．

i) CO_2 の添加効果．合成ガスに CO_2 を添加するとメタノール合成活性が促進し，また触媒寿命が維持することがよく知られている．しかし注意すべきは，Cu 系触媒であっても担体によって添加効果の現れ方が異なることである．Cu/ZnO，Cu/ZnO/Al_2O_3，Cu/ZrO_2 触媒では，適度な CO_2 添加量(数%)で活性が最大となるが，Cu/MgO では CO_2 を添加するにつれて活性が低下する．一方，Cu/Al_2O_3 触媒では CO_2 添加量に伴い活性が促進すると報告されている．この原因として第一に，CO_2 および CO のどちらからもメタノールが合成されることに留意すべきである．Cu/MgO，Cu/ThO_2 および ZnO 触媒では，主として CO の水素化によってメタノールが生成するが，Cu/ZnO 系触媒では，同位体トレーサー実験により，主として CO_2 からメタノールが生成すると報告されている．したがって，CO_2 の添加効果というよりも，CO_2 を出発原料とする反応経路があることに注意すべきである．第二の CO_2 添加効果として触媒の酸化状態を保つ働きがある．特に工業用 Cu/ZnO/Al_2O_3 触媒ではこの役割が重要である．合成ガスにより触媒が還元され活性劣化が問題となるが，CO_2 を添加するとメタノール合成活性が長時間維持する．

ii) 活性点．CO_2 の水素化によるメタノール合成では，金属銅が活性成分であると主張するグループと，特殊な活性点の存在を主張するグループとがある．表面科学的研究において，Cu(111)表面に Zn を蒸着すると活性が1桁向上し，Zn が Cu 表面に活性点を形成することが明らかにされた．Cu/ZnO 系触媒では Cu 粒子中に Zn が固溶し合金を形成することが知られており，この固溶 Zn が Cu 表面へ Zn を供給しているものと推定される．また，アルカリなどの不純物を除去した Cu/SiO_2 触媒では CO_2 からのメタノール合成活性がほとんど現れないことから，金属銅が活性成分であるという説は疑問がある．一方，金属銅が活性成分であって，担体が Cu 粒子の形態を変化させることにより，活性を制御するという主張もある．CO の水素化によるメタノール合成の場合でも，不純物を取り除いた Cu/SiO_2 では活性が見られないことから，金属銅は触媒活性成分ではないと思われる．しかし，Cu/SiO_2 触媒にアルカリを添加すると活性は増大し，それに伴い Cu^+ が検出される事実は Cu^+ が活性点であることを示唆している．また，担体と Cu 粒子の境界部分に存在する Cu^+ が活性点となっている可能性もある．さらに複雑な問題は，担体上でメタノールが合成される場合である．Cu/ZnO 系触媒による CO からのメタノール合成の場合，前述のように Cu^+ が活性

点と考えられるが，ZnO 自身がメタノール合成に活性であるので，ZnO 担体上でメタノールが合成される可能性もある．Cu は水素の解離に活性であるので，スピルオーバー*により原子状水素を ZnO 上へ供給することにより，ZnO 上でのメタノール合成を促進することが考えられる．

iii) **反応機構**．いくつかの反応機構が提案されているが，未だ一致した見解は得られていない．CO_2 の水素化と CO の水素化とでは活性点が異なると考えられているので，一般には反応機構もまた異なるものであろう．CO_2 の水素化では中間体として，$HCOO_a$(ホルマート)，H_2COO_a(ジオキシメチレン)および H_3CO_a(メトキシ)を経由するメカニズムが有力である．一方，CO の水素化では，$HCOO_a$ または HCO_a(ホルミル)，H_2CO_a(ホルムアルデヒド)および H_3CO_a(メトキシ)を経由するメカニズムが提唱されている．CO の水素化においても $HCOO_a$ が検出されるため，担体酸化物の格子酸素が中間体の形成に関与する可能性もある．

$$CO_2, CO \xrightarrow{H_a} \left\{\begin{array}{c} HCOO_a \\ \text{or} \\ HCO_a \end{array}\right\} \xrightarrow{H_a} \left\{\begin{array}{c} H_2COO_a \\ \text{or} \\ H_2CO_a \end{array}\right\} \xrightarrow{H_a} H_3CO_a \xrightarrow{H_a} CH_3OH$$

(a は吸着状態を表す)

〔中村潤児〕

→ メタノール合成触媒，一酸化炭素の水素化，二酸化炭素の水素化

メタノールの酸化　oxidation of methanol

メタノールの酸化によるホルマリンの製造プロセスの基礎となったのは，1910 年 Blank による銀触媒の発明であり，これが今日のメタノール過剰法の発端となった．

一方，1921 年以降，従来の金属触媒に代わって各種金属酸化物触媒の研究が行われたが，1931 年 Adkins が開発した鉄・モリブデン触媒が今日の空気過剰法の発展に大きく寄与している．

メタノールの酸化反応は，金属触媒と金属酸化物触媒で反応条件(空気/メタノール比，温度)がそれぞれ異なるため生成物の生成機構が幾分異なってくる．

金属酸化物触媒である Fe-Mo-O を用いた場合は，主反応(1)のほかに副生成物および中間体は次に示すパスで反応が進行すると推察される．

$$CH_3OH \xrightarrow{1/2\ O_2} CH_2O + H_2O \begin{cases} \xrightarrow{2CH_3OH} CH_2(OCH_3)_2 + H_2O \xrightarrow{O_2} 3CH_2O + H_2O \\ \xrightarrow{O_2} CO_2 + H_2O \\ \xrightarrow{1/2\ O_2 + CH_3OH} HCOOCH_3 + H_2O \end{cases} \quad (1)$$

金属触媒である Ag を用いた場合は，空気/メタノールのモル比が小さく高温反応で

あるため，主反応して式(1)と同時にメタノールの脱水素反応(2)が進行すること，副生物として CO, CO_2 が多く生成する点が酸化物触媒とは異なる．

$$CH_3OH \longrightarrow CH_2O + H_2 \quad (2)$$

メタノール酸化によるホルマリンの製造プロセスには，空気過剰法(鉄法)とメタノール過剰法(銀法)がある．

この二つのプロセスは，使用するメタノール/空気の混合ガスの爆発範囲(メタノール濃度 6.7～36.5 vol%)を避けて運転することにより区別される．すなわち，鉄法はメタノール濃度 6.7 vol%以下とし，過剰の空気を混合し反応させる．一方，銀法はメタノール濃度 36.5 vol%以上とし，理論量より少ない空気を混合して反応させる．

したがって，鉄法は実質的に反応(1)だけが起こるのに対し，銀法は反応(1), (2)が併発して起こる．

表に両プロセスの概要を示した．

ホルマリンの製造プロセス

項　　目	メタノール過剰法	空気過剰法
反応器型式	固定層マット式	固定層多管式
触　　媒	Ag	Fe_2O_3-MoO_3
空気/メタノール（モル比）	1.5～2.0	>16
温　度 [°C]	600～720	280～380
圧　力	常圧	常圧
CH_3OH 反応率 [%]	80～90	95～99
CH_2O 選択率 [%]	88～90	90～95

〔丁野昌純〕

メタノールの脱水素　dehydrogenation of methanol

メタノールの脱水素反応は，1分子の水素が脱離するとホルムアルデヒドを生じ，無水ホルムアルデヒドの製造法となる(単純脱水素)．脱水素反応*の一般的傾向に従い，単純脱水素によるホルムアルデヒド生成は吸熱反応であり，表に示すように高い平衡転化率を得るには 900 K 程度以上の高温が必要である．一方，Ag 触媒や Fe_2O_3-MoO_3 触媒を用い，酸素を酸化剤とする酸化脱水素*は発熱反応であり，より低温で可能であるが，生成物はホルマリン水溶液となる．なお，前者での触媒反応過程には単純脱水素が含まれると考えられている．

ホルムアルデヒド生成反応（$CH_3OH \rightarrow HCHO + H_2$）の熱力学特性

	温度（K）				
	400	500	600	700	800	900
$\Delta G°$ [kJ mol^{-1}]	41	29	17	5	-7	-20
$\Delta H°$ [kJ mol^{-1}]	87	89	90	91	92	92

さらに脱水素が進むと，$CO + 2H_2$ を与える分解反応(合成ガスからのメタノール合成*の逆反応)となる．メタノール脱水素反応に関連した他の生成物としては，ホルムアルデヒドジメチルアセタール(メチラール)やギ酸メチル(形式的にはホルムアルデ

ヒドのティシェンコ反応*生成物)がある．また，Ru(II)-Sn(II)結合をもつ触媒で酢酸(または酢酸メチル)を与えることが見いだされている．なお，メタノールによる炭素鎖伸長反応(例えばトルエン→スチレン，プロピオン酸メチル→メタクリル酸メチル，アセトン→メチルビニルケトン)においても，メタノールの脱水素によって生じるホルムアルデヒドが中間体になると考えられている．

ホルムアルデヒドの重要な用途であるポリアセタール樹脂の製造には，高純度のホルムアルデヒドが必要であるが，ホルマリン水溶液からの水分離はエネルギーコストがかかるため，単純脱水素反応は実用的にも注目されている．触媒として，Zn，Cu-Zn，S・Se・Te などを添加した Cu，Na_2CO_3 などが知られているが，高い反応温度のためにコーキング*，シンタリング*，触媒成分の揮散などによる活性劣化が問題となり，工業プロセスとなるには至っていない．なお，液相均一系におけるメタノールの単純脱水素触媒として[$RuCl_2(PPh_3)_3$]，[$Ru(OAc)Cl(PR_3)_3$]などの錯体が知られており，また[$IrH(SnCl_3)_5$]$^{3-}$ 錯体は光脱水素活性を示す． 〔篠田純雄〕
→ メタノールの酸化，アルコールの脱水素，ギ酸メチルの合成

メタラサイクル metallacycle

金属原子を構成単位として含む環状化合物の総称で，環構造は通常，有機化合物で構成されている．対応する環員数の炭素環化合物名に基づいて以下の例のように命名する．

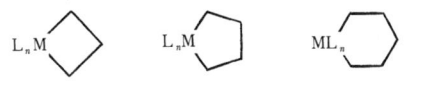

L_nM△ L_nM◇ ML_n○
メタラシクロブタン メタラシクロペンタン メタラシクロヘキサン

L_nM（シクロペンテン型） L_nM（シクロペンタジエン型）
メタラシクロペンテン メタラシクロペンタジエン

メタラシクロブタンはアルケンメタセシス(alkene metathesis)の反応中間体としても知られている．

$(CO)_5W=CPh_2$ $(CO)_5W=CMe_2$
       +   +
$CH_2=CMe_2$ アルケンメタセシス $CH_2=CPh_2$
+ CO ↕ − CO   + CO ↕ − CO
                                      CPh_2
$(CO)_4W$——CPh_2 $(CO)_4W$——CPh_2 $(CO)_4W$——$\|$
  $|$ $|$ ⇌ $|$ $|$ ⇌ CH_2
Me_2C═══CH_2 Me_2C——CH_2 Me_2C

〔鈴木寛治〕

メタロシリケート　metallosilicate

ゼオライト*はSiが4個のOSiと結合したテクトケイ酸塩の一種で，通常はSiの一部がAlに同形置換したアルミノケイ酸塩であるが，Al以外の原子(B, Ga, Ti, V, Cr, Mn, Fe, Znなど)で置換したタイプのゼオライトが合成でき，これをメタロシリケートと称する．リン酸塩ゼオライトにも金属を同形置換できるが，このうちシリコアルミノリン酸塩型モレキュラーシーブ(SAPO)のシリカリッチなドメインに金属を同形置換した場合には，金属の構造と性質はメタロシリケートと類似したものとなる．

ゼオライトのシリカ骨格のSi原子のヘテロ原子Mによる同形置換が起きるためには，Mの満たすべき特性として配位構造，イオン半径，価数などの条件がそろうことが必要である．ゼオライト骨格のSi原子は四面体配位(T原子)となっている．四面体型錯体をつくりにくい金属イオンをSiの代わりに同形置換してゼオライト骨格に入れるのは困難と予想される．例えば，Co^{2+}，Zn^{2+}は四面体型錯体が一般的であるが，Ni^{2+}は6配位をとりやすく，4配位をとるCu^{2+}の場合でも正方平面配位が有利で，Ni^{2+}，Cu^{2+}は例外的な場合にだけ四面体型錯体をつくる．金属の配位数は単純なイオン結合モデルを仮定すればイオン半径比で決まり，四面体型配位をとりうるのはイオン半径比$0.225<r_M/r_{O^{2-}}<0.414$の範囲に限定されるはずである．実際にはイオン結合モデルは単純にすぎるが，Si^{4+}のイオン半径0.04 nmと比べてイオン半径が小さすぎる金属では4配位をとれなくなり，大きすぎるとゼオライト骨格に金属イオンを収容できなくなる傾向がある．ただし，同形置換といってもT-O-T(TはSiまたは金属)角度は変化しうるので，T-O-T角度が小さくなることにより大きなイオンの収容が可能になることがありうる．

Si^{4+}が，3価以下のイオン，例えばAl^{3+}によって置換されるとイオン交換サイトが生じ，Na^+イオンやプロトンが取り込まれることはゼオライトの特徴としてよく知られている．2価のイオンが入れば2個のイオン交換サイトが生じることになる．4価よりも高い価数のイオンは，周りに4個の酸素の存在しか許されないとすれば，存在しにくくなる．例えば，V^{5+}やCr^{6+}がSi^{4+}を置換したメタロシリケートではオキソ酸素M=Oが存在することになる．ゼオライト骨格に目的とする元素が同形置換されるためには，合成条件も重要である．ゼオライトの合成は強アルカリ性条件で行われることが多く，多くの金属はこのような条件では水酸化物となって沈殿してしまう．また，アルカリイオンの存在下では，複合酸化物を生じたりする場合もあり，合成に際しては，このような点に留意が必要である．

メタロシリケートにおいてゼオライト骨格中に置換された原子は≡SiOによって囲まれ，いわば原子状に孤立分散していることから，通常の担持金属種にはない触媒機能が期待される．また，金属イオンがゼオライト骨格へ組み込まれているために，金属種の凝集や液相への溶解，揮散による脱離が起こりにくい．例えば，チタノシリケート*は過酸化水素を酸化剤とした液相酸化反応のすぐれた触媒となる．ガロシリケート(Ga)やジンコシリケート(Zn)はアルカンの脱水素芳香族化反応触媒，ボロシリケ

ートはアルミノシリケートより酸性が弱いことを利用したファインケミカルズ合成触媒として知られている．　　　　　　　　　　　　　　　　　　　〔辰巳　敬〕

メタロセン触媒　metallocene catalyst

2個のシクロペンタジエニル環が金属原子を挟んだ構造をしている化合物をメタロセン化合物と定義し，このメタロセン化合物と助触媒として $AlMe_3$ と水の縮合生成物であるメチルアルミノキサン(MAO)やペンタフルオロボレートなどのイオン化剤を用いたアルケン重合触媒を総称してメタロセン触媒という．この触媒は1980年にKaminskyにより発見され，発見者の名を冠してカミンスキー触媒*ともいわれている．

メタロセン触媒のマイルストーン

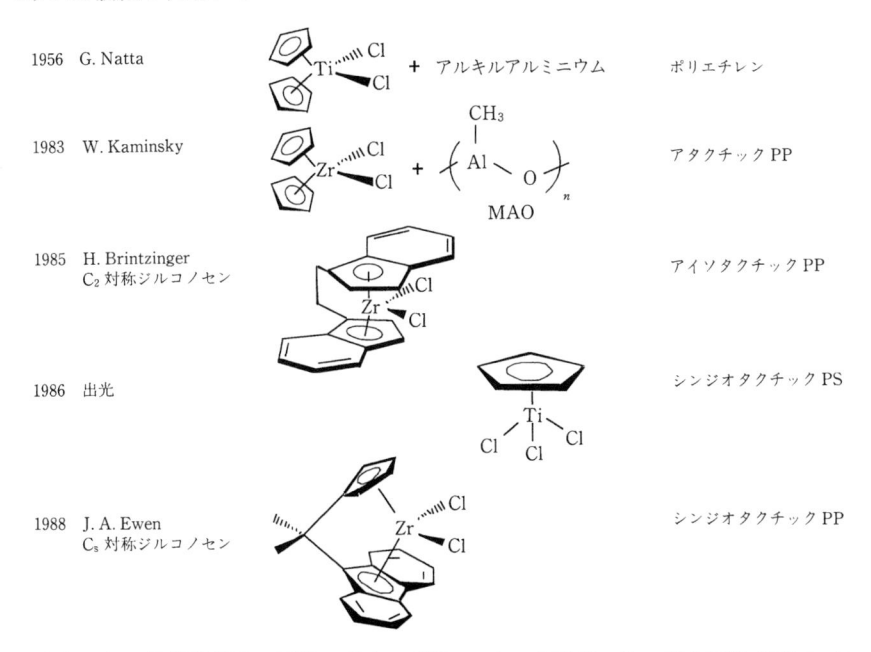

年	研究者	生成ポリマー
1956	G. Natta （Cp_2TiCl_2 ＋ アルキルアルミニウム）	ポリエチレン
1983	W. Kaminsky （Cp_2ZrCl_2 ＋ MAO）	アタクチックPP
1985	H. Brintzinger　C_2対称ジルコノセン	アイソタクチックPP
1986	出光 （$CpTiCl_3$）	シンジオタクチックPS
1988	J. A. Ewen　C_s対称ジルコノセン	シンジオタクチックPP

メタロセン触媒は従来の不均一系チーグラー–ナッタ触媒に比べ重合活性が高く，共重合性も良く，多くのアルケンに対して重合能を示す．また，配位子の構造を制御することで得られるポリマーの立体規則性*の制御が可能となった．例えば，プロピレンの重合*に対して C_2 対称ジルコノセン触媒からはアイソタクチックポリプロピレン，C_s 対称ジルコノセン触媒からは今まで低温でしか得られなかったシンジオタクチックポリプロピレン，ハーフメタロセン触媒からは今まで合成例がなかった新しいシンジオタクチックポリスチレンが得られる．さらに，活性点が均一(シングルサイト触媒*)であることから，生成するポリマーの分子量分布が狭く，均一な重合組成物のポ

リマーが得られるという特徴を有している． 〔石原伸英〕

メタン化反応　methanation

メタン化反応は生成物としてメタンを与える反応であり，必ずしも原料は特定されていないが，一般には一酸化炭素，二酸化炭素およびアルカン類であり，もちろん副原料は水素である．おのおのの反応式は以下のように示される．

$$CO + 3H_2 \longrightarrow CH_4 + H_2O$$
$$CO_2 + 4H_2 \longrightarrow CH_4 + 2H_2O$$
$$C_nH_{2n+2} + (n-1)H_2 \longrightarrow nCH_4$$

この反応に触媒活性を示す物質は，Pt, Pd, Ru, Rh などの白金族金属，Ni, Co, Fe の鉄族金属，Mo などの遷移金属など多数あり，Ni, Ru が高い触媒を示す．一般に金属状態で触媒能を示す．

一酸化炭素のメタン化反応の反応機構については多くの研究が行われており，反応機構はほぼ解明されている．すなわち触媒の金属表面上において，一酸化炭素は解離状態あるいはそれに近い状態で吸着する．おのおのの成分は一部表面炭化物あるいは表面酸化物を形成するようである．酸素種は吸着水素と反応して水を与え，炭素種も同様に吸着水素と反応して CH, CH_2, CH_3 と水素化段階が進み，最終的に CH_4 となり脱離する．これらの化学種のうち CH_2, CH_3 などは互いに反応して C-C 結合を形成して高分子量の炭化水素を形成する．事実，上記反応で合成油を与える Fe, Co, Ru などのフィッシャー–トロプシュ合成*触媒においても副反応としてメタン生成反応が進行する．特に水素過剰の条件においてはメタンの生成が主反応となる．また触媒や反応条件によっては表面酸素と別の一酸化炭素が反応し，二酸化炭素を与える．この場合，全体の反応が次式で示されるメタン化反応が進行する．

$$2CO + 2H_2 \longrightarrow CH_4 + CO_2$$

二酸化炭素の水素化によるメタンの生成反応も Ni, Ru など類似の触媒上で進行する．反応機構も $CO_2 \rightarrow CO_{(a)} + H_2O \rightarrow CH_4$ のように二酸化炭素から一酸化炭素への変換以外は一酸化炭素とほとんど同一の経路でメタンを与える．またアルカン（パラフィン炭化水素）の水素化分解によるメタン化反応も類似の触媒上で，類似した反応機構で進行する．すなわちアルカンが金属上で分解して $CH_X (0 \leq X \leq 3)$ と水素を生成する．この CH_X がさらに吸着水素と反応してメタンを生成する．

メタン生成の反応は発熱反応であり，一般には 400°C 以下の低温で実施される．600°C 以上の高温になると逆反応が進行する．逆反応はメタンの水蒸気改質あるいは炭酸ガス改質反応である．

メタン化反応が実用的に用いられる例は多くはない．古くはアンモニア合成用の水素中の微量の一酸化炭素（Fe 触媒の毒物質）を除去するためのメタン化が工業化装置で用いられ，また，最近では石炭をガス化して得られる合成ガス（$CO+H_2$）中の一酸化炭素と水素を反応させてメタンとし，ガスの毒性を低下させるとともに発熱量を高める方法として実用化されている． 〔藤元　薫〕

メタンの酸化カップリング　oxidative coupling of methane

2分子のメタンを O_2 で酸化脱水素カップリングして，次式でエチレンとエタン（C_2 化合物）に転化する反応をいう．

$$2CH_4 \xrightarrow{O_2} C_2H_4, \ C_2H_6, \ H_2O$$

通常，天然ガスの95％以上はメタンからなる．天然ガスは，東南アジア，アラスカ，中東から，LNG（液化天然ガス）としてわが国に輸送されてくる．輸送には，天然ガスの液化，冷凍設備と冷凍船の建設およびその稼働に膨大なコストを必要とする．もし，天然ガス田の井戸元あるいは積出し港において，天然ガスを輸送しやすいメタノールやエチレンに転換することができれば，コストの大幅な低下が可能となる．一方，現在の化学工業では，エチレンが基礎化学工業原料として重要な位置を占めている．これらの状況を考慮すると，メタンの酸化カップリング（OCM）反応で C_2 化合物を収率良く合成することができれば，その工業的意義は非常に大きなものがある．

OCM反応に高活性・高選択性を示す触媒には，アルカリ，アルカリ土類，希土類元素などの塩基性酸化物がある．これまでに報告されたなかで長寿命と比較的高い C_2 化合物収率（>15％）を示す触媒は SrO/La_2O_3，BaO/La_2O_3，BaO/CeO_2 などがある．触媒の寿命*には問題はあるが，活性・選択性にすぐれた触媒に，Li/MgO，Li/Sm_2O_3，Li/La_2O_3 などがある．

OCM反応の機構は通常次式のように考えられている．まず，触媒上に生成した O_2^{2-} また

$$2CH_4 \xrightarrow[\text{または} O^-]{O_2^{2-}} 2CH_3 + H_2O \longrightarrow C_2H_6 \xrightarrow{\frac{1}{2}O_2} C_2H_4 + H_2O$$

は O^- 種によって，メタンの水素が引き抜かれ，メチルラジカルが気相に放出され，メチルラジカルのカップリングでエタンが生成する．エタンはさらに気相の酸素または吸着酸素により酸化脱水素を受け，エチレンとなる．この反応の最大の問題点は，メタンの転化率を低く抑えれば，高選択性が得られるものの，転化率を上げるにつれ完全燃焼の比率が増し，選択性が低下して，高収率が望めない点にある．多くの触媒系が報告されているが，一応の工業化の目安となる収率20％以上を安定して得られる触媒系はまだ報告されていない．

通常OCM反応法はメタンと酸素の混合ガスで行うが，次式のように，まずメタンを金属酸化物触媒で酸化カップリングし，次に還元された金属酸化物を酸素（空気）で再酸化するレドックス法（ARCO法）もよく検討されている．

$$nCH_4 + MO_{2+y} \longrightarrow C_nH_{4n-2y} + yH_2O + MO_2$$

$$MO_2 + \frac{y}{2}O_2 \longrightarrow MO_{2+y}$$

レドックス法の1段目の反応では，気相に酸素がないので，CO，CO_2 への酸化が抑えられ，C_2 以上の炭化水素の選択率が高く保てる利点がある．また，図に示すように，レドックス法では触媒を二つの反応器の間で循環させて，メタンの酸化カップリングと触媒の再酸化を別々の反応器で行うので，メタンと酸素を同時に流して反応させる

通常の接触酸化法に比較し，2段目の反応に空気をそのまま用いて触媒の再酸化を行うことができ，空気から窒素を分離する必要がないというプロセスの利点がある．

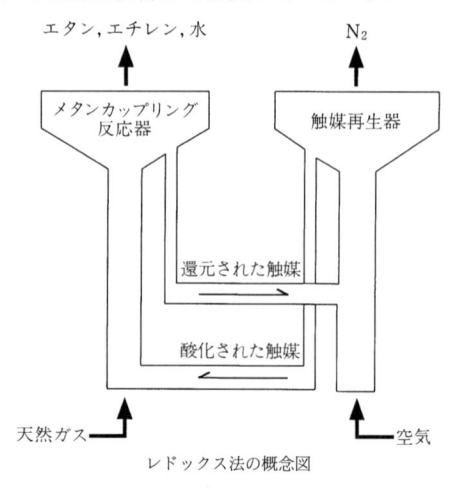

レドックス法の概念図

〔大塚　潔〕

メタンの水蒸気改質　steam reforming of methane

メタンと水蒸気から触媒反応で水素と炭素酸化物の混合ガス(合成ガス)を製造する反応(主に式(1))．同時に式(2)のシフト反応も起こる．この反応によって，アンモニア合成，メタノール合成の原料ガス，オキソ反応用ガスが製造される．その他石油精製に使用する水素，金属製造用還元ガスとしても利用されている．

$$CH_4 + H_2O \longrightarrow CO + 3H_2 - 205 \text{ kJ mol}^{-1} \tag{1}$$

$$CO + H_2O \longrightarrow CO_2 + 2H_2 + 42 \text{ kJ mol}^{-1} \tag{2}$$

反応(1)，(2)とも実用温度範囲では可逆的に進行する．ルシャトリエ(Le Chatelier)の原理から高温ほど平衡ガス中のメタン濃度は低く，CO濃度は高くなる．メタン濃度は水蒸気/炭素比が大きいほど減少し，反応圧が高いほど増加する．圧力は，合成を含めた系全体の構成で決まることが多く，ガス組成を決定する因子は，主として原料の水蒸気/炭素比と触媒層出口温度である．製品ガス組成は，ほとんどの場合平衡ガス組成にちかく，熱力学計算で推算できる．

反応は全体として大きな吸熱反応であり，反応熱を与えるために多数のバーナーを備えた加熱炉中に設置した触媒を充填した管状反応器に水蒸気と天然ガスを導入して行う．反応管は内径 75～125 mm，長さ 9～15 m が標準である．圧力は 1～4 MPa，触媒層出口温度は，アンモニア合成原料ガスでは 750～800°C で残った未反応メタンは二次改質炉で空気による部分接触酸化を受ける．メタノール合成では改質ガス中にメタンを残さないように 850～900°C としている．

触媒は担持 Ni 触媒で，担体は Al_2O_3 系である．触媒活性は Ni の表面積に比例す

るので，圧力損失が少なく，比表面積の大きい担体が使われる。原料ガス中に硫黄化合物があると触媒毒になるので除去する必要がある。環状硫黄化合物を水素化分解し，酸化亜鉛で吸着する脱硫法が一般的である。

副反応としての炭素析出は，ブードアール反応*($2CO \rightarrow C+CO_2+172$ kJ mol^{-1})，メタンの分解($CH_4 \rightarrow C+2H_2-75$ kJ mol^{-1})，不均一水性ガス反応($CO+H_2 \rightarrow C+H_2O-131$ kJ mol^{-1})，高級炭化水素の熱分解などの反応で生ずる。炭素析出は触媒の破壊，反応管の閉塞などを引き起こすので，絶対に起こしてはならない。

〔小松　真〕

メタンの部分酸化　partial oxidation of methane　→アルカンの酸化，合成ガスの製造

メチルアミンの合成　synthesis of methylamines

メチルアミンは，医農薬，溶剤，染料，樹脂，爆薬などの合成原料として使われるほか，染色助剤，重合防止剤，抗酸化剤などの広範囲多岐の用途がある。メチルアミンには，置換するメチル基の数により，モノ，ジ，およびトリメチルアミンの3種がある。おのおのの需要は均等ではなく，ジメチルホルムアミドの原料として多量に消費されるジメチルアミンの需要が最も高い。国内におけるモノメチルアミンの需要はジメチルアミンの10分の1強にすぎず，反応性の低いトリメチルアミンの場合はさらに少なくなっている。工業的なメチルアミンの製造法としては，メタノール/アンモニアを原料とする方法のほか，メタノール/塩化アンモニウム，ホルムアルデヒド/塩化アンモニウム，塩化メチル/アンモニアを用いる方法などがあげられる。しかし，現在では，すべてメタノールとアンモニアの気相接触反応により製造されている。反応条件下では，生成物の分布は熱力学平衡に支配され，モノメチルアミン，トリメチルアミンの生成量はその需要を大きく上まわっている。これらの過剰アミンは分離したのち，反応系へ戻して再利用されている。

既存プロセスでは触媒としてシリカアルミナ，マグネシアなどの非晶質もしくは結晶度の低い固体酸が使われているが，これらの触媒では生成物の組成は熱力学平衡の関係に左右される。通常の条件下では，最も需要の少ないトリメチルアミンが最も多く生成し，反応の全域においてジメチルアミンの選択率が平衡値を越えることはない。

反応温度は活性および平衡の両面から高い方がよいが副反応などの理由により，380～450°Cの温度範囲が適用され，圧力20 atm前後で反応が行われている。N/C比は平衡上高い方が有利であるが，アンモニア消費量などの点からN/C比が2前後で製造されることが多い。

既存プロセスの問題点としては次のようなことがあげられる。(1)大過剰のアンモニアが用いられる。(2)抽出蒸留が必要である。(3)生成物の分離～リサイクル行程を含むことから，装置が大型化し，エネルギー大量消費型のプロセスとなっている。このような状況を改善するため，さまざまな触媒およびプロセスの改良と最適化が過

去に行われてきた．過剰アミンのリサイクル行程の必要な既存のプロセスでは，以上の問題点から経済的に非常にコストがかかってしまう．最近，触媒を利用して需要に応じた生成物分布をつくり出す非平衡型触媒プロセスが登場している．このプロセスでは，触媒としてゼオライトの形状選択機能を利用してトリメチルアミンの生成を抑制している． 〔瀬川幸一〕

メチルエチルケトンの合成 synthesis of methyl ethyl ketone

工業的には 2-ブタノールを気相脱水素(Cu-Zn 系触媒)あるいは液相脱水素(ラネーニッケル*触媒)して合成する．また n-ブタンの液相酸化による酢酸製造プロセスの副生物としても得られる．

2-ブタノールの合成法としては，n-ブテンを硫酸でエステル化し，その後加水分解する間接水和法が主流であるが，液相でヘテロポリ酸*を用いる直接水和法，強酸性イオン交換樹脂*を用いる直接水和法なども工業化されている．直接水和法ではブテンの平衡転化率が低いため，2-ブタノールを未反応ブテンにより超臨界抽出し，高濃度 2-ブタノールを得るなどのプロセス上の工夫がされている．また最近はイオン交換樹脂の表面を疎水化することで，より高いブテン転化率を得ようとする試みも報告されている．

Pd や Rh を主触媒としワッカー型反応で n-ブテンの酸化によりメチルエチルケトンを直接合成する方法も検討されている．主触媒の再酸化剤として塩化銅を用いると塩素化物が副生する問題が生じるので，再酸化剤としてヘテロポリ酸，キノンなどを用いることが提案されているが，工業プロセスには至っていない．近年チタノシリケート*存在下過酸化水素による酸化や，Cr-F 置換ポルフィリンを触媒とした空気酸化により，ブタンから1段で 2-ブタノールとメチルエチルケトンを合成する方法も報告されている． 〔斉藤吉則〕

➡ケトンの合成，ワッカー法，アルケンの水和

メッシュ mesh

ふるいの目の大きさを表す尺度で，微粉末の粒径を示す慣用的な単位である．米国 Tyler 社製の標準ふるいで長さ1インチ(2.54 cm)当りの穴の数をいう．メッシュ数が大きいほど粒子は小さくなり，100 メッシュではふるい目の大きさは 0.0058 インチ，200 メッシュでは 0.0029 インチである．なお，ふるいの針金径はふるいにより変わることに注意． 〔御園生 誠〕

メディエーター mediator ➡エレクトロキャタリシス

メーヤワイン-ポンドルフ-バーレー反応 Meerwein-Ponndorf-Verley reaction

アルコキシドの α 水素によるケトン，アルデヒドの還元反応．通常，イソプロピルアルコール中，アルミニウムイソプロポキシドを用いて行う．この反応は全平衡にあ

るために反応進行とともに生成するアセトンを連続的に留去することにより完結させる．

アルコキシドは，アルケン，ハロゲン，ニトロ，エステルなどに対しては不活性であるので，ケトン，アルデヒドの選択的還元に適している．なお，その逆反応，すなわちアルコールのアセトンによる酸化はオッペナウエル酸化である．　　〔友岡克彦〕

メンブレンリアクター　membrane reactor

　膜反応器．透過・分離機能をもつ膜（メンブレン）を反応器に組み込むことにより，反応と分離を一つの装置で実現することができる．この反応器の形式をメンブレンリアクターとよぶ．メンブレンリアクターを用いると，通常の反応器では熱力学平衡によって転化率が制約を受ける反応でも，特定の生成物を選択的に透過除去させることにより，1段で高い反応率を得ることができる．この特性を活かして，水素の選択的透過による水蒸気改質反応の低温化が達成されている．また，反応物に不純物を含む場合には，必要な反応成分のみを選択的に透過させ触媒層に供給することにより，高効率な反応を達成することもできる．空気分離による酸素製造・供給による（部分）酸化反応などがこの例である．メンブレンリアクターでは，反応器後段の分離精製装置を省略あるいは小さくできるので，省エネルギー・省スペースが可能となり，高効率なプロセスとなりうる．メンブレンリアクターのスケールアップでは，膜の透過量を大きくすること，すなわち膜面積を大きくすることが必要である．このことから，通常の反応器と比べてスケールメリットが出にくく，大規模な反応システムへの応用は難しい場合がある．　　　　　　　　　　　　　　　　　〔松方正彦・野村幹弘〕

も

毛管凝縮　capillary condensation

　多孔質固体の細孔内に蒸気が凝縮して，液体となる現象をいう．接触角が90より小さい場合，細孔内の液体の蒸気圧は，同温度において液面が平面のときに示す蒸気圧よりも小さい，つまり毛細管（半径 r）内では飽和蒸気圧 P_0 より低い圧 P において凝縮が起きる．毛管凝縮現象には次のケルビン式

$$\ln P_0/P = 2V_L \gamma \cos \theta /(rRT)$$

が成立する．ここで，V_L は凝縮液の分子容，γ は表面張力，θ は毛細管壁と液との接触角である．ケルビン式によって多孔質固体の吸着等温線と脱離等温線におけるヒステリシスが「インクつぼ説(入口直径が狭く，内部直径が広い容器)」を用いて説明できる．また，多孔質固体への吸着が多分子層吸着と毛管凝縮からなると考えて，吸着等温線*や脱離等温線を解析することにより細孔分布*が求められる．

〔五十嵐　哲〕

モノリス触媒体　monolithic catalyst

モノリス触媒体とは，触媒固定床を一体化したものをいう．一般にアルミナ，ムライト，コージェライトなどのセラミックスを多数の平行貫通孔をもったハニカム状(蜂の巣状)などの形状に成形加工して，これに触媒成分を担持して使用される．コンパクトで，圧力損失が小さく，熱衝撃，振動，摩耗に強いなどの特徴があり，例えば，自動車排気ガス浄化触媒はこのモノリス触媒体が使用されている．担体を含めた触媒成分を担持するので，担体と区別して触媒支持体(catalyst support)とよばれる．

モノリス触媒体（ハニカム型）の例

〔八尋秀典〕

➡自動車触媒，排煙脱硝，三元触媒

モービル-バッジャープロセス　Mobil-Badger process　➡エチルベンゼンの合成

モリブデン-ビスマス系触媒　bismuth molybdate

プロペンの部分酸化によるアクロレイン合成やアンモ酸化*によるアクリロニトリル合成にすぐれた活性と選択性を示す複合酸化物触媒である．Standard Oil 社がアンモ酸化用にソハイオ触媒の名の下に発表した $Bi_9P_1Mo_{12}O_{52}$ 触媒の主活性相を形成し，その後，高活性な多元系モリブデン-ビスマス触媒へと発展した．MoO_3 自体は部分酸化活性が低いながらもあり，プロペン酸化によりアクロレインを与え，一方

Bi_2O_3 はプロペンの酸化的脱水素二量化*に活性を示し，ヘキセンやベンゼンを与える．この両者を複合したモリブデン酸ビスマス複合酸化物触媒は $2/3 < Bi/Mo < 2$ の組成範囲内でアクロレインやアクリロニトリル合成に高い活性と選択性を示す．表に示すようにこの組成範囲でモリブデン酸ビスマスは，Bi 濃度の低い順に，カチオン空席をもった欠陥シーライト構造の $Bi_2Mo_3O_{12}$（α相），準安定な斜方晶系の層状構造をとる $Bi_2Mo_2O_9$（β相），および Mo 八面体と酸化ビスマスの層で構成される層状構造（コクリナイト構造）の Bi_2MoO_6（γ相）の3種の結晶相を形成する．おのおのの相の酸化活性は表面構造形成に影響を受けるので確定していないが，表にあるようにおおむね β 相が最も活性にすぐれる．

モリブデン酸ビスマス触媒の構造とプロペン酸化活性

	$Bi_2Mo_3O_{12}$（α相）	$Bi_2Mo_2O_9$（β相）	Bi_2MoO_6（γ相）
結晶系	立方晶	斜方晶	斜方晶
空間群	$P2_1/c$	$P2_1/n$	$Pca2_1$
構造	シーライト構造	層状構造	層状構造
配位数	Mo：4	Mo：4, 5	Mo：6
	Bi：8	Bi：8, 6	Bi：6
酸化活性（相対値）	1	1.1〜1.7	0.1〜2

モリブデン酸ビスマス触媒上でのプロペンの部分酸化は，ビスマスに結合した求核性の格子酸素がプロペンのアリル水素を引き抜くアリル型酸化*で開始し，引き続くモリブデンに結合した求電子的な格子酸素の作用による中間体への酸素付加が起こり生成物に至るとされている．加えてモリブデン酸ビスマス触媒では酸化反応条件で触媒の格子酸素がバルク内を速やかに移動することから，反応に使われる格子酸素が内部から供給されるとともにその反応性も一定に維持され，高い活性や選択性が生まれると考えられている． 〔上田 渉〕

→三酸化モリブデン系触媒，多元系モリブデン-ビスマス触媒，プロペンの酸化

モルデナイト mordenite

ゼオライト*の一種で，0.65×0.70 nm の直径(酸素12員環)をもつ1次元の細孔*が，さらに小さい 0.26×0.57 nm(酸素8員環)の細孔によって連結されている．通常，直径の大きな一次元細孔だけが触媒反応に利用される．結晶構造は MOR で表される．天然にも産するが，比較的高シリカ(Si/Al 原子比＝5〜10)のモルデナイトが合成されている．これらを酸処理によって脱アルミニウム化し，さらに高シリカ組成とすることもよく行われる．

酸型のモルデナイトは非常に強い固体酸性質をもち，固体酸触媒*として重質油の脱ろう*およびジメチルアミン合成に用いられている．また Pt 担持モルデナイトが水素化分解*，異性化反応に対して触媒として用いられている．天然 Na 型モルデナイトは窒素・酸素の分離に用いられている．

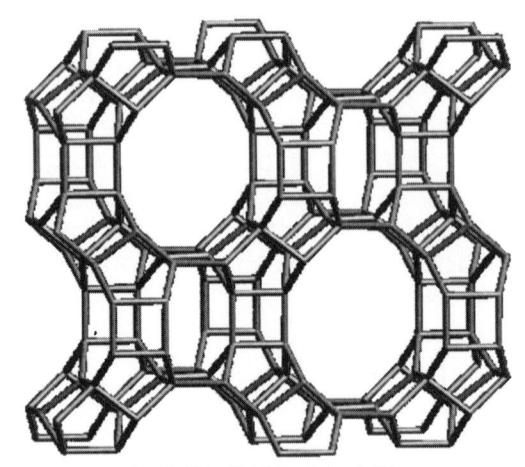

MOR骨格の[001]方向からの投影図

〔片田直伸・丹羽　幹〕

モレキュラーシービングカーボン　molecular sieving carbon

分子の形状と大きさによるふるい効果を示す機能性活性炭．ほぼ均一な一定の形状と大きさの細孔径を有しており，それより大きな分子は活性炭細孔内に入り込めない．この物理的ふるい効果を利用して気相，液相中の特定の分子を分離することが可能である．ミクロ孔レベルの細孔を制御したものが市販されているが，最近ではメソ孔レベルの細孔制御法が確立されつつある．細孔径を制御した活性炭を製造するには，(1)熱分解法：サランや塩化ビニリデンを適当な条件で炭化する方法，(2)賦活法：石炭や樹脂の炭化物を厳密な条件下で低度に賦活する方法，(3)被覆法：活性炭や炭化物に有機物を加えて熱処理し，炭化水素ガスの分解により析出する炭素により細孔径を縮小させる方法，(4)蒸着法：ベンゼンなどの炭化水素ガスを含む気流中で活性炭を熱処理して，炭化水素ガスにより細孔径を縮小させる方法，(5)熱収縮法：石炭，樹脂の炭化物，活性炭などを1000℃以上の高温で処理して熱収縮により細孔径を縮小させる方法，などがある．カラム充填剤など分析用分離材料および空気中の酸素-窒素分離材料としての用途開発が進められている．　　　　　　　　　　〔阪田祐作〕

➡分子ふるい作用，活性炭，細孔

モレキュラーシーブ　molecular sieve

ゼオライト*は結晶構造に由来する数Åで均一な直径の細孔*を有し，細孔内に強い電場勾配を有する．これによって分子を識別する特異な吸着特性(分子ふるい作用*)を示し，モレキュラーシーブ(分子ふるい)とよばれる．ゼオライト類似構造をもち，$AlPO_4$の組成を有するアルミノリン酸塩型モレキュラーシーブ*も知られている．こ

れらゼオライト類は分子ふるい機能を活かして各種の吸着分離プロセスに応用されている．なお，制御された細孔構造をもつ活性炭の一種もモレキュラーシービングカーボンとよばれている．

「モレキュラーシーブ」はゼオライトの機能を示す言葉であるが，吸着剤*の商品名としてのほうが有名である．すなわち，モレキュラーシーブ3A，4A，5Aはそれぞれ細孔径が約3, 4, 5Å (0.3, 0.4, 0.5 nm) を示すA型ゼオライト*の商品名である．この場合，細孔径の制御はアルカリカチオンの大きさと原子価の違いを利用して行われている．Na^+をカチオンとするA型ゼオライト(NaA)の細孔径は約0.4 nmであるが，Na^+をK^+とイオン交換すると，約0.3 nmに狭まる．これはカチオンの大きさが$K^+ > Na^+$で，このため有効細孔径が狭まるためである．また，Na^+をCa^{2+}と交換すると，2個のNa^+が1個のCa^{2+}と交換するために，カチオンの数が減る．このために，細孔径が大きくなる効果があらわれ，有効な細孔径が0.5 nm程度と広がる．このようにして，イオン交換により細孔径を制御し，分子の大きさによる吸着特性を制御するのがモレキュラーシーブの原理である．

モレキュラーシーブ3A，4Aは細孔径が小さいため気体・液体中の水分などを選択的に除去する用途に使われる．4A，5A，および13X(X型ゼオライト*)は酸素・窒素の分離に使われるほか，燃焼排気中のCO_2の回収，冷媒用フロンの精製など各種の分離・精製プロセスに用いられる．

安価な天然モルデナイト*も酸素・窒素の分離に用いられてきた．近年，疎水性に富む高シリカ(高 Si/Al 原子比)のZSM-5ゼオライト*が工場排気中の有機溶剤の回収などに用いられるようになった．

現在，大規模な気体分離プロセスでは，ケイ酸塩をバインダーとして形成したペレット状のモレキュラーシーブを用いた圧力スイング法が行われているが，温度スイング法や圧力・温度の両方をスイングさせる方法もある．根本的な分離効率の向上のため，モレキュラーシーブを含有する膜をまさしく「ふるい」として用いる連続的な分離法も検討されており，この目的で多孔質膜表面あるいはそのマクロ細孔内にゼオライト結晶を発生・成長させる新しいゼオライト合成法が近年盛んに研究されている．

触媒反応における形状選択性*は，「分子ふるい」効果を反応の選択性制御に用いたものである． 〔片田直伸・丹羽 幹〕

モンサント法 Monsanto process →メタノールのカルボニル化

モンモリロナイト montmorillonite

層状粘土鉱物*のなかでスメクタイト*族粘土鉱物に属する．重要な鉱物の一つである．2八面体型の2:1型層状ケイ酸塩で，層間に陽イオンと水を有する．四面体シートの陽イオンはSiで構成され，八面体シートの陽イオンではAl^{3+}が一部Mg^{2+}に置換している．理想式は

$$(M^+, M^{2+}_{1/2})_y(Al_{2-y}Mg_y)Si_4O_{10}(OH)_2 \cdot nH_2O, \quad y: 0.2 \sim 0.6$$

(M：交換性陽イオン)と表記できる．

層電荷は八面体シートに起因しており，四面体シートの Si^{4+} の Al^{3+} による置換に起因しているバイデライトとは異なる．膨潤性粘土鉱物の代表的なもので，水を吸って膨潤し，層間陽イオンが交換性である．陽イオン交換容量は $80\sim120\ meq/100\ g$ と大きい．種々の無機あるいは有機のゲスト種を層間に入れてナノレベルの複合体をつくることができる．

主としてモンモリロナイトからなる粘土はベントナイトとよばれる．交換性陽イオンとして Na をもつベントナイトは，鋳物砂等のバインダーなどに用いられる．交換性陽イオンとして H を含むものは酸性白土とよばれ，油脂の脱色，吸着，触媒などに用いられる． 〔上松敬禧・黒田一幸〕

→インターカレーション，サポナイト，層間架橋粘土触媒

や

軟らかい塩基　soft base　→ HSAB

軟らかい酸　soft acid　→ HSAB

ゆ

有効拡散係数　effective diffusion coefficient

　ミクロ細孔より大きな細孔をもつ多孔質粒子内の拡散現象は，拡散係数を粒子中の拡散に寄与する有効な細孔の割合（空隙率 ε），および細孔の屈曲の度合（迷宮度 τ）により影響を受ける．このため，実際に多孔質粒子内の拡散に対する拡散係数は有効拡散係数 D_e [m^2 s^{-1}]とよばれ，次式により推算される．

$$\frac{1}{D_e} = \frac{\tau}{\varepsilon}\left(\frac{1}{D_K} + \frac{1}{D_M}\right)$$

ここで，D_K [m^2 s^{-1}]はクヌッセン拡散係数，D_M [m^2 s^{-1}]は分子拡散係数である．τ，ε のそれぞれの値は不明なことが多いが，τ/ε は 0.1 程度の値となることが多い．

〔松方正彦・野村幹弘〕

→自己拡散，相互拡散，分子拡散，細孔内拡散

有効原子番号則　effective atomic number rule　→ 18 電子則

有効伝熱係数　effective heat transfer coefficient

　固体の壁を隔てて高温流体から低温流体へ熱が伝わるときのすべての伝熱抵抗を考慮した見かけの伝熱係数．反応器内の伝熱管における伝熱のほか，固定層，流動層反応器内の触媒層と反応管壁間の伝熱現象がよく研究されている．実際には，伝熱は固体の両側に形成される流体側境膜における伝熱抵抗，固体壁内部の伝導伝熱抵抗，固体壁の汚れが原因となる伝熱抵抗を考慮する必要があるが，近似的には有効伝熱係数 h_e [kJ m^{-2} h^{-1} K^{-1}]を用いて，伝熱速度 q [kJ h^{-1}]は，

$$q = h_e A (T_1 - T_2)$$

のように表される．ここで A [m^2]は伝熱面積，T_1 は高温流体，T_2 は低温流体の代表温度[K]である．有効伝熱係数の逆数 $1/h_e$ は，有効伝熱抵抗を表す．

〔松方正彦・野村幹弘〕

→有効熱伝導度

有効熱伝導度 effective thermal conductivity

　固体の触媒層あるいは多孔性の触媒粒子などは，一般に金属塊などと同じように連続体とみなすことにより，見かけ上の熱伝導度を測定することができる．この見かけ上の熱伝導度を有効熱伝導度という．

　実際には，固体そのものの伝導伝熱だけでなく，触媒ペレット間の空隙あるいは触媒粒子の細孔内の気体あるいは液体の伝導伝熱および熱放射が伝熱にかかわる．また，反応器内ではペレットや粒子間の空隙に流れがあるため，流れによる熱の輸送も伝熱を解析するために重要である．有効熱伝導度はそれらの複雑な伝熱過程が一括された便宜的なものであるが，触媒反応の場合には粒子-流体間，粒子内の温度分布は比較的小さいことが知られている．このため，有効熱伝導度は触媒反応装置の特性を解析したり，装置設計の方針の概略を立てるために有効な考え方となっている．

〔松方正彦・野村幹弘〕

→有効伝熱係数

油脂の硬化 hardening of oil　→油脂の水素化

油脂の水素化 hydrogenation of fats and oils

　油脂は炭素数，飽和度の異なる種々の脂肪酸とグリセリンのエステルである．油脂の不飽和結合を水素化することを硬化とよぶ．硬化により油脂は融点が上昇し，酸化されにくくなり耐熱性も上がる．さらに，色調の改善，脱臭の効果もある．水素化反応中には水素化のみならず，非天然型の不飽和油脂の生成，二重結合の移動，シス体からトランス体の異性化も起き，油脂の物性に影響を与える．この用途には，通常，$20〜25\%$ Ni/Al_2O_3 が用いられる．銅クロム，ラネーニッケル*，貴金属もこの反応に活性があるが使われることは多くはない．Ni/Al_2O_3 触媒の場合，担体の $\gamma\text{-}Al_2O_3$ は異性化反応に必要な酸点を有している．Ni 触媒は，選択性を上げるため，硫黄化合物で部分被毒することもできる．これにより水素化の活性を落とし飽和度を下げる一方で，シスからトランスへの異性化を促進させることができる．トランス体を増やすと，飽和度を上げなくても融点が上昇するという利点がある．

　Ni の活性状態は，還元状態の Ni である．触媒は水素化反応装置内で *in situ* で還元されたり，あるいは還元 Ni の形で触媒供給メーカーから供給されたりする．*in situ* で還元する場合，運転条件よりも厳しい条件を要するので後者の方法をとるのが普通である．この場合は，触媒表面が空気で酸化され，発熱することがないように，還元触媒を飽和した油脂で保護して出荷される．

　場合によっては活性の低い Cu/Al_2O_3 が油脂の水素化に用いられる．これは油脂の最も反応性に富む位置（空気に敏感なところ）を水素化するためで，これにより保存性を改善することができる．

〔飯田逸夫〕

UPS　ultraviolet photoelectron spectroscopy　→紫外光電子分光法

よ

溶媒効果　solvent effect

　一般に，均一系触媒を用いた反応は溶媒に遷移金属錯体を溶解して行われる．溶媒はヘキサン，ベンゼン，四塩化炭素などの無極性溶媒と水，アルコール，アセトン，アセトニトリル，N,N-ジメチルホルムアミドなどの極性溶媒に大別される．極性溶媒は金属イオンやイオン性錯体に溶媒和し溶解させる能力が大きいが，炭化水素基を含んだ配位子をもった中性金属錯体は無極性溶媒に溶解しやすい．また水，アルコール，カルボン酸，液体アンモニアなどのプロトン性溶媒と非プロトン性溶媒という分類もできる．溶媒は溶液中の化学反応や平衡に大きな影響を及ぼす．溶媒は配位子としての役割も果たし，金属錯体の会合や沈積を防ぐ一方，溶媒の配位力が強すぎると基質が競争的に配位できないため反応が抑制されるという問題点が生じる．また，溶媒によっては基質や生成物との反応を起こすものもある．このため適正な溶媒の選定は極めて重要である．溶媒と基質ならびに反応試剤の組合せによっては液相が水相/油相の2相に分離してしまい，反応が進みにくくなる場合もあるが，二相分離を逆に利用して，水溶性の錯体触媒を用いて生成物と触媒との分離の容易な反応系とする場合もある．不均一系触媒反応においても，溶媒は固体触媒活性点への配位子としての役割，副反応の抑制，生成物の抽出除去などの効果を示す．　　　〔辰巳　敬〕

溶融鉄　fused iron

　HaberおよびBoschの時代から工業用アンモニア合成触媒*の主成分は鉄であるが，純鉄の活性は小さく，種々の促進剤が溶融添加されている．還元前の触媒はマグネタイト(Fe_3O_4)に微量の酸化物促進剤，K_2O(0.8%)，CaO(2.0%)，MgO(0.3%)，Al_2O_3(2.5%)，SiO_2(0.4%)などを含む．痕跡の不純物としてTiO_2, ZrO_2, V_2O_5も検出されるが，これら酸化物はむしろ有害である．マグネタイトFe_3O_4(Fe^{2+}イオン半径0.083 nm，Fe^{3+} 0.067 nm)は$MgAlO_4$と同じスピネル構造を有しており，微量のMg^{2+}(0.078 nm)，Al^{3+}(0.057 nm)イオンなどを固溶できる．500℃以下ではAl_2O_3の固溶限界は約3%とされる．イオン半径の大きいCa^{2+}(0.106 nm)およびK^+(0.133 nm)などはフェライトなどの複合酸化物になっているとされている．水素で活性化すると鉄のみ還元され添加物として残る．

　マグネタイトを溶解する理由は均一に添加物を分散させるためである．添加物を含まないマグネタイトを還元すると表面積は1 $m^2 g^{-1}$程度であるが，MgO, Al_2O_3, SiO_2などの微量酸化物があるとこれが金属鉄の粒界に分布して，シンタリング*を防ぎ10～20 $m^2 g^{-1}$の高表面積構造を保つことができる．それぞれの添加物に役割があると

されるが，特に K_2O, Al_2O_3 が重要な促進剤であり，この2者を含むものを二重促進鉄*，Al_2O_3 のみを含むものを一重促進鉄という．反応ガス中の塩素や硫黄含有化合物が触媒毒となる．　　　　　　　　　　　　　　　　　　　　　　　　〔秋鹿研一〕

予備処理　pretreatment ───────────────
　反応に用いる前に触媒に施される処理．触媒表面の吸着種の除去，表面に生成した炭酸塩，水酸化物の分解，触媒の酸化数や表面担持種の分散性の制御などにより，触媒の活性化や再生，活性比較のための触媒の状態の規定などを目的としている．流通系反応装置では酸素または水素を含む気流中での加熱処理による酸化または還元処理が行われることが多いが，特別の化合物を利用することもある．循環系反応装置の反応やキャラクタリゼーションに用いる場合には，定圧での酸化還元処理や真空下での加熱排気処理がよく行われる．処理温度や酸素または水素などの分圧により，触媒の酸化状態や分散度が変化する場合があるので，条件の設定には注意を要する．また反応機構を検討するために，反応基質や中間体の吸着，阻害物質による被毒などが行われる場合もある．　　　　　　　　　　　　　　　　　　　　　　〔小谷野圭子〕

予備平衡　pre-equilibrium　→律速段階 ───────────────

ら

ライザー反応器 riser reactor ─────────

　流動接触分解反応装置(FCC)の反応塔下部に設置される高速流動層(気流層)である．その中に再生触媒と原料油が供給される．従来の流動層型反応器では，触媒の濃厚相は混合が激しいため，触媒と反応物質の接触時間*の分布が広がり副反応や過度の分解反応が進行しやすく，生成油の選択性に限界があった．そこで，高活性の触媒(ゼオライト*など)を使用して，上昇管(ライザー)内で反応の90％以上を達成する(ライザー反応器)形式が生まれた．ライザーは実質的な反応器とみなせる．ライザー内の触媒粒子密度は反応塔内の触媒濃厚相の1/10の気流状態となっており，平均滞留時間*は数〜5秒である．触媒は反応塔の上部で反応ガスと分離され，再生塔で再生後，再びライザー反応器の底部に供給される．この技術は1976年にアメリカのUOP，EXXON，Kellog社から相次いで発表された．30000BPSDの装置では反応塔が5 mϕ×13 mLに対してライザー内径はおよそ1.5 mになる．ライザー内の反応ガスの上昇速度は分解反応が進む上部ほど大きくなり，およそ2〜15 m s^{-1}で設計される場合が多い．蒸発性の乏しい残油の分解に適用する場合には，ライザー底部で再生触媒をスチームなどで気流状に加速し，加速後に原料油の蒸気と接触させる方式を採用す

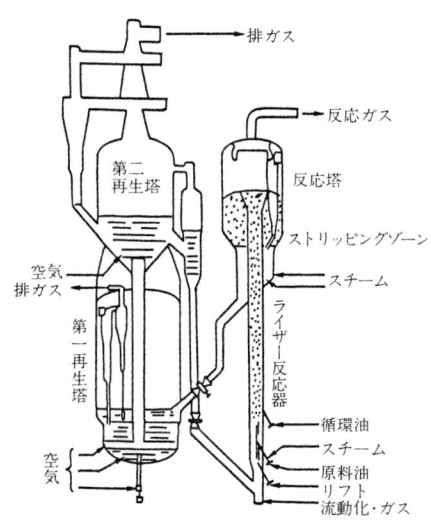

残油接触分解用 FCC 装置
(化学工学会編，「日本の化学産業技術」，p.546，工業調査会 (1997))

る。　　　　　　　　　　　　　　　　　　　　　　　〔増田隆夫〕

ラジアルフロー　radial flow

　通常の固定層反応器*では反応流体を軸方向に流すが，半径方向に流す場合がる．この流れをラジアルフローとよぶ．流体の圧力損失*は Ergun の式(圧力損失の項参照)で計算できる．例えば 100°C で 3 m の高さに粒子を充填した固定層内を 45 mol m^2 s^{-1} の速度で空気を流した場合，粒子径が 2 mm と 3 mm では圧力損失がそれぞれ，1.4 と 0.6 気圧になる．そのため，触媒粒子が小さく圧力損失が大きくなる場合には，反応流体を固定層の半径方向に流して層内での通過距離を短くすることによって圧力損失を小さくする方法が反応器の設計に採用される．ただし，触媒活性が高く，触媒の必要量が少ないことが条件である．実用化されているものとしてアンモニア合成，ナフサの接触改質反応，エチルベンゼン脱水素反応などの反応装置がある．

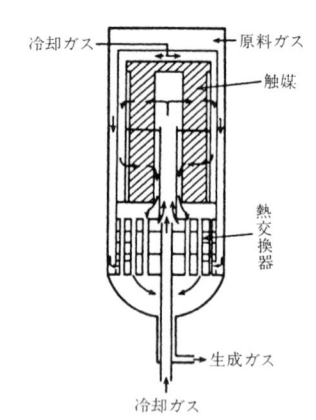

アンモニア合成反応装置
(橋本,「工業反応装置」, p. 70,
培風館 (1984))

〔増田隆夫〕

→ 固定層反応器

ラジカル　radical

　1 個あるいは複数個の不対電子をもつ分子あるいは原子として定義され，有機化学では遊離した置換基を意味し，フリーラジカルともいわれる．特別な安定化要素を受けない限り極めて反応性に富んだ化学種である．不対電子が主として局在するラジカル中心の原子によって，炭素ラジカル，酸素ラジカル，窒素ラジカルなどに分類される．これとは別に，ラジカルは電荷をもつか否かによって中性ラジカルとイオンラジカルに大別することができる．中性ラジカルの発生は共有結合のホモリシスによるが，電荷をもたない中性の化学種であるため溶媒和などによる安定化をほとんど受けず，

その生成のしやすさは開裂する結合の結合解離エネルギーの大きさに依存する。一方，イオンラジカルはさらにカチオンラジカルとアニオンラジカルに分類され，分子の一電子酸化，一電子還元によってそれぞれ得ることができ，その生成の難易は，主に元の分子の酸化還元電位の大小による。

ラジカルを中間体とする反応は化学工業の分野において極めて重要であり，ラジカル重合は高分子合成の最も代表的な方法である。また，石油のクラッキングによるエチレンの製造，クメンからのフェノールおよびアセトンの製造において経由するクミルヒドロペルオキシドの生成などにも用いられている。　　　　　　　〔寺田眞浩〕

ラネー触媒　Raney catalyst

金属触媒の調整法の一つで，まず目的とする金属と Al の二元合金，あるいはさらに数％の Fe, Mn, Cr などを加えた三元合金をつくり，使用時にあたってアルカリ熱水溶液を作用させて合金より Al を溶出し，微細な分散状態になった触媒金属を得る方法で，発明者の M. Raney に因んで，ラネー触媒とよばれる。展開によって調製された触媒の活性は，合金の製法や展開条件によって変わるが，保有水素と若干の残存 Al を有し，各種水素化反応に高い活性を示す。

ラネーニッケル*，ラネー銅*，ラネーコバルトなどが市販されている。

〔諸岡良彦〕

ラネー銅　Raney copper

アルミニウム金属チップと銅金属チップを還元炉内で溶融合金化したものを，NaOH（または KOH）水溶液中で加温（50℃）後，徐々に加熱（70〜90℃）する。銅は金属状のままアルミニウムのみを溶出させ（この操作を展開という），比表面積の大きい多孔質銅触媒とすることができる。溶出直後のものは細孔内に多量の吸着水素を保持しており，水を除いて乾燥すると発火するので注意を要する。有機物の水素化反応に用いるには遠心分離した水中沈殿粉末をピペットなどを用いて反応容器に移す。水を除く場合は溶媒で徐々に置換する。展開後も 5〜10％程度の金属アルミニウムが残存しているとされる。　　　　　　　　　　　　　　　　〔秋鹿研一〕

→ラネーニッケル

ラネーニッケル　Raney nickel

アルミニウム金属チップとニッケル金属チップを還元炉中で溶融合金化したものを，NaOH（または KOH）水溶液中で加温（50℃）後，徐々に加熱（70〜90℃）する。ニッケルは金属状のままアルミニウムのみを溶出させ（この操作を展開という），比表面積の大きい多孔質ニッケル触媒とすることができる。出発合金中の Ni 含有は 30〜50 wt％が標準であり，$NiAl_3$, Ni_2Al_3 の金属化合物に相当する。溶質直後のものは多孔質中に多量の吸着水素を保持しており，水を除いて乾燥すると発火するので空気に触れないように保存する。洗浄時も水中に保つか，水素気中で行うかなどして酸化を防

ぐ．有機物の水素化反応に用いるには遠心分離した水中沈殿粉末をピペットなどを用いて反応容器に移す．水を除く場合は溶媒で徐々に置換する．展開後も 5〜10％程度の金属アルミニウムが残存しているとされる．ラネーニッケルは高活性かつ比較的取扱いやすいので有機物(ニトリル，カルボニル，フェノールなどの)水素化に広く用いられる．　　　　　　　　　　　　　　　　　　　　　　　　　　　〔秋鹿研一〕

ラマン分光　Raman spectroscopy ─────────────────

分子振動よりずっと高波数の光を分子に入射させ散乱してくる光を観測すると，大部分の光は入射光と同じ振動数 ν_0 を有するものであるが，ごくわずかだけ $\nu=\nu_0\pm\nu_i$ の光が含まれている．この現象はラマン散乱とよばれ，散乱光のうち振動数 ν_0 のものをレイリー散乱，$\nu=\nu_0+\nu_i$ あるいは $\nu=\nu_0-\nu_i$ の振動数の光をラマン散乱光という．入射光とラマン散乱光との波数差 ν_i(ラマンシフト)は分子振動の波数に相当するためラマンシフトから分子の振動波数を知ることができる．

ラマン散乱といわれるものには，表のようなものがある．通常ラマン散乱を使ったスペクトル測定で得られるラマン強度は他に比べて低いが，試料，レーザーを選ばないので最も一般的に使われている．共鳴ラマンは目的とする分子やイオンの電子遷移による吸収バンドの波長範囲に相当するようにレーザー波長を選んで測定するもので，ラマン強度は通常ラマンの 10^2〜10^6 倍になる．しかしレーザーは一般的に可視光発振なので，色素，ラジカル，錯体の測定が多い．SERS は Ag 電極にピリジンを吸着させたとき，ラマン強度が 10^3〜10^6 倍大きくなることが発見され，名付けられた．以来，多くの研究者によって研究が進み，表面が 10 nm 程度の小粒子からなる金属表面でレーザー波長を選べば，表面と直接相互作用をもっている分子も観測できる．この方法は，電極反応，種々の金属に使えるので触媒反応関係でも多く利用されてきている．非線形ラマン効果といわれるものには，数種類存在するが，最も一般的な CARS は気相および溶液の測定などに使用されている．

ラマン散乱	
通常ラマン散乱	normal Raman scattering
共鳴ラマン散乱	resonance Ramam scattering
SERS	surface enhanced Raman scattering
CARS	coherent anti-stokes Ramam scattering
(非線形ラマン効果)	non-linear Raman effects

図1に一般的なラマン分光器を示す．励起源レーザーで最もよく使われるのは，Ar$^+$ イオンレーザー(514.5, 488.0 nm)，He-Ne レーザー(632.8 nm)，またレーザー波長が変えられる色素レーザーなどである．レーザー光はフィルターなどを通してレンズで細く絞ったのち，試料に照射する．散乱光は集光角が大きくとれるカメラレンズで集光し，多重モノクロメーターに取り込む．触媒反応で多く使われる粉末試料ではシグナルが弱いので迷光の少ないダブルまたはトリプルモノクロメーターが必要となる．検出器は光電子増倍管またはダイオードアレイのマルチチャネル検出器を用いる．

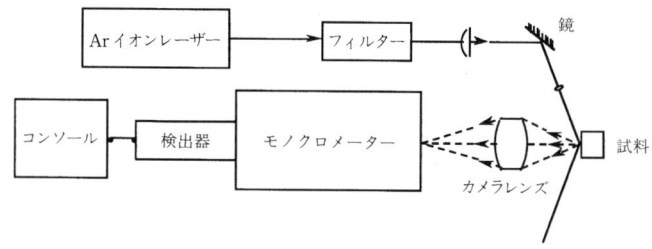

図1 ラマン分光光度計

　散乱光はレーザー光に対し，検出器に入射光がなるべく入らないように90°の方向で集光される形式が多い．試料が液体の場合はキャピラリーセルや円筒状セルを使用するが，固体試料では図2のように固体表面から反射光を集める．着色した試料は1000 rpm ぐらいの速度で試料を回転し，レーザー光が照射する場所を変えることにより分解を防いだり，またはレーザー光を非常に弱くする必要がある．回転して測定するときの触媒は錠剤や薄膜にする．また，蛍光の出ないガラスアンプルに3〜5 ml の触媒試料を入れて測定する方法もある．

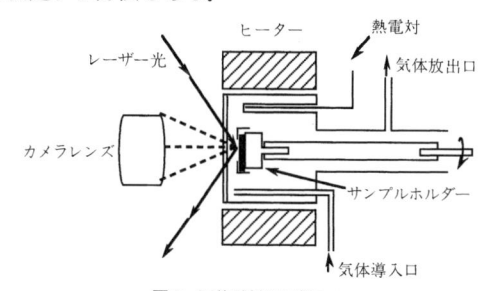

図2 固体試料用回転セル

　固体触媒を測定する場合，蛍光が測定を邪魔することがある．蛍光強度はラマン光強度よりずっと強いので，蛍光を取り除く工夫が必要である．また，蛍光のでない波長領域のレーザーで測定する方法もあり，フーリエ変換型の分光器が有効であることが示されている．　　　　　　　　　　　　　　　　　　　〔野村淳子・堂免一成〕

ラングミュアの吸着等温式　Langmuir adsorption isotherm

　1918年 I. Langmuir によって理論的に導かれた単分子層吸着*の吸着等温式であり，吸着質*の圧力 p における吸着量 v は

$$v = v_m \cdot K \cdot p / (1 + K \cdot p)$$

と表される．ここに，v_m は単分子層吸着に必要な吸着量(単分子吸着量)であり，また K は吸着の強さを表す定数であり，吸着平衡定数とよばれる．ここで，吸着質の圧力 p が小さければ吸着量 v は $v = v_m \cdot K \cdot p$ となる(ヘンリーの吸着等温式)．
　ラングミュアの吸着理論では(1)吸着質は吸着媒*表面の所定の場所(吸着席)に吸

着する，(2)吸着席には吸着質は一つしか吸着できない，(3)吸着分子間にはエネルギー的な相互作用がないと仮定する．ラングミュアの吸着等温式には多くの運動論的および統計力学的な導出方法があるが，代表的な運動論的導出法は以下である．

吸着質が表面に衝突する頻度 μ は次式のように吸着質の圧力 p に比例する(ヘルツ-クヌーセン式)．

$$\mu = p/(2\pi \cdot m \cdot k \cdot T)^{1/2}$$

ここに，m, k, T はそれぞれ吸着質の質量，ボルツマン定数および温度である．いま吸着席の中で吸着質分子におおわれている分率(被覆率*)を θ とすると，おおわれていない空の吸着席の分率は $(1-\theta)$ である．表面に衝突した分子のうち表面に吸着される確率(固着確率*)を α とすると吸着の速度 r_a は次式のように表される．

$$r_a = \alpha \cdot \mu (1-\theta)$$

一方，完全に表面が吸着質でおおわれた場合 $(\theta=1)$ の脱離*の速度を β とすれば，被覆率 θ における脱離の速度 r_d は次式のように表される．

$$r_d = \beta \cdot \theta$$

吸着平衡においては $r_a = r_d$ であるので，$\theta=1$ における吸着量(単分子吸着量)を v_m とすると先のラングミュアの吸着等温式を得る．ここに，K は

$$K = \alpha/\beta (2\pi \cdot m \cdot k \cdot T)^{1/2}$$

である．また吸着熱を q として，K_0 を定数とすると $K = K_0 \cdot \exp(q/R \cdot T)$ と表される．

ラングミュアの吸着等温式は次式のように変形して，実験結果と比較することができる．

$$(p/v) = 1/(K \cdot v_m) + (1/v_m) p$$

すなわち p に対して (p/v) をプロットすると勾配が $1/v_m$ を与えるので，単分子吸着量 v_m を求めることができる．このようなプロットをラングミュアプロットとよぶ．

また，H_2 が H として解離して吸着(解離吸着*)する場合には，先の r_a および r_d は以下のように与えられる．

$$r_a = \alpha \cdot \mu (1-\theta)^2, \quad r_d = \beta \cdot \theta^2$$

したがって2原子への解離吸着に対しては

$$v = v_m \cdot K^{1/2} \cdot p^{1/2}/(1+K^{1/2} \cdot p^{1/2})$$

と表される．ここで吸着質の圧力が小さければ吸着量 v は $v = v_m \cdot K^{1/2} \cdot p^{1/2}$ と表される．

混合物の吸着(混合吸着*)に対してもラングミュアの吸着等温式を拡張すると先と同様な吸着等温式を得る．例えば吸着質Aと吸着質Bが1種類の吸着席に競争的に吸着(競争吸着*)する場合にはそれぞれ吸着質Aおよび吸着質Bの吸着量 v_A および v_B は以下のように表される．

$$v_A = v_m \cdot K_A \cdot p_A/(1+K_A \cdot p_A + K_B \cdot p_B), \quad v_B = v_m \cdot K_B \cdot p_B/(1+K_A \cdot p_A + K_B \cdot p_B)$$

ここに，p_A および p_B はそれぞれ吸着質Aおよび吸着質Bの圧力であり，K_A および K_B は，それぞれ，吸着質AおよびBの吸着平衡定数である．二つの物質の吸着量の比

は，$(v_A/v_B)=(K_A/K_B)(p_A/p_B)$ と表されることになる．ラングミュア-ヒンシェルウッド機構*として知られる不均一系触媒反応*の反応速度*の取扱いはこの式に基づく．

〔鈴木　勲〕

➡吸着等温線

ラングミュア-ヒンシェルウッド機構　Langmuir-Hinshelwood mechanism ──
　固体表面上の化学反応機構の一つ．気相や液相の分子が表面に吸着してから吸着分子どうしで反応が進行する場合をいう．反応種の表面濃度(吸着量)をラングミュアの吸着等温式で表現し，反応速度の圧力・温度依存を Hinshelwood が検討したことに始まる．現在では分子が生成される素反応に参加する化学種がいずれも化学吸着している場合にはその化学種の吸着等温式の型には無関係にこの機構で総称される．
　その速度式は単分子反応ではその吸着量に，2分子間の反応では両反応種の吸着量の積に比例することを基本とする．速度式の取扱いは律速段階*に依存するので，表面反応の律速，吸着段階の律速，生成物の脱離段階の律速に分けて論じられる．2分子間の反応では，反応速度が一つの反応物の分圧に対して，極大値をもつことが特徴である．
　構造の規制された表面では，吸着量によって段階的に生じる吸着構造の変化に応じて吸着速度や表面反応速度は異なる分圧依存性を示すので，広い吸着量変化を含む速度式を論じるときには注意が必要である．　　　　　　　　　　　　〔松島龍夫〕

➡ラングミュアの吸着等温式，リディール機構，エロビッチの吸着速度式

ラングミュア-ブロジェット膜(LB 膜)　Langmuir-Blodgett film ──
　気-液界面に展開して作成した凝縮膜(単分子膜で二次元液体または固体に相当するもの)を固体基板表面に移しとり，何層も重ねたもの．累積膜．高級脂肪酸のように，水に不溶でかつ分子内に親水基と疎水基を有するような物質(界面活性物質)を有機溶媒に溶かして水面上に展開すると，親水基を水中に，疎水基を大気中に向けた配向性の単分子膜が生成する．この表面圧を一定にし，ガラス板などの基板を垂直に挿入，上下させて最密状態の凝縮膜を移しとる．基板の移動方向により，累積膜中の各膜の疎水基がすべて基板の方向を向いたもの，親水基が基板の方向を向いたもの，また疎水基どうし，親水基どうしが向き合ったものの3種の膜をつくることができる．この垂直浸漬法はまたブロジェット法またはラングミュア-ブロジェット法ともよばれる．

〔小宮山政晴〕

り

リガンド効果　ligand effect

合金*触媒において，合金化の効果を表す用語の一つ．2種類以上の金属からなる合金触媒では，一方の金属の周りに異種の金属が隣接することによって単独金属とは異なる電子状態が成立する．すなわち，異なる電気陰性度をもつ2種類の金属が化学結合をつくると，一方から他方に電子の移動が生じる．これにより，吸着種との化学結合をつくるd電子密度が変化し，吸着特性やその後に起こる反応特性が影響を受ける．この効果を利用して，触媒特性を制御したり，改質したりすることが可能となる．有機金属錯体において，配位子を変化させると，中心金属の電子状態が変化することと類似していることから，リガンド効果とよばれている．これに対して，合金触媒の幾何学的効果を表す言葉にアンサンブル効果*がある．〔朝倉清高〕

リコンストラクション　reconstruction　→表面再配列

律速段階　rate determining step

一般に逐次型複合反応の場合，これを構成する各素反応*の速度が同程度とは限らず，全反応の速度はそのうちの特に遅い素反応の速度で決まってくる場合がある．このような特に遅い素反応を全反応の律速段階という．すなわちn個の過程からなる反応の逐次過程において，$(n-1)$個の過程が可逆で正逆両方向の速度がn番目の過程の速度より著しく大きいときに，n番目の過程が律速段階であるという．この場合は$(n-1)$番目までの素反応はほぼ平衡にあるとみなすことができ，これを予備平衡にあるという．一般に律速段階の前後では，その素反応の自由エネルギー差が最も大きく，よく水槽モデルで連結パイプの最も細い部分にたとえられる．反応機構を考えるうえで，律速段階を特定することは非常に重要である．律速段階は実験的な反応速度式からある程度推定することができる．また，同位元素を用いて，律速段階より手前の予備平衡の素反応では非常に速く同位元素が行き渡ることを利用して律速段階を推定することもできる．しかし，反応によっては，複数の素反応が同程度の速度を有し律速段階をある特定の素反応に指定することが困難な場合もある．〔内藤周弌〕
→律速段階近似，定常状態近似

律速段階近似　rate determining step approximation

反応がいくつかの素反応によって逐次的に構成されているとき，そのうちの一つが最も遅い素反応で他の素反応が速い場合，その遅い素反応を律速段階*という．律速段階では，その生成物ができるや否やそれより後方のより速い反応により消費されるた

め，律速段階の逆反応速度はその正反応速度に比べ著しく小さく近似的に無視できる．このような場合，全反応の速度を律速段階の速度で近似することを律速段階近似という．律速段階より前の各素反応の正逆反応速度は律速段階の速度より著しく速く，それらはほぼ平衡にあるとみなすことができ，これを予備平衡にあるという．このようなとき，律速段階の直前の反応中間体の濃度を，反応物の濃度と予備平衡にある各段階の平衡定数の積で表すことができる．律速段階近似では，全反応速度は律速段階の速度定数と直前の反応中間体の積として表されるから，結局，全反応速度を反応物の濃度と速度定数の積で表現できる． 〔内藤周弌〕

→定常状態近似

立体規則性重合 stereoregular polymerization ─────────────

IUPAC 命名法では「立体特異性重合」という．ただし立体特異性重合で得られた規則正しい配列のポリマーのことは立体規則性ポリマーという． 〔安田　源〕

立体選択性 stereoselectivity ───────────────────

反応が二つ（もしくはそれ以上）の立体異性体を生じうるときの立体異性体生成における優先性（選択性）である．立体異性体としては，エナンチオマー（R/S 体），それ以外のジアステレオマー（シス／トランス体（E/Z 体），トレオ／エリトロ体）などその種類も多い．

還元剤	トランス	シス
$NaBH_4$	69	31
$LiAlH_4$	75	25
$LiAlH(OBu^t)_3$	70	30
$LiBu^s{}_3BH$	—	98.5

例えば，2-メチルシクロヘキサノンの還元反応におけるシス／トランス-2-メチルシクロヘキサノールの生成比（立体選択性）は還元剤の種類によって大きく変化する．

〔注〕 立体異性の関係にある二つの基質が，立体的に異なった生成物を優先的に与える際の基質と生成物間の固有の反応関係を表す立体特異性と区別しなければならない（立体特異性重合参照）． 〔三上幸一〕

→立体特異性

立体特異性 stereospecificity ───────────────────

異なる立体異性体から，異なる立体異性体の生成物を生じる場合，基質と生成物間の固有の立体化学的対応関係を立体特異性とよぶ（H. E. Zimmerman, L. Singer, B. S.

Thyagarajan, *J. Am. Chem. Soc.*, **81**, 108 (1959) note 16).例としては, *E*- と *Z*-2-ブテンに臭素を付加させてそれぞれ *meso*- と *dl*-2,3-ジブロムブタンを生ずる反応があげられる.

E-2-ブテン → *meso*-2,3-ジブロムブタン

Z-2-ブテン → *dl*-2,3-ジブロムブタン

〔注〕 反応に可能な立体異性体間の"量"としての優先性を示す立体選択性と区別しなければならない. 〔三上幸一〕

立体特異性重合　stereospecific polymerization

一置換アルケンや 1,1-二置換アルケン,一置換チイランの重合においては,同一の立体構造が連なった (*d,d,d* または *l,l,l*) イソタクチック重合や交互に異なる立体構造がくる (*d,l,d,l*) シンジオタクチック重合が考えられ,このような立体規則性ポリマーを与える重合形式を立体特異性重合という. 立体構造が無秩序に連なったポリマーのことをアタクチックポリマーという.

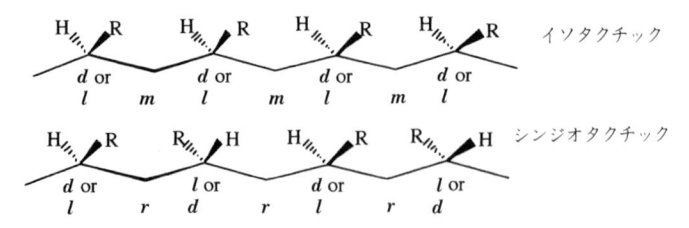

イソタクチック
d or *l* / *m* / *d* or *l* / *m* / *d* or *l* / *m* / *d* or *l*

シンジオタクチック
d or *l* / *l* or *d* / *r* / *d* or *l* / *r* / *l* or *d*

一置換チイラン(例えばプロピレンオキシド)の場合はイソタクチックおよびシンジオタクチック重合は以下のようになる.

[安田　源]

立体配座　conformation

　単結合の周りの回転によって相互変換できる原子の空間的配列のことを立体配座という．相互変換できるそれぞれの異性体を(立体)配座異性体あるいはコンホマーとよぶ．例えば，C–C 単結合の回転が問題となるいちばん簡単な分子であるエタンでも，その単結合の回転に約 3 kcal mol^{-1} のエネルギー障壁がある．

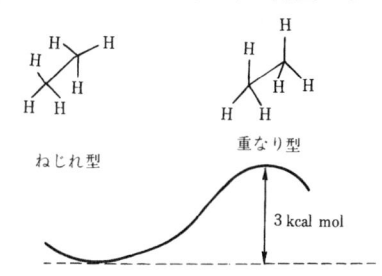

つまり，単結合の回転は全く自由というわけではない．しかし，配座異性体間のエネルギー障壁が小さく，異性体を単離することはできない．相互変換できない立体配置との違いに注意すること． 　　　　　　　　　　　　　　　　　　　〔三上幸一〕
→立体配置，アトロプ異性

立体配置　configuration

　立体異性を特徴づけている原子の空間的配列のことをいう．単結合まわりの回転によって相互交換できる原子配列を意味する立体配座(conformation)とは異なる．立体(配置)異性体間の平衡は成り立たず，反応によってのみ変換される．
　例えば，二分子求核置換反応(S_N2)では，求核剤は脱離基とは反対側(backside)から攻撃し，立体配置が反転(Walden 反転)する．

$$n\text{-}C_6H_{13}\cdots\overset{H}{\underset{CH_3}{C}}-I \xrightarrow{\text{NaI}^*} I^*-\overset{H}{\underset{CH_3}{C}}\cdots C_6H_{13}\text{-}n$$

$(+)$　　　　　　　　　$(-)$

〔三上幸一〕

→立体配座

リディール-イーレー機構　Rideal-Eley mechanism　→リディール機構

リディール機構　Rideal mechanism

　表面化学反応機構の一つ．注目する表面反応に参加する化学種の少なくとも一方が化学吸着状態にあり，それと相互作用する他方の化学種が気相から衝突または物理吸着状態にある場合をいう．熱運動よりエネルギーの高い原子では気相からの直接反応が可能である．水素原子線を用いる研究では表面上の吸着水素原子との反応で生成脱離する水素分子の運動量が入射水素原子のエネルギーや入射角に依存することが見いだされている．これはリディール機構に近く，表面反応におけるエネルギー分配研究の好対象となっている．

　Rideal がW表面上でのパラ水素のオルト水素への交換反応について提案したが，長らく直接的証拠は見いだされなかった．Pt 表面上の一酸化炭素の酸化では古くから提案されたが，1970年代半ばに分子線実験で否定された．この反応では表面に到達した CO 分子が生成分子 CO_2 として脱離するまでの表面滞在時間が，吸着 CO 分子の表面滞在時間と等しいことが確認されたからである．それ以後の研究では吸着 CO 分子のエネルギーの緩和時間はピコ秒の桁であり上記滞在時間よりはるかに短いので，反応前に CO 分子はすでに表面温度と平衡となっていることがわかっている．熱運動程度のエネルギーの反応種ではこの機構の直接的証拠はまだない．　　〔松島龍夫〕

→ラングミュア-ヒンシェルウッド機構

リフォーミング　reforming

　石油精製において，重質ナフサ(沸点範囲 90～170℃程度)から高オクタン価ガソリンを製造する方法．生成油が芳香族炭化水素を豊富に含むことから，石油化学原料である BTX(ベンゼン，トルエン，キシレン)の製造法としても利用される．

　最初のリフォーミング(改質)プロセスは，熱リフォーミングプロセスであり，液収率が低かったが，1939 年に触媒を用いた接触リフォーミングプロセスが開発された．初期の触媒は，活性も十分ではなく，また寿命が短かったが，1949 年に Pt 担持アルミナ触媒が開発され，長期間再生することなく運転が続けられるようになるとともに，オクタン価の高い生成油が得られるようになった．さらに 1955 年頃から原料ナフサ中に含まれ，触媒毒となる硫黄分や窒素分が除去されるようになり，反応条件の温和化

と生成油のオクタン価の向上が達成された．1967年にはReなどの第二成分をPtに添加することで，より高い活性と安定性をもつバイメタリックPt触媒が開発された．一方，反応器の型式も，固定層式から一部の反応器をバルブ操作で切り離すことで，運転を止めずに順次触媒の再生を行うサイクリック式，そして移動層の連続再生式へと進化し，反応条件もいっそう水素圧を低下することが可能となった．これに伴い触媒も寿命よりも活性と選択性を重視し，かつ前処理が容易であることから，アルミナに担持されたPt-Sn系バイメタリック触媒へと変化している．

表に，代表的なリフォーミングプロセスであるUOP社のPlatformaingプロセスの，触媒および反応器の変化にともなう操作条件，および生成油の収率および性状の年度による推移を示す．年度が新しくなるとともに水素圧を低下しても，液収率は変わらず，生成油中の芳香族成分が増加することでオクタン価が上昇し，水素の生成量も増加していることがわかる．水素圧を低くするとコーク生成が多くなるが，水素化分解が減少し，液収率と芳香族生成への選択性を高めることができる．コーク生成による触媒寿命の減少は，移動層による連続再生でカバーすることができる．

プラットフォーミングプロセスの運転条件と製品収率の推移

年　代	1950	1960	1970	1990
運転条件				
圧　力 [kg cm^{-2} ゲージ]	35.1	21.1	8.8	3.5
1日当り処理能力 [バーレル]	10,000	15,000	20,000	40,000
LHSV [h^{-1}]	0.9	1.7	2.0	2.0
H$_2$/炭化水素 [mol mol^{-1}]	7.0	6.0	2.5	2.5
リサーチオクタン価	90	94	98	102
収　率				
液収率 [vol %]	80.8	81.9	83.1	82.9
H$_2$ [Nm^3 m^{-3}]	65.2	114.5	198.1	274.1
全芳香族 [vol %]	38.0	45.0	53.7	61.6
触媒寿命 [月]	12.9	12.5	—	—
触媒再生量 [kg h^{-1}]	—	—	318	2,041

(石油学会編,「石油精製プロセス」, p.104, 講談社サイエンティフィク(1998))

芳香族炭化水素の製造法としては，最近ゼオライト触媒を用いる新しいプロセスが開発されている．そのうち，ナフサの熱分解によるエチレン製造の際副生するC$_4$, C$_5$-アルケンの転化（α-プロセス）やプロパン，ブタンを原料とする方法（サイクラープロセス），ライトナフサを原料とする方法（アロマックスプロセス）が実用化されている．

リフォーミングで起こる反応は以下の6種に大別できる．

（1）六員環シクロアルカンの脱水素
（2）五員環シクロアルカンの異性化脱水素
（3）鎖状アルカンの環化脱水素
（4）鎖状アルカンの異性化
（5）炭化水素の水素化分解
（6）その他（コーク生成など）

このうち，（1）～（3）は芳香族炭化水素の生成反応であり，大きな吸熱反応である．

一方，(4)と(5)は発熱反応である．高オクタン価ガソリンの製造という目的のためには(1)～(4)の反応を促進し，(5)と(6)の反応を抑制する必要がある．通常の反応条件下では，(1)と(2)が主要な反応となるが，いずれも脱水素反応であり，水素の存在は平衡論的に不利となりそうだが，図1に示したメチルシクロヘキサンとトルエンの平衡関係にみられるように，水素圧があまり高くなければほとんど影響がない．むしろ水素の存在により，コーク生成が抑制される効果のほうが大きい．また最近の操作条件のように，水素圧が低くなると，図2に示したように(3)の反応も平衡論的

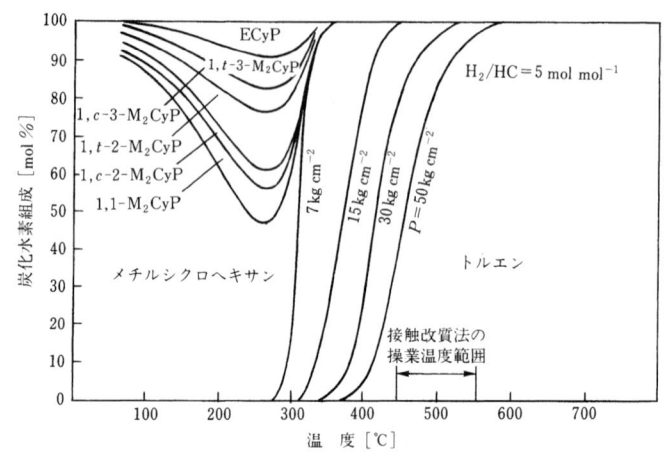

E：エチル，M：メチル，CyP：シクロペンタン，c：シス，t：トランス
図1 C_7シクロアルカン-トルエン-水素系の平衡関係
（石油学会編，「石油精製プロセス」，p. 105，講談社サイエンティフィク (1998)）

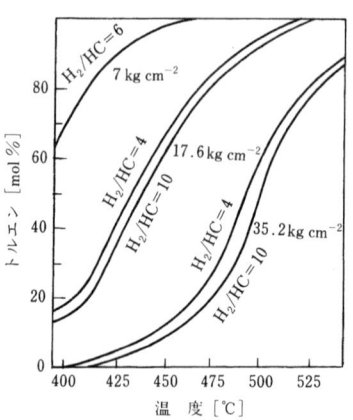

図2 ペンタン-トルエン-水素系の平衡関係
（石油学会編，「石油精製プロセス」，p. 106，講談社サイエンティフィク (1998)）

に有利となり，芳香族生成への寄与が大きくなっている．

（1）〜（3）の反応はいずれも吸熱反応なので，反応中に温度が低下してしまうため，反応器を幾つかに分け，その間で反応物を加熱する多段反応方式がとられている．図3に連続再生式プラットフォーミングプロセスのプロセスフローを示す．再生触媒は反応塔上部より供給され，原料油と接触し，反応を促進しながら下部へと移動する．反応塔は幾つかに分割され，下部にいくほど大きくなっている．反応物は反応塔の各触媒層に入る前に加熱され，反応熱を補給される．反応塔下部に到達した触媒は再生塔でコークを焼却し再生される．生成物は原料と熱交換したのち，精製部門で水素およびガス状炭化水素を分離してリフォーメートとなる．典型的な反応条件は，温度510〜530℃，圧力3〜6気圧，触媒が反応塔に供給されて再生塔に戻るまでの期間は平均10日間である．

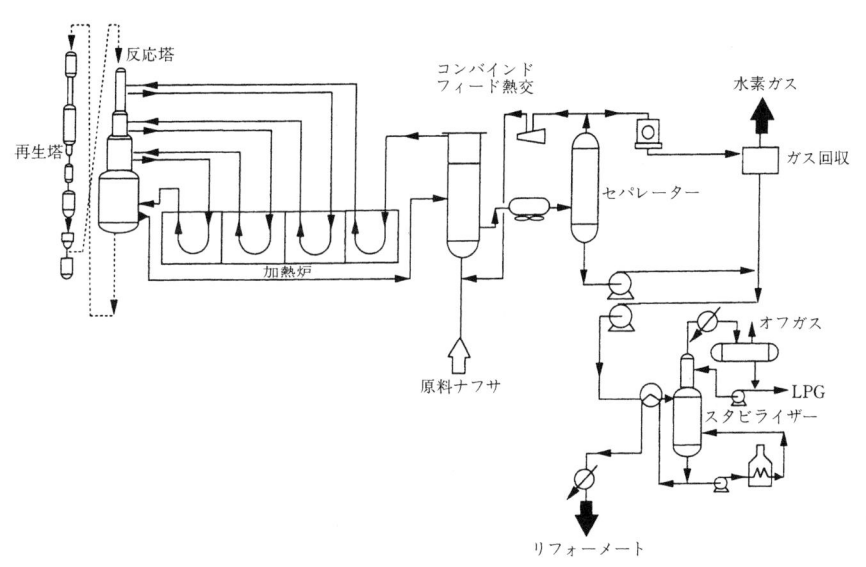

図3 連続再生式プラットフォーミングプロセスのプロセスフロー
(石油学会編,「石油精製プロセス」, p.112, 講談社サイエンティフィク (1998))

代表的な工業プロセスには，UOP社のプラットフォーミングプロセス，IFP(Institut Francais du Petrole)社のアロマイジングプロセス，ERE(Exxon Research & Engineering)社のパワーフォーミングプロセス，CRC(Chevron Research)社のレニフォーミング*プロセスなどがある． 〔八嶋建明〕

→リフォーミング触媒

リフォーミング触媒　reforming catalyst

リフォーミング(改質反応)*に用いられる触媒をいう．リフォーミングの反応には，

石油留分の重質ナフサから芳香族炭化水素を合成する反応と，メタンと水蒸気から CO と H_2 の混合物（合成ガス）を生成する反応がある．後者は特に水蒸気改質*とよばれることが多い．

重質ナフサ（沸点領域 70～160°C程度）は，C_6～C_{10} 程度のアルカンおよびシクロアルカンを含んでいる．これを脱水素，異性化，環化などの反応により芳香族にするための触媒としては，脱水素活性と固体酸性の二つの触媒機能を有する二元機能触媒が有効である．工業用触媒は反応プロセスの変遷とともに変化してきたが，基本的には Pt を担持した γ-アルミナが使用されている．

γ-アルミナには塩化物イオン（Cl^-）が添加され，固体酸点（ルイス酸点*）を出現させるほか，コーク付着の制御や Pt 粒子の再分散の効果もある．

Pt は 0.2～0.75／wt% 程度を高分散状態（粒子径 1 nm 程度）で担持されている．1949 年に Pt/Al_2O_3 触媒が実用化され，1967 年頃から，第二成分が添加されたバイメタリック触媒が使用さるようになっている．第二成分としては，Re, Ge, Sn, Ir が用いられ，特に固定層式では Re が多く用いられた．第二成分の金属の作用は，Pt の水素化能を制御してコークの生成や蓄積を抑制することと，反応中あるいは再生中に起こる Pt 粒子の凝集を抑さえることである．プロセスが，反応条件をより過酷にすることのできる移動層の連続再生式となるに伴い，第二成分の主役は再生の容易な Sn に代わっている．現在は Pt-Sn 担持 γ-アルミナ触媒が主に使用されている．反応と再生の繰返しにより，実装置での触媒の寿命は，10 年程度といわれている．

〔八嶋建明〕

→リフォーミング，水蒸気改質，水蒸気改質触媒

粒径変化法　particle size variation method

チーレ数*の定義より，触媒粒径を減少させていくと，この値は小さくなり，触媒有効係数は 1 にちかづくことがわかる．しかし，実験的にこれを行うためには，反応速度が一定になるまで，粒子径を減少させなければならない．そこで，二つの異なる粒子径をもつ触媒から触媒有効係数を推算する方法が粒径変化法である．

大粒子の半径を R_2 とし，これを用いて測定された粒子重量当りの反応速度を r_2 とし，小粒子の半径を R_1，粒子重量当りの反応速度を r_1 とする．このとき，

$$\phi_2/\phi_1 = R_2/R_1 \tag{1}$$
$$\eta_2/\eta_1 = r_2/r_1 \tag{2}$$

の関係が成り立つ．最初に小粒子の触媒有効係数 η_1 を仮定する．式(2)より，大粒子の触媒有効係数 η_2 が求まる．η_2 を与えるチーレ数 ϕ_2 を触媒有効係数の図を用いて求める．これを式(1)に代入すると，小粒子のチーレ数 ϕ_1 が求まり，これから触媒有効係数の図あるいは η と ϕ の関係式から小粒子の触媒有効係数 η_1 が推算される．ここで推算された値と当初仮定した値と比較し，両者が一致しないときには，最初に戻り計算を続ける．この方法で大粒子および小粒子の触媒有効係数が求められる．

ただし，二つの触媒粒子における反応速度がともに拡散律速であるときには，実験

時に求められる反応速度が粒子の半径に逆比例するので，式（1）と式（2）が同一の内容となり，触媒有効係数をこの方法で求めることはできない． 〔高橋武重〕

硫酸塩触媒　metal sulfate catalyst

　金属硫酸塩は通常結晶水を配位しており，加熱により段階的に結晶水を失う．硫酸ニッケルの場合，結晶水が取り除かれるに伴い図に示すように1水塩～無水塩の中間で酸性質を発現し酸量も最大となるが，無水塩となると酸性質を示さなくなる．1水塩構造に近い場合は脱水に伴う生成ルイス酸*の誘起効果によりニッケルイオンに配位している結晶水が分極しブレンステッド酸*となり，さらに脱水が進むとルイス酸点が優勢となる．無水塩がさらに加熱されると金属酸化物となり酸性質はほとんど示さないが，分解の過程でSO_3が放出され，これが表面に吸着すると硫酸イオン賦活型金属酸化物となり時に強力な酸性を示すことがある．

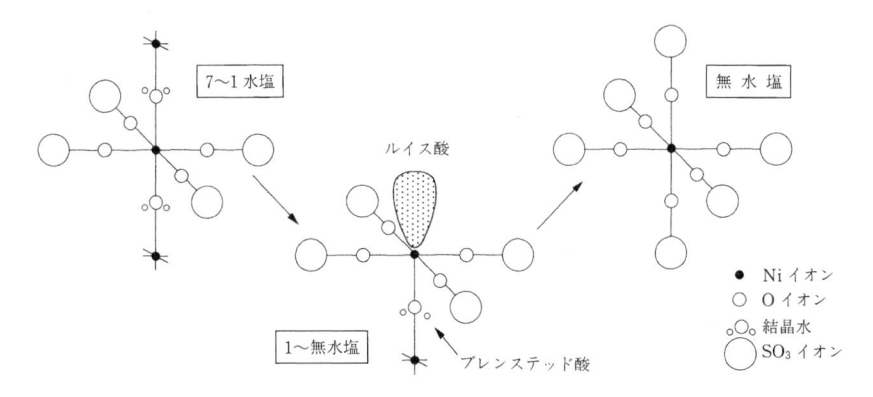

（図：7～1水塩　→　1～無水塩　→　無水塩　ルイス酸　ブレンステッド酸　● Niイオン　○ Oイオン　○○ 結晶水　○ SO_3イオン）

　金属硫酸塩の酸強度はカチオンの電気陰性度が高いほど強い酸を与える傾向があるが，強いものでも$H_0=-5.6$程度で，多くは中程度から弱い酸性を示す．シリカゲルに分散担持すると酸強度は強くなる傾向がある．

　触媒への応用としてはブテンの異性化，α-ピネンからカンフェンへの異性化，塩化メチレンのホルムアルデヒドへの転化，m-クレゾールとプロピレンからのチモールの合成，フェノールのプロペンによるアルキル化へ使われた例がある．

　硫酸鉄を高温で熱分解すると前述の理由により強い酸性を示すことがある．このような触媒はフリーデル-クラフツ型反応を進行させうるが，ハロゲン化物の反応の場合は反応中に塩化鉄に変質，溶解し，均一系反応となることがある．液相反応の場合は注意が必要である．

　脱硝反応中に共存SO_2により担体が硫酸塩化され，細孔の閉塞・表面積の減少により反応が失活する場合がある(中島史登，触媒，**32**, 236(1990))．金属酸化物担体としては反応温度領域において硫酸塩を形成しない，もしくは分解しやすい，すなわち硫酸塩の分解温度の低い元素を含む酸化物を選ぶ必要がある． 〔山口　力〕

硫酸の製造　sulfuric acid synthesis

硫酸の工業的製法は鉛室法を経て硝酸法が1940年代まで主流であったが，硝酸法では得られる硫酸濃度がたかだか80％であるため，その後固体触媒を用いる接触式へ変換され，現在ではごく一部を除き，酸化バナジウム系触媒を用いる接触式によって製造されている．製造工程は大別して，(1)元素硫黄あるいは硫化鉄鉱を過剰の空気で焙焼し，これを精製する工程，(2)SO_2 を SO_3 に酸化する工程，(3)水への吸収工程からなる．主反応は SO_2 の酸化であるが，これは発熱であり高温では不利な反応である．600〜1000 K における反応熱と平衡定数の対数($\log K_p$)を表に示す．

$SO_2 + \frac{1}{2}O_2 = SO_3$ 反応の反応熱と平衡定数

温度 [K]	反応熱 [KJ mol^{-1}]	$\log K_p$
700	98.53	2.465
800	98.11	1.548
900	97.61	0.838
1000	97.11	0.272

また反応の進行とともに全圧は減少する．したがって低温高圧下での反応が熱力学的には有利であるが，反応速度の関係から現行のバナジウム系触媒を用いる反応では温度は700 K 以上が選ばれている．また加圧反応装置はプラント建設費が高価であるため，通常は常圧下で反応が行われている．

工業用触媒は活性種の主体であるバナジウム化合物に助触媒としてカリウム塩を含み，担体としてけいそう土または合成シリカを用いるのが最も一般的なものである．分析組成は V_2O_5 5〜9％，K_2O 9〜13％，SO_3 10〜29％，残り担体であるが，作用状態では $VOSO_4$，$K_2S_2O_7$ に加え，高次の硫酸塩が生成している．ただし，低温活性な触媒としてカリウムの代りにセシウムを用いる，あるいは希土類元素を含む触媒が提案されている．また，高濃度 SO_2 ガスを原料とするとき，必然的に触媒床の温度上昇を伴うが，これに耐える触媒として硫酸バリウム添加触媒が提案されている．

SO_2 濃度7％，O_2 濃度11.6％の原料ガスの場合，SO_2 の平衡転化率は723 K では98％であるが，823 K では87.4％に低下する．反応熱のために触媒層の温度上昇が避けられず，一段式の反応塔では，平衡転化率の低下の問題が起こる．そこで，触媒を二つの棚段におき，1段目の触媒層を通過した反応ガスを反応塔外の熱交換器に導く外部熱交換型が開発され，最近では四段三冷却方式が主流となっている．これによって各段の触媒層温度を個別に設定でき，速度の低下を伴うことなく転化率を高めることができるようになった．ただし，この方式による最高転化率は最終段の温度で決まり，この温度は速度の関係からあまり下げられない．そこで途中で反応ガスを吸収塔へ導く二段吸収法のプラントが1950年代から建設されている．この方式により転化率99.5％が達成されている．

最近 SO_2 源の多様化に伴い，高濃度 SO_2 の酸化が問題となっている．ただし，空気を酸素源とするときは，反応速度が酸素圧に1次で依存するため，SO_2 濃度は実際上20％が限度である．この高濃度 SO_2 酸化の装置として高温耐熱触媒を用いる五段

式反応装置が開発されている．　　　　　　　　　　　　　〔吉田郷弘〕

粒子径　particle diameter

　粒子の大きさを，球を仮定して，その直径で表したものである．触媒の分野では，触媒活性種が複雑な形状をしていても，球と仮定して粒子径でその寸法を表すことが多い．粒子径が 3 nm 以上の結晶性物質であれば，X線回折でピークが現れるので，その半値幅からシェラー式で粒子径を求めることができる．3 nm より小さい超微粒子*に対してはX線回折ピークが現れないので，透過電子顕微鏡観察または水素や一酸化炭素の吸着量測定を行う必要がある．前者の方法は，貴金属触媒では担体金属酸化物と貴金属粒子とのコントラストが大きいので有効であるが，貴金属粒子の分散が一様でないときは観察する場所ごとに粒子径が著しく異なるので，平均粒子径を求めることは困難である．後者の方法は，主に Pt や Pd 触媒に適用されるが，表面金属原子1個に対して水素原子1個または一酸化炭素分子1個が吸着する現象に基づいて，それらの吸着量と金属担持量から粒子径を計算する．この場合，吸着した水素原子や一酸化炭素が担体上にスピルオーバー*することもあるので，金属酸化物担体が SiO_2 や Al_2O_3 のような絶縁性酸化物のとき以外は信頼性を吟味する必要がある．

〔春田正毅〕

→測定法，分散度

粒子状物質　particulate matter（PM）

　大気環境に関連して問題となる粒子状物質は，大気中に浮遊している粒子状の物質（浮遊粉じん，エアロゾルなど）のうち直径 10 μm 以下のもので浮遊粒子状物質（suspended particulate matter, SPM）という．大気中に長時間滞留し呼吸器などの障害の原因となる．発生源から直接大気中に放出される一次粒子と，硫黄酸化物，窒素酸化物として放出されたものが大気中で粒子状物質に変化する二次生成粒子がある．また，土壌が風で巻き上げられる自然発生源によるものと，工場，事業場，自動車からの煤塵，粉じんなど人為的発生源のものがある．とくに 2 μm 以下のディーゼル車の排ガスに含まれるものが人体への健康影響のおそれがあり問題となる．

〔御園生　誠〕

→ディーゼルエンジン排ガス

粒子内活性分布　intrapellet activity profile

　担持触媒において，調製方法などの影響により，触媒粒子の内部に生じる活性の分布．含浸法により調製した担持金属触媒を例にとると，含浸過程，乾燥過程，活性化過程などで担体粒子内部に触媒金属の濃度分布や粒径分布などが生じ，これが触媒粒子内部の活性分布となる．

　粒子内活性分布は，図に示す四つの型に大別することができる．触媒有効係数が大きな反応では，触媒の内表面が有効に利用されるようなⅠ型（いわゆる均一分布または

平板型

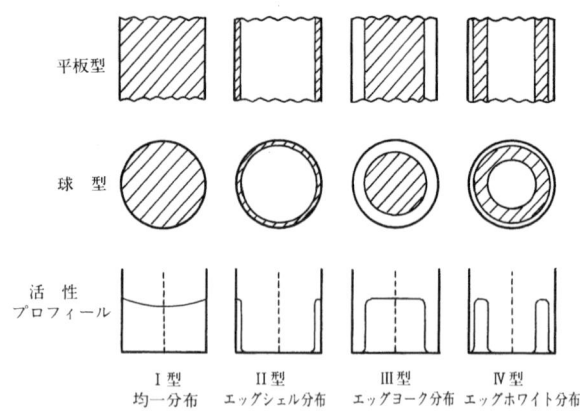

球型

活性プロフィール

　　I 型　　　II 型　　　III 型　　　IV 型
　均一分布　エッグシェル分布　エッグヨーク分布　エッグホワイト分布

(M. Komiyama, *Catal. Rev.-Sci. Eng.*, **27**, 341 (1985) より転載)

均一担持)が望ましく，一方，触媒有効係数の小さな反応や逐次反応の中間生成物を目的とするような場合にはII型(エッグシェル分布)が望ましい．また触媒粒子の外側から失活(被毒，摩耗など)が起こるような系ではIII型(エッグホワイト分布)，IV型(エッグヨーク分布)が有効である．　　　　　　　　　　　　　　〔小宮山政晴〕
→エッグシェル，エッグホワイト，エッグヨーク

流通系反応操作　flow operation ─────
　反応器の操作方法による分類の一つ．反応操作は原料の供給方法によって，連続的に供給する流通系反応操作と，必要量を得るのに少量の原料を何度かに分けて反応させる回分反応操作に大別される．流通系反応操作では原料を装置入口から一定速度で連続的に供給し，これに見合う量の反応混合物を出口から取り出す．したがって，通常は定常状態での操作となる．反応器内での流れの状態を理想化して，押し出し流れ操作と完全混合流れ操作に分類される．この流れの状態に依存して設計式も異なるので注意が必要である．流通系反応装置は，回分反応装置に比べ多くの付帯設備などが必要となるが操作条件の制御が容易で均一な製品が得られやすいことから，多量の生産が要求される比較的反応速度の速い反応に用いられる．撹拌槽型反応器，管型反応器，塔型反応器などが工業的によく用いられるが，共存する相によってさらに細かく分類されたさまざまな反応器(例えば三相反応器*，移動層反応器*，流動層反応器*，管壁反応器*，ライザー反応器*など)が提案されている．これらの反応器は理想流れが仮定できない場合が多いため，設計式の展開にはそれぞれに応じた取扱いを行う必要がある．　　　　　　　　　　　　　　　　　　　　　　　　　　〔田川智彦〕
→回分反応操作，空間時間，接触時間，滞留時間

粒度　particle size

　粉体粒子の大きさを粒度といい，粒径というときには通常，直径で表す．しかし，粉粒体の個々の粒子は一般に球形ではなく不規則な形をしているので，その大きさを表すには相当径あるいは代表径を用いることが多い．すなわち，粒子のもつある性質，例えばその体積とか沈降速度などが等しい球の径をその粒子の径としたりする．したがって，対象となる粒子の形態，測定方法や利用目的に応じてその都度適当な定義を利用するのがよい．粒径の主な表し方には，相当径と代表径がある．
　相当径にはストークス径，等体積球径，比表面積径があり，次のように示される．
- ストークス径 $=(18\mu v_g/(\rho_g-\rho)g)^{1/2}$　（μ は用いた流体の粘度，v_g は粒子の層流終末沈降速度，ρ_g は固体密度，ρ は流体密度）ストークス径は粒子の終末沈降速度を測定することによって求める．
- 等体積球径 $=(6v/\pi)^{1/3}$　（v は粒子の体積）
- 比表面積径 $=6/S_v$　（S_v は比表面積）

　一方，代表径には幾何平均径，二軸平均径，一方方向径がある．それぞれ次のように示される．
- 幾何平均径 $=(abc)^{1/3}$　（a, b, c は任意の互いに直角な方向の粒子の寸法）
- 二軸平均径 $=(a+b)/2$　（a, b は任意の互いに直角な方向の粒子の寸法）
- 一方方向径 $=a$　（任意の方向の2平行線で挟んだときの距離）

　また，粒度の測定法には以下のものがある．
　（1）篩別法：篩目の大きさの異なるものを用いて，各篩に残留した粉体の質量を測定して粒子径分布を測定する．
　（2）顕微鏡法：顕微鏡の視野内に置かれた個々の粒子について直接に粒子径を測定し，形状を観察し，また数を数える．
　（3）沈降法：粒子が粒体中を沈降する速度と同一沈降速度をもつ，同一物質の球の径で粒子径を表示する方法．沈降法は広く用いられている．沈降速度がストークスの式に従う領域の沈降測定である．実在粒子の粒子径は，それと同じ液体抵抗を受ける球形粒子の直径として表される．上に述べたストークス径である．
　（4）流体透過法：流体を粉粒体層中に流して，透過速度と圧力降下の関係から比表面積を求めて平均粒子径を算出する方法である．この方法では（1）〜（3）の方法と異なり粒子径分布曲線を求めることができない．
　（5）吸着法：金属粒子の粒子径を求めるのによく用いられ，金属の分散度を吸着法によって求める．分散度と平均粒子径とは互いに次式にとって換算することができる．

$$平均粒子径 = (1/D)(M/a_m\rho_g N_a)$$

D は分散度，a_m は金属原子1個の占める平均面積，M は原子量，ρ_g は金属の密度であり，N_a はアボガドロ数である．　　　　　　　　　　　　　　　　　　〔馬場俊秀〕

流動接触分解　fluid catalytic cracking；FCC

　石油精製において，減圧軽油を固体酸触媒を用いて分解し，高オクタン価ガソリン

を製造する方法である．しかし近年，重質油の需要が低下しガソリンおよび灯軽油の需要が上昇していることから，残油を主体に処理する RFCC(residual fluid catalytic cracking)が増えている．

1923 年にフランスで，重質油を活性白土を触媒に用いて高温処理すると，高オクタン価ガソリンが得られることが E. J. Houdry により見出され，1936 年にアメリカの Socony-Vacuum 社で最初の実装置が稼働した．しかし，触媒上でのコーク生成が著しく，触媒寿命が短いため，数基の反応塔を並列に配置し，順番に触媒再生を行えるようにしたが，各反応塔への 1 回の通油時間は 10 分程度であったので，複雑な機構を必要とした．1940 年代に触媒の再生を連続的に行う二つの方式が採り入れられた．移動層式と流動層式である．初めは移動層式が主流であったが，化学工学の進歩により多くの問題点が解決され，現在ではほとんどが流動層式となっている．

触媒は，初期には天然の白土を酸処理した活性白土が用いられたが，白土の主成分がシリカとアルミナであることから，1940 年代には合成シリカ・アルミナに替わり，活性および選択性が大きく向上した．その後 1960 年代には Y 型ゼオライトをシリカ・アルミナ担体(マトリックス)に分散した触媒が開発され，活性および選択性は飛躍的に向上した．最近，残油を処理するために，残油中に含まれる Ni, V による触媒毒への対策，マトリックスによる残油のマイルドな分解などの工夫がなされている．現在用いられている RFCC 用の標準的な触媒は，大略以下のとおりである．

平均粒径 70 μm の微粒子で 10～40 wt %のゼオライトと支持母体であるマトリックスからできている．主活性成分であるゼオライトは，水蒸気で脱アルミニウムした超安定 Y(ultra stable Y ; USY)型ゼオライトで，これをアンモニウムイオンでイオン交換後アンモニアを追い出したプロトン型，あるいは希土類でイオン交換した RE 型である．マトリックスとしては，残油を予備分解できる酸性を有する無定形シリカ・アルミナに，V を捕捉するために希土類あるいは Mg の酸化物を加えたものが用いられる．希土類や Mg 酸化物は SO_x の吸収捕捉剤としても働く．その他再生時にコークの燃焼を促進し CO 濃度を減らすために Pt 担持アルミナが添加される．また，触媒は頻繁に再生が繰り返されるために耐水熱性が要求されるとともに，高速での移動により粉化しないよう機械的強度も要求される．

接触分解反応は，カルベニウムイオンを経る連鎖反応である．カルベニウムイオンの生成は，触媒のブレンステッド酸点から炭化水素へのプロトン(H^+)の供与と，ルイス酸点による炭化水素からのヒドリドイオン(H^-)の引抜きとがあるが，主に前者が起こると思われる．プロトンの供与によるカルベニウムイオンの生成には，アルケンへのプロトン付加と，アルカンへの付加により生成するカルボニウムイオンから脱水素あるいは脱メタンで生成するルートがある．生成したカルベニウムイオンは，第一級が最も不安定で，第二級そして第三級と安定になる．しかもおのおのの安定性の差がかなりあるため，第一級カルベニウムイオンが生成しても，第二級あるいは第三級カルベニウムイオンに異性化した後で分解が起こる．分解は，正に荷電した炭素原子から二つ目の C-C 結合で起こり(β 切断)，生成物はアルケンと短くなった第一級カルベ

ニウムイオンである．このカルベニウムイオンが異性化と分解を繰り返す．そして炭素鎖が短くなったカルベニウムイオンは，炭素鎖の長いアルカンからヒドリドイオンを引き抜き，低級アルカンと高級カルベニウムイオンとなり，反応を繰り返す．このほかに，水素移行反応によるアルケンの水素化と脱水素が起こり，アルカンと芳香族が生成する．

製品の収率および品質は，原料油の性状や反応条件によって異なる．表に代表的な工業プロセスである UOP 接触分解プロセスにおける製品収率を示す．原料が残油の場合と減圧軽油(vacuum gas oil ; VGO)の場合を示す．製品のうちガソリンには，反応で記したように第三級カルベニウムイオンの分解で生成するイソアルケンとイソアルカンが多く，オクタン価が高くなる．LCO (light cycle oil)は灯軽油留分に相当するが，芳香族分が多くディーゼル燃料とするには水素化処理が必要となる．HCO (heavy cycle oil)は重油(A重油)として使われる．また C_3〜C_4 留分にはプロピレンとイソブテンが多く含まれ，石油化学原料に利用される．現在では需要に応じて，触媒および反応条件を選択することにより，ガソリン収率の増加，得られたガソリン留分のオクタン価の増加，中間留分収率の増加，あるいは低級アルケン収率の増加といった要求にそれぞれ対応できるようになっている．

UOP 接触分解プロセスの製品収率

原 料	RFCC プロセス		FCC プロセス	
	常圧残油	脱硫常圧残油	VGO	
原料性状				
密度 [g cm^{-3}]	0.939	0.916	0.914	
硫黄分 [wt%]	2.4	0.2	2.3	
残留炭素分 [wt%]	6.2	5.8	—	
Ni/V [ppm]	6/15	6/10	0.8	
収 率			LCO モード	ガソリンモード
C_1〜C_2 [wt %]	3.7	3.2	3.3	3.7
C_3〜C_4 [vol %]	24.2	27.2	20.9	28.9
C_5〜ガソリン [vol %]	54.8	60.3	36.1	62.8
LCO [vol %]	14.7	11.1	39.9	12.5
HCO [vol %]	—	—	4.5	—
スラリー [vol %]	10.3	9.3	5.0	5.5
コーク [wt %]	9.7	8.6	5.4	5.6

(石油学会編，「石油精製プロセス」，p. 140，講談社サイエンティフィク (1998))

接触分解プロセスは，反応形式が固定層から移動層そして流動層へと大きく進化してきたほかに，触媒が合成シリカ・アルミナからゼオライトに変わったときにも大きく変化した．すなわち，合成シリカ・アルミナ触媒では図1に示すように，反応部分は，反応塔と触媒再生塔の二つの塔から構成されていた．ところがゼオライト触媒の活性が桁違い(1万倍)に高くなったため，反応は本来触媒の輸送管であったライザー中で終わってしまう(ライザー反応器*)．そこで図2に示すように触媒再生塔はそのままだが，もう一方の塔は触媒と生成物との分離の機能を残すだけの分離塔へと縮小さ

れてしまった。なお，分解反応は吸熱反応であるので，490～520℃の反応温度を維持するには再生時(580～720℃)にコークを燃焼することで熱せられた触媒のもつ熱が当てられている。残油分解の際には触媒上に生成するコークが増えるため，再生時に触媒の温度が高くなりすぎるため，原料油と接触する前に触媒クーラーで適度な温度にまで下げている。

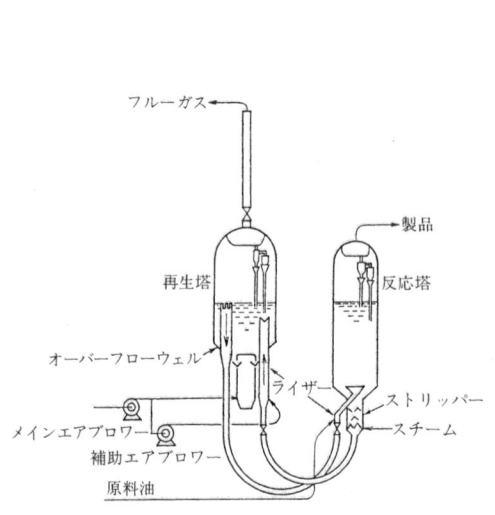

図1　フレキシクラッキングプロセス（旧式）
（石油学会編，「プロセスハンドブック」，Vol. 1, Catalytic Cracking-ERE (75/1) 図1 (1975)）

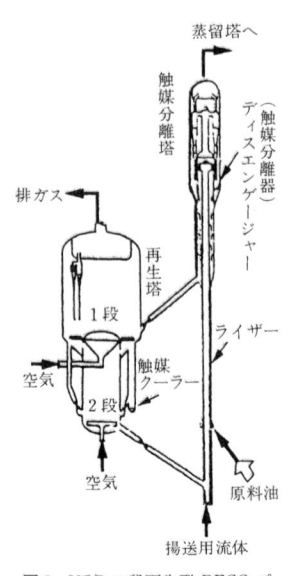

図2　UOP 二段再生型 RFCC プロセス
（石油学会編，「石油精製プロセス」，p. 139，講談社サイエンティフィク (1998)）

　代表的な工業プロセスとしては，UOP 社の UOP FCC プロセス，Exxon Research & Engineering(ER&E)社のフレキシクラッキングプロセス，M. W. Kellogg 社のウルトラオルソフロープロセス，Shell International Oil Products 社のシェル LRFCC プロセスなどがある。　　　　　　　　　　　　　　　　　　〔八嶋建明〕
　➡アルカンの分解，オクタン価，ガソリンの製造

流動層　fluidized bed _____

　流体中に固体粒子を浮遊させて，固体粒子を流体のように混合・輸送させることができる装置形式を流動層とよぶ。粒子が充填された固定層下部から上方に流体を流すときに圧力損失*が生じる。流体の速度を増加させてゆき，その圧力損失と浮力の和が粒子充填層の重力と釣り合ったときに，層は膨張する。このときの流体の速度を流動化開始速度 u_{mf} とよぶ。圧力損失は主に $(1-e)/e^3$ に比例するため（e は層内の空隙

率*），若干速度を上げても層内の粒子は均一に膨張し，空隙率を増大させることで圧力損失を一定値に保ち，重力との釣り合いを維持する．この状態を均一流動層とよぶ．流体が液体の場合には流体の粘度が高いため，流速をさらに上昇しても層は均一に膨張してゆく．流体がガスの場合には粘度が低いため，u_{mf} 以上に順次流速を上げると触媒粒子をほとんど含まない気泡が発生する．この状態を気泡流動層とよび，そのときの流速を気泡流動化開始速度 u_{mb} とよぶ．気泡流動層では層内上部での気泡の破裂に伴う粒子の上方への飛び出しが起こるため，層底部の粒子濃度が相対的に高い濃厚相（気泡相を含む）とその上の粒子濃度が低い希薄相が共存する．ガス速度の上昇とともに，気泡が消失して乱流流動化状態になり，条件によって層内には濃厚相と希薄相の共存する状態と濃厚相だけの状態となる．さらに，ガス速度を上げると気流輸送の状態となる．ガス流速が速く流動層から粒子が飛び出す場合には，粒子をサイクロンなどで気・固分離して回収する．回収された粒子を流動層内に環流する操作または装置を循環流動層とよぶ．この場合，流動層部はライザー*とよばれ，一般に気泡流動層よりも速い流速でガスが流されるため，高速流動層あるいは高速循環流動層ともよばれる．これら多様な流動状態の移行の様子は使用する粒子の性状によって大きく異なり，およそ A～D の4種類のグループに大別できる．Aグループは粒径が 40～100 μm，粒子密度 2000 kg m^{-3} より小さい粒子，Bは粒径 80～数百 μm，密度が 1500 kg m^{-3} より大きい粒子，Cは粒径数十 μm 以下の微細粒子，Dは 500 μm～数 mm の粗粒子である．Aグループの粒子は最も流動化に適し，u_{mf} と u_{mb} は異なり，均一流動化状態が存在する．気泡は数 cm 以上にならず，乱流流動化への移行もスムーズである．また，粒度*分布が存在するほうが流動化状態は良好である．Bグループの粒子は u_{mf} と u_{mb} はほぼ同じで均一流動化状態は存在しない．塔径が小さい場合では流速が低いときでも気泡が塔断面全体に広がり粒子層がそのままの形で押し上げられ，再び落下する上下運動を繰り返すスラッギング(slugging)状態になりやすい．また，乱流状態では層内伝熱管の粒子による摩耗や，粒子相互の割れや摩耗が激しい．Cグループの粒子は比表面積が大きいため粒子間力の影響が大きい．そのため，低ガス流速では層内に流路が形成されて，ガスが吹き抜けて(チャネリング；channeling)流動層を形成することができない．しかし，流速の上昇に伴い，最終的に流動化させることができる．Dグループの粒子を流動化させるには高い流速が必要であり，気泡流動層を形成する

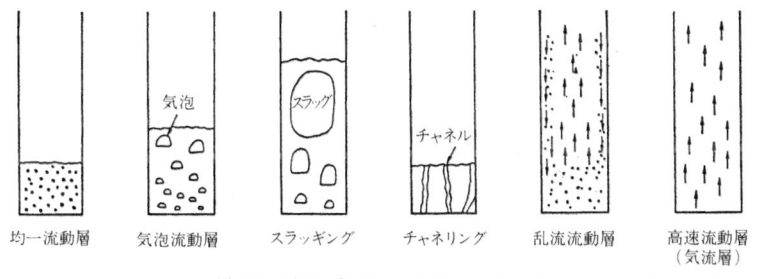

| 均一流動層 | 気泡流動層 | スラッギング | チャネリング | 乱流流動層 | 高速流動層（気流層） |

（化学工学会編，「化学工学の進歩26─流動層─」, p. 19, 槇書店（1992））

ことができる．流動層を利用した触媒反応装置として実用化されたものには，アクリロニトリルの合成*，無水マレイン酸の合成*，流動接触分解(FCC)*，プロピレンの重合*がある． 〔増田隆夫〕

量子サイズ効果 quantum size effect

金属など伝導電子を有する固体試料のサイズを小さくしていくと，電子の存在できる空間も小さくなるため，電子の並進エネルギー準位の離散化が顕著となる．例えば立方体中に閉じ込められた自由電子の場合，許されるエネルギー準位は次式で与えられる．

$$\varepsilon = (h^2/8mL^2)(n_1^2 + n_2^2 + n_3^2)$$

ここで，m は電子の質量，h はプランク定数，L は立方体の 1 辺の長さ，n_1, n_2, n_3 は正の整数である．このような電子のエネルギー準位の離散化が，巨視的な物性に現れる現象を一般に量子サイズ効果とよぶ．担持金属触媒などにおいても，担体上に非常に高分散した金属超微粒子には量子サイズ効果が期待され，バルク金属とは異なった性質を発現することが見込まれる． 〔宮本　明〕

リョウ沸石 chabazite ➡チャバザイト

臨界ミセル濃度 critical micelle concentration; CMC

界面活性剤溶液において，ある界面活性剤の濃度が濃度以上になるとミセル*形成が認められる．このときの界面活性剤濃度を臨界ミセル濃度とよび CMC と略記される．臨界ミセル濃度においては，溶液の表面張力，浸透圧，濁り度，電気伝導率などの物理的性質に突然の変化が起こる．臨界ミセル濃度は通常，$0.001 \sim 0.02$ mol dm^{-3} ($0.02 \sim 0.4$ 重量%)程度であり，この値は温度，共存塩類などの影響を受ける．相分離理論では，臨界ミセル濃度 CMC はミセル形成の標準ギブズエネルギー変化 ΔG_s^0 より以下の式で近似的に与えられる．

$$\Delta G_s^0 = RT \ln[\text{CMC}]$$

ミセル形成の動力学的な理論的解釈として多段階平衡モデルによる説明もなされている． 〔薩摩　篤〕

リン酸/シリカ silica-supported phosphoric acid

水溶液中のリン酸は，三塩基酸として，塩酸や硫酸とは異なった酸触媒の性質を示す．一方，オルトリン酸をシリカやけいそう土など多孔質の担体に担持したものは，いわゆる固定化酸の一つであるが，実際には，乾燥，200℃ぐらいで加熱処理して用いるので，溶液中の酸触媒とはかなり異なった構造である．すなわち，多孔質の"ミクロポア"に保持したリン酸溶液は，オルトリン酸(H_3PO_4)から，ピロリン酸($H_4P_2O_7$)へ変化し，部分的にはメタリン酸(HPO_3)$_x$ も生成する．したがって，通常固体リン酸といわれる，担持リン酸触媒では活性の主体はピロリン酸であるとされている．

反応としては，脱水，アルケンの水和，エステル化，アミド化などの代表的なプロトン酸触媒反応に適用される．例えば，無水マレイン酸やフタル酸とプロピレングリコールとから，不飽和エステルの合成などにも用いられている．また，アミドの脱水には，単味のリン酸/シリカや金属リン酸塩との混合で使用され，アジピン酸とアンモニアからアジポニトリルなどの合成が可能である． 〔上松敬禧〕

リンドラー触媒　Lindler catalyst
Pb 化合物やキノリンにより部分的に被毒させた Pd 触媒．アセチレン類やジエン類の対応するモノエン類への水素化に高い選択性を示す． 〔御園生　誠〕
→アセチレン類の水素化

る

ルイス酸　Lewis acid
酸は電子対受容体，塩基は電子対供与体とした Lewis の酸塩基の定義による酸をルイス酸とよぶ．Lewis の定義は広義には Brønstead の定義を含むと考えられるが，通常ルイス酸といった場合はブレンステッド酸を含まない．典型的なルイス酸として BF_3，$AlCl_3$ がある．配位不飽和な金属イオンもルイス酸である．典型的な固体ルイス酸として，γ-アルミナがあげられる．γ-アルミナの構造は不明な点も多いが欠陥スピネル構造であるといわれており，水酸基の脱離により表面に露出した配位不飽和なアルミニウムイオンがルイス酸点となる．ルイス酸が炭化水素に作用する場合，ヒドリド(H^-)がルイス酸点により引き抜かれてカチオン中間体が生成する．ルイス酸点に H_2O 分子が吸着するとブレンステッド酸に変化する場合がある． 〔犬丸　啓〕
→ブレンステッド酸

ルチル　rutile
二酸化チタン(TiO_2)の高温安定相で，図のような結晶構造を有する．同様のルチル型構造をとるものは，GeO_2，SnO_2，PbO_2，MnO_2，MgF_2，NiF_2，ZnF_2 などである．TiO_2 の低温安定相であるアナターゼ*では比表面積が $300\ m^2\ g^{-1}$ にちかいものも製

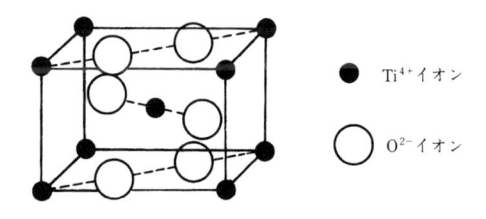

● Ti^{4+} イオン
○ O^{2-} イオン

造できるようなっているが，ルチルではせいぜい 40 m² g⁻¹ にとどまっている．また，光触媒としての活性や担体としての有用性ではアナターゼに比べ劣っている．一方，ルチルの単結晶は高温で安定で，清浄表面が再現しやすく，(110)面でへき開性を示すので，主にこの結晶面について原子構造および水や炭化水素の表面吸着状態が表面科学の立場から研究されている． 〔春田正毅〕

LUMO（最低空軌道） lowest unoccupied molecular orbital → HOMO（最高被占軌道）

れ

レジオスペシフィック重合 regiospecific polymerization

アルキルイソシアナート($RN=C=O$)やケテン($R_2C=C=O$)，カルボジイミド($RN=C=NR'$)のような二官能基性モノマーに対しては 2 通りの重合が可能であるが，これらのうち一方の側を位置選択的に重合することをいう．アルキルイソシアナートの重合に対しては $TiCl_3OCH_2CF_3$ などを重合開始剤とすると A のほうのみが生成する．

また 1,6-ヘプタジインのような二官能基性モノマーの重合には五員環および六員環形成反応が考えられるが，これらのうち一方のみを位置選択的に形成する重合もレジオスペシフィック重合という．

〔安田 源〕

レッペ反応 Reppe reaction

アセチレンに加圧下においてそれ自身，または種々の化合物と付加させる触媒反応の総称であり，以下の四つの反応に分類できる．

（1）環化反応： ニッケル金属塩が触媒として用いられる．ベンゼン，シクロオ

クタテトラエンなどが合成できるが，現在工業的には採用されていない．
　（2）ビニル化反応：　アセチレンとアルコール，アミン，カルボン酸などをアルカリ触媒，亜鉛塩などと反応させ，ビニルエーテル，ビニルアミン，ビニルエステルなどが合成できる．ビニルアミンの場合は次式で表される．

$$HC \equiv CH + RNH_2 \longrightarrow R-NH-CH=CH_2$$

　（3）エチニル化反応：　金属アセチリドを触媒としてホルムアルデヒドとの反応でブチンジオールが合成できる．現在，1,4-ブタンジオールの工業的製造法として数社で採用されている．

$$HC \equiv CH + 2HCHO \longrightarrow HOCH_2C \equiv CCH_2OH$$

$$HOCH_2C \equiv CCH_2OH \xrightarrow{2H_2} HOCH_2CH_2CH_2CH_2OH$$

　（4）カルボニル化反応：　ニッケル錯体触媒により一酸化炭素と水（またはアルコール）とアセチレン化合物により，カルボン酸（またはそのエステル）を合成することがでる．カルボン酸を目的とした $Ni(CO)_4$-HBr-PR_3 触媒系による高圧レッペ法（反応圧力〜100気圧），エステルを目的とした改良レッペ法（$Ni(CO)_4$ + HCl 触媒，副生 $NiCl_2$ を $Ni(CO)_4$ として回収する低圧法）が，1970年代まではアクリル酸（エステル）の工業的製造法であったが，プロピレンの直接酸化法が開発され，現在では稼働していない．

$$HC \equiv CH + CO + H_2O \longrightarrow CH_2 = CHCOOH$$

〔瀬戸山　亨〕

レドックス機構　redox mechanism

　酸化還元機構（reduction and oxidation mechanism）の略語．触媒作用において，活性中心となる金属イオンの還元と再酸化を伴って触媒サイクルが完結する場合は多く，このような触媒機構をレドックス機構と呼んでいる．金属酸化物を触媒とする酸素酸化反応では，Mars-van Kreveren 機構と呼ばれることが多い．オレフィンの酸化に多用されるモリブデン・ビスマス酸化物触媒のように触媒バルクの格子酸素イオンの移動を伴って酸化還元がくり返されるような明確なレドックス機構もあるが，酸化還元が触媒表面でのみ進行する場合は吸着による活性化の機構と区別は微妙で，明確でない場合もある．
〔諸岡良彦〕

レニフォーミング　rheniforming

　高オクタン価ガソリンや石油化学原料となる芳香族製造などの主要プロセスであるリフォーミングの一つで，Chevron 社により1967年に商業化された（プロセス名 Rheniforming Process）．レニフォーミングでは，それまでの白金/アルミナであった接触改質触媒に第二金属成分としてレニウムが添加された触媒が使用されている．レニウムの添加により選択性と触媒寿命が著しく改善され，その後多くの第二，第三金属添加触媒が開発されるきっかけとなった．レニウムなどの第二金属成分は主触媒成

分である白金の吸着能を低下させるので，コーク生成速度が低下し，さらにシクロパラフィンなどの開環分解速度も低下する．その結果，コーク蓄積が抑制され，触媒寿命が改善された．このため，芳香族化に有利な反応圧力の低圧化，液空間速度(LHSV)の増加 H_2/炭化水素比の低減など苛酷な運転条件が可能になり，リサーチ法オクタン価（RON）が100以上の高オクタンリフォーメートが高収率で製造されるようになった． 〔西村陽一〕
→リフォーミング

連鎖成長　chain growth　→連鎖反応

連鎖反応　chain reaction

一つの素反応で生成する反応性に富む化学種が，引きつづく素反応群の反応種として用いられ，かつ再生されることより，同じ（あるいは同種の）素反応群が繰り返し進行する反応様式をいう．例えば，塩素と水素から光照射下で塩化水素が生成する反応の場合，次の機構で反応が進む．

開始反応：$Cl_2 + h\nu \longrightarrow 2Cl$	(1)
成長反応：$Cl + H_2 \longrightarrow HCl + H$	(2)
$H + Cl_2 \longrightarrow HCl + Cl$	(3)
停止反応：$Cl + X \longrightarrow \frac{1}{2}Cl_2 + X$	(4)

上式において，$h\nu$ は塩素が吸収する光量子を，Xは第三物質を表す．本反応の場合，まず塩素分子が光照射により塩素原子に分裂し，生じた塩素原子が水素分子と反応する．その反応によって生成した水素原子は塩素分子と反応し，塩酸と塩素原子を生じる．塩素原子は再び反応(2)に使われ，同じ過程が繰り返される．この繰返しは反応(4)で塩素原子が消失するまで続く．反応(1)で生じた塩素原子1個当りの成長反応の繰返し回数を連鎖長といい，上記の例では 10^5 に達する．

連鎖担体（上記反応では塩素原子や水素原子）数が増加する場合は連鎖分岐，連鎖担体が別種に切り替わる場合は連鎖移動とよばれる．連鎖反応には多くの例が知られており，例えば，種々の可燃性ガスの爆発，炭化水素の自動酸化*，連鎖重合や核分裂などがある． 〔岩本正和〕

連続流攪拌槽型反応器　CSTR

流通系反応操作のための攪拌槽型反応器で，英語名称 Continuos Feed Stirred Tank Reactor を略して CSTR または CFSTR と呼ばれる．一定速度で反応物を送入し，反応混合物を同一速度で流出させ回収する操作が一般的である．攪拌が充分であれば，槽内は完全混合となり槽内の濃度・温度は一定となる．管型反応器に比べると効率は劣るが，構造が簡単である，等温に保ちやすいなどの利点がある．主として液相反応に用いられるが，出口組成から反応速度が簡単に求め得るため速度解析の目

的で固体触媒を用いた気相反応に応用されることもある．固体触媒を用いる場合は，攪拌翼や反応器壁に触媒を充填したバスケットを固定し，接触効率を高めるとともに反応器外への触媒の流出を防ぐ．体積効率の向上や，反応条件の変更，妨害成分の除去など複雑な反応の最適化のため，複数の反応器を直列に接続する多段 CSTR も知られている． 〔田川智彦〕
→流通系反応操作，完全混合流れ，管型反応器

ろ

露出度 degree of exposure, fraction exposed →分散度

わ

Y型ゼオライト　Y type zeolite ────────

　FAU 構造をもつゼオライト*のうち，Si/Al 原子比が1～1.5のものをX型ゼオライト*，Si/Al=1.5～3のものをY型ゼオライトという．天然ゼオライトのホージャサイトと同じ結晶構造であり，最も初期に合成されたゼオライトの一つである．高温水蒸気処理を行うと結晶中の Al が格子外に除去され，さらに高シリカ(高 Si/Al)組成となる．この処理をしたものは熱安定性が高いので USY(ultra stable Y)とよばれる．プロトンを導入したものは固体酸触媒*として用いられるが，La などの希土類イオン交換を行ったものも適度な酸強度*と安定性をもつ．プロトンおよび希土類イオン交換Y型・USY 型ゼオライトは石油の改質過程における流動接触分解*(FCC)の触媒として広く用いられている．

　FCC においては，ケイ酸塩をバインダーとしてY型ゼオライトを含んだ球状の触媒を，反応器と再生塔の間を連続的に循環させ，反応中に析出した炭素質が再生塔内で酸素によって酸化除去される．

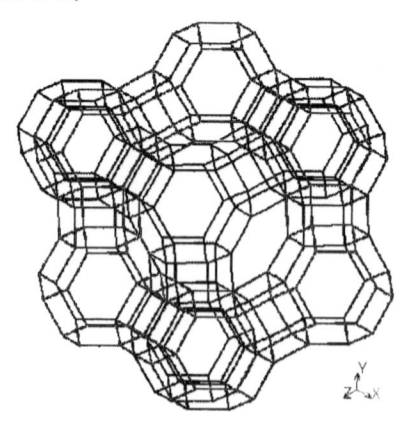

FAU 骨格の[111]方向からの投影図

　貴金属あるいは遷移金属を担持して，水素化分解*にも用いられる．ゼオライトのなかで，触媒に用いられるものとしては利用量が最も多い．　〔片田直伸・丹羽　幹〕

ワグナー-メーヤワイン転位　Wagner-Meerwein rearrangement ────────

　ジメチルホルムアミドやニトロメタンなどの極性の高い溶媒中で起こる 1,2-転位で，カルベニウムイオンが中間体である．合成反応上の重要な転位反応で，ピナコール転位は，ワグナー-メーヤワイン転位の一つの例である．ルイス酸の存在により促進

される．

$$-\underset{R}{\underset{|}{C}}-\underset{|}{\overset{X}{C}}- \xrightarrow{-X^-} -\underset{R}{\underset{\cdot}{C}}\cdots\underset{+}{C}- \xrightarrow[\text{または}Y^-]{X^-} -\underset{R}{\underset{|}{C}}-\underset{|}{\overset{X}{C}}- \text{ または } -\underset{R}{\underset{|}{C}}-\underset{|}{\overset{Y}{C}}-$$

X^- はハロゲン化物イオン，あるいはカルボキシラート，アルコキシドのような陰イオンである場合が多い． 〔小野嘉夫〕

ワッカー法 （ヘキスト-ワッカー法） Wacker process (Hoechst-Wacker process)
$PdCl_2$ と $CuCl_2$ よりなる二元系触媒の水溶液と分子状酸素(O_2)を用いて，エチレンからアセトアルデヒドを製造する方法をいう(式(1))．1894年に F. C. Phillips は，エチレンと $PdCl_2$ 水溶液との化学量論反応から，アセトアルデヒドが生成することを見いだしている(式(2))．1957年から1959年にかけて，ドイツの Wacker 社と Hoechst 社が，アセトアルデヒドの触媒的合成法として，この反応を工業プロセスに完成させた．本法の名称はこのことに由来する．

$$H_2C=CH_2 + \tfrac{1}{2}O_2 \xrightarrow[H_2O]{PdCl_2\text{-}CuCl_2} CH_3CHO \qquad (1)$$

$$H_2C=CH_2 + PdCl_2 + H_2O \longrightarrow CH_3CHO + Pd(0) + 2HCl \qquad (2)$$

Wacker 社が見いだした Pd に関する触媒機構は，一般に式(3)と(4)で記述される．上に示した式(2)の量論反応で，$PdCl_2$ の還元により生成した Pd(0)を CuCl で再酸化し(式(3))，還元された CuCl を O_2 と HCl で $PdCl_2$ に酸化する(式(4))．Pd 塩と Cu 塩に関するこれらの反応は，レドックス型あるいはワッカー型触媒機作とよばれている．式(2)，(3)，(4)を組み合わせると，総体としてエチレンからアセトアルデヒドの生成は，式(1)で表される．

$$Pd(0) + 2CuCl_2 \longrightarrow PdCl_2 + 2CuCl \qquad (3)$$

$$2CuCl + \tfrac{1}{2}O_2 + 2HCl \longrightarrow 2CuCl_2 + H_2O \qquad (4)$$

この方法によるアセトアルデヒドの大規模製造は，エチレンと O_2 とを120〜130℃で触媒水溶液に供給する一段階法と，エチレンと触媒溶液を105〜110℃で反応させたのち，触媒溶液を空気を用いた再生塔に通過させ，再び反応液に循環させる二段階法とがある．エチレンの代わりにプロピレンを用いるとアセトンの製造法ともなる．

$PdCl_2$ と CuCl 触媒と O_2 を用い，ジメチルホルムアルデヒド(DMF)溶液中で高級アルケンに水を反応させると，アルケンがケトン体に変換される(式(5))．例えば，1-デセン($R=C_8H_{17}$)から2-デカノンが生成する．この型の酸化反応は，ワッカー-辻反応ともよばれる．アルケンの塩素化を抑さえるために，この場合は $CuCl_2$ の代わりに CuCl を用いる．CuCl は O_2 と反応し $CuCl_2$ に不均化するので，触媒機構は式(3)，(4)として記述されることが多い．この機構と対比して DMF が Cu 原子に配位した Pd-Cu 二核錯体が触媒種として作用すると最近報告されている．

$$\text{R}\diagup\!\!\!\diagdown + H_2O \xrightarrow[\text{DMF}]{\text{PdCl}_2\text{-CuCl-O}_2} \text{R-CO-CH}_3 \qquad (5)$$

〔細川隆弘〕

→アセトアルデヒドの合成

付　録

A　元素の周期表と各元素の4桁の原子量
B　SI 単位
C　基礎物理定数値
D　元素の電気陰性度
E　イオン半径
F　主要な物性測定法
G　固体触媒の物性測定法
H　有機化合物の pK_a 値
I　おもなゼオライトおよび $AlPO_4$ モレキュラーシーブのコード名と細孔構造
J　おもな酸化物の結晶構造

表A　元素の周期表[a]と各元素の4桁の原子量[b]　$A_r(^{12}C) = 12$

族\周期	1 (IA)	2 (IIA)	3 (IIIA)	4 (IVA)	5 (VA)	6 (VIA)	7 (VIIA)	8	9 (VIII)	10	11 (IB)	12 (IIB)	13 (IIIB)	14 (IVB)	15 (VB)	16 (VIB)	17 (VIIB)	18 (0)
1	水素 ^{1}H 1.008																	ヘリウム ^{2}He 4.003
2	リチウム ^{3}Li 6.941	ベリリウム ^{4}Be 9.012											ホウ素 ^{5}B 10.81	炭素 ^{6}C 12.01	窒素 ^{7}N 14.01	酸素 ^{8}O 16.00	フッ素 ^{9}F 19.00	ネオン ^{10}Ne 20.18
3	ナトリウム ^{11}Na 22.99	マグネシウム ^{12}Mg 24.31											アルミニウム ^{13}Al 26.98	ケイ素 ^{14}Si 28.09	リン ^{15}P 30.97	硫黄 ^{16}S 32.07	塩素 ^{17}Cl 35.45	アルゴン ^{18}Ar 39.95
4	カリウム ^{19}K 39.10	カルシウム ^{20}Ca 40.08	スカンジウム ^{21}Sc 44.96	チタン ^{22}Ti 47.87	バナジウム ^{23}V 50.94	クロム ^{24}Cr 52.00	マンガン ^{25}Mn 54.94	鉄 ^{26}Fe 55.85	コバルト ^{27}Co 58.93	ニッケル ^{28}Ni 58.69	銅 ^{29}Cu 63.55	亜鉛 ^{30}Zn 65.39	ガリウム ^{31}Ga 69.72	ゲルマニウム ^{32}Ge 72.61	ヒ素 ^{33}As 74.92	セレン ^{34}Se 78.96	臭素 ^{35}Br 79.90	クリプトン ^{36}Kr 83.80
5	ルビジウム ^{37}Rb 85.47	ストロンチウム ^{38}Sr 87.62	イットリウム ^{39}Y 88.91	ジルコニウム ^{40}Zr 91.22	ニオブ ^{41}Nb 92.91	モリブデン ^{42}Mo 95.94	テクネチウム ^{43}Tc (99)	ルテニウム ^{44}Ru 101.1	ロジウム ^{45}Rh 102.9	パラジウム ^{46}Pd 106.4	銀 ^{47}Ag 107.9	カドミウム ^{48}Cd 113.4	インジウム ^{49}In 114.8	スズ ^{50}Sn 118.7	アンチモン ^{51}Sb 121.8	テルル ^{52}Te 127.6	ヨウ素 ^{53}I 126.9	キセノン ^{54}Xe 131.3
6	セシウム ^{55}Cs 132.9	バリウム ^{56}Ba 137.3	*ランタノイド 57〜71	ハフニウム ^{72}Hf 178.5	タンタル ^{73}Ta 180.9	タングステン ^{74}W 183.8	レニウム ^{75}Re 186.2	オスミウム ^{76}Os 190.2	イリジウム ^{77}Ir 192.2	白金 ^{78}Pt 195.1	金 ^{79}Au 197.0	水銀 ^{80}Hg 200.6	タリウム ^{81}Tl 204.4	鉛 ^{82}Pb 207.2	ビスマス ^{83}Bi 209.0	ポロニウム ^{84}Po (210)	アスタチン ^{85}At (210)	ラドン ^{86}Rn (223)
7	フランシウム ^{87}Fr (223)	ラジウム ^{88}Ra (226)	†アクチノイド 89〜103															

*ランタノイド	ランタン ^{57}La 138.9	セリウム ^{58}Ce 140.1	プラセオジム ^{59}Pr 140.9	ネオジム ^{60}Nd 144.2	プロメチウム ^{61}Pm (145)	サマリウム ^{62}Sm 150.4	ユウロピウム ^{63}Eu 152.0	ガドリニウム ^{64}Gd 157.3	テルビウム ^{65}Tb 158.9	ジスプロシウム ^{66}Dy 162.5	ホルミウム ^{67}Ho 164.9	エルビウム ^{68}Er 167.3	ツリウム ^{69}Tm 168.9	イッテルビウム ^{70}Yb 173.0	ルテチウム ^{71}Lu 175.0
†アクチノイド	アクチニウム ^{89}Ac (227)	トリウム ^{90}Th 232.0	プロトアクチニウム ^{91}Pa 231.0	ウラン ^{92}U 238.0	ネプツニウム ^{93}Np (237)	プルトニウム ^{94}Pu (239)	アメリシウム ^{95}Am (243)	キュリウム ^{96}Cm (247)	バークリウム ^{97}Bk (247)	カリホルニウム ^{98}Cf (247)	アインスタイニウム ^{99}Es (252)	フェルミウム ^{100}Fm (257)	メンデレビウム ^{101}Md (258)	ノーベリウム ^{102}No (259)	ローレンシウム ^{103}Lr (262)

[a] 族の表示は新旧両表示を示した。( ) 内は旧表示である。
[b] 本表の値は「化学と工業」第48巻、第4号 (1995) の資料による。

表 B SI 単位

表 B.1 SI 基本単位

物理量	名称	記号
長さ	メートル	m
質量	キログラム	kg
時間	秒	s
電流	アンペア	A
熱力学的温度	ケルビン	K
物質量	モル	mol
光度	カンデラ	cd

表 B.2 SI 誘導単位

物理量	名称	記号	他の単位との関係
振動数	ヘルツ	Hz	s^{-1}
力	ニュートン	N	$m \cdot kg \cdot s^{-2}$
圧力, 応力	パスカル	Pa	N/m^2 $m^{-1} \cdot kg \cdot s^{-2}$
エネルギー	ジュール	J	$N \cdot m$ $m^2 \cdot kg \cdot s^{-2}$
仕事率	ワット	W	J/s $m^2 \cdot kg \cdot s^{-3}$
電荷	クーロン	C	$A \cdot s$ $s \cdot A$
電位差	ボルト	V	W/A $m^2 \cdot kg \cdot s^{-3} \cdot A^{-1}$
電気抵抗	オーム	Ω	V/A $m^2 \cdot kg \cdot s^{-3} \cdot A^{-2}$
電気伝導度	ジーメンス	S	A/V $m^{-2} \cdot kg^{-1} \cdot s^3 \cdot A^2$

表 B.3 SI 接頭語

10^{24}	ヨタ	yotta	Y
10^{21}	ゼタ	zetta	Z
10^{18}	エクサ	exa	E
10^{15}	ペタ	peta	P
10^{12}	テラ	tera	T
10^{9}	ギガ	giga	G
10^{6}	メガ	mega	M
10^{3}	キロ	kilo	k
10^{2}	ヘクト	hecto	h
10^{1}	デカ	deca	da
10^{-1}	デシ	deci	d
10^{-2}	センチ	centi	c
10^{-3}	ミリ	milli	m
10^{-6}	マイクロ	micro	μ
10^{-9}	ナノ	nano	n
10^{-12}	ピコ	pico	p
10^{-15}	フェムト	femto	f
10^{-18}	アト	atto	a
10^{-21}	ゼプト	zepto	z
10^{-24}	ヨクト	yocto	y

表 B.4 長さ, 圧力およびエネルギーの諸単位から SI 単位への換算

長さ	$1\,\mu = 1\,\mu m = 10^{-6}\,m$
	$1\,\text{Å} = 0.1\,nm = 10^{-10}\,m$
力	$1\,dyn = 10^{-5}\,N$
	$1\,kgf = 9.80665\,N$
圧力	$1\,dyn\,cm^{-2} = 10^{-1}\,Pa$
	$1\,mmHg(Torr) = 133.322\,Pa$
	$1\,atm = 1.01325 \times 10^5\,Pa$
	$1\,bar = 10^5\,Pa$
エネルギー	$1\,erg = 10^{-7}\,J$
	$1\,dm^3\,atm = 101.325\,J$
	$1\,cal = 4.184\,J$
	$1\,eV = 1.60217733 \times 10^{-19}\,J$
	$\quad = 9.6485309 \times 10^4\,J \cdot mol^{-1}$
	$\quad = 23.0492\,kcal \cdot mol^{-1}$
	$1\,kWh = 3.6 \times 10^6\,J$

表C　基礎物理定数値

量	記号	値
真空中の光速度	c	2.99792458×10^8 m・s^{-1} （定義値）
電気素量	e	1.60217733×10^{-19} C
ボーア磁子	μ_B	9.2740154×10^{-24} J・T^{-1}
プランク定数	h	6.6260755×10^{-34} J・s
アボガドロ定数	N_A	6.0221367×10^{23} mol^{-1}
電子の静止質量	m_e	9.1093897×10^{-31} kg
陽子の静止質量	m_p	1.6726231×10^{-27} kg
中性子の静止質量	m_n	1.6749286×10^{-27} kg
ファラデー定数	F	9.6485309×10^4 C・mol^{-1}
リュードベリー定数	R_∞	1.0973731534×10^7 m^{-1}
ボーア半径	a_0	5.29177249×10^{-11} m
気体定数	R	8.314510 J・K^{-1}・mol^{-1}
セルシウス目盛における0°	T_0	273.15 K
標準大気圧	p_0	1.01325×10^5 Pa
理想気体の標準モル体積	V_0	2.241410×10^{-2} m^3・mol^{-1}
ボルツマン定数	k_B	1.380658×10^{-23} J・K^{-1}
自由落下の標準加速度	g_n	9.80665 m・s^{-2}

表D　元素の電気陰性度（χ）

族\周期	1 A	2 A	3 A	4 A	5 A	6 A	7 A	8	9	10	11 B	12 B	13 B	14 B	15 B	16 B	17 B	18 0
1	H 2.1																	He —
2	Li 1.0	Be 1.5											B 2.0	C 2.5〜2.6	N 3.0	O 3.5	F 3.9	Ne —
3	Na 0.9	Mg 1.2											Al 1.5	Si 1.8〜1.9	P 2.1	S 2.5〜2.6	Cl 3.0	Ar —
4	K 0.8	Ca 1.0	Sc 1.3	Ti 1.5	V 1.6	Cr 1.6	Mn 1.5	Fe I 1.8 II 1.9	Co 1.8	Ni 1.8	Cu I 1.9 II 2.0	Zn 1.6	Ga 1.6	Ge 1.8〜1.9	As 2.0	Se 2.4	Br 2.8	Kr —
5	Rb 0.8	Sr 1.0	Y 1.3	Zr 1.5	Nb 1.6	Mo 1.8	Tc 1.9	Ru 2.2	Rh 2.2	Pd 2.2	Ag 1.9	Cd 1.7	In 1.7	Sn II 1.8 IV 1.9	Sb 1.9	Te 2.1	I 2.5	Xe —
6	Cs 1.0	Ba 0.9	Hf 1.3	Ta 1.4	W 1.7	Re 1.9	Os 2.2	Ir 2.2	Pt 2.2	Au 2.4	Hg 1.9	Tl 1.8	Pb 1.8	Bi 1.9	Po 1.8	At 2.2	Rn —
7	Fr 0.7	Ra 0.9																

ランタノイド	La 1.1〜1.2	Ce 1.1〜1.2	Pr 1.1〜1.2	Nd 1.1〜1.2	Pm 1.1〜1.2	Sm 1.1〜1.2	Eu 1.1〜1.2	Gd 1.1〜1.2	Tb 1.1〜1.2	Dy 1.1〜1.2	Ho 1.1〜1.2	Er 1.1〜1.2	Tm 1.1〜1.2	Yb 1.1〜1.2	Lu 1.1〜1.2
アクチノイド	Ac —	Th 1.3	Pa 1.7	U 1.7	Np 1.3	Pu 1.3	Am 1.3	Cm 1.3	Bk 1.3	Cf 1.3	Es 1.3	Fm 1.3	Md 1.3	No 1.3	Lr —

＊特に表示がなければ，元素の普通の酸化状態の化合物からの推定値．
（Pauling スケールによる）

表 E　イオン半径

イオン半径*は，イオンを大きさが酸化数，配位数，スピン状態で決まる剛球と仮定して，イオン結晶の原子間距離をなるべく矛盾が起こらないように陽イオンと陰イオンに配分して求めたイオンの大きさである．Goldschmidt (1926), Pauling (1927), Shannon-Prewitt (1969) などいくつもの提案がこれまでにある．以下にあげるのは，多くの結晶学的データをもとに Schannon が 1976 年にまとめたものの一部で，現在広く使われている (R. D. Shannon, *Acta Cryst.* **A32**, 751-767 (1976))．このまとめには 2 系列のイオン半径の値があることに注意されたい．すなわち，酸化物イオン (O^{2-}) のイオン半径を 1.40 Å とする系列と 1.26 Å とする系列である．それぞれの中では矛盾がないが両者を混用することは許されない．両者の間では 0.14 Å の違いがあり，簡単に換算できる（前者が，陽イオンは 0.14 Å 小さく，陰イオンは 0.14 Å 大きい）．

以下の表は，酸化物イオンのイオン半径を 1.40 Å (Pauling に準じている) とした前者の系列である．最近の教科書や便覧でも両方の系列が使われているので注意を要する．

表 E.1 には典型元素を，表 E.2 には遷移金属を，表 E.3 にはランタノイド系列の元素のイオン半径をまとめてある．酸化数が変化する場合は，各元素の欄中 〈 〉内に示す．ここで，イオン半径の後の ( ) 内の数字は配位数，その後の L，H は低スピン，高スピン状態，SQ 4 は平面四角形型配位を表す．

表 E.1 典型元素のイオン半径（Å）（O^{2-} のイオン半径 = 1.40Å 基準）

周期＼族	1 I A	2 II A		13 III B	14 IV B	15 V B	16 VI B	17 VII B
1	H							
2	**Li⁺** 0.59(4) 0.76(6)	Be²⁺ 0.27(4) 0.45(6)		B³⁺ 0.11(4) 0.27(6)	C ――	N ⟨3−⟩ 1.46(4) ⟨3+⟩ 0.16(6)	O²⁻ 1.38(4) 1.40(6) 基準	F⁻ 1.29(2) 1.31(4) 1.33(6)
3	**Na⁺** 0.99(4) 1.02(6)	Mg²⁺ 0.57(4) 0.72(6)		Al³⁺ 0.39(4) 0.54(6)	Si⁴⁺ 0.26(4) 0.40(6)	P ⟨3+⟩ 0.44(6) ⟨5+⟩ 0.38(6)	S ⟨2−⟩ 1.84(6) ⟨6+⟩ 0.29(6)	Cl⁻ 1.81(6)
4	**K⁺** 1.37(4) 1.38(6) 1.51(8)	Ca²⁺ 1.00(6) 1.12(8)		Ga³⁺ 0.47(4) 0.62(6)	Ge⁴⁺ 0.39(4) 0.53(6)	As ⟨3+⟩ 0.58(6) ⟨5+⟩ 0.34(4) 0.46(6)	Se ⟨2−⟩ 1.98(6) ⟨6+⟩ 0.28(4) 0.42(6)	Br⁻ 1.96(6)
5	**Rb⁺** 1.52(6) 1.61(8)	Sr²⁺ 1.16(6) 1.26(8)		In³⁺ 0.80(6) 0.92(8)	Sn ⟨2+⟩ 1.27(8) ⟨4+⟩ 0.69(6) 0.81(8)	Sb ⟨3+⟩ 0.80(5) ⟨5+⟩ 0.60(6)	Te ⟨2−⟩ 2.21(6) ⟨4+⟩ 0.66(4) 0.97(6) ⟨6+⟩ 0.56(6)	I⁻ 2.20(6)
6	**Cs⁺** 1.67(6) 1.74(8)	Ba²⁺ 1.35(6) 1.42(8)		Tl ⟨1+⟩ 1.50(6) 1.59(8) ⟨3+⟩ 0.75(4) 0.89(6) 0.98(8)	Pb ⟨2+⟩ 1.19(6) 1.29(8) ⟨4+⟩ 0.65(4) 0.78(6) 0.94(8)	Bi ⟨3+⟩ 1.03(6) 1.17(8) ⟨5+⟩ 0.76(6)	Po	At

(Shannon (1976) による)

付録 607

表 E.2 遷移元素のイオン半径 (Å)

3	4	5	6	7	8	9	10	11	12
ⅢA	ⅣA	ⅤA	ⅥA	ⅦA	Ⅷ			ⅠB	ⅡB

Sc^{3+}	Ti	V	Cr	Mn	Fe	Co	Ni	Cu	Zn^{2+}
0.75(6)	⟨2+⟩	⟨3+⟩	⟨3+⟩	⟨2+⟩	⟨2+⟩	⟨2+⟩	⟨2+⟩	⟨1+⟩	0.60(4)
0.87(8)	0.86(6)	0.64(6)	0.62(6)	0.66(4H)	0.63(4H)	0.58(4H)	0.55(4)	0.60(4)	0.74(6)
	⟨3+⟩	⟨4+⟩	⟨4+⟩	0.67(6L)	0.61(6L)	0.65(6L)	0.69(6)	0.77(6)	
	0.67(6)	0.58(6)	0.41(4)	0.83(6H)	0.78(6H)	0.75(6H)	⟨3+⟩	⟨2+⟩	
	⟨4+⟩	⟨5+⟩	0.55(6)	⟨3+⟩	⟨3+⟩	⟨3+⟩	0.56(6L)	0.57(4)	
	0.42(4)	0.36(4)	⟨6+⟩	0.58(6L)	0.49(4H)	0.55(6L)	0.60(6H)	0.73(6)	
	0.61(6)	0.54(6)	0.26(4)	0.65(6H)	0.55(6L)	0.61(6H)	⟨4+⟩	⟨3+⟩	
			0.44(6)	⟨4+⟩	0.65(6H)	⟨4+⟩	0.48(6L)	0.54(6L)	
				0.39(4)	⟨4+⟩	0.53(6H)			
				0.53(6)	0.59(6)				
				⟨7+⟩					
				0.25(4)					
				0.46(6)					

Y^{3+}	Zr^{4+}	Nb	Mo	Tc	Ru	Rh^{3+}	Pd	Ag	Cd^{2+}
0.90(6)	0.72(6)	⟨3+⟩	⟨3+⟩	⟨4+⟩	⟨3+⟩	0.67(6)	⟨2+⟩	⟨1+⟩	0.78(4)
1.02(8)	0.84(8)	0.72(6)	0.69(6)	0.65(6)	0.68(6)		0.64(SQ4)	0.67(2)	0.95(6)
		⟨5+⟩	⟨4+⟩	⟨7+⟩	⟨4+⟩		0.86(6)	1.00(4)	
		0.48(4)	0.65(6)	0.37(4)	0.62(6)		⟨4+⟩	1.15(6)	
		0.64(6)	⟨6+⟩	0.56(6)	⟨7+⟩		0.62(6)	⟨2+⟩	
		0.74(8)	0.41(4)		0.38(4)			0.94(6)	
			0.59(6)						

La^{3+}	Hf^{4+}	Ta	W	Re	Os	Ir	Pt	Au	Hg
1.03(6)	0.58(4)	⟨3+⟩	⟨4+⟩	⟨4+⟩	⟨4+⟩	⟨3+⟩	⟨2+⟩	⟨1+⟩	⟨1+⟩
1.16(8)	0.71(6)	0.72(6)	0.66(6)	0.63(6)	0.63(6)	0.68(6)	0.60(SQ4)	1.37(6)	1.19(6)
	0.83(8)	⟨5+⟩	⟨6+⟩	⟨6+⟩	⟨6+⟩	⟨5+⟩	0.80(6)	⟨3+⟩	⟨2+⟩
		0.64(6)	0.42(4)	0.55(6)	0.55(6)	0.57(6)	⟨4+⟩	0.85(6)	0.96(4)
		0.74(8)	0.60(6)	⟨7+⟩	⟨8+⟩		0.63(6)		1.02(6)
				0.38(4)	0.39(4)				
				0.53(6)					

(Shannon (1976) による)

表 E.3 ランタノイド元素のイオン半径 (Å)

La^{3+}	Ce^{3+}	Ce^{4+}	Pr^{3+}	Nd^{3+}	Pm^{3+}	Sm^{3+}	Eu^{2+}	Eu^{3+}	Gd^{3+}
1.03(6)	1.01(6)	0.87(6)	0.99(6)	0.98(6)	0.97(6)	0.96(6)	1.17(6)	0.95(6)	0.94(6)
1.16(8)	1.14(8)	0.97(8)	1.13(8)	1.11(8)	1.09(8)	1.08(8)	1.25(8)	1.07(8)	1.05(8)

	Tb^{3+}	Tb^{4+}	Dy^{3+}	Ho^{3+}	Er^{3+}	Tm^{3+}	Yb^{2+}	Yb^{3+}	Lu^{3+}
	0.92(6)	0.76(6)	0.91(6)	0.90(6)	0.89(6)	0.88(6)	1.02(6)	0.87(6)	0.86(6)
	1.04(8)	0.88(8)	1.03(8)	1.02(8)	1.00(8)	0.99(8)	1.14(8)	0.99(8)	0.98(8)

(Shannon (1976) による)

表 F　主要な物性測定法

測定法	得られる情報	雰囲気	感度	面分解能	情報深さ	定量	基本原理	備考
粉末X線回折 (XRD) (→X線回折)	結晶構造	—	ppm	—	—	良	X線回折	格子定数精度：10^{-7} nm
X線小角散乱* (SAXS)	粒子径分布	—	ppm	—	—	良	X線の散乱	
X線吸収広域微細構造* (EXAFS)	原子間距離，配位数	—	10%	10 nm	> 2 nm	可	光電子の多重散乱	分解能：0.001 nm
X線吸収端近傍構造* (XANES)	配位対称性	—	—	—	—	—	X線吸収，光電子の多重散乱	
紫外・可視分光*	電子構造・結合状態	—	0.1%	mm	—	可	光の吸収・発光	
ラマン分光*	結合状態	—	10%	mm	—	可	ラマン散乱	
赤外分光* (IR)	結合状態	—	1%	mm	—	可	光の吸収・発光	高波数確度
X線光電子分光* (XPS, ESCA)	電子状態	高真空	0.1%	mm	nm	良	光電子放出	分解能：50 meV
紫外光電子分光* (UPS)	電子状態	超高真空	1%	mm	nm	不可	光電子放出	Li およびそれより重い原子を含む
光音響分光* (PAS)	エネルギー移動	大気	10%	μm	μm	可	非放射遷移による光音響効果	B およびそれより重い原子
X線マイクロアナライザー	組成	高真空	0.01%	μm	μm	良	特性X線放出	Li およびそれより重い原子
オージェ電子分光* (AES)	組成，電子状態	超高真空	0.01%	0.1 mm	5 nm	良	オージェ電子放出	
電子エネルギー損失分光* (EELS)	結合状態	高真空	1%	nm	0.1 nm	可	電子線の吸収	
高速電子回折* (HEED) (→電子回折)	結晶構造	高真空	1%	mm	1 nm	—	反射・透過電子線回折	
低速電子回折* (LEED)	表面原子配列	超高真空	1%	mm	0.1 nm	—	散乱電子線回折	

付録 609

手法	得られる情報	環境	感度	分解能(横)	分解能(深さ)	定量	原理	備考
イオン励起脱離 (ESD)	組成, 吸着状態, 脱離機構	超高真空	10%	mm	0.2 nm	可	脱離イオンのエネルギー, 方向測定	
二次イオン質量分析* (SIMS)	組成	高真空	0.1%	1 mm	1 nm	可	入射イオンによる剥離, 二次イオン質量分析	試料破壊性有 ^{57}Fe, ^{119}Sn, ^{121}Sb など
メスバウアー効果*	電子・配位状態, 磁気的性質	Ar^+ アルコール, Cl_2	ppb	—	—	良	原子核によるγ線の放出・無反跳共鳴吸収	
核磁気共鳴* (NMR)	配位状態・組成	—	0.1%	—	—	可	原子核スピンの共鳴に伴う電磁波の吸収	^{1}H, ^{13}C, ^{17}O, ^{27}Al, ^{29}Si, など
電子スピン共鳴* (ESR)	ラジカル・常磁性体の電子構造・状態	—	10^{10}スピン/ガウス	—	—	可	電子スピンの共鳴に伴う電磁波の吸収	高感度
走査電子顕微鏡* (SEM)	表面形状	高真空	—	0.5 nm	1 nm	—	二次電子像	
透過電子顕微鏡* (TEM)	粒子形状	高真空	—	10 nm	—	—	透過電子像	試料厚さ:数 μm
電界イオン顕微鏡* (FIM)	表面原子配置, 組成	He	1原子	0.5 nm	1 nm	—	Heイオン化	試料破壊性有
電界放射顕微鏡* (FEM)	表面原子配置	高真空	1原子	10 nm	1 nm	—	電界放射電子の放出, 電界蒸発	
走査トンネル電子顕微鏡* (STM)	表面原子配置	—	—	0.01 nm	—	—	表面, 探針間のトンネル電流の測定	絶縁体不可
原子間力顕微鏡* (AFM)	表面原子配置	—	—	0.1 nm	—	—	表面, 探針間の原子間力の測定	

定量:精度が数%以内, 良;数十%以内, 可;数十%以上, 不可. (→):参照項目

表 G　固体触媒の物性測定法

物性	測定法	原理
細孔分布*	窒素吸着法	0.5～10 nm の径をもつ細孔の分布を求める．液体窒素温度での窒素を吸着させ，毛管凝縮を利用する．ケルビンの式が基礎となり，吸着等温線から Cl 法を用いて解析する．
	水銀圧入法	10～100 nm の径をもつ細孔の分布を求める．細孔径 r と水銀を圧入する圧力 P (MPa) の間に成立する $r = 7500〜6000/P$ の関係式を利用する．
細孔容積	窒素吸着法	細孔分布曲線から，飽和蒸気圧における吸着量を外挿により求める．
	水銀-ヘリウム法	細孔内に入れない水銀の容量とすべての細孔に入れるヘリウムの容量の差を求める．
平均細孔径	窒素吸着法	細孔分布曲線を利用する．細孔容積 V と表面積 S を測定し，$2V/S$ より近似的にも求められる．
表面積 (→表面積測定法)	窒素物理吸着法	単分子吸着量と窒素断面積 $0.162\ nm^2$ の積より求める．単分子吸着量は一般には BET 吸着等温式，細孔の小さいゼオライトなどではラングミュア吸着等温式を利用して求める．
	化学吸着法	単分子層で表面に化学吸着させ，吸着量より求める．
金属露出表面積 (→分散度)	気体化学吸着法	CO または H_2 の吸着等温線を排気後にもう一度測定し，それらの不可逆吸着量が金属上への吸着量として露出表面積を求める．
	パルス法	CO または H_2 のパルスを数回注入し，パルス面積の増加分の和を金属上への吸着量として計算する．
	H_2-O_2 法	表面に酸素を吸着させたのちに水素で上の 2 方法を用い，水素の消費量を 3 倍にして感度を上げる．
粒子径*，分散度*	各種顕微鏡法	表 F 参照．
	粉末 X 線回折	表 F 参照．
	表面積より計算	金属粒子の露出表面積より，金属粒子の粒径を計算する．
吸着熱*	吸着等温線測定法	異なる温度での吸着等温線からクラウジウス-クラペイロン式を用いて求める．
	熱量測定法	熱量計を用いて熱量を測定する．
	昇温脱離法	真空またはキャリヤーガス中で一定速度で昇温し，昇温速度と脱離ピーク温度の関係よりレッドヘッド解析を用いて求める．
酸・塩基性 (→酸・塩基測定法)	滴定法	試料に酸または塩基を吸着させたのち，プロトン化により呈色する指示薬を加える．呈色しなくなる指示薬の変色域より強度を，酸または塩基の量よりその強度をもつ酸・塩基点の量を求める．酸には安息香酸，塩基には n-ブチルアミンを用いる．
	吸着熱法	吸着等温線測定法または熱量測定法を用いて，酸・塩基の吸着熱の大小より強弱を，吸着量より量を求める．酸には CO_2，塩基にはアンモニアやピリジンを用いる．

	赤外分光	プローブ分子を吸着させ，その酸・塩基反応に伴う構造変化や吸収波数の化学シフトを観察することより強弱を，吸収ピーク面積の変化分より量を求める。酸点のプローブにはピリジン，アンモニア，COなどが，塩基点のプローブにはCO_2, CO, $CHCl_3$ などが用いられる。
	核磁気共鳴	吸収強度比より組成比を，化学シフトより微細配位構造を求める。また，プローブ分子を吸着させ，その酸・塩基反応に伴う構造変化を観察することによって，酸・塩基点の強弱，量を求めることもできる。
酸化力*	酸素吸着熱法	酸素の吸着熱を吸着等温線測定法により高温で観測する。
	昇温脱離法	酸素を吸着させたのち，酸素の昇温脱離を観測する。
	昇温還元法	水素雰囲気下で酸化表面を昇温還元し，水素，生成物などを観測する。

表H 有機化合物の pK_a 値（太字は酸性プロトンを示す）

$CH_2(NO_2)_2$	4	a	$CH_3CO_2C_2H_5$	25	a
CH_3COOH	5	a	CH_3CN	25	a
$CH_2(CN)CO_2C_2H_5$	9	a	$HC\equiv CH$	25	a, b
$CH_2(COCH_3)_2$	9	a	$C_6H_5NH_2$	25	a
$CH_3CH_2NO_2$	9	a	$(C_6H_5)_3CH$	32.5	b
C_6H_5OH	10	a	NH_3	35	a
CH_3NO_2	10	a	$(C_2H_5)_2NH$	36	a
$CH_3COCH_2CH_3$	11	a	$C_6H_5CH_3$	37	a
$CH_3CH(COCH_3)_2$	11	a		35	b
$CH_2(CN)_2$	11	a	$CH_2=CHCH_3$	35.5	b
$CH_2(CO_2C_2H_5)_2$	13	a	$H_2C=CH_2$	36.5	b
H_2O	16	a	C_6H_6	37	b
CH_3OH	16-18	a	$C_6H_5CH(CH_3)_2$	37	b
CH_3CH_2OH	18	a	CH_4	40	b
$(CH_3)_2CHOH$	18	a	CH_3CH_3	42	b
$C_6H_5C\equiv CH$	18.5	b	$C(CH_3)_4$	44	b
$(CH_3)_3COH$	19	a	$CH_3CH_2CH_3$	44	b
$C_6H_5COCH_3$	19	a	C_5H_5（シクロペンタン）	44	b
CH_3COCH_3	20	a	C_6H_{12}（シクロヘキサン）	45	b
$(C_6H_5)_2NH$	21	a			

a) H. O. House, "Modern Synthetic Reactions", p. 494, W. A. Benjamin, Inc., Menlo Park, California, USA, 1972.

b) D. J. Cram, "Fundamentals of Carbanion Chemistry", p. 19, Academic Press< New York and London, 1965.

表 I　おもなゼオライトおよび $AlPO_4$ モレキュラーシーブのコード名と細孔構造

コード名	代表例	骨格組成(代表例)	細孔径/Å	同構造の物質
20員環構造				
-CLO	クローバライト	$Ga_{96}P_{96}O_{372}(OH)_{24}$	13.2×4.0	
—	JDF-20	$2[N(C_2H_5)_3H]$ $[Al_5P_6O_{24}H]$	6.2×14.5	
18員環構造				
VFI	VPI-5	$Al_{18}P_{18}O_{72}$	12.1	AlPO-54, MCM-9
16員環構造				
—	ULM-5	$[H_3N(CH_2)NH_3]_4$ $Gs_6(PO_4)(HPO_4)_2(OH)_2F_7$	8.34×12.20	
14員環構造				
AET	$AlPO_4$-8	$Al_{36}P_{36}O_{144}$	7.9×8.7	MCM-37
—	UTD-1	$Na_n[Al_nSi_{64-n}O_{128}]$	7.5×10	
CFI	CIT-5	$Na_n[Al_nSi_{32-n}O_{64}]$	7.7×7.2	
12員環構造				
AFI	$AlPO_4$-5	$Al_{12}P_{12}O_{48}$	7.3	SAPO-5, SSZ-4
AFR	SAPO-40	$Si_7Al_{29}P_{28}O_{128}$	6.7×6.9	
AFY	CoAPO-50	$Co_3Al_5P_8O_{32}$	6.1	MAPO-50
ATO	$AlPO_4$-31	$Al_{18}P_{18}O_{72}$	5.4	SAPO-31
ATS	MAPO-36	$H[MgAl_{11}P_{12}O_{48}]$	6.5×7.5	
BEA	ベータ	$Na_n[Al_nSi_{64-n}O_{128}]$	$5.5\times5.5\leftrightarrow$ 7.6×6.4	
CON	CIT-1	$H_2[B_2Si_{54}O_{112}]$	$6.4\times7.0\leftrightarrow$ $6.8\leftrightarrow$ 5.1×5.1(10員環)	SSZ-26, SSZ-34
EMT	EMC-2	$Na_{21}[Al_{21}Si_{75}O_{192}]$	$7.1\leftrightarrow$ 7.4×6.5	
FAU	ホージャサイト	$Na_{58}[Al_{58}Si_{134}O_{384}]$	7.4	X, Y, SAPO-37
LTL	L	$K_9[Al_9Si_{27}O_{72}]$	7.1	
MAZ	マザイド	$Na_{10}[Al_{10}Si_{26}O_{72}]$	7.4	オメガ, ZSM-4
MEI	ZSM-18	$Na_n[Al_nSi_{34-n}O_{68}]$	6.9	
MOR	モルデナイト	$Na_8[Al_8Si_{40}O_{96}]$	6.5×7.0	ゼオロン
MTW	ZSM-12	$Na_n[Al_nSi_{28-n}O_{56}]$	5.5×5.9	TPZ-12
OFF	オフレタイト	$(Ca,Mg)_{1.5}K[Al_4Si_{14}O_{36}]$	6.7	
OSI	UiO-6	$[N(C_2H_5)_4]Na_{0.5}F_{1.5}$ $[Al_{16}P_{16}O_{32}]$	6.2	
VET	VPI-8	$Si_{17}O_{34}$	5.9	
MWW	MCM-22	$Na_n[Al_nSi_{72-n}]$	7.1 —(10員環)	
—	DAF-20	$[\{-(CH_2)_5NCH_3\}_2]\cdot$ $[Mg_{0.22}Al_{0.78}PO_4]$	7.5 6.1	
10員環構造				
AEL	$AlPO_4$-11	$Al_{20}P_{20}O_{40}$	3.9×6.3	SAKO-11, SAPO-11
FER	フェリエライト	$Na_2Mg_2[Al_6Si_{80}O_{72}]$	4.2×5.4	ISI-6, ZSM-35
MEL	ZSM-11	$Na_n[Al_nSi_{96-n}O_{192}]$	5.3×5.4	シリカライト-2, TS-2

MFI	ZSM-5	$Na_n[Al_nSi_{96-n}O_{192}]$	$5.3\times5.6\leftrightarrow$ 5.1×5.5	シリカライト, TS-1
MFS	ZSM-57	$H_{1.5}[Al_{1.5}Si_{34.5}O_{72}]$	5.1×5.4	
MTT	ZSM-23	$Na_n[Al_nSi_{24-n}O_{48}]$	4.5×5.2	EU-13, ISI-4
NES	NU-87	$H_4[Al_4Si_{64}O_{136}]$	4.7×6.0	
STI	スチルバイト	$Na_4Ca_8[Al_{20}Si_{52}O_{144}]$	4.9×6.1	
TON	Theta-1	$Na_n[Al_nSi_{24-n}O_{48}]$	4.4×5.5	ISI-1, ZSM-22
8員環構造				
ANA	アナルサイム	$Na_{16}[Al_{16}Si_{32}O_{96}]$	不規則	$AlPO_4$-24
CHA	シャバサイト	$Ca_6[Al_{12}Si_{24}O_{72}]$	3.8×3.8	SAPO-34
ERI	エリオナイト	$(Na_2,Ca)_{3.5}K_2[Al_9Si_{27}O_{72}]$	3.6×5.1	$AlPO_4$-17
LTA	A	$Na_{12}[Al_{12}Si_{12}O_{48}]$	4.1	SAPO-42
RHO	ロー	$(Na,Ca)_{12}[Al_{12}Si_{30}O_{96}]$	3.6	

↔：2種の細孔が連結していることを示す．

表 J おもな酸化物の結晶構造（酸素酸塩を除く）

結晶構造	一般式	酸化物	図
NaCl 型	AX	BaO, SrO, CaO, MgO, MnO, NiO	a
ウルツ(ZnS)型	AX	ZnO, BeO	b
PbO(赤)型	AX	PbO(赤), SnO	c
蛍石(CaF_2)型	AX_2	CeO_2, ThO_2	d
逆蛍石型	A_2X	Li_2O, Na_2O, K_2O, Rb_2O	d*
$CdCl_2$ 型	AX_2	Cs_2O	e
Cu_2O 型	A_2X	Cu_2O, Ag_2O	f
ルチル(TiO_2)型	AX_2	TiO_2, SnO_2, GeO_2, PbO_2, MnO_2	g
ReO_3 型	AX_3	ReO_3	h
コランダム(Al_2O_3)型	A_2X_3	α-Al_2O_3, Fe_2O_3, V_2O_3	i
La_2O_3 型	A_2X_3	La_2O_3	j
スピネル型	AB_2X_4	$ZnAl_2O_4$, $CoAl_2O_4$	k*
逆スピネル型	AB_2X_4	$MgAl_2O_4$, $MgCr_2O_4$, $NiAl_2O_4$ $FeAl_2O_4$, Fe_3O_4, Co_3O_4	k*
ペロブスカイト型	ABX_3	$KNbO_3$, $NaTaO_3$, $CaTiO_3$, $BaFeO_3$, $SrTiO_3$, $BiAlO_3$, $LaTiO_3$, $NdCrO_3$	l
イルメナイト型	ABX_3	$FeTiO_3$, $NiMnO_3$, $CoMnO_3$	m
K_2NiF_4 型	A_2BX_4	La_2CuO_4, Gd_2CoO_4	n

A, Bは陽イオン, Xは陰イオンを表す．d*：蛍石構造の陽イオンと陰イオンの位置を入れ替えた構造．k*：(正)スピネル構造では, Aが四面体間隙に, Bが八面体間隙に存在する．逆スピネル構造では, Bの半分が四面体間隙を, AとBの半分が八面体間隙を占める．

614　付　録

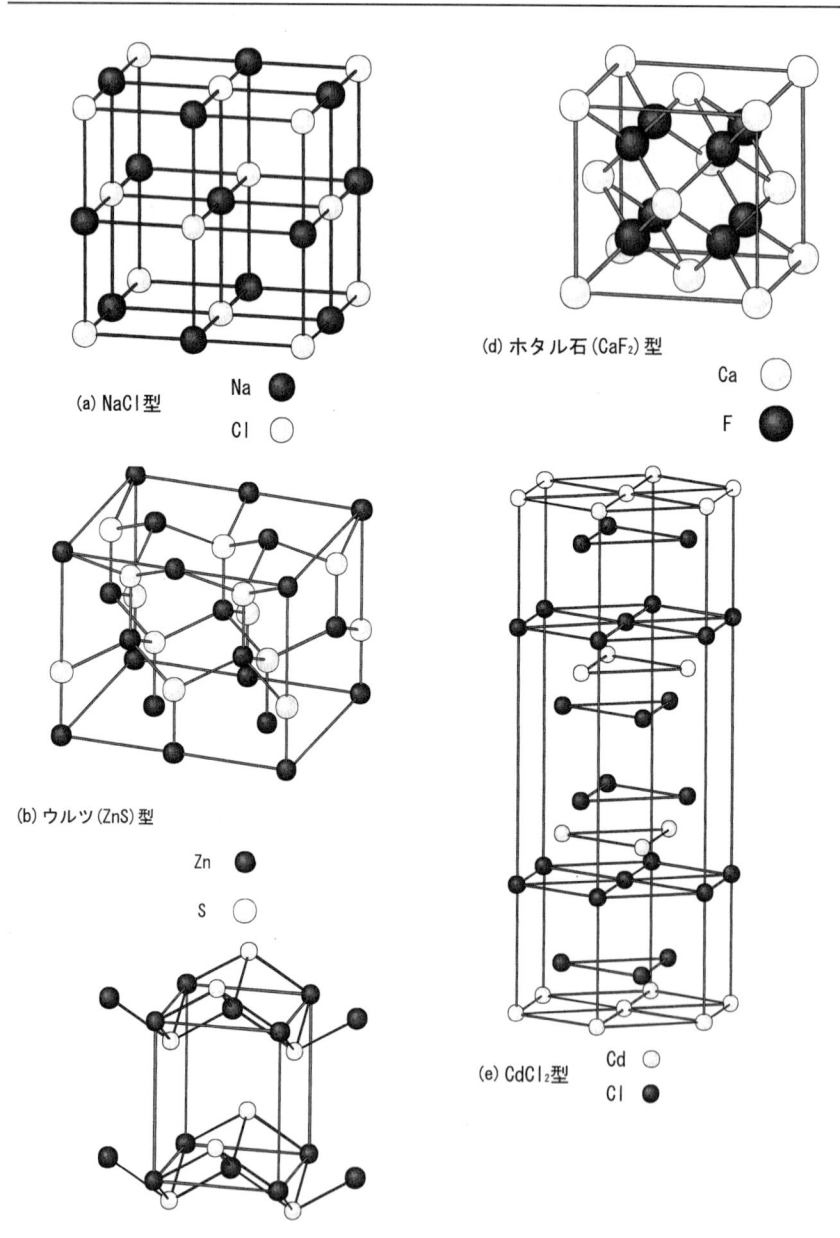

(a) NaCl型　　Na ●　Cl ○

(b) ウルツ(ZnS)型　　Zn ●　S ○

(c) PbO(赤)型　　Pb ○　O ●

(d) ホタル石(CaF₂)型　　Ca ○　F ●

(e) CdCl₂型　　Cd ○　Cl ●

付　録　615

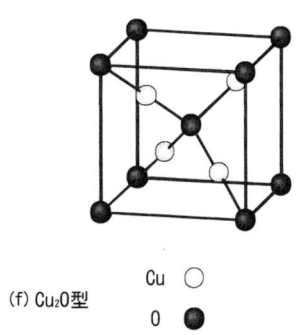

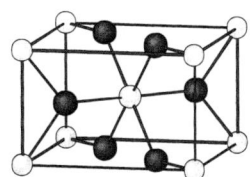

(f) Cu$_2$O型　　Cu ○
　　　　　　　　O ●

(g) ルチル(TiO$_2$)型
　　　　　　　　Ti ○
　　　　　　　　O ●

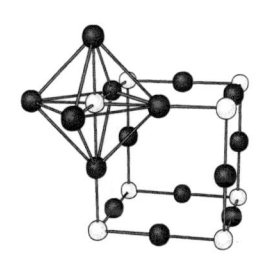

(h) ReO$_3$型　　Re ○
　　　　　　　　O ●

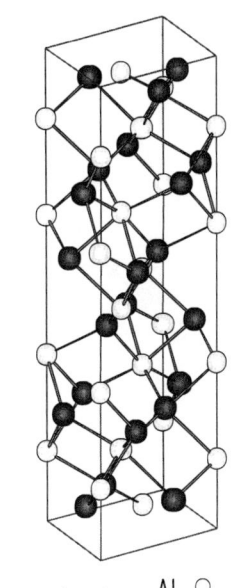

(i) コランダム型　Al ○
　　　　　　　　O ●

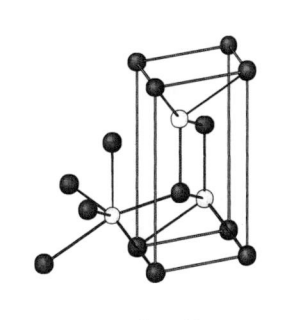

(j) La$_2$O$_3$型　La ○
　　　　　　　　O ●

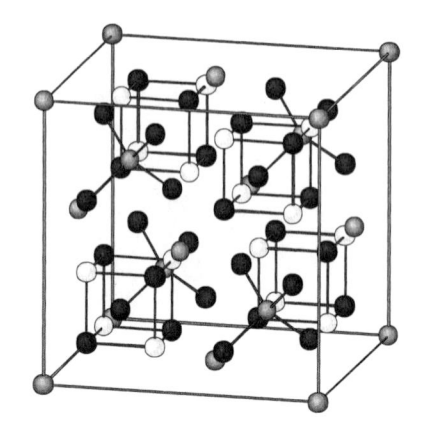

(k) スピネル型　　A
　　(AB₂X₄)　　　B
　　　　　　　　　X

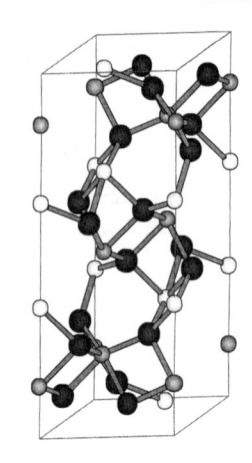

(m) イルメナイト型　A
　　(ABX₃)　　　　B
　　　　　　　　　　X

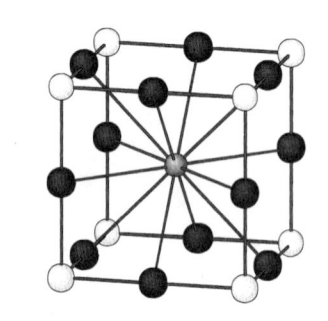

(l) ペロブスカイト型　A
　　(ABX₃)　　　　　B
　　　　　　　　　　　X

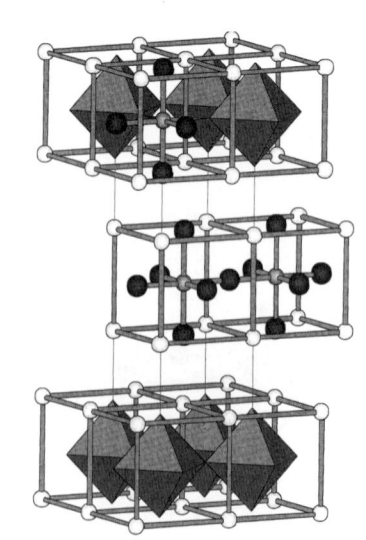

(n) K₂NiF₄型　　Ni　　　　NiF₆ Octahedral
　　　　　　　　K
　　　　　　　　F

索　引

和文索引

あ

アイソタクチック重合　74
アイソローバル　1
アクセプター準位　2
アクリルアミドの合成　3
アクリル酸の合成　3
アクリロニトリル
　——の合成　5
　——の水和　7
アクロレインの合成　8
アゴスティック相互作用　9
亜酸化窒素の合成　9
アシル化　10
アシル錯体　10
アシルペルオキシド　11
アシロイン縮合　12
アセトアルデヒドの合成　12
アセトンのアルドール縮合　13
アタクチックポリマー　13
アップグレーディング　339
圧力ジャンプ法　176
圧力損失　13
アドキンス触媒　14
アトロプ異性　14
アナターゼ　15
アニオン重合　15
アニスアルデヒドの合成　17
アニリンの合成　17
アノード反応　18
アパタイト　18
アミノ化　18
アミンの脱水素　19
アモルファス合金　19
アリルアルコール
　——の合成　20

　——のヒドロホルミル化　21
アリル型酸化　21
アルカープロセス　23
アルカリ金属触媒　23
アルカリ土類酸化物　24
アルカン
　——のアルキル化　26
　——の異性化　27
　——の骨格異性化　27
　——の酸化　28
　——の脱水素　29
　——の脱水素環化　35
　——の分解　30
　——の芳香族化　35
アルキリジン錯体　162
アルキリデン錯体　166
アルキル化　36
アルキル錯体　37
アルキルヒドロペルオキシド　460
アルキルペルオキシド　37
アルキルベンゼン
　——の脱アルキル化　38
　——のトランスアルキル化　39
アルキン
　——の水素化　40
　——のヒドロホルミル化　40
アルキン錯体　39
アルケン
　——のアセトキシル化　42
　——のアミノ化　42
　——の異性化　42
　——の酸化　44
　——の重合　98, 499
　——の水素化　45
　——の水和　102, 275, 501

　——の脱水素　46
　——のヒドロホルミル化　47
　——の不均化　541
アルケン錯体　40
アルコール
　——の合成　47
　——の脱水　48
　——の脱水素　50
アルデヒド
　——の合成　50
　——の水素化　51
　——のヒドロホルミル化　51
アルドール縮合　52
α_s-プロット　52
α 脱離　53
アルフォールプロセス　53
アルミナ　53
アルミノホスフェートモレキュラーシーブ　56
アレニウス式　58
アレーン錯体　58
アンサンブル効果　59
安定化ジルコニア　60
安定操作点　60
アントラキノンの合成　62
アントラセンの酸化　62
アンドリュッソー法　62
アンモオキシム化　63
アンモ酸化　63
アンモニア
　——の合成　65
　——の酸化　67
アンモニア合成触媒　64

い

EAN 則　67, 288

ESDIAD(電子衝撃脱離イオン角度分布) 68
硫黄の回収 68
イオン交換 69
イオン交換樹脂 69
イオン交換法 71
イオン伝導体 72
イオン半径 72
イオンマイクロアナリシス 72
異性化 73
イソ合成 73
イソタクチック重合 74
イソプロピルベンゼンの合成 74
イソポリアニオン 525
イソポリ酸 525
E1 脱離 365
E2 脱離 365
一次同位体効果 355
一重項酸素 153
一次粒子 75
位置選択性 75
一酸化炭素の水素化 76
一般酸・一般塩基触媒作用 79
移動層反応装置 80
イモータル(不死)重合 132, 287
イルメナイト構造 80
イーレイ-リディール機構 578
インターカレーション 80

う

ヴァスカ錯体 81
ウィッティヒ反応 81
ウィリアムソン合成 82
ウィルキンソン錯体 82
ウッドワード-ホフマン則 83
雲母 85

え

エアロゲル 221
エアロゾル 357
HSAB(硬い酸・塩基,軟らかい酸・塩基) 86
A型ゼオライト 87
液空間速度 88
液相酸化 88
液相酸化触媒 89
S_N1 反応 90
S_N2 反応 90
SMSI 90
SCR 90
エステル化 92
2-エチルヘキサノールの合成 93
エチルベンゼン
　——の合成 94
　——の脱水素 94
エチレン
　——のアセトキシル化 97
　——の酸化 95, 599
　——の重合 98
　——の水素化 101
　——の水素化精製 40
　——の水和 102
エチレンオキシドの合成 95
エチレンクロロヒドリン法 95
エチレングリコールの製造 96
エッグシェル 102
X型ゼオライト 103
X線回折法 103
X線吸収広域微細構造 104
X線吸収端近傍構造 105
X線吸収微細構造 106
X線光電子分光法 106
X線小角散乱 108
X線マイクロアナライザー 108
エッグホワイト 108
エッグヨーク 109
H_0 関数 269
エナンチオマー 109
n 型半導体 445
エネルギー分散型 X 線分光器 109
エピタキシャル成長 110
FHH 式 393
エポキシ化 110
MAS NMR 111
MCM-22 113
MCM-41 113
MTG 法 115
MTBE の合成 116
エリオナイト 117
L型ゼオライト 117
LB 膜 573
エレクトロキャタリシス 118
エロビッチの吸着速度式 118
塩化アルミニウム触媒 118
塩化ビニリデンの合成 119
塩化ビニルの合成 119
塩基性点(塩基点) 234
円錐角 121
エンドオン 121

お

オイゲンの式 14
オキシ塩素化 122
オキシゲナーゼ 123
オキソ合成 462
オキソ酸 268
オキソ酸(均一系) 125
オキソ酸(不均一系) 125
オクタン価 126
オージェ電子分光 126
押し出し流れ 128
遅い準位 468
オゾン 153
オゾン分解 128
オニウムイオン 128
オリゴメリゼーション 129
オルガノゲル 221
オルガノゾル 358
オルトメタル化反応 277
温度ジャンプ法 176
オンボードリフォーミング 131

か

開環重合 132, 285
開環メタセシス重合 132
改質触媒 581
改質反応 133
外部担持 102
回分式反応器 133
回分反応操作 133
海泡石 344
界面動電電位 341
解離吸着 134
化学緩和法 176
化学吸着 134
化学シフト(NMR における) 135
化学修飾電極 136
化学蒸着法 137
化学センサー 137
化学選択性 174
化学量数 138
可逆電極電位 138
拡散 139
拡散限界電流 139
拡散反射法 139

和文索引　619

核磁気共鳴　140
過酸　515
過酸化アシル　11
過酸化水素酸化　143
過酸化水素の合成　143
火山型活性序列　145
加水分解　146
ガスセンサー　146
カソード反応　149
ガソリンの製造　149
硬い塩基　86
硬い酸　86
カタラーゼ　150
カチオン重合　150
活性化エネルギー　151
活性化エンタルピー　152
活性化エントロピー　152
活性化吸着　134
活性サイト　156
活性錯合体　152
活性酸素種　153
活性成分　155
活性炭　156
活性中心　156
活性中心説　156
活性点　156
活性劣化　157
ガッターマン-コッホ反応　492
カップリング反応　158
過電圧　159
過渡応答法　160
カニツァロ反応　161
ε-カプロラクタムの合成　511
カーボランダム　314
カーボンブラック　161
カミンスキー触媒　162
カルビン錯体　162
カルベニウムイオン　162
カルベノイド　165
カルベン　165
カルベン錯体　166
カルボアニオン　167
カルボカチオン　167
カルボニウムイオン　168
カルボニル化反応　169
カルボニル錯体　169
カルボン酸の水素化　170
かん液充塡層反応器　171
環化脱水素　171
環境浄化触媒　172
環境触媒　172
間隙率　206

還元的脱離　173
環状オリゴメリゼーション　173
含浸法　173
完全混合流れ　174
完全酸化　174
官能基選択性　174
管壁反応器　175
緩和法　176

き

擬液相　177
機械強度　177
幾何学的因子　178
ギ酸メチルの合成　178
基準電極　179
2,6-キシレノールの合成　179
キシレンの異性化　180
気相接触酸化　181
軌道対称性保存則　83
希土類イオン交換ゼオライト　182
機能電極　136
ギブズの吸着式　182
逆供与　183
逆スピネル　331
逆スピルオーバー　333
求核置換反応　184
求核反応　185
求核付加反応　185
吸着　186
吸着確率　239
吸着剤　187
吸着質　188
吸着等圧線　188
吸着等温線　189
吸着等量線　189
吸着熱　190
吸着媒　187
求電子置換反応　191
求電子反応　192
求電子付加反応　192
共酸化　192
凝集確率　239
鏡像異性体　109
競争吸着　193
鏡像体過剰率　193
共沈法　194
境膜抵抗　195
境膜物質移動係数　195
供与　195

キラル　109
ギルマン試薬　196
均一系触媒反応　196
均一相モデル　198
均一担持　585
キンク　198
金触媒　199
銀触媒　199
禁制帯　446
金属間化合物　201
金属触媒　201
金属粒子径　203
金属粒子径測定法　204
均密沈殿法　389

く

空間時間　205
空間速度　205
空間率　206
空気浄化　206
空隙率　206
空時収量　207
空塔速度　207
空燃比　207
クヌッセン拡散　207
クネベナゲル縮合　208
クメン　74
　――の合成　74
クメン法　208
クライゼン縮合　209
クライゼン転位　85
クラウス法　209
クラスター　209
クラッキング　210
グラファイト　210
グリニャール試薬　211
グリーン触媒　212
クレーガー-ビンク表示　226
クロミア-アルミナ触媒　261
クロロフルオロカーボン　503

け

形状係数(粒子の)　213
形状選択性　213
軽油の製造　217
結晶場理論　218
ケトン
　――の合成　219
　――の水素化　219
ケミカルヒートポンプ　220

620 索引

ケモ選択性 174
ゲル 221
ゲル化 221
ケルビン式 221
ケルビン毛管凝縮式 222
けん(鹸)化 146
原子価制御 222
原子間力顕微鏡 222

こ

硬化 564
光化学電池 223
光学異性体 109
光学収率 194
光学純度 193
高級アルキルベンゼンの合成 224
高級アルコールの合成 224
鋼玉 242
合金 225
格子欠陥 226
格子酸素 227
後周期遷移金属錯体 228
合成ガスの製造 229
構造因子 229
構造非敏感(型)反応 229
構造敏感(型)反応 229
酵素酸化 230
酵素反応 231
抗体触媒 231
光電子分光法 232
コーキング 232
五酸化バナジウム系触媒 232
五酸化バナジウム-三酸化モリブデン系触媒 234
コージェライト 234
固体塩基触媒 234
固体酸触媒 236
固体超強塩基 238
固体超強酸 236
固体電解質 239
固体電解質ガスセンサー 148
固着確率(係数) 239
コッセル構造 105
コッホ反応 239
固定化触媒 240
固定床反応器 240
固定層反応器 240
コバルト-モリブデン系硫化物触媒 367
ゴムの水素化 241

固溶体 241
コランダム 242
コロイド 242
混合拡散 243
混合拡散モデル(反応器の) 243
混合吸着 244
混合酸化物 479
コンビナトリアルケミストリー 245
混練法 245

さ

サイクリックボルタモグラム 246
細孔 247
細孔内拡散 247
最高被占軌道 524
細孔分布 248
細孔分布測定法 248
細孔容積 249
最低空軌道 594
サイドオン 250
酢酸アリルの合成 250
酢酸の合成 250
酢酸パラジウム 509
酢酸ビニルの合成 97
サポナイト 251
サーマルブラック 161
酸・塩基測定法 251
酸化カップリング 254
酸化カルシウム 24
酸化酵素 254
酸化数 255
酸化脱水素 255
酸化チタン 422
酸化的アセトキシル化 256
酸化的エステル化 256
酸化的カルボニル化 256
酸化的水和 257
酸化的脱水素二量化 257
酸化的付加 258
酸化マグネシウム 24
酸化モリブデン系触媒 261
酸化モリブデン-酸化バナジウム系触媒 262
酸化力 259
酸強度(固体酸の) 259
三元触媒 260
三酸化二クロム-三酸化二アルミニウム触媒 261

三酸化モリブデン系触媒 261
三酸化モリブデン-五酸化バナジウム系触媒 234
参照電極 262
酸性点 262
酸性度 263
酸素アニオン 154
酸素移行反応 263
三相反応器 264
酸素キャリヤー 265
酸素原子 154
酸素錯体 266
酸素酸 268
酸素酸塩 268
酸素センサー 137,147
酸素添加酵素 123
酸素分子の活性化 268
酸度関数 269

し

ジアシルペルオキシド 11
ジアステレオマー 270
ジアルキルペルオキシド 37
シェラーの式 395
ジエン錯体 271
紫外可視分光 271
紫外光電子分光法 273
直火加熱法 274
σ供与 195
ジーグラー-ナッタ触媒 376
シクロプロパン化 274
シクロヘキサン
　　——の合成 520
　　——の酸化 275
シクロヘキセンの水和 276
シクロペンタジエニル基 276
シクロメタル化 276
自己拡散 277
自己触媒作用 277
自己熱交換式 277
示差熱分析 428
自触媒作用 277
湿式酸化 278
シップインボトル合成 278
自動酸化 279
自動車触媒 279
自動車排ガス浄化 282
自動車排ガス浄化触媒 279
シフト反応 321
脂肪酸の合成 283
ジメチルジクロロシランの合成

284
シモンズ-スミス反応　284
シャープレス酸化　285
重合　285
重合度　129
重縮合　285
重付加　285
シュウ酸エステルの合成　287
18電子則　288
縮合重合　285
シュルツ-フローリー分布　289
循環式反応器　290
昇温脱離法　291
小角散乱　108
焼結　316
硝酸の製造　293
掌性　109
蒸着膜　293
衝突理論　294
蒸発乾固法　294
触媒　295
　　──の活性化　305
　　──の再生　306
　　──の寿命　307
　　──の耐久性　308
触媒規制　500
触媒形状(成形)　296
触媒作用　297
触媒支持体　558
触媒充填法　300
触媒調製　300
触媒毒　301
触媒燃焼　172, 302
触媒バーナー　302
触媒有効係数　308
助触媒　309
ショットキー欠陥　226
シーライト　310
シリカ　311
シリカ-アルミナ　311
シリカゲル　313
シリカライト　343
シリコアルミノリン酸塩型モレキュラーシーブ　313
シリコンカーバイド　314
ジルコニア　315
C1ケミストリー　315
親液性コロイド　242
親核置換反応　184
真空紫外光電子分光法　273
シングルサイト触媒　316
シンジオタクチック重合　316

親水性コロイド　242
真性半導体　445
シンタリング　316
親電子置換反応　191
親電子反応　192
親電子付加反応　192
振動反応　318
深度脱硫　318
ジンマーマンプロセス　278

す

水銀圧入法　248
水蒸気改質　319
水蒸気改質触媒　320
水性ガスシフト反応　321
水素化処理　322
水素化脱アルキル　324
水素化脱金属　324
水素化脱窒素　324
水素化脱硫　325
水素化分解　326
水素吸蔵合金　327
水熱合成　328
水和反応　328
すすの酸化　328
スチームリフォーミング　319
スチレンの合成　329
ステップ　198
ストークス-アインシュタインの式　330
ストークスの式　330
スーパーオキシド　155
スーパーオキシドジスムターゼ　331
スピネル　331
スピルオーバー　332
スメクタイト　333

せ

成形　333
ゼオライト　334
赤外反射吸収分光法　337
赤外光音響分光法　336
赤外分光　337
石炭液化　339
石炭ガス化　340
積分吸着熱　341
ゼータポテンシャル(ゼータ電位)　341
接触改質　578

接触時間　342
接触分解　342
絶対反応速度論　345
ZSM-5　342
セピオライト　344
セレクトフォーミング　344
遷移状態理論　345
線形自由エネルギー関係　385
センサー　345
せん晶石　331
前周期遷移金属錯体　346
選択酸化　347
選択性　347
選択接触還元法　91
栓流　128

そ

総括伝熱係数　348
相間移動触媒　349
層間架橋粘土触媒　350
相互拡散　350
走査電子顕微鏡　350
走査トンネル顕微鏡　351
層状粘土鉱物　352
挿入反応　354
疎液性コロイド　242
速度論的同位体効果　355
疎水性コロイド　242
ソーダライト　356
ソハイオ法　357
素反応　357
ゾル　357
ゾル化　358
ゾルゲル法　358

た

対掌体　109
対掌体過剰率　485
滞留時間　359
滞留時間分布　359
滞留量　525
多管式反応器　359
多元金属効果　360
多元金属触媒　360
多元系モリブデン-ビスマス触媒　361
多段化(反応器の)　362
多段反応器　362
脱臭　206
脱硝反応　363

脱水素反応　363
脱水反応　364
脱着　364
脱離　364
脱離反応　365
脱硫触媒　367
脱硫反応　325
脱ろう法　368
ターフェル式　368
ダブルカルボニル化　369
多分子層吸着　369
ターンオーバー数　370
ターンオーバー頻度　370
ダングリングボンド　202
炭酸エステルの合成　371
炭酸ジメチル　371
担持触媒　371
担持パラジウム触媒　372
担持法　373
炭素陽イオン　167
担体　373
担体効果　374
断熱クエンチ法　375
単分子層吸着　375

ち

チキソトロピー　376
逐次重合　285
逐次反応　376
チーグラー触媒　376
チーグラー-ナッタ触媒　376
チタノシリケート　378
チタン鉄鉱型構造　80
窒素錯体　379
窒素酸化物
　——の除去　379
　——の選択還元　380
チトクローム P-450　380
チャネルブラック　161
チャバザイト　381
中心担持　109
超強塩基　238
超強酸　383
超強酸触媒　383
長短度　213
超微細分裂　404
超微粒子　385
直接酸化法　477
直線自由エネルギー関係　385
チョムキンの吸着等温式　387
チョムキン-ピジェフの速度式

　　387
チーレ数　387
沈殿法　388

て

DF 法　533
ディークマン縮合　209
ディーコン法　389
ディーゼルエンジン排ガス
　　389
ティシェンコ反応　390
低重合　129
定常状態近似　391
低速電子回折　391
t-プロット　392
ディールス-アルダー反応　393
鉄-アンチモン系触媒　394
K_2NiF_4 型構造　395
デバイ-シェラー式　395
デバイ-ヒュッケル理論　395
デヒドロゲナーゼ(脱水素酵素)
　　396
デヒドロベンゼン　516
デュワー-チャット-ダンカンソ
　　ンモデル　396
テロメリゼーション　286
電界イオン顕微鏡　397
電解酸化　398
電解質　398
電解重合　399
電界放射顕微鏡　399
電気陰性度　399
電気泳動　400
電気二重層　400
電極触媒　118, 429
電極触媒作用　118
電極電位　401
電子エネルギー損失分光　401
電子回折　402
電子顕微鏡　402
電子スピン共鳴　403
電子的欠陥制御　222
電子的効果　405
電子プローブX線アナライザー
　　108
電子分光法　405
テンペラチャー・アプローチ
　　507
電流効率　405
電流密度　406

と

同位体効果　406
同位体トレーサー法　407
同位体標識　407
透過型赤外分光法　337
透過電子顕微鏡　407
銅クロム触媒　408
銅系触媒　409
同形置換　410
同形元素　410
銅触媒　410
動的同位体効果　355
等電子構造　411
等電点　411
灯油の製造　412
特殊酸・特殊塩基触媒作用　413
毒物質　301
ドナー準位　413
トムソンの式　221
トランスアルキル化　39
トランス影響　414
トランス効果　414
トリクル流れ　171
トリクルベッド　171
トリクルベッドリアクター
　　171
トルエン
　——の酸化　415
　——の不均化　415
トレーサー法　407

な

内層担持　108
ナイロン　417
ナノ粒子　385
ナフィオン　417
ナフサの熱分解　418
ナフタレンのアルキル化　419
ナフトキノンの合成　420

に

二元機能触媒　420
二元金属触媒　360
二酸化硫黄の酸化　584
二酸化ケイ素　311
二酸化炭素の水素化　422
二酸化チタン　422
二次イオン質量分析法　424

二次同位体効果　355
二重促進鉄　425
二次粒子　425
ニッケル系触媒　425
ニッケル-モリブデン系硫化物
　　触媒　367
ニトリルの水素化　426

ぬ

ヌッセン拡散　207

ね

熱交換型反応器　427
熱重量分析　428
熱伝達係数　428
熱分析　428
ネルンストの式　139
燃焼触媒　303
燃料電池　429

の

濃硫酸触媒　430
NO_x　430
NO_x 吸蔵還元触媒　430

は

π-アリル錯体　432
配位　432
配位子　433
配位重合　434
配位不飽和　434
排煙脱硝　434
π 逆供与　183
π 酸　435
ハイドロタルサイト　436
BINAP　436
バイメタリック触媒　360
バイヤー-ビリガー酸化　437
バイヤー-ビリガー転位　437
パイロクロア　437
白金黒　437
白金触媒　438
白金族系触媒　439
バッチ操作　133
パティキュレート　585
ハーバー-ワイス機構　440
ハメット塩基　441
ハメット則　441

ハメットの酸度関数　269
ハメットの指示薬　442
速い準位　468
パラキシレンの酸化　443
パルス法　444
半導体　445
半導体ガスセンサー　148
バンドギャップ　446
反応経路　447
反応次数　447
反応速度　448
反応速度式　450
反応中間体　450
反応分子数　451

ひ

BET 吸着等温式　451
BET 表面積　453
p 型半導体　445
光音響分光　454
光起電力　455
光触媒反応　455
光増感酸化　457
比重　533
ピストン流　128
被毒　301
ヒドリド錯体　458
ヒドロエステル化反応　458
ヒドロキシラジカル　154
ヒドロゲル　221
ヒドロシアノ化　459
ヒドロシリル化　459
ヒドロゾル　358
ヒドロペルオキシド　461
ヒドロペルオキシド酸化　461
ヒドロホウ素化　462
ヒドロホルミル化　462
ヒドロメタル化　464
ピナコール転位　465
比表面積　468
ビフェニル異性　14
被覆率　465
微分吸着熱　465
標準水素電極　466
標準電極電位　467
表面拡散　247
表面再配列　467
表面準位　468
表面積測定法　469
表面電位　469
表面プラズモン　470

表面プラズモンポラリトン
　　470
表面分光法　470
表面露出原子数　504
ピリジン合成　471

ふ

ファーネスブラック　161
不安定操作点　61
VOC 酸化　302
フィッシャー-トロプシュ合成
　　472
VPI-5　475
フェノール
　　——のアルキル化　475
　　——の合成　476
フェリエライト　478
フェントン試薬　478
フォージャサイト　522
付加重合　285
不均一系触媒反応　478
不均化　479
複合酸化物　480
複酸化物　480
不純物半導体　445
不斉酸化　480
不斉修飾金属触媒　481
不斉触媒反応　481
不斉水素化　483
不斉増幅　481
不斉配位子　484
不斉ヒドロシリル化　485
ブタジエン
　　——のアセトキシル化　486
　　——のアンモ酸化　487
　　——の重合　487
フッ化カリウム触媒(アルミナ
　　担持)　488
フッ化水素触媒　488
物質要因　489
物理吸着　489
ブテンの異性化　42
n-ブテンの酸化脱水素　489
ブードアール反応　490
部分酸化　347
フラクショナル　490
プラグ流　128
プラスチックリサイクル　491
プラットフォーミング　581
プラットフォーミング触媒
　　581

フリース転位　491
フリーデル-クラフツ触媒　492
フリーデル-クラフツ反応　492
フリーラジカル　568
プリンス反応　493
ふるい　556
ブレオマイシン　493
フレンケル欠陥　226
ブレンステッド酸　494
ブレンステッドの触媒法則　494
フロイントリッヒの吸着等温式　495
プロパン
　——のアンモ酸化　496
　——の酸化　496
プロピレンオキシドの合成　497
プロピレン
　——の酸化　498
　——の重合　499
　——の水和　501
フロンティア軌道　524
フロン
　——の合成　502
　——の分解　503
分散度　504
分子拡散　505
分子軌道　524
分子動力学　505
分子ふるい　561
分子ふるい作用　505

へ

平衡電極電位　138
平衡への接近度　507
併発反応(並発反応)　507
ベガードの法則　241
ヘキスト-ワッカー法　599
ベータゼオライト　507
β脱離　508
ヘック反応　509
ベックマン転位　510
ヘテロポリアニオン　511,525
ヘテロポリ酸　511
ヘテロポリ酸触媒　512
ヘリウム散乱　514
ペルオキシカルボン酸(過酸)　514
ペルオキシラジカル　154
ペロブスカイト型酸化物　515

ベンザイン　516
ベンゼンの部分水素化　516
偏平度　213
ヘンリーの吸着等温式　516

ほ

ボイド　206
芳香族化　35
芳香族化合物
　——のアンモ酸化　517
　——の塩素化　518
　——の核アルキル化　518
　——の酸化　519
　——の水素化　520
　——の側鎖アルキル化　521
　——のニトロ化　521
方ソーダ石　355
補酵素　522
保護コロイド　242
ホージャサイト　522
補償効果　522
ホスフィン配位子　523
ホットスポット　523
ホットバンド　522
ホフマン則　366
HOMO　524
ポリアニオン　525
堀内-ポラニ則　524
ポリエチレンの製造　98
ポリ酸　525
ポリプロピレンの製造　499
ホールドアップ　525
ホルムアルデヒドの合成　548

ま

マイクロポアフィリング　527
マイケル付加　527
前処理　566
膜反応器　557
マクロ細孔　247
末端規制　499
魔法の酸　383
摩耗強度　527
マルコウニコフ付加　528
Mars-van Krevelen 機構　528

み

ミカエリス-メンテン機構　529
ミクロ細孔　247

水浄化　529
水の光分解　530
ミセル　532
密度　533
密度汎関数法　533

む

無水三塩化アルミニウム　118
無水フタル酸の合成　534
無水マレイン酸の合成　535
無電解メッキ法　536

め

メスバウアー効果　537
メソ細孔　247
メタクリル酸メチルの合成　538
メタクリロニトリルの合成　540
メタセシス　541
メタノール
　——からの炭化水素合成　542
　——のカルボニル化　544
　——の合成　545
　——の酸化　547
　——の脱水素　548
メタノール合成触媒　543
メタラサイクル　549
メタロシリケート　550
メタロセン触媒　551
メタン化反応　552
メタン
　——の酸化カップリング　553
　——の水蒸気改質　554
　——の部分酸化　29,229
メチルアミンの合成　555
メチルエチルケトンの合成　556
メッシュ　556
メディエーター　118
メーヤワイン-ポンドルフ-バーレー反応　556
メンブレンリアクター　557

も

毛管凝縮　557
潜り込み酸素　201

モノリス触媒体　558
モービル-バッジャープロセス　94
モリブデン-ビスマス系触媒　558
モルデナイト　559
モレキュラーシービングカーボン　560
モレキュラーシーブ　560
モンサント法　545
モンモリロナイト　561

や

軟らかい塩基　86
軟らかい酸　86

ゆ

有効拡散係数　563
有効原子番号則　67,68,288
有効伝熱係数　563
有効熱伝導度　564
油脂
　──の硬化　564
　──の水素化　564

よ

溶媒効果　565
溶融鉄　565
予備処理　566
予備平衡　574

ら

ライザー反応器　567
ラジアルフロー　568

ラジカル　568
ラネー触媒　569
ラネー銅　569
ラネーニッケル　569
ラマン分光　570
ラングミュアの吸着等温式　571
ラングミュア-ヒンシェルウッド機構　573
ラングミュア-ブロジェット膜　573

り

リガンド効果　574
リコンストラクション　467
律速段階　574
律速段階近似　574
立体規則性重合　575
立体選択性　575
立体特異性　575
立体特異性重合　576
立体配座　577
立体配置　577
リディール-イーレー機構　578
リディール機構　578
リビング重合　286
リフォーミング　578
リフォーミング触媒　581
粒径変化法　582
硫酸塩触媒　583
硫酸の製造　584
粒子径　585
粒子状物質　585
粒子内活性分布　585
流通系反応操作　586
粒度　587
流動接触分解　587

流動層　590
量子サイズ効果　592
リョウ沸石　381
臨界ミセル濃度　592
リン酸/シリカ　592
リンドラー触媒　593

る

累積膜　573
ルイス酸　593
ルチル　593
LUMO　524

れ

レジオスペシフィック重合　594
レッペ反応　594
レドックス機構　595
レニフォーミング　595
連鎖成長　596
連鎖重合　285
連鎖反応　596
連続流攪拌槽型反応器　596

ろ

露出度　504

わ

Y型ゼオライト　598
ワグナー-メーヤワイン転位　598
ワッカー法　599

欧文索引

A

α-hydrogen elimination 53
$α_s$-plot 52
A type zeolite 87
abrasion strength 527
absolute reaction theory 342
acceptor level 2
acetic acid synthesis 250
acetoxylation
——of alkenes 42
——of butadiene 486
——of ethylene 97
acidity 263
acidity function 269
acid site 262
acid strength 259
activated carbon 156
activated complex 152
activation
——of catalysts 305
——of dioxygen 268
activation energy 151
active carbon 156
active center 156
active component 155
active oxygen species 153
active site 152, 156
acylation 10
acyl complex 10
acyl peroxide 11, 143
acyloin condensation 12
addition polymerization 285
adiabatic quenching 375
Adkins catalyst 14
adsoprption 186
adsorbate 188
adsorbent 187, 191
adsorption isobar 188
adsorption isostere 189
adsorption isotherm 189
adsorptive 188
aerogel 86, 221
aerosol 86, 357
AES 86
AFM 86

agostic interaction 9
air purification 206
air to fuel ratio 207
aldol condensation 52
aldol condensation of acetone 13
Alfol process 53
alkali metal catalyst 23
alkaline-earth oxide 24
alkane alkylation 26
alkane oxidation 28
Alkar process 23
alkene complex 40
alkene oxidation 44
alkylation 36
——of naphthalene 419
——of phenol 475
alkyl complex 37
alkyl hydroperoxide 37
alkylidene 166
alkylidene complex 36
alkylidyne 162
alkylidyne complex 36
alkyl peroxide 37
alkyne complex 39
alloy 225
allylic oxidation 21
alumina 53
aluminophosphate molecular-sieve 56
aluminum chloride catalyst 118
amination 18
——of alkenes 42
ammonia synthesis 65
ammonia synthesis catalyst 64
ammoxidation 63
——of aromatic hydrocarbons 517
——of butadiene 487
——of propane 496
ammoximation 63
amorphous alloy 19
anatase 15
Andrussow process 62
anionic polymerization 15

anodic oxidation 398
anodic reaction 18
apatite 18
arene complex 58
aromatization 517
——of alkanes 35
Arrhenius equation 58
asymmetric amplification 484
asymmetric catalysis 481
asymmetric hydrogenation 483
asymmetric hydrosilylation 485
asymmetric oxidation 480
atactic polymer 13
atomic force microscopy 86, 222
atropisomeric 14
attrition strength 527
Auger electron spectroscopy 86, 126
autocatalysis 277, 278
automobile catalyst 279
autothermal heat-exchanging method 277
autoxidation 279

B

β-hydrogen elimination 508
back-donation 183
Baeyer-Villiger oxidation 437
band gap 446
basic site 121
batch operation 133, 440
batch reactor 133
Beckmann rearrangement 510
benzyne 516
BET adsorption isotherm 451
BET surface area 453
bifunctional catalyst 420
bimetallic catalyst 437
biphenyl isomerism 465

bismuth molybdate 558
bleomycin 493
Boudouard reaction 490
Brønsted acid 494
Brønsted catalysis law 494

C

C1 chemistry 315
calcium oxide 254
Cannizzaro reaction 161
capillary condensation 557
carbanion 167
carbene 165
carbene complex 166
carbenium ion 162
carbocation 167
carbon black 161
carbonium ion 168
carbonylation 169
——of methanol 544
carbonyl complex 169
carborundum 161, 314
carbyne complex 162
carrier 373
catalase 150
catalysis 297
catalyst 295
——for liquid phase oxidation 89
——for steam reforming 320
——for environmental control 172
catalyst life 307
catalyst loading method 300
catalyst poison 301
catalyst preparation 300
catalyst support 558
catalytic antibody 231
catalytic combustion 302
catalytic cracking 342
catalytic gas phase oxidation 181
catalytic reforming 341
cathodic reaction 149
cationic polymerization 150
CFC 502, 503
chabazite 381, 592
chain-end control 499
chain growth 596
chain polymerization 285

chain reaction 596
channel black 161
chemical adsorption 134
chemical heat pump 220
chemically modified electrode 136
chemical sensor 137
chemical shift 135
chemical vapor deposition 137
chemisorption 134
chemoselectivity 138, 174, 221
chiral ligand 484
chlorination of aromatic compounds 518
chromia-alumina catalyst 261
circulating-bed reactor 290
Claisen condensation 209
Claisen rearrangement 209
Claus process 209
clean up of automobile exhaust gas 282
cluster 209
coal gasification 340
coal liquefaction 339
coenzyme 522
coking 232
collision theory 294
colloid 242
combinatorial chemistry 245
combustion catalyst 429
Co-Mo-sulfide based catalyst 241
compensation effect 522
competitive adsorption 193
complete mixing flow 174
complete oxidation 174
concentrated sulfuric acid catalyst 430
condensation polymerization 285
condensation probability 239
cone angle 121
configuration 577
conformation 577
consecutive reaction 376
contact time 342
continuous feed stirred tank reactor 271

continuous staged reactor 362
coordination 432
coordination polymerization 434
coordinative unsaturation 434
co-oxidation 192
copper catalyst 410
copper-based catalyst 409
copper-chromium catalyst 408
coprecipitation method 194
cordierite 234
corundum 242
coupling reaction 158
coverage 465
cracking 210
——of alkanes 30
critical micelle concentration 592
crystal field theory 218
Cr_2O_3-Al_2O_3 261
CSTR 271, 596
cumene process 208
current density 406
current efficiency 405
CVD 271
cyclic oligomerization 173
cyclic voltammogram 246
cyclodehydrogenation of alkanes 30
cyclometallation 276
cyclopentadienyl ligand 276
cyclopropanation 274
cytochrome P-450 380

D

dangling bond 202
Deacon process 389
deactivation 157
dealkylation of alkylbenzenes 38
Debye-Hückel theory 395
Debye-Scherrer equation 395
decomposition of chlorofluorocarbons 503
deep desulfurization 318
degree
——of exposure 597

―― of polymerization 129
dehydration 364
―― of alcohols 48
dehydrobenzene 396
dehydrocyclization 171
dehydrogenase 396
dehydrogenation
―― of alcohols 50
―― of alkanes 29
―― of alkenes 46
―― of amines 19
―― of ethylbenzene 94
―― of methanol 548
dehydrogenation reaction 363
denitration 363, 379
DeNO$_x$ process 379
density 533
density functional method 533
deodorization 363
desorption 364
desulfurization reaction 368
determination of acidic and basic properties 251
Dewar-Chatt-Duncanson model 396
dewaxing process 368
diacyl peroxide 270
dialkyl peroxide 271
diastereomer 270
Dieekmann condensation 389
Diels-Alder reaction 393
diene complex 271
differential heat of adsorption 465
differential thermal analysis 428
diffuse reflectance spectroscopy 139
diffusion 139
diffusion controlled current 139
dimethyl carbonate 371
dimethyldichlorosilane synthesis 284
dinitrogen complex 379
dioxygen complex 266
direct heating process 274
dispersion 243, 504
dispersion model 243

disproportionation 479
―― of alkenes 47
―― of toluene 415
dissociative adsorption 134
distribution of residence time 359
donation 195
donor level 413
double carbonylation 369
double oxide 480
doubly promoted iron 425
durability of catalysts 308
dynamic isotope effect 355, 411

E

E1 elimination 75
E2 elimination 75
early transition metal complex 346
EDX 80
EELS 67
effective atomic number rule 67, 68, 288, 563
effective diffusion coefficient 563
effective heat transfer coefficient 563
effectiveness factor of catalyst 308
effective thermal conductivity 564
egg shell 102, 133
egg white 108, 417
egg yolk 109, 383
eighteen electron rule 288
electrical double layer 400
electrocatalysis 118, 400
electrochemical oxidation 398
electrode catalyst 400
electrode potential 401
electrokinetic potential 134
electroless plating 536
electrolyte 398
electrolytic oxidation 398
electron diffraction 402
electron energy loss spectroscopy 67, 401
electron microscope 402
electron probe microanalyzer

80, 405
electron spectroscopy 405
electron spectroscopy for chemical analysis 68
electron spin resonance 403
electron stimulated desorption ion angular distribution 68
electron X-ray absorption fine strucure 68
electronegativity 399
electronic defect control 222, 404
electronic effect 405
electrophilic addition reaction 192, 318
electrophilic reaction 192, 318
electrophilic substitution 191, 318
electrophoresis 400
electropolymerization 399
elementary reaction 357
Eley-Rideal mechanism 80
elimination reaction 365
elongation 213
Elovich equation 118
emission from diesel engine 389
enantiomer 193, 224, 109, 359
enantiomeric excess 193, 485
enantiomorphic-site control 500
end-on 121
energy dispersive X-ray spectrometer 79, 109
ensemble effect 59
enthalpy of activation 152
entropy of activation 152
environmental catalyst 172
enzyme reaction 231
epitaxial growth 110
EPMA 80
epoxidation 110
equilibrium approach 507
equilibrium electrode potential 138
equilibrium temperature approach 507
erionite 117
ESCA 68
ESR 68

esterification 92
ethylene polymerization 98
Eugen equation 122
evaporated film 293
evaporation to dryness method 294
EXAFS 68,104
extended X-ray absorption fine structure 104

F

fast state 468
faujasite 478,522
FCC 110,587
Fenton reagent 478
ferrierite 478
field emission microscope 399
field ion microscope 397
film mass transfer coefficient 195
film resistance 195
Fischer-Tropsch synthesis 472
fixed bed reactor 240
flakiness 213
flow operation 586
flue gas denitration 434
flue gas NO_x reduction 434
fluid catalytic cracking 110, 587
fluidized bed 590
fluxional 490
fraction exposed 597
Frenkel defect 494
Frenkel-Halsey-Hill equation 393
Freundlich adsorption isotherm 495
Friedel-Crafts catalyst 492
Friedel-Crafts reaction 492
Fries rearrangement 491
frontier orbital 524
fuel cell 429
fully stabilized zirconia 60
furnace black 161
fused iron 565

G

gas sensor 146

Gattermann-Koch reaction 158
gel 221
gelation 221
general acid-general base catalyzed reaction 79
geometrical factor 178
Gibbs equation 182
Gilman reagent 196
gold catalyst 199
graphite 210
green catalyst 212
Grignard reagent 211

H

H_0 function 87
Haber-Weiss mechanism 440
Hammett indicator 442
Hammett acidity function 442
Hammett rule 441
hard acid 150
hard and soft acid and base 86
hard base 150
hardening of oil 564
heat-exchanger type reactor 427
heat of adsorption 190
heat transfer coefficient 428
Heck reaction 509
helium scattering 514
Henry adsorption isotherm 516
heterogeneous catalytic reaction 478
heteropolyacid 511
heteropolyacid catalyst 512
heteropolyanion 511
highest occupied molecular orbital 524
Hoechst-Wacker process 507,599
Hofmann rule 524
holdup 359,525
homogeneous catalytic reaction 196
homogeneous loading 198
Horiuchi-Polanyi rule 524
hot band 523

hot spot 523
hydration 328
——of acrylonitrile 7
——of alkenes 46
——of cyclohexene 276
——of ethylene 102
——of propylene 501
hydride complex 458
hydroboration 462
hydrocarbon synthesis from methanol 542
hydrocracking 326
hydrocyanation 459
hydrodealkylation 324
hydrodemetallization 324
hydrodenitrogenation 324
hydrodesulfurization 325
hydrodesulfurization catalyst 367
hydroesterification 458
hydroformylation 462
——of aldehydes 51
——of alkenes 47
——of alkynes 40
——of allyl alcohols 21
hydrogel 221
hydrogen-absorbing alloy 327
hydrogenation
——of aldehydes 51
——of alkenes 45
——of alkynes 40
——of carbon dioxide 422
——of carbon monoxide 76
——of carboxylic acids 170
——of ethylene 101
——of fats and oils 564
——of ketones 219
——of nitriles 426
——of rubber 241
hydrogen fluoride catalyst 488
hydrolysis 146
hydrometallation 464
hydroperoxide 461
hydrophilic colloid 316
hydrophobic colloid 356
hydrosilation 459
hydrosilylation 459
hydrosol 358

hydrotalcite 436
hydrothermal synthesis 328
hydrotreatment 322
hydroxy radical 154
hyperfine splitting 404
hyrogenation of aromatics 520

I

ilmenite structure 80,379
IMA 72
IMMA 72
immobilized catalyst 240
immortal polymerization 132,287
impregnation method 173
impurity semiconductor 445
infrared photoacoustic spectroscopy 336
infrared reflection absorption spectroscopy 336
infrared spectroscopy 337
insertion 354
integral heat of adsorption 341
intercalation 80
intermetallic compound 201
intrapellet activity profile 585
intrinsic semiconductor 445
inverse spinel 184
ion exchange 69
ion-exchange method 71
ion-exchange resin 69
ionic conductor 72
ionic radius 72
ion microanalysis 72
ion microprobe analysis 72
ion micro probe mass analysis 72
IPMA 2
IR 337
iron antimonate catalyst 394
isoelectric point 411
isoelectronic structure 411
isolobal 1
isomerization 73
——of alkanes 27
——of alkenes 42
——of butenes 489
——of xylenes 180

isomorphous element 410
isomorphous replacement 410
isomorphous substitution 410
isopolyacid 75
isopolyanion 75
iso synthesis 73
isotactic polymerization 1, 74
isotope effect 406
isotope labeling 407
isotope tracer method 407

K

K_2NiF_4 type structure 395
Kaminsky catalyst 162
Kelvin equation 221
kinetic isotope effect 355
kink 198
kneading method 245
Knoevenagel condensation 208
Knudsen diffusion 207,427
Koch reaction 239
Kröger-Vink expression 226

L

L type zeolite 117
Langmuir adsorption isotherm 571
Langmuir-Blodgett film 118,573
Langmuir-Hinshelwood mechanism 573
late transition metal complex 228
lattice defect 226
lattice oxygen 227
layered clay mineral 352
LB film 573
LEED 391
Lewis acid 593
LFER 117
LHSV 117
ligand 433
ligand effect 574
Lindler catalyst 593
linear free energy relationship 117,345,385

liophobic colloid 355
liquid hourly space velocity 88,117
liquid phase oxidation 88
iving polymerization 286
low energy electron diffraction 391
lowest unoccupied molecular orbital 594
lyophilic colloid 316

M

M41S 114
macropore 527
magic acid 383
magic angle spinning nuclear magnetic resonance 111
magnesium oxide 258
Markovnikov addition 528
Mars-van Krevelen mechanism 528
MAS NMR 111
material factor 489
MCM-22 113
MCM-41 113
mechanical strength 177
mediator 118,556
meerschaum 344
Meerwein-Ponndorf-Verley reaction 556
membrane reactor 527,557
mercury porosimetry 319
mesh 556
mesopore 538
metal catalyst 201
metal catalyst modified by chiral compound 481
metal dispersion 504
metal particle size 203
metal sulfate catalyst 583
metallacycle 549
metallocene catalyst 551
metallosilicate 550
metathesis 541
methanation 552
methanol synthesis 545
methanol synthesis catalyst 543
mica 85
micelle 532
Michael addition 527

Michaelis-Menten mechanism 529
micropore 529
micropore filling 527
mixed adsorption 244
mixed oxide 245,480
MoO_3-V_2O_5 catalyst 262
Mobil-Badger process 558
molding shaping 333
molecular diffusion 505
molecular dynamics 505
molecular orbital 524
molecular sieve 560
molecular sieving 505
molecular sieving carbon 560
molecularity of reaction 451
molybdenum trioxide-based catalyst 261
monolayer adsorption 375
monolithic catalyst 558
Monsanto process 561
montmorillonite 561
mordenite 559
most probable distribution 287
moving bed reactor 80
Mössbauer effect 537
MTG process 115
multicomponent molybdenum bismuth catalyst 361
multilayer adsorption 369
multimetallic catalyst 360
multi-stage reactor 362
multitube reactor 359
mutual diffusion 350

N

n-type semiconductor 109
Nafion 417
Nernst equation 139
NHE 109
nickel-based catalyst 425
Ni-Mo sulfide based catalyst 426
nitration of aromatic compounds 521
nitric acid synthesis 293
normal hydrogen electrode 109
NO_x sorption and reduction catalyst 430
NSR catalyst 430
nuclear alkylation of aromatics 518
nuclear magnetic resonance 140
nucleophilic addition 185
nucleophilic reaction 185
nucleophilic substitution reaction 184,316
nylon 417

O

octane number 126
oligomerization 129,391
on-board reforming 131
onium ion 128
optical purity 224
optical yield 224
orbital symmetry conservation rule 83
order of reaction 447
organogel 221
organosol 358
oscillating reaction 318
overall heat transfer coefficient 348
overpotential 159
overvoltage 159
oxidase 254
oxidation
——by enzyme 230
——of ammonia 67
——of anthracene 62
——of aromatics 519
——of cyclohexane 275
——of ethylene 98
——of methanol 547
——of propane 496
——of propylene 498
——of soot 328
——of sulfur dioxide 422
——of toluene 415
——of p-xylene 443
——with hydrogen peroxide 143
——with hydroperoxide 461
oxidation number 255
oxidative acetoxylation 256
oxidative addition 258
oxidative carbonylation 256
oxidative coupling 254
oxidative coupling of methane 553
oxidative dehydrodimerization 257
oxidative dehydrogenation 255
oxidative dehydrogenation of butenes 489
oxidative esterification 256
oxidizing power 259
oxo acid 125,268
oxo oxygen 125
oxo synthesis 125
oxychlorination 122
oxygen anion 154
oxygenase 123,268
oxygen carrier 265
oxygen sensor 268
oxygen transfer reaction 263
oxyhydration 257
ozone 153
ozone decomposition 128

P

π acid 435
π-allyl complex 432
π back-donation 183
p-type semiconductor 454
palladium acetate 509
partial hydrogenation of benzene 516
partial oxidation 490
partial oxidation of methane 555
particle diameter 585
particle size 587
particle size variation method 582
particulate 440
particulate matter 454,585
PAS 454
perfect mixing flow 174
perovskite-type oxide 515
peroxy acid 143
peroxycarboxylic acid 514
peroxy radical 154
phase transfer catalyst 349
phosphine ligand 523

photoacoustic spectroscopy 454
photocatalytic decomposition of water 530
photocatalytic reaction 455
photoelectrochemical cell 223
photoelectromotive force 455
photoelectron spectroscopy 232
photopotential 455
photosensitized oxidation 457
physical adsorption 489
physisorption 489
pillared clay catalyst 350
pinacol rearrangement 465
piston flow 128,458
platforming 491
platinum black 437
platinum catalyst 438
plug flow 128,348,491
PM 454
poisoning 458
poisoning substance 413
polyacid 525
polyaddition 285
polyanion 524
polycondensation 285
polymerization 285
——of alkenes 44
——of butadiene 487
——of propylene 499
pore 247
pore diffusion 247
pore size distribution 248
pore volume 249
potassium fluoride catalyst (alumina supported) 488
precipitation method 388
pre-equilibrium 566
Prelog rule 494
preparation of supported catalyst 373
pressure drop 13
pressure-jump method 13
pretreatment 527,566
primary isotope effect 75
primary particle 75
Prins reaction 493

production
——of diesel 217
——of ethylbenzene 94
——of gasoline 149
——of kerosene 412
——of polyethylene 525
——of polypropylene 525
——of synthesis gas 229
promoter 309
propylene polymerization 499
protective colloid 522
pseudoliquid phase 177
Pt group catalyst 439
pulse technique 444
pyrochlore 437

Q

quantum size effect 592
quasi-homogeneous model 198

R

radial flow 568
radical 568
Raman spectroscopy 570
Raney catalyst 569
Raney copper 569
Raney nickel 569
rare earth-exchanged zeolite 182
rate determining step 574
rate determining step approximation 574
rate equation 450
reaction intermediate 450
reaction path 447
reaction rate 448
reconstruction 574
recycle of plastic wastes 491
redox mechanism 595
reductive elimination 173
reference electrode 262
reforming 133,578
reforming catalyst 133,581
regeneration of catalyst 306
regioselectivity 75
regiospecific polymerization 594
relaxation method 176

Reppe reaction 594
residence time 359
reverse spillover 184
reversible electrode potential 138
rheniforming 595
Rideal-Eley mechanism 578
Rideal mechanism 578
ring opening metathesis polymerization 23,132
ring-opening polymerization 132,285
riser reactor 567
rutile 593

S

σ donation 195
saponification 146
saponite 251
SAXS 108
scanning electron microscope 90,350
scanning tunneling microscopy 92,351
scheelite 310
Scherrer equation 271,395
Schulz-Flory distribution 289
Schottky defect 310
SCR 91
S_E type reaction 191
secondary ion mass spectrometry 424
secondary isotope effect 425
secondary particle 425
selectforming 344
selective catalytic reduction 91,348
selective catalytic reduction of nitrogen oxides 380
selective oxidation 347
selectivity 347
self-diffusion 277
SEM 90,350
semiconductor 445
semiconductor gas sensor 148
sensor 345
sepiolite 344
shape factor 213
shape of catalyst 296

shape selectivity 213
Sharpless oxidation 285
SHE 466
shift reaction 283
ship-in-bottle synthesis 278
side chain alkylation of aromatics 521
side-on 250
sieve 493
silica 311
silica-alumina 311
silica gel 313
silica-supported phosphoric acid 592
silicalite 313
silicoaluminophosphate molecular sieve 313
silicon carbide 314
silver catalyst 199
Simmons-Smith reaction 284
SIMS 424
simultaneous reaction 507
single-site catalyst 316
singlet oxygen 153
sintering 293,316
skeletal isomerization 27
slow state 468
small angle scattering 293
small angle X-ray scattering 108
smectite 333
SMSI 90
S_N1 type reaction 184
S_N2 type reaction 184
sodalite 356,521
soft acid 563
soft base 563
SOHIO process 357
sol 357
sol-gel processing 358
solation 358
solid acid catalyst 236
solid base catalyst 234
solid electrolyte 239
solid electrolyte gas sensor 148
solid solution 241
solid superacid 239
solid superbase 238
solvent effect 565
space time 205

space time yield 92,207
space velocity 92,205
specific acid-specific base catalyzed reaction 413
specific gravity 458
specific surface area 465
spillover 332
spinel 331
SPM 93,585
stable operational point 60
standard electrode 179
standard electrode potential 467
standard hydrogen electrode 466
steady state approximation 391
steam reforming 319,329
steam reforming of methane 554
step 198,330
stepwise polymerization 285
stereoregular polymerization 575
stereoselectivity 575
stereospecific polymerization 576
stereospecificity 575
sticking probability (coefficient) 239
STM 351
stoichiometric number 138
Stokes equation 330
Stokes-Einstein equation 330
strong metal-support interaction 90
structural factor 229
structure insensitive reaction 229
structure sensitive reaction 229
STY 207
successive polymerization 285
sulfuric acid synthesis 584
sulfur recovery 68
superacid 383
superacid catalyst 383
superbase 383
superficial velocity 207
superoxide 155

superoxide dismutase 331
support 373
support effect 374
supported catalyst 371
surface area measurement 469
surface diffusion 467
surface level 468
surface plasmon 470
surface plasmon polariton 470
surface potential 469
surface reconstruction 467
surface spectroscopy 470
suspended particulate matter 585
SV 205
syndiotactic polymerization 316
synthesis
——of 2-ethyl hexanol 93
——of 2,6-xylenol 179
——of acetaldehyde 12
——of acrolein 8
——of acrylamide 3
——of acrylic acid 3
——of acrylonitrile 5
——of alcohols 47
——of aldehydes 50
——of alkyl carbonates 371
——of allyl acetate 250
——of allyl alcohol 20
——of aniline 17
——of anisaldehyde 17
——of anthraquinone 62
——of ε-caprolactum 161
——of chlorofluorocarbons 502
——of cumene 74
——of ethylene oxide 95
——of fatty acids 283
——of formaldehyde 526
——of higher alcohols 224
——of hydrogen peroxide 143
——of isopropylbenzene 74
——of ketones 219
——of long chain alkylbenzenes 224
——of maleic anhydride

535
—— of methacrylonitrile 540
—— of methylamines 555
—— of methyl ethyl ketone 556
—— of methyl formate 178
—— of methyl methacrylate 538
—— of methyl t-butyl ether 116
—— of naphthoquinone 420
—— of nitrous oxide 9
—— of oxalates 287
—— of phenol 476
—— of phthalic anhydride 534
—— of propylene oxide 497
—— of pyridine 471
—— of styrene 329
—— of vinyl acetate 251
—— of vinyl chloride 119
—— of vinylidene chloride 119

T

t-plot 392
Tafel equation 368
telomerization 286
TEM 407
Temkin adsorption isotherm 387
Temkin-Pyzhev equation 387
temperature approach 405
temperature-jump method 131
temperature programmed desorption 291, 392
TF 370
thermal analysis 428
thermal black 161
thermal cracking of naphtha 418
thermal desorption method 291
thermogravimetry 428

Thiele modulus 387
thixotropy 376
Thomson formula 221
three phase reactor 264
three-way catalyst 260
Tishchenko reaction 390
titanium dioxide 422
titanium oxide 256, 422
titanosilicate 378
TOF 370, 389
TPD 291, 392
tracer method 416
transalkylation 414
—— of alkylbenzenes 39
trans effect 414
trans influence 414
transient response method 160
transition state theory 345
transmission electron microscope 407
transmission infrared spectroscopy 407
trickle bed 415
trickle bed reactor 171, 415
turnover frequency 370, 389
turnover number 370

U

ultrafine particle 385
ultraviolet photoelectron spectroscopy 273, 565
ultraviolet - visible spectroscopy 271
upgrading 13
UPS 273, 565

V

V_2O_5-MoO_3 catalyst 234
valence control 222
vanadium pentoxide catalyst 232
Vaska compound 81
Vegard law 241
void 206, 517
voidage 206
volcano-shaped activity pattern 145

VPI-5 475

W

Wacker process 599
Wagner-Meerwein rearrangement 598
wall reactor 175
water gas shift reaction 321
water purification 529
wet oxidation 278
Wilkinson complex 82
Williamson synthesis 82
Wittig reaction 81
Woodward-Hoffmann rule 83

X

X type zeolite 103
X-ray absorption fine structure 106
X-ray absorption near edge structure 103
X-ray absorption near edge structure 105
X-ray diffraction 103
X-ray microanalyzer 108
X-ray photoelectron spectroscopy 106
XAFS 106
XANES 105
XPS 106
XRD 103

Y

Y type zeolite 598

Z

ζ potential 341
zeolite 334
zeolite β 507
Ziegler catalyst 376
Ziegler-Natta catalyst 274, 376
Zimmermann process 278
zirconia 315
ZSM-5 342

編集者略歴

小野 嘉夫（おのよしお）
1939年　東京都に生まれる
1967年　東京工業大学大学院博士課程修了
現　在　東京工業大学名誉教授
　　　　大学評価・学位授与機構教授
　　　　工学博士

御園生 誠（みそのうまこと）
1939年　鹿児島県に生まれる
1961年　東京大学工学部応用化学科卒業
現　在　東京大学名誉教授
　　　　工学院大学教授
　　　　工学博士

諸岡 良彦（もろおかよしひこ）
1938年　茨城県に生まれる
1961年　東京大学工学部応用化学科卒業
現　在　東京工業大学名誉教授
　　　　常磐大学教授
　　　　工学博士

触媒の事典

定価は外箱に表示

2000年11月1日　初版第1刷
2004年4月10日　　第2刷

編集者　小　野　嘉　夫
　　　　御　園　生　誠
　　　　諸　岡　良　彦
発行者　朝　倉　邦　造
発行所　株式会社　朝　倉　書　店
　　　　東京都新宿区新小川町6-29
　　　　郵便番号　１６２-８７０７
　　　　電　話　03（3260）0141
　　　　FAX　03（3260）0180
　　　　http://www.asakura.co.jp

〈検印省略〉

© 2000〈無断複写・転載を禁ず〉

ISBN 4-254-25242-0　C 3558

新日本印刷・渡辺製本

Printed in Japan

埼玉工大 鈴木周一・理科大 向山光昭編

化学ハンドブック

14042-8 C3043　A5判 1056頁 本体32000円

物理化学から生物工学などの応用分野に至るまで広範な化学の領域を網羅して系統的に解説した集大成。基礎から先端的内容まで、今日の化学が一目でわかるよう簡潔に説明。各項目が独立して理解できる事典的な使い方も出来るよう配慮した。〔内容〕物理化学／有機化学／分析化学／地球化学／放射化学／無機化学・錯体化学／生物化学／高分子化学／有機工業化学／機能性有機材料／有機・無機(複合)材料の合成・物性／医療用高分子材料／工業物理化学／材料化学／応用生物化学

D.M.コンシディーヌ編
前東工大 今井淑夫・東工大 中井　武・東工大 小川浩平・東工大 小尾欣一・東工大 柿沼勝己・東工大 脇原将孝監訳

化 学 大 百 科

14045-2 C3543　B5判 1072頁 本体58000円

化学およびその関連分野から基本的かつ重要な化学用語約1300を選び、アメリカ、イギリス、カナダなどの著名化学者により、化学物質の構造、物性、合成法や、歴史、用途など、解りやすく、詳細に解説した五十音配列の事典。Encyclopedia of Chemistry(第4版, Van Nostrand社)の翻訳。〔収録分野〕有機化学／無機化学／物理化学／分析化学／電気化学／触媒化学／材料化学／高分子化学／化学工学／医薬品化学／環境化学／鉱物学／バイオテクノロジー／他

くらしき作陽大 馬淵久夫編

元 素 の 事 典

14044-4 C3543　A5判 324頁 本体7800円

水素からアクチノイドまでの各元素を原子番号順に配列し、その各々につき起源・存在・性質・利用を平易に詳述。特に利用では身近な知識から最新の知識までを網羅。「一家庭に一冊, 一図書館に三冊」の常備事典。〔特色〕元素名は日・英・独・仏に、今後の学術交流の動向を考慮してロシア語・中国語を加えた。すべての元素に、最新の同位体表と元素の数値的属性をまとめたデータ・ノートを付す。多くの元素にトピックス・コラムを設け、社会的・文化的・学問的な話題を供する

前学習院大 髙本　進・前東大 稲本直樹・前立教大 中原勝儼・前電通大 山崎　昶編

化 合 物 の 辞 典

14043-6 C3543　B5判 1008頁 本体55000円

工業製品のみならず身のまわりの製品も含めて私達は無機、有機の化合物の世界の中で生活しているといってもよい。そのような状況下で化学を専門としていない人が化合物の知識を必要とするケースも増大している。また研究者でも研究領域が異なると化合物名は知っていてもその物性, 用途, 毒性等までは知らないという例も多い。本書はそれらの要望に応えるために, 無機化合物, 有機化合物, さらに有機試薬を含めて約8000化合物を最新データをもとに詳細に解説した総合辞典

分析化学ハンドブック編集委員会編

分析化学ハンドブック

14041-X C3043　A5判 1080頁 本体37000円

既存の知識の他, 多くの可能性とstate-of-artを幅広く紹介した総合事典。〔内容〕基礎編(試薬・器具／定性分析／容量分析／重量分析／有機微量分析), 試料調整・分離編(サンプリング／前処理／分離／保存), 機器・測定編(組成分析／状態分析／表面分析・マイクロビーム分析／結晶構造解析／形態観察／自動分析), 情報編(測定自動化／データ解析／データベースシステム), 応用編(分野別・対象別分析法／新技術／安全学), 資料・データ編(元素の周期表・原子量表, 他)

山根正之・安井　至・和田正道・国分可紀・寺井良平・
近藤　敬・小川晋永編

ガラス工学ハンドブック

25238-2　C3058　　Ｂ５判　728頁　本体35000円

ガラスびん，窓ガラスからエレクトロニクス，光ファイバまで広範に用いられているガラスを，理論面から応用面まで，さらには環境とのかかわりに至る全分野を，工学的見地から詳細に解説し1冊に凝縮。定評のある『ガラスハンドブック』の，新原稿による全面改訂版。〔内容〕ガラスの定義／主要な工業的ガラス／ガラスの構造と生成反応／ガラスの性質／ガラス融液の性質／ガラス溶融の原理／ガラスの製造／ガラスの加工／ガラスの各論／ガラスと環境

浜野健也・中川善兵衞・川村資三・田中愛造編

窯　業　の　事　典

25237-4　C3558　　Ａ５判　584頁　本体22000円

長い歴史の上に築かれ，多様に発展した「窯業」の全体像を，特に陶磁器，ガラス，セメントなどの伝統的な技術分野に力点を置いて概説，窯業についての幅広い基礎知識を必要とする製造関係者，ユーザーにとって必携の一冊。〔内容〕窯業概論／窯業の基礎科学／窯業の原料／試験・評価法／陶磁器／耐火物／ガラス／セメント／セッコウ・石灰／ガラス／ほうろう／炭素製品／研削研磨材料／人工結晶と人工宝石／特殊磁器から新しいセラミックスまで

日本学術振興会繊維・高分子機能加工第120委員会編

染　色　加　工　の　事　典

25239-0　C3558　　Ａ５判　516頁　本体18000円

繊維製品に欠くことのできない染色加工全般にわたる用語約2200を五十音順に配列し，簡潔に解説。調べたい用語をすぐ探し出すのに便利である。〔内容〕表色・色彩科学／染色化学／天然繊維の染色／合成繊維の染色／天然繊維／合成染顔料／機能性色素／界面活性剤／染色助剤／水・有機溶媒／精練・漂白・洗浄／浸染／捺染／染色機械／伝統・工芸染色／仕上げ加工／試験法／廃水処理，地球環境問題／染料・色素の繊維以外の応用／染色加工システム／接着／高分子の表面加工

ブリヂストン 奥山通夫・京大 鞠谷信三・
東大 西　敏夫・兵庫県立工業技術センター 山口幸一編

ゴ　ム　の　事　典

25244-7　C3558　　Ａ５判　608頁　本体22000円

そのユニークな弾性から，日常のさまざまな用具や工業用部品に加工・使用されてきたゴム。本事典では，加工技術の進歩により我々の想像以上に生活のあらゆる場面に浸透する各種ゴムの基礎から応用までを総合的に解説。〔内容〕ゴムの科学と技術の歴史／ゴムの化学・物理学・工学／ゴム材料／ゴム製品(タイヤ，免震ゴム，ケーブル，ゴルフボール，人工臓器，消しゴム，ガスケット，気球他)／ゴムと地球環境(リサイクル，PL法他)／トピックス(F1，ゴムエンジン他)／付録

東農大 荒井綜一・茨城キリスト教大 小林彰夫・
前長谷川香料 矢島　泉・前高砂香料工業 川崎通昭編

最新香料の事典

25241-2　C3558　　Ａ５判　648頁　本体23000円

香料とその周辺領域について，基礎から応用まで総合的に解説。〔内容〕匂いの科学(匂いの化学，生理学，分子生物学，心理学，応用学)／香料の歴史／香料の素材(天然香料，合成香料，新技術)／香粧品香料(香りの分類，表現と調香，用途)／天然および食品の香気成分(花，果実，野菜，穀類・ナッツ，肉・乳，水産・魚介，発酵食品，茶，コーヒー)／食品のフレーバー(種類・形態・製造，使用例)／その他の香料(歯磨，タバコ，飼料，工業用，環境香料)／香料の分析・試験・法規

化学工学会編

CVDハンドブック

25234-X C3058　　A5判 832頁 本体32000円

LSIをはじめ、薄膜、超微粒子、複合材料などの新素材製造に必須の技術であるCVD（化学的蒸着法）について、その定義、歴史から要素技術・周辺技術・装置設計に至るまで詳述した初の成書であり、材料技術者・デバイス技術者の指針〔内容〕緒論／半導体（結晶Si, アモルファスSi, 化合物）／セラミックス（カーボン, SiC, SiN, Ti系, BN, AlN, 酸化物, 他）／CVD反応装置の設計（熱CVD装置の設計、プラズマCVD反応装置、微粒子生成反応装置）

東大 田村昌三編

化学プロセス安全ハンドブック

25029-0 C3058　　B5判 432頁 本体20000円

化学プロセスの安全化を考える上で基本となる理論から説き起し、評価の基本的考え方から各評価法を紹介し、実際の評価を行った例を示すことにより、評価技術を総括的に詳説。〔内容〕化学反応／発火・熱爆発・暴走反応／化学反応と危険性／化学プロセスの安全性評価／熱化学計算による安全性評価／化学物質の安全性評価実施例／化学プロセスの安全性評価実施例／安全性総合評価／化学プロセスの危険度評価／化学プロセスの安全設計／付録：反応性物質のDSCデータ集

宮入裕夫・池上皓三・加藤晴久・加部和幸・
後藤卒土民・塩田一路・安田栄一編

複合材料の事典

20058-7 C3550　　A5判 672頁 本体23000円

スポーツから宇宙まで幅広く使われている複合材料について、基礎から素材・成形・加工・応用まで簡潔に解説した技術者の手引書。〔内容〕プラスチック系複合材料（FRPの理論、構成素材、成形・加工法、特性、応用、検査、エラストマー、タイヤコードの物性・特徴・改良とゴムの接着、成形・加工法、力学・機能特性）／金属系複合材料（素材、成形・加工法、特性、粒子分散合金、他）／セラミックス系複合材料（理論、素材、製造・加工法、物性、応用、C/C複合材料）／他

東大 堀江一之・信州大 谷口彬雄編

光・電子機能有機材料ハンドブック

25236-6 C3058　　B5判 768頁 本体40000円

エレクトロニクス関連産業の発展と共に、有機材料は光ディスク、液晶、光ファイバー、写真、印刷、センサー、レジスト材料、発光材料その他に使われている。本書はこの分野の基礎理論、基礎技術、各種材料を系統的に整理して詳細に解説。〔内容〕基礎理論／基礎技術（物質調整、材料処理・加工技術、材料分析評価技術、光物性・電子物性の評価技術、他）／材料（光記録材料、表示材料、光学材料、感光性材料、光導電材料、導電性材料、誘電材料、センサー材料、他）／資料

近大 伊藤征司郎総編集

顔料の事典

25243-9 C3558　　B5判 616頁 本体25000円

塗料、印刷インキ、化粧品、プラスチックから導電性材料、磁性材料、充填剤等と顔料の用途は、化学技術の進歩と共に多様化してきている。本書は顔料全般にわたり基礎から応用までを解説。〔内容〕基礎（粉体／物質の色／界面科学／機能／キャラクタリゼーション）、各論（歴史／性質／無機・有機顔料／色素）、表面改質と分散技術（界面活性剤／高分子分散剤／表面処理／分散技術）、用途と作用（塗料／印刷インキ／着色剤／化粧品／プラスチック／筆記具／繊維／ゴム／医薬／食品）

上記価格（税別）は2004年3月現在